Netzberechnung

Karl Friedrich Schäfer

Netzberechnung

Verfahren zur Berechnung elektrischer Energieversorgungsnetze

2., überarbeitete und erweiterte Auflage

Karl Friedrich Schäfer
Elektrische Energieversorgungstechnik
Bergische Universität Wuppertal
Wuppertal, Deutschland

ISBN 978-3-658-40876-3   ISBN 978-3-658-40877-0 (eBook)
https://doi.org/10.1007/978-3-658-40877-0

Die Deutsche Nationalbibliothek verzeichnet diese Publikation in der Deutschen Nationalbibliografie; detaillierte bibliografische Daten sind im Internet über http://dnb.d-nb.de abrufbar.

© Springer Fachmedien Wiesbaden GmbH, ein Teil von Springer Nature 2020, 2023
Das Werk einschließlich aller seiner Teile ist urheberrechtlich geschützt. Jede Verwertung, die nicht ausdrücklich vom Urheberrechtsgesetz zugelassen ist, bedarf der vorherigen Zustimmung des Verlags. Das gilt insbesondere für Vervielfältigungen, Bearbeitungen, Übersetzungen, Mikroverfilmungen und die Einspeicherung und Verarbeitung in elektronischen Systemen.
Die Wiedergabe von allgemein beschreibenden Bezeichnungen, Marken, Unternehmensnamen etc. in diesem Werk bedeutet nicht, dass diese frei durch jedermann benutzt werden dürfen. Die Berechtigung zur Benutzung unterliegt, auch ohne gesonderten Hinweis hierzu, den Regeln des Markenrechts. Die Rechte des jeweiligen Zeicheninhabers sind zu beachten.
Der Verlag, die Autoren und die Herausgeber gehen davon aus, dass die Angaben und Informationen in diesem Werk zum Zeitpunkt der Veröffentlichung vollständig und korrekt sind. Weder der Verlag, noch die Autoren oder die Herausgeber übernehmen, ausdrücklich oder implizit, Gewähr für den Inhalt des Werkes, etwaige Fehler oder Äußerungen. Der Verlag bleibt im Hinblick auf geografische Zuordnungen und Gebietsbezeichnungen in veröffentlichten Karten und Institutionsadressen neutral.

Planung/Lektorat: Reinhard Dapper
Springer Vieweg ist ein Imprint der eingetragenen Gesellschaft Springer Fachmedien Wiesbaden GmbH und ist ein Teil von Springer Nature.
Die Anschrift der Gesellschaft ist: Abraham-Lincoln-Str. 46, 65189 Wiesbaden, Germany

Für meine Schäfchen

Vorwort zur zweiten Auflage

Über das rege Interesse an der ersten Auflage dieses Buches, die konstruktiven Feedbacks und die zahlreichen Anregungen habe ich mich sehr gefreut.

Ich danke allen aufmerksamen Lesern, die zur Beseitigung von Druckfehlern der ersten Auflage beigetragen haben. Besonders möchte ich mich bei Herrn Prof. Dr. Robert Schürhuber, Technische Universität Graz und bei Herrn Dr. Tobias Hennig, Amprion GmbH für ihre wertvollen Beiträge bedanken.

Mit der Herausgabe einer zweiten Auflage wurden einige Kapitel erweitert und ergänzt (z. B. hybride ACDC-Systeme, einphasige Leistungsflussberechnung, REI-Ersatznetze).

Ich wünsche Ihnen weiterhin viel Spaß beim Lesen und hoffe, Ihnen mit meinem Buch Anregungen für Ihre Arbeit geben zu können und einen Beitrag zum Erfolg Ihrer Arbeit zu leisten.

Nicht zuletzt danke ich dem Springer Vieweg Verlag für die wieder gute Zusammenarbeit.

Wuppertal
im Herbst 2022

Karl Friedrich Schäfer

Vorwort zur ersten Auflage

Numerische Netzberechnungsverfahren sind unverzichtbare Hilfsmittel bei der Planung und beim Betrieb von Energieversorgungssystemen. Die Entwicklung und die Anwendung solcher Verfahren basieren im Wesentlichen auf der Formulierung der entsprechenden Aufgabenstellungen mithilfe mathematischer Modelle der physikalischen Prozesse sowie auf der Lösung der Aufgaben mit geeigneten Rechenverfahren.

Neben den mittlerweile als Standardfunktionen in den Leitstellen der elektrischen Energieversorgungsnetze aller Spannungsebenen eingesetzten Verfahren wie Leistungsfluss- und Kurzschlussstromberechnung sowie State Estimation erfahren auch weitere rechnergestützte Lösungsansätze wie Netzengpassmanagementsysteme, Expertensysteme oder Zustandsoptimierungsverfahren zunehmende Verbreitung.

Dieses Buch gibt einen Überblick über diese Rechenverfahren und die zugrunde liegenden mathematischen Algorithmen. Die beschriebenen Verfahren werden durchgängig in der Praxis eingesetzt. Dieses Handbuch kann daher gut als Nachschlagewerk für den Praktiker genutzt werden. Natürlich ist es auch zu Ausbildungszwecken sowie als Grundlage entsprechender Lehrveranstaltungen für fortgeschrittene Studierende zu verwenden.

Um den Umfang dieses Buches auf ein akzeptables Maß zu begrenzen, werden ausschließlich Verfahren für quasistationäre Systemzustände beschrieben. Für dynamische sowie für weitere Rechenverfahren (z. B. zur Bestimmung der Zuverlässigkeit von Energiesystemen) sei an dieser Stelle auf die einschlägige Literatur verwiesen. Einige der Standardverfahren werden dagegen exemplarisch sehr detailliert behandelt, um Besonderheiten bei der mathematischen Ableitung vorstellen zu können und um Hinweise für eine optimale rechentechnische Realisierung der Verfahren geben zu können. So können beispielsweise die topologischen Eigenschaften realer elektrischer Energieversorgungsnetze durch effiziente Speicherstrukturen abgebildet werden (Sparse Matrix Techniques). Um diese speicherplatz- und rechenzeitschonenden Strukturen für das jeweilige Rechenverfahren zu erhalten, muss für die erforderlichen Rechenoperationen eine möglichst optimale Reihenfolge der Netzknoten gefunden werden. Auch wenn moderne Rechensysteme meist implizit über solche Technologien verfügen, erscheint es mir für das Anwenderverständnis sinnvoll, solche Verfahren zusammenhängend vorzustellen.

Die Idee und die ersten Materialien zu diesem Buch sind entstanden aus den Unterlagen zur Vorlesung „Theorie der Netzberechnung", die ich im Rahmen eines Lehrauftrages an der Bergischen Universität Wuppertal halte. Durch fortwährende konstruktive Diskussionen mit meinen Studierenden sowie mit Kollegen innerhalb und außerhalb der Universität wurde diese Vorlesung stetig weiter entwickelt.

Dieses Buch ist auch ein Abbild meines eigenen Berufsleben, das stets geprägt war von der gegenseitigen Beeinflussung des wissenschaftlichen Arbeitens an der Universität und den praktischen Anforderungen im Unternehmen.

An dieser Stelle möchte ich mich bei allen meinen Kolleginnen und Kollegen aus der Energieversorgungsbranche, die mich während meines bisherigen Berufslebens begleitet haben, für die vielen wertvollen Anregungen und Diskussionen bedanken.

Insbesondere danke ich Herrn Prof. Dr. Johannes Verstege, der mich über viele Jahre wesentlich gefördert und an das wissenschaftliche Arbeiten heran geführt hat. Die gemeinsame Zeit mit Prof. Verstege sowie die vielen gemeinsam durchgeführten Projekte, in denen die meisten der beschriebenen Verfahren auch in der praktischen Anwendung bei Energieversorgungsunternehmen eingesetzt wurden, haben wesentlich mein Verständnis der Netzberechnung geprägt und stehen für viele Inhalte dieses Buches. Mein Dank gilt auch Herrn Prof. Dr. Markus Zdrallek, der in mir den Mut geweckt hat, Neues zu wagen. Er hat damit auch indirekt den Anstoß zur Realisierung dieses Buchprojektes gegeben. Mein Interesse an der Energieversorgungstechnik wurde bereits im Studium durch Prof. Dietrich Oeding angeregt. Durch die Professoren Dr. Hans-Jürgen Koglin und Dr. Wolfram Wellßow habe ich die Freude an der Netzberechnung entdeckt. Dafür vielen Dank.

Vor allem möchte ich meiner Frau Elisabeth für die Geduld und das Verständnis danken, das sie mir in den letzten Jahren während der Entstehung dieses Buches entgegen gebracht hat. Ihr und meiner Tochter Kathrin Schäfer danke ich für die zahlreichen wertvollen Anmerkungen, die wesentlich zur besseren Verständlichkeit meiner Ausführungen beigetragen haben. Meinem Sohn, Dr. Andreas Schäfer danke ich ganz besonders für die fachkundige Durchsicht des Manuskripts, für die daraus entstandenen kritischen Diskussionen und für die vielen Korrekturen und Ergänzungen.

Nicht zuletzt danke ich dem Springer Vieweg Verlag für die Aufnahme dieses Buches in das Verlagsprogramm sowie für die gute Zusammenarbeit.

Wuppertal   Karl Friedrich Schäfer
im Frühjahr 2019

Formaler Hinweis

Der Autor hat nach bestem Wissen versucht, alle Rechte Dritter für Grafiken und Bilder einzuholen. Sollte ein Quellennachweis nicht korrekt oder unvollständig sein, ist dies nicht beabsichtigt. Bilder, Grafiken und Texte stammen aus eigenen Aufnahmen oder öffentlich zugänglichen Quellen. Die Texte und Bilder sind nur dann für Veröffentlichungen freigegeben, wenn dies zuvor schriftlich vom Autor bestätigt wurde.

Inhaltsverzeichnis

1	**Elektrische Energieversorgungsnetze**		1
1.1	Aufgabe elektrischer Energieversorgungsnetze		1
1.2	Öffentliche Energieversorgungsnetze		2
	1.2.1	Höchstspannungsebene	3
	1.2.2	Hochspannungsebene	8
	1.2.3	Mittelspannungsebene	9
	1.2.4	Niederspannungsebene	10
1.3	Nichtöffentliche Energieversorgungsnetze		11
	1.3.1	Industrienetze	11
	1.3.2	Bahnstromnetz	12
	1.3.3	Offshore-Windparks und Netzanbindung	13
1.4	Innovative und zukünftige Netze		16
	1.4.1	Smart Grids	16
	1.4.2	Overlaynetze	17
	1.4.3	Weltstromnetz	19
1.5	Zeitbereiche der Netzbetriebsführung und der Netzplanung		21
1.6	Netzbetriebsführung		22
	1.6.1	Aufgabe der Netzbetriebsführung	22
	1.6.2	Überwachung der Netzsicherheit	23
	1.6.3	Definition des Systemzustands	24
		1.6.3.1 Netzzustand	24
		1.6.3.2 Smart Grid Ampelkonzept	26
1.7	Netzplanung		27
1.8	Netzzustandsbewertung		30
	1.8.1	Bewertungskriterien	30
		1.8.1.1 Einhaltung der Wirkleistungsbilanz	30
		1.8.1.2 Einhaltung von Spannungsgrenzen	30
		1.8.1.3 Einhaltung von Stromgrenzen	31

				1.8.1.4	Einhaltung von Grenzwerten der Parallelschaltgeräte	32

		1.8.1.4	Einhaltung von Grenzwerten der Parallelschaltgeräte	32
		1.8.1.5	Einhaltung der maximalen Einspeiseleistung an einer Sammelschiene	33
	1.8.2	Simulation von Ausfällen		33
		1.8.2.1	Betriebsmittelausfälle	35
			1.8.2.1.1 Das $(N-1)$-Kriterium	35
			1.8.2.1.2 Unabhängige Mehrfachfehler und Common-Mode-Fehler	37
			1.8.2.1.3 Beurteilungskriterien bei Sammelschienenfehlern	38
		1.8.2.2	Einspeisungs- oder Laständerungen	38
		1.8.2.3	Probabilistische Zuverlässigkeit	39
	1.8.3	Simulation von Kurzschlüssen		41
	1.8.4	Bestimmung der transienten Stabilität		44
	1.8.5	Maßnahmen zur Einhaltung der Bewertungskriterien		45
1.9	Netzmodelle, Rechnertechnik, Netzberechnungsverfahren			46
	1.9.1	Netzberechnung		46
	1.9.2	Netzmodelle und Netzberechnung mit einfachen Hilfsmitteln		46
	1.9.3	Entwicklung der Rechnertechnik		48
	1.9.4	Netzberechnungsverfahren		52
Literatur				56
2	**Berechnung elektrischer Energieversorgungsnetze**			**61**
2.1	Mathematisches Modell des Netzes			61
	2.1.1	Begriffsbestimmungen		61
		2.1.1.1	Spannung	61
		2.1.1.2	Strom	62
		2.1.1.3	Leistung	62
		2.1.1.4	Widerstand	62
	2.1.2	Vereinbarungen		63
	2.1.3	Elementare Netzumwandlungen		66
	2.1.4	Modellabgrenzung		71
	2.1.5	Knotenelemente		73
		2.1.5.1	Sammelschienen	73
		2.1.5.2	Lasten	78
		2.1.5.3	Einspeisungen	81
			2.1.5.3.1 Einspeisungen mit konstanter Leistung	81
			2.1.5.3.2 Einspeisungen mit variabler Leistung	82
		2.1.5.4	Querkompensationseinrichtungen	84

		2.1.6	Zweigelemente...	85
			2.1.6.1 Bezeichnung und Kenndaten	85
			2.1.6.2 Leitungen	85
			2.1.6.2.1 Freileitungen.....................	85
			2.1.6.2.2 Kabel...............................	86
			2.1.6.2.3 Topologievarianten von Leitungen	87
			2.1.6.3 Transformatoren	88
			2.1.6.3.1 Transformatoren mit festem Übersetzungsverhältnis.............	89
			2.1.6.3.2 Transformatoren mit stellbarem Übersetzungsverhältnis.............	92
			2.1.6.3.3 Parallelschaltung von Transformatoren	98
			2.1.6.3.4 Dreiwicklungstransformatoren	99
			2.1.6.4 Serienkompensationselemente	102
			2.1.6.5 Sammelschienenkupplungen...................	104
			2.1.6.6 Ersatzzweige......................................	105
		2.1.7	Netzformen	105
			2.1.7.1 Strahlennetze...................................	106
			2.1.7.2 Ringnetze	108
			2.1.7.3 Maschennetze	109
	2.2	Grundbegriffe und wichtige Regeln zur Matrizenrechnung		110
		2.2.1	Definitionen...	110
		2.2.2	Rechenregeln für Vektoren und Matrizen	118
		2.2.3	Falk'sches Schema.......................................	120
		2.2.4	Lösbarkeit linearer Gleichungssysteme..................	121
	2.3	Lösung linearer und nichtlinearer Gleichungssysteme		122
		2.3.1	Einführung..	122
		2.3.2	Netzwerkanalyse	123
		2.3.3	Direkte Verfahren zur Lösung linearer Gleichungssysteme	125
			2.3.3.1 Gauß'scher Algorithmus zur Lösung linearer Gleichungssysteme............................	126
			2.3.3.2 Dreiecksfaktorisierung nach Banachiewicz	129
			2.3.3.3 Symmetrische Dreieckszerlegung nach Cholesky...................................	132
			2.3.3.4 Gauß-Jordan-Eliminationsverfahren..............	133
			2.3.3.5 Bi-Faktorisierung	134
			2.3.3.5.1 Aufbau des Gleichungssystems	134
			2.3.3.5.2 Faktorisierung.....................	135
			2.3.3.5.3 Berechnung des Lösungsvektors......	135

		2.3.3.5.4	Bestimmung der vollständigen Inversen	135
		2.3.3.5.5	Berechnung der spärlichen Inversen	136
	2.3.4	Iterative Verfahren zur Lösung linearer Gleichungssysteme		137
		2.3.4.1	Jacobi-Verfahren	137
		2.3.4.2	Gauß-Seidel-Verfahren	139
	2.3.5	Woodbury-Formel zur Lösung einer modifizierten Koeffizientenmatrix		139
	2.3.6	Newton-Verfahren für nichtlineare Gleichungssysteme		143
2.4	Anforderungen an Verfahren zur Berechnung von Energieversorgungssystemen			145
	2.4.1	Rechenzeitanforderungen		145
	2.4.2	Eigenschaften der zu lösenden Gleichungssysteme		146
		2.4.2.1	Eigenschaften der Admittanzmatrix	146
			2.4.2.1.1 Besetzungsstruktur	146
			2.4.2.1.2 Knotengrad	152
		2.4.2.2	Beispiele realer Netztopologien	153
		2.4.2.3	Topologische Interpretation der Gauß'schen Elimination	155
		2.4.2.4	Abspeichern von schwach besetzten Matrizen	158
		2.4.2.5	Komprimierte Zeilenspeicherung für symmetrische Matrizen	162
		2.4.2.6	Gauß'sche Elimination einer gedrängt gespeicherten Matrix	165
	2.4.3	Optimale Eliminationsreihenfolge		167
		2.4.3.1	Problemstellung	167
		2.4.3.2	Verfahren zur Bestimmung einer günstigen Eliminationsreihenfolge	172
		2.4.3.3	Beispiele für eine quasioptimale Eliminationsreihenfolge	175
		2.4.3.4	Band- und Blockmatrizen	177
	2.4.4	Hinweise für eine effiziente Realisierung von Netzberechnungsverfahren		182
2.5	Netzberechnung mit bezogenen Größen			184
Literatur				185

3 Leistungsflussberechnung 187
3.1 Aufgabenstellung 187
3.2 Lineares Leistungsflussproblem 188

3.3	Nichtlineares Leistungsflussproblem			191
	3.3.1	Aufteilung der komplexen Systemgleichung in zwei reelle Gleichungssysteme		193
	3.3.2	Aufstellen des linearisierten Gleichungssystems nach Newton-Raphson		194
	3.3.3	Berechnung der Elemente der Jacobi-Matrix		197
	3.3.4	Behandlung besonderer Knoten		200
	3.3.5	Ablauf der Leistungsflussrechnung		203
	3.3.6	Berechnung der Leistungsflüsse auf den Zweigen und der Netzverluste		204
	3.3.7	Simulation von Ausfallvarianten und Lastganglinien		208
		3.3.7.1	Ausfallvarianten	208
		3.3.7.2	Lastganglinie	210
	3.3.8	Nachbildung von Regeleigenschaften		210
		3.3.8.1	Allgemeines	210
		3.3.8.2	Automatische Stufung von Transformatoren	211
			3.3.8.2.1 Regelung des Spannungsbetrages	211
			3.3.8.2.2 Regelung des Wirkleistungsflusses über den Transformator	215
		3.3.8.3	Wirkleistungsregelung	219
			3.3.8.3.1 Regelvorgänge in elektrischen Energieversorgungssystemen	219
			3.3.8.3.2 Leistungsbilanzierung bei der Leistungsflussrechnung	222
			3.3.8.3.3 Nachbildung der Primärregelung	223
			3.3.8.3.4 Nachbildung der Sekundärregelung	226
			3.3.8.3.5 Erweiterung des Leistungsflussverfahrens	228
			3.3.8.3.6 Ausfallsimulationsrechnung	235
		3.3.8.4	Überwachung und Einhaltung von Blindleistungsgrenzen von Generatoren	236
		3.3.8.5	Beherrschung von Teilnetzbildungen und Bilanzierung der Teilnetze	236
	3.3.9	Nachbildung von FACTS		237
	3.3.10	Leistungsflussberechnung in hybriden Drehstrom-Gleichstrom-Systemen		242
		3.3.10.1	Hybride Drehstrom-Gleichstrom-Systeme	242
		3.3.10.2	Stationäres Modell der Konverterstationen	243
		3.3.10.3	Punkt-zu-Punkt-Gleichstromübertragungen	244
			3.3.10.3.1 Systemdarstellung	244
			3.3.10.3.2 Regelungsmodi	244

			3.3.10.3.3 Gleichungssystem	245
			3.3.10.3.4 Ableitungen	246
		3.3.10.4	Multi-Terminal-Übertragungen und Gleichstromnetze	248
			3.3.10.4.1 Systemdarstellung	248
			3.3.10.4.2 Regelungsmodi	249
			3.3.10.4.3 Gleichstromnetz	249
			3.3.10.4.4 Gleichungssystem	249
			3.3.10.4.5 Ableitungen	250
	3.3.11	Dreiphasiger Leistungsfluss		251
	3.3.12	Eigenschaften des Newton-Raphson-Verfahrens		255
		3.3.12.1	Konvergenzeigenschaften des Newton-Raphson-Verfahrens	255
		3.3.12.2	Konvergenzprobleme und Modellierungsgrenzen beim Newton-Raphson-Verfahren	257
	3.3.13	Analyse von Leistungsflussergebnissen		259
3.4	Sensitivitätsanalyse des Leistungsflusses			261
	3.4.1	Aufgabe der Sensitivitätsanalyse		261
	3.4.2	Grundlagen der Sensitivitätsrechnung		262
	3.4.3	Sensitivitätsanalyse in elektrischen Netzen		264
	3.4.4	Rechentechnische Vorgehensweise		266
3.5	Schnelle, entkoppelte Leistungsflussrechnung			267
	3.5.1	Begründung		267
	3.5.2	Vereinfachende Annahmen		267
	3.5.3	Koeffizienten der Funktionalmatrix		270
	3.5.4	Beseitigung der Knotenspannungsabhängigkeit		272
	3.5.5	Ablauf des Iterationsverfahrens		275
3.6	Genäherte Leistungsflussberechnungsverfahren			279
	3.6.1	Anwendung genäherter Leistungsflussberechnungsverfahren		279
	3.6.2	Genäherte Wirkleistungsflussberechnung		281
	3.6.3	Stromiterationsverfahren		282
	3.6.4	Maximalflussalgorithmus		284
		3.6.4.1	Allgemeine Eigenschaften des Verfahrens	284
		3.6.4.2	Grundfall- und Variantenberechnung mit dem Maximalflussverfahren	287
		3.6.4.3	Prinzip der Leistungsverteilung mit dem Maximalflussverfahren	287
		3.6.4.4	Leistungsverteilung bei Last- oder Topologievarianten	291
		3.6.4.5	Erweiterung des Maximalflussalgorithmus'	292
	3.6.5	Verbindungskontrolle		293

	3.7	Leistungsflussberechnung in Gleichstromnetzen................	295
	3.8	Leistungsflussverfahren für einfache Netzstrukturen und für lange Leitungen...	298
		3.8.1 Berechnung besonderer Netzstrukturen................	298
		3.8.2 Berechnung langer Hochspannungsleitungen..............	298
		3.8.2.1 Vollständige Leitungsgleichungen..............	298
		3.8.2.2 Leitungsgleichungen für verlustlose Leitungen....	301
		3.8.3 Berechnung von Drehstromleitungen mit Ersatzschaltbildern.........................	302
		3.8.3.1 Das exakte Π-Ersatzschaltbild................	302
		3.8.3.2 Vereinfachtes Ersatzschaltbild................	304
		3.8.3.3 Ersatzschaltbilder für verschiedene Spannungsebenen.......................	306
		3.8.4 Berechnung in Mittel- und Niederspannungsnetzen........	307
		3.8.5 Vereinfachte Berechnungen in Niederspannungsnetzen......	314
		3.8.5.1 Variante I: Einseitig gespeiste Leitung..........	315
		3.8.5.2 Variante II: Zweiseitig gespeiste Leitung.........	319
		3.8.6 Berechnung bei unsymmetrischer Belastung...............	323
	Literatur..		325
4	**Netzzustandserkennung**...		**329**
	4.1	Theorie der Netzzustandserkennung.............................	329
		4.1.1 Aufgabenstellung....................................	329
		4.1.1.1 Messung aller Knotenleistungen und eines Spannungsbetrages..................	330
		4.1.1.2 Messung aller Zustandsvariablen..............	331
		4.1.1.3 Messung einer Vielzahl verschiedener Größen im Netz.............................	331
		4.1.2 Messabweichung.....................................	332
		4.1.3 Messunsicherheit.....................................	335
		4.1.4 Modell der State Estimation.............................	335
		4.1.5 Voraussetzungen der State Estimation....................	338
		4.1.6 Lineare State Estimation...............................	339
		4.1.7 Nichtlineare State Estimation...........................	345
		4.1.8 Statistische Eigenschaften der Verfahrensgrößen...........	347
	4.2	Anwendung der State Estimation auf elektrische Energieversorgungsnetze.......................................	349
		4.2.1 Aufstellen und Lösen des Gleichungssystems..............	350
		4.2.1.1 Schritt 1: Aufstellen des nichtlinearen Gleichungssystems der wahren Werte..........	350
		4.2.1.2 Schritt 2: Linearisierung des Ausgangsgleichungssystems und Aufstellen der Jacobi-Matrix...............	352

		4.2.1.3	Schritt 3: Berechnung der Matrizenprodukte im Gleichungssystem zur Berechnung des Schätzvektors	355
		4.2.1.4	Schritt 4: Iterative Lösung des Gleichungssystems....................	356
	4.2.2	\multicolumn{2}{l	}{Rechentechnische Behandlung des zu lösenden Gleichungssystems..}	357
	4.2.3	\multicolumn{2}{l	}{Pseudomessungen ....}	363
		4.2.3.1	Pseudomessung als Messung mit hoher Genauigkeit...........................	365
		4.2.3.2	Pseudomessung als Gleichheitsnebenbedingung	366
	4.2.4	\multicolumn{2}{l	}{Ersatzmesswerte..}	366
	4.2.5	\multicolumn{2}{l	}{Rechenzeitverkürzende Maßnahmen....................}	368
4.3	\multicolumn{3}{l	}{Behandlung grob falscher Informationen ....}	368
	4.3.1	\multicolumn{2}{l	}{Entdeckung grob falscher Informationen..................}	369
	4.3.2	\multicolumn{2}{l	}{Identifizierung und Lokalisierung grob falscher Informationen..................................}	371
	4.3.3	\multicolumn{2}{l	}{Eliminierung oder Korrektur grob falscher Informationen ....}	373
4.4	\multicolumn{3}{l	}{Beobachtbarkeit des Netzes................................}	373
4.5	\multicolumn{3}{l	}{Simulation State Estimation................................}	377
	4.5.1	\multicolumn{2}{l	}{Simulation der Messwerte ....}	378
	4.5.2	\multicolumn{2}{l	}{Statistische Kennwerte zur Beurteilung der Estimationsergebnisse ....}	379
		4.5.2.1	Globale Beurteilung der Estimationsergebnisse....	380
		4.5.2.2	Beurteilung der Zweigflüsse..................	381
		4.5.2.3	Beurteilung der Spannungen..................	382
		4.5.2.4	Beurteilung der Einspeisungen und Lasten........	382
		4.5.2.5	Beurteilung aller Messungen	383
		4.5.2.6	Mittelwertbildung über mehrere Simulationsrechnungen und repräsentativer Fall ...	383
4.6	\multicolumn{3}{l	}{Estimation in Mittel- und Niederspannungsnetzen ....}	384
	4.6.1	\multicolumn{2}{l	}{Ausweitung der Messinformationen ....}	385
	4.6.2	\multicolumn{2}{l	}{Modifizierte Estimationsverfahren.......................}	386
\multicolumn{4}{l	}{Literatur...}	388

5	\multicolumn{3}{l	}{**Berechnung von Fehlern in elektrischen Anlagen** ....}	391
5.1	\multicolumn{3}{l	}{Fehlerfälle ....}	391
5.2	\multicolumn{3}{l	}{Kurzschlussberechnung....................................}	398
5.3	\multicolumn{3}{l	}{Symmetrische Fehler ....}	399
	5.3.1	\multicolumn{2}{l	}{Dreipoliger Kurzschluss................................}	399
		5.3.1.1	Generatorferner Kurzschluss...................	399
		5.3.1.2	Generatornaher Kurzschluss..................	405

	5.3.2	Kurzschlussstromberechnung nach DIN VDE 0102	407
	5.3.3	Impedanzkorrekturfaktoren	411
		5.3.3.1 Impedanzkorrekturfaktoren für Transformatoren	411
		5.3.3.2 Impedanzkorrekturfaktoren für Generatoren	412
		5.3.3.3 Impedanzkorrekturfaktoren für Kraftwerksblöcke	412
	5.3.4	Berechnung des Anfangskurzschlusswechselstroms	413
	5.3.5	Überlagerungsverfahren	416
		5.3.5.1 Erstes Teilsystem des Überlagerungsverfahrens	417
		5.3.5.2 Zweites Teilsystem des Überlagerungsverfahrens	417
		5.3.5.3 Anwendung des Überlagerungsverfahrens auf ein Fünf-Knoten-Netz	419
	5.3.6	Nachbildung parallel geschalteter Transformatoren	421
	5.3.7	Weitere Kenngrößen der Kurzschlussstromberechnung	421
		5.3.7.1 Stoßkurzschlussstrom	422
		5.3.7.2 Ausschaltwechselstrom	424
		5.3.7.3 Dauerkurzschlussstrom	428
	5.3.8	Takahashi-Verfahren	429
5.4	Unsymmetrische Fehler		435
	5.4.1	Unsymmetrische Netzzustände	435
	5.4.2	Theorie der Transformation in symmetrische Komponenten	437
		5.4.2.1 Grundlagen der Komponentenzerlegung	437
		5.4.2.2 Symmetrische Komponenten	438
		5.4.2.2.1 Ableitung der Komponentenersatzschaltungen	438
		5.4.2.2.2 Transformationsvorschriften	441
		5.4.2.2.3 Impedanzen im Null-, Mit- und Gegensystem	443
		5.4.2.2.4 Bestimmung der Null-, Mit- und Gegenimpedanzen durch Messung	446
	5.4.3	Komponentendarstellung von Netzelementen	448
		5.4.3.1 Freileitungen	448
		5.4.3.2 Kabel	451
		5.4.3.3 Transformatoren	452
		5.4.3.3.1 Yy0-Schaltung mit beidseitig starr geerdetem Sternpunkt	454
		5.4.3.3.2 Yy0-Schaltung mit einem starr geerdeten Sternpunkt	456

		5.4.3.3.3	Yz5-Schaltung mit einem starr geerdeten Sternpunkt	457
		5.4.3.3.4	Yd5-Schaltung mit starr geerdetem Sternpunkt	458
		5.4.3.3.5	Transformator mit Sternpunkterdung über Impedanz.	458
	5.4.3.4	Generatoren.		461
	5.4.3.5	Ersatznetze		462
5.4.4	Berechnung unsymmetrischer Fehlerfälle			464
	5.4.4.1	Rechenmodell zur Behandlung unsymmetrischer Fehlerfälle.		464
	5.4.4.2	Sternpunktbehandlung von Netzen		465
		5.4.4.2.1	Netze mit isoliertem Sternpunkt	466
		5.4.4.2.2	Netze mit induktiver Sternpunkterdung	469
		5.4.4.2.3	Netze mit niederohmiger Sternpunkterdung	471
	5.4.4.3	Unsymmetrische Kurzschlüsse		472
		5.4.4.3.1	Zweipoliger Kurzschluss ohne Erdberührung	473
		5.4.4.3.2	Zweipoliger Kurzschluss mit Erdberührung	477
		5.4.4.3.3	Einpoliger Erdschluss bzw. Erdkurzschluss	480
	5.4.4.4	Leiterunterbrechungen		483
		5.4.4.4.1	Modellierung von Leiterunterbrechungen	483
		5.4.4.4.2	Einpolige Unterbrechung	486
		5.4.4.4.3	Zweipolige Unterbrechung	489
	5.4.4.5	Berücksichtigung von Impedanzen an der Fehlerstelle		491
		5.4.4.5.1	Einpoliger Kurzschluss mit Impedanz an der Fehlerstelle	491
		5.4.4.5.2	Zweipoliger Kurzschluss mit Impedanz an der Fehlerstelle	493

5.5 Berechnung symmetrischer Fehlerfälle mit symmetrischen
Komponenten. 494
5.6 Kurzschlussstromberechnung mit dem %/MVA-System. 496
Literatur. 496

6	**Bestimmung der transienten Stabilität**		499
	6.1	Stabiler Netzbetrieb	499
	6.2	Transiente Stabilität	500
	6.3	Ersatzkriterium zur Bewertung der transienten Stabilität	503
	Literatur		508
7	**Ersatzdarstellung nicht überwachter Nachbarnetze**		509
	7.1	Aufgabe von Ersatznetzen	509
	7.2	Ersatznetz für Leistungsflussberechnungen	511
		7.2.1 Anforderungen an die Ersatznetzdarstellung	511
		7.2.2 Darstellung des aktiven und passiven Verhaltens	513
	7.3	Ward-Modell	514
		7.3.1 Beschreibung des Verfahrens nach Ward	514
		7.3.2 Größe der Längsimpedanzen der Ersatzzweige	519
		7.3.3 Bestimmung der inneren Transferimpedanz	521
		7.3.4 Datenbasis zur Ersatznetzberechnung	522
		7.3.5 Fehler des Ersatznetzmodells bei Ausfallsimulationsrechnungen	523
		7.3.6 Erweiterungen des Modells	524
		7.3.6.1 Im Fremdnetz verbleibende Knoten	524
		7.3.6.2 Ersatznetzmodell zur verbesserten Darstellung des Blindleistungsverhaltens	525
		7.3.7 Darstellung des Regelverhaltens der Primärregler im Nachbarnetz	530
		7.3.7.1 Simulation von Kraftwerksausfällen	530
		7.3.7.2 Berechnung von Ersatzleistungszahlen an den Kuppelknoten	530
		7.3.8 Gesamtersatznetz für Leistungsflussberechnungen	532
	7.4	Ersatznetz für Kurzschlussrechnungen	532
	7.5	REI-Modell	535
	Literatur		539
8	**Optimierung und Korrektur des Netzzustandes**		541
	8.1	Überblick	541
	8.2	Korrektives Schalten	542
		8.2.1 Aufgabenstellung	542
		8.2.2 Verfahren zum korrektiven Schalten	545
	8.3	Optimal Power Flow	545
	8.4	Blindleistungs-Spannungsoptimierung	550
		8.4.1 Aufgabenstellung der Blindleistungs-Spannungsoptimierung	550

	8.4.2	Steuermöglichkeiten für Blindleistungen	551
		8.4.2.1 Generatoren	551
		8.4.2.2 Netzkuppeltransformatoren	552
		8.4.2.3 Kompensationseinrichtungen	552
		8.4.2.4 Zusammenfassung der Steuermöglichkeiten	552
	8.4.3	Formulierung und Auswahl der Zielfunktion	553
	8.4.4	Mathematische Formulierung des Optimierungsproblems	555
	8.4.5	Mögliche Lösungsverfahren für die Blindleistungs-Spannungsoptimierung	556
	8.4.6	Blindleistungs-Spannungsoptimierung mit Quadratischer Programmierung	557
		8.4.6.1 Optimierungsmodell der Quadratischen Programmierung	557
		8.4.6.2 Entwicklung der Zielfunktion	558
		8.4.6.2.1 Darstellung der Zielfunktion	558
		8.4.6.2.2 Ableitungen der Verlustleistung	560
		8.4.6.2.3 Ableitungen der Vierpolparameter	562
		8.4.6.2.4 Bestimmung der Verlustleistungsänderung	563
		8.4.6.3 Formulierungen von Nebenbedingungen	566
		8.4.6.3.1 Nebenbedingungen	566
		8.4.6.3.2 Spannungsnebenbedingungen	566
		8.4.6.3.3 Blindleistungsnebenbedingungen	567
		8.4.6.3.4 Stromnebenbedingungen	567
		8.4.6.3.5 Transformation auf die Normalform	569
8.5	Netzengpassmanagementverfahren		571
	8.5.1	Aufgabenstellung	571
	8.5.2	Mathematische Modellbildung für ein engpassfreies Netz	572
		8.5.2.1 Restriktionen mit Rampenfunktion	573
		8.5.2.2 Restriktionen mit Sprungfunktion	575
		8.5.2.3 Zielfunktion für ein engpassfreies Netz	576
	8.5.3	Netzbezogene Maßnahmen	576
		8.5.3.1 Beschreibung der netzbezogenen Maßnahmen zur Engpassbeseitigung	576
		8.5.3.2 Beschreibung der Ausbaumaßnahmen als potenzielle Topologie	577
		8.5.3.3 Modellierung der netzbezogenen Maßnahmen und der Ausbaumaßnahmen	577
		8.5.3.3.1 Kontinuierliche Entscheidungsvariablen	577

			8.5.3.3.2	Diskrete Entscheidungsvariablen	578
			8.5.3.3.3	Bewertung der netzbezogenen Maßnahmen und der Ausbaumaßnahmen	580
	8.5.4	Marktbezogene Maßnahmen			582
	8.5.5	Formulierung des Engpassmanagements als gestufte Optimierungsaufgabe			583
	8.5.6	Grundlagen des Optimierungsverfahrens			583
8.6	Probabilistische Leistungsflussrechnung				587
	8.6.1	Aufgabenstellung			587
	8.6.2	Probabilistische Leistungsflussrechnung mit Monte-Carlo-Simulation			588
	8.6.3	Weitere Verfahren der probabilistischen Leistungsflussrechnung			589
Literatur					590

9 Bestimmung der Übertragungskapazität 593
- 9.1 Kopplung von Übertragungsnetzen 593
- 9.2 Kenngrößen zur Übertragungskapazität 594
- 9.3 Berechnung der Übertragungskapazität 597
  - 9.3.1 Zeithorizonte 597
  - 9.3.2 Berechnungsalgorithmus 598
    - 9.3.2.1 Entso-E-Methode 598
    - 9.3.2.2 Berechnung der möglichen zusätzlichen Erzeugerwirkleistung 601
    - 9.3.2.3 Methode der proportionalen Wirkleistungsauslastung der Erzeuger 602
    - 9.3.2.4 Methode der proportionalen Wirkleistungsreserve der Erzeuger 603
    - 9.3.2.5 Methode der Prioritätsvergabe 604
- Literatur 605

10 Expertensysteme 607
- 10.1 Einsatz von Expertensystemen 607
- 10.2 Expertensysteme in der Energieversorgung 609
- 10.3 Architektur eines Expertensystemen 611
- 10.4 Arten von Wissen 614
- 10.5 Wissensverarbeitung in Expertensystemen 615
  - 10.5.1 Wissensspeicherung 615
  - 10.5.2 Wissensverarbeitung 620
  - 10.5.3 Konfidenzfaktor 622

	10.6	Beispiel eines Expertensystems zur Netzzustandskorrektur	624
		10.6.1 Aufgabestellung	624
		10.6.2 Auswahl topologisch geeigneter Maßnahmen	625
	Literatur		629
11	**Datenmodelle und Testnetze**		**631**
	11.1	Einführung	631
	11.2	Datenmodelle für Offline-Planungsrechnungen	632
		11.2.1 Anforderungen an das Datenmodell	632
		11.2.1.1 Datenumfang	632
		11.2.1.2 Datenorganisation	632
		11.2.1.3 Variantenhaltung	634
		11.2.1.4 Datentausch	634
		11.2.1.5 Eigenschaften	634
		11.2.1.6 Verwaltung von Netzen	635
		11.2.2 Dateibasierte Datenformate	635
		11.2.3 Datenbankbasierte Datenformate	636
		11.2.3.1 Datenbanken	636
		11.2.3.1.1 Aufgaben von Datenbanken und Datenbank-Management-Systemen	636
		11.2.3.1.2 Datensichten	637
		11.2.3.1.3 Aufbau relationaler Datenbanken	637
		11.2.3.2 Datenbankformate	638
		11.2.3.2.1 MS Access	638
		11.2.3.2.2 Common Information Model	638
		11.2.3.2.3 Common Grid Model Exchange Standard	639
	11.3	Datenmodelle in Online-Leitsystemen	639
	11.4	Testdatensätze	640
	Literatur		652
12	**Netzberechnungsprogramme**		**655**
Stichwortverzeichnis			**659**

Formelverzeichnis[1]

A	Matrix, allgemein
B	Suszeptanz
b	Imaginärteil Admittanzmatrixelement
C	Kapazität
E	Realteil der Spannung
E''	subtransiente Polradspannung
F	Imaginärteil der Spannung
G	Leitwert
g	Realteil Admittanzmatrixelement
I_w	Wirkstrom
I_b	Blindstrom
I_k	Kurzschlussstrom
L	Induktivität
N	Anzahl allgemein, Knotenanzahl
N_M	Anzahl Messungen
N_Z	Anzahl Zweige
N_S	Anzahl Zustandsvariablen
N	Knotenmenge

---

[1] Im Folgenden ist eine charakteristische Auswahl der verwendeten Formelzeichen und Indizes angegeben. Der Schriftsatz mathematischer Formelzeichen richtet sich nach DIN 1338. Damit werden skalare Formelzeichen und physikalische Größen kursiv gesetzt. Indizes werden gerade geschrieben, es sei denn es handelt sich ebenso um eine variable Größe (beispielsweise die Indizierung von Matrizeneinträgen). Weiterhin werden komplexe Größen durch eine Unterstreichung kenntlich gemacht (außer bei Vektoren und Matrizen). Vektoren und Matrizen werden durch Fettdruck hervorgehoben. Dabei werden für Matrizen Großbuchstaben verwendet und für Vektoren Kleinbuchstaben. Eine Unterscheidung zwischen einem Zeilenvektor g und einem Spaltenvektor h findet im Schriftsatz nicht statt:Nicht aufgeführte Formelzeichen oder abweichende Definitionen mit abschnittsweiser Gültigkeit werden im Text erläutert. Die Bedeutung weiterer Formelzeichen und Indizes ergibt sich daraus sinngemäß.

φ	Winkel
P	Wirkleistung
P_L	Lastleistung
P_G	Generatorleistung
P_T	Turbinenleistung
P_R	Regelleistung
P_N	Leistung Netz
P_n	Nennwirkleistung
P_r	Bemessungswirkleistung
P_V	Verlustleistung
P_{cu}	Kupferverlustleistung
P_{fe}	Eisenverlustleistung
Q	Blindleistung
s	Länge
S	Scheinleistung
S_{slack}	Leistung am Slack-Knoten
T	Wirkzweigfluss
U_n	Nennspannung
U_r	Bemessungsspannung
U_{min}	Minimalspannung
U_{max}	Maximalspannung
U_{soll}	Sollspannung
U_{netz}	Netzspannung
U_{US}	unterseitige Spannung
U_{OS}	oberseitige Spannung
U_l	Längsspannung
U_q	Querspannung
$U^{(v)}$	Spannung im v-ten Iterationsschritt
$U^{[m]}$	Spannung im Mitsystem
$\boldsymbol{u}$	Spannungsvektor
W	Blindzweigfluss
ω	Kreisfrequenz
X	Reaktanz
X_k	Kurzschlussreaktanz
X_h	Hauptreaktanz
X_{ersatz}	Reaktanz Ersatzleitung
Y	Admittanz
$\boldsymbol{Y}$	Admittanzmatrix
y	Element der Admittanzmatrix
Z	Impedanz (Betrag)
$\underline{Z}$	Impedanz (komplex)
$\bar{Z}$	längenbezogene Impedanz

Z_e Ersatzimpedanz (extern)
Z_i Transferimpedanz (intern)
Z_W Wellenwiderstand

Abkürzungsverzeichnis[2]

ATC	Available Transfer Capacity
AWZ	Ausschließliche Wirtschaftszone
BCE	Base Case Exchange
BDEW	Bundesverband der Energie- und Wasserwirtschaft e. V.
BFO	Bundesfachplan Offshore
BKV	Bilanzkreisverantwortlicher
BNetzA	Bundesnetzagentur
BSO	Blindleistungs-Spannungsoptimierung
CAIDI	Customer Average Interruption Duration Index
CapEx	Capital Expenditure
CE	Central Europe
CEA	Certified energy Auditor
CEER	Council of European Energy Regulators
CGM	Common Grid Model
CGMES	Common Grid Model Exchange Standard
CIGRE	Conseil International des Grands Réseaux Électriques
CIM	Common Information Model
CSV	Comma-separated values (Dateiformat)
DACF	Day Ahead Congenstion Forecast
DIN EN	DIN-Norm Europäische Norm (DIN – Deutsches Institut für Normung e. V.)
DTF	Datentauschformat
DVG	DVG Deutsche Verbundgesellschaft e. V.
EEG	Erneuerbare-Energien-Gesetz
EIA	Energy Information Administration
EnLAG	Energieleitungsausbaugesetz

---

[2] Nachfolgend sind die verwendeten Abkürzungen erklärt, soweit sie nicht im Text erläutert werden oder als generell bekannt vorausgesetzt werden können.

Entso-E	European Network of Transmission System Operators for Electricity
EnWG	Energiewirtschaftsgesetz
EPRI	Electric Power Research Institute
ESB	Ersatzschaltbild
EU	Europäische Union
EVT	Lehrstuhl für Elektrische Energieversorgungstechnik, Universität Wuppertal
F	False
FACTS	Flexible AC Transmission System (AC=Alternating Current=Wechselstrom)
FGH	Forschungsgemeinschaft für Elektrische Anlagen und Stromwirtschaft e. V.
FNN	Forum Netztechnik/Netzbetrieb im VDE
GKK	Gleichstrom-Kurz-Kupplung
Gl., Gln.	Gleichung, Gleichungen
GPS	Global Positioning System
HEO	Höhere Entscheidungs- und Optimierungsfunktionen
HGÜ	Hochspannungs-Gleichstrom-Übertragung
HS	Hochspannung
HöS	Höchstspannung
IEC	International Electrotechnical Commission
IGBT	Insulated-Gate Bipolar Transistor
IKT	Informations- und Kommunikationstechnologien
IPS/UPS	Integrated Power System/Unified Power System of Russia
KraftNAV	Kraftwerks-Netzanschlussverordnung
KVS	Kabelverteilerschrank
KWKG	Kraft-Wärme-Kopplungsgesetz
LP	Lineare Programmierung
MMI	Mensch-Maschine-Interface
MS	Mittelspannung
NABEG	Netzausbaubeschleunigungsgesetz
NAP	Netzanschlusspunkt
NKP	Netzkoppelpunkt
NORDEL	Verbundsystem der skandinavischen Staaten
NOSPE	Niederohmige Sternpunkterdung
NS	Niederspannung
NTC	Net Transfer Capacity
NTF	Notified Transmission Flow
NVP	Netzverknüpfungspunkt
NZK	Netzzustandskorrektur
NZO	Netzzustandsoptimierung
O-NEP	Offshore-Netzentwicklungsplan

OpEx	Operational Expenditure
OPF	Optimal Power Flow
OS	Oberspannung
OSPE	ohne Sternpunkterdung
PE	Polyethylen
PE-X	Vernetztes Polyethylen
PMU	Phasor measurement unit
QP	Quadratische Programmierung
RDF	Resource Description Framework
REI	Radial Equivalent Independent
RESPE	Resonanzsternpunkterdung
RG	Regionalgruppe der Entso-E
RTU	Remote Terminal Unit
SAIDI	System Average Interruption Duration Index
SAIFI	System Average Interruption Frequency Index
SCADA	Supervisory Control and Data Acquisition
SELF	Schnelle, entkoppelte Leistungsflussrechnung
SSch	Sammelschiene
SQL	Structured Query Language
STATCOM	Static Synchronous Compensator
T	True
TRM	Transmission Reliability Margin
TTC	Total Transfer Capacity
TYNDP	Ten-Year Network Development Plan
UCTE	Union for the Coordination of Transmission of Electricity (Teil der Entso-E)
UPFC	Unified Power Flow Controller
ÜNB	Übertragungsnetzbetreiber
US	Unterspannung
VDE	Verband der Elektrotechnik Elektronik Informationstechnik e. V.
VDEW	Verband der Elektrizitätswirtschaft e. V. (heute in BDEW)
VDN	Verband der Netzbetreiber e. V.
VNB	Verteilnetzbetreiber
VSC	Voltage Source Converter
WLS	Weighted Least Square Approach
XML	Extensible Markup Language
ZPBN	Zero Power Balance Network

Elektrische Energieversorgungsnetze 1

1.1 Aufgabe elektrischer Energieversorgungsnetze

Die sichere Versorgung mit elektrischer Energie ist für das reibungslose Funktionieren der meisten technischen Prozesse im öffentlichen, privaten und industriellen Bereich unverzichtbar. Die elektrische Energie wird eingesetzt, um Wärme und Licht zu erzeugen, Motoren anzutreiben und Informationen zu übermitteln. Die breite Nutzung dieser Energieform hat sich Ende des 19. Jahrhunderts durchgesetzt und die Gestalt der modernen Zivilisationen entscheidend geprägt. Unsere Lebensqualität ist vollkommen abhängig von elektrischer Energie. Bereits ein Stromausfall von nur wenigen Tagen hätte katastrophale Auswirkungen auf die Wirtschaft sowie die öffentliche Ordnung [1].

An die technische Qualität, die Zuverlässigkeit, die Resilienz, die Wirtschaftlichkeit sowie die Umweltverträglichkeit der elektrischen Energieversorgung werden daher sehr hohe Anforderungen gestellt [2]. Wesentliche Komponenten der elektrischen Energiesysteme sind die Energieversorgungsnetze. Sie stellen die Verbindung zwischen den Verbrauchern elektrischer Energie (Lasten) und den Einspeisern (z. B. thermische Kraftwerke, Windkraft- und Photovoltaikanlagen) her.

Es handelt sich bei den elektrischen Energieversorgungsnetzen um geografisch weit ausgedehnte Netzwerke aus elektrischen Stromleitungen wie Freileitungen und Erdkabeln und den dazugehörigen Einrichtungen wie Schaltanlagen (Abb. 1.1) und Umspannwerken mit Transformatoren sowie den daran angeschlossenen Einspeisern und Verbrauchern. Elektrische Energieversorgungsnetze umfassen üblicherweise mehrere Spannungsebenen, um die Netzverluste bei der Übertragung und der Verteilung der elektrischen Energie insgesamt möglichst gering zu halten. Aufgrund ihrer weiten Ausdehnung, ihrer großen Anzahl von Einzelkomponenten sowie der darin vielfältig stattfindenden physikalischen Vorgänge sind elektrische Energieversorgungsnetze hoch-

© Springer Fachmedien Wiesbaden GmbH, ein Teil von Springer Nature 2023
K. F. Schäfer, *Netzberechnung,* https://doi.org/10.1007/978-3-658-40877-0_1

Abb. 1.1 Schaltanlage im Übertragungsnetz. (Quelle: K. F. Schäfer)

komplexe technische Systeme. Der jederzeit reibungslose Betrieb dieser Netze ist eine wesentliche Voraussetzung für die Einhaltung der Versorgungssicherheit.

Durch die mit der Energiewende verbundenen strukturellen Veränderungen der elektrischen Energieversorgung ergeben sich neue Herausforderungen für die Gewährleistung eines sicheren Netzbetriebs. So treten beispielsweise durch den Abbau von Kraftwerkskapazitäten sowie durch die Zunahme fluktuierender Einspeisungen aus regenerativen Energien bisher nicht gekannte Betriebssituationen auf, für die die bestehenden Netze weder geplant noch errichtet wurden.

Die Anforderungen an die Planung und den Betrieb elektrischer Energieversorgungsnetze werden dadurch immer komplexer und umfänglicher [2, 3]. Es sind anspruchsvolle Aufgaben, bei denen das Personal möglichst weitgehend durch geeignete technische Hilfsmittel wie rechnergestützte mathematische Modelle der elektrischen Energieversorgungsnetze sowie Berechnungs- und Simulationsverfahren, die in diesem Buch beschrieben werden, unterstützt und entlastet werden soll.

1.2 Öffentliche Energieversorgungsnetze

Für die öffentliche Versorgung mit elektrischer Energie werden in Deutschland elektrische Netze mit unterschiedlichen Spannungsstufen mit Drehstrom und einer Nennfrequenz von 50 Hz betrieben. Andere Stromarten als Drehstrom werden nur für

1.2 Öffentliche Energieversorgungsnetze

Sonderfälle eingesetzt. Beispielsweise verwendet die Bahn in Deutschland Wechselstrom mit einer Frequenz von 16,7 Hz. Straßenbahnen oder längere Kabelverbindungen werden in der Regel mit Gleichstrom betrieben. Ebenfalls werden Gleichstromverbindungen für die Kupplung asynchron betriebener Netze verwendet.

Das öffentliche Energieversorgungsnetz unterteilt sich in sieben Netzebenen. Dazu zählen neben vier Spannungsebenen auch drei Transformierungsebenen zwischen den einzelnen Spannungsebenen. Es werden die Übertragungsnetze der Höchstspannungsebene (HöS: Nennspannung $U_n > 125$ kV) und die Verteilnetze der Hochspannungsebene (HS: 60 kV $\leq U_n \leq$ 125 kV), der Mittelspannungsebene (MS: 1 kV $< U_n <$ 60 kV) und der Niederspannungsebene (NS: $U_n \leq 1$ kV) unterschieden [4]. Abb. 1.2 zeigt die Netzebenen der öffentlichen elektrischen Energieversorgungsnetze in Deutschland.

Bislang erfolgt der Wirkleistungstransport üblicherweise aus Richtung der Netzebene mit der höheren Nennspannung (überlagerte Spannungsebene) in Richtung der Netzebene mit der geringeren Nennspannung (unterlagerte Spannungsebene). Bedingt durch die Veränderungen aufgrund der Energiewende kann sich diese Leistungsflussrichtung bei hohen Einspeiseleistungen in den Verteilnetzen (z. B. durch Photovoltaikanlagen in der Niederspannungsebene) allerdings auch umkehren.

Aufgrund der hohen Investitionskosten für den Aufbau der erforderlichen Infrastruktur bilden elektrische Energieversorgungsnetze sogenannte natürliche Monopole [5].

1.2.1 Höchstspannungsebene

Aufgabe des Übertragungsnetzes der Höchstspannungsebene ist der großräumige Transport elektrischer Energie innerhalb Deutschlands und über die Landesgrenzen hinweg. An das Übertragungsnetz sind die leistungsstarken Einspeiser (konventionelle Kraftwerke, Offshore-Windparks), große Einzelverbraucher (z. B. Industriebetriebe) und die weiter verteilenden Netze angeschlossen. Das deutsche Übertragungsnetz wird in zwei Spannungsstufen mit 380 bzw. 220 kV betrieben (Verbundnetz). Diese beiden Netzebenen sind galvanisch gekoppelt, da die 220/380-kV-Transformatoren in der Regel als Spartransformatoren ausgeführt sind.

Abb. 1.3 zeigt die Struktur des deutschen Übertragungsnetzes. Zu beachten ist, dass in dieser Abbildung nur die wichtigsten Leitungsverbindungen dargestellt sind. Es fehlen etliche Nebenstrecken. Das Übertragungsnetz stellt mit leistungsstarken Leitungen Verbindungen zwischen den Kraftwerksstandorten und den Lastzentren her. Die Verknüpfung der Leitungen erfolgt in großen Schaltstationen. Die mittlere Transportentfernung bei der Energieübertragung zu den Lastzentren beträgt ca. 80 km. Durch die Abschaltung der verbrauchsnahen großen thermischen Kraftwerke im Zuge der Energiewende wird sich diese Distanz auf bis zu 300 km vergrößern [6]. Aus der Höchstspannungsebene wird die unterlagerte Hochspannungsebene versorgt.

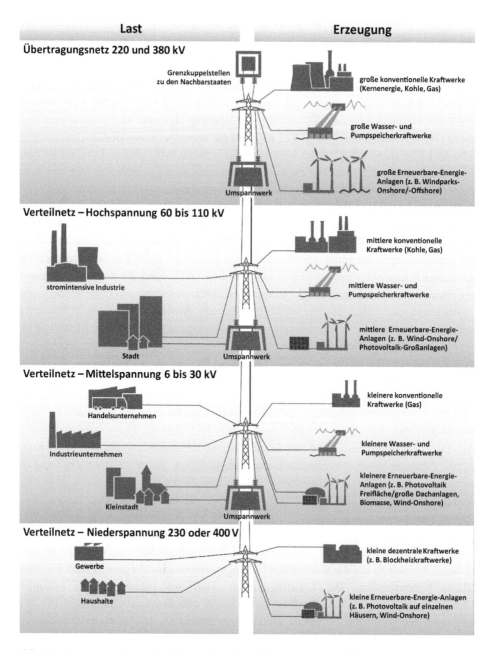

Abb. 1.2 Spannungsebenen der öffentlichen Elektrizitätsversorgung. (Quelle: BMWi)

1.2 Öffentliche Energieversorgungsnetze

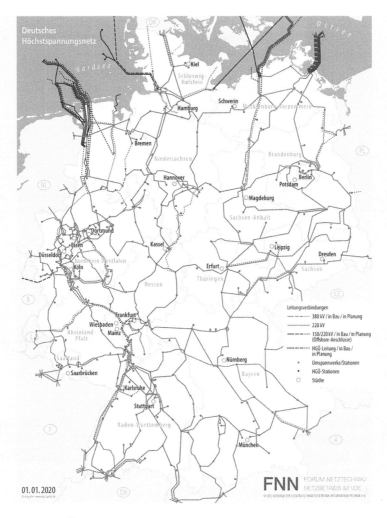

Abb. 1.3 Deutsches Übertragungsnetz. (Quelle: Forum Netztechnik/Netzbetrieb im VDE (VDE FNN))

Das deutsche Übertragungsnetz ist in vier Regelzonen unterteilt (Abb. 1.4). Verantwortlich für jeweils eine Regelzone sind die Netzbetreiber 50Hertz Transmission GmbH (Berlin), Amprion GmbH (Dortmund), TransnetBW GmbH (Stuttgart) und Tennet TSO GmbH (Bayreuth). Sie sind u. a. für den zuverlässigen Betrieb sowie für den unmittelbaren Ausgleich von Erzeugungs- und Verbrauchsleistung innerhalb ihres jeweiligen Übertragungsnetzteiles verantwortlich [7–9].

Das deutsche 380/220-kV-Übertragungsnetz hat eine Leitungslänge von insgesamt ca. 36.500 km. Davon entfallen auf das Netz der 50Hertz Transmission GmbH 10.215 km, auf das Netz der Amprion GmbH 10.809 km, auf das Netz der TransnetBW

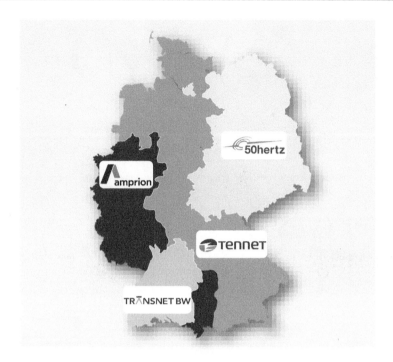

Abb. 1.4 Regelzonen der Übertragungsnetzbetreiber in Deutschland. (Quelle: ÜNB)

GmbH 3136 km und auf das Netz der Tennet TSO GmbH 12.314 km. Die Leitungen sind überwiegend als Freileitungen ausgeführt. Der Anteil der Kabelstrecken beträgt ca. 2000 km. Dazu zählen hauptsächlich die Anbindungen der Offshore-Windparks an die Übertragungsnetze von Tennet TSO und 50Hertz Transmission. In der Höchstspannungsebene werden ca. 1100 Transformatoren betrieben.

Die Amprion GmbH übernimmt mit ihrer zentralen Leitstelle („Systemführung") in Brauweiler (Abb. 1.5) eine regelzonenübergreifende Rolle. Von dort aus werden die Stromflüsse zwischen den vier deutschen Regelzonen (Regelverbund) und zu den benachbarten Übertragungsnetzen koordiniert [6].

Das deutsche Übertragungsnetz ist eingebunden in das kontinentaleuropäische Verbundnetz und wird mit diesem frequenzsynchron betrieben. Mit Ausnahme von zwei 750-kV-Leitungen von der Ukraine nach Polen bzw. nach Ungarn ist 380 kV aktuell die höchste in diesem Verbundnetz auftretende Nennspannung. Die gesamte Trassenlänge des kontinentaleuropäischen 380-kV-Verbundnetzes (ehemals UCTE) beträgt ca. 110.000 km mit einem Freileitungsanteil von 99,9 %. Neben dem kontinentaleuropäischen Verbundnetz existieren in Europa weitere Verbundsysteme, deren Mitglieder jeweils frequenzsynchron miteinander verbunden sind. Abb. 1.6 zeigt die in Regionalgruppen (RG) strukturierten und im Verband der Entso-E organisierten Verbundsysteme [9, 10].

1.2 Öffentliche Energieversorgungsnetze

Abb. 1.5 Systemführung der Amprion GmbH in Brauweiler. (Quelle: Amprion GmbH)

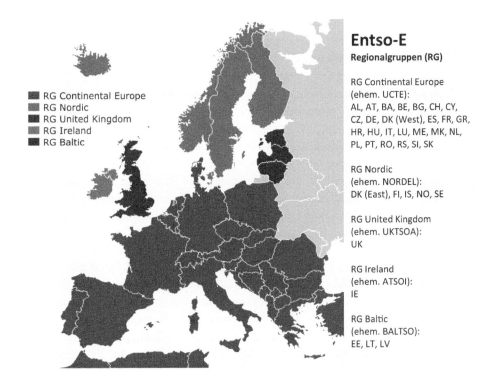

Abb. 1.6 Europäische Verbundsysteme der Entso-E. (Quelle: Entso-E)

Die Regionalgruppen innerhalb Entso-E sind nicht in Form eines einzigen gesamteuropäischen Verbundsystems unmittelbar miteinander verbunden. Die einzelnen Teilsysteme wie das kontinentaleuropäische Verbundnetz oder das skandinavische Verbundnetz (ehemals NORDEL) können ebenso wie das russische Verbundnetz IPS/UPS aus technischen Gründen nicht direkt (i.e. frequenzsynchron) zusammengeschaltet werden. Sie werden daher asynchron zueinander betrieben. Zwischen den einzelnen Verbundnetzen bestehen Gleichstromkupplungen in Form von Kurzkupplungen (GKK) oder Hochspannung-Gleichstrom-Übertragungen (HGÜ), über die allerdings ein Leistungsaustausch nur in vergleichsweise geringem Umfang möglich ist.

Parallel zum europäischen Verbundnetz der öffentlichen Versorgung wird aus den Bahnstromnetzen Deutschlands, Österreichs und der Schweiz ein weiteres eigenständiges multinationales Verbundsystem exklusiv für den Bahnbetrieb in diesen Ländern gebildet. Dieses System wird mit einer Nennspannung von 110 kV und aus historischen Gründen mit einer Netzfrequenz von 16,7 Hz betrieben (s. Abschn. 1.4). Kopplungen zwischen diesem Bahnnetz und dem öffentlichen Verbundnetz sind wegen der unterschiedlichen Frequenzen allerdings nur über aufwendige Umformer- bzw. Umrichterstationen möglich.

Das leistungsmäßig größte Verbundnetz der Welt besitzt China. Die installierte Erzeugungsleistung in diesem System beträgt ca. 1000 GW. Die höchste Übertragungsspannung ist 1000 kV [11].

1.2.2 Hochspannungsebene

Die Verteilnetze der Hochspannungsebene mit einer Nennspannung $U_n = 110$ kV bestehen aus einzelnen, galvanisch getrennten Netzgruppen. Diese Netzgruppen umfassen jeweils eine Region (z. B. e-netz Südhessen) oder eine Großstadt (Stadtwerke Wuppertal). Praxisüblich haben die Verteilnetze dieser Spannungsebene eine teilweise vermaschte Netzkonfiguration. In dieser Ebene speisen kleine und mittlere Kraftwerksblöcke (bis ca. 300 MW) sowie große Windparks und Photovoltaikanlagen ein. Die Großindustrie betreibt ebenfalls eigene Netze in dieser Spannungsebene zur Versorgung der Betriebsanlagen (z. B. Chemieparks) und einzelner Großverbraucher (z. B. Lichtbogenöfen). Aus der Hochspannungsebene werden die unterlagerten Mittelspannungsstationen versorgt.

Die Stromkreislänge der Hochspannungsebene beträgt ca. 95.000 km in ca. 100 Netzen [12]. Die eingesetzten Betriebsmittel sind in der Hochspannungsebene außerhalb der Städte überwiegend Freileitungen, im innerstädtischen Bereich meist Kabel. In der Hochspannungsebene werden ca. 7500 Transformatoren betrieben [13]. Abb. 1.7 zeigt das Beispiel einer größeren Netzgruppe in der 110-kV-Spannungsebene. Versorgt wird eine Netzgruppe in der Regel aus mehreren Einspeisepunkten, die sich gegenseitig Reserve stellen und aus Gründen der Versorgungszuverlässigkeit räumlich auseinander liegen.

1.2 Öffentliche Energieversorgungsnetze

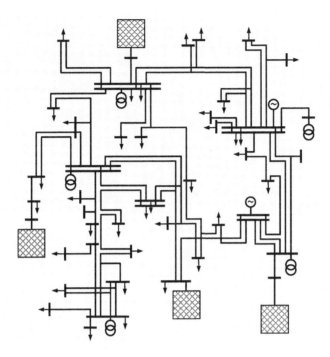

Abb. 1.7 Schematischer Netzplan einer 110-kV-Netzgruppe

1.2.3 Mittelspannungsebene

Die Verteilnetze der Mittelspannungsebene mit Nennspannungen $U_\mathrm{n} = 10$ kV oder 20 kV, selten 30 kV, bestehen ebenfalls aus einzelnen, galvanisch getrennten Netzbezirken (Abb. 1.8) mit einer radialen oder ringförmigen Netzstruktur. Sie dehnen sich über Stadtbezirke, zwischen Ortschaften oder in Industriebetrieben aus. Aus dieser Ebene werden die Ortsnetzstationen, an denen die Niederspannungsnetze angeschlossen sind, und große Gebäudekomplexe versorgt. Ebenfalls werden in dieser Ebene mittelgroße Industrieunternehmen und große Einzelverbraucher (z. B. Motoren) angeschlossen. In die Mittelspannungsebene wird ein Großteil der Leistung aus regenerativen Energien (Windkraft- und Biomasseanlagen) eingespeist.

Die für die Versorgung nötigen Leistungstransformatoren zur Einspeisung aus dem vorgelagerten Hochspannungsnetz haben meist eine Leistung zwischen 20 MVA und 60 MVA.

Die Stromkreislänge der Mittelspannungsebene beträgt ca. 510.000 km in ca. 4500 Netzen [12]. In den Mittelspannungsnetzen werden auf dem Land Freileitungen, in Städten und Ortschaften überwiegend Kabel eingesetzt, wobei der Kabelanteil sehr schnell zunimmt. In der Mittelspannungsebene werden ca. 560.000 Transformatoren betrieben.

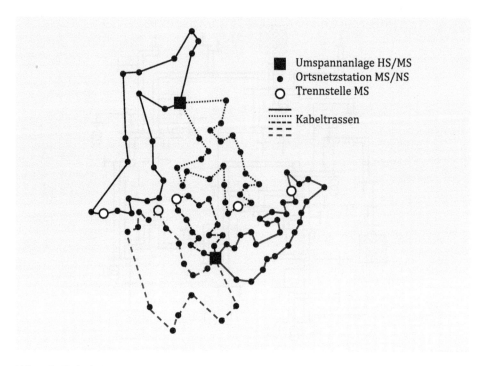

Abb. 1.8 Beispiel eines Mittelspannungsnetzes

1.2.4 Niederspannungsebene

Die Verteilnetze der Niederspannungsebene mit einer Nennspannung $U_n = 0{,}4$ kV dehnen sich über kleinere Ortschaften, innerhalb von Straßen oder Gebäudekomplexen aus. Diese Ortsnetze bilden die öffentliche Versorgung der Haushalte, Handwerksbetriebe, öffentlicher Einrichtungen und Dienstleistungsbetriebe. Die üblichen Netzkonfigurationen in dieser Spannungsebene sind radiale Netze. Die Bemessungsleistungen einzelner Ortsnetztransformatoren sind typischerweise 250, 400, 630 oder 1000 kVA. Mit Netzen dieser Spannungsebene ist auch die innerbetriebliche Versorgung von größeren Industriebetrieben (hier auch mit $U_n = 600$ V oder 1 kV) aufgebaut. In der Niederspannungsebene ist die überwiegende Anzahl der Photovoltaikanlagen angeschlossen.

Die Stromkreislänge der Niederspannungsebene beträgt ca. 1.123.000 km in ca. 500.000 Netzen [12]. In den Niederspannungsnetzen finden sich nur noch in abgelegenen Bereichen Freileitungen, ansonsten werden ausschließlich Kabel eingesetzt.

1.3 Nichtöffentliche Energieversorgungsnetze

1.3.1 Industrienetze

Größere Industrieanlagen verfügen häufig über eigene Energieversorgungssysteme, die den besonderen Anforderungen der jeweiligen Betriebe Rechnung tragen. So verfügen diese Systeme in der Regel über eigene Erzeugungseinheiten, die auch eine Versorgung mit elektrischer Energie aufrechterhalten können, falls die Einspeisung aus dem öffentlichen Netz ausfallen sollte. Meist werden in industriellen Energiesystemen Kraftwerke betrieben, bei denen thermische Energie als Prozessdampf für die entsprechenden Produktionsprozesse ausgekoppelt werden kann.

Die elektrischen Industrienetze sind wie das öffentliche Netz in mehreren Spannungsstufen organisiert. Aufgrund der nur geringen räumlichen Ausdehnung der Industrieanlagen und der verglichen mit der öffentlichen Versorgung sehr hohen Lastdichte haben sich dabei die Spannungsstufen 110/20/6/0,5 kV etabliert. In Industriebetrieben wird wegen des klaren Aufbaus, des übersichtlichen Betriebs und des einfach strukturierten Netzschutzes in der Regel ein strahlenförmiges Netz betrieben.

Abb. 1.9 zeigt die typische Struktur eines industriellen Verteilnetzes. Über die 110-kV-Ebene ist das Industrienetz an das öffentliche Übertragungsnetz (Fremdnetz) angebunden. Die industrieinternen 110- und 20-kV-Netze werden in der Regel in zwei parallel geführten Teilnetzen, die man auch als Schattennetze bezeichnet, auf dem Betriebsgelände verteilt. Alle Eigenerzeugungsanlagen speisen dabei in eines der beiden

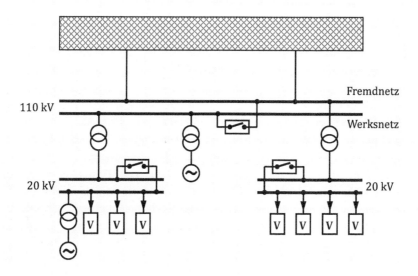

Abb. 1.9 Struktur eines Industrienetzes

Teilnetze ein, die in der Kuppelstelle zum öffentlichen Netz miteinander verbunden sind. Im Falle einer Störung der öffentlichen Versorgung kann das Industrienetz über eine schnelle Schutzeinrichtung vom öffentlichen Netz getrennt und so betriebswichtige Anlagen auf der Basis der eigenen Erzeugungsanlagen unterbrechungsfrei weiter versorgt werden.

1.3.2 Bahnstromnetz

Zur Versorgung der mehr als 19.000 km elektrifizierter Eisenbahnstrecken in Deutschland mit elektrischer Energie betreibt die DB Energie GmbH (Frankfurt) ein eigenes, zusammenhängendes 110-kV-Hochspannungsnetz mit einer Leitungslänge von insgesamt 7900 km [14]. Dieses Netz transportiert die elektrische Energie, die an ca. 50 Stellen in das Netz eingespeist wird, zu mehr als 150 Bahnunterwerken. Von dort wird der Strom dann mit einer Spannung von 15 kV in die Oberleitungen (Fahrdraht) eingespeist. Das 110-kV-Bahnstromnetz wird als einphasiges System mit Wechselspannung und einer Frequenz von 16,7 Hz (bis zum Jahr 1995 mit 16 2/3 Hz) entkoppelt vom Netz der öffentlichen Versorgung betrieben. Das Bahnstromnetz wird von der obersten Zentralstelle in Frankfurt überwacht und gesteuert. Abb. 1.10 zeigt die Struktur des deutschen 110-kV-Bahnstromnetzes [15].

Entsprechend seiner Aufgabenstellung ist das Bahnstromnetz ein Verteilnetz, das darauf ausgelegt ist, starke regionale, durch den Fahrbetrieb der elektrisch betriebenen Züge bedingte Schwankungen aufzufangen und durch ausreichende Regelleistung auszugleichen. Das Bahnstromnetz wird zwar als zusammenhängendes Netz betrieben, zum großräumigen Leistungstransport über weite Entfernungen ist es aufgrund der gewählten Nennspannung und der vorhandenen Leitungsquerschnitte definitionsgemäß aber nicht ausgelegt. Die Einspeisungen (Kraftwerke, Umformer- und Umrichterwerke) sind daher auch gleichmäßig über das gesamte Netz entsprechend den Lasten (Umspannstationen für die Fahrdrahtspannung 15 kV) verteilt [16].

Mit den gleichen Kenngrößen (Nennspannung, Frequenz etc.) wie das Netz der DB Energie werden die Bahnstromversorgungen in der Schweiz und Österreich betrieben. Mit diesen Netzen bestehen direkte Netzverbindungen zum deutschen Bahnstromnetz.

Die Leitungen der Bahnstromversorgung werden symmetrisch gegen Erde betrieben. Jeder Leiter einer 110-kV-Bahnstromleitung hat somit eine Spannung von 55 kV gegen Erde. Das Bahnstromnetz wird gelöscht betrieben. Die Erdschlusskompensationsdrosselspule (Petersenspule, s. Abschn. 5.4.4.2.2) ist an die Mittelanzapfung der Hochspannungstransformatoren angeschlossen. Das Hochspannungsnetz der DB Energie besteht überwiegend aus Freileitungen, die in der Regel auf eigenen Trassen geführt und häufig nicht parallel zur Bahnlinie verlegt werden, um die Leitungsführung kurz zu halten und um Beeinflussungen elektrischer Anlagen im Streckenbereich zu vermeiden [17]. Kabelstrecken gibt es nur in der Nähe einiger Kraftwerke und in Ballungsgebieten.

1.3 Nichtöffentliche Energieversorgungsnetze

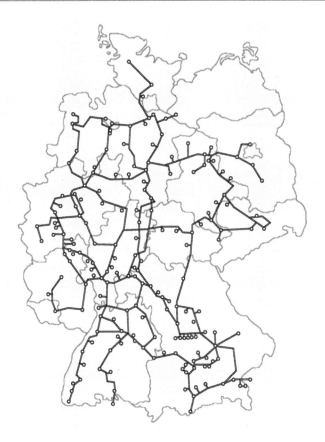

Abb. 1.10 Bahnstromnetz in Deutschland. (Quelle: DB Energie GmbH)

1.3.3 Offshore-Windparks und Netzanbindung

Die Herstellung der Netzanbindung von Offshore-Windparks an das Übertragungsnetz ist sowohl eine technisch als auch logistisch anspruchsvolle Aufgabe. Die Netzanbindung umfasst dabei drei wesentliche Abschnitte. Dies sind die Windenergieanlagen selbst, die interne Windpark-Verkabelung sowie die eigentliche Verbindung des Windparks mit dem Übertragungsnetz an Land.

Die elektrische Leistung wird in den Windenergieanlagen mit einer Generatorspannung von zumeist 690 V erzeugt und mit einem anlageneigenen Transformator auf die Nennspannung der internen Windpark-Verkabelung zwischen 20 und 36 kV transformiert. Als Netztopologie für die interne Windpark-Verkabelung haben sich im Wesentlichen die radiale (Strang-), die Ring- und die Stern-Netztopologie durchgesetzt [18]. Abb. 1.11 zeigt die typische Struktur eines Offshore-Windparks in radialer Netztopologie.

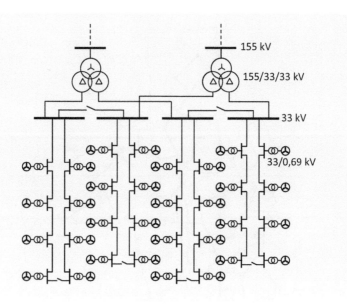

Abb. 1.11 Mittelspannungsnetz eines Offshore-Windparks [18]

Die Verbindung eines Offshore-Windparks zum bestehenden Übertragungsnetz an Land kann sowohl als Drehstromverbindung als auch als HGÜ-Leitung hergestellt werden. Welche Technologie im Einzelfall zum Einsatz kommt hängt im Wesentlichen von der Entfernung des Windparks von der Küste ab. Abhängig von der Übertragungsleistung ist eine Übertragung in HGÜ-Technik ab einer Entfernung von etwa 60 km kostengünstiger gegenüber einer Drehstromübertragung.

Alle Windenergieanlagen eines Offshore-Windparks werden an eine eigene Umspannplattform angeschlossen, auf der der Strom zur Übertragung auf ein höheres Spannungsniveau transformiert wird. In der Regel werden die Drehstrom-Anschlusskabel im Offshore-Bereich mit einer Nennspannung von 155 kV ausgelegt. Der Netzanschlusspunkt (NAP) ist die Stelle im Anschlusssystem eines Offshore-Windparks, die den Übergang vom eigentlichen Windpark zum Netz darstellt. Der NAP befindet sich am Hochspannungsanschluss der Transformatoren auf der Umspannplattform des Windparks. Von hier aus wird bei Drehstrom-Verbindungen der Strom über Seekabel direkt zum nächsten Netzverknüpfungspunkt (NVP) an Land geführt und auf die jeweilige Spannungsebene des Höchstspannungsnetzes (380 oder 220 kV) transformiert.

Bei HGÜ-Verbindungen wird der Strom aus mehreren benachbarten Windparks an einer weiteren, sogenannten Konverterplattform, im Meer zusammengeführt und von dort aus über Seekabelverbindungen an Land geleitet. Auf der Plattform der Konverterstation befindet sich der sogenannte Netzkoppelpunkt (NKP), der die Grenze der Zuständigkeiten zwischen Netz- und Windparkbetreiber markiert (Abb. 1.12). Für die

1.3 Nichtöffentliche Energieversorgungsnetze

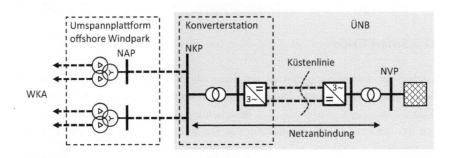

Abb. 1.12 Zuständigkeiten und Eigentumsverhältnisse bei Netzanbindungskonzepten in der Nordsee [18]

HGÜ-Netzanbindung werden nach dem Bundesfachplan Offshore (BFO) eine Nennspannung von 320 kV und eine Nennleistung von 900 MW als technische Richtwerte vorgegeben [18]. An Land wird in einer Konverterstation der Gleichstrom wieder in Drehstrom umgewandelt und in das Übertragungsnetz eingespeist.

Eine höhere Zuverlässigkeit des Netzanbindungssystems kann seeseitig durch zusätzliche Drehstrom-Verbindungen zwischen den Konverterstationen hergestellt werden [19]. Hierfür wurden im BFO bereits entsprechende Trassen ausgewiesen [20]. Müssen dafür größere Entfernungen überbrückt werden, könnte dies mit Gleichstromverbindungen realisiert werden. Dabei würde ein vermaschtes Mehrpunkt-HGÜ-Netz (Multi-Terminal-System) entstehen, mit dem gleichzeitig auch die Redundanz der Netzanbindung erhöht würde [18].

Im Offshore-Netzentwicklungsplan (O-NEP) sind die Zuständigkeiten und Eigentumsverhältnisse für die ausschließliche Wirtschaftszone (AWZ) Deutschlands geregelt [21]. Die Offshore-Netzanbindungen sind in Deutschland gesetzlich als Teil des Übertragungsnetzes definiert. Damit ist der jeweilige Übertragungsnetzbetreiber des Netzverknüpfungspunkts an Land für die Errichtung und den Betrieb der HGÜ-Netzanbindung und des Drehstrom-Anschlusskabels verantwortlich [18]. Für die Netzanbindungen der Offshore-Windparks in der Nordsee sind die Übertragungsnetzbetreiber Amprion und TenneT TSO, für die Windparks in der Ostsee ist 50Hertz Transmission in ihren jeweiligen Netzgebieten zuständig.

Die Netzanbindungen von Offshore-Windparks sind in der Regel komplexe Netzgebilde, die aus Drehstrom- und Gleichstromverbindungen in unterschiedlichen Spannungsebenen aufgebaut sind. Die Berechnung solcher komplexen Netzstrukturen erfordert daher speziell dafür geeignete Berechnungsverfahren (siehe Abschn. 3.3.10).

1.4 Innovative und zukünftige Netze

1.4.1 Smart Grids

Die derzeitige Stromversorgung ist auf einer überwiegend zentral ausgerichteten Einspeisungsstruktur aufgebaut. Die Verteilnetze wurden bisher im Wesentlichen unidirektional betrieben. Aufgrund der bestehenden Verteilung von Einspeisungen und Lasten war der Leistungsfluss eindeutig von der höheren hin zur niedrigeren Spannungsebene gerichtet.

Bedingt durch die Energiewende ergeben sich für die Verteilnetze künftig völlig neue Aufgabenstellungen. Zum einen ergibt sich durch eine ständig wachsende Anzahl dezentraler Einspeiser eine hohe Leistungseinspeisung auch in den unteren Spannungsebenen und zum anderen steigt die Anzahl von Verbrauchern mit hohem elektrischen Leistungsbedarf, wie beispielsweise Wärmepumpen oder Elektroautomobilen, stark an. Die Verteilnetze werden damit zunehmend bidirektional betrieben. Für einen solchen Betrieb sind die Verteilnetze in der Vergangenheit aber weder geplant noch gebaut worden. Um den neuen Anforderungen dieser gravierend veränderten Einspeisesituation gerecht zu werden, müssen die Verteilnetze entweder mit hohem wirtschaftlichem Aufwand konventionell (d. h. mit leistungsfähigeren Transformatoren in den Ortsnetzstationen und durch den Ausbau des Leitungsnetzes) verstärkt werden oder aber mit geeigneter Messtechnik und Steuerungsautomatik effektiv nachgerüstet werden. Diese Art der Systemertüchtigung lässt sich treffend mit dem Schlagwort „Intelligenz statt Kupfer" umschreiben [22–24].

Das Ergebnis der zweiten Netzausbauvariante wird auch als Smart Grid bezeichnet. Diese Smart Grids sind intelligente Energienetze, die die Akteure des Energiesystems über ein Kommunikationsnetzwerk mittels Remote Terminal Units (RTU) miteinander verbinden (Abb. 1.13). Dies ermöglicht eine Optimierung und Überwachung der miteinander verbundenen Systembestandteile. Ziel dabei ist die Sicherstellung der Energieversorgung auf Basis eines effizienten und zuverlässigen Systembetriebs. Definitionsgemäß ist ein Smart Grid komplexer als konventionell ausgebaute Systeme [25].

Aufgrund dieser Komplexität werden zukünftig auch in den Mittel- und Niederspannungsebenen Netzberechnungsverfahren zur Anwendung kommen, die bisher ausschließlich in der Hoch- und Höchstspannungsebene eingesetzt werden [27–29].

Moderne Informations- und Kommunikationstechnologien (IKT) werden künftig alle Ebenen der elektrischen Energieversorgung durchdringen. Dies wird auch zu einer erweiterten Automatisierung und Fernsteuerung der Verteilnetze zur Sicherung einer hohen Versorgungsqualität führen. Es wird ein komplexes Energiemanagement auf Basis der Aggregation und Koordination von verteilten Erzeugern, Speicheranlagen und steuerbaren Lasten im Rahmen sogenannter virtueller Kraftwerke aufgebaut werden [30]. Durch die Nutzung neuer Zählerfunktionen (Smart Metering) wird die Energieeffizienz bei den Kunden verbessert, z. B. durch dynamische Tarife (Smart Pricing) [31].

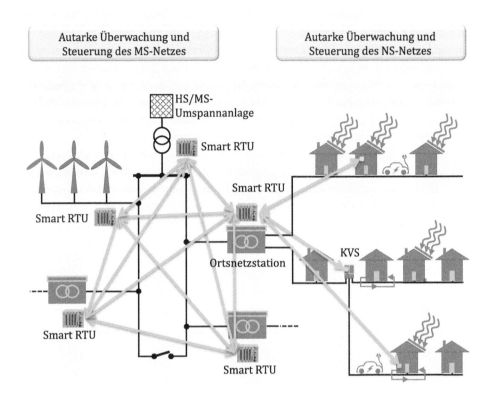

Abb. 1.13 Prinzipielle Struktur „intelligenter" Verteilnetze [26]

1.4.2 Overlaynetze

Zur Entlastung bzw. zur Vermeidung künftiger Engpässe im bestehenden Übertragungsnetz ist neben dessen strukturellem Ausbau die Errichtung eines großräumigen, überregionalen Höchstspannungstransportnetzes (Overlaynetz) in der Diskussion [32–34]. Zusätzlich zum bestehenden Netz soll mit einem Overlaynetz Strom über weite Strecken möglichst verlustarm transportiert werden. Die Stromerzeugung aus erneuerbaren Energien kann so über verschiedene Wetterzonen und geografische Gegebenheiten hinweg ausgetauscht werden. Die Auswirkungen der Einspeisefluktuationen aus erneuerbaren Energien werden reduziert, notwendige Speicherkapazitäten gemindert und vorhandene Speicherkapazitäten besser ausgenutzt. Zusätzlich profitiert auch der europäische Strombinnenmarkt von einer Verbindung der Märkte [35, 36].

Ein für Deutschland vorgesehenes Overlaynetz darf allerdings nicht national isoliert betrachtet werden. Ein solches Netz ist immer auch Teil eines europaweiten Super-Grids. Unter diesem Begriff wird das Konzept eines europaweiten Höchstspannungssystems verstanden, das beispielsweise die Nutzung von großen Potenzialen im Bereich der erneuerbaren Energien ermöglicht.

Charakteristisch für ein Overlaynetz ist, dass es über nur wenige, aber sehr leistungsstarke Leitungsverbindungen, die an den zu erwartenden Hauptleistungsflüssen ausgerichtet sind, verfügt. Es werden damit möglichst auf direktem Weg Regionen, in denen große Einspeisungen konzentriert sind (z. B. Sammeleinspeisungen von Offshore-Windparks mit einigen GW Leistung), mit den nationalen Lastzentren verbunden. Das Overlaynetz ist daher nicht oder nur sehr gering vermascht.

An die Verfügbarkeit des Overlaynetzes müssen nicht so hohe Anforderungen wie beim bestehenden Übertragungsnetz, das nach wie vor die nationale Versorgungsaufgabe erfüllen muss, gestellt werden. Es bestehen nur wenige, aber sehr leistungsstarke Verknüpfungspunkte zwischen dem bestehenden Übertragungsnetz und dem Overlaynetz. Abb. 1.14 zeigt die Korridore eines parallel zum deutschen Übertragungsnetz ent-

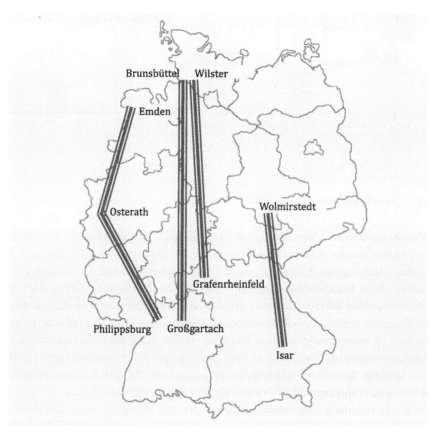

Abb. 1.14 Einige Leitungsvorhaben entsprechend dem Bundesbedarfsplan. (Quelle: BNetzA, VDE, ÜNB)

sprechend dem Bundesbedarfsplan [33] vorgesehenen Overlaynetzes [37] mit einer Übertragungskapazität von insgesamt ca. 8 GW [31, 33].

Da in Deutschland die Hauptursache für zu erwartende Engpasssituationen im bestehenden Übertragungsnetz durch die Einspeisungen aus großen Offshore-Windparks begründet ist, muss das Overlaynetz eine hauptsächlich in Nord-Süd-Richtung verlaufende Struktur und Transportkapazität aufweisen. Die Transportleistung zum Leistungsausgleich in Ost-West-Richtung und zum Abtransport von Windleistung aus dem Nordosten Deutschlands kann dagegen geringer dimensioniert sein.

Technologisch kann das Overlaynetz wie das bisherige Übertragungsnetz in Drehstromtechnik ausgeführt werden. Alternativ bietet eine Realisierung als HGÜ-Netz aufgrund der weit auseinander liegenden Punkt-zu-Punkt Verbindungen Vorteile. Als Nennspannung bietet sich für die Drehstromtechnik die Nennspannung $U_n = 380$ kV des vorhandenen Übertragungsnetzes an. Bei einer Ausführung als HGÜ-Leitungen könnten auch deutlich höhere Spannungen (z. B. 525 kV) realisiert werden. Aufgrund der politischen Vorgaben soll ein wesentlicher Teil des Overlaynetzes als Kabelstrecke ausgeführt werden [8, 33].

1.4.3 Weltstromnetz

Für die Realisierung eines zukünftigen Marktes für elektrische Energie wird der intrakontinentale Ausbau der Übertragungsnetze vorangetrieben. Für Europa werden dabei sowohl der Ausbau der bestehenden Teilnetze des Entso-E-Systems als auch neue Kuppelleitungen zwischen den einzelnen Teilsystemen geplant. Hierzu gehören beispielsweise Leitungen zur Querung der Adria, der Nord- und der Ostsee (Abb. 1.15) [8, 38–40].

Ähnliche Entwicklungen lassen sich auch auf den anderen Kontinenten beobachten. Eine konsequente Weiterentwicklung dieses intrakontinentalen Netzausbaus ist die Konzeption eines interkontinentalen Weltstromnetzes [40–43]. Abb. 1.16 zeigt die prinzipielle Struktur eines solchen Weltstromnetzes.

Durch das Ausgleichen von Angebot und Nachfrage, wenn beispielsweise in einem Land viel Wind weht, aber der Verbrauch gering ist und in einem anderen Land die entgegengesetzte Situation herrscht, könnte ein weltumspannendes Energienetz die Integration erneuerbarer Energien verbessern [44]. Ein solches System böte die Möglichkeit eines umfassenden tages- und sogar eines jahreszeitlichen Ausgleichs zwischen Energieverbrauch und -erzeugung.

Die technologische Basis eines solchen interkontinentalen Verbundsystems sind sogenannte Ultrahochspannungsleitungen. Entsprechende Systeme sind als Einzelanlagen mit Spannungen von 1000 kV in Drehstromsystemen und 800 kV bei Gleichstromübertragung bereits im chinesischen Übertragungsnetz im Einsatz [45].

Das Konzept eines Weltstromnetzes sieht vor, zunächst eine regionale bzw. nationale Vernetzung der erneuerbaren Energien zu realisieren. Anschließend soll die Vernetzung

Abb. 1.15 Konzeption eines intrakontinentalen Netzes in Europa. (Quelle: e-highway 2050)

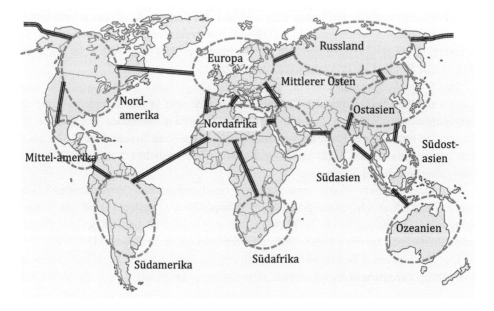

Abb. 1.16 Konzeption eines interkontinentalen Weltstromnetzes. (Quelle: energybrainpool.com)

auf den einzelnen Kontinenten umgesetzt werden. In der dritten Phase werden dann interkontinentale Kuppelleitungen errichtet, mit denen dann ein global funktionierendes Weltstromnetz gebildet wird. Ein erster Ansatz eines Kontinente übergreifenden Energiesystems war der im Projekt *Desertec* geplante Bau von Hochspannungsleitungen zum Transport elektrischer Energie von Nordafrika nach Europa [46].

Die gesellschafts- und sozialpolitischen Probleme, die mit Projekten dieser Dimension fast zwangsläufig verbunden sind, lassen die Realisierung eines Weltstromnetzes auf absehbare Zeit allerdings eher unwahrscheinlich erscheinen.

1.5 Zeitbereiche der Netzbetriebsführung und der Netzplanung

Um die zuvor beschriebenen Versorgungsaufgaben zu erfüllen, müssen die Energieversorgungsnetze stets sorgfältig geplant, aufgebaut und betrieben werden. Die Bearbeitung dieser Aufgaben wird in drei zeitlich gestaffelte Bereiche unterteilt (Abb. 1.17) [47].

Die momentane Netzbetriebsführung betrachtet einen bestimmten Zeitpunkt des überwachten Netzes mit determinierten Zustandsgrößen (Last, Einspeisung, Topologie etc.). Dies kann der aktuelle oder ein Zeitpunkt in naher Zukunft sein. Der Betrachtungszeitraum hierfür ist in der Regel kleiner als eine Stunde. In diesem Zeitraum ist für jeden Zeitaugenblick mit dem Eintreten eines ungeplanten Zufallsereignisses (Ausfall einer Leitung, eines Transformators, einer Einspeisung o. ä.) zu rechnen. Eine wesentliche Aufgabe der Netzbetriebsführung ist es, die momentane Güte der Energieversorgung zu

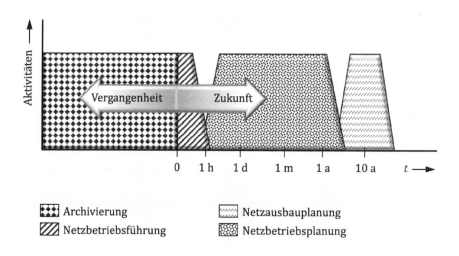

Abb. 1.17 Zeitbereiche der Netzbetriebsführung und Netzplanung [47]

überwachen. Diese Aufgabe wird als Netzsicherheitsüberwachung (security monitoring) bezeichnet.

Bei der Planung besteht dagegen das Ziel, durch die Analyse von Ereignissen der Vergangenheit und durch die Simulation von künftigen Betriebsszenarien das Verhalten eines bestehenden oder erweiterten Systems in einem Zeitraum der Zukunft zu bestimmen. Der Zeithorizont der Netzbetriebsplanung, mit dem das bestehende System betrachtet wird und mit dem der Schaltzustand, die Reserveleistung, die Instandhaltungspläne etc. zur Erreichung einer hohen Versorgungswahrscheinlichkeit festgelegt werden, umfasst etwa ein Jahr. Die Netzausbauplanung, die den Zu- und Rückbau von Betriebsmitteln beinhaltet, berücksichtigt dagegen einen Zeitraum von mehreren Jahren und soll damit das Langzeitverhalten elektrischer Energieversorgungsnetze mit einer bestimmten Wahrscheinlichkeit vorhersagen. Dabei werden auch externe Einflussfaktoren wie der Ausbau und die Marktintegration erneuerbarer Energien, die Planung konventioneller Kraftwerke und Speicher, die prognostizierte Nachfrageentwicklung elektrischer Energie sowie die Entwicklung des europäischen Elektrizitätsbinnenmarktes in die Planung einbezogen [6].

1.6 Netzbetriebsführung

1.6.1 Aufgabe der Netzbetriebsführung

Die Überwachung und Führung von Energieversorgungsnetzen in der Höchst- und in der Hochspannungsebene wird von zentralen Warten (i.e. Netzleitstellen, Schaltleitungen) aus durchgeführt, die mit umfangreichen Informationsübertragungs- und Prozessrechneranlagen ausgestattet sind. Die Aufgaben lassen sich in Online-Funktionen, d. h. die unmittelbare Verarbeitung von Prozessdaten aus dem Energieversorgungssystem, und Offline-Funktionen, d. h. die Verarbeitung von verdichteten Prozessdaten und prognostizierten Daten, einteilen. Die Online-Funktionen werden üblicherweise in die Bereiche SCADA (Supervisory Control and Data Acquisition) und HEO (Höhere Entscheidungs- und Optimierungsfunktionen) gegliedert [6, 7, 9, 47, 48].

Das SCADA-System umfasst u. a. die Datenerfassung, die Binärsignalverarbeitung, die Mess- und Zählwertverarbeitung, die leittechnischen Verriegelungen, die Prozessdarstellung auf Sichtgeräten (Mensch-Maschine-Interface, MMI), die Überwachung der einzelnen Betriebsmittel, die Protokollierung von Ereignissen sowie die Archivierung [7].

Der Bereich Höhere Entscheidungs- und Optimierungsfunktionen (HEO) umfasst verschiedene Rechenverfahren, die das Betriebsführungspersonal bei der Führung des Netzes unterstützen. Es handelt sich hierbei also um einen erweiterten Funktionsumfang, der deutlich über die Funktionen des SCADA-Systems hinausgeht. Erst mit den im Rahmen der HEO durchgeführten Berechnungen kann eine umfassende Aussage über den aktuellen Zustand eines Energieversorgungssystems getroffen werden. Zu den HEO-

Funktionen gehören beispielsweise die Datenaufbereitung für Online-Netzberechnungsprogramme, die Zustandsschätzung (State Estimation), die Leistungsflussberechnung, die Ausfallsimulationsrechnung, die Kurzschlussberechnung sowie die Momentanoptimierung [7].

Zu den Offline-Funktionen werden die Lastprognose bis zu einem Zeitraum von einem Jahr, die Kraftwerkseinsatzplanung bis zu einem Zeitraum von einem Jahr sowie die Netzbetriebsplanung mit vorhandenen Übertragungselementen gezählt.

In den Mittel- und Niederspannungsebenen sind diese Betriebsstrukturen nur in Einzelfällen vorhanden. Aufgrund der in den unteren Spannungsebenen zunehmend komplexer werdenden Betriebssituationen gewinnen diese Technologien allerdings auch hier immer mehr an Bedeutung.

1.6.2 Überwachung der Netzsicherheit

Die Aufgabe der Netzsicherheitsüberwachung lässt sich grundsätzlich in drei Stufen, die in Abb. 1.18 dargestellt sind, unterteilen. Dies ist in der Höchst- und in der Hochspannungsebene gängige Praxis, in der Mittel- und Niederspannungsebene erfolgt ebenfalls eine Überwachung des Systemzustands, allerdings mit einem deutlich geringeren Funktionsumfang gegenüber den höheren Spannungsebenen.

In der ersten Stufe wird aufgrund der vom Fernwirksystem übertragenen und vom Prozessrechner aufbereiteten Datenbasis aus Messungen und Meldungen sowie aufgrund der ergänzenden Rechnungen der aktuelle Zustand des Energieversorgungsnetzes

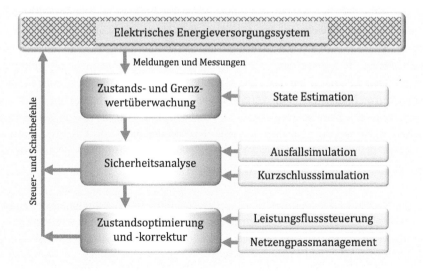

Abb. 1.18 Ablauf der Netzsicherheitsüberwachung

ermittelt. Die Schaffung der vollständigen und konsistenten Datenbasis erfolgt dabei über das Verfahren der Leistungsflussschätzung (State Estimation).

Die nächste Stufe bildet den Kern der Netzsicherheitsüberwachung und besteht darin, den aktuellen Zustand zu analysieren und in verschiedene Bewertungsstufen zu klassifizieren, aus denen ggf. Abhilfe- bzw. Korrekturmaßnahmen abzuleiten sind. Die Bewertung wird durch die vorbeugende Analyse der Folgen möglicher Komponentenausfälle und Kurzschlüsse, bestehend aus Ausfallsimulations- und Kurzschlussrechnungen, durchgeführt.

Weisen die Ergebnisse dieser Rechnungen auf mögliche Verletzungen definierter Grenzwerte hin, die zu weiteren und dadurch den Systemzustand noch mehr verschlechternden Abschaltungen führen können, werden in der dritten Stufe der Netzsicherheitsüberwachung präventive Korrekturmaßnahmen durch den Schaltingenieur festgelegt und durch Schalt- und Steuerbefehle im System ausgeführt. Die Aufgabe der Zustandskorrektur, vom Zustand des gefährdeten Netzbetriebes zum sicheren Normalzustand zurückzukehren, wird in Teilbereichen ebenfalls vom Prozessrechner unterstützt [49].

Ebenfalls in Abb. 1.18 angegeben sind die Rechenmethoden zur Erledigung der in den einzelnen Stufen der Netzsicherheitsüberwachung zu erfüllenden Aufgabenstellungen. Unterstützt wird das Personal in den Netzleitstellen durch eine geeignete grafische Aufbereitung und Präsentation der üblicherweise nur numerisch vorliegenden Ergebnisse der Berechnungsverfahren [50–52].

1.6.3 Definition des Systemzustands

1.6.3.1 Netzzustand

Eine Aufgabe der Betriebsführung eines elektrischen Energieversorgungssystems ist die Analyse und Bewertung des aktuellen Betriebszustands des zu überwachenden Systems. Hierfür hat sich das Konzept der Sicherheitszustände [48, 53, 54] bestens bewährt. Jeder Betriebszustand wird dabei durch eine Kombination aus gültigen und nicht gültigen Kriterien definiert. Die Grundlage dieser Zustandsbewertungen sind die Ergebnisse von Netzberechnungsverfahren wie Leistungsflussrechnung und Kurzschlussstromberechnung. Darüber hinaus gibt es Zustände, in denen die Gültigkeit bestimmter Kriterien nicht relevant ist. Der aktuelle Ist-Zustand wird als Grundfall oder auch als (N-0)-Fall (siehe Abschn. 1.8.2.1.1) bezeichnet. Die Kriterien zur Bewertung des Zustands eines elektrischen Energieversorgungssystems sind:

O Der Netzbetrieb ist wirtschaftlich optimal. Die Optimalität kann dabei minimale Verluste, minimale Ausgleichsleistung, minimale Frequenzabweichungen o. ä. bedeuten

V Alle Verbraucher werden in dem betrachteten Betriebszustand vollständig mit der angeforderten Leistung versorgt. Geplante Versorgungsunterbrechungen werden durch diese Darstellung nicht erfasst. Das Kriterium **V** bezieht sich nur auf ungeplante Versorgungsunterbrechungen

1.6 Netzbetriebsführung

G Alle betrieblichen Grenzen sind im Grundfall eingehalten. Beispiele für Betriebsmittelgrenzen sind minimale und maximale Spannungsbeträge an allen Netzknoten, maximale Ströme auf den Übertragungselementen

A Die Ausfallsimulationsrechnung ist ohne Befund

K Die Kurzschlusssimulationsrechnung ist ohne Befund

Abb. 1.19 zeigt die aus diesen Kriterien abgeleiteten, möglichen Betriebszustände eines elektrischen Energieversorgungssystems. Nicht erfüllte Kriterien sind durchgestrichen, nicht relevante Kriterien sind in der Schriftfarbe Weiß dargestellt.

Die Übergänge von einem Zustand zu einem anderen Zustand werden entweder durch eine technische Störung oder durch Schalthandlungen, Reparatur- oder Optimierungsmaßnahmen verursacht. Im Normalbetrieb mit den Teilzuständen „optimal", „sicher" und „gefährdet" sind aktuell alle Verbraucher vollständig versorgt und es werden alle betrieblichen Grenzen eingehalten. Im Störbetrieb mit den Teilzuständen „gestört" und „zerstört" wird die zulässige Betriebsgrenze mindestens eines Betriebsmittels verletzt. Sind beim Zustand „zerstört" Verbraucher in größerem Umfang und über einen längeren Zeitraum nicht versorgt, wird dieser Zustand häufig als „Blackout" bezeichnet. Im Aufbaubetrieb können nicht alle Verbraucher vollständig versorgt werden.

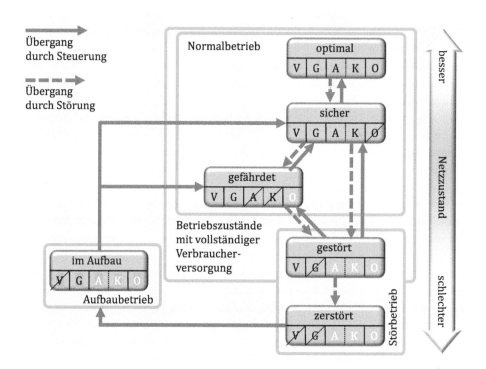

Abb. 1.19 Betriebszustände eines Energieversorgungssystems

Beispielsweise ist der Zustand „gestört" dadurch gekennzeichnet, dass zwar noch alle Verbraucher versorgt, nicht aber alle betrieblichen Grenzen eingehalten sind, also z. B. ein Transformator überlastet ist. Die Optimalität des Betriebs und der Befund von Ausfall- und Kurzschlusssimulationsrechnung ändern in diesem Fall nichts am Betriebszustand. Es sei angemerkt, dass eine fortlaufende Ausfall- und Kurzschlusssimulationsrechnung bisher nur in Übertragungsnetzen, nicht aber in Verteilnetzen allgemein üblich ist. In diesem Fall kann der „gefährdete" Betrieb, der sich durch die Ungültigkeit der Kriterien **A** oder **K** definiert, ggf. nicht erkannt werden. Ferner werden geplante Versorgungsunterbrechungen durch die Darstellung nicht erfasst, da sich das Kriterium **V** nur auf ungeplante Versorgungsunterbrechungen bezieht, d. h. es werden auch bei Ausfall eines Netzbetriebsmittels noch alle betrieblichen Grenzen eingehalten, sodass der sichere Betrieb gewährleistet ist. Dies entspricht dem sogenannten $(N-1)$-Kriterium. Zustandsübergänge werden entweder durch eine technische Störung oder durch Schalthandlungen, Reparatur- oder Optimierungsmaßnahmen verursacht.

1.6.3.2 Smart Grid Ampelkonzept

Ein weiteres Konzept, das zur Beschreibung von Netzzuständen im Verteilnetz entwickelt wurde, basiert auf dem vom BDEW vorgeschlagenen Ampelmodell [27, 29]. Mit diesem sogenannten Smart Grid Ampelkonzept werden die Regeln für das Zusammenwirken aller relevanten Marktrollen wie Lieferanten, Bilanzkreisverantwortliche, Erzeuger, Speicherbetreiber und der gesetzlich regulierten Rolle der Netzbetreiber definiert. Hierbei werden wie bei einer Straßenverkehrsampel die drei Phasen grün, gelb und rot unterschieden. Abhängig von der jeweils bestehenden Ampelfarbe gelten im jeweiligen Netzsegment für einen bestimmten Zeitraum bestimmte Regeln für die jeweiligen Akteure.

Die zugehörigen Netzzustände und die Methoden für den Netzbetrieb lassen sich dabei wie folgt beschreiben. Befindet sich das System in der grünen Phase, stehen ausreichend Netzkapazitäten zur Verfügung, um den am Energiemarkt gehandelten Strom ungehindert zu transportieren. In der gelben Phase fließen Informationen zu Netzengpässen in die Transportsteuerung ein. Das Abschalten, Zuschalten oder Drosseln von Ein- oder Ausspeisung kann zu verschiedenen Zeiten und an verschiedenen Orten unterschiedliche Effekte auf die verbleibenden knappen Netzkapazitäten haben. Die Entscheidungsprozesse erfolgen dabei noch marktgetrieben, d. h. der jeweilige Netzbetreiber kann im Vorfeld entsprechende Flexibilitäten kontrahieren, die nun regelkonform abgerufen werden. In der roten Phase befindet sich das Netz im kritischen Zustand. Der Netzbetreiber entscheidet transparent und diskriminierungsfrei, welche Transportleistungen nicht mehr erbracht werden können und schaltet unabhängig von jeglichem Marktgeschehen entsprechende Erzeuger oder Verbraucher ab bzw. zu [28]. Die Bewertung des jeweiligen Netzzustandes erfolgt auch bei diesem Zustandskonzept auf der Basis von Berechnungsergebnissen der Leistungsflussrechnung und Kurzschlussstromberechnung.

1.7 Netzplanung

Phase rot:
Steuerung und Regelung durch Netzbetreiber (regulierter Bereich)
Gefahr im Verzug; Gefährdung und Störung

Phase gelb:
Die verantwortlichen Netzbetreiber interagieren mit den Marktteilnehmern nach Regeln zur Systemstabilität

Phase grün:
Wirken der Marktmechanismen (Wettbewerb)

Abb. 1.20 Ampelkonzept

Abb. 1.20 beschreibt die Grundidee des Smart Grid Ampelkonzepts. Danach hat die Situation im Energieversorgungsnetz einen unmittelbaren Einfluss auf die Ampelphase und somit auf die Interaktion von Markt und Netz. Die Netzbetreiber ermitteln den aktuellen und den prognostizierten Zustand ihrer Netzsegmente und ordnen diesen einer der drei Ampelphasen zu. Mit der Umsetzung des Ampelkonzeptes können Netzbetreiber den Marktteilnehmern einen in der Regel ortsgebundenen Bedarf an Flexibilität signalisieren und somit einen Anreiz für verändertes Kundenverhalten schaffen. Auf Basis der vom Netzbetreiber bereitgestellten Informationen können die Marktteilnehmer neue Produkte entwickeln und dem Netzbetreiber anbieten. Sofern sich der Flexibilitätsabruf durch den Netzbetreiber auf vorgelagerte Netze auswirkt, bindet dieser den vorgelagerten Netzbetreiber rechtzeitig ein [27].

1.7 Netzplanung

Die Aufgaben der Netzplanung umfassen die beiden Bereiche Netzbetriebsplanung und Netzausbauplanung. Mit der Netzbetriebsplanung wird für ein bestehendes System der bestmögliche Einsatz der vorhandenen Betriebsmittel bestimmt, um die in naher Zukunft anstehenden Versorgungsaufgaben bewältigen zu können. Teil der Netzbetriebsplanung ist es auch, einen zuverlässigen Netzbetrieb zu gewährleisten, falls aufgrund von Wartungs- und Instandsetzungsarbeiten Betriebsmittel freigeschaltet werden müssen. Die Aufgabenstellung entspricht daher weitgehend der im vorigen Kapitel beschriebenen Netzbetriebsführung, allerdings nicht für den aktuellen, sondern für einen unmittelbar bevorstehenden Netzbetriebszustand, der durch entsprechende Simulationen nachgebildet werden muss.

Die Netzausbauplanung hat zum Ziel, das Netz durch Zubau, Erweiterung oder Rückbau von Betriebsmitteln für Aufgaben der Zukunft zu ertüchtigen und zu optimieren. Die Aktivitäten der Netzausbauplanung werden in der Regel von akuten oder absehbaren Problemen, die in der Netzstruktur vorhanden sind, ausgelöst. Diese Probleme ergeben sich häufig durch höhere Lasten oder Änderungen in der Einspeisung, wie z. B. durch den Anschluss neuer Erzeugungseinheiten (z. B. Kraftwerke, Photovoltaikanlagen). Zunehmend spielen auch gestiegene Handelsaktivitäten auf den Energiemärkten eine große Rolle für den Netzausbau. Insbesondere ist dies an den Ländergrenzen für die sogenannten Kuppelleitungen von Bedeutung. Weiter sind die notwendige Ertüchtigung oder Erneuerung von alten Anlagen Auslöser von Ausbauplanungsaktivitäten. Sie bieten die Chance zur Analyse und Verbesserung des bestehenden Systems. Bei der Ausbauplanung fließen in immer größerem Maße auch Akzeptanzfragen wie Verkabelung anstatt Freileitungen oder wegerechtliche Überlegungen in die Entscheidungsfindung mit ein oder dominieren diese sogar gegenüber den technologisch-wirtschaftlichen Überlegungen.

Aufgrund von Änderungen in den Randbedingungen, häufig auch durch technologische Weiterentwicklungen, ist es oft günstiger, andere Lösungen zu realisieren, anstatt die alte Anlage in der gleichen Konfiguration wieder neu zu bauen. So bieten neue Technologien beispielsweise gerade für Verteilnetze interessante Alternativen zu der bisher üblichen Praxis, diese Netze ausschließlich durch den Ausbau der Primärtechnik zu ertüchtigen. Mit der Nutzung neuer Automatisierungskonzepte in diesen Netzebenen kann der erforderliche Netzausbau häufig deutlich reduziert oder sogar zu einem großen Teil ganz vermieden werden [23]. Wesentliches Element für die tatsächliche Umsetzung einer entwickelten Maßnahme ist allerdings die Refinanzierung z. B. durch die erzielbaren Netzentgelte.

Ein weiterer Auslöser ist das Bestreben, die Wirtschaftlichkeit zu optimieren, d. h. die Optimierung von Investitionskosten (Capital Expenditure, CapEx) und Betriebskosten (Operational Expenditure, OpEx). Dazu zählen z. B. Maßnahmen zur Reduzierung der Netzverluste, Restrukturierungsmaßnahmen zur Reduktion der Betriebsmittelanzahl, Reduktion der Anzahl der Spannungsebenen.

Die Netzausbauplanung ist im Wesentlichen ein empirischer Prozess, in dem systematisch Netzvarianten für verschiedene Versorgungsaufgaben generiert und für diese Varianten die resultierende Versorgungsqualität sowie die entstehenden Investitions- und Betriebskosten bestimmt werden. Da Netzplanung immer auch eine vermutete Entwicklung in der Zukunft beinhaltet, untersucht man verschiedene wahrscheinliche Versorgungsaufgaben abhängig von der zukünftigen Lastentwicklung und von erwarteten Einspeiseszenarien. Ziel ist, Lösungen zu finden, die für möglichst viele derartige Szenarien einen vertretbaren Kompromiss darstellen (so genannte „No-Regret-Maßnahmen"). In der Regel wird bei der Bearbeitung dieser Planungsaufgaben eine Vielzahl von verschiedenen Szenarien simuliert, um daraus die beste Variante für die jeweilige Aufgabenstellung zu bestimmen. Die Überprüfung der einzelnen Netzkonzepte erfolgt mit geeigneten Rechenverfahren wie beispielsweise der Leistungsfluss-, der Ausfallsimulations- oder der Kurzschlusssimulationsrechnung und der Bewertung mit geeigneten Zustandskriterien. Abb. 1.21 zeigt den prinzipiellen Ablauf einer solchen Netzuntersuchung.

1.7 Netzplanung

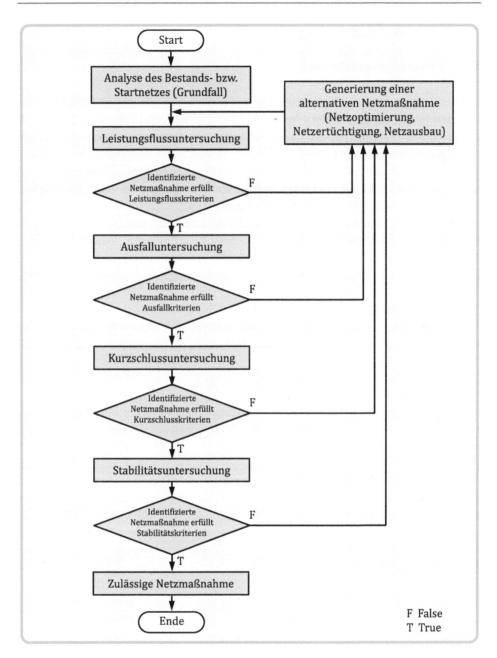

Abb. 1.21 Prinzipieller Ablauf einer Netzuntersuchung

1.8 Netzzustandsbewertung

1.8.1 Bewertungskriterien

Die Bewertung des Systemzustandes von elektrischen Energieversorgungsnetzen orientiert sich an der Einhaltung vorgegebener Grenzwerte betrieblicher Größen, die sich aus den technischen und physikalischen Parametern der Betriebsmittel definieren. Diese Bewertungskriterien gelten dabei sowohl für einen gegebenen Ausgangszustand (Grundfall), der dem aktuellen Systemzustand oder auch einem beliebigen Planungsfall entspricht, als auch für darauf aufsetzende Variantenuntersuchungen, bei denen Ausfälle von Betriebsmitteln oder Fehlerfälle simuliert werden.

Im Folgenden wird eine Auswahl der wichtigsten betrieblichen Bewertungskriterien und Simulationsvarianten vorgestellt. Darüber hinaus werden in der betrieblichen Praxis noch weitere Kriterien und Untersuchungsvarianten eingesetzt, um besondere Merkmale und Gegebenheiten in elektrischen Energieversorgungsnetzen zu berücksichtigen [7, 55].

1.8.1.1 Einhaltung der Wirkleistungsbilanz

In einem Energieversorgungssystem muss die Summe der erzeugten Wirkleistung P_E zu jedem Zeitpunkt gleich der Summe aus Lastleistung P_L und Verlustleistung P_V sein [9]. Es muss daher stets gelten:

$$P_E(t) = P_L(t) + P_V(t) \tag{1.1}$$

Auftretende Abweichungen in dieser Wirkleistungsbilanz bewirken eine Änderung der Netzfrequenz und damit die Einleitung eines Regelvorganges, um die Leistungsbilanz wieder auszugleichen.

1.8.1.2 Einhaltung von Spannungsgrenzen

Die Spannungsbeträge U_k an allen N_K Netzknoten müssen innerhalb bestimmter maximaler und minimaler Grenzen liegen, die in den Höchst- und Hochspannungsebenen zum einen durch die Überspannungs- und Isolationskoordination und zum anderen durch die Verbraucheranforderungen und die Spannungsstabilität des Netzes vorgegeben sind [55, 56].

$$U_{k,\min} \leq U_k \leq U_{k,\max} \quad k = 1, \ldots, N_K \tag{1.2}$$

In Tab. 1.1 sind die zulässigen Spannungsbänder für den ungestörten Betriebsfall in den Höchst- und Hochspannungsebenen angegeben [57]. Die Definition von unterschiedlichen Spannungsgrenzen für den Grundfall und für den Netzzustand bei Ausfallsimulationsrechnungen ist prinzipiell möglich.

Für eingeschränkt zu beherrschende Sammelschienen-, Common-Mode- und unabhängige Mehrfachausfälle im 380-kV-Netz beträgt die minimal zulässige Spannung $U_{\min} = 370$ kV. Im Regelfall beträgt die maximal zulässige Spannungsdifferenz für das 380/220-kV-Übertragungsnetz bei Ausfall ±5 % gegenüber dem ungestörten Betrieb

1.8 Netzzustandsbewertung

Tab. 1.1 Zulässige Spannungsbänder im ungestörten Betrieb

Spannungsebene (Nennspannung)	Höchste Betriebsspannung im Normalbetrieb	Niedrigste Betriebsspannung im Normalbetrieb
380 kV	420 kV	390 kV
220 kV	245 kV	220 kV
110 kV	123 kV	100 kV

(Grundfall) unter Einhaltung der oben genannten Spannungsbänder und sofern die maximal zulässige Spannungsdifferenz mit einem wirtschaftlich vertretbaren Aufwand erreichbar ist.

Im Mittel- und Niederspannungsnetz sollen entsprechend DIN EN 50160 [58] die Knotenspannungsbeträge nicht mehr als ±10 % von der Nennspannung U_n abweichen.

1.8.1.3 Einhaltung von Stromgrenzen

Die N_Z Netzzweige (Kabel, Leitungen, Sammelschienenkupplungen, Netztransformatoren etc.) dürfen nicht oberhalb ihres maximal zulässigen Stromgrenzwertes belastet werden.

$$I_z \leq I_{z,\max} \qquad z = 1, \ldots, N_Z \qquad (1.3)$$

Die Anforderung der Stromgrenzen muss für alle Netzsituationen der Netzsicherheitsanalyse eingehalten werden. Bei einem Sammelschienenausfall können auch höhere Auslastungen bis zu 120 % des maximalen Stromgrenzwertes bei Stromkreisen und bis zu 150 % des maximalen Stromgrenzwertes bei Transformatoren zugelassen werden, um dieser besonderen und vergleichsweise selten auftretenden Störungsart besondere Rechnung zu tragen.

Im Einzelfall sind Abweichungen vom maximal zulässigen Stromgrenzwert für einzelne Betriebsmittel möglich, falls deren Spezifika (z. B. zulässige Dauerbelastbarkeit bestimmter Transformatortypen oberhalb ihrer Nennbelastbarkeit) dies zulassen. So ist in Abhängigkeit der Umgebungsbedingungen auch eine höhere Belastbarkeit von Stromkreisen regional von bis zu 150 % des Leiternennstroms, der unter den Normbedingungen gemäß DIN 50341 [59] zur dauerhaft zulässigen Leiterseiltemperatur von 80 °C nach DIN 50182 [60] führt, möglich, weil beispielsweise in Zeiten höherer Windgeschwindigkeiten andere klimatische Randbedingungen im Vergleich zu den Normbedingungen gemäß DIN 50341 vorliegen.

Vor einer Berücksichtigung der Abhängigkeit der Strombelastbarkeit von Freileitungen von den Umgebungsbedingungen sind allerdings alle betroffenen Betriebsmittel eines Stromkreises (Leiterseile und Armaturen, Schaltgeräte, Wandler, Schaltfeldbeseilungen, etc.) entsprechend VDE-AR-N 4210-5 auf ihre technische Eignung zur Beherrschung einer höheren Strombelastbarkeit zu prüfen [57, 61].

Um die betrieblichen Bedingungen abzubilden, können für die Bewertung des Netzzustandes auch die von der thermischen Grenzbelastbarkeit abweichenden Einstellungswerte der zugehörigen Schutzeinrichtungen oder andere sinnvolle Grenzwerte vorgegeben werden.

1.8.1.4 Einhaltung von Grenzwerten der Parallelschaltgeräte

Mit Parallelschaltgeräten wird das Zuschalten von offenen Leitungsverbindungen oder Sammelschienenkupplungen nur dann zugelassen, wenn bestimmte Bedingungen eingehalten werden. In Abhängigkeit von verschiedenen Parametern wie Grenzspannungsdifferenz oder Grenzwinkeldifferenz (Parallelschaltbedingungen) wird der Einschaltbefehl dann ausgeführt oder ggf. durch das Parallelschaltgerät blockiert. Die Parallelschaltbedingungen werden im Rahmen der Netzzustandsbewertung für alle Netzzweige überprüft. Mit dieser Überprüfung wird das Überschreiten einer maximalen Spannungswinkel- oder Spannungsbetragsdifferenz zwischen den Endpunkten eines zu schaltenden Betriebsmittels vermieden. Die entsprechenden Grenzwerte der Parallelschaltgeräte können für das gesamte Netz oder auch nur für einen spezifischen Netzzweig festgelegt werden. Abb. 1.22 zeigt Netzsituationen, in denen ein Parallelschaltgerät zum Einsatz kommen kann [62].

Zur Einhaltung der Parallelschaltbedingungen darf an den Schaltstellen von offenen Netzzweigen eine maximale Spannungsbetragsdifferenz $\Delta U_{z,\max}$ der Spannungen $U_{z,k}$ am Leitungsanfang und $U_{z,i}$ am Leitungsende bzw. an den entsprechenden Knoten der Sammelschienenkupplung nicht überschritten werden.

$$\left|U_{z,k} - U_{z,i}\right| \leq \Delta U_{z,\max} \quad z = 1,\ldots,N_Z \text{ und } k,i \in \{1,\ldots,N_K\} \quad (1.4)$$

Typische Werte für die maximale Spannungsbetragsdifferenz $\Delta U_{z,\max}$ sind 8 kV für die 380-kV-Ebene und 6 kV für die 220-kV-Spannungsebene [62].

Für alle offenen Netzzweige soll eine maximale Spannungswinkeldifferenz $\Delta \varphi_{z,\max}$ eingehalten werden.

$$\left|\varphi_{z,k} - \varphi_{z,i}\right| \leq \Delta \varphi_{z,\max} \quad z = 1,\ldots,N_Z \text{ und } k,i \in \{1,\ldots,N_K\} \quad (1.5)$$

Im Regelfall ist es ausreichend, wenn die Spannungswinkeldifferenz zwischen der Sammelschiene und dem offenen Ende eines daran angeschalteten Stromkreises maximal 20° beträgt [63].

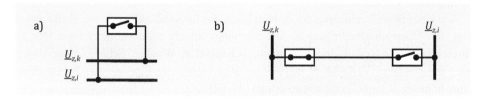

Abb. 1.22 Parallelschaltbedingung: **a** Kupplung **b** offener (ausgefallener) Netzzweig

1.8.1.5 Einhaltung der maximalen Einspeiseleistung an einer Sammelschiene

Um die Auswirkungen eines Sammelschienenausfalls auf die Übertragungsaufgabe des Netzes zu minimieren, wird die maximale Einspeiseleistung $P_{EL,max}$ an einer Sammelschiene (SSch) in der Regel begrenzt. Dieses Beurteilungskriterium ist besonders bei Schaltanlagen mit einer großen Gesamteinspeiseleistung wichtig. Die Einspeiseleistung P_{EL} an Sammelschienen wird mit der Leistungsflussrechnung des Grundfalls überprüft.

$$P_{EL,s} = \sum_{e=1}^{N_{ERZ,s}} P_e \quad \text{mit} \quad s = 1, \ldots, N_{SSch} \tag{1.6}$$

$$P_{EL,s} \leq P_{EL,max,s} \quad \text{mit} \quad s = 1, \ldots, N_{SSch} \tag{1.7}$$

Die maximal zulässige Gesamteinspeiseleistung bei zwei gekuppelten Sammelschienen im Höchstspannungsnetz beträgt beispielsweise 3000 MW für die Regelzonen im UCTE-Netz [56, 64]. Beim entkuppelten Mehrfachsammelschienenbetrieb in der Schaltanlage werden die Grenzwerte jeder einzelnen Sammelschiene von den jeweiligen Übertragungsnetzbetreibern festgelegt.

1.8.2 Simulation von Ausfällen

Bei der Analyse eines definierten Systemzustandes wird in Abhängigkeit der eingesetzten Verfahren zwischen ausfallorientierten und kundenorientierten Kriterien sowie zwischen determinierten und probabilistischen Kriterien unterschieden.

Ausfallorientierte Bewertungskriterien betrachten jeweils nur eine Störung und beurteilen, ob deren Auswirkungen zulässig oder unzulässig sind. Demgegenüber berücksichtigen kundenorientierte Planungskriterien die Auswirkungen aller störungsbedingten Ausfälle gemeinsam auf den Kunden. Sie sind daher theoretisch den ausfallorientierten Kriterien vorzuziehen, da sie eher dem Wunsch nach einer volkswirtschaftlichen Optimierung gerecht werden. Bei diesem Verfahren werden die Zuverlässigkeitskenngrößen Unterbrechungshäufigkeit, Unterbrechungsdauer, Nichtverfügbarkeit und nicht zeitgerecht gelieferte Energie bestimmt.

Für die Auslegung des Kraftwerksparkes wird in der Regel determiniert vom Ausfall des größten Blocks, oder allgemeiner eines gewissen Prozentsatzes der Einspeiseleistung ausgegangen. Diese Ausfälle muss das Gesamtsystem ohne Versorgungsunterbrechung überstehen.

Probabilistische Kriterien werden noch sehr zögerlich umgesetzt, da die Beschaffung der relevanten Daten für ein reales Energieversorgungssystem sehr aufwendig ist. Im Folgenden wird daher nur das weit verbreitete und allgemein anerkannte deterministische (N − 1)-Kriterium der ausfallorientierten Simulation von Betriebsmitteln und Einspeisungen berücksichtigt und die dafür erforderlichen Rechenverfahren beschrieben (Abb. 1.23).

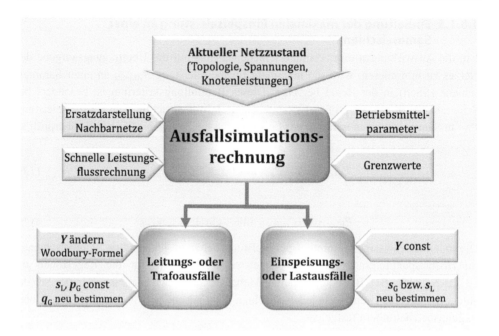

Abb. 1.23 Ausfallsimulationsrechnungen

Bei diesen Simulationen werden entsprechend der vorliegenden Aufgabenstellung Ausfälle von einzelnen Zweigen (Leitungen, Transformator) oder anderen Netzkomponenten (Kompensationseinrichtungen), gleichzeitige Ausfälle von mehreren Elementen (unabhängige Zweigausfälle, Common-Mode-Ausfälle, Sammelschienenfehler) und Ausfälle von Einspeisungen oder Lasten unterschieden. Mit der Simulation von Ausfällen werden verschiedene Ausfallarten und Ausfallordnungen nachgebildet.

Die Ausfallart beschreibt die mathematische Behandlung der Varianten bei der Ausfallsimulationsrechnung. Bei Zweigausfällen (Transformatoren, Kabel, Freileitungen etc.) wird eine Änderung der Admittanzmatrix Y des mathematischen Modells und eine erneute Leistungsflussrechnung durchgeführt, während bei Einspeisungsausfällen (Generatoren, Kraftwerke) oder bei Laständerungen die Admittanzmatrix unverändert bleibt und eine Neuberechnung der verbliebenen Einspeisungen aufgrund des Regelverhaltens des überwachten Netzes und der umgebenden Nachbarnetze erforderlich ist.

Die Ausfallordnung gibt die Anzahl ω der gleichzeitig angenommenen Ausfälle von Betriebsmitteln pro Simulationsfall an. Ziel der Netzsicherheitsanalyse ist es, den Zustand des Netzes nach dem Ausfall von Betriebsmitteln im Voraus zu simulieren. Dies würde die Berechnung aller theoretisch möglichen Ausfallkombinationen der N Komponenten des Netzes mit

1.8 Netzzustandsbewertung

$$\sum_{\omega=1}^{N} \binom{N}{\omega} = 2^N - 1 \quad (1.8)$$

Simulationsrechnungen erfordern. Bei realen Systemen ist daher wegen der großen Anzahl der Fälle eine Beschränkung der Anzahl simulierter Ausfallvarianten unerlässlich.

1.8.2.1 Betriebsmittelausfälle

1.8.2.1.1 Das (N − 1)-Kriterium

Die von den Netzkunden erwartete hohe Zuverlässigkeit der elektrischen Energieversorgungsnetze lässt sich im Netzbetrieb nur gewährleisten, wenn genügend Redundanz vorhanden ist, da stochastische Ausfälle von Betriebsmitteln mit nachfolgenden Reparaturzeiten einkalkuliert werden müssen. Unter Ausfall wird dabei die Beendigung der Fähigkeit eines Betriebsmittels verstanden, eine geforderte Funktion zu erfüllen. Da es sich um stochastische Ereignisse handelt, ist eine quantitative Berechnung der Versorgungszuverlässigkeit nur mit probabilistischen Methoden möglich, die sich auf der Höchstspannungsebene aus verschiedenen Gründen noch nicht allgemein durchgesetzt haben. Seit Beginn des Ausbaus von vermaschten Verbundnetzen hat sich daher in der Praxis zur Beurteilung der notwendigen Redundanz ersatzweise das sogenannte (N − 1)-Kriterium bewährt [65].

Aus Sicht des Netzbetriebes gelten danach Übertragungsnetze als hinreichend zuverlässig, wenn sie den Ausfall eines beliebigen Betriebsmittels ohne störungsbedingte Folgeauslösung durch Überlastung der verbleibenden Netzelemente und ohne Inselnetzbildung verkraften. Als Betriebsmittel werden dabei folgende Komponenten verstanden:

- Stromkreis
- Fernübertragungsverbindung (z. B. HGÜ-Verbindung)
- HGÜ-Konverterstation
- Transformator
- Blindleistungskompensationsanlage
- Betriebsmittel zur Leistungsflusssteuerung
- Sammelschiene bzw. Sammelschienenabschnitt
- Erzeugungsanlage (inkl. Speicheranlage)

Für die erfolgreiche Anwendung dieses deterministischen Ersatzkriteriums müssen allerdings die folgenden Voraussetzungen erfüllt sein. Die betrachteten Betriebsmittel haben eine geringe Ausfallhäufigkeit und eine kurze Ausfalldauer. Das stochastische Ausfallverhalten der Schutzbereiche ist unabhängig. Die Höchstspannungsnetze werden mit Kurzunterbrechung betrieben, die die häufigen einpoligen Erdkurzschlussfehler in aller Regel folgenlos beseitigt. Innerhalb eines Jahres gibt es ausreichend Zeiten mit moderater Netzbelastung zur Durchführung von Reparatur- und Wartungsarbeiten. Es ist eine adäquate Netzbetriebsführung mit modern ausgerüsteten Netzleitstellen vorhanden, die eine ständige Überwachung der Einhaltung des präventiven (N − 1)-Kriteriums erlauben.

Aufgrund ihrer nur sehr regionalen Wirksamkeit werden in den Verteilnetzen im Gegensatz zu den Hoch- und Höchstspannungsnetzen kurzzeitige Versorgungsunterbrechungen zugelassen. Diese Netze werden üblicherweise nach dem Kriterium „(N − 1)-sicher mit Umschaltreserve" ausgelegt und betrieben. In einem Verteilungsnetz gilt daher das modifizierte (N − 1)-Kriterium, das erfüllt ist, falls das Netz nach Ausfall eines beliebigen Betriebsmittels ggf. nach erforderlicher Umschaltmaßnahme die Energieversorgung ohne Einschränkung fortsetzen kann.

Bei einer nur geringen Defizitleistung werden dabei auch Wiederversorgungszeiten für zumutbar erachtet, die beispielsweise in Mittelspannungsnetzen durchaus bis zu zwei Stunden betragen können. In Niederspannungsnetzen existiert häufig keine Option für Umschaltmaßnahmen und damit auch keine Redundanz.

Ganz wesentlich für die richtige Interpretation des (N − 1)-Kriteriums ist, dass auf der Ebene der Netzbetriebsführung mit dem Wert N jeweils nur die Anzahl der betriebsbereiten Netzelemente ausgedrückt wird. Geplante Nichtverfügbarkeiten (z. B. die zeitweilige Außerbetriebnahme eines Betriebsmittels für Wartungsarbeiten) bedeuten, dass sich der Wert für N entsprechend ändert.

Nach Ausfall eines Betriebsmittel muss der Netzbetrieb durch netztechnische Maßnahmen (Topologie, Stufenstellung der Transformatoren usw.) die Einhaltung des (N − 1)-Kriteriums in der Regel mit einer kleineren Anzahl N in kurzer Zeit (<10 min) wieder herstellen. Auch jeweils in Wartung befindliche Betriebsmittel gehören nicht zu den aktuellen N Betriebsmitteln. Gerade diese notwendige Flexibilität muss für die Bemessung der erforderlichen Redundanz beachtet werden. Entsprechend dieser Definition wird der (ungestörte) Grundfall auch als (N − 0)-Fall bezeichnet.

Reichen die netztechnischen Maßnahmen nicht aus, werden zur Herstellung der (N − 1)-Sicherheit Eingriffe in die Einspeisungsverteilung (Redispatch) vorgenommen.

Die sichere Beherrschung eines Ausfalls darf nicht zu Folgeauslösungen mit Störungsausweitungen führen. Zu diesem sogenannten Kaskadeneffekt kann es durch weitere Schutzauslösungen nach konzeptgemäßer Abschaltung des fehlerbetroffenen Betriebsmittels kommen.

Die Überprüfung des (N − 1)-Kriteriums erfolgt mit der Ausfallrechnung für jeweils ein Betriebsmittel. Die Anforderungen der bereits definierten Spannungsgrenzen und Stromgrenzen müssen auch bei jedem Einfachausfall v erfüllt werden.

$$U_{k,v,\min} \leq U_{k,v} \leq U_{k,v,\max} \quad k = 1,\ldots,N_K \text{ und } v = 1,\ldots,N_{AV} \quad (1.9)$$

$$I_{z,v} \leq I_{z,v,\max} \quad z = 1,\ldots,N_Z \text{ und } v = 1,\ldots,N_{AV} \quad (1.10)$$

Für die Auswahl der zu untersuchenden Ausfallvarianten (AV) können zur Begrenzung der zu untersuchenden Varianten verschiedene Verfahren angewendet werden. In [66]

1.8 Netzzustandsbewertung

wird ein Verfahren vorgestellt, das mithilfe eines adaptiven Verfahrens die Erstellung einer reduzierten Liste von Ausfallvarianten ermöglicht. Damit werden alle kritischen Ausfälle detektiert, und die Rechenzeit zur Bestimmung aller signifikanten Ausfälle wird deutlich reduziert. Ein weiteres Vorgehen besteht in der Auswahl der Netzbetriebsmittel der Ausfallvarianten „per Hand". Dies erfordert allerdings eine lange Erfahrung mit dem zu untersuchenden Energieversorgungsnetz und ist daher nicht allgemein zu empfehlen.

Zur automatischen Ausfalllistenerstellung können auch heuristische Verfahren gewählt werden, die beispielsweise die Auslastung der Netzbetriebsmittel im Grundfall als Auswahlkriterium verwenden [66, 67]. Die Netzbetriebsmittel, für die im Grundfall eine Auslastung über einer vorgegebenen Grenze liegt, werden in die Ausfallliste aufgenommen. Für die Auslastung d_z eines Netzzweiges (Leitung oder Transformator) gilt:

$$d_z = (I_z/I_{z,\max}) \quad \text{mit } z = 1, \ldots, N_Z \tag{1.11}$$

Als Kriterium für die Aufnahme eines Netzzweiges in die automatisch erstellte Ausfallliste gilt:

$$\begin{aligned} d_z \geq d_{\min} &\Rightarrow \text{Netzzweig in die Ausfallliste aufnehmen} \\ d_z < d_{\min} &\Rightarrow \text{Netzzweig nicht in die Ausfallliste aufnehmen} \end{aligned} \tag{1.12}$$

1.8.2.1.2 Unabhängige Mehrfachfehler und Common-Mode-Fehler

Neben dem Ausfall einzelner Betriebsmittel ist der gleichzeitige Ausfall mehrerer Betriebsmittel wichtig für die Bewertung des Netzzustandes. Dabei wird zwischen unabhängigen Mehrfachfehlern und Common-Mode-Fehlern unterschieden. Das zeitgleiche Auftreten von unabhängigen Fehlern im Netz ist statistisch sehr unwahrscheinlich. Dennoch kann eine Simulation von unabhängigen Mehrfachfehlern sinnvoll sein, wenn man das betriebsbedingte Abschalten eines Betriebsmittels mit dem gleichzeitigen zufälligen Ausfall eines anderen Betriebsmittels betrachtet.

Die gleichzeitige Nichtverfügbarkeit mehrerer Betriebsmittel betrifft dabei vorrangig wartungsbedingte Abschaltungen kombiniert mit einem Einfachausfall für diejenigen Betriebsmittelkombinationen, die mindestens ein Betriebsmittel mit einer erwartungsgemäß langen Nichtverfügbarkeit bei einem Ausfall oder betrieblicher Freischaltung eines anderen Betriebsmittels beinhalten, und/oder die von besonderer Bedeutung für die weiträumige Übertragungsaufgabe sind [57].

Als Common-Mode-Fehler wird in Energieversorgungsnetzen der zeitgleiche Ausfall mehrerer Komponenten (sowohl Netzbetriebsmittel als auch Erzeugungseinheiten) aufgrund derselben Ursache bezeichnet. In der Praxis auftretende Common-Mode-Ausfälle werden beispielsweise verursacht durch

- Blitzschlag mit rückwärtigem Überschlag auf zwei oder mehrere Stromkreise einer Mehrfachleitung
- Seiltanzen
- Mastumbruch bei Mehrfachleitungen

- Erdrutsch, Baggerarbeiten oder Spundwandrammen bei in einem gemeinsamen Kabelgraben verlegten Kabeln
- Brand, Explosion oder Überschwemmung, wodurch auch Betrachtungseinheiten unterschiedlichen Typs betroffen sein können
- Fehlerereignisse, die Leitungskreuzungen, insbesondere von Vielfachleitungen, oder Überspannungen im Sammelschienenbereich betreffen

Aufgrund der sich durch die Kombinatorik ergebenden sehr großen Anzahl von möglichen Mehrfachausfällen in einem Netz muss sich die Simulation und Analyse von solchen Fehlern auf wenige, für den Netzzustand wichtige Varianten beschränken.

Die Überprüfung von Mehrfachausfällen erfolgt mit der Ausfallrechnung. Der prinzipielle Verfahrensablauf bei der Netzberechnung ist identisch mit der Simulation von Einfachausfällen. Die Anforderungen der bereits definierten Spannungs- und Stromgrenzen müssen auch bei jedem Mehrfachausfall v erfüllt werden (Gl. 1.9 und 1.10).

1.8.2.1.3 Beurteilungskriterien bei Sammelschienenfehlern

Der Ausfall von Sammelschienen kann ein Netz besonders stark beeinflussen, da durch einen solchen Schadensfall immer mehrere Leitungen gleichzeitig betroffen sind und sich damit die Netztopologie u. U. sehr verändert. Besonders gravierend auf den Netzzustand wirkt sich der Ausfall einer Sammelschiene aus, falls sich die betreffende Station in der Nähe von Erzeuger- oder Verbraucherschwerpunkten befindet [68]. Die Überprüfung von Sammelschienenausfällen kann daher für ausgewählte Sammelschienen eines elektrischen Energieversorgungsnetzes ein weiteres wichtiges Beurteilungskriterium der Netzsicherheitsüberwachung sein. Bei einem Sammelschienenausfall werden alle angeschlossenen Zweige abgeschaltet. Analog zur Bewertung beim (N − 1)-Kriterium werden bei der Simulation von Sammelschienenfehlern die Netzbetriebsmittel auf die Anforderungen der Spannungsgrenzen und Stromgrenzen überprüft.

$$U_{k,v,\min} \leq U_{k,v} \leq U_{k,v,\max} \quad k = 1, \ldots, N_\mathrm{K} \text{ und } v = 1, \ldots, N_\mathrm{SSch} \qquad (1.13)$$

$$I_{z,v} \leq I_{z,v,\max} \quad z = 1, \ldots, N_\mathrm{Z} \text{ und } v = 1, \ldots, N_\mathrm{SSch} \qquad (1.14)$$

1.8.2.2 Einspeisungs- oder Laständerungen

Änderungen der Einspeisungen oder Lasten wirken sich auch auf die Verteilung der Leistungsflüsse in einem Netz aus. Den stärksten Einfluss auf den Netzzustand hat dabei in der Regel der Ausfall einer größeren Kraftwerkseinheit oder der ungeplante Abwurf einer größeren Last, wie z. B. ein unterlagertes Netz oder ein größerer Industrieabnehmer. Um die Auswirkungen von Einspeisungs- und Laständerungen zu bewerten, werden entsprechende Simulationsrechnungen durchgeführt.

1.8 Netzzustandsbewertung

Analog zur Bewertung des Ausfalls von Betriebsmitteln werden bei der Simulation von Einspeisungs- und Laständerungen die Netzbetriebsmittel auf die Einhaltung der Spannungs- und Stromgrenzen überprüft.

$$U_{k,v,\min} \leq U_{k,v} \leq U_{k,v,\max} \quad k = 1,\ldots,N_Z \text{ und } v = 1,\ldots,N_{\text{SSch}} \quad (1.15)$$

$$I_{z,v} \leq I_{z,v,\max} \quad z = 1,\ldots,N_Z \text{ und } v = 1,\ldots,N_{\text{SSch}} \quad (1.16)$$

1.8.2.3 Probabilistische Zuverlässigkeit

Mit einer Netzanalyse auf Basis des (N − 1)-Kriteriums wird in der Regel nur eine kleine Auswahl wahrscheinlicher Ausfallsituationen untersucht. Damit erfolgt lediglich eine qualitative Bewertung, ob ein Netz die Anforderungen des (N − 1)-Kriteriums erfüllt oder nicht. Um den Einfluss unterschiedlicher Netz- und Anlagenkonfigurationen auf die Versorgungszuverlässigkeit möglichst umfassend auch quantitativ zu bewerten, ist eine probabilistische Zuverlässigkeitsberechnung erforderlich. Mit ihr werden systematisch alle statistisch relevanten Ausfallsituationen untersucht, deren Auswirkungen auf das Ausfallgeschehen und die Maßnahmen zur Wiederversorgung im Netz nachgebildet sowie Kenngrößen für die zu erwartenden Versorgungsunterbrechungen der angeschlossenen Kunden ermittelt.

Die Zuverlässigkeitsberechnung stellt somit eine erhebliche Erweiterung und Automatisierung der auf dem deterministischen (N − 1)-Kriterium basierenden Ausfallrechnung zur Bewertung der Versorgungszuverlässigkeit dar. Das Versagen einzelner Betriebsmittel ist natürlich nicht vorhersagbar. Daher basiert die Bewertung der Zuverlässigkeit auf einem statistischen und wahrscheinlichkeitstheoretischen Systemdenken. Zu den für Energieversorgungssysteme wesentlichen Verfahren zur Bestimmung der Zuverlässigkeit gehören Zustandsenumeration, Markov-Analyse und Monte-Carlo-Simulation [69–74].

Einfluss auf die Zuverlässigkeit eines Systems haben natürlich die jeweils eingesetzten Betriebsmittel selbst. Freileitungen und Kabel, sowie Freiluft- oder gasisolierte Schaltanlagen haben jeweils unterschiedliche Ausfallhäufigkeiten und dauern. Weitere wesentliche Einflussfaktoren auf die Versorgungszuverlässigkeit sind die Ausführung der Schaltanlagen (Einfach- oder Mehrfachsammelschienen), die Ausführung und die Anordnung von Schaltgeräten (Leistungsschalter, Lasttrennschalter, Trennschalter) sowie die Netzform und die Netzstruktur (Ringnetz, Strahlennetz, Maschennetz).

Ausgehend von der Systemstruktur und von den Zuverlässigkeitskennwerten der einzelnen Komponenten werden die Zuverlässigkeitskennwerte des Gesamtsystems ermittelt. Grundlage dieser Zuverlässigkeitsberechnung sind Modelle charakteristischer Störungsabläufe, die auf die Betriebsmittel in einem vorgegebenen Netz angewandt werden. Auf Basis der Zuverlässigkeitskenndaten der Betriebsmittel und der Ausfallmodelle werden alle signifikanten Beiträge zum Ausfallgeschehen im Netz untersucht und die Auswirkungen dieser Ausfälle auf die Einspeiseleistung ermittelt. Die Zuverlässigkeitskenngrößen beschreiben dann die kumulierten Auswirkungen aller

Unterbrechungen im Netz. Falls keine netzspezifischen Daten vorliegen, können ersatzweise geeignete Standardwerte der öffentlichen FNN-Störungsstatistik [75] entnommen werden.

Die Versorgungszuverlässigkeit beschreibt damit die Verfügbarkeit (i.e. die Häufigkeit und die Dauer von Versorgungsunterbrechungen) eines Netzanschlusses. Eine Versorgungsunterbrechung liegt vor, falls die Spannung am Anschlusspunkt eines Kunden für mindestens 1 s einen Wert von 1 % der Netznennspannung unterschreitet. Man unterscheidet dabei zwischen kurzen (≤ 3 min) und langen (> 3 min) Versorgungsunterbrechungen. In diesem Zusammenhang ist unbedingt zu beachten, dass nicht jede Störung in den Netzen auch mit einer Versorgungsunterbrechung verbunden ist.

Die Versorgungszuverlässigkeit eines Netzes kann nach [76, 77] durch drei die Kenngrößen Unterbrechungshäufigkeit, Unterbrechungsdauer und Nichtverfügbarkeit beschrieben werden. Diese Kenngrößen werden typischerweise für ein Kalenderjahr angegeben. Die Gewichtung der einzelnen Störereignisse zur Mittelwertbildung erfolgt in den unteren Spannungsebenen über die Anzahl der betroffenen Kunden k_i. Dabei bedeutet i die laufende Nummer der Störung und k_{ges} ist die gesamte Anzahl aller Kunden im betrachteten Versorgungsgebiet. In den höheren Spannungsebenen wird statt der Kundenzahl die installierte Bemessungsscheinleistung der betroffenen Umspannstationen als k_i und die gesamte installierte Transformatorleistung im Netz als k_{ges} eingesetzt.

Die Unterbrechungshäufigkeit H_U (*SAIFI*, System Average Interruption Frequency Index) nach Gl. (1.17) gibt an, wie oft pro Kunde und Jahr die Versorgung unterbrochen ist.

$$H_U = \frac{\sum k_i}{k_{\text{ges}}} \tag{1.17}$$

Mit der mittleren Dauer einer Versorgungsunterbrechung T_U in Minuten (*CAIDI*, Customer Average Interruption Duration Index) wird bestimmt, wie lange die Unterbrechung eines Kunden im Durchschnitt dauert (Gl. 1.18).

$$T_U = \frac{\sum (k_i \cdot T_{U,i})}{\sum k_i} \tag{1.18}$$

Die mittlere Nichtverfügbarkeit des Netzanschlusses Q_U in Minuten je Kunde und Jahr (*SAIDI*, System Average Interruption Duration Index, Gl. 1.19) ist die durchschnittliche Ausfalldauer je versorgtem Verbraucher.

$$Q_U = H_U \cdot T_U = \frac{\sum (k_i \cdot T_{U,i})}{\sum k_{\text{ges}}} \tag{1.19}$$

Bei der Berechnung der drei Kenngrößen wird oft zwischen geplanten und ungeplanten Störungen unterschieden. Die Kenngröße Nichtverfügbarkeit Q_U bzw. *SAIDI* hat die größte Bedeutung, da sie z. B. bei der Qualitätsregulierung als alleiniger Indikator der Netzqualität gilt. In Deutschland liegt sie im Mittel bei 15 bis 20 min pro Kunde und

1.8 Netzzustandsbewertung

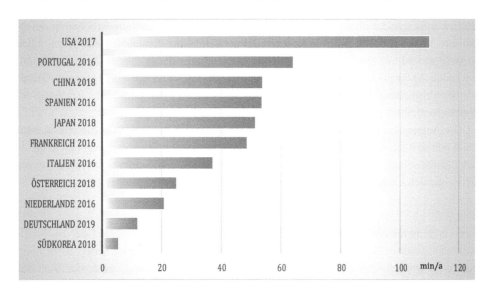

Abb. 1.24 Durchschnittliche Dauer von Versorgungsunterbrechungen je Kunde. (Quelle: CEER, e-Control, EIA, VDE FNN, WorldBank)

Jahr (Abb. 1.24) infolge ungeplanter Versorgungsunterbrechungen. Dies ist gegenüber anderen Ländern ein sehr guter Wert und zeugt von der im Allgemeinen hohen Qualität der elektrischen Energieversorgung in Deutschland. Neben der Unterbrechungshäufigkeit, der Unterbrechungsdauer und der Nichtverfügbarkeit kann mit der Zuverlässigkeitsberechnung als weitere Kenngröße die nicht zeitgerecht gelieferte Energie für einzelne Lastknoten bestimmt werden [73, 74].

Bei Varianten mit vergleichbarer Zuverlässigkeit kann die wirtschaftlichste Lösung gewählt werden. Wird die probabilistische Zuverlässigkeitsberechnung als Schwachstellenanalyse genutzt, können Komponenten identifiziert werden, die den größten Einfluss auf die Systemzuverlässigkeit haben. Maßnahmen zur Systemertüchtigung können gezielt im Hinblick auf das größte Nutzen-Aufwand-Verhältnis untersucht werden. Somit ermöglicht die probabilistische Zuverlässigkeitsberechnung die Quantifizierung der Versorgungszuverlässigkeit in elektrischen Netzen.

1.8.3 Simulation von Kurzschlüssen

Kurzschlüsse sind Fehler in elektrischen Anlagen, bei denen ein spannungsführender Leiter mit mindestens einem weiteren Leiter oder mit der Erde niederohmig verbunden wird. Ein dreipoliger Kurzschluss liegt vor, wenn alle drei Leiter miteinander kurzgeschlossen sind. Er ist die Kurzschlussart mit den in der Regel größten Kurzschlussströmen. Zur Überprüfung, ob das Netz die bei einem Fehler (Kurzschluss) auftretenden

Ströme unbeschadet überstehen kann, wird eine Kurzschlusssimulationsrechnung durchgeführt. Dazu wird an allen möglichen Fehlerstellen im Netzabbild ein Kurzschluss modelliert und mit einem geeigneten Rechenalgorithmus die in diesem Betriebsfall auftretenden Anfangskurzschlusswechselströme I_k'' bestimmt und mit vorgegebenen Grenzwerten verglichen. Als mögliche Fehlerstellen werden in der Regel alle Knoten i des Netzes modelliert (s. Kap. 5).

Die Anfangskurzschlusswechselstromleistung S_k'' ist eine Rechengröße, die physikalisch nicht definiert ist, da im Kurzschlussfall die auftretende Spannung in der Regel nicht gleich der Nennspannung ist. Sie wird häufig zur Beschreibung von Betriebsmitteln verwendet. Im Folgenden wird sie vereinfacht als Kurzschlussleistung bezeichnet. Es gilt:

$$S_k'' = \sqrt{3} \cdot U_n \cdot I_k'' \qquad (1.20)$$

Um ein sicheres Abschalten von Fehlern im Netz zu gewährleisten, darf der maximale Kurzschlussstrom der Leistungsschalter beim Auftreten von Kurzschlüssen nicht überschritten werden. Mithilfe der Kurzschlusssimulationsrechnung wird der für den simulierten Fehlerfall zu erwartende Ausschaltstrom $I_{a,i}$ an allen Fehlerstellen i ermittelt. Es muss gelten

$$I_{a,i} < I_{a,i,\max} \qquad (1.21)$$

Der maximal zulässige Ausschaltstrom $I_{a,i,\max}$ kann im gesamten Netz für eine Spannungsebene festgelegt oder individuell für Schwerpunktanlagen oder einzelne Leistungsschalter spezifiziert werden. Neben dem Kurzschlussstrom $I_{a,i}$, der insgesamt durch den Kurzschluss am Netzknoten i auftritt, sind auch Teilkurzschlussströme von Bedeutung, die über die Zweige am Kurzschlussknoten zum Kurzschlussort fließen. Der Grund liegt darin, dass die Belastung des einzelnen Leistungsschalters davon abhängt, an welchem exakten Ort einer Sammelschiene der Kurzschluss auftritt. Die Impedanzen zwischen der eigentlichen Sammelschiene und den Klemmen der Leistungsschalter wird für diese Betrachtung und bei der Kurzschlusssimulationsrechnung vernachlässigt.

Zur Erläuterung der maximal auftretenden Belastung von Leistungsschaltern in Abhängigkeit des konkreten Kurzschlussortes ist das Beispiel eines Sammelschienenkurzschlusses an zwei verschiedenen Fehlerorten nach Abb. 1.25 gegeben. An die Sammelschiene sind jeweils über einen Leistungsschalter die drei Abgänge A, B und C angeschlossen. Der Kurzschlussort liegt in dem einen Fall direkt an der Sammelschiene (Abb. 1.25a) und im anderen Fall an den abgangsseitigen Klemmen des Leistungsschalters A (Abb. 1.25b).

Man könnte natürlich jeden der drei Leistungsschalter für den gesamten auftretenden Ausschaltstrom $I_{a,\text{ges}}$ auslegen. Diese Vorgehensweise würde jedoch regelmäßig zu einer Überdimensionierung der Leistungsschalter führen, da diese in keinem Falle diesen Gesamtstrom schalten müssen. Diese Variante wäre in hohem Maße unwirtschaftlich. Aber auch der unmittelbar im zugehörigen Abgang auftretende Teilkurzschluss ist für die einzelnen Leistungsschalter nicht hinreichend auslegungsrelevant, da damit in aller

1.8 Netzzustandsbewertung

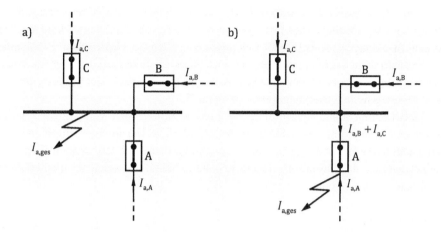

Abb. 1.25 Sammelschienenkurzschluss

Regel die Schaltgeräte mit einer nur unzureichenden Leistungsfähigkeit ausgestattet würden.

Da die Impedanzen zwischen den Leistungsschaltern und der Sammelschiene in der Regel vernachlässigbar klein sind, wird für beide Kurzschlussorte der gleiche gesamte Ausschaltstrom $I_{a,\text{ges}}$ für diesen Fehlerort bestimmt. Der gesamte Ausschaltstrom ergibt sich aus der Summe der über die drei Abgänge auf den Kurzschlussort zufließenden Teilkurzschlussströme.

$$I_{a,\text{ges}} = I_{a,A} + I_{a,B} + I_{a,C} \tag{1.22}$$

Im Falle des Kurzschlusses unmittelbar an der Sammelschiene (Abb. 1.25a) muss jeder Leistungsschalter den über seinen zugehörigen Abgang fließenden Teilkurzschlussstrom $I_{a,i}$ abschalten können. Für das Ausschaltvermögen $I_{a,A,\text{max}}$ des Leistungsschalters A muss daher gelten:

$$I_{a,A,\text{max}} > I_{a,A} \tag{1.23}$$

Für den Fall, dass der konkrete Kurzschlussort an den abgangsseitigen Klemmen des Leistungsschalters A (Abb. 1.25b) liegt, bleibt der gesamte Ausschaltstrom $I_{a,\text{ges}}$ sowie die über die Abgänge zufließenden Teilkurzschlussströme $I_{a,A}$, $I_{a,B}$ und $I_{a,C}$ unverändert. Für das Ausschaltvermögen des Leistungsschalters A gilt jedoch jetzt:

$$I_{a,A,\text{max}} > I_{a,B} + I_{a,C} \tag{1.24}$$

Der Leistungsschalter muss in der Lage sein, die Summe $I_{a,B}$ und $I_{a,C}$ der über die anderen Abgänge zufließenden Teilkurzschlussströme abzuschalten. Entsprechendes gilt für die beiden anderen Leistungsschalter B und C in dem betrachteten Beispiel.

Neben dem Ausschaltvermögen der Leistungsschalter ist zur Überprüfung und zur Berechnung der mechanischen Festigkeit insbesondere von Generatorwicklungen, Transformatorwicklungen, Kabel- und Leitungsstrecken sowie elektrischen Schaltanlagen der Stoßkurzschlussstrom i_p maßgebend. Der Stoßkurzschlussstrom ist der höchste auftretende Augenblickswert des Kurzschlusswechselstroms nach Kurzschlusseintritt und wird daher als Scheitelwert angegeben (Abschn. 5.3).

Die Bestimmung und Überprüfung des minimal auftretenden Kurzschlussstroms $I_{k,min}$ ist für die Parametrierung der Schutzgeräte erforderlich. Der minimal auftretende Kurzschlussstrom darf nicht zu gering sein, damit die im Fehlerfall auftretenden Ströme nicht kleiner sind als die Ströme im ungestörten Betriebsfall und somit der Fehlerfall nicht identifiziert werden könnte.

1.8.4 Bestimmung der transienten Stabilität

Ein wichtiges Kriterium zur Bewertung des Zustandes eines elektrischen Energiesystems ist die transiente Stabilität. Sie beschreibt die Synchronlaufstabilität der Generatoren, wenn sie großen Störungen ausgesetzt sind. Um eine sichere Abschätzung der transienten Stabilität auf einfache Weise ohne dynamische Rechnungen zu erhalten, wurde ein Ersatzkriterium geschaffen (Abschn. 6.3). Die Bewertung der transienten Stabilität nach diesem Ersatzkriterium wird exemplarisch im Transmission Code der Übertragungsnetzbetreiber [56] vorgegeben. Danach bestehen hinreichende Voraussetzungen für einen stabilen Betrieb von Erzeugungseinheiten, falls die am Netzanschlusspunkt netzseitig anstehende Kurzschlussleistung nach Fehlerklärung größer ist als der sechsfache Zahlenwert der Summe der Nennwirkleistungen aller am Netzanschlusspunkt galvanisch verbundenen Erzeugungseinheiten [56, 57]. Als Netzanschlusspunkt gilt die Sammelschiene der jeweiligen Anschlussstation.

Zur Bewertung der transienten Stabilität sind daher zwei Rechengrößen notwendig. Die erste Rechengröße ist die Summe der Nennleistungen der am Netzanschlusspunkt verbundenen Erzeugungseinheiten. Die zweite Rechengröße ist die netzseitig anstehende Kurzschlussleistung. An einer Sammelschiene sind in der Regel mehrere Stromkreise angeschlossen. In diesem Fall ist die fehlerbedingte Abschaltung des Stromkreises zu untersuchen, bei der die anstehende Kurzschlussleistung minimal ist. Das Verhältnis der errechneten anstehenden Kurzschlussleistung zu der Summe der Nennleistungen der einspeisenden Erzeugungseinheiten wird anschließend mit dem in Kap. 6 bestimmten Faktor sechs verglichen. Diese Bewertung der transienten Stabilität erfordert somit nur die Durchführung von entsprechenden Kurzschlusssimulationsrechnungen der relevanten Netzvarianten.

1.8.5 Maßnahmen zur Einhaltung der Bewertungskriterien

Können die zuvor aufgeführten Bewertungskriterien nicht eingehalten werden, so werden zunächst die verfügbaren netzbezogenen Potenziale des Bestandsnetzes (z. B. Änderung des Schaltzustandes, angepasster Einsatz wirkleistungssteuernder Betriebsmittel) in Anspruch genommen. Sind alle technischen Möglichkeiten im Bestandsnetz ausgeschöpft, kommen nachfolgende planerische netzbezogene Maßnahmen zur Anwendung, um die Einhaltung der Bewertungskriterien sicherzustellen [57]:

- **Netzoptimierung**
  - Freileitungsmonitoring
  - Leistungsflusssteuerung
- **Netzverstärkung**
  - Auflegen von Stromkreisen auf freien Gestängeplätzen von Freileitungen
  - Ertüchtigung von Freileitungen zur Erhöhung der Stromtragfähigkeit (Auswechseln der Beseilung, Erhöhung der Bodenabstände)
  - Austausch von Betriebsmitteln (Kurzschlussfestigkeit und Leistungsgröße)
  - Ertüchtigung von Schaltanlagen (Kurzschlussfestigkeit und Stromtragfähigkeit)
  - Erweiterung von Schaltanlagen
  - Spannungsupgrade von Freileitungen (z. B. durch Spannungsumstellung von aktuell mit 220 kV betriebenen Stromkreisen von Freileitungen, die als 380-kV-Freileitungen errichtet wurden)
- **Netzausbau**
  - Neubau von Schaltanlagen
  - Zubau von Blindleistungskompensationsanlagen (Spulen, Kondensatoren, statische Blindleistungskompensatoren)
  - Zubau von Transformatorenleistung
  - Zubau von wirkleistungssteuernden Betriebsmitteln (z. B. Querregeltransformatoren, leistungselektronische Steuerungskomponenten (FACTS))
  - Neubau von Leitungen (380 kV, Overlaynetz)
  - Zubau von intelligenten Netzelementen (Smart Grid)

Dieses Verfahren wird auch als NOVA-Prinzip (Netz-Optimierung vor Verstärkung vor Ausbau) bezeichnet. Entsprechend den Vorgaben des Energiewirtschaftsgesetzes [2] und des Netzentwicklungsplans [3] wird zunächst versucht, den aktuellen Netzbetrieb zu optimieren (z. B. durch Erhöhung der Belastungsgrenzen bei niedrigeren Außentemperaturen im Rahmen eines sogenannten Leitungsmonitorings). Kann damit kein sicherer Netzbetrieb gewährleistet werden, werden die vorhandenen Betriebsmittel (z. B. durch den Einbau von Hochtemperaturleiterseilen oder durch Maststockung) verstärkt. Reichen beide Maßnahmen nicht aus, wird das Netz entsprechend ausgebaut.

Marktbezogene Maßnahmen, wie Redispatch von Kraftwerken, Einspeisemanagement von EEG-Anlagen oder Lastabschaltungen, sind kurzfristig wirkende präventive bzw. kurative Maßnahmen der Netzbetriebsplanung bzw. der Netzbetriebsführung. Sie dienen zur Einhaltung und Wiederherstellung der Netzsicherheit und werden am Vortag für den Folgetag (Day ahead) geplant bzw. innerhalb des Tages (Intraday) eingesetzt. Sie tragen damit nicht zu einer bedarfsgerechten perspektivischen Netzbemessung bei, das die Grundlage für ein freizügiges künftiges Marktgeschehen ist. Die o. g. präventiven bzw. kurativen, kurzfristigen Maßnahmen der Netzbetriebsplanung bzw. des Netzbetriebs werden daher in der mittel- bis langfristigen Netzausbauplanung nicht berücksichtigt [57].

1.9 Netzmodelle, Rechnertechnik, Netzberechnungsverfahren

1.9.1 Netzberechnung

Für jedes technische System ist es erforderlich, sowohl in der Planungs- als auch in der Betriebsphase das jeweilige Systemverhalten zu kennen. Dafür werden entsprechende, das System in geeigneter Weise beschreibende Modelle erstellt, und diese für definierte Zustände oder Zeitreihen berechnet. Aus den Ergebnissen dieser Berechnungen lassen sich dann in der Regel geeignete Rückschlüsse über das Systemverhalten in bestimmten Zuständen ableiten. Dies gilt natürlich auch für elektrische Energieversorgungsnetze. Die mathematischen Verfahren, die hierbei zum Einsatz kommen und auf geeigneten Maschinen (Rechenmaschinen, Computer) ausgeführt werden, werden häufig unter dem Begriff „Netzberechnung" zusammengefasst.

1.9.2 Netzmodelle und Netzberechnung mit einfachen Hilfsmitteln

Die einfachen Netzstrukturen in den Anfängen der elektrischen Energieversorgung konnten noch per Hand und mit Rechenschieber (Abb. 1.26) oder später mit kleineren Tischrechenanlagen als mathematische Hilfsmittel berechnet werden.

Durch die stetig wachsende Anzahl von Verbrauchern und Einspeisungen wurden jedoch auch die elektrischen Netze schnell größer. Es entstanden zunehmend vermaschte und komplexe Netzstrukturen, deren Berechnung mit den damals verfügbaren Technologien schwierig oder gar unmöglich wurde. Um dieses Problem zu lösen, entstand zu Beginn des 20. Jhd. die Idee, das Netz in einem geeigneten physischen Modell analog nachzubilden und die interessierenden Größen messtechnisch zu bestimmen. Solche Netznachbildungen mit stark verkleinertem Strom- und Spannungsmaßstab wurden zunächst als Gleichstrom- und später als Wechsel- oder Drehstrommodell ausgeführt. Ein solches Netzmodell ist im Prinzip eine hardwaremäßige Nachbildung des zu untersuchenden Energieversorgungsnetzes, in dem alle elektrischen Größen in einem

1.9 Netzmodelle, Rechnertechnik, Netzberechnungsverfahren

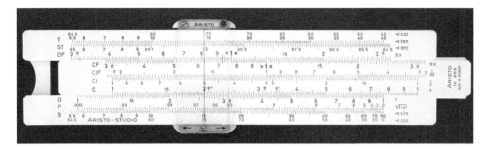

Abb. 1.26 Rechenschieber. (Quelle: K. F. Schäfer)

vorgegebenen Maßstab repräsentiert werden [78]. In Tab. 1.2 sind exemplarisch die Netzmodellmaßstäbe für Hoch- und Höchstspannungsnetze angegeben. In einem Netzmodell werden passive Betriebsmittel (z. B. Leitungen), rotierenden Maschinen (z. B. Generatoren), leistungselektronische Komponenten (z. B. FACTS) etc. nachgebildet.

Beim Aufbau eines Netzmodells muss jedoch immer ein Kompromiss zwischen der Genauigkeit und dem Umfang der Nachbildung sowie dem vertretbaren Aufwand gefunden werden. Die Anwendung von analogen Netzmodellen ist durch die geringe Anzahl von Elementen, die hiermit nachgebildet werden kann, deutlich eingeschränkt. Die Berechnung größerer Netze kann nur mit geeigneten mathematischen Modellen und Verfahren durchgeführt werden.

Der Vorteil eines analogen Netzmodells ist die große Anschaulichkeit, mit der die Vorgänge in einem elektrischen Energieversorgungsnetz im Labormaßstab gezeigt werden können. Heute werden Netzmodelle daher nur noch für Spezialaufgaben und für Ausbildungszwecke eingesetzt.

Abb. 1.27 zeigt das Drehstrom-Demonstrationsmodell der Universität Erlangen, das aus den analogen Nachbildungen der wichtigsten in der elektrischen Energieversorgung vorkommenden Betriebsmittel besteht. Mit dieser Anlage können ein Kraftwerk, Freileitungen mit einer Stromkreislänge von insgesamt ca. 900 km, drei Umspannwerke, eine Hochspannungsgleichstromübertragung und eine Netzeinspeisung (Verbundnetz) für Ausbildungs- und Forschungszwecke nachgebildet werden [79].

Tab. 1.2 Netzmodellmaßstäbe

Netzmodell	Maßstab	Verhältnis
Spannungsmaßstab	1:1000	1 V ≡ 1 kV
Strommaßstab	1:1000	1 A ≡ 1 kA
Leistungsmaßstab	1:1.000.000	1 VA ≡ 1 MVA
Impedanzmaßstab	1:1	1 Ω ≡ 1 Ω

Abb. 1.27 Analoges Netzmodell. (Quelle: Universität Erlangen)

1.9.3 Entwicklung der Rechnertechnik

Hilfsmittel zur Unterstützung bei der Lösung von Rechenaufgaben gibt es bereits seit einigen Tausend Jahren. Ein solcher Apparat ist der aus mehreren nebeneinander liegenden Stangen, auf denen kleine Perlen hin- und hergeschoben werden können, aufgebaute Abakus. Die ersten mechanischen Maschinen zur automatisierten Durchführung mathematischer Berechnungen wurden in den 1620er Jahren von Wilhelm Schickard (Abb. 1.28) und um 1640 von Blaise Pascal entwickelt. Diese Rechenmaschinen konnten allerdings zunächst nur addieren und subtrahieren. Gottfried Leibniz, der auch den Binärcode erfand, erweiterte um 1690 den Funktionsumfang um die Rechenoperationen Multiplikation und Division. Mit der Entwicklung in der Technik auch im Zusammenhang mit der aufkommenden Industrialisierung sowie durch die Anforderungen der Mathematik entstand eine erhebliche Nachfrage nach Maschinen zur Bewältigung komplexer und umfangreicher Rechenaufgaben [80].

Die Mathematiker Carl Friedrich Gauß, Leonhard Euler und Daniel Bernoulli entwickelten in dieser Zeit die Infinitesimalrechnung entscheidend weiter, die zunehmend für die Lösung von naturwissenschaftlichen Problemen angewandt wurde. Dabei fiel umfangreiches Zahlenmaterial an, das allerdings nicht mehr händisch bewältigt werden konnte. Damit war der dringende Bedarf nach technischen Hilfsmitteln gegeben.

Um das Jahr 1830 entwickelte Charles Babbage das Konzept einer mechanisch arbeitenden Rechenmaschine (Analytical Engine). Jedoch wurde nur ein Teil dieses Entwurfs, die sogenannte Difference Engine zur Interpolation von astronomischen Tafel-

1.9 Netzmodelle, Rechnertechnik, Netzberechnungsverfahren

Abb. 1.28 Rechenmaschine von Wilhelm Schickard. (Quelle: Heinz Nixdorf MuseumsForum/Sergei Magel/ CC BY-NC-SA)

werken, auch tatsächlich um 1835 von Per Georg und Edvard Scheutz realisiert. Herman Hollerith setzte die Ideen Babbages um 1890 in Form der Lochkartentechnik in die Praxis um. Dieses Verfahren war für die Anwendung in Technik und Mathematik nur sehr begrenzt nutzbar, da die konventionellen Lochkartenmaschinen nur sehr umständlich und auch sehr beschränkt programmierbar waren. Ab etwa 1930 stieg der Bedarf an Rechenautomaten zur Lösung größerer technischer und mathematischer Probleme deutlich an. Zeitgleich wurden als Bausteine für Rechenautomaten geeignete elektrotechnische Bauelemente wie Relais und Röhren entwickelt. Dies führte in Deutschland und in den USA zur Entwicklung von ersten Rechenautomaten wie die Versuchsanlage Z1, die Konrad Zuse 1937 fertig stellte, und die Rechenanlage Mark I von Howard Hathaway Aiken. Diese Rechenanlagen verfügten zwar, gemessen an heutigen Standards, nur über geringe Leistungen. Mit ihnen wurde aber die grundsätzliche Möglichkeit nachgewiesen, größere Rechnungen automatisiert durchzuführen [80].

Im Jahre 1946 entwickelten J. Presper Eckert und John Mauchly mit dem Eniac (Electronic numerical integrator and computer) den ersten elektronischen Digitalrechner (Abb. 1.29). Der aus heutiger Sicht monströse Eniac bestand aus 17.468 Elektronenröhren, 1500 Relais, 70.000 Widerständen und 10.000 Kondensatoren. Die elektrische Anschlussleistung für Heizung, die Röhrenströme und die Lüfter betrug 140 kW. Der Eniac verfügte über 20 Rechenwerke sowie eine Ein- und Ausgabe für Lochkarten.

Parallel entwarf John von Neumann die noch heute übliche Architektur der speicherprogrammierbaren Rechenanlagen, bei denen das Programm selbst mit im Speicher des Rechners abgelegt wird. Die vergleichsweise langsamen Magnettrommelspeicher wurden durch schnellere Ferritkernspeicher ersetzt. Die störungsanfälligen Elektronenröhren wurden von betriebssicheren Transistoren abgelöst. Mit diesen konzeptionellen und technologischen Fortschritten wurde eine stürmische Entwicklung

Abb. 1.29 Rechenanlage Eniac. (Quelle: U.S. Army/Public Domain)

der Leistungsfähigkeit der Rechner-Hardware eingeleitet. Durch die beschränkte Adressierbarkeit der Rechner aufgrund der hohen Speicherkosten blieben die Entwicklungsmöglichkeiten der Netzberechnung bis in die 1960er und 70er Jahren jedoch noch sehr begrenzt. Mit speziellen Speicher- und Programmiertechniken wurde der verfügbare Speicherplatz optimal ausgenutzt (siehe Kap. 2) [81]. Dennoch waren Netzberechnungen (Leistungsfluss- und Kurzschlussberechnungen) praktisch nur auf zentralen Großrechnern (z. B. IBM/370) möglich.

Die Erfindung des Mikroprozessors um 1970 104 führte zu einer beschleunigten Entwicklung und Anwendung von Netzberechnungsprogrammen in den Energieversorgungsunternehmen [82]. Die ab den 1970er Jahren für Netzberechnungsaufgaben eingesetzten Prozessrechner hatten entsprechend dem damaligen Technologiestand äußere Abmessungen wie die analogen Netzmodelle. In den 1980er und 1990er Jahren dominierten leistungsfähige Prozessrechner (Workstations, z. B. DEC VAX 11/7xx) den Markt. Abb. 1.30 zeigt einen Rechner mit 32-Bit-Architektur vom Typ VAX 11/780 der Firma Digital Equipment, der in den 1980er Jahren als Standard und Referenz für Prozessrechner angesehen wurde.

Heute sind selbst handelsübliche PCs oder Notebooks mit ihrer Rechenleistung in der Lage, auch für sehr große Energieversorgungssysteme die meisten Anwendungen in der Netzberechnung zu bewältigen (Abb. 1.31). Bei konsequenter Nutzung der speziellen

1.9 Netzmodelle, Rechnertechnik, Netzberechnungsverfahren 51

Abb. 1.30 Prozessrechner VAX 11/780. (Quelle: Wikimedia CC BY-SA 4.0)

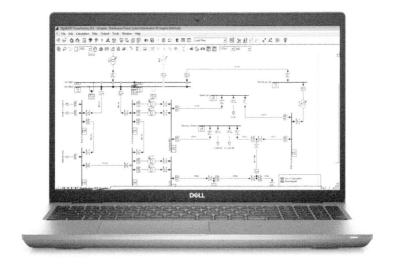

Abb. 1.31 Notebook mit Netzberechnungssoftware. (Quelle: Dell, DigSilent)

Programmier- und Speichertechnik für schwach besetzte Matrizen lassen sich viele der in diesem Buch beschriebenen Netzberechnungsverfahren sogar auf Kleinstrechnern (z. B. Raspberry Pi) (Abb. 1.32) ausführen.

Abb. 1.32 Kleinstrechner. (Quelle: K. F. Schäfer)

1.9.4 Netzberechnungsverfahren

Sowohl für die Betriebsführung elektrischer Energieversorgungsnetze als auch für die Betriebs- und Ausbauplanung ist wegen der gegebenen Komplexität der jeweiligen Aufgabenstellung eine Unterstützung durch geeignete Rechnerprogramme zwingend notwendig. Die Komplexität ergibt sich einerseits durch die vielschichtigen Zusammenhänge der physikalischen und technischen Gegebenheiten eines elektrischen Energieversorgungsnetzes und andererseits durch die Größe der zu überwachenden und zu überplanenden Systeme.

Für Untersuchungen in realen Energieversorgungssystemen mit einer großen Anzahl von Betriebsmitteln, bei denen beispielsweise Berechnungen zur Leistungsflussverteilung, zum Kurzschlussverhalten und zur Stabilitätsanalyse durchgeführt werden müssen, sind analoge Netzmodelle allerdings nicht mehr geeignet. Heute können entsprechende Untersuchungen für die Bearbeitung der Netzführungs- und Netzplanungsaufgaben [83–86] viel effizienter mit einfach handhabbaren, leistungsfähigen und leicht modifizier- und parametrierbaren digitalen Rechenprogrammen durchgeführt werden [80, 87–93]. Eine exemplarische Auswahl in der Praxis eingesetzter Netzberechnungsprogramme ist in Kap. 12 aufgelistet.

Die heute bei der Netzberechnung üblichen Verfahren wie Leistungsfluss- und Kurzschlussstromberechnung sind das Ergebnis einer über einige Jahrzehnte andauernden

Entwicklung. Erste Versuche, Ströme und Spannungen in einem vermaschten, elektrischen Energieversorgungsnetz mit einem digitalen Rechner zu berechnen, wurden im Jahr 1946 auf einer eigentlich nur für kaufmännische Berechnungen konzipierten IBM-Rechenanlage (Accounting machine) durchgeführt [9]. Diese Rechenanlage benötigte für ein Netz bestehend aus vier Maschinen noch vier bis sechs Stunden. Dies bedeutete jedoch einen erheblichen Fortschritt gegenüber den je nach Anzahl der Rechenfehler etwa drei bis zehn Tagen, die für eine Berechnung per Hand erforderlich waren.

Mit der zweiten Generation elektronischer Rechenanlagen, die ab 1960 verfügbar waren, war es möglich, die Matrizenrechnung insbesondere für die Analyse großer Netze einzusetzen. Die ersten Versuche, die Leistungsflüsse in größeren Netzen zu berechnen, verliefen allerdings noch nicht sehr erfolgreich, da man zunächst versuchte, die Methoden der Handrechnungen unmittelbar auf den Rechner umzusetzen. Dabei musste sehr viel Aufwand getrieben werden, um die Topologie eines Netzes, die sich dem menschlichen Betrachter bei der Handrechnung direkt erschließt, in der Rechenanlage nachzubilden. Dabei wurden Methoden der Graphentheorie erweitert, Strategien zur Findung von vollständigen Bäumen und Maschen entwickelt [Algorithmen und Datenstrukturen], um über Inzidenzmatrizen ein Abbild des elektrischen Netzes zu erhalten. Mit dieser Methode sollten aufwendige Prozeduren zur Matrix-Inversion vermieden und direkt die Netzwerks-Impedanz-Matrizen bestimmt werden. Effizienter waren allerdings Verfahren, die die Knotenpunktmethode (siehe Kap. 2) verwendeten, bei der die Knotenspannungen als Funktion der eingeprägten Knotenpunktströme formuliert werden. Zunächst wurden die Gleichungen durch modifizierte Newton-Iterationen gelöst, wenig später wurde der Gauß-Seidel-Algorithmus eingeführt [80].

William F. Tinney stellte 1967 ein auf dem Newton-Raphson-Ansatz basierendes Verfahren zur Lösung des Leistungsflussproblems vor, das den praktischen Anforderungen in vollem Umfang genügte [94] und bis heute als Standardverfahren zur Leistungsflussberechnung eingesetzt wird (siehe Kap. 3). Die mathematischen Lösungsverfahren zur Berechnung von Kurzschlussströmen sind aufgrund der linearen Formulierung dieses Problems gegenüber der Leistungsflussberechnung vergleichsweise einfach [95] (siehe Kap. 5). Eine wesentliche Reduzierung des Rechenzeitbedarfs für die Kurzschlussstromberechnung hat Kazuhiko Takahashi 1973 erreicht. Mit seinem Verfahren, das auch seinen Namen trägt, wird mit geringem Rechenaufwand die sogenannte „spärliche Impedanzmatrix" berechnet (siehe Kap. 5). Damit ist es möglich, die Kurzschlüsse an allen Knoten eines Netzes mit dem gleichen Rechenaufwand zu berechnen, der sonst für einen einzigen Kurzschlussort benötigt würde [96].

Netzberechnungen für real große Netze mit einigen hundert oder gar tausend Knoten waren auf den damals noch vergleichsweise langsamen und mit sehr wenig Arbeitsspeicher ausgestatteten Rechnern nur durch die Anwendung des von W.F. Tinney und Nobou Sato 1963 entwickelten [97] Verfahrens mit spärlichen Matrizentechniken (siehe Kap. 2) zur Lösung der linearen bzw. linearisierten Gleichungssysteme möglich. Durch die Weiterentwicklung der Digitalrechner sind einige dieser Probleme allerdings wieder mehr in den Hintergrund gerückt.

Für den Einsatz der Netzberechnungsverfahren im Rahmen der Online-Systemführung [98] müssen zunächst die augenblicklichen Betriebsgrößen eines Netzes vollständig und konsistent erfasst und in einem Grundfalldatensatz abgebildet werden. Hierzu hat Fred C. Schweppe 1969 ein Verfahren vorgeschlagen, das die Basis für alle heute eingesetzten Zustands-Estimatoren bildet [99] (siehe Kap. 4) [100].

Damit standen im Prinzip alle Verfahren zur Verfügung, die für die Berechnung von elektrischen Energieversorgungsnetzen benötigt werden, und die auch heute noch die Grundlage der meisten Netzberechnungsverfahren sind. Die Entwicklung der Netzberechnungsverfahren ist jedoch keineswegs abgeschlossen. Neue Erkenntnisse der angewandten Mathematik und Informatik führen auch regelmäßig zu einer Weiterentwicklung der Netzberechnungsverfahren. Hierzu gehören beispielsweise Expertensysteme, Generische Algorithmen, Multiagentensysteme und Blockchain-Verfahren (siehe Kap. 10).

Für manche Fragestellungen ist es nicht ausreichend, ausschließlich stationäre Arbeitspunkte eines Energieversorgungssystems zu analysieren. In diesen Fällen ist eine Bestimmung des dynamischen Verhaltens dieser Systeme erforderlich. Wesentliche Elemente dieser Verfahren sind häufig Differentialgleichungssysteme unterschiedlicher Ordnung. Für die dynamische und transiente Simulation von Energieversorgungssystemen wurden leistungsfähige Programmsysteme entwickelt, wie z. B. PSS®NETOMAC oder EMTP (Electromagnetic Transients Program). In diesem Buch werden allerdings ausschließlich Verfahren zur stationären Berechnung elektrischer Energieversorgungsnetze behandelt.

Mit den heute zur Verfügung stehenden Netzberechnungsprogrammen lassen sich praktisch unbegrenzt große und komplexe Systeme analysieren [101]. Eine Auswahl der auf Prozessrechenanlagen verfügbaren und auf mathematischen Modellen des Netzes basierenden Verfahren zur stationären Netzberechnung [102] ist in Abb. 1.33 dargestellt.

Zu den Verfahren, die auf einem linearen und bestimmten Gleichungssystem basieren, zählen die Kurzschlussstromrechnung und die linearisierte Leistungsflussberechnung. Bei den nichtlinearen Netzberechnungsverfahren treten bestimmte, unterbestimmte und überbestimmte Gleichungssysteme, je nach dem Verhältnis der unabhängigen Gleichungen zu den unbekannten Systemgrößen, auf. Das Leistungsflussverfahren nach Newton-Raphson sowie die schnelle, entkoppelte Leistungsflussberechnung basieren auf einem bestimmten Gleichungssystem. Beim optimalen Leistungsflussverfahren sowie bei der Blindleistungs-Spannungsoptimierung handelt es sich um ein unterbestimmtes Gleichungssystem. Bei der Zustandserkennung (State Estimation) ist das zu lösende Gleichungssystem überbestimmt [103].

Abb. 1.34 zeigt einen Ausschnitt des grafischen Ergebnisses einer Leistungsflussberechnung im deutschen Übertragungsnetz.

Neben den topologischen Strukturen des Netzes werden an den Knoten- und Zweigelementen bestimmte Ergebnisse der Leistungsflussberechnung angezeigt. Dies sind

1.9 Netzmodelle, Rechnertechnik, Netzberechnungsverfahren

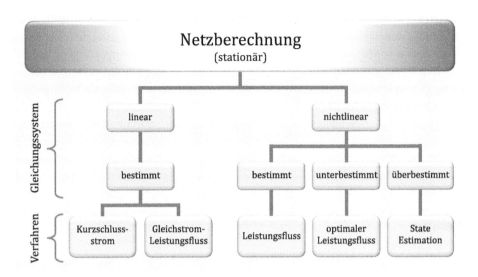

Abb. 1.33 Netzberechnungsverfahren

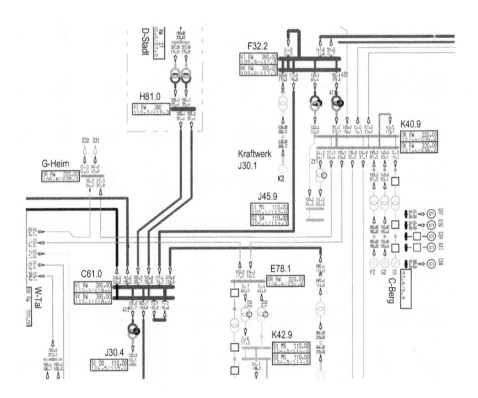

Abb. 1.34 Ergebnis einer Leistungsflussberechnung

beispielsweise die Nennspannung und die tatsächliche Knotenspannung sowie die Wirk- und Blindleistungsflüsse auf den Netzzweigen. Die Auswahl der angezeigten Daten kann üblicherweise vom Anwender der Netzberechnungsprogramme vorgenommen werden. Mit einer entsprechenden Einfärbung der Netzelemente können die unterschiedlichen Nennspannungsebenen des Netzes gekennzeichnet und verschiedene Auslastungsstufen angezeigt werden.

Aufgrund der besonderen Anforderungen und der jeweils dafür eingesetzten Berechnungsmethoden hat sich die Netzberechnung elektrischer Energieversorgungssysteme als eigener Anwendungsbereich der Ingenieurmathematik und der angewandten Informatik etabliert.

Literatur

1. T. Petermann, H. Bradke, A. Lüllmann, M. Poetzsch und U. Riehm, Was bei einem Blackout geschieht: Folgen eines langandauernden und großflächigen Stromausfalls, Nomos Verlag, 2. Aufl., 2013.
2. Bundestag der BR Deutschland, Hrsg., Gesetz über die Elektrizitäts- und Gasversorgung(Energiewirtschaftsgesetz – EnWG), Berlin: (BGBl. I S. 1970, 3621), 2005, geändert durch Artikel 2 Absatz 6 des Gesetzes vom 20. Juli 2017 (BGBl. I S. 2808).
3. Deutsche Übertragungsnetzbetreiber, „Netzentwicklungsplan", [Online]. Available: https://www.netzentwicklungsplan.de/. [Zugriff am 25. März 2018].
4. VDN, Hrsg., VDN-Störungs- und Verfügbarkeitsstatistik – Anleitung, Berlin: Verband der Netzbetreiber – VDN e. V. beim VDEW, 2007.
5. E. Winter, Hrsg., Gabler Wirtschaftslexikon, Berlin: Springer, 2014.
6. K. F. Schäfer, Systemführung, Wiesbaden: Springer Vieweg, 2022.
7. A. Schwab, Elektroenergiesysteme, Berlin: Springer, 2022.
8. H. Niederhausen und A. Burkert, Elektrischer Strom, Berlin: Springer, 2014.
9. P. Konstantin, Praxisbuch Energiewirtschaft, Berlin: Springer, 2013.
10. Entso-E, „Regional Groups", [Online]. Available: https://www.entsoe.eu/about-entso-e/system-operations/regional-groups/Pages/default.aspx. [Zugriff am 28. Juni 2022].
11. Z. Liu, Electric Power and Energy in China, Singapur: John Wiley & Sons, 2013.
12. BMWi, „Moderne Verteilernetze für Deutschland (Verteilernetzstudie)", 12. September 2014. [Online]. Available: http://www.bmwi.de/BMWi/Redaktion/PDF/Publikationen/Studien/verteilernetzstudie,property=pdf,bereich=bmwi2012,sprache=de,rwb=true.pdf. [Zugriff am 16. Juni 2022].
13. VDN, Jahresbericht, Berlin, 2006.
14. DB Energie, „Über uns", [Online]. Available: https://www.dbenergie.de/dbenergie-de/unternehmen. [Zugriff am 7. Juli 2022].
15. DB Energie, „Elektrischer Betrieb bei der Deutschen Bahn im Jahre 2009", Elektrische Bahnen und Verkehrssysteme, Nr. 108, S. 19 ff., 2010.
16. H. Biesenack et al., Energieversorgung elektrischer Bahnen, Wiesbaden: Teubner, 2006.
17. F. Kießling, P. Nefzger und U. Kaintzyk, Freileitungen, Berlin: Springer, 2001.
18. T. Hennig, Auswirkungen eines vermaschten Offshore-Netzes in HGÜ-Technik auf die Netzführung der angeschlossenen Verbundsysteme, Dissertation Gottfried Wilhelm Leibniz Universität Hannover, 2018.

19. C. MacIver und K. R. W. Bell, „Reliability Analysis of Design Options for Offshore HVDC Networks," in CIGRE Session, Paris, 2014.
20. Bundesamt fur Seeschifffahrt und Hydrographie, „Bundesfachplan Offshore für die deutsche ausschliesliche Wirtschaftszone der Nordsee," Hamburg, 2015.
21. Deutsche Übertragungsnetzbetreiber, „Offshore-Netzentwicklungsplan," 2. Entwurf, Juni 2013.
22. N. Neusel-Lange, Dezentrale Zustandsüberwachung für intelligente Niederspannungsnetze, Dissertation Bergische Universität Wuppertal, 2013.
23. N. Neusel-Lange, C. Oerter, M. Zdrallek, W. Friedrich, M. Stiegler, T. Wodtcke und P. Birkner, „Sichere Betriebsführung von Niederspannungsnetzen durch dezentrale Netzautomatisierung", ETG-Fachbericht, Bd. 130, 2011.
24. C. Oerter, Autarke, koordinierte Spannungs- und Leistungsregelung in Niederspannungsnetzen, Dissertation Bergische Universität Wuppertal, 2014.
25. F. Horstmann, „Automatische Ausregelung und Überwachung des Mittelspannungsnetzes", Netzpraxis, Jg. 56, H. 6, S. 26–30, 2017.
26. M. Zdrallek, „Planung und Betrieb elektrischer Netze", Skript Bergische Universität Wuppertal, 2016.
27. BDEW, „BDEW-Roadmap – Realistische Schritte zur Umsetzung von Smart Grids in Deutschland", 11 Februar 2013. [Online]. Available: https://www.bdew.de/media/documents/Pub_20130211_Roadmap-Smart-Grids.pdf [Zugriff am 16. Juni 2022].
28. BMWi, „Smart Energy made in Germany", Mai 2014. [Online]. Available: http://www.bmwi.de/BMWi/Redaktion/PDF/Publikationen/smart-energy-made-in-germany,property=pdf,bereich=bmwi2012,sprache=de,rwb=true.pdf. [Zugriff am 28. Juni 2022].
29. C. Aichele und O. Doleski, Smart Market, Berlin: Springer, 2014.
30. A. Schäfer, Bewertung dezentraler Anlagen in Energieversorgungssystemen, Dissertation RWTH Aachen, 2013.
31. B. Buchholz und Z. Styczynski, Smart Grids, Berlin: VDE-Verlag, 2014.
32. Bundestag der BR Deutschland, Hrsg., Gesetz zum Ausbau von Energieleitungen (Energieleitungsausbaugesetz – EnLAG), Berlin: (BGBl. I S. 2870), 2009.
33. Bundestag der BR Deutschland, Hrsg., Gesetz über den Bundesbedarfsplan (Bundesbedarfsplangesetz – BBPlG), Berlin: (BGBl. I S. 2543), 2014.
34. Bundestag der BR Deutschland, Hrsg., Netzausbaubeschleunigungsgesetz Übertragungsnetz (NABEG), Berlin: (BGBl. I S. 1690), 2011.
35. L. Jarass und G. Obermair, Welchen Netzumbau erfordert die Energiewende?, Münster: MV-Verlag, 2012.
36. VDE, Aktive Energienetze im Kontext der Energiewende, Frankfurt: VDE-Verlag, 2013.
37. Bundesnetzagentur, „Stromnetze zukunftssicher gestalten – Leitungsvorhaben", [Online]. Available: https://www.netzausbau.de/Vorhaben/de.html. [Zugriff am 16. Juni 2022].
38. Deutsche Energie-Agentur, „e-Highway2050", [Online]. Available: e-Highway2050 – Deutsche Energie-Agentur (dena). [Zugriff am 12. Mai 2022].
39. M. Bayegan, „A Vision of the Future Grid," IEEE Power Engineering Review, No. 12, S. 10–12, 2001.
40. G. Czisch, „Interkontinentale Stromverbünde", Integration Erneuerbarer Energien in Versorgungsstrukturen, S. 51–63, 2001.
41. State Grid of China, „Global Energy Interconnection", [Online]. Available: http://www.geidca.com/. [Zugriff am 15. April 2016].
42. E. Brainpool, „Global Energy Interconnection: Chinas Idee für eine weltweite Energierevolution", [Online]. Available: http://ceenews.info/global-energy-interconnection-chinas-idee-fuer-eine-weltweite-energierevolution/. [Zugriff am 15. April 2016].

43. H. Brumshagen, H.-J. Haubrich, D. Heinz und H. Müller, „Entwicklungen zum gesamteuropäischen Stromverbund", in VDI-Tagungsband 1129: GLOBAL-Link – Interkontinentaler Energieverbund, Essen, VDI, 1994, S. 258–278.
44. WG C1.35, „The global electricity network", Electra, No. 293, S. 19–28, 2017.
45. X. Dong und M. Ni, „Ultra High Voltage Power Grid Development in China", 2010. [Online]. Available: http://ieeexplore.ieee.org/stamp/stamp.jsp?arnumber=5590012. [Zugriff am 3. Juli 2020]
46. BB, „Desertec: Strom aus der Wüste", [Online]. Available: http://www.abb.de/cawp/seitp202/c4598a79b1ed075bc12575ee004e87d6.aspx. [Zugriff am 15. April 2016].
47. H.-J. Haubrich, „Optimierung und Betrieb von Energieversorgungssystemen", Skript RWTH Aachen, 2007.
48. H. Glavitsch, „Computergestützte Netzbetriebsführung", E und M, Bd. 101, Nr. 5, S. 222–225, 1984.
49. R. Marenbach, D. Nelles und C. Tuttas, Elektrische Energietechnik, Wiesbaden: Springer, 2013.
50. A. Hetfeld, K. Schäfer und J. Verstege, „Aktueller Netzzustand auf einen Blick", etz, Bd. 119, Nr. 7–8, S. 56–59, 1998.
51. W. Sprenger, P. Stelzner, K. F. Schäfer, J. Verstege und G. Schellstede, „Compact and Operation Oriented Visualization of Complex System States", in CIGRE, Paper 39–107, Paris, France, 1996.
52. C. Schneiders, Visualisierung des Systemzustandes und Situationserfassung in großräumigen elektrischen Übertragungsnetzen, Dissertation Bergische Universität Wuppertal, 2014.
53. T. Dyliacco, „The Adaptive Reliability Control System", IEEE Transactions PAS, Vol. 86, No. 5, 1967.
54. L. Fink und K. Carlsen, „Operating under stress and strain", IEEE Spectrum, No. 3, S. 48–53, 1978.
55. G. Hosemann, Elektrische Energietechnik, Band 3: Netze, Berlin: Springer, 2001.
56. VDN, Hrsg., TransmissionCode 2007 – Netz- und Systemregeln der deutschen Übertragungsnetzbetreiber, Berlin: Verband der Netzbetreiber – VDN, 2007.
57. Amprion, „Grundsätze für die Planung des deutschen Übertragungsnetzes", Dortmund, Juli 2018.
58. VDE, Hrsg., DIN EN 50160 Merkmale der Spannung in öffentlichen Elektrizitätsversorgungsnetzen, Berlin: Beuth-Verlag, 2011.
59. VDE, Hrsg., DIN EN 50341 Freileitungen über AC 45 kV, Berlin: VDE Verlag, 2009.
60. VDE, Hrsg., DIN EN 50182 Leiter für Freileitungen – Leiter aus konzentrisch verseilten runden Drähten, Berlin: VDE-Verlag, 2006.
61. VDE, Hrsg., VDE-AR-N 4210-5 Anwendungsregel: Witterungsabhängiger Freileitungsbetrieb, Berlin: VDE Verlag, 2011.
62. A. Kaptue Kamga, Regelzonenübergreifendes Netzengpassmanagement mit optimalen Topologiemaßnahmen, Dissertation Bergische Universität Wuppertal, 2009.
63. Deutsche Übertragungsnetzbetreiber, „Grundsätze für die Ausbauplanung des deutschen Übertragungsnetzes," Juli 2020. [Online]. Available: https://www.50hertz.com/de/Netz/Netzentwicklung/LeitliniederPlanung/Netzplanungsgrundsaetzedervierdeutschen Uebertragungsnetzbetreiber. [Zugriff am 28. Juni 2022]
64. UCTE, „UCTE Operation Handbook", [Online]. Available: http://www.ucte.org. [Zugriff am 16. Juni 2022].
65. D. Haß, G. Pels Leusden, J. Schwarz und H. Zimmermann, „Das (n−1)-Kriterium in der Planung von Übertragungsnetzen", Elektrizitätswirtschaft, Bd. 80, Nr. 25, S. 923–926, 1981.

66. K. F. Schäfer, Adaptives Güteindex-Verfahren zur automatischen Erstellung von Ausfalllisten für die Netzsicherheitsanalyse, Dissertation Bergische Universität Wuppertal, 1988.
67. K. F. Schäfer, C. Schwartze und J. Verstege, „CONTEX: A Hybrid Expert System for Contingency Selection", Electric Power Systems Research, Vol. 3, No. 22, S. 189–194, 1991.
68. DVG, Hrsg., Das (n−1)-Kriterium für die Hoch- und Höchstspannungsnetze der DVG-Unternehmen, Heidelberg: Deutsche Verbundgesellschaft e. V., 1997.
69. H.-D. Kochs, Zuverlässigkeit elektrotechnischer Anlagen, Berlin: Springer-Verlag, 1984.
70. W. Wellßow, Ein Beitrag zur Zuverlässigkeitsberechnung in der Netzplanung, Dissertation TH Darmstadt, 1986.
71. M. Zdrallek, Zuverlässigkeitsanalyse elektrischer Energieversorgungssysteme, Dissertation Universität Siegen, 2000.
72. V. Crastan und D. Westermann, Elektrische Energieversorgung, Band 3, Berlin: Springer, 2011.
73. T. Werth, Investitionsstrategien für Mittelspannungskabel – Zuverlässigkeit und Wirtschaftlichkeit von Investitionen und Netzautomatisierung, Berlin: Springer, 2014.
74. J. Backes, Bewertung der Versorgungszuverlässigkeit, München: Herbert Utz Verlag, 2013.
75. VDE, „Versorgungszuverlässigkeit – die FNN-Störungsstatistik", [Online]. Available: https://www.vde.com/de/fnn/themen/versorgungsqualitaet/versorgungszuverlaessigkeit/. [Zugriff am 16. Juni 2022].
76. IEEE, Standard 1366, Guide for Electric Power Distribution Reliability Indices, New York, 2012.
77. A. Praktiknjo, Sicherheit der Elektrizitätsversorgung, Wiesbaden: Springer, 2013.
78. B. Koetzold, „Berechnung elektrischer Netze", Technische Mitt. AEG-Telefunken, Bd. 71. Jg., Nr. 4/5, S. 135–143, 1981.
79. Universität Erlangen, „Drehstrom-Demonstrationsmodell", [Online]. Available: http://www.ees.eei.uni-erlangen.de/technik/ddm.shtml. [Zugriff am 17. Oktober 2014].
80. J. Stenzel, „Netzberechnung", Skript TH Darmstadt, 2000.
81. R. Baumann, „Mathematische Behandlung von Aufgaben der Netzplanung und des Netzbetriebes", ETZ-A, Bd. 87 (1966), S. 351–357
82. FGH, „Workshop Einsatz von Arbeitsplatzrechnern für Planung und Betrieb elektrischer Energienetze". Tagungsband, Forschungsgemeinschaft für Hochspannungs- und Hochstromtechnik e. V., Mannheim, (1992)
83. H. Dommel, Digitale Rechenverfahren für elektrische Netze, Dissertation TH München, 1962.
84. O. I. Elgerd, Electric Energy Systems Theory: An Introduction, New-Dehli, India: Tata McGraw-Hill Publishing Company, 1975.
85. M. A. Pai, Computer Techniques in Power Systems Analysis, New Dehli, India: Tata McGraw-Hill Publishing Company, 1986.
86. E. Handschin, Hrsg., Real-Time Control of Electric Power Systems, Amsterdam: Elsevier Publishing Company, 1972.
87. E. Handschin, Elektrische Energieübertragungssysteme, Heidelberg: Hüthig, 1987.
88. H. Edelmann, Berechnung elektrischer Verbundnetze, Berlin: Springer, 1963.
89. H. Koettnitz und H. Pundt, Berechnung elektrischer Energieversorgungsnetze, Bd. Band I: Mathematische Grundlagen und Netzparameter, Leipzig: VEB Deutscher Verlag für Grundstoffindustrie, 1973.
90. D. Schaller, Berechnung elektrischer Energieversorgungsnetze, Band III: Maschinelle Berechnung und Optimierung, Leipzig: VEB Deutscher Verlag für Grundstoffindustrie, 1972.
91. P. Schavemaker und L. Van der Sluis, Electrical Power Systems Essentials, Chichester, England: John Wiley & Sons, 2008.

92. G. Stagg und A. El-Abiad, Computer Methods in Power System Analysis, Tokyo: McGraw-Hill, 1968.
93. B. Oswald, Berechnung von Drehstromnetzen, Wiesbaden: Springer Vieweg, 2021.
94. W. F. Tinney und C. Hart, „Power flow solution by Newton's method", IEEE Transactions on Power Apparatus and Systems, Vol. 86, (1967) S. 1449–1456
95. H.-J. Koglin, „Rechenaufwand verschiedener Verfahren zur digitalen Kurzschlußstromberechnung", ETZ-A, Bd. 87 (1966), S. 358–362.
96. K. Takahashi, J. Fagan und M. Chen, „Formation of a sparse bus impedance matrix and its application to short circuit study", Proceedings of the 8th PICA Conference, Minneapolis (1973).
97. N. Sato und W. F. Tinney, „Techniques for exploiting the sparsity of the network admittance matrix", IEEE Transactions on Power Apparatus and Systems, Vol. 82 (1963), S. 944–950.
98. P. D. Jennings und G. E. Quinan, „The use of business machines in the distribution of load and reactive components in power line networks", Transactions of the AIEE, Vol. 66, (1947), S. 1045–1046.
99. F. C. Schweppe, J. Wildes und D. J. Rom, „Power system state estimation", Part I, II and III, IEEE Transactions on Power Apparatus and systems, Vol. 89 (1970), S. 120–135.
100. FGH, Lastfluss- und Kurzschlussberechnungen in Theorie und Praxis, Mannheim: Forschungsgemeinschaft für Hochspannungs- und Hochstromtechnik e. V., 1998.
101. H. E. Brown, Solution of Large Networks by Matrix Methods, New York: John Wiley & Sons, Inc., 1975.
102. A. J. Conejo und L. Baringo, Power System Operations, Cham, Switzerland: Springer, 2018.
103. K. F. Schäfer, „Theorie der Netzberechnung", Skript Bergische Universität Wuppertal, 2022.
104. G. Zandra, „Zwei Jahrzehnte Mikroprozessor", Elektrotechnik und Informationstechnik, Bd. 110 (1993), S. 32–33.

2 Berechnung elektrischer Energieversorgungsnetze

2.1 Mathematisches Modell des Netzes

Für die Bearbeitung von Aufgabenstellungen zum Verhalten elektrischer Energieversorgungsnetze muss zunächst ein für die jeweilige Anwendung geeignetes mathematisches Abbild des technischen Systems gefunden werden, mit dem die physikalischen Eigenschaften genügend genau nachgebildet werden. Die erforderliche Modellierungsgenauigkeit und der Detaillierungsgrad bei der Nachbildung der einzelnen Betriebsmittel des elektrischen Energieversorgungsnetzes sind dabei von der jeweiligen Anwendung bzw. vom eingesetzten Berechnungsverfahren und von den spezifischen Eigenschaften des betrachteten Systems abhängig.

2.1.1 Begriffsbestimmungen

In Anlehnung an die Norm DIN 40110 [1] werden die im Folgenden verwendeten Begriffe definiert und erläutert.

2.1.1.1 Spannung

Phasenspannung und Außenleiterspannung
Die Phasenspannung $\underline{U}_i$ ist die Spannung zwischen einem der drei Außenleiter (Phasen) eines Drehstromnetzes und dem Neutralleiter oder Sternpunkt des Systems.

Die Außenleiterspannung $\underline{U}_{ik}$ ist definiert als die Spannung zwischen zwei Außenleitern des Drehstromnetzes. Sie wird häufig auch als verkettete Spannung bezeichnet (Abb. 2.2).

Nennspannung und Bemessungsspannung

Die Nennspannung U_n ist diejenige Spannung, nach der ein Netz, eine Anlage oder ein Betriebsmittel benannt wird und auf die bestimmte Betriebseigenschaften bezogen werden.

Die Bemessungsspannung U_r spezifiziert den maximalen Wert der elektrischen Spannung im Normalbetrieb. Sie ist größer oder gleich der Nennspannung. Es gilt allgemein die Konvention, dass die Nennspannung eines Netzes sowie die Bemessungsspannung eines Betriebsmittels immer die verkettete Spannung ist.

2.1.1.2 Strom

Mit Bemessungsstrom I_r (oder auch I_{max}) wird der höchste effektive Betriebsstrom, mit dem ein Betriebsmittel dauernd betrieben werden darf, bezeichnet. Der Bemessungsstrom ist in der Regel bestimmt durch die thermisch zulässige Dauerbelastung des Betriebsmittels und damit abhängig von den gegebenen Umgebungsbedingungen.

2.1.1.3 Leistung

Sofern nichts anderes angegeben ist, ist mit der Leistung $\underline{S}$ immer die Gesamtleistung eines dreiphasigen (Drehstrom-)systems gemeint. Diese Leistung bestimmt sich aus dem dreifachen Produkt der Phasenspannung und dem konjugiert komplexen Phasenstrom.

$$\underline{S} = 3 \cdot \underline{U} \cdot \underline{I}^* \tag{2.1}$$

Die komplexe Leistung $\underline{S}$ setzt sich zusammen aus der Wirkleistung P und der Blindleistung Q.

$$\underline{S} = P + j \cdot Q \tag{2.2}$$

Die Scheinleistung ist der Betrag der komplexen Leistung.

$$S = |\underline{S}| = 3 \cdot |\underline{U} \cdot \underline{I}^*| = \sqrt{P^2 + Q^2} \tag{2.3}$$

2.1.1.4 Widerstand

Immitanz

Der übergeordnete Begriff für Admittanz und Impedanz ist Immitanz (Abb. 2.1).

Impedanz (komplexer Widerstand)

Die Impedanz $\underline{Z}$ ist der Quotient aus komplexer Wechselspannung $\underline{U}$ und komplexem Wechselstrom $\underline{I}$.

$$\underline{Z} = \frac{\underline{U}}{\underline{I}} \tag{2.4}$$

Die Impedanz kann in kartesischen Koordinaten oder in Polarkoordinatendarstellung (Exponentialform) angegeben werden.

$$\underline{Z} = R + j \cdot X = |\underline{Z}| \cdot e^{j \cdot \varphi} \tag{2.5}$$

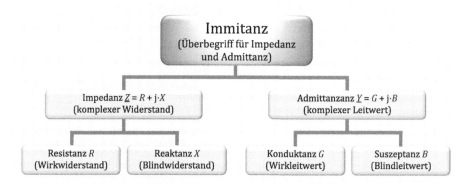

Abb. 2.1 Benennung für Widerstände und Leitwerte

Zur Beschreibung der imaginären Zahlen wird die imaginäre Einheitsgröße j eingeführt.

$$j = \sqrt{-1} \tag{2.6}$$

Resistanz (Wirkwiderstand)
Die Resistanz R ist der Realteil der komplexen Impedanz $\underline{Z}$.

Reaktanz (Blindwiderstand)
Die Reaktanz X ist der Imaginärteil der komplexen Impedanz $\underline{Z}$. Der Blindwiderstand einer Spule wird Induktanz, der Blindwiderstand eines Kondensators wird Kapazitanz genannt.

Admittanz (komplexer Leitwert)
Die Admittanz $\underline{Y}$ ist der Kehrwert der Impedanz $\underline{Z}$.

$$\underline{Y} = G + j \cdot B = \frac{1}{\underline{Z}} \tag{2.7}$$

Konduktanz (Wirkleitwert)
Die Konduktanz G ist der Realteil der komplexen Admittanz $\underline{Y}$.

Suszeptanz (Blindleitwert)
Die Suszeptanz B ist der Imaginärteil der komplexen Admittanz $\underline{Y}$.

2.1.2 Vereinbarungen

Es werden nur symmetrisch aufgebaute und, mit Ausnahme der Kurzschlussstromberechnung, symmetrisch betriebene dreiphasige Drehstromsysteme betrachtet. Für deren Berechnung ist eine einphasige Netznachbildung ausreichend. Hierfür können die aus der linearen Wechselstromnetzwerktheorie bekannten Rechenregeln angewandt werden. Lediglich bei der Berechnung von Leistungen ist zusätzlich der Faktor 3 bzw. $\sqrt{3}$ zu berücksichtigen, um die gesamte Leistung des dreiphasigen Systems zu bestimmen.

Für die Bezeichnung der drei Phasen des Drehstromsystems werden die vorschriftenkonformen Bezeichnungen L1, L2 und L3 bzw. 1, 2 und 3 oder ggf. die synonymen, früher üblichen und noch heute in der Praxis oft anzutreffenden Bezeichnungen R, S und T verwendet.

Unter der Annahme, dass die betrachteten Systeme symmetrisch aufgebaut sind und mit symmetrischen Spannungen und Leistungen betrieben werden (Abb. 2.2), können zur Beschreibung der Netzelemente die einphasigen Ersatzschaltbilder des Mitsystems (s. Abschn. 5.4.3) benutzt werden. Ebenso können für diese symmetrischen Betriebszustände die Berechnungen (z. B. des Leistungsflusses) einphasig durchgeführt werden.

In einem symmetrischen Spannungssystem eines Drehstromnetzes haben die speisenden Spannungen der drei Leiter L1, L2 und L3 (Leiter-Erde-Spannungen, Phasenspannungen) alle den gleichen Betrag und sind gegeneinander um jeweils 120° gedreht.

$$|\underline{U}_1| = |\underline{U}_2| = |\underline{U}_3| = U_{\text{phase}} = U \tag{2.8}$$

$$\begin{aligned} \underline{U}_1 &= U \\ \underline{U}_2 &= U \cdot e^{-j \cdot 120°} = U \cdot \underline{a}^2 \\ \underline{U}_3 &= U \cdot e^{-j \cdot 240°} = U \cdot \underline{a} \end{aligned} \tag{2.9}$$

Für den in Gl. (2.9) verwendeten Drehfaktor (Versor) $\underline{a}$ gelten die folgenden Rechenregeln:

$$\underline{a} = e^{j \cdot \frac{2\pi}{3}} = e^{j \cdot 120°} = \cos(120°) + j \cdot \sin(120°) = -\frac{1}{2} + j \cdot \frac{\sqrt{3}}{2} \tag{2.10}$$

$$\begin{aligned} \underline{a}^2 &= \underline{a}^* = \underline{a}^{-1} = e^{j \cdot \frac{4\pi}{3}} = e^{-j \cdot \frac{2\pi}{3}} = e^{j \cdot 240°} \\ &= \cos(240°) + j \cdot \sin(240°) = -\frac{1}{2} - j \cdot \frac{\sqrt{3}}{2} \end{aligned} \tag{2.11}$$

$$\begin{aligned} \underline{a}^3 &= 1 \\ \underline{a}^4 &= \underline{a} \end{aligned} \tag{2.12}$$

$$1 + \underline{a} + \underline{a}^2 = 0 \tag{2.13}$$

$$\begin{aligned} \underline{a} - \underline{a}^2 &= j \cdot \sqrt{3} \\ \underline{a}^2 - \underline{a} &= -j \cdot \sqrt{3} \end{aligned} \tag{2.14}$$

Die Beträge der drei verketteten Spannungen (Außenleiterspannungen) sind ebenfalls gleich. Sie ergeben sich aus einfachen geometrischen Betrachtungen (Abb. 2.2). Daraus

2.1 Mathematisches Modell des Netzes

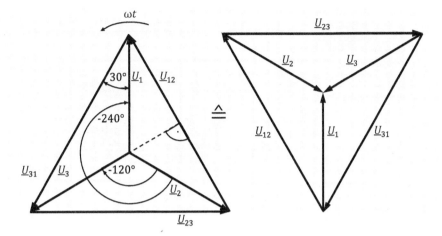

Abb. 2.2 Symmetrisches Spannungssystem

ergibt sich, dass die verketteten Spannungen um den Faktor $\sqrt{3}$ größer sind als die Phasenspannungen.

$$|\underline{U}_{12}| = |\underline{U}_{23}| = |\underline{U}_{31}| = U_{\text{verkettet}} \quad (2.15)$$

$$\frac{1}{2} \cdot U_{12} = U_1 \cdot \cos(30°) \quad (2.16)$$

$$U_{12} = \sqrt{3} \cdot U_1 \quad (2.17)$$

Auch die verketteten Spannungen sind untereinander jeweils um 120° phasenverschoben.

$$\begin{aligned}\underline{U}_{12} &= \underline{U}_1 - \underline{U}_2 = U \cdot (1 - \underline{a}^2) = \sqrt{3} \cdot U \cdot e^{+j \cdot 30°} \\ \underline{U}_{23} &= \underline{U}_2 - \underline{U}_3 = U \cdot (\underline{a}^2 - \underline{a}) = \sqrt{3} \cdot U \cdot e^{+j \cdot 270°} \\ \underline{U}_{31} &= \underline{U}_3 - \underline{U}_1 = U \cdot (\underline{a} - 1) = \sqrt{3} \cdot U \cdot e^{+j \cdot 150°}\end{aligned} \quad (2.18\text{a--c})$$

Die Summe der drei Phasenspannungen $\underline{U}_i$ ergibt genau wie die Summe der drei Außenleiterspannungen $\underline{U}_{ij}$ null.

$$\begin{aligned}\underline{U}_1 + \underline{U}_2 + \underline{U}_3 &= 0 \\ \underline{U}_{12} + \underline{U}_{23} + \underline{U}_{31} &= 0\end{aligned} \quad (2.19)$$

Beim symmetrischen Netzbetrieb wird das Drehstromnetz in allen drei Phasen gleich (symmetrisch) belastet (Abb. 2.3), d. h. es gilt für die Impedanzen $\underline{Z}_1 = \underline{Z}_2 = \underline{Z}_3 = \underline{Z}$.

Bei einem Drehstromsystem mit drei Phasen ohne Mittelpunktleiter ergibt die Addition der drei Phasenströme entsprechend dem Kirchhoff'schen Gesetz den Wert null.

$$\underline{I}_1 = \underline{I}_2 = \underline{I}_3 = 0 \quad (2.20)$$

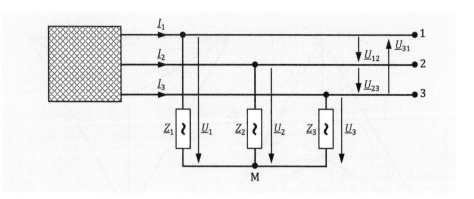

Abb. 2.3 Symmetrisches Drehstromsystem

Aufgrund der symmetrischen Belastung des Drehstromsystems sind die Beträge der drei Phasenströme gleich groß.

$$|\underline{I}_1| = |\underline{I}_2| = |\underline{I}_3| \tag{2.21}$$

Ein unsymmetrischer Betrieb des Drehstromnetzes liegt vor, falls gilt:

$$\underline{Z}_1 \neq \underline{Z}_2 \neq \underline{Z}_3 \tag{2.22}$$

Für die Behandlung unsymmetrischer Betriebszustände, z. B. unsymmetrische Kurzschlüsse und Leiterunterbrechungen, wird das Netz in symmetrische Komponenten zerlegt, womit dann drei ebenfalls symmetrische und damit einphasig modellierbare Netze vorliegen (Abschn. 5.4.2).

Die Koeffizienten der Netzelemente (R, L, C, G, $\underline{ü}$ usw.) werden als zeitlich konstant und als von anderen Betriebsgrößen wie Strom, Spannung etc. unabhängig betrachtet. Mit dieser Annahme existieren zwischen Strömen und Spannungen nur lineare Beziehungen.

Die nachfolgenden Betrachtungen beschränken sich auf die Berechnung stationärer bzw. als stationär angenommener (quasistationäre) Vorgänge in elektrischen Energieversorgungsnetzen.

2.1.3 Elementare Netzumwandlungen

Bei der Berechnung von elektrischen Netzen werden häufig elementare Umrechnungen von Netzkonfigurationen vorgenommen. Im Folgenden findet sich eine Auflistung der regelmäßig verwendeten Netzumwandlungen [2].

2.1 Mathematisches Modell des Netzes

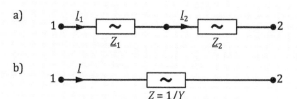

Abb. 2.4 Reihenschaltung

Reihenschaltung

Zwei oder mehr in Reihe hintereinander verschaltete Impedanzen (Abb. 2.4a) lassen sich durch die Summation der Einzelimpedanzen zu einer Gesamtimpedanz (Abb. 2.4b) zusammenfassen.

Die Gesamtimpedanz $\underline{Z}$ der Reihenschaltung in Abb. 2.4 ergibt sich aus der Addition der Teilimpedanzen $\underline{Z}_1$ und $\underline{Z}_2$.

$$\underline{Z} = \underline{Z}_1 + \underline{Z}_2 \tag{2.23}$$

$$\underline{I} = \underline{I}_1 = \underline{I}_2$$
$$\underline{Y} = \frac{\underline{Y}_1 \cdot \underline{Y}_2}{\underline{Y}_1 + \underline{Y}_2} \tag{2.24}$$

Parallelschaltung

Zwei oder mehr parallel verschaltete Admittanzen (Abb. 2.5a) lassen sich durch die Summation der Einzeladmittanzen zu einer Gesamtadmittanz (Abb. 2.5b) zusammenfassen.

Die Gesamtadmittanz $\underline{Y}$ der Parallelschaltung in Abb. 2.5 wird als Summe der Teiladmittanzen $\underline{Y}_1$ und $\underline{Y}_2$ berechnet.

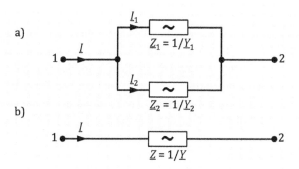

Abb. 2.5 Parallelschaltung

$$\underline{Y} = \underline{Y}_1 + \underline{Y}_2$$
$$\underline{I} = \underline{I}_1 + \underline{I}_2$$
$$\underline{I}_1 = \frac{\underline{Z}_2}{\underline{Z}_1 + \underline{Z}_2} \cdot \underline{I} = \frac{\underline{Y}_1}{\underline{Y}_1 + \underline{Y}_2} \cdot \underline{I}$$
$$\underline{I}_2 = \frac{\underline{Z}_1}{\underline{Z}_1 + \underline{Z}_2} \cdot \underline{I} = \frac{\underline{Y}_2}{\underline{Y}_1 + \underline{Y}_2} \cdot \underline{I} \qquad (2.25)$$
$$\underline{Z} = \frac{\underline{Z}_1 \cdot \underline{Z}_2}{\underline{Z}_1 + \underline{Z}_2}$$

Stern-Dreieck-Umwandlung

Die Stern-Dreieck-Umwandlung gehört zu den in der Netzberechnung am meisten verwendeten elementaren Netzumwandlungen. Man versteht hierunter die Überführung von drei sternförmig verschalteten Impedanzen in eine klemmenkonforme Dreiecksschaltung. Dafür muss gelten, dass in beiden Schaltungen (Abb. 2.6) die resultierenden Impedanzen der Klemmenpaare 1–2, 1–3 und 2–3 identisch sind.

$$\underline{I}_1 + \underline{I}_2 + \underline{I}_3 = 0$$

$$\underline{Z}_{12} = \frac{\underline{Z}_1 \cdot \underline{Z}_2 + \underline{Z}_1 \cdot \underline{Z}_3 + \underline{Z}_2 \cdot \underline{Z}_3}{\underline{Z}_3} \cdot \underline{I}_{12} = \frac{\underline{I}_1 \cdot \underline{Z}_1 - \underline{I}_2 \cdot \underline{Z}_2}{\underline{Z}_{12}}$$
$$\underline{Z}_{13} = \frac{\underline{Z}_1 \cdot \underline{Z}_2 + \underline{Z}_1 \cdot \underline{Z}_3 + \underline{Z}_2 \cdot \underline{Z}_3}{\underline{Z}_2} \cdot \underline{I}_{13} = \frac{\underline{I}_1 \cdot \underline{Z}_1 - \underline{I}_3 \cdot \underline{Z}_3}{\underline{Z}_{13}}$$
$$\underline{Z}_{23} = \frac{\underline{Z}_1 \cdot \underline{Z}_2 + \underline{Z}_1 \cdot \underline{Z}_3 + \underline{Z}_2 \cdot \underline{Z}_3}{\underline{Z}_1} \cdot \underline{I}_{23} = \frac{\underline{I}_2 \cdot \underline{Z}_2 - \underline{I}_3 \cdot \underline{Z}_3}{\underline{Z}_{23}} \qquad (2.26)$$

$$\underline{Y}_{12} = \frac{\underline{Y}_1 \cdot \underline{Y}_2}{\underline{Y}_1 + \underline{Y}_2 + \underline{Y}_3}$$
$$\underline{Y}_{13} = \frac{\underline{Y}_1 \cdot \underline{Y}_3}{\underline{Y}_1 + \underline{Y}_2 + \underline{Y}_3}$$
$$\underline{Y}_{23} = \frac{\underline{Y}_2 \cdot \underline{Y}_3}{\underline{Y}_1 + \underline{Y}_2 + \underline{Y}_3}$$

Die besondere Bedeutung der Stern-Dreieck-Umwandlung für die Netzberechnung ist dadurch begründet, dass mit dieser elementaren Netzumwandlung ein bezüglich der Klemmen 1, 2 und 3 äquivalentes Netzwerk gebildet wird, das gegenüber dem Ausgangsnetzwerk allerdings einen Knoten (hier Knoten 0) weniger hat. Diese Eigenschaft wird in vielen Verfahren zur Berechnung elektrischer Netze direkt und indirekt genutzt, wie beispielsweise bei der Gauß'schen Elimination und bei der Bestimmung von Ersatznetzen.

Dreieck-Stern-Umwandlung

Die Umkehrung der Stern-Dreieck-Umwandlung ist ebenfalls möglich. Dabei werden drei in einem Dreieck verschaltete Impedanzen in eine klemmenkonforme Stern-

2.1 Mathematisches Modell des Netzes

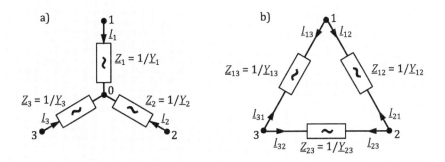

Abb. 2.6 Stern-Dreieck-Umwandlung

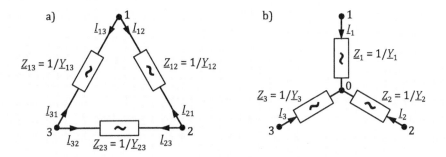

Abb. 2.7 Dreieck-Stern-Umwandlung

schaltung überführt (Abb. 2.7). Mit dieser Umwandlung wird ein weiterer Knoten (hier Knoten 0) gebildet.

$$\begin{aligned}
\underline{Z}_1 &= \frac{\underline{Z}_{12} \cdot \underline{Z}_{13}}{\underline{Z}_{12} + \underline{Z}_{13} + \underline{Z}_{23}} \cdot \underline{I}_1 = \underline{I}_{21} + \underline{I}_{31} \\
\underline{Z}_2 &= \frac{\underline{Z}_{12} \cdot \underline{Z}_{23}}{\underline{Z}_{12} + \underline{Z}_{13} + \underline{Z}_{23}} \cdot \underline{I}_2 = \underline{I}_{12} + \underline{I}_{32} \\
\underline{Z}_3 &= \frac{\underline{Z}_{13} \cdot \underline{Z}_{23}}{\underline{Z}_{12} + \underline{Z}_{13} + \underline{Z}_{23}} \cdot \underline{I}_3 = \underline{I}_{13} + \underline{I}_{23}
\end{aligned} \qquad (2.27)$$

Umwandlung N-Stern in N-Eck

Die Erweiterung der Stern-Dreieck-Umwandlung in eine (N-Stern)-zu-(N-Eck)-Umwandlung für $N > 3$ ist grundsätzlich möglich. Dabei ergeben sich die Seitenleitwerte $\underline{Y}_{ij}$ des vollständigen N-Ecks aus der Umwandlung eines N-strahligen Sterns aus N Leit-

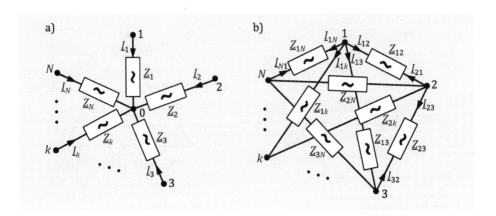

Abb. 2.8 Umwandlung N-Stern in N-Eck

werten $\underline{Y}_1, \underline{Y}_1, \cdots, \underline{Y}_N$ jeweils als Produkt der beiden anliegenden Sternleitwerte $\underline{Y}_i$ und $\underline{Y}_j$ dividiert durch die Leitwertsumme des Sterns.

$$\underline{Y}_{ij} = \frac{\underline{Y}_i \cdot \underline{Y}_j}{\sum_{\nu=1}^{N} \underline{Y}_\nu} \quad (2.28)$$

Diese Art der Umwandlung ist jedoch eher unüblich, da der Vorteil einer Knotenreduktion durch eine Erhöhung der Zweiganzahl verloren geht. Das entstehende N-Eck ist in der Regel vollständig vermascht und enthält damit deutlich mehr Zweige als der ursprüngliche N-Stern (Abb. 2.8).

Die Umwandlung eines vollständigen N-Ecks in einen N-strahligen Stern ist normalerweise für $N > 3$ nicht möglich [3].

Impedanzinversion

Die Admittanz $\underline{Y}$ ergibt sich aus der Inversion der Impedanz $\underline{Z}$.

$$\underline{Y} = \frac{1}{\underline{Z}} = \frac{1}{R + j \cdot X} = \frac{R - j \cdot X}{R^2 + X^2} = \frac{R}{R^2 + X^2} + j \cdot \left(-\frac{X}{R^2 + X^2}\right) = G + j \cdot B \quad (2.29)$$

Man kann das negative Vorzeichen des Imaginärteils auch in der Gleichung belassen. Damit ergibt sich für die Umrechnung der Admittanz:

$$\underline{Y} = \frac{R}{R^2 + X^2} - j \cdot \left(\frac{X}{R^2 + X^2}\right) = G - j \cdot B \quad (2.30)$$

An dem Ergebnis der obigen Rechnungen ist ersichtlich, dass sich der Wirkleitwert G bzw. der Blindleitwert B im Allgemeinen nicht unmittelbar aus dem reziproken Wert des Real- bzw. Imaginärteils der Impedanz ergibt.

2.1.4 Modellabgrenzung

Für eine systematische Vorgehensweise wird zunächst das Gesamtsystem mit seiner Systemgrenze definiert. Wie in Abb. 2.9 skizziert werden dafür alle Einspeisungen und Verbraucher als außerhalb der Systemgrenze liegend definiert. Sie bilden damit die Randbedingungen an der Systemgrenze. Innerhalb der Systemgrenze befindet sich nur noch das betrachtete System mit dem passiven, vermaschten Netz. Der richtigen Beschreibung der Randbedingungen kommt damit große Bedeutung zu.

An den Systemgrenzen werden im Allgemeinen Leistungen bzw. Ströme in das Netz eingespeist oder entnommen. Der Betriebszustand für jeden Knoten i des Netzes kann mit den vier Größen Betrag der Spannung U_i, Winkel der Spannung φ_i, Wirkleistung P_i und Blindleistung Q_i vollständig beschrieben werden (Abb. 2.10).

Zur Lösung der Systemgleichungen (s. Abschn. 3.3) sind jeweils zwei dieser Größen vorzugeben. Die beiden anderen Knotengrößen werden berechnet. Im Folgenden werden

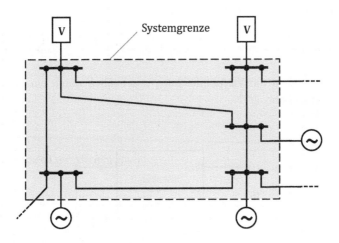

Abb. 2.9 Modell- und Systemabgrenzung

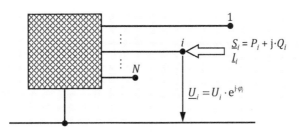

Abb. 2.10 Modellierung der Knotengrößen

die wichtigsten Modellierungsarten angegeben. Aufgrund der Festlegung der Systemgrenze besteht das System aus einem passiven linearen Netz. Im Systemmodell werden die unterschiedlichen Komponenten wie Leitungen (Freileitung oder Kabel), Transformatoren und Kompensationsanlagen nachgebildet. Mit diesen Überlegungen gilt, dass die genannten Komponenten durch lineare Vierpole beschrieben werden können. Das gesamte Systemmodell besteht aus einer Zusammenschaltung von Vierpolen. Hierbei entsprechen die Vierpole den Zweigen des Netzes und die Verbindungspunkte den jeweiligen Netzknoten (Abb. 2.11).

Der Zusammenhang zwischen den vier Klemmengrößen $\underline{U}_i$, $\underline{U}_j$, $\underline{I}_i$ und $\underline{I}_j$ dieser Vierpole kann nach der Vierpoltheorie allgemein angegeben werden zu:

$$\begin{pmatrix} \underline{I}_i \\ \underline{I}_j \end{pmatrix} = \begin{pmatrix} \underline{\tilde{y}}_{ii} & \underline{\tilde{y}}_{ij} \\ \underline{\tilde{y}}_{ji} & \underline{\tilde{y}}_{jj} \end{pmatrix} \cdot \begin{pmatrix} \underline{U}_i \\ \underline{U}_j \end{pmatrix} \tag{2.31}$$

Bei Leitungen und Transformatoren mit festem Übersetzungsverhältnis sind die Nebendiagonalelemente gleich (s. Abschn. 2.1.6). Für diese Betriebsmittel ergeben sich damit umkehrbare Vierpole mit:

$$\underline{\tilde{y}}_{ji} = \underline{\tilde{y}}_{ij} \tag{2.32}$$

In diesen Fällen kann die Vierpolgleichung anschaulich durch ein Π-Ersatzschaltbild dargestellt werden (Abb. 2.12).

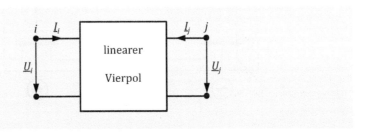

Abb. 2.11 Nachbildung der Systemkomponenten als Vierpole

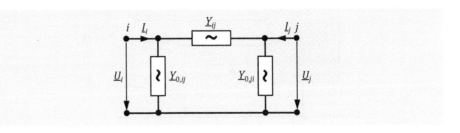

Abb. 2.12 Π-Ersatzschaltbild eines allgemeinen Vierpols

2.1 Mathematisches Modell des Netzes

Für den Zusammenhang mit den Elementen der Vierpolgleichung gilt:

$$\begin{aligned} \widetilde{\underline{y}}_{ii} &= \underline{Y}_{0,ij} + \underline{Y}_{ij} \\ \widetilde{\underline{y}}_{ji} &= \widetilde{\underline{y}}_{ij} = -\underline{Y}_{ij} \\ \widetilde{\underline{y}}_{jj} &= \underline{Y}_{0,ji} + \underline{Y}_{ij} \end{aligned} \tag{2.33}$$

Im Sonderfall eines symmetrischen Vierpols gilt

$$\begin{aligned} \widetilde{\underline{y}}_{ij} &= \widetilde{\underline{y}}_{ji} \\ \widetilde{\underline{y}}_{ii} &= \widetilde{\underline{y}}_{jj} \end{aligned} \tag{2.34}$$

und damit im Π-Ersatzschaltbild

$$\underline{Y}_{0,ij} = \underline{Y}_{0,ji} \tag{2.35}$$

Bei der Berechnung in Netzen mit mehreren Spannungsebenen ist es sinnvoll, zunächst alle Rechengrößen auf eine Bezugsspannung zu beziehen und damit ein Netzmodell mit einer einzigen Spannung aufzubauen.

2.1.5 Knotenelemente

2.1.5.1 Sammelschienen

Die Netzknoten oder Sammelschienen sind die Punkte im Netz, an denen die Komponenten des Netzes betriebsmäßig zusammengeschaltet und getrennt werden können. Im Störungsfall erfolgt hier auch die Ausschaltung der fehlerbetroffenen Betriebsmittel. Technisch werden diese Verknüpfungspunkte durch Schaltanlagen realisiert. Abb. 2.13 zeigt typische Ausführungsformen von Schaltanlagen. Der in den höheren Spannungsebenen am häufigsten eingesetzte Schaltanlagentyp ist die Mehrfachsammelschienenanlage (Abb. 2.13a), die in der Regel über eine bis drei Sammelschienen verfügt. Diese Anlagen sind zwar in ihrem Aufbau aufwendig, sie bieten dafür allerdings auch ein hohes Maß an Kupplungsvariationen der angeschlossenen Betriebsmittel. Sie sind dadurch sehr zuverlässig und bieten eine hohe Sicherheit bei Arbeiten in der Anlage. In Europa ist die kosteneffiziente Polygonschaltung (Ring-Sammelschienen, Abb. 2.13b) kaum vertreten. Sie bietet im Vergleich zu den anderen Schaltanlagentypen allerdings auch deutlich weniger Topologievarianten bei der Verschaltung der Betriebsmittel.

In der 110-kV-Ebene wird beim Anschluss von Verteilstationen oder Industriekunden häufig die sogenannte H-Schaltung (Einfachsammelschienenanlage) (Abb. 2.14a) oder die kostengünstigere VUW-Schaltung („vereinfachtes Umspannwerk") (Abb. 2.14b) eingesetzt [4]. Die Station wird bei beiden Varianten in den Verlauf einer Leitung eingeschleift.

In Niederspannungsnetzen findet man auch sogenannte Kabelverteilerschränke (KVS), in denen verschiedene Leitungsstränge über Schraub- oder Steckverbindungen mit-

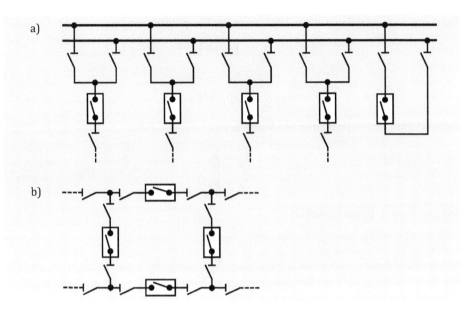

Abb. 2.13 Typische Ausführungsformen von Schaltanlagen

einander verknüpft bzw. getrennt werden können (Abb. 2.15). Die Kabelverteilerschränke erfüllen damit in Niederspannungsnetzen quasi die Funktion von Schaltanlagen.

Die einzelnen Übertragungselemente des Netzes (Freileitungen, Kabel, Transformatoren) werden über Schaltgeräte an die Sammelschienen angeschlossen. Damit werden unterschiedliche Schaltungsvarianten innerhalb des Netzes möglich.

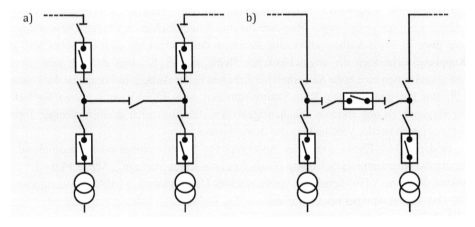

Abb. 2.14 H- und VUW-Schaltung

Abb. 2.15 Blick in einen Kabelverteilerschrank im Niederspannungsnetz. (Quelle: Gebr. Hamann)

Abhängig von den Anforderungen der Netzumgebung sind Schaltanlagen sehr unterschiedlich ausgeführt. Je höher die Leistung, die in einem Knoten zusammengefasst ist, bzw. je höher die Nennspannung ist, umso zuverlässiger muss der Knoten sein und umso aufwendiger wird die Anlage ausgeführt. Dabei wird nach der Anzahl der Sammelschienen, nach den Kupplungsmöglichkeiten zwischen den Sammelschienenteilen sowie nach der Ausstattung mit Schaltgeräten und sonstigen Betriebsmitteln (Wandler, Trennschalter, Ableiter, Erdungstrennschalter etc.) unterschieden. Die wesentlichen Aufgaben der Schaltanlagen und der dort eingesetzten Schaltgeräte bestehen darin, betriebliche Schaltungen vorzunehmen und im Störungsfall fehlerhafte Netzelemente selektiv, d. h. beschränkt auf die Fehlerstelle, aus dem Netz herauszutrennen, damit das übrige Netz weiter betrieben werden kann.

Netzknoten werden topologisch durch Angabe einer eindeutigen Bezeichnung und elektrisch durch Angabe der Spannungsebene des Knotentyps, der Wirk- und Blindlast, der Wirk- und Blindleistungseinspeisung bzw. eines vorgegebenen Spannungsbetrages oder Winkels je nach Knotentyp sowie der Nennleistung einer eventuell angeschalteten Querkompensationseinrichtung charakterisiert.

Abb. 2.16 zeigt das Beispiel einer typischen Schaltanlage im Übertragungsnetz mit zwei Sammelschienen mit Längstrennung, mit denen die Sammelschienen jeweils in zwei Teilen betrieben werden können. Die zu einem Abgang (Leitung, Transformator, Kupplung o. ä.) zugehörigen Betriebsmittel werden in einem sogenannten Schaltfeld zusammengefasst. Die abgebildete Schaltanlage verfügt damit über zwei Leitungsfelder, zwei Transformatorfelder und ein Kuppelfeld. Da in der Anlage zwei Spannungsebenen vorhanden sind, spricht man auch von einer Umspannanlage (Abb. 2.17).

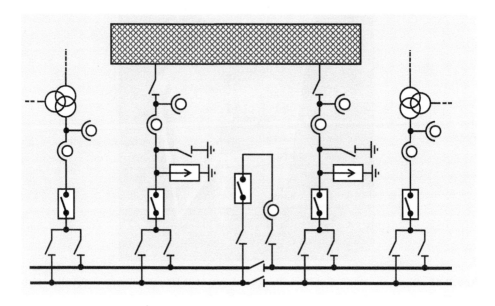

Abb. 2.16 Beispiel einer typischen Umspannanlage

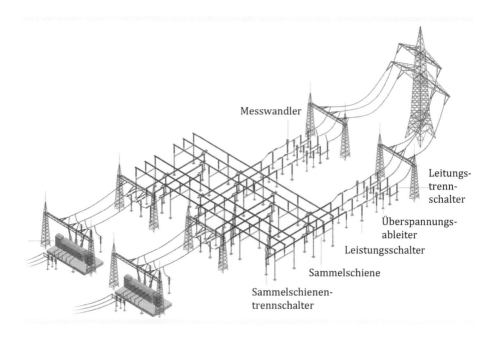

Abb. 2.17 Schematischer Aufbau einer Freiluft-Umspannanlage. (Quelle: Amprion GmbH)

2.1 Mathematisches Modell des Netzes

Die Felder und Sammelschienen sind jeweils räumlich rechtwinklig zueinander und in verschiedenen Ebenen übereinander angeordnet. In den Feldern sind neben den eigentlichen Schaltgeräten, wie Leistungsschalter und Trennschalter, Spannungs- und Stromwandler (Messwandler) sowie Erdungstrennschalter und Überspannungsableiter vorgesehen.

Aus den beiden möglichen Betriebszuständen (geöffnet bzw. geschlossen) der Schaltgeräte (Leistungsschalter, Trennschalter) wird die aktuelle Verschaltung der Netzelemente bestimmt. Dabei ist für die Netztopologie vor allem der Schaltzustand der Trennschalter maßgebend. Abb. 2.18 zeigt die als Scheren- oder Pantographentrennschalter ausgeführten Sammelschienentrennschalter in einer 380-kV-Schaltanlage in geöffnetem Zustand.

Für die Modellierung der Netztopologie in den Programmen zur Netzberechnung werden die Schaltzustände in eine einfache Knoten-Zweig-Darstellung umgewandelt. Abb. 2.19a zeigt den Ausschnitt einer Schaltanlage. Abgebildet ist ein sogenanntes Leitungsabgangsfeld, das die typischen Schaltgeräte und Wandler der Anbindung einer Leitung an die beiden Sammelschienen in der Schaltanlage enthält.

In Abb. 2.19b ist die vereinfachte Knoten-Zweig-Modellierung dargestellt, die in den Netzberechnungprogrammen gebildet wird. Diese Modellierung repräsentiert den sich aus der aktuellen Schalterstellung der vorhandenen Schaltgeräte (zwei Sammelschienentrennschalter ①, ein Leistungsschalter ②, ein Erdungstrennschalter ③ und

Abb. 2.18 380-kV-Scherentrennschalter. (Quelle: K. F. Schäfer)

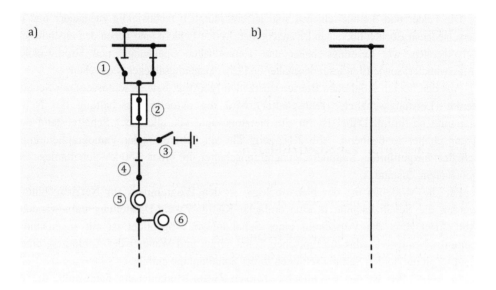

Abb. 2.19 Beispiel der vereinfachten Modellierung der Topologie eines Leitungsabgangs

ein Leitungs- bzw. Abgangstrennschalter ④) ergebenden, aktuellen Topologiezustand des Leitungsabgangs. Die einzelnen Schaltgeräte werden im Netzmodell nicht mehr berücksichtigt. Die Knoten im Netzmodell werden nur noch aus den Sammelschienen selbst gebildet. Der Stromwandler ⑤ und der Spannungswandler ⑥ sind für die Topologie des Leitungsabgangs ohne weitere Bedeutung. Eine entsprechende vereinfachte Modellierung der Zusammenschaltung wird auch für die anderen Netzelemente (Transformatoren, Einspeisungen usw.) verwendet.

2.1.5.2 Lasten

Die bei Leistungsflussberechnungen an den einzelnen Netzknoten angeschlossenen Lasten setzen sich meist aus einer Vielzahl von einzelnen Verbrauchern zusammen. Beispielsweise können bei der Analyse eines Mittelspannungsnetzes die unterlagerten Niederspannungsnetze einer Umspannstation zu einer Last zusammengefasst werden, die an den Unterspannungsklemmen des Verteilnetztransformators modelliert wird (Abb. 2.20). Die Eigenschaften der einzelnen Verbraucher sind in der Regel nicht bekannt und zudem zeitlich und örtlich variabel.

Die Wirk- und Blindleistungsaufnahme der einzelnen Verbraucher ist in unterschiedlicher Weise von der Spannung am Anschlusspunkt und somit auch von der Spannung der einzelnen Knoten des Netzes abhängig [5, 6]. Für eine bestimmte Spannung U_0, dies kann z. B. die Nennspannung sein, ist die Leistung P_0 des Verbrauchers bekannt bzw. wird als bekannt vorgegeben. Die Spannungsabhängigkeit der Lasten kann durch die Gl. (2.36 und 2.37) nachgebildet werden. Diese Nachbildung der Abhängigkeit der Leistung von der Spannung ist in einem Bereich zwischen 80 und 120 % der Nennspannung mit

2.1 Mathematisches Modell des Netzes

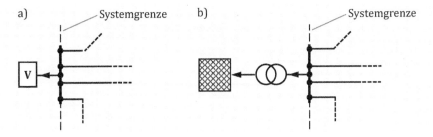

Abb. 2.20 Modellierung der Lasten an den Systemgrenzen

guter Näherung zulässig. Außerhalb dieses Spannungsintervalls treten aufgrund der vorhandenen Nichtlinearitäten Fehler auf, die zu groß für eine sinnvolle Modellbildung sind.

$$P_i = P_{0,i} \cdot \left(\frac{U_i}{U_{0,i}}\right)^{x_P} \tag{2.36}$$

$$Q_i = Q_{0,i} \cdot \left(\frac{U_i}{U_{0,i}}\right)^{x_Q} \tag{2.37}$$

Für bestimmte Werte der Exponenten x_P und x_Q können die Lasten eindeutig beschrieben werden. So gilt für die drei folgenden Fälle:

Last wirkt als konstante Leistung
Die Last wird als unabhängig von der anliegenden Spannung modelliert.

$$x_P = x_Q = 0 \tag{2.38}$$

Damit können Lasten mit konstanter Scheinleistung S_L, z. B. Motoren mit konstantem Belastungsmoment oder Verbraucher an einem spannungsgeregelten Knoten, modelliert werden. In Hochspannungsnetzen ist diese Modellierungsart für alle angeschlossenen Lasten sinnvoll, da solche Spannungsregelungen üblicherweise an allen Netzkuppeltransformatoren vorhanden sind. Es gilt:

$$\underline{I}_i = -\frac{S_L}{\sqrt{3} \cdot \underline{U}_i} \tag{2.39}$$

Zumindest in Hochspannungsnetzen sind zwischen dem Lastknoten und dem eigentlichen Verbraucher spannungsregelnde Transformatoren zwischengeschaltet, sodass dem Verbraucher unabhängig von der betrachteten Netzspannung eine konstante Klemmenspannung angeboten wird. Dies bedeutet, dass die Leistung nicht vom Spannungsbetrag abhängt, also konstant ist (Abb. 2.21).

Auch können für viele Anwendungen die Lasten durch konstante, von der Knotenspannung unabhängige Leistungen dargestellt werden. Die zugehörigen Knoten werden dann als PQ-Knoten behandelt (s. Abschn. 3.3.4), bei denen Wirk- und Blindleistungen

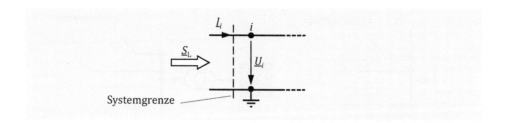

Abb. 2.21 Lasten mit konstanter Scheinleistung

für die Leistungsflussrechnung vorgegeben werden und bei denen Betrag und Winkel der Knotenspannung berechnet werden. Alle passiven Knoten des Systems, dies sind Knoten, deren Knotenleistung gleich null ist (s. Abschn. 4.2.3), können ebenfalls als PQ-Knoten behandelt werden.

Last nachgebildet durch konstanten Strom

$$x_P = x_Q = 1 \tag{2.40}$$

Damit können Lasten mit konstantem Laststrom $\underline{I}_L$, z. B. Galvanisieranlagen oder Lichtbogenöfen zur Metallschmelze, modelliert werden (Abb. 2.22).

Last wird als konstante Impedanz nachgebildet

$$x_P = x_Q = 2 \tag{2.41}$$

Damit können Lasten mit konstanter Impedanz $\underline{Z}_L$, z. B. Elektrowärmegeräte oder Glühlampen, modelliert werden (Abb. 2.23).
Es gilt:

$$\underline{I}_i = \frac{\underline{U}_i}{\sqrt{3}} \cdot \underline{Y}_L \tag{2.42}$$

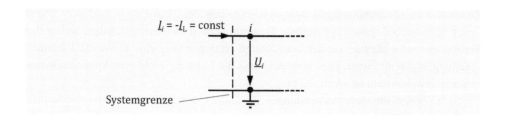

Abb. 2.22 Lasten als konstanter Strom über die Systemgrenze

2.1 Mathematisches Modell des Netzes

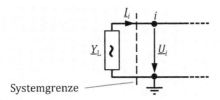

Abb. 2.23 Lasten als konstante Admittanz

Es ist sinnvoll, die konstante Admittanz $\underline{Y}_L$ direkt in der Admittanzmatrix $\mathbf{Y}$ zu berücksichtigen, d. h. Lasten mit konstanter Admittanz mit $x=2$ ins System hineinzunehmen. Sie werden wie Kompensationselemente behandelt. Dies führt zur Änderung des Hauptdiagonalelementes $\underline{Y}_{ii}$ des betreffenden Knotens i. Der über die Systemgrenze fließende Strom wird zu null (Abb. 2.24).

Abb. 2.25 zeigt die Abhängigkeiten der Lasten an PQ.Knoten von der Spannung.

In der Regel sind an einem Netzknoten unterschiedliche Verbraucherarten gemeinsam angeschlossen. Damit sind die Lasten Mischlasten mit unterschiedlicher Spannungsabhängigkeit. Für die nachfolgenden Betrachtungen werden vereinfachend nur Lasten jeweils eines Typs berücksichtigt.

2.1.5.3 Einspeisungen

Einspeisungen können Generatoren, Transformatoren, die aus einer anderen Spannungsebene einspeisen, oder Netze sein, die aus gleichen oder anderen Spannungsebenen einspeisen.

2.1.5.3.1 Einspeisungen mit konstanter Leistung

Für viele Anwendungen (z. B. Motoren) können die Einspeisungen durch konstante, von der Knotenspannung unabhängige Leistungen dargestellt werden (Abb. 2.26). Die zugehörigen Knoten werden dann als PQ-Knoten behandelt, bei denen Wirk- und Blind-

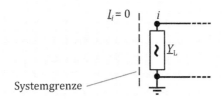

Abb. 2.24 Ersatzdarstellung für Lasten mit konstanter Admittanz

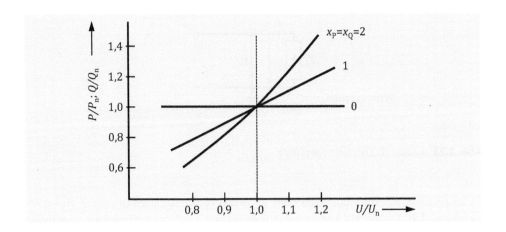

Abb. 2.25 Lastkennlinien abhängig von der Spannung für verschiedene Exponenten

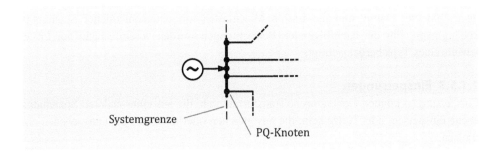

Abb. 2.26 Einspeisungen mit konstanter Leistung

leistungen für die Leistungsflussrechnung P und Q vorgegeben werden und bei denen Betrag und Winkel der Knotenspannung U und φ berechnet werden.

2.1.5.3.2 Einspeisungen mit variabler Leistung

Spannungsgeregelte Knoten
Netzknoten, deren Spannung als konstant angenommen werden kann (z. B. Generatorklemmen, Transformatoren mit automatischer Spannungsregelung), werden durch PU-Knoten (s. Abschn. 3.3.4) dargestellt (Abb. 2.27). Hier wird für die Leistungsflussrechnung die Wirkleistung P sowie der Spannungsbetrag U fest vorgegeben, während der Spannungswinkel φ und die Blindleistungserzeugung Q des Knotens im Verlauf der Leistungsflussrechnung berechnet werden.

2.1 Mathematisches Modell des Netzes

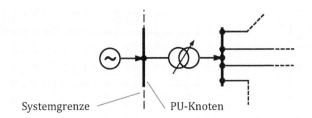

Abb. 2.27 Einspeisungen an spannungsgeregelten Knoten

Für die Berechnung können Erzeugungsgrenzen für die Blindleistung vorgegeben werden. Bei Über- bzw. Unterschreiten dieser Grenzen wird der PU-Knoten dann bei entsprechender Wahl eines Steuerparameters in einen PQ-Knoten umgewandelt, dessen Blindleistungserzeugung dem zugehörigen Grenzwert entspricht.

Für Generator-Einspeisungen ist diese Modellierung oft sinnvoll, da wegen der nahezu konstanten Antriebsleistung der Turbinen die vom Generator abgegebene elektrische Wirkleistung ebenfalls konstant ist ($P=$ const). Die Spannungsregelung des Generators hält die Klemmenspannung innerhalb enger Grenzen fest ($U=$ const).

Bilanz-Knoten

Bei der Leistungsflussrechnung ist die Wahl eines Bilanz-(Slack)-Knotens erforderlich (Abschn. 3.3.4). Er dient durch Vorgabe eines Spannungswinkels φ in erster Linie zur mathematisch notwendigen Festlegung einer Bezugsachse für die Winkel von komplexen Spannungen (Abb. 2.28).

Üblicherweise wird für den Bezugswinkel $\varphi=0°$ gewählt, allgemein kann hierfür jedoch jeder beliebige Wert gesetzt werden. Zusätzlich muss im verwendeten Leistungsflussmodell für den Slack-Knoten ähnlich wie für PU-Knoten der Spannungsbetrag U vorgegeben werden. Die Wirk- und Blindleistungserzeugung P und Q des Slack-Knotens werden während der Leistungsflussrechnung berechnet.

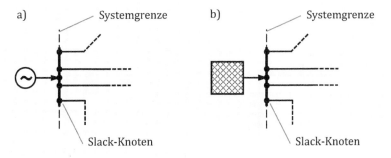

Abb. 2.28 Bilanz-Knoten

Zur Erfüllung der mathematischen Voraussetzungen kann jeder beliebige Netzknoten als Slack-Knoten definiert werden. Für eine physikalisch sinnvolle Modellierung sollte jedoch als Slack-Knoten ein Knoten gewählt werden, in den ein leistungsstarkes Kraftwerk einspeist bzw. an dem eine Einspeisung aus einem überlagerten Netz erfolgt. Bei der Auswahl des Slack-Knotens sollte weiterhin beachtet werden, dass er die Differenzen in der Leistungsbilanz des Systems ausgleicht und sich damit im Leistungsflussmodell von allen anderen Knoten in seinem physikalischen Verhalten unterscheidet. Topologisch sollte der Slack-Knoten möglichst zentral im Netz liegen, um eine gleichmäßige Verteilung der durch den Slack-Knoten verursachten Leistungsflüsse zu gewährleisten.

Wird die Wirkleistungsregelung im Berechnungsalgorithmus genauer abgebildet (s. Abschn. 3.3.8.3), so beteiligen sich auch andere Einspeiseknoten an dem Ausgleich des auftretenden Leistungsungleichgewichts und der Slack-Knoten kann sich dann ähnlich wie ein gewöhnlicher PU-Knoten im Netz verhalten. Im Gegensatz zu den sonstigen PU-Knoten kann beim Slack-Knoten allerdings keine Knotenumwandlung bei Erreichen von Blindleistungsgrenzen auftreten.

2.1.5.4 Querkompensationseinrichtungen

Kompensationselemente werden zum Ausgleich des Blindleistungshaushalts und der Spannungsverteilung in Netzen eingesetzt. Kompensationselemente werden als Drossel oder als Kapazitäten aufgebaut. Sie können dementsprechend induktive Blindleistung verbrauchen oder erzeugen.

Kompensationselemente können entweder an einem Knoten oder an der Tertiärwicklung von Dreiwicklungstransformatoren angeschlossen werden. Beim Anschluss an eine Tertiärwicklung werden sie im Ersatzschaltbild des entsprechenden Transformators berücksichtigt. Beim Anschluss an Netzknoten werden Querkompensationselemente (Parallelkompensationselemente) durch an die Knoten angeschaltete Impedanzen als Zweipole dargestellt. Auf diese Weise können auch Verbraucher mit konstanter Impedanz modelliert werden (Abb. 2.29).

Die Impedanzwerte der Kompensationseinrichtungen werden aus der Bemessungsspannung U_r und der Bemessungsblindleistung Q_r berechnet. Das Vorzeichen der Bemessungsblindleistung ist abhängig davon, ob es sich um eine Kapazität oder um eine

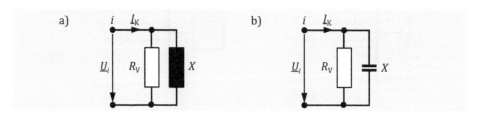

Abb. 2.29 Zweipol-Ersatzschaltbilder eines Kompensationselements als konstante Impedanz

Drossel handelt. Die in der Kompensationseinrichtung auftretende Verlustleistung P_V wird im Ersatzschaltbild durch einen parallelen Wirkwiderstand R_V berücksichtigt.

$$X = \frac{U_r^2}{Q_r} \tag{2.43}$$

$$R_V = \frac{U_r^2}{P_V} \tag{2.44}$$

Durch die Abschaltung großer Kraftwerksleistungen (z. B. durch den Kernenergieausstieg und den Rückbau von Kohlekraftanlagen) wird der Zubau entsprechender Kompensationseinrichtungen im Netz zur Aufrechterhaltung des Blindleistungshaushalts erforderlich.

2.1.6 Zweigelemente

2.1.6.1 Bezeichnung und Kenndaten

Als Zweigelemente oder Netzzweige werden Betriebsmittel bezeichnet, die zwei oder mehr Netzknoten verbinden. Sie werden topologisch durch Angabe von eindeutigen Bezeichnungen für Anfangs- und Endknoten und ggf. eines Index' zur Unterscheidung paralleler Zweige sowie elektrisch durch Angabe der Vierpolparameter des einphasigen Ersatzschaltbildes, der Spannungsebene und wahlweise der zulässigen Grenzwerte (z. B. maximaler Dauerstrom) charakterisiert.

2.1.6.2 Leitungen

2.1.6.2.1 Freileitungen

Freileitungen sind Leitungen, bei denen die blanken Leiter oberirdisch über Isolatoren auf Masten verlegt werden (Abb. 2.30). Als Isolationsmedium bzw. als Dielektrikum wirkt hier die atmosphärische Luft. Die Isolationseigenschaften sind daher von den Umgebungsparametern der Freileitung wie beispielsweise Luftdruck, Feuchtigkeit, Temperatur und Verschmutzungspartikel abhängig.

Die elektrischen Eigenschaften von Freileitungen werden durch die primären, längenbezogenen Leitungsparameter $\overline{R}$ (Stromwärmeverluste im Leiter), $\overline{L}$ (Schleifen- und Koppelinduktivität), $\overline{G}$ (Verluste im Dielektrikum, Koronaverluste) und $\overline{C}$ (Erd- und Koppelkapazität, Betriebskapazität) beschrieben. Es wird bei der Modellbildung angenommen, dass die Leitungsparameter bei einer homogenen Leitung entlang der Leitungslänge s konstant sind.

In der Regel sind die Leitungslängen in den zu berechnenden Netzen aufgrund der vorhandenen Vermaschung kleiner als 500 km. Solche elektrisch kurzen Leitungen kann man unter Berücksichtigung zulässiger Vereinfachungen durch ein Π-Ersatzschaltbild entsprechend Abb. 2.31 modellieren (s. Abschn. 3.8.3.2). Dieses Leitungsmodell ist für die meisten Netzberechnungsanwendungen völlig ausreichend und wird in allen Programmen

Abb. 2.30 Freileitung im Übertragungsnetz. (Quelle: K. F. Schäfer)

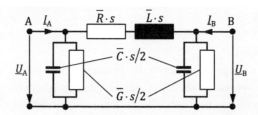

Abb. 2.31 Π-Ersatzschaltbild einer Leitung

zur Netzberechnung verwendet. Ein exaktes Modell für die Berechnung beliebig langer einzelner Leitungen sowie die Vereinfachungen für das Π-Ersatzschaltbild werden in Abschn. 3.8.2 beschrieben.

2.1.6.2.2 Kabel

Kabel sind Leitungen mit einem fortlaufend isolierten Leiter, die meist in der Erde verlegt werden. Die elektrischen Eigenschaften von Kabeln werden durch die gleichen primären, längenbezogenen Leitungsparameter ($\overline{R}, \overline{L}, \overline{G}$ und $\overline{C}$) wie bei den Freileitungen beschrieben. Als Isolation (Dielektrikum) kommen sehr unterschiedliche Materialien wie ölgetränktes Papier oder Kunststoffe wie Polyethylen (PE) oder vernetztes Polyethylen (PE-X) zum Einsatz.

Aufgrund der kurzen Leitungslängen können Kabel immer mit einem Π-Ersatzschaltbild wie bei Freileitungen (Abb. 2.31) modelliert werden [7, 8].

2.1.6.2.3 Topologievarianten von Leitungen

Abb. 2.32 zeigt die typischen Topologievarianten zum Anschluss von Leitungen. In Abhängigkeit von der Anzahl der Sammelschienen in den jeweiligen Schaltanlagen ergeben sich daraus entsprechend unterschiedliche Verschaltungsvarianten.

Eine Doppelleitung (Abb. 2.32a) verbindet zwei Schaltanlagen direkt mit zwei parallelen Stromkreisen. Existiert nur eine Leitung zwischen zwei Schaltanlagen (Abb. 2.32b) spricht man von einer Einfachleitung, falls in beiden Schaltanlagen weitere Leitungen der gleichen Spannungsebene vorhanden sind. Ist dagegen diese Leistung der einzige Anschluss einer Schaltanlage innerhalb einer Spannungsebene, spricht man von einer Stichleitung. Häufig werden Kraftwerkseinspeisungen mit einer Stichleitung an die leistungsaufnehmende Schaltanlage angeschlossen. Stichleitungen findet man auch in ländlichen Gegenden mit unterdurchschnittlicher vertikaler Netzlast. Beim Anschluss von zwei Schaltanlagen, mit einer Einschleifung einer weiteren Schaltanlage, wird in der Regel eine zusätzliche parallele Verbindung verwendet (Abb. 2.32c). Die Doppelleitung bzw. die Einschleifung mit einer parallelen Einfachleitung sind die gängigsten Topologievarianten.

Falls die eingeschleifte Freileitung nicht unterbrochen ist, sondern eine zusätzliche Freileitung die weitere Schaltanlage verbindet, wird dieser Freileitungstyp „Dreibein" genannt (Abb. 2.32d). Die drei Leitungsabschnitte am Abzweigpunkt sind fest miteinander verbunden. Schaltungsmöglichkeiten existieren nur in den drei zugehörigen

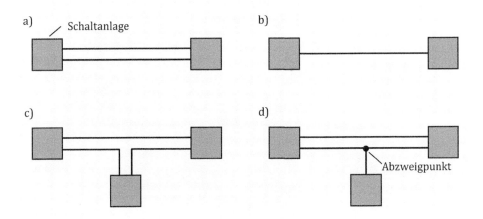

Abb. 2.32 Topologievarianten von Leitungen

Schaltanlagen. Mit Dreibeinen können teure Schaltgeräte und Schaltfelder eingespart werden. In den Datenmodellen wird ein Dreibein durch drei separate Leitungsabschnitte gebildet. Der Abzweigpunkt wird als gewöhnlicher Netzknoten dargestellt, dessen Knotenleistung definitionsgemäß null beträgt. Bei der Ausfallsimulationsrechnung (s. Abschn. 3.3.7) werden die drei Leitungen des Dreibeins gesamthaft wie eine einzelne Leitung betrachtet. Dreibeine werden in ländlichen Gegenden mit unterdurchschnittlicher vertikaler Netzlast und zum Anschluss von Windparks im Verlauf von 110-kV-Leitungen eingesetzt.

2.1.6.3 Transformatoren

Die in Energieversorgungsnetzen eingesetzten Transformatoren werden für die Leistungsübertragung zwischen Netzen mit in der Regel unterschiedlichen Nennspannungen eingesetzt (Leistungstransformatoren). Diese sind meist als Dreiphasenwechselstrom-Transformatoren ausgeführt (Abb. 2.33). Bei größeren Leistungen werden auch drei einzelne einphasige Leistungstransformatoren zu einer sogenannten Transformatorbank zusammengeschaltet, die dann wie ein Dreiphasenwechselstrom-Transformator arbeitet.

Für Transformatoren werden je nach Anwendungsgebiet unterschiedliche Ersatzschaltbilder in Vierpoldarstellung verwendet. Bei der Nachbildung von Transformatoren für Netzberechnungsverfahren wird zwischen Transformatoren mit festem und mit stellbarem Übersetzungsverhältnis unterschieden. Die beiden Seiten eines Transformators werden zur besseren Unterscheidung als Primär- bzw. Sekundärseite oder auch als Ober- bzw. Unterspannungsseite bezeichnet. Abb. 2.34 zeigt das physikalische Schaltbild.

Abb. 2.33 Transformator mit Abspannportal im Übertragungsnetz. (Quelle: Amprion GmbH/M. Raubold)

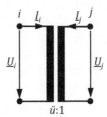

Abb. 2.34 Physikalisches Schaltbild eines Transformators

2.1.6.3.1 Transformatoren mit festem Übersetzungsverhältnis

Transformatoren, deren Übersetzungsverhältnis gleich dem Verhältnis von zwei Netznennspannungen ist $\left(\ddot{u} = \frac{U_{n,1}}{U_{n,2}}\right)$, werden üblicherweise mit einem T-Ersatzschaltbild sowie einem idealen Übertrager mit dem Übertragungsverhältnis $\ddot{u}$:1 nachgebildet. Unter Verwendung des Übersetzungsverhältnisses werden bei Berechnungen sämtliche Größen (Spannungen, Ströme, Impedanzen) auf eine Seite des Transformators bezogen (gestrichene Größen, siehe Abb. 2.35). Für die Umrechnung der einzelnen Größen gelten die folgenden Beziehungen.

$$\begin{aligned} U' &= \ddot{u} \cdot U \\ I' &= \frac{I}{\ddot{u}} \\ R' &= \ddot{u}^2 \cdot R \\ X' &= \ddot{u}^2 \cdot X \end{aligned} \tag{2.45}$$

Abb. 2.35 zeigt das T-Ersatzschaltbild eines Transformators mit idealem Übertrager. Die Längselemente sind jeweils die Reihenschaltung aus den Streuinduktivitäten $X_{\sigma,i}$ und $X'_{\sigma,j}$ sowie den Wicklungswiderständen R_i und R'_j. Die Widerstände R_i und R'_j bilden dabei die Wirkverluste in den Wicklungen P_{cu} (Kupferverluste) nach. Als Querelement wird die Hauptreaktanz X_h in das Ersatzschaltbild eingefügt. Die durch Hysterese

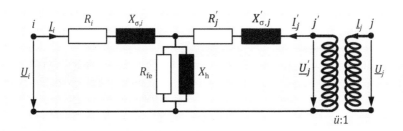

Abb. 2.35 T-Ersatzschaltbild für Transformatoren

und Wirbelströme hervorgerufenen Wirkverluste P_{fe} (Eisenverluste) sind durch den Hauptfluss bestimmt. Sie werden durch einen Widerstand R_{fe} parallel zur Hauptreaktanz modelliert. Als Bezugsgrößen werden die Bemessungsleistung S_r und die Bemessungsspannungen $U_{r,i}$ und $U_{r,j}$ angegeben.

Für Netzberechnungen ist dieses Ersatzschaltbild ungünstig, da damit mit jedem Transformator ein zusätzlicher Netzknoten im Gesamtmodell generiert wird. Da der Berechnungsaufwand überproportional zu der Knotenanzahl ansteigt, werden Transformatoren wie Leitungen daher besser durch Π-Ersatzschaltbilder dargestellt.

Das T-Ersatzschaltbild kann man mathematisch exakt durch eine Stern-Dreieck-Umwandlung in ein Π-Ersatzschaltbild überführen. Näherungsweise gilt jedoch bei allen Transformatoren:

$$X_h \gg X_{\sigma,i} \quad \text{und} \quad X_h \gg X'_{\sigma,j} \tag{2.46}$$

und

$$R_{fe} \gg R_i \quad \text{und} \quad R_{fe} \gg R'_j \tag{2.47}$$

Unter Verwendung dieser Näherung erhält man das folgende Π-Ersatzschaltbild mit den auf eine Seite bezogenen Größen des Transformators entsprechend Abb. 2.36.

Da alle Größen auf eine der beiden Netznennspannungen umgerechnet werden, kann der ideale Übertrager in den Modellen für die Netzberechnungsverfahren entfallen. Das Rechenmodell wird dadurch verkleinert und es entfällt die Umrechnung der einzelnen Größen innerhalb der Berechnungsalgorithmen. Nach Abschluss der eigentlichen Netzberechnung werden die Ergebnisse mit den entsprechenden Übersetzungsverhältnissen wieder auf die realen Spannungsebenen zurückgerechnet und ausgegeben.

Die Kenngrößen von Transformatoren werden mit einem Leerlauf- und einem Kurzschlussversuch ermittelt. Im Leerlauf stellt sich der Leerlaufstrom I_0 ein. Bezogen auf den Bemessungsstrom I_r ergibt sich daraus der relative Leerlaufstrom i_0. . Im Kurzschlussversuch wird die Eingangsspannung der gespeisten Wicklung so eingestellt, dass in der kurzgeschlossenen Wicklung gerade der Bemessungsstrom I_r fließt. Die hierbei anzulegende Spannung U_{kr} wird als Bemessungskurzschlussspannung bezeichnet und meist als auf die Bemessungsspannung bezogener Wert u_{kr} angegeben. Sie kann in einen induktiven Anteil $u_{kr,x}$ und einen ohmschen Anteil $u_{kr,r}$ unterteilt werden.

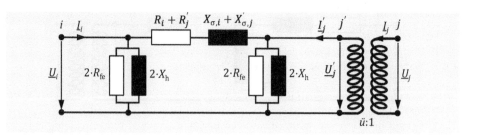

Abb. 2.36 Π-Ersatzschaltbild für Transformatoren

2.1 Mathematisches Modell des Netzes

Aus dem Leerlaufversuch werden die Elemente R_{fe} und X_{h} des Ersatzschaltbildes bestimmt.

$$R_{\text{fe}} = \frac{U_{\text{n},i}^2}{P_{\text{fe}}} \tag{2.48}$$

mit

$$X_{\text{h}} \approx \frac{U_{\text{n},i}}{\sqrt{3} \cdot \sqrt{I_0^2 - I_{\text{fe}}^2}} \tag{2.49}$$

$$I_{\text{fe}} \approx \frac{U_{\text{n},i}}{\sqrt{3} \cdot R_{\text{fe}}}$$

Mit dem Kurzschlussversuch werden die Elemente $R_k = R_i + R_i'$ und $X_k = X_{\sigma,i} + X_{\sigma,j}'$ ermittelt.

$$\begin{aligned} Z_k &= u_k \cdot \frac{U_{\text{n},i}^2}{S_r} \\ R_k &= \frac{U_{\text{n},i}^2}{S_r^2} \cdot P_{\text{cu}} \\ X_k &= \sqrt{Z_k^2 - R_k^2} \end{aligned} \tag{2.50}$$

Mit den Elementen aus den Gl. (2.48) bis (2.50) können die gesuchten Admittanzen des Π-Ersatzschaltbildes bestimmt werden.

$$\begin{aligned} \underline{Y}_{0,ij} = \underline{Y}_{0,ji} &= \frac{1}{2} \cdot \left(\frac{1}{R_{\text{fe}}} - \text{j} \cdot \frac{1}{X_{\text{h}}} \right) \\ \underline{Y}_{ji} = \underline{Y}_{ij} &= \frac{1}{R_k + \text{j} \cdot X_k} \end{aligned} \tag{2.51}$$

Aus den sich daraus ergebenden Vierpolparametern lässt sich das Gleichungssystem (2.52) für den Zweiwicklungstransformator mit festem Übersetzungsverhältnis angeben.

$$\begin{pmatrix} \underline{Y}_{0,ij} + \underline{Y}_{ij} & -\underline{Y}_{ij} \\ -\underline{Y}_{ij} & \underline{Y}_{0,ji} + \underline{Y}_{ij} \end{pmatrix} \cdot \begin{pmatrix} \underline{U}_i \\ \underline{U}_j' \end{pmatrix} = \begin{pmatrix} \underline{I}_i \\ \underline{I}_j' \end{pmatrix} \tag{2.52}$$

Bei Verwendung der umgerechneten Größen $\underline{U}_j'$ und $\underline{I}_j'$ lässt sich der Zweiwicklungstransformator mit festem Übersetzungsverhältnis $\ddot{u}$ demnach durch einen symmetrischen Vierpol darstellen, da

$$\begin{aligned} Y_{ij} &= Y_{ji} \\ Y_{0,ij} &= Y_{0,ji} \end{aligned} \tag{2.53}$$

Der Zweiwicklungstransformator mit festem Übersetzungsverhältnis $\ddot{u}$ kann durch ein Ersatzschaltbild mit rein passiven Elementen entsprechend Abb. 2.12 dargestellt werden.

2.1.6.3.2 Transformatoren mit stellbarem Übersetzungsverhältnis

Transformatoren mit stellbarem Übersetzungsverhältnis (Regeltransformatoren, Stelltransformatoren) und Transformatoren, deren festes Übersetzungsverhältnis vom Verhältnis der Netznennspannungen abweicht, sind in Energieversorgungssystemen sehr häufig vorhanden. Mit ihrer Hilfe ist es möglich, die Spannungen und die Leistungsverteilung im Netz gezielt zu beeinflussen.

Stelltransformatoren werden beispielsweise als Maschinentransformatoren zwischen Generator und Netz sowie als Netzkuppeltransformatoren zwischen zwei Netzspannungsebenen eingesetzt. Die Änderung des Übersetzungsverhältnisses wird durch Zuschalten einer Zusatzspannung $\Delta \underline{U}$ zur Hauptspannung in diskreten Schaltstufen s realisiert. Je nach Bauart des Stelltransformators kann zwischen der Hauptspannung und der Zusatzspannung ein bestimmter Spannungswinkel vorhanden sein. Es wird immer nur eine Seite gestellt. In der Regel ist dies die Seite mit der höheren Spannung, da dort die kleineren Ströme fließen. Bei Netzkuppeltransformatoren gibt es bauartbedingte Unterschiede. Eine Sonderform sind Stelltransformatoren, die innerhalb einer Spannungsebene eingesetzt werden. Sie dienen nicht zur Spannungstransformation, sondern zur gezielten Leistungsflusssteuerung.

Bei Stelltransformatoren gilt das Ersatzschaltbild nach Abb. 2.36 nicht mehr, da die Bedingungen aus Gl. (2.53) hierfür nicht erfüllt sind. Der Stelltransformator mit seinem im Allgemeinen komplexen Übersetzungsverhältnis $\underline{\ddot{u}}$ muss daher in der Admittanzmatrix besonders berücksichtigt werden.

Stelltransformatoren können als Kettenschaltung eines normalen verlustbehafteten Transformators mit festem Nennübersetzungsverhältnis $\ddot{u}_\mathrm{n}:1$ entsprechend Abschn. 2.1.6.3.1 und eines idealen Transformators an der stellbaren Seite mit dem komplexen Übersetzungsverhältnis $\underline{t} = 1$ dargestellt werden (Abb. 2.37).

Für das Übersetzungsverhältnis der Kettenschaltung i-k-j kann man folgenden Zusammenhang angeben:

$$\underline{\ddot{u}} = \frac{\underline{U}_i}{\underline{U}_j} = \frac{\underline{U}_i}{\underline{U}_k} \cdot \frac{\underline{U}_k}{\underline{U}_j} = \frac{U_{\mathrm{n},i}}{U_{\mathrm{n},j}} \cdot \frac{\frac{\underline{U}_i}{U_{\mathrm{n},i}}}{\underline{U}_j / U_{\mathrm{n},j}} = \ddot{u}_\mathrm{n} \cdot \underline{t} \qquad (2.54)$$

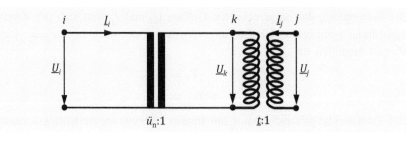

Abb. 2.37 Ersatzschaltbild für stellbare Transformatoren als Kettenschaltung von zwei Transformatoren

2.1 Mathematisches Modell des Netzes

mit

$$\ddot{u}_n = \frac{U_{n,i}}{U_{n,j}} \qquad (2.55)$$

und

$$\underline{t} = \frac{\underline{U}_i/U_{n,i}}{\underline{U}_j/U_{n,j}} \qquad (2.56)$$

Der Betrag von $\underline{t}$ liegt üblicherweise in einem Bereich $0{,}8 \leq |\underline{t}| \leq 1{,}2$. Für den Zusammenhang zwischen der Stufenstellung s, dem Übersetzungsverhältnis $\underline{t}$ und der relativen, auf die Primärspannung bezogenen Zusatzspannung $\underline{u}_z$ gilt

$$\underline{t} = 1 + \frac{s}{s_{\max}} \cdot r_{\max} \cdot e^{j\cdot\phi} = 1 + \underline{u}_z \qquad (2.57)$$

Die maximale Stufenstellung $s_{\max}$ wird meist als um eine neutrale Mittelstellung ($s=0$) gleichverteilt angegeben. Es gilt $-s_{\max} \leq s \leq s_{\max}$. Der Stellbereich $r_{\max}$ für den maximal möglichen Betrag der Zusatzspannung beträgt üblicherweise zwischen $\pm 5\,\%$ und $\pm 16\,\%$ der Bemessungsspannung. Der Winkel der Zusatzspannung zur Hauptspannung wird mit ϕ bezeichnet. Während es sich bei der maximalen Stufenstellung $s_{\max}$, dem maximalen Stellbereich $r_{\max}$ und dem Winkel der Zusatzspannung ϕ um feste Kenndaten des Transformators handelt, ist die aktuelle Stufenstellung s vom momentanen Betriebszustand des Transformators abhängig, sodass ein exaktes Transformatormodell mit stellbarem Übersetzungsverhältnis nur zeitabhängig angegeben werden kann.

Die Regelung mit stellbaren Transformatoren erfolgt durch das Aufprägen einer Zusatzspannung auf die Primärspannung $\underline{U}_1$. Mit einem Stufenschalter werden die Wicklungen einer Zusatzwicklung geschaltet und damit eine Zusatzspannung zur Ausgangsspannung hinzugefügt. Diese Zusatzspannung kann eine bezüglich der Primärspannung abweichende Phasenlage ϕ besitzen. Abb. 2.38 zeigt die Zusatzspannung bei einem Stelltransformator.

Es ist in diesem Bild angenommen, dass die Primärspannung in Richtung der reellen Achse liegt. Für das Zeigerdiagramm nach Abb. 2.38 gilt:

$$\underline{t} = t \cdot e^{j\cdot\theta} = t_{\text{re}} + j \cdot t_{\text{im}} = 1 + \underline{u}_z \qquad (2.58)$$

$$\theta = \arctan\left(\frac{t_{\text{im}}}{t_{\text{re}}}\right) \qquad (2.59)$$

$$t_{\text{re}}^2 + t_{\text{im}}^2 = |\underline{t}|^2 \qquad (2.60)$$

$$\tan(\phi) = \frac{t_{\text{im}}}{t_{\text{re}} - 1} \qquad (2.61)$$

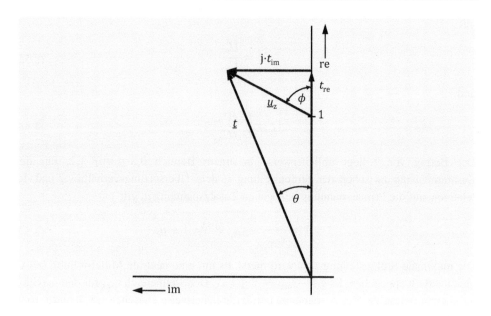

Abb. 2.38 Übersetzungsverhältnis bei einem Stelltransformator

Mit der Beziehung

$$\sin^2(\phi) = \frac{\tan^2(\phi)}{1+\tan^2(\phi)} \quad (2.62)$$

ergibt sich für den Real- und Imaginärteil des Übersetzungsverhältnisses $\underline{t}$

$$t_{re} = \sin^2(\phi) + \sqrt{\sin^4(\phi) - \sin^2(\phi) + t^2 \cdot \cos^2(\phi)} \quad (2.63)$$

$$t_{im} = -\sin(\phi) \cdot \cos(\phi) + \tan(\phi) \cdot \sqrt{\sin^4(\phi) - \sin^2(\phi) + t^2 \cdot \cos^2(\phi)} \quad (2.64)$$

Je nach Phasenlage ϕ der Zusatzspannung unterscheidet man

- längs stellbare Transformatoren mit $\phi = 0°$ zur phasengleichen Beeinflussung des Spannungsbetrags (Abb. 2.39a)
- quer stellbare Transformatoren mit $\phi = \pm 90°$ (Abb. 2.39b), mit denen näherungsweise nur die Phasenlage der Ausgangsspannung (Sekundärspannung) gegenüber der Primärspannung gedreht wird. Die Spannungsbeträge werden damit nur unwesentlich und häufig vernachlässigbar verändert. Diese Transformatoren werden auch als Phasenschieber bezeichnet (siehe Abschn. 3.3.8.2.2)

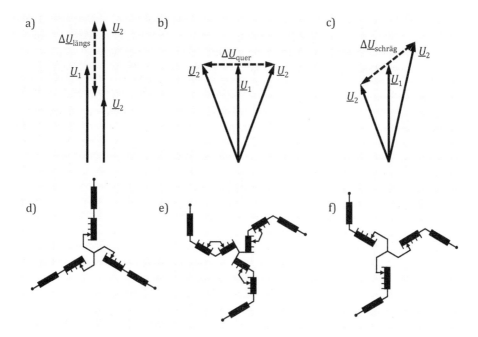

Abb. 2.39 Spannungszeigerdiagramme der Zusatzspannung

- schräg stellbare Transformatoren ($\phi \neq 0°$ bzw. $90°$) mit festem Winkel der Zusatzspannung (z. B. $\phi = \pm 60°$) oder mit beliebig kombinierbarer Längs- und Querstellbarkeit $\left(0° \leq \phi \leq 360°\right)$ (Abb. 2.39c)
- In den Abb. 2.39 d-f sind die Ersatzschaltbilder eines Längs-, Quer- und Schrägreglers dargestellt

Allgemein gilt für das Verhältnis zwischen Primärspannung $\underline{U}_1$ und Sekundärspannung $\underline{U}_2$

$$\underline{U}_2 = \underline{U}_1 + \Delta \underline{U} = \frac{\underline{U}_1}{\underline{t}} = \frac{\underline{U}_1}{\left(t \cdot e^{j \cdot \theta}\right)} \tag{2.65}$$

In Hoch- und Höchstspannungsnetzen mit einem in der Regel großen X/R-Verhältnis beeinflusst die Längsstellung hauptsächlich den Spannungsbetrag und damit die Blindleistung. Die Wirkleistung wird zum größten Teil von der Querstellung beeinflusst. Möchte man gleichzeitig sowohl Wirk- als auch Blindleistung beeinflussen, ist dies mit einem Schrägsteller möglich. Meist werden Schrägsteller mit einem festen Winkel der Zusatzspannung eingesetzt. Die größte Variabilität erreicht man mit kombinierten Längs-Querstellern, mit denen beliebige Winkel der Zusatzspannung eingestellt werden können. Diese Transformatoren sind allerdings technisch aufwendig und entsprechend teuer.

Die Veränderung der Wirkleistungs- bzw. Blindleistungsflüsse durch Quer- bzw. Längsstellung kann als Maßnahme zur Beseitigung von Engpässen, wie z. B. Verletzungen der Spannungsgrenzwerte oder der Überlastung von Betriebsmitteln angewendet werden.

Beim Längssteller ist $\underline{t}$ eine reelle, beim Schräg- und Quersteller eine komplexe Größe. Bei einem Längssteller mit $\phi = 0°$ vereinfachen sich daher die Gl. (2.63 und 2.64) zu:

$$t_{re} = t = \underline{t}$$
$$t_{im} = 0 \qquad (2.66)$$

Im Falle eines Querstellers ($\phi = \pm 90°$) ergeben sich die Gl. (2.63 und 2.64) zu:

$$t_{re} = 1$$
$$t_{im} = \sqrt{t^2 - 1} \qquad (2.67)$$

Bei einem kombinierten Längs-Quersteller ergibt sich das Übersetzungsverhältnis $\underline{t}$ aus der Addition je einer diskreten Längs- und Querzusatzspannung. Damit können beliebige Werte für den Winkel der Zusatzspannung ϕ eingestellt werden.

Ein solcher kombinierter Längs-Quersteller kann durch Kettenschaltung des Π-Ersatzschaltbildes eines verlustbehafteten Transformators und zwei idealen Übertragern nach Abb. 2.40 modelliert werden. Einer der beiden Übertrager bildet den Längssteller mit dem Übersetzungsverhältnis $t_{längs}$ und der andere Übertrager den Quersteller mit dem Übersetzungsverhältnis $\underline{t}_{quer}$ nach. Das gesamte Übersetzungsverhältnis $\underline{ü}$ des kombinierten Längs-Querstellers ergibt sich aus Gl. (2.68).

$$\underline{ü} = \underline{ü}_n \cdot \underline{t} = \underline{ü}_n \cdot t_{längs} \cdot \underline{t}_{quer} = \underline{ü}_n \cdot t_{längs} \cdot t_{quer} \cdot e^{j \cdot 90°} \qquad (2.68)$$

Das Übersetzungsverhältnis $\underline{t}$ kann auch nach Gl. (2.69) als Funktion der aktuellen Stufenstellung $s_{längs}$, die maximale Stufenstellung $s_{längs,max}$ und den Stellbereich $r_{längs,max}$ in Längsrichtung, sowie die entsprechenden Größen in Querrichtung s_{quer}, $s_{quer,max}$ und $r_{quer,max}$ bestimmt werden.

$$\underline{t} = \sqrt{\left(1 + \frac{s_{längs}}{s_{längs,max}} \cdot r_{längs,max}\right)^2 + \left(\frac{s_{quer}}{s_{quer,max}} \cdot r_{quer,max}\right)^2} \cdot e^{j \cdot \theta} \qquad (2.69)$$

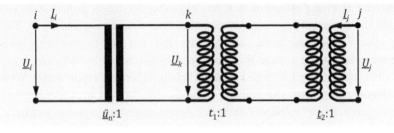

Abb. 2.40 Ersatzschaltbild eines kombinierten Längs-Querstellers

2.1 Mathematisches Modell des Netzes

Der Winkel θ des Übersetzungsverhältnisses $\underline{t}$ bestimmt sich zu:

$$\theta = \arctan\left(\frac{\frac{s_{\text{quer}}}{s_{\text{quer,max}}} \cdot r_{\text{quer,max}}}{1 + \frac{s_{\text{längs}}}{s_{\text{längs,max}}} \cdot r_{\text{längs,max}}}\right) \quad (2.70)$$

Der verlustbehaftete Transformator mit festem Nennübersetzungsverhältnis $\ddot{u}_n$ wird durch sein Vierpol-Ersatzschaltbild berücksichtigt. Wegen der Umrechnung aller Größen auf eine Spannungsebene entfällt auch hier der ideale Transformator mit dem Übersetzungsverhältnis $\ddot{u}_n$, sodass sich entsprechend Abb. 2.12 hierfür das Ersatzschaltbild nach Abb. 2.41 ergibt.

Aus den Vierpolgleichungen des Transformators mit festem Übersetzungsverhältnis

$$\begin{pmatrix} \underline{Y}_{ij} + \underline{Y}_{0,ij} & -\underline{Y}_{ij} \\ -\underline{Y}_{ij} & \underline{Y}_{ij} + \underline{Y}_{0,ij} \end{pmatrix} \cdot \begin{pmatrix} \underline{U}_i \\ \underline{U}_k \end{pmatrix} = \begin{pmatrix} \underline{I}_i \\ \underline{I}_k \end{pmatrix} \quad (2.71)$$

und den Transformatorbedingungen für den stellbaren Transformator

$$\underline{U}_k = \underline{t} \cdot \underline{U}_j \quad (2.72)$$

$$\underline{I}_j = \underline{t}^* \cdot \underline{I}_k \quad (2.73)$$

lassen sich die Vierpolgleichungen des gesamten Kettenvierpols ableiten. Der Knoten j befindet sich hier auf der geregelten Seite des Transformators.

$$\begin{pmatrix} \underline{Y}_{ij} + \underline{Y}_{0,ij} & -\underline{t} \cdot \underline{Y}_{ij} \\ -\underline{t}^* \cdot \underline{Y}_{ij} & \underline{t} \cdot \underline{t}^* \cdot (\underline{Y}_{ij} + \underline{Y}_{0,ji}) \end{pmatrix} \cdot \begin{pmatrix} \underline{U}_i \\ \underline{U}_j \end{pmatrix} = \begin{pmatrix} \underline{I}_i \\ \underline{I}_j \end{pmatrix}$$

$$\begin{pmatrix} \underline{\tilde{y}}_{ii} & -\underline{\tilde{y}}_{ij} \\ -\underline{\tilde{y}}_{ji} & \underline{\tilde{y}}_{jj} \end{pmatrix} \cdot \begin{pmatrix} \underline{U}_i \\ \underline{U}_j \end{pmatrix} = \begin{pmatrix} \underline{I}_i \\ \underline{I}_j \end{pmatrix} \quad (2.74)$$

Für längs stellbare Transformatoren ($\phi = 0°$) ergibt sich ein reeller Wert für das Übersetzungsverhältnis $\underline{t}$ und damit ein umkehrbarer Vierpol, der durch ein einfaches Π-Ersatzschaltbild dargestellt werden kann. Dagegen erhält man für schräg und quer

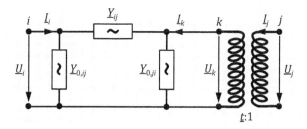

Abb. 2.41 Darstellung des Stelltransformators

stellbare Transformatoren (z. B. $\phi = 60°$ bzw. 90°) ein komplexes Übersetzungsverhältnis $\underline{t}$ und damit einen nicht umkehrbaren Vierpol $\left(\underline{\tilde{y}}_{ij} \neq \underline{\tilde{y}}_{ji}\right)$. Schräg und quer stellbare Transformatoren sind daher nicht durch ein Ersatzschaltbild mit rein passiven Elementen darstellbar.

2.1.6.3.3 Parallelschaltung von Transformatoren

Bei der Modellbildung von Netzen für Berechnungsverfahren wie Leistungsflussrechnung und Kurzschlussrechnung werden parallel betriebene, d. h. auf beiden Seiten des Vierpols unmittelbar miteinander verbundene Betriebsmittel zusammengefasst und für den Rechenprozess als ein Element behandelt. Bei Leitungen und Kabeln sowie baugleichen Transformatoren mit festem Übersetzungsverhältnis ist die Bestimmung mit den in Abschn. 2.1.2 angegebenen elementaren Umformungsregeln einfach durchzuführen. Aufwendiger ist die Zusammenfassung von nicht baugleichen Transformatoren mit beispielsweise unterschiedlicher Schaltgruppe sowie generell für stellbare Transformatoren, da hierbei im Allgemeinen bei den parallel betriebenen Transformatoren unterschiedliche Stufenstellungen eingestellt sein können.

Abb. 2.42 zeigt die Ersatzschaltung von zwei parallel geschalteten Transformatoren mit unterschiedlichen Übersetzungsverhältnissen [7, 9].

Der Unterschied zwischen den beiden Übersetzungsverhältnissen der parallel geschalteten Transformatoren kann beispielsweise durch verschiedene Leerlaufübersetzungsverhältnisse, Kurzschlussspannungen oder Schaltgruppen entstehen. Die daraus resultierende Spannungsdifferenz wird nach Gl. (2.75) bestimmt.

$$\Delta \underline{U} = \underline{U}_{21} - \underline{U}_{22} = \underline{U}_1 \cdot \left(\frac{1}{\underline{\ddot{u}}_1} - \frac{1}{\underline{\ddot{u}}_2} \right) \qquad (2.75)$$

Die Spannungsdifferenz treibt einen Strom durch die von den beiden Transformatoren gebildete Masche. Die Berechnung des Maschenstroms $\underline{I}_M$ erfolgt entsprechend der vereinfachten Ersatzschaltung (Abb. 2.43) nach Gl. (2.76).

$$\underline{I}_M = \frac{\Delta \underline{U}}{\underline{Z}_M} = \frac{\Delta \underline{U}}{\underline{Z}_{T1} + \underline{Z}_{T2}} \qquad (2.76)$$

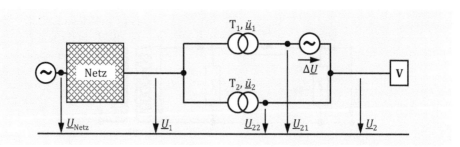

Abb. 2.42 Parallelbetrieb von Transformatoren

2.1 Mathematisches Modell des Netzes

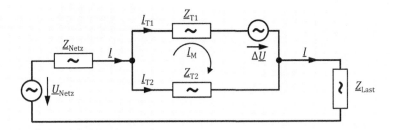

Abb. 2.43 Vereinfachte Ersatzschaltung paralleler Transformatoren

Die Belastung der beiden Transformatoren ergibt sich aus der Aufteilung des Gesamtstromes $\underline{I}$ entsprechend den Impedanzen $\underline{Z}_{T1}$ und $\underline{Z}_{T2}$ sowie dem Maschenstrom $\underline{I}_M$ nach Gl. (2.77).

$$\underline{I}_{T1} = \frac{\underline{Z}_{T2}}{\underline{Z}_{T1} + \underline{Z}_{T2}} \cdot \underline{I} + \underline{I}_M \cdot \underline{I}_{T2} = \frac{\underline{Z}_{T1}}{\underline{Z}_{T1} + \underline{Z}_{T2}} \cdot \underline{I} - \underline{I}_M \qquad (2.77)$$

Der Maschenstrom wird nur durch die sehr kleinen Längsimpedanzen der Transformatoren begrenzt und erreicht dadurch schon bei relativ kleinen Spannungsdifferenzen große Werte. Beim Betrieb parallel geschalteter Transformatoren sind daher die fünf nachfolgenden Bedingungen einzuhalten:

- Gleiches Leerlaufübersetzungsverhältnis (Abweichung bis zu 5 % ist zulässig)
- Gleiche Spannungen auf der Ober- und Unterspannungsseite
- Gleiche relative Kurzschlussspannung (Abweichung bis 10 % ist zulässig)
- Gleiche Schaltgruppenkennzahlen
- Bemessungsleistungsunterschied zwischen den Transformatoren nicht größer als Faktor 3

Nur bei Einhaltung der Bedingungen 1 bis 4 ist garantiert, dass im Leerlauf keine Ausgleichsströme fließen und dass sich unter Last die Ströme der Größe nach prozentual richtig auf beide Transformatoren aufteilen. Die Einhaltung der Bedingung 5 verhindert, dass der leistungsschwächere der beiden Transformatoren überlastet wird. Außerdem wird beim Parallelschalten unterschiedlich leistungsstarker Transformatoren darauf geachtet, dass die Kurzschlussspannung des leistungsschwächeren Transformators die größere ist.

Zusätzlich muss bei der Verschaltung der Parallelschaltung zweier Drehstrom-Transformatoren sichergestellt sein, dass die Phasenlage der sekundären Spannungen der beiden Transformatoren übereinstimmt.

2.1.6.3.4 Dreiwicklungstransformatoren

Entsprechende Überlegungen lassen sich auch für Dreiwicklungstransformatoren anstellen. Abb. 2.44a zeigt die Zusammenschaltung von drei Netzen über einen Drei-

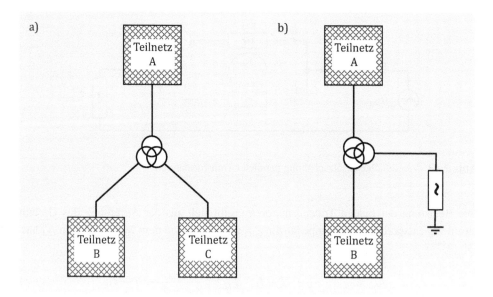

Abb. 2.44 Zusammenschaltung von Netzen über Dreiwicklungstransformatoren

wicklungstransformator mit beliebigen Übersetzungsverhältnissen $\underline{ü}_{AB} \neq \underline{ü}_{AC} \neq \underline{ü}_{BC}$. Die Ersatzschaltung eines allgemeinen Dreiwicklungstransformators ist in Abb. 2.45 wiedergegeben.

Dreiwicklungstransformatoren werden außerdem als Kuppeltransformatoren zwischen zwei Netzebenen eingesetzt. Die Tertiärwicklung dieser Transformatoren dient dann zur Spannungsverstellung und zum Anschluss von Kompensationseinrichtungen (Abb. 2.44b). Zustandsgrößen an den Klemmen der Tertiärwicklung brauchen für diese

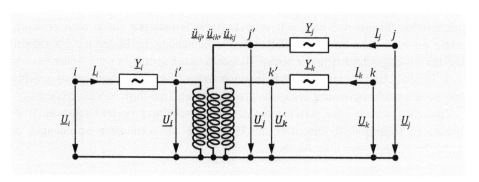

Abb. 2.45 Ersatzschaltbild eines Dreiwicklungstransformators mit beliebigen Übersetzungsverhältnissen

2.1 Mathematisches Modell des Netzes

Anwendung bei der Netzberechnung in der Regel nicht berücksichtigt zu werden, sodass die Vierpoldarstellung auch für diesen Transformatortyp ausreichend ist. Wie bei den schräg geregelten Zweiwicklungstransformatoren ergibt sich im Modell auch hierbei ein unsymmetrischer Vierpol.

Der Zusammenhang zwischen den Klemmenspannungen und den inneren Spannungen des idealen Transformators wird gegeben durch:

$$\begin{aligned} \underline{I}_i &= \underline{Y}_i \cdot (\underline{U}_i - \underline{U}'_i) \\ \underline{I}_k &= \underline{Y}_k \cdot (\underline{U}_k - \underline{U}'_k) \\ \underline{I}_j &= \underline{Y}_j \cdot (\underline{U}_j - \underline{U}'_j) \end{aligned} \quad (2.78)$$

Für die Spannungen am idealen Transformator gelten die Beziehungen

$$\underline{U}'_i = \underline{\ddot{u}}_{ik} \cdot \underline{U}'_k \quad (2.79a)$$

$$\underline{U}'_i = \underline{\ddot{u}}_{ij} \cdot \underline{U}'_j \quad (2.79b)$$

$$\underline{U}'_k = \underline{\ddot{u}}_{kj} \cdot \underline{U}'_j \quad (2.79c)$$

Löst man die Gl. (2.78) nach $\underline{U}'_i, \underline{U}'_k$ bzw. $\underline{U}'_j$ auf, ergeben sich die entsprechenden Knotenspannungen:

$$\begin{aligned} \underline{U}'_i &= \underline{U}_i - \frac{\underline{I}_i}{\underline{Y}_i} \\ \underline{U}'_k &= \underline{U}_k - \frac{\underline{I}_k}{\underline{Y}_k} \\ \underline{U}'_j &= \underline{U}_j - \frac{\underline{I}_j}{\underline{Y}_j} \end{aligned} \quad (2.80)$$

Setzt man in die Gl. (2.79) die Gl. (2.80) ein, so erhält man nach entsprechender Umformung

$$(\underline{Y}_i \cdot \underline{U}_i - \underline{I}_i) \cdot \underline{Y}_k = \underline{\ddot{u}}_{ik} \cdot \underline{Y}_i \cdot (\underline{Y}_k \cdot \underline{U}_k - \underline{I}_k) \quad (2.81a)$$

$$(\underline{Y}_i \cdot \underline{U}_i - \underline{I}_i) \cdot \underline{Y}_j = \underline{\ddot{u}}_{ij} \cdot \underline{Y}_i \cdot (\underline{Y}_j \cdot \underline{U}_j - \underline{I}_j) \quad (2.81b)$$

$$(\underline{Y}_k \cdot \underline{U}_k - \underline{I}_k) \cdot \underline{Y}_j = \underline{\ddot{u}}_{kj} \cdot \underline{Y}_k \cdot (\underline{Y}_j \cdot \underline{U}_j - \underline{I}_j) \quad (2.81c)$$

Für den idealen Transformator muss wieder die Invarianzbedingung bezüglich der Leistungen erfüllt sein:

$$\underline{U}'_i \cdot \underline{I}'_i + \underline{U}'_k \cdot \underline{I}'_k + \underline{U}'_j \cdot \underline{I}'_j = 0 \quad (2.82)$$

Setzt man die Gl. (2.79b und 2.79c) ein und dividiert durch $\underline{U}'_j$, so erhält man

$$\underline{\ddot{u}}_{ij} \cdot \underline{I}'_i + \underline{\ddot{u}}_{kj} \cdot \underline{I}'_k + \underline{I}'_j = 0 \quad (2.83)$$

d. h. ein Strom lässt sich durch die beiden anderen Ströme und die jeweiligen Übersetzungsverhältnisse ausdrücken. Damit lässt sich eine weitere Verknüpfung der Ströme in die Gl. (2.81a) einbringen. Setzt man z. B. die Gl. (2.83) in Gl. (2.81b) ein und ordnet die Gl. (2.81a) nach Strömen und Spannungen, so ergibt sich das folgende Gleichungssystem:

$$\begin{pmatrix} -\underline{Y}_k & \underline{\ddot{u}}_{ik} \cdot \underline{Y}_i & 0 \\ -\underline{\ddot{u}}_{ij}^2 \cdot \underline{Y}_i - \underline{Y}_j & -\underline{\ddot{u}}_{ij} \cdot \underline{\ddot{u}}_{kj}^* \cdot \underline{Y}_i & 0 \\ 0 & -\underline{Y}_j & \underline{\ddot{u}}_{kj} \cdot \underline{Y}_k \end{pmatrix} \begin{pmatrix} \underline{I}_i \\ \underline{I}_k \\ \underline{I}_j \end{pmatrix} = \\ \begin{pmatrix} -\underline{Y}_i \cdot \underline{Y}_k & \underline{\ddot{u}}_{ik} \cdot \underline{Y}_i \cdot \underline{Y}_k & 0 \\ -\underline{Y}_i \cdot \underline{Y}_j & 0 & \underline{\ddot{u}}_{ik} \cdot \underline{Y}_i \cdot \underline{Y}_j \\ 0 & -\underline{Y}_j \cdot \underline{Y}_k & \underline{\ddot{u}}_{kj} \cdot \underline{Y}_k \cdot \underline{Y}_j \end{pmatrix} \begin{pmatrix} \underline{U}_i \\ \underline{U}_k \\ \underline{U}_j \end{pmatrix}$$ (2.84)

Dieses Gleichungssystem lässt sich nach den Strömen auflösen.

$$\begin{pmatrix} \underline{I}_i \\ \underline{I}_k \\ \underline{I}_j \end{pmatrix} = \begin{pmatrix} -\underline{Y}_k & \underline{\ddot{u}}_{ik} \underline{Y}_i & 0 \\ -\underline{\ddot{u}}_{ij}^2 \cdot \underline{Y}_i - \underline{Y}_j & -\underline{\ddot{u}}_{ij} \cdot \underline{\ddot{u}}_{kj}^* \cdot \underline{Y}_i & 0 \\ 0 & -\underline{Y}_j & \underline{\ddot{u}}_{kj} \cdot \underline{Y}_k \end{pmatrix}^{-1} \cdot \\ \cdot \begin{pmatrix} -\underline{Y}_i \cdot \underline{Y}_k & \underline{\ddot{u}}_{ik} \cdot \underline{Y}_i \cdot \underline{Y}_k & 0 \\ -\underline{Y}_i \cdot \underline{Y}_j & 0 & \underline{\ddot{u}}_{ik} \cdot \underline{Y}_i \cdot \underline{Y}_j \\ 0 & -\underline{Y}_j \cdot \underline{Y}_k & \underline{\ddot{u}}_{kj} \cdot \underline{Y}_k \cdot \underline{Y}_j \end{pmatrix} \begin{pmatrix} \underline{U}_i \\ \underline{U}_k \\ \underline{U}_j \end{pmatrix}$$ (2.85)

Man erhält schließlich

$$\begin{pmatrix} \underline{I}_i \\ \underline{I}_k \\ \underline{I}_j \end{pmatrix} = \frac{1}{\underline{Y}_k \cdot \underline{\ddot{u}}_{ij} \cdot \underline{\ddot{u}}_{kj}^* \cdot \underline{Y}_i \cdot \underline{\ddot{u}}_{kj} \cdot \underline{Y}_k + \underline{\ddot{u}}_{ik} \cdot \underline{Y}_i \cdot (\underline{\ddot{u}}_{ij}^2 \cdot \underline{Y}_i + \underline{Y}_j) \cdot \underline{\ddot{u}}_{kj} \cdot \underline{Y}_k} \cdot \\ \begin{pmatrix} -\underline{\ddot{u}}_{ij} \cdot \underline{\ddot{u}}_{kj}^* \cdot \underline{Y}_i \cdot \underline{\ddot{u}}_{kj} \cdot \underline{Y}_k & -a_{12} \cdot \underline{\ddot{u}}_{kj} \cdot \underline{Y}_k & 0 \\ (\underline{\ddot{u}}_{ij}^2 \cdot \underline{Y}_i + \underline{Y}_j) \cdot \underline{\ddot{u}}_{kj} \cdot \underline{Y}_k & -\underline{Y}_k \cdot \underline{\ddot{u}}_{kj} \cdot \underline{Y}_k & 0 \\ (\underline{\ddot{u}}_{ij}^2 \cdot \underline{Y}_i + \underline{Y}_j) \cdot \underline{Y}_j & -\underline{Y}_k \cdot \underline{Y}_j & \underline{Y}_k \cdot \underline{\ddot{u}}_{ij} \cdot \underline{\ddot{u}}_{kj}^* \cdot \underline{Y}_i + \underline{\ddot{u}}_{ik} \cdot \underline{Y}_i \cdot (\underline{\ddot{u}}_{ij}^2 \cdot \underline{Y}_i + \underline{Y}_j) \end{pmatrix} \cdot \\ \cdot \begin{pmatrix} -\underline{Y}_i \cdot \underline{Y}_k & \underline{\ddot{u}}_{ik} \cdot \underline{Y}_i \cdot \underline{Y}_k & 0 \\ -\underline{Y}_i \cdot \underline{Y}_j & 0 & \underline{\ddot{u}}_{ik} \cdot \underline{Y}_i \cdot \underline{Y}_j \\ 0 & -\underline{Y}_j \cdot \underline{Y}_k & \underline{\ddot{u}}_{kj} \cdot \underline{Y}_k \cdot \underline{Y}_j \end{pmatrix} \cdot \begin{pmatrix} \underline{U}_i \\ \underline{U}_k \\ \underline{U}_j \end{pmatrix}$$ (2.86)

2.1.6.4 Serienkompensationselemente

Bei stark belasteten, langen Hoch- und Höchstspannungsleitungen ergeben sich durch die induktiven Leitungsreaktanzen große Blindleistungsverluste mit entsprechend hohen induktiven Spannungsabfällen entlang der Leitungen. Diesem Effekt wird durch den Einbau von Reihenkondensatoren (Serienkondensatoren) entgegengewirkt. Die Wirkung der Leitungsinduktivität lässt sich durch den Reihenkondensator teilweise kompensieren und der Spannungsabfall auf der Leitung wird dadurch verringert. Ein Reihenkondensator

2.1 Mathematisches Modell des Netzes

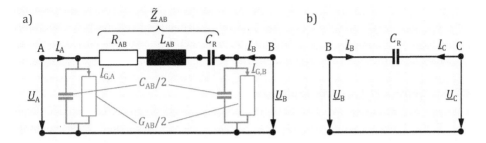

Abb. 2.46 Modellierung eines Reihenkondensators

kann im Netzmodell auf zwei Arten nachgebildet werden. Entsprechend Abb. 2.46a kann die Serienkapazität näherungsweise in die Leitungsimpedanz $\underline{Z}_{AB}$ der zugehörigen Leitung eingerechnet werden.

Die resultierende Leitungsimpedanz $\underline{\tilde{Z}}_{AB}$ ergibt sich dann zu:

$$\underline{\tilde{Z}}_{AB} = R_{AB} + j \cdot \omega \cdot L_{AB} + \frac{1}{j \cdot \omega \cdot C_R} \tag{2.87}$$

Damit ergibt sich für den Spannungsabfall:

$$\Delta \underline{U} = \underline{U}_A - \underline{U}_B = I_B \cdot (\cos(\varphi_B) - j \cdot \sin(\varphi_B)) \cdot \left(R_{AB} + j \cdot \left(\omega \cdot L_{AB} - \frac{1}{\omega \cdot C_R} \right) \right) \tag{2.88}$$

Zur Bestimmung der Kapazität des Reihenkondensators wird der Längsspannungsabfall U_l (i.e. der Realteil des Spannungsabfalls, s. Abschn. 3.8.4) auf null gesetzt. Dies berücksichtigt, dass in Hoch- und Höchstspannungsnetzen die Spannungshaltung von vorrangiger Bedeutung ist. Mit

$$U_l = R_{AB} \cdot I_{B,w} + (X_{AB} - X_R) \cdot I_{B,b} \stackrel{!}{=} 0$$

und

$$R_{AB} \cdot \cos(\varphi_B) = -\left(\omega \cdot L_{AB} - \frac{1}{\omega} \cdot C_R \right)$$

ergibt sich die Kapazität

$$C_R = \frac{1}{\omega \cdot (\omega \cdot L_{AB} + R_{AB} \cdot \cot(\varphi_B))} \tag{2.89}$$

Alternativ kann der Reihenkondensator auch als eigenes Element im Netzmodell abgebildet werden (Abb. 2.46b). Hierdurch entsteht dann natürlich ein zusätzlicher Netzknoten zwischen Leitung und Reihenkondensator.

Im Prinzip ist auch eine Reiheninduktivität (Reihen- oder Seriendrossel) denkbar. Aufgrund der üblichen Belastungs- und Spannungszustände in elektrischen Energieversorgungsnetzen finden diese zu Kompensationszwecken keine Anwendung. Oft werden Reihendrosseln allerdings zur Begrenzung des Kurzschlussstromes (s. Kap. 5) eingesetzt.

2.1.6.5 Sammelschienenkupplungen

Sammelschienenkupplungen sind Betriebsmittel, die innerhalb einer Schaltanlage schaltbare Verbindungen zwischen einzelnen Sammelschienen herstellen (Querkupplung). Sie bestehen im Wesentlichen aus einem Leistungsschalter und sehr kurzen Leitungsverbindungen (Abb. 2.47). Sammelschienenkupplungen können unterschiedliche Sammelschienen verbinden, aber auch innerhalb einer Sammelschiene eine Trennstelle realisieren (Längskupplung). Die Sammelschienenkupplungen können als Zweige mit kleiner Längsimpedanz dargestellt werden (Abb. 2.48). Um numerische Schwierigkeiten (z. B. bei der Konvergenz der iterierenden Netzberechnungsverfahren) zu vermeiden, sollte die Längsimpedanz allerdings nicht zu klein gewählt werden. Bewährt hat sich ein Längsimpedanzwert von $\underline{Z} = (5 \ldots 10 + \text{j} \cdot 30 \ldots 40)$ mΩ.

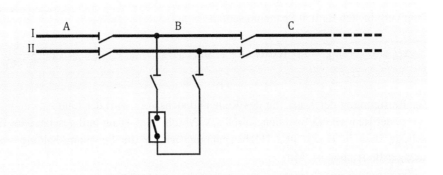

Abb. 2.47 Sammelschienenkupplungen

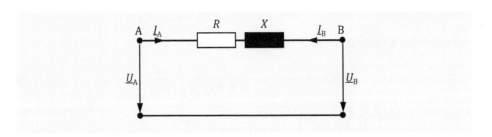

Abb. 2.48 Ersatzschaltbild einer Sammelschienenkupplung bzw. eines Ersatzzweiges

Abb. 2.48 zeigt das Ersatzschaltbild einer Sammelschienenkupplung. Querelemente werden bei einer Sammelschienenkupplung in der Regel wegen der sehr kurzen Leitungslängen und der daraus resultierenden geringen Impedanzen nicht modelliert.

Die Kupplung von Sammelschienen als impedanzlose Verbindung ($\underline{Z}=0$) kann durch eine geeignete Topologieumformung realisiert werden. Dabei werden die durch eine Kupplung verbundenen Sammelschienen bei der Modellaufbereitung programmintern zu einem einzigen Knoten zusammengefügt. Nach Durchführung der eigentlichen Berechnung (z. B. Leistungsflussrechnung, Kurzschlussstromberechnung) werden die Ergebnisse (z. B. die Teilleistungsflüsse auf den angeschlossenen Leitungen, Teilkurzschlussströme) wieder den einzelnen Sammelschienen zugeordnet und entsprechend ausgegeben. Damit kann auch der Leistungsfluss über die Sammelschienenkupplung bestimmt werden, obwohl die Spannungsdifferenz zwischen den beiden gekuppelten Sammelschienen tatsächlich $\Delta \underline{U}=0$ ist (siehe Abschn. 3.3.6).

2.1.6.6 Ersatzzweige

Das passive Verhalten von nicht explizit abgebildeten Fremdnetzen kann durch Ersatzzweige modelliert werden. Diese Ersatzzweige werden, wie die Ersatzeinspeisungen an den Kuppelknoten, von einem Netzreduktionsprogramm berechnet (s. Kap. 7). Bei Ersatzzweigen kann häufig auf die Darstellung der Querelemente verzichtet werden (Abb. 2.48). Ein Längselement mit endlichem Wert muss in jedem Fall vorhanden sein.

2.1.7 Netzformen

Mit dem Begriff Netz wird die Gesamtheit aller Betriebsmittel zusammengefasst, die zur Übertragung oder Verteilung elektrischer Energie notwendig ist. Hierzu gehören z. B. die zuvor beschriebenen Freileitungen, Kabel, Transformatoren, Umspann- und Schaltanlagen Entsprechend ihrer charakteristischen Topologie unterscheidet man zwischen Strahlennetzen (Abb. 2.49a), Ringnetzen (Abb. 2.49b) und Maschennetzen (Abb. 2.49c). Diese Netzformen haben aufgrund ihrer topologischen Struktur unterschiedliche Eigenschaften. Prinzipiell unterscheidet man nach dem topologischen Aufbau zwischen unvermaschten (radialen) und vermaschten Netzen. Ein Maß für die Vermaschung ist der Vermaschungsgrad G_V. Er ist eine Funktion der Zweigzahl N_Z und der Knotenzahl N des Netzes.

$$G_V = \frac{N_Z}{N-1} \qquad (2.90)$$

Entsprechend dieser Gleichung ergibt sich für ein unvermaschtes Netz ein Vermaschungsgrad $G_V = 1$. Existiert in einem Netz mindestens eine Schleife, so ist es definitionsgemäß ein vermaschtes Netz, dessen Vermaschungsgrad $G_V > 1$ ist.

Zu den unvermaschten Netzen gehören die unverzweigten Strahlennetze, die verzweigten Strahlennetze und die offen betriebenen Ringnetze. Zu den vermaschten

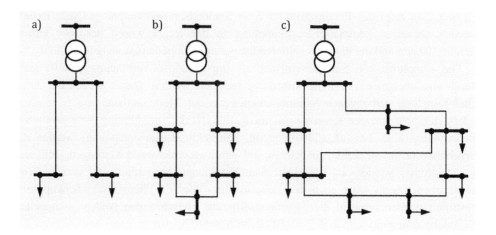

Abb. 2.49 Netzformen

Netzen gehören die geschlossenen Ringnetze mit einer Masche und die allgemeinen Maschennetze. Die verschiedenen Netztopologien können grundsätzlich in allen Netzspannungsebenen auftreten. Im Folgenden werden die verschiedenen Netztopologien anhand von Beispielen aus dem Niederspannungsbereich erläutert.

2.1.7.1 Strahlennetze

In Strahlennetzen verlaufen die Leitungen in der Regel ausgehend von den Umspannungspunkten aus der höheren Spannungsebene strahlenförmig in sogenannten Stichleitungen. Mit diesen Stichleitungen werden z. B. in Niederspannungsnetzen die Häuser in einem Straßenzug mit elektrischer Energie versorgt. Im Höchstspannungsbereich treten Stichleitungen vor allem beim Anschluss von Kraftwerksblöcken an das Netz auf.

Topologisch wird bei Strahlennetzen zwischen den unverzweigten Strahlennetzen (A-B-Übertragung) oder auch Sternnetzen und den verzweigten Strahlennetzen unterschieden. Bei der A-B-Übertragung ist in der Regel ein Verbraucher oder eine Einspeisung mit dem Netz über eine einzelne Leitung verbunden. Diese Netzstruktur findet man häufig bei Kraftwerksanschlüssen (Maschinenleitungen) oder einzelnen, abgelegenen Verbrauchern. Das verzweigte Strahlennetz findet man verbreitet in Siedlungsbereichen mit geringer Lastdichte [10]. Dies sind beispielsweise Niederspannungsnetze im ländlichen Raum.

Die Vorteile der Strahlennetze liegen in ihrem geringen Planungsaufwand, einem vergleichsweise geringen materiellen Realisierungsaufwand, ihrer guten Übersichtlichkeit bei der Auffindung von Fehlern und damit in den geringen Anforderungen an die erforderlichen Schutzeinrichtungen.

2.1 Mathematisches Modell des Netzes

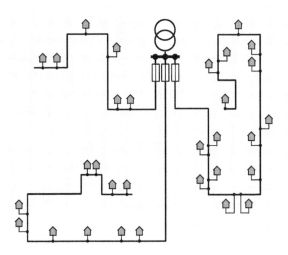

Abb. 2.50 Beispiel eines Strahlennetzes [11]

Die Nachteile einer strahlenförmigen Netztopologie bestehen in der geringen Versorgungszuverlässigkeit, da z. B. im Falle eines Kurzschlusses alle Verbraucher an einer Leitung nicht mehr versorgt werden können. Ebenfalls nachteilig wirken der mit zunehmendem Abstand von der Einspeisung größer werdende Spannungsabfall sowie die relativ hohen Leitungsverluste. Abb. 2.50 zeigt das Beispiel eines unverzweigten Niederspannungsstrahlennetzes.

Abb. 2.51 zeigt das Beispiel eines verzweigten Niederspannungsstrahlennetzes. Diese Netzstruktur ist in Niederspannungsnetzen sehr verbreitet, da sie eine ausreichende Versorgungsstruktur bei möglichst geringem Einsatz von Betriebsmitteln bietet. Bei der bisher in dieser Spannungsebene vorherrschenden Leistungsflusssituation konnte damit auch ein sicherer Netzbetrieb gewährleistet werden.

In der Vergangenheit waren in der Niederspannungsebene ausschließlich Lasten angeschlossen. Die Richtung des Leistungsflusses war damit eindeutig definiert. Die höchste Belastung eines Netzabschnittes war unmittelbar am Abgang des Transformators gegeben und wurde dort auch messtechnisch erfasst. Der Spannungsabfall entlang der Leitungsstrecken konnte aufgrund von Standardlastprofilen ausreichend gut abgeschätzt werden. Im Netz selbst waren somit keine weiteren Messstellen für Strom, Spannung oder Leistung erforderlich.

Mit dem zunehmenden und teilweise massiven Ausbau von Photovoltaikanlagen in der Niederspannungsebene ändert sich diese Situation dramatisch. Die Richtung des Leistungsflusses ist nicht mehr konstant. Es können deutliche Überlastungen an beliebigen Stellen im Netz auftreten und an den Einspeisepunkten der Photovoltaik können bei bestimmten Lastzuständen unzulässige Spannungsanhebungen entstehen. Der

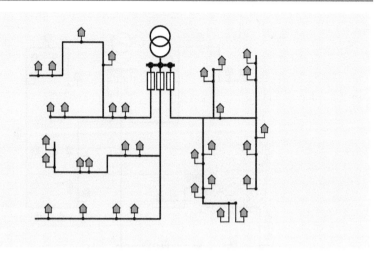

Abb. 2.51 Beispiel eines verzweigten Strahlennetzes

Netzbetrieb in der Niederspannungsebene ist mit völlig neuen Situationen konfrontiert. Hier können neue Technologien Abhilfe bieten (s. Abschn. 1.5.1).

2.1.7.2 Ringnetze

Eine weitere Netzform ist das Ringnetz, bei der die Leitungen namensgebend ringförmig verschaltet werden. In den Ringnetzen können die Enden zweier Strahlen betriebsmäßig verbunden werden. Bei dieser Netzform unterscheidet man zwischen offen und geschlossen betriebenen Ringnetzen.

Die offen betriebenen Ringnetze (Abb. 2.52) sind im Normalbetrieb Strahlennetze. Bei Ausfall einer Leitung erfolgt die Umschaltung von Hand oder per Fernsteuerung auf eine andere Leitung. Nach dem Heraustrennen des vom Fehler betroffenen Leitungsabschnittes können die restlichen Verbraucher von dem ungestörten Strahl wieder weiterversorgt werden.

Der Vorteil der Ringnetze besteht in der gegenüber Strahlennetzen höheren Versorgungszuverlässigkeit, dem relativ geringen materiellen Aufwand und den vergleichsweise einfachen Schutzeinrichtungen.

Nachteilig bei dieser Netzform sind der relativ große Spannungsabfall und die kurzzeitige Versorgungsunterbrechung bei einer erforderlichen Umschaltung der Verbraucher.

Ein besonderer Betriebsfall ist das geschlossene Ringnetz (Abb. 2.53). Hierbei bleiben die Trennstellen betriebsmäßig geschlossen. Das Netz bildet eine einzelne Masche. Im Fehlerfall werden alle Verbraucher im Ring nicht mehr versorgt, bis der vom Fehler betroffene Netzabschnitt frei geschaltet und die Versorgung auf den fehlerfreien Netzabschnitten wiederhergestellt worden ist. Von Vorteil sind gegenüber der offenen Betriebsweise die geringeren Spannungsabfälle und die geringeren Verluste.

2.1 Mathematisches Modell des Netzes

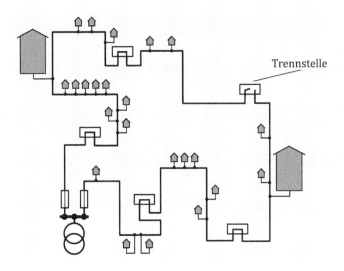

Abb. 2.52 Beispiel eines offen betriebenen Ringnetzes [11]

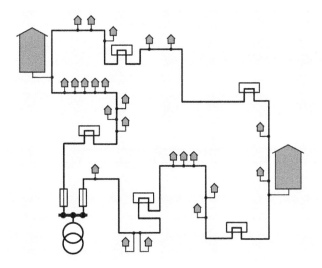

Abb. 2.53 Beispiel eines geschlossen betriebenen Ringnetzes [11]

2.1.7.3 Maschennetze
Werden innerhalb geschlossener Netzringe weitere Leitungsverbindungen gebildet, entsteht ein Maschennetz (Abb. 2.54). Daraus resultiert, dass Knoten und Zweige in der

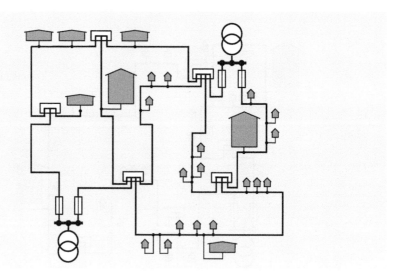

Abb. 2.54 Beispiel eines Maschennetzes [11]

Regel über verschiedene Verbindungen versorgt werden können. Aus dieser Netztopologie leiten sich eine hohe Versorgungszuverlässigkeit und ein geringer Spannungsabfall sowie geringe Netzverluste ab. Allerdings ist der materielle Aufwand groß. Der Betrieb eines vermaschten Netzes erfordert darüber hinaus ein komplexes Schutzkonzept, um z. B. die Selektivität bei der Fehlerklärung zu wahren.

Das Übertragungsnetz wird vollständig und das 110-kV-Verteilnetz überwiegend vermascht betrieben. Niederspannungsnetze mit hoher Lastdichte im innerstädtischen Bereich werden in einzelnen Fällen ebenfalls vermascht betrieben.

2.2 Grundbegriffe und wichtige Regeln zur Matrizenrechnung

Häufig basieren die Verfahren zur Berechnung vermaschter Netze der elektrischen Energieversorgung in der wiederholten Lösung linearer Gleichungssysteme. Diese können anschaulich in Matrizenschreibweise angegeben werden. Im Folgenden werden daher die wichtigsten Definitionen und Rechenregeln für Matrizen und die Bedingungen für die Lösbarkeit linearer Gleichungssysteme angegeben [1–10, 12, 13].

2.2.1 Definitionen

Matrix
Eine Matrix A ist ein in einem rechteckigen Schema von M Zeilen und N Spalten angeordnetes System ([M×N]–Matrix) von reellen oder komplexen Zahlen folgender Art:

2.2 Grundbegriffe und wichtige Regeln zur Matrizenrechnung

$$A = \begin{pmatrix} a_{11} & \cdots & a_{1N} \\ \cdot & \cdot & \cdot \\ \cdot & \cdot & \cdot \\ \cdot & \cdot & \cdot \\ a_{M1} & \cdots & a_{MN} \end{pmatrix} \quad (2.91)$$

Die Elemente a_{ik} der Matrix A werden durch Doppelindizes gekennzeichnet, wobei i der Zeilenindex und k der Spaltenindex ist. Matrixelemente einer Zeile zeichnen sich durch den gleichen ersten Index aus, bei Spalten ist der zweite Index identisch.

Sind nur wenige Elemente der Matrix ungleich null, so wird diese Matrix als schwach besetzt oder spärlich (sparse matrix) bezeichnet.

Zeilenvektor, Spaltenvektor

Der Zeilenvektor $a_{i.}$ beinhaltet die i-te Zeile der Matrix A. Analog dazu besteht der Spaltenvektor $a_{.j}$ aus der j-ten Spalte der Matrix A.

$$a_{i.} = (a_{i1}, a_{i2}, \ldots, a_{iN}) \quad a_{.j} = \begin{pmatrix} a_{1j} \\ \cdot \\ \cdot \\ \cdot \\ a_{Mj} \end{pmatrix} \quad (2.92)$$

Eine [M×N]-Matrix besteht demnach aus M Zeilenvektoren und N Spaltenvektoren.

Dimension einer Matrix

Die Dimension einer Matrix wird gekennzeichnet durch die Anzahl M ihrer Zeilen i und durch die Anzahl N ihrer Spalten j. Abgekürzt heißt das z. B.:

$$\dim(A) = [M \times N]$$

Dimension eines Vektors

Die Dimension eines Vektors a ist definitionsgemäß [M×1] bzw. [M], wobei M die Anzahl der Zeilen i angibt.

Lineare Abhängigkeit

Die Zeilenvektoren $a_{i.}$ sind linear unabhängig, wenn die Linearkombination $k_1 \cdot a_{1.} + k_2 \cdot a_{2.} + \cdots + k_M \cdot a_{M.} = 0$ nur mit trivialen Lösungen ($k_i = 0$ für alle $i = 1$, ..., M) zu erfüllen ist. Dies gilt analog auch für Spaltenvektoren. Existieren neben $k=0$ für alle $i=1, \ldots, M$ noch andere Lösungen, so sind die Vektoren linear abhängig.

Quadratische Matrix

Die quadratische Matrix ist nur eine Sonderform der rechteckigen Matrix. Bei ihr ist die Anzahl der Zeilen gleich der Anzahl der Spalten ($M = N$). Bei den Matrixelementen unterscheidet man zwischen den (Haupt-)Diagonalelementen (a_{ik} für $i = k$) und den Nicht-(bzw. Neben-)Diagonalelementen (a_{ik} für $i \neq k$).

Innerhalb einer Matrix werden die Begriffe Hauptdiagonale und Nebendiagonale zur Beschreibung von speziellen Teilbereichen verwendet. Die Hauptdiagonale wird durch die Matrixelemente beschrieben, deren Spalten- und Zeilenindex gleich ist. Nebendiagonalen sind parallel zu den Hauptdiagonalen zu finden, wobei dort die Spalten- und Zeilenindizes mit unterschiedlichen Startwerten beginnen, z. B. ($a_{21}, a_{32}, a_{43} \ldots$).

Obere Dreiecksmatrix

Bei dieser quadratischen Matrix U (*upper*) haben alle Elemente unterhalb der Hauptdiagonale den Wert null.

$$u_{ik} = 0 \quad \text{für} \quad i > k$$

Untere Dreiecksmatrix

Bei dieser quadratischen Matrix L (*ower*) haben alle Elemente oberhalb der Hauptdiagonale den Wert null.

$$l_{ik} = 0 \quad \text{für} \quad i < k$$

Strikte untere bzw. obere Dreiecksmatrix

Bei einer strikten unteren bzw. oberen Dreiecksmatrix gilt darüber hinaus, dass die Hauptdiagonalelemente alle den Wert eins haben.

Diagonalmatrix

Besteht eine quadratische Matrix D nur aus den Hauptdiagonalelementen d_{ii}, so nennt man diese auch Diagonalmatrix. Für die Nebendiagonalelemente einer Diagonalmatrix gilt:

$$d_{ik} = 0 \quad \text{für} \quad i \neq k$$

$$D = \begin{pmatrix} d_{11} & & & & \\ & d_{22} & & 0 & \\ & & \cdot & & \\ & 0 & & \cdot & \\ & & & & d_{MM} \end{pmatrix} \quad (2.93)$$

Diagonalvektor

Mit der Diagonalisierungsfunktion diag wird aus einem Vektor d eine Diagonalmatrix D gebildet.

$$\text{diag}(d) = \text{diag}(d_1, d_2, \ldots, d_M) = D$$

Blockmatrix

Eine Blockmatrix B ist eine Matrix, die so interpretiert wird, als sei sie in mehrere Teile, genannt Blöcke, zerlegt worden. Eine Blockmatrix kann auf intuitive Art und Weise als die Originalmatrix mit einer bestimmten Anzahl an horizontalen und vertikalen Trennstrichen dargestellt werden. Im Rahmen der Matrizenrechnung ist es mit Blockmatrizen

2.2 Grundbegriffe und wichtige Regeln zur Matrizenrechnung

möglich, Operationen mit einzelnen Blöcken auszuführen. Dies erlaubt es, spezielle Probleme sehr elegant mit geringem Rechenaufwand zu lösen.

Ist eine Blockmatrix nur schwach besetzt, so können auch hier spezielle Rechenregeln zur Rechenzeitbeschleunigung genutzt werden.

$$B = \begin{pmatrix} b_{11} & b_{12} & b_{13} & b_{14} & b_{15} & b_{16} \\ b_{21} & b_{22} & b_{23} & b_{24} & b_{25} & b_{26} \\ b_{31} & b_{32} & b_{33} & b_{34} & b_{35} & b_{36} \\ b_{41} & b_{42} & b_{43} & b_{44} & b_{45} & b_{46} \\ b_{51} & b_{52} & b_{53} & b_{54} & b_{55} & b_{56} \\ b_{61} & b_{62} & b_{63} & b_{64} & b_{65} & b_{66} \end{pmatrix}$$

Bandmatrix

Als Bandmatrix B wird in der numerischen Mathematik eine quadratische Matrix bezeichnet, bei der zusätzlich zur Hauptdiagonalen nur eine bestimmte Anzahl von Nebendiagonalen Elemente ungleich null aufweist. Diese Matrizen sind damit schwach besetzte Matrizen, deren Einträge ungleich null auf ein diagonales Band (Bandmatrizen) beschränkt sind. Die Anzahl der besetzten Nebendiagonalen definiert die Bandbreite. Auch eine Diagonalmatrix ist eine Bandmatrix mit der Bandbreite eins.

$$B = \begin{pmatrix} b_{11} & b_{12} & b_{13} & 0 & 0 & 0 \\ b_{21} & b_{22} & b_{23} & b_{24} & 0 & 0 \\ b_{31} & b_{32} & b_{33} & b_{34} & b_{35} & 0 \\ 0 & b_{42} & b_{43} & b_{44} & b_{45} & b_{46} \\ 0 & 0 & b_{53} & b_{54} & b_{55} & b_{56} \\ 0 & 0 & 0 & b_{64} & b_{65} & b_{66} \end{pmatrix}$$

Adjazenzmatrix

Eine Adjazenzmatrix (Nachbarschaftsmatrix) bildet einen Graph mit seinen Knoten und Kanten in einer Matrix ab. Sie besitzt für jeden Knoten eine Zeile und eine Spalte, woraus sich für N Knoten eine [N×N]-Matrix ergibt. Ein Eintrag in der i-ten Zeile und k-ten Spalte gibt hierbei an, ob der Knoten i mit dem Knoten k direkt über eine Kante verbunden ist. Existiert genau eine Kante zwischen den beiden Knoten ist das Matrixelement $a_{ik} = a_{ki} = 1$. Entsprechend gilt $a_{ik} = a_{ki} = 2$ bei zwei Kanten zwischen den beiden Knoten usw. Besteht zwischen zwei Knoten keine direkte Verbindung, steht an dieser Stelle eine Null.

Für das Netz nach Abb. 2.55 lautet die Adjazenzmatrix

$$A = \begin{pmatrix} 0 & 1 & 1 & 0 & 0 \\ 1 & 0 & 2 & 1 & 0 \\ 1 & 2 & 0 & 0 & 0 \\ 0 & 1 & 0 & 0 & 1 \\ 0 & 0 & 0 & 1 & 0 \end{pmatrix}$$

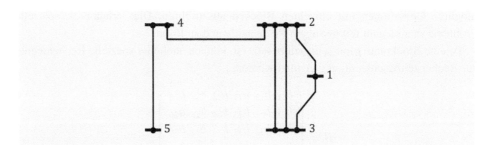

Abb. 2.55 Beispielnetz

Einheitsmatrix

Eine Einheitsmatrix $\mathbf{E}$ ist eine Diagonalmatrix, bei der alle Hauptdiagonalelemente a_{ii} den Wert eins haben.

$$\mathbf{E} = \mathrm{diag}(1, 1, \ldots, 1)$$

Für die Nebendiagonalelemente gilt:

$$e_{ik} = 0 \quad \text{für } i \neq k$$

Aufgrund ihrer Eigenschaften ist die Einheitsmatrix das Neutralelement bei der Multiplikation von Matrizen.

Nullmatrix

Mit einer Nullmatrix $\mathbf{0}$ wird eine Matrix bezeichnet, bei der alle Matrixelemente den Wert null haben. Die Nullmatrix ist daher das Neutralelement bei der Addition von Matrizen.

$$0_{ik} = 0 \quad \text{für alle } i \text{ und } k$$

Identität

Eine Matrix $\mathbf{A}$ ist zu einer Matrix $\mathbf{B}$ identisch, falls für alle Elemente der beiden Matrizen gilt:

$$a_{ik} = b_{ik} \quad \text{für alle } i \text{ und } k$$

Symmetrische Matrix

Eine quadratische Matrix $\mathbf{A}$ wird als symmetrisch bezeichnet, wenn einander entsprechende Nichtdiagonalelemente gleich sind.
    Dann gilt:

$$a_{ik} = a_{ki} \quad \text{für alle } i \text{ und } k$$

Transponierte Matrix

Wenn in einer Matrix $\mathbf{A}$ die einzelnen Zeilen gegen die entsprechenden Spalten ausgetauscht werden, entsteht die transponierte Matrix $\mathbf{A}^{\mathrm{T}}$.

2.2 Grundbegriffe und wichtige Regeln zur Matrizenrechnung

$$a_{ik} \to a_{ki}$$

$$A \to A^{\mathrm{T}}$$

Das Produkt einer Matrix A mit ihrer transponierten Matrix A^{T} ergibt eine symmetrische Matrix S

$$A \cdot A^{\mathrm{T}} = S$$

Für eine symmetrische Matrix gilt:

$$A = A^{\mathrm{T}}$$

Adjungierte Matrix

In der linearen Algebra ist die zu einer reellen oder komplexen quadratischen Matrix A adjungierte Matrix adj(A) eine Matrix, die durch Transponierung und Konjugation einer gegebenen Matrix entsteht. Anschaulich ergibt sich die adjungierte Matrix durch Spiegelung der Ausgangsmatrix an ihrer Hauptdiagonale und anschließende Konjugation aller Matrixeinträge.

Ist A eine reelle Matrix, dann ist die zu A adjungierte Matrix die Transponierte von A

$$\mathrm{adj}(A) = A^{\mathrm{T}}$$

Ist A eine komplexe Matrix, dann ist die zu A adjungierte Matrix die Transponierte der komplex konjugierten Matrix von A

$$\mathrm{adj}(A) = \left(A^{*}\right)^{\mathrm{T}}$$

Die adjungierte Matrix wird auch hermitesch transponierte Matrix oder transponiert-konjugierte Matrix genannt.

Determinante einer Matrix

Die Determinante ist für quadratische Matrizen definiert. Sie stellt einen der Matrix A zugeordneten Skalar det(A) dar, der aus den Matrixelementen berechnet werden kann [12, 14].

Sind bei einer quadratischen Matrix die Zeilenvektoren linear abhängig (bzw. unabhängig), so sind auch die Spaltenvektoren linear abhängig (bzw. unabhängig). Die Determinante einer Matrix aus linear abhängigen Zeilen oder Spalten ist null.

Regel von Sarrus

Mit der Regel von Sarrus lässt sich die Determinante einer [3×3]–Matrix leicht berechnen. Die Determinante besteht bei dieser Matrix aus sechs Summanden mit jeweils drei Faktoren, die entsprechend dem Schema nach Abb. 2.56 ermittelt werden.

In diesem Schema werden die ersten beiden Spalten der Matrix nochmals rechts neben die Matrix geschrieben. Es werden dann die Produkte von jeweils drei Matrixelementen gebildet, die durch die schrägen Linien verbunden sind. Dann werden die

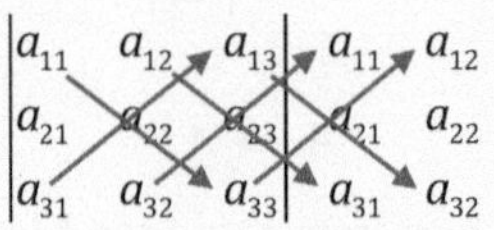

$$\begin{vmatrix} a_{11} & a_{12} & a_{13} \\ a_{21} & a_{22} & a_{23} \\ a_{31} & a_{32} & a_{33} \end{vmatrix} \begin{matrix} a_{11} & a_{12} \\ a_{21} & a_{22} \\ a_{31} & a_{32} \end{matrix}$$

Abb. 2.56 Regel von Sarrus

von links oben nach rechts unten gebildeten Produkte addiert und davon die von links unten nach rechts oben gebildeten Produkte subtrahiert. Man erhält auf diese Weise die Determinante der Matrix A.

$$\det(A) = a_{11}a_{22}a_{33} + a_{12}a_{23}a_{31} + a_{13}a_{21}a_{32} - a_{13}a_{22}a_{31} - a_{11}a_{23}a_{32} - a_{12}a_{21}a_{33} \tag{2.94}$$

Reguläre bzw. singuläre Matrix

Eine quadratische Matrix heißt regulär, falls $\det(A) \neq 0$. Sie heißt singulär, falls $\det(A) = 0$.

Unterdeterminante einer Matrix

Streicht man in einer Matrix A eine oder mehrere Zeilen bzw. Spalten, sodass man eine quadratische Matrix erhält, nennt man die Determinante der Restmatrix eine Unterdeterminante von A.

Rang einer Matrix

Der Rang $r(A)$ einer [M×N]-Matrix ist die Ordnung der höchsten nicht verschwindenden Unterdeterminante.

Spur einer Matrix

Die Spur $sp(A)$ einer quadratischen Matrix ist die Summe aller Hauptdiagonalelemente.

$$sp(A) = a_{11} + a_{22} + a_{33} + \cdots + a_{NN} \tag{2.95}$$

Inverse einer Matrix

Die Inverse einer Matrix existiert nur zu quadratischen Matrizen und wird mit A^{-1} beschrieben. Die Multiplikation der Ausgangsmatrix und ihrer Inversen ergibt die Einheitsmatrix. Die Inverse einer Matrix ist definiert durch folgende Gleichung:

$$A \cdot A^{-1} = A^{-1} \cdot A = E \tag{2.96}$$

Der hochgestellte Index -1 ist bei der Matrizenrechnung nicht gleichbedeutend mit der Operation $1/x$. Für $\det(A) = 0$ (d. h. A ist singulär) ist die Inverse A^{-1} nicht definiert.

Für eine [3×3]–Matrix ergibt sich die Inverse entsprechend Gl. (2.97). Die Determinante der Matrix kann mit der Regel von Sarrus (Abb. 2.56) angegeben werden.

$$A^{-1} = \begin{pmatrix} a_{11} & a_{12} & a_{13} \\ a_{21} & a_{22} & a_{23} \\ a_{31} & a_{32} & a_{33} \end{pmatrix}^{-1}$$

$$= \frac{1}{\det(A)} \cdot \begin{pmatrix} a_{22}a_{33} - a_{23}a_{32} & a_{13}a_{32} - a_{12}a_{33} & a_{12}a_{23} - a_{13}a_{22} \\ a_{23}a_{31} - a_{21}a_{33} & a_{11}a_{33} - a_{13}a_{31} & a_{13}a_{21} - a_{11}a_{23} \\ a_{21}a_{32} - a_{22}a_{31} & a_{12}a_{31} - a_{11}a_{32} & a_{11}a_{22} - a_{12}a_{21} \end{pmatrix} \quad (2.97)$$

Schwach besetzte Matrix

Von einer schwach (spärlich) besetzten Matrix spricht man, wenn lediglich ein kleiner Teil der Matrixelemente ungleich null ist. Die mathematische Behandlung einer schwach besetzten Matrix kann durch Ausnutzen der hohen Anzahl an Nullelementen zu starken Einsparungen bei der Rechenzeit führen. Der Besetzungsgrad G_B einer Matrix wird durch das Verhältnis der Nichtnullelemente N_{NN} zu der Gesamtanzahl an Matrixelementen N_{ges} ermittelt.

$$G_B = \frac{N_{NN}}{N_{ges}} \quad (2.98)$$

Komplexe Matrix

Bei einer komplexen Matrix A besitzt mindestens ein Element der Matrix A einen komplexen Wert.

$$a_{ij} = b_{ij} + j \cdot c_{ij}$$

Konjugiert komplexe Matrix

Die konjugiert komplexe Matrix A^* einer komplexen Matrix A erhält man, indem man jedes komplexe Element a_{ij} durch seinen konjugiert komplexen Wert a_{ij}^* ersetzt.

$$a_{ij} = b_{ij} + j \cdot c_{ij} \quad \rightarrow \quad a_{ij}^* = b_{ij} - j \cdot c_{ij}$$

Orthogonale Matrix

Eine Matrix A heißt orthogonal, falls das Produkt aus der transponierten Matrix A^T und der Matrix A die Einheitsmatrix ergibt.

$$A^T \cdot A = E \quad (2.99)$$

Idempotente Matrix

Eine quadratische Matrix heißt idempotent, falls

$$A = A \cdot A = A \cdot A \cdot A \quad \text{usw.}$$

gilt. Beispiel einer idempotenten [3×3]-Matrix:

$$\begin{pmatrix} 2 & -2 & -4 \\ -1 & 3 & 4 \\ 1 & -2 & -3 \end{pmatrix}$$

2.2.2 Rechenregeln für Vektoren und Matrizen

Nachfolgend werden einige Rechenregeln für Vektoren und Matrizen angegeben, die häufig bei der Berechnung elektrischer Netze Anwendung finden [1–10, 12, 13].

Skalar · Vektor
Die Multiplikation eines Spaltenvektors mit einem Skalar ergibt wieder einen Spaltenvektor. Dabei wird jedes Element des Vektors mit dem Skalar multipliziert.

$$y = k \cdot x = \begin{pmatrix} y_1 \\ y_2 \\ y_3 \end{pmatrix} = k \cdot \begin{pmatrix} x_1 \\ x_2 \\ x_3 \end{pmatrix} = \begin{pmatrix} k \cdot x_1 \\ k \cdot x_2 \\ k \cdot x_3 \end{pmatrix} \qquad (2.100)$$

Skalar · Matrix
Die Multiplikation einer Matrix mit einem Skalar ergibt wieder eine Matrix. Dabei wird jedes Element der Matrix mit dem Skalar multipliziert.

$$B = k \cdot A = \begin{pmatrix} b_{11} & b_{12} \\ b_{21} & b_{22} \end{pmatrix} = \begin{pmatrix} k \cdot a_{11} & k \cdot a_{12} \\ k \cdot a_{21} & k \cdot a_{22} \end{pmatrix} \qquad (2.101)$$

Vektor ± Vektor
Die Addition zweier Spaltenvektoren ergibt wieder einen Spaltenvektor. Dabei werden die zueinander entsprechenden Elemente der beiden Vektoren addiert.

$$z = x \pm y = \begin{pmatrix} x_1 \\ x_2 \\ x_3 \end{pmatrix} \pm \begin{pmatrix} y_1 \\ y_2 \\ y_3 \end{pmatrix} = \begin{pmatrix} x_1 \pm y_1 \\ x_2 \pm y_2 \\ x_3 \pm y_3 \end{pmatrix} = \begin{pmatrix} z_1 \\ z_2 \\ z_3 \end{pmatrix} \qquad (2.102)$$

Matrix ± Matrix
Die Addition zweier Matrizen ergibt wieder eine Matrix. Dabei werden die zueinander entsprechenden Elemente der beiden Matrizen addiert.

$$C = A \pm B = \begin{pmatrix} a_{11} & a_{12} \\ a_{21} & a_{22} \end{pmatrix} \pm \begin{pmatrix} b_{11} & b_{12} \\ b_{21} & b_{22} \end{pmatrix} = \begin{pmatrix} a_{11} \pm b_{11} & a_{12} \pm b_{12} \\ a_{21} \pm b_{21} & a_{22} \pm b_{22} \end{pmatrix} \qquad (2.103)$$

Vektor · Vektor (Skalarprodukt)
Die Multiplikation eines Zeilenvektors mit einem Spaltenvektor ergibt als Produkt einen Skalar.

$$z = x^\mathrm{T} \cdot y = \begin{pmatrix} x_1 & x_2 \end{pmatrix} \cdot \begin{pmatrix} y_1 \\ y_2 \end{pmatrix} = x_1 \cdot y_1 + x_2 \cdot y_2 \qquad (2.104)$$

Matrix · Vektor
Die Multiplikation einer Matrix mit einem Spaltenvektor ergibt als Produkt einen Spaltenvektor.

2.2 Grundbegriffe und wichtige Regeln zur Matrizenrechnung

$$y = A \cdot x = \begin{pmatrix} a_{11} & a_{12} \\ a_{21} & a_{22} \end{pmatrix} \cdot \begin{pmatrix} x_1 \\ x_2 \end{pmatrix} = \begin{pmatrix} a_{11} \cdot x_1 + a_{12} \cdot x_2 \\ a_{21} \cdot x_1 + a_{22} \cdot x_2 \end{pmatrix} \quad (2.105)$$

Matrix · Matrix

Die Multiplikation einer Matrix mit einer Matrix ergibt als Produkt wieder eine Matrix.

$$\begin{aligned} C = A \cdot B &= \begin{pmatrix} a_{11} & a_{12} \\ a_{21} & a_{22} \end{pmatrix} \cdot \begin{pmatrix} b_{11} & b_{12} \\ b_{21} & b_{22} \end{pmatrix} \\ &= \begin{pmatrix} a_{11} \cdot b_{11} + a_{12} \cdot b_{21} & a_{11} \cdot b_{12} + a_{12} \cdot b_{22} \\ a_{21} \cdot b_{11} + a_{22} \cdot b_{21} & a_{21} \cdot b_{12} + a_{22} \cdot b_{22} \end{pmatrix} \end{aligned} \quad (2.106)$$

Falls das Produkt aus den Matrizen A und B die Nullmatrix zum Ergebnis hat ($A \cdot B = 0$), gilt nicht notwendigerweise, dass eine der beiden Matrizen A und B eine Nullmatrix ist ($A = 0$ oder $B = 0$). Ebenso wenig folgt aus der Identität $C \cdot A = C \cdot B$ nicht notwendigerweise, dass die beiden Matrizen A und B gleich sind ($A = B$).

Vektor · Vektor (Dyadisches Produkt)

Die Multiplikation eines Spaltenvektors mit einem Zeilenvektor ergibt eine Matrix.

$$A = x \cdot y^T = \begin{pmatrix} x_1 \\ x_2 \end{pmatrix} \cdot \begin{pmatrix} y_1 & y_2 \end{pmatrix} = \begin{pmatrix} x_1 \cdot y_1 & x_1 \cdot y_2 \\ x_2 \cdot y_1 & x_2 \cdot y_2 \end{pmatrix} \quad (2.107)$$

Kommutativgesetz

Die Addition gehorcht auch dem Kommutativgesetz, d. h. die Positionen der Vektoren und Matrizen sind austauschbar.

$$A + B = B + A \quad (2.108)$$

Die Multiplikation von Matrizen ist nicht kommutativ, d. h. die Reihenfolge, welche Matrix an welcher Stelle steht, ist für das Berechnungsergebnis relevant.

$$A + B \neq B + A \quad (2.109)$$

Assoziativ-Gesetz

Das Assoziativgesetz ist bei Matrixoperationen gültig.

$$A \cdot (B \cdot C) = (A \cdot B) \cdot C \quad (2.110)$$

Distributiv-Gesetz

Sowohl das linke als auch das rechte Distributivgesetz ist bei Matrixoperationen gültig.

$$\begin{aligned} A \cdot (B + C) &= A \cdot B + A \cdot C \\ (A + B) \cdot C &= A \cdot C + B \cdot C \end{aligned} \quad (2.111)$$

Multiplikation mit Einheitsmatrix

Durch die Multiplikation mit einer Einheitsmatrix wird der Wert einer Matrix nicht verändert.

$$A \cdot E = E \cdot A = A \tag{2.112}$$

Transponierte eines Matrizen-Produkts

$$(A \cdot B)^T = B^T \cdot A^T \tag{2.113}$$

Inverse eines Matrix-Produkts

$$(A \cdot B)^{-1} = B^{-1} \cdot A^{-1} \tag{2.114}$$

Inverse einer transponierten Matrix

$$\left(A^T\right)^{-1} = \left(A^{-1}\right)^T \tag{2.115}$$

Rechnung mit Determinanten

$$\det(A \cdot B) = \det(A) \cdot \det(B) \tag{2.116}$$

$$\det(A + B) = \det(A) + \det(B) \tag{2.117}$$

$$\det(A) = \det\left(A^T\right) \tag{2.118}$$

2.2.3 Falk'sches Schema

Mit dem Falk'schen Schema [14] kann man sehr einfach und übersichtlich die Multiplikation umfangreicher Vektor/Matrix-Kombinationen auch mit manueller Rechnung durchführen sowie deren formale Zulässigkeit überprüfen. Mit dem Falk'schen Schema ist es darüber hinaus leicht möglich, die Dimension des Multiplikationsergebnisses zu bestimmen. Abb. 2.57 zeigt exemplarisch das Falk'sche Schema für das Produkt $y = A \cdot B \cdot c$.

Dabei ist A eine Matrix mit der Dimension [$N \times M$]. Die Matrix B hat die Dimension [$M \times M$] und der Vektor c die Dimension [$M \times 1$]. Die einzelnen Elemente des Zwischenproduktes $A \cdot B$ ergeben sich aus der Multiplikation des Zeilenvektors a_i aus der Matrix A und des Spaltenvektors b_j aus der Matrix B entsprechend Gl. (2.119).

$$a_i \cdot b_j = \sum_{m1}^{M} \left(a_{im} \cdot b_{mj}\right) \tag{2.119}$$

2.2 Grundbegriffe und wichtige Regeln zur Matrizenrechnung

Entsprechend bestimmen sich anschließend die Elemente y_i des Lösungsvektors y aus der Multiplikation der Zeilenvektoren $a_i \cdot b_j$ aus dem Produkt $A \cdot B$ mit dem Spaltenvektor c. Sehr leicht erkennbar ist aus dem Abb. 2.57 die Dimension $[N \times 1]$ des Lösungsvektors y sowie die Dimension $[N \times M]$ des Zwischenergebnisses $.A \cdot B$

Das Falk'sche Schema ist im Prinzip erweiterbar für eine beliebig große Anzahl von Matrizen bzw. Vektoren, die multiplikativ miteinander verknüpft werden sollen. Dabei wird jeder weitere Vektor bzw. Matrix rechts oben in dem Schema hinzugefügt und das Ergebnis in den darunter liegenden Bereich eingetragen.

Eine formal unzulässige Multiplikation ist leicht daran erkennbar, dass die Dimensionen der entsprechenden Zeilen- und Spaltenvektoren bzw. die Seitenlängen der zugehörigen Vektoren bzw. Matrizen im Falk'schen Schema nicht gleich sind.

2.2.4 Lösbarkeit linearer Gleichungssysteme

Bei der Lösung linearer Gleichungssysteme können drei Fälle auftreten. Das lineare Gleichungssystem hat entweder keine Lösung, genau eine Lösung oder unendlich viele Lösungen. Die formale Lösbarkeit eines linearen Gleichungssystems wird an dem nachfolgenden Beispiel überprüft:

$$A \cdot x = y \tag{2.120}$$

Darin bedeuten:

A Koeffizientenmatrix ($[M \times N]$-Matrix)
x Spaltenvektor der Unbekannten ($[N \times 1]$-Vektor)
y Spaltenvektor der rechten Seite ($[M \times 1]$-Vektor)

Man kann aus der Koeffizientenmatrix A durch Hinzufügen des Spaltenvektors y der rechten Seite die erweiterte Matrix $\widehat{A}$ bilden:

$$\widehat{A} = (A, y) \tag{2.121}$$

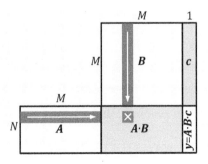

Abb. 2.57 Falk'sches Schema

Wenn der Vektor **y** gleich dem Nullvektor ist, handelt es sich um ein homogenes Gleichungssystem. In allen anderen Fällen ist das Gleichungssystem inhomogen. Als notwendige und hinreichende Bedingung für die Existenz einer Lösung des Gleichungssystems gilt:

$$\mathrm{r}(\widehat{A}) = \mathrm{r}(A) \tag{2.122}$$

In Abhängigkeit der Spalten- bzw. Zeilenanzahl der Matrix sowie des Rangs der Matrix können drei verschiedene Fälle unterschieden werden.

- Die Matrix A ist quadratisch. Ihr Rang $\mathrm{r}(A)$ ist gleich der Anzahl der Zeilen bzw. Spalten ($\mathrm{r}(A) = M = N$). Es existiert eine eindeutige Lösung für dieses Gleichungssystem. Bei Vorliegen eines homogenen Gleichungssystems ist es die triviale, ansonsten eine nichttriviale Lösung.
- Der Rang $\mathrm{r}(A)$ der Matrix A ist kleiner als die Anzahl der Zeilen ($\mathrm{r}(A) < M$). In diesem Fall sind $M - \mathrm{r}(A)$ Gleichungen zur Bestimmung einer eindeutigen Lösung überflüssig.
- Der Rang $\mathrm{r}(A)$ der Matrix A ist kleiner als die Anzahl der Spalten ($\mathrm{r}(A) < N$). Hierbei existieren unendlich viele Lösungen, die in einem P-dimensionalen Raum liegen. Es gilt: $P = N - \mathrm{r}(A)$. Für $P = 2$ stellen alle Lösungen beispielsweise Punkte einer Ebene dar.

2.3 Lösung linearer und nichtlinearer Gleichungssysteme

2.3.1 Einführung

Bei den Verfahren zur Berechnung elektrischer Energieversorgungsnetze ergeben sich umfangreiche lineare oder nichtlineare Gleichungssysteme. Die nichtlinearen Problemstellungen werden meist iterativ gelöst, indem für jeden Iterationsschritt lineare Näherungen formuliert werden, sodass auch hierbei lineare Gleichungssysteme gegeben sind.

Die Behandlung linearer Gleichungssysteme kann auf systematische Weise auf Basis der Matrizenrechnung durchgeführt werden [16]. Für die Effizienz von Netzberechnungsverfahren ist es wesentlich, lineare Gleichungssysteme, die in der Form

$$A \cdot x = b \tag{2.123}$$

gegeben sind, schnell und genau zu lösen. Für das lineare Gleichungssystem (2.123) gilt:

$$\mathrm{r}(A) = \mathrm{r}(\widehat{A}) = N = M \tag{2.124}$$

2.3 Lösung linearer und nichtlinearer Gleichungssysteme

Wegen Gl. (2.124) ist das Gleichungssystem eindeutig lösbar, falls die Determinante mit $\det(A) \neq 0$ existiert. Ist dies der Fall, so existiert auch die inverse Matrix A^{-1}. Das Gleichungssystem (2.123) kann dann durch Inversion der Matrix A entsprechend Gl. (2.125) gelöst werden:

$$\begin{aligned} A \cdot x &= b \quad |A^{-1} \cdot \\ A^{-1} \cdot A \cdot x &= A^{-1} \cdot b \\ x &= A^{-1} \cdot b \end{aligned} \qquad (2.125)$$

Die Bildung der Inversen A^{-1} ist auch für große Systeme zwar grundsätzlich, z. B. nach dem Verfahren der Cramer'schen Regel, möglich, aber rechentechnisch sehr aufwendig. Im Falle einer schwach besetzten Ausgangsmatrix A (s. Abschn. 2.4.2) ist die Inverse ferner immer vollbesetzt. Der rechen- und speichertechnische Vorteil einer schwach besetzten Matrix geht durch die Inversenbildung vollständig verloren und sollte daher immer vermieden werden.

Besser ist daher die Anwendung von Lösungsverfahren, die die explizite Berechnung der Inversen A^{-1} vermeiden. Man unterscheidet dabei zwei Gruppen von Lösungsverfahren.

Die direkten Lösungsverfahren liefern exakte Lösungen und beruhen alle auf dem Prinzip der Gauß'schen Elimination. Enthält die Koeffizientenmatrix viele Nichtnullelemente, ergeben sich lange Rechenzeiten für den Gauß'schen Eliminationsalgorithmus. Bei manueller Berechnung sind die direkten Verfahren anfällig für Rechenfehler.

Die iterativen Lösungsverfahren liefern dagegen nur Näherungslösungen. Sie sind zwar oft einfacher zu programmieren, aufgrund möglicher Konvergenzprobleme ergeben sich allerdings häufig lange Rechenzeiten [17].

Falls man die speziellen Eigenschaften der Systemmatrizen konsequent ausnutzt, die für elektrische Energieversorgungsnetze in der Regel vorliegen (z. B. schwache Besetztheit, Abschn. 2.4.2), so sind die direkten Verfahren für Rechenprogramme den indirekten Verfahren deutlich überlegen. Die im Folgenden beschriebenen Methoden zur Berechnung elektrischer Energieversorgungssysteme implizieren ausschließlich die direkten Verfahren. Abb. 2.58 zeigt eine Auswahl der gebräuchlichen Verfahren zur Lösung linearer Gleichungssysteme.

2.3.2 Netzwerkanalyse

Für die Behandlung der zu lösenden Gleichungssysteme sollen zunächst einige grundsätzliche Überlegungen zur Netzwerksanalyse gemacht werden. In passiven Netzwerken sind die Ströme und Spannungen linear abhängig. Aufgrund der Systemdefinition am Beginn dieses Kapitels können die hier behandelten elektrischen Energieversorgungsnetze als passive Netze betrachtet werden, deren Zweige durch Vierpole

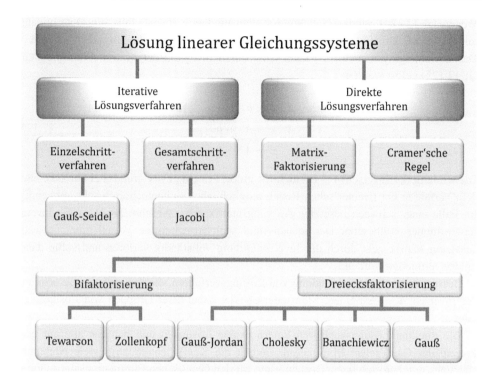

Abb. 2.58 Verfahren zur Lösung linearer Gleichungssysteme

modelliert werden. Diese Vierpole sind durch zwei lineare Gleichungen beschreibbar (s. Gl. 2.31). Die Beschreibung der Zusammenschaltung von Vierpolen führt zu Gleichungssystemen.

Die Netzwerktheorie bietet zur systematischen Aufstellung der Systemgleichungen zwei grundsätzliche Methoden an, die bezüglich des Ergebnisses gleichwertig sind. Diese sind die Maschenmethode und die Schnittmengen-(Knoten-)methode [3].

Die Maschenmethode basiert auf der Kirchhoff'schen Maschenregel. Diese besagt, dass die Summe der Spannungen innerhalb einer Masche gleich null ist.

$$\sum \underline{U} = 0 \tag{2.126}$$

Das zu lösende Gleichungssystem führt zu

$$M = N_Z - (N - 1) \tag{2.127}$$

linear unabhängigen Gleichungen. Hierbei ist N_Z die Anzahl der Zweige und N die Anzahl der Knoten im Netz.

2.3 Lösung linearer und nichtlinearer Gleichungssysteme

Die Schnittmengen-(Knoten-)methode basiert auf der Kirchhoff'schen Schnittmengen- (Knotenpunkt-)regel. Diese besagt, dass die Summe der Ströme an einem Knoten, die an den Systemgrenzen zu- und abfließen, gleich null ist [18].

$$\sum \underline{I} = 0 \qquad (2.128)$$

Das zu lösende Gleichungssystem führt zu

$$M = N - 1 \qquad (2.129)$$

linear unabhängigen Gleichungen. Die nachfolgenden Betrachtungen beschränken sich auf die Knotenmethode als Sonderform der Schnittmengenmethode.

Welches der beiden Verfahren den geringeren Rechenaufwand erfordert, hängt von der Anzahl der unabhängigen Maschen und Knoten des jeweiligen Netzes ab. Ist die Zweigzahl N_Z größer als die doppelte Anzahl der unabhängigen Knoten ist, ist der Rechenaufwand mit der Knotenmethode am geringsten. Bei Netzwerken, deren Zweigzahl N_Z kleiner als die doppelte Anzahl der unabhängigen Knoten ist, ist die Anzahl der Unbekannten bei der Maschenmethode zwar geringer als bei der Knotenmethode, allerdings kommt hier noch der Aufwand zur Bestimmung der unabhängigen Maschen. Hierzu wird das Netzwerk graphentheoretisch nach einem „vollständigen Baum" abgesucht. Computerprogramme zur Netzwerkberechnung basieren meist auf dem Knotenverfahren, weil die Programmierung zur Überprüfung der Unabhängigkeit der Maschengleichungen relativ aufwendig ist.

Die Anzahl der Gleichungskoeffizienten (Maschenimpedanzen) entspricht bei der Maschenmethode dem Quadrat der Anzahl der Zweige N_Z^2. Bei der Knotenmethode bestimmt sich die Anzahl der Koeffizienten (Admittanzen) zu $(N + 2 \cdot N_Z)$. Bei der Knotenmethode sind also erheblich weniger Rechenoperationen als bei der Maschenmethode erforderlich.

Für reale Energieversorgungsnetze ist aufgrund deren üblichen Vermaschungsgraden der zur Lösung erforderliche Rechenaufwand in der Regel mit der Knotenmethode deutlich kleiner als mit der Maschenmethode.

Aufgrund dieser Überlegungen wird daher im Folgenden nur die Knotenmethode behandelt.

2.3.3 Direkte Verfahren zur Lösung linearer Gleichungssysteme

Die direkten Verfahren liefern nach der Abarbeitung einer festen Anzahl von Rechenschritten die Lösung eines linearen Gleichungssystems. Abgesehen von Rundungsfehlern, die praktisch nur bei der manuellen Rechnung zu Problemen führen können, liefern die direkten Verfahren eine im Rahmen der mitgeführten Stellen exakte Lösung.

2.3.3.1 Gauß'scher Algorithmus zur Lösung linearer Gleichungssysteme

Ein wichtiges Verfahren zur direkten Lösung linearer Gleichungssysteme ist das Gauß'sche Eliminationsverfahren oder einfach Gauß-Verfahren (nach Carl Friedrich Gauß). Dieses Verfahren beruht darauf, dass elementare Umformungen zwar das Gleichungssystem ändern, aber die Lösung erhalten bleibt. Dies erlaubt es, jedes eindeutig lösbare Gleichungssystem in eine Form zu transformieren, mit der die Lösung durch sukzessive Elimination der Unbekannten leicht ermittelt oder die Lösungsmenge abgelesen werden kann.

Die Anzahl der benötigten Operationen ist bei einer [N×N]-Matrix von der Größenordnung N^3. Aufgrund der besonderen Eigenschaften, die die für die Berechnung elektrischer Energieversorgungsnetze verwendeten Matrizen haben (s. Abschn. 2.4.2), reduziert sich der dafür erforderliche Rechenaufwand jedoch erheblich.

Der Gauß'sche Algorithmus ist sowohl für symmetrische als auch für unsymmetrische Matrizen geeignet. Entsprechend Gl. (2.123) ist als Ausgangspunkt das folgende lineare Gleichungssystem gegeben:

$$\begin{pmatrix} a_{11} & a_{12} & \cdots & a_{1N} \\ a_{21} & a_{22} & \cdots & a_{2N} \\ \vdots & \vdots & & \vdots \\ a_{N1} & a_{N2} & \cdots & a_{NN} \end{pmatrix} \cdot \begin{pmatrix} x_1 \\ x_2 \\ \vdots \\ x_N \end{pmatrix} = \begin{pmatrix} b_1 \\ b_2 \\ \vdots \\ b_N \end{pmatrix} \qquad (2.130)$$

Dieses Gleichungssystem wird in eine Form transformiert, in der die Matrix A in eine obere Dreiecksmatrix U umgeformt wird, ohne dass sich der Lösungsvektor x ändern darf. Es ergibt sich damit das folgende lineare Gleichungssystem.

$$\begin{pmatrix} u_{11} & u_{12} & \cdots & u_{1N} \\ 0 & u_{22} & \cdots & u_{2N} \\ \vdots & \ddots & \ddots & \vdots \\ 0 & \cdots & 0 & u_{NN} \end{pmatrix} \cdot \begin{pmatrix} x_1 \\ x_2 \\ \vdots \\ x_N \end{pmatrix} = \begin{pmatrix} b'_1 \\ b'_2 \\ \vdots \\ b'_N \end{pmatrix} \qquad (2.131)$$

oder in kompakter Matrixschreibweise:

$$U \cdot x = b' \qquad (2.132)$$

Falls die transformierte Darstellung in Gl. (2.131) auf geeignete Weise gefunden wurde, können die Unbekannten x_i auf einfache Weise durch Rückwärtssubstitution bestimmt werden. Ausgehend von der letzten Zeile wird das Gleichungssystem von unten zeilenweise aufgelöst.

$$\begin{pmatrix} & & & \\ 0 & & & \\ \vdots & \ddots & & \\ 0 & \cdots & 0 & \end{pmatrix} \begin{pmatrix} x_1 \\ x_2 \\ \vdots \\ x_N \end{pmatrix} = \begin{pmatrix} b'_1 \\ b'_2 \\ \vdots \\ b'_N \end{pmatrix} \qquad (2.133)$$

2.3 Lösung linearer und nichtlinearer Gleichungssysteme

Aus der sich aus der letzten Zeile ergebenden Gleichung lässt sich einfach die Unbekannte x_N bestimmen.

$$u_{NN} \cdot x_N = b'_N \rightarrow x_N = (1/u_{NN}) \cdot b'_N \tag{2.134}$$

Setzt man die jetzt bekannte Lösung für x_N in die Gleichung aus der vorletzten Zeile des Gleichungssystems ein, kann man die nächste Unbekannte x_{N-1} bestimmen.

$$u_{N-1,N-1} \cdot x_{N-1} + u_{N-1,N} \cdot x_N = b'_{N-1}$$
$$\rightarrow x_{N-1} = (1/u_{N-1,N-1}) \cdot (b'_{N-1} - u_{N-1,N} \cdot x_N) \tag{2.135}$$

Die Rechenschritte werden aufsteigend in gleicher Weise fortgeführt, bis die erste Zeile des Gleichungssystems erreicht ist und damit die letzte Unbekannte x_1 bestimmt werden kann. Allgemein lauten die Rechenvorschriften für die Rückwärtssubstitution für ein lineares Gleichungssystem mit N Gleichungen

$$x_N = (1/u_{NN}) \cdot b'_N \tag{2.136}$$

$$x_i = (1/u_{ii}) \cdot \left(b'_i - \sum_{j=i+1}^{N} (u_{ij} \cdot x_j) \right) \quad \text{mit} \quad i = (N-1), (N-2), \ldots, 2, 1 \tag{2.137}$$

Es bleibt die Frage, wie die Umformung von Gl. (2.130) auf Gl. (2.131) durchgeführt werden kann. Diese Transformation heißt Gauß'scher Algorithmus. Dieser Algorithmus basiert auf der Regel, dass zu einer Zeile eines linearen Gleichungssystems ein beliebiges Vielfaches einer anderen Zeile addiert werden kann, ohne dass sich die Lösung des Gleichungssystems dadurch ändert. Ebenfalls zulässig ist das Vertauschen von Zeilen. Beim Gauß'schen Algorithmus handelt es sich daher um eine Äquivalenztransformation.

1. Eliminationsschritt
- Die erste Zeile bleibt bei der Transformation erhalten.

$$u_{1i} = a_{1i} \quad \text{mit} \quad i = 1, \ldots, N$$
$$b'_1 = b_1$$

2. Eliminationsschritt
- Das erste Element der zweiten Zeile muss null werden ($u_{21} = 0$).
- Dazu werden alle Elemente der ersten Zeile mit einem geeigneten Eliminationsfaktor $e_2^{(1)}$ multipliziert und zu den entsprechenden Elementen der zweiten Zeile addiert:

$$e_2^{(1)} = -\frac{a_{21}^{(0)}}{u_{11}}$$

$$a_{2i}^{(1)} = a_{2i}^{(0)} + e_2^{(1)} \cdot u_{1i} \quad \text{mit} \quad i = 2, \ldots, N$$

$$b_2^{(1)} = b_2^{(0)} + e_2^{(1)} \cdot b'_1$$

Dabei bedeuten:

$e_2^{(1)}$ Eliminationsfaktor zur Eliminierung des ersten Elementes der zweiten Zeile
$a_{2i}^{(1)}$ Element i der zweiten Zeile, das aus den ursprünglichen Elementen $a_{2i}^{(0)}$ bei der Elimination des ersten Elementes dieser Zeile entsteht

- Da in der zweiten Zeile nur ein Element eliminiert werden muss, liegt die zweite Zeile nach einer Umformung in ihrer endgültigen Form vor.

$$u_{2i} = a_{2i}^{(1)}$$
$$b_2' = b_2^{(1)}$$

$$\begin{pmatrix} u_{11} & u_{12} & u_{13} & \cdots & u_{1N} \\ 0 & u_{22} & u_{23} & \cdots & u_{2N} \\ a_{31} & a_{32} & a_{33} & \cdots & a_{3N} \\ \vdots & \vdots & \vdots & \cdots & \vdots \\ a_{N1} & a_{n2} & a_{n3} & \cdots & a_{NN} \end{pmatrix} \cdot \begin{pmatrix} x_1 \\ x_2 \\ x_3 \\ \vdots \\ x_N \end{pmatrix} = \begin{pmatrix} b_1' \\ b_2' \\ b_3 \\ \vdots \\ b_N \end{pmatrix} \quad \text{bereits umgeformte Zeilen} \tag{2.138}$$

3. Eliminationsschritt

- In der dritten Zeile müssen die ersten beiden Elemente eliminiert werden
- Elimination des Elementes a_{31} mit Verwendung der ersten Zeile und des Eliminationsfaktors $e_3^{(1)}$

$$e_3^{(1)} = -\frac{a_{31}^{(0)}}{u_{11}}$$

Man erhält:

$$a_{3i}^{(1)} = a_{3i}^{(0)} + e_3^{(1)} \cdot u_{1i} \quad \text{mit} \quad i = 2, \ldots, N$$

$$b_3^{(1)} = b_3^{(0)} + e_3^{(1)} \cdot b_1'$$

- Elimination des Elementes a_{32} mit Verwendung der zweiten Zeile und des Eliminationsfaktor $e_3^{(2)}$

$$e_3^{(2)} = -\frac{a_{32}^{(1)}}{u_{22}}$$

Man erhält:

$$u_{3i} = a_{3i}^{(2)} = a_{3i}^{(1)} + e_3^{(2)} \cdot u_{2i} \quad \text{mit} \quad i = 3, \ldots, N$$

$$b_3' = b_3^{(2)} = b_3^{(1)} + e_3^{(2)} \cdot b_2'$$

2.3 Lösung linearer und nichtlinearer Gleichungssysteme

$$\begin{pmatrix} u_{11} & u_{12} & u_{13} & \cdots & u_{1N} \\ 0 & u_{22} & u_{23} & \cdots & u_{2N} \\ 0 & 0 & u_{33} & \cdots & u_{3N} \\ \vdots & \vdots & \vdots & \cdots & \vdots \\ a_{N1} & a_{N2} & a_{N3} & \cdots & a_{NN} \end{pmatrix} \cdot \begin{pmatrix} x_1 \\ x_2 \\ x_3 \\ \vdots \\ x_N \end{pmatrix} = \begin{pmatrix} b'_1 \\ b'_2 \\ b'_3 \\ \vdots \\ b_N \end{pmatrix} \quad \begin{array}{l} \text{bereits} \\ \text{umgeformte} \\ \text{Zeilen} \end{array} \quad (2.139)$$

i-ter Eliminationsschritt

- Die Umformung der i-ten Zeile erfordert die Elimination von $(i-1)$ Elementen

$$u_{ik} \stackrel{!}{=} 0 \quad \text{mit} \quad k = 1, \ldots, (i-1)$$

- Die Eliminationskoeffizienten werden analog zu den erläuterten Schritten 2 und 3 bestimmt.

Allgemeine Rechenvorschriften

- Allgemein lautet die Rechenvorschrift zur vollständigen Transformation von Gl. (2.130) zu Gl. (2.131):

$$\left. \begin{array}{l} e_i^{(k)} = -\dfrac{a_{ik}^{(k-1)}}{u_{kk}} \\ a_{ij}^{(k)} = a_{ij}^{(k-1)} + e_i^{(k)} \cdot u_{kj} \\ b_i^{(k)} = b_i^{(k-1)} + e_i^{(k)} \cdot b'_k \end{array} \right\} \quad \text{mit} \quad \begin{array}{l} j = k, \ldots, N \\ k = 1, \ldots, (i-1) \\ i = 2, \ldots, N \end{array} \quad (2.140)$$

- Die Umformungen in der i-ten Zeile sind nach $(i-1)$ Eliminationen abgeschlossen

$$u_{ij} = a_{ij}^{(i-1)}$$
$$b'_i = b_i^{(i-1)}$$

Liegt das Gleichungssystem vollständig in der Form der Gl. (2.131) vor, können die Variablen x_i durch Rückwärtssubstitutionen wie oben beschrieben einfach bestimmt werden.

2.3.3.2 Dreiecksfaktorisierung nach Banachiewicz

Der Gauß'sche Algorithmus liefert die Lösung eines linearen Gleichungssystems auf direktem Wege. Dieser Algorithmus ist jedoch nicht besonders gut für eine wiederholte Anwendung auf stets neue Spaltenvektoren der unabhängigen Veränderlichen geeignet, da sich im Verlauf einer Anwendung auch diese Seite der Gleichung schrittweise ändert. Die Weiterentwicklung des Verfahrens nach Banachiewicz ermöglicht dagegen eine einfache wiederholte Anwendung.

Das Verfahren nach Banachiewicz beruht auf der Zerlegung (Dreiecksfaktorisierung) einer quadratischen Koeffizientenmatrix A in eine untere (lower) Dreiecksmatrix L und in eine obere (upper) Dreiecksmatrix U (L-U-Zerlegung). Der schematische Ablauf der Dreiecksfaktorisierung nach Banachiewicz ist in Abb. 2.59 wiedergegeben [19].

$$A = L \cdot U \quad (2.141)$$

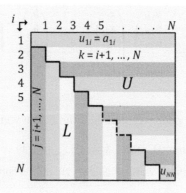

Abb. 2.59 Schematischer Ablauf der Dreiecksfaktorisierung nach Banachiewicz

Definitionsgemäß gelten für die Nebendiagonalelemente l_{ik} und u_{kj} der beiden Dreiecksmatrizen L und U die folgenden Bedingungen für alle i und $j \in \{1, 2, 3, \ldots, N\}$.

$$l_{ik} = 0 \quad \text{für} \quad k > i$$
$$u_{kj} = 0 \quad \text{für} \quad k > j \tag{2.142}$$

Die Matrix L ist eine strikte untere Dreiecksmatrix, deren Hauptdiagonalelemente l_{ii} den Wert eins haben.

$$l_{ii} = 1 \tag{2.143}$$

Die Matrix U entspricht der Koeffizientenmatrix der Normalform des linearen Gleichungssystems und die Matrix L der Matrix der Eliminationskoeffizienten des Gauß'schen Eliminationsprozesses. Für alle Elemente a_{ij} der Matrix A, die als Produkt aus einer unteren Dreiecksmatrix L und einer oberen Dreiecksmatrix U gebildet werden kann, gilt dann:

$$a_{ij} = \sum_{k=1}^{N} \left(l_{ik} \cdot u_{kj} \right) = \sum_{k=1}^{\min\{i,j\}} \left(l_{ik} \cdot u_{kj} \right) \tag{2.144}$$

Für die Elemente u_{ij} der oberen Dreiecksmatrix mit $i \leq j$ gilt:

$$a_{ij} = \sum_{k=1}^{i} \left(l_{ik} \cdot u_{kj} \right) = \sum_{k=1}^{i-1} \left(l_{ik} \cdot u_{kj} + l_{ii} \cdot u_{ij} \right)$$
$$\Rightarrow u_{ij} = a_{ij} - \sum_{k=1}^{i-1} \left(l_{ik} \cdot u_{kj} \right) \quad \text{für} \quad j = i, i+1, \ldots, N \tag{2.145}$$

2.3 Lösung linearer und nichtlinearer Gleichungssysteme

Für die Elemente l_{ij} der unteren Dreiecksmatrix mit $i > j$ gilt:

$$a_{ij} = \sum_{k=1}^{j} \left(l_{ik} \cdot u_{kj} \right) = \sum_{k=1}^{j-1} \left(l_{ik} \cdot u_{kj} + l_{ij} \cdot u_{jj} \right)$$
$$\Rightarrow l_{ij} = \frac{a_{ij} - \sum_{k=1}^{j-1} \left(l_{ik} \cdot u_{kj} \right)}{u_{jj}} \quad \text{für} \quad j = i, i+1, \ldots, N \tag{2.146}$$

Damit lässt sich abwechselnd mit Gl. (2.145) eine Zeile von U und mit Gl. (2.146) eine Spalte von L berechnen. Es ergibt sich damit folgender Rechenverlauf. Begonnen wird mit der Bestimmung der ersten Zeile von U. Das Skalarprodukt der ersten Zeile von L mit einer beliebigen Spalte von U enthält jeweils nur ein unbekanntes Element u_{1j} von U, sodass die erste Zeile von U berechnet werden kann. Da $l_{11} = 1$ ist, entspricht die erste Zeile von U der ersten Zeile der Ausgangsmatrix A $(u_{1j} = a_{1j})$.

Anschließend kann die erste Spalte von L bestimmt werden, da im Skalarprodukt einer beliebigen Zeile von L mit der ersten Spalte von U (Element u_{11} ist bereits bekannt) jeweils nur ein unbekanntes Element l_{i1} vorkommt.

Dieser Prozess wird mit den Skalarprodukten der zweiten Zeile von L und allen Spalten von U bis zur N-ten Zeile von U, die nur das Element u_{NN} enthält, fortgesetzt. Es entstehen dabei immer abwechselnd die Elemente einer Zeile in U und einer Spalte in L (Abb. 2.59).

Mit diesen Definitionen kann das Gleichungssystem (2.123) entsprechend der Dreiecksfaktorisierung wie folgt angegeben werden:

$$A \cdot x = L \cdot U \cdot x = b \tag{2.147}$$

Ist die Matrix A in ihre Dreiecksfaktorisierten L und U aufgeteilt, so kann das lineare Gleichungssystem (2.147) in zwei Schritten gelöst werden. Mit dem Algorithmus wird in einem Zwischenschritt der unbekannte Hilfsvektor h durch Vorwärtssubstitution mit

$$L \cdot U \cdot x = b \tag{2.148}$$

und

$$L \cdot h = b \tag{2.149}$$

bestimmt. Da L eine untere Dreiecksmatrix ist, kommt in der ersten Gleichung des Gleichungssystems (2.149) nur die Unbekannte h_1 vor. Nach der Berechnung von h_1 kommt in der zweiten Gleichung nur noch h_2 als Unbekannte vor. Für die weiteren Elemente des Vektors h gilt Entsprechendes.

Ist der Hilfsvektor h auf diese Weise vollständig bestimmt, kann abschließend der Vektor x aus der Gl. (2.150) durch Rückwärtssubstitution bestimmt werden.

$$U \cdot x = h \tag{2.150}$$

Für einen anderen Vektor $\widetilde{b}$ lässt sich der Lösungsvektor x anschließend sehr einfach mit einer weiteren Vorwärts-Rückwärtssubstitution des faktorisierten Gleichungssystems bestimmen. Eine erneute L-U-Zerlegung ist hierfür nicht mehr erforderlich, falls das Netz selbst (Topologie und Parameter) unverändert bleibt. Mit dem Verfahren nach Banachiewicz lassen sich so mit relativ geringem Aufwand unterschiedliche Last- oder Einspeisesituationen bestimmen.

Definiert man die Hauptdiagonale der oberen Dreiecksmatrix U als eine Diagonalmatrix $\mathrm{diag}(d)=D$ mit $d_j = u_{jj}$ und die Nebendiagonalelemente der Matrix U mit $u_{kj} = d_k \cdot l_{jk}$, so erhält man eine L-D-L$^\mathrm{T}$-Zerlegung der Ausgangsmatrix A. Die Elemente d_j werden nach Gl. (2.151) und die Elemente l_{ij} nach Gl. (2.152) bestimmt.

$$d_j = u_{jj} = a_{jj} - \sum_{k=1}^{j-1} \left(d_k \cdot l_{jk}^2 \right) \qquad (2.151)$$

$$l_{ij} = \frac{a_{ij} - \sum_{k=1}^{j-1} \left(d_k \cdot l_{jk} \cdot l_{ik} \right)}{d_j} \quad \text{für} \quad i = j+1, \ldots, N \qquad (2.152)$$

2.3.3.3 Symmetrische Dreieckszerlegung nach Cholesky

Falls die Komponentenmatrix A symmetrisch ist, kann die Dreieckszerlegung nach Gl. (2.141) mit symmetrischen Dreiecksmatrizen entsprechend Gl. (2.153) angegeben werden.

$$A = U^\mathrm{T} \cdot U = L \cdot L^\mathrm{T} \qquad (2.153)$$

Gemäß der Definition der Transponierten L^T und U^T sind die Hauptdiagonalelemente l_{ii} bzw. u_{ii} in den Matrizen U und U^T bzw. L und L^T identisch.

Bei der Dreieckszerlegung müssen allerdings N Quadratwurzelbestimmungen bei der Berechnung der Hauptdiagonalelemente l_{ii} und u_{ii} durchgeführt werden. Die Matrix A muss für reelle Elemente l_{ii} und u_{ii} zusätzlich positiv definit sein. In der Regel wird diese Bedingung bei den Knotenpunktadmittanzmatrizen elektrischer Energieversorgungsnetze erfüllt, bei denen die Hauptdiagonalelemente positiv sind.

Für eine Zerlegung $A = L \cdot L^\mathrm{T}$ gilt für die Elemente von A

$$a_{ij} = \sum_{k=1}^{j} \left(l_{ik} \cdot l_{jk} \right) \quad \text{für} \quad i \geq j \qquad (2.154)$$

Damit kann man unmittelbar die Bestimmung der Elemente l_{ij} der Dreiecksmatrizen ableiten:

$$l_{ij} = \begin{cases} 0 & \text{für } i < j \\ \sqrt{a_{ii} - \sum_{k=1}^{i-1} l_{ik}^2} & \text{für } i = j \\ \frac{1}{l_{jj}} \cdot \left(a_{ij} - \sum_{k=1}^{j-1} \left(l_{ik} \cdot l_{jk} \right) \right) & \text{für } i > j \end{cases} \qquad (2.155)$$

Die Bestimmung der Elemente u_{ij} der Dreiecksmatrizen bei einer Zerlegung $\boldsymbol{A} = \boldsymbol{U}^{\mathrm{T}} \cdot \boldsymbol{U}$ erfolgt analog.

2.3.3.4 Gauß-Jordan-Eliminationsverfahren

Eine Erweiterung des Gauß'schen Eliminationsverfahrens ist der Gauß-Jordan-Algorithmus. Hierbei werden bei jedem Eliminationsschritt nicht nur die Nichtnullelemente unter der Hauptdiagonalen, sondern auch die Nichtnullelemente über der Hauptdiagonalen eliminiert. Damit wird die Koeffizientenmatrix $\boldsymbol{A}$ direkt auf die Einheitsmatrix $\boldsymbol{E}$ reduziert. Daraus lässt sich dann die Lösung direkt ablesen. Außerdem kann der Gauß-Jordan-Algorithmus zur Berechnung der Inversen einer Matrix verwendet werden.

Es gelten:

$\boldsymbol{A}^{(k)}$ Matrix zu Beginn des k-ten Schrittes der Elimination
$\boldsymbol{A}^{(1)} = \boldsymbol{A}$ Beginn der Elimination
$\boldsymbol{A}^{(N+1)} = \boldsymbol{E}$ Ende der Vorwärts-Substitution und $\boldsymbol{E}$ als Einheitsmatrix

Bei jedem Schritt wird die $(k-1)$-te Spalte der Matrix $\boldsymbol{A}^{(k)}$ identisch der entsprechenden Spalte der Einheitsmatrix $\boldsymbol{E}$. Im k-ten Schritt wird die k-te Spalte von $\boldsymbol{A}^{(k)}$ in den Spaltenvektor $\mathbf{e}_k$ durch eine elementare Zeilenoperation überführt, nämlich

$$\boldsymbol{A}^{(k+1)} = \boldsymbol{T}^{(k)} \cdot \boldsymbol{A}^{(k)} \tag{2.156}$$

Mit der elementaren Tranformationsmatrix $\boldsymbol{T}^{(k)}$ für den k-ten Schritt der Elimination

$$\boldsymbol{T}^{(k)} = \boldsymbol{E} + \left(\boldsymbol{t}^{(k)} - \mathbf{e}_k\right) \cdot \mathbf{e}_k^{\mathrm{T}} \tag{2.157}$$

Die Elemente des Spaltenvektors $\boldsymbol{t}^{(k)}$ werden ermittelt aus

$$t_i^{(k)} = -\frac{a_{ik}^{(k)}}{a_{kk}^{(k)}} \quad \text{für} \quad i \neq k \tag{2.158}$$

und

$$t_k^{(k)} = -\frac{1}{a_{kk}^{(k)}}$$

Damit lässt sich schreiben

$$\boldsymbol{E} = \boldsymbol{T}^{(N)} \cdot \boldsymbol{T}^{(N-1)} \cdot \ldots \cdot \boldsymbol{T}^{(2)} \cdot \boldsymbol{T}^{(1)} \cdot \boldsymbol{A} \tag{2.159}$$

Abschließend erhält man die Produktform der Inversen von $\boldsymbol{A}$

$$\boldsymbol{A}^{-1} = \boldsymbol{T}^{(N)} \cdot \boldsymbol{T}^{(N-1)} \cdot \ldots \cdot \boldsymbol{T}^{(2)} \cdot \boldsymbol{T}^{(1)} \tag{2.160}$$

2.3.3.5 Bi-Faktorisierung

2.3.3.5.1 Aufbau des Gleichungssystems

Mit diesem von K. Zollenkopf [20] angegebenen Verfahren zur direkten Lösung von linearen Gleichungssystemen ist es unter Nutzung eines geeigneten Ordnungsverfahrens möglich, die schwache Besetztheit der Koeffizientenmatrix weitgehend beizubehalten. In dem Verfahren werden ausschließlich Berechnungen mit den Nichtnullelementen der Koeffizientenmatrix durchgeführt. Damit kann eine erhebliche Reduktion des erforderlichen Speicherplatzes erreicht werden. Die Rechenzeiten verringern sich darüber hinaus in geringem Umfang. Diesen Vorteilen steht allerdings ein größerer programmiertechnischer Aufwand gegenüber. Ein ähnliches Verfahren wurde auch von R. P. Tewarson beschrieben [21].

Zusätzlich zur Faktorisierung entsprechend dem Gauß'schen Verfahren wird bei der Bi-Faktorisierung auch die obere Dreiecksmatrix mithilfe von rechtsseitigen Faktormatrizen faktorisiert. Es gilt der Ansatz nach Gl. (2.161)

$$\boldsymbol{L}^{(N)} \cdot \boldsymbol{L}^{(N-1)} \cdot \ldots \cdot \boldsymbol{L}^{(N)} \cdot \boldsymbol{A} \cdot \boldsymbol{U}^{(N)} \cdot \ldots \cdot \boldsymbol{U}^{(N-1)} \cdot \boldsymbol{U}^{(N)} = \boldsymbol{E} \qquad (2.161)$$

In dieser Gleichung sind $\boldsymbol{L}^{(j)}$ linke und $\boldsymbol{U}^{(j)}$ rechte Faktormatrizen. $\boldsymbol{E}$ ist die Einheitsmatrix. Die Gl. (2.161) wird nun nacheinander von links mit den Inversen der einzelnen Faktormatrizen $\boldsymbol{L}$ multipliziert. Anschließend erfolgt von links die Multiplikation mit der Inversen von $\boldsymbol{A}$ sowie ebenfalls nacheinander eine Multiplikation von rechts mit den Faktormatrizen von $\boldsymbol{L}$. Entsprechend Gl. (2.162) erhält man schließlich mit dieser Transformation nach insgesamt N Schritten die Produktform der Inversen der Matrix $\boldsymbol{A}$.

$$\boldsymbol{A}^{-1} = \boldsymbol{U}^{(1)} \cdot \boldsymbol{U}^{(2)} \cdot \ldots \cdot \boldsymbol{U}^{(N)} \cdot \boldsymbol{L}^{(N)} \cdot \ldots \cdot \boldsymbol{L}^{(2)} \cdot \boldsymbol{L}^{(1)} \qquad (2.162)$$

Man kann die in Gl. (2.162) angegebene Bi-Faktorisierung der Inversen von $\boldsymbol{A}$ auch als weitere Interpretation der Gauß'schen Eliminationsrechnung verstehen. Die Inverse von $\boldsymbol{A}$ wird dabei durch das Produkt von $2 \cdot N$ Faktormatrizen dargestellt. Die Faktormatrizen $\boldsymbol{L}^{(j)}$ und $\boldsymbol{U}^{(j)}$ sind extrem schwach besetzt und unterscheiden sich von der Einheitsmatrix $\boldsymbol{E}$ nur in der Spalte j bei $\boldsymbol{L}^{(j)}$ bzw. der Zeile j bei $\boldsymbol{U}^{(j)}$. In der linken Faktormatrix $\boldsymbol{L}^{(j)}$ können die Elemente in der Spalte j von der Zeile j bis zur Zeile N, und in der rechten Faktormatrix $\boldsymbol{U}^{(j)}$ können die Elemente in der Zeile j von der Spalte j bis zur Spalte N ungleich null sein. Matrizen mit dieser Struktur werden auch als Frobenius-Matrizen bezeichnet.

Ist die Matrix $\boldsymbol{A}$ nur spärlich besetzt, sind sogar noch viele Elemente der Zeile j bzw. der Spalte j den Frobenius-Matrizen gleich null. Von null verschiedene Werte haben die Elemente $l_{ij}^{(j)}$ und $u_{jk}^{(j)}$, die auch in der Matrix $\boldsymbol{A}$ besetzt sind $\left(a_{ij} \neq 0; a_{jk} \neq 0\right)$. Eventuell müssen noch einige, durch den Eliminationsprozess bedingte Füllelemente (Fill-in-Elemente) hinzu gefügt werden.

2.3 Lösung linearer und nichtlinearer Gleichungssysteme

2.3.3.5.2 Faktorisierung

Es bleibt nun noch die Bestimmung der Faktormatrizen $\boldsymbol{L}^{(j)}$ und $\boldsymbol{U}^{(j)}$. Dazu wird die Matrix $\boldsymbol{A}$ nacheinander (für $j = 1, \ldots, N$) und abwechselnd mit den Matrizen $\boldsymbol{U}^{(j)}$ und $\boldsymbol{L}^{(j)}$ multipliziert. Damit erhält man in den Zwischenschritten j jeweils eine reduzierte Matrix $\boldsymbol{A}^{(j)}$. Diese Prozedur wird solange wiederholt, bis alle Faktormatrizen abgearbeitet sind ($j = N$). Die Matrix $\boldsymbol{A}$ wird abschließend entsprechend Gl. (2.161) zur Einheitsmatrix $\boldsymbol{E}$ reduziert. Die Koeffizienten der Matrix $\boldsymbol{A}^{(j)}$ berechnen sich zu

$$a_{lk}^{(j)} = a_{lk}^{(j-1)} - \frac{a_{lj}^{(j-1)} \cdot a_{jk}^{(j-1)}}{a_{jj}^{(j-1)}} \quad \text{für } l; k = (j+1), \ldots, N \tag{2.163}$$

Falls die Koeffizientenmatrix $\boldsymbol{A}$ symmetrisch ist, enthalten die linken Faktormatrizen die Informationen der rechten Faktormatrizen. Es gilt dann $u_{jk}^{(j)} = l_{kj}^{(j)}$ für $k = (j+1), \ldots, N$).

2.3.3.5.3 Berechnung des Lösungsvektors

Setzt man nun Gl. (2.162) in Gl. (2.125) ein, erhält man.

$$\boldsymbol{x} = \boldsymbol{U}^{(1)} \cdot \boldsymbol{U}^{(2)} \cdot \ldots \cdot \boldsymbol{U}^{(N)} \cdot \boldsymbol{L}^{(N)} \cdot \ldots \cdot \boldsymbol{L}^{(2)} \cdot \boldsymbol{L}^{(1)} \cdot \boldsymbol{b} \tag{2.164}$$

Die Gl. (2.164) wird nun von rechts nach links abgearbeitet.

$$\begin{aligned}
\boldsymbol{b}^{(0)} &= \boldsymbol{b} \\
\boldsymbol{b}^{(1)} &= \boldsymbol{b}^{(1)} \cdot \boldsymbol{b}^{(0)} \\
&\vdots \\
\boldsymbol{b}^{(N)} &= \boldsymbol{L}^{(N)} \cdot \boldsymbol{b}^{(N-1)} \\
\boldsymbol{b}^{(N+1)} &= \boldsymbol{U}^{(N)} \cdot \boldsymbol{b}^{(N)} \\
&\vdots \\
\boldsymbol{b}^{(2 \cdot N)} &= \boldsymbol{U}^{(1)} \cdot \boldsymbol{b}^{(2 \cdot N - 1)} \\
\boldsymbol{x} &= \boldsymbol{b}^{(2 \cdot N)}
\end{aligned} \tag{2.165}$$

Rechentechnisch vorteilhaft kann die Bi-Faktorisierung bei der Berechnung einer großen Anzahl von Betriebsfällen für ein topologisch unverändertes Netz genutzt werden, da hierbei die Matrix $\boldsymbol{A}$ und somit die Faktormatrizen $\boldsymbol{L}^{(j)}$ und $\boldsymbol{U}^{(j)}$ für alle Betriebsfälle gleich bleiben und nur der Vektor $\boldsymbol{b}$ verändert wird. Es muss somit für jeden Betriebsfall nur noch die Gl. (2.164) aufgelöst werden.

2.3.3.5.4 Bestimmung der vollständigen Inversen

Liegen die Faktormatrizen $\boldsymbol{L}^{(j)}$ und $\boldsymbol{U}^{(j)}$ vor, kann man mit vergleichsweise geringem Aufwand die vollständige Inverse $\boldsymbol{B}$ der Matrix $\boldsymbol{A}$ bestimmen. Man erhält die Matrix $\boldsymbol{B} = \boldsymbol{A}^{-1}$ durch das vollständige schrittweise Ausmultiplizieren der Matrizengleichung

(2.162). Dabei erweist es sich als vorteilhaft, die Multiplikation entsprechend Gl. (2.166) von innen nach außen durchzuführen.

$$\boldsymbol{B}^{(N)} = \boldsymbol{U}^{(N)} \cdot \boldsymbol{L}^{(N)} = \mathbf{E} \cdot \boldsymbol{L}^{(N)} = \boldsymbol{L}^{(N)}$$
$$\boldsymbol{B}^{(N-1)} = \boldsymbol{U}^{(N-1)} \cdot \boldsymbol{B}^{(N)} \cdot \boldsymbol{L}^{(N-1)}$$
$$\vdots$$
$$\boldsymbol{B}^{(j)} = \boldsymbol{U}^{(j)} \cdot \boldsymbol{B}^{(j+1)} \cdot \boldsymbol{L}^{(j)} \qquad (2.166)$$
$$\vdots$$
$$\boldsymbol{B}^{(2)} = \boldsymbol{U}^{(2)} \cdot \boldsymbol{B}^{(3)} \cdot \boldsymbol{L}^{(2)}$$
$$\boldsymbol{B}^{(1)} = \boldsymbol{U}^{(1)} \cdot \boldsymbol{B}^{(2)} \cdot \boldsymbol{L}^{(1)} = \boldsymbol{B}$$

In den einzelnen Rechenschritten nach Gl. (2.166) werden die Spaltenelemente b_{lj}, die Zeilenelemente b_{jk} und das Hauptdiagonalelement b_{jj} mit den Gl. (2.167, 2.168 und 2.169) berechnet.

- Elemente der Spalte j

$$b_{lj} = \sum_{i=j+1}^{N} \left(b_{li} \cdot l_{ij}^{(j)} \right) \quad \text{für} \quad l = (j+1), \ldots, N \qquad (2.167)$$

- Elemente der Zeile j

$$b_{jk} = \sum_{i=j+1}^{N} \left(u_{jk}^{(j)} \cdot b_{ik} \right) \quad \text{für} \quad k = (j+1), \ldots, N \qquad (2.168)$$

- Hauptdiagonalelemente

$$b_{jj} = l_{jj}^{(j)} + \sum_{i=j+1}^{N} \left(u_{ji}^{(j)} \cdot b_{ij} \right) \qquad (2.169)$$

Bei der Reihenfolge der Berechnungen nach Gl. (2.167) bis (2.169) ist unbedingt darauf zu achten, dass das Hauptdiagonalelement b_{jj} jeweils erst nach den Spalten- und Zeilenelementen berechnet wird, da diese dazu benötigt werden.

2.3.3.5.5 Berechnung der spärlichen Inversen

In vielen Anwendungen wie beispielsweise der Kurzschlussstromberechnung (Abschn. 5.2) benötigt man nicht die vollständige Inverse $\boldsymbol{B}$ der häufig schwach besetzten Matrix $\boldsymbol{A}$, sondern nur die Elemente b_{ij}, die auch in der Ausgangsmatrix $\boldsymbol{A}$ besetzt sind. Diese dann ebenfalls schwach besetzte Matrix wird auch als spärliche Inverse bezeichnet. Bei Vorliegen der Faktormatrizen $\boldsymbol{L}^{(j)}$ und $\boldsymbol{U}^{(j)}$ ergibt sich zu Abschn. 5.3.8 ein weiteres Verfahren zur Bestimmung der spärlichen Inversen von $\boldsymbol{A}$.

2.3 Lösung linearer und nichtlinearer Gleichungssysteme

Betrachtet man die Gl. (2.167) bis (2.169) genauer, so lässt sich zeigen, dass man zur Berechnung der Elemente der spärlichen Inversen von A nur solche Elemente von B benötigt, die auch in den Faktormatrizen $L^{(j)}$ und $U^{(j)}$ besetzt sind. Dies sind aber gerade die in der ursprünglichen Matrix A besetzten Plätze zuzüglich einiger während der Faktorisierung hinzu gekommener Füllelemente.

Zur Berechnung der spärlichen Inversen genügt es demzufolge, in den einzelnen Rechenschritten nur diejenigen Elemente b_{jk} und b_{lj} zu berechnen, für die die Ungleichungen $u_{jk}^{(j)} \neq 0$ und $l_{lj}^{(j)} \neq 0$ gelten.

$u_{jk}^{(j)} = 0$	b_{jk}	Nicht berechnen
	b_{lj}	
$u_{jk}^{(j)} \neq 0$	b_{jk}	Nach Gl. (2.168) berechnen
$l_{lj}^{(j)} \neq 0$	b_{lj}	Nach Gl. (2.167) berechnen
	b_{jj}	Nach Gl. (2.169) berechnen

Falls A symmetrisch ist, kann wegen $b_{ij} = b_{ji}$ entweder Gl. (2.167) oder (2.168) entfallen.

2.3.4 Iterative Verfahren zur Lösung linearer Gleichungssysteme

Entwickelt wurden die iterativen oder auch indirekten Verfahren zur Lösung linearer Gleichungssysteme, da das exakte Gauß'sche Eliminationsverfahren bei manueller Rechnung anfällig für Rechenfehler ist. Eine iterative Vorgehensweise hat diesen Nachteil nicht, da eventuelle Rechenfehler im Laufe des Interationsprozesses wieder ausgeglichen werden können. Bei der Anwendung der Verfahren auf modernen Rechenanlagen hat dieser Aspekt allerdings praktisch keine Bedeutung mehr. Die iterativen Verfahren lassen sich auch auf nichtlineare Gleichungssysteme erweitern [17].

Bei den iterativen Verfahren wird die Lösung ausgehend von einer, in bestimmten Grenzen frei wählbaren Anfangslösung (Iterationsschritt $v=0$) schrittweise durch wiederholtes Anwenden bestimmter Rechenschritte bestimmt. Die Anzahl der insgesamt benötigten Iterationsschritte ist vor Abschluss der Rechnung grundsätzlich nicht bekannt und abhängig auch von der geforderten Genauigkeit des Rechenergebnisses. Diese wird definiert über die Iterationsschranke ε.

2.3.4.1 Jacobi-Verfahren

Das Jacobi-Verfahren, das auch unter den Begriffen Gesamtschrittverfahren und Gauß'sches Iterationsverfahren bekannt ist, ist ein Algorithmus zur näherungsweisen Lösung von linearen Gleichungssystemen. Gegeben ist wieder die Gleichung

$$A \cdot x = b \tag{2.170}$$

bei der x und b Spaltenvektoren der Ordnung N und A eine quadratische, nichtsinguläre Matrix der Ordnung N ist. Gesucht ist die Lösung

$$x = A^{-1} \cdot b \tag{2.171}$$

Bei der iterativen Bestimmung des Spaltenvektors x soll allerdings die Inversion von A vermieden werden. Zunächst erfolgt die Zerlegung der Matrix A in eine strikte untere Dreiecksmatrix L, eine Diagonalmatrix D und eine strikte obere Dreiecksmatrix U. Damit kann man dann schreiben

$$A \cdot x = (L + D + U) \cdot x \tag{2.172}$$

Damit kann Gl. (2.170) geschrieben werden

$$(L + D + U) \cdot x = b \tag{2.173}$$

oder

$$D \cdot x = b - (L + U) \cdot x \tag{2.174}$$

Die Matrix D lässt sich als Diagonalmatrix leicht invertieren, da von allen Nichtnullelementen nur der Kehrwert eines Skalars gebildet werden muss. Damit erhält man.

$$x = D^{-1} \cdot (b - (L + U) \cdot x) \tag{2.175}$$

Untersucht man diese Gleichung, so erkennt man, dass für jedes Element x_i der linken Seite eine funktionale Abhängigkeit von b_i und den übrigen $(N-1)$ Werten des Vektors x besteht

$$x_i = f(b_i, x_1, x_2, \ldots, x_{i-1}, x_{i+1}, \ldots, x_N) \tag{2.176}$$

Dieser Zusammenhang resultiert daraus, dass alle Hauptdiagonalelemente der Matrizensumme $(L+U)$ gleich null sind. Bei der iterativen Bestimmung der Lösung für den Vektor x auf der linken Seite der Gl. (2.175) geht man so vor, dass man auf der rechten Seite einen beliebigen Startvektor $x^{(0)}$ wählt und damit in einem ersten Iterationsschritt mit $v = 1$ eine neue linke Seite errechnet, den so erhaltenen Vektor wieder rechts einsetzt usw. Für den $(v+1)$-ten Iterationsschritt bedeutet das

$$x^{(v+1)} = D^{-1} \cdot \left(b - (L + U) \cdot x^{(v)}\right) \tag{2.177}$$

Bei jedem Schritt wird also das Ergebnis des vorherigen eingesetzt. Diese Technik wird Gauß'sche Iterationsmethode oder Gesamtschritt-Verfahren genannt. Bei diesem Verfahren wird beim $(v+1)$-ten Iterationsschritt der gesamte Vektor $x^{(v+1)}$ der linken Seite unter Beibehaltung des Vektors $x^{(v)}$ des vorhergehenden Schrittes berechnet.

Dieser Ablauf wird solange wiederholt, bis eine vorgewählte Genauigkeitsschranke ε erreicht wird, die die folgende Bedingung erfüllt:

$$\left|x_i^{(v+1)} - x_i^{(v)}\right| < \varepsilon \quad \text{für} \quad i = 1, \ldots, N \tag{2.178}$$

2.3.4.2 Gauß-Seidel-Verfahren

Eine Erweiterung des Jacobi-Verfahrens ist die Gauß-Seidel-Iterationsmethode. Bei ihr werden bei der Bestimmung eines Wertes $x_i^{(v+1)}$ im Vektor $x^{(v)}$ alle schon bestimmten Werte $x_j^{(v+1)}$ für $j < i$ berücksichtigt, sodass nach Beendigung des $(v+1)$-ten Schrittes im Vektor $x^{(v)}$ schon alle aktuellen Werte stehen.

$$x_i^{(v+1)} = f\left(y_i, x_1^{(v+1)}, x_2^{(v+1)}, \ldots, x_{i-1}^{(v+1)}, x_{i+1}^{(v+1)}, \ldots, x_N^{(v+1)}\right) \quad (2.179)$$

Diese Technik wird auch als Einzelschritt-Verfahren bezeichnet. Sie hat gegenüber dem Gesamtschritt-Verfahren den Vorteil, dass mit einer geringeren Zahl von Iterationsschritten das gewünschte Ergebnis erreicht werden kann. Gl. (2.175) kann auch wie folgt geschrieben werden

$$r = x - D^{-1} \cdot (b - (L + U) \cdot x) \quad (2.180)$$

Bedingung für die richtige Lösung dieser Gleichung ist, dass die Werte des Vektors r, der die sogenannten Residuen enthält, so klein werden, dass er vernachlässigbar wird. Auch hier wird mit einem Startvektor $x^{(0)}$ begonnen. Die aus Gl. (2.180) ermittelten Residuen dienen nun zur Korrektur dieses Startwertes. Es gilt für die Korrektur des nächsten Vektors $x^{(v+1)}$

$$x^{(v+1)} = x^{(v)} - r^{(k)} = x^{(v)} - \Delta x^{(v)} \quad (2.181)$$

2.3.5 Woodbury-Formel zur Lösung einer modifizierten Koeffizientenmatrix

Die Woodbury-Matrix-Identität oder Woodbury-Formel, benannt nach Max. A. Woodbury [22, 23], wurde ursprünglich entwickelt, um die Inverse einer abgeänderten Matrix aus der Inversen der ursprünglichen Matrix zu bestimmen. Das Verfahren lässt sich allerdings auch vorteilhaft auf die Lösung linearer Gleichungssysteme anwenden, um effizient geringfügig abgeänderte Varianten einer Ausgangstopologie, z. B. bei Ausfallsimulationsrechnungen, zu bestimmen. Dabei gilt die Annahme, dass die Knotenzahl durch die Änderung konstant bleibt [24]. Die Dimension der Matrix bleibt unverändert.

Es wird vorausgesetzt, dass für ein Gleichungssystem

$$A \cdot x = b \quad (2.182)$$

bereits eine Lösung vorliegt. Der Vektor der Unbekannten x kann beispielsweise mit dem in Abschn. 2.3.3 beschriebenen Gauß'schen Algorithmus bestimmt worden sein. Gesucht ist nun eine Lösung y, für die gilt, dass die rechte Seite b unverändert bleibt und die Koeffizientenmatrix A um ΔA modifiziert wird.

$$(A + \Delta A) \cdot y = b \quad (2.183)$$

Gegeben sei das partitionierte Gleichungssystem (2.184)

$$\begin{pmatrix} A & B \\ C & D \end{pmatrix} \cdot \begin{pmatrix} x_1 \\ x_2 \end{pmatrix} = \begin{pmatrix} b_1 \\ b_2 \end{pmatrix} \qquad (2.184)$$

Mit dem Schema des Variablentauschs lässt sich leicht eine Formel für die Inverse einer abgeänderten Matrix A herleiten, für die die Inverse A^{-1} bereits bekannt ist.

Es werden zunächst die oberen Variablen x_1 und b_1 getauscht. Aus dem Gleichungssystem (2.184) ergibt sich

$$x_1 = A^{-1} \cdot b_1 - A^{-1} \cdot B \cdot x_2 \qquad (2.185)$$

bzw.

$$b_2 = C \cdot A^{-1} \cdot b_1 - C \cdot A^{-1} \cdot B \cdot x_2 + D \cdot x_2 \qquad (2.186)$$

Durch entsprechendes Ordnen der Koeffizienten erhält man das neue Gleichungssystem (2.187)

$$\begin{pmatrix} A^{-1} & -A^{-1} \cdot B \\ C \cdot A^{-1} & D - C \cdot A^{-1} \cdot B \end{pmatrix} \cdot \begin{pmatrix} b_1 \\ x_2 \end{pmatrix} = \begin{pmatrix} x_1 \\ b_2 \end{pmatrix} \qquad (2.187)$$

Für den Variablentausch $x_2 \leftrightarrow b_2$ werden zunächst die folgenden Abkürzungen eingeführt:

$$\begin{aligned} E &= A^{-1} \\ F &= -A^{-1} \cdot B \\ G &= C \cdot A^{-1} \\ H &= D - C \cdot A^{-1} \cdot B \end{aligned} \qquad (2.188)$$

Mit diesen Abkürzungen lässt sich Gl. (2.187) schreiben

$$\begin{pmatrix} E & F \\ G & H \end{pmatrix} \cdot \begin{pmatrix} b_1 \\ x_2 \end{pmatrix} = \begin{pmatrix} x_1 \\ b_2 \end{pmatrix} \qquad (2.189)$$

Aus Gl. (2.189) ergibt sich analog

$$x_2 = -H^{-1} \cdot G \cdot b_1 + H^{-1} \cdot b_2 \qquad (2.190)$$

und

$$x_1 = E \cdot b_1 + F \cdot \left(-H^{-1} \cdot G \cdot b_1 + H^{-1} \cdot b_2 \right) \qquad (2.191)$$

sowie abschließend das Gleichungssystem

$$\begin{pmatrix} E - F \cdot H^{-1} \cdot G & F \cdot H^{-1} \\ -H^{-1} \cdot G & H^{-1} \end{pmatrix} \cdot \begin{pmatrix} b_1 \\ b_2 \end{pmatrix} = \begin{pmatrix} x_1 \\ x_2 \end{pmatrix} \qquad (2.192)$$

2.3 Lösung linearer und nichtlinearer Gleichungssysteme

Ohne die Abkürzungen E, F, G und H lautet dieses Gleichungssystem

$$\begin{pmatrix} A^{-1} + A^{-1}B \cdot (D - C \cdot A^{-1} \cdot B)^{-1} \cdot C \cdot A^{-1} & -A^{-1} \cdot B \cdot (D - C \cdot A^{-1} \cdot B)^{-1} \\ -(D - C \cdot A^{-1} \cdot B)^{-1} \cdot C \cdot A^{-1} & (D - C \cdot A^{-1} \cdot B)^{-1} \end{pmatrix} \cdot \begin{pmatrix} b_1 \\ b_2 \end{pmatrix} = \begin{pmatrix} x_1 \\ x_2 \end{pmatrix} \quad (2.193)$$

Werden dagegen zuerst die unteren Variablen x_2 und b_2 getauscht, erhält man aus dem Gleichungssystem (2.184)

$$x_2 = D^{-1} \cdot b_2 - D^{-1} \cdot C \cdot x_1 \quad (2.194)$$

und

$$b_1 = A \cdot x_1 - B \cdot D^{-1} \cdot C \cdot x_1 + B \cdot D^{-1} \cdot b_2 \quad (2.195)$$

Ordnet man die Matrixkoeffizienten, ergibt sich

$$\begin{pmatrix} A - B \cdot D^{-1} \cdot C & B \cdot D^{-1} \\ -D^{-1} \cdot C & D^{-1} \end{pmatrix} \cdot \begin{pmatrix} x_1 \\ b_2 \end{pmatrix} = \begin{pmatrix} b_1 \\ x_2 \end{pmatrix} \quad (2.196)$$

Entsprechend erfolgt der Variablentausch $x_1 \leftrightarrow b_1$ aus Gl. (2.196)

$$x_1 = (A - B \cdot D^{-1} \cdot C)^{-1} \cdot b_1 - (A - B \cdot D^{-1} \cdot C)^{-1} \cdot B \cdot D^{-1} \cdot b_2 \quad (2.197)$$

und

$$x_2 = -D^{-1} \cdot C \cdot (A - B \cdot D^{-1} \cdot C)^{-1} \cdot b_1 + D^{-1} \cdot b_2 + D^{-1} \cdot C \\ \cdot (A - B \cdot D^{-1} \cdot C)^{-1} \cdot B \cdot D^{-1} \cdot b_2 \quad (2.198)$$

und damit abschließend

$$\begin{pmatrix} (A - B \cdot D^{-1} \cdot C)^{-1} & -(A - B \cdot D^{-1} \cdot C)^{-1} B \cdot D^{-1} \\ -D^{-1} \cdot C (A - B \cdot D^{-1} \cdot C)^{-1} & D^{-1} + D^{-1} \cdot C (A - B \cdot D^{-1} \cdot C)^{-1} B \cdot D^{-1} \end{pmatrix} \cdot \begin{pmatrix} b_1 \\ b_2 \end{pmatrix} = \begin{pmatrix} x_1 \\ x_2 \end{pmatrix} \quad (2.199)$$

Aus dem Koeffizientenvergleich der jeweiligen Untermatrizen in den beiden Gleichungssystemen (2.193 und 2.199) erhält man die vier Gl. (2.200) bis (2.203)

$$(A - B \cdot D^{-1} \cdot C)^{-1} = A^{-1} + A^{-1} \cdot B \cdot (D - C \cdot A^{-1} \cdot B)^{-1} \cdot C \cdot A^{-1} \quad (2.200)$$

$$(A - B \cdot D^{-1} \cdot C)^{-1} \cdot B \cdot D^{-1} = A^{-1} \cdot B \cdot (D - C \cdot A^{-1} \cdot B)^{-1} \quad (2.201)$$

$$D^{-1} \cdot C \cdot (A - B \cdot D^{-1} \cdot C)^{-1} = (D - C \cdot A^{-1} \cdot B)^{-1} \cdot C \cdot A^{-1} \quad (2.202)$$

$$\boldsymbol{D}^{-1} + \boldsymbol{D}^{-1} \cdot \boldsymbol{C} \cdot \left(\boldsymbol{A} - \boldsymbol{B} \cdot \boldsymbol{D}^{-1} \cdot \boldsymbol{C}\right)^{-1} \cdot \boldsymbol{B} \cdot \boldsymbol{D}^{-1} = \left(\boldsymbol{D} - \boldsymbol{C} \cdot \boldsymbol{A}^{-1} \cdot \boldsymbol{B}\right)^{-1} \quad (2.203)$$

Die Gl. (2.200) wird auch als Woodbury-Formel bezeichnet [22], mit der die Inverse einer abgeänderten Matrix bestimmt werden kann. Die Änderung $\Delta \boldsymbol{A}$ der Ausgangsmatrix ist in der Woodbury-Formel wie folgt enthalten:

$$\Delta \boldsymbol{A} = -\boldsymbol{B} \cdot \boldsymbol{D}^{-1} \cdot \boldsymbol{C} \quad (2.204)$$

Die sehr kompliziert anmutende Gl. (2.200) vereinfacht sich sehr stark, falls die Änderung nur ein Element in der Ausgangsmatrix betreffen soll. Dies ist regelmäßig dann gegeben, falls beispielsweise nur die Parameter eines Zweiges in einem Energieversorgungsnetz geändert werden. In diesem Fall gilt für die Untermatrizen des Gleichungssystems (2.184)

$$\begin{aligned} \boldsymbol{D} &= d \quad \text{z.B. Wert der Änderung der Zweigadmittanz} \\ \boldsymbol{B} &= \boldsymbol{u} \quad \text{(Spaltenvektor)} \\ \boldsymbol{C} &= \boldsymbol{v}^{\mathrm{T}} \quad \text{(Zeilenvektor)} \end{aligned} \quad (2.205)$$

Damit lautet das zu lösende Gleichungssystem

$$\left(\boldsymbol{A} + \boldsymbol{u} \cdot d \cdot \boldsymbol{v}^{\mathrm{T}}\right) \cdot \boldsymbol{y} = \boldsymbol{b} \quad (2.206)$$

In der Gl. (2.206) sind $\boldsymbol{u}$ und $\boldsymbol{v}$ Vektoren, mit der die Positionen der in $\boldsymbol{A}$ zu modifizierenden Elemente definiert werden (Inzidenzvektoren). Mit der skalaren Größe d wird der Wert der Änderung beschrieben. Dies kann z. B. die Admittanz eines zu- bzw. abzuschaltenden Quer- oder Längszweiges sein. Formal lässt sich nun durch entsprechende Umformungen die Lösung für den Vektor $\boldsymbol{y}$ der Unbekannten angeben:

$$\boldsymbol{y} = \left(\boldsymbol{A} + \boldsymbol{u} \cdot s \cdot \boldsymbol{v}^{\mathrm{T}}\right)^{-1} \cdot \boldsymbol{b} \quad (2.207)$$

Es ist nun ein Verfahren gesucht, mit dem man aus Gl. (2.207) mit deutlich geringerem Aufwand gegenüber dem Gauß'schen Verfahren und natürlich ohne Bildung der Inversen die neue Lösung $\boldsymbol{y}$ aus der ursprünglichen Lösung $\boldsymbol{x}$ bestimmen kann. Aus Gl. (2.207) hat Woodbury dafür folgenden Ansatz entwickelt:

$$\boldsymbol{y} = \left(\boldsymbol{A}^{-1} - \frac{\left(\boldsymbol{A}^{-1} \cdot \boldsymbol{u}\right) \cdot \left(\boldsymbol{v}^{\mathrm{T}} \cdot \boldsymbol{A}^{-1}\right)}{d^{-1} + \boldsymbol{v}^{\mathrm{T}} \cdot \boldsymbol{A}^{-1} \cdot \boldsymbol{u}}\right) \cdot \boldsymbol{b} \quad (2.208)$$

Da der Nenner des zweiten Summanden in der Gl. (2.208) ein Skalar ist, ist die angegebene Schreibweise der Gleichung mit Bruchstrich erlaubt. Bei der Berechnung des Zählers ist unbedingt darauf zu achten, dass zuerst die Terme $\boldsymbol{A}^{-1} \cdot \boldsymbol{u}$ und $\boldsymbol{v}^{\mathrm{T}} \cdot \boldsymbol{A}^{-1}$ bestimmt werden bevor der gesamte Ausdruck durch dyadische Multiplikation ermittelt wird.

$$\boldsymbol{y} = \left(\boldsymbol{A}^{-1} \cdot \boldsymbol{b}\right) - \frac{\left(\boldsymbol{A}^{-1} \cdot \boldsymbol{u}\right) \cdot \boldsymbol{v}^{\mathrm{T}} \cdot \left(\boldsymbol{A}^{-1} \cdot \boldsymbol{b}\right)}{d^{-1} + \boldsymbol{v}^{\mathrm{T}} \cdot \left(\boldsymbol{A}^{-1} \cdot \boldsymbol{u}\right)} \quad (2.209)$$

2.3 Lösung linearer und nichtlinearer Gleichungssysteme

Mit Gl. (2.182) und der Abkürzung

$$z = A^{-1} \cdot u \quad \text{bzw.} \quad A \cdot z = u \qquad (2.210)$$

lässt sich Gl. (2.209) schreiben

$$y = x - \frac{z \cdot v^{\mathrm{T}}}{d^{-1} + v^{\mathrm{T}} \cdot v} \cdot x \qquad (2.211)$$

Das eigentliche Lösungsverfahren nach Woodbury erfolgt nun in zwei Abschnitten:

Im ersten Schritt wird das Gleichungssystem (2.210) durch Substitution gelöst. Dieser Rechenprozess wäre auch ohne Anwendung der Woodbury-Formel (2.206) zur Lösung mit dem Gauß'schen Verfahren erforderlich geworden.

Im zweiten Schritt wird Gl. (2.211) abgearbeitet. Als Beispiel wird angenommen, dass A eine Admittanzmatrix ist. Die vorgesehene Änderung betrifft den Zweig zwischen den Knoten i und j. Die bisherige Admittanz des Zweiges wird um den Wert $d = \Delta Y_{ij}$ geändert. Für die Inzidenzvektoren u und v gilt damit:

$$\begin{array}{l} u_i = -1 \;\; u_j = 1 \;\; u_k = 0 \\ v_i = -1 \;\; v_j = 1 \;\; v_k = 0 \end{array} \quad \text{mit} \quad k = 1, 2, \ldots, N \quad \text{und} \quad k \neq i; j$$

Damit lässt sich die Matrizengleichung (2.211) in die Gl. (2.212) überführen, die nur noch skalare Größen enthält.

$$y_l = x_l - z_l \cdot \left(\frac{(x_i - x_j)}{(d^{-1} + z_i - z_j)} \right) \quad \text{mit} \quad l = 1, 2, \ldots, N \qquad (2.212)$$

Der Rechenaufwand ist beim Verfahren nach Woodbury etwa um den Faktor fünf kleiner gegenüber einer erneuten Elimination und Rückwärtssubstitution des Gleichungssystems. Bei einer großen Anzahl von Variationsrechnungen, wie beispielsweise für die Simulation von Ausfällen, die auf demselben Grundfall basieren, kann mit diesem Verfahren ein erheblicher Rechenzeitvorteil erzielt werden.

2.3.6 Newton-Verfahren für nichtlineare Gleichungssysteme

Viele Problemstellungen bei der Berechnung elektrischer Energieversorgungssysteme lassen sich nur durch nichtlineare Funktionen hinreichend genau beschreiben. Zur numerischen Lösung von nichtlinearen Gleichungen bzw. Gleichungssystemen wird das Newton-Verfahren betrachtet. Zu einer gegebenen, stetig differenzierbaren Funktion $f(x)$ werden mit dem Newton-Verfahren Näherungswerte zur Lösung der nichtlinearen Gleichung bestimmt. Für die Herleitung des Newton-Verfahrens soll zunächst die Lösung einer nichtlinearen Gleichung mit einer Unbekannten betrachtet werden. Entsprechend Abb. 2.60 ist eine nichtlineare Funktion $f(x)$ und ein Funktionswert b_{geg} gegeben.

$$f(x) = b_{\text{geg}} \qquad (2.213)$$

Gesucht wird der Wert der Variablen x, der die Gl. (2.213) erfüllt. Die Bestimmung des gesuchten x-Wertes erfolgt iterativ, indem man im ν-ten Iterationsschritt ausgehend von einem genäherten Wert $x^{(\nu)}$ den dazugehörenden Funktionswert $f(x^{(\nu)})$ berechnet und den Funktionsverlauf durch eine Tangente in diesem Punkt annähert. Dies entspricht der Linearisierung der Funktion $f(x)$ im Arbeitspunkt $x^{(\nu)}$.

Aus Abb. 2.60 ergibt sich unmittelbar die aus $\Delta b^{(\nu)}$ und $\Delta x^{(\nu)}$ gebildete Steigung der Tangente im Arbeitspunkt $x^{(\nu)}$ der Funktion $f(x)$.

$$\frac{b_{\text{geg}} - f(x^{(\nu)})}{x^{(\nu+1)} - x^{(\nu)}} = \frac{\Delta b^{(\nu)}}{\Delta x^{(\nu)}} = \frac{df}{dx}\bigg|_{x=x^{(\nu)}}$$
$$\frac{df}{dx}\bigg|_{x=x^{(\nu)}} \cdot \Delta x^{(\nu)} = \Delta b^{(\nu)}$$
(2.214)

Die Lösung der Gl. (2.214) ergibt für $\Delta x^{(\nu)}$ einen Wert, mit dem der verbesserte Wert $x^{(\nu+1)}$ berechnet werden kann.

$$x^{(\nu+1)} = x^{(\nu)} + \Delta x^{(\nu)} \tag{2.215}$$

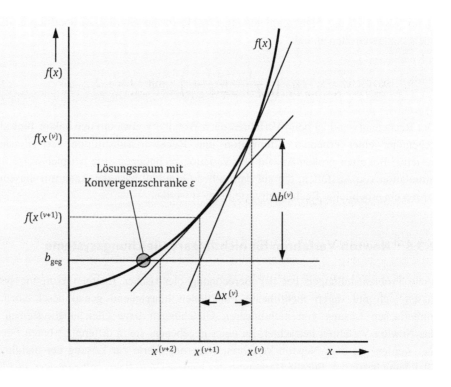

Abb. 2.60 Newton-Verfahren

Dann beginnt ein neuer Iterationsschritt mit der Berechnung des Funktionswertes $f(x^{(\nu+1)})$. Dieses Verfahren wird nun so oft wiederholt, bis nach μ Iterationsschritten die Differenz

$$|b_{\text{geg}} - f(x^{(\mu)})| \leq \varepsilon \tag{2.216}$$

eine vorgegebene Schranke ε unterschreitet.

Die Erweiterung dieser Vorgehensweise auf ein System von N nichtlinearen Gleichungen führt zum Newton–Raphson-Verfahren. Gegeben sei ein System von nichtlinearen Gleichungen [25].

$$\boldsymbol{f}(\boldsymbol{x}) = \boldsymbol{b}_{\text{geg}} \tag{2.217}$$

wobei $\boldsymbol{x}$ und $\boldsymbol{b}_{\text{geg}}$ Vektoren mit jeweils N Komponenten sind.

Analog zu Gl. (2.214) kann ein genähertes lineares Gleichungssystem gefunden werden (siehe Abschn. 3.3.2):

$$\begin{pmatrix} \frac{\partial f_1}{\partial x_1} & \cdots & \cdots & \frac{\partial f_1}{\partial x_N} \\ \vdots & & & \vdots \\ \frac{\partial f_N}{\partial x_1} & \cdots & \cdots & \frac{\partial f_N}{\partial x_N} \end{pmatrix} \cdot \begin{pmatrix} \Delta x_1 \\ \vdots \\ \vdots \\ \Delta x_N \end{pmatrix} = \begin{pmatrix} \Delta b_1 \\ \vdots \\ \vdots \\ \Delta b_N \end{pmatrix} \tag{2.218}$$

oder in kompakter Matrixschreibweise

$$\boldsymbol{F}|_{x=x^{(\nu)}} \cdot \Delta \boldsymbol{x}^{(\nu)} = \Delta \boldsymbol{b}^{(\nu)} \tag{2.219}$$

Die Matrix $\boldsymbol{F}$ wird häufig Funktional- oder Jacobi-Matrix genannt. Die Funktionalmatrix wird aus den partiellen Ableitungen der nichtlinearen Funktionen f_i nach den Zustandsgrößen x_i gebildet. Dieses lineare Gleichungssystem kann mit dem vorher vorgestellten Gauß'schen Algorithmus aufgelöst werden. Mit dem gefundenen Vektor $\boldsymbol{x}^{(\nu+1)}$ wird das Gleichungssystem (2.218) erneut aufgestellt und aufgelöst, bis ein vorgegebenes Abbruchkriterium erfüllt wird.

2.4 Anforderungen an Verfahren zur Berechnung von Energieversorgungssystemen

2.4.1 Rechenzeitanforderungen

Mathematische Verfahren zur Berechnung elektrischer Energieversorgungsnetze führen in der Regel zu großen Gleichungssystemen. Bei einem Einsatz der Verfahren auf einem Prozessrechner zur Netzüberwachung müssen jedoch kurze Rechenzeiten eingehalten werden.

Obwohl die Rechner immer mehr Speicherkapazität aufweisen und eine immer größere Rechengeschwindigkeit haben, bleibt die Rechenzeitanforderung eine harte Randbedingung, da mit steigender Rechnerleistung auch immer aufwendigere Verfahren und Anwendungen gewünscht werden. Kurze Rechenzeiten erfordern die Benutzung geeigneter mathematischer Verfahren zur Auflösung der Gleichungssysteme (s. Abschn. 2.4.2), wie beispielsweise die Dreiecksfaktorisierung statt der Inversion einer Matrix und die Anwendung der Woodbury-Formel bei Variantenrechnungen sowie die Anwendung von speziellen Programmiertechniken zur Ausnutzung der besonderen Struktur der zu lösenden Gleichungssysteme.

Bei der Programmierung von Netzberechnungsprogrammen sollte die Technik spärlicher Matrizen („sparse matrix techniques") bei der Lösung der Gleichungssysteme konsequent genutzt werden. Neben der erheblichen Reduzierung des Speicherplatzes (Nullelemente werden nicht gespeichert) kann dadurch auch die Rechenzeit durch Vermeidung von unnötigen (da das Ergebnis ja bereits bekannt ist) Rechenoperationen (z. B. Multiplikationen oder Additionen mit Nullelementen) deutlich reduziert werden [26].

Die Notwendigkeit kurzer Rechenzeiten soll am Beispiel der Online-Leistungsflussrechnung für die Überwachung eines realen Hochspannungsnetzes quantitativ verdeutlicht werden. Hat ein zu überwachendes 380/220-kV-Netz beispielsweise N_K (bzw. N) = 3500 Knoten und $N_Z = 6500$ Zweige (Leitungen und Transformatoren), so ergibt sich daraus für die Leistungsflussrechnung nach Newton–Raphson ein aus 7000 Gleichungen bestehendes linearisiertes Gleichungssystem mit 7000 Unbekannten. Zur Überwachung der momentanen Netzsicherheit werden im Zyklus von ca. 2 min die möglichen Ausfälle von z. B. 1200 ausgewählten Leitungen oder Transformatoren rechnerisch simuliert.

Unter der Annahme, dass pro Ausfall vier Iterationen nach Newton–Raphson zur Lösung des nichtlinearen Gleichungssystems erforderlich sind, muss insgesamt 4804 mal ein lineares Gleichungssystem mit 7000 Unbekannten aufgelöst werden. Die Resultate dieser Simulationsrechnungen sollen dem Leitstellenpersonal einschließlich der Aufwendungen zur Ergebnisdarstellung [27] bereits nach kurzer Zeit vorliegen. Leistungsfähige Programme benötigen hierfür ca. 30 s [28]. Um diese Vorgabe der Zykluszeit einzuhalten, ist daher neben der Auswahl geeigneter mathematischer Verfahren eine geschickte programmtechnische Aufbereitung des Problems durch eine entsprechende Programmierungstechnik unbedingt erforderlich. Pro Iteration stehen somit für den Berechnungsalgorithmus unter diesen Zeitvorgaben maximal 25 ms zur Verfügung.

2.4.2 Eigenschaften der zu lösenden Gleichungssysteme

2.4.2.1 Eigenschaften der Admittanzmatrix

2.4.2.1.1 Besetzungsstruktur

Die Gleichungssysteme, die bei der Netzberechnung gelöst werden, können durch die Besetztheit der in Abschn. 3.2 eingeführten (Knotenpunkt-)Admittanzmatrix Y charakterisiert werden. Die gleiche Besetzungsstruktur wie für die Admittanzmatrix gilt in der Regel auch für die Teilmatrizen H, N, J und L beim Verfahren nach

2.4 Anforderungen an Verfahren zur Berechnung ...

Newton–Raphson (Abschn. 3.3), für die Matrizen $\boldsymbol{B'}$ und $\boldsymbol{B''}$ beim schnellen, entkoppelten Leistungsflussverfahren (Abschn. 3.5) sowie für die entsprechenden Systemmatrizen der anderen Netzberechnungsverfahren. Stellvertretend soll daher im Folgenden ausschließlich die Admittanzmatrix $\boldsymbol{Y}$ diskutiert werden.

Wie näher in Abschn. 3.2 beschrieben, gilt für das topologische Bildungsgesetz der Admittanzmatrix, dass die Diagonale immer vollständig besetzt ist und ein Element $\underline{y}_{ik}$ nur dann von null verschieden ist, falls zwischen den Knoten i und k ein Zweig existiert. Daraus ergibt sich, dass für reale Netze offensichtlich die allermeisten Elemente gleich null sind. Diese schwache Besetztheit der Admittanzmatrix soll im Folgenden quantitativ abgeschätzt werden. Für die topologische Beschreibung der Netze wird angenommen, dass parallele Zweige zwischen zwei Knoten zu einem Zweig zusammengefasst werden. Die Admittanzmatrix ist voll besetzt, falls jeder Knoten mit jedem anderen durch einen Zweig verbunden ist. Man erhält topologisch gesehen dann ein vollständiges N-Eck. Die Beziehung zwischen der Anzahl der Zweige N_Z und der Anzahl der Knoten N_K (bzw. N) lautet dann [29, 43]:

$$N_Z = \binom{N}{2} = \frac{N \cdot (N-1)}{2} \tag{2.220}$$

Abb. 2.61 zeigt ein Beispiel eines vollständigen N-Ecks für sechs Knoten. Die Anzahl der Zweige berechnet sich hierfür nach Gl. (2.220) mit $N_Z = 15$. Wie man sieht, kreuzen sich viele Zweige. Ab einer Knotenzahl $N \geq 5$ lässt sich ein Netz nicht mehr kreuzungsfrei mit einem planaren Graphen in einer Ebene darstellen.

Netze mit Kreuzungen kommen in realen Netzen der elektrischen Energieversorgung sehr selten vor. Zumindest in einer Spannungsebene werden sie vermieden. Eine vollständige Vermaschung ist völlig unüblich. Treten durch den Netzausbau Kreuzungsfälle in einer Spannungsebene auf, so werden an diesen Stellen in der Regel neue Knoten gebildet und es wird weiter überlegt, ob dadurch Zweige entfallen können. Im Allgemeinen

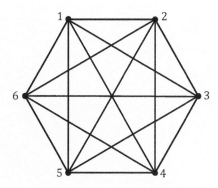

Abb. 2.61 Vollständiges N-Eck mit sechs Knoten und 15 Zweigen

verbessert sich damit die Verteilung des Leistungsflusses und die Versorgungszuverlässigkeit wird erhöht.

Existieren in einem Netz keine Kreuzungen, so kann man diese Topologie mit einem planaren Graphen beschreiben. Für eine Netzform mit größtmöglichem Vermaschungsgrad und ohne Kreuzungen erhält man einen vollständigen planaren Graphen. In Abb. 2.62 ist ein Beispiel eines vollständigen planaren Graphen mit sechs Knoten und zwölf Zweigen dargestellt.

Bei Erhöhung der Knotenzahl um eins kommen in einem vollständigen planaren Graphen jeweils drei neue Zweige hinzu. Damit errechnet sich die Anzahl der Zweige in einem vollständigen planaren Graphen mit $N > 2$ Knoten zu

$$N_Z = 3 \cdot N - 6 \tag{2.221}$$

Ab einer Knotenzahl größer fünf ist es sehr schwierig, die noch kreuzungsfrei erreichbaren Knoten mit neuen Zweigen zu verbinden. Eine Netzform mit einem vollständigen planaren Graphen ist daher in der elektrischen Energieversorgung nicht üblich.

Ein Netz, das schon eher den in der Realität anzutreffenden Topologieformen entspricht, zeigt Abb. 2.63. Man findet sie in der Regel in der Niederspannungsebene [30]. Hier wird die Netzform z. B. durch die Struktur der städtischen Bebauung und der Straßenführung vorgegeben. Das Beispiel zeigt ein Maschennetz mit topologisch gleichmäßigem Aufbau mit 35 Knoten und 58 Zweigen (a) sowie zusätzlich mit 24 Diagonalzweigen (b).

In einem solchen Netz mit rechteckigen Maschen gilt für den Zusammenhang zwischen der Anzahl der Knoten und der Anzahl der Zweige

$$N_Z \approx 2 \cdot \left(N - \sqrt{N}\right) \tag{2.222}$$

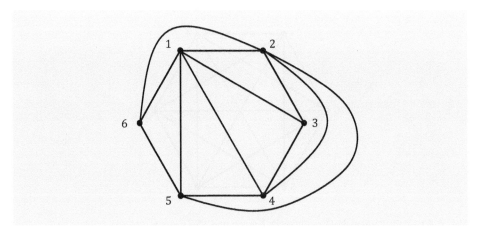

Abb. 2.62 Vollständig planarer Graph mit sechs Knoten und zwölf Zweigen

2.4 Anforderungen an Verfahren zur Berechnung ...

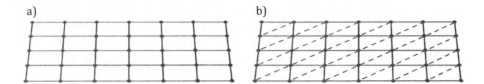

Abb. 2.63 Topologisch gleichmäßig aufgebautes Maschennetz

Erhöht man in dem Netz mit rechteckigen Maschen (Abb. 2.63a) die Vermaschung durch Erweiterung mit einem Diagonalzweig in jeder Masche (Abb. 2.63b), so erhält man für die Anzahl der Zweige nun

$$N_Z \approx 3 \cdot N - 4 \cdot \sqrt{N} + 1 \tag{2.223}$$

In Abb. 2.63b sind die neu hinzu gefügten Zweige gestrichelt dargestellt.

Die minimale Vermaschung, d. h. die kleinstmögliche Anzahl von Zweigen N_Z bei vorgegebener Knotenanzahl N in einem zusammenhängenden Netz hat ein Netz, das ausschließlich durch einen vollständigen Baum nachgebildet werden kann. Hier gilt für das Verhältnis der Anzahl von Knoten und Zweigen die Gl. (2.224).

$$N_Z = N - 1 \tag{2.224}$$

Damit enthält dieses Netz keine Maschen. Man nennt ein solches Netz je nach Form Strahlennetz (Abb. 2.64a) oder Liniennetz (Abb. 2.64b).

Das vollständige ebene Netz und das Strahlennetz bilden somit die beiden Grenzfälle theoretisch möglicher Topologien für zusammenhängende Netze mit der maximalen bzw. minimalen Anzahl von Netzzweigen. Reale Netze der elektrischen Energieversorgung haben eine topologische Struktur, die zwischen der des Strahlennetzes und der des vollständigen ebenen Netzes liegt. In einzelnen Fällen können auch Kreuzungen auftreten.

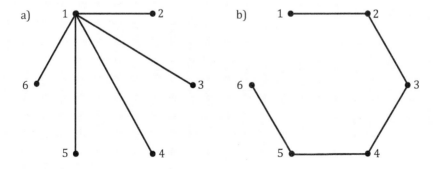

Abb. 2.64 Strahlennetz und Liniennetz mit sechs Knoten

Die Topologie der Netze wirkt sich direkt auf die Besetztheit der Knotenpunktadmittanzmatrix aus. In der Knotenpunktadmittanzmatrix sind definitionsgemäß alle Hauptdiagonalelemente besetzt. Von den Nebendiagonalelementen sind in einer Zeile i die Matrixelemente besetzt, deren Spaltenindex j den Knoten entspricht, die mit dem Knoten i direkt über einen Zweig verbunden sind.

Für die Anzahl der Nichtnullelemente N_{NN} in der Admittanzmatrix gilt damit allgemein:

$$N_{NN} = N + 2 \cdot N_Z \qquad (2.225)$$

Ersetzt man N_Z durch die Gl. (2.220, 2.221 und 2.224), kann die Anzahl der Nichtnullelemente allein durch die Knotenzahl ausgedrückt werden:

- vollständiges N-Eck:

$$N_{NN} = N + 2 \cdot \left(\frac{N \cdot (N-1)}{2} \right) = N^2 \qquad (2.226)$$

- vollständiges planares N-Eck:

$$N_{NN} = N + 2 \cdot (3 \cdot N - 6) = 7 \cdot N - 12 \qquad (2.227)$$

- Strahlennetz:

$$N_{NN} = N + 2 \cdot (N - 1) = 3 \cdot N - 2 \qquad (2.228)$$

Für Energieversorgungsnetze gilt demnach die Abschätzung:

$$3 \cdot N - 2 \leq N_{NN} \leq 7 \cdot N - 12 \quad \text{für} \quad (N > 2) \qquad (2.229)$$

Die Füllung (i.e. Besetzung mit Nichtnullelementen) einer Admittanzmatrix wird durch den Besetzungsgrad G_B angegeben. Er ist definiert zu

$$G_B = \frac{N_{NN}}{N^2} \qquad (2.230)$$

Damit ergeben sich für die Admittanzmatrizen der verschiedenen Netzarten die folgenden Besetzungsgrade:

- vollständiges N-Eck: $G_B = 1$
- vollständiges planares N-Eck: $G_B = \frac{7 \cdot N - 12}{N^2} = \frac{7}{N} - \frac{12}{N^2}$
- Strahlennetz: $G_B = \frac{3 \cdot N - 2}{N^2} = \frac{3}{N} - \frac{2}{N^2}$

Für den Bereich üblicher Energieversorgungsnetze gilt die Abschätzung:

$$\frac{3 \cdot N - 2}{N^2} \leq G_B \leq \frac{7 \cdot N - 12}{N^2} \qquad (2.231)$$

2.4 Anforderungen an Verfahren zur Berechnung ...

Während beim vollständigen N-Eck der Besetzungsgrad unabhängig von der Knotenzahl ist, nimmt bei allen anderen Netzstrukturen die Besetztheit der Knotenpunktadmittanzmatrix mit wachsender Knotenzahl N stetig ab. Abb. 2.65 stellt den Zusammenhang zwischen dem Besetzungsgrad G_B und Anzahl der Knoten N eines Netzes in einem Bereich von 10 bis 1000 Knoten im doppelt-logarithmischen Maßstab dar.

Schon bei relativ kleinen Netzen ist nur eine geringe Anzahl der Elemente der Knotenpunktadmittanzmatrix ungleich null. Bei in der Netzberechnung üblichen Netzgrößen ist der Anteil der Nichtnullelemente nur in der Größenordnung von einem Prozent und weniger, wie die folgenden Beispiele für die Abschätzung nach Gl. (2.231) zeigen.

$$\begin{aligned}&\text{für } N = 50 & 6\% \leq G_B \leq 14\% \\ &\text{für } N = 500 \quad \text{gilt} & 0{,}6\% \leq G_B \leq 1{,}4\% \\ &\text{für } N = 5000 & 0{,}06\% \leq G_B \leq 0{,}14\%\end{aligned}$$

Aus diesen Ergebnissen für den Besetzungsgrad der Knotenpunktadmittanzmatrix für reale Energieversorgungsnetze ergeben sich die nachfolgenden Folgerungen und Anforderungen an die Erstellung effizienter Softwareprodukte für Netzberechnungsverfahren.

Die schwache Besetztheit der Knotenpunktadmittanzmatrix muss konsequent genutzt werden. Es dürfen keine Nullen sondern nur die Elemente, die ungleich null sind, abgespeichert werden. Die Produktbildung bzw. Addition mit Nullen ist nicht notwendig und muss zur Rechenzeitoptimierung vermieden werden, da das Ergebnis bei der Multiplikation bereits bekannt ist bzw. durch die Addition gleichbleibt.

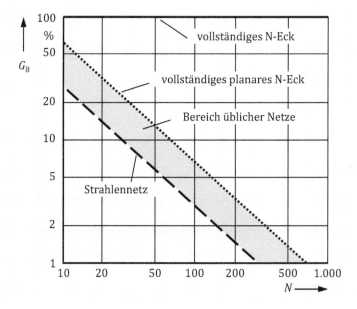

Abb. 2.65 Besetzungsgrad der Knotenpunktadmittanzmatrix in Abhängigkeit der Knotenanzahl

Ebenso muss die schwache Besetztheit der Knotenpunktadmittanzmatrix beim Lösen der Gleichungssysteme, beispielsweise durch die Einhaltung einer quasioptimalen Reihenfolge bei der Gauß'schen Elimination (Abschn. 2.3.3), erhalten bleiben. Insbesondere muss die Inversion der Admittanzmatrix unbedingt vermieden werden, da die Inverse der Knotenpunktadmittanzmatrix immer voll besetzt ist.

2.4.2.1.2 Knotengrad

Eine weitere Kenngröße zur topologischen Beschreibung von Netzen und ihren zugehörigen Graphen ist der Knotengrad G_K. Der Knotengrad eines Netzknotens bestimmt sich aus der Anzahl der Zweige, die direkt mit diesem Knoten verbunden sind. Diese Knotenmenge $\mathcal{N}$ wird als Nachbarschaft (Adjazenz) zu dem betreffenden Knoten bezeichnet. Es gilt $G_K = f(\mathcal{N})$. Ein Knoten, der mit allen anderen Knoten im Netz verbunden ist, besitzt den Knotengrad $G_K = N - 1$.

Ein Knoten, an dem kein Zweig angeschlossen ist, ist ein isolierter Knoten mit $G_K = 0$. Er hat demnach den Knotengrad null. In elektrischen Energieversorgungsnetzen sind die vorkommenden Knotengrade weitgehend unabhängig von der Netzgröße und liegen in der Mehrzahl in einem Bereich zwischen 1 und 10. Abb. 2.66 zeigt die kumulierte Häufigkeitsverteilung der Knotengrade in elektrischen Energieversorgungsnetzen [29, 31].

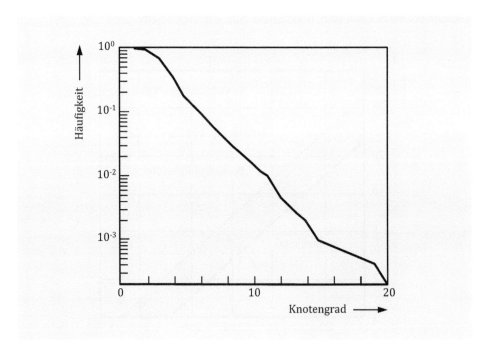

Abb. 2.66 Kumulierte Häufigkeitsverteilung des Knotengrads in elektrischen Energieversorgungsnetzen

2.4 Anforderungen an Verfahren zur Berechnung ...

Aus der Häufigkeitsverteilung des Knotengrads leitet sich auch logisch die schwache Besetztheitsstruktur der Knotenpunktadmittanzmatrix elektrischer Energieversorgungsnetze ab, da die überwiegende Mehrheit der Knoten einen Knotengrad kleiner als vier hat.

2.4.2.2 Beispiele realer Netztopologien

In Abb. 2.67 und 2.69 sind zwei charakteristische Beispiele für übliche Netztypen der elektrischen Energieversorgung in der Verteilnetzebene dargestellt.

Abb. 2.67 zeigt den topologischen Aufbau eines 110-kV-Kabelnetzausschnittes einer süddeutschen Großstadt mit 28 Knoten und 34 Zweigen. Es liegt hier eine typische Netzform mit geschlossenen Ringen vor. Da die Knoten 2 bis 28 nur jeweils mit zwei Nachbarknoten verbunden sind, ist die Knotenpunktadmittanzmatrix (Abb. 2.68) nur sehr schwach in den Nebendiagonalelementen besetzt.

Aufgrund der gewählten Nummerierung der Knoten liegen diese Nichtnullelemente auf den Nebendiagonalen direkt neben der Hauptdiagonale. Lediglich die erste Zeile bzw. Spalte enthält entsprechend den mit Knoten 1 direkt verbundenen Zweigen mehr Elemente [19]. In diesem Beispiel ergeben sich die Anzahl der Nichtnullelemente in der Knotenpunktadmittanzmatrix mit $N_{NN} = 28 + 2 \cdot 34 = 96$ und der Besetzungsgrad mit $G_B = 96/28^2 = 0{,}12245$.

Abb. 2.69 zeigt die topologische Struktur eines vermaschten Niederspannungsnetzes im innerstädtischen Bereich einer Großstadt mit insgesamt 33 Knoten, die sich auf neun Einspeisestationen aus dem überlagerten Mittelspannungsnetz (Ortsnetzstationen) und 24 Kabelverteilerschränke aufteilen.

Das Netz bildet aus 50 Zweigen 18 geschlossene Maschen, falls alle vorhandenen Verbindungen geschlossen sind. Im realen Netzbetrieb werden allerdings einige der möglichen Verbindungen in den Kabelverteilerschränken so geöffnet sein, dass das Netz die für die Niederspannungsebene typische Strahlenform aufweist.

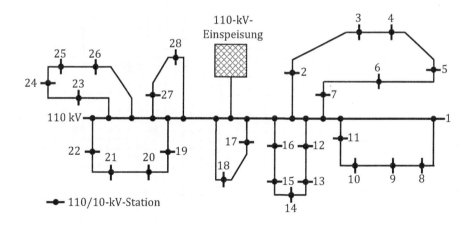

Abb. 2.67 Topologischer Aufbau eines städtischen 110-kV-Netzes

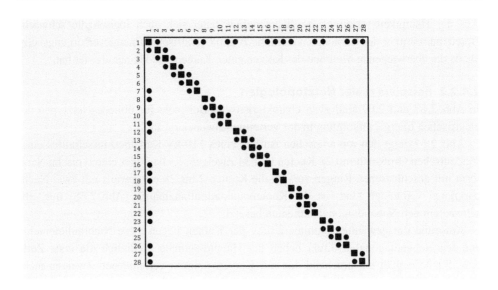

Abb. 2.68 Struktur der Knotenpunktadmittanzmatrix eines städtischen 110-kV-Netzes

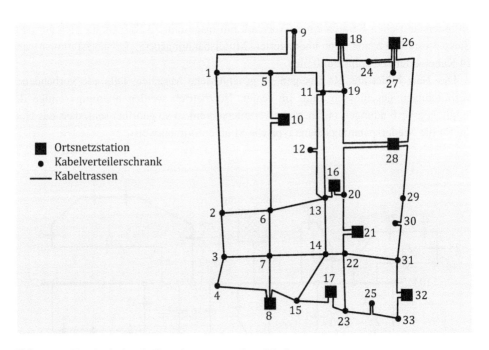

Abb. 2.69 Topologischer Aufbau eines vermaschten Niederspannungsnetzes

2.4 Anforderungen an Verfahren zur Berechnung ...

Die Kabeltrassen verlaufen bei diesem Netz entlang der öffentlichen Straßen des Stadtbezirkes.

Für das Niederspannungsnetzbeispiel ergeben sich die Anzahl der Nichtnullelemente in der Knotenpunktadmittanzmatrix (Abb. 2.70) mit $N_{NN} = 33 + 2 \cdot 50 = 133$ und der Besetzungsgrad mit $G_B = 133/33^2 = 0{,}12213$.

2.4.2.3 Topologische Interpretation der Gauß'schen Elimination

Kernpunkt vieler Verfahren zur Berechnung elektrischer Netze ist das Auflösen linearer Gleichungssysteme, da auch nichtlineare Probleme linearisiert und iterativ gelöst werden. Die bereits vorgestellten Verfahren zur Lösung eines linearen Gleichungssystems sind bei einmaliger Lösung eines linearen Gleichungssystems die Gauß'sche Elimination sowie die Dreiecksfaktorisierung nach Gauß-Banachiewicz, das aus der Gauß'schen Elimination abgeleitet ist. Es wird eingesetzt für das mehrmalige Lösen eines linearen Gleichungssystems bei unveränderter Matrix und verschiedenen Vektoren der rechten Seite.

Für das Verständnis und die Programmierung dieses Verfahrens ist es äußerst nützlich, die Gauß'sche Elimination topologisch zu interpretieren. Statt mit abstrakten Koeffizientengleichungen kann man den Eliminationsprozess auch an Hand von konkreten und anschaulichen topologischen Bildern darstellen.

Es soll im Folgenden die Behauptung überprüft werden, dass die Elimination einer Spalte der Admittanzmatrix für die Netztopologie das Entfernen des entsprechenden

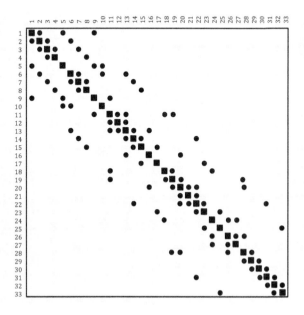

Abb. 2.70 Struktur der Knotenpunktadmittanzmatrix eines Niederspannungsnetzes

Knotens aus dem Netz und eine totale Vermaschung der Nachbarknoten oder eine Stern-Vieleck-Umwandlung bedeutet. Die aufgestellte Behauptung wird an zwei Beispielen überprüft.

Die erste Version der Interpretation wird anhand eines Fünf-Knoten-Beispielnetzes erläutert. Die folgenden Abb. 2.71a, 2.72a und 2.73a zeigen den Graphen des Beispielnetzes und die Abb. 2.71b, 2.72b und 2.73b die zugehörige Besetztheitsstruktur der Knotenpunktadmittanzmatrix in den einzelnen Eliminationsschritten. Dabei werden mit dem Zeichen ■ die Hauptdiagonalelemente, mit ● die Nebendiagonalelemente, mit ○ neue, während der Elimination entstehende Elemente (Fill-in-Elemente) und mit ⊗ die eliminierten Elemente bezeichnet.

Erster Schritt: Elimination der Spalte 1
Im ersten Schritt wird der Knoten 1 bzw. die erste Spalte der Knotenpunktadmittanzmatrix eliminiert. Dadurch entstehen neue bzw. geänderte Zweige zwischen allen bisher unmittelbar mit dem Knoten 1 verbundenen Knoten. In dem gegebenen Beispielnetz sind dies die Knoten 2, 3 und 4. Es entsteht somit jeweils ein neuer Zweig zwischen

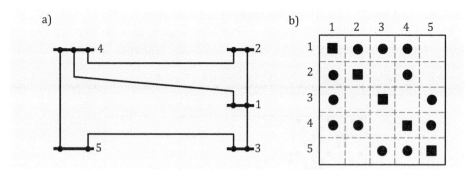

Abb. 2.71 Beispielnetz – Ausgangssituation

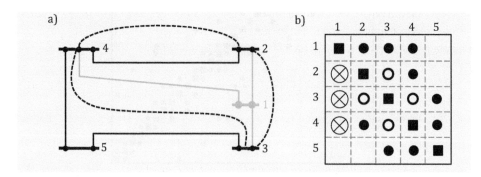

Abb. 2.72 Beispielnetz – erster Eliminationsschritt

2.4 Anforderungen an Verfahren zur Berechnung …

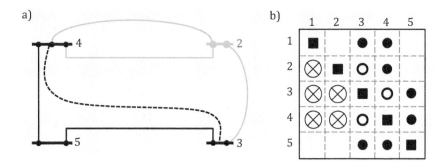

Abb. 2.73 Beispielnetz – zweiter Eliminationsschritt

den Knoten 2 und 3 sowie zwischen den Knoten 3 und 4. Die Admittanz des bereits existierenden Zweiges zwischen den Knoten 2 und 4 ändert sich durch die Elimination. Entsprechend den im Graph neu hinzu gekommenen Zweigen wird auch die Besetztheitsstruktur der Knotenpunktadmittanzmatrix modifiziert. Es entstehen neue, von null verschiedene sowie geänderte Matrixelemente a_{23}, a_{32}, a_{34} und a_{43}.

Zweiter Schritt: Elimination der Spalte 2
Durch die Elimination des Knotens 2 bzw. der zweiten Spalte der Knotenpunktadmittanzmatrix entsteht kein neuer Zweig. Es werden allerdings die Werte der Matrixelemente a_{34} und a_{43} verändert. Die nun verbliebene [M×N]-Matrix ist voll besetzt, d. h. alle Elemente der Matrix haben einen Wert ungleich null.

Die weiteren Eliminationsschritte, d. h. die Elimination der Knoten 3 und 4 bzw. der dritten und vierten Spalte werden in analoger Vorgehensweise durchgeführt. In dem gegebenen Beispiel entstehen durch diese Eliminationsschritte keine weiteren neuen Zweige bzw. Matrixelemente, da das verbliebene Netz mit den Knoten 3, 4 und 5 bereits vollständig vermascht ist und dementsprechend dieser Teil der Knotenpunktadmittanzmatrix voll besetzt ist. Allerdings ändern sich durch die beiden letzten Eliminationsschritte noch die Admittanzwerte der zwischen den jeweiligen Knoten verbleibenden Zweige.

Der zweiten Version der Interpretation liegt die Stern-Vieleck-Umwandlung zugrunde. Die Stern-Vieleck-Umwandlung wird am Beispiel einer Stern-Dreieck-Umwandlung mit drei Admittanzen nach Abb. 2.74 erläutert.

Die Admittanzen der Dreieckschaltung errechnen sich aus den Admittanzen der Sternschaltung zu:

$$\underline{Y}_{23} = \frac{\underline{Y}_2 \cdot \underline{Y}_3}{\underline{Y}_2 + \underline{Y}_3 + \underline{Y}_4} = \frac{\underline{Y}_2 \cdot \underline{Y}_3}{\sum \underline{Y}_i} \tag{2.232}$$

$$\underline{Y}_{34} = \frac{\underline{Y}_3 \cdot \underline{Y}_4}{\underline{Y}_2 + \underline{Y}_3 + \underline{Y}_4} = \frac{\underline{Y}_3 \cdot \underline{Y}_4}{\sum \underline{Y}_i} \tag{2.233}$$

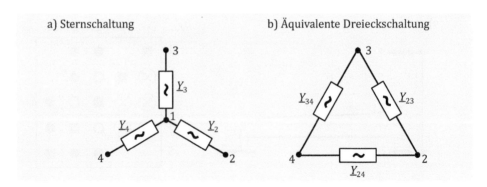

Abb. 2.74 Stern-Dreieck-Umwandlung mit drei Admittanzen

$$\underline{Y}_{42} = \frac{\underline{Y}_4 \cdot \underline{Y}_2}{\underline{Y}_2 + \underline{Y}_3 + \underline{Y}_4} = \frac{\underline{Y}_4 \cdot \underline{Y}_2}{\sum \underline{Y}_i} \qquad (2.234)$$

Um die Äquivalenz der Gauß'schen Elimination mit einer Stern-Vieleck-Umwandlung zu zeigen, werden in der Tab. 2.1 die Gl. (2.232, 2.233 und 2.234) aus der Gauß'schen Elimination der ersten Spalte der die Sternschaltung beschreibenden Knotenpunktadmittanzmatrix hergeleitet. In der Tabelle ist dabei links jeweils die Knotenpunktadmittanzmatrix der Sternschaltung und rechts die Admittanzmatrix der Dreiecksschaltung aufgetragen.

Man kann daraus unmittelbar die Identität der Matrixelemente auf den Plätzen i und j, für $i, j \geq 2$ zu erkennen. Diese topologische Interpretation der Gauß'schen Elimination und die Äquivalenz mit der Stern-Vieleck-Umwandlung können oft zum Verständnis von Rechenverfahren beitragen. So erfolgt beispielsweise die Bestimmung von Ersatznetzen (Kap. 7) durch die Reduktion von Teilnetzen auf der Basis einer fortgesetzten Stern-Vieleck-Umwandlung.

2.4.2.4 Abspeichern von schwach besetzten Matrizen

Bei der programmtechnischen Behandlung der Matrizen der Netzberechnung (z. B. Knotenpunktadmittanzmatrix, Jacobi-Matrix) müssen zwei Aspekte betrachtet werden. Zum einen sollen keine Elemente abgespeichert werden, die aufgrund der Netztopologie den Wert null haben. Da dies für die allermeisten Matrixelemente gilt, beträgt der tatsächliche Datenspeicheraufwand nur einen geringen Bruchteil des für die vollständige Matrix erforderlichen Speicherbedarfs. Damit werden gleichzeitig unnötige Operationen mit diesen Matrixelementen vermieden. Zum anderen sollen in einem Programm zur Berechnung elektrischer Energieversorgungsnetze keine doppelt bzw. mehrfach indizierten Felder verwendet werden, um den hierfür erforderlichen Rechenaufwand zu vermeiden. Die dafür zusätzliche Indexrechnung erfordert allerdings bei der Erstellung der Programmsysteme einen höheren Programmieraufwand bzw. die Verwendung spezieller Standardapplikationen.

2.4 Anforderungen an Verfahren zur Berechnung …

Tab. 2.1 Äquivalenz der Gauß'schen Elimination mit der Stern-Vieleck-Umwandlung

	1	2	3	4
1	$\Sigma \underline{Y}_i$	$-\underline{Y}_2$	$-\underline{Y}_3$	$-\underline{Y}_4$
2	$-\underline{Y}_2$	$\underline{Y}_2$	•	•
3	$-\underline{Y}_3$	•	$\underline{Y}_3$	•
4	$-\underline{Y}_4$	•	•	$\underline{Y}_4$

Elimination der 1. Spalte

	2	3	4
2	$\underline{Y}_{23} + \underline{Y}_{24}$	$-\underline{Y}_{23}$	$-\underline{Y}_{24}$
3	$-\underline{Y}_{23}$	$\underline{Y}_{23} + \underline{Y}_{34}$	$-\underline{Y}_{34}$
4	$-\underline{Y}_{24}$	$-\underline{Y}_{34}$	$\underline{Y}_{24} + \underline{Y}_{34}$

Einsetzen der Beziehungen der Stern-Dreieck-Umwandlung

	1	2	3	4
1	$\Sigma \underline{Y}_i$	$-\underline{Y}_2$	$-\underline{Y}_3$	$-\underline{Y}_4$
2	0	$\underline{Y}_2 - \dfrac{\underline{Y}_2 \cdot \underline{Y}_2}{\Sigma \underline{Y}_i}$	$-\dfrac{\underline{Y}_3 \cdot \underline{Y}_2}{\Sigma \underline{Y}_i}$	$-\dfrac{\underline{Y}_4 \cdot \underline{Y}_2}{\Sigma \underline{Y}_i}$
3	0	$-\dfrac{\underline{Y}_3 \cdot \underline{Y}_2}{\Sigma \underline{Y}_i}$	$\underline{Y}_3 - \dfrac{\underline{Y}_3 \cdot \underline{Y}_2}{\Sigma \underline{Y}_i}$	$-\dfrac{\underline{Y}_4 \cdot \underline{Y}_3}{\Sigma \underline{Y}_i}$
4	0	$-\dfrac{\underline{Y}_4 \cdot \underline{Y}_2}{\Sigma \underline{Y}_i}$	$-\dfrac{\underline{Y}_4 \cdot \underline{Y}_3}{\Sigma \underline{Y}_i}$	$\underline{Y}_4 - \dfrac{\underline{Y}_4 \cdot \underline{Y}_4}{\Sigma \underline{Y}_i}$

	2	3	4
2	$\dfrac{\underline{Y}_2 \cdot \underline{Y}_3 + \underline{Y}_3 \cdot \underline{Y}_2}{\Sigma \underline{Y}_i}$	$-\dfrac{\underline{Y}_3 \cdot \underline{Y}_2}{\Sigma \underline{Y}_i}$	$-\dfrac{\underline{Y}_4 \cdot \underline{Y}_2}{\Sigma \underline{Y}_i}$
3	$-\dfrac{\underline{Y}_3 \cdot \underline{Y}_2}{\Sigma \underline{Y}_i}$	$\dfrac{\underline{Y}_3 \cdot \underline{Y}_4 + \underline{Y}_2 \cdot \underline{Y}_3}{\Sigma \underline{Y}_i}$	$-\dfrac{\underline{Y}_4 \cdot \underline{Y}_3}{\Sigma \underline{Y}_i}$
4	$-\dfrac{\underline{Y}_4 \cdot \underline{Y}_2}{\Sigma \underline{Y}_i}$	$-\dfrac{\underline{Y}_4 \cdot \underline{Y}_3}{\Sigma \underline{Y}_i}$	$\dfrac{\underline{Y}_4 \cdot \underline{Y}_2 + \underline{Y}_3 \cdot \underline{Y}_4}{\Sigma \underline{Y}_i}$

Für die Behandlung von Matrizen, die nur wenige von null verschiedene Elemente enthalten, existieren spezielle Programmiertechniken, wie z. B. die Technik schwach besetzter oder „spärlicher" Matrizen.

Die Standardrepräsentation von schwach besetzten Matrizen bzw. Graphen, die nicht dicht (i.e. schwach vermascht bzw. gering zyklisch) sind, ist die Adjazenzlisten-Datenstruktur. Hierbei werden alle Nachbarknoten eines Knotens in einem mit ihm assoziierten, verketteten, eindimensionalem Feld abgespeichert [32]. Über ein eindimensionales Hilfsfeld lässt sich knotenspezifisch auf die Adjazenzlisten zugreifen.

Das für schwach besetzte Matrizen verwendete Speicherformat hat direkte Auswirkungen auf die eingesetzten Lösungsverfahren. Besondere Matrixformen, wie z. B. Bandmatrix, symmetrische Matrix, beeinflussen unmittelbar das Auffüllverhalten (Erzeugung neuer Nichtnullelemente, Fill-in-Elemente) der verschiedenen Algorithmen und hat damit natürlich Konsequenzen auf die Speicherstruktur. Bei der Verwendung von Standard-Programmpaketen mit fertig implementierten numerischen Algorithmen zur Problemlösung müssen die Daten in bestimmten Datenstrukturen übergeben werden, um die Leistungsfähigkeit dieser Algorithmen nutzen zu können. Einige der heute gängigen Speicherformate werden im Folgenden vorgestellt [33].

COO-Format: Koordinatenformat

Das COO-Format (Coordinated Storage) ist das einfachste Speicherformat für schwach besetzte Matrizen. Es verwendet drei eindimensionale Felder, ein REAL-Feld, in dem die Nichtnullelemente der Matrix A in beliebiger Reihenfolge stehen, sowie ein INTEGER-Feld für die Zeilenindizes und ein INTEGER-Feld mit den Spaltenindizes, in denen zu jedem Nichtnullelement die entsprechenden Koordinaten aus der Matrix A eingetragen werden.

Dieses Format wird häufig wegen seiner Einfachheit verwendet. Der Umstand, dass die Nichtnullelemente in beliebiger Reihenfolge abgespeichert werden dürfen, ist sowohl ein Vorteil als auch ein Nachteil des COO-Formats. Einerseits können die bei der Lösung des Gleichungssystems neu auftretenden Nichtnullelemente einfach am Ende der Felder ohne irgendwelchen Umordnungsaufwand angehängt werden. Andererseits ist der Suchaufwand nach einem bestimmten Matrixelement erheblich, da keinerlei Strukturinformation der Matrix A in das Speicherformat selbst eingeht. Ist das gesuchte Element gleich null, müssen die Felder komplett durchsucht werden, bis diese Information vorliegt. Ein weiterer Nachteil ist der immer noch recht hohe Speicherbedarf.

Modifiziertes COO-Format

Mit dieser Modifikation wird versucht, den Speicheraufwand des COO-Formats zu reduzieren. Statt der beiden INTEGER-Felder des ursprünglichen COO-Formates wird nur noch ein INTEGER-Feld benötigt, in dem die Koordinaten der Nichtnullelemente gespeichert werden. Die entsprechenden Koordinatenwerte k errechnen sich nach der Gleichung

$$k = (i-1) \cdot N + j \tag{2.235}$$

wobei i die Zeile und j die Spalte eines Elementes in der Matrix A bezeichnen. Diese Darstellung ist eindeutig.

Die Reduktion des Speicherbedarfs gegenüber dem COO-Format wird allerdings durch einige Nachteile erkauft. Um den ursprünglichen Zeilen- und Spaltenindex wiederherzustellen, sind zusätzliche Rechenschritte notwendig. Der Wertebereich des INTEGER-Feldes kann schnell überschritten werden und die Verwendung von mehr als 16 Bit pro Indexeintrag nötig machen, was nicht mehr dem eigentlichen Sinn dieses Formates entsprechen würde. In der Praxis ist dieses Speicherformat daher nur selten anzutreffen.

CRS-Format: Komprimierte Zeilenspeicherung

Das CRS-Format (Compressed Row Storage) ist bereits eine relativ kompakte Speicherform, die für beliebige Besetzungsstrukturen der Matrix A geeignet ist. Der Vorteil dieses Formates ist es, sehr schnell alle Nichtnullelemente einer bestimmten Zeile zu finden.

Es verwendet drei eindimensionale Felder, ein REAL-Feld, in dem die Nichtnullelemente der Matrix A zeilenweise, von links nach rechts, stehen; sowie ein INTEGER-Feld, in dem zu jedem Nichtnullelement der entsprechende Spaltenindex aus der Matrix

2.4 Anforderungen an Verfahren zur Berechnung ...

A eingetragen wird, und ein INTEGER-Pointer-Feld, in dem der Beginn jeder Matrixzeile gespeichert wird.

Das CRS-Format benötigt gegenüber dem COO-Format deutlich weniger Speicherplatz. Die Suche nach einem bestimmten Matrixelement geht bei diesem Format deutlich schneller. Werden allerdings vom Lösungsalgorithmus neue Nichtnullelemente (Fill-in-Elemente) erzeugt, so ist die Einordnung komplizierter und mit mehr Aufwand verbunden als beim COO-Format.

MRS-Format: Modifiziertes CRS-Format
Beim MRS-Format (Modified Compressed Row Storage) wird der ohnehin schon geringe Speicherplatzbedarf des CRS-Formats noch weiter gesenkt. Man geht bei diesem Format davon aus, dass die Hauptdiagonale voll (oder zumindest überdurchschnittlich hoch) besetzt ist. Dies ist eine Bedingung, die fast alle in der Praxis vorkommenden Matrizen in Energieversorgungsnetzen erfüllen. Speichert man nun die Hauptdiagonale (auch die Elemente mit einem Wert null) extra in einem Vektor ab, so wird keinerlei zusätzliche Koordinateninformation dafür benötigt. Die Zuordnung ist eindeutig, da z. B. das dritte Hauptdiagonalelement in der dritten Zeile steht.

Diese Grundidee wird im MRS-Format folgendermaßen umgesetzt. Die Hauptdiagonalelemente der Matrix A werden in einem eigenen REAL-Feld abgespeichert. Die Nebendiagonalelemente, die nicht null sind, werden entsprechend dem CRS-Format behandelt.

Vor- und Nachteile dieser Speicherform sind ähnlich dem CRS-Format. Das MRS-Format wird aufgrund seiner Eigenschaften sehr häufig verwendet. Es ist das bevorzugte Format bei Berechnungsverfahren für elektrische Energieversorgungsnetze.

CCS-Format (auch Harwell-Boeing-Format): Komprimierte Spaltenspeicherung
Das CCS-Format (Compressed Column Storage) entspricht im Wesentlichen dem CRS-Format mit dem Unterschied, dass man hier nicht schnell auf eine Zeile, sondern auf eine komplette Spalte zugreifen möchte.

Gegenüber dem CRS-Format werden hierbei die folgenden Felder benötigt. Ein REAL-Feld, in dem die Nichtnullelemente der Matrix A spaltenweise, von links nach rechts, von oben nach unten abgespeichert werden; sowie ein INTEGER-Feld, in dem zu jedem Element des REAL-Feldes der entsprechende Zeilenindex aus der Matrix A abgespeichert wird, und ein INTEGER-Pointer-Feld, in dem der Beginn jeder Matrixspalte im REAL-Feld abgespeichert wird.

CDS-Format: Komprimiertes Diagonalformat
Das CDS-Format (Compressed Diagonal Storage) geht von einer Bandstruktur der Matrix A aus. Außerdem sollte für das CDS-Format die Bandbreite relativ klein und konstant, der Besetztheitsgrad innerhalb des Bandes sollte dagegen hoch sein. Durch die Speicherung der Neben- und Hauptdiagonalen der Matrix A nach einem bestimmten Muster (nebeneinander) werden Zusatzinformationen zu den Koordinaten der einzel-

nen Elemente bzw. der Zeilen (Spalten) überflüssig. Es werden nur zwei zusätzliche INTEGER-Zahlen, die die obere und die untere Bandbreite der Matrix $\boldsymbol{A}$ angeben, zur eindeutigen Dekodierung benötigt.

Im Wesentlichen besteht das CDS-Format aus einem rechteckigen REAL-Feld, in das von oben nach unten die Matrixdiagonalen von unten nach oben eingetragen werden. Der Vorteil dieses Formats besteht darin, dass keine Koordinaten zu den einzelnen Elementen der Matrix $\boldsymbol{A}$ abgespeichert werden müssen, da die gesamte Strukturinformation der Matrix im Speicherformat erhalten bleibt. Allerdings ist der Speicherplatzgewinn sehr stark von der Bandbreite und der Anzahl der Nullen innerhalb des Bandes abhängig.

Weitere Speicherformate für schwach besetzte Matrizen sind beispielsweise das BND-Format (Bandmatrizenspeicherung), das JDS-Format (Verschobenes Diagonalformat), das SKS-Format (Skyline-Speicherung) sowie das Bandformat, auf die hier nicht näher eingegangen wird [33].

2.4.2.5 Komprimierte Zeilenspeicherung für symmetrische Matrizen

Im Folgenden wird die sogenannte gedrängte Speicherung der Daten eines elektrischen Energieversorgungsnetzes mit Adjazenzlisten entsprechend dem MRS-Speicherformat für symmetrische bzw. geringfügig unsymmetrische Matrizen beschrieben. Hierfür sind die folgenden Felder erforderlich:

- Die Nebendiagonalelemente ungleich null werden zeilenweise hintereinander in ein eindimensionales REAL-Feld geschrieben. Bei symmetrischen Matrizen müssen nur die Elemente oberhalb der Hauptdiagonalen abgespeichert werden.
- Die Hauptdiagonalelemente, die in der Regel alle ungleich null sind, werden in einem separaten eindimensionalen REAL-Feld gespeichert.
- In drei INTEGER-Indexfeldern wird die Zuordnung der seriell gespeicherten Matrixelemente zu den tatsächlichen Plätzen in der Matrix beschrieben.

Beispielhaft wird diese Speichermethode an Hand der Admittanzmatrix gezeigt. Auf andere, ebenfalls schwach besetzte Matrizen, die bei der Netzberechnung vorkommen, wie beispielsweise die Jacobi-Matrix bei der Newton–Raphson Leistungsflussrechnung, ist sie analog anzuwenden.

Für die Abspeicherung sind die nachfolgenden Eigenschaften der Matrix $\boldsymbol{Y}$ wesentlich.

- Die Matrixelemente $\underline{y}_{ij}$ sind komplexe Größen. Damit sind jeweils ein REAL-Feld für den Real- und den Imaginärteil der Matrixelemente erforderlich.
- Die Admittanzmatrix ist in jedem Fall topologisch symmetrisch, d. h. falls $\underline{y}_{ij} = 0$, gilt auch $\underline{y}_{ji} = 0$.
- Für Netze ohne schräg stellbare Transformatoren ist die Admittanzmatrix auch mathematisch symmetrisch, d. h. für die Nebendiagonalelemente gilt dann $\underline{y}_{ij} = \underline{y}_{ji}$. Für die weitere Ableitung wird zunächst die mathematische Symmetrie vorausgesetzt.

2.4 Anforderungen an Verfahren zur Berechnung ...

Die Methode der gedrängten Abspeicherung der Knotenpunktadmittanzmatrix wird an Hand des Beispielnetzes nach Abb. 2.71 erläutert. Die Knoten ($N=5$) sind zufällig durchnummeriert. Bei den Zweigen ($N_Z = 6$) handelt es sich zunächst um symmetrische Elemente (z. B. Freileitungen, Kabel).

In Tab. 2.2 sind die Zweigparameter des Beispielnetzes angegeben. Die Zweiginformationen sind zeilenweise abgelegt. Die Reihenfolge der aufgeführten Zweige in dieser Tabelle ist willkürlich.

In der ersten Spalte der Tabelle wird den Zweigen eine fortlaufende Nummer vergeben, die im Folgenden nicht mehr weiterverwendet wird. Die zweite bzw. dritte Spalte enthält den Anfangs- bzw. End-Knoten des entsprechenden Zweiges. Die Bezeichnung Anfangs- bzw. End-Knoten hat keine tiefere Bedeutung bei einem symmetrischen Zweig und dient nur zur Unterscheidung der beiden Knoten eines Zweiges. In den Spalten vier und fünf ist der Real- bzw. Imaginärteil der Längsimpedanz des Zweiges aus dem Π-Ersatzschaltbild abgelegt. Die Spalten sechs und sieben enthalten den Real- bzw. den Imaginärteil der Querimpedanz aus dem Π-Ersatzschaltbild des Zweiges. Da zunächst nur symmetrische Zweige betrachtet werden, muss für jeden Zweig auch nur ein Querelement abgespeichert werden.

Für die Abspeicherung der Zweigparameter und der Topologie des Netzes, mit der die Verbindung der einzelnen Zweige beschrieben wird, sind insgesamt sieben Spaltenvektoren erforderlich. Damit können die Informationen der Knotenpunktadmittanzmatrix des Netzes vollständig abgespeichert werden. In Tab. 2.3 sind die erforderlichen Indexfelder und Matrixelementfelder bei gedrängter Speicherung für das Fünf-Knoten-Beispielnetz angegeben. Die hier verwendeten Namen der Felder sind nur als Beispiel zu verstehen. Sie sind grundsätzlich frei wählbar.

Die aus den Längselementen des Π-Ersatzschaltbildes bestimmten Nebendiagonalelemente werden getrennt nach Real- und Imaginärteil in die Felder GIJ und BIJ geschrieben. Die Reihenfolge entspricht der zufälligen Anordnung in der Eingabeliste in Tab. 2.2.

Die Spaltenindizes der Matrixelemente ungleich null werden zeilenweise im Feld INDEX gespeichert. Das Feld ANFANG hat die Funktion eines Zeigers („Pointer"), d. h.

Tab. 2.2 Zweigparameter des Beispielnetzes

Nr	Anfangsknoten	Endknoten	Längsimpedanz		Querimpedanz	
			R_{ij}	X_{ij}	$G_{0,ij}$	$B_{0,ij}$
1	4	5	R_{45}	X_{45}	$G_{0,45}$	$B_{0,45}$
2	4	2	R_{42}	X_{42}	$G_{0,42}$	$B_{0,42}$
3	4	1	R_{41}	X_{41}	$G_{0,41}$	$B_{0,41}$
4	5	3	R_{53}	X_{53}	$G_{0,53}$	$B_{0,53}$
5	2	1	R_{21}	X_{21}	$G_{0,21}$	$B_{0,21}$
6	1	3	R_{13}	X_{13}	$G_{0,13}$	$B_{0,13}$

Tab. 2.3 Indexfelder und Matrixelementfelder bei gedrängter Speicherung

	1	2	3	4	5	6	7
i	ANFANG(i)	INDEX(i)	PLATZ(i)	GIJ(i)	BIJ(i)	GII(i)	BII(i)
1	1	4	3	G_{45}	B_{43}	G_{11}	B_{11}
2	4	3	6	G_{42}	B_{42}	G_{22}	B_{22}
3	6	2	5	G_{41}	B_{41}	G_{33}	B_{33}
4	8	4	2	G_{53}	B_{53}	G_{44}	B_{44}
5	11	1	5	G_{21}	B_{21}	G_{55}	B_{55}
6	13	5	4	G_{13}	B_{13}		
7		1	6				
8		5	1				
9		1	3				
10		2	2				
11		3	4				
12		4	1				
13							

die Elemente dieses Feldes zeigen auf den Beginn jeder Zeile in den Feldern INDEX und PLATZ.

Das Feld PLATZ ist parallel zu INDEX aufgebaut und zeigt auf den Speicherplatz des entsprechenden Matrixelementes in GIJ bzw. BIJ.

Die Hauptdiagonalelemente werden abschließend nach erfolgter Summenbildung entsprechend der Nummerierung der Knoten in den Feldern GII und BII abgelegt.

Falls im Netz schräg stellbare Transformatoren dargestellt werden sollen, gilt die bisher vorausgesetzte mathematische Symmetrie der Admittanzmatrix im Allgemeinen nicht mehr. Bei diesen Elementen gilt dann $\underline{Y}_{ij} \neq \underline{Y}_{ji}$ (s. Abschn. 2.1.6.3.2), d. h. die Admittanzmatrix ist nun unsymmetrisch $\underline{y}_{ij} \neq \underline{y}_{ji}$.

Auch für diesen Fall kann die gedrängte Speicherung der Admittanzmatrix beibehalten werden. Im folgenden Beispiel wird hierfür eine einfache Lösung erläutert, ohne dass alle Elemente unterhalb der Hauptdiagonalen gespeichert werden müssen.

Für das Beispielnetz entsprechend Abb. 2.71 wird angenommen, dass die Zweige 3–5 und 4–5 schräg stellbare Transformatoren sind (Abb. 2.75). Dies erfordert bei der Speicherung nachfolgende Änderungen zur bisher beschriebenen Vorgehensweise:

- Die zusätzlichen Nebendiagonalelemente G_{54}, B_{54}, G_{35} und B_{35} werden in den Feldern GIJ und BIJ in den Zeilen ($N_Z + 1$) und ($N_Z + 2$) angefügt.
- Die Hauptdiagonalelemente der Knoten 3, 4 und 5 werden in den Feldern GII und BII entsprechend modifiziert.
- Das Feld PLATZ wird entsprechend modifiziert.

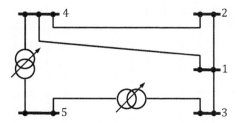

Abb. 2.75 Beispielnetz mit schräg stellbaren Transformatoren

Damit ergeben sich nach Tab. 2.4 die aktualisierten Indexfelder und Matrixelementfelder bei gedrängter Speicherung eines Netzes mit schräg stellbaren Transformatoren. Ein zusätzlicher Speicheraufwand entsteht nur durch die zusätzlichen Nebendiagonalelemente.

Da in der Regel in einem Netz nur anteilig wenige schräg stellbare Transformatoren vorhanden sind, ist der zusätzliche Speicheraufwand nur sehr gering. Wie das Beispiel zeigt, können auch Asymmetrien in der Admittanzmatrix durch schräg stellbare Transformatoren mit minimalem zusätzlichem Speicheraufwand leicht behandelt werden.

2.4.2.6 Gauß'sche Elimination einer gedrängt gespeicherten Matrix

Konsequenterweise wird die Admittanzmatrix nicht nur gedrängt abgespeichert, sondern es soll auch bei ihrer weiteren Verwendung in einem Rechenprogramm der erreichte Speichervorteil nicht verloren gehen. Als Beispiel für die programmtechnische

Tab. 2.4 Indexfelder und Matrixelementfelder bei gedrängter Speicherung mit schräg stellbaren Transformatoren

i	ANFANG(i)	INDEX(i)	PLATZ(i)	GIJ(i)	BIJ(i)	GII(i)	BII(i)
1	1	4	3	G_{45}	B_{43}	G_{11}	B_{11}
2	4	3	6	G_{42}	B_{42}	G_{22}	B_{22}
3	6	2	5	G_{41}	B_{41}	$\tilde{G}_{33}$	$\tilde{B}_{33}$
4	8	4	2	G_{53}	B_{53}	$\tilde{G}_{44}$	$\tilde{B}_{44}$
5	11	1	5	G_{21}	B_{21}	$\tilde{G}_{55}$	$\tilde{B}_{55}$
6	13	5	4→8	G_{13}	B_{13}		
7		1	6	G_{54}	B_{54}		
8		5	1	G_{35}	B_{35}		
9		1	3				
10		2	2				
11		3	4				
12		4	1→7				
13							

Weiterverarbeitung einer gedrängt gespeicherten Matrix soll im Folgenden die Gauß'sche Elimination behandelt werden.

Hierfür werden zunächst einige Vorüberlegungen angegeben. Üblicherweise wird die Gauß'sche Elimination, wie in Abschn. 2.3.3 erläutert, spaltenweise durchgeführt. Abb. 2.76a zeigt den prinzipiellen Ablauf der spaltenweisen Elimination beim Gauß'schen Algorithmus.

Der Nachteil dieser Vorgehensweise liegt darin, dass bei der Elimination einer Spalte i in verschiedenen Zeilen über die gesamte Matrix verteilt neue Elemente entstehen. Da auch die obere Dreiecksmatrix gedrängt gespeichert werden soll, sind die neu entstandenen „Fill-in"-Elemente nur schwierig zu behandeln. Die Interpretation der Gauß'schen Elimination als Stern-Vieleck-Umwandlung beruht zwar auf der spaltenweisen Elimination, die Nachteile dieser Vorgehensweise können vermieden werden, wenn die Elimination zeilenweise durchgeführt wird. Abb. 2.76b zeigt den prinzipiellen Ablauf der zeilenweisen Elimination beim Gauß'schen Algorithmus.

Die Vorteile bei dieser Vorgehensweise liegen darin, dass neue Elemente nur in der Zeile, die gerade eliminiert wird, entstehen können und dass für die Elimination nur Elemente oberhalb der gerade zu eliminierenden Zeile notwendig sind. Die Elemente unterhalb der eliminierten Teile brauchen bis dahin überhaupt noch nicht bekannt zu sein. Die Matrix wird in ihrer Gesamtheit für die Elimination nicht gebraucht. Es genügt, ausschließlich die jeweils zu eliminierende Zeile in ein für die Elimination vorgesehenes Arbeitsfeld zu speichern. In diesem Feld werden die Rechenoperationen für die Elimination durchgeführt. Das Ergebnis dieser Zeilenoperation wird dann vollständig auf einmal in ein für die obere Dreiecksmatrix vorgesehenes Feld übertragen. Das Arbeitsfeld kann anschließend durch den Inhalt der nächsten zu behandelnden Zeile überschrieben werden.

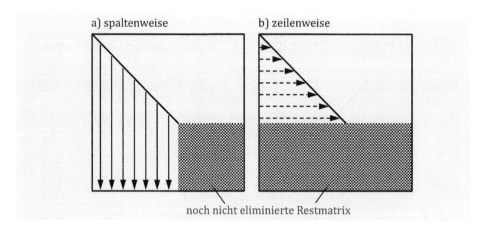

Abb. 2.76 Prinzipieller Ablauf der spalten- und der zeilenweisen Elimination

2.4 Anforderungen an Verfahren zur Berechnung ...

Exemplarisch wird für das Beispielnetz aus Abb. 2.71 die zeilenweise Elimination im Vergleich zur spaltenweisen Elimination durchgeführt. In Tab. 2.5 werden die einzelnen Rechenschritte der spaltenweisen und der zeilenweisen Elimination gegenübergestellt.

Die Vorgehensweise bei der zeilenweisen Gauß'schen Elimination für eine gedrängt abgespeicherte Admittanzmatrix wird an dem bereits beschriebenen Beispielnetz (Abb. 2.71) erläutert. Die obere Dreiecksmatrix als Ergebnis der Gauß'schen Elimination wird natürlich wieder gedrängt gespeichert.

Da Nebendiagonalelemente nur oberhalb der Hauptdiagonale ungleich null sind, können die Matrixelemente parallel zum Feld der Spaltenindizes gespeichert werden. Ein zum Zeigerfeld PLATZ korrespondierendes Feld ist nicht erforderlich. Das Ergebnis für das Beispielnetz nach Abb. 2.71 und die einzelnen Eliminationsschritte sind in Tab. 2.7 dargestellt.

Für das Beispiel werden die folgenden Bezeichnungen der Felder gewählt:

DM(i)   zeilenweise Abspeicherung der Nichtnullelemente der oberen Dreiecksmatrix (Nebendiagonale)
INDEX_DM(i)   Spaltenindizes der Dreiecksmatrix
ANFANG_DM(i)   Zeiger, der auf den Anfang jeder Zeile in DM(i) weist
DIAG_DM(i)   Hauptdiagonal-Elemente der Dreiecksmatrix

Mit diesen Bezeichnungen ergeben sich die Felder zum Abspeichern der Dreiecksmatrix für das Beispielnetz nach Tab. 2.6.

Zum Lösungsweg werden im Folgenden einige Hinweise gegeben. Zur Durchführung der Elimination einer Zeile wird ein Hilfsfeld AR(i) („**A**rbeits-**R**eihe") eingeführt mit den Indexfeldern INDEX_AR(i) mit den Spalten-Indizes der Arbeitsreihe und NEXT(i), der als Zeiger auf die nächste zu bearbeitende Stelle in der Arbeitsreihe AR(i) hinweist.

Die Elimination einer Zeile wird in diesen Hilfsfeldern durchgeführt. Das Ergebnis wird dann sukzessive in die Dreiecksmatrix eingespeichert. Neu hinzukommende Elemente werden in der Arbeitsreihe angefügt. Über entsprechende Änderungen des Zeigerfeldes NEXT wird die Reihenfolge der Elemente gekennzeichnet. Beim Umspeichern der fertigen eliminierten Zeile wird die Reihenfolge der Elemente berücksichtigt.

2.4.3 Optimale Eliminationsreihenfolge

2.4.3.1 Problemstellung

An die Reihenfolge der Knotennamen werden bei den bisherigen Betrachtungen keine besonderen Anforderungen gestellt und die Auswirkungen der Nummerierung auf das Lösungsverfahren bleiben unberücksichtigt. Die Zuordnung der Knotennamen zu den Nummern der Netzknoten von 1 bis N erfolgt von Hand oder automatisiert per Programm und geschieht im Allgemeinen zufällig. Die Vergabe der Nummern und damit auch die Besetzung der Admittanzmatrix ergeben sich damit rein willkürlich. Tatsächlich

Tab. 2.5 Vergleich der spaltenweisen und zeilenweisen Elimination

Spaltenweise Elimination		Zeilenweise Elimination	
1. Spalte		**2. Zeile**	
$\underline{Y}_{21} \stackrel{!}{=} 0$	$\underline{Y}'_{22} = \underline{Y}_{22} - \underline{Y}_{12} \cdot \underline{Y}_{21}/\underline{Y}_{11}$ $\underline{Y}'_{23} = 0 - \underline{Y}_{13} \cdot \underline{Y}_{21}/\underline{Y}_{11}$ $\underline{Y}'_{24} = \underline{Y}_{24} - \underline{Y}_{14} \cdot \underline{Y}_{21}/\underline{Y}_{11}$	$\underline{Y}_{21} \stackrel{!}{=} 0$	$\underline{Y}'_{22} = \underline{Y}_{22} - \underline{Y}_{12} \cdot \underline{Y}_{21}/\underline{Y}_{11}$ $\underline{Y}'_{23} = 0 - \underline{Y}_{13} \cdot \underline{Y}_{21}/\underline{Y}_{11}$ $\underline{Y}'_{24} = \underline{Y}_{24} - \underline{Y}_{14} \cdot \underline{Y}_{21}/\underline{Y}_{11}$
$\underline{Y}_{21} \stackrel{!}{=} 0$	$\underline{Y}'_{32} = 0 - \underline{Y}_{12} \cdot \underline{Y}_{31}/\underline{Y}_{11}$ $\underline{Y}'_{33} = \underline{Y}_{33} - \underline{Y}_{13} \cdot \underline{Y}_{31}/\underline{Y}_{11}$ $\underline{Y}'_{34} = 0 - \underline{Y}_{14} \cdot \underline{Y}_{31}/\underline{Y}_{11}$		**3. Zeile**
		$\underline{Y}_{31} \stackrel{!}{=} 0$	$\underline{Y}'_{32} = 0 - \underline{Y}_{12} \cdot \underline{Y}_{31}/\underline{Y}_{11}$ $\underline{Y}'_{33} = \underline{Y}_{33} - \underline{Y}_{13} \cdot \underline{Y}_{31}/\underline{Y}_{11}$ $\underline{Y}'_{34} = 0 - \underline{Y}_{14} \cdot \underline{Y}_{31}/\underline{Y}_{11}$
$\underline{Y}_{21} \stackrel{!}{=} 0$	$\underline{Y}'_{42} = \underline{Y}_{42} - \underline{Y}_{12} \cdot \underline{Y}_{41}/\underline{Y}_{11}$ $\underline{Y}'_{43} = 0 - \underline{Y}_{13} \cdot \underline{Y}_{41}/\underline{Y}_{11}$ $\underline{Y}'_{44} = \underline{Y}_{44} - \underline{Y}_{14} \cdot \underline{Y}_{41}/\underline{Y}_{11}$	$\underline{Y}_{32} \stackrel{!}{=} 0$	$\underline{Y}''_{33} = \underline{Y}'_{33} - \underline{Y}'_{23} \cdot \underline{Y}'_{32}/\underline{Y}'_{22}$ $\underline{Y}'_{34} = \underline{Y}_{34} - \underline{Y}'_{24} \cdot \underline{Y}'_{32}/\underline{Y}'_{22}$
2. Spalte		**4. Zeile**	
$\underline{Y}_{32} \stackrel{!}{=} 0$	$\underline{Y}''_{33} = \underline{Y}'_{33} - \underline{Y}'_{23} \cdot \underline{Y}'_{32}/\underline{Y}'_{22}$ $\underline{Y}'_{34} = \underline{Y}_{34} - \underline{Y}'_{24} \cdot \underline{Y}'_{32}/\underline{Y}'_{22}$	$\underline{Y}_{41} \stackrel{!}{=} 0$	$\underline{Y}'_{42} = \underline{Y}_{42} - \underline{Y}_{12} \cdot \underline{Y}_{41}/\underline{Y}_{11}$ $\underline{Y}'_{43} = 0 - \underline{Y}_{13} \cdot \underline{Y}_{41}/\underline{Y}_{11}$ $\underline{Y}'_{44} = \underline{Y}_{44} - \underline{Y}_{14} \cdot \underline{Y}_{41}/\underline{Y}_{11}$
$\underline{Y}'_{42} \stackrel{!}{=} 0$	$\underline{Y}'_{43} = \underline{Y}_{43} - \underline{Y}'_{23} \cdot \underline{Y}'_{42}/\underline{Y}'_{22}$ $\underline{Y}''_{44} = \underline{Y}'_{44} - \underline{Y}'_{24} \cdot \underline{Y}'_{42}/\underline{Y}'_{22}$	$\underline{Y}'_{42} \stackrel{!}{=} 0$	$\underline{Y}'_{43} = \underline{Y}_{43} - \underline{Y}'_{23} \cdot \underline{Y}'_{42}/\underline{Y}'_{22}$ $\underline{Y}''_{44} = \underline{Y}'_{44} - \underline{Y}'_{24} \cdot \underline{Y}'_{42}/\underline{Y}'_{22}$
3. Spalte			
$\underline{Y}'_{43} \stackrel{!}{=} 0$	$\underline{Y}'''_{44} = \underline{Y}''_{44} - \underline{Y}'_{34} \cdot \underline{Y}'_{43}/\underline{Y}''_{33}$ $\underline{Y}'_{45} = \underline{Y}_{45} - \underline{Y}_{35} \cdot \underline{Y}'_{43}/\underline{Y}''_{33}$	$\underline{Y}'_{43} \stackrel{!}{=} 0$	$\underline{Y}'''_{44} = \underline{Y}''_{44} - \underline{Y}'_{34} \cdot \underline{Y}'_{43}/\underline{Y}''_{33}$ $\underline{Y}'_{45} = \underline{Y}_{45} - \underline{Y}_{35} \cdot \underline{Y}'_{43}/\underline{Y}''_{33}$
		5. Zeile	
$\underline{Y}'_{53} \stackrel{!}{=} 0$	$\underline{Y}'_{54} = \underline{Y}_{54} - \underline{Y}'_{34} \cdot \underline{Y}'_{53}/\underline{Y}''_{33}$ $\underline{Y}'_{55} = \underline{Y}_{55} - \underline{Y}_{35} \cdot \underline{Y}'_{53}/\underline{Y}''_{33}$	$\underline{Y}_{53} \stackrel{!}{=} 0$	$\underline{Y}'_{54} = \underline{Y}_{54} - \underline{Y}'_{34} \cdot \underline{Y}'_{53}/\underline{Y}''_{33}$ $\underline{Y}'_{55} = \underline{Y}_{55} - \underline{Y}_{35} \cdot \underline{Y}'_{53}/\underline{Y}''_{33}$
4. Spalte			
$\underline{Y}'_{54} \stackrel{!}{=} 0$	$\underline{Y}''_{55} = \underline{Y}'_{55} - \underline{Y}'_{45} \cdot \underline{Y}'_{54}/\underline{Y}'''_{44}$	$\underline{Y}'_{54} \stackrel{!}{=} 0$	$\underline{Y}''_{55} = \underline{Y}'_{55} - \underline{Y}'_{45} \cdot \underline{Y}'_{54}/\underline{Y}'''_{44}$

2.4 Anforderungen an Verfahren zur Berechnung ...

Tab. 2.6 Felder zum Abspeichern der Dreiecksmatrix

i	ANFANG_DM(i)	INDEX_DM(i)	DM(i)	DIAG_DM(i)
1	1	2	$\underline{Y}_{12}$	$\underline{Y}_{11}$
2	4	3	$\underline{Y}_{13}$	$\underline{Y}'_{22}$
3	6	4	$\underline{Y}_{14}$	$\underline{Y}''_{33}$
4	8	3	$\underline{Y}_{23}$	$\underline{Y}'''_{44}$
5	9	4	$\underline{Y}'_{24}$	$\underline{Y}''_{55}$
6		4	$\underline{Y}'_{34}$	
7		5	$\underline{Y}_{35}$	
8		5	$\underline{Y}'_{45}$	
9				

verursachen jedoch unterschiedliche Besetzungsstrukturen bei der Gauß'schen Elimination (bzw. Dreiecksfaktorisierung) eine deutlich unterschiedliche Anzahl neuer Elemente („Fill-in-Elemente") in der Dreiecksmatrix und eine deutlich unterschiedliche Anzahl von Rechenschritten [26, 34].

Um Speicherplatz und Rechenzeit klein zu halten, sollte daher vor der Durchführung der Elimination eine möglichst günstige Eliminationsreihenfolge festgelegt und die Netzknoten entsprechend umnummeriert werden. Eine optimale Eliminationsreihenfolge wird dann erreicht, falls die Anzahl der neuen Elemente in der Dreiecksmatrix und damit der erforderliche Speicherbedarf und Rechenaufwand minimal wird.

Die optimale Reihenfolge sollte möglichst vor dem Aufbau der Admittanzmatrix festgelegt werden. Sie kann allein auf der Basis der Netztopologie bestimmt werden. Der Eliminationsprozess kann dann fortlaufend von 1 bis N durchgeführt werden.

Für die Leistungsflussberechnung ist es ausreichend, die optimale Eliminationsreihenfolge einmal vor Beginn des Iterationsprozesses zu bestimmen, da sich die topologische Struktur und damit die optimale Eliminationsreihenfolge während des Iterationsprozesses nicht ändern.

Die Bedeutung einer optimalen Eliminationsreihenfolge für die Besetztheit der Dreiecksmatrix soll an einem Beispiel erläutert werden. Abb. 2.77a zeigt ein Beispielnetz mit fünf Knoten. Die willkürliche Nummerierung ergibt, dass der zentrale Knoten die Nummer eins erhält. Die Struktur der Knotenpunktadmittanzmatrix ist in Abb. 2.77b dargestellt. Mit dem Zeichen ■ werden die Hauptdiagonalelemente und mit ● die Nebendiagonalelemente angegeben. Abb. 2.77c zeigt das Ergebnis der Gauß'schen Elimination für die Besetzungsstruktur der zugehörigen Admittanzmatrix. Die ursprünglichen Elemente in der Admittanzmatrix, die dem Ausgangsgraphen nach Abb. 2.77a entsprechen, sind mit dem Zeichen ⊗ gekennzeichnet. Die während der Elimination hinzukommenden Elemente in der oberen

Tab. 2.7 Elimination der gedrängt gespeicherten Matrix

<table>
<tr><td rowspan="11">Zeile 2</td><td>i</td><td>1</td><td>2</td><td>3</td><td>4</td><td>5</td></tr>
<tr><td>INDEX_AR</td><td>1</td><td>2</td><td>4</td><td>3</td><td></td></tr>
<tr><td>AR</td><td>$\underline{Y}_{21}$</td><td>$\underline{Y}_{22}$</td><td>$\underline{Y}_{24}$</td><td>$\underline{Y}_{23}$</td><td></td></tr>
<tr><td>NEXT</td><td>2</td><td>3 → 4</td><td>0</td><td>3</td><td></td></tr>
<tr><td colspan="6">(neues Element)</td></tr>
<tr><td colspan="2">$\underline{Y}'_{22} = \underline{Y}_{22} - \underline{Y}_{12} \cdot \underline{Y}_{21}/\underline{Y}_{11}$</td><td colspan="4">AR(2):= AR(2)−DM(1)·AR(1)/DIAG_DM(1)</td></tr>
<tr><td colspan="2">$\underline{Y}'_{23} = 0 - \underline{Y}_{13} \cdot \underline{Y}_{21}/\underline{Y}_{11}$</td><td colspan="4">AR(4):=   −DM(2)·AR(1)/DIAG_DM(1)</td></tr>
<tr><td colspan="2">$\underline{Y}'_{24} = \underline{Y}_{24} - \underline{Y}_{14} \cdot \underline{Y}_{21}/\underline{Y}_{11}$</td><td colspan="4">AR(3):= AR(3)−DM(3)·AR(1)/DIAG_DM(1)</td></tr>
</table>

<table>
<tr><td rowspan="13">Zeile 3</td><td>i</td><td>1</td><td>2</td><td>3</td><td>4</td><td>5</td></tr>
<tr><td>INDEX_AR</td><td>1</td><td>3</td><td>5</td><td>2</td><td>4</td></tr>
<tr><td>AR</td><td>$\underline{Y}_{31}$</td><td>$\underline{Y}_{33}$</td><td>$\underline{Y}_{35}$</td><td>$\underline{Y}_{32}$</td><td>$\underline{Y}_{34}$</td></tr>
<tr><td>NEXT</td><td>2 → 4</td><td>3 → 5</td><td>0</td><td>2</td><td>3</td></tr>
<tr><td colspan="6">(neue Elemente)</td></tr>
<tr><td colspan="2">$\underline{Y}'_{32} = 0 - \underline{Y}_{12} \cdot \underline{Y}_{31}/\underline{Y}_{11}$</td><td colspan="4">AR(4):=   −DM(1)·AR(1)/DIAG_DM(1)</td></tr>
<tr><td colspan="2">$\underline{Y}'_{33} = \underline{Y}_{33} - \underline{Y}_{13} \cdot \underline{Y}_{31}/\underline{Y}_{11}$</td><td colspan="4">AR(2):= AR(2)−DM(2)·AR(1)/DIAG_DM(1)</td></tr>
<tr><td colspan="2">$\underline{Y}'_{34} = 0 - \underline{Y}_{14} \cdot \underline{Y}_{31}/\underline{Y}_{11}$</td><td colspan="4">AR(5):=   −DM(3)·AR(1)/DIAG_DM(1)</td></tr>
<tr><td colspan="2">$\underline{Y}''_{33} = \underline{Y}'_{33} - \underline{Y}'_{23} \cdot \underline{Y}'_{32}/\underline{Y}'_{22}$</td><td colspan="4">AR(2):= AR(2)−DM(4)·AR(4)/DIAG_DM(2)</td></tr>
<tr><td colspan="2">$\underline{Y}''_{34} = \underline{Y}'_{34} - \underline{Y}'_{24} \cdot \underline{Y}'_{32}/\underline{Y}'_{22}$</td><td colspan="4">AR(5):= AR(5) −DM(5)·AR(4)/DIAG_DM(2)</td></tr>
</table>

<table>
<tr><td rowspan="15">Zeile 4</td><td>i</td><td>1</td><td>2</td><td>3</td><td>4</td><td>5</td></tr>
<tr><td>INDEX_AR</td><td>1</td><td>2</td><td>4</td><td>5</td><td>3</td></tr>
<tr><td>AR</td><td>$\underline{Y}_{41}$</td><td>$\underline{Y}_{42}$</td><td>$\underline{Y}_{44}$</td><td>$\underline{Y}_{45}$</td><td>$\underline{Y}_{43}$</td></tr>
<tr><td>NEXT</td><td>2</td><td>3 → 5</td><td>4</td><td>0</td><td>3</td></tr>
<tr><td colspan="6">(neues Element)</td></tr>
<tr><td colspan="2">$\underline{Y}'_{42} = \underline{Y}_{42} - \underline{Y}_{12} \cdot \underline{Y}_{41}/\underline{Y}_{11}$</td><td colspan="4">AR(2):= AR(2)−DM(1)·AR(1)/DIAG_DM(1)</td></tr>
<tr><td colspan="2">$\underline{Y}'_{43} = 0 - \underline{Y}_{13} \cdot \underline{Y}_{41}/\underline{Y}_{11}$</td><td colspan="4">AR(5):=   −DM(2)·AR(1)/DIAG_DM(1)</td></tr>
<tr><td colspan="2">$\underline{Y}'_{44} = \underline{Y}_{44} - \underline{Y}_{14} \cdot \underline{Y}_{41}/\underline{Y}_{11}$</td><td colspan="4">AR(3):= AR(3) −DM(3)·AR(1)/DIAG_DM(1)</td></tr>
<tr><td colspan="2">$\underline{Y}''_{43} = \underline{Y}'_{43} - \underline{Y}'_{23} \cdot \underline{Y}'_{42}/\underline{Y}'_{22}$</td><td colspan="4">AR(5):= AR(5)−DM(4)·AR(2)/DIAG_DM(2)</td></tr>
<tr><td colspan="2">$\underline{Y}''_{44} = \underline{Y}'_{44} - \underline{Y}'_{24} \cdot \underline{Y}'_{42}/\underline{Y}'_{22}$</td><td colspan="4">AR(3):= AR(3) −DM(5)·AR(2)/DIAG_DM(2)</td></tr>
<tr><td colspan="2">$\underline{Y}'''_{44} = \underline{Y}''_{44} - \underline{Y}'_{34} \cdot \underline{Y}''_{43}/\underline{Y}''_{33}$</td><td colspan="4">AR(3):= AR(3)−DM(6)·AR(5)/DIAG_DM(3)</td></tr>
<tr><td colspan="2">$\underline{Y}''_{45} = \underline{Y}_{45} - \underline{Y}_{35} \cdot \underline{Y}''_{43}/\underline{Y}''_{33}$</td><td colspan="4">AR(4):= AR(4) −DM(7)·AR(5)/DIAG_DM(3)</td></tr>
</table>

Tab. 2.7 (continued)

	i	1	2	3	4	5
Zeile 5	INDEX_AR	3	4	5		
	AR	$\underline{Y}_{53}$	$\underline{Y}_{54}$	$\underline{Y}_{55}$		
	NEXT	2	3	0		

$\underline{Y}'_{54} = \underline{Y}_{54} - \underline{Y}'_{34} \cdot \underline{Y}_{53}/\underline{Y}''_{33}$	AR(2):= AR(2)−DM(6)·AR(1)/DIAG_DM(3)
$\underline{Y}'_{55} = \underline{Y}_{55} - \underline{Y}'_{35} \cdot \underline{Y}_{53}/\underline{Y}''_{33}$	AR(1):= AR(1) −DM(7)·AR(1)/DIAG_DM(3)
$\underline{Y}''_{55} = \underline{Y}'_{55} - \underline{Y}'_{45} \cdot \underline{Y}'_{54}/\underline{Y}'''_{44}$	AR(3):= AR(3) −DM(8)·AR(2)/DIAG_DM(4)

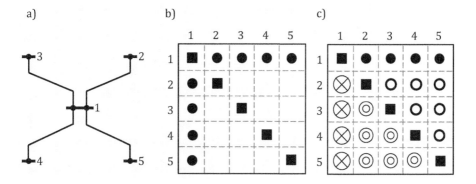

Abb. 2.77 Beispielnetz mit fünf Knoten und ungünstiger Knotennummerierung

Dreiecksmatrix (Fill-in-Elemente) werden durch das Zeichen ◯ dargestellt. Die zwischenzeitlich in der unteren Dreiecksmatrix entstandenen Elemente sind durch das Zeichen ◎ gekennzeichnet. Die resultierende Dreiecksmatrix ist voll besetzt. Auf allen Positionen von Matrixelementen, die in der Ausgangsmatrix den Wert null hatten, sind neue Elemente mit einem Wert ungleich null entstanden.

Man kann die Gauß'sche Elimination auch topologisch entsprechend Abb. 2.78 interpretieren. Mit der Elimination des Knotens 1 werden alle Nachbarknoten (in diesem Beispiel sind das alle verbleibenden Knoten im Netz) miteinander verbunden (totale Vermaschung). Es entstehen sechs neue Elemente. Die Admittanzmatrix ist dadurch vollständig besetzt. Die Elimination der weiteren Knoten im Verlauf der Gauß'schen Elimination ändert nichts mehr an der Besetztheit der Dreiecksmatrix. Nur die Werte der Matrixelemente werden noch im weiteren Eliminationsverlauf verändert.

Abb. 2.79a zeigt das gleiche Beispielnetz mit einer anderen Nummerierung der Netzknoten. Hierbei erhält der zentrale Knoten die Nummer 5. Wie man deutlich in Abb. 2.79b sieht, entstehen bei dieser optimalen Knotennummerierung keine neuen Elemente in der

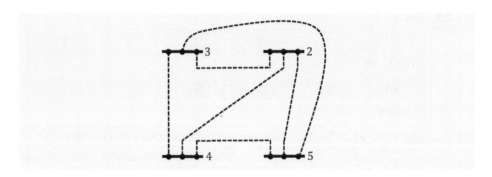

Abb. 2.78 Durch Elimination erzeugte neue Elemente

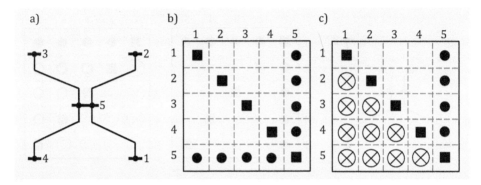

Abb. 2.79 Beispielnetz mit optimaler Knotennummerierung

Matrix durch die Gauß'sche Elimination. Allein dieses kleine Beispiel zeigt, dass der Nummerierung der Netzknoten beim Aufbau der Knotenpunktadmittanzmatrix bzw. bei der Gauß'schen Elimination besondere Bedeutung beigemessen werden muss und keinesfalls willkürlich erfolgen darf. Bei der in Abb. 2.68 verwendeten Knotennummerierung würden sich bei der Gauß'schen Elimination auch sehr viele Fill-in-Elemente ergeben. Die schwach besetzte Struktur der Knotenpunktadmittanzmatrix könnte in diesem Beispiel durch eine Umnummerierung von Knoten 1 auf die neue Knotennummer 20 erhalten werden. Die übrigen Netzknoten würden entsprechend umnummeriert ($2 \rightarrow 1$, $3 \rightarrow 2$ usw.)

Im Folgenden werden einige Verfahren zur Bestimmung einer optimalen Eliminationsreihenfolge angegeben.

2.4.3.2 Verfahren zur Bestimmung einer günstigen Eliminationsreihenfolge

Für die Bestimmung einer günstigen Eliminationsreihenfolge gibt es vier mögliche Verfahren [33, 35]. Es gilt allerdings, dass der Aufwand der Verfahren umso größer ist je besser das damit gefundene Ergebnis ist.

2.4 Anforderungen an Verfahren zur Berechnung …

- **Verfahren 1**

Zur Bestimmung der optimalen Eliminationsreihenfolge für die Gauß'schen Elimination, bei der insgesamt die geringste Anzahl von Fill-in-Elementen entsteht, ist ausschließlich mit dem nachfolgenden Verfahren möglich. Es werden hierbei alle möglichen Eliminationsreihenfolgen topologisch durchgespielt und für jede Reihenfolge die Anzahl der entstandenen Fill-in-Elemente ermittelt. Die Reihenfolge, bei der die geringste Anzahl von Fill-in-Elementen entsteht, ist somit die optimale Eliminationsreihenfolge. Entsprechend dieser Reihenfolge kann die Gauß'schen Elimination dann mit geringstem Aufwand durchgeführt werden.

Allerdings existieren für eine [N×N]-Matrix jedoch $N!$ verschiedene Eliminationsreihenfolgen. Bereits für ein vergleichsweise kleines Netz mit nur 100 Knoten gibt es $100! = 9,33 \cdot 10^{155}$ unterschiedliche Eliminationsreihenfolgen. Der Aufwand dieser Vorgehensweise ist für eine praktische Anwendung viel zu groß. Dieses Verfahren kann daher nicht realisiert werden. Trotz vielfältiger Bemühungen gibt es bisher keine praktikable Vorgehensweise für dieses einzige optimale Verfahren. Daher werden Verfahren angewendet, die das Finden einer annehmbaren quasioptimalen Eliminationsreihenfolge erlauben.

- **Verfahren 2**

Hierbei wird vor Beginn der Elimination das Netz nach aufsteigendem Knotengrad nummeriert. Der Knotengrad entspricht der Anzahl von Zweigen, die direkt mit diesem Knoten verbunden sind (Abschn. 2.4.2.1.2). Die Elimination wird entsprechend dieser festen Reihenfolge durchgeführt. Die Reihenfolge bleibt während der Elimination unverändert. Es ist offensichtlich, dass mit diesem Verfahren i. A. nicht die optimale, sondern nur eine quasioptimale Eliminationsreihenfolge gefunden wird. Dennoch ist hier die Anzahl der Fill-in-Elemente in der Regel signifikant geringer als bei einer willkürlichen Eliminationsreihenfolge.

- **Verfahren 3**

Bei diesem Verfahren wird die Gauß'sche Elimination spaltenweise topologisch simuliert. Es wird mit dem Knoten mit dem kleinsten Knotengrad begonnen. Während der Elimination entstehende neue Elemente werden dynamisch beim Knotengrad der verbleibenden Knoten berücksichtigt. Bei Knoten gleichen Knotengrades wird ein beliebiger ausgesucht und das Verfahren fortgeführt. Die Umsetzung dieses Verfahrens ist gegenüber Verfahren 2 aufwendiger. Jedoch kann hierdurch die Anzahl der Fill-in-Elemente deutlich reduziert werden.

Mit einem Beispielnetz (Abb. 2.80) wird die Vorgehensweise von Verfahren 3 an Hand der topologischen Interpretation der Gauß'schen Elimination erläutert. Die Nummerierung der Knoten in diesem Netz ist zunächst willkürlich festgelegt (Abb. 2.80a).

Um eine möglichst geringe Anzahl von Fill-in-Elementen durch den Eliminationsprozess zu erzeugen, wird eine Umnummerierung der Netzknoten entsprechend Verfahren 3 durchgeführt. Die einzelnen Schritte im Ablauf der Eliminationssimulation sind in Abb. 2.81 dargestellt.

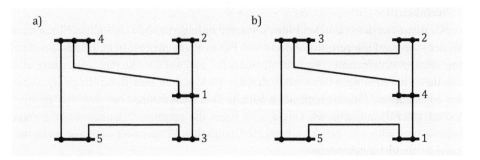

Abb. 2.80 Fünf-Knoten-Beispielnetz

- 1. Schritt
  Von den insgesamt fünf Knoten des Netzes haben die Knoten 1 und 4 den Knotengrad 3. Die Knoten 2, 3 und 5 haben den Knotengrad 2. Es wird zufällig der Knoten 3 ausgewählt. Durch die Elimination von Knoten 3 entsteht ein neuer Zweig zwischen den Knoten 1 und 5. Der Knoten 3 erhält die neue Nummer 1.

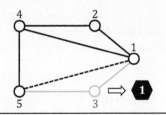

- 2. Schritt
  Die Knotengrade der verbleibenden vier Knoten sind gegenüber Schritt 1 unverändert. Es wird für den nächsten Eliminationsschritt der Knoten 2 mit dem Knotengrad 2 ausgewählt. Durch die Elimination von Knoten 2 entsteht ein paralleler Zweig zwischen den Knoten 1 und 4. Durch einen parallelen Zweig ändert sich der Knotengrad nicht. Der Knoten 2 behält für den Eliminationsprozess die Nummer 2

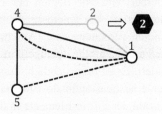

- 3. Schritt
  Die verbliebenen Knoten 1, 4 und 5 haben nun den Knotengrad 2. Es wird willkürlich der Knoten 4 ausgewählt und eliminiert. Durch die Elimination von Knoten 4 entsteht ein paralleler Zweig zwischen den Knoten 1 und 5. Der Knoten 4 erhält die neue Nummer 3.

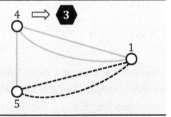

- 4. Schritt
  Von den verbleibenden beiden Knoten 1 und 5, die natürlich den gleichen Knotengrad 1 haben, wird nun Knoten 1 eliminiert. Der Knoten 1 erhält die neue Nummer 4 und der Knoten 5 behält für den Eliminationsprozess seine bisherige Nummer 5.

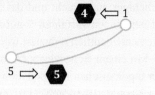

Abb. 2.81 Schritte im Ablauf der Eliminationssimulation entsprechend Verfahren 3

2.4 Anforderungen an Verfahren zur Berechnung ...

Nach Abschluss der Eliminationssimulation entsprechend dem Verfahren drei ergibt sich nun die neue Nummerierung der Knoten des Beispielnetzes entsprechend Abb. 2.80b, mit der eine möglichst geringe Anzahl von Fill-in-Elementen durch den Eliminationsprozess erreicht wird.

- **Verfahren 4**

In diesem Verfahren wird die gleiche Strategie verfolgt wie in Verfahren 3. Jedoch wird hierbei für Knoten, die den gleichen Knotengrad haben, untersucht, welcher der Knoten im weiteren Verlauf der Gauß'schen Elimination die wenigsten neuen Elemente erzeugen wird. Dieser Knoten erhält dann die niedrigere Knotennummer. In realen Hochspannungsnetzen hat die überwiegende Zahl der Knoten einen Knotengrad von 2, 3 oder 4. Damit liegen während der Elimination immer viele Knoten mit gleichem Knotengrad vor. Die Anzahl der Fill-in-Elemente wird gegenüber Verfahren 3 weiter reduziert. Der erforderliche Programmieraufwand erhöht sich allerdings überproportional.

Umfangreiche Tests für Admittanzmatrixstrukturen realer Netze haben gezeigt, dass mit dem Verfahren 3 der beste Kompromiss zwischen dem erforderlichen Aufwand und dem erzielten Erfolg erreicht wird. Der Aufwand wird bestimmt durch den Programmieraufwand und der Rechenzeit bei Ausführung des Programmes. Der Erfolg bemisst sich durch eine möglichst geringe Anzahl von Fill-in-Elementen in der Dreiecksmatrix.

2.4.3.3 Beispiele für eine quasioptimale Eliminationsreihenfolge

Welchen gravierenden Einfluss eine quasioptimale Eliminationsreihenfolge auf die Struktur und damit auf die Besetztheit der bei der Gauß'schen Elimination entstehenden Dreiecksmatrix hat, verdeutlichen die folgenden Beispiele verschiedener Eliminationsreihenfolgen eines realen 83-Knoten-Netzes (Abb. 2.82). Vereinfachend sind in diesem Bild auch die Transformatoren als Leitungsverbindungen dargestellt.

Abb. 2.83 zeigt das Ergebnis für eine ungünstige Eliminationsreihenfolge. In der Ausgangsmatrix sind bei den 83 Knoten und 115 Zweigen (Leitungen bzw. Transformatoren) des Beispielnetzes 313 Elemente der Matrix besetzt (i.e. Nichtnullelemente). Mit dieser ungünstigen Eliminationsreihenfolge entstehen 4282 neue Fill-in-Elemente. Die Gesamtzahl der Matrixelemente nach der Elimination beträgt damit 4595. Der Besetzungsgrad der Matrix steigt von $G_B = 0{,}045$ der Ausgangsmatrix auf einen Wert $G_B = 0{,}667$ für die Matrix nach der Elimination.

Die Elemente der Ausgangsmatrix sind mit dem Symbol ● und die neu entstandenen Fill-in-Elemente sind mit dem Symbol ○ dargestellt.

Eine weitere willkürliche, allerdings gegenüber dem vorherigen Beispiel deutlich bessere Eliminationsreihenfolge ist in Abb. 2.84 dargestellt. Bereits aus dem optischen Eindruck der Matrixstruktur kann der Umfang der Verbesserung erfasst werden.

Zu der natürlich unveränderten Anzahl von 313 Elementen der Ausgangsmatrix sind bei dieser Eliminationsreihenfolge deutlich weniger Fill-in-Elemente entstanden. Es werden nur 786 weitere Elemente gebildet. Die Gesamtzahl der Matrixelemente nach der

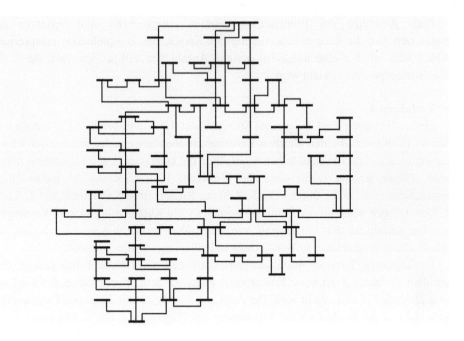

Abb. 2.82 Beispielnetz mit 83 Knoten und 115 Zweigen

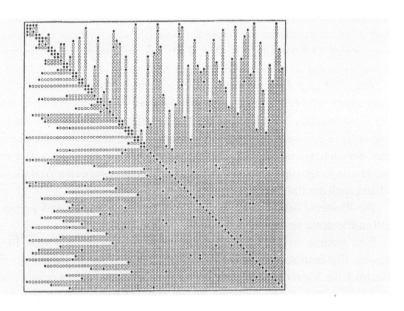

Abb. 2.83 Beispiel einer ungünstigen Eliminationsreihenfolge [35]

2.4 Anforderungen an Verfahren zur Berechnung ...

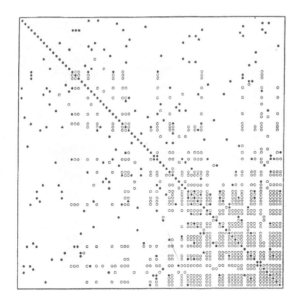

Abb. 2.84 Beispiel einer zufälligen Eliminationsreihenfolge [35]

Elimination beträgt damit 1099. Der Besetzungsgrad der Matrix ist nun $G_B = 0{,}160$. Es gilt allerdings zu beachten, dass auch dieses Ergebnis nur zufällig entstanden ist.

Mit einem systematischen Vorgehen entsprechend dem Verfahren 3 kann eine deutlich weiter verringerte Anzahl von Fill-in-Elementen erreicht werden und das Ergebnis ist reproduzierbar und nicht zufällig. Abb. 2.85 zeigt das Ergebnis der Elimination des 83-Knoten-Beispielnetzes. Die Anzahl der Fill-in-Elemente ist mit 92 äußerst gering. Die Gesamtzahl der Matrixelemente nach der Elimination beträgt damit 405. Der Besetzungsgrad der Matrix ist nun $G_B = 0{,}059$.

Da der Nachweis nicht geführt werden konnte, ob evtl. nicht eine andere Eliminationsreihenfolge existiert, die eine noch geringere Anzahl von Fill-in-Elementen generiert, wird die gefundene Reihenfolge als quasioptimal bezeichnet (Abb. 2.85).

Bereits an diesem vergleichsweise kleinen Beispielnetz mit einer nur geringen Knotenanzahl ist die Auswirkung einer ungünstigen Eliminationsreihenfolge auf die Besetzungsstruktur der Systemmatrizen während des Eliminationsprozesses eindrucksvoll zu erkennen. Je größer ein Netz ist bzw. je mehr Knoten im Netz vorhanden sind umso gravierender wirkt sich eine optimierte Eliminationsreihenfolge auf den gesamten Rechenprozess aus.

2.4.3.4 Band- und Blockmatrizen

Eine weitere Möglichkeit, die schwache Besetztheit der Knotenpunktadmittanzmatrix und anderer bei der Berechnung von elektrischen Energieversorgungsnetzen verwendeten Matrizen für einen möglichst geringen Speicherplatz und Rechenzeit zu

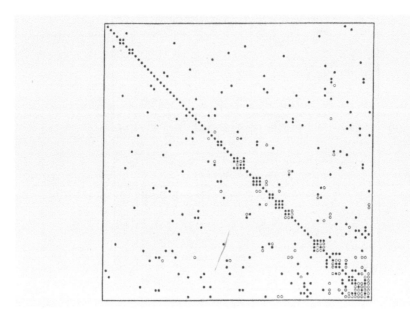

Abb. 2.85 Beispiel einer quasioptimalen Eliminationsreihenfolge [35]

nutzen, besteht darin, diese Matrizen als sogenannte Bandmatrizen (siehe Abschn. 2.2.1) zu organisieren.

Mithilfe von auf Bandmatrizen angepassten Algorithmen lassen sich die erforderliche Rechenzeit und der notwendige Speicherverbrauch deutlich senken. Allerdings werden die Algorithmen teilweise komplizierter. So reduziert sich beispielsweise der Aufwand für die Cholesky-Zerlegung mit voll besetzter [N × N]-Matrix durch die Ausnutzung der Bandstruktur von etwa $N^3/6$ Multiplikationen und Additionen bei einer Bandmatrix mit einer Bandbreite I_B auf nur etwa $N \cdot I_B^2/6$ Multiplikationen und Additionen. Durch eine Reduzierung der Bandweite kann der erforderliche Aufwand drastisch verringert werden [36, 40, 42].

Ähnliche Rechenvorteile lassen sich auch mit der Bildung von Blockmatrizen [13, 14, 45] nutzen. Eine Blockmatrix, ist eine Matrix, die sich durch ein System kleinerer Matrizen darstellen lässt [13, 37, 40]. Für Blocktridiagonalmatrizen existieren optimierte numerische Verfahren zur L-U-Zerlegung.

Beispielsweise sind die bei der Leistungsflussrechnung (Abschn. 3.3) und bei der State Estimation (Kap. 4) verwendeten Funktionalmatrizen Blockmatrizen. Durch die Teilmatrizen H, N, J und L wird die Struktur der Blockmatrix definiert. Ebenso können durch die Zusammenfassung der einzelnen Elemente aus diesen Teilmatrizen für einen Knoten zu Superelementen (siehe Abschn. 4.2.2) Blockmatrizen gebildet werden.

Auch wenn die bei der Berechnung von elektrischen Energieversorgungsnetzen verwendeten Matrizen in der Regel keine Bandmatrizen im engen Sinne sind, da bei realen Netzen keine exakt definierte Anzahl von Nebendiagonalen vorhanden sind. Jedoch

2.4 Anforderungen an Verfahren zur Berechnung ...

weisen diese Matrizen häufig eine den Bandmatrizen sehr ähnliche Struktur auf (siehe Abb. 2.68 und 2.70). Der Grund hierfür ist, dass die meisten Knoten in einem realen Netz nur einen Knotengrad von maximal vier haben. Werden die Netzknoten in geeigneter Weise nummeriert, so kann eine den Bandmatrizen sehr ähnliche Matrixstruktur hergestellt und die speziellen Rechenvorteile für Bandmatrizen genutzt werden [13, 36–38].

Im Folgenden wird exemplarisch für ein kleines Beispielnetz (Abb. 2.86) ein Verfahren zur optimalen Umnummerierung der Netzknoten zur Bildung einer möglichst schmalbandigen Knotenpunktadmittanzmatrix vorgestellt. Die Nummerierung der Knoten des Beispielnetzes ist zufällig erfolgt.

Die Elemente außerhalb der Hauptdiagonalen einer Admittanzmatrix repräsentieren gewissermaßen die Nachbarschaftsverhältnisse (Adjazenz) in dem zugehörigen Netzwerk. Ist das Element in der i-ten Zeile und der k-ten Spalte der Admittanzmatrix ungleich Null, so heißt dies, dass der Knoten i und der Knoten k direkte Nachbarn sind. Direkte Nachbarn bedeutet, dass der kürzeste Weg zwischen diesen beiden Knoten aus genau einem Verbindungszweig besteht. Daher ist es sinnvoll, dass benachbarte Knoten auch aufeinanderfolgende Knotennummern bei der Nummerierung erhalten. Dies soll mit dem im Folgenden beschriebenen Verfahren erreicht werden [39, 41].

Zunächst wird die Topologie des Netzes entsprechend der in Abschn. 2.4.2.5 beschriebenen gedrängten Speicherung in den Vektoren INDEX und IANF abgespeichert. Im Vektor INDEX sind wie bereits beschrieben die mit den einzelnen Netzknoten jeweils direkt über eine Zweigimpedanz verbundenen Nachbarknoten aufgelistet. Für das gegebene Beispielnetz nach Abb. 2.86 sieht der Inhalt der dieser beiden Vektoren wie folgt aus:

$$\text{INDEX} = \begin{pmatrix} 2\ 3\ 7 \vdots 1\ 4 \vdots 1\ 4\ 8 \vdots 2\ 3\ 4\ 5\ 8 \vdots 4 \vdots 4 \vdots 1\ 8 \vdots 3\ 4\ 7 \end{pmatrix}$$

IANF = (1 4 6 9 14 15 16 18 21)

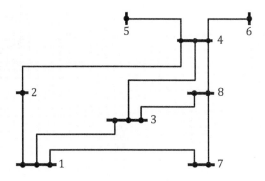

Abb. 2.86 Netzplan des Beispielnetzes

Mit dem nachfolgend beschriebenen Sortierungsalgorithmus wird eine interne Nummerierung der Netzknoten bestimmt, mit der eine Knotenpunktadmittanzmatrix mit möglichst geringer Bandbreite gebildet wird. Bei einer solchen Nummerierung haben benachbarte Knoten möglichst eng beieinander liegende Knotennummern [39].

Im ersten Schritt des Verfahrens wird die Stufenstruktur des Netzes analysiert. Die erste Stufe dieser Struktur besteht aus dem Wurzelknoten. Dieser Knoten ist innerhalb des Netzes frei wählbar. Die zweite Stufe besteht aus den direkten Nachbarknoten dieses Wurzelknotens. Jede weitere Stufe besteht dann aus den Nachbarknoten aller Knoten der vorhergehenden Stufe, sofern diese nicht schon zu einer niedrigeren Stufe gehören. Ist allen Knoten eine Stufe zugeordnet, so ist die Stufenstruktur eines Netzes bezüglich des gewählten Wurzelknotens bestimmt. Die Anzahl der Stufen wird als Länge der Stufenstruktur bezeichnet. Als Beispiel ist in Tab. 2.8 die Stufenstruktur des Wurzelknoten Nr. 2 aus dem Beispielnetz von Abb. 2.86 dargestellt.

Im zweiten Verfahrensabschnitt wird der sogenannte Wurzelknoten ermittelt, für den die Stufenstruktur des Netzes eine möglichst große Länge besitzt (Tab. 2.9). Dies ist plausibel, da sich durch eine längere Stufenstruktur eine geringere Anzahl von Knoten pro Stufe ergibt. Große Knotennummerndifferenzen können aber nur zwischen Knoten zweier aufeinanderfolgender Stufen auftreten, bei denen die erste der beiden Stufen viele Knoten enthält. Zu diesem Zweck wird ein iterativer Prozess verwendet, der als Startknoten denjenigen Knoten mit dem minimalen Knotengrad verwendet. Sollten mehrere Knoten mit minimalem Grad vorhanden sein, wird aus diesen Knoten ein beliebiger ausgewählt. In dem betrachteten Beispiel besitzen die Knoten 5 und 6 jeweils nur einem Nachbarknoten, sodass der Startknoten aus diesen beiden Knoten gewählt werden muss.

Tab. 2.8 Stufenstruktur eines Wurzelknotens

Stufe	Knoten				
0	2				
1	1	4			
2	3	5	6	7	8
3					

Tab. 2.9 Stufenstruktur mit möglichst großer Länge

Stufe	Knoten			
0	5			
	↓			
1	4			
	↓	↘	↘	↘
2	6	2	3	8
		↓		↓
3		1		7

Im Beispiel soll der Knoten 5 als Starknoten verwendet werden Zu diesem Knoten 5 wird dann die dazugehörige Stufenstruktur und deren Länge ermittelt. Der einzige Nachbarknoten von Knoten 5 ist Knoten 4 und wird der Stufe 1 zugeordnet. Knoten 4 besitzt die Nachbarknoten 2, 3, 6 und 8, die nach aufsteigendem Grad sortiert die Knoten der Stufe 2 bilden. Anschließend werden die Knoten der Stufe 3 gesucht. Für Knoten 6 ergibt sich kein neuer Nachbarknoten, für Knoten 2 findet man Knoten 1 als Nachbarknoten, Knoten 3 besitzt wiederum keine neuen Nachbarknoten und Knoten 8 liefert Knoten 7 als neuen Nachbarknoten. Damit sind alle Netzknoten einer Stufe zugeordnet und die Stufenlänge der gefundenen Struktur beträgt vier [39].

Bei der Suche nach den Knoten der Stufe $n+1$ werden also erst alle neuen Nachbarknoten des ersten Knotens der Stufe n gesucht, dann die des zweiten Knotens usw. Besitzt ein Knoten der Stufe n mehrere neue Nachbarknoten, so werden diese nach aufsteigendem Grad sortiert der Stufe $n+1$ zugeteilt.

Als nächstes wird derjenige Knoten der letzten Stufe ermittelt, der den kleinsten Knotengrad besitzt und als neuer Wurzelknoten festgelegt. Für diesen Knoten wird dann erneut die Stufenstruktur ermittelt. Gibt es mehrere gleichberechtigte Knoten in der letzten Stufe, so erfolgt die Auswahl wieder beliebig. In dem betrachteten Beispiel wird Knoten 7 als neuer Startknoten verwendet, da dieser nur zwei Nachbarknoten besitzt. Dies wird solange wiederholt, bis die Länge der neuen Stufenstruktur nicht länger geworden ist, als die Länge der vorherigen. Dies ist bei dem verwendeten Beispiel aus Abb. 2.86 schon nach den zweiten Iterationsschritt der Fall. In Tab. 2.10 ist die gefundene Stufenstruktur der Länge vier für das Beispielnetz aufgelistet [39].

Mit der so gefundenen Stufenstruktur erfolgt die interne Umnummerierung der Knoten. Dabei folgt die Knotennummerierung der Stufenstruktur des Netzes. Der Knoten der 0-ten Stufe bekommt die neue Nummer 1. Die neuen Nummern 2, 3, ... werden an die Knoten der zweiten Stufe verteilt und nach aufsteigendem Grad geordnet.

Sind die Knoten der i-ten Stufe mit den Nummer $k, k+1,..., k+j$ nummeriert, so werden die anschließenden Nummern an die noch nicht erfassten Nachbarn von Knoten k in der Reihenfolge des aufsteigenden Knotengrads vergeben und dann an die Nachbarn von Knoten $k+1$ usw.

Tab. 2.10 Stufenstruktur mit kleinstem Knotengrad

Stufe	Knoten				
0	7				
				↘	
1	1			8	
	↓		↘	↓	
2	2		3	4	
				↓	↘
3				5	6

Damit ergibt sich für Knoten 7 die neue Nummer 1. Die beiden Knoten von Stufe 1 haben jeweils 3 Nachbarn (der alte Knoten 7 eingeschlossen), deshalb kann die Reihenfolge dieser beiden Knoten willkürlich gewählt werden. Knoten 1 erhält die neue Nummer 2 und Knoten 8 die neue Nummer 3. In Stufe 2 hat Knoten 2 nur zwei Nachbarn, er bekommt daher die neue Nummer 4. Die nächsten Knoten in der Reihenfolge sind Knoten 3 (neue Nummer 5) mit drei Nachbarn und Knoten 4 (neue Nummer 6) mit fünf Nachbarn. Die Knoten von Stufe 3 haben wieder beide nur einen Nachbarn, sodass die Reihenfolge beliebig ist, Knoten 5 erhält die neue Nummer 7 und schließlich Knoten 6 die neue Nummer 8.

Mit der so bestimmten neuen optimalen Nummerierung ergibt sich für das Beispielnetz die in Abb. 2.87b dargestellte Struktur der Knotenpunktadmittanzmatrix. Die sich aus der Netztopologie des Beispielnetzes ergebenden Matrixelemente sind mit dem Symbol ■ für die Hauptdiagonalelemente, mit ● für die Nebendiagonalelemente und mit ○ für neue, während der Elimination entstehende Elemente (Fill-in-Elemente) gekennzeichnet. Zum Vergleich ist in Abb. 2.87a die Struktur der Knotenpunktadmittanzmatrix mit der ursprünglichen Knotennummerierung angegeben. Mit der Umnummerierung und Bildung einer Bandmatrix wird für das Beispielnetz die Anzahl der bei der Elimination entstehenden Fill-in-Elemente von 16 auf sieben reduziert. Bei real großen Netzen wird dieser Effekt noch wesentlich deutlicher [39, 44].

2.4.4 Hinweise für eine effiziente Realisierung von Netzberechnungsverfahren

Bei der Realisierung von Verfahren zur Berechnung elektrischer Energieversorgungsnetze gibt es eine Reihe von Möglichkeiten, mit denen die Berechnungsverfahren hinsichtlich Rechenzeit und Speicherbedarf optimiert werden können, ohne dass das Berechnungsergebnis verfälscht wird. Im Folgenden werden einige Beispiele für die Gestaltung effizienter Rechenprogramme angegeben.

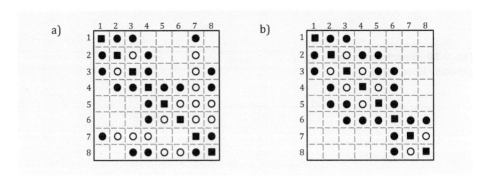

Abb. 2.87 Struktur der Knotenpunktadmittanzmatrix für das Beispielnetz

2.4 Anforderungen an Verfahren zur Berechnung ...

- **Vermeidung der Rechnung mit den Faktoren 3 bzw. $\sqrt{3}$**

Bei der Berechnung von Drehstromsystemen spielt der Faktor $\sqrt{3}$ eine große Rolle und kommt dementsprechend häufig in den mathemischen Modellen und Gleichungen solcher Systeme vor.

Bei vielen Anwendungen (z. B. bei der Berechnung von Leistungen) kann die Anzahl der Wurzelberechnung minimiert werden, indem zu Beginn der Berechnung dieser Faktor in eine der Systemgrößen eingerechnet wird und im eigentlichen Berechnungsalgorithmus, der u. U. aus vielen Iterationen und einzelnen Berechnungsschritten besteht, nur noch mit der veränderten Größe gerechnet wird.

Ein Beispiel ist entsprechend der folgenden Gleichung die Bildung eines (physikalisch nicht existenten) „verketteten" Stroms bei der Leistungsflussberechnung (s. Abschn. 3.3).

$$\underline{S} = 3 \cdot \underline{U}_{\text{Phase}} \cdot \underline{I}^*_{\text{Phase}} = \sqrt{3} \cdot \underline{U}_{\text{Phase}} \cdot \sqrt{3} \cdot \underline{I}^*_{\text{Phase}} = \underline{U}_{\text{verk}} \cdot \underline{I}^*_{\text{verk}} \qquad (2.236)$$

- **Vermeidung von trigonometrischen Funktionen**

Die Anwendung trigonometrischer Funktionen wie sin(x) oder cos(x) kann durch eine geschickte Ableitung der entsprechenden Berechnungsgleichungen vermieden werden. In den Abschn. 3.3.3 und 8.4.6.2 wird gezeigt, dass eigentlich erforderliche trigonometrischen Funktionen durch eine geeignete Erweiterung der entsprechenden Gleichungen vollständig vermieden werden können.

- **Eliminierung der Übertrager im Berechnungsmodell**

Bei der Berechnung von elektrischen Energiesystemen besteht häufig das Problem, dass das Gesamtsystem über mehrere Spannungsebenen verfügt. Diese Spannungsebenen sind in der Regel über Transformatoren miteinander verbunden. Ein vollständiges Systemmodell würde dementsprechend viele ideale Übertrager (Abb. 2.36) enthalten und im Berechnungsalgorithmus müssten entsprechend viele und häufige Umrechnungen zwischen den Spannungsebenen erfolgen. Dieser Aufwand kann praktisch gänzlich vermieden werden, wenn man alle Systemgrößen auf eine einzige Spannungsebene umrechnet. Die idealen Übertrager in den Modellen für die Netzberechnungsverfahren können damit entfallen. Das Rechenmodell wird dadurch verkleinert (i.e. Verringerung der Knotenanzahl) und es entfällt die Umrechnung der einzelnen Größen innerhalb der Berechnungsalgorithmen. Nach Abschluss der eigentlichen Netzberechnung werden die Ergebnisse mit den entsprechenden Übersetzungsverhältnissen wieder auf die realen Spannungsebenen zurückgerechnet und ausgegeben (s. Abschn. 2.1.6.3).

- **Vermeidung doppelt indizierter Felder (Matrizen)**

Obwohl sich bei der mathematischen Beschreibung vieler Problemstellungen für elektrische Energieversorgungsnetze Gleichungssysteme mit Matrizen ergeben, ist es ungünstig, diese auch bei der informationstechnischen Realisierung unmittelbar als doppelt indizierte Felder zu verwenden. Zur Minimierung der erforderlichen Rechenzeit ist es günstiger, die Matrizen in Form von einfach indizierten Feldern (Vektoren) zu organisieren. Der Rechenaufwand für den Zugriff auf einzelne Elemente der entsprechenden Matrizen ist deutlich kleiner als bei doppelt indizierten Feldern. Im Rechner wird jedes mehrfach indizierte Feld seriell abgespeichert. Es wird nur die Adresse des ersten Matrixelementes a_{11} gespeichert. Der Aufruf eines bestimmten Matrixelementes a_{ik} bedeutet zur Bestimmung der absoluten Speicheradresse für den Rechner immer einen Rechenaufwand von einer Multiplikation und zwei Additionen. Bei einem einfach indizierten Feld ist hierfür nur eine Addition erforderlich.

Verstärkt wird dieser Effekt bei den Anwendungen elektrischer Energieversorgungsnetze noch dadurch, dass die meisten Matrizen hier nur schwach besetzt sind (s. Abschn. 2.4.2.1).

2.5 Netzberechnung mit bezogenen Größen

Üblicherweise werden die bei Netzberechnungen verwendeten physikalischen Größen in SI-Einheiten sowie den daraus abgeleiteten Größen angegeben. Zur Kennzeichnung der physikalischen Zusammenhänge benötigt man vier Größen (Grundgrößen). Gewählt werden meist die Spannung U, der Strom I, die Impedanz Z und die Scheinleistung S in den physikalischen Einheiten V, A, Ω und VA. Insbesondere im angelsächsischen Raum wird jedoch häufig mit bezogenen Größen im sogenannten Per-Unit-System (p.u.) gerechnet. Dabei werden die physikalischen Größen mit geeigneten Bezugsgrößen als relative und dimensionslose Per-Unit-Werte ausgedrückt.

Die vier Grundgrößen sind über das ohmsche Gesetz und die Leistungsgleichung gekoppelt. Bei der Bestimmung relativer (p.u.) Größen können daher nur zwei Bezugsgrößen frei gewählt werden. Meist werden hierfür eine geeignete Bezugsspannung U_{Bez} und Bezugsleistung S_{Bez} gewählt. Die vier Größen des Per-Unit-Systems ergeben sich aus Gl. (2.37). Die Einheit aller vier Größen ist „1". Damit ist keine Einheitenkontrolle bei Berechnungen möglich.

$$
\begin{aligned}
u &= \frac{U}{U_{Bez}} \\
i &= I \cdot \frac{U_{Bez}}{S_{Bez}} \\
z &= Z \cdot \frac{S_{Bez}}{U_{Bez}^2} \\
s &= \frac{S}{S_{Bez}}
\end{aligned}
\quad (2.237)
$$

Auch im Per-Unit-System ist die Darstellung komplexer Größen möglich. Bei kartesischen Größen wird der Real- und der Imaginärteil als Per-Unit-Größe angegeben. Bei der Darstellung in Polarkoordinaten werden die Beträge der komplexen Größen durch die Bezugswerte geteilt, die Winkel bleiben unverändert.

Ein Vorteil des Per-Unit-Systems ist, dass in einem Dreiphasensystemen der Faktor $\sqrt{3}$ in die Bezugsgröße aufgenommen werden kann. Dadurch können beispielsweise Leistungsangaben von Einphasen- und Dreiphasensystemen direkt ohne Umrechnungsfaktor verglichen werden. Ebenfalls vorteilhaft ist, dass im Per-Unit-System die Angaben bei entsprechender Wahl unabhängig von konkreten Impedanzen bzw. Betriebsspannungen und damit auf beiden Seiten eines Transformators direkt vergleichbar sind. Durch den Bezug der Größen zu einer gemeinsamen Basis wird vor allem die manuelle Überschlagsrechnung im Per-Unit-System vereinfacht. Allerdings geht beim Rechnen mit bezogenen Größen leicht der Bezug zur physikalischen Realität verloren.

Die Bezugswerte können frei bestimmt werden. Für Scheinleistung S_{Bez} werden üblicherweise je nach Anwendung Werte von 1 MVA, 10 MVA, 100 MVA oder 1 GVA gewählt. Sie sollten allerdings in der gleichen Größenordnung wie die dazu in Relation gesetzten Größen sein. Für die Bezugsspannung U_{Bez} wird typischerweise die Nennspannung wie beispielsweise 20 kV oder 380 kV gewählt.

Literatur

1. DIN, DIN 40110 Wechselstromgrößen, Berlin: Beuth-Verlag, 1994.
2. L.-P. Schmidt, G. Schaller und S. Martius, Grundlagen Elektrotechnik – Netzwerke, Hallbergmoos: Pearson, 2014.
3. P. Denzel, Grundlagen der Übertragung elektrischer Energie, Berlin: Springer, 1966.
4. VDE, Planungsgrundsätze für 110-kV-Netze, VDE-Anwendungsregel VDE-AR-N 4121, VDE-Verlag, Berlin, 2018.
5. F. Milano, Power System Modelling and Scripting, London, Springer, 2010.
6. A. J. Conejo und L. Baringo, Power System Operations, Cham, Switzerland: Springer, 2018.
7. G. Herold, Elektrische Energieversorgung, Band II, Weil der Stadt: J. Schlembach Fachverlag, 2001.
8. D. Oeding und B. Oswald, Elektrische Kraftwerke und Netze, Berlin: Springer, 2011.
9. H. Edelmann, Berechnung elektrischer Verbundnetze, Berlin: Springer, 1963.
10. J. Schlabbach und D. Metz, Netzsystemtechnik, Berlin: VDE Verlag, 2005.
11. RWE, Hrsg., Übertragung und Verteilung der elektrischen Energie, Essen: RWE Energie AG, 1991.
12. C. Voigt und J. Adamy, Formelsammlung der Matrizenrechnung, München: Oldenbourg, 2007.
13. R. Zurmühl und S. Falk, Matrizen und ihre Anwendungen, Teil 2: Numerische Methoden, Berlin: Springer, 1986.
14. R. Zurmühl und S. Falk, Matrizen und ihre Anwendungen, Teil 1: Grundlagen, Berlin: Springer, 1984.
15. H. Nahrstedt, Algorithmen für Ingenieure, Wiesbaden: Springer, 2018.
16. A. Meister, Numerik linearer Gleichungssysteme, Wiesbaden: Vieweg+Teubner, 2011.
17. B. Oswald, Knotenorientierte Verfahren der Netzberechnung, Leipzig: Leipziger Universitätsverlag, 1999.
18. J. Stenzel, „Netzberechnung", Skript TH Darmstadt, 2000.
19. K. Zollenkopf, „Bi-Factorisation – Basic Computational Algorithm and Programming Techniques", in *Conference on Large Sparse Sets of Linear Equations*, Oxford, England, 1971.

20. R. Tewarson, „On the Gaussian Elimination Method for Inverting Sparse Matrices", *Computing,* No. 9, S. 1–7, 1972.
21. M. A. Woodbury, „Inverting modified matrices", Princeton University, Princeton, NJ, USA, 1950.
22. J. Liesen und V. Mehrmann, Lineare Algebra, 2. Aufl., Wiesbaden: Springer, 2015.
23. R. Baumann, „Matrizenrechnung in der Energieübertragungstechnik", Forschungsgemeinschaft für Hochspannungs- und Hochstromtechnik (FGH), Mannheim, 1986.
24. W. Tinney und C. Hart, „Power Flow Solutions by Newton's Method", *IEEE Transactions on Power App. and Systems,* Vol. 86, S. 1449–1460, 1967.
25. M. L. Crow, Computational Methods for Electric Power Systems, Boca Raton, FL, USA: CRC Press, 3. Aufl., 2015.
26. C. Schneiders, Visualisierung des Systemzustandes und Situationserfassung in großräumigen elektrischen Übertragungsnetzen, Dissertation Bergische Universität Wuppertal, 2014.
27. ISPEN, „Performance Examples", [Online]. Available: www.ispen.ch/50179597560daf816/index.html [Zugriff am 13. Juli 2022].
28. A. Krischke und H. Röpcke, Graphen und Netzwerktheorie, München: Hanser, 2015.
29. W. Kaufmann, Planung öffentlicher Elektrizitätsverteilungs-Systeme, Berlin: VDE Verlag, 1995.
30. M. Newman et al., „The Structure and Dynamics of Networks", *SIAM Review,* No. 45, S. 167–256, 2006.
31. R. Sedgewick und K. Wayne, Algorithmen, Hallbergmoos: Pearson, 2014.
32. C. Überhuber, Computer-Numerik 2, Berlin: Springer, 1995.
33. W. Tinney und J. Walker, „Direct Solution of Sparse Network Equations by Optimally Ordered Triangular Factorization", *Proc. of the IEEE*, Vol 55, S. 1801–1809, 1967.
34. J. Verstege, „Leittechnik für Energieübertragungsnetze", Skript Bergische Universität Wuppertal, 2009.
35. J. Dankert, „Gleichungssysteme mit dünn besetzten Matrizen", [Online]. Available: http://www.tm-mathe.de/Themen/html/gleichungssysteme_mit_dunn_bes.html [Zugriff am 18. Mai 2022].
36. H.-J. Koller, Das Gaußsche Eliminationsverfahren und einige seiner Varianten, Johannes Kepler Universität, Linz, Österreich, 2016.
37. Universität Göttingen, „Bandmatrizen", [Online]. Available: https://lp.uni-goettingen.de/get/text/1021, [Zugriff am 18. Mai 2022].
38. R. Apel, Ein Programmsystem für Unsymmetrie- und Oberschwingungslasten, Dissertation Universität Siegen, 2016.
39. J. Weissinger, Spärlich besetzte Gleichungssysteme, Mannheim: BI-Wiss.-Verlag, 1990
40. F. Locher, Numerische Mathematik, Heidelberg: Springer, 1993.
41. H. R. Schwarz und N. Köckler, Numerische Mathematik, Wiesbaden: Vieweg-Teubner, 2011
42. P. Tittmann, Graphentheorie, München: Hanser, 2022
43. W. Neundorf, Bandbreitenreduktion, Technische Universität Ilmenau, 2002
44. F. L. Alvarado und M. K. Enns, „Blocked Sparse Matrices in Electric Power Systems, Paper A76 362, IEEE Summer Meeting, Portland, USA, 1976

Leistungsflussberechnung 3

3.1 Aufgabenstellung

Die Kenntnis des Betriebszustandes eines elektrischen Energieübertragungssystems ist sowohl für den Betrieb als auch für die Planung eine zentrale Aufgabenstellung. Mit der Leistungsflussberechnung kann der quasistationäre Zustand eines elektrischen Energieübertragungsnetzes im symmetrischen, ungestörten Fall bestimmt werden. Hierbei werden zunächst die komplexen Spannungen an allen Netzknoten ermittelt.

Die Topologie des Netzes und die Admittanzen der einzelnen Betriebsmittel werden in der sogenannten Knotenpunktadmittanzmatrix abgebildet. Prinzipiell gehören zu jedem Knoten i sechs bzw. vier Variablen. Dies sind die eingespeiste Wirk- und Blindleistung $P_{G,i}$ bzw. $Q_{G,i}$, die Wirk- und Blindlast $P_{L,i}$ bzw. $Q_{L,i}$ des Knotens i sowie der Spannungsbetrag U_i und der Spannungswinkel φ_i. Die eingespeisten Leistungen bzw. Ströme werden mit den Lasten bzw. Lastströmen an jedem Knoten bilanziert, sodass damit nur noch vier Variablen je Knoten übrig bleiben. Zwei dieser Variablen werden durch Vorgabe der Lastsituation definiert (z. B. die komplexe Knotenleistung) und die beiden anderen Variablen (z. B. die komplexe Knotenspannung) werden mit der Leistungsflussberechnung bestimmt [29].

Nach Lösung des Gleichungssystems ist der Betriebszustand des Netzes vollständig bestimmt. Abschließend lassen sich die Leistungsflüsse über die einzelnen Betriebsmittel aus den nun bekannten komplexen Knotenspannungen an allen Netzknoten und den Elementen der Knotenpunktadmittanzmatrix berechnen. Mit diesem Ergebnis lässt sich dann beurteilen, ob eine Verletzung vorgegebener zulässiger Spannungsgrenzwerte oder eine Überlastung einzelner Betriebsmittel entsprechend den Kriterien nach Abschn. 1.9 vorliegt. Für eine systematische Vorgehensweise wird zunächst das System mit seiner Systemgrenze entsprechend Abb. 2.9 definiert.

3.2 Lineares Leistungsflussproblem

Bei der Vorgabe der Lasten als konstanter Laststrom $\underline{I}_L$ (oder konstante Admittanz $\underline{Y}_L$) und Darstellung der Einspeisungen in grober Näherung ebenfalls durch konstante Ströme $\underline{I}_E$ ergeben sich lineare Systemgleichungen. Zur Ableitung des Verfahrens wird das Fünf-Knoten-Beispielnetz in Abb. 3.1 betrachtet.

Ein Netzausschnitt um Knoten 4 ergibt die Verschaltung von Vierpolen entsprechend Abb. 3.2. Die an Knoten 4 zusammengeschlossenen Vierpole sind die Π-Ersatzschaltbilder der Leitungen zwischen den Knoten 4–1, 4–2 und 4–5. Der über die Systemgrenze in den Knoten 4 fließende Strom ist mit $\underline{I}_4$ bezeichnet.

Die Anwendung der Kirchhoff'schen Gleichung $\sum \underline{I} = 0$ auf Knoten 4 ergibt:

$$\underline{I}_4 = \underline{U}_4 \cdot (\underline{Y}_{0,45} + \underline{Y}_{0,42} + \underline{Y}_{0,41}) + \underline{Y}_{41} \cdot (\underline{U}_4 - \underline{U}_1) + \underline{Y}_{42} \cdot (\underline{U}_4 - \underline{U}_2) + \underline{Y}_{45} \cdot (\underline{U}_4 - \underline{U}_5) \quad (3.1)$$

Das Ordnen der Gl. (3.1) nach den Spannungen $\underline{U}_1, \underline{U}_2, \underline{U}_4$ und $\underline{U}_5$ ergibt:

$$\underline{I}_4 = (\underline{Y}_{0,45} + \underline{Y}_{0,42} + \underline{Y}_{0,41} + \underline{Y}_{41} + \underline{Y}_{42} + \underline{Y}_{45}) \cdot \underline{U}_4 - \underline{Y}_{41} \cdot \underline{U}_1 - \underline{Y}_{42} \cdot \underline{U}_2 - \underline{Y}_{45} \cdot \underline{U}_5 \quad (3.2)$$

mit der Einführung einer Abkürzung $\underline{Y}_{44}$ für die Summe aller mit dem Knoten 4 unmittelbar verbundenen Admittanzen

$$\underline{Y}_{44} = \underline{Y}_{0,45} + \underline{Y}_{0,42} + \underline{Y}_{0,41} + \underline{Y}_{41} + \underline{Y}_{42} + \underline{Y}_{45} \quad (3.3)$$

erhält man für den Strom an Knoten 4:

$$\underline{I}_4 = \underline{Y}_{44} \cdot \underline{U}_4 - \underline{Y}_{41} \cdot \underline{U}_1 - \underline{Y}_{42} \cdot \underline{U}_2 - \underline{Y}_{45} \cdot \underline{U}_5 \quad (3.4)$$

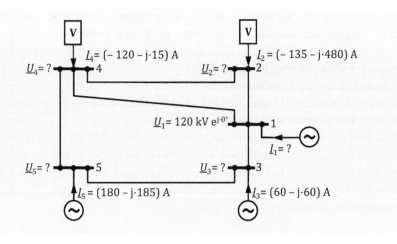

Abb. 3.1 Fünf-Knoten-Beispielnetz mit Last- und Einspeiseströmen

3.2 Lineares Leistungsflussproblem

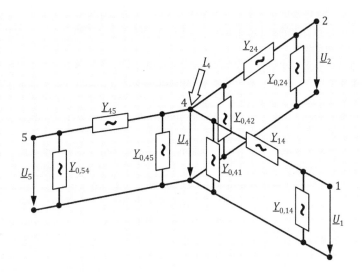

Abb. 3.2 Netzausschnitt um Knoten 4

Allgemein gilt für einen Knoten i:

$$\underline{y}_{ii} = \underline{Y}_{ii} = \sum_{j=1}^{N} \left(\underline{Y}_{0,ij} + \underline{Y}_{ij} \right)$$

$$\underline{y}_{ij} = -\underline{Y}_{ij}$$

(3.5)

Diese Gleichung kann allgemein für alle Knoten i ($i = 1, \ldots, N$) eines Netzes aufgestellt werden. Mit dem Index j werden hierbei die entsprechenden Gegenknoten eines Zweiges benannt. Daraus ergibt sich ein lineares Gleichungssystem. In Matrixschreibweise lautet das System:

$$\begin{pmatrix} \underline{y}_{11} & \underline{y}_{12} & \cdots & \underline{y}_{1j} & \cdots & \underline{y}_{1N} \\ \underline{y}_{21} & \underline{y}_{22} & \cdots & \underline{y}_{2j} & \cdots & \underline{y}_{2N} \\ \vdots & \vdots & & \vdots & & \vdots \\ \underline{y}_{i1} & \underline{y}_{i2} & \cdots & \underline{y}_{ij} & \cdots & \underline{y}_{iN} \\ \vdots & \vdots & & \vdots & & \vdots \\ \underline{y}_{N1} & \underline{y}_{N2} & \cdots & \underline{y}_{Nj} & \cdots & \underline{y}_{NN} \end{pmatrix} \cdot \begin{pmatrix} \underline{U}_1 \\ \underline{U}_2 \\ \vdots \\ \underline{U}_i \\ \vdots \\ \underline{U}_N \end{pmatrix} = \begin{pmatrix} \underline{I}_1 \\ \underline{I}_2 \\ \vdots \\ \underline{I}_i \\ \vdots \\ \underline{I}_N \end{pmatrix}$$

(3.6)

Das Gleichungssystem (Gl. 3.6) lässt sich in kompakter Weise nach Gl. (3.7) mit Vektoren und Matrizen schreiben.

$$\mathbf{Y} \cdot \mathbf{u} = \mathbf{i}$$

(3.7)

Dabei ist $\mathbf{Y}$ die Knotenpunktadmittanzmatrix oder kurz Admittanzmatrix des Netzes, $\mathbf{u}$ ist der Vektor der Knotenspannungen und $\mathbf{i}$ ist der Vektor der Ströme, die über die Systemgrenze zufließen.

Die Elemente der Admittanzmatrix werden mit Gl. (3.5) bestimmt. Die Nebendiagonalelemente $\underline{y}_{ij}$ werden aus der Längsadmittanz $\underline{Y}_{ij}$ aus dem Ersatzschaltbild des Zweiges von i nach j multipliziert mit (-1) gebildet. Die Nebendiagonalelemente können alternativ auch direkt aus dem Vierpolparameter $\underline{\tilde{y}}_{ij}$ des Vierpols zwischen i und j bestimmt werden.

Die Hauptdiagonalelemente $\underline{y}_{ii}$ werden aus der Summe aller am Knoten i angeschlossenen Admittanzen bestimmt. Diese Admittanzen sind die Längsadmittanzen $\underline{Y}_{ij}$ und die Queradmittanzen $\underline{Y}_{0,ij}$ sowie evtl. am Knoten i angeschlossene Kompensationselemente $\underline{Y}_{K,i}$ und Lastadmittanzen $\underline{Y}_{L,i}$. Die Hauptdiagonalelemente können alternativ auch direkt aus der Summe der Vierpolparameter $\underline{\tilde{y}}_{ii}$ aller an i angeschlossenen Vierpole und der Admittanz der evtl. an i angeschlossenen Kompensationselemente $\underline{Y}_{K,i}$ und Lastadmittanzen $\underline{Y}_{L,i}$.

Sind der Knoten i und der Knoten j nicht durch einen Vierpol miteinander verbunden, ist das entsprechende Element $\underline{y}_{ij}$ der Admittanzmatrix null. Da reale Netze nur in geringem Maße vermascht sind, ist die Admittanzmatrix nur schwach besetzt. Die Admittanzmatrix für solche Netze enthält im Vergleich zur vollen Besetztheit nur wenige von null verschiedene Elemente.

Falls ein Knoten i mit einem Knoten j verbunden ist, gilt dies natürlich auch umgekehrt. Daraus ergibt sich, dass die Admittanzmatrix in jedem Fall struktursymmetrisch ist. Werden nur Transformatoren ohne Stufensteller verwendet, können für alle Zweige Π-Ersatzschaltbilder angegeben werden. Dies bedeutet, dass die Admittanzmatrix mathematisch symmetrisch ist. Hierbei gilt $\underline{y}_{ij} = \underline{y}_{ji}$.

Für das Fünf-Knoten-Beispielnetz nach Abb. 3.1 ergibt sich die Knotenpunktadmittanzmatrix $\mathbf{Y}$ zu

$$\mathbf{Y} = \begin{pmatrix} \underline{y}_{11} & \underline{y}_{12} & \underline{y}_{13} & \underline{y}_{14} & 0 \\ \underline{y}_{21} & \underline{y}_{22} & 0 & \underline{y}_{24} & 0 \\ \underline{y}_{31} & 0 & \underline{y}_{33} & 0 & \underline{y}_{35} \\ \underline{y}_{41} & \underline{y}_{42} & 0 & \underline{y}_{44} & \underline{y}_{45} \\ 0 & 0 & \underline{y}_{53} & \underline{y}_{54} & \underline{y}_{55} \end{pmatrix} \qquad (3.8)$$

Die Knotenpunktadmittanzmatrix des Beispielnetzes (Gl. 3.8) ist relativ voll besetzt. Dies ist in der nur sehr geringen Knotenanzahl begründet. Bei realen Energieversorgungsnetzen ist die Knotenpunktadmittanzmatrix tatsächlich nur sehr schwach besetzt (s. Abschn. 2.4.2).

3.3 Nichtlineares Leistungsflussproblem

Insbesondere bei der Berechnung von Höchst-, Hoch- und Mittelspannungsnetzen ist die Annahme konstanter Knotenleistungen der beste Kompromiss zur Modellierung von Lasten und Einspeisungen. Für die Bestimmung des Systemzustandes wird daher an jedem Knoten i eine komplexe Leistung $\underline{S}_i$ vorgegeben. Die in einen Knoten eingespeiste Leistung wird dabei positiv gezählt. Lasten werden bei dieser Zählrichtung mit negativem Vorzeichen geführt. In Matrixschreibweise erhält man dann das folgende Gleichungssystem:

$$\begin{pmatrix} \underline{S}_1 \\ \cdot \\ \cdot \\ \cdot \\ \underline{S}_N \end{pmatrix} = 3 \cdot \begin{pmatrix} \underline{U}_1 & & 0 \\ & \cdot & \\ & & \\ 0 & & \underline{U}_N \end{pmatrix} \cdot \begin{pmatrix} \underline{I}_1 \\ \cdot \\ \cdot \\ \cdot \\ \underline{I}_N \end{pmatrix}^* \tag{3.9}$$

oder in kompakter Schreibweise

$$s = 3 \cdot \mathrm{diag}(\boldsymbol{u}) \cdot \boldsymbol{i}^* \tag{3.10}$$

Unter Berücksichtigung der linearen Systemgleichungen in Gl. (3.7) erhält man die nichtlinearen Systemgleichungen

$$s = 3 \cdot \mathrm{diag}(\boldsymbol{u}) \cdot \boldsymbol{Y}^* \cdot \boldsymbol{u}^* \tag{3.11}$$

Für das Fünf-Knoten-Beispielnetz ergibt sich damit eine Netzsituation entsprechend Abb. 3.3.

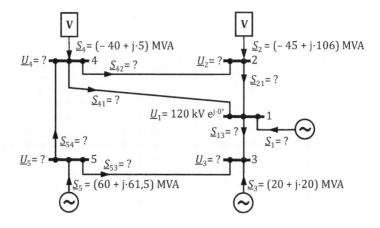

Abb. 3.3 Fünf-Knoten-Beispielnetz mit Last- und Einspeiseleistungen

Zur Vermeidung des Faktors 3 aus Gl. (3.11) werden in diesem Kapitel die Komponenten $\underline{U}_i$ des Spannungsvektors $\boldsymbol{u}$ als verkettete Spannung $\left(\underline{U}_{\text{verk},i} = \sqrt{3} \cdot \underline{U}_i\right)$ angesehen. Damit ergeben sich die nichtlinearen Systemgleichungen für die verketteten Spannungen. Zur Vereinfachung der Schreibweise wird im Folgenden der Index „verk" weggelassen.

$$\boldsymbol{s} = \text{diag}(\boldsymbol{u}_{\text{verk}}) \cdot \boldsymbol{Y}^* \cdot \boldsymbol{u}_{\text{verk}}^* \tag{3.12}$$

Die Leistungsflussrechnung wird in zwei Abschnitten durchgeführt. In einem ersten Schritt wird das nichtlineare, determinierte Gleichungssystem nach Gl. (3.12) gelöst. Damit wird der Vektor der komplexen Spannungen $\boldsymbol{u}$ bei Vorgabe der Knotenleistungen $\boldsymbol{s}$ bestimmt. Anschließend werden in einem zweiten Schritt unter Verwendung der Ersatzschaltbilder der Zweige die sekundären Größen die Leistungsflüsse, Verluste, Strombeträge usw. berechnet.

Die für die Leistungsflussberechnung notwendigen Eingangsgrößen (Knotenleistungen, Admittanzen der Ersatzschaltbilder, Spannungsbeträge am Slack-Knoten bzw. an PU-Knoten) werden als exakt bekannt vorausgesetzt. Die Wahl dieser Größen als näherungsweise bekannte Werte bzw. als Prognosewerte beeinflusst also das Ergebnis der Leistungsflussrechnung entscheidend. Fehler bzw. Ungenauigkeiten gehen unmittelbar in die Ergebnisse der Leistungsflussberechnung ein und können in der Regel nicht detektiert werden.

Allgemein kann das Leistungsflussproblem folgendermaßen definiert werden:

$$\boldsymbol{f}(\boldsymbol{x}) - \boldsymbol{s}_{\text{geg}} = 0 \tag{3.13}$$

Hierbei ist $\boldsymbol{f}$ ein Funktionenvektor, der die nichtlineare Abhängigkeit der Knotenleistungen von den Knotenspannungen beschreibt, $\boldsymbol{x}$ ist der Vektor der Zustandsvariablen (hier: die Knotenspannungen nach Betrag u und Phase φ), und $\boldsymbol{s}_{\text{geg}}$ ist der Vektor der determinierten Eingangsgrößen (i.e. komplexe Knotenleistungen p und q). Das Gleichungssystem (3.13) sagt aus, dass an allen Knoten die Differenz zwischen der aktuell berechneten und der vorgegebenen Leistung null sein soll. Da es sich um ein determiniertes Modell handelt, muss für die Anzahl N_M der Eingangsgrößen und die Anzahl N_S der Zustandsvariablen des Systems gelten:

$$N_M = N_S \tag{3.14}$$

In einem Netz mit N Knoten ergibt sich die Anzahl der Zustandsvariablen N_S

$$N_S = 2 \cdot (N - 1) \tag{3.15}$$

Abb. 3.4 zeigt das allgemeine Modell der Leistungsflussrechnung, mit der die Zustandsvariablen (i.e. komplexe Knotenspannungen) bestimmt werden. Eingangsgrößen sind die komplexen Leistungen an allen Knoten sowie die das Netz beschreibenden Informationen zur Topologie und Netzparameter (z. B. Leitungsadmittanzen).

3.3 Nichtlineares Leistungsflussproblem

Abb. 3.4 Modell der Leistungsflussrechnung

3.3.1 Aufteilung der komplexen Systemgleichung in zwei reelle Gleichungssysteme

Die Anwendung des Newton-Raphson-Verfahrens erfordert die Aufteilung des komplexen Gleichungssystems nach Gl. (3.11) bzw. (3.12) in zwei reelle Gleichungssysteme. Wie in Abschn. 3.3.2 noch erläutert wird, ist es zweckmäßig die komplexen Systemgleichungen in kartesische Koordinaten zu zerlegen. Das linearisierte Gleichungssystem nach Gl. (2.218) wird dagegen in Polarkoordinaten angegeben. Im Folgenden wird die Zerlegung der Systemgleichungen in kartesische Koordinaten dargestellt. Hierfür werden zunächst einige Bezeichnungen eingeführt.

$$\underline{U}_i = U_i \cdot e^{j \cdot \varphi_i} = E_i + j \cdot F_i \tag{3.16}$$

$$\underline{y}_{ik} = g_{ik} + j \cdot b_{ik} \tag{3.17}$$

$$\underline{S}_i = P_i + j \cdot Q_i \tag{3.18}$$

Jede einzelne Gleichung des nichtlinearen Gleichungssystems nach Gl. (3.12) stellt die Leistungsbilanz eines Knotens dar:

$$\underline{S}_i = U_i^2 \cdot \underline{y}_{ii}^* + \underline{U}_i \cdot \sum_{k \in \mathcal{N}_i} \underline{y}_{ik}^* \cdot \underline{U}_k^* \tag{3.19}$$

Dabei beschreibt $\mathcal{N}_i$ die Menge der Gegenknoten (Adjazenz) der von Knoten i wegführenden Zweige. Unter Beachtung der Definitionen nach Gl. (3.16) bis (3.18) folgt:

$$\begin{aligned} P_i + j \cdot Q_i &= U_i^2 \cdot (g_{ii} - j \cdot b_{ii}) \\ &+ (E_i + j \cdot F_i) \cdot \sum_{k \in \mathcal{N}_i} ((g_{ik} \cdot E_k - b_{ik} \cdot F_k) - j \cdot (b_{ik} \cdot E_k + g_{ik} \cdot F_k)) \end{aligned} \tag{3.20}$$

Zur Vereinfachung der Schreibweise werden die folgenden Abkürzungen eingeführt.

$$c_{ik} = g_{ik} \cdot E_k - b_{ik} \cdot F_k \tag{3.21}$$

$$d_{ik} = b_{ik} \cdot E_k + g_{ik} \cdot F_k \tag{3.22}$$

Damit lautet die nach dem Wirk- und dem Blindanteil aufgeteilte Leistungsbilanz an einem Knoten i:

$$P_i = U_i^2 \cdot g_{ii} + E_i \cdot \sum_{k \in \mathcal{N}_i} c_{ik} + F_i \cdot \sum_{k \in \mathcal{N}_i} d_{ik} \tag{3.23}$$

$$Q_i = -U_i^2 \cdot b_{ii} + F_i \cdot \sum_{k \in \mathcal{N}_i} c_{ik} - E_i \cdot \sum_{k \in \mathcal{N}_i} d_{ik} \tag{3.24}$$

Zur Vereinfachung der Schreibweise werden die folgenden Abkürzungen eingeführt:

$$\begin{aligned} p_{ik} &= E_i \cdot c_{ik} + F_i \cdot d_{ik} \\ q_{ik} &= F_i \cdot c_{ik} - E_i \cdot d_{ik} \\ p_{ii} &= U_i^2 \cdot g_{ii} \\ q_{ii} &= -U_i^2 \cdot b_{ii} \end{aligned} \tag{3.25}$$

Damit ergeben sich die zerlegten Systemgleichungen für die Wirk- und Blindleistung in kartesischen Koordinaten.

$$\begin{aligned} P_i &= p_{ii} + \sum_{k \in \mathcal{N}_i} p_{ik} \\ Q_i &= q_{ii} + \sum_{k \in \mathcal{N}_i} q_{ik} \end{aligned} \quad i = 1, \ldots, N \tag{3.26}$$

Die Gl. (3.26) entsprechen den Wirk- und Blindleistungsbilanzen an einem beliebigen Knoten i. Somit erhält man durch die Zerlegung für ein Netz mit N Knoten ein System von $2 \cdot N$ reellen Gleichungen.

3.3.2 Aufstellen des linearisierten Gleichungssystems nach Newton-Raphson

Zur Lösung des nichtlinearen Leistungsflussproblems entsprechend Gl. (3.13) wird in der Praxis in der Regel das in Abschn. 2.3.6 vorgestellte Newton-Raphson-Verfahren eingesetzt. Bei diesem Verfahren wird das Gleichungssystem am jeweiligen Arbeitspunkt, d. h. für die jeweiligen Knotenspannungen, linearisiert. Dieses linearisierte System wird dann gelöst, um einen neuen verbesserten Arbeitspunkt zu erhalten. Dies wird rekursiv solange fortgesetzt, bis man eine genügend genaue Lösung erreicht.

Dazu entwickelt man Gl. (3.13) ausgehend von einer Anfangsschätzung $x^{(0)}$ in eine Taylor-Reihe und bricht diese nach dem linearen Term ab:

3.3 Nichtlineares Leistungsflussproblem

$$f(x) \approx f\left(x^{(0)}\right) + F\left(x^{(0)}\right) \cdot \Delta x^{(0)} + \cdots \quad (3.27)$$

Dabei ist ν der Iterationszähler und $F\left(x^{(\nu)}\right)$ die sogenannte Funktional- oder Jacobi-Matrix, die die partiellen Ableitungen aller Knotenleistungen nach allen Unbekannten enthält.

$$F_{ij} = \frac{\partial f_i}{\partial x_j} \quad (3.28)$$

Setzt man die lineare Näherungsfunktion aus Gl. (3.27) gleich null, folgt unmittelbar die Iterationsvorschrift

$$F\left(x^{(\nu)}\right) \cdot \Delta x^{(\nu)} = \Delta s^{(\nu)} \quad (3.29)$$

Der Vektor Δx beschreibt die Verbesserung der Werte der Zustandsvariablen und der Vektor Δs die Differenz zwischen den vorgegebenen und berechneten Werten der Knotenlesitungen im jeweiligen Interationsschritt. Die Funktionalmatrix $F(x)$ ist schwach besetzt, falls die Funktion f_i nur von wenigen Variablen x_j abhängt.

Es wird zunächst vorausgesetzt, dass alle Knoten PQ-Verhalten haben. Damit sind die komplexen Spannungen $\underline{U}_i$ die Unbekannten, die durch ihre Polarkoordinaten U_i und φ_i dargestellt werden. Ferner ist es zweckmäßig, die Spannungsänderungen $\Delta U_i^{(\nu)}$ auf die Spannung $U_i^{(\nu)}$ zu beziehen und in der Jacobi-Matrix entsprechend mit $U_i^{(\nu)}$ zu multiplizieren. Wie in Abschn. 3.3.3 noch gezeigt wird, ergeben sich durch diese Erweiterung des Gleichungssystems für die Ableitungen einfache Beziehungen und es können damit trigonometrische Ausdrücke vermieden werden.

Für das Verfahren nach Newton-Raphson müssen die Systemgleichungen für die Wirk- und Blindleistung jeweils nach dem Winkel und dem Betrag der Spannungen abgeleitet werden. Damit erhält man analog zu Gl. (2.218) dann das folgende Gleichungssystem. Der Iterationszähler ν wird hierbei aus Gründen der Übersichtlichkeit weggelassen.

$$\begin{pmatrix} \frac{\partial P_1}{\partial \varphi_1} & \cdots & \frac{\partial P_1}{\partial \varphi_N} & U_1 \cdot \frac{\partial P_1}{\partial U_1} & \cdots & U_N \cdot \frac{\partial P_1}{\partial U_N} \\ \vdots & & \vdots & \vdots & & \vdots \\ \frac{\partial P_N}{\partial \varphi_1} & \cdots & \frac{\partial P_N}{\partial \varphi_N} & U_1 \cdot \frac{\partial P_N}{\partial U_1} & \cdots & U_N \cdot \frac{\partial P_N}{\partial U_N} \\ \hline \frac{\partial Q_1}{\partial \varphi_1} & \cdots & \frac{\partial Q_1}{\partial \varphi_N} & U_1 \cdot \frac{\partial Q_1}{\partial U_1} & \cdots & U_N \cdot \frac{\partial Q_1}{\partial U_N} \\ \vdots & & \vdots & \vdots & & \vdots \\ \frac{\partial Q_N}{\partial \varphi_1} & \cdots & \frac{\partial Q_N}{\partial \varphi_N} & U_1 \cdot \frac{\partial Q_N}{\partial U_1} & \cdots & U_N \cdot \frac{\partial Q_N}{\partial U_N} \end{pmatrix} \begin{pmatrix} \Delta \varphi_1 \\ \vdots \\ \Delta \varphi_N \\ \hline \frac{\Delta U_1}{U_1} \\ \vdots \\ \frac{\Delta U_N}{U_N} \end{pmatrix} = \begin{pmatrix} \Delta P_1 \\ \vdots \\ \Delta P_N \\ \hline \Delta Q_1 \\ \vdots \\ \Delta Q_N \end{pmatrix} \quad (3.30)$$

In kompakter Matrixschreibweise lautet das Gleichungssystem für den Newton-Raphson-Algorithmus dann:

$$F \cdot \begin{pmatrix} \Delta\varphi \\ \frac{\Delta u}{\operatorname{diag}(u)} \end{pmatrix} = \begin{pmatrix} H & N \\ J & L \end{pmatrix} \cdot \begin{pmatrix} \Delta\varphi \\ \frac{\Delta u}{\operatorname{diag}(u)} \end{pmatrix} = \begin{pmatrix} \Delta p \\ \Delta q \end{pmatrix} \quad (3.31)$$

Die Funktionalmatrix F ist dabei in die Untermatrizen H, N, J und L aufgeteilt. In der Untermatrix H sind die partiellen Ableitungen der Knotenwirkleistungen nach den Knotenspannungswinkeln, in der Untermatrix N die partiellen Ableitungen der Knotenwirkleistungen nach den Knotenspannungsbeträgen, in der Untermatrix J die partiellen Ableitungen der Knotenblindleistungen nach den Knotenspannungswinkeln und in der Untermatrix L die partiellen Ableitungen der Knotenblindleistungen nach den Knotenspannungsbeträgen zusammengefasst.

Im (Δp, Δq)-Vektor der rechten Seite des Gleichungssystems wird analog zu Gl. (2.214) für jeden Knoten die Differenz aus den im jeweiligen Iterationsschritt gültigen Spannungswerten berechneten Wirk- bzw. Blindleistung (Ist-Werte) mit den entsprechenden bekannten Leistungswerten (Vorgabe-Werte) dieses Knotens gebildet.

$$\begin{aligned} \Delta P_i &= P_{i,\text{geg}} - P_i^{(\nu)} \\ \Delta Q_i &= Q_{i,\text{geg}} - Q_i^{(\nu)} \end{aligned} \quad \text{für alle } i = 1,\ldots,N \quad (3.32)$$

Die Elemente der Funktionalmatrix und des (Δp, Δq)-Vektors müssen bei jedem Iterationsschritt neu berechnet werden, da die Elemente abhängig sind vom Vektor der Unbekannten, d. h. von den sich in jedem Iterationsschritt veränderten komplexen Knotenspannungen. Das lineare Gleichungssystem (3.30) wird daher mithilfe des Gauß'schen Algorithmus' gelöst, ohne dass die untere Dreiecksmatrix abgespeichert wird.

Das Konvergenzkriterium ist analog zu Gl. (2.216):

$$\begin{aligned} \left| P_{i,\text{geg}} - P_i^{(\nu)} \right| &\leq \varepsilon_P \\ \left| Q_{i,\text{geg}} - Q_i^{(\nu)} \right| &\leq \varepsilon_Q \end{aligned} \quad \text{für alle } i = 1,\ldots,N \quad (3.33)$$

In jedem Iterationsschritt wird für jeden Knoten i der errechnete Wert für die Wirk- bzw. Blindleistung mit dem vorgegebenen Wert verglichen. Ist der Betrag der Differenz an jedem Knoten kleiner als die vorgegebene Genauigkeitsschranke ε ist der Konvergenztest erfüllt und der erste Schritt der Leistungsflussrechnung abgeschlossen. Allgemein kann für jeden Knoten ein unterschiedlicher Wert für die Genauigkeitsschranke ε definiert werden. In der Praxis ist es allerdings sinnvoll, die Genauigkeitsschranke ε zumindest innerhalb einer Spannungsebene einheitlich anzugeben.

Da die Startwerte $U_i^{(0)}$ und $\varphi_i^{(0)}$ für den Iterationsprozess für das hier vorliegende Problem leicht gefunden werden können (s. Abschn. 3.3.5) und das Newton-Raphson-

Verfahren gute Konvergenzeigenschaften besitzt, wird das Konvergenzkriterium in der Regel bereits nach drei bis sechs Iterationen erreicht. Wird das Konvergenzkriterium nach einer bestimmten Anzahl von Durchläufen (z. B. nach 15 Iterationen) nicht erreicht, ist es sinnvoll, den Iterationsprozess abzubrechen, da dann in der Regel nicht mehr mit einer Konvergenz des Problems gerechnet werden kann. Aus der dann nur unvollständig vorliegenden Lösung des Leistungsflussproblems können aber häufig Rückschlüsse auf die Ursachen für die Konvergenzprobleme des Verfahrens gezogen werden (s. Abschn. 3.3.10).

In besonderen Fällen konvergiert das Leistungsflussverfahren nach Newton-Raphson auch auf absurde Lösungen. Ob es sich dabei um stabile Lösungen handelt, ist meist nur von akademischem Interesse. Bei diesen Lösungen weichen die Werte der Knotenspannungen U_i deutlich von der Nennspannung ab und bilden keine sinnvollen physikalischen Situationen ab.

3.3.3 Berechnung der Elemente der Jacobi-Matrix

Nach der Darstellung der prinzipiellen Vorgehensweise soll jetzt die Berechnung der Koeffizienten der Funktionalmatrix abgeleitet werden. Dabei wird insbesondere gezeigt, dass die Ergebnisse der Ableitungen in kartesischen Koordinaten ausgedrückt werden können, obwohl die Zustandsvariablen mit Polarkoordinaten angegeben werden. Auf diese Weise können die trigonometrischen Funktionen Sinus und Cosinus bei der Berechnung der Funktionalmatrix vermieden werden. Die partiellen Ableitungen der kartesischen Koordinaten der Knotenspannungen nach Winkel und Betrag der Spannungen ergeben:

$$\begin{aligned}
\tfrac{\partial E_i}{\partial \varphi_i} &= \tfrac{\partial}{\partial \varphi_i}(U_i \cdot \cos(\varphi_i)) &= -U_i \cdot \sin(\varphi_i) &= -F_i \\
U_i \cdot \tfrac{\partial E_i}{\partial U_i} &= U_i \cdot \tfrac{\partial}{\partial U_i}(U_i \cdot \cos(\varphi_i)) &= U_i \cdot \cos(\varphi_i) &= E_i \\
\tfrac{\partial F_i}{\partial \varphi_i} &= \tfrac{\partial}{\partial \varphi_i}(U_i \cdot \sin(\varphi_i)) &= U_i \cdot \cos(\varphi_i) &= E_i \\
U_i \cdot \tfrac{\partial F_i}{\partial U_i} &= U_i \cdot \tfrac{\partial}{\partial U_i}(U_i \cdot \sin(\varphi_i)) &= U_i \cdot \sin(\varphi_i) &= F_i
\end{aligned} \quad (3.34)$$

Aus diesen Beziehungen kann das folgende Fazit abgeleitet werden. Die partiellen Ableitungen der kartesischen Koordinaten der Spannungen nach Winkel und Betrag der Spannungen können unter Beachtung von Vorzeichen wieder durch die kartesischen Koordinaten der Spannungen ausgedrückt werden. Bei den partiellen Ableitungen nach dem Spannungsbetrag wird die Sinnhaftigkeit der in Abschn. 3.3.2 eingeführten Erweiterung mit U_i unmittelbar ersichtlich, da ohne diese Erweiterung für die Ableitungen trigonometrische Funktionen entstünden.

Die partiellen Ableitungen der Abkürzungen c_{ik} und d_{ik} aus den Gl. (3.21) und (3.22) führen zu den Ergebnissen:

$$\frac{\partial c_{ik}}{\partial \varphi_k} = -F_k \cdot g_{ik} - E_k \cdot b_{ik} = -d_{ik}$$

$$U_k \cdot \frac{\partial c_{ik}}{\partial U_k} = E_k \cdot g_{ik} - F_k \cdot b_{ik} = c_{ik}$$

$$\frac{\partial d_{ik}}{\partial \varphi_k} = -F_k \cdot b_{ik} + E_k \cdot g_{ik} = c_{ik}$$

$$U_k \cdot \frac{\partial d_{ik}}{\partial U_k} = E_k \cdot b_{ik} + F_k \cdot g_{ik} = d_{ik}$$

(3.35)

Aus diesen Beziehungen kann das folgende Fazit abgeleitet werden. Auch die partiellen Ableitungen der kartesischen Ausrücke c_{ik} und d_{ik} nach Winkel und Betrag können unter Beachtung von Vorzeichen durch die Ausdrücke c_{ik} und d_{ik} selbst ausgedrückt werden.

Die partiellen Ableitungen der kombinierten Abkürzungen nach Gl. (3.25) ergeben:

$$\frac{\partial p_{ik}}{\partial \varphi_i} = -F_i \cdot c_{ik} + E_i \cdot d_{ik} = -q_{ik} \quad i \neq k$$

$$U_i \cdot \frac{\partial p_{ik}}{\partial U_i} = E_i \cdot c_{ik} + F_i \cdot d_{ik} = p_{ik} \quad i \neq k$$

$$\frac{\partial p_{ik}}{\partial \varphi_k} = -E_i \cdot d_{ik} + F_i \cdot c_{ik} = q_{ik} \quad k \neq i$$

$$U_k \cdot \frac{\partial p_{ik}}{\partial U_k} = E_i \cdot c_{ik} + F_i \cdot d_{ik} = p_{ik} \quad k \neq i$$

(3.36)

$$\frac{\partial q_{ik}}{\partial \varphi_i} = F_i \cdot d_{ik} + E_i \cdot c_{ik} = p_{ik} \quad i \neq k$$

$$U_i \cdot \frac{\partial q_{ik}}{\partial U_i} = -E_i \cdot d_{ik} + F_i \cdot c_{ik} = q_{ik} \quad i \neq k$$

$$\frac{\partial q_{ik}}{\partial \varphi_k} = -E_i \cdot c_{ik} - F_i \cdot d_{ik} = -p_{ik} \quad k \neq i$$

$$U_k \cdot \frac{\partial q_{ik}}{\partial U_k} = -E_i \cdot d_{ik} + F_i \cdot c_{ik} = q_{ik} \quad k \neq i$$

(3.37)

$$\frac{\partial p_{ii}}{\partial \varphi_i} = 0$$

$$U_i \cdot \frac{\partial p_{ii}}{\partial U_i} = 2 \cdot p_{ii}$$

$$\frac{\partial q_{ii}}{\partial \varphi_i} = 0$$

$$U_i \cdot \frac{\partial q_{ii}}{\partial U_i} = 2 \cdot q_{ii}$$

(3.38)

Aus diesen Beziehungen kann das Fazit abgeleitet werden, dass auch die partiellen Ableitungen der kombinierten Abkürzungen p_{ik}, q_{ik}, p_{ii} und q_{ii} nach Winkel und Betrag unter Beachtung von Vorzeichen durch die Ausdrücke p_{ik}, q_{ik}, p_{ii} und q_{ii} selbst ausgedrückt werden können bzw. den Wert null ergeben.

3.3 Nichtlineares Leistungsflussproblem

Mit diesen Vorrechnungen lassen sich die Elemente der Untermatrizen H, N, J und L der Funktionalmatrix relativ einfach bestimmen.

Für die Untermatrix H ergeben sich die Nebendiagonalelemente H_{ik} ausführlich dargestellt aus den partiellen Ableitungen der Wirkleistungen nach den Spannungswinkeln zu:

$$H_{ik} = \frac{\partial P_i}{\partial \varphi_k} = \frac{\partial}{\partial \varphi_k} \left(p_{ii} + \sum_{m \in \mathcal{N}_i} p_{im} \right) = q_{ik} \quad \text{mit} \quad k \neq i;\, k \in \mathcal{N}_i \quad (3.39)$$

Dabei enthält die Menge $\mathcal{N}_i$ alle Knoten, die mit dem Knoten i unmittelbar verbunden sind.

Die Hauptdiagonalelemente der Untermatrix H ergeben sich analog zu

$$H_{ii} = \frac{\partial P_i}{\partial \varphi_i} = \frac{\partial}{\partial \varphi_i} \left(p_{ii} + \sum_{m \in \mathcal{N}_i} p_{im} \right) = -\sum_{k \in \mathcal{N}_i} q_{ik} = -Q_i + q_{ii} \quad (3.40)$$

Für die Untermatrix J ergeben sich die Matrixelemente entsprechend den partiellen Ableitungen der Blindleistung nach den Spannungswinkeln.

$$J_{ik} = \frac{\partial Q_i}{\partial \varphi_k} = \frac{\partial}{\partial \varphi_k} \left(q_{ii} + \sum_{m \in \mathcal{N}_i} q_{im} \right) = -p_{ik} \quad \text{mit} \quad k \neq i;\, k \in \mathcal{N}_i \quad (3.41)$$

$$J_{ii} = \frac{\partial Q_i}{\partial \varphi_i} = \frac{\partial}{\partial \varphi_i} \left(q_{ii} + \sum_{m \in \mathcal{N}_i} q_{im} \right) = P_i - p_{ii} \quad (3.42)$$

Die Haupt- und Nebendiagonalelemente der Untermatrix N werden aus den partiellen Ableitungen der Wirkleistungen nach den Spannungsbeträgen bestimmt.

$$N_{ik} = U_k \cdot \frac{\partial P_i}{\partial U_k} = U_k \cdot \frac{\partial}{\partial U_k} \left(p_{ii} + \sum_{m \in \mathcal{N}_i} p_{im} \right) = p_{ik} \quad \text{mit} \quad k \neq i;\, k \in \mathcal{N}_i \quad (3.43)$$

$$N_{ii} = U_i \cdot \frac{\partial P_i}{\partial U_i} = U_i \cdot \frac{\partial}{\partial U_i} \left(p_{ii} + \sum_{m \in \mathcal{N}_i} p_{im} \right) = 2 \cdot p_{ii} + \sum_{k \in \mathcal{N}_i} p_{ik} = P_i + p_{ii} \quad (3.44)$$

Für die Untermatrix L ergeben sich die Matrixelemente entsprechend den partiellen Ableitungen der Blindleistung nach den Spannungsbeträgen.

$$L_{ik} = U_k \cdot \frac{\partial Q_i}{\partial U_k} = U_k \cdot \frac{\partial}{\partial U_k} \left(q_{ii} + \sum_{m \in \mathcal{N}_i} q_{im} \right) = q_{ik} \quad \text{mit} \quad k \neq i;\, k \in \mathcal{N}_i \quad (3.45)$$

$$L_{ii} = U_i \cdot \frac{\partial Q_i}{\partial U_i} = U_i \cdot \frac{\partial}{\partial U_i} \left(q_{ii} + \sum_{m \in \mathcal{N}_i} q_{im} \right) = Q_i + q_{ii} \quad (3.46)$$

Insgesamt ergibt sich aus diesen Ableitungen, dass die Elemente der Funktionalmatrix mit den Untermatrizen **H**, **N**, **J** und **L** durch die Teilsummanden zur Berechnung der jeweils aktuellen Wirk- und Blindleistungen der Knoten nach Gl. (3.26) gebildet werden. Bei der Berechnung der rechten Seite des Gleichungssystems Gl. (3.30) entsprechend Gl. (3.32) fallen die Elemente der Funktionalmatrix damit ohne weitere Rechenoperation mit an, da aus den für die Berechnung der Wirk- und Blindleistung erforderlichen Komponenten (Gl. 3.26) leicht die Funktionalmatrixelemente bestimmt werden können. Die Nebendiagonalelemente entsprechen den Teilsummanden p_{ik} und q_{ik} aus Gl. (3.26). Diese sind nur dann von null verschieden, falls zwischen den Knoten i und k ein Zweig existiert. Damit hat jede Untermatrix **H**, **N**, **J** und **L** die gleiche Besetztheitsstruktur wie die Knotenpunktadmittanzmatrix **Y**.

3.3.4 Behandlung besonderer Knoten

Das nichtlineare Gleichungssystem nach Gl. (3.11) bzw. zerlegt in zwei reelle Gleichungssysteme nach Gl. (3.26) kann nur mit zusätzlichen Annahmen gelöst werden. Diese Annahmen sind notwendig zur Festlegung des Bezugswinkels und des Spannungsniveaus. Falls die komplexen Spannungen $\underline{U}_i$ für $(i = 1, \ldots, N)$ bestimmt sind, so erfüllen die komplexen Spannungen $\underline{U}_i \cdot e^{j \cdot \varphi_0}$ $(i = 1, \ldots, N)$ für jeden beliebigen Winkel φ_0 ebenfalls die nichtlinearen Systemgleichungen. Für eine eindeutige Lösung muss daher an einem Knoten der Spannungswinkel vorgegeben werden. Dieser Knoten heißt Slack-Knoten oder Bilanzknoten (Abkürzung: S). Die übliche Festlegung für den Bezugswinkel ist $\varphi_S = 0°$. Es kann jedoch jeder beliebige Wert für den Bezugswinkel gewählt werden.

Das nichtlineare Gleichungssystem fordert die Erfüllung der Leistungsbilanz. Dies kann mathematisch bei sehr unterschiedlichen Spannungen der Fall sein. Physikalisch ist in der Regel nur eine Lösung sinnvoll. Daher muss an einem Knoten der Spannungsbetrag zur Festlegung des Spannungsniveaus vorgegeben werden. Sinnvollerweise wird dazu der Slack-Knoten herangezogen. Hierfür wird für den Betrag der Spannung am Slack-Knoten U_S als bekannt und konstant definiert. Dies entspricht der Modellierung eines spannungsgeregelten Knotens. Mit $\varphi_S = $ const und $U_S = $ const werden aus mathematischen Gründen die eingespeisten Leistungen P_S und Q_S zu Unbekannten. Dass dies sinnvoll ist, zeigt die folgende Überlegung. Die Vorgabe der Einspeiseleistung an den Systemgrenzen kann aufgrund der Leistungsbilanz

$$\underline{S}_E = \underline{S}_L + \underline{S}_V \tag{3.47}$$

nur bei Kenntnis der komplexen Systemverlustleistung $\underline{S}_V$ exakt erfolgen. Da diese sich aber erst aus der Lösung der Leistungsflussgleichungen ergibt, sorgen die unbekannten Leistungen P_S und Q_S des Slack-Knotens für den Bilanzausgleich.

Zusammenfassend ergeben sich unter Berücksichtigung der Darstellungen in den Abschn. 2.1.4 und 2.1.5 drei Arten von Knoten bei der Leistungsflussrechnung (Tab. 3.1).

3.3 Nichtlineares Leistungsflussproblem

Tab. 3.1 Knotentypen bei der Leistungsflussrechnung

Knotentyp	Vorgegeben	Gesucht
PQ-Knoten	P, Q	U, φ
PU-Knoten	P, U	φ, Q
Slack-$(U\varphi)$-Knoten	U, φ	P, Q

Für das Gleichungssystem nach Gl. (3.30) und die Berechnung der Matrixelemente nach Gl. (3.39) bis (3.46) werden nur PQ-Knoten berücksichtigt. Die mathematische Behandlung des Slack-Knotens und der PU-Knoten soll an einem Beispielnetz nach Abb. 3.5 erfolgen. Als Slack-Knoten wird der Knoten 1 gewählt.

Die komplexe Spannung am Slack-Knoten $\underline{U}_S$ ist definitionsgemäß bekannt und es gilt für den Slack-Knoten $\Delta U_S = 0$ und $\Delta \varphi_S = 0$. Damit entfallen alle Elemente des Gleichungssystems, die mit ΔU_S und $\Delta \varphi_S$ multipliziert werden. Die entsprechenden Zeilen und Spalten im Gleichungssystem nach Gl. (3.30) können gestrichen werden.

Für das Beispielnetz ergibt sich das zu lösende Gleichungssystem nach Gl. (3.48), wenn man die Gleichungen jeweils pro Knoten für Wirk- und Blindleistung ordnet.

$$\begin{pmatrix} H_{22} & N_{22} & 0 & 0 & H_{24} & N_{24} & 0 & 0 \\ J_{22} & L_{22} & 0 & 0 & J_{24} & L_{24} & 0 & 0 \\ 0 & 0 & H_{33} & N_{33} & 0 & 0 & H_{35} & N_{35} \\ 0 & 0 & J_{33} & L_{33} & 0 & 0 & J_{35} & L_{35} \\ H_{42} & N_{42} & 0 & 0 & H_{44} & N_{44} & H_{45} & N_{45} \\ J_{42} & L_{42} & 0 & 0 & J_{44} & L_{44} & J_{45} & L_{45} \\ 0 & 0 & H_{53} & N_{53} & H_{54} & N_{54} & H_{55} & N_{55} \\ 0 & 0 & J_{53} & L_{53} & J_{54} & L_{54} & J_{55} & L_{55} \end{pmatrix} \cdot \begin{pmatrix} \Delta\varphi_2 \\ \frac{\Delta U_2}{U_2} \\ \Delta\varphi_3 \\ \frac{\Delta U_3}{U_3} \\ \Delta\varphi_4 \\ \frac{\Delta U_4}{U_4} \\ \Delta\varphi_5 \\ \frac{\Delta U_5}{U_5} \end{pmatrix} = \begin{pmatrix} \Delta P_2 \\ \Delta Q_2 \\ \Delta P_3 \\ \Delta Q_3 \\ \Delta P_4 \\ \Delta Q_4 \\ \Delta P_5 \\ \Delta Q_5 \end{pmatrix} \quad (3.48)$$

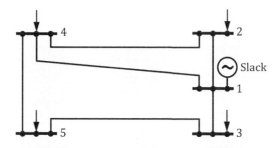

Abb. 3.5 Fünf-Knoten-Beispielnetz mit Slack-Knoten

Diese Schreibweise erlaubt die Interpretation, dass die Besetztheit von F gleich derjenigen der Knotenpunktadmittanzmatrix Y ist, falls man eine Untermatrix mit den Elementen H_{ik}, N_{ik}, J_{ik} und L_{ik} als ein (Super)-Element der Funktionalmatrix F auffasst.

Aufgrund der gewählten Darstellung des Vektors der unbekannten Spannungen in Polarkoordinaten lassen sich PU-Knoten auf einfache Weise berücksichtigen. An dem spannungsgeregelten Knoten i wird der Spannungsbetrag U_i zur gegebenen Größe und die Blindleistung Q_i zur Unbekannten. Definitionsgemäß gilt für einen PU-Knoten $\Delta U_i = 0$.

Damit entfallen alle Elemente des Gleichungssystems, die mit ΔU_i multipliziert werden. Durch Streichen der Gleichung, in der ΔQ_i auf der rechten Seite steht, wird das Gleichungssystem um die Unbekannte ΔQ_i reduziert. Da die Spannung U_i an dem spannungsgeregelten Knoten i bekannt ist, entfallen außerdem die Ableitungen der Leistungsflussgleichungen nach U_i. Die entsprechende Spalte i der Funktionalmatrix kann damit ebenfalls gestrichen werden.

Im Beispielnetz werden die Knoten 3 und 5 als PU-Knoten definiert (Abb. 3.6). Das in jedem Iterationsschritt zu lösende lineare Gleichungssystem hat damit die folgende Form (Gl. 3.49).

$$\begin{pmatrix} H_{22} & N_{22} & 0 & H_{24} & N_{24} & 0 \\ J_{22} & L_{22} & 0 & J_{24} & L_{24} & 0 \\ 0 & 0 & H_{33} & 0 & 0 & H_{35} \\ H_{42} & N_{42} & 0 & H_{44} & N_{44} & H_{45} \\ J_{42} & L_{42} & 0 & J_{44} & L_{44} & J_{45} \\ 0 & 0 & H_{53} & H_{54} & N_{54} & H_{55} \end{pmatrix} \cdot \begin{pmatrix} \Delta\varphi_2 \\ \frac{\Delta U_2}{U_2} \\ \Delta\varphi_3 \\ \Delta\varphi_4 \\ \frac{\Delta U_4}{U_4} \\ \Delta\varphi_5 \end{pmatrix} = \begin{pmatrix} \Delta P_2 \\ \Delta Q_2 \\ \Delta P_3 \\ \Delta P_4 \\ \Delta Q_4 \\ \Delta P_5 \end{pmatrix} \quad (3.49)$$

Die Berücksichtigung von N_{PU} spannungsgeregelten Knoten bewirkt in der Newton-Raphson-Leistungsflussrechnung eine Verkleinerung des Gleichungssystems. Die Anzahl der unbekannten Zustandsgrößen reduziert sich damit nach Gl. (3.50).

$$N_S = 2 \cdot (N - 1) - N_{\text{PU}} \quad (3.50)$$

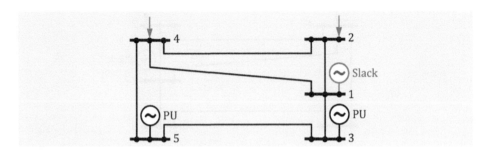

Abb. 3.6 Fünf-Knoten-Beispielnetz mit PU-Knoten

Mit der Lösung des verkleinerten Gleichungssystems nach Gl. (3.49) werden die noch unbekannten Elemente der Zustandsgrößen U_i und φ_i bestimmt. Damit können die unbekannte Wirk- und Blindleistung P_{Slack} und Q_{Slack} am Slack-Knoten sowie die Blindleistungen Q_i an den PU-Knoten nach den Gl. (3.23) und (3.24) bestimmt werden.

Für die Einspeisung der Blindleistung an PU-Knoten gelten üblicherweise minimale und maximale Grenzwerte, die sich aus den Betriebsdiagrammen der spannungsgeregelten Generatoren an diesen Knoten ergeben. Falls die für die PU-Knoten aus der Leistungsflussrechnung erhaltenen Werte Q_i nicht innerhalb dieser Grenzen

$$Q_{i,\min} \leq Q_i \leq Q_{i,\max} \tag{3.51}$$

liegen, muss der bisher spannungsgeregelte PU-Knoten in einen PQ-Knoten mit der Vorgabe konstanter Wirk- und Blindleistung P und Q umgewandelt werden. Die Wirkleistung P ist unverändert die bereits an diesem Knoten eingespeiste Leistung. Für die Blindleistung Q ist der jeweils erreichte Grenzwert $Q_{i,\min}$ bzw. $Q_{i,\max}$ einzusetzen. Mit dieser Knotentypumwandlung wird berücksichtigt, dass Kraftwerke bzw. Generatoren nur in einem vorgegebenen Rahmen Blindleistung bereitstellen können.

Anschließend an die Umwandlung des Knotentyps muss noch einmal der Leistungsflussiterationsprozess durchlaufen werden, um die jetzt unbekannten Spannungen der ehemaligen PU-Knoten zu bestimmen.

3.3.5 Ablauf der Leistungsflussrechnung

Der gesamte Ablauf der Leistungsflussrechnung nach Newton-Raphson ist in Abb. 3.7 dargestellt. Neben der Erstellung des Netzabbildes mit der Admittanzmatrix und der Ermittlung des Vektors der Knotenleistungen sowie der Spannungs- und Wirkleistungswerte an den PU-Knoten, müssen noch geeignete Startwerte für den Beginn des Newton-Raphson-Algorithmus' festgelegt werden. Liegt bereits eine Leistungsflussberechnung für einen ähnlichen Lastfall vor, so kann man die Ergebniswerte dieser Leistungsflussrechnung sehr gut als Startwerte für eine erneute Berechnung verwenden. Besonders günstig im Sinne einer schnellen und sicheren Konvergenz ist es, falls die aktuelle Leistungsflussberechnung eine Variante einer bereits zuvor durchgeführten Leistungsflussberechnung ist.

Allgemein könnte man aufgrund der günstigen Konvergenzeigenschaften die Leistungsflussrechnung nach Newton-Raphson auch mit einem sogenannten Flat-Start beginnen. In diesem Fall würden alle unbekannten Spannungen und alle Spannungswinkel auf null gesetzt. Dies würde allerdings zu einer unnötig hohen Zahl von Iterationen führen und unter Umständen trotz der grundsätzlich stabilen Konvergenz des Newton-Raphson-Verfahrens zur Divergenz führen.

Da für reale Netze stabile Arbeitspunkte in aller Regel nur für Knotenspannungswerte zu finden sind, die in einem eng begrenzten Umfang um die Netznennspannung liegen, und die Spannungswinkel ebenfalls nur relativ gering vom Bezugswinkel abweichen, kann man allgemeine Anhaltwerte für die Setzung der Startwerte angeben. Hierfür wird für alle unbekannten Spannungen die Nennspannung als Startwert mit $U_i^{(0)} = U_n$ definiert und die Knotenspannungswinkel auf den gleichen Wert wie der Bezugswinkel $\varphi_i^{(0)} = \varphi_S$ gesetzt. In der Regel gilt für den Bezugswinkel $\varphi_S = 0°$.

Der Zähler für den Iterationsdurchlauf ist auf null gesetzt ($\nu = 0$). Mit den vorliegenden Werten der Knotenspannungsbeträge und Knotenspannungswinkel werden zunächst die Elemente der Jacobi-Matrix sowie die Differenzen der Knotenleistungen ΔP_i und ΔQ_i an allen Knoten berechnet. Jeder einzelne dieser Werte wird anschließend mit der vorgegebenen Genauigkeitsschranke ε verglichen. Sind alle Knotenleistungsdifferenzen kleiner als ε, so ist der Iterationsprozess abgeschlossen und mit den vorliegenden Knotenspannungsbeträgen und -winkeln werden die Leistungsflüsse auf den Netzzweigen, die Verluste sowie die noch nicht bestimmten Wirkleistungswerte an den PU-Knoten und die Wirk- und Blindleistung am Slack-Knoten berechnet.

Im ersten Iterationsdurchlauf liegen außer an den PU-Knoten für die Knotenspannungen nur die gewählten Startwerte vor. Damit wird das Abbruchkriterium für die Leistungsflussberechnung ($\Delta P_i \leq \varepsilon$ und $\Delta Q_i \leq \varepsilon$) in aller Regel noch nicht erfüllt sein. Im nächsten Schritt des Algorithmus' wird daher das lineare Gleichungssystem gelöst. Damit werden dann verbesserte Werte für die Knotenspannungsbeträge und -winkel im nächsten Iterationsschritt bestimmt (Gl. 3.52).

$$\begin{aligned}\varphi_i^{(\nu+1)} &= \varphi_i^{(\nu)} + \Delta\varphi_i^{(\nu)} \\ U_i^{(\nu+1)} &= U_i^{(\nu)} \cdot \left(1 + \frac{\Delta U_i^{(\nu)}}{U_i^{(\nu)}}\right)\end{aligned} \qquad (3.52)$$

Mit der erneuten Berechnung der Elemente der Jacobi-Matrix und der Knotenleistungsdifferenzen beginnt der nächste Iterationsdurchlauf. Dieser Prozess wird solange fortgeführt, bis das Abbruchkriterium für alle Knotenleistungen oder die zuvor festgelegte maximale Anzahl von Iterationsdurchläufen ν_{max} erreicht wird (Abb. 3.7).

3.3.6 Berechnung der Leistungsflüsse auf den Zweigen und der Netzverluste

Nach Abschluss des Iterationsprozesses nach Newton-Raphson ist der Betriebszustand des Netzes eindeutig und vollständig bestimmt. Abschließend lassen sich die Leistungsflüsse über die einzelnen Betriebsmittel aus den Knotenspannungen und der Knotenpunktadmittanzmatrix berechnen. Aus den so bestimmten Ergebnissen lässt sich ableiten, ob eine Verletzung der Spannungsbänder oder eine Überlastung einzelner Betriebsmittel vorliegt.

Sind die komplexen Spannungen aller Knoten bekannt, so können die Leistungsflüsse auf den Netzzweigen unter Beachtung des Π-Ersatzschaltbildes leicht berechnet werden:

$$\begin{aligned}\underline{S}_{ik} &= P_{ik} + j \cdot Q_{ik} \\ &= U_i \cdot e^{j \cdot \varphi_i} \cdot \left((U_i \cdot e^{j \cdot \varphi_i} - U_k \cdot e^{j \cdot \varphi_k}) \cdot \underline{Y}_{ik} + U_i \cdot e^{j \cdot \varphi_i} \cdot \underline{Y}_{0,ik} \right)^*\end{aligned} \qquad (3.53)$$

3.3 Nichtlineares Leistungsflussproblem

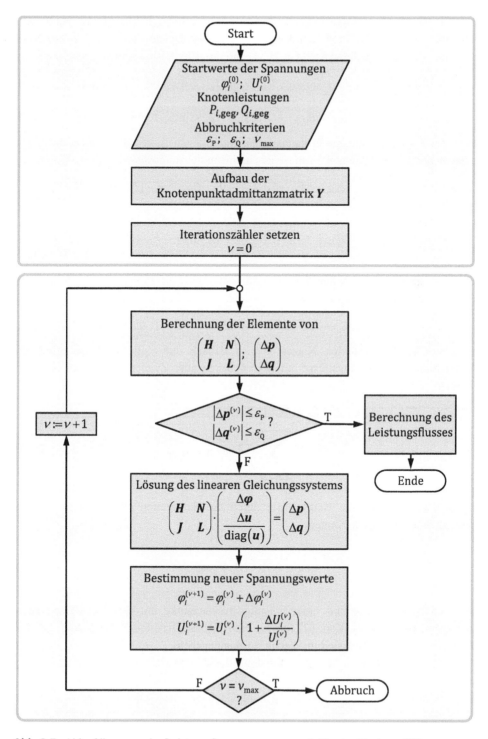

Abb. 3.7 Ablaufdiagramm des Leistungsflussprogrammes nach Newton-Raphson [24]

Zerlegt man die komplexen Leistungsflüsse in ihre jeweiligen Real- und Imaginärteile und bildet man die Differenz der Knotenspannungswinkel mit $\varphi_i - \varphi_k = \varphi_{ik}$, so erhält man die Wirkleistungsflüsse nach Gl. (3.54) und die Blindleistungsflüsse nach Gl. (3.55).

$$P_{ik} = U_i^2 \cdot (G_{ik} + G_{0,ik}) - U_i \cdot U_k \cdot (G_{ik} \cdot \cos(\varphi_{ik}) + B_{ik} \cdot \sin(\varphi_{ik})) \qquad (3.54)$$

$$Q_{ik} = -U_i^2 \cdot (B_{ik} + B_{0,ik}) - U_i \cdot U_k \cdot (G_{ik} \cdot \sin(\varphi_{ik}) - B_{ik} \cdot \cos(\varphi_{ik})) \qquad (3.55)$$

Falls die Knotenspannungen in kartesischen Koordinaten dargestellt werden, lauten die entsprechenden Gleichungen für die Wirk- und Blindleistungsflüsse

$$P_{ik} = U_i^2 \cdot (G_{ik} + G_{0,ik}) - E_i \cdot (E_k \cdot G_{ik} - F_k \cdot B_{ik}) - F_i \cdot (F_k \cdot G_{ik} + E_k \cdot B_{ik}) \qquad (3.56)$$

$$Q_{ik} = -U_i^2 \cdot (B_{ik} + B_{0,ik}) + E_i \cdot (F_k \cdot G_{ik} + E_k \cdot B_{ik}) - F_i \cdot (E_k \cdot G_{ik} - F_k \cdot B_{ik}) \qquad (3.57)$$

Die Verlustleistung auf einem Zweig ergibt sich durch die Summation der Leistungsflüsse auf beiden Seiten dieses Zweigs.

$$\underline{S}_{V,ik} = \underline{S}_{V,ki} = (P_{ik} + j \cdot Q_{ik}) + (P_{ki} + j \cdot Q_{ki}) \qquad (3.58)$$

Die Verluste des gesamten Netzes können danach auf einfache Weise durch die Summation aller Leistungsflüsse auf beiden Seiten aller Zweige des Netzes bestimmt werden.

$$\underline{S}_V = P_V + j \cdot Q_V$$
$$\underline{S}_V = \sum_{i=1}^{N} \sum_{k \in \mathcal{N}_i} (P_{ik} + j \cdot Q_{ik}) \qquad (3.59)$$

Ebenso ergeben sich die Netzverluste durch die Summation aller Knotenleistungen einschließlich des Slack-Knotens.

$$\underline{S}_V = \sum_{i=1}^{N} (P_i + j \cdot Q_i) \qquad (3.60)$$

Abb. 3.8 zeigt das Ergebnis einer Leistungsflussrechnung mit dem Netzberechnungsprogramm Integral® (s. Kap. 12) für das Fünf-Knoten-Beispielnetz nach Abb. 3.5. Die Daten des Beispielnetzes sind in Abschn. 11.4 angegeben.

In Tab. 3.2 ist ein Teil des Leistungsflussergebnisses in tabellarischer Form angegeben.

Falls in den berechneten Netzen gekuppelte Sammelschienen vorhanden sind, und die Sammelschienen-Kupplung als impedanzlose Verbindung ($\underline{Z}_{SS} = 0$) durch das topo-

3.3 Nichtlineares Leistungsflussproblem

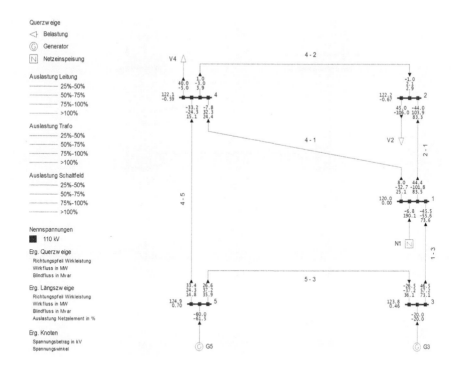

Abb. 3.8 Ergebnis einer Leistungsflussrechnung

Tab. 3.2 Tabellarisches Ergebnis einer Leistungsflussrechnung

Knotendaten				Zweigdaten					
Knoten	Spannung		Einspeisung/Last		Knoten	Zweigfluss		Verluste		Auslastung
Name	Betrag	Winkel	Wirk	Blind	Name	Wirk	Blind	Wirk	Blind	I/Imax
	kV	Grad	MW	MVAR		MW	MVAR	MW	MVAR	%
1	120,0	0,00	-6,8	190,1						
					2	44,4	-101,8	0,4	2,1	83,5
					3	-45,5	-55,6	1,0	1,6	73,6
					4	8,0	-32,7	0,2	-0,4	25,1
2	122,2	-0,67	45,0	-106,0						
					1	-44,0	103,9	0,4	2,1	83,3
					4	-1,0	2,1	0,0	-0,9	2,9

logische Zusammenfassen der verbundenen Sammelschienen modelliert wird, erfolgt nun die Bestimmung der Leistungsflüsse über die jeweiligen Sammelschienen.

Dieser Berechnungsteil wird an dem Ergebnis des Beispielnetzes nach Abb. 3.8 erläutert. Es wird angenommen, dass der Knoten 4 eigentlich aus zwei gekuppelten Sammelschienen 4a und 4b besteht (Abb. 3.9).

Aus der Beispielleistungsflussrechnung nach Abb. 3.8 wird der Leistungsfluss über die Sammelschienenkupplung bestimmt. Die Leistungsflüsse auf den angeschlossenen

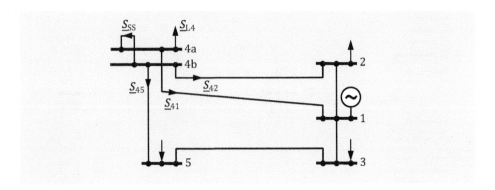

Abb. 3.9 Beispielnetz mit Sammelschienenkupplung

Zweigen bleiben bei dieser Berechnung natürlich unverändert. Die Spannungen an den beiden Sammelschienen 4a und 4b sind wegen $\underline{Z}_{SS} = 0$ identisch.

$$\begin{aligned}\underline{S}_{SS} &= \underline{S}_{L4} + \underline{S}_{41} = (40 - j \cdot 5{,}0) \text{ MVA} + (-7{,}8 + j \cdot 32{,}3) \text{ MVA} \\ &= (32{,}2 + j \cdot 27{,}3) \text{ MVA} \\ &= -(\underline{S}_{45} + \underline{S}_{42}) = -((-33{,}2 - j \cdot 24{,}3) + (1{,}0 - j \cdot 3{,}0)) \text{ MVA} \\ &= (32{,}2 + j \cdot 27{,}3) \text{ MVA} \quad \text{qed.}\end{aligned}$$

3.3.7 Simulation von Ausfallvarianten und Lastganglinien

3.3.7.1 Ausfallvarianten

Häufig ist es sinnvoll und erforderlich, anschließend an den Grundfall eine bestimmte Menge von Ausfallvarianten (Einspeisungs-, Last- sowie Zweigausfälle) zur Bewertung des Netzzustandes zu berechnen. Zweigausfälle werden modelliert, indem in der Knotenpunktadmittanzmatrix die Admittanzwerte der ausgefallenen Leitungen bzw. der ausgefallenen Transformatoren eliminiert, d. h. zu null gesetzt werden. Vor der Durchführung einer solchen Simulationsrechnung wird jeweils die formale Zulässigkeit überprüft, ob das Netz beispielsweise überhaupt zusammenhängend ist oder ob sich aufgrund der Ausfallvariante Inselnetze gebildet haben (s. Abschn. 3.6.5).

Bei formal nicht zulässigen Zweigausfällen kann die Ausfallsimulationsrechnung nicht für das gesamte Netz durchgeführt werden. Für diese Fälle ist zum einen eine eindeutige Erkennung und Dokumentation der entstandenen Teilnetze erforderlich und zum anderen ist für jedes der Teilnetze eine separate Leistungsflussrechnung durchzuführen. Hierzu ist dann die Definition von weiteren Slack-Knoten in jedem der entstandenen Teilnetze erforderlich.

3.3 Nichtlineares Leistungsflussproblem

Bei Einspeisungs- bzw. Laständerungsvarianten bleibt die Netzstruktur und damit die Knotenpunktadmittanzmatrix gegenüber dem Grundfall unverändert. Die Änderungen betreffen in diesen Fällen nur den Vektor der Knotenbilanzleistungen.

Ausfallsimulationsrechnungen werden durchgeführt, um beispielsweise den Betriebszustand eines Netzes während einer Störung oder einer geplanten Abschaltung (z. B. Freischaltung einer Leitung für Wartungsarbeiten) zu ermitteln, bei der ein oder mehrere Betriebsmittel ausgeschaltet sind. Abhängig vom Aufbau und der Betriebsweise des Netzes bestehen unterschiedliche Fragestellungen:

- In vermascht gebauten und betriebenen Netzen ist nach einem Betriebsmittelausfall von Interesse, ob alle Spannungen und Auslastungen innerhalb der zulässigen Bereiche liegen und ob alle Verbraucher weiterhin versorgt werden können.
- In strahlenförmig betriebenen Netzen führt der Ausfall eines Betriebsmittels systembedingt zur Versorgungsunterbrechung an den angeschlossenen Verbrauchern. Die Versorgungsunterbrechung kann jedoch in der Regel durch Umschaltmaßnahmen beseitigt werden, bevor das ausgefallene Betriebsmittel repariert und wieder eingeschaltet wird. Von Interesse ist, ob diese Umschaltmaßnahmen zulässig sind, d. h. ob nach Umsetzung dieser Maßnahmen alle Spannungen und Auslastungen wieder innerhalb des zulässigen Bereiches liegen.
- In strahlenförmig gebauten Netzen ist eine Ausfallrechnung wenig sinnvoll, da die Ausschaltung eines Betriebsmittels zwangsläufig zur Versorgungsunterbrechung an den angeschlossenen Verbrauchern führt und diese auch nur durch die Wiedereinschaltung des ausgefallenen Betriebsmittels behoben werden kann.

Mathematisch betrachtet laufen Ausfallsimulationsrechnungen genauso ab wie die Leistungsflussrechnung des ungestörten Betriebszustandes (Grundfallrechnung). Grundsätzlich ist es von Interesse, den Leistungsfluss für alle möglichen Varianten von Ausfällen zu bestimmen. Allerdings ist es aufgrund der Rechenzeitanforderungen wenig sinnvoll, tatsächlich alle möglichen Ausfallvarianten zu simulieren. Es sind außerdem auch nur die Varianten von Interesse, die mit einer gewissen Wahrscheinlichkeit zu einer kritischen Netzsituation führen. Die vermutlich kritischen Varianten werden in einer sogenannten Ausfallliste hinterlegt, die dann bei der Ausfallsimulation abgearbeitet wird [1].

Die in der Ausfallliste enthaltenen Ausfallvarianten können

- auf der Basis heuristischer Ansätze einzeln vom Anwender vorgegeben,
- mithilfe von Expertensystemen bestimmt oder
- automatisch nach vorgegebenen Kriterien mit schnellen näherungsweisen Bewertungsverfahren, z. B. dem Güteindex-Verfahren generiert werden.

Von Interesse ist noch, ob beliebige, d. h. auch mehrfache Ausfallsituationen berechnet werden können und ob dieselben Regeleigenschaften (s. Abschn. 3.3.8) wie bei der Grundfallberechnung zur Verfügung stehen. Diese Regelungen sollten auch einzeln blockiert werden können, um gezielt verschiedene Zeitbereiche nach dem Störungseintritt untersuchen zu können. Beispielsweise kann die Regelung des Transformatorstufenstellers nach Störungseintritt einige Minuten in Anspruch nehmen. Wenn dieser Zeitbereich untersucht werden soll, muss die Stufenstellung aus dem Grundfall übernommen und für die Ausfallrechnung festgehalten werden.

In der Regel wird die Ausfallsimulationsrechnung als Variante einer zuvor durchgeführten Grundfallberechnung (i.e. Leistungsfluss ohne Ausfall) berechnet. Dadurch liegen für die Leistungsflussberechnung der Ausfallvarianten Startwerte vor, die meistens sehr nahe am Lösungsvektor liegen. Damit wird das Abbruchkriterium der Leistungsflussberechnung mit nur wenigen Iterationen erreicht bzw. es können geeignete schnelle Berechnungsverfahren (s. Abschn. 2.3.3.2, 2.3.5 und 3.5) eingesetzt werden.

3.3.7.2 Lastganglinie

Neben den topologischen Varianten z. B. mit der Ausfallsimulationsrechnung ist bei Netzuntersuchungen häufig auch die Berechnung unterschiedlicher Last- und Einspeiseleistungen für die Bewertung des Systems sinnvoll. Dazu gehören die Analyse expliziter Last- und Einspeisesituationen, wie z. B. Höchst- oder Niedriglastszenarien und Worst-Case-Berechnungen.

Um das Systemverhalten quasi kontinuierlich für einen bestimmten Zeitbereich zu überprüfen, können sogenannte Lastganglinien mit zeitreihenbasierten Leistungsflussberechnungen analysiert werden. Eine Lastganglinie ist die Abfolge von Last- und Einspeiseleistungen über eine zeitliche Periode (z. B. Tages-, Wochen- oder Jahresganglinie) oder für charakteristische Zeitabschnitte (Werktag, Sonntag, Winterhalbjahr o. ä.). In Abb. 3.10 ist der Verlauf des elektrischen Verbrauchs (i.e. Lastganglinie) in Deutschland während einer Sommerwoche dargestellt.

Bei einer zeitreihenbasierten Leistungsflussberechnung werden für einen festgelegten Zeitabschnitt die jeweils geltenden Last- und Einspeisewerte mit der Leistungsflussberechnung verarbeitet. Üblicherweise haben Lastganglinien eine zeitliche Auflösung von 15 min oder 1 h. Um beispielsweise die Ganglinie eines gesamten Jahres zu berechnen, sind bei einer 1-Stunden-Auflösung 8760 Leistungsflussberechnungen durchzuführen. Zu jedem dieser 8760 Lastfälle könnte dann noch eine entsprechende Anzahl von Ausfallsimulationsrechnungen durchgeführt werden.

3.3.8 Nachbildung von Regeleigenschaften

3.3.8.1 Allgemeines

Für die praktische Anwendung von Leistungsflussprogrammen ist eine Reihe von Zusatzfunktionen hilfreich, die in kommerziell angebotenen Programmsystemen i. Allg. auch zur Verfügung stehen. Damit ist eine wesentliche Entlastung des Planungsingenieurs von zeitraubenden Routinearbeiten möglich. Ohne Anspruch auf Vollständigkeit werden einige dieser Funktionen in den folgenden Abschnitten behandelt.

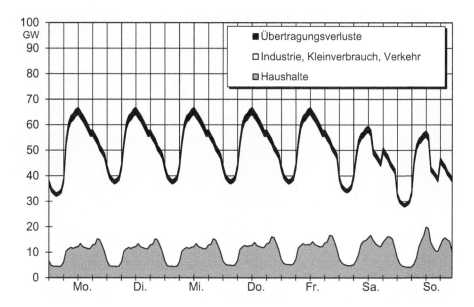

Abb. 3.10 Lastganglinie

3.3.8.2 Automatische Stufung von Transformatoren

Häufig werden in einem Energieversorgungsnetz Transformatoren eingesetzt, die über einen lokalen, dem Gesamtnetz unterlagerten Regelautomatismus verfügen. Die Stellgröße in diesem Regelkreis ist die Stufenstellung des Transformators. Die Regelgröße ist entweder der Spannungsbetrag $U_{i,\text{soll}}$ an einem Netzknoten (typischerweise ist dies einer der beiden Anschlussknoten des geregelten Transformators) oder der Wirkleistungsfluss $P_{ik,\text{soll}}$ auf einem Zweig des Netzes (typischerweise ist dies der Wirkleistungsfluss über den geregelten Transformator). Als Sollwert (Führungsgröße) wird dementsprechend ein Spannungswert $U_{i,\text{soll}}$ oder ein Wirkleistungswert $P_{ik,\text{soll}}$ [2, 3] vorgegeben. Abb. 3.11 zeigt einen solchen automatisch gestuften Regeltransformator.

3.3.8.2.1 Regelung des Spannungsbetrages

Zur Regelung des Spannungsbetrages ist ein längs- oder schräggeregelter Transformator erforderlich. Die Sollspannung wird entweder an einem Transformatorknoten oder einem beliebigen anderen Knoten vorgegeben. Dabei muss natürlich darauf geachtet werden, dass der Stellbereich des Transformators zur Einregelung der vorgegebenen Spannung ausreicht, bzw. dass der Transformatorstufensteller überhaupt einen Einfluss auf die Spannung am zu regelnden Knoten hat. So ist es in der Regel nicht möglich, mit einem 380/110-kV-Netztransformator die Spannung auf der 380-kV-Seite einzuregeln. Des Weiteren können Probleme entstehen, wenn an elektrisch benachbarten Knoten unterschiedliche Vorgabespannungen gewählt werden. In diesen Fällen wird der Stufensteller auf die Endstufe laufen, ohne dass die Sollspannung erreicht wird. Es ist aber auch

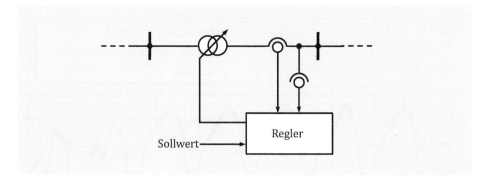

Abb. 3.11 Automatisch gestufter Transformator

möglich, dass der Leistungsfluss nicht konvergiert, wenn z. B. Ableitungen entstehen, die nahezu null sind. Generell werden die Vorgaben natürlich nicht exakt erreicht, da die Transformatorstufen nur in diskreten Schritten eingestellt werden können. Es wird dann diejenige Stufenstellung gewählt, mit der die Vorgabe am besten erreicht wird.

Wird die vorgegebene Sollspannung auch mit der maximal möglichen Stufenstellung nicht erreicht, so wird die maximale Stufe als fest eingestellt betrachtet. Die Knotenspannung mit der Sollwertvorgabe wird wieder zur unbekannten Größe und die Leistungsflussrechnung wird wie mit einem Transformator mit fest eingestelltem Übersetzungsverhältnis durchgeführt.

Mit der Beeinflussung des Spannungsbetrages durch die Verstufung des Transformators wird gleichzeitig auch die Blindleistungsverteilung beeinflusst. Mathematisch wird die Regelung des Spannungsbandes durch einen Variablentausch von U und t in Gl. (3.30) gelöst. Der regelbare Transformator kann leicht in den Algorithmus der Newton-Raphson-Leistungsflussrechnung eingebunden werden. Hierzu wird bei der Spannungsregelung an einem Knoten k im Gleichungssystem (3.23) und (3.24) die Variable $\Delta U/U$ durch das bezogene Übersetzungsverhältnis $\Delta t/t$ als Variable in diesem Gleichungssystem ersetzt [4]. Unter Beachtung der Systemgleichungen (2.74) ergeben sich für die Wirk- und die Blindleistung an Knoten k die folgenden Beziehungen

$$P_k = U_k^2 \cdot \widetilde{g}_{kk} + E_k \cdot \sum_{\substack{i=1 \\ i \neq k}}^{N} c_{ki} + F_k \cdot \sum_{\substack{i=1 \\ i \neq k}}^{N} d_{ki} \qquad (3.61)$$

$$Q_k = -U_k^2 \cdot \widetilde{b}_{kk} - E_k \cdot \sum_{\substack{i=1 \\ i \neq k}}^{N} d_{ki} + F_k \cdot \sum_{\substack{i=1 \\ i \neq k}}^{N} c_{ki} \qquad (3.62)$$

3.3 Nichtlineares Leistungsflussproblem

Dabei ist der Zweig k-m der Transformator, der die Spannung am Knoten k regelt. Dann gilt für die Größen in den Gl. (3.61) und (3.62):

$$\widetilde{g}_{kk} = G_{km} + G_{0,km} + \sum_{\substack{i=1 \\ i \neq k,m}}^{N} (G_{ki} + G_{0,ki}) \tag{3.63}$$

$$\widetilde{b}_{kk} = b_{km} + B_{0,km} + \sum_{\substack{i=1 \\ i \neq k,m}}^{N} (B_{ki} + B_{0,ki}) \tag{3.64}$$

$$c_{km} = E_k \cdot \widetilde{g}_{km} - F_k \cdot \widetilde{b}_{km} \tag{3.65}$$

$$d_{km} = E_k \cdot \widetilde{b}_{km} + F_k \cdot \widetilde{g}_{km} \tag{3.66}$$

und für a_{ki}, b_{ki} ($i=2,\ldots,N$; $i \neq m$) gilt Gl. (3.21) und (3.22). Die mit einer Tilde gekennzeichneten Leitwerte sind durch die Elemente des Gleichungssystems (2.74) definiert. Weiterhin gilt

$$\begin{aligned} g_{ik} &= y_{ik} \cdot \cos(\varphi_i - \varphi_k) \\ b_{ik} &= y_{ik} \cdot \sin(\varphi_i - \varphi_k) \end{aligned} \tag{3.67}$$

Zur Linearisierung des zu lösenden Gleichungssystems wird wiederum die Jacobi-Matrix verwendet. Anstelle der Matrix-Elemente N_{ik} und L_{ik} [5] werden die Elemente $\widetilde{N}_{ik}$ und $\widetilde{L}_{ik}$ nach Gl. (3.68) und (3.69) in der Jacobi-Matrix eingeführt.

$$\widetilde{N}_{ik} = \frac{\partial P_i}{\partial t_{mk}} \cdot t_{mk} \tag{3.68}$$

$$\widetilde{L}_{ik} = \frac{\partial Q_i}{\partial t_{mk}} \cdot t_{mk} \tag{3.69}$$

Da die Variable t nur einen Einfluss auf die Leistungen des Anfangs- und des Endknotens des veränderlichen Transformators hat, sind die Elemente $\widetilde{N}_{ik}$ und $\widetilde{L}_{ik}$ nicht nur dann null, wenn im Netz kein entsprechender Zweig existiert, sondern auch, falls gilt

$$\widetilde{N}_{ik} \wedge \widetilde{L}_{ik} = 0 \Leftrightarrow i \neq k \vee i \neq m \tag{3.70}$$

Die Berechnung der Elemente nach den Gl. (3.68) und (3.69) erfolgt mit den Gl. (2.63) bis (2.67), sowie mit den Gl. (2.74) und (3.67).

$$\widetilde{N}_{mk} = t_k \cdot U_m^2 \cdot \frac{\partial \widetilde{g}_{mm}}{\partial t_k} + t_k \cdot E_m \cdot \frac{\partial c_{mk}}{\partial t_k} + t_k \cdot F_m \cdot \frac{\partial d_{mk}}{\partial t_k} \tag{3.71}$$

$$\widetilde{N}_{kk} = t_k \cdot U_k^2 \cdot \frac{\partial \widetilde{g}_{kk}}{\partial t_k} + t_k \cdot E_k \cdot \frac{\partial c_{km}}{\partial t_k} + t_k \cdot F_k \cdot \frac{\partial d_{km}}{\partial t_k} \tag{3.72}$$

$$\widetilde{L}_{mk} = -t_k \cdot U_m^2 \cdot \frac{\partial \widetilde{b}_{mm}}{\partial t_k} - t_k \cdot E_m \cdot \frac{\partial d_{mk}}{\partial t_k} + t_k \cdot F_m \cdot \frac{\partial c_{mk}}{\partial t_k} \qquad (3.73)$$

$$\widetilde{L}_{kk} = -t_k \cdot U_k^2 \cdot \frac{\partial \widetilde{b}_{kk}}{\partial t_k} - t_k \cdot E_k \cdot \frac{\partial d_{km}}{\partial t_k} + t_k \cdot F_k \cdot \frac{\partial c_{km}}{\partial t_k} \qquad (3.74)$$

mit

$$\frac{\partial c_{km}}{\partial t_k} = E_m \cdot \frac{\partial \widetilde{g}_{km}}{\partial t_k} - F_m \cdot \frac{\partial \widetilde{b}_{km}}{\partial t_k} \qquad (3.75)$$

$$\frac{\partial d_{km}}{\partial t_k} = E_m \cdot \frac{\partial \widetilde{b}_{km}}{\partial t_k} + F_m \cdot \frac{\partial \widetilde{g}_{km}}{\partial t_k} \qquad (3.76)$$

Es gilt für den Knoten auf der geregelten Seite des Transformators

$$\begin{aligned} \widetilde{g}_{km} &= t_{\text{re}} \cdot g_{km} + t_{\text{im}} \cdot b_{km} \\ \widetilde{b}_{km} &= t_{\text{re}} \cdot b_{km} - t_{\text{im}} \cdot g_{km} \end{aligned} \qquad (3.77)$$

$$\begin{aligned} \widetilde{g}_{kk} &= g_{kk} + \left(t_k^2 - 1\right) \cdot \left(G_{km} + G_{0,km}\right) \\ \widetilde{b}_{kk} &= b_{kk} + \left(t_k^2 - 1\right) \cdot \left(B_{km} + B_{0,km}\right) \end{aligned} \qquad (3.78)$$

sowie für den Knoten auf der ungeregelten Seite des Transformators

$$\begin{aligned} \widetilde{g}_{km} &= t_{\text{re}} \cdot g_{km} - t_{\text{im}} \cdot b_{km} \\ \widetilde{b}_{km} &= t_{\text{re}} \cdot b_{km} + t_{\text{im}} \cdot g_{km} \end{aligned} \qquad (3.79)$$

$$\begin{aligned} \widetilde{g}_{kk} &= g_{kk} \\ \widetilde{b}_{kk} &= b_{kk} \end{aligned} \qquad (3.80)$$

Für die mit „mm" und „mk" indizierten Elemente gelten die Gl. (3.75) bis (3.80) entsprechend. Mit den Gl. (2.63) und (2.64) erhält man für die Ableitungen des Real- und Imaginärteils von $\underline{t}$

$$\frac{\partial t_{\text{re}}}{\partial t} = \frac{t \cdot \cos^2(\phi)}{\sqrt{\sin^4(\phi) - \sin^2(\phi) + t^2 \cdot \cos^2(\phi)}} \qquad (3.81)$$

$$\frac{\partial t_{\text{im}}}{\partial t} = \frac{\partial t_{\text{re}}}{\partial t} \cdot \tan(\phi) \qquad (3.82)$$

3.3 Nichtlineares Leistungsflussproblem

Für Längsregler vereinfachen sich die Gl. (3.71) bis (3.82) nach Gl. (2.66) entsprechend, da in diesem Fall $\underline{t}$ reellwertig ist.

Die Beziehungen nach den Gl. (3.81) und (3.82) für den Querregler mit $\phi = 90°$ lauten.

$$\begin{aligned}\frac{\partial t_{\text{re}}}{\partial t} &= 0 \\ \frac{\partial t_{\text{im}}}{\partial t} &= \frac{t}{\sqrt{t^2 - 1}}\end{aligned} \qquad (3.83)$$

Der prinzipielle Aufbau der Jacobi-Matrix ändert sich mit den regelbaren Transformatoren nicht. In der veränderten Matrix sind die gleichen Plätze besetzt, wie in der ursprünglichen Matrix. Die Dimension der neuen Elemente hat sich nicht gewandelt. Da beim Eliminationsprozess nur die Diagonalelemente als Divisor verwendet werden, sind die Nullelemente nicht störend. Somit kann die Elimination unverändert durchgeführt werden.

Für die Rückwärtssubstitution gilt das Gleiche mit einer Ausnahme. Bei der Gleichung des Knotens, der mithilfe eines Transformators spannungsgeregelt wird, wird nicht die Spannung korrigiert, sondern das Übersetzungsverhältnis. Da beide Variablen bezogene Größen und damit dimensionslos sind, ändert sich am eigentlichen Vorgang der Rückwärtssubstitution ebenfalls nichts. Nur bei der Aktualisierung der Variablen muss anstatt $\Delta U/U$ das Übersetzungsverhältnis $\Delta \underline{t}$ verwendet werden.

Aus dem Leistungsflussalgorithmus nach Newton-Raphson ergibt sich natürlich zunächst als Ergebnis ein beliebiger rationaler Wert für das Übersetzungsverhältnis, mit dem der vorgegebene Spannungswert eingehalten wird. Tatsächlich lassen sich die stellbaren Transformatoren nur in diskreten Stufen variieren. Es ist also noch ein weiterer Rechenschritt erforderlich. Zunächst wird die Stufenstellung des Transformators ermittelt, die dem berechneten Übersetzungsverhältnis $\underline{t}$ am nächsten liegt. Anschließend erfolgt ein abschließender Iterationsschritt des Newton-Raphson-Verfahrens, in dem der Transformator mit der zuvor bestimmten Stufenstellung modelliert wird.

3.3.8.2.2 Regelung des Wirkleistungsflusses über den Transformator

Die Regelung des Wirkleistungsflusses über einen Zweig (z. B. den geregelten Transformator selbst) erfordert einen Transformator mit Querregelung (Phasenschieber). Hierbei wird durch einen Erregertransformator eine gegenüber der jeweiligen Phasenspannung um 90° gedrehte Zusatzspannung gebildet. Die Wicklungen des Erregertransformators sind als Dreieck-Schaltung ausgeführt und mit einem Stufenschalter ausgerüstet. Beispielsweise wird die Zusatzspannung für die Phase L1 aus der Wicklung des Erregertransformators gewonnen, die die Phasen L2 und L3 verbindet. Aus dem Spannungsdreieck des Drehstromsystems (Abb. 2.2) kann man leicht entnehmen, dass der Spannungszeiger $\underline{U}_{23}$ gegenüber dem Spannungszeiger $\underline{U}_1$ um 90° gedreht ist. Abb. 3.12 zeigt die vereinfachte Schaltung eines Phasenschiebertransformators zur Wirkleistungsregelung.

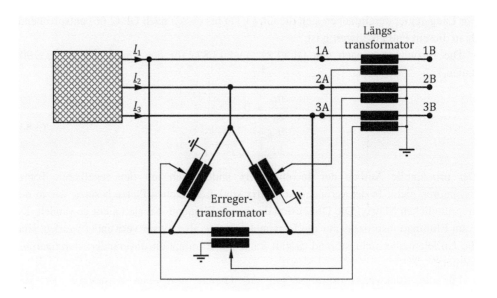

Abb. 3.12 Vereinfachte Schaltung eines Phasenschiebertransformators

Der Wirkfluss über den Transformator P_{ik} muss dann als Sollwert $P_{ik,\text{soll}}$ vorgegeben werden. Auch hier ist darauf zu achten, dass keine Vorgaben gemacht werden, auf die der Transformatorstufensteller keinen Einfluss hat. Steht beispielsweise nur ein Kuppeltransformator zwischen zwei Netzteilen zur Verfügung, so wird die über den Transformator übertragene Leistung ausschließlich durch die Lasten und Einspeisungen in den jeweiligen Netzteilen bestimmt und ist praktisch nicht mehr durch den Transformator beeinflussbar. In solchen Fällen ist mit ähnlichen Effekten zu rechnen, wie sie bereits bei der Spannungsregelung beschrieben sind.

Auch bei dieser Regelung wird ähnlich wie bei der Spannungsregelung verfahren, falls der Vorgabewert für den Wirkleistungsfluss mittels der Transformatorstufung nicht erreicht wird. Der Transformator wird in diesem Fall ebenfalls mit festem Übersetzungsverhältnis, das der maximalen bzw. minimalen Stufenstellung entspricht, modelliert und der zuvor vorgegebene Wirkleistungsfluss wird wie bei einem ungeregelten Transformator mit der Leistungsflussrechnung bestimmt.

Mathematisch betrachtet wird bei der Wirkleistungsregelung durch einen Transformator mit Querregelung ($\Phi = 90°$) zwischen den Knoten i und k eine zusätzliche Unbekannte Φ_{ik} für den einzustellenden Zusatzwinkel und eine zusätzliche Vorgabe $P_{ik,\text{soll}}$ für den einzuhaltenden Wirkleistungsfluss über den Zweig $i-k$ eingeführt. Dabei kennzeichnet i die geregelte und k die nicht geregelte Seite des Phasenschiebers. Das Gleichungssystem Gl. (3.30) für die Leistungsflussrechnung muss dann für jeden Transformator mit Querregelung um eine Gleichung erweitert werden. In die Funktionalmatrix werden die entsprechenden partiellen Ableitungen eingefügt (Gl. 3.84) [4].

3.3 Nichtlineares Leistungsflussproblem

$$\begin{pmatrix} H_{11} & \cdots & \cdots & H_{1N} & N_{11} & \cdots & \cdots & N_{1N} & 0 \\ \vdots & & & \vdots & \vdots & & & \vdots & \\ & \cdots & \widetilde{H}_{ik} & \cdots & & \cdots & \widetilde{N}_{ik} & \cdots & H_{i,ik} \\ \vdots & & \vdots & \vdots & \vdots & & \vdots & \vdots & \vdots \\ & \cdots & \widetilde{H}_{ki} & \cdots & & \cdots & \widetilde{N}_{ki} & \cdots & H_{k,ik} \\ \vdots & & \vdots & \vdots & \vdots & & \vdots & \vdots & \vdots \\ H_{N1} & \cdots & \cdots & H_{NN} & N_{N1} & \cdots & \cdots & N_{NN} & 0 \\ J_{11} & \cdots & \cdots & J_{1N} & L_{11} & \cdots & \cdots & N_{1N} & 0 \\ \vdots & & & \vdots & \vdots & & & \vdots & \\ \vdots & & \widetilde{J}_{ik} & \cdots & & \cdots & \widetilde{L}_{ik} & \cdots & N_{i,ik} \\ \vdots & & \vdots & \vdots & \vdots & & \vdots & \vdots & \vdots \\ \vdots & & \widetilde{J}_{ik} & \cdots & & \cdots & \widetilde{L}_{ki} & \cdots & N_{k,ik} \\ \vdots & & \vdots & \vdots & \vdots & & \vdots & \vdots & \vdots \\ J_{N1} & \cdots & \cdots & J_{NN} & L_{N1} & \cdots & \cdots & L_{NN} & 0 \\ \cdots & H_{ik,i} & H_{ik,k} & \cdots & \cdots & N_{ik,i} & N_{ik,k} & \cdots & H_{ik,ik} \end{pmatrix} \cdot \begin{pmatrix} \Delta\varphi_1 \\ \vdots \\ \Delta\varphi_i \\ \vdots \\ \Delta\varphi_k \\ \vdots \\ \Delta\varphi_N \\ \frac{\Delta U_1}{U_1} \\ \vdots \\ \frac{\Delta U_i}{U_i} \\ \vdots \\ \frac{\Delta U_k}{U_k} \\ \vdots \\ \frac{\Delta U_N}{U_N} \\ \Delta\phi_{ik} \end{pmatrix} = \begin{pmatrix} \Delta P_1 \\ \vdots \\ \Delta P_N \\ \Delta Q_1 \\ \vdots \\ \Delta Q_N \\ \Delta P_{ik} \end{pmatrix} \quad (3.84)$$

Der Wirkleistungsfluss über einen quergeregelten Transformator zwischen den Knoten i und k wird entsprechend Gl. (3.54) mit der Darstellung der Knotenspannungen $\underline{U}_i$ und $\underline{U}_k$ in Polarkoordinaten bzw. entsprechend Gl. (3.56) in kartesischen Koordinaten mit E_i, F_i, E_k und F_k berechnet. Analog zur Leistungsflussberechnung gelten auch hier die Abkürzungen nach den Gl. (3.21), (3.22) und (3.25). Das Längselement eines Zweiges kann auch in der Schreibweise $\underline{Y} = Y \cdot (\cos(\varphi) + j \cdot \cos(\varphi)) = G + j \cdot B$ angegeben werden. Damit kann unter Berücksichtigung des Zusatzwinkels ϕ_{ik} die Längsimpedanz eines Phasenschiebers zwischen den Knoten i und k nach Gl. 3.82 bestimmt werden.

$$\begin{aligned} \widetilde{\underline{y}}_{ik} &= -Y \cdot (\cos(\varphi_{ik} - \phi_{ik}) + j \cdot \sin(\varphi_{ik} - \phi_{ik})) \\ \widetilde{\underline{y}}_{ki} &= -Y \cdot (\cos(\varphi_{ki} + \phi_{ik}) + j \cdot \sin(\varphi_{ki} + \phi_{ik})) \end{aligned} \quad (3.85)$$

Für die in der Jacobi-Matrix (Gl. 3.84) mit einer Tilde gekennzeichneten Elemente müssen die entsprechend der Vierpolgleichung (2.74) geänderten Admittanzen berücksichtigt werden. Damit und mit Gl. (3.85) gilt für die Elemente mit dem Index ik die Gl. (3.86). Die Elemente mit dem Index ki werden entsprechend bestimmt.

$$\widetilde{H}_{ik} = \frac{\partial \widetilde{P}_i}{\partial \varphi_k} = \widetilde{q}_{ik}$$

$$\widetilde{N}_{ik} = U_k \cdot \frac{\partial \widetilde{P}_i}{\partial U_k} = \widetilde{p}_{ik} \quad (3.86)$$

$$\widetilde{J}_{ik} = \frac{\partial \widetilde{Q}_i}{\partial \varphi_k} = -\widetilde{p}_{ik}$$

$$\widetilde{L}_{ik} = U_k \cdot \frac{\partial \widetilde{Q}_i}{\partial U_k} = \widetilde{q}_{ik}$$

Die partiellen Ableitungen für die zusätzlichen Nebendiagonalelemente $H_{ik,i}$, $H_{ik,k}$, $N_{ik,i}$ und $N_{ik,k}$ in der untersten Zeile der erweiterten Funktionalmatrix nach Gl. (3.84) lassen sich entsprechend Gl. (3.87) bestimmen.

$$H_{ik,i} = \frac{\partial P_{ik}}{\partial \varphi_i} = \frac{\partial}{\partial \varphi_i}(U_i^2 \cdot (G_{0,ik} - g_{ik}) + p_{ik}) = -q_{ik}$$

$$H_{ik,k} = \frac{\partial P_{ik}}{\partial \varphi_k} = \frac{\partial}{\partial \varphi_k}(U_i^2 \cdot (G_{0,ik} - g_{ik}) + p_{ik}) = q_{ik}$$

$$N_{ik,i} = U_i \cdot \frac{\partial P_{ik}}{\partial U_i} = U_i \frac{\partial}{\partial U_i}(U_i^2 \cdot (G_{0,ik} - g_{ik}) + p_{ik}) = p_{ik} + 2 \cdot U_i^2 \cdot (G_{0,ik} - g_{ik})$$

$$N_{ik,k} = U_k \cdot \frac{\partial P_{ik}}{\partial U_k} = U_k \frac{\partial}{\partial U_k}(U_i^2 \cdot (G_{0,ik} - g_{ik}) + p_{ik}) = p_{ik}$$

(3.87)

Für die zusätzlichen Nebendiagonalelemente $H_{i,ik}$, $H_{k,ik}$, $N_{i,ik}$ und $N_{k,ik}$ in der rechten Spalte der Funktionalmatrix Gl. (3.84) gelten die partiellen Ableitungen nach Gl. (3.88)

$$H_{i,ik} = \frac{\partial P_i}{\partial \phi_{ik}} = \frac{\partial}{\partial \phi_{ik}}\left(U_i^2 \cdot (G_{0,ik} - g_{ik}) + p_{ik}\right) = q_{ik}$$

$$N_{i,ik} = \frac{\partial Q_i}{\partial \phi_{ik}} = \frac{\partial}{\partial \phi_{ik}}\left(U_i^2 \cdot (G_{0,ik} - g_{ik}) + p_{ik}\right) = -p_{ik} \quad (3.88)$$

$$H_{k,ik} = \frac{\partial P_k}{\partial \phi_{ik}} = \frac{\partial}{\partial \phi_{ik}}\left(U_i^2 \cdot (G_{0,ik} - g_{ik}) + p_{ik}\right) = -q_{ki}$$

$$N_{k,ik} = \frac{\partial Q_k}{\partial \phi_{ik}} = \frac{\partial}{\partial \phi_{ik}}\left(U_i^2 \cdot (G_{0,ik} - g_{ik}) + p_{ik}\right) = -p_{ki}$$

Für das zusätzliche Diagonalelement $H_{ik,ik}$ in der erweiterten Funktionalmatrix Gl. (3.84) gilt

$$H_{ik,ik} = \frac{\partial P_{ik}}{\partial \phi_{ik}} = \frac{\partial}{\partial \phi_{ik}}\left(U_i^2 \cdot (G_{0,ik} - g_{ik}) + p_{ik}\right) = E_{i,ik} = q_{ik} \quad (3.89)$$

Die übrigen Elemente der Funktionalmatrix werden entsprechend den in Abschn. 3.3.3 angegebenen partiellen Ableitungen bestimmt.

3.3.8.3 Wirkleistungsregelung

3.3.8.3.1 Regelvorgänge in elektrischen Energieversorgungssystemen

Die Leistungsbilanz in einem elektrischen Energieversorgungssystem muss für jeden Zeitaugenblick ausgeglichen sein, d. h. entsprechend Gl. (3.90) muss die Erzeugerleistung stets gleich der Verbraucherleistung (Last) sein. In die Verbraucherleistung ist auch die Verlustleistung des Netzes mit einbezogen.

$$P_E(t) - P_L(t) = P_M \stackrel{!}{=} 0 \qquad (3.90)$$

Änderungen der aus Erzeugersicht willkürlichen Verbraucherleistungen müssen daher immer vollständig und unverzögert von den Erzeugungseinheiten nachgeführt werden. Da dies aus technischen Gründen nicht immer vollumfänglich und ohne Zeitverzug erfolgen kann, wird sich zeitweise eine mehr oder minder große Leistungsdifferenz (Mismatch) P_M zwischen Verbraucher- und Erzeugerleistung einstellen. Diese Leistungsdifferenz führt in frequenzsynchron betriebenen Verbundsystemen, in denen die Synchrongeneratoren in erster Näherung frequenzstarr miteinander gekoppelt sind, unmittelbar zu einer Abweichung von der definierten Sollfrequenz im gesamten System. Der Betrieb mit Nennfrequenz (z. B. $f_n = 50$ Hz) ist damit eine Kenngröße für eine ausgeglichene Leistungsbilanz des Systems.

Da es in einem Energieversorgungssystem zwangsläufig zu fortwährenden Leistungsänderungen aufgrund des willkürlichen Verbraucherverhaltens (z. B. Zu- und Abschaltung bzw. Änderung von Lasten) und durch volatile Einspeisungen (z. B. dargebotsabhängige Energiequellen wie Wind- und Solarkraftwerke) kommt, entsteht auch ständig ein Leistungsungleichgewicht zwischen Verbraucher- und Erzeugerleistung.

Bei den im Netz auftretenden Leistungsänderungen wird zwischen Rauschen, Schwankungen, Rampen und Sprüngen unterschieden. Das Rauschen sind sehr häufige, mit sehr kleinen Amplituden auftretende Leistungsdifferenzen. Es wird ohne weiteren Eingriff ausschließlich durch die kinetische Energie, die in den sehr großen Schwungmassen der Synchrongeneratoren des Verbundsystems enthalten ist, durch Abbremsen und Beschleunigen ausgeglichen. Die dadurch hervorgerufenen Frequenzabweichungen sind ebenfalls sehr klein und gleichen sich über einen längeren Zeitraum wieder aus.

Im Gegensatz hierzu erfordern Schwankungen und Rampen (beispielsweise Last- oder Einspeisungsänderungen mittlerer Amplitude) sowie Sprünge (z. B. Kraftwerksausfälle oder ungeplante Zu- oder Abschaltungen von Lasten mit großer Amplitude) den Einsatz von im System vorzuhaltender Regelleistung, mit der das Leistungsungleichgewicht wieder ausgeglichen werden kann.

Das Ziel dieses Regelleistungseinsatzes besteht nun darin, die Frequenz innerhalb vorgegebener Toleranzbereiche um die Sollfrequenz zu halten und verbleibende Frequenzabweichungen auf die Sollfrequenz zurückzuführen sowie eventuelle, regional bestehende Leistungsabweichungen zu beseitigen. Zur Erfüllung dieses Zieles stehen verschiedene, zeitlich gestaffelte und aufeinander abgestimmte Regelmechanismen zur Verfügung, mit denen die jeweils erforderliche Regelleistung aktiviert werden kann [6].

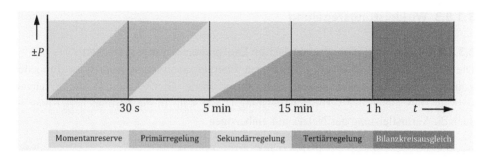

Abb. 3.13 Abfolge der Regelvorgänge

Abb. 3.13 zeigt in einer idealisierten Darstellung den Ablauf der Zeitbereiche, die bei den verschiedenen Regelvorgängen durchlaufen werden. Die Regelvorgänge sind in ihrem prinzipiellen Ablauf für Einspeisungsänderungen (+P) und für Laständerungen (−P) identisch. Im Anschluss an einen ersten, sehr kurzen Zeitabschnitt, in dem eine elektrische und eine mechanische Lastaufteilung erfolgt, werden entsprechend den geltenden Regeln des Verbandes der europäischen Übertragungsnetzbetreiber Entso-E [7] die drei Regelstufen der Primär-, Sekundär- und Tertiärregelung unterschieden [8]. An diese Regelstufen kann sich noch ein weiterer Regelmechanismus zum Ausgleich der Synchronzeit anschließen (Quartiärregelung).

- **Elektrische Leistungsaufteilung**
  Unmittelbar nach dem Eintritt des Leistungsungleichgewichts wird sich eine Leistungsaufteilung auf die einzelnen Maschinen in Abhängigkeit der Netz- und Generatorimpedanzen ergeben. Maßgebend dafür sind die Leitungs- und Transformatorimpedanzen sowie die subtransienten Reaktanzen der Synchrongeneratoren. Diese Vorgänge laufen allerdings in so kurzer Zeit ab, dass in diesem Zeitabschnitt die Drehmomente an den Turbine-Generator-Wellen als konstant angenommen werden kann.
- **Mechanische Leistungsaufteilung**
  Die rotierenden Massen der frequenzsynchron betriebenen Generatoren bilden einen über das gesamte Netz verteilten mechanischen Energiespeicher. Ein entstandenes Leistungsungleichgewicht zwischen Verbraucher- und Erzeugerleistung wird bei konstanter Turbinenleistung zunächst aus den Schwungmassen der Generatoren und mit diesen gekoppelten Strömungsmaschinen wie beispielsweise Dampf- und Gasturbinen gedeckt, da unmittelbar zum Zeitpunkt des Eintritts des Leistungsungleichgewichts noch kein Regelungsvorgang stattfindet. Es erfolgt zunächst eine mechanische Lastaufteilung auf alle im Netz vorhandenen Maschinen im Verhältnis der Trägheitsmomente. Der Ausgleich des Leistungsungleichgewichts wird durch Beschleunigen bzw. Abbremsen der rotierenden Massen erreicht. Die Drehzahl der Maschinen und damit die Netzfrequenz sinken bzw. steigen entsprechend an. Dieser Leistungsausgleich wird durch die Frequenzabhängigkeit der im Netz verteilten Lasten unterstützt.

3.3 Nichtlineares Leistungsflussproblem

Die Fähigkeit eines Energiesystems, Leistungs- und Frequenzschwankungen durch Trägheit abzudecken, wird auch als Momentanreserve bezeichnet. Innerhalb eines Frequenzbereiches von ± 10 mHz um die Soll- bzw. Nennfrequenz (z. B. 50 Hz) wird außer der Momentanreserve kein weiterer Regelvorgang angestoßen („Totband").

- **Primärregelung (primary control)**

Bei einer durch das Leistungsungleichgewicht auftretenden Frequenzabweichung von mehr als ± 10 mHz wird die Primärregelung aktiviert. Das Ziel dieser Regelungsstufe besteht darin, über die Drehzahlregelung an den elektrischen Generatoren der beteiligten Kraftwerke die Wirkleistungsbalance im System wiederherzustellen. Die Primärregelung reagiert auf die durch das Leistungsungleichgewicht entstandene Frequenzabweichung und begrenzt diese innerhalb definierter Sicherheitsgrenzen. Auch die Primärregelung wird durch die Frequenzabhängigkeit bestimmter Lasten (z. B. Asynchronmotoren) unterstützt.

Die Primärregelung hat ein proportionales Regelverhalten. Die Bereitstellung der Primärregelleistung erfolgt nach dem Solidaritätsprinzip durch alle im Entso-E-Gebiet synchron verbundenen Übertragungsnetzbetreiber. Jede in die Primärregelung eingebundene Maschine beteiligt sich mit einer Leistung entsprechend einer sogenannten Statik, die eine Funktion aus aktueller Frequenz und eingespeister Leistung abbildet. Die vollständige Aktivierung der Primärregelleistung erfolgt dabei automatisch innerhalb von 30 s nach Eintritt der Frequenzabweichung. Der durch die Primärregelleistung abzudeckende Zeitraum beträgt $0 < t < 15$ min je Störungsereignis.

- **Sekundärregelung (secondary control)**

Nach Abschluss der Primärregelung liegt im Allgemeinen dauerhaft noch eine Frequenzabweichung vor. Ebenfalls sind die Leistungsflüsse zwischen den einzelnen Regelzonen (i.e. Übergabeleistungen) aufgrund der systemweiten Aushilfsleistungen durch den Primärregelprozess nicht mehr auf den im ungestörten Betrieb festgesetzten Sollwerten.

Die Sekundärregelung hat nun zum Ziel, die systemweit gültige Frequenz auf ihren Sollwert zurückzuführen und Regelleistung in der betroffenen Regelzone zu aktivieren und dadurch die Leistungen abzulösen, die im Rahmen der Primärregelung von anderen Übertragungsnetzbetreibern bereitgestellt werden. Die Sekundärregelung hat damit ein proportional-integrales Regelverhalten. Mit dem energetischen Ausgleich des Leistungsungleichgewichts innerhalb der betroffenen Regelzone wird das Verursacherprinzip umgesetzt.

Um unterscheiden zu können, ob eventuelle Leistungsflussänderungen aufgrund eines Fehlers in der Regelzone oder durch die Beteiligung an der Primärregelung verursacht worden sind, und um eine gebietsbezogene Leistungsbeeinflussung hervorzurufen, wird das Netzkennlinienverfahren (network characteristic method) angewendet [9, 10]. Die Sekundärregelung wird unmittelbar und automatisch durch den betroffenen Übertragungsnetzbetreiber aktiviert. Die vollständige Erbringung der Sekundärregelleistung erfolgt innerhalb einer Zeitspanne von maximal 5 min nach der Aktivierung. Der Vorgang der Sekundärregelung soll nach 15 min abgeschlossen sein.

- **Tertiärregelung (tertiary control)**
  Die Tertiärregelung, die häufig auch als Minutenreserve bezeichnet wird, dient primär der wirtschaftlichen Optimierung. Die Minutenreserve wird vom Übertragungsnetzbetreiber beim Lieferanten manuell abgerufen. Die vorgehaltene Minutenreserveleistung muss vollständige innerhalb von 15 min aktiviert werden. Für die Minutenreserve werden konventionelle Kraftwerke oder andere Erzeugereinheiten sowie regelbare Lasten eingesetzt. Die Verantwortung des Übertragungsnetzbetreibers für die Frequenzhaltung endet nach einer Stunde. Danach müssen die Kraftwerksbetreiber bzw. Händler das Leistungsdefizit mit der sogenannten Stundenreserve ausgleichen. Zuständig dafür ist der Bilanzkreisverantwortliche (BKV), der eine Gruppe von Kraftwerksbetreibern bzw. Händlern gegenüber dem Übertragungsnetzbetreiber vertritt.

- **Quartiärregelung (time control)**
  Die hohe Frequenzkonstanz im zentraleuropäischen Netzverbund der Entso-E (UCTE) erlaubt es, die Netzfrequenz als Zeitgeber für Synchronuhren u. Ä. zu nutzen. Aufgrund der vorgenannten Leistungsdifferenzen und der damit verbundenen Abweichungen zur Nennfrequenz entsteht ein sogenannter Gangfehler, da sich positive und negative Frequenzdifferenzen über einen bestimmten Zeitbereich in der Regel nicht zu null mitteln. Die mit der Netzfrequenz betriebenen Synchronuhren weichen damit von der Normalzeit ab. Die Aufgabe der Quartiärregelung ist der Ausgleich des so entstandenen Gangfehlers. Hierzu wird Regelleistung aktiviert, mit der dann definiert durch systemweite Änderung des Frequenzsollwertes von 50,0 Hz auf 50,01 Hz bzw. 49,99 Hz solange beschleunigt bzw. abgebremst wird, bis die „Netzzeit" oder „Synchronzeit" wieder der Normalzeit entspricht. Im zentraleuropäischen Netzverbund der Entso-E erfasst der schweizerische Übertragungsnetzbetreiber Swissgrid zentral diese Zeitabweichungen und koordiniert die Korrekturen im Rahmen der Quartiärregelung [11, 12].

Abb. 3.14 zeigt den funktionalen Zusammenhang der einzelnen Stufen der Leistungs-Frequenz-Regelung [7]. In den nachfolgenden Betrachtungen zur Abbildung von Regelmechanismen bei der Leistungsflussberechnung werden ausschließlich die Primär- und die Sekundärregelung berücksichtigt.

3.3.8.3.2 Leistungsbilanzierung bei der Leistungsflussrechnung

Bei den zuvor beschriebenen Standardmethoden zur Leistungsflussberechnung, in denen ein Bezugsknoten (Slack) definiert ist, werden die Auswirkungen der Primär- und Sekundärregelung der Generatoren vernachlässigt. An dem Netzknoten, der als Slack-Knoten modelliert ist, wird bei diesen Verfahren die verbleibende Differenz aus der Summierung aller Einspeiseleistungen, aller Lasten sowie der gesamten Verluste im Netz für die Leistungsflussrechnung im Grundfall bilanziert. Bei der Berechnung von Varianten, z. B. der Simulation des Ausfalls von Transformatoren und Leitungen wird die Änderung der Verlustleistung ausschließlich dem Slack-Knoten zugeordnet.

Diese genäherte Modellbildung führt zu deutlichen Abweichungen im Berechnungsergebnis der Leistungsflussberechnung im Vergleich zu den realen Systemgrößen.

3.3 Nichtlineares Leistungsflussproblem

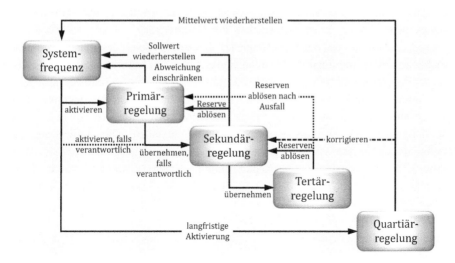

Abb. 3.14 Leistungs-Frequenz-Regelung [7]

Bereits im Grundfall kann sich damit gegenüber den realen Verhältnissen ein relativ großer Fehler einstellen. Bei Transformator- oder Leitungsausfallvariationsrechnungen wird dieser Fehler gegenüber dem Grundfall nicht viel größer und kann in der Regel akzeptiert werden, falls das Grundfallergebnis zufriedenstellend ermittelt werden konnte. Bei der Simulation von Kraftwerksausfällen wird mit dieser Art der Modellierung jedoch ein unrealistisches Ergebnis bei der Berechnung des Leistungsflusses erzielt, da sich tatsächlich je nach vorliegendem Regelalgorithmus alle oder eine bestimmte Anzahl von Kraftwerken bzw. die Kraftwerke in einem definierten Bereich des Netzes an der Deckung der ausgefallenen Leistung beteiligen und der Leistungsausgleich nicht nur an einem Knoten (Slack) stattfindet [13].

Im Folgenden wird ein Verfahren vorgestellt, das je nach vorliegendem Regelalgorithmus die bilanzierte Leistung auf die primärregelnden bzw. sekundärregelnden Kraftwerke verteilt und mit dem ein gegenüber dem einfachen Leistungsflussalgorithmus signifikant besseres Ergebnis erzielt werden kann.

Bei diesem Verfahren wird die zur Netzbilanzierung mit $P_M = 0$ erforderliche Leistung proportional zu den primären Leistungszahlen auf die an der Primärregelung beteiligten Einspeisungen aufgeteilt. Um die Generatoren realistisch nachzubilden, können Grenzwerte für die Wirk- und Blindleistungsabgabe vorgegeben werden. Übersteigt die geforderte Leistung die Grenzwerte eines Generators, so wird die restliche Leistung von den verbleibenden Generatoren bereitgestellt.

3.3.8.3.3 Nachbildung der Primärregelung

Die Primärregelung (Leistungs-Frequenzregelung) gehört zu den Ausgleichsvorgängen im elektrischen Energieversorgungsnetz. Sie soll jedes (Wirk)-Leistungsungleichgewicht zwischen Erzeugung und Verbrauch ausgleichen. Jedes Ungleichgewicht in der Wirkleistungsbilanz führt zu einem Abweichen der Netzfrequenz von der Sollfrequenz (in der Regel entspricht diese der Nennfrequenz) f_n. Der Ausgleich des Leistungsungleichgewichts erfolgt proportional zur Frequenzabweichung durch Abruf einer positiven oder negativen Leistungsreserve (i.e. Einspeiseleistungserhöhung bzw. -reduzierung). An der Bereitstellung dieser Leistungsreserve beteiligen sich alle Generatoren, die unter Primärregelung laufen. Die Leistungsabgabe jeder Maschine in Abhängigkeit von der Frequenz lässt sich näherungsweise als lineare Kennlinie darstellen. Die Sollleistung jeder Maschine $P_{E,soll}$ bei Nennfrequenz f_n wird vorgegeben.

Abb. 3.15 zeigt qualitativ die Regelkennlinie (Statik) eines Generators. Danach wird aufgrund der gegebenen bzw. eingestellten Statik s_i eines Generators i bei einer Frequenzänderung von Δf die von dem Generator i abgegebene Leistung um $\Delta P_{E,i}$ geändert. Die Statik gibt also die Sensitivität der Leistungsabgabe auf Frequenzänderungen an. Sie ist definiert zu:

$$s_i = \frac{\Delta f \cdot P_{E,soll,i}}{f_n \cdot \Delta P_{E,i}} \qquad (3.91)$$

Der im Diagramm angegebene Winkel δ ist proportional zu arctan(s_i). Für einen Winkel $\delta = 90°$ wird die Statik unendlich groß, d. h. die Leistungseinspeisung eines Generators ist konstant $P_{E,soll}$ und unabhängig von Frequenzänderungen. Der Generator beteiligt sich damit faktisch nicht an der Primärregelung.

Der Proportionalitätsfaktor K_i zwischen der Frequenzänderung Δf und der Leistungsänderung $\Delta P_{E,i}$ der Maschine i ist die Leistungszahl K_i. Die Leistungszahl für das Übertragungsnetz wird üblicherweise in der Einheit „MW pro Hz" angegeben.

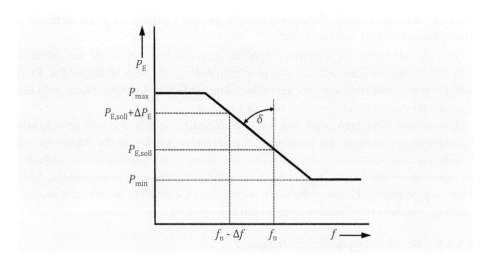

Abb. 3.15 Kennlinie der Leistungs-Frequenzregelung eines Generators

3.3 Nichtlineares Leistungsflussproblem

$$K_i = -\frac{\Delta P_{E,i}}{\Delta f} \tag{3.92}$$

Die gesamte Leistungszahl K_{ges} aller in einem Netz angeschlossenen Generatoren N_E erhält man zu:

$$K_{ges} = \sum_{i=1}^{N_E} K_i \tag{3.93}$$

Zur Berechnung der Leistungsänderungen aller im System vorhandenen Generatoren nach einem Ausfall der Leistung P_A bestimmt man zunächst den Frequenzabfall Δf über die Leistungszahl K_{ges} des gesamten Netzes:

$$\Delta f = -\frac{P_A}{K_{ges}} \tag{3.94}$$

Aus der Frequenzänderung Δf im Netz kann dann nach Gl. (3.92) die Leistungsänderung jedes einzelnen Generators berechnet werden. Jeder Generator i ändert danach seine Wirkleistungsabgabe bei Ausfall einer Leistung P_A am Knoten k mit $i \neq k$ um den Wert $\Delta P_{E,i}$. Wird bei dem Leistungsausfall der Generator auch vom Netz getrennt, ändert sich dadurch auch die Systemleistungszahl des Netzes. Die Leistungszahl des ausgefallenen Generators wird mit K_A bezeichnet. Es wird vereinfachend angenommen, dass an jedem Knoten maximal eine Einspeisung (Generator) vorhanden ist.

$$\Delta P_{E,i} = \frac{K_i}{K_{ges} - K_A} \cdot P_A \tag{3.95}$$

Die zuvor beschriebenen Leistungs-Frequenzabhängigkeiten gelten natürlich nicht nur für den Ausfall einer Leistung, sondern in entsprechender Weise auch für die Zuschaltung einer Leistung bzw. Lasterhöhung. In diesem Fall hat die Leistung P_A einen negativen Zahlenwert und die Leistungszahl K_A hat den Wert null.

In Leistungsflussprogrammen wird in der Regel davon ausgegangen, dass die Frequenz gleich der Nennfrequenz ist. Man geht deshalb so vor, dass man ein Leistungsdefizit oder einen Leistungsüberschuss entsprechend dem Verhältnis der primären Leistungszahlen der verschiedenen Generatoren auf diese aufteilt, d. h. es gilt

$$P_{E,i} = P_{E,soll,i} + \frac{K_i}{K_{ges}} \cdot P_R \tag{3.96}$$

wobei P_R die gesamte benötigte Regelleistung ist.

Dabei ist natürlich zu berücksichtigen, dass sich durch den veränderten Kraftwerkseinsatz auch die Netzverluste und damit die benötigte Regelleistung verändern werden. Darüber hinaus müssen die Grenzen der Wirkleistungsabgabe der einzelnen Generatoren eingehalten werden, d. h. die einzelnen Generatoren beteiligen sich nur so weit an der Wirkleistungsbereitstellung, bis ihre obere oder untere Grenze der Wirkleistungsabgabe erreicht ist. Wird darüber hinaus Regelleistung benötigt, so wird diese von den verbleibenden Generatoren analog zu Gl. (3.96) bereitgestellt.

Als Eingaben werden daher für jeden Generator, der sich an der Regelung beteiligen soll, die Sollleistung $P_{E,soll}$, die primäre Leistungszahl K sowie die Daten des Generatordiagramms benötigt, aus dem für die jeweilige Blindleistungsabgabe die Wirkleistungsgrenzen des Generators entnommen werden können.

Der Slack-Knoten hat damit keine herausgehobene Funktion mehr, sondern er legt lediglich den Winkelbezug des Spannungszeigers fest. Entsprechend dem Wert seiner primären Leistungszahl beteiligt er sich an der Wirkleistungsbilanzierung. Nur für den Fall, dass die Regelleistungen aller Generatoren erschöpft sind, übernimmt der Slack-Knoten die Bilanzierung des Netzes ohne Rücksicht auf seine Grenzwerte. Dies ist abweichend von den realen Gegebenheiten erforderlich, um wenigstens formal eine Lösung zu erreichen, die der Leistungsflussalgorithmus ansonsten nicht liefern könnte.

In Abb. 3.16 ist der Verlauf der Netzfrequenz im europäischen Verbundsystem während einer großen Störung am Abend des 04.11.2006 abgebildet. Bedingt durch die betriebsmäßige Abschaltung einer Leitung und die dadurch verursachte Überlastung einer weiteren Leitung wurde ein kaskadenartigen Ausfall mehrerer Leitungen ausgelöst. Dies führte im gesamten Verbundsystem zu großflächigen und zum Teil Stunden andauernden Unterbrechungen der elektrischen Energieversorgung [30].

3.3.8.3.4 Nachbildung der Sekundärregelung

Zusätzlich zur Primärregelung arbeitet überlagert die Sekundärregelung (Übergabeleistungsregelung). Die Idee dieser Regelungsstufe ist, dass im Verbundnetz, das aus mehreren Teilnetzen besteht, ein Leistungsungleichgewicht in demjenigen Teilnetz ausgeglichen werden soll, in dem es entstanden ist (Verursacherprinzip). Die Sollübergabeleistungen sollen

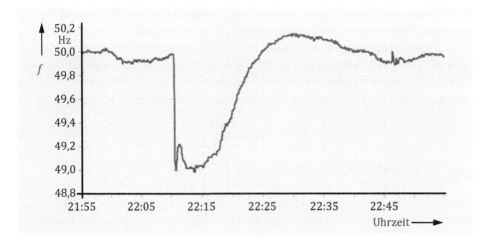

Abb. 3.16 Frequenzverlauf im europäischen Verbundsystem am 04.11.2006 [30]

unabhängig vom Kraftwerkseinsatz innerhalb der einzelnen Teilnetze x eingehalten werden [2]. Die Übergabeleistung $P_{\text{Ü},x}$ eines Teilnetzes x entspricht dabei der Beziehung

$$P_{\text{Ü},x} = P_{\text{Ü,soll},x} + K_{\text{R},x} \cdot \Delta f \tag{3.97}$$

$P_{\text{Ü,soll},x}$ ist die am Sekundärregler eingestellte Übergabeleistung und $K_{\text{R},x}$ ist die Reglerkonstante im Teilnetz x.

Abb. 3.17 zeigt als Beispiel ein Verbundsystem aus drei Teilnetzen. Der Slack-Knoten ist dabei im Teilnetz A modelliert. Es können nun für alle Teilnetze, mit Ausnahme des Teilnetzes, das den Slack-Knoten enthält, Soll-Übergabeleistungen vorgegeben werden, z. B.:

- für Teilnetz B: $\quad P_{\text{Ü,B}} = P_{\text{BC}} - P_{\text{AB}}$ (3.98)

- für Teilnetz C: $\quad P_{\text{Ü,C}} = -P_{\text{BC}} - P_{\text{AC}}$ (3.99)

Die Bilanz-Übergabeleistung für das Teilnetz A ist damit ebenfalls festgelegt:

$$P_{\text{Ü,A}} = -P_{\text{Ü,B}} - P_{\text{Ü,C}} \tag{3.100}$$

Es ist also nicht möglich, mit dem Sekundärregler die Übergabeleistung auf einer bestimmten Kuppelleitung (s. Kap. 7) einzuregeln, sondern immer nur die Gesamt-Übergabeleistung eines Teilnetzes. Die Regelung geht nun wieder von den Soll-Leistungen $P_{\text{E,soll}}$ der Generatoren aus. Innerhalb jedes Teilnetzes werden die Wirkleistungsabgaben der Generatoren so eingestellt, dass die geforderten Übergabeleistungen erreicht werden. Die dazu erforderliche gesamte Regelleistung innerhalb jedes Teilnetzes wird dazu, entsprechend der primären Leistungszahlen, auf die einzelnen Generatoren aufgeteilt, d. h. es gilt Gl. (3.96) entsprechend. Analog zur Primärregelung ist auch hier darauf zu achten, dass sich aufgrund der Änderungen des Kraftwerkseinsatzes die Netzverluste ändern. Zusätzlich muss die Messstelle für die Übergabeleistung eindeutig definiert sein, damit die Verluste auf den Kuppelleitungen bzw. Kuppeltransformatoren dem richtigen Teilnetz zugeordnet werden können.

Selbstverständlich müssen auch bei der Sekundärregelung die Leistungsgrenzen der Generatoren eingehalten werden. Dies erfolgt zunächst innerhalb eines jeden Teilnetzes analog zu der Vorgehensweise bei der Primärregelung. Reicht die gesamte Regelleistung innerhalb eines Teilnetzes nicht aus, so wird die Regelleistung von dem Teilnetz bereitgestellt,

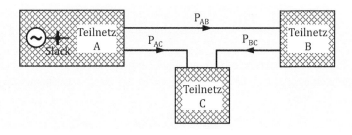

Abb. 3.17 Beispielsystem aus drei Teilnetzen [2]

für das keine Vorgaben gemacht worden sind. Dies ist das Teilnetz, das den Slack-Knoten enthält. In diesem Fall kann natürlich die Soll-Übergabeleistung für das betreffende Teilnetz nicht eingestellt werden, was auch dem realen Netzverhalten entspricht.

Eine weitere Einschränkung ergibt sich für den Fall, dass die gesamte Regelleistung im Gesamtnetz nicht ausreicht, um das Netz zu bilanzieren. In diesem Fall wird die Sekundärregelung ignoriert, mit dem Ziel, alle zur Verfügung stehenden Generatoren voll ausnützen zu können. Auch diese Vorgehensweise entspricht dem realen Netzverhalten.

3.3.8.3.5 Erweiterung des Leistungsflussverfahrens

Mit einer Erweiterung des zuvor beschriebenen Leistungsflussverfahrens wird die Regelleistung entsprechend den realen Einspeiseverhältnissen verteilt. Durch zusätzlich in das linearisierte Gleichungssystem (3.30) eingeführte Variablen und Gleichungen kann die Leistungsflussberechnung des Grundfalles auf unterschiedliche Weise durchgeführt werden. Vor der mathematischen Ableitung der Verfahrenserweiterung werden zunächst die zusätzlichen Berechnungsmöglichkeiten erläutert.

Die Bilanzierung über alle Knoten N zwischen Last und Einspeisung, die aus vorgegebenen Daten erfolgt, sei ungleich null:

$$P_\mathrm{M} = \sum_{i=1}^{N} \left(P_{\mathrm{E},i} + P_{\mathrm{L},i} \right) \tag{3.101}$$

In dieser Gleichung ist P_M die Leistungsbilanz zwischen Last und Einspeisung aufgrund vorgegebener Eingangsdaten, $P_{\mathrm{E},i}$ die Einspeisewirkleistung am Knoten i und $P_{\mathrm{L},i}$ die Wirklast am Knoten i.

Zusätzlich besteht das Netz insgesamt aus N_N Teilnetzen, innerhalb denen die Leistungsbilanzierung im Allgemeinen ebenfalls ungleich null ist.

$$P_{\mathrm{M},x} = \sum_{i \in \mathcal{N}_x} \left(P_{\mathrm{E},x,i} + P_{\mathrm{L},x,i} \right) \tag{3.102}$$

Hierbei wird mit $P_{\mathrm{M},x}$ die Leistungsbilanz zwischen Last und Einspeisung aufgrund vorgegebener Eingangsdaten im Teilnetz x und mit $\mathcal{N}_x$ die Menge aller Knoten im Teilnetz x bezeichnet.

Es gibt nun zwei Möglichkeiten zur Berechnung eines Grundfallleistungsflusses:

- Im ersten Fall übernehmen alle primärregelnden Kraftwerke anteilmäßig die zu verteilende Regelleistung.

Das aus Teilnetzen bestehende Netz wird als Einheit betrachtet. Damit benötigt man eine Regelleistung P_R, die die gesamte Bilanzierung der Last, Einspeisung und Verlustleistung P_V trägt.

$$P_\mathrm{R} = P_\mathrm{M} + P_\mathrm{V} \tag{3.103}$$

3.3 Nichtlineares Leistungsflussproblem

- Im zweiten Fall übernehmen die sekundärregelnden Kraftwerke eines Teilnetzes x nicht nur die Leistung, die zur Einhaltung der Übergabeleistung notwendig ist, sondern auch die bilanzierte Leistung $P_{M,x}$ und die Verlustleistung $P_{V,x}$.

Man betrachtet jedes der N_N Teilnetze für sich unter der Randbedingung vorgegebener Übergabeleistungen. In diesem Fall benötigt man N_N Regelleistungen $P_{R,x}$, die einerseits die Bilanzierung von Last, Einspeisung und Verlustleistung $P_{V,x}$ des jeweiligen Teilnetzes x übernehmen müssen und andererseits für die Einhaltung der vorgegebenen Übergabeleistungen $P_{\text{Ü},x}$ verantwortlich sind.

$$P_{R,x} = P_{M,x} + P_{V,x} + P_{\text{Ü},x} \tag{3.104}$$

Leistungsflussrechnung für ein Gesamtnetz ohne Austauschbedingungen

Die Leistung P_M wird von den im Datensatz als primärregelnd gekennzeichneten Kraftwerken übernommen. Jedem dieser Kraftwerke ist ein Verteilungsfaktor r_i zugeordnet. Damit lässt sich die Knotenwirkleistung folgendermaßen darstellen:

$$P_{x,i} = P_{x,i,\text{soll}} + r_i \cdot P_R \tag{3.105}$$

Dabei gibt r_i den Verteilungsfaktor für die Primärregelung am Knoten i und P_R die Regelleistung des gesamten Netzes (Gl. 3.103) an unter der Bedingung, dass $\sum_{i=1}^{N} r_{P,i} = 1$ ist.

Die Regelleistung P_R entspricht nicht nur der Verlustleistung des Netzes, sondern enthält auch die Bilanzierung der Knotenleistungen aus Lasten und Einspeisungen.

Damit erweitert sich das Gleichungssystem um die Variable P_R, für die eine Gleichung neu eingeführt werden muss, damit das Gleichungssystem eindeutig lösbar bleibt. Dazu wird die Gleichung für den Spannungswinkel φ_N (der gleich null ist) benutzt und es ergibt sich daraus das folgende erweiterte Gleichungssystem:

$$\begin{pmatrix} H_{11} & N_{11} & \cdots & r_1 & N_{1N} \\ J_{11} & L_{11} & \cdots & 0 & L_{1N} \\ \cdot & \cdot & \cdot & \cdot & \cdot \\ \cdot & \cdot & \cdot & \cdot & \cdot \\ \cdot & \cdot & \cdot & \cdot & \cdot \\ H_{N1} & N_{N1} & \cdots & r_N & N_{NN} \\ J_{N1} & L_{N1} & \cdots & 0 & L_{NN} \end{pmatrix} \cdot \begin{pmatrix} \Delta\varphi_1 \\ \frac{\Delta U_1}{U_1} \\ \cdot \\ \cdot \\ \cdot \\ \Delta P_R \\ \frac{\Delta U_N}{U_N} \end{pmatrix} = \begin{pmatrix} \Delta P_{x,1} \\ \Delta Q_{x,1} \\ \cdot \\ \cdot \\ \cdot \\ \Delta P_{x,N} \\ \Delta Q_{x,N} \end{pmatrix} \tag{3.106}$$

Die Ableitungen der Knotenleistungen nach der Regelleistung erfolgt in ähnlicher Weise wie bei der Leistungsflussberechnung nach Abschn. 3.3.3. Die Erweiterung des Verfahrens berücksichtigt, dass das Gesamtnetz aus einer definierten Anzahl N_N von Teilnetzen x besteht. Ausgangspunkt für die Berechnungen sind auch hier die Systemgleichungen der einzelnen Teilnetze. Für jeden Knoten i eines elektrischen Teilnetzes x gilt Gl. (3.107), mit der die Knotenleistungsbilanz beschrieben wird. Mit $\mathcal{N}_i$ wird die Menge aller am Knoten i angeschlossenen Knoten bezeichnet.

$$\underline{S}_{x,i} = U_i^2 \cdot \underline{y}_{ii}^* + \underline{U}_i \cdot \sum_{j \in \mathcal{N}_i} \underline{y}_{ij}^* \cdot \underline{U}_j^* \quad \text{mit} \quad i = 1, \ldots, (N-1) \tag{3.107}$$

Die komplexe Knotenleistungsbilanz nach Gl. (3.107) wird auch hier in einen Real- und Imaginärteil entsprechend den Gl. (3.108) und (3.109) für die Wirk- und Blindleistung aufgeteilt. Mit $\mathcal{N}_i$ wird die Menge aller am Knoten i angeschlossenen Knoten bezeichnet.

$$P_{x,i} = U_i^2 \cdot g_{ii} - E_i \cdot \sum_{j \in \mathcal{N}_i} \left(E_j \cdot g_{ij} - F_j \cdot b_{ij} \right) - F_i \cdot \sum_{j \in \mathcal{N}_i} \left(F_j \cdot g_{ij} + E_j \cdot b_{ij} \right) + r_{x,i} \cdot P_{\text{R},x}$$
mit $\quad i = 1, \ldots, (N-1)$
$$\tag{3.108}$$

$$Q_{x,i} = -U_i^2 \cdot b_{ii} - E_i \cdot \sum_{j \in \mathcal{N}_i} \left(F_j \cdot g_{ij} + E_j \cdot b_{ij} \right) - F_i \cdot \sum_{j \in \mathcal{N}_i} \left(E_j \cdot g_{ij} - F_j \cdot b_{ij} \right)$$
mit $\quad i = 1, \ldots, (N-1)$
$$\tag{3.109}$$

Für den Aufbau der Jacobi-Matrix, die im Newton-Raphson-Iterationsprozess zur Lösung des Gleichungssystems (3.106) benötigt wird, müssen die Gl. (3.108) und (3.109) der Knotenleistungen linearisiert, d. h. nach den jeweiligen Zustandsvariablen abgeleitet werden. Zur einfacheren Darstellung der Ableitungen werden auch hier die Abkürzungen entsprechend den Gl. (3.21) und (3.22) verwendet.

Die Menge aller am Knoten i angeschlossenen Knoten wird mit $\mathcal{N}_i$ bezeichnet. Für die Ableitungen der Wirkleistungen ergeben sich damit

$$H_{ii} = \frac{\partial P_{x,i}}{\partial \varphi_i} = -E_i \cdot \sum_{j \in \mathcal{N}_i} d_{ij} + F_i \cdot \sum_{j \in \mathcal{N}_i} c_{ij} \quad \text{mit} \quad i = 1, \ldots, (N-1) \tag{3.110}$$

$$H_{ij} = \frac{\partial P_{x,i}}{\partial \varphi_j} = E_i \cdot d_{ij} - F_i \cdot c_{ij} \quad \text{mit} \quad i = 1, \ldots, (N-1) \tag{3.111}$$

$$N_{ii} = U_i \cdot \frac{\partial P_{x,i}}{\partial U_i} = 2 \cdot U_i^2 \cdot g_{ii} - E_i \cdot \sum_{j \in \mathcal{N}_i} c_{ij} - F_i \cdot \sum_{j \in \mathcal{N}_i} d_{ij} \quad \text{mit} \quad i = 1, \ldots, N \tag{3.112}$$

$$N_{ij} = U_j \cdot \frac{\partial P_{x,i}}{\partial U_j} = -E_i \cdot c_{ij} - F_i \cdot d_{ij} \quad \text{mit} \quad i = 1, \ldots, N \tag{3.113}$$

Falls der Knoten i an der Regelung im Teilnetz x beteiligt ist, gilt

$$\frac{\partial P_{x,i}}{\partial P_{\text{R},x}} = -r_{x,i} \quad \text{mit} \quad i = 1, \ldots, N \tag{3.114}$$

ansonsten ist $\partial P_{x,i} / \partial P_{\text{R},x} = 0$.

Für die Ableitungen der Blindleistungen ergeben sich damit

3.3 Nichtlineares Leistungsflussproblem

$$J_{ii} = \frac{\partial Q_{x,i}}{\partial \varphi_i} = -E_i \cdot \sum_{j \in \mathcal{N}_i} c_{ij} - F_i \cdot \sum_{j \in \mathcal{N}_i} d_{ij} \quad \text{mit} \quad i = 1, \ldots, N \tag{3.115}$$

$$J_{ij} = \frac{\partial Q_{x,i}}{\partial \varphi_j} = E_i \cdot c_{ij} + F_i \cdot d_{ij} \quad \text{mit} \quad i = 1, \ldots, N \tag{3.116}$$

$$L_{ii} = U_i \cdot \frac{\partial Q_{x,i}}{\partial U_i} = -2 \cdot U_i^2 \cdot b_{ii} + E_i \cdot \sum_{j \in \mathcal{N}_i} d_{ij} - F_i \cdot \sum_{j \in \mathcal{N}_i} c_{ij} \tag{3.117}$$

mit $i = 1, \ldots, N$

$$L_{ij} = U_j \cdot \frac{\partial Q_{x,i}}{\partial U_j} = E_i \cdot d_{ij} - F_i \cdot c_{ij} \quad \text{mit} \quad i = 1, \ldots, N \tag{3.118}$$

$$\frac{\partial Q_{x,i}}{\partial P_{R,x}} = 0 \tag{3.119}$$

Das Gleichungssystem (3.106) wird nun, beginnend mit einem Startvektor, iterativ gelöst. Die Iteration wird solange durchgeführt, bis die Differenz der Gleichung

$$\begin{pmatrix} \Delta p \\ \Delta q \end{pmatrix} = \begin{pmatrix} p \\ q \end{pmatrix}_{\text{soll}} - \begin{pmatrix} p \\ q \end{pmatrix}^{(\nu)} \leq \varepsilon \tag{3.120}$$

kleiner oder gleich einer vorgegebenen Schranke ε wird. Die Regelleistung P_R, die sich dann eingestellt hat, wird den Sollleistungen $P_{x,i,\text{soll}}$ der primärregelnden Kraftwerke entsprechend ihrer Verteilungsfaktoren $r_{x,i}$ zugeschlagen.

Leistungsflussrechnung mit Austauschbedingungen

Für den Fall, dass für die Grundfallleistungsflussberechnung Übergabeleistungen zwischen Teilnetzen definiert werden, ergibt sich für jedes Teilnetz x eine sogenannte Summenübergabewirkleistung, die sich aus den vereinbarten Übergabeleistungen errechnet. Es muss gelten

$$\sum_{x=1}^{N_N} P_{\text{Ü},x,\text{soll}} = 0 \tag{3.121}$$

Wie schon erwähnt, benötigt man nun N_N Regelleistungen, um für jedes Teilnetz getrennt eine Bilanzierung der Knotenleistungen, unter Einhaltung der Übergabeleistungen, durchführen zu können. Es müssen also $(N_N - 1)$ zusätzliche Gleichungen in das Gleichungssystem (3.106) eingefügt werden, falls wenn die Gleichung für den

Winkel φ_N weiterhin im Gleichungssystem zur Bestimmung der N_N-ten Regelleistung verbleibt.

Als zusätzliche Gleichungen werden die Berechnungen der Übergabewirkleistungen der Teilnetze herangezogen. Die Übergabewirkleistung $P_{\text{Ü},x}$ eines Teilnetzes x wird nach Gl. (3.122) aus der Summierung der Leistungen, die über die Kuppelleitungen dieses Netzes fließen, bestimmt.

$$P_{\text{Ü},x} = \sum_{i=1}^{K} \sum_{j=1}^{S} P_{ij} \tag{3.122}$$

Dabei gilt der Laufindex $i = 1, \ldots, K$ für die Randknoten (Knoten mit Verbindung zu Kuppelknoten) im Teilnetz x und der Laufindex $j = 1, \ldots, S$ für die entsprechenden Kuppelknoten. Der Wirkfluss von Knoten i nach Knoten j bestimmt sich in Gl. (3.122) nach

$$P_{ij} = U_i^2 \cdot g_{ii} - E_i \cdot (E_j \cdot g_{ij} - F_j \cdot b_{ij}) - F_i \cdot (F_j \cdot g_{ij} + E_j \cdot b_{ij}) \tag{3.123}$$

Ebenso wie für die Knotenbilanzleistungen nach Gl. (3.108) und (3.109) müssen auch für die Übergabeleistungen (3.122) die Ableitungen nach den Zustandsgrößen gebildet werden. Es sind allerdings definitionsgemäß nur die Wirkleistungen der Übergabeleistungen und damit auch nur die entsprechenden Ableitungen nach den Gl. (3.124) bis (3.127) bzw. (3.128) bis (3.130) für das zu lösende Gleichungssystem relevant.

Mit $\mathcal{N}_S$ wird die Menge aller am Knoten i angeschlossenen Kuppelleitungen bezeichnet.

$$H_{x,i} = \frac{\partial P_{\text{Ü},x}}{\partial \varphi_{x,i}} = -E_i \cdot \sum_{j \in \mathcal{N}_S} d_{ij} + F_i \cdot \sum_{j \in \mathcal{N}_S} c_{ij} \quad \text{mit} \quad i = 1, \ldots, (N-1) \tag{3.124}$$

$$N_{x,i} = U_{x,i} \cdot \frac{\partial P_{\text{Ü},x}}{\partial U_{x,i}} = 2 \cdot U_i^2 \cdot g_{ii} - E_i \cdot \sum_{j \in \mathcal{N}_S} c_{ij} - F_i \cdot \sum_{j \in \mathcal{N}_S} d_{ij} \tag{3.125}$$

mit $i = 1, \ldots, N$

Mit $\mathcal{N}_K$ wird die Menge aller Kuppelleitungen, die vom Knoten j im Teilnetz y zum Teilnetz x führen bezeichnet.

$$H_{x,j} = \frac{\partial P_{\text{Ü},x}}{\partial \varphi_{y,j}} = E_i \cdot \sum_{j \in \mathcal{N}_K} d_{ij} - F_i \cdot \sum_{j \in \mathcal{N}_K} c_{ij} \quad \text{mit} \quad i = 1, \ldots, (N-1) \tag{3.126}$$

3.3 Nichtlineares Leistungsflussproblem

$$N_{x,j} = U_{y,j} \cdot \frac{\partial P_{\text{Ü},x}}{\partial U_{y,j}} = -E_i \cdot \sum_{j \in \mathcal{N}_K} c_{ij} - F_i \cdot \sum_{j \in \mathcal{N}_K} d_{ij} \quad \text{mit} \quad i = 1, \ldots, (N-1) \quad (3.127)$$

Bei den Gl. (3.124) bis (3.130) ist vorausgesetzt, dass sich der Summierungspunkt für die Leistung am Knoten i im Teilnetz x befindet. Dies bedeutet, dass die Verlustleistung der Kuppelleitungen von den anderen Teilnetzen übernommen wird. Soll die Verlustleistung jedoch vom Teilnetz x übernommen werden, so muss der Summierungspunkt auf den Kuppelleitungen verlegt werden und die Ableitungen ändern sich wie folgt:

$$H_{x,i} = \frac{\partial P_{\text{Ü},x}}{\partial \varphi_{x,i}} = \sum_{j \in \mathcal{N}_S} F_j \cdot (E_i \cdot g_{ij} - F_i \cdot b_{ij}) - \sum_{j \in \mathcal{N}_S} E_j \cdot (F_i \cdot g_{ij} + E_i \cdot b_{ij}) \quad (3.128)$$

mit $i = 1, \ldots, (N-1)$

$$N_{x,i} = U_{x,i} \frac{\partial P_{\text{Ü},x}}{\partial U_{x,i}} = \sum_{j \in \mathcal{N}_S} F_j \cdot (F_i \cdot g_{ij} + E_i \cdot b_{ij}) + \sum_{j \in \mathcal{N}_S} E_j \cdot (E_i \cdot g_{ij} - F_i \cdot b_{ij}) \quad (3.129)$$

$$H_{x,j} = \frac{\partial P_{\text{Ü},x}}{\partial U_{y,j}} = -\sum_{j \in \mathcal{N}_K} E_j \cdot (E_i \cdot g_{ij} - F_i \cdot b_{ij}) + \sum_{j \in \mathcal{N}_K} E_j \cdot (F_i \cdot g_{ij} + E_i \cdot b_{ij}) \quad (3.130)$$

$$N_{x,j} = U_{y,j} \frac{\partial P_{\text{Ü},x}}{\partial U_{y,j}}$$
$$= -2 \cdot U_j^2 \cdot g_{ii} - \sum_{j \in \mathcal{N}_K} E_j \cdot (E_i \cdot g_{ij} - F_i \cdot b_{ij}) + \sum_{j \in \mathcal{N}_K} F_j \cdot (F_i \cdot g_{ij} + E_i \cdot b_{ij})$$
$$(3.131)$$

Nach dem Errechnen der Ableitungen lässt sich nun das vollständige linearisierte Gleichungssystem nach Gl. (3.132) aufstellen und entsprechend dem Newton-Raphson-Verfahren iterativ lösen.

$$\begin{pmatrix} \text{Jacobi-Matrix} \end{pmatrix} \cdot \begin{pmatrix} \Delta\boldsymbol{\varphi} \\ \Delta\boldsymbol{u}/\text{diag}(\boldsymbol{u}) \\ \Delta\boldsymbol{p}_R \end{pmatrix} = \begin{pmatrix} \Delta\boldsymbol{p} \\ \Delta\boldsymbol{q} \\ \Delta\boldsymbol{p}_{\text{Ü}} \end{pmatrix} \quad (3.132)$$

Die Werte auf der linken Gleichungsseite ergeben sich aus der Differenz zwischen den Vorgabe-(Soll-)Werten und den im jeweiligen Iterationsschritt berechneten (Ist-)Werten

$$\Delta P_{x,i} = P_{x,i,\text{soll}} - P_{x,i,\text{ist}} - r_{x,i} \cdot P_{R,x} \quad (3.133)$$

$$\Delta Q_{x,i} = Q_{x,i,\text{soll}} - Q_{x,i,\text{ist}} \quad (3.134)$$

$$\Delta P_{\text{Ü},x} = P_{\text{Ü},x,\text{soll}} - P_{\text{Ü},x,\text{ist}} \quad (3.135)$$

Exemplarisch wird in Gl. (3.136) ein Gleichungssystem für N Knoten und vier Teilnetze (A, B, C, D) aufgestellt. Jeder Knoten kann nur zu einem Teilnetz gehören und demzufolge auch nur einen Regelfaktor $r_{x,i}$ ($x \in \{A, B, C, D\}$) besitzen, die anderen sind entsprechend zu null gesetzt.

$$\begin{pmatrix} \Delta P_1 \\ \Delta Q_1 \\ \cdot \\ \cdot \\ \cdot \\ \Delta P_N \\ \Delta Q_N \\ \Delta P_{\text{Ü},A} \\ \Delta P_{\text{Ü},B} \\ \Delta P_{\text{Ü},C} \end{pmatrix} = \begin{pmatrix} H_{11} & N_{11} & & r_{A,1} & N_{1N} & r_{B,1} & r_{C,1} & r_{D,1} \\ J_{11} & L_{11} & & 0 & L_{1N} & 0 & 0 & 0 \\ \cdot & \cdot & & \cdot & \cdot & \cdot & \cdot & \cdot \\ \cdot & \cdot & & \cdot & \cdot & \cdot & \cdot & \cdot \\ \cdot & \cdot & & \cdot & \cdot & \cdot & \cdot & \cdot \\ H_{N1} & N_{N1} & \cdots & r_{A,N} & N_{NN} & r_{B,N} & r_{C,N} & r_{D,N} \\ J_{N1} & L_{N1} & \cdots & 0 & L_{NN} & 0 & 0 & 0 \\ H_{A,1} & N_{A,1} & \cdots & 0 & N_{A,N} & 0 & 0 & 0 \\ H_{B,1} & N_{B,1} & \cdots & 0 & N_{B,N} & 0 & 0 & 0 \\ H_{C,1} & N_{C,1} & \cdots & 0 & N_{C,N} & 0 & 0 & 0 \end{pmatrix} \cdot \begin{pmatrix} \Delta \varphi_1 \\ \Delta U_1/U_1 \\ \cdot \\ \cdot \\ \cdot \\ \Delta P_{R,A} \\ \Delta U_N/U_N \\ \Delta P_{R,B} \\ \Delta P_{R,C} \\ \Delta P_{R,D} \end{pmatrix}$$

(3.136)

Das Gleichungssystem wird nun iterativ mithilfe einer Dreiecksfaktorisierung der Jacobi-Matrix nach den Änderungen der Zustandsgrößen aufgelöst. Diese Änderungen werden benutzt, um den Zustandsvektor aus der vorangegangenen Iteration ($\nu - 1$), bzw. den Startvektor zu verbessern.

Änderungen der Spannungen an PQ-Knoten

$$E_i^{(\nu)} = \left(1 + \frac{\Delta U_i}{U_i}\right) \cdot (E_i \cdot \cos(\Delta \varphi_i) - F_i \cdot \sin(\Delta \varphi_i)) \tag{3.137}$$

$$F_i^{(\nu)} = \left(1 + \frac{\Delta U_i}{U_i}\right) \cdot (E_i \cdot \sin(\Delta \varphi_i) - F_i \cdot \cos(\Delta \varphi_i)) \tag{3.138}$$

Änderungen der Spannungen an PU-Knoten

$$E_i^{(\nu)} = E_i \cdot \cos(\Delta \varphi_i) - F_i \cdot \sin(\Delta \varphi_i) \tag{3.139}$$

$$F_i^{(\nu)} = E_i \cdot \sin(\Delta \varphi_i) - F_i \cdot \cos(\Delta \varphi_i) \tag{3.140}$$

Änderung der Spannung am Bezugsknoten N. Der Spannungswinkel bleibt unverändert ($\Delta \varphi_N = 0$)

$$E_N^{(\nu)} = \left(1 + \frac{\Delta U_N}{U_N}\right) \cdot U_N \tag{3.141}$$

$$F_N = 0 \tag{3.142}$$

Änderung der Regelleistungen

$$\widetilde{P}_R = P_R + \Delta P_R \tag{3.143}$$

Mit den verbesserten Zustandsgrößen wird erneut das Gleichungssystem (3.132) erstellt und wiederum Verbesserungen für den Zustandsvektor errechnet. Die Iteration endet, falls die Differenzen der Gleichungen

$$\begin{pmatrix} \Delta p \\ \Delta q \\ \Delta p_{\text{Ü}} \end{pmatrix}^{(v+1)} = \begin{pmatrix} p \\ q \\ p_{\text{Ü}} \end{pmatrix}_{\text{soll}} - \begin{pmatrix} p \\ q \\ p_{\text{Ü}} \end{pmatrix}^{(v)} \leq \varepsilon \tag{3.144}$$

sämtlich kleiner oder gleich einer vorgegebenen Schranke ε werden.

Die Regelleistungen $P_{\text{R},x}$ werden den Regelknoten der jeweiligen Teilnetze entsprechend den Verteilungsfaktoren zugeschlagen. Damit die sich bei der Iteration einstellenden Regelleistungen keiner Umrechnung bedürfen, muss für die Summe der Verteilungsfaktoren jedes Teilnetzes

$$\sum_{i \in \mathcal{N}_x} r_{x,i} = 1 \tag{3.145}$$

gelten.

3.3.8.3.6 Ausfallsimulationsrechnung

- **Simulation von Zweigausfällen**
  Die Ausfallsimulationsrechnung von Zweigen (Transformatoren, Leitungen) unterscheidet sich nicht von dem bisher beschriebenen Vorgehen. Es werden die dem ausgefallenen Zweig entsprechenden Werte in der Knotenpunktadmittanzmatrix zu null gesetzt, anschließend wird die Jacobi-Matrix erstellt und danach eine Leistungsflussberechnung z. B. mit dem Newton-Raphson-Algorithmus durchgeführt. Bei Ausfall von einem oder mehreren Kraftwerksblöcken ist von entscheidender Bedeutung, ob eine Simulation des primär- oder des sekundärregelnden Verhaltens gewünscht wird.
- **Simulation des primärregelnden Verhaltens**
  Aufgrund der Tatsache, dass das Verfahren die Frequenzabhängigkeit der Lasten nicht nachbildet, muss auch bei der Simulation des primärregelnden Verhaltens die Lastanforderung des Grundfalles voll gedeckt werden.
  Da eine Grundfallrechnung einer Ausfallsimulation immer vorausgeht und die Verluste des Grundfalles sowie die Leistungsbilanz den Knotensollleistungen zugeschlagen wird, lässt sich die Regelleistung P_R, die sich bei der Ausfallsimulation ergibt, in eine Frequenzabsenkung umrechnen, bzw. als Frequenzabweichung interpretieren.
  Die Einspeisung des ausgefallenen Kraftwerks, sowie ein eventueller Verteilungsfaktor werden gleich null gesetzt. Die verbleibenden Verteilungsfaktoren werden neu normiert, sodass wiederum gilt:

$$\sum r_i = 1 \tag{3.146}$$

Die Regelleistung, die sich bei der Iteration ergibt, wird entsprechend den Verteilungsfaktoren auf die Kraftwerke aufgeteilt. Die Frequenzabweichung durch den Kraftwerksausfall errechnet sich folgendermaßen:

$$\Delta f = \frac{P_R}{K_E} \qquad (3.147)$$

Dabei sind mit K_E die Leistungszahlen der Kraftwerke bezeichnet, die an der Primärregelung beteiligt waren.

- **Simulation des sekundärregelnden Verhaltens**
  Bei der Ausfallsimulation der Sekundärregelung ergibt sich prinzipiell kein Unterschied zur vorher beschriebenen Grundfallrechnung mit Übergabeleistung. Die als zusätzliche Gleichungen formulierten Übergabebedingungen sorgen dafür, dass nur in dem vom Ausfall betroffenen Teilnetz eine Regelung stattfindet. Damit wird implizit das Verursacherprinzip abgebildet, indem nach Abschluss der Sekundärregelung nur in dem Teilnetz eine Änderung der Einspeiseleistungen bestehen bleibt, in dem auch der Ausfall stattgefunden hat.

3.3.8.4 Überwachung und Einhaltung von Blindleistungsgrenzen von Generatoren

Die oberen und unteren Grenzen der Blindleistungsabgabe der einzelnen Generatoren ergeben sich für eine gegebene Wirkleistungsabgabe aus dem Generatorleistungsdiagramm. Bildet man die Generatoren als PU-Einspeisungen nach, so ist die Blindleistungsabgabe zunächst frei und ergibt sich entsprechend den Netzverhältnissen aus den vorgegebenen Spannungs-Sollwerten.

Um die Blindleistungsgrenzen einzuhalten, wird zunächst eine Leistungsflusslösung ohne Berücksichtigung der Grenzen ermittelt. Anschließend wird festgestellt, ob und bei welchen Generatoren die Grenzen verletzt sind. Bei den betroffenen Generatoren nimmt man nun eine Typumwandlung von PU-Einspeisung nach PQ-Einspeisung vor, wobei die Blindleistungsabgabe auf dem jeweiligen Grenzwert festgehalten wird. Anschließend muss eine neue Leistungsflusslösung berechnet werden, bei der allerdings der Fall auftreten kann, dass nun weitere Grenzwertverletzungen an anderen Stellen im Netz auftreten. In diesem Fall muss die zuvor beschriebene Vorgehensweise solange wiederholt werden, bis alle Grenzwertverletzungen beseitigt sind.

3.3.8.5 Beherrschung von Teilnetzbildungen und Bilanzierung der Teilnetze

Aufgrund von Zweigausfällen kann das Netz in zwei oder mehrere Teilnetze (Netzinseln) zerfallen. In diesem Fall wird jede Netzinsel getrennt entsprechend den Vorgaben der Primär- und Sekundärregelung bilanziert. Reicht die Regelleistung in einer Netzinsel nicht für die Bilanzierung aus, so wird die Netzinsel infolge eines Blackouts spannungslos. Dies entspricht wiederum den realen Gegebenheiten. Die transienten Ausgleichsvorgänge beim Zerfall des Netzes werden nicht berücksichtigt. Die Tatsache, dass

3.3 Nichtlineares Leistungsflussproblem

mit der Leistungsflussberechnung eine Netzinsel bilanziert werden kann, bedeutet also nicht, dass eine Netzinsel diesen konkreten Störungsfall dann auch tatsächlich überstehen kann. Derartige Untersuchungen müssen mit geeigneten Stabilitätsberechnungsprogrammen durchgeführt werden.

3.3.9 Nachbildung von FACTS

Die Verteilung der Leistungsflüsse in vermaschten elektrischen Energieversorgungsnetzen kann mit verschiedenen Maßnahmen gezielt beeinflusst werden. Mit Kondensatorbatterien oder Kompensationsspulen, die an den Tertiärwicklungen von Leistungstransformatoren angeschlossen werden, wird eine Parallelkompensation (Shunt Compensation) realisiert. Ebenso können die Leistungsflüsse mittels einer Reihenkompensation, z. B. durch schrägstellende Transformatoren, verändert werden. Über die Steuerung des Polradwinkels an den Synchrongeneratoren kann ebenfalls die Leistungsflussverteilung im Netz beeinflusst werden. Durch die Variation der Stufenschalter der Leistungstransformatoren können die Spannungen variiert und damit die Leistungsflussverteilung verändert werden (Abschn. 3.3.8).

Zunehmend werden in den elektrischen Energieversorgungsnetzen auf Leistungselektronik basierende Systeme zur gezielten Leistungsflusssteuerung und zur Netzstabilisierung eingesetzt. Diese Steuerungssysteme werden unter dem Begriff *Flexible AC Transmission System* (FACTS) zusammengefasst. Wesentliche FACTS-Komponenten sind:

- *Static Var Compensator* (SVC): als Querelement arbeitender Blindleistungskompensator mit Thyristorventilen.
- *Static Synchronous Compensator* (STATCOM): selbstgeführter Umrichter zur Parallelkompensation von kapazitiver oder induktiver Blindleistung.
- *Unified Power Flow Controller* (UPFC): funktionell leistungsfähigstes elektronisches FACTS. Der UPFC kann sowohl zur Parallel- als auch zur Reihenkompensation von kapazitiver oder induktiver Blindleistung und zur gezielten Steuerung von Wirkleistungsflüssen in Hochspannungsnetzen eingesetzt werden.
- *Voltage Source Converter* (VSC): selbstgeführter 4-Quadrantenumrichter mit Spannungszwischenkreis, mit dem der Leistungsfluss durch den Einsatz von Leistungshalbleitern äußerst effizient gesteuert und geregelt werden kann.

Mit Thyristoren ausgerüstete FACTS können durch Quer- bzw. Längsimpedanzen in der Knotenpunktadmittanzmatrix modelliert werden. Die auf Spannungsumrichtern basierenden FACTS erfordern eine Erweiterung des Netzmodells durch das Knoteninjektionsverfahren, mit dem die Funktionen von Netzreglern abgebildet werden. Am Beispiel der UPFC-Netzregler wird eine geeignete Modellbildung nach [42] für die Leistungsflussberechnung vorgestellt. Abb. 3.18 zeigt einen zwischen zwei Netzknoten i und k installierten UPFC-Netzregler.

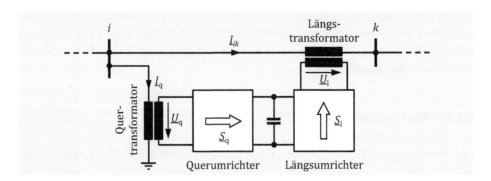

Abb. 3.18 Unified Power Flow Controller [42]

Mit dem UPFC wird die Spannungsdifferenz zwischen den beiden Anschlusspunkten nach Betrag und Phase geregelt. Durch die Spannung des Querumrichters fließt ein Strom zwischen Netzknoten und Umrichter. Dieser Strom hängt nach Betrag und Phase von der komplexen Spannungsdifferenz zwischen Netzknoten und Umrichter sowie der Impedanz des Quertransformators ab. Für die Modellierung in der Leistungsflussberechnung werden die Quer- und Längstransformatoren sowie die Umrichter als verlustfrei und als ideale Spannungs- bzw. Stromquellen betrachtet. Der Gleichstromkreis hat keine nennenswerte Speicherkapazität.

Mit diesen Vereinfachungen reduziert sich der UPFC auf jeweils eine Quer- und eine Längsspannungsquelle. Die beiden Quellen sind untereinander über die Wirkleistungsbedingung $P_q = P_l$ gekoppelt. Der UPFC gibt die Wirkleistung über einen der beiden Umrichter an das Netz ab, die er über den anderen Umrichter aufnimmt. Die maximale Leistung jedes Umrichters, die er abgeben bzw. aufnehmen kann, ist durch die Scheinleistungsbedingung beim Vierquadrantenbetrieb begrenzt.

Die aufgenommene bzw. abgegebene Wirk- und Blindleistung für beide Umrichter des UPFC lässt sich mit Gl. (3.148) vollständig beschreiben. Ein üblicher Betriebsmodus besteht darin, über den Längsumrichter eine Zusatzspannung so einzuprägen, dass sich auf dem zu regelnden Netzelement ein definierter Wirk- und Blindleistungsfluss einstellt. Aufgrund der getroffenen Annahmen entnimmt der Querumrichter in diesem Betriebspunkt genau den Betrag an Wirkleistung aus dem Netz, den der Längsumrichter einspeist.

$$\begin{aligned}
\underline{S}_q &= P_q + j \cdot Q_q = \underline{U}_i \cdot \underline{I}_i^* \\
\underline{S}_l &= P_l + j \cdot Q_l = \underline{U}_l \cdot \underline{I}_{ik}^* \\
S_q &= \sqrt{P_q^2 + Q_q^2} \leq S_{q,\max} \\
S_l &= \sqrt{P_l^2 + Q_l^2} \leq S_{l,\max} \\
P_q &= P_l
\end{aligned} \quad (3.148)$$

3.3 Nichtlineares Leistungsflussproblem

Im Vierquadrantenbetrieb besteht mit dem Querumrichter die Möglichkeit der induktiven bzw. kapazitiven Blindleistungseinspeisung, deren Höhe durch die Scheinleistungsgrenze des Umrichters begrenzt ist. Bei Vorgabe der Längsumrichterspannung $\underline{U}_1$ ergibt sich der zulässige Betrag für die Blindleistung des Umrichters entsprechend Gl. (3.149).

$$-\sqrt{S_{q,max}^2 - P_q^2} \leq Q_q \leq \sqrt{S_{q,max}^2 - P_q^2} \quad (3.149)$$

Die vom Längsumrichter eingespeiste Blindleistung ist nur von der maximalen Längsumrichter-Scheinleistung abhängig. Die maximal einspeisbare Wirkleistung wird von der maximalen Scheinleistung des Querumrichters begrenzt.

$$|P_{l,max}| \leq \min(S_{l,max}, S_{q,max}) \quad (3.150)$$

Entsprechend dieser vereinfachten Beschreibung des UPFC lassen sich auch weitere FACTS nachbilden. Die Modellierung des UPFC in der Leistungsflussberechnung basiert auf dem Knoteninjektionsverfahren. Dabei werden die durch Netzregler bereit gestellten Wirk- und Blindleistungen über äquivalente Leistungseinspeisungen an den Netzknoten i und k dargestellt, zwischen denen der UPFC eingebaut ist. Zunächst wird der Längsumrichter betrachtet. Dabei werden vereinfachend die ohmschen Elemente vernachlässigt. Alle induktiven Komponenten sind in einer Längsreaktanz zusammengefasst (Abb. 3.19a).

Mit einer geeigneten Ansteuerung der Längsspannungsquelle kann die Spannung $\underline{U}_{i'}$ am Hilfsknoten i' nach Betrag und Phase frei geregelt werden. Die Zusatzspannung $\underline{U}_1$ ergibt sich aus den Regelparametern r und γ des Umrichters und aus der Spannung an Knoten i entsprechend Gl. (3.151).

$$\underline{U}_1 = r \cdot \underline{U}_i \cdot e^{j \cdot \gamma} \quad \text{mit} \quad 0 \leq r \leq r_{max} \quad \text{und} \quad 0 \leq \gamma \leq 2\pi \quad (3.151)$$

Der durch die Längsspannungsquelle zusätzlich auf der Leitung i und k generierte Leistungsfluss wird nun in einen Knoteninjektionsstrom $\underline{I}_S$ umgewandelt. Hierzu wird die Längsspannungsquelle in eine äquivalente Stromquelle mit paralleler Admittanz

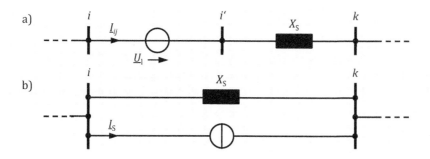

Abb. 3.19 Modellierung eines Netzreglers [42]

zwischen den Anschlussknoten i und k (Abb. 3.19b) umgewandelt. Für den eingeprägten Strom $\underline{I}_S$ gilt:

$$\underline{I}_S = -j \cdot \frac{1}{X_S} \cdot \underline{U}_l \qquad (3.152)$$

Damit liefert die Stromquelle unter Berücksichtigung der Spannungen an den beiden Knoten i und k einen entsprechenden Beitrag zur jeweiligen Knotenleistung.

$$\begin{aligned}\underline{S}_{S,i} &= -\underline{U}_i \cdot \underline{I}_S^* \\ \underline{S}_{S,k} &= -\underline{U}_k \cdot \underline{I}_S^*\end{aligned} \qquad (3.153)$$

Unter Verwendung der nach Gl. (3.151) eingeführten Parameter für die Längsspannung kann die Injektionsleistung für den Knoten i angegeben werden.

$$\underline{S}_{S,i} = \underline{U}_i \cdot \left(j \cdot r \cdot \frac{1}{X_S} \cdot \underline{U}_i \cdot e^{j \cdot \gamma}\right)^* \qquad (3.154)$$

Mit der Winkeldifferenz φ_{ik} der Knotenspannungen ergibt sich die durch den UPFC in den Knoten k injizierte Leistung.

$$\begin{aligned}\underline{S}_{S,k} &= \underline{U}_k \cdot \left(-j \cdot r \cdot \frac{1}{X_S} \cdot \underline{U}_i \cdot e^{j \cdot \gamma}\right)^* \\ &= r \cdot \frac{1}{X_S} \cdot U_i \cdot U_k \cdot (\sin(\varphi_{ik} - \gamma) + j \cdot \cos(\varphi_{ik} - \gamma))\end{aligned} \qquad (3.155)$$

Mit diesen beiden zusätzlichen Knotenleistungen lässt sich somit die Wirkung der Längsspannungseinkopplung nachbilden. Da die Umrichter selbst als verlustlos zu betrachten sind, ist bei der Modellierung der Querstromquelle lediglich die Abhängigkeit des Injektionsstroms $\underline{I}_S$ von der durch die Serienspannungsquelle abgegebenen Wirkleistung zu berücksichtigen. Die vom Längsumrichter eingespeiste Wirkleistung P_l muss folglich vom Querumrichter aus dem Netz am Knoten i entnommen werden.

$$\begin{aligned}P_l = P_q &= \mathrm{Re}\{\underline{U}_l \cdot \underline{I}_{ik}^*\} = \mathrm{Re}\left\{r \cdot e^{j \cdot \gamma} \cdot \left(\frac{\underline{U}_i - \underline{U}_k}{j \cdot X_S}\right)\right\}_l \\ &= r \cdot \frac{1}{X_S} \cdot U_i \cdot U_k \cdot \sin(\varphi_{ik} + \gamma) - r \cdot \frac{1}{X_S} \cdot U_i^2 \cdot \sin(\gamma)\end{aligned} \qquad (3.156)$$

Die vom Querumrichter aus dem Netz entnommene Wirkleistung ist frei einstellbar und unterliegt nur den in Gl. (3.149) formulierten Randbedingungen. Mit der eingespeisten Blindleistung Q_q der Querstromquelle ergibt sich die Wirk- bzw. Blindinjektionsleistung durch den UPFC in die Knoten i und k entsprechend Gl. (3.157).

3.3 Nichtlineares Leistungsflussproblem

$$P_{S,i} = r \cdot \frac{1}{X_S} \cdot U_i \cdot U_k \cdot \sin(\varphi_{ik} + \gamma) = -P_{S,k}$$

$$Q_{S,i} = r \cdot \frac{1}{X_S} \cdot U_i^2 \cdot \cos(\gamma) + Q_q \tag{3.157}$$

$$Q_{S,k} = r \cdot \frac{1}{X_S} \cdot U_i \cdot U_k \cdot \cos(\varphi_{ik} + \gamma)$$

Die UPFC-Regler werden durch die Addition der partiellen Ableitungen der Modellgleichungen des UPFC zu den entsprechenden Elementen der Jacobi-Matrix nach Gl. (3.30) in die Leistungsflussrechnung integriert (Gl. 3.158 bis 3.161). Dabei werden wieder die Abkürzungen aus Abschn. 3.3.3 verwendet.

$$\widetilde{H}_{ii} = H_{ii} + \frac{\partial P_{S,i}}{\partial \varphi_i} = H_{ii} + r\frac{1}{X_S}U_i \cdot U_k \cdot \cos(\varphi_{ik} + \gamma) = -Q_i + q_{ii} - Q_{S,k}$$

$$\widetilde{H}_{ik} = H_{ik} + \frac{\partial P_{S,i}}{\partial \varphi_k} = H_{ik} - r\frac{1}{X_S}U_i \cdot U_k \cdot \cos(\varphi_{ik} + \gamma) = q_{ik} + Q_{S,k}$$

$$\widetilde{H}_{kk} = H_{kk} + \frac{\partial P_{S,k}}{\partial \varphi_k} = H_{kk} + r\frac{1}{X_S}U_i \cdot U_k \cdot \cos(\varphi_{ik} + \gamma) = -Q_k + q_{kk} - Q_{S,k}$$

$$\widetilde{H}_{ki} = H_{ki} + \frac{\partial P_{S,k}}{\partial \varphi_i} = H_{ki} - r\frac{1}{X_S}U_i \cdot U_k \cdot \cos(\varphi_{ik} + \gamma) = q_{ki} + Q_{S,k}$$

mit $k \neq i; k \in \mathcal{N}_i$ \hfill (3.158)

$$\widetilde{J}_{ii} = J_{ii} + \frac{\partial Q_{S,i}}{\partial \varphi_i} = J_{ii} = P_i - p_{ii}$$

$$\widetilde{J}_{ik} = J_{ik} + \frac{\partial Q_{S,i}}{\partial \varphi_k} = J_{ik} = -p_{ik}$$

$$\widetilde{J}_{kk} = J_{kk} + \frac{\partial Q_{S,k}}{\partial \varphi_k} = J_{kk} - r\frac{1}{X_S}U_i \cdot U_k \cdot \sin(\varphi_{ik} + \gamma) = P_k - p_{kk} + P_{S,k}$$

$$\widetilde{J}_{ki} = J_{ki} + \frac{\partial Q_{S,k}}{\partial \varphi_i} = J_{ki} + r\frac{1}{X_S}U_i \cdot U_k \cdot \sin(\varphi_{ik} + \gamma) = -p_{ki} - P_{S,k} \quad \text{mit} \quad k \neq i; k \in \mathcal{N}_i$$

\hfill (3.159)

$$\widetilde{N}_{ii} = N_{ii} + U_i\frac{\partial P_{S,i}}{\partial U_i} = N_{ii} + r\frac{1}{X_S}U_i \cdot U_k \cdot \sin(\varphi_{ik} + \gamma) = P_i + p_{ii} + P_{S,k}$$

$$\widetilde{N}_{ik} = N_{ik} + U_k\frac{\partial P_{S,i}}{\partial U_k} = N_{ik} + r\frac{1}{X_S}U_i \cdot U_k \cdot \sin(\varphi_{ik} + \gamma) = p_{ik} + P_{S,k}$$

$$\widetilde{N}_{ik} = N_{ik} + U_k\frac{\partial P_{S,i}}{\partial U_k} = N_{ik} + r\frac{1}{X_S}U_i \cdot U_k \cdot \sin(\varphi_{ik} + \gamma) = p_{ik} + P_{S,k} \tag{3.160}$$

$$\widetilde{N}_{ki} = N_{ki} + U_k\frac{\partial P_{S,i}}{\partial U_i} = N_{ik} + r\frac{1}{X_S}U_i \cdot U_k \cdot \sin(\varphi_{ik} + \gamma) = p_{ki} + P_{S,k}$$

mit $k \neq i; k \in \mathcal{N}_i$

$$\tilde{L}_{ii} = L_{ii} + U_i \frac{\partial Q_{S,i}}{\partial U_i} = L_{ii} + 2 \cdot r \frac{1}{X_S} U_i^2 \cdot \cos(\gamma) = Q_i + q_{ii} + 2 \cdot \left(Q_{S,i} - Q_q\right)$$

$$\tilde{L}_{ik} = L_{ik} + U_k \frac{\partial Q_{S,i}}{\partial U_k} = L_{ik} = q_{ik}$$

$$\tilde{L}_{kk} = L_{kk} + U_k \frac{\partial Q_{S,i}}{\partial U_k} = L_{kk} - r \frac{1}{X_S} U_i \cdot U_k \cdot \cos(\varphi_{ik} + \gamma) = Q_k + q_{kk} + Q_{S,k}$$

$$\tilde{L}_{ki} = L_{ki} + U_i \frac{\partial Q_{S,i}}{\partial U_i} = L_{ki} - r \frac{1}{X_S} U_i \cdot U_k \cdot \cos(\varphi_{ik} + \gamma) = q_{ki} + Q_{S,k}$$

mit $k \neq i; k \in \mathcal{N}_i$

(3.161)

Der frei wählbare Blindleistungsanteil des Querumrichters wird als konstant und damit unabhängig vom Spannungsbetrag und -winkel angenommen. Bei der partiellen Differenziation der Modellgleichungen des UPFC verschwindet daher dieser Anteil. Er ist im Leistungsflussmodell wie eine konstante Blindlast zu berücksichtigen. Die Einhaltung der Betriebsgrenzen der Umrichter kann auf die gleiche Weise sichergestellt werden wie dies bezüglich der Blindleistungsgrenzen bei PU-Knoten in Abschn. 3.3.4 beschrieben wird.

3.3.10 Leistungsflussberechnung in hybriden Drehstrom-Gleichstrom-Systemen

3.3.10.1 Hybride Drehstrom-Gleichstrom-Systeme

Zunehmend werden gemischte Drehstrom-Gleichstrom-Systeme (z. B. die Anbindungen von Offshore-Windparks (siehe Abschn. 1.3.3), Offshore-Erweiterungen des Übertragungsnetzes auf See oder die HGÜ-Leitungen zur Verstärkung des Übertragungsnetzes an Land (Abschn. 1.4.2)) [44–45] errichtet und in Betrieb genommen. Für diese Netzausbaumaßnahmen werden künftig überwiegend selbstgeführte Spannungszwischenkreiskonverter (Voltage Source Converter, VSC) eingesetzt. In Abb. 3.20 ist eine HGÜ-Leitung mit VSC schematisch dargestellt. Bisher wurde diese Technologie allerdings nur für Punkt-zu-Punkt-Verbindungen verwendet. Erste Erprobungen dieser Technologie für radiale oder vermaschte Mehrpunktsysteme (Multi-Terminal-HGÜ) werden in China durchgeführt [46, 47]. In Deutschland soll die von Amprion und TransnetBW geplante Gleichstromtrasse (Ultranet) von Osterath nach Philippsburg (Korridor A/Süd) mit einer HGÜ-Verbindung zwischen Emden-Borssum und Osterath (Korridor A/Nord) zu einer Multi-Terminal-HGÜ erweitert werden (siehe Abschn. 1.4.2) [48, 49]. Die Realisierung eines großen Offshore-Multi-Terminal-HGÜ-Netzes zwischen mehreren nationalen Netzgebieten und gleichzeitiger Anbindung der Windenergieanlagen auf See wird seit längerer Zeit in der Forschung diskutiert [50–52].

Der Leistungsfluss in diesen hybriden Multi-Terminal-HGÜ-Systemen lässt sich jedoch nicht mit den bisher beschriebenen Verfahren berechnen. Im Folgenden wird ein

3.3 Nichtlineares Leistungsflussproblem

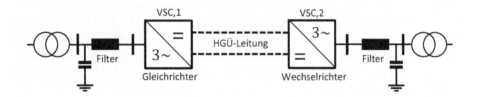

Abb. 3.20 HGÜ-Leitung mit Voltage Source Converter (VSC)

in [50] beschriebenes Verfahren vorgestellt, mit dem für solche gemischten Systeme geeignete Modelle der HGÜ-Stationen, deren Regelungen und das Gleichstromsystem bestimmt und berechnet werden können.

3.3.10.2 Stationäres Modell der Konverterstationen

Die VSC-Konverterstation wird mit einer Ersatzspannungsquelle modelliert (Abb. 3.21). Die komplexe Spannungsquelle $\underline{U}_{\text{VSCq},i}$ bildet die vom Umrichter gestellte Spannung ab. Die Spannung $\underline{U}_{\text{VSC},i}$ am Anschlussknoten i entspricht dabei einer Spannung $\underline{U}_{K,j}$ am Knoten j des Netzes. Mit der Koppelimpedanz $\underline{Z}_{\text{VSC},i}$ wird der Kuppeltransformator und die Glättungs- bzw. Phasendrossel sowie eventuell noch zusätzlich vorhandene Elemente und Filter modelliert (Abb. 3.21). Ebenfalls kann damit auch das Übersetzungsverhältnis des Transformators abgebildet werden.

Mit diesem Modell werden nun die Leistung am Umrichter $\underline{S}_{\text{VSCq},i}$ sowie die Leistung $\underline{S}_{\text{VSC},i}$ zum Netzknoten i gemäß Gl. (3.162) bestimmt. Der Wirkanteil der Umrichterleistung definiert gleichzeitig die Austauschleistung mit dem Gleichstromsystem. Hierbei bleiben die Konverterverluste allerdings unberücksichtigt.

$$\begin{pmatrix} \underline{S}_{\text{VSC},i} \\ \underline{S}_{\text{VSCq},i} \end{pmatrix} = \begin{pmatrix} \underline{U}_{\text{VSC},i} \cdot \underline{I}^*_{\text{VSC},i} \\ \underline{U}_{\text{VSCq},i} \cdot \underline{I}^*_{\text{VSCq},i} \end{pmatrix} = \begin{pmatrix} \underline{U}_{\text{VSC},i} & 0 \\ 0 & \underline{U}_{\text{VSCq},i} \end{pmatrix} \cdot \begin{pmatrix} \underline{Y}_{\text{VSC},i} & -\underline{Y}_{\text{VSC},i} \\ \underline{Y}_{\text{VSC},i} & -\underline{Y}_{\text{VSC},i} \end{pmatrix}^* \cdot \begin{pmatrix} \underline{U}_{\text{VSC},i} \\ \underline{U}_{\text{VSCq},i} \end{pmatrix}^*$$
(3.162)

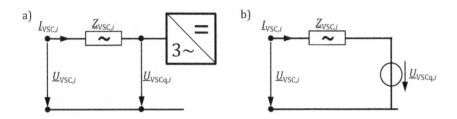

Abb. 3.21 Modellierung der Konverterstation als Ersatzspannungsquelle [50]

Entsprechend Abschn. 3.3.1 werden die komplexen Leistungen in Gl. (3.162) in jeweils zwei reelle Gleichungen für die Wirk- und die Blindleistung nach Gl. (3.163) bis (3.166) aufgeteilt. Zur Vereinfachung der Schreibweise werden die in den Gl. (3.163) bis (3.166) angegebenen Abkürzungen für die weiteren Betrachtungen eingeführt. Die Variablen $g_{\text{VSC}} = y_{\text{VSC}} \cdot \cos(\varphi_{\text{VSC}})$ und $b_{\text{VSC}} = y_{\text{VSC}} \cdot \sin(\varphi_{\text{VSC}})$ sind die Real- bzw. Imaginärteile der Elemente der Admittanzmatrix $\underline{Y}_{\text{VSC},i}$ aus Gl. (3.162).

$$P_{\text{VSC},i} = \underbrace{U^2_{\text{VSC},i} \cdot g_{\text{VSC},ii}}_{p_{\text{VSC},ii}} + \underbrace{\text{Re}\{\underline{U}_{\text{VSC},i} \cdot \underline{U}_{\text{VSC}_q,i}\} \cdot g_{\text{VSC},i,q}}_{p_{\text{VSC},i,q}} \quad (3.163)$$

$$Q_{\text{VSC},i} = \underbrace{U^2_{\text{VSC},i} \cdot b_{\text{VSC},ii}}_{q_{\text{VSC},ii}} + \underbrace{\text{Im}\{\underline{U}_{\text{VSC},i} \cdot \underline{U}_{\text{VSC}_q,i}\} \cdot b_{\text{VSC},i,q}}_{q_{\text{VSC},i,q}} \quad (3.164)$$

$$P_{\text{VSC}_q,i} = \underbrace{U^2_{\text{VSC}_q,i} \cdot g_{\text{VSC},qq}}_{p_{\text{VSC},qq}} + \underbrace{\text{Re}\{\underline{U}_{\text{VSC},i} \cdot \underline{U}_{\text{VSC}_q,i}\} \cdot g_{\text{VSC}_q,i}}_{p_{\text{VSC}_q,i}=-p_{\text{VSC},i,q}} \quad (3.165)$$

$$Q_{\text{VSC}_q,i} = \underbrace{U^2_{\text{VSC}_q,i} \cdot b_{\text{VSC},qq}}_{q_{\text{VSC},qq}} + \underbrace{\text{Im}\{\underline{U}_{\text{VSC},i} \cdot \underline{U}_{\text{VSC}_q,i}\} \cdot b_{\text{VSC}_q,i}}_{q_{\text{VSC}_q,i}=-q_{\text{VSC},i,q}} \quad (3.166)$$

3.3.10.3 Punkt-zu-Punkt-Gleichstromübertragungen

3.3.10.3.1 Systemdarstellung

Eine detaillierte Berechnung des Gleichstromsystems ist nicht erforderlich, falls ausschließlich Punkt-zu-Punkt-Systeme betrachtet werden. In diesem Fall kann die Leistungsbilanz der Gleichstromstrecke in der stationären Beschreibung der Konverterregelung berücksichtigt werden.

Das resultierende hybride Systemmodell (Abb. 3.22) wird durch die Anbindung der stationären Konvertermodelle nach Abb. 3.21 (jeweils zwei Konvertermodelle für eine Punkt-zu-Punkt-Übertragung) an die entsprechenden Knoten des Drehstromnetzes gebildet. Die Ersatzspannungsquellen am Anfang und am Ende einer Punkt-zu-Punkt-Übertragung sind über die jeweils zugehörige Gleichstromstrecke paarweise gekoppelt und werden entsprechend den Ausführungen in Abschn. 3.3.2 auf den Spannungsbetrag bezogen.

3.3.10.3.2 Regelungsmodi

Mit den Spannungszwischenkreisstromrichtern lässt sich die Wirk- und Blindleistung praktisch unabhängig voneinander regeln. Damit sind für jeden Konverter zwei Gleichungen zur stationären Beschreibung der Regelungsmodi erforderlich. Die Konverter werden bei Punkt-zu-Punkt-Verbindungen als Master–Slave-System betrieben, bei

3.3 Nichtlineares Leistungsflussproblem

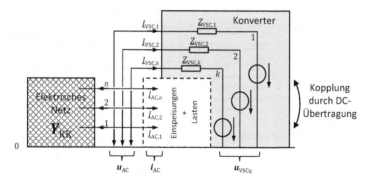

Abb. 3.22 Hybrides Systemmodell eingebetteter Punkt-zu-Punkt-HGÜ-Übertragungsstrecken [50]

dem mit der Master-Station die Wirkleistung eingeregelt wird, und mit der Slave-Station die Leistungsbilanz der Gleichstromstrecke durch eine lokale Regelung der Gleichspannung eingehalten wird. Aus dieser Grundkonfiguration ergibt sich für den Master-Konverter i demnach Gl. (3.167) für die Differenz $\Delta P_{\text{VSC},i}^{(\nu)}$ der Wirkleistung zwischen dem vorgegebenen Sollwert und dem im Iterationsschritt ν ermittelten Leistungswert. Entsprechend gilt Gl. (3.168) für eine Blindleistungsdifferenz $\Delta Q_{\text{VSC},i}^{(\nu)}$, falls die Station auch zur Einregelung eines Blindleistungssollwerts eingesetzt wird.

$$\Delta P_{\text{VSC},i}^{(\nu)} = P_{\text{VSC},i}^{(\nu)} - P_{\text{soll,VSC},i} \qquad (3.167)$$

$$\Delta Q_{\text{VSC},i}^{(\nu)} = Q_{\text{VSC},i}^{(\nu)} - Q_{\text{soll,VSC},i} \qquad (3.168)$$

Der Slave-Konverter j der Punkt-zu-Punkt-Übertragungsstrecke i-j stellt die Leistungsbilanz im Gleichstromsystem sicher. Er muss also die Leistungsdifferenz $\Delta P_{\text{VSC},j}$ entsprechend Gl. (3.169) ausgleichen, die sich aus den Leistungseinspeisungen an den Konvertern i und j sowie aus den durch den Leitungswiderstand R_{DC} bedingten Verluste ergibt. Die Gleichspannung $U_{\text{DC},j}$ an Konverter j wird dabei als konstant angenommen.

$$\Delta P_{\text{VSC},j} = P_{\text{VSCq},j} - \left(-P_{\text{VSCq},i} + R_{\text{DC}} \cdot I_{\text{DC}}^2\right) \quad \text{mit} \quad I_{\text{DC}} = P_{\text{VSCq},j}/U_{\text{DC},j} \quad (3.169)$$

3.3.10.3.3 Gleichungssystem

Für ein hybrides Drehstrom-Gleichstrom-Netz mit eingebetteten Punkt-zu-Punkt-HGÜ-Übertragungsstrecken gilt damit das in Gl. (3.170) angegebene Gleichungssystem. Bei den gestrichenen Größen werden gegenüber den entsprechenden Größen des Originalsystems aus Gl. (3.31) die Wirk- und Blindleistungen der Konverter am jeweiligen Anschlussknoten berücksichtigt.

$$\begin{pmatrix} \frac{\partial \Delta p'_K}{\partial \varphi_K} & \frac{\partial \Delta p'_K}{\partial u_K} & \frac{\partial \Delta p'_K}{\partial \varphi_{VSCq}} & \frac{\partial \Delta p'_K}{\partial u_{VSCq}} \\ \frac{\partial \Delta q'_K}{\partial \varphi_K} & \frac{\partial \Delta q'_K}{\partial u_K} & \frac{\partial \Delta q'_K}{\partial \varphi_{VSCq}} & \frac{\partial \Delta q'_K}{\partial u_{VSCq}} \\ \frac{\partial \Delta p_{VSC}}{\partial \varphi_K} & \frac{\partial \Delta p_{VSC}}{\partial u_K} & \frac{\partial \Delta p_{VSC}}{\partial \varphi_{VSCq}} & \frac{\partial \Delta p_{VSC}}{\partial u_{VSCq}} \\ \frac{\partial \Delta q_{VSC}}{\partial \varphi_K} & \frac{\partial \Delta q_{VSC}}{\partial u_K} & \frac{\partial \Delta q_{VSC}}{\partial \varphi_{VSCq}} & \frac{\partial \Delta q_{VSC}}{\partial u_{VSCq}} \end{pmatrix} \cdot \begin{pmatrix} \Delta \varphi_K \\ \Delta u_K \cdot \mathrm{diag}(u_K)^{-1} \\ \Delta \varphi_{VSCq} \\ \Delta u_{VSCq} \cdot \mathrm{diag}(u_{VSCq})^{-1} \end{pmatrix}$$

$$= \begin{pmatrix} \boldsymbol{F}_{AC} & \boldsymbol{F}_{AC/VSC} \\ \boldsymbol{F}_{VSC/AC} & \boldsymbol{F}_{VSC} \end{pmatrix} \cdot \begin{pmatrix} \Delta \varphi_K \\ \Delta u_K \cdot \mathrm{diag}(u_K)^{-1} \\ \Delta \varphi_{VSCq} \\ \Delta u_{VSCq} \cdot \mathrm{diag}(u_{VSCq})^{-1} \end{pmatrix} = - \begin{pmatrix} \Delta p'_K \\ \Delta q'_K \\ \Delta p_{VSC} \\ \Delta q_{VSC} \end{pmatrix} \tag{3.170}$$

Die Wirk- bzw. Blindleistungsdifferenz $\Delta P'_{K,k}$ bzw. $\Delta Q'_{K,k}$ am Anschlussknoten k des Konverters i wird mit den Gl. (3.171) und (3.172) bestimmt.

$$\Delta P'_{K,k} = P_{N,j} - \left(P_{K,k} + P_{VSC,i}\right) \tag{3.171}$$

$$\Delta Q'_{K,k} = Q_{N,j} - \left(Q_{K,k} + Q_{VSC,i}\right) \tag{3.172}$$

3.3.10.3.4 Ableitungen

Die Funktionalmatrixelemente der Teilmatrix $\boldsymbol{F}_{AC}$ ergeben sich aus den partiellen Ableitungen nach Spannungswinkel und Spannungsbetrag entsprechend den Gl. (3.173) bis (3.176).

$$\frac{\partial \Delta P'_{K,k}}{\partial \varphi_{K,k}} = \frac{\partial \Delta P_{K,k}}{\partial \varphi_{K,k}} + q_{VSCq,i} \tag{3.173}$$

$$\frac{\partial \Delta P'_{K,k}}{\partial U_{K,k}} = U_{K,k} \cdot \frac{\partial \Delta P'_{K,k}}{\partial U_{K,k}} = U_{K,k} \cdot \frac{\partial \Delta P_{K,k}}{\partial U_{K,k}} - 2\Delta p_{VSC,ii} - p_{VSCq,i} \tag{3.174}$$

$$\frac{\partial \Delta Q'_{K,k}}{\partial \varphi_{K,k}} = \frac{\partial \Delta Q_{K,k}}{\partial \varphi_{K,k}} - p_{VSCq,i} \tag{3.175}$$

$$\frac{\partial \Delta Q'_{K,k}}{\partial U_{K,k}} = U_{K,k} \cdot \frac{\partial \Delta Q'_{K,k}}{\partial U_{K,k}} = U_{K,k} \cdot \frac{\partial \Delta Q_{K,k}}{\partial U_{K,k}} - 2 \cdot q_{VSC,ii} - q_{VSCq,i} \tag{3.176}$$

Die Teilmatrix $\boldsymbol{F}_{AC/VSC}$ enthält die partiellen Ableitungen der Knotenleistungen am Knoten k nach Spannungswinkel und Spannungsbetrag des Konverters i gemäß den Gl. (3.177) bis (3.180).

$$\frac{\partial \Delta P'_{K,k}}{\partial \varphi_{VSCq,i}} = -q_{VSCq,i} \tag{3.177}$$

$$\frac{\partial \Delta P'_{K,k}}{\partial U_{VSCq,i}} = U_{VSCq,i} \cdot \frac{\partial \Delta P'_{K,k}}{\partial U_{VSCq,i}} = -p_{VSCq,i} \tag{3.178}$$

3.3 Nichtlineares Leistungsflussproblem

$$\frac{\partial \Delta Q'_{K,k}}{\partial \varphi_{VSCq,i}} = p_{VSCq,i} \tag{3.179}$$

$$\frac{\partial \Delta Q'_{K,k}}{\partial U_{VSCq,i}} = U_{VSCq,i} \cdot \frac{\partial \Delta Q'_{K,k}}{\partial U_{VSCq,i}} = -q_{VSCq,i} \tag{3.180}$$

In der Teilmatrix F_{VSC} sind die partiellen Ableitungen der Differenzengleichungen nach den Winkeln und Beträgen der Ersatzspannungsquellen enthalten, die sich für die Größen der Regelung entsprechend den Gl. (3.167) und (3.168) ergeben. Da die Konverter entweder im Master- oder im Slave-Modus betrieben werden, ergeben sich dafür auch unterschiedliche Ableitungen. Für einen Konverter i, der als Master betrieben wird, gelten die Gl. (3.181) bis (3.184).

$$\frac{\partial \Delta P_{VSC,i}}{\partial \varphi_{VSCq,i}} = q_{VSCq,i} \tag{3.181}$$

$$\frac{\partial \Delta P_{VSC,i}}{\partial U_{VSCq,i}} = U_{VSCq,i} \cdot \frac{\partial \Delta P_{VSC,i}}{\partial U_{VSCq,i}} = p_{VSCq,i} \tag{3.182}$$

$$\frac{\partial \Delta Q_{VSC,i}}{\partial \varphi_{VSCq,i}} = -p_{VSCq,i} \tag{3.183}$$

$$\frac{\partial \Delta Q_{VSC,i}}{\partial U_{VSCq,i}} = U_{VSCq,i} \cdot \frac{\partial \Delta Q_{VSC,i}}{\partial U_{VSCq,i}} = q_{VSCq,i} \tag{3.184}$$

Zusätzlich kommen zu den partiellen Ableitungen, die auch für Slave-Konverter j entsprechend den Gl. (3.181) bis (3.184) gebildet werden, durch die Kopplung aus Gl. (3.169) noch Ableitungsterme aus dem Winkel und dem Betrag der Ersatzspannungsquelle des Konverters i hinzu (Gl. (3.185) und (3.186)).

$$\frac{\partial \Delta P_{VSC,j}}{\partial \varphi_{VSCq,i}} = -q_{VSCq,i} \tag{3.185}$$

$$\frac{\partial \Delta P_{VSC,j}}{\partial U_{VSCq,i}} = U_{VSCq,i} \cdot \frac{\partial \Delta P_{VSC,j}}{\partial U_{VSCq,i}} = 2 \cdot p_{VSCqq} + p_{VSCq,i} \tag{3.186}$$

Die Elemente der Teilmatrix $F_{VSC/AC}$ ergeben sich aus den partiellen Ableitungen der Differenzengleichungen (3.167) und (3.168) bezüglich der Regelung nach den Winkeln und Beträgen der Netzknotenspannungen. Für einen Master-Konverter i, der am Netzknoten k angeschlossen ist, werden die Ableitungen entsprechend den Gl. (3.187) bis (3.190) bestimmt.

$$\frac{\partial \Delta P_{VSC,i}}{\partial \varphi_{K,k}} = -q_{VSCq,i} \tag{3.187}$$

$$\frac{\partial \Delta P_{\text{VSC},i}}{\partial U_{\text{K},k}} = U_{\text{K},k} \cdot \frac{\partial \Delta P_{\text{VSC},i}}{\partial U_{\text{K},k}} = 2 \cdot p_{\text{VSCii}} + p_{\text{VSCq},i} \quad (3.188)$$

$$\frac{\partial \Delta Q_{\text{VSC},i}}{\partial \varphi_{\text{K},k}} = p_{\text{VSCq},i} \quad (3.189)$$

$$\frac{\partial \Delta Q_{\text{VSC},i}}{\partial U_{\text{K},k}} = U_{\text{K},k} \cdot \frac{\partial \Delta Q_{\text{VSC},i}}{\partial U_{\text{K},k}} = 2 \cdot q_{\text{VSCii}} + q_{\text{VSCq},i} \quad (3.190)$$

Auch für die Slave-Konverter müssen in dieser Teilmatrix partielle Ableitungen Gl. (3.191) und (3.192) bestimmt werden, da zwischen der Differenzgleichung der Regelung in Gl. (3.169) und der Spannung des Anschlussknotens k des Master-Konverters eine funktionale Abhängigkeit besteht.

$$\frac{\partial \Delta P_{\text{VSC},j}}{\partial \varphi_{\text{K},k}} = q_{\text{VSCq},i} \quad (3.191)$$

$$\frac{\partial \Delta P_{\text{VSC},j}}{\partial U_{\text{K},k}} = U_{\text{K},k} \cdot \frac{\partial \Delta P_{\text{VSC},j}}{\partial U_{\text{K},k}} = p_{\text{VSCq},i} \quad (3.192)$$

3.3.10.4 Multi-Terminal-Übertragungen und Gleichstromnetze

3.3.10.4.1 Systemdarstellung

In vermaschten Mehrpunktsystemen (Multi-Terminal-HGÜ) müssen die sich aus dem Gleichstromnetz ergebenden Beziehungen explizit gelöst werden, um die Einhaltung der Leistungsbilanz sicherzustellen. Damit werden die Ersatzspannungsquellen der Konvertermodelle über die Lösung des Gleichstromsystems miteinander gekoppelt. Das für ein vermaschtes Mehrpunktsystem gültige Systemmodell ist in Abb. 3.23 dargestellt. Die

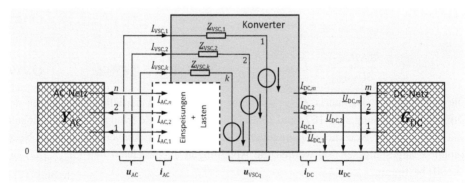

Abb. 3.23 Modell eines vermaschten Mehrpunktsystems (Multi-Terminal-HGÜ-System) [50]

3.3 Nichtlineares Leistungsflussproblem

Größen des Drehstromsystems sind mit „AC", die Größen des Gleichstromsystems mit „DC" indiziert. Entsprechend der Knotenpunktadmittanzmatrix $\boldsymbol{Y}_{AC}$ für das Drehstromnetz (siehe Abschn. 3.2) wird das Gleichstromnetz mit einer Konduktanzmatrix $\boldsymbol{G}_{DC}$ nachgebildet.

3.3.10.4.2 Regelungsmodi

Wie bei einem Punkt-zu-Punkt-System müssen auch bei einem vermaschten Mehrpunktsystem die unterschiedlichen Betriebsmodi als Master- und Slave-Konverter berücksichtigt werden. Für die Master-Konverter gelten die Gl. (3.167) und (3.168) auch in einem vermaschten Mehrpunktsystem. Für die Slave-Konverter muss dagegen eine neue Gl. (3.193) verwendet werden. Der zu einem Slave-Konverter j gehörige Knoten m im Gleichstromnetz wird innerhalb der Berechnung als Bilanzknoten im Gleichstromsystem behandelt.

$$\Delta P_{\text{VSC},j} = P_{\text{VSCq},j} - \left(-P_{\text{DC},m}\right) \tag{3.193}$$

3.3.10.4.3 Gleichstromnetz

Das Gleichstromnetz besteht aus N_{DC} Knoten und wird mit der Konduktanzmatrix $\boldsymbol{G}_{DC}$ beschrieben, die im Prinzip wie die Knotenpunktadmittanzmatrix $\boldsymbol{Y}_{AC}$ des Drehstromnetzes (siehe Abschn. 3.2) aufgebaut ist. Die Knotenbilanz $\Delta P_{\text{DC},m}$ an einem Knoten m des Gleichstromnetzes wird aus der Summe der Leistungsflüsse über die direkt mit diesem Knoten verbundenen Zweige nach Gl. (3.194) bestimmt. Für diese Zweige gilt in der Matrix $\boldsymbol{G}_{DC}$ für die entsprechenden Elemente $g_{m,k} \neq 0$. In der Gl. (3.194) ist auch die Austauschleistung $P_{\text{VSCq},i,m}$ zwischen einem am Gleichstromnetzknoten m angeschlossenen Konverter i enthalten.

$$\Delta P_{\text{DC},m} = U_{\text{DC},m} \cdot \sum_{k=1}^{N_{DC}} U_{\text{DC},k} \cdot g_{m,k} - \left(-P_{\text{VSCq},i,m}\right) = +P_{\text{NDC},m} + P_{\text{VSCq},i} \tag{3.194}$$

3.3.10.4.4 Gleichungssystem

Mit den zuvor beschriebenen Erweiterungen ergibt sich nun insgesamt das in Gl. (3.195) formulierte Gleichungssystem für ein vermaschtes Mehrpunktsystem.

$$\begin{pmatrix} \frac{\partial \Delta p'_{AC}}{\partial \varphi_{AC}} & \frac{\partial \Delta p'_{AC}}{\partial u_{AC}} & \frac{\partial \Delta p'_{AC}}{\partial \varphi_{VSCq}} & \frac{\partial \Delta p'_{AC}}{\partial u_{VSCq}} & 0 \\ \frac{\partial \Delta q'_{AC}}{\partial \varphi_{AC}} & \frac{\partial \Delta q'_{AC}}{\partial u_{AC}} & \frac{\partial \Delta q'_{AC}}{\partial \varphi_{VSCq}} & \frac{\partial \Delta q'_{AC}}{\partial u_{VSCq}} & 0 \\ \frac{\partial \Delta p_{VSC}}{\partial \varphi_{AC}} & \frac{\partial \Delta p_{VSC}}{\partial u_{AC}} & \frac{\partial \Delta p_{VSC}}{\partial \varphi_{VSCq}} & \frac{\partial \Delta p_{VSC}}{\partial u_{VSCq}} & 0 \\ \frac{\partial \Delta q_{VSC}}{\partial \varphi_{AC}} & \frac{\partial \Delta q_{VSC}}{\partial u_{AC}} & \frac{\partial \Delta q_{VSC}}{\partial \delta_{VSCq}} & \frac{\partial \Delta q_{VSC}}{\partial u_{VSCq}} & 0 \\ \frac{\partial \Delta p_{DC}}{\partial \varphi_{AC}} & \frac{\partial \Delta p_{DC}}{\partial u_{AC}} & \frac{\partial \Delta p_{DC}}{\partial \varphi_{VSCq}} & \frac{\partial \Delta p_{DC}}{\partial u_{VSCq}} & \frac{\partial \Delta p_{DC}}{\partial u_{DC}} \end{pmatrix} \cdot \begin{pmatrix} \Delta \varphi_{AC} \\ \Delta u_{AC} \cdot \mathrm{diag}(u_{AC})^{-1} \\ \Delta \varphi_{VSCq} \\ \Delta u_{VSCq} \cdot \mathrm{diag}(u_{VSCq})^{-1} \\ \Delta u_{DC} \cdot \mathrm{diag}(u_{DC})^{-1} \end{pmatrix} =$$

$$= \begin{pmatrix} F_{AC} & F_{AC/VSC} & 0 \\ F_{VSC/AC} & F_{VSC} & 0 \\ F_{DC/AC} & F_{DC/VSC} & F_{DC} \end{pmatrix} \cdot \begin{pmatrix} \Delta \varphi_{AC} \\ \Delta u_{AC} \cdot \mathrm{diag}(u_{AC})^{-1} \\ \Delta \varphi_{VSCq} \\ \Delta u_{VSCq} \cdot \mathrm{diag}(u_{VSCq})^{-1} \\ \Delta u_{DC} \cdot \mathrm{diag}(u_{DC})^{-1} \end{pmatrix} =$$

$$= - \begin{pmatrix} \Delta p'_{AC} \\ \Delta q'_{AC} \\ \Delta p_{VSC} \\ \Delta q_{VSC} \\ \Delta p_{DC} \end{pmatrix} \tag{3.195}$$

3.3.10.4.5 Ableitungen

Die Teilmatrix F_{AC} (i.e. die Funktionalmatrix des Drehstromsystems) wurde bereits im Abschn. 3.3.3 eingeführt, die Ableitungen für die Teilmatrizen $F_{AC/VSC}$, F_{VSC} und $F_{VSC/AC}$ sind in den Gl. (3.170) bis (3.190) beschrieben. Mit den Elementen der Hilfsmatrix P_{JDC} nach Gl. (3.196) wird die Teilmatrix F_{DC} bestimmt.

$$P_{JDC} = \mathrm{diag}(u_{DC}) \cdot G_{DC} \cdot \mathrm{diag}(u_{DC}) \tag{3.196}$$

Mit dieser Hilfsmatrix werden auch die Netzleistungen p_{NDC} an den Knoten des Gleichstromsystems gemäß den Gl. (3.197) und (3.198) bestimmt.

$$p_{DC,m} = \sum_{m=1}^{N_{DC}} p_{JDC,m} \quad \text{mit} \quad p_{JDC,m} \text{ Zeile } m \text{ von } P_{JDC} \tag{3.197}$$

$$F_{DC} = P_{JDC} + \mathrm{diag}(p_{NDC}) \tag{3.198}$$

Sowohl für die Elemente der Teilmatrix $F_{DC/AC}$, als auch für die Elemente der Teilmatrix $F_{DC/VSC}$ besteht eine in der Gl. (3.165) beschriebene funktionale Abhängigkeit mit der Wirkleistung des Konverters i am Anschlussknoten k. Über die Beziehungen aus der Gl. (3.194) ist diese Leistung auch mit dem Knoten m des Gleichstromsystems verknüpft. Danach werden die Elemente der Teilmatrix $F_{DC/AC}$ entsprechend den Gl. (3.199) und (3.200) sowie die Elemente der Teilmatrix $F_{DC/VSC}$ entsprechend den Gl. (3.201) und (3.202) bestimmt.

$$\frac{\partial \Delta P_{\text{DC},m}}{\partial \varphi_{\text{K},k}} = -q_{\text{VSCq},i} \qquad (3.199)$$

$$\frac{\partial \Delta P_{\text{DC},m}}{\partial U_{\text{K},k}} = U_{\text{K},k} \cdot \frac{\partial \Delta P_{\text{DC},m}}{\partial U_{\text{K},k}} = -p_{\text{VSCq},i} \qquad (3.200)$$

$$\frac{\partial \Delta P_{\text{DC},m}}{\partial \varphi_{\text{VSCq},i}} = q_{\text{VSCq},i} \qquad (3.201)$$

$$\frac{\partial \Delta P_{\text{DC},m}}{\partial U_{\text{VSCq},i}} = U_{\text{VSCq},i} \cdot \frac{\partial \Delta P_{\text{DC},m}}{\partial U_{\text{VSCq},i}} = -2 \cdot p_{\text{VSCqq}} - p_{\text{VSCq},i} \qquad (3.202)$$

3.3.11 Dreiphasiger Leistungsfluss

Die für die vorangegangenen Betrachtungen getroffene Annahme einer symmetrischen Belastung des Drehstromsystems (i.e. die Last ist in allen drei Phasen gleich) gilt nicht immer. In der Hoch- und Höchstspannungsebene kann zwar in der Regel von einer symmetrischen Belastung der drei Phasen ausgegangen werden, allerdings kann es in besonderen Betriebssituationen in einzelnen Fällen auch hier zu einer unsymmetrischen Belastung der drei Phasen kommen. In der Niederspannungsebene ist die unsymmetrische Belastung der drei Phasen dagegen der Regelfall. Um auch für die unsymmetrischen Betriebsfälle den Leistungsfluss möglichst korrekt zu bestimmen, ist eine dreiphasige Berechnung des Leistungsflusses erforderlich. Es wird bei den folgenden Betrachtungen weiterhin davon ausgegangen, dass das Energieversorgungssystem symmetrisch aufgebaut und gespeist wird, d. h. die Generatoren in einem symmetrischen Betriebszustand arbeiten.

Der hier skizzierte Algorithmus des dreiphasigen Leistungsflusses entspricht weitgehend dem bisher in Abschn. 3.3 beschriebenen einphasigen Leistungsflussverfahren. Ein wesentlicher Unterschied besteht darin, dass die Netzkomponenten nicht mehr einphasig (entsprechend Abschn. 2.1), sondern explizit für alle drei Phasen in der Knotenpunktadmittanzmatrix modelliert werden müssen, um die gegenseitige Kopplung der drei Phasen untereinander zu berücksichtigen [53]. Damit ergibt sich insgesamt eine Admittanzmatrix mit der Dimension $[(3 \cdot N) \times (3 \cdot N)]$. Die Elemente der Matrix sind $\underline{y}_{ij}^{[pq]}$, wobei der tiefgestellte Index ij wie bisher die Knotennummern des jeweiligen Zweiges angibt und die zugehörigen Phasen durch die hochgestellte Angabe [pq] indiziert wird. Dabei gilt $(p, q \in \{L1, L2, L3\})$ [29].

Häufig liegen die Betriebsmitteldaten im symmetrischen Komponentensystem [0, m, g] vor. Auch hieraus lassen sich mit den in Abschn. 5.4.2 beschriebenen Transformationsvorschriften die Betriebsmitteldaten der drei Phasen L1, L2, L3 leicht bestimmen und eine Admittanzmatrix aufbauen, die das Netz in dreiphasiger Form beschreibt. Exemplarisch wird dies für Leitungen (Kabel oder Freileitungen) gezeigt, die mit einem Π-Ersatzschaltbild modelliert werden. Aus den Impedanzwerten des Längs-

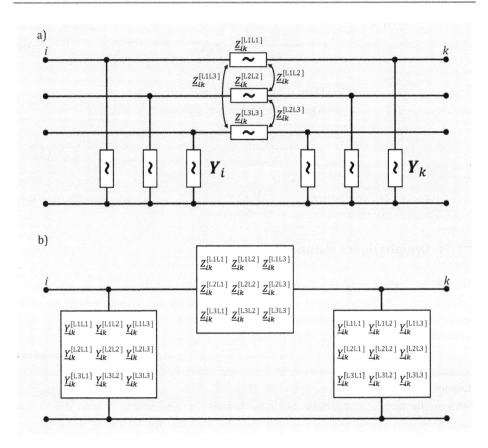

Abb. 3.24 Aufbau der Verbundmatrizen einer Π-Ersatzschaltung [53]

zweiges des Π-Ersatzschaltbildes erhält man ein Impedanztripel $(\underline{Z}_0, \underline{Z}_m, \underline{Z}_g)$, das den Diagonalelementen einer [3 × 3]-Impedanzmatrix in symmetrischen Komponenten entspricht. Mit der Transformation nach Gl. (3.204) wird diese Matrix in eine [3 × 3]-Impedanzmatrix für die Phasen L1, L2, L3 umgewandelt. Entsprechend werden die beiden Admittanztripel $(\underline{Y}_0, \underline{Y}_m, \underline{Y}_g)$ der Queradmittanzen transformiert [53].

$$Z^{[\text{L1L2L3}]} = T \cdot Z^{[\text{0mg}]} \cdot T^{-1} \quad \text{bzw.} \quad Y^{[\text{L1L2L3}]} = T \cdot Y^{[\text{0mg}]} \cdot T^{-1} \quad (3.203)$$

mit

$$T = \begin{pmatrix} 1 & 1 & 1 \\ 1 & \underline{a}^2 & \underline{a} \\ 1 & \underline{a} & \underline{a}^2 \end{pmatrix} \quad (3.204)$$

Damit erhält man drei [3 × 3]-Matrizen, die die drei Π-Ersatzschaltungen für die Phasen L1, L2, L3 und die bestehenden Kopplungen zwischen den einzelnen Elementen der Π-Glieder repräsentieren (Abb. 3.24). Im Folgenden werden diese [3 × 3]-Matrizen als

Verbundadmittanzen bezeichnet. Die drei parallelen Π-Glieder der drei Phasen bilden einen 6-Pol dar. Dieser 6-Pol wird mathematisch durch eine [6 × 6]-Matrix beschrieben, die aus den drei Verbundadmittanzen nach Gl. (3.205) aufgebaut wird. Mit dieser Matrix lassen sich die Zusammenhänge der Knotenspannungen und Zweigströme an den sechs Eingangsklemmen des 6-Pols beschreiben [53].

$$\begin{pmatrix} i_i \\ i_k \end{pmatrix} = \begin{pmatrix} Z_{ik}^{-1} + Y_i & -Z_{ik}^{-1} \\ -Z_{ik}^{-1} & Z_{ik}^{-1} + Y_k \end{pmatrix} \cdot \begin{pmatrix} u_i \\ u_k \end{pmatrix} \quad (3.205)$$

Aus dem Vergleich von Abb. 3.24 mit Gl. (3.205) erkennt man, dass die Hauptdiagonalelemente aus der Summe der Verbundadmittanzen aller Zweige gebildet werden, die mit dem jeweiligen Knoten direkt verbunden sind. Die Nebendiagonalelemente werden aus den jeweiligen negativen Verbundadmittanzen der Verbindungszweige zwischen den Knoten gebildet. Dies bedeutet, dass beim Aufbau der Admittanzmatrix die Verbundadmittanzen wie eine einzelne Admittanz behandelt werden müssen. Somit sind die Regeln für den Aufbau von Admittanzmatrizen auch auf die Verbundadmittanzen übertragbar. Damit lassen sich mit diesen Verbundadmittanzen auch die in Kap. 2 beschriebenen Rechenmethoden für spärlich besetzte Matrizen benutzen. Auf diese Weise können schmalbandige Admittanzmatrizen erzeugt werden (siehe Abschn. 2.2), mit denen Leistungsflussberechnungen mit geringem Speicher- bzw. Rechenaufwand möglich sind [53].

Bei statischen Betriebsmitteln, wie z. B. Freileitungen, bei denen die Admittanzen des Mitsystems und des Gegensystems gleich sind, bestehen die Verbundmatrizen der Π-Ersatzschaltung nur aus zwei Admittanzwerten (siehe auch Gl. (5.116)). Dies lässt sich durch entsprechendes Einsetzen in Gl. (3.204) leicht zeigen.

$$\begin{pmatrix} 1 & 1 & 1 \\ 1 & \underline{a}^2 & \underline{a} \\ 1 & \underline{a} & \underline{a}^2 \end{pmatrix} \cdot \begin{pmatrix} \underline{Z}^{[0]} & 0 & 0 \\ 0 & \underline{Z}^{[m]} & 0 \\ 0 & 0 & \underline{Z}^{[m]} \end{pmatrix} \cdot \frac{1}{3} \cdot \begin{pmatrix} 1 & 1 & 1 \\ 1 & \underline{a} & \underline{a}^2 \\ 1 & \underline{a}^2 & \underline{a} \end{pmatrix}$$
$$= \frac{1}{3} \cdot \begin{pmatrix} \underline{Z}^{[0]} + 2 \cdot \underline{Z}^{[m]} & \underline{Z}^{[0]} - \underline{Z}^{[m]} & \underline{Z}^{[0]} - \underline{Z}^{[m]} \\ \underline{Z}^{[0]} - \underline{Z}^{[m]} & \underline{Z}^{[0]} + 2 \cdot \underline{Z}^{[m]} & \underline{Z}^{[0]} - \underline{Z}^{[m]} \\ \underline{Z}^{[0]} - \underline{Z}^{[m]} & \underline{Z}^{[0]} - \underline{Z}^{[m]} & \underline{Z}^{[0]} + 2 \cdot \underline{Z}^{[m]} \end{pmatrix} \quad (3.206)$$

Die Elemente in den Hauptdiagonalen lassen sich so mit Gl. (3.207) berechnen. Die restlichen Elemente ergeben sich mit Gl. (3.208). Auf diese Weise lassen sich für Drehstromleitungen, deren Betriebsdaten meist in symmetrischen Komponenten angegeben werden, die benötigten Betriebsdaten im (L1, L2, L3)-System bestimmen [53].

$$\underline{Z}_{ii} = \left(\underline{Z}^{[0]} + 2 \cdot \underline{Z}^{[m]}\right)/3 \quad \text{bzw.} \quad \underline{Y}_{ii} = \left(\underline{Y}^{[0]} + 2 \cdot \underline{Y}^{[m]}\right)/3 \quad (3.207)$$

$$\underline{Z}_{ik} = \left(\underline{Z}^{[0]} - 2 \cdot \underline{Z}^{[m]}\right)/3 \quad \text{bzw.} \quad \underline{Y}_{ik} = \left(\underline{Y}^{[0]} - 2 \cdot \underline{Y}^{[m]}\right)/3 \quad i \neq k \quad (3.208)$$

Entsprechend ergeben sich durch die dreiphasige Systemmodellierung gegenüber der einphasigen Beschreibung auch erweiterte Gleichungen (siehe Gl. 3.32) für den Leistungsflussalgorithmus [29].

$$\Delta P_i^{[p]} = P_{i,\text{geg}}^{[p]} - U_i^{[P]} \cdot \sum_{q \in \{L1,L2,L3\}} \sum_{j=1}^{N} U_j^{[q]} \cdot y_{ij}^{[pq]} \cdot \cos\left(\varphi_i^{[p]} - \varphi_j^{[q]} - \theta_{ij}^{[pq]}\right) \quad (3.209)$$

$$\Delta Q_i^{[p]} = Q_{i,\text{geg}}^{[p]} - U_i^{[P]} \cdot \sum_{q \in \{L1,L2,L3\}} \sum_{j=1}^{N} U_j^{[q]} \cdot y_{ij}^{[pq]} \cdot \sin\left(\varphi_i^{[p]} - \varphi_j^{[q]} - \theta_{ij}^{[pq]}\right) \quad (3.210)$$

mit $i = 1, \ldots, N$ und $p \in \{L1, L2, L3\}$)

Mit dieser erweiterten Systemmodellierung ergeben sich dreimal so viele Leistungsflussgleichungen wie bei der äquivalenten einphasigen Leistungsflussberechnung.

Die für das dreiphasige Newton-Raphson-Verfahren verwendete Funktionalmatrix (entsprechend Gl. 3.30) hat demnach insgesamt $(3 \cdot (2 \cdot N) \times 3 \cdot (2 \cdot N))$ oder $36 \cdot N^2$ Elemente. Die partiellen Ableitungen der Jacobi-Matrix werden auf die gleiche Weise wie beim einphasigen Leistungsflussverfahren bestimmt. Zusätzlich werden noch die partiellen Ableitungen bezüglich der Phasenwinkeldifferenzen bestimmt. So gilt beispielsweise für die partielle Ableitung der Wirkleistung am Knoten i für die Phase L1 nach dem Spannungswinkel φ am Knoten j in der Phase L2:

$$\frac{\partial \Delta P_i^{[L1]}}{\partial \varphi_j^{[L2]}} = U_i^{[L1]} \cdot U_j^{[L2]} \cdot y_{ij}^{[L1L2]} \cdot \sin\left(\varphi_i^{[L1]} - \varphi_j^{[L2]} - \theta_{ij}^{[L1L2]}\right) \quad (3.211)$$

Entsprechend ergibt sich die partielle Ableitung $\partial \Delta P_i^{[L1]} / \partial \varphi_i^{[L1]}$ nach Gl. (3.212)

$$\frac{\partial \Delta P_i^{[L1]}}{\partial \varphi_i^{[L1]}} = -U_i^{[L1]} \cdot \sum_{q \in \{L1,L2,L3\}} \sum_{j=1}^{N} U_j^{[q]} \cdot y_{ij}^{[pq]} \cdot \sin\left(\varphi_i^{[p]} - \varphi_j^{[q]} - \theta_{ij}^{[pq]}\right) + \left(U_i^{[L1]}\right)^2 \\ \cdot y_{ii}^{[pp]} \cdot \cos\left(\theta_{ii}^{[pp]}\right) \quad (3.212)$$

Die übrigen partiellen Ableitungen können auf ähnliche Weise berechnet werden. Der Lösungsprozess des dreiphasigen Leistungsflusses entspricht grundsätzlich dem in Abschn. 3.3 beschriebenen Ablauf. Als Startwerte (Iteration $\nu = 0$) können beispielsweise folgende Werte verwendet werden:

$$\begin{aligned} U_i^{[L1],(\nu=0)} &= U_\text{n} \cdot e^{0°} = U_\text{n} \\ U_i^{[L2],(\nu=0)} &= U_\text{n} \cdot e^{-120°} \\ U_i^{[L3],(\nu=0)} &= U_\text{n} \cdot e^{120°} \end{aligned} \quad (3.213)$$

3.3.12 Eigenschaften des Newton-Raphson-Verfahrens

3.3.12.1 Konvergenzeigenschaften des Newton-Raphson-Verfahrens

Nichtlineare Gleichungssysteme haben die Eigenschaft, entweder mehrere, genau eine oder gar keine Lösung zu haben. Diese Eigenschaft sowie das prinzipielle Konvergenzverhalten der Newton-Raphson-Iteration kann anhand eines einfachen Beispiels erläutert werden. Dazu geht man davon aus, dass der Vektor der Unbekannten x nach Gl. (3.13) nur ein Element x enthält und dementsprechend auch nur eine Leistungsflussgleichung $f(x)$ nach Gl. (3.30) existiert. Während das tatsächliche Leistungsflussproblem also $2 \cdot (N-1)$ Gleichungen und Unbekannte enthält, ist das Problem hier auf einen eindimensionalen Fall reduziert [2].

Abb. 3.25 zeigt eine einfache Beispielfunktion $f(x)$ und den Verlauf der Iteration für drei verschiedene Startwerte. Gesucht wird der Wert für x_L, für den gilt $f(x) = 0$. Nur die Lösung x_{L1} wird in diesem Beispiel auch als physikalisch sinnvoll angenommen. Die anderen Lösungen sind zwar mathematisch aber nicht physikalisch möglich. Die Iterationsvorschrift entsprechend den Gl. (2.214) und (2.215) entspricht dem Anlegen der Tangente $f'^{(x)}$ an die Funktion $f(x)$. Der Schnittpunkt der Tangente mit der Abszisse liefert den verbesserten Wert der Unbekannten x.

Wählt man nun x_{S1} als Startwert, so konvergiert der Algorithmus nach zwei bis drei Iterationen zur gewünschten, physikalisch sinnvollen Lösung x_{L1}. Wählt man dagegen x_{S2} oder x_{S5} als Startwert, so erhält man als erste „Verbesserung" der Startlösung einen Wert, der weit abseits der Lösung liegt. Je nachdem wie die Funktion $f(x)$ in diesem Bereich aussieht, kann dieses Verhalten dazu führen, dass der Algorithmus die Lösung nicht oder erst nach einer vergleichsweise sehr großen Anzahl von Iterationen findet. Wird x_{S3} oder x_{S4} als Startwert gewählt, konvergiert der Algorithmus gegen eine andere Lösung x_{L3} bzw. x_{L4}. Diese Lösung ist im Allgemeinen nicht sinnvoll. Sie ist instabil

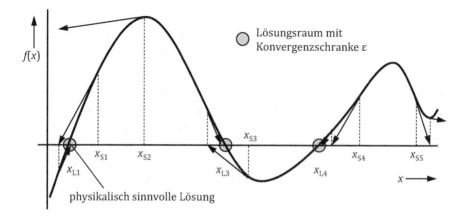

Abb. 3.25 Newton-Raphson-Iteration an einem eindimensionalen Beispiel

und kann daher im Netz nicht stationär anstehen. Sie zeichnet sich meist durch extreme Werte für Spannungen und Ströme aus.

Aus dem in Abb. 3.25 beschriebenen eindimensionalen Beispiel können Erkenntnisse abgeleitet werden, die auch für das mehrdimensionale und komplexe Newton-Raphson-Verfahren gültig sind. Die Anzahl der Iterationen hängt entscheidend von der Wahl der Startwerte ab. Da gute Startwerte $U_i^{(0)}$ und $\varphi_i^{(0)}$ für das Newton-Raphson-Verfahren zur Leistungsflussberechnung leicht gefunden werden können, wird das Konvergenzkriterium in der Regel nach drei bis sechs Iterationen erreicht. Die Anzahl der Iterationen ist nicht von der Größe (i.e. Anzahl der Knoten) des nichtlinearen Gleichungssystems abhängig.

Zur Kontrolle des Iterationsverlaufes der Newton-Raphson-Leistungsflussberechnung kann während des Iterationsprozesses aus den Abweichungen zwischen den Ist- und den Vorgabewerten der Knotenleistungen (Leistungsmismatch) nach (Gl. 3.32) die mittlere Leistungsabweichung ΔP_{mittel} bzw. ΔQ_{mittel} bestimmt werden. Diese ist ein Maß für den Erfolg der Iteration und nimmt beim Newton-Raphson-Verfahren im Allgemeinen um zwei Zehnerpotenzen pro Iterationsschritt ν ab.

$$\Delta P_{i,\text{mittel}} = \frac{1}{N} \cdot \sqrt{\sum_{i=1}^{N} \left(P_{i,\text{geg}} - P_i^{(\nu)}\right)^2} \quad \text{bzw.}$$

$$\Delta Q_{i,\text{mittel}} = \frac{1}{N} \cdot \sqrt{\sum_{i=1}^{N} \left(Q_{i,\text{geg}} - Q_i^{(\nu)}\right)^2}$$

(3.214)

Das Newton-Raphson-Verfahren konvergiert besonders gut in der Nähe der Lösung, aber relativ schlecht, falls noch ein großer Abstand zur Lösung besteht. Dies gilt für den normalen Fall, bei dem die Funktion $f(x)$ die Abszisse mit einem relativ großen Winkel schneidet.

Schlecht gewählte Startwerte können dazu führen, dass der Algorithmus nicht oder nur zu einer nichtphysikalischen Lösung konvergiert.

Die Funktion des Newton-Verfahrens, mit der aus der ν-ten Näherung eine verbesserte ($\nu+1$)-te Näherung bestimmt wird, ergibt sich aus Gl. (2.215) für den eindimensionalen Fall.

$$x^{(\nu+1)} = \left(b_{\text{geg}} - f\left(x^{(\nu)}\right)\right) \cdot \left(\frac{\mathrm{d}f}{\mathrm{d}x}\right)^{-1} + x^{(\nu)} \tag{3.215}$$

Diese Funktion besitzt die optimale Eigenschaft, dass sie den Grenzfall zwischen monotoner und oszillierender Konvergenz abbildet und damit in besonders wenigen Iterationen zur Lösung führt. In der Nähe der Lösung konvergiert der Newton-Algorithmus asymptotisch mit quadratischer Konvergenzordnung, die Zahl der korrekten Dezimalstellen verdoppelt sich dann in jedem Iterationsschritt.

Falls beim Startwert nur vom Flat-Start $\left(U_i^{(0)} = U_n, \varphi_i^{(0)} = 0°\right)$ ausgegangen werden kann, konvergiert das Newton-Verfahren in der Regel zwar sicher, wegen des hohen

3.3 Nichtlineares Leistungsflussproblem

Rechenaufwands pro Iteration empfiehlt es sich allerdings, zunächst mit einfachen Mitteln den Startwert zu verbessern. Durch eine schnelle Voriteration auf Basis eines sehr vereinfachten Leistungsflussmodells (z. B. Stromiterationsverfahren, Abschn. 3.6.3) kann für die Newton-Iteration ein verbesserter Startvektor gefunden werden. In der Regel wird dadurch die Gesamtrechenzeit einschließlich der Voriteration verkleinert.

3.3.12.2 Konvergenzprobleme und Modellierungsgrenzen beim Newton-Raphson-Verfahren

Die Konvergenzeigenschaften des Leistungsflussverfahrens nach Newton-Raphson sind normalerweise sehr gut. In der Regel wird nach drei bis sechs Iterationen eine hinreichend genaue Lösung mit $\Delta P \leq \varepsilon$ und $\Delta Q \leq \varepsilon$ gefunden. Wird nach Durchführung der vorgegebenen maximalen Anzahl von Iterationen $\nu_{\max}$ keine Konvergenz festgestellt, so ist es sinnvoll, das auf den bis dahin berechneten Spannungen basierende Leistungsflussergebnis zu dokumentieren. Dieses Ergebnis ist keine konsistente Lösung des Leistungsflussproblems und es ist in der Regel auch nicht physikalisch sinnvoll. Es lassen sich daraus jedoch häufig Rückschlüsse auf die Gründe einer Divergenz ziehen. Im Folgenden werden einige Probleme bei der Leistungsflussberechnung und deren mögliche Ursachen aufgeführt [2].

Bei der Vorgabe zu großer Lasten im Verhältnis zu den vorhandenen Einspeisungen wird keine Lösung gefunden. Das in diesem Fall nach Erreichen der maximal zulässigen Iterationszahl ausgegebene Leistungsflussergebnis weist häufig sehr geringe Spannungsbeträge auf. Die Lösung des Leistungsflussproblems kann in diesem Fall dadurch erreicht werden, dass die Leistungen der Lasten und Einspeisungen angeglichen werden, um ein physikalisch zulässiges Problem zu erhalten.

Bei der Modellierung von zu wenigen spannungsgeregelten Knoten des Knotentyps PU und unausgewogenem Blindleistungshaushalt (z. B. bei Planungsrechnungen) können die Spannungen der Leistungsflusslösung sehr weit von der Nennspannung abweichen und dadurch Konvergenzprobleme bereiten. Eine Abhilfe kann durch die Modellierung von zusätzlichen PU-Knoten erreicht werden.

Wenn im Verlauf der Iteration viele spannungsgeregelte Knoten (PU-Knoten) wegen Erreichens ihrer Blindleistungsgrenze in PQ-Knoten umgewandelt werden, können die dann auftretenden Blindleistungsprobleme ebenfalls zur Divergenz führen. Zur Abhilfe sollten Knotenumwandlungen erst nach einer vorgegebenen Anzahl von Iterationsschritten zugelassen oder Knotenumwandlungen ganz unterdrückt werden. Ausgehend von den dann festgestellten Grenzwertüberschreitungen können dann in der Regel geeignete Abhilfemaßnahmen bestimmt werden.

Werden die Voriterationen mit einem entkoppelten Leistungsflussmodell durchgeführt, können sie in Netzen mit hohen R/X-Verhältnissen in bestimmten Fällen Startwerte liefern, die beim Newton-Raphson-Verfahren zur Divergenz führen. In diesem Fall sollte man die Leistungsflussrechnung ohne Voriteration durchführen.

Das Ergebnis einer Leistungsflussberechnung kann definitionsgemäß niemals exakt im mathematischen Sinn sein. Die Genauigkeit seiner Lösung hängt unmittelbar von der Höhe der gewählten Konvergenzschranke ε ab. Die Verkleinerung der Konvergenzschranke ergibt zwar in der Regel eine Erhöhung der Genauigkeit, jedoch führt dies auch immer zu einer größeren Anzahl von Iterationen. Daher muss die Konvergenzschranke dem zu berechnenden Netz sinnvoll angepasst werden. Für die Berechnung eines Niederspannungsnetzes muss beispielsweise ein kleinerer Wert für ε gewählt werden als für die Berechnung höherer Spannungsebenen.

Bei Vorgabe einer zu kleinen Konvergenzschranke ε wird trotz relativ genauen Erreichens der Lösung wegen der beschränkten Rechengenauigkeit keine Konvergenz festgestellt. Stellt sich nach einer vergleichsweise großen Anzahl von Iterationen ein zwar plausibles, aber formal nicht konvergiertes Ergebnis ein, sollte man den Wert der Konvergenzschranke ε schrittweise vergrößern, bis das Verfahren auch formal konvergiert.

Um die Konvergenzeigenschaften des Leistungsflussverfahrens zu verbessern, kann man einen Konvergenzfaktor κ in die Gl. (2.215) bzw. (3.52) einführen, mit dem die im jeweiligen Iterationsschritt ν bestimmte Verbesserung Δx bzw. $\Delta \varphi$ und ΔU multipliziert wird [21].

$$x^{(\nu+1)} = x^{(\nu)} + \kappa \cdot \Delta x^{(\nu)} \quad \text{bzw.} \quad \begin{aligned} \varphi^{(\nu+1)} &= \varphi^{(\nu)} + \kappa \cdot \Delta \varphi^{(\nu)} \\ U^{(\nu+1)} &= U^{(\nu)} \cdot \left(1 + \tfrac{\kappa \cdot \Delta U^{(\nu)}}{U^{(\nu)}}\right) \end{aligned}$$

Bei Divergenz- bzw. Oszillationsproblemen bei der Leistungsflussberechnung wird der Faktor κ im Bereich $0 < \kappa < 1$ gewählt. Damit wird nicht die volle Verbesserung des Lösungswerts verwendet. Die Konvergenzgeschwindigkeit wird herabgesetzt und die Konvergenz wird in der Regel verbessert.

Liegen stabile Konvergenzeigenschaften vor, kann mit einem Konvergenzfaktor $\kappa > 1$ die Konvergenzgeschwindigkeit deutlich erhöht werden.

Zur Berechnung ausreichend genauer Spannungen sollte die Spannungsregelung des Netzes angemessen modelliert werden. Alle relevanten Knoten mit geregelter Spannung (z. B. Generatorklemmen, Übergaben aus überlagerten Netzen) sollten deshalb im Datensatz enthalten sein und auch als PU-Knoten modelliert werden. Bei der Behandlung von Verbundnetzen sind entsprechend genaue Ersatzmodelle (z. B. Extended Ward Modell, s. Abschn. 7.2.8.2) zu verwenden [14].

Die Modellierung der Lasten hat einen erheblichen Einfluss auf das Berechnungsergebnis. Die Annahme einer konstanten Leistung ist in der Regel nur dann hinreichend genau erfüllt, falls sich die Knotenspannungen in der Nähe der normalen Betriebsspannung befinden. Bei gravierenden Störungen, die zu hohen Auslastungen und damit zu sehr niedrigen Spannungen führen, ist dieses Lastmodell zu pessimistisch. Die Annahme der konstanten Leistung bewirkt bei sinkender Spannung eine Erhöhung des Stroms, was zu erhöhtem Blindleistungsverbrauch des Netzes und damit zu weiter sinkender Spannung führt. In der Praxis sind die Auswirkungen dieser Vorgänge aufgrund des Selbstregeleffektes der Lasten jedoch weit weniger dramatisch.

Mit der Modellierung von Regeleigenschaften, bei denen Kraftwerke mit spannungsgeregelten Generatoren (PU-Einspeisungen) und Blocktransformatoren nachgebildet werden, und deren Transformatorstufensteller die Spannung auf der Netzseite einregeln soll, treten gelegentlich Probleme auf. Erreicht ein derartiger Generator seine Blindleistungsgrenze, so wird er in eine PQ-Einspeisung umgewandelt. Der Transformatorstufensteller ist nun nicht mehr in der Lage, die Netzspannung einzuregeln, da diese wesentlich steifer ist als die nun freie Generator-Klemmenspannung. Der Stufensteller wird daher bis zur minimalen bzw. maximalen Stufenstellung laufen, was meist zu unsinnigen Generatorspannungen führt. Eventuell können dabei auch Konvergenzprobleme auftreten.

3.3.13 Analyse von Leistungsflussergebnissen

Die individuelle Auswertung von Ergebnissen einer Leistungsflussberechnung setzt eine entsprechende Fachkompetenz voraus. Diese Analyse kann durch eine relative Bewertung einer Leistungsflusssituation unterstützt werden. Beispielsweise sollen Änderungen bzw. Abweichungen zwischen zwei ähnlichen Lastfällen analysiert werden. Andere Anwendungsfelder sind die Bewertung von verschiedenen Leistungsflussalgorithmen oder der Vergleich unterschiedlicher Netzmodellierungen. Hierbei werden mit jedem der zu bewertenden Leistungsflussverfahren ein identischer Lastfall bzw. mit einem einzelnen Leistungsflussverfahren die unterschiedlichen Netzmodellierungen ebenfalls für einen identischen Lastfall berechnet. Die verfahrens- bzw. modellierungsbedingt unterschiedlichen Leistungsflussergebnisse können dann ausgewertet und miteinander verglichen werden. Hierzu wird im Folgenden ein Konzept für einen systematischen Vergleich von zwei Leistungsflussergebnissen beschrieben.

Beim Vergleich von zwei Leistungsflussergebnissen wird die Leistungsflussrechnung zum einen mit den Netzdaten im Ursprungszustand (Basisfall) und zum anderen mit gegenüber dem Basisfall veränderten Netzdaten (z. B. Erhöhen bzw. Herabsetzen der Knoteneinspeisungen/-lasten; Entfernen eines Netzzweiges usw.) durchgeführt. Dies kann sowohl für den jeweiligen Grundlastfall als auch für einen Vergleich von Leistungsflussergebnissen bei Ausfall von Netzzweigen (z. B. Leitungen oder Transformatoren) erfolgen.

Ebenfalls kann ein solcher Ergebnisvergleich zur Bewertung der Güte von Ersatznetzdarstellungen nicht überwachter Nachbarnetze (s. Kap. 7) eingesetzt werden. Hierbei werden die angenäherten Leistungsflussergebnisse (unter Einbeziehung der Ersatznetzdarstellung nicht überwachter Nachbarnetze) mit den exakten Leistungsflussergebnissen des Basisfalles (Leistungsflussrechnung mit dem vollständigen Netz) verglichen und eine statistische Fehlerauswertung erstellt. Eine separate Auswertung sollte hierbei für die Kuppelleitungen, für die Wirk- und Blindleistungsflüsse, für die Strom- und Spannungsbeträge des internen Netzes, sowie für die Wirk- und Blindleistungsflüsse und für die Strombeträge der Ersatzleitungen durchgeführt werden.

Zur statistischen Auswertung der zu vergleichenden Leistungsflussergebnisse wird der jeweils ermittelte Fehler f_i der Einzelwerte entsprechend Gl. (3.2) wie folgt definiert:

$$f_i = (-1)^j \cdot \left(\frac{x_{u,i} - x_{g,i}}{x_{r,i}}\right) \quad \text{mit} \quad j = \begin{cases} 1 \\ 2 \end{cases} \text{falls} \begin{cases} x_{u,i} < 0; \quad x_{g,i} < 0 \\ x_{u,i} > 0; \quad x_{g,i} > 0 \end{cases} \quad (3.216)$$

Dabei bedeutet x_u der „ungenaue" Wert, x_g der „genaue" Wert und x_r der Bezugswert der jeweiligen Größe (Spannungsbeträge, Wirk- und Blindleistungsflüsse, Strombeträge, Auslastungen o. ä.). Zur näheren Analyse des Vergleiches sollte man eine bestimmte Anzahl der größten negativen und positiven Fehlerwerte ausgeben.

Als Kennwerte der Fehlerverteilung können der arithmetischer Mittelwert des Fehlers $\bar{f}$ (Gl. 3.217), die Standardabweichung σ (Gl. 3.218) sowie die Schiefe γ (Gl. 3.219), die ein Maß für die Asymmetrie einer Verteilung ist, bestimmt werden. Dabei ist f_i der Einzelfehler der Größe i und N_F die Gesamtanzahl der Fehlerwerte.

$$\bar{f} = \frac{1}{N_F} \cdot \sum_{i=1}^{N_F} f_i \qquad (3.217)$$

$$\sigma = \sqrt{\frac{\sum_{i=1}^{N_F} f_i^2 - N_F \cdot \bar{f}^2}{N_F - 1}} \qquad (3.218)$$

$$\gamma = \frac{\sum_{i=1}^{N_F} f_i^3 - 3 \cdot \bar{f} \cdot \sum_{i=1}^{N_F} f_i^2 + 2 \cdot N_F \cdot \bar{f}^3}{N_F \cdot \sigma^3} = \frac{\sum_{i=1}^{N_F} (f_i - \bar{f})^3}{N_F \cdot \sigma^3} \qquad (3.219)$$

Hilfreich ist außerdem die Ausgabe der minimalen und maximalen Fehlerwerte sowie der Gesamtanzahl der Fehlerwerte. Für die Ermittlung der relativen Häufigkeitsverteilung wird die gewählte Klassenanzahl mit der dazugehörigen Klassenbreite bestimmt.

Zur Ermittlung der relativen Häufigkeitsverteilung und der daraus gewonnenen Summenhäufigkeitsverteilung der Fehler werden für die Einzelfehler Fehlerklassen aufgestellt. Dazu werden jeweils die Minimal- und Maximalfehler der betrachteten Gruppe herausgesucht und je nach gewünschter Klassenanzahl wird die Klassenbreite zu bestimmen. Die Ergebnisse können tabellarisch oder anschließend grafisch als Histogramm und Summenhäufigkeitsverteilung dargestellt werden.

Zur besseren Übersicht empfiehlt sich die Ausgabe verschiedener Quantile der Summenhäufigkeitsverteilung (z. B. 1 %-, 10 %-, 50 %-, 90 %- und 99 %-Quantil). Zur Erläuterung ist in Abb. 3.26 die Summenhäufigkeitsverteilung F der Fehlerwerte f_i gegeben. Das 50 %-Quantil der Summenhäufigkeitsverteilung entspricht dann dem Fehlerwert f_{50}, wobei $F(f_{50}) = 0{,}5$ gilt.

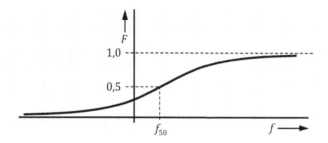

Abb. 3.26 Summenhäufigkeitsverteilung der Fehlerwerte

3.4 Sensitivitätsanalyse des Leistungsflusses

3.4.1 Aufgabe der Sensitivitätsanalyse

Oftmals ist es erforderlich, nicht nur einen bestimmten Betriebspunkt eines Systems zu analysieren, sondern auch zu wissen, wie sich Änderungen des Systemzustandes auf diesen Betriebspunkt auswirken. Es ist dabei von Interesse, das Verhalten bei der Variation von Eingangsdaten, wie beispielsweise von kleinen Änderungen der Einspeisungs- oder Lastleistungen oder von Änderungen der Transformatorstufungen auf das Ergebnis der Leistungsflussrechnung zu bestimmen. Auch ist damit eine Identifizierung von „schwachen" und „starken" Netzbereichen möglich. Diese Informationen können dann für einen gezielten Netzausbau oder bei der Suche nach geeigneten Einbauorten für Messinstrumente genutzt werden (s. Kap. 4).

Diese Analyse kann prinzipiell durch weitere Leistungsflussrechnungen mit veränderten Eingangsdaten durchgeführt werden. Allerdings steigt hierbei der Rechenaufwand proportional mit der Anzahl der Varianten. Zudem ist eine quantitative Abschätzung des Einflusses einzelner Parameter auf die untersuchten Größen schwierig. Mit einer Empfindlichkeits- oder Sensitivitätsanalyse durch eine linearisierte Extrapolation um einen bekannten Arbeitspunkt des zu untersuchenden Netzes kann dagegen direkt der qualitative und quantitative Einfluss von Parametern auf die betrachteten Größen bestimmt werden. In der Regel wird als Eingangsinformation für die Sensitivitätsanalyse das Leistungsflussergebnis dieses Betriebspunkts benötigt [3, 35, 42].

Mit den Sensitivitätsbeziehungen erhält man eine gute Abschätzung der gegenseitigen Abhängigkeiten der relevanten Größen eines elektrischen Energieversorgungsnetzes und gleichzeitig ein geeignetes Werkzeug zur gezielten Korrektur des Leistungsflusses.

3.4.2 Grundlagen der Sensitivitätsrechnung

Eine stetig differenzierbare Funktion $f(x)$ einer veränderlichen Größe x lässt sich als Taylor-Reihe um einen vorgegebenen Wert $x^{(0)}$ in eine Potenzreihe entwickeln.

$$f(x) = f\left(x^{(0)}\right) + \sum_{n=1}^{\infty} \frac{\left(x - x^{(0)}\right)^n}{n!} \cdot f^{(n)}\left(x^{(0)}\right) \qquad (3.220)$$

Mit

$$\Delta f = f(x) - f\left(x^{(0)}\right)$$
$$\Delta x = x - x^{(0)}$$

ergibt sich eine Beziehung, die die Änderungen des Funktionswertes mit den Änderungen der Variablen verknüpft.

$$\Delta f = \sum_{n=1}^{\infty} \frac{\Delta x^n}{n!} \cdot f^{(n)}\left(x^{(0)}\right) \qquad (3.221)$$

Ist die Variation Δx um den Ausgangspunkt $x^{(0)}$ hinreichend klein, können die Terme höherer Ordnung vernachlässigt und eine linearisierte Beziehung angegeben werden.

$$\Delta f = \left.\frac{\partial f}{\partial x}\right|_{x^{(0)}} \cdot \Delta x \qquad (3.222)$$

Die Ableitung der Funktion $\frac{\partial f}{\partial x}$ im Punkt $x^{(0)}$ gibt die Empfindlichkeit oder Sensitivität der Funktion auf eine Variation der Variablen um den Punkt $x^{(0)}$ an. Für eine Menge von N Funktionen in M Variablen $f(x)$ ergibt sich entsprechend die folgende Sensitivitätsbeziehung.

$$\begin{pmatrix} \Delta f_1 \\ \vdots \\ \Delta f_N \end{pmatrix} = \begin{pmatrix} \left.\frac{\partial f_1}{\partial x_1}\right|_{x^{(0)}} & \cdots & \left.\frac{\partial f_1}{\partial x_M}\right|_{x^{(0)}} \\ \vdots & & \vdots \\ \left.\frac{\partial f_N}{\partial x_1}\right|_{x^{(0)}} & \cdots & \left.\frac{\partial f_N}{\partial x_M}\right|_{x^{(0)}} \end{pmatrix} \cdot \begin{pmatrix} \Delta x_1 \\ \vdots \\ \Delta x_M \end{pmatrix} \qquad (3.223)$$

oder in kompakter Matrixschreibweise

$$\Delta \boldsymbol{f} = \left(\frac{\partial \boldsymbol{f}}{\partial \boldsymbol{x}}\right) \cdot \Delta \boldsymbol{x} = \boldsymbol{S} \cdot \Delta \boldsymbol{x} \qquad (3.224)$$

Die Sensitivität des Funktionensystems $\boldsymbol{f}$ auf Änderungen der Variablen $\boldsymbol{x}$ wird durch die sogenannte Sensitivitäts- oder Empfindlichkeitsmatrix $\boldsymbol{S}$ ausgedrückt. Der Wert eines Elementes S_{ik} dieser Matrix stellt ein Maß für die Empfindlichkeit der i-ten Funktion auf Variation der k-ten Komponente des Variablenvektors $\boldsymbol{x}$ dar.

3.4 Sensitivitätsanalyse des Leistungsflusses

Dabei sind die unabhängigen Variablen die Wirk- und Blindeinspeisungen, die Spannungsbeträge spannungsgeregelter Knoten und die Transformatorstufenstellungen. Die abhängigen Variablen sind die Zustandsvariablen des Netzes (i.e. die Knotenspannungen). Das Funktionensystem wird aus den Leistungsflussgleichungen gebildet.

Im Allgemeinen wird nicht die Empfindlichkeit der Zustandsvariablen, sondern die Empfindlichkeit von abgeleiteten Größen wie Strömen oder Leistungsflüssen gesucht.

Die Leistungsflussgleichungen lassen sich als nichtlineares Gleichungssystem der folgenden Form darstellen.

$$f(x, r) = 0 \tag{3.225}$$

Gesucht ist nun die Empfindlichkeit des abhängigen Vektors x der Länge N auf Variationen des unabhängigen Vektors r der Länge M. Das totale Differenzial des Funktionensystems ergibt

$$df = \left(\frac{\partial f}{\partial x}\right) dx + \left(\frac{\partial f}{\partial r}\right) dr = 0 \tag{3.226}$$

Die Auflösung dieser Beziehung nach dx sowie Linearisierung liefert

$$\Delta x = -\left(\frac{\partial f}{\partial x}\right)^{-1} \cdot \left(\frac{\partial f}{\partial r}\right) \cdot \Delta r \tag{3.227}$$

Diese Beziehung stellt einen linearen Zusammenhang zwischen den Änderungen der unabhängigen Größen und den Änderungen der abhängigen Größen dar unter Berücksichtigung der Nebenbedingungen nach Gl. (3.225).

Über die Vierpoldarstellung der Leitungen und Transformatoren lassen sich die Größen z als Funktionen der Zustandsvariablen x und der unabhängigen Variablen r ausdrücken.

$$z = h(x, r) \tag{3.228}$$

Analog zu den bisher abgeleiteten Beziehungen kann man für hinreichend kleine Änderungen Δx und Δr ebenfalls einen linearisierten Zusammenhang angeben.

$$\Delta z = \left(\frac{\partial h}{\partial x}\right) \cdot \Delta x + \left(\frac{\partial h}{\partial r}\right) \cdot \Delta r \tag{3.229}$$

In Gl. (3.227) eingesetzt ergibt sich damit der gesuchte lineare Zusammenhang zwischen den gesuchten Änderungen der abgeleiteten Größen und den Änderungen der unabhängigen Variablen:

$$\Delta z = \left(-\left(\frac{\partial h}{\partial x}\right) \cdot \left(\frac{\partial f}{\partial x}\right)^{-1} \cdot \left(\frac{\partial f}{\partial r}\right) + \left(\frac{\partial h}{\partial r}\right)\right) \cdot \Delta r = S \cdot \Delta r \tag{3.230}$$

3.4.3 Sensitivitätsanalyse in elektrischen Netzen

Bei der Sensitivitätsanalyse zur Bewertung von Betriebspunkten elektrischer energieversorgungsnetze kann davon ausgegangen werden, dass die Leistungsflussverteilung zuvor bei Planungsfällen durch eine Offline-Leistungsflussrechnung und bei der Netzbetriebsführung durch eine Online-Leistungsflussrechnung (i.e. State Estimation, Kap. 4) bestimmt wurde. Damit sind die Knotenspannungen und die Einspeiseleistungen für den zu untersuchenden Systemzustand bekannt.

Die Funktionalmatrix $\left(\frac{\partial \boldsymbol{h}}{\partial \boldsymbol{x}}\right)$ wird aus den partiellen Ableitungen der Leistungsflussnebenbedingungen nach den Zustandsvariablen entsprechend der Leistungsflussberechnung nach Newton-Raphson aus Abschn. 3.3.3 gebildet.

Die Matrix $\left(\frac{\partial \boldsymbol{h}}{\partial \boldsymbol{r}}\right)$ enthält die partiellen Ableitungen der Leistungsnebenbedingungen nach den unabhängigen Steuervariablen für den zu untersuchenden Betriebspunkt.

- **Wirk- und Blindleistungserzeugungen**
Die Elemente der Spaltenvektoren dieser Matrix für die unabhängigen steuerbaren Wirk- und Blindleistungserzeugungen $P_{G,i}$ und $Q_{G,i}$ werden aus den Gl. (3.231) und (3.232) berechnet.

$$\left(\frac{\partial \boldsymbol{h}_j}{\partial P_{G,i}}\right)_{x^{(0)}} = \begin{cases} -1 & \text{für } \text{Re}\{\boldsymbol{h}\} \text{ und } j = i \\ 0 & \text{sonst} \end{cases} \quad (3.231)$$

$$\left(\frac{\partial \boldsymbol{h}_j}{\partial Q_{G,i}}\right)_{x^{(0)}} = \begin{cases} -1 & \text{für } \text{Im}\{\boldsymbol{h}\} \text{ und } j = i \\ 0 & \text{sonst} \end{cases} \quad (3.232)$$

- **Steuerbare Knotenspannungsbeträge**
Entsprechend den partiellen Ableitungen der partiellen Ableitungen der Wirk- und Blindleistungen nach den Spannungsbeträgen in der Funktionalmatrix $\left(\frac{\partial \boldsymbol{h}}{\partial \boldsymbol{x}}\right)$ (i.e. die Untermatrizen $\boldsymbol{N}$ und $\boldsymbol{L}$, Definition siehe Abschn. 3.3.2) ergeben sich für die partiellen Ableitungen der Leistungsflussnebenbedingungen nach den unabhängigen steuerbaren Spannungsbeträgen von spannungsgeregelten Knoten die Beziehungen nach Gl. (3.20). Dabei enthält die Menge $\mathcal{N}_i$ alle Knoten, die mit dem Knoten i unmittelbar verbunden sind.

$$U_i^{(0)} \cdot \left(\frac{\partial \boldsymbol{h}_j}{\partial U_i}\right)_{x^{(0)}} = \begin{cases} N_{ii} & \text{für } \text{Re}\{\boldsymbol{h}\} \text{ und } j = i \\ N_{ji} & \text{für } \text{Re}\{\boldsymbol{h}\} \text{ und } j \in \mathcal{N}_i \\ L_{ji} & \text{für } \text{Im}\{\boldsymbol{h}\} \text{ und } j \in \mathcal{N}_i \\ 0 & \text{sonst} \end{cases} \quad (3.233)$$

- **Stufenstellungen von Transformatoren**
Da die Admittanzen der geregelten Transformatoren abhängig von den Stufenstellungen sind, sind die Leistungsflussnebenbedingungen ebenfalls eine Funktion der

3.4 Sensitivitätsanalyse des Leistungsflusses

Transformatorstufenstellungen. Entsprechend Abschn. 2.1.6.3.2 werden die Stelltransformatoren durch nicht umkehrbare Vierpole dargestellt. Es muss daher zwischen der Seite des Transformators, an der der Stufensteller wirksam ist, und der ungestellten Seite in der Modellbildung unterschieden werden.

Es gilt die Abkürzung

$$\frac{1}{\underline{t}^{(0)}} \cdot \left. \frac{\partial \underline{t}}{\partial s} \right|_{s^{(0)}} = g + \mathrm{j} \cdot b \tag{3.234}$$

Damit ergeben sich die entsprechenden Ableitungen der Vierpolparameter (siehe auch Abschn. 3.3.8). Mit dem Index „u" wird die Admittanz des Transformators im ungeregelten Zustand, dies entspricht der Mittelstellung des Stufenstellers, gekennzeichnet. Die variablen Transformatorstufenstellungen s werden näherungsweise als kontinuierlich einstellbar angenommen.

$$\left. \frac{\partial \underline{Y}_{ik}}{\partial s_{ik}} \right|_{s_{ik}^{(0)}} = \underline{Y}_{u,ik} \cdot \left. \frac{\partial \underline{t}_{ik}}{\partial s_{ik}} \right|_{s_{ik}^{(0)}} = \underline{Y}_{ik}^{(0)} \cdot (g_{ik} + \mathrm{j} \cdot b_{ik}) \tag{3.235}$$

$$\left. \frac{\partial \underline{Y}_{ki}}{\partial s_{ik}} \right|_{s_{ik}^{(0)}} = \underline{Y}_{u,ki} \cdot \left. \frac{\partial \underline{t}_{ik}}{\partial s_{ik}} \right|_{s_{ik}^{(0)}} = \underline{Y}_{ki}^{(0)} \cdot (g_{ik} + \mathrm{j} \cdot b_{ik}) \tag{3.236}$$

$$\left. \frac{\partial \left(\underline{Y}_{0,ik} - \underline{Y}_{ik} \right)}{\partial s_{ik}} \right|_{s_{ik}^{(0)}} = 0 \tag{3.237}$$

$$\left. \frac{\partial \left(\underline{Y}_{0,ik} - \underline{Y}_{ik} \right)}{\partial s_{ik}} \right|_{s_{ik}^{(0)}} = \left(\underline{Y}_{0,uki} - \underline{Y}_{u,ki} \right) \cdot \left. \frac{\partial |\underline{t}_{ik}|^2}{\partial s_{ik}} \right|_{s_{ik}^{(0)}} = \left(\underline{Y}_{0,ki} - \underline{Y}_{ki} \right) \cdot 2 \cdot g_{ik} \tag{3.238}$$

Allgemein ergeben sich damit die partiellen Ableitungen der komplexen Knoteneinspeisungen nach den Transformatorstufenstellungen.

$$\left. \frac{\partial \underline{S}_j}{\partial s_{ik}} \right|_{s^{(0)}} = \begin{cases} 0 & \text{für } j \neq i \text{ und } j \neq i \\ \underline{U}_i^{(0)} \left(\underline{Y}_{ik}^{(0)} \right)^* \left(\underline{U}_k^{(0)} \right)^* (g_{ik} - \mathrm{j} \cdot b_{ik}) & \text{für } j \neq i \\ \left(\underline{U}_k^{(0)} \right)^2 \left(\left(\underline{Y}_{0,ki}^{(0)} \right)^* - \left(\underline{Y}_{ki}^{(0)} \right)^* \right) \cdot 2 \cdot g_{ik} + \underline{U}_k^{(0)} \left(\underline{Y}_{ki}^{(0)} \right)^* \left(\underline{U}_k^{(0)} \right)^* (g_{ik} - \mathrm{j} \cdot b_{ik}) & \text{für } j = i \end{cases} \tag{3.239}$$

Für die partiellen Ableitungen der Wirk- bzw. Blindeinspeisungen nach den Transformatorstufenstellungen s werden die Matrizen T und W nach Gl. (3.26) definiert. Die beiden Matrizen sind entsprechend Gl. (3.239) sehr schwach besetzt. Pro Transformator existieren lediglich die Ableitungen der Wirk- und Blindleistungseinspeisungen der

Anschlussknoten *i* und *k*. Die anderen Elemente der beiden Matrizen haben den Wert null. Es werden wieder die Abkürzungen aus Abschn. 3.3.3 verwendet.

$$\begin{aligned} T_{ik} &= \frac{\partial P_i}{\partial s_{ik}} = c_{ik} \cdot g_{ik} + d_{ik} \cdot b_{ik} \\ T_{ki} &= \frac{\partial P_k}{\partial s_{ik}} = c_{ki} \cdot g_{ik} - d_{ki} \cdot b_{ik} + 2 \cdot c_{kk} \cdot g_{ik} \\ W_{ik} &= \frac{\partial Q_i}{\partial s_{ik}} = d_{ik} \cdot g_{ik} - c_{ik} \cdot b_{ik} \\ W_{ki} &= \frac{\partial Q_k}{\partial s_{ik}} = d_{ki} \cdot g_{ik} + c_{ki} \cdot b_{ik} + 2 \cdot d_{kk} \cdot g_{ik} \end{aligned} \quad (3.240)$$

3.4.4 Rechentechnische Vorgehensweise

Der größte numerische Aufwand bei der Sensitivitätsrechnung besteht in der Bestimmung der Empfindlichkeiten der Zustandsvariablen, da hierfür prinzipiell die Inversion der Jacobi-Matrix erforderlich ist. Es sind jedoch nur wenige Elemente der Inversen von Interesse. Daher ist ein Verfahren sinnvoll, das nur die minimal erforderliche Anzahl an Rechenoperationen zur Bestimmung dieser wenigen Elemente der Inversen erfordert. Insbesondere werden nur diejenigen Operationen ausgeführt, die ein von null verschiedenes Ergebnis liefern. Ein ähnliches Verfahren wird ausführlich in Abschn. 5.3.8 zur Kurzschlussstromberechnung beschrieben.

Die Matrizengleichung (3.241) muss nach der Sensitivitätsmatrix **S** aufgelöst werden.

$$\left(\frac{\partial \boldsymbol{f}}{\partial \boldsymbol{x}}\right) \cdot \boldsymbol{S} = -\left(\frac{\partial \boldsymbol{f}}{\partial \boldsymbol{r}}\right) \quad (3.241)$$

Die Funktionalmatrix $\left(\frac{\partial \boldsymbol{h}}{\partial \boldsymbol{x}}\right)$ liegt entsprechend Abschn. 2.3 gedrängt gespeichert als Produkt einer unteren und einer oberen Dreiecksmatrix **L** und **U** vor.

$$\left(\frac{\partial \boldsymbol{f}}{\partial \boldsymbol{x}}\right) = \boldsymbol{L}_x \cdot \boldsymbol{U}_x \quad (3.242)$$

Die Sensitivitätsmatrix wird rekursiv spaltenweise durch fortgesetzte Vorwärts-Rückwärts-Substitution bestimmt. Die Werte des Hilfsvektors *v* werden durch Vorwärtssubstitution berechnet

$$\boldsymbol{L}_x \cdot \boldsymbol{v} = -\left(\frac{\partial \boldsymbol{f}}{\partial \boldsymbol{r}}\right)_{\cdot i} \quad (3.243)$$

Anschließend wird der i-te Spaltenvektor von **S** durch Rückwärtssubstitution ermittelt

$$\boldsymbol{U}_x \cdot \boldsymbol{S}_{\cdot i} = \boldsymbol{v} \quad (3.244)$$

Bei der Durchführung des Aufrollprozesses müssen zur Minimierung des Rechenaufwandes einige Eigenschaften der Gl. (3.243) und (3.244), wie die schwache Besetztheit von $\left(\frac{\partial f}{\partial r}\right)$ und somit auch des Hilfsvektors v und die spezielle Graphenstruktur der Dreiecksmatrizen, ausgenutzt werden. Es müssen nur wenige Elemente der Sensitivitätsmatrix S berechnet werden [35].

3.5 Schnelle, entkoppelte Leistungsflussrechnung

3.5.1 Begründung

Sollen eine größere Anzahl von Varianten einer bestimmten Leistungsflusssituation berechnet werden, z. B. bei Ausfallsimulationen, müssen die einzelnen Leistungsflussrechnungen besonders schnell durchgeführt werden, um die Gesamtrechenzeit in vertretbaren Grenzen zu halten. Da der vor einer solchen Variantenrechnung gültige Leistungsfluss jeweils bekannt ist, stehen besonders gute Startwerte für die nächsten Varianten zur Verfügung. Daher sind ohne nachteilige Auswirkungen auf das Konvergenzverhalten vereinfachende Annahmen für das Leistungsflussverfahren zulässig.

Brian Stott und Ongun Alsac entwickelten die Leistungsflussrechnung nach Newton-Raphson zu einem neuen Verfahren weiter, das zwar eine größere Anzahl von Iterationsschritten umfasst als bisher, die jedoch jeweils weniger Zeit erfordern, sodass das Verfahren insgesamt schneller abläuft. Es führt außerdem zu einer Entkopplung der Beziehungen für die Fehler $\Delta P_i^{(\nu)}$ und $\Delta Q_i^{(\nu)}$ der Knotenleistungskomponenten voneinander und wird daher als schnelle, entkoppelte Leistungsflussrechnung (SELF) bezeichnet [15, 41].

Dadurch erreicht man eine erhebliche Verringerung der Rechenzeit, die für eine Iteration benötigt wird. Die Konvergenzeigenschaften des Verfahrens sind allerdings erheblich schlechter, sodass mit der 5 bis 10-fachen Anzahl von Iterationen im Vergleich zum Newton-Raphson-Verfahren gerechnet werden muss. Darüber hinaus kann es in speziellen Fällen vorkommen, dass der schnelle, entkoppelte Leistungsfluss nicht konvergiert, obwohl eine Lösung existiert. Das Verfahren ist nur für Netze der höheren Spannungsebenen geeignet, da nur hier die für die Vereinfachungen notwendigen Voraussetzungen zutreffen.

Dieses Verfahren ist insbesondere dann interessant, wenn hohe Anforderungen an die Rechengeschwindigkeit gestellt werden. Dies kann z. B. bei Online-Netzsicherheitsrechnungen der Fall sein oder bei Offline-Aufgaben, bei denen eine große Anzahl von Leistungsflussberechnungen benötigt wird, z. B. bei Zuverlässigkeitsberechnungen.

3.5.2 Vereinfachende Annahmen

Die Koeffizienten der Funktionalmatrix nach Abschn. 3.3.3 lassen sich vereinfachen. Das ist dann besonders leicht nachzuweisen, wenn die Knotenspannungen in diesen Koeffizienten mithilfe ihrer Polarkoordinaten ausgedrückt werden. Im Einzelnen geht man dabei von folgenden Voraussetzungen aus:

Für die Koeffizienten der Knotenpunktadmittanzmatrix wird die Gültigkeit der folgenden Beziehung unterstellt.

$$g_{ik} \ll b_{ik} \qquad (3.245)$$

Diese Voraussetzung ist in der Regel in den Netzebenen mit einer Nennspannung von $U_\mathrm{n} = 110$ kV und höher erfüllt, da in diesen Spannungsebenen das X/R-Verhältnis bei den Leitungen größer als zehn ist.

In Mittelspannungsnetzen und in Netzen mit hohem Kabelanteil ist die Bedingung nach Gl. (3.31) jedoch häufig nicht erfüllt. Treten hierbei X/R-Verhältnisse kleiner als zwei auf, konvergiert das schnelle, entkoppelte Leistungsflussverfahren nur noch schlecht. Eine Abhilfe kann in diesem Fall durch Einführung eines fiktiven Knotens $\hat{k}$ bei Zweigen mit ungünstigem X/R-Verhältnis erreicht werden [16]. Abb. 3.27 zeigt den Lösungsansatz, bei dem der Leitungsimpedanz ($R + \mathrm{j} \cdot X$) im Teilbild a eine zusätzliche Reaktanz ΔX hinzugefügt wird (Teilbild b) und damit wieder für diesen Zweigabschnitt $i - \hat{k}$ ein X/R-Verhältnis erreicht wird, mit dem die Bedingung nach Gl. (3.31) erfüllt wird. Um die Gesamtimpedanz zwischen den Knoten i und k insgesamt nicht zu verändern, wird in dem fiktiven Zweigabschnitt $\hat{k} - k$ eine zusätzliche Reaktanz $-\Delta X$ eingefügt. Da in diesem Zweig der Realteil definitionsgemäß $R = 0$ ist, ist damit die Bedingung nach Gl. (3.31) in diesem Abschnitt immer erfüllt. Dieser Lösungsansatz ist allerdings nur dann sinnvoll, falls im Netz nur wenige Zweige korrigiert werden müssen, da jeweils ein zusätzlicher Knoten im Rechenmodell entsteht. Wird die Anzahl zusätzlicher Knoten zu hoch, geht dadurch der Rechenzeitvorteil des schnellen, entkoppelten Leistungsflussverfahrens verloren.

Bei den üblicherweise regional begrenzten und relativ gut vermaschten Netzen kann für die Phasenlage der Spannungen in elektrisch benachbarten Knoten die folgende Näherung zugelassen werden:

$$\varphi_i \approx \varphi_k \qquad (3.246)$$

und daraus folgend

$$\cos(\varphi_i - \varphi_k) \approx 1 \qquad (3.247)$$

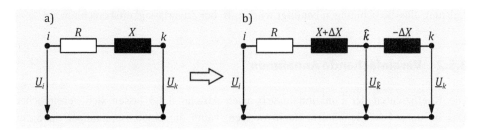

Abb. 3.27 Einführung eines fiktiven Knotens

3.5 Schnelle, entkoppelte Leistungsflussrechnung

$$\sin(\varphi_i - \varphi_k) \approx 0 \tag{3.248}$$

Auch hier kann ähnlich wie bei zu kleinen X/R-Verhältnissen in einzelnen Fällen, z. B. bei sehr langen Leitungen, durch Einführung von zusätzlichen, fiktiven Knoten im Leitungsverlauf Abhilfe geschaffen werden.

Für die weiter unten in den Koeffizienten der Funktionalmatrix auftretenden Komponenten

$$\begin{aligned} g_{ik} \cdot \cos(\varphi_i - \varphi_k) \\ g_{ik} \cdot \sin(\varphi_i - \varphi_k) \end{aligned} \tag{3.249}$$

$$\begin{aligned} b_{ik} \cdot \cos(\varphi_i - \varphi_k) \\ b_{ik} \cdot \sin(\varphi_i - \varphi_k) \end{aligned} \tag{3.250}$$

ergibt sich dann mit den Näherungen nach den Gl. (3.246) bis (3.248)

$$\begin{aligned} g_{ik} \cdot \sin(\varphi_i - \varphi_k) \ll g_{ik} \cdot \cos(\varphi_i - \varphi_k) \\ g_{ik} \cdot \sin(\varphi_i - \varphi_k) \ll b_{ik} \cdot \sin(\varphi_i - \varphi_k) \end{aligned} \tag{3.251}$$

und weiterhin

$$\begin{aligned} g_{ik} \cdot \cos(\varphi_i - \varphi_k) \ll b_{ik} \cdot \cos(\varphi_i - \varphi_k) \\ b_{ik} \cdot \sin(\varphi_i - \varphi_k) \ll b_{ik} \cdot \cos(\varphi_i - \varphi_k) \end{aligned} \tag{3.252}$$

Bezüglich des Betrages der Spannungen in benachbarten Knoten kann die folgende Näherung getroffen werden

$$U_i \approx U_k \tag{3.253}$$

Für den in einigen Koeffizienten der Funktionalmatrix später sich ergebenden Ausdruck

$$2 \cdot U_i \cdot b_{ii} + \sum_{k \in \mathcal{N}_i} U_k \cdot b_{ik} \tag{3.254}$$

folgt mit Gl. (3.41) auch

$$\begin{aligned} 2 \cdot U_i \cdot b_{ii} + \sum_{k \in \mathcal{N}_i} U_k \cdot b_{ik} &\approx U_i \cdot \left(2 \cdot b_{ii} + \sum_{k \in \mathcal{N}_i} b_{ik} \right) \\ &\approx U_i \cdot \left(b_{ii} + \left(\sum_{k \in \mathcal{N}_i} \left(B_{0,ik} + B_{ik} \right) + \sum_{k \in \mathcal{N}_i} (-B_{ik}) \right) \right) \\ &\approx U_i \cdot \left(b_{ii} + \sum_{k \in \mathcal{N}_i} B_{0,ik} \right) \\ &\approx U_i \cdot b_{ii} \end{aligned} \tag{3.255}$$

3.5.3 Koeffizienten der Funktionalmatrix

Aus der Netzgleichung (3.11) folgen N Einzelgleichungen für die Knotenleistungsbilanz an allen Netzknoten. Die Knotenspannungen werden dabei in Polarkoordinatendarstellung angegeben.

$$\begin{aligned}
\underline{S}_i &= \underline{U}_i \cdot \sum_{k=1}^{N} \underline{y}_{ik}^* \cdot \underline{U}_k^* \\
&= U_i^2 \cdot \underline{y}_{ii}^* + \underline{U}_i \cdot \sum_{k \in \mathcal{N}_i} \underline{y}_{ik}^* \cdot \underline{U}_k^* \\
&= U_i^2 \cdot \underline{y}_{ii}^* + U_i \cdot (\cos(\varphi_i) + \mathrm{j} \cdot \sin(\varphi_i)) \cdot \sum_{k \in \mathcal{N}_i} \underline{y}_{ik}^* \cdot U_k \cdot (\cos(\varphi_k) - \mathrm{j} \cdot \sin(\varphi_k)) \\
&= U_i^2 \cdot (g_{ii} - \mathrm{j} \cdot b_{ii}) + U_i \cdot \sum_{k \in \mathcal{N}_i} (g_{ik} - \mathrm{j} \cdot b_{ik}) \cdot U_k \cdot (\cos(\varphi_i - \varphi_k) + \mathrm{j} \cdot \sin(\varphi_i - \varphi_k)) \\
&= U_i^2 \cdot (g_{ii} - \mathrm{j} \cdot b_{ii}) + U_i \cdot \sum_{k \in \mathcal{N}_i} U_k \cdot \begin{pmatrix} (g_{ik} \cdot \cos(\varphi_i - \varphi_k) + b_{ik} \cdot \sin(\varphi_i - \varphi_k)) \\ +\mathrm{j} \cdot (g_{ik} \cdot \sin(\varphi_i - \varphi_k) + b_{ik} \cdot \cos(\varphi_i - \varphi_k)) \end{pmatrix}
\end{aligned} \tag{3.256}$$

bzw. N Gleichungspaare

$$P_i = U_i^2 \cdot g_{ii} + U_i \cdot \sum_{k \in \mathcal{N}_i} U_k \cdot (g_{ik} \cdot \cos(\varphi_i - \varphi_k) + b_{ik} \cdot \sin(\varphi_i - \varphi_k)) \tag{3.257}$$

$$Q_i = -U_i^2 \cdot b_{ii} + U_i \cdot \sum_{k \in \mathcal{N}_i} U_k \cdot (g_{ik} \cdot \sin(\varphi_i - \varphi_k) - b_{ik} \cdot \cos(\varphi_i - \varphi_k)) \tag{3.258}$$

Sie liefern für die Koeffizienten der Funktionalmatrix im Einzelnen die Ausdrücke

$$\begin{aligned}
H_{ii} &= \frac{\partial P_i}{\partial \varphi_i} = U_i \cdot \sum_{k \in \mathcal{N}_i} U_k \cdot (-g_{ik} \cdot \sin(\varphi_i - \varphi_k) + b_{ik} \cdot \cos(\varphi_i - \varphi_k)) \\
N_{ii} &= U_i \cdot \frac{\partial P_i}{\partial U_i} = 2 \cdot U_i^2 \cdot g_{ii} + U_i \cdot \sum_{k \in \mathcal{N}_i} U_k \cdot (g_{ik} \cdot \cos(\varphi_i - \varphi_k) + b_{ik} \cdot \sin(\varphi_i - \varphi_k)) \\
J_{ii} &= \frac{\partial Q_i}{\partial \varphi_i} = U_i \cdot \sum_{k \in \mathcal{N}_i} U_k \cdot (g_{ik} \cdot \cos(\varphi_i - \varphi_k) + b_{ik} \cdot \sin(\varphi_i - \varphi_k)) \\
L_{ii} &= U_i \cdot \frac{\partial Q_i}{\partial U_i} = -2 \cdot U_i^2 \cdot b_{ii} + U_i \cdot \sum_{k \in \mathcal{N}_i} U_k \cdot (g_{ik} \cdot \sin(\varphi_i - \varphi_k) - b_{ik} \cdot \cos(\varphi_i - \varphi_k)) \\
H_{ik} &= \frac{\partial P_i}{\partial \varphi_k} = U_i \cdot U_k \cdot (g_{ik} \cdot \sin(\varphi_i - \varphi_k) - b_{ik} \cdot \cos(\varphi_i - \varphi_k)) \\
N_{ik} &= U_k \cdot \frac{\partial P_i}{\partial U_k} = U_i \cdot U_k \cdot (g_{ik} \cdot \cos(\varphi_i - \varphi_k) + b_{ik} \cdot \sin(\varphi_i - \varphi_k)) \\
J_{ik} &= \frac{\partial Q_i}{\partial \varphi_k} = U_i \cdot U_k \cdot (-g_{ik} \cdot \cos(\varphi_i - \varphi_k) - b_{ik} \cdot \sin(\varphi_i - \varphi_k)) \\
J_{ik} &= \frac{\partial Q_i}{\partial \varphi_k} = U_i \cdot U_k \cdot (-g_{ik} \cdot \cos(\varphi_i - \varphi_k) - b_{ik} \cdot \sin(\varphi_i - \varphi_k))
\end{aligned} \tag{3.259}$$

3.5 Schnelle, entkoppelte Leistungsflussrechnung

Mit den Gl. (3.245) bis (3.248) folgt daraus

$$
\begin{aligned}
H_{ii} &\approx U_i \cdot \sum_{k \in \mathcal{N}_i} U_k \cdot b_{ik} \\
N_{ii} &\approx 0 \\
J_{ii} &\approx 0 \\
L_{ii} &\approx -2 \cdot U_i^2 \cdot b_{ii} - U_i \cdot \sum_{k \in \mathcal{N}_i} U_k \cdot b_{ik} \\
H_{ik} &\approx -U_i \cdot U_k \cdot b_{ik} \\
N_{ik} &\approx 0 \\
J_{ik} &\approx 0 \\
L_{ik} &\approx -U_i \cdot U_k \cdot b_{ik}
\end{aligned}
\tag{3.260}
$$

Bei Anwendung von Gl. (3.41) auf die Diagonalelemente und unter Einbeziehung von Gl. (3.43) vereinfachen sich die Ausdrücke zu

$$
\begin{aligned}
H_{ii} &\approx U_i^2 \cdot \sum_{k \in \mathcal{N}_i} b_{ik} \\
N_{ii} &\approx 0 \\
J_{ii} &\approx 0 \\
L_{ii} &\approx U_i^2 \cdot b_{ii} \\
H_{ik} &\approx -U_i \cdot U_k \cdot b_{ik} \\
N_{ik} &\approx 0 \\
J_{ik} &\approx 0 \\
L_{ik} &\approx -U_i \cdot U_k \cdot b_{ik}
\end{aligned}
\tag{3.261}
$$

Gl. (3.31) nimmt dann die folgende Form an [41].

$$
\begin{pmatrix} \boldsymbol{H} & \boldsymbol{0} \\ \boldsymbol{0} & \boldsymbol{L} \end{pmatrix} \cdot \begin{pmatrix} \Delta \boldsymbol{\varphi} \\ \frac{\Delta \boldsymbol{u}}{\mathrm{diag}(\boldsymbol{u})} \end{pmatrix} = \begin{pmatrix} \Delta \boldsymbol{p} \\ \Delta \boldsymbol{q} \end{pmatrix}
\tag{3.262}
$$

Daraus ergeben sich die beiden entkoppelten Teilgleichungssysteme

$$
\boldsymbol{H} \cdot \Delta \boldsymbol{\varphi} \approx \Delta \boldsymbol{p}
\tag{3.263}
$$

$$
\boldsymbol{L} \cdot \frac{\Delta \boldsymbol{u}}{\mathrm{diag}(\boldsymbol{u})} \approx \Delta \boldsymbol{q}
\tag{3.264}
$$

Die Abweichungen ΔP_i der Wirkleistungsnäherungen von den betreffenden Ausgangswerten sind nun nicht mehr von den Korrekturwerten $\Delta U_i / U_i$ der Spannungsbeträge, die

Abweichungen ΔQ_i der Blindleistungsnäherungen nicht mehr von den Korrekturwerten $\Delta \varphi$ der Spannungswinkel abhängig. Beide Wertegruppen sind voneinander entkoppelt.

Im Verlauf der Iterationen kann man abwechselnd je für sich einmal die Phasenwinkel und einmal die Beträge der Knotenspannungen verbessern (Halbiteration; s. Abschn. 3.5.5). Allerdings sind die Koeffizienten der beiden verbleibenden Untermatrizen $\boldsymbol{H}$ und $\boldsymbol{L}$ der Funktionalmatrix nach wie vor von den jeweils erreichten Knotenspannungsnäherungen abhängig. Durch eine weitere Näherung lässt sich diese Abhängigkeit jedoch im Folgenden ebenfalls eliminieren.

3.5.4 Beseitigung der Knotenspannungsabhängigkeit

Ausführlich geschrieben gilt für die Gl. (3.51) und (3.52) jetzt auch

$$\begin{pmatrix} U_1^2 \sum_{k \in \mathcal{N}_1} b_{1k} & -U_1 \cdot U_2 \cdot b_{12} & \cdots & -U_1 \cdot U_N \cdot b_{1N} \\ -U_2 \cdot U_1 \cdot b_{21} & U_2^2 \sum_{k \in \mathcal{N}_2} b_{2k} & \cdots & -U_2 \cdot U_N \cdot b_{2N} \\ \vdots & \vdots & \ddots & \vdots \\ -U_N \cdot U_1 \cdot b_{N1} & -U_N \cdot U_2 \cdot b_{N2} & \cdots & U_N^2 \sum_{k \in \mathcal{N}_N} b_{Nk} \end{pmatrix} \cdot \begin{pmatrix} \Delta \varphi_1 \\ \Delta \varphi_2 \\ \vdots \\ \Delta \varphi_N \end{pmatrix} = \begin{pmatrix} \Delta P_1 \\ \Delta P_2 \\ \vdots \\ \Delta P_N \end{pmatrix}$$
(3.265)

$$\begin{pmatrix} -U_1^2 \cdot b_{11} & -U_1 \cdot U_2 \cdot b_{12} & \cdots & -U_1 \cdot U_N \cdot b_{1N} \\ -U_2 \cdot U_1 \cdot b_{21} & U_2^2 \cdot b_{22} & \cdots & -U_2 \cdot U_N \cdot b_{2N} \\ \vdots & \vdots & \ddots & \vdots \\ -U_N \cdot U_1 \cdot b_{N1} & -U_N \cdot U_2 \cdot b_{N2} & \cdots & U_N^2 \cdot b_{NN} \end{pmatrix} \cdot \begin{pmatrix} \frac{\Delta U_1}{U_1} \\ \frac{\Delta U_2}{U_2} \\ \vdots \\ \frac{\Delta U_N}{U_N} \end{pmatrix} = \begin{pmatrix} \Delta Q_1 \\ \Delta Q_2 \\ \vdots \\ \Delta Q_N \end{pmatrix}$$
(3.266)

Weiter zerlegt gilt:

$$\begin{pmatrix} U_1 & & 0 \\ & U_2 & \\ 0 & & \ddots \\ & & & U_N \end{pmatrix} \begin{pmatrix} \sum_{k \in \mathcal{N}_1} b_{1k} & -b_{12} & \cdots & -b_{1N} \\ -b_{21} & \sum_{k \in \mathcal{N}_2} b_{2k} & \cdots & -b_{2N} \\ \vdots & \vdots & \ddots & \vdots \\ -b_{N1} & -b_{N2} & \cdots & \sum_{k \in \mathcal{N}_N} b_{Nk} \end{pmatrix} \begin{pmatrix} U_1 & & 0 \\ & U_2 & \\ 0 & & \ddots \\ & & & U_N \end{pmatrix} \begin{pmatrix} \Delta \varphi_1 \\ \Delta \varphi_2 \\ \vdots \\ \Delta \varphi_N \end{pmatrix} = \begin{pmatrix} \Delta P_1 \\ \Delta P_2 \\ \vdots \\ \Delta P_N \end{pmatrix}$$
(3.267)

$$\begin{pmatrix} U_1 & & 0 \\ & U_2 & \\ 0 & & \ddots \\ & & & U_N \end{pmatrix} \begin{pmatrix} -b_{11} & -b_{12} & \cdots & -b_{1N} \\ -b_{21} & b_{22} & \cdots & -b_{2N} \\ \vdots & \vdots & \ddots & \vdots \\ -b_{N1} & -b_{N2} & \cdots & b_{NN} \end{pmatrix} \begin{pmatrix} U_1 & & 0 \\ & U_2 & \\ 0 & & \ddots \\ & & & U_N \end{pmatrix} \begin{pmatrix} \frac{\Delta U_1}{U_1} \\ \frac{\Delta U_2}{U_2} \\ \vdots \\ \frac{\Delta U_N}{U_N} \end{pmatrix} = \begin{pmatrix} \Delta Q_1 \\ \Delta Q_2 \\ \vdots \\ \Delta Q_N \end{pmatrix}$$
(3.268)

3.5 Schnelle, entkoppelte Leistungsflussrechnung

Es zeigt sich, dass die Koeffizienten der hier als Kern verbleibenden Matrizen

$$\boldsymbol{B}' = \begin{pmatrix} \sum_{k\in\mathcal{N}_1} b_{1k} & -b_{12} & \cdots & -b_{1N} \\ -b_{21} & \sum_{k\in\mathcal{N}_2} b_{2k} & \cdots & -b_{2N} \\ \vdots & \vdots & \ddots & \vdots \\ -b_{N1} & -b_{N2} & \cdots & \sum_{k\in\mathcal{N}_N} b_{Nk} \end{pmatrix} \quad (3.269)$$

$$\boldsymbol{B}'' = \begin{pmatrix} -b_{11} & -b_{12} & \cdots & -b_{1N} \\ -b_{21} & -b_{22} & \cdots & -b_{2N} \\ \vdots & \vdots & \ddots & \vdots \\ -b_{N1} & -b_{N2} & \cdots & -b_{NN} \end{pmatrix} \quad (3.270)$$

selbst nun nicht mehr von den Knotenspannungen abhängen. Wenn es daher gelingt, die Beziehungen nach den Gl. (3.267) und (3.268) so umzuformen, dass die Korrekturwerte für die Beträge $\Delta U_i/U_i$ und für die Winkel $\Delta\varphi_i$ der Knotenspannungen nur noch mit diesen Matrizen $\boldsymbol{B}'$ und $\boldsymbol{B}''$ verknüpft sind, wird es nicht mehr notwendig sein, bei jedem Iterationsschritt erneut zunächst die Matrixkoeffizienten zu bestimmen und dann die Gleichungssysteme zu lösen. Beides wird vielmehr nur einmalig erforderlich sein.

In kompakter Schreibweise gilt für die Gl. (3.267) und (3.268) auch

$$\begin{aligned} \mathrm{diag}(\boldsymbol{u}) \cdot \boldsymbol{B}' \cdot \mathrm{diag}(\boldsymbol{u}) \cdot \Delta\boldsymbol{\varphi} &\approx \Delta\boldsymbol{p} \\ \mathrm{diag}(\boldsymbol{u}) \cdot \boldsymbol{B}'' \cdot \mathrm{diag}(\boldsymbol{u}) \cdot \frac{\Delta\boldsymbol{u}}{\mathrm{diag}(\boldsymbol{u})} &\approx \Delta\boldsymbol{q} \end{aligned} \quad (3.271)$$

In einem ersten Umwandlungsschritt lassen sich beide Gleichungen unmittelbar in die folgende Form überführen.

$$\begin{aligned} \boldsymbol{B}' \cdot \mathrm{diag}(\boldsymbol{u}) \cdot \Delta\boldsymbol{\varphi} &\approx \mathrm{diag}^{-1}(\boldsymbol{u}) \cdot \Delta\boldsymbol{p} \\ \boldsymbol{B}'' \cdot \mathrm{diag}(\boldsymbol{u}) \cdot \frac{\Delta\boldsymbol{u}}{\mathrm{diag}(\boldsymbol{u})} &\approx \mathrm{diag}^{-1}(\boldsymbol{u}) \cdot \Delta\boldsymbol{q} \end{aligned} \quad (3.272)$$

Die Betragswerte der Spannungen sind nicht sehr unterschiedlich und die Spannungen bilden eine Diagonalmatrix. Unter diesen Bedingungen kann man die Reihenfolge der Faktoren in den Matrizenprodukten entgegen der Regel $\boldsymbol{A} \cdot \boldsymbol{B} \neq \boldsymbol{B} \cdot \boldsymbol{A}$ vertauschen. Es gilt damit näherungsweise

$$\begin{aligned} \boldsymbol{B}' \cdot \mathrm{diag}(\boldsymbol{u}) &\approx \mathrm{diag}(\boldsymbol{u}) \cdot \boldsymbol{B}' \\ \boldsymbol{B}'' \cdot \mathrm{diag}(\boldsymbol{u}) &\approx \mathrm{diag}(\boldsymbol{u}) \cdot \boldsymbol{B}'' \end{aligned} \quad (3.273)$$

Mit dieser Vertauschung ergibt sich

$$\begin{aligned} \boldsymbol{B}' \cdot \Delta\boldsymbol{\varphi} &\approx \mathrm{diag}^{-2}(\boldsymbol{u}) \cdot \Delta\boldsymbol{p} \\ \boldsymbol{B}'' \cdot \frac{\Delta\boldsymbol{u}}{\mathrm{diag}(\boldsymbol{u})} &\approx \mathrm{diag}^{-2}(\boldsymbol{u}) \cdot \Delta\boldsymbol{q} \end{aligned} \quad (3.274)$$

Anstatt eines Gleichungssystems zur Berechnung der Leistungsflüsse mit dem Newton-Raphson-Verfahren entsprechend Gl. (3.30) erhält man nun nach Gl. (3.274) für die schnelle, entkoppelte Leistungsflussberechnung zwei lineare Gleichungssysteme. Die namensgebende Entkopplung in diesem Verfahren betrifft allerdings nur die linke Seite der Gleichungssysteme (3.274). Über die Spannungen auf der rechten Seite besteht weiterhin eine Abhängigkeit bzw. wechselseitige Beeinflussung von Wirk- und Blindleistung. Mit den zuvor beschriebenen Näherungen wird aber erreicht, dass die Koeffizientenmatrizen B' und B'' von der Spannung unabhängig und damit konstant sind. Sie müssen daher nur einmal zu Beginn des Berechnungsverfahrens bestimmt werden und bleiben während des Iterationsverlaufes unverändert. Die Koeffizientenmatrizen B' und B'' besitzen die gleiche Besetztheitsstruktur wie die Knotenpunktadmittanzmatrix Y. Sie sind dementsprechend ebenfalls schwach besetzt. Die Lösung der Gleichungssysteme nach Gl. (3.274) erfolgt nach einem in Abschn. 3.5.5 näher beschriebenen Verfahren, bei dem wechselseitig in einem zweistufigen Iterationsschritt jeweils der erreichte Wirk- und Blindleistungswert verbessert wird.

Löst man die Gleichungssysteme Gl. (3.274) für die einzelnen Knoten auf, erhält man ausführlich geschrieben:

$$\begin{aligned}
\sum_{k \in \mathcal{N}_1} b_{1k} \cdot \Delta\varphi_1 - b_{12} \cdot \Delta\varphi_2 \ldots - b_{1N} \cdot \Delta\varphi_N &\approx \frac{\Delta P_1}{U_1^2} \\
-b_{21} \cdot \Delta\varphi_1 + \sum_{k \in \mathcal{N}_2} b_{2k} \cdot \Delta\varphi_2 \ldots - b_{2N} \cdot \Delta\varphi_N &\approx \frac{\Delta P_2}{U_2^2} \\
&\vdots \\
-b_{N1} \cdot \Delta\varphi_1 - b_{N2} \cdot \Delta\varphi_2 \ldots + \sum_{k \in \mathcal{N}_N} b_{Nk} \cdot \Delta\varphi_N &\approx \frac{\Delta P_N}{U_N^2}
\end{aligned} \quad (3.275)$$

und

$$\begin{aligned}
-b_{11} \cdot \frac{\Delta U_1}{U_1} - b_{12} \cdot \frac{\Delta U_2}{U_2} \ldots - b_{1N} \cdot \frac{\Delta U_N}{U_N} &\approx \frac{\Delta Q_1}{U_1^2} \\
-b_{21} \cdot \frac{\Delta U_1}{U_1} - b_{22} \cdot \frac{\Delta U_N}{U_2} \ldots - b_{2N} \cdot \frac{\Delta U_N}{U_N} &\approx \frac{\Delta Q_2}{U_2^2} \\
&\vdots \\
-b_{N1} \cdot \frac{\Delta U_1}{U_1} - b_{N2} \cdot \frac{\Delta U_2}{U_2} \ldots - b_{NN} \cdot \frac{\Delta U_N}{U_N} &\approx \frac{\Delta Q_N}{U_N^2}
\end{aligned} \quad (3.276)$$

Die Annahme nach Gl. (3.41) bedeutet, dass alle Knotenspannungen dem Betrage nacheinander annähernd gleichgesetzt werden:

$$U_1 \approx U_2 \approx U_3 \approx \cdots \approx U_N$$

Die Koeffizienten der Korrekturwerte der Knotenspannungskomponenten sind daraufhin nicht mehr von den Spannungsbeträgen, sondern nur noch von den Suszeptanzen abhängig. Die Koeffizientenmatrix ist für alle vorzunehmenden Iterationsschritte nur noch einmal aufzustellen und weiter zu behandeln. Zur iterierenden Lösung des Gleichungssystems können daher für die Matrix solche Verfahren gewählt werden, deren Resultate wiederholt anwendbar sind (z. B. die Dreiecksfaktorisierung nach Banachiewicz nach Abschn. 2.3.3.2).

Da neue Korrekturwerte $\Delta\varphi_i^{(v)}$ und $(\Delta U_i/U_i)^{(v)}$ für die Knotenspannungskomponenten immer wieder ausgehend von den Abweichungen $\Delta P_i^{(v)}$ und $\Delta Q_i^{(v)}$ der aus bereits erreichten Näherungen $\varphi_i^{(v)}$ und $U_i^{(v)}$ errechneten Werte $P_i^{(v)}$ und $Q_i^{(v)}$ bestimmt werden, liefert das Verfahren trotz der eingeführten Näherungen Resultate mit der gleichen Genauigkeit wie das Leistungsflussverfahren nach Newton-Raphson. Als Abbruchkriterium können wieder die Fehler der Knotenleistungskomponenten-Näherungen herangezogen werden.

3.5.5 Ablauf des Iterationsverfahrens

Nachdem das Gleichungssystem (3.31) durch die Aufspaltung in die beiden Teilsysteme nach den Gl. (3.263) und (3.264) bzw. nach den Gl. (3.275) und (3.276) hinsichtlich der gesuchten Korrekturwerte der Knotenspannungen in Polarkoordinaten entkoppelt wird, ist es sinnvoll, auch beide Teilsysteme jeweils getrennt in jedem Iterationsschritt separat aufzulösen. Diese Berechnungsschritte werden im Folgenden daher als „Halbiteration" bezeichnet. Man gewinnt dann im einen Fall neuerliche Korrekturwerte $\Delta\varphi_i^{(v)}$, im anderen Fall Werte $(\Delta U_i/U_i)^{(v)}$, die jeweils sofort für die nächste Halbiteration verwendet werden können, und erreicht einen hinsichtlich Konvergenzverhalten und Rechenzeit optimalen Iterationsablauf. Sowohl die einen als auch die anderen Korrekturwerte in Polarkoordinaten führen indessen zu Änderungen beider Komponenten in kartesischen Koordinaten. Für den Zusammenhang zwischen beiden gilt allgemein

$$\begin{aligned}
E_i^{(v+1)} + \mathrm{j}\cdot F_i^{(v+1)} &= \\
&= U_i^{(v)} \cdot \left(1 + \left(\frac{\Delta U_i}{U_i}\right)^{(v)}\right) \cdot \mathrm{e}^{\mathrm{j}\cdot\left(\varphi_i^{(v)} + \Delta\varphi_i^{(v)}\right)} \\
&= \left(1 + \left(\frac{\Delta U_i}{U_i}\right)^{(v)}\right) \cdot U_i^{(v)} \cdot \mathrm{e}^{\mathrm{j}\cdot\varphi_i^{(v)}} \cdot \mathrm{e}^{\mathrm{j}\cdot\Delta\varphi_i^{(v)}} \\
&= \left(1 + \left(\frac{\Delta U_i}{U_i}\right)^{(v)}\right) \cdot \left(E_i^{(v)} + \mathrm{j}\cdot F_i^{(v)}\right) \cdot \left(\cos\left(\Delta\varphi_i^{(v)}\right) + \mathrm{j}\cdot\sin\left(\Delta\varphi_i^{(v)}\right)\right) \\
&\approx \left(1 + \left(\frac{\Delta U_i}{U_i}\right)^{(v)}\right) \cdot \left(E_i^{(v)} + \mathrm{j}\cdot F_i^{(v)}\right) \cdot \left(1 + \mathrm{j}\cdot\left(\Delta\varphi_i^{(v)}\right)\right) \\
&= \left(1 + \left(\frac{\Delta U_i}{U_i}\right)^{(v)}\right) \cdot \left(\left(E_i^{(v)} - F_i^{(v)}\cdot\Delta\varphi_i^{(v)}\right) + \mathrm{j}\cdot\left(E_i^{(v)}\cdot\Delta\varphi_i^{(v)} + F_i^{(v)}\right)\right)
\end{aligned}$$

(3.277)

und im Einzelnen

$$E_i^{(v+1)} \approx \left(1 + \left(\frac{\Delta U_i}{U_i}\right)^{(v)}\right) \cdot \left(E_i^{(v)} - F_i^{(v)}\cdot\Delta\varphi_i^{(v)}\right) \qquad (3.278)$$

$$F_i^{(\nu+1)} \approx \left(1 + \left(\frac{\Delta U_i}{U_i}\right)^{(\nu)}\right) \cdot \left(E_i^{(\nu)} \cdot \Delta\varphi_i^{(\nu)} + F_i^{(\nu)}\right) \qquad (3.279)$$

Nach einer Halbiteration zur Gewinnung von Korrekturwerten $\Delta\varphi_i^{(\nu)}$ bleiben die Spannungsbeträge $U_i^{(\nu)}$ unverändert. Dann gilt:

$$\left. E_i^{(\nu+1)} \right|_{\Delta\varphi_i} \approx E_i^{(\nu)} - F_i^{(\nu)} \cdot \Delta\varphi_i^{(\nu)} \qquad (3.280)$$

$$\left. F_i^{(\nu+1)} \right|_{\Delta\varphi_i} \approx E_i^{(\nu)} \cdot \Delta\varphi_i^{(\nu)} + F_i^{(\nu)} \qquad (3.281)$$

Nach einer Halbiteration zur Gewinnung von Korrekturwerten $(\Delta U_i/U_i)^{(\nu)}$ bleiben umgekehrt die Phasenwinkel unverändert. Dann gilt analog:

$$\left. E_i^{(\nu+1)} \right|_{\frac{\Delta U_i}{U_i}} \approx \left(1 + \left(\frac{\Delta U_i}{U_i}\right)^{(\nu)}\right) \cdot E_i^{(\nu)} \qquad (3.282)$$

$$\left. F_i^{(\nu+1)} \right|_{\frac{\Delta U_i}{U_i}} \approx \left(1 + \left(\frac{\Delta U_i}{U_i}\right)^{(\nu)}\right) \cdot F_i^{(\nu)} \qquad (3.283)$$

Für PU-Knoten muss bei den Halbiterationen zur Gewinnung von Korrekturwerten $\Delta\varphi_i^{(\nu)}$ durch einen Zusatzschritt sichergestellt werden, dass dann trotz der Näherungen

$$\begin{aligned} \cos\left(\Delta\varphi_i^{(\nu)}\right) &\approx 1 \\ \sin\left(\Delta\varphi_i^{(\nu)}\right) &\approx \Delta\varphi_i^{(\nu)} \end{aligned} \qquad (3.284)$$

die Bedingung $U_i^{(\nu+1)} = U_i^{(\nu)}$ eingehalten wird:

$$\left(U_i^{(\nu+1)}\right)^2 = \left(E_i^{(\nu+1)}\right)^2 + \left(F_i^{(\nu+1)}\right)^2 = \left(E_i^{(\nu)}\right)^2 + \left(F_i^{(\nu)}\right)^2 \qquad (3.285)$$

Da sich jedoch mit den Näherungen in Gl. (3.282) und (3.283) der Wert

$$\begin{aligned} \left(U_i^{(\nu+1)}\right)^2 &\approx \left(E_i^{(\nu)} - F_i^{(\nu)} \cdot \Delta\varphi_i^{(\nu)}\right)^2 + \left(E_i^{(\nu)} \cdot \Delta\varphi_i^{(\nu)} + F_i^{(\nu)}\right)^2 \\ &= \left(E_i^{(\nu)}\right)^2 - 2 \cdot E_i^{(\nu)} \cdot F_i^{(\nu)} \cdot \Delta\varphi_i^{(\nu)} + \left(F_i^{(\nu)} \cdot \Delta\varphi_i^{(\nu)}\right)^2 + \left(E_i^{(\nu)} \cdot \Delta\varphi_i^{(\nu)}\right)^2 \\ &\quad + 2 \cdot E_i^{(\nu)} \cdot \Delta\varphi_i^{(\nu)} \cdot F_i^{(\nu)} + \left(F_i^{(\nu)}\right)^2 \\ &= \left(\left(E_i^{(\nu)}\right)^2 + \left(F_i^{(\nu)}\right)^2\right) \cdot \left(1 + \left(\Delta\varphi_i^{(\nu)}\right)^2\right) \end{aligned} \qquad (3.286)$$

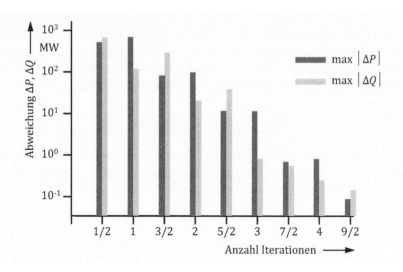

Abb. 3.28 Iterationsverlauf der schnellen, entkoppelten Leistungsflussrechnung [3]

ergibt, sind die betreffenden Werte jetzt entsprechend zu reduzieren:

$$E_i^{(\nu+1)}\Big|_{\Delta\varphi_{i,\text{red}}} \approx \frac{E_i^{(\nu)} - F_i^{(\nu)} \cdot \Delta\varphi_i^{(\nu)}}{\sqrt{1 + \left(\Delta\varphi_i^{(\nu)}\right)^2}} \tag{3.287}$$

$$F_i^{(\nu+1)}\Big|_{\Delta\varphi_{i,\text{red}}} \approx \frac{E_i^{(\nu)} \cdot \Delta\varphi_i^{(\nu)} + F_i^{(\nu)}}{\sqrt{1 + \left(\Delta\varphi_i^{(\nu)}\right)^2}} \tag{3.288}$$

In Abb. 3.28 ist das Konvergenzverhalten der schnellen, entkoppelten Leistungsflussrechnung für ein Berechnungsbeispiel dargestellt. Wie man erkennt, verlaufen die Abweichungen ΔP und ΔQ im Verlauf der Iterationen für die Wirkleistungs- und die Blindleistungsabweichungen nicht monoton fallend. So verschlechtert sich etwa beispielsweise in einer Halbiteration, bei der die Wirkleistungsabweichung verbessert wird, die Blindleistungsabweichung in geringem Umfang. Entsprechendes gilt für die Halbiteration zur Verbesserung der Blindleistungsabweichung. Mit fortschreitendem Iterationsverlauf wird jedoch eine Verbesserung der Zustandsvariablen insgesamt erreicht.

Das Prinzip der schnellen, entkoppelten Leistungsflussrechnung lässt sich anschaulich im Vergleich zum Newton-Verfahren mit einer Unbekannten entsprechend Abb. 2.59 darstellen. Gegeben sei auch hier eine beliebige, nicht-lineare Funktion $f(x)$. Im Gegensatz zum Newton-Verfahren wird jedoch hierbei zunächst für den ebenfalls prinzipiell willkürlich wählbaren Startwert $x^{(0)}$ nicht die korrekte Ableitung $f'(x)$ der gegebenen Funktion $f(x)$ bestimmt, sondern entsprechend der in der Verfahrensbeschreibung zur schnellen, entkoppelten Leistungsflussrechnung angegebenen Näherungen eine lineare Funktion $\widetilde{f}'(x)$ bestimmt. Diese Funktion ist bezüglich der Ausgangsfunktion $f(x)$ eine Sekante (s. Abb. 3.29). Die Steigung der Sekanten bestimmt sich nach Gl. (3.74) zu:

$$\frac{b_{\text{geg}} - f(x^{\nu})}{x^{(\nu+1)} - x^{(\nu)}} = \frac{\Delta b^{(\nu)}}{\Delta x^{(\nu)}} = \text{const} \qquad (3.289)$$

Entsprechend der Vorgehensweise in der schnellen, entkoppelten Leistungsflussrechnung wird diese lineare Funktion auch nur einmal für den gesamten Iterationsprozess bestimmt. Die verbesserten Lösungswerte $x^{(\nu+1)}$ ergeben sich letztendlich durch eine Parallelverschiebung der linearen Funktion $\widetilde{f}'(x)$, die jeweils aus der Auflösung der linearen Funktion mit dem gegebenen Lösungswert b_{geg} bestimmt wird. Das Prinzip zur Lösungsfindung, das dem schnellen, entkoppelten Leistungsflussverfahren zugrunde liegt, ist in Abb. 3.29 dargestellt. Das Verfahren ist eine Kombination des Sekantenverfahrens und des vereinfachten Newton-Verfahrens [36, 37].

Daraus resultiert im Vergleich zum Newton-Raphson-Verfahren beim schnellen, entkoppelten Leistungsflussverfahren einerseits der deutlich geringere Rechenaufwand und anderseits die höhere Anzahl von Iterationsschritten. Die Konvergenzordnung ist zwangsläufig gegenüber dem Newton-Raphson-Verfahren deutlich kleiner.

Aus dem Beispiel in Abb. 3.29 wird auch anschaulich, dass das entkoppelte Verfahren bei schlecht konditionierten Funktionen leichter divergiert als das Newton-Raphson-Verfahren. Ebenfalls leicht erkennbar wird aus Abb. 3.29, dass mit dem Verfahren der schnellen, entkoppelten Leistungsflussrechnung bei ausreichend großer Iterationszahl die Lösung mit der gleichen Genauigkeit wie beim gewöhnlichen Newton-Raphson-Verfahren bestimmt werden kann. Definitionsgemäß wird der Iterationsprozess bei Unterschreitung der gewählten Genauigkeitsschranke beendet.

Abb. 3.30 zeigt die Ablaufstruktur der schnellen, entkoppelten Leistungsflussrechnung mit den aufeinander folgenden Halbiterationen zur Gewinnung von Korrekturwerten $\Delta\varphi_i^{(\nu)}$ bzw. $(\Delta U_i/U_i)^{(\nu)}$ [3]. Entsprechend dieser Struktur wird der Algorithmus der schnellen, entkoppelten Leistungsflussrechnung erst beendet, wenn in einem Iterationsdurchlauf gleichzeitig die beiden Genauigkeitsschranken ε_P und ε_Q eingehalten werden. Im Anschluss daran werden wie beim Newton-Raphson-Verfahren die eigentlichen Leistungsflüsse berechnet.

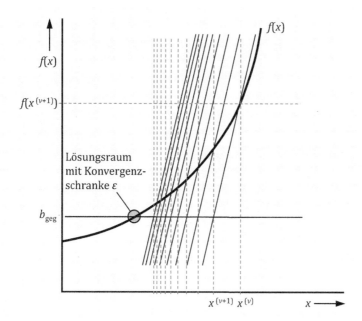

Abb. 3.29 Prinzipdarstellung des schnellen, entkoppelten Leistungsflussverfahrens

3.6 Genäherte Leistungsflussberechnungsverfahren

3.6.1 Anwendung genäherter Leistungsflussberechnungsverfahren

Nicht immer ist eine genaue bzw. vollständige Leistungsflussberechnung erforderlich. Oftmals reicht eine möglichst schnelle, dafür nur näherungsweise erstellte Ermittlung der Leistungsflussverteilung für erste Überlegungen aus. Dies ist für solche Anwendungen erforderlich, bei denen eine Vielzahl von Leistungsflussszenarien bzw. –varianten berechnet werden muss. Oft dienen diese Berechnungen auch nur zur Vorauswahl von Variationen, die dann noch weiter untersucht werden. Solche Anwendungen sind beispielsweise Berechnungen zur Zuverlässigkeitsanalyse (s. Abschn. 1.9.2.3) oder die Bewertung von Topologievarianten des Korrektiven Schaltens (s. Abschn. 8.2).

Ebenfalls werden genäherte Leistungsflussberechnungsverfahren zur Bestimmung verbesserter Startwerte für das Newton-Raphson-Verfahren (s. Abschn. 3.3) und das schnelle, entkoppelte Leistungsflussverfahren (s. Abschn. 3.5) eingesetzt.

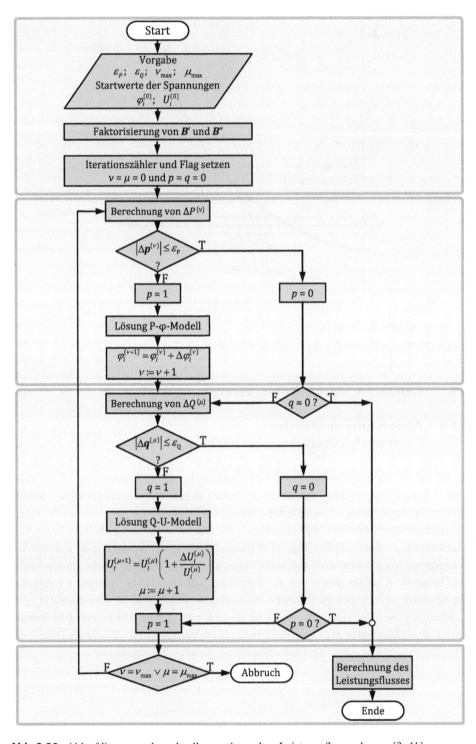

Abb. 3.30 Ablaufdiagramm der schnellen, entkoppelten Leistungsflussrechnung [3, 41]

3.6.2 Genäherte Wirkleistungsflussberechnung

Die genäherte Wirkleistungsflussberechnung ist ein Näherungsverfahren, bei dem die Blindleistungsflüsse nicht berücksichtigt werden. Das Verfahren ist sehr schnell, liefert jedoch nur eine Näherungslösung für die Leistungsflüsse in einem elektrischen Netz, deren Qualität nicht von den realen Spannungsverhältnissen abhängt.

Definitionsgemäß können mit diesem Verfahren keine Spannungs- oder Blindleistungsprobleme behandelt werden. Es ist daher für übliche Planungsaufgaben ungeeignet und wird nur dort eingesetzt, wo aufgrund der sehr großen Zahl der benötigten Leistungsflussberechnungen der Einsatz des Newton-Raphson-Verfahrens oder der schnellen, entkoppelten Leistungsflussrechnung ausscheidet.

Das Gleichungssystem des genäherten Wirkflussmodells kann durch weitere Vereinfachungen aus der schnellen, entkoppelten Leistungsflussberechnung abgeleitet werden [9]. Der Ausdruck für die Netzwirkleistung auf der rechten Seite der Gl. (3.274) oben wird mit $a_{ij} = -\pi/2$ wie folgt angenähert:

$$\begin{aligned} P_i &= U_i \cdot \sum_{j \in \mathcal{N}_i} U_j \cdot b_{ij} \cdot \cos(\varphi_{ij} - \alpha_{ij}) \\ &\approx -U_i \cdot \sum_{j \in \mathcal{N}_i} U_j \cdot b_{ij} \cdot \sin(\varphi_{ij}) \\ &\approx -U_i \cdot \sum_{j \in \mathcal{N}_i} U_j \cdot b_{ij} \cdot (\varphi_i - \varphi_j) \end{aligned} \quad (3.290)$$

Weiter wird für alle Spannungen ein einheitlicher Wert, z. B. Nennspannung angenommen. Die Gl. (3.274) unten wird damit überflüssig. Gl. (3.274) oben geht mit Gl. (3.290) über in:

$$\begin{aligned} &\begin{pmatrix} \sum_{k \in \mathcal{N}_1} b_{1k} & \cdots & -b_{1i} & \cdots & -b_{1N} \\ \vdots & \ddots & \vdots & \ddots & \vdots \\ -b_{i1} & \cdots & \sum_{k \in \mathcal{N}_i} b_{ik} & \cdots & -b_{iN} \\ \vdots & \ddots & \vdots & \ddots & \vdots \\ -b_{N1} & \cdots & -b_{Ni} & \cdots & \sum_{k \in \mathcal{N}_N} b_{Nk} \end{pmatrix} \cdot \begin{pmatrix} \Delta\varphi_1 \\ \vdots \\ \Delta\varphi_i \\ \vdots \\ \Delta\varphi_N \end{pmatrix} = \\ &= \begin{pmatrix} \frac{P_1}{U_n^2} \\ \vdots \\ \frac{P_i}{U_n^2} \\ \vdots \\ \frac{P_N}{U_n^2} \end{pmatrix} - \begin{pmatrix} \sum_{k \in \mathcal{N}_1} b_{1k} & \cdots & -b_{1i} & \cdots & -b_{1N} \\ \vdots & \ddots & \vdots & \ddots & \vdots \\ -b_{i1} & \cdots & \sum_{k \in \mathcal{N}_i} b_{ik} & \cdots & -b_{iN} \\ \vdots & \ddots & \vdots & \ddots & \vdots \\ -b_{N1} & \cdots & -b_{Ni} & \cdots & \sum_{k \in \mathcal{N}_N} b_{Nk} \end{pmatrix} \cdot \begin{pmatrix} \varphi_1 \\ \vdots \\ \varphi_i \\ \vdots \\ \varphi_N \end{pmatrix} \end{aligned} \quad (3.291)$$

Setzt man nun $\Delta\varphi_i = \Delta\varphi_i^{(\nu)} = \varphi_i^{(\nu+1)} - \varphi_i^{(\nu)}$ auf der linken Seite und $\varphi_i = \varphi_i^{(\nu)}$ auf der rechten Seite, so ergibt sich:

$$\begin{pmatrix} \sum_{k \in \mathcal{N}_1} b_{1k} & \cdots & -b_{1i} & \cdots & -b_{1N} \\ \vdots & \ddots & \vdots & \ddots & \vdots \\ -b_{i1} & \cdots & \sum_{k \in \mathcal{N}_i} b_{ik} & \cdots & -b_{iN} \\ \vdots & \ddots & \vdots & \ddots & \vdots \\ -b_{N1} & \cdots & -b_{Ni} & \cdots & \sum_{k \in \mathcal{N}_N} b_{Nk} \end{pmatrix} \cdot \begin{pmatrix} \varphi_1 \\ \vdots \\ \varphi_i \\ \vdots \\ \varphi_N \end{pmatrix} = \frac{1}{U_n^2} \cdot \begin{pmatrix} P_1 \\ \vdots \\ P_i \\ \vdots \\ P_N \end{pmatrix} \quad (3.292)$$

bzw. in Matrix-Schreibweise:

$$\boldsymbol{B}' \cdot \boldsymbol{\varphi} = \frac{\boldsymbol{p}}{U_n^2} \quad (3.293)$$

Man erhält damit ein lineares Gleichungssystem, das sich nach dem Streichen der Zeile und der Spalte für den Slack-Knoten mit den Gl. (3.292) bzw. (3.293) im Vergleich zu bisher beschriebenen Leistungsflussgleichungen schnell lösen lässt. Die Ableitung dieser Gleichungen begründet sich dabei von der in der Regel in Höchst- und Hochspannungsnetzen vorhandenen starken Abhängigkeit der Spannungswinkel von den Wirkleistungsflüssen. Da die Blindleistungsbilanz dabei keine Rolle mehr spielt, leitet sich daraus auch der Name dieses Rechenmodells ab. Es wird häufig als Gleichstromleistungsflussverfahren (DC-Load-Flow) bezeichnet [9, 41].

3.6.3 Stromiterationsverfahren

Das Stromiterationsverfahren ist ein sehr einfaches Verfahren, bei dem die Knotenpunktadmittanzmatrix $\boldsymbol{Y}$ als Iterationsmatrix verwendet wird. Genau wie beim Newton-Raphson-Verfahren nimmt man zunächst Beträge und Winkel der Knotenspannungen $\underline{U}_i$ an. Häufig setzt man für diese Startwerte als Spannungsbetrag die Nennspannung und als Spanungswinkel den Wert null an $\left(\underline{U}^{(0)} = U_n\right)$. Aus den vorgegebenen komplexen Knotenleistungen $\underline{S}_i$ werden daraus die Knotenströme $\underline{I}_i$ berechnet. Im Iterationsschritt ν gilt:

$$\underline{I}_i^{(\nu)} = \frac{\underline{S}_{\text{geg},i}^*}{\left(\underline{U}_i^*\right)^{(\nu)}} \quad (3.294)$$

Die Lösung des Gleichungssystems nach Gl. (3.7) liefert neue, verbesserte Knotenspannungen $\underline{U}_i^{(\nu+1)}$, aus denen wiederum neue Knotenströme nach Gl. (3.294) berechnet

3.6 Genäherte Leistungsflussberechnungsverfahren

werden können. Dies wird so lange fortgeführt, bis ein entsprechendes Abbruchkriterium (Konvergenzschranke ε) erfüllt ist (Abb. 3.31).

$$\begin{aligned}\left|\Delta p_i^{(v+1)}\right| &= \left|P_{\text{geg},i} - P_i^{(v+1)}\right| = \left|P_{\text{geg},i} - \text{Re}\left\{\underline{U}_i^{(v+1)} \cdot \left(\underline{I}_i^*\right)^{(v)}\right\}\right| \leq \varepsilon_P \\ \left|\Delta q_i^{(v+1)}\right| &= \left|Q_{\text{geg},i} - Q_i^{(v+1)}\right| = \left|Q_{\text{geg},i} - \text{Im}\left\{\underline{U}_i^{(v+1)} \cdot \left(\underline{I}_i^*\right)^{(v)}\right\}\right| \leq \varepsilon_Q \end{aligned} \quad (3.295)$$

Das Stromiterationsverfahren benötigt relativ viele Iterationsschritte, insbesondere in der Nähe der exakten Lösung U_{res}. Obwohl ein einzelner Iterationsschritt sehr schnell abläuft, ist sie dadurch dennoch insgesamt langsamer als das schnelle, entkoppelte Leistungsflussverfahren. Das Stromiterationsverfahren wird daher in der Regel nicht zur vollständigen Bestimmung des Leistungsflusses eingesetzt.

Häufig wird das Stromiterationsverfahren einer Leistungsflussberechnung nach Newton-Raphson vorangestellt, um aus vergleichsweise noch sehr ungenauen, relativ willkürlich definierten Startwerten verbesserte Eingangswerte für die Newton-Raphson-Iteration zu generieren. Hierfür sind in der Regel eine oder zwei Iterationen des Stromiterationsverfahrens ausreichend.

Das Stromiterationsverfahren konvergiert sehr stabil. Das Verfahren kann damit auch noch bei stark gestörten Netzzuständen eine Lösung liefern. So kann es sinnvoll sein, bei nicht konvergierenden Leistungsflussrechnungen nach dem Newton-Raphson-Verfahren oder dem schnellen, entkoppelten Leistungsflussverfahren eine Näherungslösung mit dem Stromiterationsverfahren zu bestimmen, mit der dann Rückschlüsse auf die Gründe der Nichtkonvergenz gewonnen werden können. In Abb. 3.32 ist das Ablaufdiagramm des Stromiterationsverfahrens dargestellt.

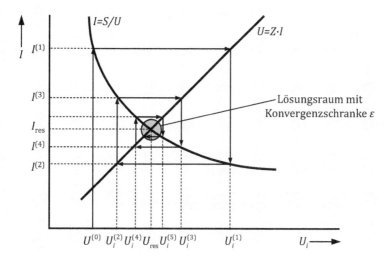

Abb. 3.31 Schematischer Ablauf des Stromiterationsverfahrens

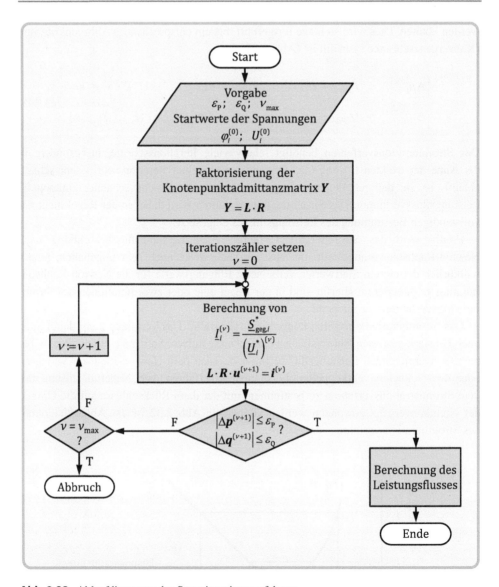

Abb. 3.32 Ablaufdiagramm des Stromiterationsverfahrens

3.6.4 Maximalflussalgorithmus

3.6.4.1 Allgemeine Eigenschaften des Verfahrens

Ein sehr schnelles Verfahren zur Bestimmung einer genäherten Leistungsflussverteilung bei einer gegebenen Einspeise- und Lastsituation in einem elektrischen Energieversorgungsnetz kann aus der Graphentheorie abgeleitet werden [17]. Dieses Verfahren ist besonders für Anwendungen geeignet, bei denen es ausreichend ist, eine sehr große

3.6 Genäherte Leistungsflussberechnungsverfahren

Anzahl von Varianten mit einer sehr begrenzten Genauigkeit zu simulieren und eine möglichst geringe Rechenzeit im Vordergrund steht.

Die Berechnung optimaler Flüsse in Netzwerken gehört zu den wichtigsten Anwendungsgebieten der Graphentheorie. Hierbei interessiert oftmals nur, welcher maximale Fluss durch ein gegebenes Netzwerk fließen kann. Diese Problemstellung wird als Maximalflussberechnung bezeichnet. Der im Folgenden näher beschriebene, auf dem Ansatz von Ford und Fulkerson [18, 19] basierende Algorithmus berücksichtigt den Leistungstransport in einem elektrischen Energieversorgungsnetz, indem die Betriebsmittel maximal mit der zulässigen Grenzleistung beaufschlagt werden. Die maximal übertragbare Leistung wird dabei näherungsweise unter folgenden Annahmen bestimmt:

- Der Leistungsfluss ist vollkommen steuerbar.
- Der Leistungsfluss wird nur durch die Übertragungskapazität der Betriebsmittel beschränkt.
- Der Blindleistungsfluss bleibt unberücksichtigt.
- Die Leistungszuteilung bei Verbrauchern ist beliebig fein stufbar.

Unter Beachtung dieser Annahmen wird ein Energieversorgungsnetz damit quasi als unelektrisch und näherungsweise als reines Transportnetz der Logistik modelliert. Die Darstellung des Netzes reduziert sich auf eine Nachbildung mit Sammelschienen (Knoten) und Zweigen (Kanten). Dabei übernehmen die Knotenpunkte die Funktion der Erzeuger-, Verbraucher- oder Verteilerstationen (Schaltanlagen) und mit den Kanten werden die Netzzweige (Transformatoren, Leitungen) nachgebildet.

Für alle Kanten werden maximale Übertragungsfähigkeiten angegeben. Sie sagen aus, welche elektrischen Leistungen maximal über die entsprechenden Zweige übertragen werden können, ohne dass es zu einem Ausfall aufgrund von Überlastung kommt. Die maximale Übertragungsfähigkeit wird allein von der thermischen Grenzleistung, der entsprechenden Schutzeinstellung oder einer entsprechend anderen Kriterien definierten maximalen Grenzleistung bestimmt.

Die Impedanzen, die Verluste, der Blindleistungstransport und die Spannungshaltung bleiben bei diesem Verfahren gänzlich unberücksichtigt. Der Maximalflussalgorithmus erfüllt lediglich die erste Kirchhoff'sche Regel, nach der die Summe aller Ströme bzw. Leistungsflüsse an einem Knoten gleich null ist. Der Leistungsfluss wird als total steuerbar angenommen, was der Nachbildung einer optimalen Netzbetriebsführung entspricht. Die Aktivitäten des Lastverteilers und der Regeleinrichtungen des Netzes werden als absolut zuverlässig und fehlerfrei angenommen. Die Maximalflussberechnung liefert daher keine Ergebnisse entsprechend einer exakten Leistungsflussrechnung, sondern sie ergibt ausschließlich eine optimistische Abschätzung für die tatsächliche Versorgungssituation z. B. im Falle eines Ausfalles von Komponenten des Versorgungsnetzes.

Das bei der Maximalflussberechnung zu lösende Problem ist der Transport der elektrischen Leistung von den Einspeisungen (Quellen) zu den Verbrauchern (Senken)

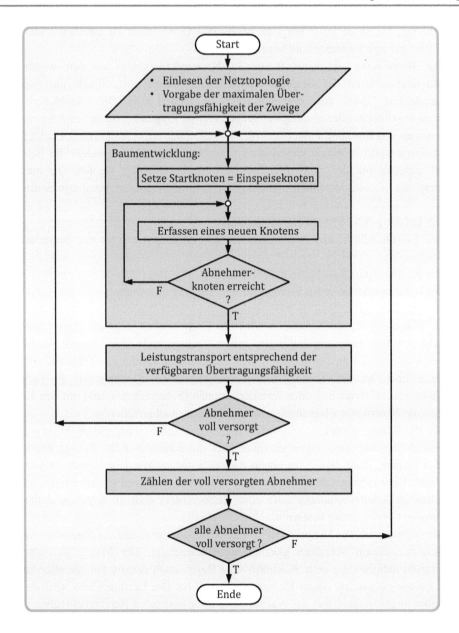

Abb. 3.33 Ablaufdiagramm des Maximalflussalgorithmus' für den Grundfall

unter Beachtung der begrenzten Übertragungsfähigkeit der Netzzweige (Kanten). Diese Aufgabe entspricht damit dem klassischen Transportproblem [20].

Als Näherungslösung ist der Maximalflussalgorithmus speziell im Hinblick auf seinen gegenüber anderen Verfahren geringen Rechenzeitaufwand als zufriedenstellend zu bezeichnen. Verfahrensbedingt ist dieser Algorithmus allerdings mit relativ großen Streuungen behaftet.

3.6.4.2 Grundfall- und Variantenberechnung mit dem Maximalflussverfahren

Um den Rechenaufwand bei der Berechnung von Varianten möglichst gering zu halten, wird der Algorithmus zur Maximalflussberechnung in zwei Teile unterteilt. Im ersten Teil des Algorithmus', der nur einmalig aufgerufen wird, wird die Leistungsflussverteilung im untersuchten Grundfall berechnet (Abb. 3.33). Im zweiten Teil, der entsprechend der Anzahl der Last- bzw. Topologievariationen (z. B. Ausfallvarianten) mehrmals durchlaufen wird, wird ausgehend von den Ergebnissen des ersten Verfahrensteils die durch Last- bzw. Topologievariationen hervorgerufenen Änderungen in der Leistungsverteilung berechnet (Abb. 3.34).

Die Veränderungen beschränken sich in vielen Fällen auf wenige Verbindungen in der Umgebung der untersuchten Last- bzw. Topologievariationen. Diese Methode erfordert daher einen wesentlich geringeren Rechenaufwand als eine vollständige Neuberechnung der jeweiligen Last- bzw. Topologievariante [17].

Die Leistungsverteilung des ersten Teils kann alternativ auch mit einer vollständigen Leistungsflussberechnung nach Newton-Raphson durchgeführt werden. Da dieser Programmteil nur einmalig durchlaufen wird, erhöht sich der gesamte Rechenaufwand nur unwesentlich.

Die durch die Last- bzw. Topologievariationen bedingten Leistungsflussänderungen werden anschließend mit dem Maximalflussalgorithmus im zweiten Teil des Verfahrens ermittelt. Mit dieser Vorgehensweise erzielt man gegenüber einer ausschließlichen Bestimmung der Leistungsflussverteilung mit dem Maximalflussalgorithmus deutlich verbesserte Ergebnisse, da sich die Leistungsflussverhältnisse bei Varianten in der Regel nur in einem begrenzten Umfang von den Verhältnissen im Grundfall unterscheiden.

3.6.4.3 Prinzip der Leistungsverteilung mit dem Maximalflussverfahren

Der Leistungstransport von einer Einspeisung (Quelle) zu einem Verbraucher (Senke) mit dem Maximalflussverfahren wird am Beispiel des Netzes nach Abb. 3.35 erläutert. Dieses Netz hat fünf Einfachleitungen und eine Doppelleitung. An das Netz sind eine Einspeisung und ein Verbraucher angeschlossen.

Dieses Netz lässt sich wie alle elektrischen Energieversorgungsnetze als Multigraph bzw. als Graph nach Abb. 3.36 darstellen, der die nachfolgenden Bedingungen erfüllt [21]. Es ist ein zusammenhängendes Gebilde, bestehend aus Knoten und Kanten. Von jedem Knoten zu jedem anderen Knoten existiert innerhalb des Multigraphen mindestens

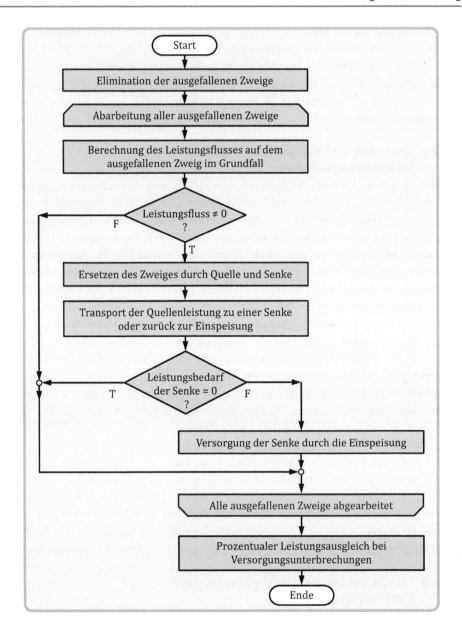

Abb. 3.34 Ablaufdiagramm des Maximalflussalgorithmus' für Zweigausfälle

ein Weg. Die Ziffern an den Kanten geben die maximalen Übertragungsfähigkeiten P_{max} der Betriebsmittel [22]. Es handelt sich daher um einen gewichteten Graph. Eventuell vorhandene parallele Leitungen werden zu einem Zweig bzw. zu einer Kante zusammen-

3.6 Genäherte Leistungsflussberechnungsverfahren

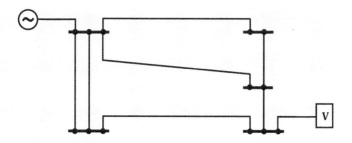

Abb. 3.35 Netzschaltbild eines Beispielnetzes

gefasst. Die Übertragungsfähigkeiten der beiden parallelen Leitungen werden addiert und der resultierenden Kante zugeordnet. Der Multigraph wird damit zum Graph (Abb. 3.36).

Ausgehend von einem Knoten, an dem eine Einspeisung angeschlossen ist, wird ein Baum entwickelt, indem eine neue Kante und damit ein neuer Knoten hinzugenommen werden. Ist an dem neu hinzugefügten Knoten ein Verbraucher angeschlossen, so wird die Baumentwicklung abgebrochen. Es steht damit ein eindeutiger Weg zwischen der Einspeisung und einem Abnehmer fest. Als Weg wird der nur aus Kanten des Baumes gebildete Streckenkomplex zwischen zwei Knoten bezeichnet. Sind alle Knoten des Graphen Teile des so entstandenen Baumes, so ist ein vollständiger Baum entwickelt worden (Abb. 3.37). Jeder Knoten ist mit jedem anderen Knoten über genau einen Weg verbunden [17].

Es muss nun nachgeprüft werden, ob die Einspeiseleistung und die Übertragungsfähigkeiten der zum Baum gehörenden Kanten ausreichen, um die geforderte Abnahmeleistung zu übertragen. Ist dies der Fall, so wird die geforderte Leistung auf diesem Weg von der Einspeisung zum Abnehmer transportiert. Durch diesen Leistungstransport werden natürlich die noch verfügbaren Übertragungsfähigkeiten der betroffenen Kanten verändert und müssen entsprechend korrigiert werden. Für eine Kante zwischen

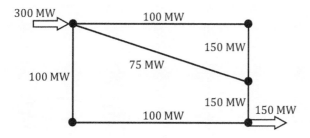

Abb. 3.36 Graph und maximale Übertragungsfähigkeiten eines Beispielnetzes

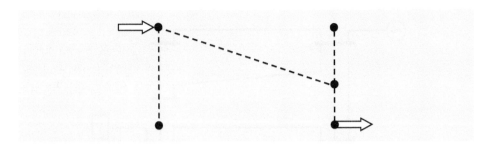

Abb. 3.37 Vollständiger Baum

den Knoten A und B ergeben sich die neuen Übertragungsfähigkeiten $\tilde{P}_{max}$ aus den alten Werten P_{max} und der transportierten Leistung P_{AB}, falls der Leistungsfluss vom Knoten A zum Knoten B ist.

$$\begin{aligned}\tilde{P}_{AB,max} &= P_{max} - P_{AB} \\ \tilde{P}_{BA,max} &= P_{max} + P_{AB}\end{aligned} \quad (3.296)$$

Die Übertragungsfähigkeit einer belasteten Kante wird dadurch so verändert, dass es nicht mehr gleichgültig ist, in welcher Richtung sie belastet wird, da die verfügbare Übertragungsfähigkeit vom Knoten A zum Knoten B nun im Allgemeinen verschieden ist von der Übertragungsfähigkeit in der entgegen gesetzten Richtung, also von B nach A. Es gilt $\tilde{P}_{AB,max} \neq \tilde{P}_{BA,max}$ für eine belastete Kante [22]. Die maximalen Übertragungsfähigkeiten der Kanten sind nun richtungsabhängig (Abb. 3.38). Es handelt sich deshalb um einen gerichteten Graphen. Ein solcher Graph wird auch als Digraph bezeichnet.

Die Anzahl der Kanten im Digraph verdoppelt sich daher gegenüber der Darstellung im Graph, da jede Kante durch zwei gerichtete Kanten ersetzt wird. Eine Kante gibt die verfügbare Übertragungsfähigkeit in Hin-Richtung an und die dazu parallele Kante kennzeichnet die Rück-Richtung. In dem oben angegebenen Beispiel werden zwei Wege benötigt, um den Verbraucher vollständig zu versorgen. Damit erhält man einen Digraphen mit veränderten Übertragungsfähigkeiten nach Abb. 3.39.

Reicht die Übertragungsfähigkeit des gefundenen Weges nicht aus, um den Verbraucher vollständig zu versorgen, wird über den gefundenen Weg so viel Leistung

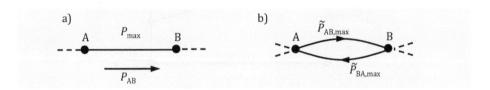

Abb. 3.38 Aufteilung einer Kante (**a**) in zwei gerichtete Kanten (**b**) [17]

3.6 Genäherte Leistungsflussberechnungsverfahren

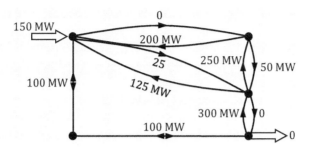

Abb. 3.39 Digraph eines Netzes mit geänderten Übertragungsfähigkeiten nach einem Leistungstransport von 150 MVA

wie möglich transportiert. Die Übertragungsfähigkeit von mindestens einer Kante des Digraphen ist dann erschöpft. Es wird nun ein neuer Baum zwischen Einspeisung und Verbraucher entwickelt. Ausgelastete Kanten dürfen daher auch keine Elemente des Baumes mehr werden. Der Algorithmus wird beendet, wenn der Verbraucher vollständig versorgt worden ist [17].

3.6.4.4 Leistungsverteilung bei Last- oder Topologievarianten

Als Beispiel für eine Last- oder Topologievariante wird im Folgenden der Ausfall von Zweigen ohne Änderung der Last- oder Einspeisesituation betrachtet (Abb. 3.40). Die Bestimmung des Leistungsflusses im Falle von anderen Topologievariationen bzw. Last- oder Einspeisungsänderungen erfolgt entsprechend. Zunächst wird für eine zu untersuchende Ausfallkombination über die durch die Topologie gegebene Zuordnung Komponente zu Kante festgestellt, welche Kanten im Graph ausgefallen sind. Diese Kanten werden eliminiert und durch eine Anordnung gemäß Abb. 3.40b ersetzt [17].

Die ausgefallene Kante zwischen den Knoten A und B wird eliminiert und die vorher über diese Kante transportierte Leistung $P_{AB,trans}$ nach Gl. (3.81) berechnet.

$$P_{AB,trans} = \frac{1}{2} \cdot (P_{AB} - P_{BA}) \qquad (3.297)$$

Im allgemeinen Fall ist die ausgefallene Kante im ungestörten Betrieb nicht unbelastet $(P_{AB,trans} \neq 0)$. Damit besteht in dem in Abb. 3.40b gewählten Beispiel am Knoten A

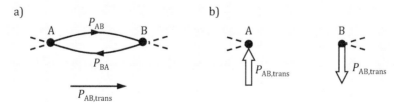

Abb. 3.40 Ersatz einer Kante durch Quelle und Senke [17]

ein Leistungsüberschuss und am Knoten B ein Leistungsmangel. Die Höhe des Überschusses bzw. des Mangels entspricht der vorher über diese Kante transportierten Leistung. Die ausgefallene Kante wird durch eine Leistungsquelle am Knoten A und durch eine Leistungssenke am Knoten B jeweils vom Betrag $P_{AB,trans}$ ersetzt. Dies wird für alle ausgefallenen Kanten im Netz durchgeführt. Es muss nun versucht werden, diesen Leistungsüberschuss bzw. -mangel zu beseitigen.

Zunächst wird der Leistungsüberschuss an der Quelle verteilt. Dazu wird von der Quelle aus ein Baum solange entwickelt, bis die zugehörige Senke gefunden wird. Ist dies möglich, wird so viel Leistung wie möglich transportiert. Kann die Senke nicht erreicht werden oder kann die Quellenleistung nur zum Teil dorthin transportiert werden, so wird versucht, andere Senken zu finden, um die restliche Quellenleistung dorthin zu transportieren. Ist dies auch nicht oder nur unvollständig möglich, so wird die übrig gebliebene Quellenleistung zurück zur Einspeisung transportiert, indem ein Baum von der Quelle zur Einspeisung entwickelt wird. Der jetzt noch bestehende Leistungsmangel an der Senke kann nur noch beseitigt werden, wenn von der Senke aus die Einspeisung erreichbar ist und ausreichend Leistung von der Einspeisung zur Senke transportiert werden kann.

Können mit diesen Möglichkeiten alle Senken voll versorgt werden, so sind die Auswirkungen durch den Ausfall von Kanten beseitigt worden und alle Verbraucher können wie im ungestörten Betrieb voll versorgt werden. Ist dies nicht der Fall, so liegt eine Versorgungsunterbrechung vor [17].

3.6.4.5 Erweiterung des Maximalflussalgorithmus'

Eine effiziente und wenig aufwendige Erweiterung des Maximalflussalgorithmus' kann dadurch erreicht werden, dass beim Aufbau des Baumes nicht der nächste beliebige Zweig gewählt wird, sondern ein weiteres Kriterium zu den Zweigeigenschaften hinzugefügt wird. Jeder Kante wird ein Kennwert zugeordnet, der entweder der Länge des zugehörigen Netzzweiges (bei Leitungen) oder der Zweigimpedanz (bei Leitungen oder Transformatoren) entspricht. Zum Baum wird dann jeweils der Zweig mit der geringsten Länge bzw. mit der geringsten Impedanz hinzugefügt. Damit wird erreicht, dass in erster Näherung ein möglichst kurzer bzw. impedanzminimaler Weg gefunden wird [19]. Jeder Verbindungsweg übernimmt dabei zunächst einen zur Weglänge bzw. zur Impedanz des gebildeten Weges umgekehrt proportionalen Anteil der zu übertragenden Leistung. Anschließend wird ein anderer, geringer ausgelasteter Weg gesucht. Dieser Prozess wird solange fortgesetzt, bis die gesamte Leistung auf die Senken verteilt ist. Dabei können Wege auch mehrfach für einen Leistungstransport gefunden werden, falls deren Übertragungsleistung noch nicht ausgeschöpft ist. In diesem Fall werden die entsprechenden Leistungen aufaddiert. Diese Erweiterung des Maximalflussalgorithmus' basiert auf dem Lösungsansatz des sogenannten „Ameisenalgorithmus'" [23, 34].

3.6.5 Verbindungskontrolle

Für bestimmte Netze oder Netzsituationen ist häufig nur von Interesse, ob das Netz noch zusammenhängend ist bzw. ob noch alle Abnehmer und Einspeisungen mit dem Netz verbunden sind. Es wird dabei postuliert, dass die Übertragungskapazität, die aktuelle Auslastung, die Länge, die spezielle topologische Struktur sowie die weiteren Parameter der im Netz bestehenden Verbindungen keinen Einfluss auf das Eintreten einer Versorgungsunterbrechung haben. Das elektrische Energieversorgungsnetz wird somit auf einen reinen Graphen ohne weitere Eigenschaften reduziert. Allein bestimmendes Kriterium ist die aus Knoten und Kanten definierte Topologie der zu bewertenden Netzsituation. Dieses Verfahren wird auch als Verbindungskontrolle bezeichnet [16, 17].

Für die Analyse einer Ausfallsituation mit der Verbindungskontrolle werden daher zu Beginn des Verfahrens zunächst die ausgefallenen Zweige und Knoten aus dem Graphen des vollständigen Netzes (i.e. der Grundfall) eliminiert. Eine Ausfallsituation kann ein Ausfall eines oder mehrerer Zweige sowie der Ausfall eines oder mehrerer Knoten sein. Die Elimination eines Knotens wird durch die Elimination aller von diesem Knoten abgehenden Zweige nachgebildet.

Bei der Verbindungskontrolle wird ein sogenannter Spannbaum bestimmt [19]. Dabei wird ein Teilgraph des ungerichteten Graphen des zu untersuchenden Netzes (Abb. 3.41a) ermittelt [19]. Beginnend bei einem beliebigen Knoten werden über die bestehenden Kanten des Netzes weitere Knoten dem Teilgraphen hinzugefügt. Gelingt es auf diese Weise, einen Spannbaum mit allen Knoten des Netzes zu bilden, so ist das Netz zusammenhängend (connected) (Abb. 3.41b). Abb. 3.41c zeigt die Besetzungsstruktur der Knoten-Kanten-Matrix bzw. Knotenpunktadmittanzmatrix des Beispielnetzes. In

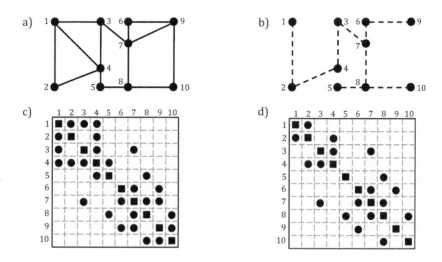

Abb. 3.41 Zusammenhängendes Netz mit Spannbaum

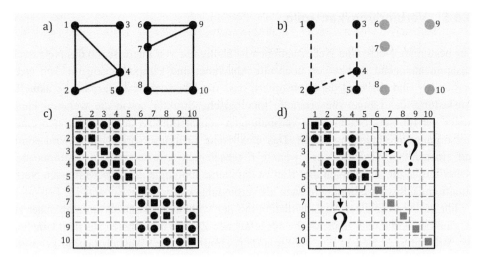

Abb. 3.42 Nicht zusammenhängendes Netz mit Spannbaum

Abb. 3.41d ist die entsprechende Matrix des Spannbaums abgebildet. Man kann leicht erkennen, dass über einen Weg durch die Spalten und Zeilen der Matrix alle Netzknoten erreicht werden können.

Können mit einem Spannbaum nicht alle Knoten erreicht werden, liegt ein Zerfall des Netzes in Teilnetze vor (Abb. 3.42). Für diese Teilnetze können dann wieder jeweils einzelne Spannbäume bestimmt werden.

Der wesentliche Vorteil des Verfahrens der Verbindungskontrolle besteht darin, dass eine Netzzustandsanalyse mit extrem geringem Rechenaufwand durchgeführt werden kann, da ausschließlich eine topologische Überprüfung der strukturbildenen Inzidenzmatrizen des Netzes durchgeführt werden muss. Hierfür sind nur einfache, ganzzahlige Rechenoperationen erforderlich. Die Parameter der Netzzweige (z. B. Impedanzen, Admittanzen) spielen hierbei keine Rolle. Die Ergebnisse haben allerdings nur für solche Netze eine Aussagekraft, bei denen Überlastungen und unzulässige Spannungsdifferenzen im Ausfallgeschehen keine Bedeutung haben und eine rein topologische Analyse ausreichend ist.

Die Verbindungskontrolle wird regelmäßig vor einer Leistungsflussberechnung z. B. mit dem Newton-Raphson-Verfahren bei Topologieänderungen durchgeführt, um Netzauftrennungen und Inselnetzbildungen zu erkennen und den anschließenden Leistungsflussalgorithmus entsprechend partitionieren zu können.

3.7 Leistungsflussberechnung in Gleichstromnetzen

Aufgrund ihrer Vorteile hat sich für die elektrischen Energiesysteme die Wechsel- bzw. Drehstromtechnik seit mehr als hundert Jahren gegenüber einer Versorgung mit Gleichstrom eindeutig durchgesetzt. Für einzelne Anwendungen haben sich aber noch kleinere Gleichstromsysteme erhalten. So existieren in San Francisco und im New Yorker Stadtteil Manhattan noch kleinere Niederspannungs-Gleichstromnetze mit einigen hundert Verbrauchern hauptsächlich zur Versorgung von Aufzugsanlagen [31]. Neue Mittelspannungs-Gleichstromnetze werden versuchsweise in begrenzten Arealen errichtet [33].

Auch im Verkehrsbereich sind Gleichstrom-Versorgungssysteme zu finden. So werden beispielsweise die elektrisch betriebenen Oberleitungsbusse, wie z. B. in Solingen (Abb. 3.43a) und in Salzburg (Abb. 3.43b), mit Gleichstrom gespeist. Diese Netze sind typischerweise Strahlennetze.

Die Berechnung von Gleichstromsystemen erfolgt natürlich nach den gleichen Grundlagen wie bei Drehstromsystemen. Allerdings ergeben sich gegenüber den Drehstromsystemen einige Vereinfachungen bei der Modellbildung sowie bei den Berechnungsverfahren. Da in einem Gleichstromsystem keine komplexen Größen vorhanden sind, vereinfachen sich die Modelle erheblich. Die Betriebsgrößen Spannung, Strom und Leistung sind systementsprechend reellwertige Größen. Leitungen für niedrige Spannungen werden nur durch ihren ohmschen Längswiderstand modelliert, Querelemente können vernachlässigt werden. Transformatoren existieren in Gleichstromsystemen logischerweise nicht. In der Regel handelt es sich bei Gleichstromsystemen um Zweileitersysteme.

Für die Berechnung allgemein vermaschter Gleichstromsysteme mit vorgegebenen (Wirk-)Leistungen als Knotengrößen (i.e. Gleichstromleistungsflussberechnung) lassen sich nach Gl. (3.12) mit dem Newton-Raphson-Verfahren lösen. Die entsprechenden Gleichungen vereinfachen sich allerdings erheblich. Der Lösungsansatz

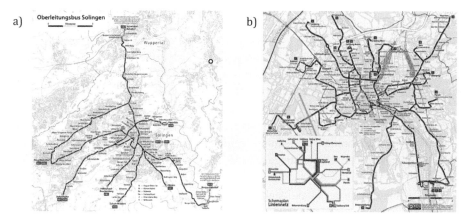

Abb. 3.43 Elektrisches Netz der Oberleitungsbuslinien in Solingen und in Salzburg. (Quelle **a** wikipedia, Maximilian Dörrbecker, **b** alpenbahnen.net)

darf allerdings nicht mit der genäherten Wirkleistungsflussberechnung (DC-Load-Flow) nach Abschn. 3.6.2 verwechselt werden. Beim DC-Load-Flow handelt es sich um eine Näherungsberechnung für Drehstromsysteme mit komplexen Betriebsgrößen. Im Folgenden wird dagegen der Leistungsfluss von Gleichstromsystemen mit reellwertigen Spannungen, Strömen, Leistungen und Leitungsparametern bestimmt. Die Formulierung des Ausgangsproblems bei der Gleichstromleistungsflussberechnung lautet

$$p = \mathrm{diag}(u) \cdot G \cdot u \qquad (3.298)$$

Es handelt sich um ein reelles, nichtlineares Gleichungssystem der Dimension N. Dabei beschreibt die Konduktanzmatrix G wie die Knotenpunktadmittanzmatrix Y die Topologie des Netzes und die Parameter (Konduktanzen) der Netzzweige. Die Konduktanzen werden jeweils aus den Werten des Hin- und Rückleiters eines Zweiges gebildet. Die zu bestimmenden Netzzustandsgrößen sind die (reellwertigen) Knotenspannungen U_i.

Für die Leistung an einem Knoten i gilt entsprechend Gl. (3.20):

$$P_i = U_i^2 \cdot g_{ii} + U_i \cdot \sum_{k \in \mathcal{N}_i} g_{ik} \cdot U_k \qquad (3.299)$$

Die Funktionalmatrix ergibt sich unter den genannten Voraussetzungen nach Gl. (3.30) wie folgt:

$$\begin{pmatrix} \frac{\partial P_1}{\partial U_1} & \cdots & \frac{\partial P_1}{\partial U_N} \\ \vdots & & \vdots \\ \frac{\partial P_N}{\partial U_1} & \cdots & \frac{\partial P_N}{\partial U_N} \end{pmatrix} \cdot \begin{pmatrix} \Delta U_1 \\ \vdots \\ \Delta U_N \end{pmatrix} = \begin{pmatrix} N_{11} & \cdots & N_{1N} \\ \vdots & & \vdots \\ N_{N1} & \cdots & N_{NN} \end{pmatrix} \cdot \begin{pmatrix} \Delta U_1 \\ \vdots \\ \Delta U_N \end{pmatrix} = \begin{pmatrix} \Delta P_1 \\ \vdots \\ \Delta P_N \end{pmatrix}$$
(3.300)

Dabei ist ΔP die Differenz zwischen den vorgegebenen und den berechneten Knotenleistungswerten.

$$\Delta P_i = P_{i,\mathrm{geg}} - P_i^{(\nu)} \qquad (3.301)$$

Eine Erweiterung der linken Gleichungsterme in Gl. (3.84) mit dem Faktor der Spannung U entsprechend Gl. (3.30) ist bei der Gleichstromleistungsflussberechnung nicht notwendig, da bei den Ableitungen der Funktionalmatrix keine zu vermeidenden trigonometrischen Ausdrücke anfallen (s. Abschn. 3.3.3).

Wie bei der komplexen Leistungsflussberechnung nach Newton-Raphson muss auch bei der Gleichstromleistungsflussberechnung ein Slack-Knoten zur Leistungsbilanzierung des Gesamtnetzes definiert werden. An diesem Knoten wird die Spannung als bekannt vorgegeben. Die Festlegung eines Bezugswinkels ist dagegen nicht erforderlich.

Für die Ableitungen der Funktionalmatrix gilt:

$$N_{ik} = \frac{\partial P_i}{\partial U_k} = U_i \cdot \sum_{k \in \mathcal{N}_i} g_{ik} \quad \mathrm{mit} \quad k \neq i;\, k \in \mathcal{N}_i \qquad (3.302)$$

3.7 Leistungsflussberechnung in Gleichstromnetzen

$$N_{ii} = \frac{\partial P_i}{\partial U_i} = 2 \cdot U_i \cdot g_{ii} + \sum_{k \in \mathcal{N}_i} U_i \cdot g_{ik} \tag{3.303}$$

In der Menge $\mathcal{N}_i$ sind alle unmittelbar mit dem Knoten i benachbarten Knoten enthalten.

Der Ablauf des Algorithmus' ist identisch zum bekannten Newton-Raphson-Verfahren (Abb. 3.7). Die Berechnung wird beendet, wenn die Differenz ΔP zwischen vorgegebenen und berechneten Knotenleistungswerten für alle Knoten des Netzes eine gegebene Genauigkeitsschranke ε unterschreitet oder eine maximale Anzahl von Iterationsschritten erreicht ist.

$$\left| P_{i,\text{geg}} - P_i^{(\nu)} \right| \leq \varepsilon \quad \text{für alle } i = 1, \ldots, N \tag{3.304}$$

Die Berechnung der Leistungsflüsse auf den Netzzweigen und der Verluste erfolgt wie bei der Leistungsflussberechnung nach Newton-Raphson.

Abb. 3.44 zeigt den Ausschnitt eines Oberleitungsbus-Netzes mit drei Unterwerken, zwei Verzweigungsknoten und drei Oberleitungsbussen, insgesamt umfasst das Beispielnetz zehn Knoten. In den Unterwerken wird die elektrische Energie aus dem öffentlichen Netz entnommen, gleichgerichtet und in das Oberleitungsbus-Netz eingespeist.

Das zu lösende Gleichungssystem für das angegebene Beispielnetz mit sechs Knoten ergibt sich entsprechend Gl. (3.300).

$$\begin{pmatrix} N_{11} & N_{12} & 0 & 0 & 0 & 0 & 0 & 0 & 0 & 0 \\ N_{21} & N_{22} & N_{23} & 0 & 0 & 0 & 0 & 0 & 0 & 0 \\ 0 & N_{32} & N_{33} & N_{34} & 0 & N_{37} & 0 & 0 & 0 & 0 \\ 0 & 0 & N_{43} & N_{44} & N_{45} & 0 & 0 & 0 & 0 & 0 \\ 0 & 0 & 0 & N_{54} & N_{55} & 0 & 0 & 0 & 0 & 0 \\ 0 & 0 & 0 & 0 & 0 & N_{66} & N_{67} & 0 & 0 & 0 \\ 0 & 0 & N_{73} & 0 & 0 & N_{76} & N_{77} & N_{78} & 0 & N_{710} \\ 0 & 0 & 0 & 0 & 0 & 0 & N_{87} & N_{88} & N_{89} & 0 \\ 0 & 0 & 0 & 0 & 0 & 0 & 0 & N_{98} & N_{99} & 0 \\ 0 & 0 & 0 & 0 & 0 & 0 & N_{107} & 0 & 0 & N_{1010} \end{pmatrix} \cdot \begin{pmatrix} \Delta U_1 \\ \Delta U_2 \\ \Delta U_3 \\ \Delta U_4 \\ \Delta U_5 \\ \Delta U_6 \\ \Delta U_7 \\ \Delta U_8 \\ \Delta U_9 \\ \Delta U_{10} \end{pmatrix} = \begin{pmatrix} \Delta P_1 \\ \Delta P_2 \\ \Delta P_3 \\ \Delta P_4 \\ \Delta P_5 \\ \Delta P_6 \\ \Delta P_7 \\ \Delta P_8 \\ \Delta P_9 \\ \Delta P_{10} \end{pmatrix} \tag{3.305}$$

Die Leistung der Oberleitungsbusse an den Knoten 2, 4 und 8 wird als bekannt voraus gesetzt. Die Leistungen der Verzweigungsknoten (i.e. Transitknoten) 3 und 7 sowie der Endknoten 9 und 10 sind definitionsgemäß null. Da die Spannungswerte an den Knoten 1, 5 und 6 bekannt bzw. vorgegeben sind, werden die entsprechenden Zeilen und Spalten im Gleichungssystem (3.305) gestrichen. Mit dem verbleibenden Gleichungssystem werden die unbekannten Spannungen an den Knoten 2, 3, 4, 7, 8 und 10 bestimmt. Anschließend können die Leistungsflüsse auf allen Zweigen entsprechend Gl. 3.54 und die Einspeiseleistungen der Unterwerke an den Knoten 1, 5 und 6 entsprechend Gl. 3.20 berechnet werden.

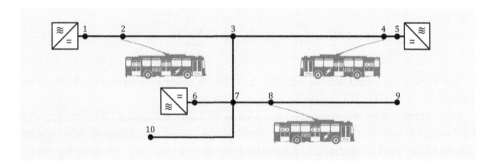

Abb. 3.44 Beispiel eines Oberleitungsbus-Netzes

3.8 Leistungsflussverfahren für einfache Netzstrukturen und für lange Leitungen

3.8.1 Berechnung besonderer Netzstrukturen

Mit den zuvor beschriebenen Verfahren zur Bestimmung der Leistungsflussverteilung lassen sich im Prinzip beliebig große und komplexe (i.e. vermaschte) Netzstrukturen berechnen. Diese vermaschten Systeme findet man üblicherweise nur in den höheren Spannungsebenen elektrischer Energieversorgungssysteme. Im Mittel- und Niederspannungsbereich werden die Netze in der Regel in sehr einfachen Netzstrukturen (z. B. offene Ringnetze, Strahlennetze) mit kurzen Leitungslängen betrieben. Für diese Netze können dann auch einfachere Netzberechnungsverfahren eingesetzt werden.

Für die Bestimmung der Strom- und Spannungsverhältnisse entlang einer langen elektrischen Leitung, wie sie vereinzelt in Hoch- und Höchstspannungsnetzen vorkommen können, sind die zuvor behandelten Verfahren ungeeignet, da hierfür die Nachbildung mit konzentrierten Elementen (Π-Ersatzschaltbild aus R-L-C-Elementen) nicht mehr zulässig ist. Als elektrisch lang werden Leitungen mit einer Leitungslänge größer als 500 km bezeichnet [9] (s. Abschn. 3.8.3.2). Diese Leitungen müssen daher im Einzelnen mit den vollständigen Leitungsgleichungen berechnet werden.

3.8.2 Berechnung langer Hochspannungsleitungen

3.8.2.1 Vollständige Leitungsgleichungen

Das Übertragungsverhalten entlang langer Leitungen wird durch die von den vier primären Leitungskonstanten abhängigen vollständigen Leitungsgleichungen beschrieben. Im Gegensatz zum Π-Ersatzschaltbild, das das Verhalten des modellierten Betriebsmittels nur am Anfang bzw. Ende angibt, können mit den vollständigen Leitungsgleichungen die

3.8 Leistungsflussverfahren für einfache Netzstrukturen und für lange Leitungen

elektrischen Zustände für jeden Punkt z entlang der gesamten, beliebig großen Länge s üblicher Leitungen beschrieben werden [9, 10, 24, 25].

Primäre Leitungskonstanten

Die verwendeten längenbezogenen Leitungskonstanten sind der Widerstandsbelag $\overline{R}$ in [Ω/km], mit dem die im Leiter auftretenden Stromwärmeverluste modelliert werden, der Ableitungsbelag $\overline{G}$ in [S/km], mit dem die im Dielektrikum auftretenden Verluste sowie die Koronaverluste nachgebildet werden, der Induktivitätsbelag $\overline{L}$ in [H/km], der die Schleifen- und Koppelinduktivitäten modelliert, und der Kapazitätsbelag $\overline{C}$ in [F/km], mit dem die Erd- und Koppelkapazitäten nachgebildet werden. Die Leitungskonstanten für die gesamte Leitung werden durch die Multiplikation der längenbezogenen Größen mit der der Leitungslänge s bestimmt.

Der ohmsche Widerstandsbelag $\overline{R}$ ist im Wesentlichen abhängig vom Querschnitt des Leiters sowie vom temperaturabhängigen spezifischen Widerstand des verwendeten Leitermaterials. Üblicherweise werden hierfür Kupfer, Aluminium oder geeignete Legierungen eingesetzt. Bei Betrieb mit Wechselspannung tritt im Leiter eine Stromverdrängung in Richtung der Leiteraußenseite auf. Diese Stromverdrängung führt zu einer Reduzierung des wirksamen Leiterquerschnitts und wird verursacht durch das Magnetfeld im Leiter (Skineffekt) sowie durch das Magnetfeld der anderen Leiter (Proximityeffekt).

Der Ableitungsbelag $\overline{G}$ wird durch das Isolationsmedium (Dielektrikum) bestimmt. Da elektrisch lange Leitungen in der Regel Freileitungen sind, ist das Dielektrikum die atmosphärische Luft. Die Isolationseigenschaften sind damit von den Umgebungsparametern wie beispielsweise Luftdruck, Feuchtigkeit, Temperatur und Verschmutzungspartikel abhängig. Die spannungs- und witterungsbedingten Abhängigkeiten des Ableitungsbelages führen zu Koronaentladungen und über die Isolatoren fließenden Kriechströmen.

Der Induktivitätsbelag $\overline{L}$ wird im Wesentlichen durch die geometrische Anordnung der Leiter untereinander bestimmt.

$$\overline{L} = \frac{\mu_0}{2 \cdot \pi} \cdot \left(\frac{1}{4} + \ln\left(\frac{D}{r}\right) \right) \qquad (3.306)$$

Dabei beschreibt r den Radius eines Leiters unter der Voraussetzung, dass nur Leiter mit einem kreisförmigen Querschnitt verwendet werden. Mit D wird der mittlere geometrische Abstand der Leiter L1, L2 und L3 eines Stromkreises untereinander nach Gl. (3.90) definiert.

$$D = \sqrt[3]{D_{L1L2} \cdot D_{L1L3} \cdot D_{L2L3}} \qquad (3.307)$$

Ebenfalls durch die Geometrie der Leiter wird der Kapazitätsbelag $\overline{C}$ bestimmt.

$$\overline{C} = \frac{2 \cdot \pi \cdot \varepsilon_0}{\ln\left(\frac{D}{r}\right)} \qquad (3.308)$$

Aus den vier primären Leitungskonstanten $\overline{R}$, $\overline{G}$, $\overline{L}$ und $\overline{C}$ sind die drei sekundären Leitungskonstanten Wellenwiderstand $\underline{Z}_\mathrm{W}$, Fortpflanzungskonstante $\underline{\gamma}$ und natürliche Leistung $\underline{S}_\mathrm{nat}$ ableitbar.

Wellenwiderstand
Der Wellenwiderstand $\underline{Z}_\mathrm{W}$ beschreibt das Verhältnis von Spannung zu Strom an jeder Stelle der Leitung.

$$\underline{Z}_\mathrm{W} = \sqrt{\frac{\overline{R} + \mathrm{j} \cdot \omega \cdot \overline{L}}{\overline{G} + \mathrm{j} \cdot \omega \cdot \overline{C}}} \qquad (3.309)$$

Aus Gl. (3.92) folgt, dass der Wellenwiderstand $\underline{Z}_\mathrm{W}$ nur von den primären Leitungskonstanten abhängig ist. Er ist keine Funktion der Belastung der Leitung und er ist unabhängig von der Position entlang der Leitung $(\underline{Z}_\mathrm{W} \neq f(z))$.

Fortpflanzungskonstante
Die Fortpflanzungskonstante $\underline{\gamma}$ nach Gl. (3.93) wird ebenfalls ausschließlich über die primären Leitungskonstanten definiert. Der reelle Anteil der Fortpflanzungskonstante ist die Dämpfungskonstante α, der imaginäre Anteil ist die Phasenkonstante β.

$$\begin{aligned}\underline{\gamma} &= \sqrt{(\overline{R} + \mathrm{j} \cdot \omega \cdot \overline{L}) \cdot (\overline{G} + \mathrm{j} \cdot \omega \cdot \overline{C})} \\ \underline{\gamma} &= \alpha + \mathrm{j} \cdot \beta\end{aligned} \qquad (3.310)$$

Natürliche Leistung
Ein für das Betriebsverhalten einer Leitung besonders charakteristischer Betriebsfall wird dadurch definiert, dass am Leitungsende B die Spannung gleich der Nennspannung ist und dass am Ende der Leitung eine Impedanz angeschlossen ist, die dem Wellenwiderstand der Leitung entspricht.

$$\begin{aligned}\underline{U}_\mathrm{B} &= \frac{U_\mathrm{n}}{\sqrt{3}} \\ \underline{Z}_\mathrm{B} &= \underline{Z}_\mathrm{W}\end{aligned} \qquad (3.311)$$

Die in diesem Betriebsfall abgenommene Leistung heißt natürliche Leistung $\underline{S}_\mathrm{nat}$. Sie berechnet sich zu:

$$\underline{S}_{\mathrm{nat}} = 3 \cdot \frac{U_{\mathrm{n}}}{\sqrt{3}} \cdot \left(\frac{U_{\mathrm{n}}}{\sqrt{3} \cdot \underline{Z}_{\mathrm{W}}} \right)^* = \frac{U_{\mathrm{n}}^2}{\underline{Z}_{\mathrm{W}}^*} \tag{3.312}$$

$$\underline{S}_{\mathrm{nat}} = P_{\mathrm{nat}} + \mathrm{j} \cdot Q_{\mathrm{nat}} \tag{3.313}$$

Da $\underline{S}_{\mathrm{nat}} = f(\underline{Z}_{\mathrm{W}}, U_{\mathrm{n}}) \neq f(z)$, ist auch die natürliche Leistung eine sekundäre Leitungskonstante. $|\underline{S}_{\mathrm{nat}}|$ darf dabei nicht mit der Bemessungsleistung S_{r} verwechselt werden. Die Bemessungsleistung beschreibt die thermisch zulässige Dauerleistung, mit der eine Leitung dauerhaft betrieben werden kann. Charakteristisch ist, dass bei Freileitungen die Bemessungsleistung größer als die natürliche Leistung ist $S_{\mathrm{r}} > |\underline{S}_{\mathrm{nat}}|$. Bei Freileitungen gibt es also zulässige Betriebsfälle, bei denen die übertragene Leistung sowohl oberhalb als auch unterhalb der natürlichen Leistungen liegen kann. Bei Kabeln ist die Bemessungsleistung immer kleiner als die natürliche Leistung $S_{\mathrm{r}} < |\underline{S}_{\mathrm{nat}}|$. Bei einer Belastung oberhalb der natürlichen Leistung wirkt eine Leitung wie ein induktiver Verbraucher, bei einer Belastung unterhalb der natürlichen Leistung wie ein kapazitiver Verbraucher.

Mit den primären und sekundären Leitungskonstanten lassen sich jetzt die vollständigen Leitungsgleichungen in der mathematischen Form angeben [9, 10, 16, 26].

$$\underline{U}(z) = \underline{U}_{\mathrm{B}} \cdot \cosh(\underline{\gamma} \cdot z) + \underline{I}_{\mathrm{B}} \cdot \underline{Z}_{\mathrm{W}} \cdot \sinh(\underline{\gamma} \cdot z) \tag{3.314}$$

$$\underline{I}(z) = \underline{I}_{\mathrm{B}} \cdot \cosh(\underline{\gamma} \cdot z) + \frac{\underline{U}_{\mathrm{B}}}{\underline{Z}_{\mathrm{W}}} \cdot \sinh(\underline{\gamma} \cdot z) \tag{3.315}$$

Mit der Variablen z wird der Ort entlang der Leitung definiert, an dem der Strom bzw. die Spannung der Leitung berechnet wird. Die Variable z wird dabei vom Ende der Leitung her gezählt. Am Ende der Leitung gilt daher $z=0$ und am Anfang der Leitung ist $z=s$. Für $z=0$ ergeben sich aus den Gl. (3.314) und (3.315) Spannung $\underline{U}_{\mathrm{B}}$ und Strom $\underline{I}_{\mathrm{B}}$ am Ende, für $z=s$ werden Strom $\underline{I}_{\mathrm{A}}$ und Spannung $\underline{U}_{\mathrm{A}}$ am Anfang der Leitung bestimmt. Für $0 \leq z \leq s$ können die Größen des Stroms $I(z)$ und der Spannung $U(z)$ an jeder beliebigen Stelle z entlang der Leitung berechnet werden.

Auf Basis dieser allgemeinen Gleichungen für Strom und Spannung werden im Folgenden gültige Näherungen und Vereinfachungen für spezielle Gegebenheiten abgeleitet.

3.8.2.2 Leitungsgleichungen für verlustlose Leitungen

Energieübertragungsleitungen werden für einen maximalen Wirkungsgrad ausgelegt. Daher ist für die Beschreibung des Betriebsverhaltens realer Leitungen in der Regel die Annahme berechtigt, die Leitungen als wirkverlustlos zu betrachten. Ausgangspunkt sind die allgemeinen Leitungsgleichungen in mathematischer Form (s. Gl. 3.314 und 3.315). Vernachlässigt werden nun die konstruktionsgemäß schon sehr geringen Wirkwiderstände der Leiter. Außerdem wird unterstellt, dass das Dielektrikum ideal ist und darin ebenfalls keine Wirkverluste auftreten. Durch die sich daraus ergebenden Näherungen

$\overline{R} \approx 0$ und $\overline{G} \approx 0$ folgt, dass die Dämpfung verschwindet ($\alpha = 0$) und dass dadurch die sekundären Leitungskonstanten zu rein reellen bzw. zu rein imaginären Größen werden.

$$\underline{\gamma} = \mathrm{j} \cdot \beta \tag{3.316}$$

$$\underline{Z}_\mathrm{W} = Z_\mathrm{W} = \sqrt{\frac{\overline{L}}{\overline{C}}} \tag{3.317}$$

$$\underline{S}_\mathrm{nat} = P_\mathrm{nat} = \frac{U_\mathrm{n}^2}{Z_\mathrm{W}} \tag{3.318}$$

mit

$$\cosh(\mathrm{j} \cdot \beta \cdot z) = \cos(\beta \cdot z)$$

und

$$\sinh(\mathrm{j} \cdot \beta \cdot z) = \mathrm{j} \cdot \sin(\beta \cdot z)$$

folgen die beiden Leitungsgleichungen für Strom und Spannung für die als wirkleistungsverlustfrei angenommenen Leitungen („verlustloser Fall").

$$\underline{U}(z) = \underline{U}_\mathrm{B} \cdot \cos(\beta \cdot z) + \mathrm{j} \cdot \underline{I}_\mathrm{B} \cdot Z_\mathrm{W} \cdot \sin(\beta \cdot z) \tag{3.319}$$

$$\underline{I}(z) = \underline{I}_\mathrm{B} \cdot \cos(\beta \cdot z) + \mathrm{j} \cdot \underline{U}_\mathrm{B}/Z_\mathrm{W} \cdot \sin(\beta \cdot z) \tag{3.320}$$

Wie bei den vollständigen Leitungsgleichungen beschreibt auch hier z die vom Ende gezählte Ortsvariable der Leitung.

3.8.3 Berechnung von Drehstromleitungen mit Ersatzschaltbildern

Für praktische Berechnungen (insbesondere bei „kurzen" Leitungen) genügt oft die Beschreibung der Verhältnisse am Anfang und am Ende der Leitung (s. auch Abschn. 2.1). Die zu modellierende Leitung lässt sich dann in guter Näherung als linearer Vierpol, der nur aus passiven Elementen besteht, darstellen. Ein derartiger Vierpol ist umkehrbar (übertragungssymmetrisch). Eine Ersatzschaltung eines derartigen umkehrbaren Vierpols muss mindestens drei Admittanzen enthalten, die sich entweder im Stern (T-Ersatzschaltbild) oder im Dreieck (Π-Ersatzschaltbild) anordnen lassen. Für die Berechnung elektrischer Energienetze ist die Verwendung des Π-Ersatzschaltbildes deutlich günstiger, da dann im Ersatzschaltbild kein zusätzlicher Knoten entsteht [9, 10, 27].

3.8.3.1 Das exakte Π-Ersatzschaltbild

Zur Bestimmung der Elemente eines Π-Ersatzschaltbildes, mit dem die Beziehungen der vollständigen Leitungsgleichungen für den Anfang und das Ende einer Leitung korrekt

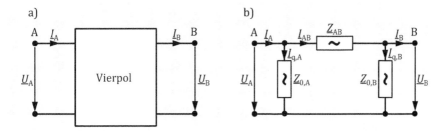

Abb. 3.45 Vierpol und Π-Ersatzschaltbild einer Leitung

abgebildet wird, wird der allgemeine Vierpolansatz für eine Leitung im Kettenpfeilsystem gewählt (Abb. 3.45).

Eine Leitung ist symmetrisch bezüglich ihrer Eigenschaften am Anfang und am Ende. Damit haben auch die beiden Querelemente im Π-Ersatzschaltbild den gleichen Wert. Es gilt:

$$\underline{Z}_{0,A} = \underline{Z}_{0,B} = \underline{Z}_0 \tag{3.321}$$

Aus dem Maschenumlauf der Spannungen im Π-Ersatzschaltbild folgt:

$$\underline{U}_A = \underline{Z}_{AB} \cdot \underline{I}_{AB} + \underline{U}_B \tag{3.322}$$

Für die Ströme am Ende der Leitung gilt wegen der Kirchhoff'schen Knotenregel:

$$\underline{I}_{AB} = \underline{I}_B + \underline{I}_{q,B} \tag{3.323}$$

Der Strom $\underline{I}_{q,B}$ über das Querelement des Π-Ersatzschaltbildes am Ende der Leitung berechnet sich aus dem Ohm'schen Gesetz.

$$\underline{I}_{q,B} = \frac{\underline{U}_B}{\underline{Z}_0} \tag{3.324}$$

Setzt man die Ströme $\underline{I}_B$ und $\underline{I}_{q,B}$ in den Maschenumlauf der Spannungen nach Gl. (3.107) ein, so ergeben sich die Vierpolgleichungen für die Spannung zu:

$$\underline{U}_A = \underline{U}_B \cdot \left(1 + \frac{\underline{Z}_{AB}}{\underline{Z}_0}\right) + \underline{I}_B \cdot \underline{Z}_{AB} \tag{3.325}$$

Aus einem Koeffizientenvergleich der Gl. (3.110) mit den allgemeinen Leitungsgleichungen nach Gl. (3.97) für die Spannung am Anfang der Leitung ($z=s$)

$$\underline{U}_A = \underline{U}_B \cdot \cosh(\underline{\gamma} \cdot s) \cdot s + \underline{I}_B \cdot \underline{Z}_W \cdot \sinh(\underline{\gamma} \cdot s) \tag{3.326}$$

folgt die Bestimmungsgleichung für die Längsimpedanz $\underline{Z}_{AB}$:

$$1 + \frac{\underline{Z}_{AB}}{\underline{Z}_0} = \cosh(\underline{\gamma} \cdot s) \tag{3.327}$$

$$\underline{Z}_{AB} = \underline{Z}_W \cdot \sinh(\gamma \cdot s) \qquad (3.328)$$

Setzt man nun Gl. (3.113) in (3.327) ein, erhält man die Querimpedanz $\underline{Z}_0$:

$$\underline{Z}_0 = \underline{Z}_W \cdot \coth\left(\frac{\gamma \cdot s}{2}\right) \qquad (3.329)$$

Damit lässt sich das allgemeine und exakte Π-Ersatzschaltbild einer Leitung entsprechend Abb. 3.46 angeben.

Da bei der Bestimmung der Elemente des exakten Π-Ersatzschaltbildes keine Näherungen oder Vereinfachungen gemacht wurden, beschreibt das Ersatzbild nach Abb. 3.44 exakt die Verhältnisse am Anfang und Ende einer Leitung entsprechend den Leitungsgleichungen (Gl. 3.314 und 3.315). Nicht aus dem Ersatzschaltbild bestimmt werden können allerdings der Verlauf von Strom und Spannung entlang der Leitung bzw. die Strom- und Spannungsverhältnisse an einer beliebigen Stelle der Leitung.

3.8.3.2 Vereinfachtes Ersatzschaltbild

Das allgemeine Π-Ersatzschaltbild nach Abb. 3.44 erfordert die relativ aufwendige Berechnung mit hyperbolischen bzw. trigonometrischen Funktionen. Für viele praktische Anwendungen ist daher die Ableitung eines vereinfachten Ersatzschaltbildes unter Verwendung von zulässigen Vereinfachungen sinnvoll.

Dafür werden zunächst die Hyperbelfunktionen in den Gl. (3.328) und (3.329) in eine Taylor-Reihe entwickelt. Es gilt $\underline{g} = \gamma \cdot s$.

$$\underline{Z}_{AB} = \underline{Z}_W \cdot \left(\underline{g} + \frac{\underline{g}^3}{3!} + \frac{\underline{g}^5}{5!} + \cdots\right) \quad \text{mit} \quad |\underline{g}| < \infty \qquad (3.330)$$

$$\underline{Z}_0 = \underline{Z}_W \cdot \left(\frac{1}{\underline{g}/2} + \frac{1}{3} \cdot \frac{\underline{g}}{2} - \frac{1}{45} \cdot \left(\frac{\underline{g}}{2}\right)^3 + \cdots\right) \quad \text{mit} \quad 0 < \left|\frac{\underline{g}}{2}\right| < \pi \qquad (3.331)$$

Für kleine Werte von $\underline{g}$ kann die Taylor-Reihe nach dem ersten Glied abgebrochen werden. Der Betrag der Fortpflanzungskonstante $|\gamma|$ ist bei Leitungen klein. Bei Frei-

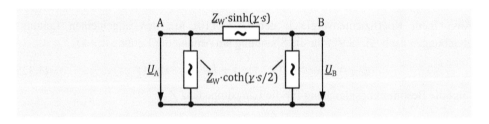

Abb. 3.46 Allgemeines und exaktes Π-Ersatzschaltbild einer Leitung

3.8 Leistungsflussverfahren für einfache Netzstrukturen und für lange Leitungen

leitungen beispielsweise ist $|\underline{\gamma}| \approx 10^{-3} \cdot 1/\text{km}$. Da $\underline{g} = \underline{\gamma} \cdot s$ ist, ist $\underline{g}$ dann klein, falls s klein ist! Bis zu welchen Leitungslängen diese Näherung zulässig ist bzw. welcher Fehler mit einem vereinfachten Ersatzschaltbild auftreten kann, wird im Folgenden untersucht.

Dazu gilt die Definition, dass die Leitungslänge s dann klein genug ist, falls die Berücksichtigung nur des ersten Gliedes der Reihe nur zu Fehlern in den Beträgen der Impedanzen $|\underline{Z}_{AB}|$ und $|\underline{Z}_0|$ führt, die kleiner als eine beliebig zu definierende Genauigkeitsschranke ε ist. Im Verhältnis zu den übrigen Genauigkeiten bei der Bestimmung der Betriebsmittelparameter ist eine Festsetzung $\varepsilon = 5\%$ ausreichend.

Abb. 3.47 zeigt für ein Beispiel den relativen Fehler im Betrag durch Reihenabbruch bei der Bestimmung der Impedanzen des Ersatzschaltbildes als Funktion der Leitungslänge s. Man kann daraus ableiten, dass für kurze Freileitungen und für alle praktisch ausgeführten Kabelstrecken die Modellierung mit dem vereinfachten Π-Ersatzschaltbild ausreichend genau sind. Für Freileitungen ist die gewählte Genauigkeitsanforderung erfüllt, falls die Leitungslänge $s < 500$ km ist. Dies ist für die meisten Anwendungsfälle im Höchstspannungsnetz des europäischen Verbundsystems gegeben [28]. In der Hochspannungsebene und in den niedrigeren Spannungsebenen sind die Leitungen definitionsgemäß deutlich kürzer. Für so bestimmte „kurze" Leitungen gilt dann:

$$\underline{Z}_{AB} = \underline{Z}_W \cdot \underline{g} = (\overline{R} + j \cdot \omega \cdot \overline{L}) \cdot s = R + j \cdot \omega \cdot L \quad (3.332)$$

$$\underline{Z}_0 = \underline{Z}_W \cdot \frac{2}{\underline{g}} = \frac{1}{(\overline{G} + j \cdot \omega \cdot \overline{C}) \cdot s/2} = \frac{1}{(G + j \cdot \omega \cdot C))/2} \quad (3.333)$$

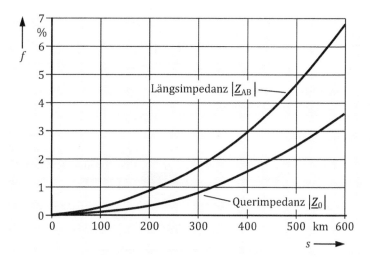

Abb. 3.47 Relativer Fehler bei der Bestimmung des vereinfachten Π-Ersatzschaltbildes

Die Elemente des Ersatzschaltbildes lassen sich entsprechend den Gl. (3.332) und (3.333) durch konzentrierte Komponenten R, L, G und C darstellen.

3.8.3.3 Ersatzschaltbilder für verschiedene Spannungsebenen

Über die Vereinfachung durch die Taylor-Reihenentwicklung hinaus sind weitere Vereinfachungen möglich, und zwar abhängig von der betrachteten Spannungsebene, dem Leitungstyp (Freileitung, Kabel) oder dem Betriebszustand (Belastung, Leerlauf, Kurzschluss). Im Folgenden werden geordnet nach Spannungsebenen weitere Vereinfachungen des Π-Ersatzschaltbildes angegeben. Bei Leitungen in der Höchstspannungsebene mit einer Nennspannung $U_\text{n} \geq 380$ kV wird das vollständige Ersatzschaltbild nach Abb. 3.48 verwendet.

In Netzen mit einer Nennspannung $U_\text{n} < 380$ kV ist bei den Leitungen der Ableitstrom $\underline{I}_\text{G}$ in der Regel so klein, dass der Ableitungsbelag $\overline{G}$ mit guter Näherung vernachlässigt werden kann $(\overline{G} = 0)$. Es ergibt sich dann ein vereinfachtes Ersatzschaltbild nach Abb. 3.49.

Mit steigender Nennspannung wächst der Einfluss der Induktivität wegen der größer werdenden Leiterabstände gegenüber dem ohmschen Widerstand R der Leiterseile. Für bestimmte Betrachtungen über das grundsätzliche Übertragungsverhalten von Leitungen im Hoch- und Höchstspannungsbereich, bei denen die Wirkverluste vernachlässigbar sind, kann das Ersatzschaltbild einer (wirk-)verlustfreien Leitung (Abb. 3.50) verwendet werden.

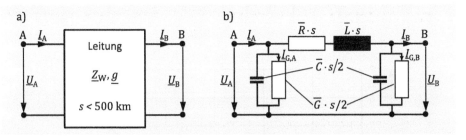

Abb. 3.48 Vollständiges Ersatzschaltbild einer elektrisch kurzen Leitung mit konzentrierten Komponenten

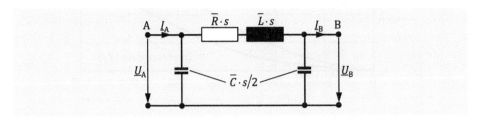

Abb. 3.49 Vereinfachtes Ersatzschaltbild für Hochspannungsleitungen

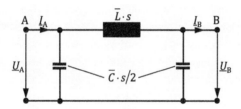

Abb. 3.50 Vereinfachtes Ersatzschaltbild einer (wirk-)verlustfreien Leitung

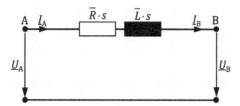

Abb. 3.51 Vereinfachtes Ersatzschaltbild für Mittelspannungsfreileitungen

In Mittelspannungsnetzen mit einer Nennspannung 1 kV $< U_\mathrm{n} <$ 60 kV ist bei Freileitungen die Leitungskapazität vernachlässigbar. Die Freileitungen können mit einem weiter vereinfachten Ersatzschaltbild entsprechend Abb. 3.51 modelliert werden.

Bei Kabeln im Mittelspannungsnetz sollten die Leitungskapazitäten dagegen modelliert werden, da diese gegenüber den Freileitungskapazitäten deutlich größer sind. Für Freileitungen und Kabel im Niederspannungsnetz mit einer Nennspannung $U_\mathrm{n} \leq 1$ kV kann das vereinfachte Ersatzschaltbild entsprechend Abb. 3.51 verwendet werden.

3.8.4 Berechnung in Mittel- und Niederspannungsnetzen

Die Aufgabe bei der Berechnung von Mittel- oder Niederspannungsnetzen besteht in der Regel darin, einzelne Betriebsmittel oder Netzabschnitte zu dimensionieren. Ausgehend von den für diese Spannungsebenen zulässigen, vereinfachten Ersatzschaltbildern (Abschn. 3.8.3.3) werden an die Rechengenauigkeit nur begrenzte Anforderungen gestellt. Dies ist deshalb zulässig, da in diesen Spannungsebenen die eingesetzten Betriebsmittel (Leitermaterial und Querschnitte von Freileitungen und Kabeln sowie deren Dauerstrombelastbarkeit) in sogenannten Normbaureihen hergestellt werden. So wird beispielsweise ein berechneter Wert für einen Leiter stets auf den nächst höheren, genormten Querschnitt aufgerundet, bei Transformatoren wird ohnehin ein Gerät der nächsthöheren Leistungsklasse gewählt.

Der Einsatz der zuvor beschriebenen aufwendigen Berechnungsverfahren (z. B. Newton-Raphson-Verfahren) ist entsprechend der Aufgabenstellung in Mittel- oder Niederspannungsnetzen häufig nicht erforderlich. Auch setzt der Einsatz der jeweiligen Netzberechnungssoftware viel Know-how und Erfahrungswissen des Benutzers voraus.

Insbesondere bei der Auslegung von Niederspannungsnetzen, in denen die Leitungen in der Regel strahlenförmig verlegt sind oder zumindest als Strahlennetze betrieben werden und bei der Einrichtung von Trennstellen in vermascht aufgebauten Netzen, werden daher oft manuell ausführbare Rechenmethoden der Leitungsbemessung angewendet.

Als Voraussetzung für diese Art der Netzberechnung gilt, dass die Netze immer symmetrisch belastet und symmetrisch aufgebaut sind. Leitungen lassen sich durch ein einphasiges Ersatzschaltbild entsprechend Abb. 3.52 beschreiben.

Die einfachste Konfiguration im Mittel- und Niederspannungsnetz ist die an einem Ende gespeiste Leitung, bei der ein Verbraucher am anderen Ende versorgt wird. Außer der Last am Ende der Leitung existieren keine weiteren Zwischenentnahmen. In Abb. 3.52 ist das Ersatzschaltbild einer solchen Übertragung mit eindeutiger Leistungsrichtung, die auch als „A-B"-Übertragung bezeichnet wird, dargestellt. Die Größen am Leitungsanfang werden mit „A" und alle Größen am Leitungsende werden mit „B" indiziert.

Für diese einfachste Versorgungssituation ist die Betrachtung von zwei Lastfällen sinnvoll:

Fall 1
Vorgegeben sind die Spannung am Ende der Leitung $\underline{U}_B$ und die vom Verbraucher entnommene Leistung $\underline{S}_B$. Die unbekannten und damit gesuchten Größen sind die Spannung am Anfang der Leitung $\underline{U}_A$ sowie die in die Leitung eingespeiste Leistung $\underline{S}_A$. Der praktische Hintergrund dieses Falles ist, dass die Verbraucherleistung für diese Art Untersuchung häufig vorgegeben ist bzw. gut abgeschätzt werden kann und am Entnahmepunkt aus Qualitätsgründen eine definierte Spannung (z. B. Nennspannung $U_B = U_n/\sqrt{3}$) garantiert wird.

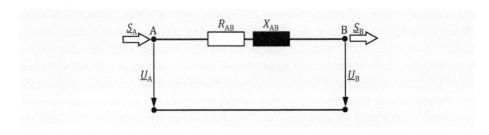

Abb. 3.52 Vereinfachtes Ersatzschaltbild einer am Ende belasteten Leitung

3.8 Leistungsflussverfahren für einfache Netzstrukturen und für lange Leitungen

Die Spannung $\underline{U}_A$ kann über den Maschenumlauf der Spannungen in Abb. 3.52 bestimmt werden. Zunächst wird dafür der Strom $\underline{I}_B$ aus der bekannten Leistung und der Spannung am Ende der Leitung bestimmt. Es gilt:

$$\underline{I}_B = \underline{I}_A = \frac{\underline{S}_B^*}{3 \cdot \underline{U}_B^*} = I_{w,B} - j \cdot I_{b,B} \tag{3.334}$$

Aus dem Maschenumlauf ergibt sich für die Spannung $\underline{U}_A$:

$$\underline{U}_A = \underline{U}_B + \underline{Z}_{AB} \cdot \frac{\underline{S}_B^*}{3 \cdot \underline{U}_B^*} = \underline{U}_B + \underline{Z}_{AB} \cdot (I_{w,B} - j \cdot I_{b,B}) \tag{3.335}$$

Für die Spannungsdifferenz $\Delta \underline{U}$ zwischen dem Anfang und dem Ende der Leitung folgt:

$$\Delta \underline{U} = \underline{U}_A - \underline{U}_B = (R_{AB} + j \cdot X_{AB}) \cdot (I_{w,B} - j \cdot I_{b,B}) \tag{3.336}$$

In der praktischen Anwendung sind in der Regel nur die Beträge der Spannungen in den einzelnen Netzknoten von Bedeutung. Man unterteilt daher den komplexen Spannungsabfall $\Delta \underline{U}$ in einen Längsspannungsabfall ΔU_l und in einen Querspannungsabfall ΔU_q. Der Längsspannungsabfall ist für den Unterschied der Beträge der Knotenspannungen und der Querspannungsabfall für den Leitungswinkel zwischen beiden Spannungen bestimmend.

$$\Delta \underline{U} = \Delta U_l + j \cdot \Delta U_q \tag{3.337}$$

$$\Delta U_l = R_{AB} \cdot I_{w,B} + X_{AB} \cdot I_{b,B} = R_{AB} \cdot \frac{P_B}{3 \cdot U_B} + X_{AB} \cdot \frac{Q_B}{3 \cdot U_B} \tag{3.338}$$

$$\Delta U_q = X_{AB} \cdot I_{w,B} - R_{AB} \cdot I_{b,B} = X_{AB} \cdot \frac{P_B}{3 \cdot U_B} - R_{AB} \cdot \frac{Q_B}{3 \cdot U_B} \tag{3.339}$$

Der Betrag des Spannungsabfalls $|\Delta \underline{U}|$ ist nicht identisch mit der Differenz der Beträge der Knotenspannungen an beiden Leitungsenden. So können beispielsweise die Beträge beider Knotenspannungen gleich groß und der Betrag $|\Delta \underline{U}|$ des komplexen Spannungsabfalls jedoch ungleich null sein.

Abb. 3.53 zeigt die Verhältnisse der Spannungen dieser Übertragung im Zeigerdiagramm. Zu beachten ist hierbei, dass die Darstellung nicht den in der Praxis vorkommenden Spannungsverhältnissen entspricht. Üblicherweise sind die Spannungsabfälle sehr klein im Verhältnis zu den Betriebsspannungen.

Entsprechend dem Zeigerdiagramm in Abb. 3.53 wird der Zeiger der komplexen Spannung $\underline{U}_B$ in die reelle Achse gelegt. Damit gilt $\underline{U}_B = U_B$. Die am Leitungsanfang anliegende Spannung $\underline{U}_A$ besitzt den Betrag:

$$|\underline{U}_A| = U_A = \sqrt{(U_B + \Delta U_l)^2 + \Delta U_q^2} \tag{3.340}$$

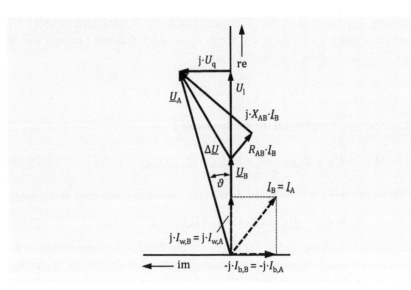

Abb. 3.53 Zeigerdiagramm der Spannungen einer A-B-Übertragung

Der Leitungswinkel oder „Last"-Winkel $\vartheta = \mathrm{arc}(\underline{U}_A; \underline{U}_B)$ ergibt sich aus der Differenz der Phasenwinkel der Spannungen am Anfang und am Ende der Leitung:

$$\vartheta = \arctan\left(\frac{\Delta U_q}{U_B + \Delta U_l}\right) = \arcsin\left(\frac{\Delta U_q}{U_A}\right) \qquad (3.341)$$

Für Mittel- und Niederspannungsnetze gilt meist, dass der Querspannungsabfall so klein ist, dass er bei der Bestimmung der Spannung $\underline{U}_A$ am Anfang der Leitung mit guter Näherung vernachlässigt werden kann.

$$\Delta U_q \ll \Delta U_l + U_B \qquad (3.342)$$

Die damit reellwertige Spannung $\underline{U}_A$ kann dann einfach aus den reellwertigen Größen U_B und ΔU_l bestimmt werden. Der Leitungswinkel wird unter dieser Voraussetzung näherungsweise null.

$$\underline{U}_A \approx U_A \approx \Delta U_l + U_B \quad \text{bzw.} \quad \theta \approx 0 \qquad (3.343)$$

Fall 2

Vorgegeben ist die Spannung am Anfang der Leitung $\underline{U}_A$ und die vom Verbraucher am Ende der Leitung entnommene Leistung $\underline{S}_B$ (Abb. 3.54). Die unbekannten und damit gesuchten Größen sind die Spannung am Ende der Leitung $\underline{U}_B$ sowie die in die Leitung eingespeiste Leistung $\underline{S}_A$.

Der praktische Hintergrund dieser Variante ist, dass beispielsweise ein leistungsstarkes Mittelspannungsnetz über einen Transformator kleinere Niederspannungs-

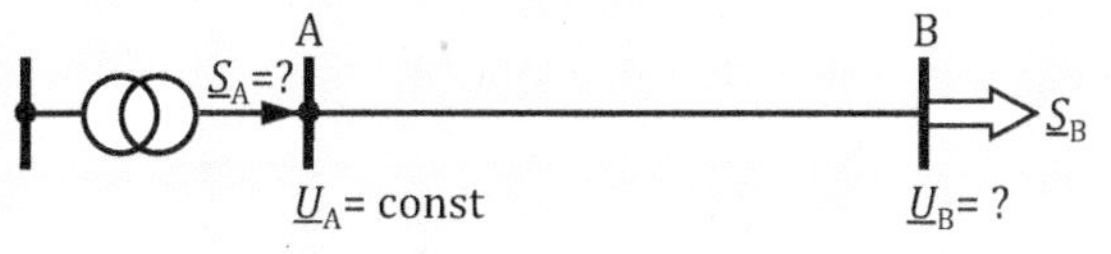

3.8 Leistungsflussverfahren für einfache Netzstrukturen und für lange Leitungen

Abb. 3.54 Versorgung einer Last aus einem Mittelspannungsnetz

abnehmer versorgt. Dabei kann angenommen werden, dass die Spannung am Anfang der Leitung durch das leistungsstarke Mittelspannungsnetz als nahezu konstant und unabhängig von der am Ende der Leitung entnommenen Last bzw. eingespeisten Leistung ($\underline{U}_A \approx \text{const} \neq f(\underline{S}_B)$) angesehen werden kann. Gefragt bei einer solchen Konfiguration ist nun hauptsächlich die Spannung am Ende der Leitung.

Für die Bestimmung der Spannung $\underline{U}_B$ wird auch hier zunächst wieder der Maschenumlauf der Spannungen wie in Gl. (3.120) gebildet.

$$\underline{U}_A = \underline{U}_B + \underline{Z}_{AB} \cdot \frac{\underline{S}_B^*}{3 \cdot \underline{U}_B^*} \tag{3.344}$$

Da die Spannung $\underline{U}_B$ unbekannt ist, kann in diesem Fall der Strom $\underline{I}_B$ nicht aus der Leistung $\underline{U}_B$ (Last positiv, Einspeisung negativ) bestimmt werden. Bereits für diese einfachste Problemstellung ergibt sich eine quadratische Gleichung mit komplexen Variablen, die nur schwer gelöst werden kann.

$$\underline{U}_B^2 - \underline{U}_A \cdot \underline{U}_B^* + \frac{1}{3} \cdot \underline{Z}_{AB} \cdot \underline{S}_B^* = 0 \tag{3.345}$$

Für diese Anordnung ist daher eine iterative Lösung mit der Gl. (3.129) sinnvoll. Dabei wird in einem ersten Iterationsschritt als Startwert für die unbekannte Spannung $\underline{U}_B$ die Annahme $\underline{U}_B^{(0)} = \underline{U}_A$ getroffen. Der hochgestellte, in Klammern gesetzte Index kennzeichnet dabei den jeweiligen Iterationsdurchlauf. Mit dieser Setzung wird nun ein erster Wert für die Spannung $\underline{U}_B$ berechnet.

$$\underline{U}_B^{(1)} = \underline{U}_A - \frac{\underline{Z}_{AB} \cdot \underline{S}_B^*}{3 \cdot \underline{U}_B^{*(0)}} \tag{3.346}$$

Im nächsten Iterationsschritt wird die berechnete Spannung in die Gl. (3.129) eingesetzt und ein verbesserter Wert für die Spannung $\underline{U}_B$ berechnet.

$$\underline{U}_B^{(2)} = \underline{U}_A - \frac{\underline{Z}_{AB} \cdot \underline{S}_B^*}{3 \cdot \underline{U}_B^{*(1)}} \tag{3.347}$$

Dieser Prozess wird solange fortgeführt, bis eine bestimmte Anzahl von Iterationen durchlaufen oder ein vorgegebenes Genauigkeitskriterium erreicht worden ist. Abb. 3.55 zeigt das Ablaufdiagramm des Verfahrens zur Bestimmung der Spannung am Ende der Leitung. Ein Abbruchkriterium für das Verfahren kann beispielsweise dadurch definiert

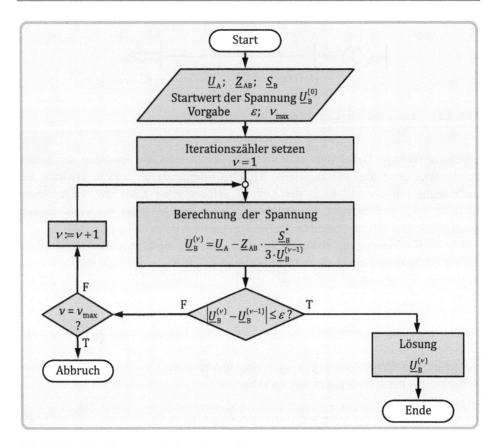

Abb. 3.55 Ablaufdiagramm des Iterationsverfahrens

sein, dass sich die berechneten Werte für die Spannung $\underline{U}_B$ zwischen zwei aufeinanderfolgenden Iterationsschritten weniger als ein vorgegebener Wert ε unterscheidet. Diese Iterationsschranke ε muss je nach Aufgabenstellung geeignet gewählt werden.

In Niederspannungsnetzen und in der Regel in Mittelspannungsnetzen mit $U_n \leq 20$ kV ist zum Unterschreiten einer sinnvollen Genauigkeitsschranke meist nur ein Iterationsschritt ($i = 1$) ausreichend. Da die Spannung $\underline{U}_B$ aus Qualitätsgründen nur geringfügig von der Nennspannung abweichen soll, wird in diesen Fällen als Startwert meist

$$\underline{U}_B^{(0)} = U_B = U_n/\sqrt{3} \tag{3.348}$$

angenommen. Damit wird vom Berechnungsablauf her Fall 2 identisch zu Fall 1.

Für Netze mit radialer Topologie (Strahlennetze) und großen R/X-Verhältnissen der Leitungen, wie man sie in der Regel in den Verteilnetzen der Mittel- und Niederspannungsebene vorfindet, eignen sich die iterativen matrizenbasierten Verfahren, wie z. B. das Newton-Raphson-Verfahren, nicht, da diese Verfahren auf radiale Strukturen

3.8 Leistungsflussverfahren für einfache Netzstrukturen und für lange Leitungen

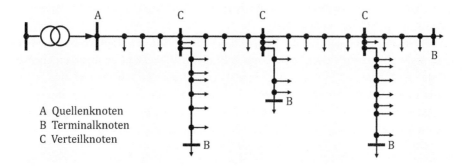

A Quellenknoten
B Terminalknoten
C Verteilknoten

Abb. 3.56 Definition der Knotentypen in einem Netz mit radialer Topologie

angewendet, eine eher schlechte Konvergenz aufweisen [39, 40]. Ein geeignetes Verfahren für Netze mit radialer Topologie ist die Ladder Network Technique. Diese Verfahren ist eine Erweiterung des Stromiterationsverfahrens auf Netze mit beliebiger Knotenanzahl N und Netzverzweigungen [38].

In Abb. 3.56 wird die für die Ladder Network Technique notwendige Klassifikation der Knoten beschrieben. Die Randpunkte des Netzes sind durch den Quellen- bzw. Slack-Knoten A und die Endknoten (Terminalknoten) B an jedem Netzstrang definiert. Knoten, an denen mehrere Stränge abzweigen, werden als Verteilknoten C bezeichnet. Die Leitungen des Netzes werden nur durch ihre Längsimpedanz Z modelliert. Die Belastung des Netzes wird durch die Knotenleistungen $\underline{S}_i$ an jedem Knoten (außer dem Quellen-Knoten) vorgegeben. Die Spannung $\underline{U}_A$ des Slack-Knotens A (Knotennummer 1) gilt als bekannt.

In einem Initialschritt (1) werden alle Spannungen auf den Spannungswert des Slack-Knotens gesetzt, d. h. $\underline{U}_i = \underline{U}_A$ (für $2 \leq i \leq N$). Im darauf folgenden Rückwärtsschritt (2) werden die Ströme in den Endknoten B_i mit $\underline{I}_{B,i} = \left(1/3 \cdot \underline{S}_{B,i}/\underline{U}_{B,i}\right)^*$ berechnet. In den restlichen Knoten i ergeben sich die Ströme aufgrund der Kirchhoff'schen Knotenregel zu $\underline{I}_i = \left(1/3 \cdot \underline{S}_i/\underline{U}_i\right)^* + \sum \underline{I}_j$ für $((i+1) \leq j \leq N_F)$ also aus der Summe des Stromes, der sich am Knoten durch die Leistung und die gegebene Spannung berechnet, und der Summe der Ströme aus allen N_F Nachfolgerknoten.

Für die Spannungsabfälle auf den Leitungen, die die Knoten i und j verbinden, ergibt sich $\underline{U}_{ij} = \underline{Z}_{ij} \cdot \underline{I}_{ij}$, wobei $\underline{I}_{ij} = \underline{I}_j$ gilt, da in dem verwendeten Netzmodell nur Längsimpedanzen vorhanden sind. Nach Abarbeitung des Rückwärtsschrittes wird die Abweichung ΔU von der Quellenspannung berechnet und mit dem anfänglich festgelegten Schwellwert ε verglichen. Sofern $\Delta U > \varepsilon$ wird mit dem Vorwärtsschritt (3) fortgesetzt. Die neuen Spannungen $\underline{U}_i$ für die Knoten i ergeben sich dann aufgrund der Kirchhoff'schen Maschenregel zu $\underline{U}_i = \underline{U}_{i-1} - \underline{U}_{ij}$ für $(1 < i \leq N)$, wobei $\underline{U}_{ij}$ den Spannungsabfall auf der Leitung, die die Knoten i und j verbindet, beschreibt. Wird ein Endknoten B_i erreicht, wird erneut mit dem Rückwärtsschritt (2) fortgesetzt. Es werden zunächst keine Verteilknoten C im Netz berücksichtigt. Wird nun am Slack-Knoten die Bedingung $\Delta U \leq \varepsilon$ erfüllt, so ist die Berechnung abgeschlossen und es stehen alle Spannungen und Ströme im Netz fest.

Ein Problem ergibt sich für die Verteilknoten B im Fall des Rückwärtsschrittes (2). Aufgrund der mehreren an den Verteilknoten B angeschlossenen Leitungen ergeben sich unter der Annahme unterschiedlicher Impedanzen dieser Leitungen und unterschiedlicher Leistungen bzw. Ströme auf diesen Leitungen im Allgemeinen auch unterschiedliche Spannungsabfälle. Vereinfachend wird der Mittelwert dieser Spannungsabfälle für die Bestimmung an dem betreffenden Verteilknoten angenommen [40].

3.8.5 Vereinfachte Berechnungen in Niederspannungsnetzen

In Niederspannungsnetzen lassen sich die Berechnungsverfahren gegenüber Mittelspannungsnetzen nochmals vereinfachen. Bei allgemeiner Betrachtung können auch Entnahmen entlang der Leitung auftreten, ohne dass an diesen Stellen explizit Sammelschienen vorhanden sind. Abb. 3.57 und 3.58 zeigen die beiden dabei auftretenden wesentlichen Entnahmefälle.

Mit dem Entnahmefall nach Abb. 3.57 wird die allgemeine Entnahme von diskreten Einzellasten entlang der Leitung z. B. in einem Gewerbegebiet oder in einem gemischten Wohn-/Gewerbegebiet beschrieben. Dabei haben die Entnahmestellen beliebige, unterschiedliche Leistungswerte und sind an unterschiedlichen Stellen entlang der Leitung angeordnet. Der Anfangs- und Endknoten der Leitung werden mit „A" bzw. „B", die Stellen der Zwischenentnahmen mit „1", „2", „3" usw. bezeichnet.

Mit dem anderen Fall (Abb. 3.58) wird eine (quasi-)kontinuierliche Leistungsentnahme entlang der Leitung modelliert (i.e. Streckenlast).

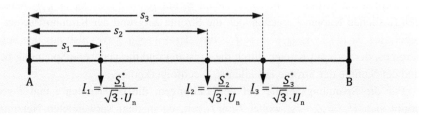

Abb. 3.57 Diskrete Entnahmen entlang der Leitung

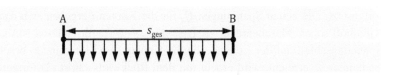

Abb. 3.58 Kontinuierliche Entnahmen entlang der Leitung

3.8 Leistungsflussverfahren für einfache Netzstrukturen und für lange Leitungen   315

Dieser Entnahmefall liegt z. B. in reinen Wohngebieten vor. Die Lasten repräsentieren dabei eine Anzahl von Häusern, die etwa den gleichen Verbrauch haben und etwa in gleichen Abständen entlang der Straße an ein Kabel oder eine Freileitung angeschlossen sind. Die gesamte zwischen dem Anfang und dem Ende der Leitung entnommene Leistung wird gleichmäßig auf die gesamte Länge s_{ges} der Leitung bezogen. Entsprechend lässt sich für die Strecke zwischen A und B ein längenbezogener Strom $\overline{\underline{I}}$ bestimmen.

$$\overline{\underline{I}} = \frac{\underline{S}^*}{\sqrt{3} \cdot U_n} \cdot \frac{1}{s_{ges}} = \frac{\overline{\underline{S}}^*}{\sqrt{3} \cdot U_n} \quad (3.349)$$

Diese Form der Lastmodellierung wird ausschließlich im Niederspannungsnetz angewendet. Es ist daher zulässig, an den Entnahmestellen die Nennspannung $U_B = U_n/\sqrt{3}$ zur Berechnung der Ströme aus den Leistungen anzunehmen. Dies entspricht dem ersten Schritt des beschriebenen Iterationsverfahrens.

Das Lösungsverfahren wird dann in drei Schritten durchgeführt. Im ersten Schritt werden die Ströme beginnend an den Lastpunkten durch Anwendung der Stromteilerregel in die Knoten- und Einspeisungspunkte zurückgerechnet. Das angewendete Lösungsverfahren wird auch als „Verwerfen" der Ströme in die Einspeisepunkte bezeichnet. Im nächsten Schritt werden mit den Ersatzströmen in den Knotenpunkten die Spannungen in den Netzknoten berechnet. Im dritten und letzten Schritt wird die tatsächliche Strom- und Spannungsverteilung auf den Leitungen aus den verworfenen Strömen und den Spannungen der Netzknoten bestimmt.

Bei unterschiedlich großen Leistungsfaktoren $\cos(\varphi)$ der Leistungen muss die Stromverteilung für den jeweiligen Wirk- und Blindanteil getrennt bestimmt werden. Die Ströme und Spannungen werden mit dem vereinfachten Verfahren nicht exakt ermittelt. Die erreichte Genauigkeit ist allerdings für Berechnungen in Niederspannungsnetzen in der Regel ausreichend.

Für beide Fälle der Leistungsentnahme entlang einer Leitung müssen zwei Varianten unterschieden werden. Bei Variante I erfolgt die Einspeisung nur von einer Seite (Abb. 3.59a und 3.60a). Bei Variante II werden die Lasten gleichzeitig durch Einspeisungen von beiden Enden der Leitung versorgt (Abb. 3.63a und 3.64a).

3.8.5.1 Variante I: Einseitig gespeiste Leitung

Entsprechend dem Beispiel einer einseitig gespeisten Leitung in Abb. 3.59a sind die Leistungswerte der drei diskreten Entnahmen $\underline{S}_1$, $\underline{S}_2$ und $\underline{S}_3$ gegeben.

Mit der als Nennspannung angenommenen Spannung an den Entnahmestellen werden aus den gegebenen Leistungen die Lastströme $\underline{I}_1$, $\underline{I}_2$ und $\underline{I}_3$ berechnet. Gesucht werden die tatsächlichen Spannungen an den Entnahmestellen $\underline{U}_1$, $\underline{U}_2$ und $\underline{U}_3$. Im Lösungsansatz dieses Verfahrens werden die Ströme $\underline{I}_1$, $\underline{I}_2$ und $\underline{I}_3$ der diskreten Lasten in einem Einspeisestrom $\underline{I}_{sp,A}$ zusammengefasst. Da es nur eine einseitige Einspeisung gibt, muss für den Einspeisestrom gelten:

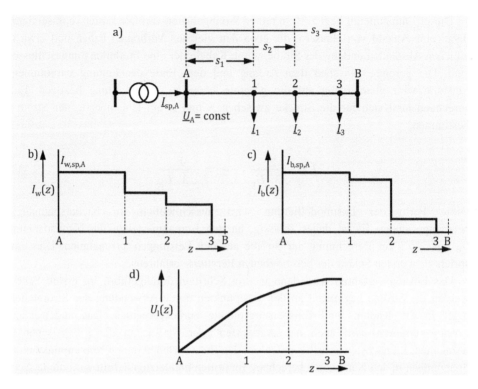

Abb. 3.59 Verlauf der Stromverteilung und des Spannungsabfalls bei diskreter Last und einseitiger Einspeisung [25]

$$\underline{I}_{\text{sp,A}} = \underline{I}_1 + \underline{I}_2 + \underline{I}_3 \quad (3.350)$$

Auch bei einer gleichmäßig verteilten Entnahme kann man einen entsprechenden Speisestrom $\underline{I}_{\text{sp,A}}$ aus dem längenbezogenen Strom $\overline{\underline{I}}_{\text{AB}}$ und der Leitungslänge s_{ges} berechnen (Abb. 3.60a).

$$\underline{I}_{\text{sp,A}} = \overline{\underline{I}} \cdot s_{\text{ges}} \quad (3.351)$$

Da gedanklich zunächst alle Lastströme in die Einspeisepunkte verworfen sind, gilt für die Spannungen der Netzknoten $\underline{U}_{\text{A}} = \underline{U}_{\text{B}}$. Die tatsächliche Spannung an den Knoten wird nach Bestimmung der Stromverteilung auf der Leitung und der Berechnung der Längsspannungsabfälle ermittelt.

Die Stromverteilung entlang der Leitung ist streckenweise konstant. An den Stellen der diskreten Entnahmen ändert sich entsprechend der Höhe des an dieser Stelle abfließenden Stroms der abfallende Verlauf. Der Verlauf des Spannungsabfalles ist dementsprechend eine stückweise linear ansteigende Funktion. Sowohl die Verläufe des Wirk- und Blindstroms sind damit unstetige monotone Funktionen (Abb. 3.59).

3.8 Leistungsflussverfahren für einfache Netzstrukturen und für lange Leitungen 317

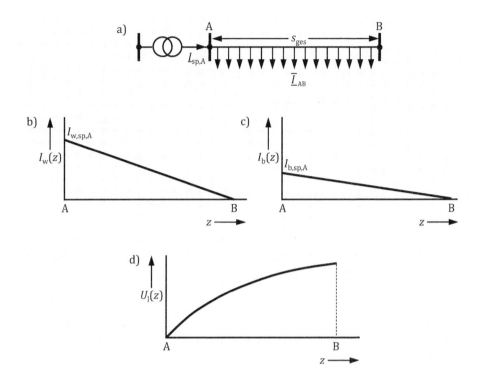

Abb. 3.60 Verlauf der Stromverteilung und des Spannungsabfalls bei kontinuierlicher Last und einseitiger Einspeisung [25]

Für den Fall kontinuierlicher Entnahmen haben die Verläufe von Strom und Spannung tendenziell den gleichen Verlauf. Allerdings handelt es sich entsprechend der Lastcharakteristik um stetige und monoton steigende bzw. fallende Funktionen (Abb. 3.60).

Für die Berechnung der Spannungsverteilung entlang der Leitung wird entsprechend den vereinbarten Näherungen für Niederspannungsnetze nur der Längsspannungsabfall betrachtet. Dieser bestimmt sich allgemein aus der Definition eines differenziell kleinen Leitungsabschnittes, der dann über die gesamte Leitungsstrecke integriert wird.

$$dU_l = \overline{R} \cdot dz \cdot I_w(z) + \overline{X} \cdot dz \cdot I_b(z) \tag{3.353}$$

$$U_l = \int_0^z \left(\overline{R} \cdot I_w(z) + \overline{X} \cdot I_b(z)\right) \cdot dz \tag{3.354}$$

Bei diskreten Entnahmen sind dabei die Anteile des Wirk- und Blindstroms $I_w(z)$ bzw. $I_b(z)$ bereichsweise konstant. Die Integration der Ströme ergibt damit einen stückweise linearen Verlauf des Spannungsabfalles (Abb. 3.61).

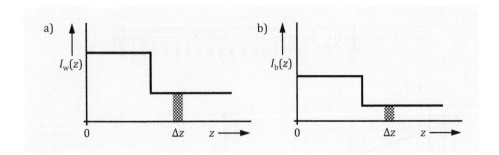

Abb. 3.61 Anteile des Wirk- und Blindstroms

Im Beispiel aus Abb. 3.59a einer einseitig gespeisten Leitung (Variante I) mit drei diskreten Entnahmen errechnet sich der gesamte Längsspannungsabfall bis zum Entnahmepunkt 3 zu:

$$\Delta U_1 = \overline{R} \cdot (I_{w,1} \cdot s_1 + I_{w,2} \cdot s_2 + I_{w,3} \cdot s_3) + \overline{X} \cdot (I_{b,1} \cdot s_1 + I_{b,2} \cdot s_2 + I_{b,3} \cdot s_3) \tag{3.354}$$

Verallgemeinert gilt für den Längsspannungsabfall bei einer beliebigen Anzahl von N Zwischenentnahmen:

$$\Delta U_1 = \overline{R} \cdot \sum_{i=1}^{N} I_{w,i} \cdot s_i + \overline{X} \cdot \sum_{i=1}^{N} I_{b,i} \cdot s_i \tag{3.355}$$

Bei den kontinuierlichen Entnahmen wird der Spannungsabfall aus den linearen Verläufen des Wirk- bzw. Blindstroms als Funktion der Ortskoordinate z berechnet. Die lineare Stromfunktion wird durch den konstanten Anteil $I_{\text{sp,A}}$ und die Steigung $I_{w,\text{sp,A}}/s_{\text{ges}}$ bzw. $I_{b,\text{sp,A}}/s_{\text{ges}}$ des Stromverlaufs $\overline{I}$ bestimmt.

$$I_w(z) = -\overline{I}_w \cdot z + I_{w,\text{sp,A}} \quad ; \quad \overline{I}_w = \frac{I_{w,\text{sp,A}}}{s_{\text{ges}}}$$

$$I_b(z) = -\overline{I}_b \cdot z + I_{b,\text{sp,A}} \quad ; \quad \overline{I}_b = \frac{I_{b,\text{sp,A}}}{s_{\text{ges}}} \tag{3.356}$$

$$\Delta U_1 = \int_0^z \left(\overline{R} \cdot \left(-\frac{I_{w,\text{sp,A}}}{s_{\text{ges}}} \cdot z + I_{w,\text{sp,A}} \right) + \overline{X} \cdot \left(-\frac{I_{b,\text{sp,A}}}{s_{\text{ges}}} \cdot z + I_{b,\text{sp,A}} \right) \right) dz$$

Die Integration der linearen Wirk- und Blindstromfunktion ergibt dann einen parabelförmigen Verlauf für den Längsspannungsabfall (Abb. 3.60). Für die gesamte Leitungslänge $(z = s_{\text{ges}})$ errechnet sich der Längsspannungsabfall zu:

$$\Delta U_1 = \frac{1}{2} \cdot (\overline{R} \cdot I_{w,\text{sp,A}} + \overline{X} \cdot I_{b,\text{sp,A}}) \cdot s_{\text{ges}} \tag{3.357}$$

3.8.5.2 Variante II: Zweiseitig gespeiste Leitung

Bei der Berechnung der Strom- und Spannungsverhältnisse einer Leitung, in die von beiden Seiten Leistung eingespeist wird, bzw. bei einer Ringleitung (dabei sind die Knoten A und B identisch) werden ebenfalls die beiden Lastvarianten diskreter und kontinuierlicher Leistungsentnahmen unterschieden (Abb. 3.63a). In beiden Fällen werden die entlang der Leitung A-B entnommenen Ströme zu Strömen an den Einspeiseknoten $\underline{I}_{sp,A}$ und $\underline{I}_{sp,B}$ zusammengefasst. Diese Summenströme sind nicht mit den Einspeiseströmen aus der einseitig gespeisten Leitung identisch, wie im Folgenden noch gezeigt wird. Die Summe der Ströme $\underline{I}_{sp,A}$ und $\underline{I}_{sp,B}$ ist genauso groß wie die Summe aus allen Lastströmen. Die anteilige Verteilung der Lastströme auf die beiden Einspeiseknoten ist abhängig von der elektrischen Entfernung (Leitungsimpedanz) der jeweiligen Entnahmestelle von den beiden Einspeiseknoten und von der Größe der einzelnen Last.

Die Berechnung der Summenströme $\underline{I}_{sp,A}$ und $\underline{I}_{sp,B}$ erfolgt bei diskreten Entnahmen auf Basis des Überlagerungsverfahrens. Die Lastströme verteilen sich danach im umgekehrten Verhältnis der entsprechenden Impedanzen auf die Einspeiseknoten A und B. Die gesamte Leitungsimpedanz zwischen A und B ergibt sich aus der Summe der Impedanzen aller Leitungsabschnitte.

$$\underline{Z}_{ges} = \sum_{k=1}^{N+1} \underline{Z}_k \qquad (3.358)$$

Damit kann man die impedanzgerechte Verteilung eines Laststroms $\underline{I}_i$ auf die beiden Einspeiseknoten A und B bestimmen.

$$\begin{aligned}\underline{I}_{sp,A,i} &= \underline{I}_i \cdot \frac{1}{\underline{Z}_{ges}} \cdot \sum_{k=i+1}^{N+1} \underline{Z}_k \\ \underline{I}_{sp,B,i} &= \underline{I}_i \cdot \frac{1}{\underline{Z}_{ges}} \cdot \sum_{k=1}^{i} \underline{Z}_k\end{aligned} \qquad (3.359)$$

In der Regel wird für eine so betrachtete Leitung auf der gesamten Strecke s_{ges} zwischen A und B nur ein Leitungstyp mit den gleichen Leitungsparametern eingesetzt. Ersetzt man nun die Teilimpedanzen durch das Produkt aus Impedanzbelag, der für alle Streckenteile gleich ist, und Länge des jeweiligen Abschnittes $\underline{Z}_k = \overline{\underline{Z}} \cdot l_k$ so ergeben sich die Summenströme in A und B allein als Funktion der Lastströme $\underline{I}_i$ und der Länge der einzelnen Streckenabschnitte l_i (Abb. 3.62). Die Impedanzen bzw. Impedanzbeläge können aus Gl. (3.144) heraus gekürzt werden.

$$s_{ges} = \sum_{i=1}^{N} l_i \qquad (3.360)$$

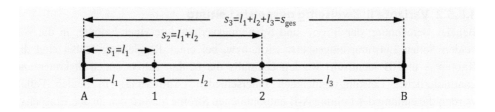

Abb. 3.62 Aufteilung einer Leitung in Streckenabschnitte

$$\underline{I}_{sp,A} = \sum_{i=1}^{N} \underline{I}_i \cdot \frac{1}{s_{ges}} \cdot \sum_{k=i+1}^{N+1} l_k$$

$$\underline{I}_{sp,B} = \sum_{i=1}^{N} \underline{I}_i \cdot \frac{1}{s_{ges}} \cdot \sum_{k=1}^{i} l_k$$

(3.361)

Führt man nun anstelle der Streckenabschnitte Entfernungen s_i von Seite A entsprechend Abb. 3.62 ein und berücksichtigt die folgenden Beziehungen,

$$\sum_{k=1}^{i} l_k = s_i$$

$$\sum_{k=i+1}^{N+1} l_k = s - s_i$$

(3.362)

so ergeben sich die Summenströme $\underline{I}_{sp,A}$ und $\underline{I}_{sp,B}$ allein aus dem Längenverhältnis der einzelnen Leitungsabschnitte zu:

$$\underline{I}_{sp,A} = \sum_{i=1}^{N} \left(\underline{I}_i \cdot \frac{s_{ges} - s_i}{s_{ges}} \right)$$

$$\underline{I}_{sp,B} = \sum_{i=1}^{N} \left(\underline{I}_i \cdot \frac{s_i}{s_{ges}} \right)$$

(3.363)

Bei kontinuierlichen Entnahmen (Abb. 3.64a) können die Summen $\underline{I}_{sp,A}$ und $\underline{I}_{sp,B}$ durch Integration ermittelt werden.

$$\underline{I}_{sp,A} = \int_{0}^{s_{ges}} \overline{\underline{I}} \cdot \frac{s_{ges} - z}{s_{ges}} dz = \overline{\underline{I}} \cdot \left(\frac{s_{ges} \cdot z - z^2/2}{s_{ges}} \right) \bigg|_{0}^{s_{ges}} = \overline{\underline{I}} \cdot \frac{s_{ges}}{2}$$

$$\underline{I}_{sp,B} = \overline{\underline{I}} \cdot s_{ges} - \underline{I}_{sp,A} = \overline{\underline{I}} \cdot \frac{s_{ges}}{2}$$

(3.364)

3.8 Leistungsflussverfahren für einfache Netzstrukturen und für lange Leitungen

Für die Berechnung der Stromverteilung auf den einzelnen Leitungsabschnitten muss bei einer zweiseitig gespeisten Leitung berücksichtigt werden, dass im allgemeinen Fall die Spannungen an den beiden Einspeiseknoten A und B unterschiedlich sind $\underline{U}_A \neq \underline{U}_B$. Die Konsequenz der sich daraus ergebenden Spannungsdifferenz ist, dass unabhängig von etwaigen Lasten entlang der Leitung zwischen A und B ein Ausgleichstrom $\underline{I}_a$ fließt. Dieser Ausgleichstrom ist abhängig von den Spannungen in den Einspeiseknoten A und B, sowie von der Gesamtimpedanz zwischen den Knoten A und B.

$$\underline{I}_a = \frac{\underline{U}_A - \underline{U}_B}{\underline{Z}_{AB}} \tag{3.365}$$

Die Speiseströme einschließlich des Ausgleichstroms ergeben sich daher im Allgemeinen zu:

$$\begin{aligned} \widetilde{\underline{I}}_{sp,A} &= I_{sp,A} + \underline{I}_a \\ \widetilde{\underline{I}}_{sp,B} &= I_{sp,B} - \underline{I}_a \end{aligned} \tag{3.366}$$

In Abb. 3.63 und 3.64 sind die Verläufe der nach Wirk- und Blindanteil aufgeteilten Ströme und der Verlauf des Längsspannungsabfalles für eine zweiseitig gespeiste Leitung dargestellt. Abb. 3.63 zeigt die entsprechenden Verläufe für diskrete Entnahmen und Abb. 3.64 für kontinuierliche Entnahmen.

Die Stromverteilung entlang der Leitung ist auch bei einer zweiseitigen Einspeisung streckenweise konstant. An den Stellen der diskreten Entnahmen ändert sich der Strom entsprechend der Höhe des an dieser Stelle abfließenden Teilstroms. Allerdings erfolgt sowohl beim Wirk- als auch beim Blindstrom an jeweils einem Knoten eine Umkehrung der Stromrichtung. Dies kann im Allgemeinen für Wirk- und Blindstrom am selben oder an zwei verschiedenen Knoten sein. In dem Beispiel nach Abb. 3.63 sind dies für den Wirkstrom der Knoten 2 und für den Blindstrom der Knoten 3. Der Verlauf des Spannungsabfalles ist dementsprechend eine stückweise lineare Funktion. Sowohl die Verläufe des Wirk- und Blindstroms sind damit unstetige Funktionen (Abb. 3.63).

Der Ort des Spannungsminimums kann dementsprechend auch nur an einer Stelle im Netz sein, an der sich der Wert des Stromverlaufs ändert. Bei dem gegebenen Beispiel tritt das Spannungsminimum bzw. das Maximum des Längsspannungsabfalls bei den angenommenen Strom- und Impedanzwerten am Knoten 2 auf.

Für den Fall kontinuierlicher Entnahmen haben die Verläufe von Strom und Spannung tendenziell den gleichen Verlauf. Allerdings handelt es sich entsprechend der Lastcharakteristik um stetige Funktionen (Abb. 3.64). Auch hier ändert der Wirk- und der Blindstrom im Verlauf der Leitungsstrecke bei z_3 bzw. z_1 seine Richtung. Der Ort des Spannungsminimums liegt bei kontinuierlichen Entnahmen im Bereich zwischen den beiden Orten der Richtungsumkehr von Wirk- und Blindstrom an der Stelle z_2.

Die zuvor beschriebenen Verhältnisse ergeben sich sinngemäß, falls statt Lasten bzw. Entnahmen Einspeisungen an den Knoten einer Leitung angeschlossen werden. Hierbei ergeben sich aufgrund des anderen Vorzeichens der Leistung ein (abschnittsweiser)

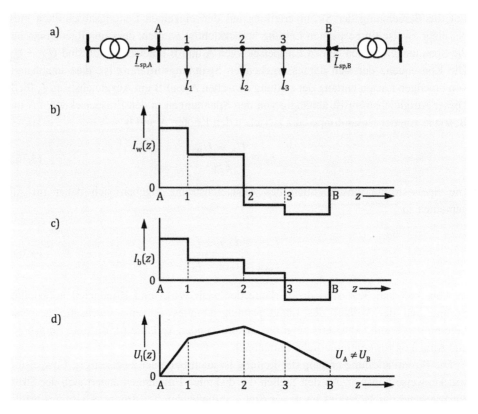

Abb. 3.63 Verlauf der Stromverteilung und des Spannungsabfalls bei diskreter Last und zweiseitiger Einspeisung [25]

Spannungsanstieg. Im Zuge der gerade im Verteilungsnetz stark ausgebauten Photovoltaikeinspeisungen ergeben sich dadurch vor allem in Zeiten mit geringer Verbraucherleistung erhebliche Probleme im Netz durch unzulässig hohe Spannungswerte.

Abb. 3.65a zeigt eine Niederspannungsleitung, an die sowohl Verbraucher (Haushaltslast) als auch Einspeisungen (Photovoltaikanlagen) angeschlossen sind. Daraus ergeben sich für diesen Netzzweig zwei extreme Belastungsszenarien. Vereinfachend werden in dem Beispiel nur Wirkströme abgebildet. In dem einen Fall ist die Einspeisung null und die Belastung relativ hoch (Abb. 3.65b). Dies kann beispielsweise in den Wintermonaten abends auftreten. Im anderen Fall ist die Verbraucherlast gering und die Einspeisung aus den Photovoltaikanlagen sehr hoch (Abb. 3.65c). Eine solche Netzsituation tritt häufig an Feiertagen im Frühjahr und im Sommer auf (Pfingsten, Ferien etc.). Hierbei ist oftmals die Einhaltung der zulässigen Spannungsgrenzen problematisch. In Abb. 3.65d ist die Spreizung der Spannung am Ende des Netzzweiges erkennbar, die sich aus den beiden extremen Belastungssituationen ergibt [32, 43] und die nach DIN EN 50160 auf $\pm 10\,\%$ der Nennspannung U_n begrenzt bleiben muss.

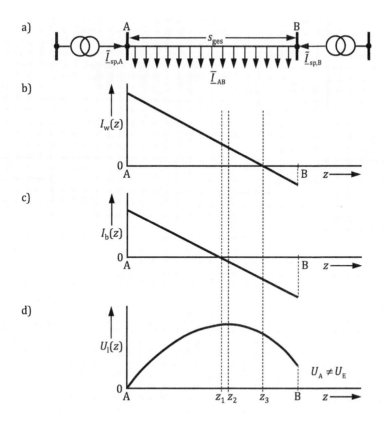

Abb. 3.64 Verlauf der Stromverteilung und des Spannungsabfalls bei kontinuierlicher Last und zweiseitiger Einspeisung [25]

3.8.6 Berechnung bei unsymmetrischer Belastung

In Niederspannungsnetzen ist die Annahme einer gleichmäßigen (symmetrischen) Belastung der drei Phasen des Drehstromsystems nicht immer gegeben. Dann ist die bisher gegebene Gültigkeit der Berechnung nur einer Phase und der Ermittlung der Leistung des Gesamtsystems mit dem Faktor drei nicht mehr gegeben. Es ist dann eine dreiphasige Netzmodellierung und -berechnung erforderlich.

Abb. 3.66 zeigt das Beispiel einer einfachen Netzsituation mit einer unsymmetrischen Belastung. Zur Berechnungsvereinfachung sind in dem Beispiel keine Leitungsimpedanzen berücksichtigt.

Aufgrund der Kirchhoff'schen Knotenregel gilt für die Ströme:

$$\begin{aligned} \underline{I}_1 &= \underline{I}_{12} - \underline{I}_{31} \\ \underline{I}_2 &= \underline{I}_{23} - \underline{I}_{12} \\ \underline{I}_3 &= \underline{I}_{31} - \underline{I}_{23} \end{aligned} \quad (3.367)$$

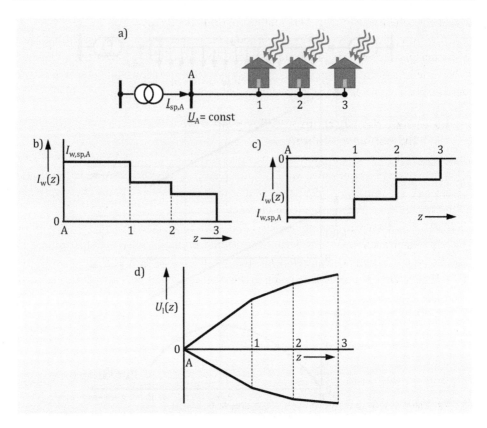

Abb. 3.65 Beispiel einer Netzbelastung

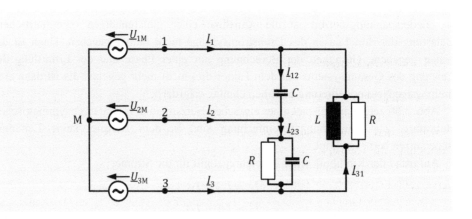

Abb. 3.66 Berechnung eines unsymmetrischen Lastfalles

Aus den Maschenumläufen der Spannungen ergibt sich:

$$\begin{aligned}\underline{I}_{12} &= \underline{U}_{12} \cdot \frac{1}{j \cdot \omega \cdot C} = j \cdot \omega \cdot C \cdot (\underline{U}_2 - \underline{U}_1) \\ \underline{I}_{23} &= \underline{U}_{23} \cdot \left(\frac{R + (1/j \cdot \omega \cdot C)}{R + (1/j \cdot \omega \cdot C)}\right) = (\underline{U}_2 - \underline{U}_3) \cdot \left(\frac{1 + j \cdot \omega \cdot C \cdot R}{R}\right) \\ \underline{I}_{31} &= \underline{U}_{31} \cdot \left(\frac{R + j \cdot \omega \cdot L}{j \cdot R \cdot \omega \cdot L}\right) = (\underline{U}_3 - \underline{U}_1) \cdot \left(\frac{R + j \cdot \omega \cdot L}{j \cdot R \cdot \omega \cdot L}\right)\end{aligned} \quad (3.368)$$

Die Gesamtleistung wird demnach aus der Addition der Leistungen in den drei Phasen des Systems bestimmt.

$$\underline{S} = \underline{U}_{1M} \cdot (\underline{I}_1)^* + \underline{U}_{2M} \cdot (\underline{I}_2)^* + \underline{U}_{3M} \cdot (\underline{I}_3)^* \quad (3.369)$$

Literatur

1. K. F. Schäfer, Adaptives Güteindex-Verfahren zur automatischen Erstellung von Ausfalllisten für die Netzsicherheitsanalyse, Dissertation Bergische Universität Wuppertal, 1988.
2. FGH, Lastfluss- und Kurzschlussberechnungen in Theorie und Praxis, Mannheim: Forschungsgemeinschaft für Hochspannungs- und Hochstromtechnik e. V., 1998.
3. E. Handschin, Elektrische Energieübertragungssysteme, Heidelberg: Hüthig, 1987.
4. N. Peterson und W. Meyer, „Automatic Adjustment of Transformer and Phase-Shifter Taps in the Newton Power Flow", *IEEE Trans. on Power App. and Systems*, Vol. 90, No. 1, S. 103–108, 1971.
5. G. Stagg und A. El-Abiad, Computer Methods in Power System Analysis, Tokyo: McGraw-Hill, 1968.
6. Deutsche Übertragungsnetzbetreiber, „Internetplattform zur Vergabe von Regelleistung", [Online]. Available: https://www.regelleistung.net. [Zugriff am 21. Juni 2022].
7. UCTE, „UCTE Operation Handbook",. [Online]. Available: http://www.ucte.org. [Zugriff am 16. Juni 2022].
8. A. Schäfer, Bewertung dezentraler Anlagen in Energieversorgungssystemen, Dissertation RWTH Aachen, 2013.
9. D. Oeding und B. Oswald, Elektrische Kraftwerke und Netze, Berlin: Springer, 2011.
10. A. Schwab, Elektroenergiesysteme, Berlin: Springer, 2022.
11. G. Brückner, Netzführung, Renningen-Malmsheim: expert, 1997.
12. Swissgrid, „Netzstabilität", [Online]. Available: https://www.swissgrid.ch/swissgrid/de/home/experts/topics/frequency.html. [Zugriff am 13. Juli 2022].
13. M. Calovic und V. Strezoski, „Calculation of steady-state load flows incorporating system control effects and consumer self-regulation characteristics", *Electrical Power & Energy Systems*, Vol. 3, No. 2, S. 65–74, 1981.
14. U. van Dyk, Spannungs-Blindleistungsoptimierung in Verbundnetzen, Dissertation Bergische Universität Wuppertal, 1989.
15. B. Stott und O. Alsac, „Fast Decoupled Load Flow", *IEEE Trans. on Power App. and Systems*, Vol. 93, No. 5, S. 859–867, 1974.
16. G. Hosemann, Elektrische Energietechnik, Band 3: Netze, Berlin: Springer, 2001.

17. H. Gebler, Berechnung von Zuverlässigkeitskenngrößen für elektrische Energieversorgungsnetze, Dissertation TH Darmstadt, 1981.
18. L. Ford und D. Fulkerson, Flows in networks, Princeton: Princeton University Press, 1962.
19. R. Sedgewick und K. Wayne, Algorithmen, Hallbergmoos: Pearson, 2014.
20. W. Domschke, Transport: Grundlagen, lineare Transport- und Umladeprobleme, München: Oldenbourg, 2007.
21. H. Edelmann, Berechnung elektrischer Verbundnetze, Berlin: Springer, 1963.
22. H. Gebler und H. Müller, „Ersatzdarstellung für Transportnetze bei schnellen Maximalflussabschätzungen", *etz-Archiv*, Bd. 3, S. 35–38, 1981.
23. M. Dorigo, M. Birattari und T. Stützle, „Ant Colony Optimization: Artificial Ants as a Computational Intelligence Technique", *IEEE Computational Intelligence Magazine*, Bd. 4, Nr. 1, S. 28–39, 2006.
24. J. Verstege, „Leittechnik für Energieübertragungsnetze", Skript Bergische Universität Wuppertal, 2009.
25. J. Verstege, „Energieübertragung", Skript Bergische Universität Wuppertal, 2009.
26. K. Heuck, K.-D. Dettmann und D. Schulz, Elektrische Energieversorgung, Berlin: Springer, 2013.
27. F. Kießling, P. Nefzger und U. Kaintzyk, Freileitungen, Berlin: Springer, 2001.
28. P. Denzel, Grundlagen der Übertragung elektrischer Energie, Berlin: Springer, 1966.
29. M. L. Crow, Computational Methods for Electric Power Systems, Boca Raton, CRC Press, 3. Aufl., 2015.
30. BNetzA, „Bericht der BNetzA über die Systemstörung im Verbundsystem am 4.11.2006", [Online]. Available: https://www.bundesnetzagentur.de/SharedDocs/Downloads/DE/Sachgebiete/Energie/Unternehmen_Institutionen/Versorgungssicherheit/Netzreserve/Bericht_9.pdf?__blob=publicationFile&v=2. [Zugriff am 28. Juni 2022].
31. Deutsche Welle, „Gleichstromnetze", [Online]. Available: http://www.dw.com/de/dier%C3%BCckkehr-der-gleichstromnetze/a-17410425. [Zugriff am 20. Juni 2022].
32. M. Zdrallek (Hrsg.), Planungs- und Betriebsgrundsätze für ländliche Verteilungsnetze, Neue Energie aus Wuppertal, Bd. 8, Bergische Universität Wuppertal, 2016.
33. L. May, „Erstes Mittelspannungsnetz mit Gleichstrom im Aufbau", *50,2 Das Magazin für intelligente Stromnetze*, Nr. 4, S. 31, 2018.
34. H. Nahrstedt, Algorithmen für Ingenieure, Wiesbaden: Springer, 2018.
35. G. Wagner, Lastflusssteuerung bei unzulässigen Betriebszuständen in Hochspannungsnetzen, Dissertation RWTH Aachen, 1978.
36. W. Hackbusch, Iterative Lösung großer schwachbesetzter Gleichungssysteme, Vieweg-Teubner, 2012.
37. G. Strang, Wissenschaftliches Rechnen, Springer, Berlin, 2010.
38. J. Liu, M. Salama und R. Mansour, „An efficient power flow algorithm for distribution systems with polynominal load", *Int. Journal of Electrical Engineering Education*, 39/4 2002.
39. C. Trevino, „Cases of difficult convergence in load-flow problems", IEEE Summer PowerMeeting, Los Angeles, 1970.
40. W. H. Kersting: Distribution System Modeling and Analysis, CRC Press, Taylor & Francis Group, 2007.
41. X.-F. Wang, Y. Song und M. Irving: Modern Power Systems Analysis, Springer, New York, 2008.
42. V. Crastan und D. Westermann, Elektrische Energieversorgung 3, Springer Vieweg, Berlin, 2018.

43. M. Zdrallek (Hrsg.), Planungs- und Betriebsgrundsätze für städtische Verteilnetze – Leitfaden zur Ausrichtung der Netze an ihren zukünftigen Anforderungen, Neue Energie aus Wuppertal, Bd. 35, Bergische Universität Wuppertal, 2022.
44. Deutsche Übertragungsnetzbetreiber, „Netzentwicklungsplan Strom," 2. Entwurf, November 2014.
45. Deutsche Übertragungsnetzbetreiber, „Offshore-Netzentwicklungsplan," 2. Entwurf, Juni 2013.
46. J. Fu, Z. Yuan, Y. Wang, S. Xu, W. Wei und Y. Luo, „Control strategy of system coordination in Nanao multi-terminal VSC-HVDC project for wind integration," in *IEEE Power & Energy Society General Meeting, Conference & Exposition*, National Harbor, 2014.
47. X. Li, Z. Yuan, J. Fu, Y. Wang, T. Liu und Z. Zhu, „Nanao multi-terminal VSC-HVDC project for integrating large-scale wind generation," in *IEEE Power and Energy Society General Meeting, Conference & Exposition*, National Harbor, Juli 2014.
48. Amprion GmbH, „Ultranet – Die neue Gleichstromverbindung zwischen Nordrhein-Westfalen und Baden-Wurttemberg," Dortmund, Broschüre, Oktober 2014.
49. Amprion GmbH, „Höchstspannungsleitung Osterath – Philippsburg," Antrag auf Bundesfachplanung, 2017
50. T. Hennig, Auswirkungen eines vermaschten Offshore-Netzes in HGÜ-Technik auf die Netzführung der angeschlossenen Verbundsysteme, Dissertation Gottfried Wilhelm Leibniz Universität Hannover, 2018.
51. A. Orths, D. Green, L. Fisher, E. Pelgrum und F. Georges, „The European North-Sea Countries Offshore Grid Initiative – Results," in *IEEE Power & Energy Society General Meeting*, Vancouver, 2013.
52. ENTSO-E, „Regional Investment Plan North Sea," Juli 2012.
53. R. Apel, Ein Programmsystem für Unsymmetrie- und Oberschwingungslasten, Dissertation Universität Siegen, 2016.

Netzzustandserkennung 4

4.1 Theorie der Netzzustandserkennung

4.1.1 Aufgabenstellung

Eine wesentliche Aufgabe der Netzüberwachung ist die Bestimmung des aktuellen Netzzustandes, der aus der Spannungs- und Leistungsflussverteilung im Netz abgeleitet wird. Hierzu werden Messwerte aus dem geografisch weit verteilten Energieversorgungssystem über Fernwirkeinrichtungen in die Netzleitstelle übertragen. Aus diesen Messinformationen muss in der Netzleitstelle ein möglichst vollständiges und konsistentes Netzabbild erstellt werden.

Die Berechnung eines Netzzustands mit dem in Kap. 3 beschriebenen determinierten Leistungsflussverfahren nach Newton-Raphson oder der schnellen, entkoppelten Leistungsflussrechnung setzt einen vollständigen und konsistenten Eingabedatensatz voraus. In der Regel werden hierbei die Knotenleistungen als gegeben angenommen und damit die komplexen Knotenspannungen als Zustandsvariablen bestimmt. Es wird dabei unterstellt, dass die Eingangsdaten vollständig und fehlerfrei sind. Für Planungsaufgaben sind ein solches Vorgehen sowie die Definition eines entsprechenden Datenszenarios völlig ausreichend. Allerdings führt der Wegfall auch nur einer Eingangsinformation zur Unterbestimmtheit und dadurch zur Nichtlösbarkeit des Gleichungssystems.

Für die Bewertung des aktuellen Netzzustands im praktischen Netzbetrieb liegt ein solcher vollständiger und konsistenter Datensatz nicht vor. Für die Online-Überwachung werden vielmehr aus dem gesamten Netz verschiedenartige und fehlerbehaftete Messdaten in die Netzleitstelle über Fernwirkeinrichtungen übertragen. Es handelt sich hierbei beispielsweise um die gemessenen Werte von Knotenspannungsbeträgen, von Wirk- und Blindleistungsflüssen auf den Netzzweigen, sowie von Knoteneinspeisungen bzw. -lasten (im Folgenden auch als Knotenbilanzen bezeichnet).

Für die Netzzustandserkennung ist ein mathematisches Verfahren erforderlich, das in der Lage ist, die verschiedenen, in der Praxis vorkommenden Arten von Messwerten zu verarbeiten, daraus die nicht gemessenen Größen zu berechnen, den Einfluss von Messfehlern zu minimieren und grob falsche Messwerte („Bad Data") zu entdecken, zu identifizieren und zu eliminieren. Mit diesem Verfahren soll für einen bestimmten Zeitpunkt eine vollständige und konsistente Datenbasis ermittelt werden, die die Grundlage für nachfolgende Netzanalysen (z. B. Ausfallsimulationsrechnung, Kurzschlussstromberechnung) ist. Da die Messwerte selbst fehlerbehaftet sind, sollte es ein mathematisch-statistisches Schätzverfahren sein, mit dem der möglichst wahrscheinliche Systemzustand bestimmt wird [1].

Bei der Anwendung eines solchen Verfahrens auf elektrische Energieversorgungssysteme sind die komplexen Knotenspannungen die Zustandsvariablen. Als Eingangsgrößen stehen die gemessenen Werte von Knotenspannungsbeträgen, von Strombeträgen, der Wirk- und Blindleistungsflüsse auf den Netzzweigen, sowie der Knoteneinspeisungen bzw. –lasten zur Verfügung. Im Folgenden wird nur die Summe der an einem Knoten als Einspeisung bzw. als Last auftretende Knotenbilanzleistung betrachtet. Insbesondere ist die Verarbeitung sogenannter „passiver" Knoten oder Transitknoten, an denen weder Erzeuger noch Verbraucher angeschlossen sind und deren Knotenbilanzleistung null ist, als fiktive Messungen mit sehr hoher Genauigkeit möglich (s. Abschn. 4.2.3).

Bevor die Prozessrechnertechnik in den Netzleitstellen eingesetzt werden konnte, wurden lediglich wenige, ausgewählte Daten in die Netzleitstellen übertragen und dort auf meist analogen Messgeräten angezeigt. Diese Daten umfassten nur jeweils einige Spannungsbeträge, Einspeisungen, Verbraucherleistungen und Leistungen auf den Zweigen. Informationen über nicht übertragene Größen konnten nur indirekt telefonisch aus entsprechend mit Personal besetzten Stationen durch Ablesen von Instrumenten in die Netzleitstellen übertragen werden. Informationen über nicht gemessene Größen konnten gar nicht beschafft werden.

Dieser nur sehr rudimentäre Informationsumfang ist für die Überwachung und Führung der heutigen sehr komplexen und zeitweise hoch ausgelasteten Systeme nicht mehr ausreichend. Mit den seit vielen Jahren in den Netzleitstellen verfügbaren Rechnersystemen besteht heute die Möglichkeit, vorhandene Daten weiter zu verarbeiten. Es können damit auch mathematische Verfahren zur vollständigen Erkennung des Netzzustandes eingesetzt werden. Für die Bestimmung des aktuellen Netzzustandes sind theoretisch drei prinzipielle Vorgehensweisen denkbar.

4.1.1.1 Messung aller Knotenleistungen und eines Spannungsbetrages

In Anlehnung an die Vorgehensweise bei der Ermittlung der Eingangsdaten für die konventionelle, determinierte Leistungsflussrechnung werden bei dieser Variante alle Knotenleistungen, d. h. alle Einspeisungen und Lasten an allen Netzknoten sowie der Betrag der Spannung an einem Netzknoten gemessen. Diese Messdaten werden anschließend als Eingangsdaten für eine gewöhnliche Leistungsflussrechnung zur Bestimmung des Netzzustandes verwendet.

Diese Vorgehensweise hat jedoch einige gravierende Nachteile. So entsprechen die dafür erforderlichen Messungen nicht dem in einem Energieversorgungssystem üblichen Messsystem (Messtopologie, Anzahl und Arten von Messungen). Daneben führt bereits der Ausfall auch nur einer einzigen Messung zum Versagen des gesamten Verfahrens. Es besteht keine Möglichkeit, die grundsätzlich nicht vermeidbaren Fehler in den Messungen zu mindern oder große Fehler zu erkennen. Dadurch können stark fehlerbehaftete Ergebnisse bei der Leistungsflussrechnung entstehen bzw. die Rechnung ist häufig nichtkonvergent.

4.1.1.2 Messung aller Zustandsvariablen

Eine nahe liegende Lösung zur Bestimmung des aktuellen Systemzustandes besteht darin, die Zustandsgrößen durch Messung der Spannungsbeträge und –winkel an allen Knoten unmittelbar zu bestimmen.

Die gleichzeitige, fehlerfreie messtechnische Erfassung aller Zustandsgrößen ist jedoch praktisch nur sehr schwer durchführbar. Eine genügend genaue Messung aller Knotenspannungsbeträge ist sicher möglich. Der Aufwand für die ausreichend genaue Messung aller Phasenwinkel ist jedoch in realen Energieversorgungsnetzen mit einem erheblichen Aufwand verbunden. Auch sind die Spannungswinkel als Messgrößen nur bedingt geeignet, da sie sich häufig nur geringfügig voneinander unterscheiden und bei oberschwingungsbehafteter Netzspannung schwierig exakt zu bestimmen sind. Jeder Messfehler würde unmittelbar in die Bestimmung und die Bewertung der Zustandsgrößen eingehen. Jeder Ausfall einer beliebigen Messung würde alle von dieser Zustandsgröße abhängigen Systemgrößen unbestimmt lassen.

Seit einigen Jahren sind erste Installationen solcher Messsystem in der Erprobung. Mit zeitsynchronisierten Messungen (Phasor Measurement Unit, PMU) werden die komplexen Amplituden von Strom und Spannung zu einem bestimmten Zeitpunkt (Synchrophasor) erfasst. Beispielsweise wird in jeder Periode der Netzfrequenz eine Messung durchgeführt. Die Synchronisation der einzelnen Messgeräte erfolgt über ein GPS-Zeitsignal. Damit werden die ermittelten Messwerte mit einem Messzeitpunkt verknüpft und per Datenfernübertragung in die Netzleitstelle übertragen (s. Abschn. 4.1.4).

4.1.1.3 Messung einer Vielzahl verschiedener Größen im Netz

Üblicherweise sind in einem Energieversorgungsnetz eine Vielzahl und unterschiedliche Arten von Messungen vorhanden [2–5]. So findet man im Messsystem eines Energieversorgungsnetzes die Messungen von Spannungsbeträgen, Knotenleistungen, Leistungsflüssen auf Zweigen sowie Strombeträgen. Die Anzahl der Messungen N_M ist dabei in der Regel deutlich größer als die Anzahl der Zustandsvariablen N_S, die sich aus der Knotenanzahl N ergibt.

$$N_M \geq N_S = 2 \cdot N - 1 \tag{4.1}$$

Um aus diesen Messwerten ein genügend genaues Abbild des aktuellen Systemzustandes zu bestimmen, ist die Anwendung eines mathematischen Algorithmus zur optimalen

Verarbeitung der eingehenden Informationen unter Berücksichtigung der Fehler der Messungen erforderlich.

Unter der Voraussetzung nach Gl. (4.1) ist das zu lösende Gleichungssystem somit auf jeden Fall überbestimmt. Es liegen der Anzahl nach formal mehr Messungen vor als zur Bestimmung der Zustandsvariablen erforderlich wäre. Das Messsystem wird in diesem Fall als redundant bezeichnet. Zur Lösung des Leistungsflussproblems ist daher eine Reduktion dieser Redundanz notwendig.

Der Vorteil dieser Vorgehensweise besteht darin, dass alle zur Verfügung stehenden Messungen genutzt und auch alle nicht gemessenen Größen berechnet werden können. Die Überbestimmtheit kann genutzt werden, um Fehler im Messsystem zu erkennen und auszugleichen. Darüber hinaus sind offensichtlich aufgrund der vorhandenen Redundanz nicht alle Messungen zwingend für die Zustandsbestimmung erforderlich.

Aufgrund der aufgezeigten Vor- und Nachteile der verschiedenen Vorgehensweisen wird ausschließlich die dritte Variante eingesetzt. Sie heißt Zustandserkennung, Leistungsflussschätzung oder State Estimation.

4.1.2 Messabweichung

Basis der State Estimation sind die Messwerte z der Systemgrößen x (i.e. Messgrößen) eines Energieversorgungssystems. Die dabei auftretenden Messabweichungen e sind entsprechend DIN 1319 [6, 7] zufällige (v) oder systematische ($b+p+s$) Abweichungen vom richtigen bzw. als wahr angenommenen Wert der Messgröße $\check{z}$. Die Messabweichungen, die häufig auch als Messfehler bezeichnet werden, hängen von der Messgröße selbst sowie von den eingesetzten Messverfahren und Messgeräten ab. Jedes Messergebnis kann durch eine Vielzahl von Einflüssen verfälscht werden.

Abb. 4.1 zeigt das vereinfachte, allgemeine Schema einer Messkette zur Ermittlung des Messwertes einer bestimmten Messgröße. In einem digitalen System erfolgt im Sensor die Umwandlung der physikalischen Messgröße in eine elektrische Größe. Im Umformer wird ein analoges Signal gebildet, das ggf. noch verstärkt wird. In der Ausgabeeinheit wird das analoge Signal in ein digitales Signal umgewandelt und anschließend über die (Fern-) Übertragungseinheit als Messwert weitergeleitet. Grundsätzlich wird zwischen einem Messumformer, der ein Eingangssignal in ein eindeutig mit diesem verbundenen Ausgangssignal umwandelt, und einem Messwandler, bei dem am Eingang und am Ausgang die gleiche physikalische Größe auftritt, unterschieden.

Der wahre Wert würde bei einer fehlerfreien Messung durch ein fehlerfreies Messgerät angezeigt. Er ist bei einer real durchgeführten Messung allerdings nicht bekannt, da alle Komponenten einer realen Messkette fehlerbehaftet sind. Für Simulationen werden „wahre" Werte als Referenzgröße generiert, um beispielsweise die Güte von Messsystemen zu beurteilen (s. Abschn. 4.5).

4.1 Theorie der Netzzustandserkennung

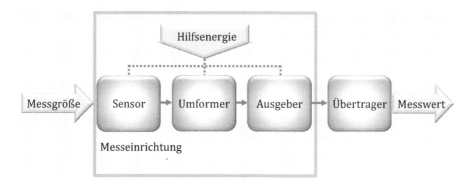

Abb. 4.1 Allgemeines Schema einer Messkette

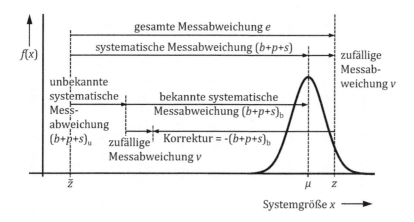

Abb. 4.2 Bewertungssystematik von Messergebnissen

Abb. 4.2 zeigt entsprechend DIN 1319 [6, 7] schematisch die Zusammenhänge, die für die Beurteilung von Messergebnissen von Bedeutung sind. Man unterscheidet bei den Messfehlern grundsätzlich zwischen systematischen und zufälligen Messabweichungen.

Die zufälligen Messabweichungen v ergeben sich jeweils aus einer Kombination von Einzeleinflüssen bzw. stochastischen Geschehnissen. Die quantitativen Auswirkungen der einzelnen Einflüsse sind jedoch nicht eindeutig nachvollziehbar. Die Messwertabweichungen sind aufgrund zufälliger Fehler nicht reproduzierbar.

Es kann angenommen werden, dass die Messfehler der einzelnen Größen in einem Energieversorgungssystem voneinander unabhängig und normalverteilt sind. Gl. (4.2) gibt die Dichtefunktion für solche Messfehler an [8].

$$f(x) = \frac{1}{\sigma \cdot \sqrt{2\pi}} \cdot e^{-\frac{1}{2} \cdot \left(\frac{x-\mu}{\sigma}\right)^2} \tag{4.2}$$

Der Erwartungswert μ der Messwerte beschreibt jenen Wert der Messgröße, der sich bei oftmaligem Wiederholen der Messung als Mittelwert der N_M Messwerte ergibt. Er bestimmt damit die Lage einer Messwertverteilung. Für die zufällige Messabweichung v (Messfehler) ist der Erwartungswert null.

$$\mu = \frac{1}{N_M} \cdot \sum_{i=1}^{N_M} x_i \tag{4.3}$$

Die Standardabweichung σ beschreibt die Breite der Normalverteilung.

$$\sigma = \sqrt{\frac{\sum_{i=1}^{N_M}(x_i - \mu)^2}{N_M - 1}} \tag{4.4}$$

Bei einer Normalverteilung sind im Intervall der Abweichung.

$\pm \sigma$	vom Mittelwert	68,27 %	
$\pm 2 \cdot \sigma$		95,45 %	
$\pm 3 \cdot \sigma$		99,73 %	aller Messwerte zu finden [8]

Abb. 4.3 zeigt die Dichtefunktion $f(x)$ der normalverteilten zufälligen Messfehler.

Die Ursachen für die systematischen Messabweichungen (b, p, s) sind beispielsweise

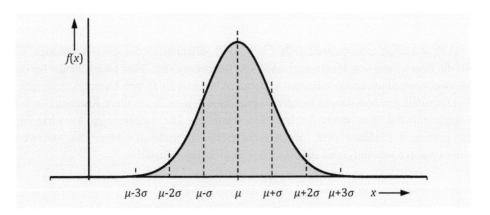

Abb. 4.3 Dichtefunktion der normalverteilten Messfehler

- technische Begrenzungen der Messgeräte
- äußere Einflüsse auf die Messgeräte (Eigenerwärmung, Abnutzung oder Alterung)
- Rückwirkungen des Messgerätes auf die Messgröße
- Verwendung von nicht gültigen Beziehungen zwischen der Messgröße und der tatsächlichen Systemgröße (z. B. unzulässige Linearisierung)
- fehlerhafte Bedienung der Messgeräte durch den Anwender (z. B. parallaxenbedingte Ablesefehler eines Zeigerinstrumentes)
- Fehler in der Netzparameterdatenbank
- Strukturfehler durch falsche Topologieinformationen (z. B. fehlerhafte Schalterstellungen)
- Hardwarefehler (z. B. vertauschte oder gelöste Anschlüsse der Messeinrichtungen)

Sind die Einsatzbedingungen definiert, so liegen die systematischen Messabweichungen nach Betrag und Vorzeichen fest. Damit sind sie sind also grundsätzlich reproduzierbar. Allerdings sind sie nicht vollständig quantitativ bekannt. Die bekannte systematische Messabweichung wird als Korrektion vom Messwert abgezogen. Dies ergibt den berichtigten Messwert, der vom wahren Wert nur noch um die Summe aus dem unbekannt bleibenden Anteil der systematischen Messabweichung und der zufälligen Messabweichung abweicht.

4.1.3 Messunsicherheit

Für den Grad der Genauigkeit einer Messung wird die sogenannte Messunsicherheit definiert. Mit ihr wird die Streuung der Messgröße in der Regel empirisch abgeschätzt. Die Größe der Messunsicherheit wird jeweils auf der Basis von Messwerten sowie der Kenntnis über vorliegende systematische Messwertabweichungen und aufgrund bekannter physikalischer Beziehungen ermittelt. Häufig wird die Messunsicherheit als Standardabweichung formuliert. In den nachfolgenden Ausführungen wird sie daher als Standardmessunsicherheit bezeichnet.

4.1.4 Modell der State Estimation

Das zu lösende Problem kann allgemein folgendermaßen definiert werden [9]:

$$z = h(x) + e \qquad (4.5)$$

Der nichtlineare Funktionenvektor h formuliert die Abhängigkeit der Zustandsgrößen von den jeweiligen Messgrößen. Im Vektor z sind die Messwerte (Anzahl: N_M) und im Vektor x (Anzahl: N_S) sind die Zustandsvariablen eingetragen. Mit den Störgrößen werden alle Fehler beschrieben, die auf die Bestimmung der Zustandsgrößen Einfluss nehmen können. Der Vektor der Störgrößen *e* setzt sich zusammen aus:

$$e = v + b + p + s \tag{4.6}$$

Dabei steht *v* für den Vektor der zufälligen Messfehler, *b* für den Vektor grob falscher Messwerte, *p* für den Vektor der Fehler der Netzparameter und *s* für den Vektor der Strukturfehler (falsche Topologieinformationen).

Abb. 4.4 zeigt das allgemeine Modell der Leistungsflussschätzung, die als Eingangsgrößen die im Netz erfassten Messwerte verwendet und daraus den Systemzustand bestimmt.

Für den Zusammenhang zwischen der Anzahl der Zustandsvariablen N_S und Knotenzahl N gilt

$$N_S = 2 \cdot N - 1 \tag{4.7}$$

In einem elektrischen Energieversorgungssystem werden bei der State Estimation die nachfolgenden Messungen verarbeitet. Die angegebenen Prozentzahlen sind nur als übliche Richtwerte für die Menge der eingesetzten Messarten zu verstehen.

- **Spannungsbeträge** (ca. 5 % der Messungen) U_i
- **Knotenleistungen** (ca. 20 % der Messungen) P_i, Q_i
  Als Knotenleistung wird hierbei die gesamte Knotenleistungsbilanz an einem Netzknoten verstanden. Diese Bilanz wird bestimmt aus der Summe aller an dem betreffenden Knoten angeschlossenen Einspeisungen und Lasten.
- **Leistungsflüsse auf Zweigen** (ca. 75 % der Messungen) $P_{ik} \rightarrow T_{ik}$ und $Q_{ik} \rightarrow W_{ik}$
  Um in den folgenden Ausführungen Knotenleistungen und Zweigleistungen eindeutig zu unterscheiden und Verwechslungen auszuschließen, werden die Wirkflüsse auf den Zweigen mit T_{ik} und die Blindleistungsflüsse auf den Zweigen mit W_{ik} bezeichnet.

Abb. 4.4 Modell der Leistungsflussschätzung

4.1 Theorie der Netzzustandserkennung

- **Strombeträge** I_i, I_{ik}
  Ströme werden üblicherweise nicht als Messgrößen herangezogen. Da diese Messungen in der Regel nur die Strombeträge erfassen, können sie bei einer ungenügenden Anzahl von Leistungsflussmessungen zu Konvergenzschwierigkeiten führen. Sie können aber als zusätzliche Messungen zur Verbesserung der Redundanz und des Estimationsergebnisses genutzt werden. Nur bei Kenntnis einer eindeutigen Stromrichtung und eines bekannten Leistungsfaktors lassen sich aus den Strombetragsmessungen ersatzweise Leistungsflussmessungen mit begrenzter Genauigkeit generieren. In den nachfolgenden Betrachtungen werden Strombetragsmessungen nur beispielhaft betrachtet.

- **Spannungswinkel** φ_i
  Zeiger (Phasor) sind eine Möglichkeit der vereinfachten Darstellung von Sinusgrößen durch Betrag und Winkel (oder Real- und Imaginärteil). Bezieht man die Zeiger auf eine bestimmte (Nenn-)Frequenz, so erhält man bei Sinusgrößen dieser Frequenz einen ruhenden Zeiger.
  Der Winkel einer Größe ist beliebig und kann frei gewählt werden. Bei mehreren Größen ist die Differenz zwischen den Winkeln fix, das heißt bei einem frei wählbaren Bezugswinkel sind alle anderen Winkel damit definiert. Weicht die Frequenz eines Signals von der Bezugsfrequenz ab, so zeigt sich das in einer Drehung des Zeigers. Die Drehzahl des Zeigers entspricht der Differenzfrequenz.
  Noch selten wird die Möglichkeit genutzt, die Spannungswinkel messtechnisch zu erfassen und in der State Estimation zu verarbeiten. Hierbei werden sogenannte „Phasor Measurement Units" (PMU) eingesetzt, mit denen im Gegensatz zu konventionellen Messgeräten synchronisierte Messungen durchgeführt werden können. Um eine Synchronisation mehrerer Messgeräte möglich zu machen, werden Global-Positioning-System-(GPS)-Empfänger in den Messgeräten integriert. Das GPS-Signal wird in diesem Fall nicht für die Ortsbestimmung, sondern für eine systemeinheitliche Zeitbestimmung genutzt. Damit werden die ermittelten Messwerte mit einem definierten Zeitpunkt verknüpft und per Datenfernübertragung zur Leitstelle übertragen. Aus der Differenz zum frei wählbaren Bezugswinkel kann dann der entsprechende Spannungswinkel bestimmt werden.
  Eine Darstellung von mehreren Zeigern in einem System ist nur mit sehr exakter gleicher Bezugszeit möglich. Jeder Zeigerwert wird mit einer GPS-Zeit verknüpft, welche in jeder Messstation (auf der ganzen Erde) einheitlich ist. Die Genauigkeit der Zeitstempel beträgt 1 μs. Bei einer Systemfrequenz von 50 Hz entspricht das einer Winkelgenauigkeit von 0,018° [10–12].

Zusammenfassend muss der State-Estimation-Algorithmus die nachfolgenden Anforderungen erfüllen, um eine sichere und zuverlässige Netzführung zu gewährleisten. Mit dem Algorithmus müssen die aktuellen Zustandsvariablen x (Knotenspannungen nach Betrag und Phase) aus den Messungen verschiedener Systemgrößen berechnet werden. Gleichzeitig muss eine Ausglättung des Einflusses von Messfehlern sowie die

Berechnung auch der nicht gemessenen Systemgrößen erfolgen. Darüber hinaus muss der Algorithmus die Entdeckung, Identifizierung und Elimination grob falscher Messwerte gewährleisten sowie eine Überwachung der Netzstruktur durchführen.

Unter diesen Voraussetzungen liefert der „State Estimator" für einen bestimmten Zeitpunkt eine vollständige und konsistente Datenbasis für alle nachfolgenden Netzüberwachungs- und Netzführungsaufgaben (z. B. Ausfallsimulationsrechnungen, Kurzschlussstromberechnungen).

Für die folgende Ableitung des mathematischen Verfahrens der State Estimation wird zunächst angenommen, dass keine grob falschen Messwerte ($b=0$), keine Fehler der Netzparameter ($p=0$) sowie keine Strukturfehler ($s=0$) vorliegen. Diese Annahme bedeutet, dass nur normal verteilte Messfehler existieren. Die allgemeine mathematische Ausgangsgleichung für die Zustandsschätzung lautet dann

$$z = h(x) + v \qquad (4.8)$$

Die Behandlung der übrigen Fehlergrößen erfolgt qualitativ in einem späteren Abschnitt (Abschn. 4.3). Ebenfalls unberücksichtigt bleiben Strombetragsmessungen wegen der bereits erläuterten grundsätzlichen Probleme bei der State Estimation.

4.1.5 Voraussetzungen der State Estimation

Da die Messwerte selbst fehlerbehaftet sind, handelt es sich bei der State Estimation um ein mathematisches Problem, bei dem mit einem statistischen Schätzverfahren „möglichst wahrscheinliche Werte" bestimmt werden. Bei der nachfolgenden Ableitung des Verfahrens wird $\hat{x}$ für den Vektor der Schätzwerte der Zustandsvariablen, x und $\breve{x}$ für den Vektor der wahren Werte der Zustandsvariablen, $\hat{z}$ für den Vektor der estimierten Messwerte, z für den Vektor der Messwerte, $\breve{z}$ für den Vektor der wahren Werte der Messwerte und v für den Messfehlervektor als Formelzeichen verwendet.

Zwischen den gemessenen Messgrößen und ihren wahren Werten besteht die Beziehung:

$$\breve{z} = z + v \qquad (4.9)$$

Für die Ableitung der Theorie wird vom folgenden allgemeinen System ausgegangen. Der Zustand des Systems kann mit N_S Zustandsvariablen x_i vollständig beschrieben werden. Im System werden N_M Größen z_i gemessen. Es gilt $N_M \geq N_S$. Die Messgrößen sind mit zufälligen Fehlern behaftet. Unter diesen Voraussetzungen sind die Messwerte Zufallsgrößen. Die Messfehler v_i seien unabhängig von z_i. Für den Vektor der Messfehler v gelten folgende wichtige Voraussetzungen:

Die Komponenten von v sind normal verteilte Zufallsvariablen mit dem Erwartungswert null:

$$E\{v\} = 0 \qquad (4.10)$$

4.1 Theorie der Netzzustandserkennung

Für die Streuung und gegenseitige Beeinflussung der Messwerte, ausgedrückt durch die Kovarianzmatrix, gilt:

$$\text{cov}(v, v) = \text{E}\{(v - \text{E}(v)) \cdot (v - \text{E}(v))^\text{T}\} \tag{4.11}$$

Wegen Gl. (4.10) gilt:

$$\text{cov}(v, v) = \text{E}\{v \cdot v^\text{T}\} = R \tag{4.12}$$

Die Kovarianzmatrix R kann angegeben werden zu:

$$R = \begin{pmatrix} \sigma_{11}^2 & \cdots & \cdots & \sigma_{1N_\text{M}}^2 \\ \vdots & & & \vdots \\ \sigma_{N_\text{M}1}^2 & \cdots & \cdots & \sigma_{N_\text{M}N_\text{M}}^2 \end{pmatrix} \tag{4.13}$$

Ferner wird die Annahme getroffen, dass die Messwerte untereinander stochastisch unabhängig sind. Dies bedeutet, dass die Messungen sich nicht gegenseitig beeinflussen. Mit dieser Annahme sind die Nebendiagonalelemente der Kovarianzmatrix R gleich null.

$$\sigma_{ik}^2 = 0 \quad \text{für} \quad i \neq k \tag{4.14}$$

Die Kovarianzmatrix R ist nur noch auf den Hauptdiagonalelementen besetzt. Sie ist damit eine Diagonalmatrix.

$$R = \text{diag}(\sigma_{11}^2, \cdots, \sigma_{N_\text{M}N_\text{M}}^2) \tag{4.15}$$

4.1.6 Lineare State Estimation

Zunächst soll das Verfahren der State Estimation für lineare Systeme abgeleitet werden. Ein lineares System liegt beispielsweise dann vor, falls in einem System nur Spannungen und Ströme als Messgrößen benutzt würden. Bei Linearität des Systems, dessen aktueller Zustand bestimmt werden soll, kann Gl. (4.8) ebenfalls als lineares Gleichungssystem angegeben werden:

$$\begin{pmatrix} z_1 \\ \vdots \\ \vdots \\ z_{N_\text{M}} \end{pmatrix} = \begin{pmatrix} a_{11} & \cdots & a_{1N_\text{S}} \\ \vdots & & \vdots \\ \vdots & & \vdots \\ a_{N_\text{M}1} & \cdots & a_{N_\text{M}N_\text{S}} \end{pmatrix} \cdot \begin{pmatrix} x_1 \\ \vdots \\ x_{N_\text{S}} \end{pmatrix} + \begin{pmatrix} v_1 \\ \vdots \\ \vdots \\ v_{N_\text{M}} \end{pmatrix} \tag{4.16}$$

oder in kompakter Schreibweise:

$$z = A \cdot x + v \tag{4.17}$$

Der Zusammenhang zwischen dem Zustandsvektor x und Messwertvektor z ist damit linear. Die Matrix A ist die sogenannte Messmodellmatrix mit der Dimension $[N_\text{M} \times N_\text{S}]$. Sie enthält im hier betrachteten linearen Fall konstante, von x unabhängige Elemente, die

die funktionalen linearen Beziehungen zwischen x und z beschreiben. Der Vektor v enthält die Messfehler.

Falls die Anzahl der Messungen N_M größer ist als die Anzahl der Zustandsvariablen N_S, enthält die Gesamtheit der Messwerte redundante Informationen. Damit besteht die Möglichkeit, die Auswirkung der Messfehler auf die Zustandsvariablen zu verringern. Die Redundanz R ist als Quotient aus der Anzahl der Messwerte zur Anzahl der Zustandsvariablen definiert.

$$R = \frac{N_M}{N_S} - 1 \tag{4.18}$$

Man strebt eine möglichst hohe Redundanz von $R > 0$ an. So sind beispielsweise bei einer Redundanz $R = 1$ doppelt so viele Messwerte wie Zustandsgrößen vorhanden. Die Anzahl der Messungen ist natürlich aus wirtschaftlichen Gründen begrenzt. Es muss ein Kompromiss aus verfahrenstechnischem Minimum und wirtschaftlichem Maximum für die Anzahl der Messungen gefunden werden.

Das Gleichungssystem (4.16) ist für $N_M > N_S$ überbestimmt. Zur Lösung ist daher eine Redundanzreduktion erforderlich. Um die Überbestimmtheit des Gleichungssystems zur Verbesserung des Estimationsergebnisses zu nutzen, muss die Redundanzreduktion auf optimale Weise erfolgen. Da die Messwerte z_i Zufallsvariablen sind, ist die Anwendung von Schätzverfahren der mathematischen Statistik zur Bestimmung der Zustandsvariablen x_i möglich. Man erhält dadurch als Ergebnis Schätzwerte $\hat{x}_i$ der Zustandsvariablen x_i.

Zur optimalen Reduktion der Redundanz wird die Methode der Minimierung der gewichteten Fehlerquadrate angewandt. Die Grundidee dieser Methode geht auf den Mathematiker C.F. Gauß zurück. Bereits im Jahr 1801 hatte man die von ihm entwickelte Methode der Minimierung der Abstandsquadrate zur Bestimmung der Bahn eines Planeten angewendet. Um 1970 wurde von F. Schweppe und J. Dopazo (USA) [13] die Anwendung der seit Gauß weiterentwickelten und verallgemeinerten Methode für elektrische Energieversorgungssysteme angegeben. Bei der Anwendung dieser Methode auf das hier vorliegende Problem muss theoretisch die Einhaltung des Gütekriteriums L nach Gl. (4.19) gefordert werden:

$$L = E\left\{ (\hat{x} - x)^T \cdot (\hat{x} - x) \right\} \overset{!}{\longrightarrow} \text{Min} \tag{4.19}$$

Diese Formulierung entspricht einem Gütekriterium der minimalen Varianzen. Falls Gl. (4.19) erfüllt wird, ist das Ergebnis für $\hat{x}$ eine wirksame (i.e. effiziente) Schätzung. Tatsächlich sind jedoch die Schätzwerte $\hat{x}_i$ zunächst, d. h. vor der Estimation, nicht bekannt. Die wahren Werte $x = \check{x}$ sind immer, auch nach Abschluss der Estimation, unbekannt. Die Ausnahme existiert nur für den Fall, dass man zu Simulationszwecken wahre Werte definiert. Damit ist der Ansatz nach Gl. (4.19) nicht praktikabel.

4.1 Theorie der Netzzustandserkennung

Es wird daher für die Estimation der Zustandsgrößen x der Ansatz über den Vektor der Fehler v der Messungen z mithilfe der Gauß'schen Ausgleichsrechnung ergänzt um eine geeignete Gewichtung nach Gl. (4.20) gewählt.

$$J(x) = v^T \cdot G \cdot v \overset{!}{\longrightarrow} \text{Min} \tag{4.20}$$

Dabei ist J das skalare Gütemaß und G die Gewichtungsmatrix. Die Gewichtungsmatrix G ist eine symmetrische Matrix und hat die Dimension $[N_M \times N_M]$. Damit gilt $G^T = G$. Die Einführung der Gewichtung ist erforderlich, um, wie noch gezeigt wird, das Gütekriterium in Gl. (4.19) zu erfüllen. Das Verfahren heißt „Minimierung der gewichteten Fehlerquadrate" bzw. „Weighted Least Square Approach (WLS)".

Setzt man nun die Systemgleichungen Gl. (4.17) in die Gleichung für das skalare Gütemaß $J(x)$ nach Gl. (4.20) ein, so erhält man die zu minimierende Funktion der gewichteten Messfehler nach Gl. (4.21).

$$J(x) = (z - A \cdot x)^T \cdot G \cdot (z - A \cdot x) \to \text{Min} \tag{4.21}$$

Aus der notwendigen Bedingung für ein Minimum der Funktion J an der Stelle $\hat{x}$ lässt sich dann der Schätzwert $\hat{x}$ bestimmen.

$$\left.\frac{\partial J(x)}{\partial x}\right|_{x=\hat{x}} = 0 \tag{4.22}$$

Die Differentiation einer skalaren Funktion nach einem Vektor bedeutet Gradientenbildung:

$$\text{grad } J(x) = \left(\frac{\partial J}{\partial x_1}, \frac{\partial J}{\partial x_2}, \cdots, \frac{\partial J}{\partial x_{N_z}}\right)^T \tag{4.23}$$

Zur Minimierung der Fehlerfunktion sind deren partielle Ableitungen nach den Zustandsgrößen zu bilden und zu null zu setzen. Damit erhält man

$$\left.\frac{\partial J}{\partial x}\right|_{x=\hat{x}} = \frac{\partial}{\partial x}\left(z^T \cdot G \cdot z - x^T \cdot A^T \cdot G \cdot z - z^T \cdot G \cdot A \cdot x + x^T \cdot A^T \cdot G \cdot A \cdot x\right) \tag{4.24}$$

Der erste Summand in Gl. (4.24) ist unabhängig von x. Er wird bei der Differenziation gleich null. Die Ableitung des zweiten und dritten Summanden ist einfach, da hier nur lineare Beziehungen vorliegen. Da $J(x)$ eine skalare Funktion ist, gilt auch, dass die Summanden $\left(x^T \cdot A^T \cdot G \cdot z\right)$ und $\left(z^T \cdot G \cdot A \cdot x\right)$ dieser Funktion skalar sind. Damit folgt über die folgenden Umformungen, dass der zweite und dritte Summand gleich sind.

$$\begin{aligned}
z^T \cdot G \cdot A \cdot x &\equiv z^T \cdot G^T \cdot A \cdot x \quad (\text{wg. } G^T = G) \\
&\equiv z^T \cdot G^T \cdot (x^T \cdot A^T)^T \\
&\equiv (G \cdot z)^T \cdot (x^T \cdot A^T)^T \\
&\equiv ((x^T \cdot A^T) \cdot (G \cdot z))^T \\
&\equiv x^T \cdot A^T \cdot G \cdot z \quad (\text{da skalar}) \quad \text{q.e.d.}
\end{aligned}$$
(4.25)

Da die beiden Summanden gleich sind, sind natürlich auch deren Ableitungen identisch. Man erhält bei der Differentiation des zweiten und dritten Summanden jeweils:

$$\left. \frac{\partial (-x^T \cdot A^T \cdot G \cdot z)}{\partial x} \right|_{x=\widehat{x}} = \left. \frac{\partial (-z^T \cdot G \cdot A \cdot x)}{\partial x} \right|_{x=\widehat{x}} = -A^T \cdot G \cdot z \quad (4.26)$$

Der vierte Summand ist nach der Produktregel abzuleiten.

$$\left. \frac{\partial (x^T \cdot A^T \cdot G \cdot A \cdot x)}{\partial x} \right|_{x=\widehat{x}} = 2 \cdot A^T \cdot G \cdot A \cdot \widehat{x} \quad (4.27)$$

Damit erhält man für die Gradientenbildung

$$\left. \frac{\partial J}{\partial x} \right|_{x=\widehat{x}} = -A^T \cdot G \cdot z - A^T \cdot G \cdot z + 2 \cdot A^T \cdot G \cdot A \cdot \widehat{x} \stackrel{!}{=} 0 \quad (4.28)$$

Daraus folgt:

$$(A^T \cdot G \cdot A) \cdot \widehat{x} = A^T \cdot G \cdot z \quad (4.29)$$

Der Schätzvektor $\widehat{x}$ ergibt sich damit nach Auflösung der Gl. (4.29) zu:

$$\widehat{x} = (A^T \cdot G \cdot A)^{-1} \cdot A^T \cdot G \cdot z \quad (4.30)$$

Abgesehen von der Einhaltung der Symmetrieeigenschaft wurden bisher keine Anforderungen an die Gewichtungsmatrix G gestellt. Nun soll die Gewichtungsmatrix so bestimmt werden, dass das Gütekriterium in Gl. (4.19) erfüllt wird.

Zunächst erfolgt die Einführung der Abkürzung

$$K = (A^T \cdot G \cdot A)^{-1} \cdot A^T \cdot G \quad (4.31)$$

Damit lässt sich Gl. (4.30) vereinfacht schreiben zu:

$$\widehat{x} = K \cdot z \quad (4.32)$$

Mit dem Matrizen-Multiplikationsschema nach Falk kann die Dimension der Matrix K entsprechend Abb. 4.5 abgeleitet werden. Damit ergibt sich entsprechend Abb. 4.5 die

4.1 Theorie der Netzzustandserkennung

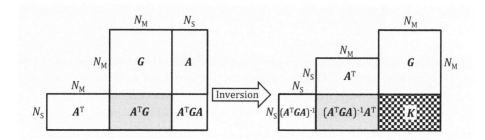

Abb. 4.5 Bestimmung der Dimension der Matrix K

Dimension der Matrix K zu $[N_M \times N_M]$ aus dem Produkt $(A^T \cdot G \cdot A)^{-1} \cdot A^T \cdot G$. Die Matrix K bzw. das Produkt $(A^T \cdot G \cdot A)^{-1} \cdot A^T \cdot G$ wird von rechts mit A multipliziert.

$$K \cdot A = (A^T \cdot G \cdot A)^{-1} \cdot A^T \cdot G \cdot A = E \tag{4.33}$$

Das Ergebnis dieser Multiplikation ist die Einheitsmatrix E entsprechend Gl. (4.33). Daraus folgt die Bedingung, der K und damit G genügen muss:

$$K \cdot A = E \tag{4.34}$$

Das Gütekriterium in Gl. (4.19) fordert eine wirksame Schätzung, d. h. aber auch, dass die Schätzung erwartungstreu ist:

$$E\{\hat{x}\} = x \tag{4.35}$$

Beweis unter Nutzung der Bedingung in Gl. (4.34):

$$\begin{aligned} E\{\hat{x}\} &= E\{K \cdot z\} \\ &= E\{K \cdot (A \cdot x + v)\} \\ &= E\{K \cdot v\} + E\{K \cdot v\} \\ &= E\{K \cdot A \cdot x\} + K \cdot E\{v\} \end{aligned} \tag{4.36}$$

mit der Voraussetzung $E\{v\} = 0$ und dem sicheren Ereignis $E\{x\} = x$ folgt:

$$E\{\hat{x}\} = x \tag{4.37}$$

Setzt man diese Bedingung in Gl. (4.19) für das Gütekriterium ein, ergibt sich:

$$\begin{aligned} L &= E\{(x-x)^T \cdot (x-x)\} \\ &= \mathrm{sp}\left(E\{(x-x) \cdot (x-x)^T\}\right) \\ &= \mathrm{sp}\left(E\{(K \cdot z - x) \cdot (K \cdot z - x)^T\}\right) \\ &= \mathrm{sp}\left(E\{(K \cdot A \cdot x + K \cdot v - x) \cdot (K \cdot A \cdot x + K \cdot v - x)^T\}\right) \end{aligned} \tag{4.38}$$

Mit $\mathrm{E}\{v \cdot v^\mathrm{T}\} = R$ und $K \cdot A = E$ folgt damit aus der Lösung der Minimierungsaufgabe

$$L = \mathrm{sp}(K \cdot R \cdot K^\mathrm{T}) \to \mathrm{Min} \tag{4.39}$$

unter Beachtung der in Gl. (4.34) abgeleiteten Gleichheitsnebenbedingungen die Größe der Gewichtungsmatrix G. Diese Minimierungsaufgabe kann mithilfe der Lagrange-Multiplikator-Matrix nach [14, 15] gelöst werden. Als Ergebnis ergibt sich:

$$G = R^{-1} \tag{4.40}$$

Als Fazit dieser Ableitung lässt sich zusammenfassen, dass $\hat{x}$ eine erwartungstreue, wirksame Schätzung des Vektors der Zustandsvariablen x ergibt, falls

$$\begin{aligned} \mathrm{E}\{v\} &= 0 \\ \mathrm{E}\{v \cdot v^\mathrm{T}\} &= R \\ G &= R^{-1} \end{aligned} \tag{4.41}$$

gilt. Es gibt keine Schätzung, die eine kleinere Varianz besitzt. Damit ergibt sich das zu lösende Gleichungssystem des State Estimators für lineare Systeme zu:

$$\hat{x} = (A^\mathrm{T} \cdot R^{-1} \cdot A)^{-1} \cdot A^\mathrm{T} \cdot R^{-1} \cdot z \tag{4.42}$$

Für das Gleichungssystem des State Estimators nach Gl. (4.42) gelten folgende Eigenschaften:

- Die Matrix $(A^\mathrm{T} \cdot R^{-1} \cdot A)$ ist quadratisch und von der Dimension $[(2 \cdot N) \times (2 \cdot N)]$
- Das Ergebnis des Produkts $(A^\mathrm{T} \cdot R^{-1} \cdot A)$ ist immer eine symmetrische Matrix.
- Da R eine Diagonalmatrix ist, bleibt auch $(A^\mathrm{T} \cdot R^{-1} \cdot A)$ eine symmetrische Matrix.
- Die Koeffizientenmatrix $(A^\mathrm{T} \cdot R^{-1} \cdot A)$ ist positiv definit.

Die Struktur von $(A^\mathrm{T} \cdot R^{-1} \cdot A)$ hängt sowohl von der Netztopologie als auch von der Messtopologie des Netzes ab. Sie ist ebenfalls eine spärlich besetzte Matrix. Zur Vermeidung der Inversion sollte daher folgendes lineare Gleichungssystem mit Gauß'scher Elimination bzw. Dreiecksfaktorisierung gelöst werden:

$$(A^\mathrm{T} \cdot R^{-1} \cdot A) \cdot \hat{x} = A^\mathrm{T} \cdot R^{-1} \cdot z \tag{4.43}$$

Zur weiteren Erläuterung der Minimierungsfunktion

$$J(x) = v^\mathrm{T} \cdot R^{-1} \cdot v \to \mathrm{Min} \tag{4.44}$$

lässt sich Gl. (4.44), da R eine Diagonalmatrix ist, ausführlich schreiben zu:

$$J = \frac{v_1^2}{\sigma_1^2} + \frac{v_2^2}{\sigma_2^2} + \frac{v_3^2}{\sigma_3^2} + \cdots + \frac{v_{N_\mathrm{M}}^2}{\sigma_{N_\mathrm{M}}^2} \to \mathrm{Min} \tag{4.45}$$

4.1 Theorie der Netzzustandserkennung   345

Danach gilt für die Gl. (4.45) die Interpretation, dass jeder Fehler umgekehrt proportional mit der Varianz gewichtet wird, d. h. Messungen mit geringer Genauigkeit gehen weniger stark in die Minimierungsfunktion ein als Messungen mit hoher Genauigkeit. Die Quadratbildung erfolgt, damit sich negative und positive Fehler nicht gegeneinander aufheben.

4.1.7 Nichtlineare State Estimation

In elektrischen Energieversorgungsnetzen ist der Zusammenhang zwischen den Messgrößen z und dem Zustandsvektor x bei vorgegebenen bzw. gemessenen Leistungen nichtlinear. Anstelle des linearen Gleichungssystems nach Gl. (4.17) ist daher für die State Estimation ein nichtlinearer Ansatz für die Beziehung zwischen den Messgrößen z und den Zustandsvariablen x erforderlich:

$$\begin{pmatrix} z_1 \\ \vdots \\ z_{N_M} \end{pmatrix} = \begin{pmatrix} h_1(x) \\ \vdots \\ h_{N_M}(x) \end{pmatrix} + \begin{pmatrix} v_1 \\ \vdots \\ v_{N_M} \end{pmatrix} \qquad (4.46)$$

Der nichtlineare Funktionenvektor $h(x)$ gibt für die N_M Messungen die nichtlinearen Beziehungen zu den Zustandsgrößen x an. Vektor v enthält die Messfehler. In kompakter Matrixschreibweise lautet dann das Gleichungssystem

$$z = h(x) + v \qquad (4.47)$$

Entsprechend Gl. (4.21) ergibt sich die Zielfunktion $J(x)$ zu

$$J(x) = (z - h(x))^T \cdot R^{-1} \cdot (z - h(x)) \cdot v \qquad (4.48)$$

Die Minimierung von $J(x)$ könnte entsprechend über die Gradientenbildung grad $(J(x))$ und Nullsetzung durchgeführt werden. Diese Vorgehensweise führt allerdings zu unhandlichen und numerisch ungünstigen Beziehungen, da $J(x)$ in diesem Fall keine quadratische Funktion von x ist. Eine einfachere Berechnungsmöglichkeit ergibt sich, wenn man zunächst $h(x)$ durch eine Taylor-Reihenentwicklung linearisiert.

Falls für x eine Näherungslösung $x^{(0)}$ bekannt ist, die nah genug an der tatsächlichen Lösung x liegt, ergibt eine Taylor-Reihenentwicklung um den Punkt $x^{(0)}$ das folgende Gleichungssystem:

$$z = h(x^{(0)}) + H|_{x=x^{(0)}} \cdot (x - x^{(0)}) + \text{(höhere Ableitungen der Funktionen } h) + v \qquad (4.49)$$

In Gl. (4.49) ist H die Funktionalmatrix oder Jacobi-Matrix, die die ersten partiellen Ableitungen der Funktionen h enthält. Die Lösung des Gleichungssystems erfolgt in ähnlicher Weise wie das Newton–Raphson-Verfahren. Die Elemente der Jacobi-Matrix berechnen sich hier aus der Ableitung:

$$h_{ik} = \left.\frac{\partial h_i(x)}{\partial x_k}\right|_{x=x^{(0)}} \quad i = 1, \ldots, N_M \quad \text{und} \quad k = 1, \ldots, N_S \tag{4.50}$$

Bei Vernachlässigung der höheren Ableitungen erhält man eine quadratische Zielfunktion und durch Einführung der Zusammenfassungen

$$\Delta x = x - x^{(0)}$$
$$\Delta z = z - h(x^{(0)}) \tag{4.51}$$

folgt das linearisierte Gleichungssystem

$$\Delta z = H \cdot \Delta x + v \tag{4.52}$$

Für die Minimierungsfunktion $J(x)$ gilt in Analogie zu Gl. (4.21):

$$J(x) = (\Delta z - H \cdot \Delta x)^T \cdot R^{-1} \cdot (\Delta z - H \cdot \Delta x) \to \text{Min} \tag{4.53}$$

Differenziation und Nullsetzen führt analog zur in Abschn. 4.1.6 beschriebenen Vorgehensweise zu:

$$(H^T \cdot R^{-1} \cdot H) \cdot \Delta \widehat{x} = H^T \cdot R^{-1} \cdot \Delta z \tag{4.54}$$

Löst man diese Gleichung nach $\Delta \widehat{x}$ auf, erhält man für die Verbesserung des Zustandsvektors in jedem Iterationsschritt:

$$\Delta \widehat{x} = (H^T \cdot R^{-1} \cdot H)^{-1} \cdot H^T \cdot R^{-1} \cdot \Delta z \tag{4.55}$$

Damit ergibt sich der Vektor der Zustandsvariablen zu:

$$\widehat{x} = x^{(0)} + \Delta \widehat{x} \tag{4.56}$$

und der Schätzwertvektor der Messwerte zu:

$$\widehat{z} = h(\widehat{x}) \tag{4.57}$$

In der Regel ist die Schätzung mit den Werten des Startvektors $x^{(0)}$ noch nicht genau genug. Durch die wiederholte Lösung des Gleichungssystems (4.54) und Anwendung der Gl. (4.56) kann dann analog zur Vorgehensweise bei der Leistungsflussberechnung nach Newton–Raphson eine beliebig genaue Lösung iterativ erreicht werden:

$$\widehat{x}^{(\nu)} = \widehat{x}^{(\nu-1)} + \Delta \widehat{x}^{(\nu)} \tag{4.58}$$

Der Iterationsprozess wird solange fortgesetzt, bis alle Elemente des Residuenvektors (rechte Seite des Gleichungssystems (4.54)) kleiner einer vorgebbaren Schranke ε sind:

$$\left|(H^T \cdot R^{-1} \cdot \Delta z)_i\right| \le \varepsilon \tag{4.59}$$

4.1.8 Statistische Eigenschaften der Verfahrensgrößen

Zur Beurteilung der Güte des gewählten Verfahrens der State Estimation sollen die statistischen Eigenschaften der verschiedenen Verfahrensgrößen untersucht werden [8]. Für die im Allgemeinen vektorielle Größe y (Ausnahme: $J(\widehat{x})$) wird der Erwartungswert E$\{y\}$ und die Kovarianzmatrix

$$R_y = \text{cov}(y,y) = \text{E}\{(y - \text{E}\{y\}) \cdot (y - \text{E}\{y\})^\text{T}\} \quad (4.60)$$

angegeben. Tab. 4.1 zeigt eine Zusammenstellung der wichtigsten Verfahrensgrößen der State Estimation und ihrer statistischen Eigenschaften.

Beispielhaft werden für die beiden Größen $\widehat{z}$ und $J(\widehat{x})$ aus Tab. 4.1 die Ableitungen angegeben.

- **Schätzvektor der Messwerte $\widehat{z}$**

Der Erwartungswert des Vektors $\widehat{z}$ der estimierten Messwerte ergibt sich zu:

$$\begin{aligned}\text{E}\{\widehat{z}\} &= \text{E}\{H \cdot \widehat{x}\} = H \cdot \text{E}\{\widehat{x}\} \\ &= H \cdot x \\ &= \breve{z}\end{aligned} \quad (4.61)$$

d. h. auch die Schätzung der Messwerte ist biasfrei. Eine Verzerrung bzw. ein Bias besteht in einem Fehler der Datenerhebung, der zu fehlerhaften Ergebnissen einer Untersuchung führt [8]. Ein systematischer Fehler kann beispielsweise durch eine ungenügende Stichprobenauswahl entstehen.

Die Kovarianzmatrix des Vektors $\widehat{z}$ der estimierten Messwerte wird nach Gl. (4.62) bestimmt.

Tab. 4.1 Statistische Eigenschaften der Verfahrensgrößen

	Bezeichnung	Erwartungswert E$\{\ldots\}$	Kovarianzmatrix E$\{(\ldots)(\ldots)^\text{T}\}$
Wahrer Wert der Zustandsgrößen	x	x	$\mathbf{0}$
Estimierter Wert der Zustandsgrößen	$\widehat{x}$	x	$\left(H^\text{T} R^{-1} H\right)^\text{T}$
Wahrer Wert der Messwerte	$\breve{z}$	$\breve{z}$	$\mathbf{0}$
Messwerte	z	$\breve{z}$	R
Estimierter Wert der Messwerte	$\widehat{z}$	$\breve{z}$	$H\left(H^\text{T} R^{-1} H\right)^{-1} H^\text{T}$
Fehler der Messungen	v	0	R
Residuen $(z - \widehat{z})$	r	0	$R - H\left(H^\text{T} R^{-1} H\right)^{-1} H^\text{T}$
Minimierungsfunktion	$J(\widehat{x})$	$N_\text{M} - N_\text{S}$	–

$$R_{\hat{z}} = \mathrm{E}\left\{ (\hat{z} - \check{z}) \cdot (\hat{z} - \check{z})^{\mathrm{T}} \right\}$$
$$= \mathrm{E}\left\{ H \cdot (\hat{x} - x) \cdot (\hat{x} - x)^{\mathrm{T}} \cdot H^{\mathrm{T}} \right\} \quad (4.62)$$
$$= H \cdot (H^{\mathrm{T}} \cdot R^{-1} \cdot H)^{-1} \cdot H^{\mathrm{T}}$$

- **Minimierungsfunktion $J(\hat{x})$**

Für die Minimierungsfunktion $J(\hat{x})$ gilt:

$$J(\hat{x}) = (\Delta z - H \cdot \Delta \hat{x})^{\mathrm{T}} \cdot R^{-1} \cdot (\Delta z - H \cdot \Delta \hat{x})$$
$$= (z - \hat{z})^{\mathrm{T}} \cdot R^{-1} \cdot (z - \hat{z}) \quad (4.63)$$
$$= r^{\mathrm{T}} \cdot R^{-1} \cdot r$$

Der Erwartungswert der Minimierungsfunktion $J(\hat{x})$ ergibt sich aus den Gl. (4.64), (4.65) und (4.66).

$$\mathrm{E}\{J(\hat{x})\} = \mathrm{E}\{r^{\mathrm{T}} \cdot R^{-1} \cdot r\}$$
$$= \mathrm{sp}(\mathrm{E}\{r \cdot r^{\mathrm{T}} \cdot R^{-1}\})$$
$$= \mathrm{sp}(\mathrm{E}\{r \cdot r^{\mathrm{T}}\} \cdot R^{-1}) \quad (4.64)$$
$$= \mathrm{sp}\left(\left(R - H \cdot (H^{\mathrm{T}} \cdot R^{-1} \cdot H)^{-1} \cdot H^{\mathrm{T}} \right) \cdot R^{-1} \right)$$

Es wird die Einheitsmatrix $\mathbf{E}_{N_{\mathrm{M}}}$ mit der Dimension $[N_{\mathrm{M}} \times N_{\mathrm{M}}]$ eingeführt. Mit der Definition der Matrix K entsprechend Gl. (4.31) folgt weiter:

$$\mathrm{E}\{J(\hat{x})\} = \mathrm{sp}\left(\mathbf{E}_{N_{\mathrm{M}}} - H \cdot (H^{\mathrm{T}} \cdot R^{-1} \cdot H)^{-1} \cdot H^{\mathrm{T}} \cdot R^{-1} \right)$$
$$= \mathrm{sp}(\mathbf{E}_{N_{\mathrm{M}}} - H \cdot K) \quad (4.65)$$

Da $\mathrm{sp}(H \cdot K) = \mathrm{sp}(K \cdot H)$ und $K \cdot H = \mathbf{E}_{N_{\mathrm{S}}}$ gilt, folgt:

$$\mathrm{E}\{J(\hat{x})\} = \mathrm{sp}(\mathbf{E}_{N_{\mathrm{M}}} - \mathbf{E}_{N_{\mathrm{S}}})$$
$$= N_{\mathrm{M}} - N_{\mathrm{S}} \quad (4.66)$$

Nach Gl. (4.66) kann also der Erwartungswert der Minimierungsfunktion $J(\hat{x})$ als Differenz zwischen der Anzahl der Messwerte N_{M} und der Anzahl der Zustandsvariablen N_{S} bestimmt werden. Dieses überraschend einfache Ergebnis kann im Online-Betrieb als leicht zu ermittelndes globales Kriterium zur Überwachung der Güte der Estimation eingesetzt werden, indem bei jedem Lauf des State Estimators der aktuelle Wert der Minimierungsfunktion $J(\hat{x})$ bestimmt und mit dem Erwartungswert $\mathrm{E}\{J(\hat{x})\}$ nach Gl. (4.66) verglichen wird. Aus dem Ergebnis dieser simplen Rechnung lässt sich eine einfache globale Erkennung von grob falschen Werten ableiten (Abschn. 4.3).

Aus den Ergebnissen für die Kovarianzmatrix und mit $R_z = R$ kann folgende wichtige Schlussfolgerung für die Güte der Estimation abgeleitet werden:

$$R_r = R - H \cdot (H^T \cdot R^{-1} \cdot H)^{-1} \cdot H^T$$
$$R_{\hat{z}} = H \cdot (H^T \cdot R^{-1} \cdot H)^{-1} \cdot H^T \tag{4.67}$$

folgt als Beziehung zwischen den Kovarianzmatrizen:

$$R_{\hat{z}} = R_z - R_r \tag{4.68}$$

Da die Elemente aller Kovarianzmatrizen, also auch die von R_r, wegen der Quadratbildung nur positiv sein können, folgt die Aussage, dass die aus den geschätzten Zustandsvariablen $\hat{x}$ errechneten geschätzten Messwerte $\hat{z}$ weniger streuen als die Rohmesswerte.

4.2 Anwendung der State Estimation auf elektrische Energieversorgungsnetze

Für die bereits beschriebene Anwendung der State Estimation auf elektrische Energieversorgungsnetze [16] sind die N_S Zustandsvariablen die komplexen Knotenspannungen an allen Knoten i (bis auf den Winkel am Bezugsknoten).

$$\underline{U}_i = U_i \cdot e^{j \cdot \varphi_i} = E_i + j \cdot F_i \tag{4.69}$$

Für die Ableitung der State Estimation in elektrischen Energieversorgungsnetzen wird die Annahme getroffen, dass Knoten- und Zweigleistungsmessungen ausschließlich als Messpaare P_i und Q_i bzw. T_{ik} und W_{ik} auftreten. Grundsätzlich können in der Praxis Leistungsmessungen auch als Einzelmessungen vorkommen. Der Estimationsalgorithmus muss für diese Fälle entsprechend erweitert werden. Aus Gründen der Übersichtlichkeit wird hier darauf verzichtet. Mit diesen Annahmen kann ein Messsystem für ein kleines Netz nach Abb. 4.6 mit $N = 5$ Knoten beispielsweise folgendermaßen aussehen:

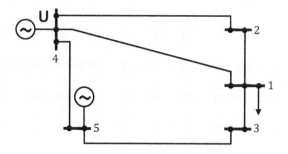

Abb. 4.6 Beispielnetz mit fünf Knoten und Messkonfiguration

Aus Abb. 4.6 ergibt sich für dieses Beispielnetz mit $N = 5$ Knoten die Anzahl der Zustandsvariablen zu $N_S = 2 \cdot N - 1 = 9$. Die Anzahl der Messungen beträgt $N_M = 13$. Dies berechnet sich aus den insgesamt sechs Leistungsmessungen ×, bei denen jeweils die Wirk- und Blindleistung erfasst wird, sowie einer Spannungsbetragsmessung U. Damit gilt $N_M > N_S$, die Anzahl der Messungen ist größer als die Anzahl der Zustandsvariablen.

Der Zusammenhang zwischen den gemessenen Leistungen und den gesuchten Spannungen ist quadratisch. Geht man von der Vierpoldarstellung der Netzelemente aus, so ergeben sich komplexe Gleichungen. Aus ähnlichen Gründen wie bei der Leistungsflussrechnung zerlegt man diese Gleichungen in Real- und Imaginärteil, während man die unbekannten Knotenspannungen wiederum in Betrag und Phase aufteilt. Analog zur Vorgehensweise bei der Leistungsflussrechnung (Abschn. 3.3) ergeben sich die Beziehungen zwischen Messgrößen und Zustandsgrößen.

4.2.1 Aufstellen und Lösen des Gleichungssystems

Das Aufstellen und Lösen des Gleichungssystems der State Estimation erfolgt in vier Schritten.

4.2.1.1 Schritt 1: Aufstellen des nichtlinearen Gleichungssystems der wahren Werte

Der Aufbau der Messmodellmatrixfunktionen hängt sowohl von der Netztopologie als auch von der Zusammensetzung des Messvektors (i.e. Messtopologie) ab. Für die Zusammensetzung des Messvektors entsprechend Gl. (4.47) gilt

$$\breve{z} = h(x) \Rightarrow \begin{pmatrix} \varphi \\ u \\ t \\ w \\ p \\ q \\ i \end{pmatrix} = h \begin{pmatrix} U_1 \\ \vdots \\ U_N \\ \varphi_2 \\ \vdots \\ \varphi_N \end{pmatrix} \tag{4.70}$$

Wie bei der Leistungsflussrechnung für die nichtlinearen Gleichungen der Knotenleistungen ist es hier für alle Gleichungen der gemessenen Größen vorteilhaft, die Spannungen in kartesischen Koordinaten auszudrücken, um trigonometrische Funktionen zu vermeiden. Damit ergeben sich für die einzelnen Messarten die nachfolgenden Beziehungen. Es gilt wie bei der Leistungsflussberechnung für diese Beziehungen die Vereinbarung, dass Kleinbuchstaben die Elemente der Knotenpunktadmittanzmatrix und Großbuchstaben die Elemente des Π-Ersatzschaltbildes benennen.

4.2 Anwendung der State Estimation ...

Knotenspannungsbeträge U und Knotenspannungswinkel φ als Funktion von x

Der Zusammenhang zwischen dem Spannungsbetrag U_i und der Zustandsgröße x_i ist einfach, denn es gilt:

$$U_i = \sqrt{E_i^2 + F_i^2} \qquad (4.71)$$

Ebenfalls recht einfach ist die Beziehung zwischen dem Spannungswinkel φ_i und der Zustandsgröße x_i. Es gilt hierfür:

$$\varphi_i = \arctan\left(\frac{F_i}{E_i}\right) \qquad (4.72)$$

Zweigleistungsflüsse T und W als Funktion von x

Alle Leitungen und Transformatoren werden durch Π-Ersatzschaltungen nachgebildet. Für die Leistungsflussmessungen auf den Zweigen ergeben sich damit die Beziehungen für die Wirkleistung T_{ik} und die Blindleistung W_{ik}:

$$\begin{aligned} T_{ik} &= U_i^2 \cdot (G_{0,ik} - g_{ik}) + E_i \cdot (E_k \cdot g_{ik} - F_k \cdot b_{ik}) + F_i \cdot (F_k \cdot g_{ik} + E_k \cdot b_{ik}) \\ W_{ik} &= -U_i^2 \cdot (B_{0,ik} - b_{ik}) - E_i \cdot (F_k \cdot g_{ik} + E_k \cdot b_{ik}) + F_i \cdot (E_k \cdot g_{ik} - F_k \cdot b_{ik}) \end{aligned} \qquad (4.73)$$

Analog zur Leistungsflussberechnung werden auch hier die Abkürzungen nach den Gl. (3.21), (3.22) und (3.25) benutzt. Die Zweigflussmessungen lassen sich damit verkürzt ausdrücken:

$$\begin{aligned} T_{ik} &= U_i^2 \cdot (G_{0,ik} - g_{ik}) + p_{ik} \\ W_{ik} &= -U_i^2 \cdot (B_{0,ik} - b_{ik}) + q_{ik} \end{aligned} \qquad (4.74)$$

Knotenleistungen als Funktion von x

Für die Knotenleistungsmessungen ergeben sich für die Wirk- und die Blindleistungen die folgenden Beziehungen

$$\begin{aligned} P_i &= U_i^2 \cdot g_{ii} + E_i \cdot \sum_{k \in \mathcal{N}_i} (E_k \cdot g_{ik} - F_k \cdot b_{ik}) + F_i \cdot \sum_{k \in \mathcal{N}_i} (F_k \cdot g_{ik} + E_k \cdot b_{ik}) \\ Q_i &= -U_i^2 \cdot b_{ii} - E_i \cdot \sum_{k \in \mathcal{N}_i} (F_k \cdot g_{ik} + E_k \cdot b_{ik}) + F_i \cdot \sum_{k \in \mathcal{N}_i} (E_k \cdot g_{ik} - F_k \cdot b_{ik}) \end{aligned} \qquad (4.75)$$

Mit den gleichen Abkürzungen, die für die Zweigflussmessungen definiert wurden, lassen sich auch die Knotenleistungen verkürzt schreiben.

$$\begin{aligned} P_i &= U_i^2 \cdot g_{ii} + \sum_{k \in \mathcal{N}_i} p_{ik} \\ Q_i &= -U_i^2 \cdot b_{ii} + \sum_{k \in \mathcal{N}_i} q_{ik} \end{aligned} \qquad (4.76)$$

Zweigströme als Funktion von x

$$\begin{aligned} \text{Re}\{\underline{I}_{ik}\} &= Y_{ii} \cdot U_i \cdot \cos(\delta_i - \varphi_{ii}) - Y_{ik} \cdot U_k \cdot \cos(\delta_k - \varphi_{ik}) \\ \text{Im}\{\underline{I}_{ik}\} &= Y_{ii} \cdot U_i \cdot \sin(\delta_i - \varphi_{ii}) - Y_{ik} \cdot U_k \cdot \sin(\delta_k - \varphi_{ik}) \end{aligned} \quad (4.77)$$

Für den Betrag des Zweigstroms vom Knoten i zum Knoten k ergibt sich dann:

$$\begin{aligned} I_{ik} &= \sqrt{\text{Re}^2\{\underline{I}_{ik}\} + \text{Im}^2\{\underline{I}_{ik}\}} \\ &= \sqrt{(Y_{ii} \cdot U_i)^2 + (Y_{ik} \cdot U_k)^2 - 2 \cdot Y_{ii} \cdot U_i \cdot Y_{ik} \cdot U_k \cdot \cos(\delta_i - \delta_k + \varphi_{ik} - \varphi_{ii})} \end{aligned} \quad (4.78)$$

Da Strombetragsmessungen in der Regel nicht als Messgrößen verwendet werden, werden diese in den folgenden Betrachtungen auch nicht weiter berücksichtigt.

4.2.1.2 Schritt 2: Linearisierung des Ausgangsgleichungssystems und Aufstellen der Jacobi-Matrix

Entsprechend Gl. (4.52) lautet das linearisierte, redundante Gleichungssystem:

$$\Delta z = H \cdot \Delta x + v \quad (4.79)$$

Obwohl die Messungen durch die kartesischen Koordinaten der Knotenspannungen ausgedrückt werden, können die unbekannten Zustandsvariablen durch ihre Polarkoordinaten ausgedrückt werden.

Aufgeteilt und sortiert nach den verschiedenen Arten von Messungen ergibt sich:

$$\begin{pmatrix} \Delta\varphi \\ \Delta u \\ \Delta t \\ \Delta w \\ \Delta p \\ \Delta q \end{pmatrix} = \begin{pmatrix} \frac{\partial \varphi_i}{\partial \varphi_j} & U_l \cdot \frac{\partial \varphi_i}{\partial U_l} \\ \frac{\partial U_i}{\partial \varphi_j} & U_l \cdot \frac{\partial U_i}{\partial U_l} \\ \frac{\partial T_{ik}}{\partial \varphi_j} & U_l \cdot \frac{\partial T_{ik}}{\partial U_l} \\ \frac{\partial W_{ik}}{\partial \varphi_j} & U_l \cdot \frac{\partial W_{ik}}{\partial U_l} \\ \frac{\partial P_i}{\partial \varphi_j} & U_l \cdot \frac{\partial P_i}{\partial U_l} \\ \frac{\partial Q_i}{\partial \varphi_j} & U_l \cdot \frac{\partial Q_i}{\partial U_l} \end{pmatrix} \cdot \begin{pmatrix} \Delta\varphi \\ \frac{\Delta u}{\text{diag}(u)} \end{pmatrix} + \begin{pmatrix} v_\varphi \\ v_U \\ v_T \\ v_W \\ v_P \\ v_Q \end{pmatrix} \quad \text{mit} \quad \begin{matrix} i = 1, \ldots, N \\ k = 1, \ldots, N \\ i \neq k \\ j = 1, \ldots, N \\ l = 1, \ldots, N \end{matrix} \quad (4.80)$$

Die Ableitungen nach den Knotenspannungen werden wie bei der Leistungsflussberechnung nachträglich mit den Spannungen im Arbeitspunkt erweitert, sodass wieder nur bereits bekannte Ausdrücke vorkommen. Durch die Erweiterung mit den Spannungen müssen die Spannungen im Zustandsvektor auf die Spannungen des vorangegangenen Schrittes bezogen werden.

Für eine übersichtliche Schreibweise werden für die Untermatrizen der Jacobi-Matrix H Abkürzungen analog zu den Abkürzungen der Jacobi-Matrix bei der Leistungsflussberechnung nach Newton-Raphson entsprechend Gl. (3.31) eingeführt.

4.2 Anwendung der State Estimation ...

$$H = \begin{pmatrix} \varphi H & \varphi N \\ UJ & UL \\ TH & TN \\ WJ & WL \\ PH & PN \\ QJ & QL \end{pmatrix} \quad (4.81)$$

In Gl. (4.81) sind in den Untermatrizen φH und φN die partiellen Ableitungen der Knotenspannungswinkel, in den Untermatrizen UJ und UL die partiellen Ableitungen der Knotenspannungsbeträge, in TH und TN die partiellen Ableitungen der Zweigwirkleistungen, in WJ und WL die partiellen Ableitungen der Zweigblindleistungen, in PH und PN die partiellen Ableitungen der Knotenwirkleistungen und in QJ und QL die partiellen Ableitungen der Knotenblindleistungen jeweils nach den Knotenspannungswinkeln bzw. –beträgen zusammengefasst.

Bei der Berechnung der Elemente der Jacobi-Matrix H gelten für die Ableitungen der gemessenen Größen nach Polarkoordinaten der Spannungen die gleichen Vorüberlegungen wie für die Jacobi-Matrix der Leistungsflussrechnung (s. Abschn. 3.3). Unter Beachtung der Ergebnisse dieser Vorrechnungen errechnen sich die Elemente der Jacobi-Matrix H für die einzelnen Untermatrizen zu:

Die partiellen Ableitungen der Spannungswinkel in den Teilmatrizen φH und φN ergeben nur für das Element $\frac{\partial \varphi_i}{\partial \varphi_i}$ ein von null verschiedenes Ergebnis.

$$\begin{aligned}
\frac{\partial \varphi_i}{\partial \varphi_i} &= 1 = \varphi H_{ii} \\
\frac{\partial \varphi_i}{\partial \varphi_k} &= 0 = \varphi H_{ik} \quad k \neq i \\
U_i \frac{\partial \varphi_i}{\partial U_i} &= 0 = \varphi N_{ii} \\
U_k \frac{\partial \varphi_i}{\partial U_k} &= 0 = \varphi N_{ik} \quad k \neq i
\end{aligned} \quad (4.82)$$

Die Ableitungen der Knotenspannungsbeträge in den Teilmatrizen UJ und UL ergeben nur für das Element $U_i \frac{\partial U_i}{\partial U_i}$ ein von null verschiedenes Ergebnis.

$$\begin{aligned}
\frac{\partial U_i}{\partial \varphi_i} &= 0 = UJ_{ii} \\
\frac{\partial U_i}{\partial \varphi_k} &= 0 = UJ_{ik} \quad k \neq i \\
U_i \frac{\partial U_i}{\partial U_i} &= U_i = UL_{ii} \\
U_k \frac{\partial U_i}{\partial U_k} &= 0 = UL_{ik} \quad k \neq i
\end{aligned} \quad (4.83)$$

Die partiellen Ableitungen der Zweigleistungen nach den Elementen des Zustandsvektors ergeben für die Wirkleistungsflüsse in den Teilmatrizen **TH** und **TN**:

$$\frac{\partial T_{ik}}{\partial \varphi_i} = \frac{\partial}{\partial \varphi_i}\left(U_i^2(G_{0,ik} - g_{ik}) + p_{ik}\right) = -q_{ik} = TH_{ik,i}$$

$$\frac{\partial T_{ik}}{\partial \varphi_k} = \frac{\partial}{\partial \varphi_k}\left(U_i^2(G_{0,ik} - g_{ik}) + p_{ik}\right) = q_{ik} = TH_{ik,k} \quad k \neq i$$

$$U_i\frac{\partial T_{ik}}{\partial U_i} = U_i\frac{\partial}{\partial U_i}\left(U_i^2(G_{0,ik} - g_{ik}) + p_{ik}\right) = p_{ik} + 2 \cdot U_i^2 \cdot (G_{0,ik} - g_{ik}) = TN_{ik,i}$$

$$U_k\frac{\partial T_{ik}}{\partial U_k} = U_k\frac{\partial}{\partial U_k}\left(U_i^2(G_{0,ik} - g_{ik}) + p_{ik}\right) = p_{ik} = TN_{ik,k} \quad k \neq i$$

(4.84)

und für die Blindleistungsflüsse in den Teilmatrizen **WJ** und **WL**:

$$\frac{\partial W_{ik}}{\partial \varphi_i} = \frac{\partial}{\partial \varphi_i}\left(-U_i^2(B_{0,ik} - b_{ik}) + q_{ik}\right) = p_{ik} = WJ_{ik,i}$$

$$\frac{\partial W_{ik}}{\partial \varphi_k} = \frac{\partial}{\partial \varphi_k}\left(-U_i^2(B_{0,ik} - b_{ik}) + q_{ik}\right) = -p_{ik} = WJ_{ik,k}$$

$$U_i\frac{\partial W_{ik}}{\partial U_i} = U_i\frac{\partial}{\partial U_i}\left(-U_i^2(B_{0,ik} - b_{ik}) + q_{ik}\right) = q_{ik} - 2 \cdot U_i^2 \cdot (B_{0,ik} - b_{ik}) = WL_{ik,i}$$

$$U_k\frac{\partial W_{ik}}{\partial U_k} = U_k\frac{\partial}{\partial U_k}\left(-U_i^2(B_{0,ik} - b_{ik}) + q_{ik}\right) = q_{ik} = WL_{ik,k} \quad k \neq i$$

(4.85)

Die Ableitungen der Knotenwirkleistungen in den Teilmatrizen **PH** und **PN** lauten:

$$\frac{\partial P_i}{\partial \varphi_i} = \sum_{k \in \mathcal{N}_i} \frac{\partial T_{ik}}{\partial \varphi_i} = -U_i^2 \cdot b_{ii} - Q_i = PH_{ii}$$

$$\frac{\partial P_i}{\partial \varphi_k} = \frac{\partial T_{ik}}{\partial \varphi_k} = q_{ik} = PH_{ik} \qquad k \neq i; k \in \mathcal{N}_i$$

$$U_i\frac{\partial P_i}{\partial U_i} = \sum_{k \in \mathcal{N}_i} U_i\frac{\partial T_{ik}}{\partial U_i} = U_i^2 \cdot g_{ii} + P_i = PN_{ii}$$

$$U_k\frac{\partial P_i}{\partial U_k} = U_k\frac{\partial T_{ik}}{\partial U_k} = p_{ik} = PN_{ik} \qquad k \neq i; k \in \mathcal{N}_i$$

(4.86)

4.2 Anwendung der State Estimation ...

Für die Ableitungen der Knotenblindleistungen ergeben sich die Teilmatrizen $\boldsymbol{QJ}$ und $\boldsymbol{QL}$

$$\begin{aligned}
\frac{\partial Q_i}{\partial \varphi_i} &= \sum_{k \in \mathcal{N}_i} \frac{\partial W_{ik}}{\partial \varphi_i} = -U_i^2 \cdot g_{ii} + P_i = QJ_{ii} \\
\frac{\partial Q_i}{\partial \varphi_k} &= \frac{\partial W_{ik}}{\partial \varphi_k} = -p_{ik} = QJ_{ik} \qquad k \neq i; k \in \mathcal{N}_i \\
U_i \frac{\partial Q_i}{\partial U_i} &= \sum_{k \in \mathcal{N}_i} U_i \frac{\partial W_{ik}}{\partial U_i} = -U_i^2 \cdot b_{ii} + Q_i = QL_{ii} \\
U_k \frac{\partial Q_i}{\partial U_k} &= U_k \frac{\partial W_{ik}}{\partial U_k} = q_{ik} = QL_{ik} \qquad k \neq i; k \in \mathcal{N}_i
\end{aligned} \qquad (4.87)$$

Die Ergebnisse der Ableitungen weisen für die programmtechnische Realisierung zwei entscheidende Vorteile auf. Zum einen sind trotz der Darstellung in Polarkoordinaten Rechenoperationen mit Winkelfunktionen nicht erforderlich. Zum anderen brauchen alle Elemente der Jacobi-Matrix nicht eigens berechnet zu werden. Sie fallen bei der ohnehin notwendigen Berechnung $\Delta z^{(\nu)}$ in Gl. (4.79) für den ν-ten Iterationsschritt bereits ähnlich wie bei der Leistungsflussrechnung nach Newton-Raphson an und können damit für die Erstellung der Jacobi-Matrix ohne großen zusätzlichen Aufwand bestimmt werden. Diese Elemente brauchen deshalb auch nicht gesondert gespeichert zu werden.

$$\Delta z^{(\nu)} = z_{\text{gemessen}} - h\left(x^{(\nu)}\right) \qquad (4.88)$$

4.2.1.3 Schritt 3: Berechnung der Matrizenprodukte im Gleichungssystem zur Berechnung des Schätzvektors

Entsprechend Gl. (4.54) lautet das zu lösende linearisierte Gleichungssystem zur Bestimmung des Schätzvektors $\Delta \hat{x}$:

$$\left(\boldsymbol{H}^T \cdot \boldsymbol{R}^{-1} \cdot \boldsymbol{H}\right) \cdot \Delta \hat{\boldsymbol{x}} = \boldsymbol{H}^T \cdot \boldsymbol{R}^{-1} \cdot \Delta \boldsymbol{z} \qquad (4.89)$$

Abb. 4.7 zeigt die Struktur des zu lösenden linearisierten Gleichungssystems. Die Dimensionen der Gleichungsmatrizen wird durch die Anzahl der Messwerte N_M sowie durch die Anzahl der Zustandsgrößen N_S bestimmt. Aufgrund des bestehenden Datenmangels ist es bisher nicht gelungen, für eine exakte Bestimmung der Elemente der Matrix $\boldsymbol{R}^{-1}$ die Varianzen bzw. Standardmessunsicherheit der einzelnen Messungen für

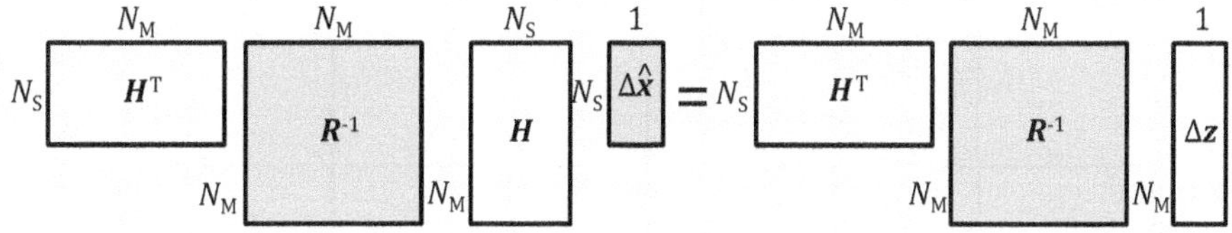

Abb. 4.7 Struktur des linearisierten Gleichungssystems

die Gesamtstrecke ausgehend vom physikalischen Wert bis zum Speicher des Prozessrechners statistisch ausreichend zu analysieren. Die absolute Größe der Varianzen spielt allerdings auch keine entscheidende Rolle, da R^{-1} auf beiden Seiten des Gleichungssystems auftritt. Es kommt vielmehr auf die relative Gewichtung der Messwerte untereinander an. In einem elektrischen Energieversorgungsnetz werden die Messunsicherheiten daher empirisch ermittelt. Typische Werte in der Höchstspannungsebene sind beispielsweise:

380-kV-Netz:	$\sigma_{PQ} = \sigma_{TW}$	$= 16{,}5$ MW bzw. MVA
	σ_U	$= 4{,}3$ kV
220-kV-Netz:	$\sigma_{PQ} = \sigma_{TW}$	$= 5{,}6$ MW bzw. MVA
	σ_U	$= 1{,}2$ kV

Mit den Abkürzungen:

$$\begin{aligned} A &= H^{\mathrm{T}} \cdot R^{-1} \cdot H \\ \Delta\widetilde{z} &= H^{\mathrm{T}} \cdot R^{-1} \cdot \Delta z \end{aligned} \quad (4.90)$$

folgt die vereinfachte Schreibweise für das zu lösende linearisierte Gleichungssystem

$$A \cdot \Delta\widehat{x} = \Delta\widetilde{z} \quad (4.91)$$

Dabei ist A eine spärlich besetzte und immer symmetrische Matrix. Eine Analyse der Struktur des zu lösenden Gleichungssystems kann mithilfe des Falk'schen Schemas entsprechend Abb. 4.8 durchgeführt werden [17].

4.2.1.4 Schritt 4: Iterative Lösung des Gleichungssystems

Die Inversion von $A = H^{\mathrm{T}} \cdot R^{-1} \cdot H$ (Gl. 4.90) muss zum Erhalt der schwachen Besetztheit vermieden werden. Das lineare Gleichungssystem wird daher mithilfe der Gauß'schen Elimination gelöst. Eine quasioptimale Eliminationsreihenfolge ist vor der Elimination analog zur Vorgehensweise bei der Leistungsflussrechnung festzulegen (s. Abschn. 2.4.3). Die Iteration wird solange fortgeführt, bis das Abbruchkriterium erreicht wird und die Differenz $\Delta\widetilde{z}_i$ für alle i kleiner als die vorgegebene Genauigkeitsschranke ε wird.

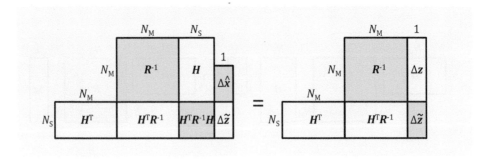

Abb. 4.8 Gleichungssystem im Falk'schen Schema

$$|\Delta \widetilde{z}_i| < \varepsilon \tag{4.92}$$

4.2.2 Rechentechnische Behandlung des zu lösenden Gleichungssystems

Ähnlich wie bei der Leistungsflussrechnung müssen zur Erstellung eines leistungsfähigen Programms die Eigenschaften des zu lösenden Gleichungssystems (beispielsweise die schwache Besetztheit der Matrizen) konsequent genutzt werden, um die Rechenzeitanforderungen im realen Netzbetrieb zu erfüllen. In der Systemführung des Übertragungsnetzbetreibers Amprion in Brauweiler wird die State Estimation mit einer Zykluszeit von 3 s durchgeführt. Die Erläuterungen zur rechentechnischen Behandlung sollen für das Beispielnetz nach Abb. 4.6 mit fünf Knoten gegeben werden [18].

In dem Beispielnetz ist jeweils eine Einspeisung an den Knoten 4 und 5, sowie eine Last an Knoten 1. Die Verbindung der Knoten durch die Zweige des Netzes ergeben sich aus Abb. 4.6. Ebenfalls aus Abb. 4.6 ist die Messgerätekonfiguration in dem gegebenen Netz ersichtlich. Danach wird an Knoten 4 eine Spannungsmessung angenommen. Eine Knotenleistungsmessung ist an der Einspeisung des Knotens 5 vorhanden. Die Zweigleistungen werden auf den Zweigen von Knoten 2 nach Knoten 4, von Knoten 2 nach Knoten 1, von Knoten 4 nach Knoten 5 sowie von Knoten 1 nach Knoten 3 gemessen. Es ist hierbei jeweils der Knoten zuerst genannt, auf dessen Seite des Zweiges sich die entsprechende Messung befindet. Damit ergibt sich für die verschiedenen Messungen die in Tab. 4.2 dargestellte Struktur der Jacobi-Matrix $\mathbf{H}$ [18].

In dem Beispiel nach Abb. 4.6 ist der Knoten 5 als Bezugsknoten gewählt. Da die Teilmatrizen $\mathbf{TH}$, $\mathbf{TN}$, $\mathbf{UJ}$ und $\mathbf{UL}$ sowie $\mathbf{PH}$, $\mathbf{PN}$, $\mathbf{QJ}$ und $\mathbf{QL}$ jeweils die gleiche Struktur haben, ist es nun als erstes sinnvoll, die Messungen nach den einzelnen Knoten

Tab. 4.2 Struktur der Jacobi-Matrix $\mathbf{H}$

$\frac{\partial}{\partial \varphi_1}$	$\frac{\partial}{\partial \varphi_2}$	$\frac{\partial}{\partial \varphi_3}$	$\frac{\partial}{\partial \varphi_4}$	$U_1 \frac{\partial}{\partial U_1}$	$U_2 \frac{\partial}{\partial U_2}$	$U_3 \frac{\partial}{\partial U_3}$	$U_4 \frac{\partial}{\partial U_4}$	$U_5 \frac{\partial}{\partial U_5}$
0	0	0	0	0	0	0	UL_{44}	0
$TH_{13,1}$	0	$TH_{13,3}$	0	$TN_{13,1}$	0	$TN_{13,3}$	0	0
$TH_{21,1}$	$TH_{21,2}$	0	0	$TN_{21,1}$	$TN_{21,2}$	0	0	0
0	$TH_{24,2}$	0	$TH_{24,4}$	0	$TN_{24,2}$	0	$TN_{24,4}$	0
0	0	0	$TH_{45,4}$	0	0	0	$TN_{45,4}$	$TN_{45,5}$
$WJ_{13,1}$	0	$WJ_{13,3}$	0	$WL_{13,1}$	0	$WL_{13,3}$	0	0
$WJ_{21,1}$	$WJ_{21,2}$	0	0	$WL_{21,1}$	$WL_{21,2}$	0	0	0
0	$WJ_{24,2}$	0	$WJ_{24,4}$	0	$WL_{24,2}$	0	$WL_{24,4}$	0
0	0	0	$WJ_{45,4}$	0	0	0	$WL_{45,4}$	$WL_{45,5}$
0	0	$PH_{5,3}$	$PH_{5,4}$	0	0	$PN_{5,3}$	$PN_{5,4}$	$PN_{5,2}$
0	0	$QJ_{5,3}$	$QJ_{5,4}$	0	0	$QL_{5,3}$	$QL_{5,4}$	$QL_{5,2}$

zu ordnen und die Messpaare (P_i, Q_i) und (T_{ik}, W_{ik}) sowie ihre Ableitungen zu einem Superelement h_{ik}^S zusammenzufassen mit

$$h_{ik}^S = \begin{pmatrix} H_{ik} & N_{ik} \\ J_{ik} & L_{ik} \end{pmatrix} \quad \text{mit} \quad \begin{matrix} i = 1, \ldots, N_M \\ k = 1, \ldots, N \end{matrix}$$

Die Spannungsbetragsmessungen und die tatsächlich nicht vorhandenen Winkelmessungen werden formal auch als ein solches Superelement dargestellt, obwohl an sich nur die Ableitung UL_{ii} existiert.

Das Ergebnis der Superelementbildung in der umgeordneten Jacobi-Matrix für das Beispielnetz ist in Tab. 4.3 dargestellt. Beispielhaft ist darin das Superelement für die Zweigleistungsflussmessung auf der Leitung 4–5 mit den Elementen $TH_{45,4}$, $TN_{45,4}$, $WJ_{45,4}$ und $WL_{45,4}$ gekennzeichnet.

Mithilfe der Superelemente kann die Struktur von H besonders einfach angegeben werden. Allgemein existiert ein Superelement, falls mindestens eins der vier möglichen Teilelemente xH, xN, xJ oder xL vorhanden ist ($x \in \{T, W, P, Q, U, \varphi\}$). In Abb. 4.9 ist die Struktur der Jacobi-Matrix für das Beispielnetz nach Abb. 4.6 dargestellt.

Die Matrix H' besteht aus $N'_M = N_{M,U} + N_{M,TW} + N_{M,PQ}$ Doppelzeilen und N Doppelspalten. Eine Spannungsmessung wird dabei als fiktives Messpaar von U und φ aufgefasst. Mit $N_{M,U}$ wird die Anzahl der Spannungsmessungen, mit $N_{M,TW}$ die Anzahl der Zweigflussmessungen und mit $N_{M,PQ}$ die Anzahl der Knotenleistungsmessungen angegeben.

Die Besetzungsstruktur der aus Superelementen gebildeten Jacobi-Matrix kann folgendermaßen interpretiert werden. Eine Messung des Leistungsflusses T_{ik} und W_{ik}

Tab. 4.3 Ergebnis der umgeordneten Jacobi-Matrix für ein Beispielnetz

Knoten									
1		2		3		4		5	
$TH_{13,1}$	$TN_{13,1}$	0	0	$TH_{13,3}$	$TN_{13,3}$	0	0	0	0
$WJ_{13,1}$	$WL_{13,1}$	0	0	$WJ_{13,3}$	$WL_{13,3}$	0	0	0	0
$TH_{21,1}$	$TN_{21,1}$	$TH_{21,2}$	$TN_{21,2}$	0	0	0	0	0	0
$WJ_{21,1}$	$WL_{21,1}$	$WJ_{21,2}$	$WL_{21,2}$	0	0	0	0	0	0
0	0	$TH_{24,2}$	$TN_{24,2}$	0	0	$TH_{24,4}$	$TN_{24,4}$	0	0
0	0	$WJ_{24,2}$	$WL_{24,2}$	0	0	$WL_{24,4}$	$WL_{24,4}$	0	0
0	0	0	0	0	0	0	0	0	0
0	0	0	0	0	0	0	$UL_{4,4}$	0	0
0	0	0	0	0	0	$TH_{45,4}$	$TN_{45,4}$	$TH_{45,5}$	$TN_{45,5}$
0	0	0	0	0	0	$WJ_{45,4}$	$WL_{45,4}$	$WL_{45,5}$	$WL_{45,5}$
0	0	0	0	$PH_{5,3}$	$PN_{5,3}$	$PH_{5,4}$	$PN_{5,4}$	$PH_{5,5}$	$PN_{5,5}$
0	0	0	0	$QJ_{5,3}$	$QL_{5,3}$	$QJ_{5,4}$	$QL_{5,4}$	$QJ_{5,5}$	$QL_{5,5}$

4.2 Anwendung der State Estimation ...

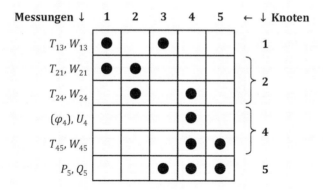

Abb. 4.9 Struktur der Jacobi-Matrix

erzeugt Superelemente in den Spalten i und k. Eine Spannungsmessung U_i erzeugt ein Superelement in der Spalte i. Eine Einspeisungsmessung von P_i und Q_i erzeugt Superelemente in der Spalte i und in allen Spalten k, die Knoten entsprechen, die mit dem Knoten i verbunden sind. Die Lösungsgleichung lautet damit entsprechend Gl. (4.89) $\left(\boldsymbol{H}^\mathrm{T} \cdot \boldsymbol{R}^{-1} \cdot \boldsymbol{H}\right) \cdot \Delta\widehat{\boldsymbol{x}} = \boldsymbol{H}^\mathrm{T} \cdot \boldsymbol{R}^{-1} \cdot \Delta\boldsymbol{z}$ bzw. $\boldsymbol{A} \cdot \Delta\widehat{\boldsymbol{x}} = \Delta\widehat{\boldsymbol{z}}$ nach Gl. (4.91).

$$h_{ik}^\mathrm{S} = \begin{pmatrix} H_{ik} & N_{ik} \\ J_{ik} & L_{ik} \end{pmatrix} \quad \text{mit} \quad \begin{matrix} i = 1, \ldots, N'_\mathrm{M} \\ k = 1, \ldots, N \end{matrix} \qquad (4.93)$$

$$\widehat{x}_i = \begin{pmatrix} \Delta\varphi_i \\ \frac{\Delta U_i}{U_i} \end{pmatrix} \qquad (4.94)$$

$$\widetilde{z}_i = \begin{pmatrix} \Delta\widetilde{P}_i \\ \Delta\widetilde{Q}_i \end{pmatrix} \qquad (4.95)$$

Das Matrizenprodukt $\boldsymbol{A} = \boldsymbol{H}^\mathrm{T} \cdot \boldsymbol{R}^{-1} \cdot \boldsymbol{H}$ (Gl. 4.90) kann damit ebenfalls aus Superelementen aufgebaut werden. Gl. (4.96) gibt für das Beispielnetz nach Abb. 4.6 das aus Superelementen zusammengesetzte linearisierte Gleichungssystem $\boldsymbol{A} \cdot \Delta\widehat{\boldsymbol{x}} = \Delta\widehat{\boldsymbol{z}}$ an.

$$
\begin{array}{c|cc|cc|cc|cc|cc}
 & 1 & & 2 & & 3 & & 4 & & 5 & \\
\hline
1 & H_{11} & N_{11} & H_{12} & N_{12} & & & & & H_{15} & N_{15} \\
  & J_{11} & L_{11} & J_{12} & L_{12} & & & & & J_{15} & L_{15} \\
\hline
2 & H_{21} & N_{21} & H_{22} & N_{22} & 0 & N_{23} & H_{24} & N_{24} & & \\
  & J_{21} & L_{21} & J_{22} & L_{22} & 0 & L_{23} & J_{24} & L_{24} & & \\
\hline
3 & & & 0 & 0 & H_{33} & 0 & 0 & 0 & & \\
  & & & J_{32} & L_{32} & 0 & L_{33} & J_{34} & L_{34} & & \\
\hline
4 & & & H_{42} & N_{42} & 0 & N_{43} & H_{44} & N_{44} & H_{45} & N_{45} \\
  & & & J_{44} & L_{42} & 0 & L_{43} & J_{44} & L_{44} & J_{45} & L_{45} \\
\hline
5 & H_{51} & N_{51} & & & & & H_{54} & N_{54} & H_{55} & N_{55} \\
  & J_{51} & L_{51} & & & & & J_{54} & L_{54} & J_{55} & L_{55} \\
\end{array}
\cdot
\begin{array}{c} \Delta\varphi_1 \\ \Delta U_1/U_1 \\ \Delta\varphi_2 \\ \Delta U_2/U_1 \\ \Delta\varphi_3 \\ \Delta U_3/U_3 \\ \Delta\varphi_4 \\ \Delta U_4/U_4 \\ \Delta\varphi_5 \\ \Delta U_5/U_5 \end{array}
=
\begin{array}{c} \Delta\tilde{P}_1 \\ \Delta\tilde{Q}_1 \\ \Delta\tilde{P}_2 \\ \Delta\tilde{Q}_2 \\ \Delta\tilde{P}_3 \\ \Delta\tilde{Q}_3 \\ \Delta\tilde{P}_4 \\ \Delta\tilde{Q}_4 \\ \Delta\tilde{P}_5 \\ \Delta\tilde{Q}_5 \end{array}
$$

(4.96)

Tatsächlich existiert die Winkeländerung am Bezugsknoten (Element H_{55}) nicht. Die entsprechende Zeile und Spalte können gestrichen werden. Für das Beispielnetz sind die betreffende Zeile und Spalte in Gl. (4.96) besonders markiert.

Da die Matrix $\boldsymbol{R}$ eine Diagonalmatrix ist, hat sie keinen Einfluss auf die Struktur (d. h. Besetztheit) der Produktmatrix $\boldsymbol{A}$. Interpretiert man $\boldsymbol{R}^{-1}$ als Produkt zweier Diagonalmatrizen

$$\boldsymbol{R}^{-1} = \boldsymbol{S}^{-1} \cdot \boldsymbol{S}^{-1} \tag{4.97}$$

folgt:

$$\boldsymbol{A} = \boldsymbol{H}^{\mathrm{T}} \cdot \boldsymbol{S}^{-1} \cdot \boldsymbol{S}^{-1} \cdot \boldsymbol{H} = \underbrace{\left(\boldsymbol{H}^{\mathrm{T}} \cdot \boldsymbol{S}^{-1}\right)}_{(\boldsymbol{H}')^{\mathrm{T}}} \cdot \underbrace{\left(\boldsymbol{S}^{-1} \cdot \boldsymbol{H}\right)}_{\boldsymbol{H}'} \tag{4.98}$$

und

$$\boldsymbol{S}^{-1} \cdot \Delta \boldsymbol{z} = \Delta \boldsymbol{z}' \tag{4.99}$$

Es genügt also, das Ergebnis des Matrizenprodukts $\left(\boldsymbol{H}'\right)^{\mathrm{T}} \cdot \boldsymbol{H}'$ zur Untersuchung der Struktur heranzuziehen. Die Struktur des Matrizenprodukts $\boldsymbol{A} = \left(\boldsymbol{H}'\right)^{\mathrm{T}} \cdot \boldsymbol{H}'$ kann wieder als Graph eines Netzwerks interpretiert werden. Diesen Graphen nennt man den in Abb. 4.10 dargestellten Messwertgraphen des Netzwerkes [18].

Für eine effektive Programmierung des Verfahrens ist zuvor eine weitere Analyse des Matrizenproduktes $\boldsymbol{A}$ in drei Punkten erforderlich:

1. Struktur des Produktes $\boldsymbol{A} = \left(\boldsymbol{H}'\right)^{\mathrm{T}} \cdot \boldsymbol{H}'$

Zur Berechnung eines Superelements a_{ik} von $\boldsymbol{A}$ ist die Doppelzeile i von $\left(\boldsymbol{H}'\right)^{\mathrm{T}}$ mit der Doppelspalte k von $\boldsymbol{H}'$ zu multiplizieren:

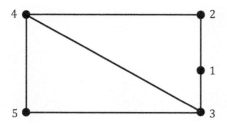

Abb. 4.10 Messwertgraph des Netzwerkes

$$a_{ik} = \sum_{j=1}^{N'_M} \left(h_{ij}^{s'}\right)^T \cdot h_{ik}^{s'} \quad \text{bzw.} \quad a_{ik} = \sum_{j=1}^{N'_M} \left(h_{ji}^{s'}\right)^T \cdot h_{ik}^{s'} \quad \text{mit} \quad i,k = 1,\ldots,N \tag{4.100}$$

d. h. die Doppelspalten i und k von $\boldsymbol{H'}$ werden miteinander multipliziert. Das Element a_{ik} ist nur dann von null verschieden, wenn mindestens ein Summand nicht verschwindet, d. h. Nichtnullelemente in den Spalten i und k von $\boldsymbol{H'}$ auf „gleicher Höhe" stehen. Abb. 4.11 zeigt das Falk'sche Schema zur Produktbildung der Matrix $\boldsymbol{A}$ aus den Matrizen $\left(\boldsymbol{H'}\right)^T$ und $\boldsymbol{H'}$ entsprechend Gl. (4.98) für das Beispielnetz. Aus diesem Schema können die folgenden allgemeinen Bildungsgesetze abgeleitet werden. Eine Spannungsmessung U_i (Zeichen ◯) liefert einen Beitrag zum Element a_{ii} der Matrix $\boldsymbol{A}$. Eine Leistungsflussmessung T_{ik}, W_{ik} auf einem Zweig zwischen den Knoten i und k (Zeichen ∇) liefert einen Beitrag zu den Elementen a_{ii}, a_{kk}, a_{ik} und a_{ki}. Eine Messung der Knotenleistung P_i, Q_i an Knoten i (Zeichen $\triangle$) liefert einen Beitrag zu den Elementen a_{ii}, a_{kk}, a_{ik} und a_{ki} für ($k \in \mathcal{N}_i$), sowie zu den Elementen a_{jl} und a_{lj} wobei jl und lj für alle möglichen Kombinationen aus $\mathcal{N}_i$ gilt. Dabei ist $\mathcal{N}_i$ die Menge aller mit Knoten i direkt über einen Zweig verbundenen Knoten.

2. Interpretation der Struktur der Matrix A als Graph
Der (Mess-)Graph aus der Matrix $\boldsymbol{A}$ (s. Beispiel in Abb. 4.10) unterscheidet sich vom (Netz-)Graph des tatsächlichen Netzes (s. Beispiel in Abb. 4.6) in folgenden Punkten.

- Der Zweig von Knoten i nach Knoten k fällt aus dem Messgraph heraus, falls keine Flussmessung von i nach k und von k nach i und keine Knotenleistungsmessung an i und k vorhanden sind und i und k nicht gemeinsam Nachbarknoten eines Knotens mit einer Knotenmessung sind.
- Eine Knotenleistungsmessung an Knoten i bewirkt eine vollständige Vermaschung aller direkt über einen Zweig mit dem Knoten i verbundenen Knoten im Messgraph der Matrix $\boldsymbol{A}$.

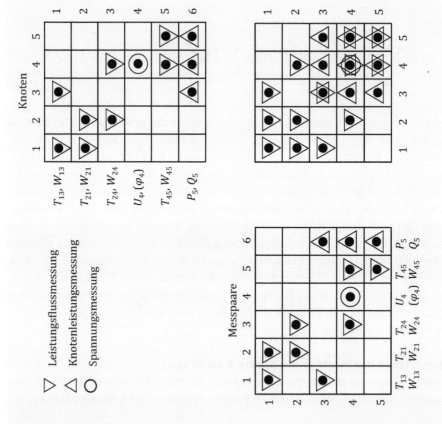

Abb. 4.11 Produktbildung im Falk'schen Schema

Für das Beispielnetz ergibt sich mit diesen Bildungsgesetzen, dass der Netzweig von Knoten 1 nach Knoten 4 herausfällt und im Messgraph ein neuer Zweig von Knoten 3 nach 4 entsteht (s. Abb. 4.10).

3. Optimale Eliminationsreihenfolge

Mit den aus Abb. 4.11 abgeleiteten Bildungsgesetzen kann schon vor der Berechnung der Matrix *A* allein aus der Netztopologie und der Messtopologie auf die Struktur (Besetztheit) von *A* im Sinne von Superelementen geschlossen werden. Aus dieser Struktur kann wie bei der Admittanzmatrix bzw. Jacobi-Matrix der Leistungsflussrechnung ebenfalls die quasioptimale Eliminationsreihenfolge (s. Abschn. 2.4.3) festgelegt werden.

Aus dem simulierten Rechenergebnis in Abb. 4.11 kann man sehr leicht erkennen, welchen Beitrag die drei verwendeten Messarten (Leistungsflussmessung ▽, Knotenleistungsmessung △ und Spannungsmessung ◯) zur Topologie des Messwertgraphen beitragen.

Der schematische Ablauf des State-Estimation-Verfahrens ist in Abb. 4.12 dargestellt [18]. Er gleicht in seiner Struktur dem Ablauf der Leistungsflussberechnung nach Newton–Raphson. In jedem Iterationsdurchlauf werden die gemessenen Größen auf Basis der aktuellen Estimationswerte berechnet und die Differenz Δz bestimmt. Danach werden die Elemente der Funktionalmatrix gebildet. Aus dem linearisierten Gleichungssystem werden dann verbesserte Estimationswerte des Zustandsvektors berechnet. Der Iterationsablauf wird solange durchgeführt, bis das definierte Abbruchkriterium (z. B. Erreichen einer vorgegebenen Genauigkeitsschranke ε) erreicht ist.

Für die Startwerte des Zustandsvektors ist es empfehlenswert, die aus den Spannungsbetragsmessungen bekannten Werten zu verwenden. Für die übrigen Spannungen können die jeweiligen Nennspannungen für den Start des Iterationsverfahrens angenommen werden.

4.2.3 Pseudomessungen

Im Netz existieren im Allgemeinen Knoten, für die die Knotenleistung exakt bekannt ist. An diesen Knoten sind weder Kraftwerke noch Verbraucher angeschlossen. Es sind reine Verteilungsknoten innerhalb des Netzes. Man bezeichnet sie als passive Knoten oder entsprechend dem Sprachgebrauch der Logistik auch als Transitknoten. Die Summe aller Zweigleistungsflüsse an diesen Knoten ist gleich null. Daher ist die tatsächlich nicht gemessene Leistungsbilanz $\underline{S}_i$ an den Transitknoten definitionsgemäß ebenfalls gleich null.

$$\underline{S}_i = P_i + \mathrm{j} \cdot Q_i = \sum_{k \in \mathcal{N}_i} (P_{ik} + \mathrm{j} \cdot Q_{ik}) = 0 \qquad (4.101)$$

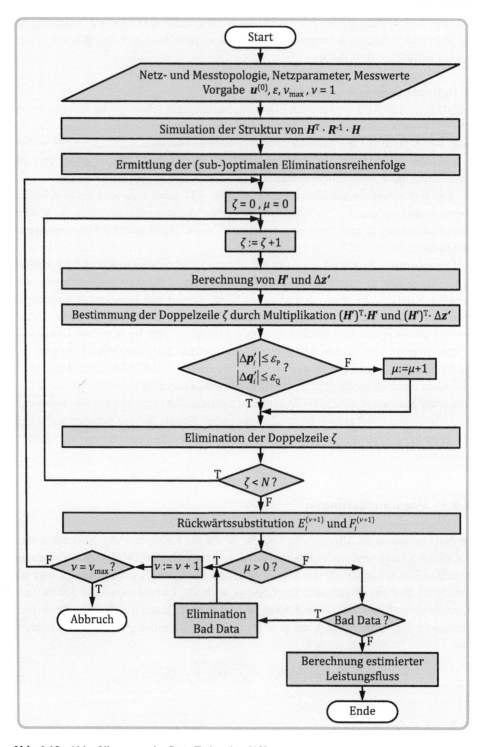

Abb. 4.12 Ablaufdiagramm der State Estimation [18]

Diese Information kann als eine Art Pseudomessung im Verfahren der State Estimation verarbeitet werden. Neben der wirtschaftlich interessanten Eigenschaft, dass diese Pseudomessungen kostenfrei sind, können diese Pseudomessungen sehr wirksam in der State Estimation eingesetzt werden, da der Pseudomesswert nach Gl. (4.101) definitionsgemäß exakt ist. Der imaginäre Fehler dieser Pseudomesswerte ist gleich null. Dabei beschreibt $\mathcal{N}_i$ die Menge der Gegenknoten der von Knoten i wegführenden Zweige.

Eventuell vorhandene Querfilter, Kompensationsdrosseln oder Sternpunktbildner können an den Transitknoten weiterhin berücksichtigt werden, da es sich bei diesen Querelementen um konstante Impedanzen handelt und diese innerhalb des passiven Netzes und nicht als Messung modelliert werden.

Die Behandlung von Transitknoten im Algorithmus der State Estimation kann auf zwei verschiedene Arten geschehen. Die Pseudomessungen können als Messung hoher Genauigkeit behandelt werden oder durch Gleichheitsnebenbedingungen im Gleichungssystem formuliert werden [19, 20].

4.2.3.1 Pseudomessung als Messung mit hoher Genauigkeit

Theoretisch gilt für eine fehlerfreie Messung, die bei der beschriebenen Pseudomessung definitionsgemäß gilt, dass die Standardmessunsicherheit gleich null ist.

$$\sigma_{\text{passiv},P,Q} = 0 \tag{4.102}$$

Aufgrund der Kehrwertbildung in $\boldsymbol{G} = \boldsymbol{R}^{-1}$ nach Gl. (4.13) ist diese Vorgehensweise jedoch nicht durchführbar, da durch die Inversion der Varianz numerisch unzulässige Werte entstehen würden. Näherungsweise können diese Pseudomessungen als Messung mit nahezu beliebig hoher Genauigkeit behandelt werden. Aus Testrechnungen wurde als praktischer Wert für die Standardmessunsicherheit von Pseudomessungen ermittelt:

$$\sigma_{\text{passiv},P,Q} = 0{,}1 \cdot \sigma_{P,Q} \tag{4.103}$$

Mit dieser Standardmessunsicherheit gehen die Pseudomesswerte an Transitknoten durch die Quadrierung mit $g_{ii} = 1/\sigma_i^2$ in der Gewichtungsmatrix $\boldsymbol{G}$ einhundert mal stärker in den Estimationsalgorithmus ein als die real vorhandenen Knotenleistungsmessungen. Dadurch haben Pseudomessungen an Transitknoten einen sehr starken Einfluss auf die Ergebnisse der State Estimation.

Der empirisch ermittelte Faktor 0,1 in Gl. (4.103) stellt einen Kompromiss dar, da noch kleinere Werte zu numerischen Schwierigkeiten bei der Auflösung des Gleichungssystems der State Estimation führen können. Allerdings können trotz dieser geringen Standardmessunsicherheit im Ergebnis noch kleine Leistungswerte an den Transitknoten estimiert werden, die natürlich tatsächlich nicht vorhanden sind, da an diesen Knoten $P_i = Q_i = 0$ gilt. Ohne Verwendung der Pseudomessungen wären diese estimierten Werte jedoch sicher noch deutlich größer. Die Berücksichtigung von Transitknoten hat grundsätzlich einen positiven Einfluss auf das Estimationsergebnis und führt in jedem Fall insgesamt zu einer Verringerung der Schätzfehler.

4.2.3.2 Pseudomessung als Gleichheitsnebenbedingung

Mit der Definition von Gleichheitsnebenbedingungen ist eine exakte Behandlung der genauen Information in Gl. (4.101) möglich. Für die mathematische Formulierung werden dafür zusätzliche Systemgleichungen nach Gl. (4.104) eingeführt, die den funktionalen Zusammenhang zwischen Zustandsvariablen und Pseudomessungen an den Transitknoten angeben. Definitionsgemäß gilt für die Menge $\mathcal{T}$ der Transitknoten und $i \in \mathcal{T}$.

$$P_i = g_{P,i}(x) = 0$$
$$Q_i = g_{Q,i}(x) = 0 \tag{4.104}$$

oder allgemein:

$$\boldsymbol{g}(\boldsymbol{x}) = 0 \tag{4.105}$$

Mit diesem Ansatz wird das zu lösende Gleichungssystem um eine Anzahl von Gleichungen erweitert, die der doppelten Zahl der Transitknoten entspricht. Die Lösung basiert auf einer Erweiterung der Minimierungsfunktion mithilfe des Lagrange-Ansatzes entsprechend Gl. (4.106). Dabei ist $\boldsymbol{\lambda}$ der Vektor der Lagrange-Multiplikatoren [21].

$$J(\boldsymbol{x}) = (\boldsymbol{z} - \boldsymbol{h}(\boldsymbol{x}))^{\mathrm{T}} \cdot \boldsymbol{R}^{-1} \cdot (\boldsymbol{z} - \boldsymbol{h}(\boldsymbol{x})) - 2 \cdot \boldsymbol{\lambda}^{\mathrm{T}} \cdot \boldsymbol{g}(\boldsymbol{x}) \tag{4.106}$$

In der Praxis hat sich bei der Behandlung von Transitknoten jedoch der Ansatz als Pseudomessung hoher Genauigkeit durchgesetzt. Dieses Verfahren garantiert zwar eine etwas geringere Genauigkeit als es mit der Definition von Gleichheitsnebenbedingungen möglich wäre, jedoch können Pseudomesswerte einfach abgebildet werden und das numerische Verfahren ist deutlich schneller als die Lösung mittels Lagrange-Multiplikatoren.

4.2.4 Ersatzmesswerte

Häufig sind in einem Energieversorgungssystem noch weitere Informationen vorhanden, die vorteilhaft als Ersatzmesswerte in der State Estimation verwendet werden können. Diese Werte sind jedoch im Allgemeinen nicht von der gleichen Güte für die State Estimation wie die echten Messwerte. In der Regel werden diese Ersatzmesswerte auch nicht zeitsynchron mit den echten Messwerten erhoben. Dennoch kann mit diesen Ersatzmesswerten der Messdatensatz ergebnisverbessernd ergänzt werden.

Zu den Ersatzmesswerten zählen beispielsweise Zählwerte, die originär für Energieabrechnungszwecke benötigt werden. Diese Werte werden häufig als viertelstündliche Leistungsmittelwerte erhoben. Auch können ersatzweise Leistungswerte aus Strombetragsmessungen bestimmt werden, falls die Richtung des Leistungsflusses eindeutig ist und der Leistungsfaktor $\cos(\varphi)$ mit genügender Genauigkeit abgeschätzt werden kann.

4.2 Anwendung der State Estimation ...

Vor allem in Verteilnetzen wird häufig nur die Wirkleistung messtechnisch erfasst. In diesen Fällen kann bei ausreichend genauer Abschätzung des Leistungsfaktors ein Ersatzmesswert für die zugehörige Blindleistung ermittelt werden.

Die Standardmessunsicherheit der Ersatzblindleistungsmessung kann aus der Standardmessunsicherheit σ der entsprechenden Wirkleistungsbilanzmessung und der angenommenen Bandbreite des $\cos(\varphi)$ (z. B. 0,9 bis 1,0) bestimmt werden. Unter der Annahme eines konstanten Wertes für $\cos(\varphi)$ wird die Blindleistung Q_{ersatz} aus dem Wert der gegebenen Wirkleistung P_{gemessen} berechnet.

$$Q_{\text{ersatz}} = P_{\text{gemessen}} \cdot \tan(\arccos(\cos(\varphi))) \tag{4.107}$$

Mit der Methode der Fehlerfortpflanzung wird die Standardmessunsicherheit σ_Q der Ersatzblindleistungsmessung berechnet.

$$\sigma_Q = \sqrt{\left(\frac{\partial Q}{\partial P}\right)^2 \cdot \sigma_P^2 + \left(\frac{\partial Q}{\partial \cos(\varphi)}\right)^2 \cdot \sigma_{\cos(\varphi)}^2} \tag{4.108}$$

Unter bestimmten Voraussetzungen können die Ersatzmesswerte das Estimationsergebnis verbessern und insbesondere die lokale Redundanz erhöhen. Aufgrund der eventuell eingeschränkten Qualität der Ersatzmesswerte müssen die zugehörigen Standardmessunsicherheiten gegenüber den echten Messwerten deutlich größer sein. Damit wird sichergestellt, dass die Ersatzmesswerte mit der entsprechend geringeren Gewichtung in den Estimationsalgorithmus einfließen. Liegen keine genaueren Informationen vor, hat sich in der Praxis eine gegenüber den echten Messwerten um den Faktor drei größere Standardmessunsicherheit als geeignet erwiesen.

$$\sigma_{\text{ersatz,P,Q}} = 3 \cdot \sigma_{\text{P,Q}} \tag{4.109}$$

Unter bestimmten Voraussetzungen lassen sich auch aus den Strombetragsmesswerten Ersatzleistungswerte generieren, die für die State Estimation genutzt werden können. Unabdingbar dafür ist allerdings die Kenntnis über die Richtung des Leistungsflusses an der betreffenden Messstelle. Dies ist beispielsweise bei der eindeutigen Verteilung der Einspeisungen und Lasten gegeben. Des Weiteren sollte bekannt sein, ob die Blindleistung kapazitiv oder induktiven Charakter hat. Sind diese beiden Bedingungen erfüllt, so können unter der Annahme eines an der Messstelle geltenden Leistungsfaktors $\cos(\varphi)$ aus dem Strombetragsmesswert I_{betrag} ersatzweise Werte für die zugehörige Wirk- und Blindleistung nach Gln. (4.110) und (4.111) berechnet werden.

$$P_{\text{ersatz}} = 3 \cdot U \cdot I_{\text{betrag}} \cdot \cos(\varphi) \tag{4.110}$$

$$Q_{\text{ersatz}} = 3 \cdot U \cdot I_{\text{betrag}} \cdot \sin(\arccos(\cos(\varphi))) \tag{4.111}$$

Für die Spannung in diesen beiden Gleichungen kann der an der betreffenden Messstelle eventuell vorhandene Spannungsmesswert genutzt werden. Liegt ein solcher nicht vor oder kann nicht auf geeignete Archivdaten zurückgegriffen werden, kann auch die zugehörige Nennspannung verwendet werden.

Es ist offensichtlich, dass die so aus den Strombetragsmesswerten gewonnenen Ersatzleistungsmesswerte gegenüber realen Leistungsmesswerten deutlich ungenauer sind. Entsprechende Untersuchungen haben gezeigt, dass für diese Ersatzmesswerte eine gegenüber realen Messwerten um den Faktor 10 größere Standardmessunsicherheit einzusetzen ist, um das Estimationsergebnis nicht zu verfälschen. Dennoch kann es sinnvoll sein, solche Ersatzmesswerte zu verwenden, um beispielsweise auch bei fehlender lokaler Redundanz bzw. ungenügender Robustheit (siehe Abschn. 4.4) des Messsystems einen Estimationsdurchlauf zu ermöglichen.

Weitere Quellen für Ersatzmesswerte können unter bestimmten Voraussetzungen auch Archivdaten oder Leistungswerte aus typisierten Lastganglinien (z. B. [22]) sein. In Hoch- und Höchstspannungsnetzen ergänzen Ersatzmesswerte einen für eine erfolgreiche State Estimation in der Regel formal ausreichenden Messdatensatz. Damit kann die Güte des Estimationsergebnisses häufig verbessert werden. Im Gegensatz hierzu sind Ersatzmesswerte in den unteren Spannungsebenen von grundsätzlicher Bedeutung, da hier die vorhandenen echten Messungen bei weitem nicht ausreichen, um eine State Estimation durchzuführen (s. Abschn. 4.6.1).

4.2.5 Rechenzeitverkürzende Maßnahmen

Zur Minimierung der für eine State Estimation erforderlichen Rechenzeit können einige Vereinfachungen im Algorithmus realisiert werden. Dies ist insbesondere beim Einsatz der State Estimation im Online-Einsatz sinnvoll. Als eine rechenzeitverkürzende Maßnahme kann die Estimationsmatrix $(\boldsymbol{H}^\mathrm{T} \cdot \boldsymbol{R}^{-1} \cdot \boldsymbol{H})$ näherungsweise nur einmal mit dem Startvektor $\boldsymbol{x}^{(0)}$ berechnet und dann in allen weiteren Iterationsschritten konstant gehalten werden. Eine weitere Maßnahme besteht in der numerischen Entkopplung des Estimationsgleichungssystems auf der Basis der unterschiedlichen Werte der Elemente der Funktional(Jacobi)-Matrix $\boldsymbol{H}$. Diese Vorgehensweise entspricht der Entkopplung des Gleichungssystems bei der Leistungsflussberechnung nach Stott (s. Abschn. 3.5).

4.3 Behandlung grob falscher Informationen

Bei dem zuvor beschriebenen Verfahren der State Estimation werden vereinbarungsgemäß von den Störgrößen nur die Messfehler v berücksichtigt (Abschn. 4.1.4). Für die zufälligen, normalverteilten Messfehler gelten die Bedingungen $\mathrm{E}\{v\} = 0$ und $\mathrm{E}\{v \cdot v^\mathrm{T}\} = \boldsymbol{R}$. Aufgrund von störungsbedingten Fehlern bei der Messwerterfassung oder der Messwertübertragung kann es jedoch vereinzelt dazu kommen, dass Messwerte mit einem wesentlich größeren Fehler übertragen werden und in den Estimationsalgorithmus

4.3 Behandlung grob falscher Informationen

Eingang finden als er im Rahmen der normalen Messwertstreuung erwartet wird [23, 24]. Allgemein gilt für den Vektor der Störgrößen entsprechend Abb. 4.4:

$$e = v + b + p + s \tag{4.112}$$

Zusätzlich zu den normalverteilten Messfehlern v können andere Störgrößen, wie grob falsche Messwerte b, Topologiefehler s und grob falsche Parameterwerte p auftreten. Ein auf diese Weise völlig falscher Messwert, der mit seiner „normalen" Standardmessunsicherheit gewichtet, gleichberechtigt mit ungestörten Messungen in die Estimation eingeht, kann zu einer starken Abweichung des Estimationsergebnisses von der Wirklichkeit führen und dieses somit verfälschen. Es ist daher die Aufgabe der State Estimation, neben der Berechnung nicht gemessener Zustandsgrößen, sowie dem Ausgleich normalverteilter Messfehler auch die als grob falsche Informationen oder Bad Data bezeichneten Störgrößen zu erkennen, zu lokalisieren und schlussendlich aus dem Algorithmus zu entfernen bzw. ihren Einfluss stark zu unterdrücken oder durch geeignet korrigierte Werte zu ersetzen. Dazu werden häufig die oben beschriebenen statistischen Eigenschaften der Zielfunktion J der State Estimation ausgenutzt. Die zur Behandlung grob falscher Informationen bei der State Estimation erforderliche Vorgehensweise kann in die folgenden drei Schritte unterteilt werden (Abb. 4.13).

4.3.1 Entdeckung grob falscher Informationen

Zuerst werden durch statistische Tests, denen die errechnete Schätzung unterzogen wird, Hinweise abgeleitet, ob grob falsche Informationen im Messwertsatz bzw. im Modell des Netzes vorliegen. Eine erste Abschätzung über die Güte bzw. das Vorliegen von grob falschen Messwerten kann anhand der Überprüfung des Erwartungswertes $E\{J(\hat{x})\}$ entsprechend Gl. (4.66) erfolgen. Eine genauere Überprüfung mit der Bewertung der Wahrscheinlichkeit der Existenz von grob falschen Werten im Messdatensatz wird im Folgenden skizziert [4, 9].

Für den mit dem Estimationsalgorithmus nach von Gl. (4.48) bestimmten Werten für die Zustandsgrößen $\hat{x}$ gilt

$$J(\hat{x}) = (z - h(\hat{x}))^T \cdot R^{-1} \cdot (z - h(\hat{x})) = \sum_{i=1}^{N_M} \left(\frac{r_i^2}{\sigma_i^2}\right) \tag{4.113}$$

Den geschätzten Residuenvektor r kann man auch als Vektor der estimierten Messfehler $\hat{e}$ interpretieren. Er wird definiert aus Gl. (4.114)

$$r = z - h(\hat{x}) \tag{4.114}$$

Mit Gl. (4.55) ergibt sich dann

$$H^T \cdot R^{-1} \cdot (h(x) + e - h(\hat{x})) = 0 \tag{4.115}$$

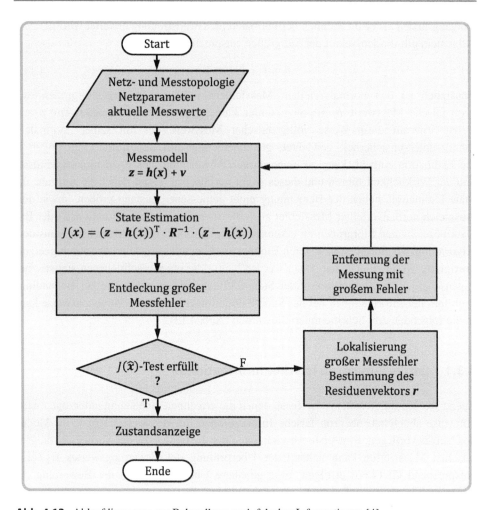

Abb. 4.13 Ablaufdiagramm zur Behandlung grob falscher Informationen [4]

Da der Estimationsfehler $\Delta x = x - \hat{x}$ klein ist, ist die folgende Approximation zulässig

$$h(x) \simeq h(\hat{x}) + H \cdot \Delta x \qquad (4.116)$$

Für den Schätzfehler folgt damit

$$H^\mathrm{T} \cdot R^{-1} \cdot \left(h(\hat{x}) + H \cdot \Delta x + e - h(\hat{x}) \right) = 0 \qquad (4.117)$$

Nach Δx aufgelöst ergibt sich

$$\Delta x = -\left(H^\mathrm{T} \cdot R^{-1} \cdot H \right)^{-1} \cdot H^\mathrm{T} \cdot R^{-1} \cdot e \qquad (4.118)$$

4.3 Behandlung grob falscher Informationen

Für den geschätzten Residuenvektor r ergibt sich dann

$$r = z - \hat{z} = h(x) + e - h(\hat{x}) \simeq h(\hat{x}) + H \cdot \Delta x + v - h(\hat{x})$$
$$= \left(E - H \cdot \left(H^T \cdot R^{-1} \cdot H \right)^{-1} \cdot H^T \cdot R^{-1} \right) \cdot e \quad (4.119)$$

Der Ausdruck $\left(E - H \cdot \left(H^T \cdot R^{-1} \cdot H \right) \cdot H^T \cdot R^{-1} \right)$ wird auch als Residuen-Sensitivitätsmatrix bezüglich des Messfehlers e bezeichnet [4, 9].

Um aus dem Estimationsergebnis zu erkennen, ob ein grob falscher Messwert im Vektor e enthalten ist, wird die Summe der quadrierten Fehler $J(\hat{x})$ betrachtet. Es ist zu beachten, dass mit dieser Untersuchung nur festgestellt werden kann, ob mindestens ein grober Fehler im Messdatensatz enthalten sind. Eine Identifikation des oder der Fehler ist damit allerdings nicht möglich.

Da die Residuen-Sensitivitätsmatrix $\left(E - H \cdot \left(H^T \cdot R^{-1} \cdot H \right) \cdot H^T \cdot R^{-1} \right)$ eine idempotente Matrix und die Matrix R^{-1} eine Diagonalmatrix ist, gilt weiter

$$J(\hat{x}) = e^T \cdot R^{-1} \cdot \left(E - H \cdot \left(H^T \cdot R^{-1} \cdot H \right)^{-1} \cdot H^T \cdot R^{-1} \right) \cdot e \quad (4.120)$$

Die einzelnen Messfehler sind nach Abschn. 4.1.2 normalverteilt. Daher hat die Größe $J(\hat{x})$ eine χ^2-Verteilung, deren Freiheitsgrad G_F ist bestimmt durch die Differenz zwischen der Anzahl der Messwerte N_M und der Anzahl der Zustandsgrößen N_S (siehe auch Erwartungswert $E\{J(\hat{x})\}$ entsprechend Gl. (4.66)) [8, 9].

$$G_F = N_M - N_S \quad (4.121)$$

Nach Abschluss der Berechnungen wird nun die Summe aus Gl. (4.113) für eine bestimmte Wahrscheinlichkeit und für einen gegebenen Freiheitsgrad G_F mit den Werten der χ^2-Verteilung nach Tab. 4.4 überprüft. Falls beispielsweise bei einem Freiheitsgrad von $G_F = 100$ der Betrag der Zielfunktion größer als 124,34 ist, kann mit einer Wahrscheinlichkeit von 95 % davon ausgegangen werden, dass gestörte Messwerte in den Eingangsdaten vorhanden sind [9].

4.3.2 Identifizierung und Lokalisierung grob falscher Informationen

In einem zweiten Schritt wird versucht, grob falsche Informationen (Bad Data) zu identifizieren und einer bestimmten Messung, Topologie- oder Parameterinformation zuzuordnen. Hierfür wurde eine Reihe von unterschiedlich aufwendigen mathematischen Verfahren entwickelt [21]. An dieser Stelle sei nur ein relativ einfaches Verfahren skizziert, das sich in der Praxis bewährt hat und gut eingesetzt werden kann, falls eine ausreichend große Messwertredundanz vorhanden ist. Bei dieser Methode wird für alle Messwerte das Residuum r nach Gl. (4.122) berechnet.

$$r = z - h(x^{(\nu)}) \quad (4.122)$$

Tab. 4.4 χ^2-Verteilung für ausgewählte Wahrscheinlichkeiten und Freiheitsgrade

G_F	Wahrscheinlichkeit in %						
	70	80	90	95	97,5	99	99,5
1	1,07	1,64	2,71	3,84	5,02	6,63	7,88
2	2,41	3,22	4,61	5,99	7,38	9,21	10,60
3	3,66	4,64	6,25	7,81	9,35	11,34	12,84
4	4,88	5,99	7,78	9,49	11,14	13,28	14,86
5	6,06	7,29	9,24	11,07	12,83	15,09	16,75
10	11,78	13,44	15,99	18,31	20,48	23,21	25,19
15	17,32	19,31	22,31	25,00	27,49	30,58	32,80
20	22,77	25,04	28,41	31,41	34,17	37,57	40,00
30	33,53	36,25	40,26	43,77	46,98	50,89	53,67
40	44,16	47,27	51,81	55,76	59,34	63,69	66,77
50	54,72	58,16	63,17	67,50	71,42	76,15	79,49
100	106,91	111,67	118,50	124,34	129,56	135,81	140,17
200	209,99	216,61	226,02	233,99	241,06	249,45	255,26
500	516,09	526,40	540,93	553,13	563,85	576,49	585,21

Falls der Betrag des Residuums einen bestimmten Wert übersteigt (Gl. 4.123), wird angenommen, dass die vorliegende große Abweichung zwischen Messwert z_j und dem aus dem aktuellen Vektor der Zustandsgrößen berechneten Schätzwert $\hat{z}_j$ auf eine gestörte Messung, ein defektes Messgerät oder Messstrecke z_j zurückzuführen ist (Abb. 4.14). Der verwendete Faktor a wird üblicherweise im Bereich $3 \leq a \leq 5$ gewählt.

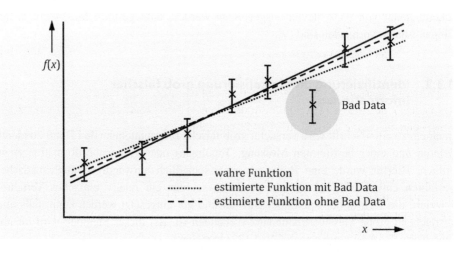

Abb. 4.14 Estimationsergebnis mit grob falschem Messwert

$$|r_i| > a \cdot \sigma_i \qquad (4.123)$$

Da die Startwerte $\boldsymbol{x}^{(0)}$ in der Regel sehr von den gesuchten Werten abweichen, treten zu Beginn des Iterationsprozesses für alle Messungen große Residuen auf. Es ist daher sinnvoll, erst einige Iterationen durchzuführen, bis angenommen werden kann, dass die Residuen intakter Messungen unterhalb der vorgegebenen Schranke liegen. Erst danach sollte die Überprüfung der Residuen nach Gl. (4.123) vorgenommen werden.

4.3.3 Eliminierung oder Korrektur grob falscher Informationen

Falls es möglich ist, müssen in einem dritten Schritt falsche Informationen korrigiert bzw. aus dem Algorithmus eliminiert werden. Hierzu werden zunächst die Topologieinformationen des gegebenen Netzes überprüft und ggf. korrigiert, denn eine große Abweichung des Zielfunktionswertes J von seinem Erwartungswert $\mathrm{E}\{J\} = N_\mathrm{M} - N_\mathrm{S}$ kann auch dadurch bedingt sein, dass die aktuelle Topologie oder einzelne Parameter des Netzes im Rechner falsch abgespeichert sind, beispielsweise weil die Änderung der Stufenstellung eines Netzkuppeltransformators nicht an die Netzleitstelle gemeldet wurde.

Falls Topologiefehler ausgeschlossen werden können, wird der betreffende Messwert eliminiert und nicht weiter im Estimationsalgorithmus berücksichtigt und ein neuer Estimationslauf gestartet. Dies ist allerdings nur bei ausreichend hoher lokaler Redundanz möglich. Kann der Messwert nicht grundsätzlich entfallen, muss er korrigiert und mit einer im Vergleich zu den anderen Messungen deutlich kleineren Gewichtung versehen werden. Eine einfache Möglichkeit hierfür ist die Wahl des Korrekturwertes zu:

$$z_{\mathrm{korr},i} = \boldsymbol{h}_i\big(\boldsymbol{x}^{(\nu)}\big) \pm a \cdot \sigma_i \qquad (4.124)$$

Auch hier liegt der Faktor a wie bei der Abschätzung des Residuums nach Gl. (4.123) erfahrungsgemäß im Bereich zwischen drei und fünf.

4.4 Beobachtbarkeit des Netzes

Voraussetzung für die Anwendung der State Estimation ist, dass der aktuelle Betriebszustand des betrachteten Netzes aus den vorhandenen Messungen überhaupt bestimmt werden kann, das Netz also beobachtbar ist. Die Beobachtbarkeit aller Netzknoten ist eine Mindestanforderung an die Messtopologie, damit eine Estimation für das Gesamtsystem überhaupt durchgeführt werden kann. Ein Netz ist dann beobachtbar, wenn Anzahl, Art und Ort der gemessenen Größen ausreichen, um den Netzzustand vollständig zu ermitteln. Bisher wurde nur die Forderung gestellt, dass die Anzahl der Messwerte N_M größer als die Anzahl der Zustandsgrößen N_S bzw. dass die Redundanz R für das Netz insgesamt größer als null ist. Diese globale Betrachtung reicht jedoch nicht aus, es muss auch die Forderung nach lokaler Redundanz erfüllt sein, damit das Netz beobachtbar ist.

Die Beobachtbarkeit eines Netzes ist letztlich dadurch gegeben, dass das Gleichungssystem (4.91) im mathematischen Sinne in jedem Iterationsschritt numerisch lösbar ist. Als notwendige Bedingung muss dazu erfüllt sein, dass die Matrix $\boldsymbol{A} = \boldsymbol{H}^\mathrm{T} \cdot \boldsymbol{R}^{-1} \cdot \boldsymbol{H}$ regulär sein muss bzw. den Rang N_S haben muss. Das Matrizenprodukt $\boldsymbol{H}^\mathrm{T} \cdot \boldsymbol{R}^{-1} \cdot \boldsymbol{H}$ hat stets den gleichen Rang wie die Matrix $\boldsymbol{H}$, falls die Gewichtungsmatrix $\boldsymbol{R}^{-1}$ symmetrisch, positiv definit und nicht singulär ist. Da die Matrix $\boldsymbol{R}^{-1}$ Diagonalform hat und nur positive Diagonalelemente enthält, sind die vorgenannten Bedingungen erfüllt. Damit ist die geforderte Bedingung für $\boldsymbol{A}$ dann erfüllt, falls die N_S Spalten von $\boldsymbol{H}$ linear unabhängig sind, d. h. $\boldsymbol{H}$ muss spaltenregulär sein. Die Eigenschaften der Matrix $\boldsymbol{H}$ werden für ein gegebenes Netz durch die Wahl des Messsystems bestimmt. Daher ist die Beobachtbarkeit des Netzzustandes eine Forderung, die von der Anordnung der Messgeräte im Netz zu erfüllen ist.

Eingangsgrößen der Beobachtbarkeitsanalyse (Abb. 4.15) sind die Netztopologie, die Messtypen (Leistungsmessung, Spannungsbetragsmessung usw.) sowie die Anordnung der Messungen innerhalb der Netzstruktur (Messtopologie). Als Ergebnis einer vollständigen Beobachtbarkeitsanalyse erhält man neben der Aussage, ob eine Estimation grundsätzlich durchgeführt werden kann, auch Informationen, welche Messungen als kritische Messungen zu betrachten sind, welche Messungen redundant sind, und wo beobachtbare Teilsysteme existieren, falls das Gesamtsystem nicht beobachtbar ist [34].

Eine Messung wird als kritisch bezeichnet, falls deren Ausfall zur Nichtbeobachtbarkeit des Gesamt führt. Die Beobachtbarkeit aller Netzknoten muss auch dann erhalten bleiben, falls einzelne Messgeräte ausfallen oder auch ganze Gruppen von Messgeräten, beispielsweise bei Ausfall einer Übertragungsstrecke. Diese Eigenschaft wird als Robustheit des Messsystems bezeichnet. Daher werden auch die Fernwirkkanäle meist redundant ausgelegt. Eine Messkonfiguration wird zusätzlich zur Beobachtbarkeit dann als robust

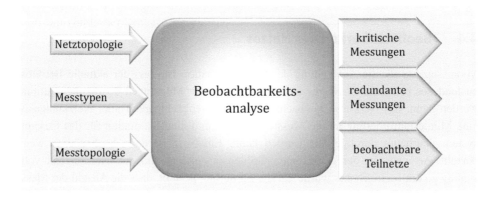

Abb. 4.15 Beobachtbarkeitsanalyse

4.4 Beobachtbarkeit des Netzes

bezeichnet, falls auch nach Ausfall einer (eng) begrenzten Zahl von redundanten Messungen die Beobachtbarkeit erhalten bleibt. Führt der Ausfall einer Messung zur Nichtbeobachtbarkeit des Gesamtsystems, wird diese Messung als kritisch bezeichnet. Es können sich in diesem Fall allerdings beobachtbare Teilnetzbereiche bilden, die identifiziert werden müssen. Der Wegfall einer Messung kann auch dadurch bewirkt werden, dass beispielsweise eine Leitung durch Ausschaltung oder durch einen störungsbedingten Ausfall nicht mehr für den Estimationsalgorithmus zur Verfügung steht.

Bei der Beobachtbarkeitsanalyse unterscheidet man zwischen numerischen und topologischen Verfahren. Beim numerischen Verfahren ist die Beobachtbarkeit des Systems gegeben, falls mit dem Messvektor z der Zustandsvektor x abgeschätzt werden kann. Der Rang der Estimationsmatrix $(H^T \cdot R^{-1} \cdot H)$ entspricht dann der Länge des Zustandsvektors.

Das topologische Verfahren überprüft die Beobachtbarkeit mit einem graphentheoretischen Ansatz. Im Folgenden wird dieses Verfahren exemplarisch für eine minimal zu erfüllende Bedingung erläutert. Für die Spaltenregularität der Matrix H muss mindestens gefordert werden, dass die Matrix nicht in entkoppelte Teilmatrizen zerfällt. Diese Bedingung ist erfüllt, falls mit der bestehenden Anordnung der Messungen ein Graph für das Netzwerk aufgestellt werden kann, der alle über die Messtopologie erreichbaren Knoten enthält. Das Netz ist dann beobachtbar, wenn der Graph alle Knoten des Netzes beinhaltet, d. h. wenn er einen vollständigen Baum darstellt. Beginnend bei einem Knoten mit einer Spannungsbetragsmessung muss jeweils definiert durch Messungen (Zweigleistungsmessungen, Knotenleistungsmessungen) jeder Knoten des Netzes erreichbar sein. Durch eine Knotenleistungsmessung kann dabei ein weiterer, beliebig wählbarer Knoten erreicht werden. Jeder Messwert darf nur einmal zur Definition eines messtopologischen Zweiges herangezogen werden. Es ist einsichtig, dass für die Beobachtbarkeit mindestens $(2 \cdot N - 1)$ Messwerte, darunter wenigstens eine Spannungsmessung, existieren muss.

Diese Bedingung wird an Hand der aus Superelementen aufgebauten Matrix H für ein kleines Netz überprüft. Abb. 4.16 zeigt das Beispielnetz mit zwei unterschiedlichen

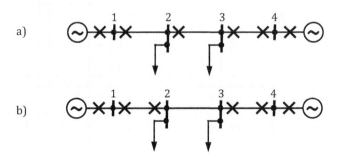

Abb. 4.16 Beispielnetz mit unterschiedlicher Messkonfiguration

Messkonfigurationen. Es handelt sich in beiden Fällen um das gleiche Netz mit der gleichen Anzahl von Messungen und der gleichen globalen Redundanz. Nur die Leistungsmessung von Knoten 2 in Richtung Knoten 3 (Abb. 4.16a) wird an dem gleichen Knoten auf den Zweig von Knoten 2 in Richtung Knoten 1 verlegt (Abb. 4.16b).

Abb. 4.17 zeigt die sich daraus ergebende Struktur der Jacobi-Matrix mit Superelementen für die beiden in Abb. 4.14 abgebildeten Messkonfigurationen.

Die Beobachtbarkeit wird anhand der Besetzungsstruktur der Jacobi-Matrix überprüft. Dabei muss folgendes Kriterium erfüllt sein: In der Matrix H muss beginnend in der ersten Spalte ein Weg bis zur letzten Spalte gefunden werden können, wobei eine Spalte nur verlassen werden darf, falls in der gleichen Zeile ein Nichtnullelement vorhanden ist. Dies entspricht der topologischen Verbindungskontrolle mit der Bildung eines Spannbaums (Abschn. 3.6.5) Ist dies wie in den Teilbildern 4.14a und 4.17a möglich, so ist das Netz mit der gegebenen Messkonfiguration beobachtbar. Wird kein solcher Weg gefunden, so ist das Netz nicht beobachtbar (Abb. 4.14b und 4.17b).

Abb. 4.18 zeigt ein weiteres Beispiel für zwei nur geringfügig unterschiedliche Messkonfigurationen in einem Netz. Die globale Redundanz sowie die Anzahl der Messungen sind in beiden Varianten gleich. Es besteht nur eine Änderung in der Messkonfiguration. Eine Zweigflussmessung wird verlagert und eine Lastmessung wird durch eine Zweigflussmessung ersetzt. Im ersten Fall (Abb. 4.18a) ist das Netz durch die gegebene Messkonfiguration nicht beobachtbar. Durch die Änderung der Messkonfiguration wird bei gleicher globaler Redundanz das Netz beobachtbar (Abb. 4.18b).

Bereits diese kleinen Beispiele zeigen, dass die Messausrüstung eines Netzes sorgfältig geplant werden muss, um nicht unnötig viele kostspielige Messungen im Netz zu installieren. Andererseits müssen aber genügend Messungen installiert und an den richtigen Stellen im Netz platziert werden, um das Netz auch bei Messgeräteausfällen

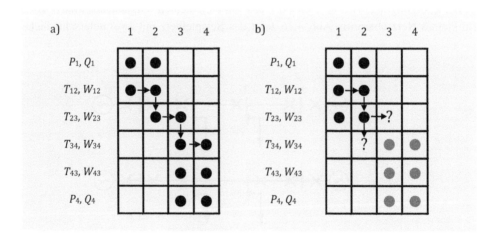

Abb. 4.17 Struktur der Jacobi-Matrix mit Superelementen

4.5 Simulation State Estimation

beobachtbar zu halten und eine State Estimation mit genügender Qualität durchführen zu können.

Viele Testrechnungen haben gezeigt, dass die Redundanz der Messungen in allen Teilbereichen des Netzes, nicht nur über das gesamte System hinweg, eine Mindestgröße von etwa $R = 0{,}6$ haben muss, damit lokale Messfehler nicht zu einer Verfälschung des Estimationsergebnisses führen. Um eine optimale Messkonfiguration zu finden und deren Eigenschaften zu überprüfen, ist es sinnvoll, vor der Realisierung eine entsprechende Simulation der geplanten Messkonfigurationen durchzuführen (s. Abschn. 4.5).

4.5 Simulation State Estimation

Zur Überprüfung der Güte einer gegebenen oder geplanten Messkonfiguration wird im Folgenden die Simulation einer State Estimation beschrieben [18]. Mit dieser Analyse kann die Messtopologie und die Genauigkeit der einzelnen Messungen bewertet werden. Die Simulation der Estimation hat die Aufgabe, die estimierten Werte der Zustandsvariablen und der daraus berechneten sekundären Netzkenngrößen (Spannungsbeträge, Spannungswinkel, Knoteneinspeisungen und Zweigflüsse) mit sogenannten „wahren" Werten zu vergleichen und zu analysieren.

Grundlage für die Estimationssimulation ist das Ergebnis einer Leistungsflussrechnung mit dem Algorithmus nach Newton-Raphson. Die Ergebnisse der Leistungsflussberechnung werden als die wahren Werte des Systemzustandes interpretiert. Sie dienen bei der Simulation der Estimation als Referenzwerte, anhand derer die Estimationsergebnisse

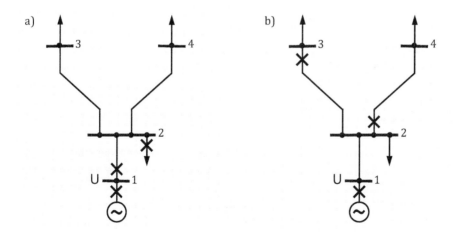

Abb. 4.18 Beispielnetz mit unterschiedlichen Messkonfigurationen

verglichen und die Güte der zu untersuchenden Messkonfiguration bewertet werden können. Im praktischen Einsatz des Estimators sind diese Werte natürlich nicht bekannt.

4.5.1 Simulation der Messwerte

Zunächst werden aus den ermittelten Leistungsflusswerten Messwerte als Eingangsgrößen für die Estimationssimulation abgeleitet. Jeder einzelne Messfehler wird als um den Mittelwert null mit einer Varianz normalverteilt angenommen. Darüber hinaus wird angenommen, dass die Messfehler unabhängig voneinander auftreten und damit die Nebendiagonalwerte der Kovarianzmatrix null sind. Die Gesamtheit aller auf ihre Standardmessunsicherheit bezogenen Messfehler ergibt dann bei genügend vielen Messfehlern wiederum eine Normalverteilung mit dem Mittelwert null und der Varianz eins [18].

Mit diesen Überlegungen lassen sich entsprechende Messfehler simulieren, indem man mit einem Zufallszahlengenerator Zufallszahlen generiert, die einer Standardnormalverteilung entsprechen [25]. Für jede einzelne Messung wird dann die so ermittelte Zufallszahl mit der Standardmessunsicherheit der jeweiligen Messung multipliziert. Dies ergibt den Messfehler, der zu dem mit einer Leistungsflussrechnung bestimmten und als wahr angenommenen Wert addiert wird. Die Summe aus Leistungsflusswert und zufallsgeneriertem Messfehler ergibt schließlich den für die Simulation verwendeten Messwert.

Neben der Möglichkeit des normalen Verrauschens der Messwerte in der oben angegebenen Weise kann man auch besonders große Messfehler einzeln gezielt vorgeben. Diese sogenannten groben Messfehler werden dann als ganze Vielfache der Standardmessunsicherheit der jeweils betrachteten Messung im Eingabedatensatz angegeben.

Mit dem auf diese Weise gewonnenen Messwertdatensatz wird eine Estimation des tatsächlichen Netzzustands durchgeführt. Die estimierten Zustandsgrößen werden anschließend im Rahmen einer statistischen Auswertung mit den exakten „wahren" Werten der Leistungsflussberechnung verglichen. Abb. 4.19 stellt die beschriebene Vorgehensweise der Estimationssimulation schematisch dar. Diese Simulation wird mehrfach durchlaufen, um Aussagen mit einer ausreichend hohen statistischen Signifikanz zu erhalten. Typischerweise werden dabei für jeden Lastfall circa 50 bis 100 Messwertsätze generiert und ausgewertet [18].

In Tab. 4.5 ist ein Auszug des tabellarischen Ergebnisses einer Estimationssimulation für das Fünf-Knoten-Beispielnetz nach Abb. 3.5 dargestellt. Darin sind die wahren Werte, die dem Leistungsflussergebnis nach Abb. 3.8 und Tab. 3.2 entsprechen, mit „(xxx)" angegeben. Die Werte, die sich aus der Estimationsrechnung ergeben, sind mit „<xxx>" gekennzeichnet. Die aus den vorgegebenen Standardabweichungen und den wahren Werten simulierten Messwerte sind mit „{xxx}" angegeben.

4.5 Simulation State Estimation

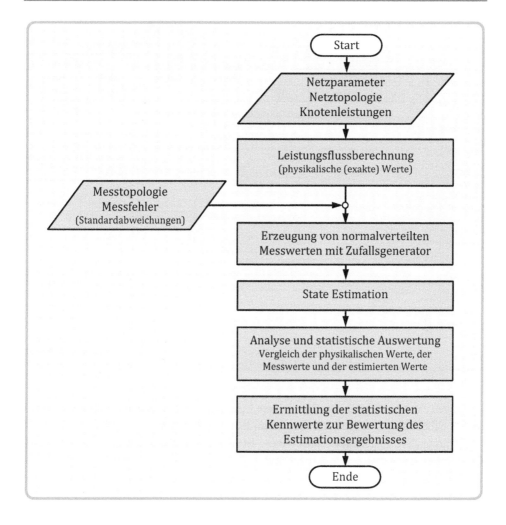

Abb. 4.19 Ablaufdiagramm der Simulation des State-Estimation-Verfahrens [18]

4.5.2 Statistische Kennwerte zur Beurteilung der Estimationsergebnisse

Die Beurteilung der Ergebnisse der State Estimation erfolgt unter zwei Gesichtspunkten. Der erste Aspekt erlaubt Aussagen über das Gesamtergebnis der Estimation, der zweite Gesichtspunkt befasst sich mit der Untersuchung einzelner estimierter Werte und versucht diese qualitativ einzuordnen. Für die Beurteilung unter dem zweten Gesichtspunkt ist lediglich ein Vergleich zwischen den estimierten Werten der Netzkenngrößen und den aus dem Leistungsflussergebnis bekannten wahren Werten notwendig. Aussagen über die Güte der Estimation sind an Hand der absoluten Differenzbeträge zwischen den

Tab. 4.5 Ausschnitt des Simulationsergebnisses einer State Estimation

Knotendaten					Zweigdaten		
Knoten	Spannung		Einspeisung/Last		Knoten	Zweigfluss	
Name	Betrag	Winkel	Wirk	Blind	Name	Wirk	Blind
	kV	Grad	MW	MVAR		MW	MVAR
1	<119,00> (-120,00) {118,00}	<0,01> (0,00)	<-3,4> (-6,8) {-7,0}	<185,7> (-190,1) {185,0}			
					2	<42,6> (-44,4)	<-99,2> (-101,8)
					3	<-46,7> (-45,5)	<-57,8> (-55,6)
					4	<7,5> (-8,0)	<-30,9> (-32,7)
2	<123,10> (-122,20)	<-0,65> (-0,67)	<43,3> (-45,0)	<-103,3> (-106,0)			
					1	<41,9> (-44,0) {40,0}	<101,4> (-103,9) {100,0}
					4	<-1,4> (-1,0) {-1,8}	<1,9> (-2,1) {1,0}

jeweiligen Werten möglich. An Hand einer Liste der größten Differenzen können Netzbereiche identifiziert werden, die Mängel im Estimationsergebnis aufweisen.

Umfassendere Aussagen über das Estimationsergebnis erlaubt jedoch eine Betrachtung unter dem ersten Aspekt mittels einer statistischen Auswertung. Diese Auswertung soll zum einen eine globale Ergebnisbewertung ermöglichen und zum anderen auch Aussagen über die Qualität der Estimation bestimmter Kenngrößen, wie zum Beispiel Zweigflüsse, Spannungsbeträge etc. erlauben.

4.5.2.1 Globale Beurteilung der Estimationsergebnisse

Eine globale Aussage über die Estimationsergebnisse ist an Hand der Zielfunktion $J(\hat{x})$ möglich (Gl. 4.125). Für diese Zielfunktion lässt sich ein Erwartungswert nach Gl. (4.126) mithilfe von Sätzen der Statistik und der Theorie der State Estimation herleiten. Auf einen Beweis wird hier verzichtet.

$$J(\hat{x}) = \sum_{i=1}^{N_M} (\hat{z}_i - z_i)^2 / \sigma_i^2 \qquad (4.125)$$

$$\mathrm{E}\{J(\hat{x})\} = N_M - N_S \qquad (4.126)$$

4.5 Simulation State Estimation

Dabei bedeuten $\widehat{z}_i$ die estimierten Werte und z_i die gemessenen Werte. Ein gutes Estimationsergebnis ist durch eine möglichst geringe Differenz zwischen tatsächlichem Wert $J(\widehat{x})$ und Erwartungswert $\mathrm{E}\{J(\widehat{x})\}$ gekennzeichnet.

Als zweites Kriterium neben der Zielfunktion kann der sogenannte Güteindex G zur Ergebnisbewertung herangezogen werden. Der Güteindex kann auch als bezogener Zielfunktionswert interpretiert werden. Für ihn kann ebenfalls ein Erwartungswert formuliert werden. Der Güteindex bzw. sein Erwartungswert werden durch folgende Gleichungen definiert:

$$G = \sqrt{\frac{1}{N_\mathrm{M}} \cdot \sum_{i=1}^{N_\mathrm{M}} \left(\widehat{z}_i - z_i\right)^2 / \sigma_i^2} \tag{4.127}$$

$$\mathrm{E}\{G\} = \sqrt{\frac{N_\mathrm{M} - N_\mathrm{S}}{N_\mathrm{M}}} \tag{4.128}$$

Der Vergleich zwischen den Erwartungswerten von Zielfunktion bzw. Güteindex mit den jeweiligen tatsächlichen Werten ermöglicht eine globale Erkennung von grob falschen Werten, die durch das Auftreten von großen Differenzen zwischen beiden Werten indiziert werden.

4.5.2.2 Beurteilung der Zweigflüsse

Zur Beurteilung der gemessenen Zweigflüsse wird ein Vergleich der Differenzen „Messwert minus wahrer Wert" (Gl. 4.129) bzw. „estimierter Wert minus wahrer Wert" (Gl. 4.130) herangezogen. Sinnvoll ist hierbei die Betrachtung der bezogenen Standardabweichungen beider Differenzen.

$$\sigma_\mathrm{TW} = \sqrt{\frac{1}{N_\mathrm{M,TW} - 1} \cdot \sum_{i=1}^{N_\mathrm{M,TW}} \left(z_i - \breve{z}_i\right)^2 / \sigma_i^2} \tag{4.129}$$

$$\widehat{\sigma}_\mathrm{TW} = \sqrt{\frac{1}{N_\mathrm{M,TW} - 1} \cdot \sum_{i=1}^{N_\mathrm{M,TW}} \left(\widehat{z}_i - \breve{z}_i\right)^2 / \sigma_i^2} \tag{4.130}$$

Dabei werden die wahren Werte mit $\breve{z}_i$, die Anzahl der Flussmessungen (Messpaare) mit $N_\mathrm{M,TW}$, die Standardmessunsicherheit der Messwerte mit σ_i, der Wirkleistungsfluss mit T und der Blindleistungsfluss mit W bezeichnet.

Als Ergebnis für die State Estimation ist zu erwarten, dass $\widehat{\sigma}_\mathrm{TW} < \sigma_\mathrm{TW}$ gilt. Diese Aussage bedeutet, dass die estimierten Werte der gemessenen Größen weniger um die wahren Werte streuen als die Messwerte und folglich eine Verbesserung des Estimationsergebnisses („Estimationsgewinn") feststellbar ist.

Eine Beurteilung aller Zweigflüsse erlaubt die Standardabweichung der Differenz „estimierter Wert minus wahrer Wert" für alle Zweigflüsse (Gl. 4.131). Diese Daten werden in absoluten Werten angegeben, da eine Standardabweichung für die nicht gemessenen Größen nicht definiert ist. Dabei bedeutet N_Z die Anzahl der Zweige.

$$\widehat{\sigma}_{\text{TW,gesamt}} = \sqrt{\frac{1}{2 \cdot N_Z - 1} \cdot \sum_{i=1}^{2 \cdot N_Z} \left(\widehat{z}_i - \breve{z}_i\right)^2} \tag{4.131}$$

4.5.2.3 Beurteilung der Spannungen

Die gemessenen Spannungsbeträge werden ebenfalls mit den Differenzen „Messwert minus wahrer Wert" (Gl. 4.132) bzw. „estimierter Wert minus wahrer Wert" (Gl. 4.133) beurteilt. Dabei bedeutet $N_{M,U}$ die Anzahl der Spannungsbetragsmessungen.

$$\sigma_U = \sqrt{\frac{1}{N_{M,U} - 1} \cdot \sum_{i=1}^{N_{M,U}} \left(z_i - \widehat{z}_i\right)^2 / \sigma_i^2} \tag{4.132}$$

$$\widehat{\sigma}_U = \sqrt{\frac{1}{N_{M,U} - 1} \cdot \sum_{i=1}^{N_{M,U}} \left(\widehat{z}_i - \breve{z}_i\right)^2 / \sigma_i^2} \tag{4.133}$$

Ebenso werden die gemessenen Spannungswinkel an Hand der Differenzen „Messwert minus wahrer Wert" nach (Gl. 4.134) bzw. „estimierter Wert minus wahrer Wert" (Gl. 4.135) beurteilt. Dabei bedeutet $N_{M,\varphi}$ die Anzahl der Winkelmessungen.

$$\sigma_\varphi = \sqrt{\frac{1}{N_{M,\varphi} - 1} \cdot \sum_{i=1}^{N_{M,\varphi}} \left(z_i - \breve{z}_i\right)^2 / \sigma_i^2} \tag{4.134}$$

$$\widehat{\sigma}_\varphi = \sqrt{\frac{1}{N_{M,\varphi} - 1} \cdot \sum_{i=1}^{N_{M,\varphi}} \left(\widehat{z}_i - \breve{z}_i\right)^2 / \sigma_i^2} \tag{4.135}$$

Eine Beurteilung sämtlicher Spannungsbeträge und -winkel ist wiederum über die Standardabweichung der Differenz „estimierter Wert minus wahrer Wert" möglich (Gl. 4.136). Diese Werte werden bezogen auf die Nennspannung bzw. in Grad angegeben:

$$\widehat{\sigma}_{U\varphi,\text{gesamt}} = \sqrt{\frac{1}{N - 1} \cdot \sum_{i=1}^{N} \left(\widehat{z}_i - \breve{z}_i\right)^2} \tag{4.136}$$

4.5.2.4 Beurteilung der Einspeisungen und Lasten

In Analogie zu den vorausgegangenen Erläuterungen erfolgt eine Bewertung der gemessenen Größen wiederum über die bezogenen Standardabweichungen. Hierbei

4.5 Simulation State Estimation

ist jedoch zu beachten, dass die Transitknoten in diesem Zusammenhang nicht berücksichtigt werden, da deren Pseudomesswerte immer mit den „wahren" Werten identisch sind. Dabei bedeutet $N_{M,PQ}$ die Anzahl der Knotenbilanzmessungen (Messpaare) ohne Transitknoten.

$$\sigma_{PQ} = \sqrt{\frac{1}{N_{M,PQ}-1} \cdot \sum_{i=1}^{N_{M,PQ}} \left(z_i - \breve{z}_i\right)^2 / \sigma_i^2} \qquad (4.137)$$

$$\hat{\sigma}_{PQ} = \sqrt{\frac{1}{N_{M,PQ}-1} \cdot \sum_{i=1}^{N_{M,PQ}} \left(\hat{z}_i - \breve{z}_i\right)^2 / \sigma_i^2} \qquad (4.138)$$

Die Beurteilung sämtlicher Knoteneinspeisungen bzw. –lasten erfolgt über die absolute Standardabweichung der Differenz „estimierter Wert minus wahrer Wert".

$$\hat{\sigma}_{PQ,gesamt} = \sqrt{\frac{1}{N-1} \cdot \sum_{i=1}^{N} \left(\hat{z}_i - \breve{z}_i\right)^2 / \sigma_i^2} \qquad (4.139)$$

4.5.2.5 Beurteilung aller Messungen

Eine Möglichkeit, alle Messungen zu bewerten, besteht darin, die bezogenen Standardabweichungen der Differenzen „Messwert minus wahrer Wert" und „estimierter Wert minus wahrer Wert" gemäß dem Kriterium aus Abschn. 4.5.2.2 zu vergleichen.

$$\sigma = \sqrt{\frac{1}{N_M - 1} \cdot \sum_{i=1}^{N_M} \left(z_i - \breve{z}_i\right)^2 / \sigma_i^2} \qquad (4.140)$$

$$\hat{\sigma} = \sqrt{\frac{1}{N_M - 1} \cdot \sum_{i=1}^{N_M} \left(\hat{z}_i - \breve{z}_i\right)^2 / \sigma_i^2} \qquad (4.141)$$

Für die Gesamtzahl der Messungen (ohne Transitknoten) gilt:

$$N_M = N_{M,\varphi} + N_{M,U} + 2 \cdot (N_{M,PQ} + N_{M,TW}) \qquad (4.142)$$

4.5.2.6 Mittelwertbildung über mehrere Simulationsrechnungen und repräsentativer Fall

Bei der Beschreibung der Vorgehensweise der Simulation wurde bereits auf die Erzeugung fiktiver Messwerte durch Verrauschen der Daten des Leistungsflussergebnisses an den Messorten unter Verwendung eines Zufallszahlengenerators eingegangen. Somit entsteht ein spezieller Messdateneingabesatz, der entscheidend durch die Zufallszahlenverteilung charakterisiert ist. Folglich ist das Ergebnis der State Estimation ebenfalls durch diese Zufallszahlenkombination maßgeblich beeinflusst.

Ziel der vorzunehmenden Simulationsrechnungen ist jedoch eine Aussage über die grundsätzliche Estimierbarkeit des betrachteten Netzes. Die statistischen Kenndaten eines einzigen beliebigen Estimatorlaufs weisen keine ausreichende Aussagefähigkeit auf, da sich die Estimationsergebnisse bei unterschiedlicher Verteilung der Fehler auf die Messwerte unterscheiden können. Es ist unbedingt notwendig, unterschiedliche Messwertkombinationen zu betrachten und ihre Auswirkungen auf das Estimationsergebnis zu verifizieren.

Im Rahmen einer entsprechenden Untersuchung sollten daher je Untersuchungsfall beispielsweise $N_{M,kombi}$ verschiedene Messwertkombinationen durch Variation des Zufallszahlengenerators erzeugt werden. Eine für die meisten Anwendungen ausreichende Anzahl von generierten Messwertkombinationen ist mit $N_{M,kombi} = 100$ gegeben. Aussagekräftige Kenndaten ergeben sich durch Mittelwertbildung der statistischen Kenndaten der einzelnen Estimatorläufe. Es gilt somit beispielsweise für die bezogene Standardabweichung der Differenz zwischen estimiertem und wahrem Wert über alle Flussmessungen:

$$\overline{\sigma}_{TW} = \frac{1}{N_{M,kombi}} \cdot \sum_{i=1}^{N_{M,kombi}} \sigma_{TW,i} \qquad (4.143)$$

Analog werden alle in Abschn. 4.5.2 vorgestellten statistischen Kennwerte einer Mittelwertbildung unterzogen. Für eine detaillierte Untersuchung des Estimationsergebnisses interessieren neben den statistischen Kenndaten auch die Werte von Knotenspannungen, Leistungsflüssen und Knotenbilanzen im Einzelnen, sowie der direkte Vergleich zwischen den wahren, gemessenen und estimierten Werten. Zu diesem Zweck können wegen der Datenfülle natürlich nicht alle $N_{M,kombi}$ Einzelrechnungen herangezogen werden. Hierzu ist die Definition eines repräsentativen Falls notwendig. Als Kriterium für dieses Repräsentativergebnis ist eine möglichst genaue Übereinstimmung seiner statistischen Kenndaten mit deren Mittelwerten aus den $N_{M,kombi}$ Untersuchungsfällen heranzuziehen. Dieses Repräsentativergebnis sollte dabei möglichst genau in seinen statistischen Kenndaten mit den aus den $N_{M,kombi}$ Untersuchungsfällen gebildeten Mittelwerten übereinstimmen [18].

4.6 Estimation in Mittel- und Niederspannungsnetzen

Die zuvor beschriebenen Verfahren zur Zustandsschätzung gelten für Netze, für die eine strukturell ausreichende Messkonfiguration unterstellt werden kann. Dies ist in der Regel für die Netze der Hoch- und Höchstspannungsebenen als prinzipiell gültig vorauszusetzen. Das Netzgleichungssystem ist dementsprechend überbestimmt. In den Netzen der unteren Spannungsebenen ist die Ausstattung mit Messungen für eine konventionelle Zustandsschätzung bisher aus historischen und wirtschaftlichen Gründen in aller Regel völlig unzureichend. Schon allein aufgrund der Dimensionsunterschiede bei Netz-

4.6 Estimation in Mittel- und Niederspannungsnetzen

spannung und Stromkreislänge (s. Abschn. 1.2) sind die zentralen Steuerungskonzepte der Hoch- und Höchstspannungsnetze nicht unmittelbar auf die unteren Spannungsebenen übertragbar. Insbesondere in der Niederspannungsebene sind kaum entsprechende Messungen im Netz vorhanden. Bislang spielte dieser Mangel für den Betrieb und die Planung keine wesentliche Rolle, da aufgrund der in dieser Netzebene gegebenen Verhältnisse (einfache Topologie, eindeutige Leistungsflussrichtung, kaum Einspeisungen etc.) der Netzzustand für die Betriebs- und Ausbauplanung hinreichend genau abgeschätzt werden konnte und sich daraus auch für den Netzbetrieb kaum Probleme aufwarfen.

Mit Fortschreiten der Energiewende hat sich die Situation in den unteren Spannungsebenen aber deutlich geändert. Aufgrund der regional sehr unterschiedlichen, großen Einspeiseleistungen regenerativer Energieträger (z. B. Photovoltaik, Windkraft) kann es zu bisher nicht gekannten, ungünstigen Betriebszuständen in diesen Netzen kommen. So treten bei der Kombination entsprechender Wetter- und Lastsituationen beispielsweise unzulässige Spannungsanhebungen oder Leitungsüberlastungen auf. Daher gewinnt die in bestimmten Fällen auch Online-durchzuführende Zustandsschätzung zunehmend auch für die niederen Spannungsebenen an Bedeutung [34, 35]. Aufgrund der unzureichenden Messsituation in diesen Spannungsebenen kann die klassische State Estimation in der Regel jedoch nicht ohne geeignete Modifikationen eingesetzt werden, da die Ausgangslage in der Regel unterbestimmt ist [26].

Um trotz der ungünstigen Ausgangssituation erfolgreich eine Zustandsschätzung durchzuführen, kann man grundsätzlich zwei Verfahrensansätze verfolgen. Im ersten Fall wird die Messsituation soweit technisch bzw. informationsmäßig ausgeweitet, dass ein konventionelles Estimationsverfahren eingesetzt werden kann. Der zweite Ansatz verknüpft einen minimal erforderlichen Ausbau des Messsystems mit einem auf die besonderen Verhältnisse des Niederspannungsnetzes angepassten Estimationsalgorithmus.

4.6.1 Ausweitung der Messinformationen

Bei diesem Ansatz wird versucht, die unzureichende Informationslage in Verteilnetzen soweit zu verbessern, bis ein klassisches Estimationsverfahren entsprechend Abschn. 4.2 mit hinreichender Genauigkeit eingesetzt werden kann. Hierzu lassen sich drei Vorgehensweisen unterscheiden [27].

- Das vorhandene Messsystem wird gerätemäßig entsprechend dem in Hoch- und Höchstspannungsnetzen vorhandenen Standard ausgebaut. Mit einer solchen technischen Ertüchtigung kann natürlich ein sehr hochwertiges und genaues Estimationsergebnis erreicht werden. Allerdings wird diese Lösung sehr teuer, da bislang kaum Messungen in den Verteilnetzen vorhanden sind. Ein alleiniger technischer Ausbau des Messsystems lässt sich aus wirtschaftlichen Gründen vermutlich nicht realisieren.

- Bei der zweiten denkbaren Vorgehensweise werden die fehlenden Informationen ausschließlich durch die Bestimmung einer ausreichend großen Anzahl von Ersatzmesswerten gewonnen. Diese Ersatzwerte können aus der Verwendung von Lastprofilen [22], von bekannten und eindeutigen Leistungsflussrichtungen, von Referenzmesswerten, sowie durch die Verwendung von abgeschätzten Leistungsfaktoren etc. durch eine Knotenlastanpassung abgeleitet werden. Bei einer Knotenlastanpassung wird beispielsweise aus dem vorhandenen Strommesswert, der bekannten Leistungsflussrichtung und dem abgeschätzten $\cos(\varphi)$-Wert ein Ersatzwert für eine Wirkleistungsmessung gebildet (s. auch Abschn. 4.2.4).

  Ein anderes Beispiel einer Knotenlastanpassung ist die Abschätzung der Einspeiseleistung von Photovoltaikanlagen, die über keine eigene Leistungsmessung verfügen. Hierbei werden unter der Annahme, dass in dem betroffenen Gebiet eine gleichmäßige Sonneneinstrahlung vorliegt, aus den vorhandenen echten Messwerten benachbarter Photovoltaikanlagen und der jeweiligen Bemessungsleistung Ersatzmesswerte für die tatsächlich nicht gemessenen Einspeisungen gebildet. Sind in dem zu untersuchenden Netz keine echten Messdaten an Photovoltaikanlagen vorhanden, lässt sich die Einspeiseleistung von Photovoltaikanlagen über eine Linearkombination von solarer Globalstrahlung und dem Wert der installierten Leistung der jeweiligen Anlage näherungsweise bestimmen [28]. Definitionsgemäß können diese Ersatzmesswerte nur mit einer unter Umständen sehr begrenzten Genauigkeit bestimmt werden. Den Ersatzmesswerten muss daher eine angemessen große Standardmessunsicherheit zugewiesen werden. Damit hängt natürlich auch das Ergebnis einer solchen Estimation unmittelbar von der häufig nur zufällig zutreffenden Übereinstimmung der getroffenen Annahmen mit der tatsächlichen Netzsituation ab. Der entscheidende Vorteil dieser Vorgehensweise liegt in den geringen Kosten, die bei der Beschaffung der Ersatzmesswerte entstehen.
- Eine realistische Lösung wird man sicher mit einer Kombination der beiden vorgenannten Vorgehensweisen finden müssen. Allerdings besteht hierbei das Problem, in welchem zahlenmäßigen Verhältnis man echte Messungen zu Ersatzmesswerten realisiert und an welcher Stelle die echten Messungen im Netz angeordnet werden.

4.6.2 Modifizierte Estimationsverfahren

In der Folge der durch die Energiewende bedingten extremen Nutzungsänderung der Nieder- und Mittelspannungsnetze mit sehr vielen Einspeisungen (z. B. Photovoltaikanlagen) muss der aktuelle Betriebszustand auch unterbestimmter Verteilnetze trotz einer unzureichenden Informationslage im Rahmen bestimmter vorgebbarer Genauigkeitsschranken identifiziert (i.e. estimiert) werden, um einen sicheren Netzbetrieb gewährleisten zu können. Hierzu werden in der Literatur mehrere Verfahren vorgestellt, die die spezifischen Eigenschaften in den Spannungsebenen der Verteilnetze ausnutzen und damit zumindest qualitativ eine hinreichend genaue Abschätzung liefern, ob der aktuelle

4.6 Estimation in Mittel- und Niederspannungsnetzen

Betriebszustand akzeptiert werden kann oder ob ggf. geeignete Korrekturmaßnahmen eingeleitet werden müssen. In Niederspannungsnetzen muss u. U. eine separate State Estimation in den drei Phasen durchgeführt werden, falls eine große unsymmetrische Belastung (z. B. durch einphasig angeschlossene PV-Anlagen) vorliegt.

In [29] wird ein Verfahren beschrieben, bei dem eine dezentral organisierte und lokal arbeitende Leittechnik jeweils abgegrenzte Netzbereiche überwacht und bei entsprechenden Befunden (z. B. zu hohe Spannung) autark durch geeignete Steuerungseingriffe (z. B. Abregelung von Photovoltaikeinspeisungen) wieder einen sicheren Betriebszustand herstellt [30]. Mit dem Verfahren lässt sich darüber hinaus ein minimaler, unabdingbar notwendiger Netzausbau bzw. ein minimaler Ausbau des Messsystems bestimmen. Zusätzliche Messinformationen lassen sich beispielsweise aus den Wechselrichtern der PV-Anlagen oder aus den Ladestationen von Elektrofahrzeugen gewinnen (Abb. 4.20).

Die Übertragung der Informationen kann über neue Kommunikationseinrichtungen (---) wie Power-Line-Verbindungen [31] oder über das Internet erfolgen. Die Anzahl zusätzlich zu installierender Sensoren in den unteren Spannungsebenen wird aus Kostengründen allerdings immer sehr begrenzt bleiben müssen. Andere Ansätze gehen von einer Gesamtbetrachtung des Netzes aus, bei der auf der Basis der Belastungsgrenzen aller Betriebsmittel des Netzes ein Satz minimaler und maximaler Ströme bestimmt wird („Boundery Load Flow"). Mit diesen Informationen kann anschließend abgeschätzt werden, ob ein Betriebsmittel innerhalb seiner Auslegungsgrenzen betrieben wird oder ob es überlastet ist [32]. Die Nutzung von Daten aus Smart Metern kann das Ergebnis der State Estimation gerade in Niederspannungsnetzen deutlich verbessern. Die optimale Platzierung der Smart Meter im Netz ist hierbei ein entscheidender Faktor [33].

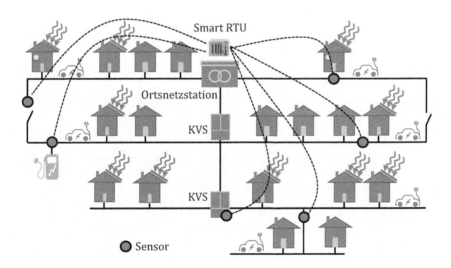

Abb. 4.20 Zusätzliche Sensoren im Niederspannungsnetz

Literatur

1. A. Monticelli, State Estimation in Electric Power Systems, New York: Springer, 1999.
2. R. Marenbach, D. Nelles und C. Tuttas, Elektrische Energietechnik, Wiesbaden: Springer, 2013.
3. G. Hosemann, Elektrische Energietechnik, Band 3: Netze, Berlin: Springer, 2001.
4. E. Handschin, Elektrische Energieübertragungssysteme, Heidelberg: Hüthig, 1987.
5. D. Rumpel und J. Sun, Netzleittechnik, Berlin: Springer, 1989.
6. DIN, DIN 1319–1: Grundlagen der Messtechnik – Grundbegriffe, Berlin: Beuth-Verlag, 1995.
7. M. Rudolph und U. Wagner, Energieanwendungstechnik, Berlin: Springer, 2008.
8. L. Sachs, Angewandte Statistik, Berlin: Springer, 1999.
9. M. L. Crow, Computational Methods for Electric Power Systems, Boca Raton, CRC Press, 2015.
10. A. G. Phadke und J. S. Thorp, Synchronized Phasor Measurements and their Applications: 2. Aufl., Springer, 2017.
11. M. Powalko, K. Rudion und Z. Styczynski, „Erweiterung des State-Estimation-Algorithmus' durch den Einsatz von PMU-Messungen", ETG-Kongress, Düsseldorf, 2009.
12. M. Kezunovic, S. Meliopoulos et al., Application of Time-Synchronized Measurements in Power System Transmission Networks, New York: Springer, 2014.
13. F. Schweppe und J. Wildes, „Power System Static-State Estimation Part I – III", *IEEE Transactions on Power Apparatus ans Systems,* Vol. 89, No. 1, pp. 120–135, 1970.
14. H. Benker, Mathematische Optimierung mit Computeralgebrasystemen, Berlin: Springer, 2003.
15. P. Kosmol, Optimierung und Approximation, Berlin: De Gruyter, 2010.
16. A.J. Conejo und L. Baringo, Power System Operations, Cham, Switzerland: Springer, 2018.
17. R. Zurmühl und S. Falk, Matrizen und ihre Anwendungen, Grundlagen, Berlin: Springer, 1984.
18. F. Aschmoneit, Ein Beitrag zur optimalen Schätzung des Lastflusses in Hochspannungsnetzen, Dissertation RWTH Aachen, 1974.
19. G. Beißler, „Behandlung passiver Knoten bei der Zustandserkennung", *etzArchiv,* Bd. 3, Nr. 6, S. 179–184, 1981.
20. G. Beißler, Schnelle Zustandsestimation, Dissertation TH Darmstadt, 1982.
21. A. Abur und A. Esposito, Power System State Estimation, CRC Press, Boca Raton, FL, USA, 2004.
22. BDEW, „Standardlastprofile", [Online]. Available: https://www.bdew.de/energie/standardlastprofile-strom/. [Zugriff am 13. Juli 2022].
23. H.-J. Haubrich, „Optimierung und Betrieb von Energieversorgungssystemen", Skript RWTH Aachen, 2007.
24. A. Mansour, Bad-data pre-cleaning and static state estimation in electric power networks, Dissertation Bergische Universität Wuppertal, 1990.
25. G. Pomberger und H. Dobler, Algorithmen und Datenstrukturen, München: Pearson, 2008.
26. R. Brandalik, D. Henschel und W. Wellssow, „A computationally efficient State Estimation algorithm for the Supervision of Low Voltage Grids", PSCC, Dublin, 2018.
27. D. Echternacht, Optimierte Positionierung von Messtechnik zur Zustandsschätzung in Verteilnetzen, Dissertation RWTH Aachen, 2015.
28. M. Cramer, S. Häger, P. Goergens und A. Schnettler, „Untersuchung von Verfahren zur Pseudo-Messwert-Generierung bei der Zustandsschätzung von Niederspannungsverteilnetzen", 14. Symposium Energieinnovation, Graz, Österreich, 2016.

29. N. Neusel-Lange, Dezentrale Zustandsüberwachung für intelligente Niederspannungsnetze, Dissertation Bergische Universität Wuppertal, 2013.
30. C. Oerter, Autarke, koordinierte Spannungs- und Leistungsregelung in Niederspannungsnetzen, Dissertation Bergische Universität Wuppertal, 2014.
31. I. Schönberg, „Kommunikationstechnik für intelligente Stromnetze mittels Breitband-Powerline", *Netzpraxis*, Jg. 48, S. 12–14, 2009.
32. M. Wolter, Grid State Identification of Distribution Grids, Dissertation Universität Hannover, 2008.
33. A. Abdel-Majeed, S. Tenbohlen, M. Braun und D. Schöllhorn, „Platzierung von Messstationen zur Zustandsschätzung in Niederspannungsnetzen", ETG-Kongress, Berlin, 2013.
34. M. Powalko, Beobachtbarkeit eines elektrischen Verteilungsnetzes. Ein Beitrag zum Smart Grid, Dissertation Otto-von-Guericke-Universität Magdeburg, 2011.
35. R. Brandalik, Ein Beitrag zur Zustandsschätzung in Niederspannungsnetzen mit niedrigredundanter Messwertaufnahme, Dissertation Technische Universität Kaiserslautern, 2020.

5   Berechnung von Fehlern in elektrischen Anlagen

5.1   Fehlerfälle

Die elektrische Energieversorgung ist gekennzeichnet durch eine hohe Zuverlässigkeit bei der Versorgung aller Kunden. Versorgungsunterbrechungen treten nur selten auf. Diese Tatsache bedeutet jedoch nicht, dass im Netz genauso selten Störungen auftreten. Schon bei der Planung eines elektrischen Energieversorgungssystems müssen alle möglichen Fehler und ihre Ursachen berücksichtigt werden. Durch eine entsprechende Anlagenauslegung und Konzeption der Schutzeinrichtungen müssen die Auswirkungen der Fehler auf das Funktionieren der Betriebsmittel und des Systems möglichst klein gehalten werden. Der Netzbetrieb muss so gestaltet sein, dass für den jeweils aktuellen Arbeitspunkt alle Betriebsbedingungen des Netzes auch bei Eintritt eines Fehlers eingehalten werden. Die Überprüfung dieser Grenzen ist damit Teilaufgabe der Netzsicherheitsüberwachung. Tab. 5.1 zeigt die Häufigkeit von Störungen im deutschen Mittel-, Hoch- und Höchstspannungsnetz innerhalb eines Jahres [1, 2].

Die an den einzelnen Knoten potenziell auftretenden Kurzschlussgrößen ändern sich mit jeder Schalthandlung und mit jeder Veränderung der Einspeisesituation der Generatoren. Es muss also für jeden neuen Arbeitspunkt des Netzes eine Überprüfung des Netzverhaltens im Fehlerfall (z. B. mit einer Kurzschlusssimulationsrechnung) durchgeführt werden.

Sollen Maßnahmen zur Reduzierung der Kurzschlussleistung im Netzbetrieb durchgeführt werden, weil beispielsweise im aktuellen Netzzustand die möglichen Kurzschlussströme zu groß sind, müssen diese vor der Umsetzung auf ihre Wirksamkeit überprüft werden. Auch für diese Schaltungsvarianten (Mehrfach-Sammelschienenbetrieb, Schnellentkupplungen o. ä.) sind dann entsprechende Kurzschlusssimulationsrechnungen erforderlich. Bei der Netzplanung sind weitere Maßnahmen zur Beeinflussung der Kurzschlussleistung möglich. Auch diese müssen durch entsprechende Simulationsrechnungen

Tab. 5.1 Häufigkeit von Störungen im deutschen Hochspannungsnetz

		Spannungsebene		
		MS	HS	HöS
Stromkreislänge	km	493.000	75.200	36.000
Zahl der Störungen	1/a	18.083	3.733	666
Störungen je 100 km Stromkreislänge	1/100 km	3,67	4,96	1,85
Ein- und mehrpolige (Erdschlüsse) Kurzschlüsse	%	85,5	86,9	61,8
Ohne Unterbrechung der Energielieferung	%	46	94	99

auf die Einhaltung der zulässigen Kurzschlussströme überprüft werden. Neben den maximalen Kurzschlussströmen müssen durch Simulationsrechnungen die in einem Fehlerfall minimal auftretenden Kurzschlussströme bestimmt werden. Diese sind die Grundlage zur Überprüfung der Einhaltung der Parameter der Spannungsqualität sowie zur Überprüfung der Schutzanregung (Abschaltung von Betriebsmitteln) und Abschätzung der transienten Stabilität (s. Kap. 6) von Erzeugungseinheiten [3].

Die technisch erforderlichen Schaltungen und Konstruktionen werden häufig nicht durch den Normalbetrieb, sondern durch das Verhalten im Fehlerfall bestimmt. Ebenso wie die Leistungsflussberechnung zählt daher die Berechnung der Kurzschlussströme zu den fundamentalen Verfahren für den Netzbetrieb und die Netzplanung.

Die Ursachen von symmetrischen oder unsymmetrischen Fehlern in elektrischen Energieversorgungsnetzen sind entweder Isolationsdurchbrüche im Dielektrikum (Kurzschlüsse) oder Leiterunterbrechungen. Die möglichen Ursachen für Kurzschlüsse bzw. Leitungsunterbrechungen in einem Energieversorgungssystem sind sehr vielfältig. Hierzu gehören:

- Elektrische Überbeanspruchung (z. B. Blitzeinschlag oder Schaltüberspannung)
- Mechanische Überbeanspruchung (z. B. führt Schnee- oder Eislast oder Sturm zu Mastumbrüchen oder Seilrissen; Abb. 5.1)
- Minderung der Isolationsfestigkeit durch atmosphärische Einwirkungen (z. B. Eisregen, Schnee, Salznebel, Sturm)
- Minderung der Isolationsfestigkeit der Betriebsmittel (z. B. Alterung, Befeuchtung)
- Fremde Einwirkungen (z. B. Tiere, Bagger)

Für die möglichen Fehlerfälle in elektrischen Energieversorgungsnetzen gelten die Definitionen nach Abb. 5.2.

- **Kurzschluss**

  Widerstandslose (i.e. satter Kurzschluss) oder niederohmige (z. B. Lichtbogenkurzschluss) Verbindung zwischen zwei oder mehreren Anlagenteilen, zwischen denen

5.1 Fehlerfälle

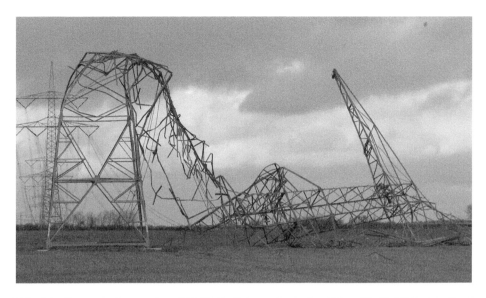

Abb. 5.1 Sturmschäden an einer 220-kV-Freileitung durch den Orkan Kyrill 2007. (Quelle: J. Schmiesing)

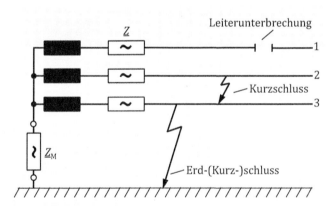

Abb. 5.2 Definitionen der Fehlerfälle

im Normalbetrieb Spannung anliegt. Abb. 5.3 zeigt den zu Testzwecken initiierten 3-poligen Kurzschluss mit Lichtbogen auf einer 20-kV-Freileitung.

- **Erdkurzschluss**
  Verbindung zwischen einem spannungsführenden Anlagenteil und einem geerdeten Punkt (Erde E), falls für den Sternpunkt gilt: $\underline{Z}_M \to 0$ (starre oder niederohmige Sternpunkterdung).

Abb. 5.3 Dreipoliger Lichtbogenkurzschluss an einer 20-kV-Freileitung. (Quelle: R. Speh)

- **Erdschluss**
  Widerstandslose oder niederohmige Verbindung zwischen spannungsführendem Anlagenteil und geerdetem Punkt, falls der Sternpunkt isoliert bzw. das Netz gelöscht betrieben wird.
- **Leiterunterbrechung**
  Auftrennen des Leitungsweges durch Seilriss bei Freileitungen, Leiterbrüche in Kabeln und Transformatoren (einpolig oder mehrpolig), Fehlfunktion von Leistungsschalterpolen.

Diese Fehler verursachen unterschiedliche Wirkungen auf Menschen und Anlagen, die genau analysiert und vorausberechnet werden müssen, um Gefährdungen für Personen zu vermeiden und wirtschaftliche Schäden zu begrenzen. Für den Planungs- und Betriebsingenieur leiten sich daraus wichtige Planungs- bzw. Betriebsgrundsätze ab. So müssen die Anlagen eines elektrischen Energieversorgungssystems auch für die im Fehlerfall auftretenden elektrischen, mechanischen und thermischen Beanspruchungen

5.1 Fehlerfälle

ausgelegt sein. Die Schaltgeräte müssen über ein ausreichendes Ausschalt- und Wiedereinschaltvermögen verfügen. Eine sichere Abschaltung ist bspw. nur gewährleistet, falls der Kurzschlussstrom im Abschaltungsaugenblick das Ausschaltvermögen der Leistungsschalter nicht übersteigt. Die Schutzeinrichtungen müssen eine selektive, schnelle und zuverlässige Auslösung und Fehlerbeseitigung gewährleisten. Es muss sichergestellt sein, dass die zulässigen Schritt- und Berührungsspannungen nicht überschritten werden [4, 5].

Daraus leiten sich für die Fehlerbehandlung die folgenden Forderungen ab. Ein vom Kurzschluss betroffener Bereich muss durch Leistungsschalter möglichst schnell und selektiv freigeschaltet werden. Dabei bedeutet Selektivität, dass nur der fehlerbetroffene Teil der Anlagen ausgeschaltet werden soll. Weitere Betriebsmittel dürfen nicht abgeschaltet werden, damit ein möglichst hoher Versorgungsgrad auch beim Auftreten von Fehlern aufrechterhalten werden kann. Dies stellt hohe Anforderungen an den Netzschutz bei der Erkennung des Fehlerzustandes und dem Einmessen (i.e. Ortung) des Fehlers. Ein Kurzschluss muss möglichst schnell abgeschaltet werden, um seine Einwirkung auf das Netz und damit die Schädigung von Betriebsmitteln so gering wie möglich zu halten. Typische Ausschaltzeiten sind 100 bis 150 ms. In dieser Zeit enthalten sind u. a. die mechanischen Laufzeiten der Leistungsschalter. Es dürfen durch die Fehler und deren Abschaltung keine Folgeschäden an Anlagenteilen oder Betriebsmitteln auftreten, die nicht fehlerbehaftet sind. Es dürfen keine Personengefährdungen auftreten.

In Abb. 5.4 sind die häufigsten Kurzschluss- und Erdschlussarten in Drehstromnetzen zusammengestellt. Dies sind der dreipolige Kurzschluss ohne (mit) Erdberührung (a), der zweipolige Kurzschluss ohne Erdberührung (b), der zweipolige Kurzschluss mit Erdberührung (c), der einpolige Erdkurzschluss (d), der Erdschluss (e) und der Doppelerdschluss (f).

Die verschiedenen Fehlerarten treten nicht mit der gleichen Häufigkeit auf. In Hochspannungsnetzen gelten die folgenden prozentualen Anteile der verschiedenen Arten an der Gesamtzahl der Kurz-, Erdkurz-, Erdschlüsse:

- einpoliger Erdkurzschluss/Erdschluss: 85 bis 90 %
- zweipoliger Kurzschluss mit/ohne Erdberührung und Doppelerdschluss: 8 bis 10 %
- dreipoliger Kurzschluss: ca. 4 %.

Der einpolige Kurzschluss oder Erdschluss ist mit großem Abstand die am häufigsten auftretende Fehlerart. Jedoch hat trotz des relativ geringen Anteils der dreipolige Kurzschluss für die Anlagenbemessung größere Bedeutung, da er in der Regel den größten Kurzschlussstrom verursacht und damit für das Netz die größte Belastung darstellt.

Mit einer Kurzschlusssimulationsrechnung werden die bei einem Fehler auftretenden Kurzschlussgrößen ermittelt. Zur Auslegung und für die Überwachung der Betriebsmittel sind die Fehler bestimmend, die den größten Fehlerstrom hervorrufen. Auf der Basis dieser Daten werden die möglichen Beanspruchungen der Betriebsmittel überprüft, der

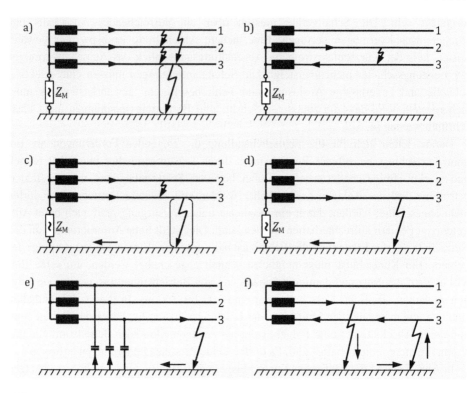

Abb. 5.4 Kurzschluss- und Erdschlussarten in Drehstromnetzen

Netzschutz ausgewählt und parametriert, sowie die Einhaltung der maximal zulässigen Gefährdungsspannungen an Sekundäreinrichtungen (Fernmeldeanlagen, metallische Rohrleitungen, Zäune etc.) überwacht. Hierzu werden meist die Maximalwerte der Kurzschlussgrößen benötigt. Das Diagramm in Abb. 5.5 zeigt, welche Kurzschlussart in Abhängigkeit der Impedanzverhältnisse den größten Anfangskurzschlusswechselstrom liefert. In dem Beispiel in dem Diagramm tritt für die Impedanzverhältnisse $Z^{[g]}/Z^{[m]} = 0{,}5$ und $Z^{[g]}/Z^{[0]} = 0{,}65$ der größte Kurzschlussstrom bei einem einpoligen Erdkurzschluss (k1) auf [6].

In üblichen Netzen ist die Kurzschlussimpedanz im Mitsystem und im Gegensystem (s. Abschn. 5.4) gleich groß. Für die Bestimmung des größten Anfangskurzschlusswechselstroms ist daher nur der rechte Rand des Diagramms in Abb. 5.5 von Interesse. Die Kurzschlussstromberechnung im Rahmen der Netzsicherheitsüberwachung beschränkt sich daher häufig auf die dreipoligen, symmetrischen Kurzschlüsse (k3).

Für die Auslegung des Netzschutzes müssen auch für die verschiedenen Fehlerfälle auftretenden minimal zu erwartenden Kurzschlussströme berechnet werden. Diese Fehlerströme liegen häufig sehr nahe an den Betriebsströmen. Hieraus leitet sich nun die

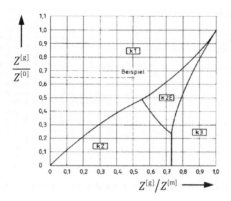

Abb. 5.5 Bestimmung des größten Anfangskurzschlusswechselstroms [6]

schwierige Aufgabe ab, die minimal möglichen Kurzschlussströme von den maximal möglichen Betriebsströmen abzugrenzen und nur die Kurzschlussströme auszuschalten. In für das Schutzsystem besonders schwierigen Fällen kann es sogar sein, dass der minimale Kurzschlussstrom kleiner ist als der maximale Betriebsstrom. Solche Fälle treten jedoch nur sehr selten auf.

Ein Kurzschluss ist ein dynamischer Vorgang. Der dabei auftretende Kurzschlussstrom kann in verschiedene Zeitbereiche unterteilt werden. Der Effektivwert des subtransienten Anfangskurzschlusswechselstroms wird mit I_k'' bezeichnet. Der subtransiente Anteil des Kurzschlussstroms klingt innerhalb von drei bis sechs Sekunden ab und geht in den transienten Kurzschlusswechselstrom I_k' über. Nach einigen Sekunden erreicht der Kurzschlussstrom dann einen stationären Zustand und wird als Dauerkurzschlussstrom I_k bezeichnet. Die bestimmende Größe für die mechanische Auslegung der Betriebsmittel ist der maximal auftretende Scheitelwert des Kurzschlussstroms i_p, der über einen vom Verhältnis R/X des Netzes abhängenden Faktor aus dem subtransienten Kurzschlussstrom I_k'' berechnet wird. Entsprechend der Behandlung symmetrischer Betriebsfälle können auch symmetrische Fehler auf der Basis einer einphasigen Netzmodellierung betrachtet werden. Unsymmetrische Fehler (z. B. einpoliger Erdschluss) können mithilfe der symmetrischen Komponenten bestimmt werden (s. hierzu Abschn. 5.4).

Das Verfahren zur Berechnung von Kurzschlussströmen beruht auf dem Satz von Thevenin. Dieser Satz besagt, dass die sich bei Einfügen einer Impedanz zwischen zwei Knoten des Netzes ergebenden Spannungs- und Stromänderungen mit den Änderungen identisch sind, die sich bei Einfügen einer in Reihe geschalteten Ersatzspannungsquelle ergeben, wenn diese die Spannung aufweist, wie sie vor Einfügen der Impedanz vorhanden war [7]. Qualitativ ergibt sich der Anfangskurzschlussstrom also aus der Überlagerung des Betriebsstroms vor Eintreten des Fehlers und dem nach dem Satz von Thevenin errechneten Kurzschlussstrom.

5.2 Kurzschlussberechnung

Bei einem Kurzschluss handelt es sich um einen transienten, nichtsinusförmigen und im Allgemeinen nicht geplanten, sondern spontan stattfindenden Vorgang in einem elektrischen Energieversorgungssystem, dessen zeitlicher Verlauf durch die elektromagnetischen Ausgleichsvorgänge in den Generatoren und Netzelementen des Energiesystems bestimmt sind. Mathematisch exakt wird die Zeitfunktion $i_k(t)$ des Kurzschlussstroms durch die Aufstellung und die Lösung eines entsprechenden Differenzialgleichungssystems bestimmt [8–10]. Abb. 5.6 zeigt eine Übersicht der prinzipiellen Verfahren zur Kurzschlussberechnung.

In der Netzplanung müssen meist eine Vielzahl von u. U. sehr unterschiedlichen Netzsituationen und deren Varianten untersucht werden. Dabei können etliche Parameter der Netzelemente, sowie die Verteilung der einspeisenden Generatoren entsprechend vorgegebener Szenarien nur abgeschätzt werden. Für die Kurzschlussrechnung im Rahmen der Netzplanung kommen daher in der Regel vereinfachte Berechnungsverfahren zum Einsatz, für die ein vereinfachtes und reduziertes Datenmodell (z. B. ohne Kenntnis der Netzbelastung) ausreichend ist bzw. auch häufig nur vorliegt. Mit diesen Verfahren, z. B. die in der Vorschrift DIN VDE 0102 [6] definierte Methode der Ersatzspannungsquelle an der Fehlerstelle, können nur Näherungslösungen des Kurzschlussstroms $i_k(t)$ bestimmt werden.

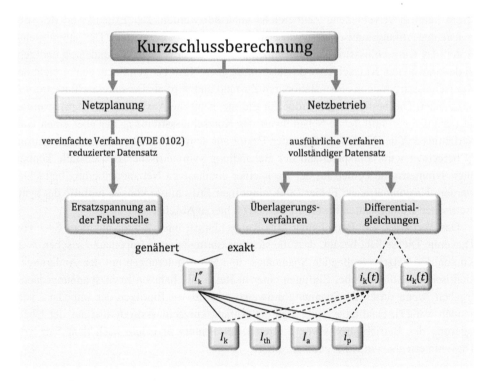

Abb. 5.6 Übersicht zur Kurzschlussberechnung

Dies ist jedoch ausreichend, falls durch das Rechenverfahren bzw. das verwendete Datenmodell sichergestellt wird, dass das Ergebnis auf der „sicheren" Seite bestimmt wurde. Dies bedeutet im Fall der Kurzschlussrechnung, dass die Fehlerströme mit diesem Berechnungsverfahren auf alle Fälle nicht kleiner als die tatsächlichen Fehlerströme bestimmt werden und es damit zu keiner gefährlichen Fehlinterpretation des Ergebnisses kommen kann, durch die z. B. Leistungsschalter mit einer zu geringen Ausschaltleistung eingebaut würden.

Im Netzbetrieb wird dagegen in der Regel nur der aktuelle Systemzustand und einige wenige, vom Basisfall gering abweichende Varianten einer Berechnung unterzogen. Für die Online-Kurzschlussberechnung liegt im Leitsystem der vollständige Datensatz des Systemzustandes vor. Hier können daher ausführliche Berechnungsverfahren, wie z. B. das Überlagerungsverfahren zur Bestimmung der exakten Lösung eingesetzt werden oder es kann durch Lösung der Differenzialgleichungen (in Abb. 5.6 durch „—" gekennzeichnet) der Kurzschlussstrom als Funktion der Zeit bestimmt werden.

In beiden Anwendungsbereichen (Netzplanung, Netzbetrieb) wird als zentrale Kenngröße der Anfangskurzschlusswechselstrom I_k'' bestimmt. Von diesem können dann die weiteren charakteristischen Kenngrößen, wie beispielsweise Stoßkurzschlussstrom, Ausschaltwechselstrom, Dauerkurzschlussstrom und thermisch wirksamer Kurzschlussstrom des untersuchten Kurzschlussfalles abgeleitet werden. Bei einer Bestimmung des zeitlichen Verlaufes des Stroms und der Spannung mit Differenzialgleichungssystemen können alle Kenngrößen aus dem Ergebnis unmittelbar bestimmt werden. Diese Berechnungsmethode ist jedoch sehr zeitaufwendig und wird üblicherweise nur zur Berechnung besonderer Netzsituationen angewendet.

5.3 Symmetrische Fehler

Auch wenn es sich um eine Fehlersituation handelt, stellt der dreipolige Kurzschluss einen symmetrischen Betriebsfall dar. Alle drei Phasen des Drehstromsystems sind gleich belastet. Das dreiphasige System kann daher durch ein einphasiges Ersatzschaltbild nachgebildet werden. Nach der für die Berechnung von Kurzschlussströmen maßgeblichen Vorschrift DIN VDE 0102 [6] wird zwischen generatorfernen und generatornahen Kurzschlussfällen unterschieden. Nach DIN VDE 0102 handelt es sich um einen generatorfernen Kurzschluss, falls bei keiner Synchronmaschine der anteilige Kurzschlussstrom der Maschine den zweifachen Nennstrom überschreitet.

5.3.1 Dreipoliger Kurzschluss

5.3.1.1 Generatorferner Kurzschluss

Bei einem generatorfernen Kurzschluss werden die Polradspannungen der Generatoren wenig beeinflusst, sodass in guter Näherung eine starre Netzspannung angenommen werden kann. Damit ergibt sich für ein einfaches Beispiel das prinzipielle Ersatzschaltbild nach Abb. 5.7 zur Berechnung des zeitlichen Verlaufs eines dreipoligen, generatorfernen

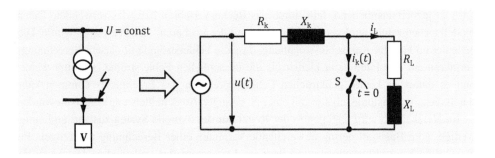

Abb. 5.7 Vereinfachtes Ersatzschaltbild zur Berechnung des Kurzschlussstroms

Kurzschlusses. Zur Vereinfachung der Ableitung sind bei den Elementen des Ersatzschaltbildes die Querglieder vernachlässigt.

Für die Spannung und den Laststrom gelten die folgenden Zeitfunktionen

$$
\begin{aligned}
u(t) &= \sqrt{2} \cdot U \cdot \sin(\omega \cdot t + \varphi_u) \\
i_L(t) &= \sqrt{2} \cdot I_L \cdot \sin(\omega \cdot t + \varphi_u - \varphi_L) \\
\varphi_L &= \arctan\left(\frac{X_L}{R_L}\right)
\end{aligned}
\quad (5.1)
$$

Wie sich aus dem Ersatzschaltbild ergibt, erfolgt der Kurzschlusseintritt zum Zeitpunkt $t=0$. Modelliert wird dies im Ersatzschaltbild durch das Schließen des Schalters S. Für den dann gültigen Maschenumlauf der Spannungen ergibt sich eine inhomogene Differenzialgleichung:

$$u(t) = R_k \cdot i_k(t) + L_k \cdot \frac{di_k(t)}{dt} \quad (5.2)$$

Die Lösung dieser Differenzialgleichung zur Ermittlung des Verlaufs des dreipoligen, generatorfernen Kurzschlussstroms erfolgt in zwei Abschnitten. Zuerst erfolgt die allgemeine Lösung der homogenen Differenzialgleichung mit Lösungsanteil i_{k1}.

$$0 = R_k \cdot i_{k1}(t) + L_k \cdot \frac{di_{k1}(t)}{dt} \quad (5.3)$$

Daraus folgt:

$$i_{k1}(t) = i_{kg}(t) = C \cdot e^{-(R_k/L_k) \cdot t} \quad (5.4)$$

Gl. (5.4) kann so interpretiert werden, dass der Gleichstromanteil $i_{k1}(t) = i_{kg}(t)$ mit der Zeitkonstanten

$$T_g = \frac{L_k}{R_k} \quad (5.5)$$

5.3 Symmetrische Fehler

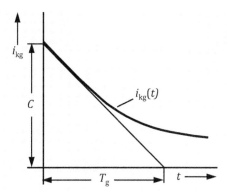

Abb. 5.8 Abklingendes Gleichstromglied

abklingt. Der Faktor C beschreibt die Integrationskonstante in der Gl. (5.4). Abb. 5.8 zeigt den Verlauf des abklingenden Gleichstromanteils im Verlauf des generatorfernen Kurzschlussstroms und Tab. 5.2 gibt typische Werte für die Zeitkonstante T_g der abklingenden Exponentialfunktion an.

In den meisten Fällen klingt das Gleichstromglied relativ schnell innerhalb weniger Millisekunden ab und es verbleibt lediglich der Wechselstromanteil des Kurzschlussstroms.

In einem zweiten Schritt wird die partikuläre Lösung der inhomogenen Differenzialgleichung mit dem Wechselstromanteil $i_{k2}(t)$ bestimmt. Hierfür wird das Verhalten des Stroms für $t \to \infty$, d. h. für den eingeschwungenen Zustand betrachtet.

$$i_{k2}(t) = i_{kw}(t) = \frac{\widehat{u}}{\sqrt{R_k^2 + X_k^2}} \cdot \sin(\omega \cdot t + \varphi_u - \varphi_k) \tag{5.6}$$

$$i_{kw}(t) = \sqrt{2} \cdot I_{kw} \cdot \sin(\omega \cdot t + \varphi_u - \varphi_k) \tag{5.7}$$

Dabei ist φ_k der Winkel zwischen Spannung und Kurzschlussstrom.

Tab. 5.2 Typische Werte der Zeitkonstanten

Betriebsmittel		T_g [ms]
Transformator	<1 MVA	3–6
Transformator	>1 MVA	30–100
Freileitung	10–60 kV	2–5
Freileitung	110–380 kV	10–30
Kabel	1–20 kV	≈1
Kabel	30–220 kV	3–6

Die Gesamtlösung der inhomogenen Differenzialgleichung ergibt sich damit wie folgt:

$$i_k(t) = i_{kg}(t) + i_{kw}(t)$$
$$i_k(t) = C \cdot e^{-(R_k/L_k) \cdot t} + \sqrt{2} \cdot I_{kw} \cdot \sin(\omega \cdot t + \varphi_u - \varphi_k) \quad (5.8)$$

Es bleibt die Bestimmung der Integrationskonstanten C:

$$i_k(=0) = C + \sqrt{2} \cdot I_{kw} \cdot \sin(\varphi_u - \varphi_k) \stackrel{!}{=} i_L(t=0) = \sqrt{2} \cdot I_L \cdot \sin(\varphi_u - \varphi_L) \quad (5.9)$$

Diese Beziehung gilt, da eine sprunghafte Änderung der in L_k gespeicherten Energie nicht möglich ist.

$$C = \sqrt{2} \cdot (I_L \cdot \sin(\varphi_u - \varphi_L) - I_{kw} \cdot \sin(\varphi_u - \varphi_k)) \quad (5.10)$$

Aus Gl. (5.10) kann man erkennen, dass die Größe des Gleichstromgliedes abhängig vom „Schalt"augenblick φ_u, d. h. vom zeitlichen Eintritt des Kurzschlusses ist. Die Integrationskonstante C wird am größten bei einem Kurzschluss zum Zeitpunkt des maximalen Betriebsstroms $i_L(t)$. Mit

$$\tan(\varphi_k) = \omega \cdot \frac{L_k}{R_k} \rightarrow \frac{R_k}{L_k} \cdot t = \frac{\omega \cdot t}{\tan(\varphi_k)}$$

und unter Vernachlässigung des meist sehr schnell abklingenden Gleichstromglieds des Lastkreises folgt für den Kurzschlussstrom:

$$i_k(t) = \sqrt{2} \cdot I_{kw} \cdot \left(\sin(\omega \cdot t + \varphi_u - \varphi_k) + \left(\frac{I_L}{I_{kw}} \cdot \sin(\varphi_u - \varphi_L) - \sin(\varphi_u - \varphi_k) \right) \cdot e^{-\frac{\omega \cdot t}{\tan \varphi_k}} \right)$$
(5.11)

Wegen $I_L/I_{kw} \ll 1$ ergibt sich aus Gl. (5.11) eine vereinfachte Beziehung für den Kurzschlussstrom:

$$i_k(t) = \sqrt{2} \cdot I_{kw} \cdot \left(\sin(\omega \cdot t + \varphi_u - \varphi_k) - \sin(\varphi_u - \varphi_k) \cdot e^{-\frac{\omega \cdot t}{\tan \varphi_k}} \right) \quad (5.12)$$

Abb. 5.9 zeigt den prinzipiellen Verlauf des generatorfernen Kurzschlussstroms $i_k(t)$. Der Kurzschluss ist ein dynamischer Vorgang, und der Kurzschlussstrom unterliegt einer ausgeprägten zeitlichen Änderung.

Der sich ergebende zeitliche Verlauf des generatorfernen Kurzschlussstroms beinhaltet zwei Komponenten. Eine Komponente ist der sinusförmige Dauerkurzschlussstrom, der solange fließt, bis der Kurzschluss vom Schutzsystem ausgeschaltet wird. Die andere Komponente ist der relativ schnell abklingende Gleichstromanteil. Insbesondere die Größe des Gleichstromglieds ist abhängig vom Zeitpunkt des Kurzschlusseintritts φ_u.

Der Verlauf des Kurzschlussstroms beinhaltet

5.3 Symmetrische Fehler

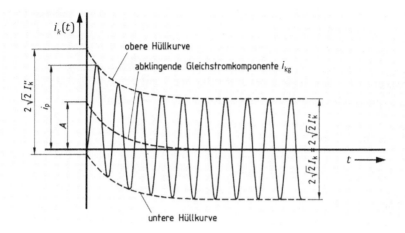

Abb. 5.9 Verlauf des generatorfernen Kurzschlussstroms [6]

- I_k'' Anfangskurzschlusswechselstrom
- i_p Stoßkurzschlussstrom
- i_{kg} abklingende Gleichstromkomponente des Kurzschlussstroms
- A Anfangswert der Gleichstromkomponente
- I_a Ausschaltwechselstrom
- I_k Dauerkurzschlussstrom

Der Anfangskurzschlusswechselstrom I_k'' ist der Effektivwert der Wechselstromkomponente eines zu erwartenden Kurzschlussstroms im Augenblick des Kurzschlusseintritts. Die daraus abgeleitete Anfangskurzschlusswechselstromleistung S_k'' ist eine fiktive Rechengröße. Sie berechnet sich aus dem Anfangskurzschlusswechselstrom bei dreipoligem Kurzschluss und der Netznennspannung. Die Anfangskurzschlusswechselstromleistung ist eine erweiterte Beschreibung des Anfangskurzschlusswechselstroms. Sie tritt als Leistung im Netz nicht tatsächlich auf, da im Kurzschlussfall keine Nennspannung ansteht. Sie hat den Vorzug, unabhängig von der betrachteten Spannungsebene zu sein.

$$S_k'' = \sqrt{3} \cdot U_n \cdot I_k'' \tag{5.13}$$

Die maximale mechanische Beanspruchung der gesamten, vom Kurzschlussstrom durchflossenen elektrischen Anlage wird bestimmt durch den absolut höchsten auftretenden Scheitelwert i_p des Kurzschlussstroms. Dieser sogenannte Stoßkurzschlussstrom wird definiert zu

$$i_p = \max(i_k(t)) \tag{5.14}$$

Der Stoßkurzschlussstrom wird über den Stoßfaktor κ aus dem Anfangskurzschlusswechselstrom berechnet.

$$i_p = \kappa \cdot \sqrt{2} \cdot I_k'' = \kappa \cdot \sqrt{2} \cdot I_{kw} \tag{5.15}$$

Der Maximalwert des Stoßfaktors κ tritt bei Kurzschluss im Spannungsnulldurchgang ($\varphi_u = 0°$) auf. Für den Stoßkurzschlussstrom i_p ergibt sich damit:

$$i_p = i_k(\omega \cdot t_{max}, \varphi_u = 0, \varphi_k) \tag{5.16}$$

$$i_p = \sqrt{2} \cdot I_{kw} \cdot \left(1 + \sin(\varphi_k) \cdot e^{-\frac{R_k}{X_k} \cdot (\varphi_k + \frac{\pi}{2})}\right) \tag{5.17}$$

Setzt man $\frac{X_k}{R_k} = \tan(\varphi_k)$, so gilt für den Stoßfaktor κ:

$$\kappa = 1 + \sin\left(\arctan\left(\frac{X_k}{R_k}\right)\right) \cdot e^{-\frac{R_k}{X_k} \cdot \left(\arctan\left(\frac{X_k}{R_k}\right) + \frac{\pi}{2}\right)} \tag{5.18}$$

Aus Gl. (5.18) ergibt sich, dass bei Annahme des ungünstigsten Fehlerzeitpunktes der Stoßfaktor κ nur vom R/X-Verhältnis der Betriebsmittel in der Kurzschlussbahn abhängt. Zwischen dem Zeitpunkt des Kurzschlusseintrittes $t=0$ und der Kontakttrennung der Pole der Leistungsschalter vergeht eine bestimmte Zeit T_a. Diese sogenannte Ausschaltzeit ist die Summe aus der Laufzeit der Pole (24 bis 30 ms), der Löschzeit (22 bis 28 ms), der Relaiseigenzeit (25 bis 100 ms) sowie der Verzögerungszeit zur Parametrierung der Staffelzeiten (0 bis 10 s). Somit beträgt die gesamte Ausschaltzeit mindestens 70 ms, in denen der Kurzschlussstrom bereits deutlich abgeklungen ist. Die Leistungsschalter, die den Kurzschlussstrom abschalten müssen, brauchen daher nur für einen Wechselstrom, der dem Kurzschlussstrom zum Schaltzeitpunkt T_a entspricht, ausgelegt werden und nicht für den deutlich höheren Strom unmittelbar bei Eintritt des Kurzschlusses zum Zeitpunkt $t=0$.

$$i_k(t = T_a) = \sqrt{2} \cdot I_a \tag{5.19}$$

Der zum Zeitpunkt $t = T_a$ noch bestehende Wert des Kurzschlussstroms wird daher als Ausschaltwechselstrom I_a bezeichnet. Beim generatorfernen Kurzschluss ist das Gleichstromglied zum Zeitpunkt T_a abgeklungen. Es gilt daher:

$$I_a = I_k'' = I_{kw} \tag{5.20}$$

Entsprechend der Definition der Anfangskurzschlusswechselstromleistung kann auch die Kurzschlussabschaltleistung als Kenngröße einer Anlage angegeben werden.

$$S_a = \sqrt{3} \cdot U_n \cdot I_a \tag{5.21}$$

Im Zeitraum zwischen dem Eintritt des Kurzschlusses ($t=0$) und dem Zeitpunkt des Abschaltens ($t = T_a$) fließt der Kurzschluss $i_k(t)$ über die Anlage. Die daraus entstehende thermische Kurzschlussbeanspruchung der Anlage lässt sich bestimmen zu:

5.3 Symmetrische Fehler

$$W_{\text{th}} = 3 \cdot R \cdot \int_0^{T_a} i_k^2(t)\,\text{dt} \qquad (5.22)$$

Der Anteil des Kurzschlussstroms $i_k(t \to \infty)$, der nach Abklingen aller Ausgleichsvorgänge bestehen bleibt, heißt Dauerkurzschlussstrom i_k.

5.3.1.2 Generatornaher Kurzschluss

Beim generatornahen Kurzschluss wirkt sich das Abklingen der Felder in der Maschine auf die Amplitude des Kurzschlussstroms $i_k(t)$ aus. Abb. 5.10 zeigt den zeitlichen Verlauf des generatornahen Kurzschlussstroms. Dabei stellt ein dreipoliger Kurzschluss unmittelbar am Stator der Synchronmaschine (sogenannter „Klemmenkurzschluss") die größtmögliche Belastung für den Generator dar. Dieser Belastung muss die Synchronmaschine elektrisch und mechanisch standhalten.

Der Kurzschlussstrom $i_k(t)$ (Gl. 5.23a) besteht wie beim generatorfernen Kurzschluss aus einem mit der Zeit T_g abklingenden Gleichstromglied (Gl. 5.23b). Die Anfangsamplitude A des Gleichstromglieds hängt vom Schaltaugenblick φ_u des Kurzschlusseintritts sowie von der Art des Generators und seiner Ausführung (mit/ohne Dämpferwicklung) ab. Das Gleichstromglied klingt auf null ab.

Darüber hinaus ergibt sich ein subtransienter Wechselstromanteil (Gl. 5.23d). Dieser Anteil beschreibt das Abklingen der in die Dämpferwicklung induzierten Wechselströme. Die Ausgleichsvorgänge in der Dämpferwicklung klingen sehr schnell ab, sodass sich für die subtransiente Zeitkonstante ein relativ kleiner Wert von $T_d'' \approx 0{,}02$ bis $0{,}1$ s ergibt.

Die in der Erregerwicklung fließenden Wechselströme klingen dagegen vergleichsweise langsam ab. Dies hat einen zweiten, transienten Anteil des Kurzschlusswechselstroms zur Folge (Gl. 5.23e). Für die transiente Zeitkonstante gilt $T_d' \approx 0{,}5$ bis 3 s. Vom

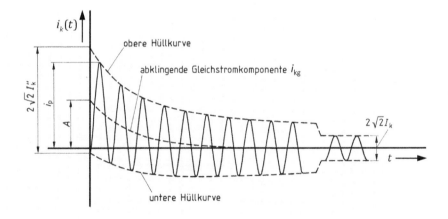

Abb. 5.10 Verlauf des generatornahen Kurzschlussstroms [6]

Kurzschlussstrom abgerechnet werden muss noch ein in der Regel vernachlässigbar kleiner Anteil des Betriebsstroms (Gl. 5.23f) vor Eintritt des Kurzschlusses. Für den ungünstigsten Schaltaugenblick $\varphi_u = 0$ ergibt sich insgesamt der rücktransformierte zeitliche Verlauf des Kurzschlussstroms $i_k(t)$ zu:

$$i_k(t) = \text{Kurzschlussstrom insgesamt} \tag{5.23a}$$

$$= \sqrt{2} \cdot I''_{kw} \cdot \sin(\varphi_k) \cdot e^{-\frac{t}{T_g}} \quad \text{Gleichstromanteil} \tag{5.23b}$$

$$+ \sqrt{2} \cdot \left(I''_{kw} - I'_{kw}\right) \cdot e^{-\frac{t}{T''_d}} \cdot \sin(\omega \cdot t - \varphi_k) \quad \text{subtransienter Anteil} \tag{5.23c}$$

$$+ \sqrt{2} \cdot \left(I'_{kw} - I_{kw}\right) \cdot e^{-\frac{t}{T'_d}} \cdot \sin(\omega \cdot t - \varphi_k) \quad \text{transienter Anteil} \tag{5.23d}$$

$$+ \sqrt{2} \cdot I_{kw} \cdot \sin(\omega \cdot t - \varphi_k) \quad \text{Dauerkurzschlussstrom} \tag{5.23e}$$

$$- \sqrt{2} \cdot I_L \cdot e^{-\frac{\omega \cdot R}{T''_d} \cdot t} \cdot \sin(\varphi_L) \quad \text{Betriebsstromanteil} \tag{5.23f}$$

Allgemein gilt für das Verhältnis der drei auftretenden Zeitkonstanten $T''_d < T_g < T'_d$. Die Definition von drei charakteristischen Phasen des generatornahen Kurzschlusses erlaubt es, den kontinuierlichen Verlauf in drei quasistationäre Zeitbereiche, die subtransiente, die transiente und die stationäre Phase, zu unterteilen (Abb. 5.11).

Jeder dieser Zeitbereiche dauert entsprechend den unterschiedlichen Zeitkonstanten für die einzelnen Abklingvorgänge unterschiedlich lange an. Im Zeitintervall T_1

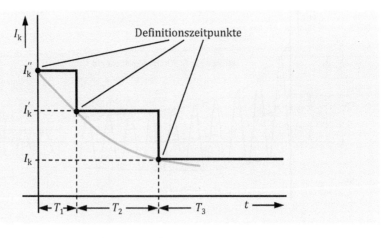

Abb. 5.11 Unterteilung des Ausgleichsvorganges in drei quasistationäre Zeitabschnitte

klingen die subtransienten Ausgleichsvorgänge mit der subtransiente Zeitkonstanten 0,02 s $\leq T_d'' \leq 0,1$ s und im Zeitintervall T_2 die transienten Ausgleichsvorgänge mit der transienten Zeitkonstanten 0,5 s $\leq T_d' \leq 3$ s ab. Das Zeitintervall T_3 mit der Gleichstromzeitkonstante 0,04 s $\leq T_g \leq 0,7$ s gilt nach dem Abklingen der Ausgleichsvorgänge.

Für jeden dieser Zeitbereiche lässt sich daher ein unterschiedliches Ersatzschaltbild mit unterschiedlichen Polradspannungen und Längsreaktanzen für die Synchronmaschine im subtransienten (Abb. 5.12a), im transienten (Abb. 5.12b) und im stationären (Abb. 5.12c) Zeitbereich angeben.

5.3.2 Kurzschlussstromberechnung nach DIN VDE 0102

Zur Begrenzung des Rechenaufwandes und für die Anwendung bei Planungsuntersuchungen wird der dynamische Kurzschlussvorgang im Allgemeinen durch eine quasistationäre Rechnung entsprechend der VDE-Vorschrift DIN VDE 0102 (IEC 909) [6, 11] angenähert. Die Vorschrift DIN VDE 0102 beschreibt ein Berechnungsverfahren für die größten und die kleinsten Kurzschlussströme. In diesem Verfahren wird zunächst der Anfangskurzschlusswechselstrom berechnet. Durch die Multiplikation mit entsprechenden Faktoren werden daraus alle weiteren für die Praxis relevanten Kurzschlussgrößen ermittelt. Es handelt sich um ein allgemein gültiges, auch für die Handrechnung geeignetes Berechnungsverfahren, das ausreichend genaue Ergebnisse auf der sogenannten „sicheren" Seite liefert. Die damit bestimmten Kurzschlussströme werden in der Regel etwas größer ausgerechnet als sie dann tatsächlich auftreten. Bei dem Berechnungsverfahren nach DIN VDE 0102 wird vollständig auf die Verwendung von Betriebsgrößen verzichtet. Dies ist gerade für Planungsrechnungen wichtig, da die Betriebsgrößen (aktuelle Transformatorstufenstellungen, Kraftwerkseinsatz, Lasten etc.) im Planungsstadium in der Regel nicht bekannt sind.

Für die Berechnungen nach DIN VDE 0102 werden lediglich die Bemessungswerte der Betriebsmittel benötigt. Damit wird auch die Berechnung von Netzen im Planungsstadium ermöglicht, da hier Betriebswerte im Allgemeinen nicht bekannt sind. Es bleibt dem Anwender erspart, sich Gedanken über einen möglichst wahrscheinlichen

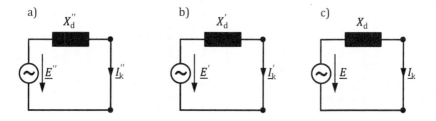

Abb. 5.12 Ersatzschaltbilder der Synchronmaschine in den drei Zeitbereichen

Betriebszustand machen zu müssen, der die maximalen bzw. minimalen Kurzschlussströme liefert. Als zulässige Vereinfachungen der Kurzschlussrechnung nach DIN VDE 0102 gelten:

- Die Querglieder der Übertragungselemente werden vernachlässigt.
- Die Stufenschalter aller Transformatoren werden als in Mittelstellung befindlich angenommen.
- Die (nichtmotorische) Vorbelastung kann vernachlässigt werden ($\underline{Z}_L \to \infty$).
- Nur große motorische Verbraucher in der Nähe des Kurzschlussortes werden berücksichtigt. Im Hochspannungsnetz sind Motoren in der Regel elektrisch weit von den zu untersuchenden Kurzschlussorten entfernt und können vernachlässigt werden.
- Die subtransienten Polradspannungen aller Generatoren werden als betrags- und phasengleich angenommen. Es wird eine Ersatzspannungsquelle an der Fehlerstelle mit $c \cdot U_n/\sqrt{3}$ anstelle der subtransienten Spannungen $\underline{E}''$ der Synchrongeneratoren verwendet.
- Der Spannungsfaktor c ist unterschiedlich für verschiedene Spannungsebenen und für die Berechnung der größten und kleinsten Kurzschlussströme (Tab. 5.3) [6].
- Der Spannungsfaktor c stellt einen Erfahrungswert dar, der aus dem Vergleich von exakten Rechnungen und Rechnungen mit den Vernachlässigungen nach DIN VDE 0102 gewonnen worden ist. Er soll insbesondere sicherstellen, dass die Ergebnisse der Berechnungen auf der sicheren Seite liegen. Mit dem Faktor c wird demnach berücksichtigt, dass die Spannungen im Normalbetrieb höher als die Netznennspannung sein können, die Lasten vernachlässigt worden sind, die Leitungskapazitäten vernachlässigt worden sind, bei Transformatoren mit Stufenstellern angenommen wird, dass das Übersetzungsverhältnis dem Verhältnis der Bemessungsspannungen entspricht (Stufensteller in Mittelstellung) und dass davon ausgegangen wird, dass die Generatoren im Bemessungsbetrieb arbeiten. Dabei soll das Produkt $c \cdot U_n$ die höchste zulässige Spannung U_m für die Betriebsmittel nicht überschreiten.

Tab. 5.3 Spannungsfaktor c nach DIN VDE 0102

Nennspannung des Netzes	Spannungsfaktor c zur Berechnung des kleinsten bzw größten Kurzschlussstroms c_{min} bzw. c_{max}	
	c_{min}	c_{max}
Niederspannungsnetze ($U_n \leq 1$ kV) mit einer Spannungstoleranz von +6 %	**0,95**	**1,05**
Niederspannungsnetze ($U_n \leq 1$ kV) mit einer Spannungstoleranz von +10 %	**0,90**	**1,10**
Hoch-/Höchstspannung (1 kV < $U_n \leq 230$ kV und $U_m \leq 420$ kV)	**1,00**	**1,10**

- Berücksichtigung von Korrekturfaktoren für die Impedanzen bestimmter Betriebsmittel nach DIN VDE 0102 (s. Abschn. 5.3.3)
- Oft kann auch der ohmsche Anteil im Ersatzschaltbild der Betriebsmittel vernachlässigt werden. Die Wirkwiderstände in den Längsgliedern bei $U_n > 1$ kV können vernachlässigt werden, falls $R/X < 0{,}3$ für die gesamte Kurzschlussimpedanz (also Impedanz aller einzelnen Netzzweige) gilt.

  Eine nicht vernachlässigbare Systemumgebung (Nachbarnetz) von der nur die Anfangskurzschlusswechselstromleistung $S''_{k,Q}$ am Anschlusspunkt bekannt ist, kann als Ersatzgenerator nachgebildet werden (Abb. 5.13), mit

$$X_Q = \frac{c \cdot U_n^2}{S''_k} \quad (5.24)$$

$$R_Q = 0{,}1 \cdot X_Q \quad (5.25)$$

  Zusätzlich ist ggf. die Impedanz des Netzkuppeltransformators zu beachten. Für diese Ersatzgeneratoren wird grundsätzlich angenommen, dass der Kurzschlussort für diese Generatoren elektrisch genügend weit entfernt im speisenden Netz sind und es sich damit um einen generatorfernen Kurzschluss handelt.

- Für die Ableitung der erforderlichen Berechnungsverfahren ist es zunächst zweckmäßig, die bekannte Ersatzspannungsquelle für einen Generator entsprechend Abb. 5.14 in eine Ersatzstromquelle umzuwandeln.

Abb. 5.15 zeigt eine Zusammenfassung aller Ersatzschaltbilder der Netzkomponenten für die Kurzschlussstromberechnung. Die „treibenden" Spannungen bei Generatoren, Ersatznetzen und Motoren sind kurzgeschlossen. Dafür wird die Ersatzspannungsquelle an der Fehlerstelle eingeführt.

Die Netzelemente (Transformatoren, Leitungen, Generatoren etc.) werden nur durch ihre Längsimpedanzen (R und X) dargestellt. Häufig wird vereinfacht zusätzlich

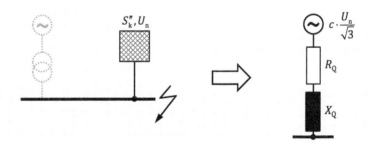

Abb. 5.13 Netzschaltplan und Ersatzschaltbild für Netzeinspeisungen

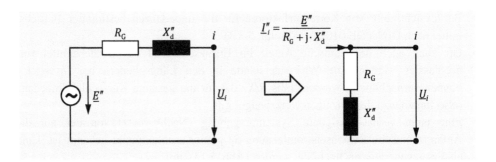

Abb. 5.14 Modellierung eines Generators als Ersatzstromquelle

	Symbol	Ersatzschaltbild	Formel	
Ersatznetz	▨	R_Q X_Q	$R_Q = 0{,}1 \cdot X_Q$	$X_Q = \dfrac{1{,}1 \cdot U_n^2}{S_k''}$
Generator	~	R_G X_d''	$X_d'' = x_d'' \cdot \dfrac{U_{r,G}^2}{S_{r,G}}$	$Z_{r,G} = \dfrac{U_{r,G}^2}{S_{r,G}}$
Motor	Ⓜ	R_M X_M''	$\dfrac{R_M}{X_M''} = 0{,}05$	$X_M'' = \dfrac{U_n}{\sqrt{3} \cdot I_{an}}$
Leitung	—	R_L X_L	$R_L = \overline{R}_L \cdot s$	$X_L = \overline{X}_L \cdot s$
Transformator	⊖	R_T X_T	$Z_T = u_{kr} \cdot \dfrac{U_{r,T}^2}{S_{r,T}}$ $\quad X_T = \sqrt{Z_T^2 - R_T^2}$	$R_T = \dfrac{P_{kr,T} \cdot U_{r,T}^2}{S_{r,T}^2}$
Last (ohne Motor)	V →	„Leerlauf" kein Stromfluss	vernachlässigen	

Abb. 5.15 Ersatzschaltbilder nach DIN VDE 0102 [6]

verlustlos gerechnet, sodass dann auch noch der ohmsche Anteil entfällt und sich das Betriebsmittel im Kurzschlussfall auf eine einzige Reaktanz reduziert. Lasten (außer Motoren) finden bei der Kurzschlussstromberechnung keine Berücksichtigung. Sie werden im Ersatzschaltbild als offene Verbindung ohne Stromfluss nachgebildet und entfallen damit. Detailliertere Ersatzschaltbilder zur Komponentendarstellung von Netzelementen werden in Abschn. 5.4.3 angegeben.

Für die Resistanz R_G des Generators werden zur Berechnung des Kurzschlussstroms die folgenden Näherungswerte verwendet

$$R_G = 0{,}05 \cdot X_d'' \quad \text{für } S_{r,G} \geq 100 \text{ MVA und } U_{r,G} > 1 \text{ kV}$$
$$R_G = 0{,}07 \cdot X_d'' \quad \text{für } S_{r,G} < 100 \text{ MVA und } U_{r,G} > 1 \text{ kV}$$
$$R_G = 0{,}15 \cdot X_d'' \quad \text{für } U_{r,G} \leq 1 \text{ kV}$$

Mit diesen Vereinfachungen liefert das in der Norm festgelegte Berechnungsverfahren eine Näherungslösung auf der sicheren Seite. Die Kurzschlussstromberechnung nach der VDE-Vorschrift verwendet das Überlagerungsverfahren mit der Ersatzspannungsquelle an der Fehlerstelle [6].

5.3.3 Impedanzkorrekturfaktoren

Für die Impedanzen bestimmter Betriebsmittel werden Korrekturfaktoren erforderlich, falls große induktive Lastströme an den Kurzschlussimpedanzen von Generatoren und Transformatoren, die ebenfalls vorwiegend induktiv sind, zu so großen Spannungsabfällen führen, dass die Quellenspannung mehr als 10 % über der Netznennspannung liegen. Damit lägen die mit den Spannungsfaktoren c_{max} nach Tab. 5.3 ermittelten Kurzschlussströme nicht mehr auf der sicheren Seite, d. h. sie würden ggf. zu klein berechnet. Um auch in den angegebenen Belastungsfällen ausreichend große Kurzschlussströme zu berechnen, werden bei den Impedanzen von Transformatoren, Generatoren und Kraftwerksblöcken entsprechende Impedanzkorrekturfaktoren K berücksichtigt. Bei Netzeinspeisungen und Motoren sowie bei Freileitungen und Kabeln sind keine Korrekturfaktoren notwendig [6, 12]. Für die nachfolgenden Betrachtungen und Berechnungsbeispiele bleiben die Impedanzkorrekturfaktoren unberücksichtigt und es wird vereinfachend $K = 1$ angenommen.

5.3.3.1 Impedanzkorrekturfaktoren für Transformatoren

Für Netztransformatoren mit oder ohne Stufenschalter wird der Impedanzkorrekturfaktor K_T eingeführt und die korrigierte Impedanz berechnet sich aus

$$\underline{Z}_{TK} = K_T \cdot (R_T + j \cdot X_T) \tag{5.26}$$

wobei sich der Korrekturfaktor aus

$$K_T = 0{,}95 \cdot \frac{c_{max}}{1 + 0{,}6 \cdot x_T} \tag{5.27}$$

berechnet, mit c_{max} gemäß Tab. 5.3 und

$$x_T = \sqrt{u_{kr}^2 - u_{Rr}^2} \approx u_{kr} \tag{5.28}$$

5.3.3.2 Impedanzkorrekturfaktoren für Generatoren

Für Generatoren wird der Impedanzkorrekturfaktor K_G verwendet und die korrigierte Impedanz damit zu

$$\underline{Z}_{GK} = K_G \cdot \left(R_G + j \cdot X_d''\right) \tag{5.29}$$

bestimmt, wobei sich K_G wie folgt berechnet

$$K_G = \frac{U_n}{U_{r,G}} \cdot \frac{c_{max}}{1 + x_d'' \cdot \sin(\varphi_{r,G})} \tag{5.30}$$

mit c_{max} gemäß Tab. 5.3, die subtransiente Generatorreaktanz X_d'' wie oben angegeben, $U_{r,G}$ als Bemessungsspannung und $\varphi_{r,G}$ als Bemessungsleistungsfaktor des Generators.

5.3.3.3 Impedanzkorrekturfaktoren für Kraftwerksblöcke

Häufig wird der Generator gemeinsam mit dem zugehörigen Maschinen- oder Blocktransformator zusammenhängend als Kraftwerksblock behandelt. Die resultierende Impedanz einschließlich des Impedanzkorrekturfaktors bestimmt sich aus:

$$\underline{Z}_{KB} = K_{KB} \cdot \left(\ddot{u}_r^2 \cdot \underline{Z}_G + \underline{Z}_T\right) \tag{5.31}$$

Dabei ist $\ddot{u}_r^2 \cdot \underline{Z}_G$ die auf die OS-Seite des Blocktransformators umgerechnete Generatorimpedanz und $\underline{Z}_T$ die auf die OS-Seite bezogene Transformatorimpedanz. Die Berechnung des Impedanzkorrekturfaktors hängt davon ab, ob der Blocktransformator mit oder ohne Stufenschalter ausgerüstet ist.

Bei einem Kraftwerksblock mit Stufenschalter berechnet sich der Korrekturfaktor $K_{KB,mit}$ aus

$$K_{KB,mit} = \frac{U_{n,Q}^2}{U_{r,G}^2} \cdot \frac{U_{r,TUS}^2}{U_{r,TOS}^2} \cdot \frac{c_{max}}{1 + \left|x_d'' - x_T\right| \cdot \sin(\varphi_{r,G})} \tag{5.32}$$

wobei $U_{n,Q}$ die Nennspannung des Knotens Q ist, an dem der Kraftwerksblock angeschlossen ist, bezeichnet und die restlichen Größen wie oben angegeben definiert sind.

Bei einem Kraftwerksblock ohne Stufenschalter berechnet sich der Korrekturfaktor $K_{KB,ohne}$ aus

$$K_{KB,ohne} = \frac{U_{n,Q}}{U_{r,G} \cdot (1 + p_G)} \cdot \frac{U_{r,TUS}}{U_{r,TOS}} \cdot (1 \pm p_T) \cdot \frac{c_{max}}{1 + x_d'' \cdot \sin(\varphi_{r,G})} \tag{5.33}$$

mit p_G als Faktor, der die Abweichung der Generatorspannung U_G von der Bemessungsgeneratorspannung $U_{r,G}$ berücksichtigt, und p_T als Faktor, der Abweichungen der Transformatorübersetzung von der Bemessungsübersetzung berücksichtigt. Diese können bei Vorhandensein von Anzapfungen der Transformatorwicklungen, die nur im spannungslosen Zustand geschaltet werden können, auftreten.

5.3.4 Berechnung des Anfangskurzschlusswechselstroms

Der Anfangskurzschlusswechselstrom I_k'' ist der Effektivwert der Wechselstromkomponente eines zu erwartenden Kurzschlussstroms im Augenblick des Kurzschlusseintritts. Mit der Kenntnis des Anfangskurzschlusswechselstroms können die weiteren interessierenden Kurzschlusskenngrößen (Stoßkurzschlussstrom, Ausschaltwechselstrom und Dauerkurzschlussstrom) einfach bestimmt werden.

Abb. 5.16 zeigt das Prinzipschaltbild eines allgemeinen Kurzschlusses mit Mehrfachspeisung und gemeinsamen Stromwegen. Eine einfache und direkte Berechnung der Kurzschlussströme ist für einen solchen Fall nicht mehr möglich.

Im Prinzip kann man die Kurzschlussstromberechnung als Sonderfall der Leistungsflussrechnung auffassen. Bei einer Leistungsflussrechnung kann ein dreipoliger Kurzschluss mit zwei Modellierungsvarianten nachgebildet werden. Durch eine Schaltungsänderung am Kurzschlussknoten i, bei der eine Last mit der Impedanz $Z=0$ angenommen wird oder durch einen PU-Knoten besonderer Art. Für diesen PU-Knoten wird dann eine konstante Spannung $U_i = 0$ am Kurzschlussknoten i gesetzt.

Wegen etlicher Besonderheiten und sinnvoller rechentechnischer Vereinfachungen ist jedoch eine gesonderte Betrachtung der Kurzschlussrechnung als eigenständiges Rechenverfahren zweckmäßig. Gegeben sei das Beispiel eines dreipoligen Kurzschlussfalles an Knoten $i=$F entsprechend Abb. 5.17.

Für diesen Fehlerfall kann ein Gleichungssystem nach Gl. (5.34) direkt aufgestellt werden, mit dem das Gesamtnetz beschrieben wird.

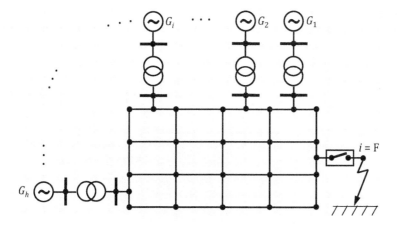

Abb. 5.16 Kurzschluss mit Mehrfachspeisung und gemeinsamen Stromwegen

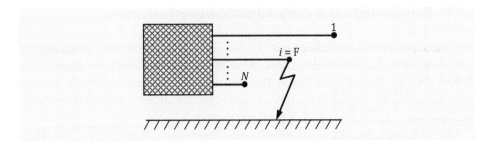

Abb. 5.17 Beispiel eines dreipoligen Kurzschlusses an Knoten i

$$\begin{pmatrix} \underline{y}_{11} & \cdots & \cdots & \cdots & \cdots & \underline{y}_{1N} \\ \vdots & \ddots & & & & \vdots \\ \vdots & & \ddots & & & \vdots \\ \underline{y}_{i1} & & & \underline{y}_{ii} & & \underline{y}_{iN} \\ \vdots & & & & \ddots & \vdots \\ \vdots & & & & & \vdots \\ \underline{y}_{N1} & \cdots & \cdots & \cdots & \cdots & \underline{y}_{NN} \end{pmatrix} \cdot \begin{pmatrix} \underline{U}_1 \\ \vdots \\ \vdots \\ \underline{U}_i = 0 \\ \vdots \\ \vdots \\ \underline{U}_N \end{pmatrix} = \begin{pmatrix} 0 \\ \vdots \\ 0 \\ \underline{I}''_{k,i} \\ 0 \\ \vdots \\ 0 \end{pmatrix} \qquad (5.34)$$

Dieses Gleichungssystem kann beispielsweise mit dem Gauß'schen Algorithmus gelöst und der Anfangskurzschlusswechselstrom $\underline{I}''_{k,i}$ bestimmt werden. Falls $\underline{I}''_{k,i}$ allerdings für verschiedene Knoten i berechnet werden muss, wird dieser Ansatz rechentechnisch sehr aufwendig.

Es wird ein allgemeines Modell des Netzes für die Berechnung eines dreipoligem Kurzschlussfalles nach Abb. 5.18 erstellt. Dabei wird zwischen den Einspeiseknoten (Knoten 1 bis h), die einen Beitrag zum Kurzschlussstrom $\underline{I}''_{k,i}$ liefern, dem Kurzschlussort (Knoten i), an dem der gesamte Kurzschlussstrom $\underline{I}''_{k,i}$ fließt, und den

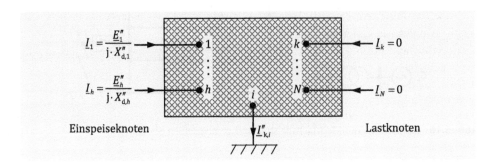

Abb. 5.18 Allgemeines Modell zur Kurzschlussstromberechnung

5.3 Symmetrische Fehler

Lastknoten (Knoten k bis N), die keinen Beitrag zum Kurzschlussstrom $\underline{I}''_{k,i}$ liefern, unterschieden.

Dieses Modell kann durch ein lineares Gleichungssystem nach Gl. (5.35) beschrieben werden. Dabei werden die Innenwiderstände der Ersatzstromquellen für die Generatoren in der Admittanzmatrix berücksichtigt.

$$\mathbf{Y} \cdot \mathbf{u} = \mathbf{i} \tag{5.35}$$

mit

$$\underline{U}_j = \begin{cases} \underline{U}_j & \text{für } j = 1, \ldots, N; j \neq i \\ 0 & \text{für } j = i \end{cases} \tag{5.36}$$

$$\underline{I}_j = \begin{cases} \dfrac{\underline{E}''_j}{j \cdot X_{d,j}} & \text{für Generatorknoten} & j = 1, \ldots, h \\ 0 & \text{für Lastknoten} & j = k, \ldots, N \\ -\underline{I}''_k + \dfrac{\underline{E}''_j}{j \cdot X_{d,j}} & \text{für Kurzschlussknoten mit Einspeisung} & j = i \\ -\underline{I}''_k & \text{für Kurzschlussknoten ohne Einspeisung} & j = i \end{cases} \tag{5.37}$$

Ausführlicher lässt sich das Gleichungssystem wie folgt schreiben:

$$\begin{pmatrix} \underline{y}_{11} & \cdots & \cdots & \cdots & \underline{y}_{1N} \\ \vdots & \ddots & & & \vdots \\ \vdots & & \ddots & & \vdots \\ \underline{y}_{i1} & & \underline{y}_{ii} & & \underline{y}_{iN} \\ \vdots & & & \ddots & \vdots \\ \vdots & & & & \vdots \\ \underline{y}_{N1} & \cdots & \cdots & \cdots & \underline{y}_{NN} \end{pmatrix} \cdot \begin{pmatrix} \underline{U}_1 \\ \vdots \\ \underline{U}_h \\ 0 \\ \underline{U}_k \\ \vdots \\ \underline{U}_N \end{pmatrix} = \begin{pmatrix} \dfrac{\underline{E}''_l}{j \cdot X''_{d,l}} \\ \vdots \\ \vdots \\ -\underline{I}''_k \\ 0 \\ \vdots \\ 0 \end{pmatrix} \tag{5.38}$$

Die Lösung des Gleichungssystems erfolgt in drei Schritten. Zuerst wird die Zeile i und die Spalte i aus dem Gleichungssystem gestrichen, da hier die Spannung ($U_i = 0$) bekannt ist. Das Streichen dieser Zeile und Spalte entspricht einer Schaltungsänderung. Die Längsimpedanzen zum Knoten i sind in den Hauptdiagonalelementen der Nachbarknoten weiterhin enthalten. Danach wird das verbleibende Gleichungssystem mittels Gauß'scher Elimination gelöst und der Vektor der unbekannten Spannungen ($\mathbf{u}; j = 1, \ldots, h; k, \ldots, N$) bestimmt. Im letzten Lösungsschritt erfolgt die Berechnung des gesuchten Kurzschlussstroms $\underline{I}''_{k,i}$ mit der Zeile i des Gleichungssystems (5.38).

Zu beachten ist noch, dass die Knotenpunktadmittanzmatrix $\mathbf{Y}$ nicht mit derjenigen des Leistungsflussproblems übereinstimmt, da bei der Nachbildung der Netzelemente auf Betriebsgrößen verzichtet wird und weil alle Quellen hinter ihrer Innenimpedanz kurzgeschlossen sind.

Bei der Netzüberwachung interessiert nicht nur der Kurzschlussstrom an einem Netzknoten, sondern in der Regel an allen Knoten des Netzes. Damit wird dieses Verfahren sehr aufwendig, da für jeden neuen Kurzschlussort eine neue, reduzierte Admittanzmatrix erstellt werden muss und für jeden Kurzschlussort die Gauß'sche Elimination erneut durchgeführt werden muss.

5.3.5 Überlagerungsverfahren

Bei einem dreipoligen Fehler ist die Spannung an der Fehlerstelle F gleich null. Diese Bedingung ist auch erfüllt, wenn an der Stelle F zwei gleich große, aber entgegengesetzt gerichtete Zusatzspannungen $\underline{U}_F$ angebracht werden (Abb. 5.19).

In dem in diesem Bild gegebenen Beispielnetz sind an den Knoten 1 bis N passive Lasten (i.e. keine motorischen Lasten) angeschlossen. In das Netz speist ein Generator mit einer Polradspannung von $\underline{E}''$ und einer subtransienten Reaktanz X_d'', sowie ein Netz mit der Nennspannung $\underline{U}_Q$ und einer Innenreaktanz X_Q ein (Abb. 5.19a).

Für die Berechnung der Kurzschlussströme kann man lineare Beziehungen zwischen Spannungen und Strömen voraussetzen. Damit ist die Anwendung des Überlagerungsverfahrens bei der Kurzschlussstromberechnung möglich. Die Berechnung lässt sich in zwei Teilsysteme zerlegen (Abb. 5.19b).

Das Gesamtergebnis des Überlagerungsverfahrens erhält man abschließend durch Zusammenfügung der Ergebnisse aus den beiden Teilsystemen (Abb. 5.20). Wie später

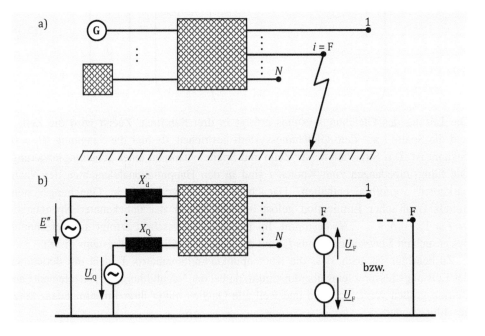

Abb. 5.19 Spannungen an der Fehlerstelle bei dreipoligem Kurzschluss

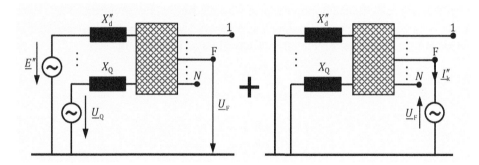

Abb. 5.20 Teilsysteme des Überlagerungsverfahrens

noch gezeigt wird, ist eine Bearbeitung des ersten Teilsystems nicht erforderlich, falls für den zu untersuchenden Betriebsfall das Ergebnis einer State Estimation vorliegt oder die Ersatzspannungsquelle an der Fehlerstelle nach DIN VDE 0102 bestimmt werden kann.

5.3.5.1 Erstes Teilsystem des Überlagerungsverfahrens

Dieses Teilsystem entspricht einer „normalen" Leistungsflussberechnung, wie sie in Abschn. 3.3 behandelt wurde. Es sind die Spannungsquellen $\underline{E}''$ (Generatoren), $\underline{U}_Q/\sqrt{3}$ (Netzeinspeisungen) und $+\underline{U}_F/\sqrt{3}$ (Spannung an der Fehlerstelle im ungestörten Betriebsfall) im Netz sind wirksam. Mit dieser Berechnung wird die „Leerlauf"-Spannung $\underline{U}_{LL,i}$ am Knoten i vor Eintritt des Kurzschlusses bestimmt. Damit ergibt die Berechnung des ersten Teilsystems die Spannung $+\underline{U}_F/\sqrt{3}$ an der Fehlerstelle unmittelbar vor Eintritt des Kurzschlusses. Diese Spannung wird als Wert für die Ersatzspannungsquelle im zweiten Teilsystem benötigt.

Bei der Überwachung der augenblicklichen Kurzschlussleistung mittels Prozessrechner liegt die Spannung $\underline{U}_{LL,i}$ als Ergebnis der State Estimation vor und braucht nicht mehr bestimmt zu werden. Bei der Berücksichtigung der nach DIN VDE 0102 zulässigen Vernachlässigungen ist die Berechnung des ersten Teilsystems ebenfalls nicht erforderlich. Da Lasten und Querglieder vernachlässigt werden, muss für alle Einspeisungen gelten:

$$\underline{U}_{LL,i} = \underline{E}'' = \frac{c \cdot U_n}{\sqrt{3}} \tag{5.39}$$

5.3.5.2 Zweites Teilsystem des Überlagerungsverfahrens

Im zweiten Teilsystem ist die Spannungsquelle an der Fehlerstelle mit $-\underline{U}_F/\sqrt{3}$ im Netz wirksam. Sie wird als Ersatzspannungsquelle an der Fehlerstelle bezeichnet. Die inneren Spannungen aller Netzeinspeisungen, Synchron- und Asynchronmaschinen werden hinter ihren Innenimpedanzen kurzgeschlossen. Als Lösung des zweiten Teilsystems erhält man den Anfangskurzschlusswechselstrom $\underline{I}_k''$ an der Fehlerstelle.

In Kurzschlussberechnungsprogrammen wird die Kurzschlussstromberechnung durch Aufstellung und Lösung eines linearen Gleichungssystems $\boldsymbol{Y} \cdot \boldsymbol{u} = \boldsymbol{i}$ mithilfe der Knotenpunktadmittanzmatrix gelöst. Für einen Kurzschluss an Knoten i gilt:

$$\underline{U}_j \begin{cases} \underline{U}_j & \text{für } j = 1, \ldots, N; \ j \neq i \\ +\underline{U}_{\text{LL},i} & \text{für } j = i \end{cases} \tag{5.40}$$

$$\underline{I}_j \begin{cases} 0 & \text{für } j = 1, \ldots, N; \ j \neq i \\ -\underline{I}''_{k,i} & \text{für } j = i \end{cases} \tag{5.41}$$

Dividiert man zusätzlich das gesamten Gleichungssystems durch $-\underline{I}''_{k,i}$ erhält man:

$$\underline{U}'_j \begin{cases} -\dfrac{\underline{U}_j}{\underline{I}''_{k,i}} & \text{für } j = 1, \ldots, N; \ j \neq i \\ -\dfrac{\underline{U}_{\text{LL},i}}{\underline{I}''_{k,i}} & \text{für } j = i \end{cases} \tag{5.42}$$

$$\underline{I}'_j \begin{cases} 0 & \text{für } j = 1, \ldots, N; \ j \neq i \\ 1 & \text{für } j = i \end{cases} \tag{5.43}$$

Das vollständige Gleichungssystem lautet damit:

$$\begin{pmatrix} \underline{y}_{11} & \cdots & & & \cdots & \underline{y}_{1N} \\ \vdots & \ddots & & & & \vdots \\ \vdots & & \ddots & & & \vdots \\ \underline{y}_{i1} & & & \underline{y}_{ii} & & \underline{y}_{iN} \\ \vdots & & & & \ddots & \vdots \\ \vdots & & & & & \vdots \\ \underline{y}_{N1} & \cdots & & & \cdots & \underline{y}_{NN} \end{pmatrix} \cdot \begin{pmatrix} \underline{U}'_1 \\ \vdots \\ \vdots \\ -\underline{U}_{\text{LL},i}/\underline{I}''_{k,i} \\ \vdots \\ \vdots \\ \underline{U}'_N \end{pmatrix} = \begin{pmatrix} 0 \\ \vdots \\ \vdots \\ 1 \\ \vdots \\ \vdots \\ 0 \end{pmatrix} \tag{5.44}$$

$\uparrow$ unbekannt $\qquad$ $\uparrow$ vorgegeben

Ein Kurzschluss am Knoten i wird damit ausschließlich durch den Wert eins in der i-ten Zeile des Vektors der rechten Seite definiert und kann damit sehr leicht für alle Knoten des Netzes variiert werden. Die Knotenpunktadmittanzmatrix $\boldsymbol{Y}$ ändert sich dabei nicht bei Änderung des Kurzschlussortes. Zu beachten ist noch, dass die Knotenpunktadmittanzmatrix $\boldsymbol{Y}$ nicht mit derjenigen des Leistungsflussproblems übereinstimmt, da bei der Nachbildung der Netzelemente auf Betriebsgrößen verzichtet wird und weil alle Quellen hinter ihrer Innenimpedanz kurzgeschlossen sind.

Die Kurzschlussstromberechnung ist ein lineares Problem, das mit Standardverfahren zur Lösung linearer Gleichungssysteme gelöst werden kann. Im Gegensatz zur Leistungsflussrechnung ist eine Iteration nicht erforderlich. Die Lösung erfolgt beispielsweise mit dem in Abschn. 2.3.3 beschriebenen Gauß'schen Algorithmus. Die Gl. (5.44)

5.3 Symmetrische Fehler

liefert als Ergebnis den Anfangskurzschlusswechselstrom $\underline{I}''_{k,i}$ an der Fehlerstelle i sowie alle komplexen Knotenspannungen $\underline{U}_k$ ($k=1,\ldots,N;\ k\neq i$).

$$\underline{U}'_i = -\frac{U_{LL,i}}{\underline{I}''_{k,i}} \rightarrow \underline{I}''_{k,i} \tag{5.45}$$

Bei der Planung von Netzen wird mit Kurzschlussstromberechnungsprogrammen der Kurzschlussstrom für jeden Netzkotenpunkt i ermittelt und mit den Planungsvorgaben und den Grenzströmen der Betriebsmittel verglichen. Die Berechnung der N Kurzschlussorte ist durch N-maliges Vorwärts-/Rückwärtsaufrollen mit wanderndem Wert eins auf der rechten Seite leicht möglich. Dies führt zu erheblichen Rechenzeitvorteilen gegenüber der Behandlung des Kurzschlusses durch eine „Schaltmaßnahme". Die Dreiecksfaktorisierung ist nur einmal erforderlich.

5.3.5.3 Anwendung des Überlagerungsverfahrens auf ein Fünf-Knoten-Netz

Die Vorgehensweise beim Überlagerungsverfahren soll für einen dreipoligen Kurzschlussfall in einem einfachen Fünf-Knoten-Netz (Abb. 5.21) unter Berücksichtigung der nach DIN VDE 0102 zulässigen Vereinfachungen erläutert werden. Der Kurzschlussort ist in diesem Beispiel der Knoten 1.

Abb. 5.22a zeigt das für das gegebene Beispielnetz nach DIN VDE 0102 gültige Ersatzschaltbild zur Berechnung des Anfangskurzschlusswechselstroms $\underline{I}''_k$. Die Netzelemente sind nur durch ihre Längsglieder nachgebildet, die Querglieder sind vernachlässigt.

An der Fehlerstelle wird die Ersatzspannungsquelle eingefügt. Alle „treibenden" Spannungen werden kurzgeschlossen. Alle Impedanzen werden mit dem Quadrat des Übersetzungsverhältnisses $\ddot{u}_r$ der Transformatoren auf die Spannungsebene des Kurzschlussortes umgerechnet (Abb. 5.22b). Es werden nur die Reaktanzen der Netzelemente

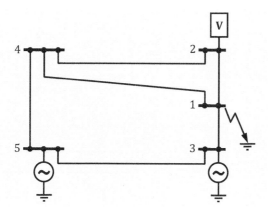

Abb. 5.21 Dreipoliger Kurzschlussfall in einem Fünf-Knoten-Netz

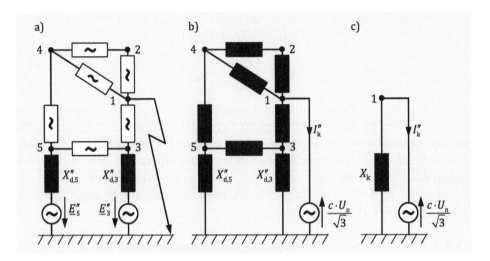

Abb. 5.22 Ersatzschaltbilder für das gegebene Beispielnetz

berücksichtigt. Sie werden durch Netzwerkreduktion bzw. mehrfache Stern-Vieleck-Transformation zur Kurzschlussreaktanz X_k zusammengefasst (Abb. 5.22c). Für das Beispielnetz in Abb. 5.22 ergibt sich damit die folgende Kurzschlussreaktanz X_k.

$$X_k = \frac{(X_D + X_E) \cdot X_A}{X_D + X_E + X_A}$$

$$\text{mit} \quad X_A = \frac{X_{25} \cdot X_{35} + X_{25} \cdot X''_{d,5} + X_{35} \cdot X''_{d,5}}{X_{35}}$$

$$X_{25} = \frac{(X_{12} + X_{24}) \cdot X_{14}}{X_{12} + X_{24} + X_{14}} + X_{45}$$

$$X_B = \frac{X_{25} \cdot X_{35} + X_{25} \cdot X''_{d,5} + X_{35} \cdot X''_{d,5}}{X''_{d,5}}$$

$$X_D = \frac{X_B \cdot X_{23}}{X_B + X_{23}}$$

$$X_C = \frac{X_{25} \cdot X_{35} + X_{25} \cdot X''_{d,5} + X_{35} \cdot X''_{d,5}}{X_{25}}$$

$$X_E = \frac{X_C \cdot X''_{d,3}}{X_C + X''_{d,3}}$$

Der Anfangskurzschlusswechselstrom $\underline{I}''_k$ ergibt sich dann allgemein zu

$$I''_k = \frac{c \cdot U_n}{\sqrt{3} \cdot X_k} \tag{5.46}$$

5.3.6 Nachbildung parallel geschalteter Transformatoren

Bei parallel geschalteten Transformatoren können sich bei dem Kurzschlussberechnungsverfahren mit der Ersatzspanungsquelle an der Fehlerstelle nach DIN VDE 0102 [6, 11] physikalisch nicht interpretierbare Kurzschlussströme ergeben. Dies kann dann auftreten, falls die beiden parallel geschalteten Transformatoren unterschiedliche Übersetzungsverhältnisse aufgrund voneinander abweichender Nennübersetzungsverhältnisse oder unterschiedlicher Stufenstellungen haben. Wie bereits in Abschn. 2.1.6.3.3 beschrieben, treten auch hier Kreisströme auf, die jedoch bei der Kurzschlussstromberechnung physikalisch nicht begründet werden können. Werden die Kurzschlussströme mit dem Überlagerungsverfahren bestimmt oder sind die Übersetzungsverhältnisse gleich, treten diese Fehler nicht auf. Soll auch bei parallel geschalteten Transformatoren das Verfahren mit der Ersatzspanungsquelle an der Fehlerstelle eingesetzt werden, muss man den arithmetischen Mittelwert der Übersetzungsverhältnisse der parallel geschalteten Transformatoren verwenden. Es tritt zwar dann immer noch eine Abweichung gegenüber der als exakt definierten Berechnung mit dem Überlagerungsverfahren auf, die jedoch in der Regel akzeptiert werden kann [13].

5.3.7 Weitere Kenngrößen der Kurzschlussstromberechnung

Bisher wurde ausschließlich auf die Berechnung des dreipoligen Anfangskurzschlusswechselstroms nach DIN VDE 0102 eingegangen. Die Norm liefert aber auch die Grundlage für die Berechnung weiterer wichtiger Kurzschlusskenngrößen.

Abb. 5.23 zeigt die nach DIN VDE 0102 aus dem Anfangskurzschlusswechselstrom $\underline{I}_k''$ abgeleiteten Kurzschlusskenngrößen. Zum einen sind dies die sogenannten „unsymmetrischen" Kurz- oder Erdschlüsse (ein- und zweipolige Kurzschlüsse bzw. Erdschlüsse). Auf die Berechnung dieser Fehlerfälle wird in Abschn. 5.4 eingegangen. Zum anderen sind dies die folgenden Kurzschlusskenngrößen:

- Stoßkurzschlussstrom i_p
- Ausschaltwechselstrom I_a
- Maximaler Dauerkurzschlussstrom $I_{k,max}$
- Minimaler Dauerkurzschlussstrom $I_{k,min}$

Zur Ermittlung der abgeleiteten Kurzschlusskenngrößen wird zunächst eine Berechnung des Anfangskurzschlusswechselstroms durchgeführt. Anschließend werden die abgeleiteten Kenngrößen mithilfe geeigneter, in DIN VDE 0102 vorgegebener Multiplikationsfaktoren bestimmt.

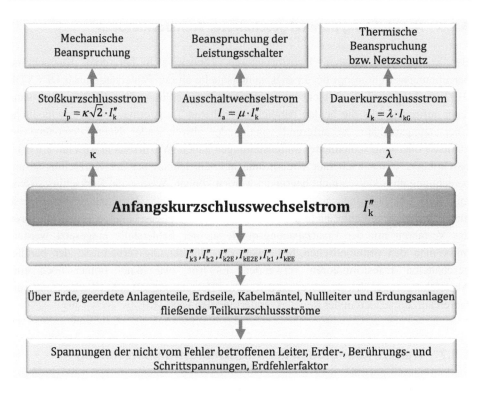

Abb. 5.23 Abgeleitete Kurzschlusskenngrößen nach DIN VDE 0102 [6]

5.3.7.1 Stoßkurzschlussstrom

Zum Zeitpunkt des Stoßkurzschlussstroms treten die maximalen Kräfte in vom Kurzschlussstrom durchflossenen Teilen der Betriebsmittel auf. Er ist damit für die mechanische Beanspruchung der Betriebsmittel und Anlagenteile maßgebend. Auf die exakte Berechnung des Stoßkurzschlussstroms wurde bereits bei der Diskussion des zeitlichen Verlaufs des Kurzschlussstroms eingegangen.

Nach DIN VDE 0102 ist eine vereinfachte Berechnung des Stoßkurzschlussstroms i_p mithilfe des Stoßfaktors κ nach Abb. 5.24 zulässig. Mit diesem Faktor kann der Stoßkurzschlussstrom sehr einfach aus dem Anfangskurzschlusswechselstrom $\underline{I}_k''$ berechnet werden:

$$i_p = \sqrt{2} \cdot \kappa \cdot I_k'' \tag{5.47}$$

Bei Berechnungen im vermaschten Netz stellt die Bestimmung des „korrekten", in Abb. 5.24 zu verwendenden R/X-Verhältnisses ein erhebliches Problem dar. Zur vereinfachten Bestimmung des Faktors κ zur Berechnung des Stoßkurzschlussstroms sind dafür nach DIN VDE 0102 drei Näherungsverfahren zulässig:

5.3 Symmetrische Fehler

a) Verhältnis R/X

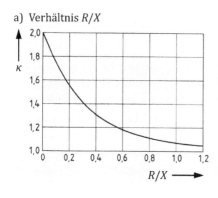

b) Verhältnis X/R

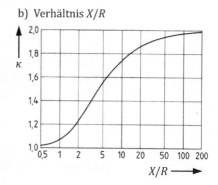

Abb. 5.24 Faktor κ nach DIN VDE 0102 zur Bestimmung des Stoßkurzschlussstroms [6]

- **Einheitliches Verhältnis R/X**
  Das kleinste im Netz auf einem Netzzweig, der einen Teilkurzschlussstrom führt, vorkommende R/X-Verhältnis ist maßgebend für die Bestimmung des Stoßfaktors κ. In Reihe geschaltete Betriebsmittel eines Zweiges werden dabei zusammengefasst. Dieses Verfahren bestimmt eine Abschätzung zur sicheren Seite, da das kleinste R/X-Verhältnis der Zweige und damit der kritischste Fall auf alle Zweige übertragen wird.

- **Verhältnis R/X an der Fehlerstelle**
  Bei diesem Verfahren wird zunächst die Innenimpedanz des Netzes $\underline{Z}_N = R_N + j \cdot X_N$ von der Fehlerstelle aus berechnet. Dies entspricht dem Ersatzschaltbild des Netzes für den betrachteten Kurzschlussfall. Mit der in Abb. 5.24 angegebenen Funktion wird $\kappa = f(R_N/X_N)$ bestimmt.
  Der Stoßkurzschlussstrom i_p wird anschließend mit dem Faktor 1,15, der Unterschiede im R/X-Verhältnis der Zweige abdeckt, berechnet. Das Produkt $1{,}15 \cdot \kappa$ wird in Niederspannungsnetzen auf den maximalen Wert 1,8 und in Mittel- und Hochspannungsnetzen auf den Wert 2,0 begrenzt.

$$i_p = 1{,}15 \cdot \kappa \cdot \sqrt{2} \cdot I_k'' \tag{5.48}$$

- **Ersatzfrequenz**
  Zunächst wird auch hier die Innenimpedanz des Netzes $\underline{Z}_F = R_F + j \cdot X_F$ von der Fehlerstelle aus berechnet. Allerdings werden hierbei die Reaktanzen der Betriebsmittel nicht mit der betriebsüblichen Frequenz von 50 Hz, sondern mit einer Ersatzfrequenz f_e von 20 Hz bestimmt. An der Kurzschlussstelle ist dann eine Spannungsquelle mit der Frequenz $f_e = 20$ Hz. Anschließend erfolgt eine Umrechnung der Netzinnenimpedanz nach der Beziehung

$$\frac{R}{X} = \frac{R_F}{2 \cdot \pi \cdot f_e \cdot L_F} \cdot \frac{f_e}{50\,\text{Hz}} \tag{5.49}$$

mit

$$\underline{Z}_F = R_F + j \cdot 2 \cdot \pi \cdot f_e \cdot L_F \quad (5.50)$$

Für die wirksame Ersatzresistanz an der Fehlerstelle mit der Ersatzfrequenz f_e gilt $R_F = \text{Re}\{\underline{Z}_F\} \neq R$ bei 50 Hz. Ebenso ist $X_F = \text{Im}\{\underline{Z}_F\} \neq X$ bei 50 Hz. Mit dem R/X-Verhältnis entsprechend Gl. (5.49) wird dann der Stoßfaktor κ aus Abb. 5.24 ermittelt.

Abb. 5.24 zeigt den Faktor κ als Funktion des R/X. bzw. X/R-Verhältnisses nach DIN VDE 0102 zur Bestimmung des Stoßkurzschlussstroms. Damit kann der Faktor κ zur Berechnung des Stoßkurzschlussstroms direkt abgelesen werden. Hierfür muss lediglich das R/X-Verhältnis der vom Kurzschluss betroffenen Betriebsmittel bekannt sein. Alternativ kann der Faktor κ nach Gl. (5.51) bestimmt werden.

$$\kappa = 1{,}02 + 0{,}98 \cdot e^{-3 \cdot R/X} \quad (5.51)$$

5.3.7.2 Ausschaltwechselstrom

Der im Fehlerfall auftretende Kurzschlussstrom muss von den entsprechenden Leistungsschaltern (Abb. 5.25) ausgeschaltet werden und darf daher deren Ausschaltvermögen nicht übersteigen. Dabei ist es von Vorteil, dass zwischen dem Eintritt des Kurzschlusses und der Öffnung der Schaltpole eine gewisse Zeit vergeht, in der der Kurzschlussstrom bereits deutlich abgeklungen ist. Der von den Leistungsschaltern tatsächlich auszuschaltende Kurzschlussstrom heißt daher Ausschaltwechselstrom und wird im Wesentlichen zur Dimensionierung der Leistungsschalter herangezogen. Bei der

Abb. 5.25 Leistungsschalter in einer 380-kV-Schaltanlage. (Quelle: K. F. Schäfer)

5.3 Symmetrische Fehler

Planung und dem Betrieb elektrischer Energieversorgungsnetze muss die Einhaltung der zulässigen Ausschaltwechselströme überwacht werden.

Die Zeitspanne zwischen dem Eintritt des Kurzschlusses bei $t=0$ und dessen Ausschaltung durch das Öffnen der Pole des Leistungsschalters wird als Ausschaltzeit T_a bezeichnet. Diese setzt sich aus vier unterschiedlichen Zeitanteilen (Gl. 5.52) zusammen. Zum einen besteht die Ausschaltzeit aus dem Zeitverzug, der im Leistungsschalter selbst durch die Laufzeit der Pole T_P und die Dauer T_L bis zum Erlöschen des Lichtbogens entsteht. Zum anderen entsteht ein Zeitverzug durch die Eigenzeit T_R des Schutzrelais, in der der Kurzschluss zunächst vom Schutzsystem als solcher erkannt werden muss, sowie eine im Schutzrelais variabel einstellbare zusätzliche Verzögerungszeit T_V zur Staffelung des Schutzsystems. Abb. 5.26 zeigt die Zusammensetzung der Ausschaltzeit eines Kurzschlusses.

$$T_a = T_P + T_L + T_R + T_V \tag{5.52}$$

Nach VDE 0102 kann der Ausschaltwechselstrom I_a näherungsweise aus dem Anfangskurzschlusswechselstrom I_k'' mit dem sogenannten Abklingfaktor μ bestimmt werden.

$$I_a = \mu \cdot I_k'' \tag{5.53}$$

Der Faktor μ ist abhängig vom Verhältnis des anteiligen Anfangskurzschlusswechselstroms zum Bemessungsstrom des Generators bzw. des Motors sowie der Dauer bis zum Ausschalten des Kurzschlusses (Ausschaltzeit T_a). Daraus folgt, dass der Faktor μ mit steigender elektrischer Entfernung des Kurzschlussortes vom Generator (d. h. mit kleiner werdendem I_k''/I_r Verhältnis) zunimmt und mit größerem Schaltverzug abnimmt.

Der Faktor $\mu = f(I_k''/I_r)$ kann entsprechend DIN VDE 0102 nach Abb. 5.27 oder nach Gl. (5.54) in Abhängigkeit vom Mindestschaltverzug t_{min} bestimmt werden.

$$\begin{aligned}
\mu &= 0{,}84 + 0{,}26 \cdot e^{-0{,}26 \cdot I_{kG}''/I_{rG}} & \text{bei} \quad t_{min} &= 0{,}02 \text{ s} \\
\mu &= 0{,}71 + 0{,}51 \cdot e^{-0{,}30 \cdot I_{kG}''/I_{rG}} & \text{bei} \quad t_{min} &= 0{,}05 \text{ s} \\
\mu &= 0{,}62 + 0{,}72 \cdot e^{-0{,}32 \cdot I_{kG}''/I_{rG}} & \text{bei} \quad t_{min} &= 0{,}10 \text{ s} \\
\mu &= 0{,}56 + 0{,}94 \cdot e^{-0{,}38 \cdot I_{kG}''/I_{rG}} & \text{bei} \quad t_{min} &\geq 0{,}25 \text{ s}
\end{aligned} \tag{5.54}$$

In einem allgemein vermaschten Netz mit mehreren Einspeisungen muss zunächst der Teilkurzschlussstrom $I_{k,i}''$ und der Faktor μ_i jedes Generators i bestimmt werden. Der

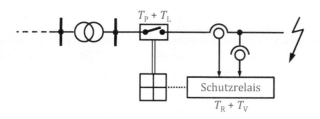

Abb. 5.26 Ausschaltzeit eines Kurzschlusses

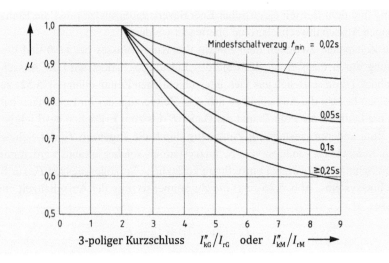

Abb. 5.27 Faktor μ zur Bestimmung des Ausschaltstroms [6]

Ausschaltwechselstrom I_a ergibt sich dann als Summe der Teilströme über alle Einspeisungen $i = 1, \ldots, N_E$:

$$I_a = \sum_{i=1}^{N_E} \mu_i \cdot I''_{k,i} \tag{5.55}$$

Der Faktor μ_i hat den Wert eins, falls die Einspeisung i eine Netzeinspeisung ist.

Der Ausschaltwechselstrom I_a kann auch als Funktion des Anfangskurzschlusswechselstroms an der Fehlerstelle bestimmt werden.

$$I_a = \mu_k \cdot I''_k \tag{5.56}$$

mit

$$I''_k = \sum_{i=1}^{N_E} I''_{k,i}$$

$$\mu_k = \frac{\sum_{i=1}^{N_E} U_{r,i} \cdot \mu_i \cdot I''_{k,i}}{\sum_{i=1}^{N_E} U_{r,i} \cdot I''_{k,i}} \tag{5.57}$$

Bei einem generatorfernen Kurzschluss kann davon ausgegangen werden, dass zum Zeitpunkt T_a das Gleichstromglied vollständig abgeklungen ist. Ein generatorferner Kurzschluss ist dann gegeben, falls für das Verhältnis des Teilkurzschlussstroms zum Nennstrom die Ungleichung

$$\frac{I''_k}{I_r} < 2 \tag{5.58}$$

5.3 Symmetrische Fehler

gilt. Damit gilt für den Ausschaltwechselstrom bei einem generatorfernen Kurzschluss $\mu = 1$ bzw.:

$$I_a = I_k'' \tag{5.59}$$

In jedem Fall kann als Kenngröße einer Anlage die Kurzschlussabschaltleistung S_a angegeben werden. Diese ist jedoch eine fiktive Größe, da I_a nicht gleichzeitig mit $U_k = U_n/\sqrt{3}$ auftritt.

$$S_a = \sqrt{3} \cdot U_n \cdot I_a \tag{5.60}$$

Die thermische Kurzschlussbeanspruchung der Anlage berechnet sich zu:

$$A_{th} = 3 \cdot R \cdot \int_0^{t_a} i_k^2(t) dt \tag{5.61}$$

Bei Motoren klingt der Kurzschlussstrom gegenüber Generatoren deutlich schneller ab, da der transiente Anteil des Kurzschlussstroms aufgrund der stärkeren Dämpfung fehlt. Nach DIN VDE 0102 wird dies beim Ausschaltwechselstrom durch einen zusätzlichen Faktor q berücksichtigt. Damit gilt für den Ausschaltwechselstrom I_a von Motoren

$$I_a = \mu \cdot q \cdot I_k'' \tag{5.62}$$

Abb. 5.28 gibt den zusätzlichen Multiplikationsfaktor q bei der Berechnung des Ausschaltstroms von Motorschaltern an. Der Faktor q ist anhängig von der Ausschaltzeit und der Leistung des Motors. In Abb. 5.28 ist der Mindestschaltverzug und die Wirkleistung je Polpaar angegeben [6]. Der Faktor q nimmt mit längeren Ausschaltzeiten ab und steigt bei größeren Motoren an. Hier ist auch die gespeicherte Rotationsenergie vor dem Kurzschluss größer. Alternativ kann der Faktor q auch nach Gl. (5.63) bestimmt werden.

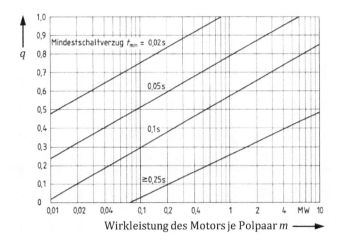

Abb. 5.28 Faktor q zur Berechnung des Ausschaltwechselstroms von Asynchronmotoren [6]

$$q = 1{,}03 + 0{,}12 \cdot \ln(P_{r,M}/p) \quad \text{bei} \quad t_{min} = 0{,}02 \text{ s}$$
$$q = 0{,}79 + 0{,}12 \cdot \ln(P_{r,M}/p) \quad \text{bei} \quad t_{min} = 0{,}05 \text{ s}$$
$$q = 0{,}57 + 0{,}12 \cdot \ln(P_{r,M}/p) \quad \text{bei} \quad t_{min} = 0{,}10 \text{ s} \tag{5.63}$$
$$q = 0{,}26 + 0{,}10 \cdot \ln(P_{r,M}/p) \quad \text{bei} \quad t_{min} \geq 0{,}25 \text{ s}$$

5.3.7.3 Dauerkurzschlussstrom

Bei generatorfernem Kurzschluss ist der Dauerkurzschlussstrom gleich dem Anfangskurzschlusswechselstrom. Für Motoren ist der Dauerkurzschlussstrom gleich null, da der Motor nach Abgabe seiner Rotationsenergie zum Stillstand gekommen ist.

Bei einem geratornahen Kurzschluss ist die Höhe des Dauerkurzschlussstroms vom Zustand (i.e. der Erregung) der Maschine vor dem Kurzschlusseintritt abhängig. Er wird nach DIN VDE 0102 durch die Multiplikation des Generatorbemessungsstroms $I_{r,G}$ mit dem Faktor λ bestimmt.

$$I_k = \lambda \cdot I_{r,G} \tag{5.64}$$

Es werden dabei zwei Grenzfälle unterschieden. Ein minimaler Dauerkurzschlussstrom wird bestimmt, falls sich der Generator im Leerlauf befindet. Der minimal auftretende Dauerkurzschlussstrom $I_{k,min}$ wird zur Auslegung des Schutzsystems benötigt. Hier ist es wichtig, die kleinstmöglichen Kurzschlussströme von den größtmöglichen Lastströmen zu unterscheiden und nur die Kurzschlussströme auszuschalten. Da die kleinsten Kurzschlussströme die größten Lastströme mitunter deutlich unterschreiten, müssen für die Auslösung des Leistungsschalters durch das Schutzsystem weitere Kriterien (z. B. die Spannung) herangezogen werden. Für den minimalen Dauerkurzschlussstrom $I_{k,min}$ gilt:

$$I_{k,min} = \lambda_{min} \cdot I_{r,G} \tag{5.65}$$

Es wird hierbei die konstante Leerlauferregung der Synchronmaschine angenommen. Für den Spannungsfaktor der Ersatzspannungsquelle an der Fehlerstelle wird c_{min} nach Tab. 5.3 verwendet.

Der maximale Dauerkurzschlussstrom tritt auf, falls die Erregung des Generators maximal ist. Mit dem maximal auftretenden Dauerkurzschlussstrom $I_{k,max}$ wird die thermische Beanspruchung der Betriebsmittel bestimmt. Für den maximalen Dauerkurzschlussstrom $I_{k,max}$ gilt:

$$I_{k,max} = \lambda_{max} \cdot I_{r,G} \tag{5.66}$$

In Abb. 5.29 sind die Werte für die Faktoren $\lambda_{max}, \lambda_{min} = f(I_k''/I_n)$ nach DIN VDE 0102 angegeben. Dabei stellt der Anfangskurzschlusswechselstrom I_k'' ein Maß für die Erregung der Maschine dar. In vielen Fällen ist der sich nach Abb. 5.29 ergebende minimale Dauerkurzschlussstrom geringer als der Bemessungsstrom ($\lambda_{min} < 1$).

Da Schenkelpol- und Turbogeneratoren in der Größe der synchronen Reaktanz X_d merklich voneinander abweichen und auch mit unterschiedlichen Erregungsein-

5.3 Symmetrische Fehler

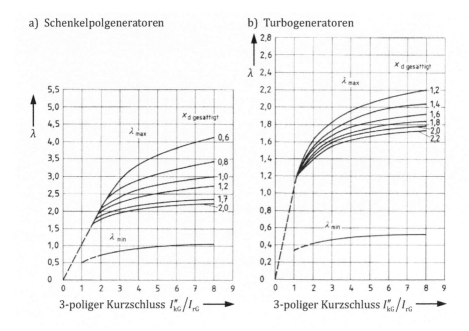

Abb. 5.29 Faktor λ zur Bestimmung des Dauerkurzschlussstroms [6]

richtungen ausgestattet sind, ergeben sich nach Abb. 5.29 unterschiedliche Diagramme bei der Ermittlung des Faktors λ [11].

5.3.8 Takahashi-Verfahren

Für die Anforderungen des Online-Betriebes, bei denen es auf sehr kurze Rechenzeiten ankommt, wurde von K. Takahashi aus dem grundsätzlichen Ansatz des Überlagerungsverfahrens ein sehr schneller Algorithmus zur Kurzschlussstromberechnung weiterentwickelt [14]. Der gedankliche Ausgangspunkt dieses Verfahrens ist die Lösung des Gleichungssystems nach Gl. (5.44).

$$\boldsymbol{Y} \cdot \boldsymbol{u}' = \boldsymbol{i}' \qquad (5.67)$$

Der Grundgedanke des Verfahrens nach Takahashi basiert auf der Berechnung des Kurzschlussstroms mithilfe der Kurzschlussimpedanz und der Ströme auf den Zuleitungen mit den dazu gehörigen Impedanzen der Knotenpunktimpedanzmatrix $\boldsymbol{Z}$. Für die theoretische Ableitung des Verfahrens wird die Impedanzmatrix durch die Inverse der Admittanzmatrix beschrieben. Selbstverständlich wird diese Inversion so nicht in einem Rechenprogramm realisiert. Mit diesem Ansatz erhält man das Gleichungssystem

$$\boldsymbol{u'} = \boldsymbol{Z} \cdot \boldsymbol{i'} \tag{5.68}$$

oder ausführlich:

$$\begin{pmatrix} \underline{U}'_1 \\ \vdots \\ \underline{U}'_i \\ \vdots \\ \underline{U}'_N \end{pmatrix} = \begin{pmatrix} \underline{z}_{11} & \cdots & \cdots & \cdots & \underline{z}_{1N} \\ \vdots & \ddots & & & \vdots \\ \vdots & & \ddots & & \vdots \\ \vdots & & & \ddots & \vdots \\ \underline{z}_{N1} & \cdots & \cdots & \cdots & \underline{z}_{NN} \end{pmatrix} \cdot \begin{pmatrix} 0 \\ \vdots \\ 1 \\ \vdots \\ 0 \end{pmatrix} \tag{5.69}$$

Bei einem Kurzschluss am Knoten i gilt für die i-te Zeile:

$$\underline{U}'_i = \underline{z}_{ii} \cdot 1 = \underline{z}_{ii} \tag{5.70}$$

Damit lässt sich dann einfach der Kurzschlussstrom $\underline{I}''_{k,i}$ an Knoten i bestimmen.

$$\underline{I}''_{k,i} = \frac{\underline{U}_i}{\underline{z}_{ii}} \tag{5.71}$$

$$\underline{U}'_i = -\underline{U}_{\text{LL},i} \quad \text{bzw.} \quad \underline{U}'_i = -\frac{c \cdot U_\text{n}}{\sqrt{3}} \tag{5.72}$$

Wobei für $\underline{U}_i$ die mit einer Leistungsflussberechnung ermittelte Spannung ($-\underline{U}_{\text{LL},i}$) oder die entsprechend dem vereinfachten Verfahren nach Gl. (5.72) bestimmte Spannung verwendet werden kann. Aus Gl. (5.71) ergibt sich, dass zur Berechnung von $\underline{I}''_{k,i}$ nur das Hauptdiagonal-Element $\underline{z}_{ii}$ von $\boldsymbol{Z}$ erforderlich ist. Sind die Hauptdiagonalelemente $\underline{z}_{ii}$ für alle Knoten ($i = 1, \ldots, N$) bekannt, lassen sich die Kurzschlussströme $\underline{I}''_{k,i}$ bei Kurzschlüssen an allen Knoten sehr einfach bestimmen.

Zur Bestimmung der Beanspruchung einzelner Leistungsschalter müssen allerdings auch jeweils die Teilkurzschlussströme, die über die angrenzenden Zweige auf den Kurzschlussort zufließen, bekannt sein (s. Abschn. 1.9.2.3). Der Teilkurzschlussstrom $\underline{I}''_{k,ji}$, der beispielsweise vom Knoten j zum Kurzschlussknoten i fließt, berechnet sich zu:

$$\underline{I}''_{k,ji} = (\underline{U}_j - \underline{U}_i) \cdot \underline{Y}_{ji} \tag{5.73}$$

Unter Berücksichtigung der j-ten Gleichung im Gleichungssystem (5.69) und Gl. (5.73):

$$\underline{U}'_j = \underline{z}_{ji} \cdot 1 = -\frac{\underline{U}_j}{\underline{I}''_{k,i}} \tag{5.74}$$

folgt dann für den Teilkurzschlussstrom $\underline{I}''_{k,ji}$:

$$\underline{I}_{k,ji} = (-\underline{z}_{ji} + \underline{z}_{ii}) \cdot \underline{I}''_{k,i} \cdot \underline{Y}_{ji} \tag{5.75}$$

Aus Gl. (5.73) ist ersichtlich, dass neben dem Hauptdiagonalelement von $\boldsymbol{Z}$ zur Berechnung der unmittelbar am Kurzschlussort zufließenden Teilkurzschlussströme

5.3 Symmetrische Fehler

nur genau die Nebendiagonalelemente der Knotenpunktimpedanzmatrix notwendig sind, die auch in der (schwach besetzten) Knotenpunktadmittanzmatrix besetzt sind. Bei real großen Netzen trifft dies nur für etwa ein Prozent der Matrixelemente zu (s. Abschn. 2.4.2.1.1). Daher ist auch hier eine vollständige Inversion zur Bestimmung der Impedanzmatrix grundsätzlich zu vermeiden.

Prinzipiell ist es auch möglich, andere und weiter entfernt fließende Teilkurzschlussströme zu berechnen. Hierfür werden allerding erheblich mehr Elemente der Impedanzmatrix benötigt.

Die unvollständige Impedanzmatrix Z, die nur aus den auch in der Knotenpunktadmittanzmatrix Y besetzten Elementen gebildet wird, wird als Spärliche Impedanzmatrix bezeichnet. Da eine Inversion der Admittanzmatrix Y zur Berechnung der Impedanzmatrix Z wegen des hohen Rechenaufwandes nicht infrage kommt, hat Takahashi ein Verfahren abgeleitet, mit dem nur genau die benötigten Elemente von Z gezielt berechnet werden. Für die Ableitung dieses Verfahrens wird zunächst vorausgesetzt, dass die Knotenpunktadmittanzmatrix symmetrisch ist. Die Berechnung der erforderlichen Impedanzen erfolgt mit einem rekursiven Gleichungssystem, das in sich geschlossen ist, sodass die Berechnung neuer Impedanzwerte stets von den bereits berechneten Impedanzwerten ausgeht. Ausgangspunkt der Ableitung ist dabei die Identitätsbeziehung der Einheitsmatrix [14].

$$Y \cdot Z = E \qquad (5.76)$$

Die Knotenpunktadmittanzmatrix Y lässt sich in die drei Teilmatrizen L, D und U faktorisieren. Dabei ist L eine strikte untere Dreiecksmatrix, D eine Diagonalmatrix und U eine strikte obere Dreiecksmatrix. Damit gilt:

$$Y = L \cdot D \cdot U \qquad (5.77)$$

Bei einer symmetrischen Matrix ist die obere Dreiecksmatrix gleich der transponierten unteren Dreiecksmatrix.

$$U = L^T \qquad (5.78)$$

Diese Beziehung wird in Gl. (5.76) eingesetzt. Anschließend wird das Gleichungssystem nacheinander von links mit den Inversen der Matrizen L und D multipliziert.

$$\begin{aligned} L \cdot D \cdot L^T \cdot Z &= E \\ D \cdot L^T \cdot Z &= L^{-1} \\ L^T \cdot Z &= D^{-1} \cdot L^{-1} \end{aligned} \qquad (5.79)$$

Durch Subtraktion des Produktes $L^T \cdot Z$ und anschließender Addition von Z auf beiden Seiten des Gleichungssystems erhält man:

$$Z = D^{-1} \cdot L^{-1} + Z - L^T \cdot Z \qquad (5.80)$$

Durch Ausklammern der Impedanzmatrix Z folgt aus Gl. (5.80) die Bestimmungsgleichung für die Impedanzmatrix Z nach:

$$Z = D^{-1} \cdot L^{-1} + (E - L^{T}) \cdot Z \tag{5.81}$$

Gl. (5.81) ist ein rekursives Gleichungssystem, da Z auf beiden Seiten des Gleichungssystems erscheint. Die Matrixinversion der unteren Dreiecksmatrix L^{-1} braucht zur Berechnung der spärlichen Matrix Z nicht ausgeführt zu werden. Die Transponierte L^{T} als dreiecksfaktorisierte Matrix der Admittanzmatrix Y ist leicht zu berechnen [14].

Die Analyse der Besetztheitsstruktur der einzelnen Matrizen in dem rekursiven Gleichungssystem (Gl. 5.81) macht den geringen Rechenaufwand und damit die Schnelligkeit dieser Methode sichtbar. Für die mathematisch erforderlichen Matrixinversionen gilt, dass die Inverse der Diagonalmatrix D in ihrer Struktur wieder eine Diagonalmatrix ist (Gl. 5.82). Die nur auf der Hauptdiagonalen existierenden skalaren Elemente der Matrix entsprechen den reziproken Werten der Ausgangsmatrix.

$$D^{-1} = \begin{pmatrix} \underline{d}_{11} & 0 & \cdots & \cdots & 0 \\ 0 & \ddots & \ddots & & \vdots \\ \vdots & \ddots & \ddots & \ddots & \vdots \\ \vdots & & \ddots & \ddots & 0 \\ 0 & \cdots & \cdots & 0 & \underline{d}_{NN} \end{pmatrix}^{-1} = \begin{pmatrix} 1/\underline{d}_{11} & 0 & \cdots & \cdots & 0 \\ 0 & \ddots & \ddots & & \vdots \\ \vdots & \ddots & \ddots & \ddots & \vdots \\ \vdots & & \ddots & \ddots & 0 \\ 0 & \cdots & \cdots & 0 & 1/\underline{d}_{NN} \end{pmatrix} \tag{5.82}$$

Die Inverse der Dreiecksmatrix L ist ebenfalls eine Dreiecksmatrix. Da die Hauptdiagonalelemente mit dem Wert eins besetzt sind, hat die Determinante ebenfalls diesen Wert, und es bleibt auch die Hauptdiagonale unverändert. Wie man bei der Auflösung des rekursiven Gleichungssystems noch sieht, sind die Werte der übrigen Elemente (•) unterhalb der Hauptdiagonalen aufgrund der Verschachtelung der beiden Gleichungssysteme für die weiteren Berechnungen ohne Bedeutung.

$$L^{-1} = \begin{pmatrix} 1 & 0 & \cdots & \cdots & 0 \\ \bullet & \ddots & \ddots & & \vdots \\ \vdots & \ddots & \ddots & \ddots & \vdots \\ \vdots & & \ddots & \ddots & 0 \\ \bullet & \cdots & \cdots & \bullet & 1 \end{pmatrix}^{-1} = \begin{pmatrix} 1 & 0 & \cdots & \cdots & 0 \\ \bullet & \ddots & \ddots & & \vdots \\ \vdots & \ddots & \ddots & \ddots & \vdots \\ \vdots & & \ddots & \ddots & 0 \\ \bullet & \cdots & \cdots & \bullet & 1 \end{pmatrix} \tag{5.83}$$

Die Inverse einer unteren Dreiecksmatrix ergibt wieder eine untere Dreiecksmatrix:

$$L^{-1} = \frac{1}{\det(L)} \cdot \mathrm{adj}(L) \tag{5.84}$$

Falls $\underline{l}_{ik} = 0$ für $k > i$, folgt:

$$\det(L) = \prod_{i=1}^{N} \underline{l}_{ii}$$

5.3 Symmetrische Fehler

und
$$\mathrm{adj}(\boldsymbol{L}) = \left(\boldsymbol{L}'\right)^{\mathrm{T}}$$

Dabei bedeutet $\boldsymbol{L}'$ die Matrix der algebraischen Komplemente. Das algebraische Komplement $\underline{l}'_{ik}$ des Matrixelements $\underline{l}_{ik}$ erhält man durch Bildung der Determinante der Restmatrix nach Streichen der Zeile und Spalte, die $\underline{l}_{ik}$ enthält. Daraus folgt, dass $\boldsymbol{L}'$ eine obere Dreiecksmatrix ist, falls $\boldsymbol{L}$ eine untere Dreiecksmatrix ist. Damit ist die Transponierte der oberen Dreiecksmatrix $\left(\boldsymbol{L}'\right)^{\mathrm{T}}$ wiederum eine untere Dreiecksmatrix.

Das Produkt $\boldsymbol{D}^{-1} \cdot \boldsymbol{L}^{-1}$ einer Dreiecksmatrix mit einer Diagonalmatrix ist wiederum eine Dreiecksmatrix, bei der lediglich die Hauptdiagonale verändert ist. Damit hat dieses Produkt die folgende Besetztheitsstruktur:

$$\boldsymbol{D}^{-1} \cdot \boldsymbol{L}^{-1} = \begin{pmatrix} \underline{d}_{11}^{-1} & 0 & 0 & 0 & 0 \\ \bullet & \ddots & 0 & 0 & 0 \\ \bullet & \bullet & \underline{d}_{kk}^{-1} & 0 & 0 \\ \bullet & \bullet & \bullet & \ddots & 0 \\ \bullet & \bullet & \bullet & \bullet & \underline{d}_{NN}^{-1} \end{pmatrix} \tag{5.85}$$

Für das zu lösende Gleichungssystem (5.81) ergibt sich die zusammenfassende Darstellung nach Gl. (5.86).

$$\begin{pmatrix} \underline{z}_{11} & \cdots & \underline{z}_{ik} & \cdots & \underline{z}_{iN} \\ \vdots & \ddots & \vdots & \cdot^{\cdot^{\cdot}} & \vdots \\ \underline{z}_{1k} & \cdots & \underline{z}_{kk} & \cdots & \underline{z}_{kN} \\ \vdots & \cdot^{\cdot^{\cdot}} & \vdots & \ddots & \vdots \\ \underline{z}_{1N} & \cdots & \underline{z}_{1k} & \cdots & \underline{z}_{NN} \end{pmatrix} = \begin{pmatrix} \underline{d}_{11}^{-1} & 0 & 0 & 0 & 0 \\ \bullet & \ddots & 0 & 0 & 0 \\ \bullet & \bullet & \underline{d}_{kk}^{-1} & 0 & 0 \\ \bullet & \bullet & \bullet & \ddots & 0 \\ \bullet & \bullet & \bullet & \bullet & \underline{d}_{NN}^{-1} \end{pmatrix} - \begin{pmatrix} 0 & \underline{l}_{12} & \cdots & \cdots & \underline{l}_{1N} \\ \vdots & \ddots & \ddots & & \vdots \\ \vdots & & \ddots & \ddots & \vdots \\ \vdots & & & \ddots & \underline{l}_{N-1,N} \\ 0 & \cdots & \cdots & \cdots & 0 \end{pmatrix}$$

$$\cdot \begin{pmatrix} \underline{z}_{11} & \cdots & \underline{z}_{ik} & \cdots & \underline{z}_{iN} \\ \vdots & \ddots & \vdots & \cdot^{\cdot^{\cdot}} & \vdots \\ \underline{z}_{1k} & \cdots & \underline{z}_{kk} & \cdots & \underline{z}_{kN} \\ \vdots & \cdot^{\cdot^{\cdot}} & \vdots & \ddots & \vdots \\ \underline{z}_{1N} & \cdots & \underline{z}_{1k} & \cdots & \underline{z}_{NN} \end{pmatrix}$$

(5.86)

Die Vorgehensweise entspricht bezüglich der Lösungsrichtung einer Rückwärtssubstitution. Die Auflösung beginnt mit der letzten Zeile und Berechnung von $\underline{z}_{NN}$. Anschließend werden die Elemente der übrigen Zeilen $(N-1)$ berechnet. In jeder dieser Zeilen werden zunächst die gewünschten Nebendiagonalelemente berechnet, dann die entsprechenden Hauptdiagonalelemente. Für die einzelnen Matrixelemente $\underline{z}_{ij}$ ergeben sich damit die Rechenschritte nach den Gl. (5.87) und (5.88):

$$\underline{z}_{NN} = \frac{1}{\underline{d}_{NN}} - 0 \cdot \underline{z}_{NN}$$

$$\underline{z}_{N-1,N} = 0 - \underline{l}_{N-1,N} \cdot \underline{z}_{NN} \tag{5.87}$$

$$\underline{z}_{N-1,N-1} = \frac{1}{\underline{d}_{N-1,N-1}} - \underline{l}_{N-1,N} \cdot \underbrace{\underline{z}_{N,N-1}}_{=\underline{z}_{N-1,N}}$$

Allgemein:

$$\underline{z}_{ik} \atop (k>i) = \begin{cases} \text{nicht berechnet, falls } \underline{l}_{ik} = 0 \\ -\sum_{j=k+1}^{N} \left(\underline{l}_{kj} \cdot \underline{z}_{ji}\right) \end{cases}$$

$$\underline{z}_{ki} = \underline{z}_{ik} \tag{5.88}$$

$$\underline{z}_{ii} = \frac{1}{\underline{d}_{ii}} - \sum_{j=i+1}^{N} \left(\underline{l}_{ij} \cdot \underline{z}_{ji}\right)$$

Für das Netzbeispiel nach Abb. 5.21 ergibt sich das zu lösende rekursive Gleichungssystem nach Takahashi [15]. Durch die Faktorisierung entstehen die Fill-in-Elemente $\underline{l}_{23}$, $\underline{l}_{34}$ und $\underline{l}_{35}$.

$$\begin{pmatrix} \underline{z}_{11} & \underline{z}_{12} & \underline{z}_{13} & \underline{z}_{14} & \underline{z}_{15} \\ \underline{z}_{21} & \underline{z}_{22} & \underline{z}_{23} & \underline{z}_{24} & \underline{z}_{25} \\ \underline{z}_{31} & \underline{z}_{32} & \underline{z}_{33} & \underline{z}_{34} & \underline{z}_{35} \\ \underline{z}_{41} & \underline{z}_{42} & \underline{z}_{43} & \underline{z}_{44} & \underline{z}_{45} \\ \underline{z}_{51} & \underline{z}_{52} & \underline{z}_{53} & \underline{z}_{54} & \underline{z}_{55} \end{pmatrix} = \begin{pmatrix} \underline{d}_{11}^{-1} & 0 & 0 & 0 & 0 \\ \bullet & \underline{d}_{22}^{-1} & 0 & 0 & 0 \\ \bullet & \bullet & \underline{d}_{33}^{-1} & 0 & 0 \\ \bullet & \bullet & \bullet & \underline{d}_{44}^{-1} & 0 \\ \bullet & \bullet & \bullet & \bullet & \underline{d}_{55}^{-1} \end{pmatrix} - \begin{pmatrix} 0 & \underline{l}_{12} & \underline{l}_{13} & \underline{l}_{14} & 0 \\ 0 & 0 & \underline{l}_{23} & \underline{l}_{24} & 0 \\ 0 & 0 & 0 & \underline{l}_{34} & \underline{l}_{35} \\ 0 & 0 & 0 & 0 & \underline{l}_{45} \\ 0 & 0 & 0 & 0 & 0 \end{pmatrix}$$

$$\cdot \begin{pmatrix} \underline{z}_{11} & \underline{z}_{12} & \underline{z}_{13} & \underline{z}_{14} & \underline{z}_{15} \\ \underline{z}_{21} & \underline{z}_{22} & \underline{z}_{23} & \underline{z}_{24} & \underline{z}_{25} \\ \underline{z}_{31} & \underline{z}_{32} & \underline{z}_{33} & \underline{z}_{34} & \underline{z}_{35} \\ \underline{z}_{41} & \underline{z}_{42} & \underline{z}_{43} & \underline{z}_{44} & \underline{z}_{45} \\ \underline{z}_{51} & \underline{z}_{52} & \underline{z}_{53} & \underline{z}_{54} & \underline{z}_{55} \end{pmatrix} \tag{5.89}$$

Der Aufrollprozess des Gleichungssystems (5.89) beginnt mit dem letzten Matrixelement $\underline{z}_{55}$ und endet mit dem ersten Matrixelement $\underline{z}_{11}$.

$$\underline{z}_{55} = \frac{1}{\underline{d}_{55}} \qquad\qquad \underline{z}_{14} = -\underline{l}_{12} \cdot \underline{z}_{24} - \underline{l}_{13} \cdot \underline{z}_{34} - \underline{l}_{14} \cdot \underline{z}_{44} \quad = \underline{z}_{41}$$

$$\underline{z}_{45} = -\underline{l}_{45} \cdot \underline{z}_{55} \qquad = \underline{z}_{54} \quad \underline{z}_{23} = -\underline{l}_{23} \cdot \underline{z}_{33} - \underline{l}_{24} \cdot \underline{z}_{43} \qquad\qquad = \underline{z}_{32}$$

$$\underline{z}_{44} = \frac{1}{\underline{d}_{44}} - \underline{l}_{45} \cdot \underline{z}_{54} \qquad\qquad \underline{z}_{13} = -\underline{l}_{12} \cdot \underline{z}_{32} - \underline{l}_{13} \cdot \underline{z}_{33} - \underline{l}_{14} \cdot \underline{z}_{43} \quad = \underline{z}_{31}$$

$$\underline{z}_{35} = -\underline{l}_{34} \cdot \underline{l}_{45} - \underline{l}_{35} \cdot \underline{z}_{55} \quad = \underline{z}_{53} \quad \underline{z}_{22} = \frac{1}{\underline{d}_{22}} - \underline{l}_{23} \cdot \underline{z}_{32} - \underline{l}_{24} \cdot \underline{z}_{42}$$

$$\underline{z}_{34} = -\underline{l}_{34} \cdot \underline{z}_{44} - \underline{l}_{35} \cdot \underline{z}_{54} \quad = \underline{z}_{43} \quad \underline{z}_{12} = -\underline{l}_{12} \cdot \underline{z}_{22} - \underline{l}_{13} \cdot \underline{z}_{32} - \underline{l}_{14} \cdot \underline{z}_{42} \quad = \underline{z}_{21}$$

$$\underline{z}_{33} = \frac{1}{\underline{d}_{33}} - \underline{l}_{34} \cdot \underline{z}_{43} - \underline{l}_{35} \cdot \underline{z}_{53} \qquad \underline{z}_{11} = \frac{1}{\underline{d}_{11}} - \underline{l}_{12} \cdot \underline{z}_{21} - \underline{l}_{13} \cdot \underline{z}_{31} - \underline{l}_{14} \cdot \underline{z}_{41}$$

$$\underline{z}_{24} = -\underline{l}_{23} \cdot \underline{z}_{34} - \underline{l}_{24} \cdot \underline{z}_{44} \quad = \underline{z}_{42}$$

$$\tag{5.90}$$

Tab. 5.4 Rechenzeitvorteile des Takahashi-Verfahrens

Netz	Knotenzahl	Zweigzahl	Relativer Zeitbedarf	
			Takahashi	Vor- /rückwärts
I	69	101	12 %	100 %
II	109	156	9 %	100 %
III	198	300	6 %	100 %
IV	512	798	4 %	100 %

Auf diese Weise werden alle interessierenden Elemente der Impedanzmatrix bestimmt.

Das Takahashi-Verfahren benötigt im Vergleich zum Vorwärts-/Rückwärts-Aufrollen der dreiecksfaktorisierten Admittanzmatrix deutlich weniger Berechnungsaufwand. Dieser beträgt für größere Netze nur wenige Prozent des für das Standard-Verfahren erforderlichen Aufwandes. Tab. 5.4 zeigt die Rechenzeitvorteile des Takahashi-Verfahrens am Beispiel verschieden großer Netze [15].

Bisher wurde für das Takahashi-Verfahren vorausgesetzt, dass die Admittanzmatrix Y symmetrisch ist. Das Verfahren ist jedoch auch für unsymmetrische Admittanzmatrizen anwendbar. Diese liegen vor, falls in einem Netz auch schräggestellte Transformatoren vorhanden sind. Der benötigte Rechenaufwand verdoppelt sich allerdings für diesen Fall, da statt des einen zu lösenden Gleichungssystems (5.81) dann ein zweites, analog aufgebautes Gleichungssystem gelöst werden muss, in dem die differierenden Nebendiagonalelemente der Transformatoren enthalten sind (s. Abschn. 2.4.2).

Ein weiteres Verfahren, mit dem eine spärliche Inverse einer gegebenen, schwach besetzten Matrix bestimmt werden kann, ist die in Abschn. 2.3.3.5 beschriebene Bi-Faktorisierung.

5.4 Unsymmetrische Fehler

5.4.1 Unsymmetrische Netzzustände

In realen Drehstromsystemen sind alle Komponenten des Systems (z. B. Leitungen, Kabel, Transformatoren) symmetrisch aufgebaut. Alle im System angeschlossenen Quellen (z. B. Generatoren) liefern im Normalfall symmetrische Spannungen. Für den symmetrischen Betriebsfall (z. B. gleiche Belastung in allen drei Phasen des Systems) sind solche Drehstromsysteme durch eine einphasige Ersatzschaltung vollständig beschreibbar und damit einfach zu berechnen.

Unsymmetrische Betriebszustände treten durch ungleichmäßige Belastungen in den einzelnen Phasen (z. B. einphasige Verbraucher im Niederspannungsnetz), durch Schaltmaßnahmen und insbesondere bei Fehlern (Erdschluss, ein- oder zweipoliger Kurzschluss, Mehrfachfehler, unsymmetrische Unterbrechung einer Leitung) auf. Während beim dreipoligen Kurzschluss die Symmetrie des Netzbetriebs gewahrt bleibt, führen alle übrigen Fehlerarten wie der zweipolige Kurzschluss ohne und mit Erdberührung, der einpolige Erd-(kurz-)schluss, ein- und zweipolige Leiterunterbrechungen und Doppelfehler zu Unsymmetrien im Netz.

Bei Unsymmetrien kann keine einfache einphasige Ersatzdarstellung genutzt werden. Es ist vielmehr das Berechnen einer dreiphasigen Ersatzschaltung (Abb. 5.30) notwendig. Das dafür gültige dreiphasige Gleichungssystem ist mit allen unabhängigen Knoten und Maschengleichungen aufzustellen und zu lösen. Bei unsymmetrischer Belastung gilt allgemein.

$$\underline{Z}_1 \neq \underline{Z}_2 \neq \underline{Z}_3 \tag{5.91}$$

Das in Abb. 5.30 gegebene, symmetrisch aufgebaute aber unsymmetrisch betriebene bzw. belastete Drehstromsystem wird durch das gekoppelte Gleichungssystem (5.92) und mit den Gl. (5.93) und (5.94) beschrieben. Die Impedanzmatrix in diesem Gleichungssystem ist voll besetzt.

$$\begin{aligned}
\underline{U}_1 &= \underline{U}_{1N} - (\underline{Z}_{11} \cdot \underline{I}_1 + \underline{Z}_{12} \cdot \underline{I}_2 + \underline{Z}_{13} \cdot \underline{I}_3) - \underline{Z}_{EE} \cdot (\underline{I}_1 + \underline{I}_2 + \underline{I}_3) \\
\underline{U}_2 &= \underline{U}_{2N} - (\underline{Z}_{21} \cdot \underline{I}_1 + \underline{Z}_{22} \cdot \underline{I}_2 + \underline{Z}_{23} \cdot \underline{I}_3) - \underline{Z}_{EE} \cdot (\underline{I}_1 + \underline{I}_2 + \underline{I}_3) \\
\underline{U}_3 &= \underline{U}_{3N} - (\underline{Z}_{31} \cdot \underline{I}_1 + \underline{Z}_{32} \cdot \underline{I}_2 + \underline{Z}_{33} \cdot \underline{I}_3) - \underline{Z}_{EE} \cdot (\underline{I}_1 + \underline{I}_2 + \underline{I}_3)
\end{aligned} \tag{5.92a–c}$$

$$\begin{aligned}
\underline{I}_1 &= \underline{U}_1/\underline{Z}_1 \\
\underline{I}_2 &= \underline{U}_2/\underline{Z}_2 \\
\underline{I}_3 &= \underline{U}_3/\underline{Z}_3
\end{aligned} \tag{5.93a–c}$$

$$\underline{I}_1 + \underline{I}_2 + \underline{I}_3 = \underline{I}_E \neq 0 \tag{5.94}$$

Diese Vorgehensweise ist insbesondere bei größeren Systemen sehr aufwendig und zeitraubend, prinzipiell aber möglich. Auf einfacherem Weg kann die Lösung für einen

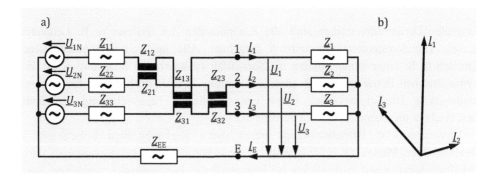

Abb. 5.30 Beispielschaltung einer unsymmetrischen Belastung

5.4 Unsymmetrische Fehler

unsymmetrischen Betriebszustand durch die Transformation des Systems in symmetrische Komponenten gefunden werden.

5.4.2 Theorie der Transformation in symmetrische Komponenten

In der Elektrotechnik wird von einer Vielzahl mathematischer Funktionen Gebrauch gemacht, um unterschiedliche Probleme der einzelnen Fakultäten zu lösen. Beispiele solcher Transformationen sind Laplace-Transformation, Fourier-Transformation, Park-Transformation, symmetrische Komponenten.

Allen Transformationen ist dabei gemein, dass die Lösung von Problemen im transformierten Bereich, der auch als Bildbereich oder Komponentenbereich bezeichnet wird, häufig einfacher ist als im Originalbereich. Dies gilt insbesondere für die in der Energietechnik häufig verwendete Transformation in symmetrische Komponenten. Zusätzlich zur rein mathematischen Transformationsvorschrift ergeben sich einige reale physikalische Implikationen, d. h. verschiedene transformierte Größen wie Spannungen oder Ströme können auch im realen System festgestellt und gemessen werden.

5.4.2.1 Grundlagen der Komponentenzerlegung

Um für die Berechnung von unsymmetrischen Betriebszuständen die Vorteile entkoppelter Einphasensysteme zu nutzen, wird eine Transformation gesucht, die auch für Unsymmetrien einphasige Ersatzschaltbilder im Bildbereich liefert.

Die Impedanzmatrix $\mathbf{Z}_{123}$ des ursprünglichen Problems ist voll besetzt (vergleiche Beispiel in Abschn. 5.4.1). Wenn aus vorgegebenen Spannungen $\mathbf{u}_{123}$ die Ströme $\mathbf{i}_{123}$ ermittelt werden sollen, ist eine Matrixinversion erforderlich. Die Lösung ist daher aufwendig. Nach der Transformation mit der Symmetrierungsmatrix $\mathbf{S}$ ergibt sich eine neue Matrix $\mathbf{Z}^{[0mg]}$ (Abb. 5.31). Die Transformation ist dann sinnvoll, falls die neue Matrix $\mathbf{Z}^{[0mg]}$ so günstige Eigenschaften hat, dass sich damit das ursprüngliche Problem im Bildbereich einfacher lösen lässt. Die gesuchten Größen im Originalsystem werden abschließend durch die Rücktransformation mit der Entsymmetrierungsmatrix $\mathbf{T}$ bestimmt.

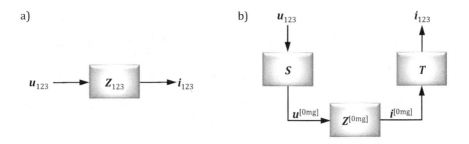

Abb. 5.31 Transformation in symmetrische Komponenten

An eine solche Transformation werden damit die folgenden Anforderungen gestellt. Die Transformationsfunktion muss linear sein, damit bei den linearen Netzen im Originalbereich der lineare Zusammenhang zwischen Strom und Spannung erhalten bleibt. Bei symmetrischem Betrieb (im Originalsystem nur durch die Phase L1 darstellbar) soll auch im Bildbereich nur eine Komponente ungleich null sein. Die Bezugskomponenteninvarianz soll bei der Transformation erhalten bleiben und die Transformationsmatrix T soll eine Diagonalmatrix sein.

Diese Anforderungen bedeuten, dass bei symmetrischem Betrieb die Größen der Bezugsphase L1 genau gleich den Größen eines Komponentensystems sein sollen. Das Ergebnis soll ein entkoppeltes Gleichungssystem sein und für die Bezugsphase L1 soll gelten:

$$\begin{pmatrix} u^{[0]} \\ u^{[m]} \\ u^{[g]} \end{pmatrix} = \begin{pmatrix} Z^{[0]} & 0 & 0 \\ 0 & Z^{[m]} & 0 \\ 0 & 0 & Z^{[g]} \end{pmatrix} \cdot \begin{pmatrix} i^{[0]} \\ i^{[m]} \\ i^{[g]} \end{pmatrix} \quad (5.95)$$

Die hochgestellten Indizes stehen mit [0] für das Nullsystem, mit [m] für das Mitsystem und mit [g] für das Gegensystem. Statt der Bezeichnung [0, m, g] wird häufig auch die Indizierung [0, 1, 2] für das Null-, Mit- und Gegensystem verwendet.

Die oben formulierten Anforderungen werden durch die von C. L. Fortescue angegebenen Transformationsvorschriften der symmetrischen Komponenten [0, m, g] erfüllt [16].

5.4.2.2 Symmetrische Komponenten

Der Aufbau eines unsymmetrischen Spannungssystems ist in Abb. 5.32 durch ein jeweils symmetrisches Mit-, Gegen- und Nullsystem anhand einer Zeigerdarstellung skizziert.

Hierbei können beliebige Größen (im Abb. 5.32 am Beispiel von Spannungen) durch mathematische Operationen in ihre Teilsysteme zerlegt bzw. aus Teilsystemen zusammengesetzt werden. Das Mitsystem ist grundsätzlich aus drei Zeigern mit positivem Drehsinn aufgebaut, die um jeweils 120° verschoben sind. Das Gegensystem besitzt einen mathematisch negativen Drehsinn. Das Nullsystem stellt ein gleichphasiges System dar [17].

5.4.2.2.1 Ableitung der Komponentenersatzschaltungen

Die Spannungen eines unsymmetrischen Drehstromsystems sind:

$$\begin{aligned} \underline{U}_1 &= \underline{U} \cdot e^{j \cdot 0°} \\ \underline{U}_2 &= \underline{U} \cdot e^{-j \cdot 120°} \\ \underline{U}_3 &= \underline{U} \cdot e^{j \cdot 120°} \end{aligned} \quad (5.96a\text{–}c)$$

Als mathematisch notwendige Grundlage werden drei Einheitszeiger eingeführt, die jeweils um einen Winkel von 120° verschoben sind. Der erste Zeiger wird als in der reellen Achse liegend angenommen. Damit ergeben sich die Einheitszeiger zu:

5.4 Unsymmetrische Fehler

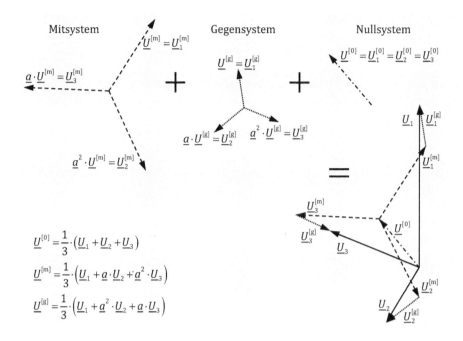

Abb. 5.32 Aufbau eines unsymmetrischen Drehstromsystems aus symmetrischen Komponenten

$$1 = e^{j \cdot 0°}$$
$$\underline{a} = e^{j \cdot 120°}$$
$$\underline{a}^2 = \underline{U} \cdot e^{-j \cdot 120°}$$
(5.97a–c)

Für die Einheitszeiger gilt die Identität:

$$1 + \underline{a} + \underline{a}^2 = 0 \qquad (5.98)$$

Damit lassen sich die Spannungen des unsymmetrischen Drehstromsystems schreiben:

$$\underline{U}_1 = \frac{1}{3} \cdot (\underline{U}_1 + \underline{U}_2 + \underline{U}_3) + \frac{1}{3} \cdot (\underline{U}_1 + \underline{a} \cdot \underline{U}_2 + \underline{a}^2 \cdot \underline{U}_3) + \frac{1}{3} \cdot (\underline{U}_1 + \underline{a}^2 \cdot \underline{U}_2 + \underline{a} \cdot \underline{U}_3)$$
$$\underline{U}_2 = \frac{1}{3} \cdot (\underline{U}_1 + \underline{U}_2 + \underline{U}_3) + \frac{1}{3} \cdot (\underline{a}^2 \cdot \underline{U}_1 + \underline{U}_2 + \underline{a} \cdot \underline{U}_3) + \frac{1}{3} \cdot (\underline{a} \cdot \underline{U}_1 + \underline{U}_2 + \underline{a}^2 \cdot \underline{U}_3)$$
$$\underline{U}_3 = \frac{1}{3} \cdot (\underline{U}_1 + \underline{U}_2 + \underline{U}_3) + \frac{1}{3} \cdot (\underline{a} \cdot \underline{U}_1 + \underline{a}^2 \cdot \underline{U}_2 + \underline{U}_3) + \frac{1}{3} \cdot (\underline{a}^2 \cdot \underline{U}_1 + \underline{a} \cdot \underline{U}_2 + \underline{U}_3)$$
(5.99)

Setzt man:

$$\begin{aligned}\underline{U}^{[0]} &= \tfrac{1}{3} \cdot (\underline{U}_1 + \underline{U}_2 + \underline{U}_3) &&= \underline{U}_1^{[0]} \\ \underline{U}^{[m]} &= \tfrac{1}{3} \cdot (\underline{U}_1 + \underline{a} \cdot \underline{U}_2 + \underline{a}^2 \cdot \underline{U}_3) &&= \underline{U}_1^{[m]} \\ \underline{U}^{[g]} &= \tfrac{1}{3} \cdot (\underline{U}_1 + \underline{a}^2 \cdot \underline{U}_2 + \underline{a} \cdot \underline{U}_3) &&= \underline{U}_1^{[g]}\end{aligned} \qquad (5.100)$$

Damit ergibt sich eingesetzt:

$$\begin{aligned}\underline{U}_1 &= \underline{U}^{[0]} + \underline{U}^{[m]} + \underline{U}^{[g]} \\ \underline{U}_2 &= \underline{U}^{[0]} + \underline{a}^2 \cdot \underline{U}^{[m]} + \underline{a} \cdot \underline{U}^{[g]} \\ \underline{U}_3 &= \underline{U}^{[0]} + \underline{a} \cdot \underline{U}^{[m]} + \underline{a}^2 \cdot \underline{U}^{[g]}\end{aligned} \quad (5.101)$$

bzw.

$$\begin{array}{cccccc} & \text{Nullsystem} & & \text{Mitsystem} & & \text{Gegensystem} \\ \underline{U}_1 = & \underline{U}_1^{[0]} & + & \underline{U}_1^{[m]} & + & \underline{U}_1^{[g]} \\ \underline{U}_2 = & \underline{U}_2^{[0]} & + & \underline{U}_2^{[m]} & + & \underline{U}_2^{[g]} \\ \underline{U}_3 = & \underline{U}_3^{[0]} & + & \underline{U}_3^{[m]} & + & \underline{U}_3^{[g]} \end{array} \quad (5.102)$$

Nullsystem: $\quad \underline{U}^{[0]} = \underline{U}_1^{[0]} = \underline{U}_2^{[0]} = \underline{U}_3^{[0]} \quad$ drei betrags- und phasengleiche Zeiger

Mitsystem: $\quad \left.\begin{aligned} \underline{U}_1^{[m]} &= \underline{U}^{[m]} \\ \underline{U}_2^{[m]} &= \underline{a}^2 \cdot \underline{U}_1^{[m]} = \underline{a}^2 \cdot \underline{U}^{[m]} \\ \underline{U}_3^{[m]} &= \underline{a} \cdot \underline{U}_1^{[m]} = \underline{a} \cdot \underline{U}^{[m]} \end{aligned}\right\} \quad$ rechtsdrehendes Drehstromsystem

Gegensystem: $\quad \left.\begin{aligned} \underline{U}_1^{[g]} &= \underline{U}^{[g]} \\ \underline{U}_2^{[g]} &= \underline{a} \cdot \underline{U}_1^{[g]} = \underline{a} \cdot \underline{U}^{[g]} \\ \underline{U}_3^{[g]} &= \underline{a}^2 \cdot \underline{U}_1^{[g]} = \underline{a}^2 \cdot \underline{U}^{[g]} \end{aligned}\right\} \quad$ linksdrehendes Drehstromsystem

Abb. 5.33 zeigt die Interpretation der Zerlegung eines unsymmetrischen Spannungssystems in symmetrische Komponenten.

Aus den bisherigen Erläuterungen können die folgenden Erkenntnisse abgeleitet werden:

- Das Nullsystem ist ein gleichphasiges System, das wegen seiner Gleichphasigkeit benachbarte Systeme sehr stark (induktive und kapazitive Beeinflussung) beeinflusst.
- Das Mitsystem ist ein rechtsdrehendes, symmetrisches Drehstromsystem. In Drehfeldmaschinen wird dadurch ein in Drehrichtung umlaufendes Magnetfeld erzeugt, durch das ein nutzbares Drehmoment abgegeben werden kann.
- Das Gegensystem ist ein linksdrehendes, symmetrisches Drehstromsystem. Im Induktionsmotor entstehen dadurch Bremsmomente und im Generator wird eine Schieflast hervorgerufen.

Die Darstellung der Komponentenanteile der anderen Leiter L2 und L3 wird lediglich um 120° gedreht, sodass es ausreicht, die Komponentenströme für einen Leiter anzugeben und hierbei die Leiterbezeichnung nicht mehr mitzuführen. Wegen der Symmetrie der Komponentensysteme ist die Betrachtung nur einer Phase ausreichend. Daher

5.4 Unsymmetrische Fehler

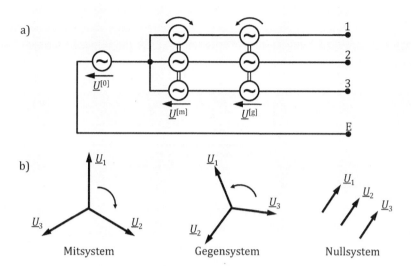

Abb. 5.33 Zerlegung eines unsymmetrischen Spannungssystems in symmetrische Komponenten

versteht man im engeren Sinn unter symmetrischen Komponenten die Komponenten der zum Bezugsleiter L1 gehörenden Drehstromgrößen. Die Bezugskomponenteninvarianz ist erfüllt.

Für

$$\begin{aligned}\underline{U}_1 &= \underline{U} \\ \underline{U}_2 &= \underline{a}^2 \cdot \underline{U} \\ \underline{U}_3 &= \underline{a} \cdot \underline{U}\end{aligned} \qquad (5.103)$$

gilt:

$$\begin{aligned}\underline{U}^{[0]} &= 0 \\ \underline{U}^{[m]} &= \underline{U}_1 = \underline{U} \\ \underline{U}^{[g]} &= 0\end{aligned} \qquad (5.104)$$

Das Nullsystem ist nur vorhanden, falls die geometrische Addition der Zeiger des unsymmetrischen Systems nicht null ergibt.

5.4.2.2.2 Transformationsvorschriften

Der mathematische Übergang von Leitergrößen im Drehstromsystem zu symmetrischen Komponenten erfolgt mit den Matrizen S und T nach Gl. (5.105) und (5.107). Mit der Matrix S erfolgt die Transformation von Leiter-Komponenten in symmetrische Komponenten und mit der Matrix $T = S^{-1}$ der Übergang von symmetrischen Komponenten zu Leiter-Komponenten. Bei der Betrachtung des Bezugsleiters L1 ergibt sich aus dem Gleichungssystem in Abschn. 5.4.2.2.1 die folgende formale Transformationsvorschrift:

$$\begin{pmatrix} \underline{U}^{[0]} \\ \underline{U}^{[m]} \\ \underline{U}^{[g]} \end{pmatrix} = \frac{1}{3} \cdot \underbrace{\begin{pmatrix} 1 & 1 & 1 \\ 1 & \underline{a} & \underline{a}^2 \\ 1 & \underline{a}^2 & \underline{a} \end{pmatrix}}_{\text{Symmetrierungsmatrix } S} \cdot \begin{pmatrix} \underline{U}_1 \\ \underline{U}_2 \\ \underline{U}_3 \end{pmatrix} \qquad (5.105)$$

oder in abgekürzter Schreibweise

$$\boldsymbol{u}^{[k]} = \boldsymbol{S} \cdot \boldsymbol{u}_p \qquad (5.106)$$

mit

$k \in \{0, m, g\}$ (oder $\{0, 1, 2\}$)
$p \in \{R, S, T\}$ (oder $\{L1, L2, L3\}$ bzw. $\{1, 2, 3\}$)

Die Rücktransformation in das Originalsystem erfolgt mit der Entsymmetrierungsmatrix $T = S^{-1}$.

$$\boldsymbol{T} = \begin{pmatrix} 1 & 1 & 1 \\ 1 & \underline{a}^2 & \underline{a} \\ 1 & \underline{a} & \underline{a}^2 \end{pmatrix} \qquad (5.107)$$

$$\boldsymbol{u}_p = \boldsymbol{T} \cdot \boldsymbol{u}^{[k]} \qquad (5.108)$$

Weiterhin gilt

$$\boldsymbol{T} \cdot \boldsymbol{S} = \boldsymbol{T} \cdot \boldsymbol{T}^{-1} = \boldsymbol{E} \qquad (5.109)$$

Abb. 5.34 zeigt den Ablauf, mit dem ein unsymmetrischer Betriebszustand eines Drehstromnetzes mithilfe der symmetrischen Komponenten bestimmt wird. Die generelle Vorgehensweise zur Behandlung von unsymmetrischen Fehlern in Drehstromnetzen umfasst insgesamt sechs Schritte, die konsekutiv abgearbeitet werden.

- 1. Schritt
  Aufstellen der Fehlerbedingungen im 123-System (Originalbereich)
- 2. Schritt
  Transformation des unsymmetrischen Netzes in symmetrische Komponenten (Komponenten- oder Bildbereich)
- 3. Schritt
  Verschaltung der einphasigen Ersatzschaltbilder der symmetrischen Komponenten entsprechend den Fehlerbedingungen

5.4 Unsymmetrische Fehler

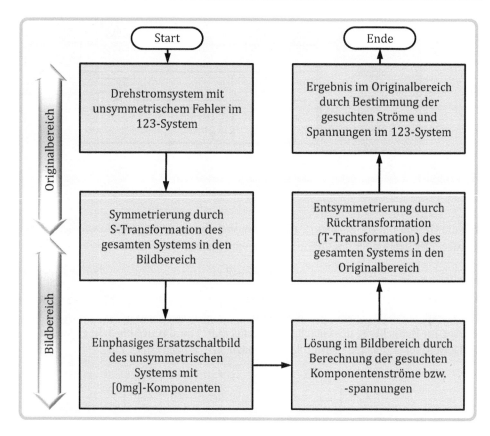

Abb. 5.34 Ablauf der Berechnung eines unsymmetrischen Drehstromsystems mithilfe der symmetrischen Komponenten

- 4. Schritt
  Bestimmung der Komponentenströme und -spannungen im Bildbereich
- 5. Schritt
  Rücktransformation in den Originalbereich (Entsymmetrierung)
- 6. Schritt
  Bestimmung der gesuchten Ströme und Spannungen im 123-System

5.4.2.2.3 Impedanzen im Null-, Mit- und Gegensystem

Im Originalsystem sind die Spannungen und Ströme linear über die Impedanzen verknüpft. Wegen der linearen Transformation müssen auch im Komponentensystem (Bildbereich) Strom und Spannungen über die Impedanzen verknüpfbar sein (Abb. 5.35).

Für die Belastungsimpedanzen in diesem System gilt:

$$\underline{Z}_1 \neq \underline{Z}_2 \neq \underline{Z}_3 \tag{5.110}$$

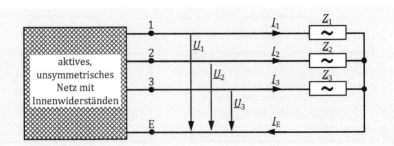

Abb. 5.35 Prinzipschaltbild eines unsymmetrischen Netzes [20]

Für die Größen $\underline{U}_1$, $\underline{U}_2$, $\underline{U}_3$ und $\underline{I}_1$, $\underline{I}_2$, $\underline{I}_3$ kann die folgende Matrizengleichung angegeben werden. Der Index p für das Originalsystem wird hierbei weggelassen.

$$\boldsymbol{u} = \boldsymbol{u}_l - \boldsymbol{Z} \cdot \boldsymbol{i} \qquad (5.111)$$

Hierbei ist $\boldsymbol{u}_l$ der Vektor der treibenden Spannungen und $\boldsymbol{Z}$ die Impedanzmatrix, die das passive Verhalten des Netzes beschreibt.

Aus der Betrachtung des Gleichungssystems (5.92) für das in Abb. 5.30 gegebene einfache Beispiel ergibt sich hierfür die Impedanzmatrix $\boldsymbol{Z}$ nach Gl. (5.112).

$$\boldsymbol{Z} = \begin{pmatrix} \underline{Z}_{11} + \underline{Z}_{EE} & \underline{Z}_{12} + \underline{Z}_{EE} & \underline{Z}_{13} + \underline{Z}_{EE} \\ \underline{Z}_{21} + \underline{Z}_{EE} & \underline{Z}_{22} + \underline{Z}_{EE} & \underline{Z}_{23} + \underline{Z}_{EE} \\ \underline{Z}_{31} + \underline{Z}_{EE} & \underline{Z}_{32} + \underline{Z}_{EE} & \underline{Z}_{33} + \underline{Z}_{EE} \end{pmatrix} \qquad (5.112)$$

Die Transformation des Gleichungssystems (5.111) in symmetrische Komponenten erfolgt durch die Multiplikation von links mit der Symmetrierungsmatrix $\boldsymbol{S}$.

$$\begin{aligned} \boldsymbol{S} \cdot \boldsymbol{u} &= \boldsymbol{S} \cdot \boldsymbol{u}_l - \boldsymbol{S} \cdot \boldsymbol{Z} \cdot \boldsymbol{S}^{-1} \cdot \boldsymbol{S} \cdot \boldsymbol{i} \\ \boldsymbol{u}^{[k]} &= \boldsymbol{u}_l^{[k]} - \boldsymbol{S} \cdot \boldsymbol{Z} \cdot \boldsymbol{T} \cdot \boldsymbol{i}^{[k]} \\ \boldsymbol{u}^{[k]} &= \boldsymbol{u}_l^{[k]} - \boldsymbol{Z}^{[k]} \cdot \boldsymbol{i}^{[k]} \qquad \text{mit} \quad k \in \{0, \text{m}, \text{g}\} \end{aligned} \qquad (5.113)$$

Aus den Forderungen nach Entkopplung der Komponentensysteme und dem Zusammenhang zwischen $\boldsymbol{Z}$ und $\boldsymbol{Z}^{[k]}$

$$\boldsymbol{Z} = \boldsymbol{T} \cdot \boldsymbol{Z}^{[k]} \cdot \boldsymbol{S} \qquad (5.114)$$

$$\boldsymbol{Z}^{[k]} = \begin{pmatrix} \underline{Z}^{[0]} & 0 & 0 \\ 0 & \underline{Z}^{[m]} & 0 \\ 0 & 0 & \underline{Z}^{[g]} \end{pmatrix} \qquad (5.115)$$

folgen die Bedingungen für die Elemente von $\boldsymbol{Z}$:

5.4 Unsymmetrische Fehler

$$\mathbf{Z} = \frac{1}{3} \cdot \begin{pmatrix} \underline{Z}^{[0]} + \underline{Z}^{[m]} + \underline{Z}^{[g]} & \underline{Z}^{[0]} + \underline{a} \cdot \underline{Z}^{[m]} + \underline{a}^2 \cdot \underline{Z}^{[g]} & \underline{Z}^{[0]} \cdot \underline{a} \cdot \underline{Z}^{[m]} + \underline{a} \cdot \underline{Z}^{[g]} \\ \underline{Z}^{[0]} + \underline{a}^2 \cdot \underline{Z}^{[m]} + \underline{a} \cdot \underline{Z}^{[g]} & \underline{Z}^{[0]} + \underline{Z}^{[m]} + \underline{Z}^{[g]} & \underline{Z}^{[0]} + \underline{a} \cdot \underline{Z}^{[m]} + \underline{a}^2 \cdot \underline{Z}^{[g]} \\ \underline{Z}^{[0]} + \underline{a} \cdot \underline{Z}^{[m]} + \underline{a}^2 \cdot \underline{Z}^{[g]} & \underline{Z}^{[0]} + \underline{a}^2 \cdot \underline{Z}^{[m]} + \underline{a} \cdot \underline{Z}^{[g]} & \underline{Z}^{[0]} + \underline{Z}^{[m]} + \underline{Z}^{[g]} \end{pmatrix}$$
(5.116)

Aus dem Vergleich der Koeffizienten ergeben sich die Forderungen:

$$\underline{Z}_{11} + \underline{Z}_{EE} = \underline{Z}_{22} + \underline{Z}_{EE} = \underline{Z}_{33} + \underline{Z}_{EE} = \frac{1}{3} \cdot \left(\underline{Z}^{[0]} + \circ\ \underline{Z}^{[m]} + \circ\ \underline{Z}^{[g]} \right) = \underline{Z}$$

$$\underline{Z}_{12} + \underline{Z}_{EE} = \underline{Z}_{23} + \underline{Z}_{EE} = \underline{Z}_{31} + \underline{Z}_{EE} = \frac{1}{3} \cdot \left(\underline{Z}^{[0]} + \underline{a} \cdot \underline{Z}^{[m]} + \underline{a}^2 \cdot \underline{Z}^{[g]} \right) = \underline{Z}_p$$

$$\underline{Z}_{21} + \underline{Z}_{EE} = \underline{Z}_{32} + \underline{Z}_{EE} = \underline{Z}_{13} + \underline{Z}_{EE} = \frac{1}{3} \cdot \left(\underline{Z}^{[0]} + \underline{a}^2 \cdot \underline{Z}^{[m]} + \underline{a} \cdot \underline{Z}^{[g]} \right) = \underline{Z}_L$$
(5.117)

Aus Gl. (5.117) ergibt sich, dass die Impedanzmatrix im Originalsystem entsprechend Gl. (5.118) eine zyklisch symmetrische Matrix sein muss.

$$\mathbf{Z} = \begin{pmatrix} \underline{Z} & \underline{Z}_p & \underline{Z}_L \\ \underline{Z}_L & \underline{Z} & \underline{Z}_p \\ \underline{Z}_p & \underline{Z}_L & \underline{Z} \end{pmatrix}$$
(5.118)

Daraus folgt, dass eine Entkopplung der Komponentensysteme nur für eine zyklisch symmetrische Impedanzmatrix des Originalsystems erfolgt. Diese Bedingung trifft jedoch für alle realen Drehstromsysteme zu. Falls keine rotierenden Maschinen vorkommen, gilt $\underline{Z}_p = \underline{Z}_L$, d. h. die Impedanzmatrix ist in diesem Fall sogar diagonalsymmetrisch bzw. vollständig symmetrisch.

Die Impedanzen der Komponentensysteme ergeben sich zu:

$$\begin{pmatrix} \underline{Z}^{[0]} \\ \underline{Z}^{[m]} \\ \underline{Z}^{[g]} \end{pmatrix} = \begin{pmatrix} 1 & 1 & 1 \\ 1 & \underline{a}^2 & \underline{a} \\ 1 & \underline{a} & \underline{a}^2 \end{pmatrix} \cdot \begin{pmatrix} \underline{Z} \\ \underline{Z}_p \\ \underline{Z}_L \end{pmatrix}$$
(5.119)

Das entkoppelte Gleichungssystem lautet schließlich:

$$\begin{pmatrix} \underline{U}^{[0]} \\ \underline{U}^{[m]} \\ \underline{U}^{[g]} \end{pmatrix} = \begin{pmatrix} \underline{U}_1^{[0]} \\ \underline{U}_1^{[m]} \\ \underline{U}_1^{[g]} \end{pmatrix} - \begin{pmatrix} \underline{Z}^{[0]} & 0 & 0 \\ 0 & \underline{Z}^{[m]} & 0 \\ 0 & 0 & \underline{Z}^{[g]} \end{pmatrix} \cdot \begin{pmatrix} \underline{I}^{[0]} \\ \underline{I}^{[m]} \\ \underline{I}^{[g]} \end{pmatrix}$$
(5.120)

Das Null-, Mit- und Gegensystem lässt sich danach allgemein in Komponentenersatzschaltbildern entsprechend Abb. 5.36 darstellen.

Für die Bezugskomponente L1 gilt für das symmetrisch gespeiste Originalsystem (Abb. 5.37):

$$\underline{U}_1^{[0]} = 0 \quad \text{und} \quad \underline{U}_1^{[m]} = \underline{U}_{1,L1} \quad \text{und} \quad \underline{U}_1^{[g]} = 0$$

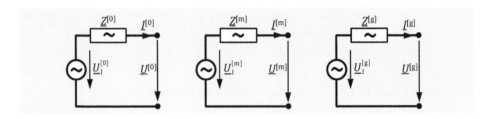

Abb. 5.36 Null-, Mit- und Gegensystem, allgemein [20]

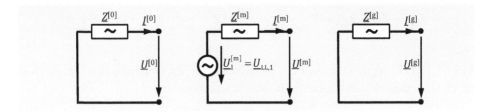

Abb. 5.37 Null-, Mit- und Gegensystem für symmetrisch gespeistes Originalsystem [20]

5.4.2.2.4 Bestimmung der Null-, Mit- und Gegenimpedanzen durch Messung

Die Impedanzen der für die Netzberechnung erforderlichen Ersatzschaltbilder der verschiedenen Netzelemente können grundsätzlich sowohl rechnerisch als auch experimentell ermittelt werden. Häufig ist es jedoch wegen des komplexen Aufbaus oder der nur begrenzt erfassbaren Parameter einfacher und im Hinblick auf die erreichbare Genauigkeit effektiver, die Impedanzen experimentell zu bestimmen. Hierzu werden jeweils für die beiden extremen Betriebszustände „Kurzschluss" und „Leerlauf" geeignete Messungen durchgeführt und aus deren Ergebnissen die Betriebsmittelparameter abgeleitet.

Bestimmung der Nullimpedanz

Abb. 5.38 zeigt den Aufbau zur Messung der Impedanz im Nullsystem. Dazu werden alle drei Leiter des passiven Drehstromsystems an die gleiche Wechselspannungsquelle angeschlossen. Bei gegebener Wechselspannung $\underline{U}^{[0]} = \underline{U}_1$ wird der resultierende Strom nach Betrag und Phasenlage gemessen. Daraus ergibt sich die (komplexe) Impedanz im Nullsystem.

$$\underline{Z}^{[0]} = \frac{\underline{U}^{[0]}}{\underline{I}^{[0]}} \quad (5.121)$$

Die Anzahl der Systeme auf einem Mast, evtl. vorhandene Erdseile sowie die Erdungsverhältnisse haben starken Einfluss auf die Kurzschlussimpedanz $\underline{Z}_k^{[0]}$ im Nullsystem.

5.4 Unsymmetrische Fehler   447

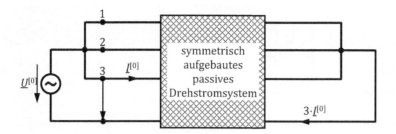

Abb. 5.38 Messanordnung zur Bestimmung der Nullimpedanz

Bestimmung der Mitimpedanz

Abb. 5.39 zeigt den Aufbau zur Messung der Impedanz im Mitsystem. Dazu werden die drei Leiter des passiven Drehstromsystems an ein rechtsdrehendes („normales") symmetrisches Drehspannungssystem mit der Phasenfolge L1, L2, L3 angeschlossen. In der Bezugsphase L1 werden Spannung und Strom nach Betrag und Phasenlage ermittelt und daraus die Impedanz im Mitsystem bestimmt.

$$\underline{Z}^{[m]} = \frac{\underline{U}^{[m]}}{\underline{I}^{[m]}} \qquad (5.122)$$

mit $\underline{U}^{[m]} = \underline{U}_1$ und $\underline{I}^{[m]} = \underline{I}_1$

Bestimmung der Gegenimpedanz

Abb. 5.40 zeigt den Aufbau zur Messung der Impedanz im Gegensystem. Dies ist äquivalent zum Messaufbau zur Ermittlung der Impedanz im Mitsystem, nur dass die drei Leiter des passiven Drehstromsystems an ein linksdrehendes Drehspannungssystem mit der Phasenfolge L1, L3, L2 angeschlossen werden.

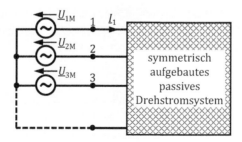

Abb. 5.39 Messanordnung zur Bestimmung der Mitimpedanz

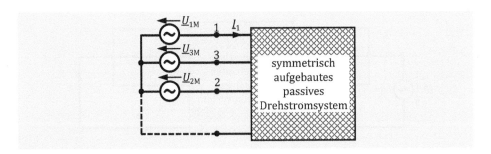

Abb. 5.40 Messanordnung zur Bestimmung der Gegenimpedanz

In der Bezugsphase L1 werden Spannung und Strom nach Betrag und Phasenlage ermittelt und daraus die Impedanz im Gegensystem bestimmt. Diese Messung ist aber nur bei rotierenden Betriebsmitteln (Motoren und Generatoren) erforderlich, da für alle anderen Betriebsmittel die Impedanzen im Mit- und Gegensystem identisch sind.

$$\underline{Z}^{[g]} = \frac{\underline{U}^{[g]}}{\underline{I}^{[g]}} \tag{5.123}$$

mit $\underline{U}^{[g]} = \underline{U}_1$ und $\underline{I}^{[g]} = \underline{I}_1$

5.4.3 Komponentendarstellung von Netzelementen

Zur Berechnung unsymmetrischer Fehler mithilfe symmetrischer Komponenten ist zunächst die Kenntnis der Null-, Mit- und Gegenimpedanzen der Betriebsmittel notwendig [18–20].

5.4.3.1 Freileitungen

Abb. 5.41 zeigt das vollständige Ersatzschaltbild einer symmetrisch aufgebauten Drehstromfreileitung ohne Erdseil. Dieses Ersatzschaltbild im Originalsystem, das für Leitungslängen $s < 500$ km gültig ist (s. Abschn. 3.8.3.2), soll nun durch die Ersatzschaltbilder in symmetrischen Komponenten ersetzt werden.

Impedanzen im Mit- und Gegensystem

In Abb. 5.42 ist das bereits bekannte einphasige Ersatzschaltbild im Mitsystem dargestellt. Liegen vollständig symmetrische Verhältnisse im Drehstromnetz vor, so ist das Ersatzschaltbild im Mitsystem für die Berechnung völlig ausreichend. Gegen- und Nullsystem spielen in diesen Fällen keine Rolle. Das Ersatzschalbild im Gegensystem ist bei Freileitungen mit dem Ersatzschaltbild im Mitsystem identisch.

5.4 Unsymmetrische Fehler

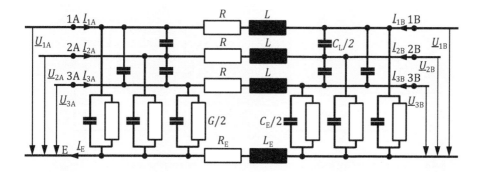

Abb. 5.41 Vollständiges Ersatzschaltbild einer Drehstromfreileitung

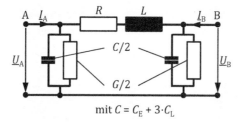

mit $C = C_E + 3 \cdot C_L$

Abb. 5.42 Ersatzschalbild für Freileitungen im Mit- und Gegensystem

Impedanzen des Nullsystems

Die Impedanz des Nullsystems von Freileitungen ist abhängig vom Leiterquerschnitt und vom Mastbild in der Regel deutlich größer als die Impedanz des Mitsystems. In den Wirkwiderstand des Nullsystems geht bei Leitungen ohne Erdseil zusätzlich zu dem Wirkwiderstand des Leiterseils auch der Wirkwiderstand der Erdrückleitung ein. Bei Leitungen mit Erdseilen geht auch der Wirkwiderstand des Erdseils ein, da ein Teil des Nullstroms über das Erdseil zurückfließt. Bei Erdseilen aus Stahl verringert sich die Nullimpedanz nur unwesentlich. Bei gut leitendem Erdseilmaterial wie Stahl-Aluminium oder Kupfer wird die Nullimpedanz deutlich kleiner.

Zur Ermittlung des Ersatzschaltbildes im Nullsystem sind ausgehend von dem vollständigen Drehstromersatzschaltbild nach Abb. 5.43 zwei Messversuche erforderlich. Es werden ein Kurzschlussversuch sowie ein Leerlaufversuch durchgeführt. Die Speisung aller drei Phasen erfolgt mit gleichphasiger Spannung.

Für den Kurzschluss- und Leerlaufversuch gelten die folgenden Vernachlässigungen:

$$R \ll \frac{1}{G} \quad \text{und} \quad \omega \cdot L \ll \frac{1}{\omega \cdot C_E} \tag{5.124}$$

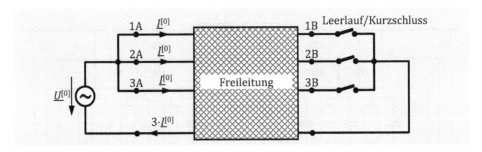

Abb. 5.43 Messanordnung für Kurzschluss- und Leerlaufversuch

Es ergibt sich mit diesen Vereinfachungen für den Kurzschlussversuch das Ersatzschaltbild nach Abb. 5.44.

Aus diesem Ersatzschaltbild können die ohmschen Widerstände und die Induktivitäten im Nullsystem durch den Kurzschlussversuch leicht ermittelt werden. Dabei geht die Erdimpedanz mit ihrem dreifachen Wert ein, da sie vom dreifachen Strom im Nullsystem durchflossen wird.

$$\underline{Z}_k^{[0]} = \frac{\underline{U}^{[0]}}{\underline{I}^{[0]}} = R + j \cdot \omega \cdot L + 3 \cdot (R_E + j \cdot \omega \cdot L_E) \tag{5.125}$$

Mit den Vereinfachungen nach Gl. (5.124) ergibt sich für den Leerlaufversuch das Ersatzschaltbild in Abb. 5.45. Die ohmschen Widerstände und Induktivitäten des Ersatzschaltbildes nach Abb. 5.41 können vernachlässigt werden, da der Strom im Wesentlichen durch C_E und G bestimmt wird. Damit werden die Kapazitäten und Leitwerte für das Ersatzschaltbild im Nullsystem ermittelt.

Die Nullimpedanz bestimmt sich aus dem Leerlaufversuch zu:

$$\underline{Z}_l^{[0]} = \frac{\underline{U}^{[0]}}{\underline{I}^{[0]}} = \frac{1}{G + j \cdot \omega \cdot C_E} \tag{5.126}$$

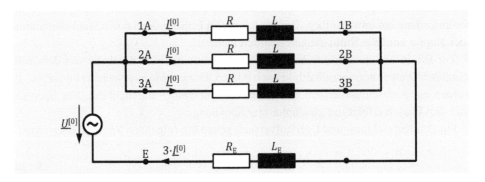

Abb. 5.44 Ersatzschaltbild für den Kurzschlussversuch

5.4 Unsymmetrische Fehler

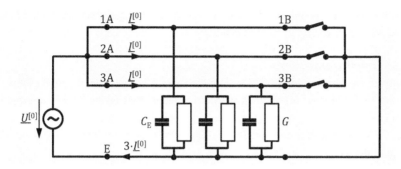

Abb. 5.45 Ersatzschaltbild für den Leerlaufversuch

Nun werden die Erkenntnisse aus Kurzschluss- und Leerlaufversuch zum Ersatzschaltbild im Nullsystem nach Abb. 5.46 zusammengefügt. Dabei können die einzelnen Werte prinzipiell aus der Anzahl der Drehstromsysteme einer Freileitung, der Anordnung des Erdseils, dem Erdungswiderstand sowie der Mastgeometrie abgeleitet werden. In der Praxis erfolgt die Ermittlung gerade der Nullimpedanzen aber in der Regel durch eine Messung. Die Zahl der Systeme auf einem Mast, Erdseile sowie die Erdungsverhältnisse haben starken Einfluss auf die Kurzschlussimpedanz $\underline{Z}_k^{[0]}$ im Nullsystem.

5.4.3.2 Kabel

Die Ersatzschaltbilder in symmetrischen Komponenten von Kabeln sind mit denen der Freileitung identisch. Allerdings ist die Berechnung der Nullimpedanzen noch deutlich schwieriger als bei Freileitungen, da hier noch wesentlich mehr Einflussfaktoren eine Rolle spielen. So fließen auf Kabelmänteln, auf der Bewehrung, im Erdreich und auf sonstigen Rückleitern (z. B. parallel liegende Rohrleitungen, Gleise usw.) allgemein nicht bekannte Nullströme. Bei Kabeln variiert die Nullimpedanz, bezogen auf die Mitimpedanz, infolge des Einflusses der jeweiligen Rückleitung über einen größeren Bereich als dies bei den Freileitungen der Fall ist. Gürtelkabel haben eine höhere Nullimpedanz als Dreibleimantelkabel und diese wiederum eine höhere Nullimpedanz als Einleiterkabel.

Daneben ist die Bodenleitfähigkeit räumlich und zeitlich sehr unterschiedlich und nur näherungsweise bestimmbar. Dadurch können bei Kabeln die Nullimpedanzen nicht aus

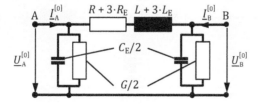

Abb. 5.46 Ersatzschaltbild der Freileitung im Nullsystem

dem Ersatzschaltbild berechnet werden. Sie werden daher praktisch ausschließlich durch Messungen an den verlegten Kabeln ermittelt.

5.4.3.3 Transformatoren

Das einphasige Ersatzschaltbild des Transformators wurde bereits in Abschn. 2.1.6.3 eingeführt und erläutert. Inzwischen wurde dargelegt, dass es sich dabei um das Ersatzschaltbild im Mitsystem handelt. Da es sich bei Transformatoren um passive (nicht rotierende) Betriebsmittel handelt, ist das Ersatzschaltbild im Gegensystem mit dem im Mitsystem identisch.

Für viele Anwendungsfälle, insbesondere für die Kurzschlussstromberechnung, kann das Ersatzschaltbild nochmals vereinfacht werden. Dazu wird nicht mehr nach Streureaktanzen und ohmschen Wicklungswiderständen auf der Oberspannungs(OS)- und Unterspannungs(US)-Seite differenziert. Stattdessen wird in guter Annäherung der Realität die aus dem Kurzschlussversuch ermittelte Kurzschlussimpedanz je zur Hälfte auf die OS- und US-Seite verteilt (Abb. 5.47).

Wie bei Freileitungen und Kabeln entspricht das Ersatzschaltbild im Mit- und Gegensystem dem des einphasigen Ersatzschaltbildes für den symmetrischen Betrieb.

Eine besondere Art von Transformatoren stellen die sogenannten Dreiwicklungstransformatoren dar. Hier besteht der Transformtor aus zwei Wicklungen auf der US-Seite. Dies erlaubt auf der Unterspannungsseite nicht nur eine, sondern zwei Spannungen unterschiedlicher Höhe abzugreifen. Derartige Transformatoren werden z. B. als 380/110/20-kV-Dreiwicklungstransformatoren ausgeführt, wenn aus der Transportnetzumspannanlage auch direkt ein Mittelspannungsnetz versorgt werden soll. Weiterhin kommen mitunter 110/20/10-kV-Dreiwicklungstransformatoren zum Einsatz, wenn aus einer 110-kV-Umspannanlage beispielsweise ein ländliches Mittelspannungsnetz ($U_\mathrm{n} = 20$ kV) und ein städtisches Mittelspannungsnetz ($U_\mathrm{n} = 10$ kV) versorgt werden sollen.

Das in Abb. 5.48 dargestellte Erdsatzschaltbild im Mit- und Gegensystem entspricht dem des Zweiwicklungstransformators, der um einen zusätzlichen Abzweig auf der US-Seite erweitert ist. Die einzelnen Impedanzen werden durch verschiedene Kurzschluss- und Leerlaufversuche wie bei einem Zweiwicklungstransformator ermittelt.

Während die Ersatzschaltbilder im Mit- und Gegensystem für alle Transformatorentypen identisch sind, ist das Ersatzschaltbild im Nullsystem je nach Aufbau des Eisenkerns,

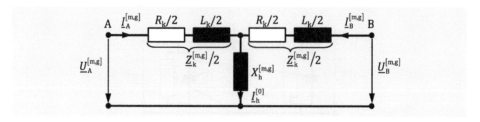

Abb. 5.47 Ersatzschaltbild des Zweiwicklungstransformators im Mit- und Gegensystem

5.4 Unsymmetrische Fehler

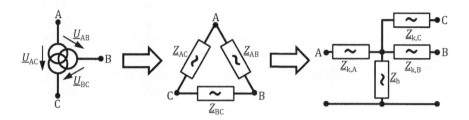

Abb. 5.48 Ersatzschaltbild des Dreiwicklungstransformators im Mit- und Gegensystem

der Schaltung der Transformatorwicklungen sowie der Sternpunktbehandlung stark unterschiedlich. Es müssen dabei die folgenden Wicklungsverschaltungen (Abb. 5.49) unterschieden werden:

- **Sternschaltung**
  Die drei Wicklungen werden an einer Seite gespeist, am anderen Ende sind sie zu einem Sternpunkt verbunden. Der Sternpunkt kann geerdet oder offen sein (Abb. 5.49a).
- **Dreieckschaltung**
  Die drei Wicklungen sind jeweils Anfang mit Ende zu einer geschlossenen Reihenschaltung verbunden. An den drei Verbindungsstellen wird eingespeist (Abb. 5.49b).
- **Zickzackschaltung**
  Die drei Wicklungen sind in je zwei Teile unterteilt. Ein Teil eines Schenkels ist mit dem zweiten Teil des nächsten Schenkels entgegengesetzt in Reihe geschaltet. Die sich ergebenden drei Stränge sind an einem Ende in Stern geschaltet, am anderen Ende wird eingespeist (Abb. 5.49c).

Die Ersatzschaltbilder im Nullsystem ergeben sich für die Dreiwicklungstransformatoren, abhängig von der Wicklungsverschaltung und der Sternpunktbehandlung, äquivalent zu denen des Zweiwicklungstransformators. Im Folgenden werden daher nur Zwei-Wicklungs-Transformatoren betrachtet.

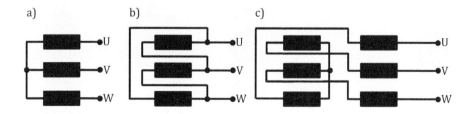

Abb. 5.49 Schaltungen der Transformatorwicklungen

Im Prinzip sind alle Kombinationen von Schaltungen der OS- und US-Wicklungen möglich. Allerdings sind nur einige gebräuchlich. Abb. 5.50 zeigt die nach DIN VDE 0532 [21] üblichen Verschaltungen. Dabei wird stets vorausgesetzt, dass alle Wicklungen gleichsinnig gewickelt sind.

Für einige der gebräuchlichsten Transformatortypen werden im Folgenden die Ersatzschaltbilder im Nullsystem entwickelt. Bei diesen Schaltbildern ist zu beachten, dass räumlich gesehen die Wicklungen der Transformatoren nach oben geklappt zu denken sind. Die tatsächlich auf der Oberseite des Transformatorkessels befindlichen Anschlüsse sind in den nachfolgenden Schaltbildern entsprechend links und rechts angeordnet.

5.4.3.3.1 Yy0-Schaltung mit beidseitig starr geerdetem Sternpunkt

Die Nullimpedanz des Yy0-Transformators mit beidseitig starr geerdetem Sternpunkt wird mit einem Leerlaufversuch und mit einem Kurzschlussversuch (Abb. 5.51) bestimmt.

Aufgrund der gleichartigen Schaltung der Primär- und der Sekundärwicklung ergibt sich ein symmetrisches Ersatzschaltbild für das Nullsystem nach Abb. 5.52.

Bei der Yy0-Verschaltung mit beidseitig geerdetem Sternpunkt kann der Strom im Nullsystem im Kurzschlussfall ungehindert zwischen den Spannungsebenen fließen. Daher ergibt sich im Nullsystem die gleiche Kurzschlussimpedanz $\underline{Z}_k^{[0]}$ wie im Mit- und Gegensystem. Dieses Phänomen wird auch als „Nullstromverschleppung" bezeichnet und ist der Grund dafür, warum Yy0-Transformatoren in der Regel nicht beidseitig starr geerdet werden.

Kennzahl	Schaltgruppe	Zeigerdiagramm	Schaltbild
0	Yy0	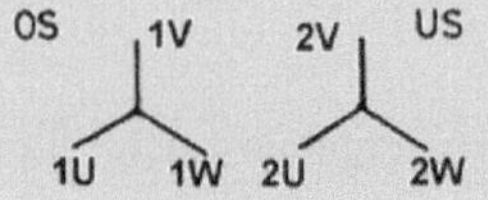	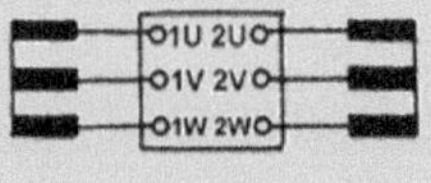
5	Dy5	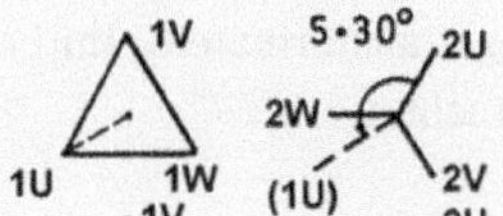	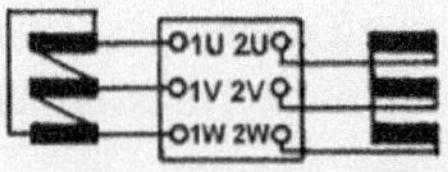
5	Yd5	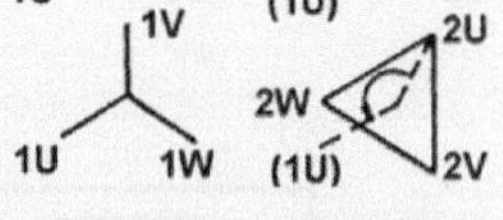	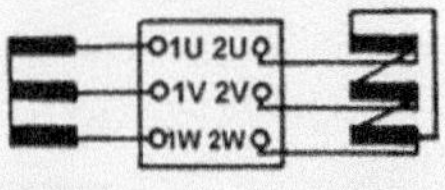
6	Dz6	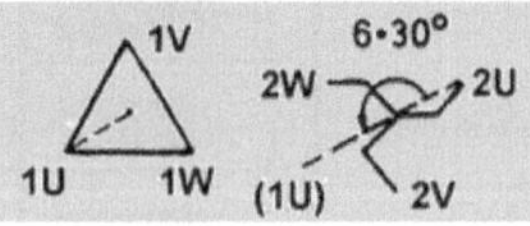	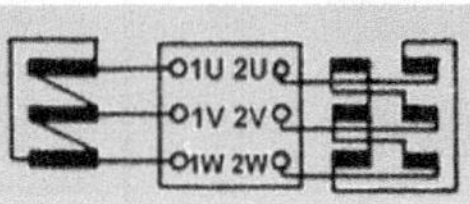

Abb. 5.50 Schaltgruppen, Zeigerbilder und Schaltungsbilder von Drehstromtransformatoren nach DIN VDE 0532

5.4 Unsymmetrische Fehler

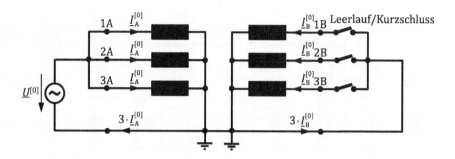

Abb. 5.51 Leerlauf- und Kurzschlussversuch des Yy0-Transformators mit beidseitig starr geerdetem Sternpunkt

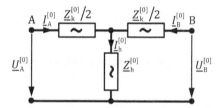

Abb. 5.52 Ersatzschaltbild für das Nullsystem des Yy0-Transformators mit beidseitig starr geerdetem Sternpunkt

$$\underline{Z}_k^{[0]} = \underline{Z}_k^{[m,g]} = R_k + j \cdot X_k \tag{5.127}$$

Die Leerlaufimpedanz und damit Hauptreaktanz $\underline{Z}_h^{[0]}$ im Nullsystem ist stark von der Bauform des Transformatoreisenkerns abhängig. Bei Dreischenkeltransformatoren können sich die drei gleichphasig erregten magnetischen Flüsse im Nullsystem nur über Luft, Öl und das Transformator-Gehäuse schließen. Damit steht diesen magnetischen Flüssen ein sehr hoher magnetischer Widerstand entgegen. Daher ist die Hauptreaktanz des Nullsystems wesentlich kleiner als die des Mitsystems. Sie liegt in der Größenordnung der Kurzschlussimpedanz (Abb. 5.53).

$$\left|\underline{Z}_h^{[0]}\right| \approx (4 \ldots 5) \cdot \left|\underline{Z}_k^{[0]}\right| \tag{5.128}$$

Bei Fünfschenkeltransformatoren und entsprechend bei drei Einphasentransformatoren können sich die gleichphasigen magnetischen Flüsse über den vierten und fünften Transformatorschenkel in magnetisch gut leitendem Eisen schließen, wodurch sich ein kleiner magnetischer Widerstand und eine große Hauptreaktanz ergeben. Zu beachten hierbei ist allerdings, dass der Querschnitt des vierten und fünften Schenkels in der Regel jeweils

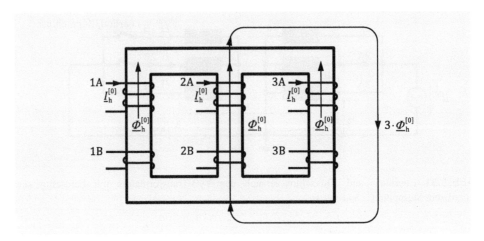

Abb. 5.53 Magnetischer Fluss beim Dreischenkeltransformator im Nullsystem

nur die Hälfte des Querschnitts eines Wicklungsschenkels beträgt. Hierdurch ist auch schon bei relativ kleinen Nullspannungen mit Sättigungseffekten zu rechnen.

$$\underline{Z}_h^{[0]} \approx j \cdot X_h \to \infty \left(\approx 50 \ldots 100 \cdot X_k^{[m]} \right) \tag{5.129}$$

5.4.3.3.2 Yy0-Schaltung mit einem starr geerdeten Sternpunkt

Abb. 5.54 zeigt die Schaltung zur Ermittlung der Nullimpedanzen sowie das resultierende Ersatzschaltbild (Abb. 5.55) im Nullsystem für Yy0-Transformatoren, bei denen nur ein Sternpunkt geerdet ist. Dies stellt den üblichen Fall dar. Auf der Seite ohne Erdung des Sternpunktes kann kein Nullstrom fließen, sodass die Verbindung im Ersatzschaltbild auf dieser Seite offenbleibt. Damit setzen sich Kurzschlussströme im Nullsystem, wie sie z. B. bei den vergleichsweise häufigen einpoligen Kurzschlüssen

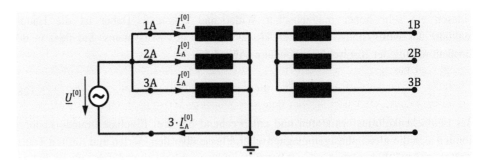

Abb. 5.54 Schaltung des Yy0-Transformators mit einem starr geerdeten Sternpunkt

5.4 Unsymmetrische Fehler

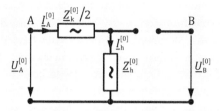

Abb. 5.55 Ersatzschaltbild für das Nullsystem des Yy0-Transformators mit einem starr geerdeten Sternpunkt

auftreten, nicht auf der Seite des Transformators fort, deren Sternpunkt nicht geerdet ist. Es tritt keine Nullstromverschleppung auf.

5.4.3.3.3 Yz5-Schaltung mit einem starr geerdeten Sternpunkt

Abb. 5.56 zeigt die Schaltung zur Ermittlung der Nullimpedanzen und Abb. 5.57 das resultierende Ersatzschaltbild im Nullsystem für Yz5 -Transformatoren mit einem starr geerdetem Sternpunkt.

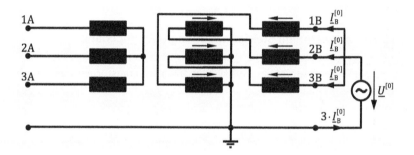

Abb. 5.56 Schaltung des Yz5-Transformators mit einem starr geerdeten Sternpunkt

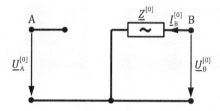

Abb. 5.57 Ersatzschaltbild für das Nullsystem des Yz5-Transformators mit einem starr geerdeten Sternpunkt

Bei diesen Transformatoren ist sowohl primär- als auch sekundärseitig ein Sternpunkt vorhanden. Da diese Transformatoren als Ortsnetztransformatoren eingesetzt werden, wird in der Praxis nur der Sternpunkt auf der z-Seite bzw. der Niederspannungsseite angeschlossen. Dies ist u. a. aufgrund der Unsymmetrien im Niederspannungsnetz mit meist einphasig angeschlossenen Verbrauchern erforderlich.

Auf der z-Seite sind die Durchflutungen der Teilwicklungen auf jedem Schenkel stets entgegen gerichtet. Damit ist der Stromfluss im Nullsystem unabhängig von der Primärwicklung möglich, da diese stromlos bleibt. Der Nullstrom wird nur durch die Streuung zwischen den Wicklungsteilen der Zick-Zack-Wicklung und dem ohmschen Anteil begrenzt. Dadurch ergibt sich eine kleine Nullimpedanz.

$$\left|\underline{Z}_h\right| \approx (0{,}1 \ldots 0{,}15) \cdot \left|\underline{Z}_k^{[m]}\right| \qquad (5.130)$$

5.4.3.3.4 Yd5-Schaltung mit starr geerdetem Sternpunkt

Abb. 5.58 zeigt die Schaltung zur Ermittlung der Nullimpedanzen sowie das resultierende Ersatzschaltbild im Nullsystem für Yd5-Transformatoren mit starr geerdetem Sternpunkt.

Bei Speisung auf der Sternseite des Transformators stellt die Dreieckswicklung für den Nullstrom einen Kurzschluss dar. Hier fließt der Nullstrom im Kreis. Bei Speisung auf der Dreiecksseite kann kein Nullstrom fließen. Damit ergibt sich das Ersatzschaltbild nach Abb. 5.59. Die Größe der Magnetisierungs-Nullimpedanz $\underline{Z}_h^{[0]}$ ist auch hier vom Aufbau des magnetischen Kerns abhängig.

5.4.3.3.5 Transformator mit Sternpunkterdung über Impedanz

Abb. 5.60 zeigt die Schaltung zur Ermittlung der Nullimpedanzen und Abb. 5.61 das resultierende Ersatzschaltbild im Nullsystem für Yy0-Transformatoren. Hierbei ist ein Transformatorsternpunkt über eine Impedanz $\underline{Z}_M$ geerdet. Dies ist beispielsweise bei der Erdschlusskompensation gegeben. Die Erdungsimpedanz wird vom dreifachen Nullstrom durchflossen und geht daher mit ihrem dreifachen Wert in das Ersatzschaltbild ein. Sie ist in Reihe geschaltet mit der Kurzschlussimpedanz der entsprechenden Seite des Transformators.

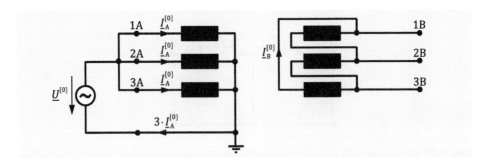

Abb. 5.58 Schaltung des Yd5-Transformators mit starr geerdetem Sternpunkt

5.4 Unsymmetrische Fehler

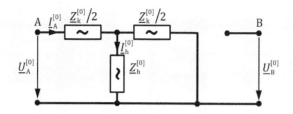

Abb. 5.59 Ersatzschaltbild für das Nullsystem des Yd5-Transformators mit starr geerdetem Sternpunkt

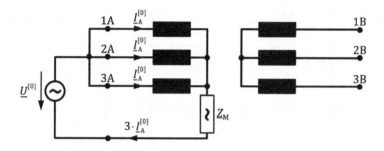

Abb. 5.60 Schaltung des Yy0-Transformators mit einem über Impedanz geerdeten Sternpunkt

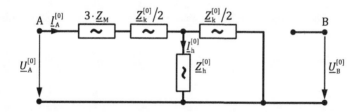

Abb. 5.61 Ersatzschaltbild für das Nullsystem des Yy0-Transformators mit einem über Impedanz geerdeten Sternpunkt

Abb. 5.62 zeigt die Schaltung zur Ermittlung der Nullimpedanzen sowie das resultierende Ersatzschaltbild im Nullsystem für Yd5-Transformatoren, bei denen der Transformatorsternpunkt über eine Impedanz $\underline{Z}_M$, wie zum Beispiel bei der Erdschlusskompensation, geerdet ist. Das Ersatzschaltbild in Abb. 5.63 ergibt sich in Kombination der Erkenntnisse aus Abb. 5.59 (Yd5-Transformator mit starrer Sternpunkterdung) und Abb. 5.61 (Yy0-Transformator mit Sternpunktimpedanz).

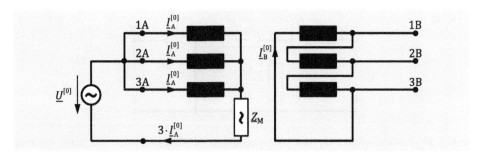

Abb. 5.62 Schaltung des Yd5-Transformators mit über Impedanz geerdetem Sternpunkt

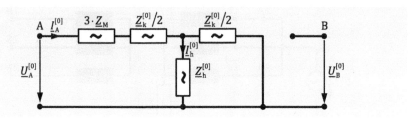

Abb. 5.63 Ersatzschaltbild für das Nullsystem des Yd5-Transformators mit über Impedanz geerdetem Sternpunkt

In der Praxis wird bei Transformatoren häufig die Impedanz im Mitsystem und zusätzlich das Verhältnis von Null- zu Mitsystemimpedanz angegeben. In Abb. 5.64 sind die Erkenntnisse der vorherigen Bilder zum Verhältnis von Mit- und Nullimpedanzen zusammengefasst.

Wicklungsverschaltung	$|\underline{z}^{[0]}|/|\underline{z}^{[m]}|$		
	Y-Y	Y-Δ	Y-Z
3-Schenkel-Transformator	3 ... 10	0,6 ... 0,9	0,1 ... 0,15
5-Schenkel-Transformator / Einphasen-Transformator	50 ... 100	1	0,1 ... 0,15

Abb. 5.64 Verhältnis Null- zu Mitsystemimpedanz bei unterschiedlichen Transformatoren

5.4.3.4 Generatoren

Abb. 5.65 zeigt das Ersatzschaltbild eines Synchrongenerators im Mitsystem. Im Kurzschlussfall findet die subtransiente Kurzschlussreaktanz zur Berechnung des Anfangskurzschlusswechselstroms Verwendung.

Im Normalbetrieb gilt für die Synchronreaktanz des Generators:

$$X_d = X_{1\sigma,G} + X_{h,G} = x_d \cdot \frac{U_{r,G}^2}{S_{r,G}} \tag{5.131}$$

Für den Kurzschlussfall ist die subtransiente Reaktanz des Generators bestimmend

$$X_d'' = x_d'' \cdot \frac{U_{r,G}^2}{S_{r,G}} \tag{5.132}$$

Rotierende Maschinen (Generatoren und Motoren) sind die einzigen Betriebsmittel eines Energieversorgungssystems, bei denen sich die Impedanzen im Mit- und Gegensystem unterscheiden. Entsprechend müssen die Elemente des Mit- bzw. Gegensystems in diesem Fall separat ermittelt werden. Die Bestimmung der Mitsystemimpedanz erfolgt wie bereits beschrieben.

Zur Ermittlung der Impedanz im Gegensystem wird der Generator so angeschlossen, dass er von der Netzseite mit einem linksläufigen Drehfeld beaufschlagt wird (Abb. 5.66).

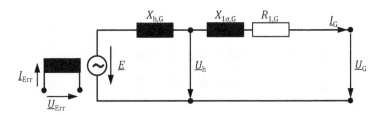

Abb. 5.65 Ersatzschaltbild des Synchrongenerators im Mitsystem

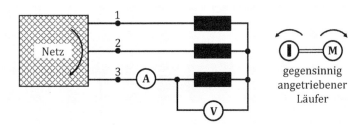

Abb. 5.66 Schaltung zur Bestimmung der Impedanz im Gegensystem

Gleichzeitig wird der Läufer von einem Motor in entgegengesetzter Richtung angetrieben. Das führt dazu, dass in der Dämpfer- und Erregerwicklung Spannungen mit der doppelten Drehfrequenz induziert werden (Abb. 5.67).

Für Turbogeneratoren ergibt sich eine Impedanz des Gegensystems:

$$X^{[g]} \approx X_d'' \tag{5.133}$$

und für Schenkelpolgeneratoren

$$X^{[g]} = \frac{X_d'' + X_q''}{2} \tag{5.134}$$

Der Sternpunkt von Synchrongeneratoren ist in der Regel nicht oder sehr hochohmig geerdet. In diesen Fällen entfällt das Ersatzschaltbild im Nullsystem bzw. es bleibt das Nullsystem offen, da kein (signifikanter) Nullstrom fließen kann (Abb. 5.68). Im seltenen Fall einer (niederohmigen) Sternpunkterdung ergibt sich dagegen das in Abb. 5.69 dargestellte Ersatzschaltbild. Dabei kann die Nullreaktanz deutlich kleinere Werte annehmen als die subtransiente Reaktanz.

5.4.3.5 Ersatznetze

Benachbarte, überlagerte oder unterlagerte Netzteile, die nicht Gegenstand der Betrachtung sind, gleichwohl das Berechnungsergebnis des eigentlich zu untersuchenden Netzes aber beeinflussen, werden häufig als reduziertes Ersatznetz dargestellt (Kap. 7).

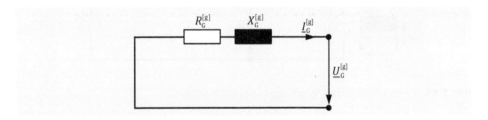

Abb. 5.67 Ersatzschaltbild des Synchrongenerators im Gegensystem

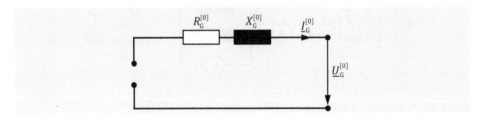

Abb. 5.68 Ersatzschaltbild des Synchrongenerators im Nullsystem bei isoliertem Sternpunkt

5.4 Unsymmetrische Fehler

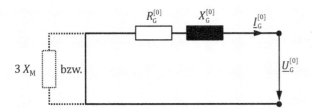

Abb. 5.69 Ersatzschaltbild des Synchrongenerators im Nullsystem mit niederohmig bzw. starr geerdetem Sternpunkt

Mit- und Gegensystem sind hier wiederum identisch (Abb. 5.70). Das Nullsystem ist nur dann vorhanden, wenn Sternpunkte im reduzierten Netz geerdet sind (Abb. 5.71c, d). Dann wird das Ersatznetzsymbol mit einem Erdungszeichen versehen und muss im Nullsystem berücksichtigt werden. Die Impedanzen im Nullsystem werden in der Regel als Verhältnis zu den Impedanzen im Mitsystem angegeben. Ist das Ersatznetz nicht mit einem Erdungssymbol versehen, so entfällt das Nullsystem (Abb. 5.71a, b).

Die Mit- und Gegenimpedanz wird aus der Nennspannung und der Anfangskurzschlusswechselstromleistung des Netzes berechnet.

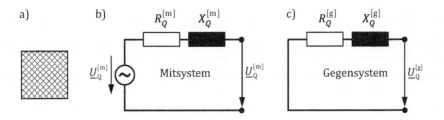

Abb. 5.70 Symbol und Ersatzschaltbild eines Ersatznetzes im Mit- und Gegensystem

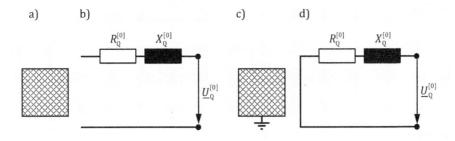

Abb. 5.71 Symbol und Ersatzschaltbild eines Ersatznetzes im Nullsystem

$$X_Q^{[m]} = X_Q^{[g]} = \frac{c \cdot U_n^2}{S_k''} \qquad (5.135)$$

$$R_Q^{[m]} = R_Q^{[g]} = 0{,}1 \cdot X_Q^{[m,g]} \qquad (5.136)$$

Daraus bestimmt sich die Nullimpedanz des Ersatznetzes

$$\frac{R_Q^{[0]}}{R_Q^{[m]}} \quad \text{bzw.} \quad \frac{X_Q^{[0]}}{X_Q^{[m]}} \qquad (5.137)$$

5.4.4 Berechnung unsymmetrischer Fehlerfälle

5.4.4.1 Rechenmodell zur Behandlung unsymmetrischer Fehlerfälle

Im Falle unsymmetrischer Fehler ist die Bedingung der zyklischen Symmetrie für die Entkopplung der Komponentensysteme nicht mehr erfüllt. Daraus ergibt sich, dass die Ersatzschaltungen der Komponentensysteme miteinander gekoppelt sind und die Art der Kopplung aus den Fehlerbedingungen abgeleitet werden kann. Abb. 5.72 zeigt das prinzipielle Netzmodell zur Berechnung von unsymmetrischen Kurzschlüssen bzw. Leiterunterbrechungen. Die Fehlerstelle wird gedanklich aus dem Netz über impedanzlose Anschlüsse herausgezogen. Anschließend werden die Null-, Mit- und Gegenimpedanz für das Netz aus Sicht dieser herausgezogenen Klemmen bestimmt. Die gesuchten Spannungen und Ströme im vorliegenden unsymmetrischen Fehlerfall werden dann entsprechend dem in Abschn. 5.4.2 beschriebenen Verfahren ermittelt.

Mit der Transformation in symmetrische Komponenten wird die Berechnung unsymmetrischer Netzzustände erheblich vereinfacht und ein eigentlich unsymmetrischer Betriebsfall kann mit symmetrischen Ersatzmodellen bestimmt werden [18].

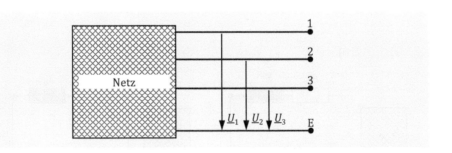

Abb. 5.72 Herausziehen der Fehlerstelle [20]

5.4.4.2 Sternpunktbehandlung von Netzen

Insbesondere für die Auswirkungen der häufig auftretenden einpoligen Kurzschlüsse oder Erdschlüsse, aber auch der zweipoligen Kurzschlüsse mit Erdberührung, ist die Behandlung der Transformatorsternpunkte im Netz von besonderer Bedeutung. Man unterscheidet

- Netze mit isolierten Sternpunkten (OSPE)
- Netze mit Erdschlusskompensation (Resonanzsternpunkterdung, RESPE)
- Netze mit niederohmig geerdeten Sternpunkten (NOSPE)

Ist im Fall eines niederohmig geerdeten Sternpunkts die Sternpunktimpedanz gleich null, spricht man auch von direkter oder starrer Sternpunkterdung.

Durch die Sternpunkterdung werden folgende Größen beeinflusst:

- Höhe des Kurzschlussstroms (einpolig, zwei- oder dreipolig mit Erdberührung)
- Erder-, Schritt- und Berührungsspannungen
- Spannungsbeanspruchung der „gesunden" Leiter im Fehlerfall
- Spannungsbeanspruchung des erstlöschenden Schalterpols bei einer dreipoligen Ausschaltung
- Notwendigkeit, fehlerbehaftete Betriebsmittel auszuschalten und damit die Vermeidung von Versorgungsunterbrechungen

Die Sternpunktbehandlung von Netzen wird in diesem Abschnitt zunächst im Überblick erläutert und im Kapitel zu einpoligen Kurzschlüssen bzw. Erdschlüssen (Abschn. 5.4.4.3.3) weiter vertieft. Tab. 5.5 zeigt die Verteilung der Sternpunktbehandlung in den Netzen der öffentlichen Versorgung in Deutschland [22].

Während das Transportnetz vollständig mit niederohmiger Sternpunkterdung betrieben wird, ist das Bild in den anderen Spannungsebenen uneinheitlich und von vielen Faktoren abhängig, die in den nächsten Abschnitten diskutiert werden. Meist ist der Verkabelungsgrad ein guter Indikator für die Sternpunkterdung. Ländliche Netze mit einem vergleichsweise geringen Verkabelungsgrad werden meist kompensiert (d. h. mit Erdschlusskompensation) betrieben. Städtische Netze mit hohem Verkabelungsgrad werden dagegen eher mit niederohmiger Sternpunkterdung oder in Einzelfällen mit isoliertem Sternpunkt betrieben.

Die Sternpunktbehandlung wird jeweils für einen galvanisch verbundenen Netzbereich definiert. Netzbereiche werden durch Transformatoren mit galvanischer Trennung von Ober- und Unterspannungs-Wicklung und/oder durch offene Trenn- und Leistungsschalter begrenzt. Innerhalb eines Netzbereichs können keine Mischformen von niederohmiger und kompensierter Sternpunktbehandlung vorkommen (Abb. 5.73).

Tab. 5.5 Art der Sternpunktbehandlung in Deutschland

Spannung	Leitungsart		Sternpunktbehandlung		
			Isoliert	Erdschluss-kompensation	Starr oder niederohmig
10 kV	F	0,0 %			
	FK	58,5 %			
	K	41,5 %			
	Summe	100 %	14,3 %	72,6 %	13,1 %
20 kV	F	0,0 %			
	FK	84,6 %			
	K	15,4 %			
	Summe	100 %	0,0 %	100 %	0,0 %
110 kV	F	90,1 %			
	FK	9,4 %			
	K	0,5 %			
	Summe	100 %	0,0 %	91,1 %	8,9 %
220 kV	F	100 %			
	FK	0,0 %			
	K	0,0 %			
	Summe	100 %	0,0 %	0,0 %	100 %
380 kV	F	99,5 %			
	FK	0,5 %			
	K	0,0 %			
	Summe	100 %	0,0 %	0,0 %	100 %

F, Freileitungsnetze; FK, gemischte Freileitungs- und Kabelnetze; K, Kabelnetze

5.4.4.2.1 Netze mit isoliertem Sternpunkt

Die unterschiedliche Behandlung des Transformatorsternpunktes ist insbesondere bei einpoligen Kurzschlüssen oder Erdschlüssen von Bedeutung. Von einem derartigen Fehler wird in Abb. 5.74 ausgegangen. Es gilt:

$$\underline{Z}_M \to \infty \qquad (5.138)$$

Aufgrund des kleineren Stromflusses können die Längsimpedanzen der Zweige für eine näherungsweise Betrachtung vernachlässigt werden, damit wird das gesamte Leitungsnetz des betrachteten Netzbereichs auf seine Leiter-Erdkapazitäten reduziert. Diese bestimmen im Wesentlichen den im einpoligen Fehlerfall entstehenden Stromfluss. Damit besteht das Ersatznetz nur noch aus den treibenden Spannungen (Sternwicklungen des Transformators), den Leiter-Erdkapazitäten sowie dem isolierten Sternpunkt des Transformators.

5.4 Unsymmetrische Fehler

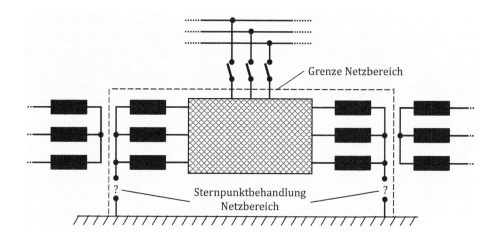

Abb. 5.73 Definition eines Netzbereiches für die Sternpunktbehandlung

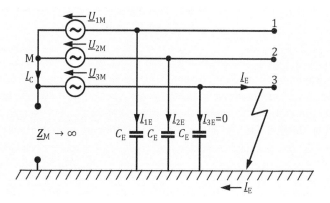

Abb. 5.74 Netz mit isoliertem Sternpunkt

Im Falle eines einpoligen Fehlers, angenommen in Leiter L3, fließt nun ein Strom, der sich über die Leiter-Erdkapazitäten der Leiter L1 und L2 schließt. Der Strom über die Leiter-Erdkapazitäten des Leiter L3 ist null ($\underline{I}_{3E} = 0$). Nach Gl. (5.139) ist dessen Höhe ausschließlich von der Summe der Leiter-Erdkapazitäten des betrachteten Netzbereichs abhängig [23]. Für den Strom an der Fehlerstelle ergibt sich der Erdschlussstrom $\underline{I}_E = \underline{I}_C$ nach Gl. (5.139):

$$\begin{aligned}
\underline{I}_E &= -(\underline{I}_{1E} + \underline{I}_{2E}) = j \cdot \omega \cdot C_E \cdot (\underline{U}_{3M} - \underline{U}_{1M}) + j \cdot \omega \cdot C_E \cdot (\underline{U}_{3M} - \underline{U}_{2M}) \\
&= j \cdot \omega \cdot C_E \cdot (2 \cdot \underline{U}_{3M} - \underline{U}_{1M} - \underline{U}_{2M}) \\
&= j \cdot \omega \cdot C_E \cdot 3 \cdot \underline{U}_{3M}
\end{aligned} \quad (5.139)$$

Der wesentliche Vorteil der isolierten Behandlung des Transformatorsternpunktes besteht darin, dass die Leiter-Erdkapazitäten den Kurzschlussstrom stark begrenzen. Ist der Netzbereich nicht zu groß, d. h. die Leiter-Erdkapazität hinreichend klein, so ergibt sich ein Strom unterhalb der Auslösegrenze des Schutzsystems. In diesem Fall fließt kein Kurzschlussstrom, der das Schutzsystem auslöst. Damit kann eine Versorgungsunterbrechung der Kunden verhindert werden. Dafür entsteht ein sogenannter „stehender" Erdschluss. Die Fehlerstelle im Netz muss nun zeitnah gefunden und manuell ausgeschaltet werden nachdem alle betroffenen Verbraucher auf Reservestromkreise umgeschaltet wurden.

Nachteilig bei der isolierten Sternpunktbehandlung wirkt sich insbesondere die Spannungsanhebung der nicht vom Fehler betroffenen Leiter aus (Abb. 5.75). Dies kann, insbesondere bei vorgeschädigten Betriebsmitteln, dazu führen, dass an einer anderen Stelle im Netz ein weiterer Erdschluss, ein sogenannter zweiter Fußpunkt, entsteht, sodass der stehende Erdschluss in einen Doppelerdkurzschluss übergeht. Auch aus diesem Grund muss der stehende Erdschluss möglichst schnell gefunden und beseitigt werden.

Die Spannungen der fehlerfreien Phasen bestimmen sich zu:

$$\underline{U}_2 = \sqrt{3} \cdot \underline{U}_{1M} \cdot e^{j \cdot 210°}$$
$$\underline{U}_3 = \sqrt{3} \cdot \underline{U}_{1M} \cdot e^{j \cdot 150°}$$
(5.140)

Netze mit isolierter Sternpunktbehandlung sind heute in Deutschland nicht mehr weit verbreitet. Sie kommen nur noch in kleinen Mittelspannungsnetzen, in Kraftwerkseigenbedarfsanlagen sowie in kleineren Industrienetzen vor. Der Grund ist vor allem darin zu sehen, dass die isolierte Sternpunktbehandlung nur in kleinen Netzen mit geringer Gesamtkapazität sinnvoll ist. Mit zunehmender Verkabelung entstehen aber schnell derart große Erdkapazitäten, sodass diese den Erdschlussstrom nicht ausreichend begrenzen, sodass er doch Kurzschlussstromgröße erreicht und es zu Schutzauslösungen oder zu einem ständigen Wiederzünden des Lichtbogens kommt. Eine Begrenzung des Erdschlussstroms ist durch Übergang auf kompensierte Betriebsweise möglich.

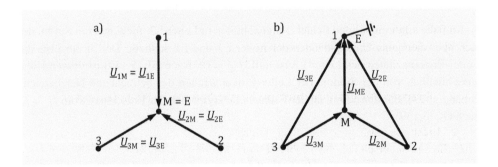

Abb. 5.75 Spannungsanhebung bei Erdschluss des Leiters L1 und isoliertem Sternpunkt

5.4.4.2.2 Netze mit induktiver Sternpunkterdung

Um das zuvor beschriebene Problem des zu großen Erdschlussstroms bei isolierter Sternpunktbehandlung zu überwinden, hatte W. Petersen in den 20er Jahren des letzten Jahrhunderts die Idee, zwischen Transformatorsternpunkt und Erde eine Spule mit variabler Induktivität einzusetzen und diese so zu dimensionieren, dass der Erdschlussstrom geeignet begrenzt wird und dadurch u. U. fast vollständig verschwindet („erlischt"). Daher wird diese Spule zur Erdschlusskompensation auch Lösch- oder Petersen-Spule genannt.

Durch Anschluss der Kompensationsdrossel an den Transformatorsternpunkt (Abb. 5.76) wird dem kapazitiven Strom $\underline{I}_C$ über die Erdkapazitäten des Netzbereichs ein induktiver Strom $\underline{I}_D$ über die Drossel X_D überlagert. Beide Ströme in Summe bilden den Erdschlussstrom über der Fehlerstelle $\underline{I}_E$, der gegenüber dem Fehlerstrom bei isoliertem Sternpunkt verringert wird [23]. Es gilt:

$$\underline{I}_{3E} = 0 \tag{5.141}$$

$$\underline{I}_C = -(\underline{I}_{1E} + \underline{I}_{2E}) \tag{5.142}$$

Für den entstehenden Fehlerstrom $\underline{I}_E$ ergibt sich:

$$\underline{I}_E = \underline{I}_C + \underline{I}_D \tag{5.143}$$

$$\underline{I}_C = j \cdot 3 \cdot \omega \cdot C_E \cdot \underline{U}_{3M} \tag{5.144}$$

$$\underline{I}_D = \frac{\underline{U}_{3M}}{j \cdot X_D} = -j \cdot \frac{\underline{U}_{3M}}{X_D} \tag{5.145}$$

$$\underline{I}_E = j \cdot \left(3 \cdot \omega \cdot C_E - \frac{1}{X_D}\right) \cdot \underline{U}_{3M} \tag{5.146}$$

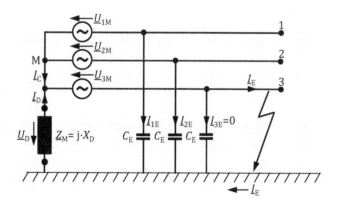

Abb. 5.76 Erdschlusskompensation

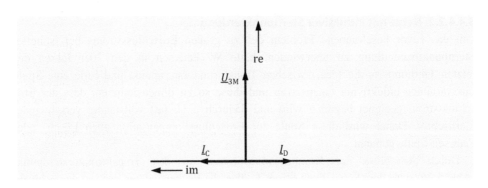

Abb. 5.77 Stromzeigerdiagramm bei Erdschlusskompensation

Abb. 5.77 zeigt im Stromzeigerdiagramm die Überlagerung von kapazitivem und induktivem Strom, die beide entgegen gerichtet sind, da sie von der gleichen Spannung $\underline{U}_{3M}$ getrieben werden. Durch geschickte Dimensionierung der Kompensationsdrossel entsprechend der Kompensationsbedingung (Gl. 5.146) kann der Erdschlussstrom $\underline{I}_E$ bis auf null reduziert (i.e. kompensiert) werden. Damit fließt definitiv kein Kurzschlussstrom, dessen Höhe zur Auslösung des Schutzsystems führt.

Bei Erfüllung der Kompensationsbedingung (Resonanzbedingung)

$$X_D = \frac{1}{3 \cdot \omega \cdot C_E} \tag{5.147}$$

wird der induktive Strom über die Petersenspule betragsmäßig genauso groß wie der kapazitive Strom über die Erdkapazitäten des Netzbereichs. Die beiden entgegengesetzten Ströme heben sich also vollständig auf und es fließt kein Erdschlussstrom ($\underline{I}_E = 0$).

Der wesentliche Vorteil des kompensierten Betriebs besteht darin, dass es durch den geringen Fehlerstrom, auch bei ausgedehnten Netzbereichen mit hoher Erdkapazität, definitiv nicht zu Auslösungen des Schutzsystems und damit zu Versorgungsunterbrechungen kommt. Darüber hinaus wird durch den geringen Strom über die Fehlerstelle ein Wiederzünden des Lichtbogens verhindert, sodass ein sogenannter „stehender" Erdschluss entsteht, ohne dass nennenswerte Ströme über die Fehlerstelle fließen. In diesem Zustand kann das Netz eine Zeit lang trotz der bestehenden Fehlersituation weiter betrieben werden.

Nachteilig wirkt sich auch hier die Spannungsanhebung der nicht vom Fehler betroffenen Leiter aus, die zu einem zweiten Fußpunkt und zum Übergang auf einen Doppelerdkurzschluss führen kann. Ein Erdschluss sollte daher in der Regel nicht länger als zwei Stunden anstehen, um die Wahrscheinlichkeit des Auftretens eines Doppelerdschlusses möglichst gering zu halten.

5.4.4.2.3 Netze mit niederohmiger Sternpunkterdung

Bei Netzen mit einer niederohmigen Erdung des Sternpunktes wird zwischen den Fällen unterschieden, in denen die Impedanz der Sternpunkterdung gleich null ist (starre Sternpunkterdung) und den Fällen, in denen die Sternpunktimpedanz einen kleinen Wert größer null hat (niederohmige Sternpunkterdung).

Starre Sternpunkterdung
Abb. 5.78 zeigt das Prinzip der starren Sternpunkterdung. Dazu wird der Transformatorsternpunkt direkt („starr") mit dem Erdpotential verbunden. Es gilt:

$$\underline{Z}_M = 0 \tag{5.148}$$

Bei der Betrachtung nach Abb. 5.78 können die Querelemente der Leitungen des Netzbereichs vernachlässigt werden, da nun bei einem einpoligen Fehler ein hoher Kurzschlussstrom fließt. Dieser führt sicher zu einer Auslösung des Schutzsystems und zu einer sofortigen Ausschaltung des fehlerbetroffenen Betriebsmittels.

Bei einem einpoligen Fehler in einem Netz mit starrer Sternpunkterdung fließt in der Regel ein hoher Erdkurzschlussstrom:

$$\underline{I}_E = \frac{\underline{U}_{3M}}{\underline{Z}} \tag{5.149}$$

Problematisch sind die hohen Kurzschlussströme, die zu einem Spannungsabfall am Erdungswiderstand führen. Durch Schnellabschalten ($\leq$0,5 s) können trotz der hohen Fehlerströme Schutz- und Erdungsbedingungen eingehalten werden. Durch eine noch schnellere, einpolige Kurzunterbrechung (KU) können in Freileitungsnetzen Erdkurzschlüsse mit Lichtbogen häufig beseitigt werden.

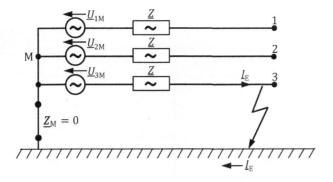

Abb. 5.78 Starre Sternpunkterdung

Alle Transportnetze in Europa werden mit starrer Erdung betrieben. Auch ein Teil der städtischen 110-kV-Netze wird mit einer derartigen Sternpunkterdung betrieben, da insbesondere bei einem hohen Verkabelungsgrad die Kompensation durch eine aufwendige Erdschlussspule sehr teuer wird. Aus den gleichen Gründen werden auch regionale 110-kV-Netze zunehmend mit starrer Erdung betrieben.

Niederohmige Sternpunkterdung
Das in Abb. 5.79 dargestellte Prinzip der niederohmigen Sternpunkterdung (NOSPE) stellt eine Abwandlung der starren Erdung dar, indem der Transformatorsternpunkt nicht direkt, sondern über eine Drossel oder einen ohmschen Widerstand niederohmig geerdet wird. Dadurch wird der einpolige Kurzschlussstrom und damit auch die Spannung am Erdungswiderstand begrenzt.

$$\underline{I}_E \approx \frac{\underline{U}_{3M}}{R_D + j \cdot X_D} \tag{5.150}$$

Kommt eine Drossel zum Einsatz, so ist sie weit unterhalb der Kompensationsbedingung zu dimensionieren.

$$X_D \ll \frac{1}{3 \cdot \omega \cdot C_E} \tag{5.151}$$

Damit können unzulässig hohe Spannungen im einpoligen Fehlerfall vermieden werden. Wie bei der starren Erdung führt der Kurzschlussstrom aber zu einer unmittelbaren Ausschaltung des fehlerbetroffenen Betriebsmittels.

5.4.4.3 Unsymmetrische Kurzschlüsse
Im Gegensatz zum dreipoligen Fehler, der mit der einphasigen Ersatzschaltung (Mitsystem) nachgebildet werden kann, sind ein- oder zweipolige Kurzschlüsse per Definition

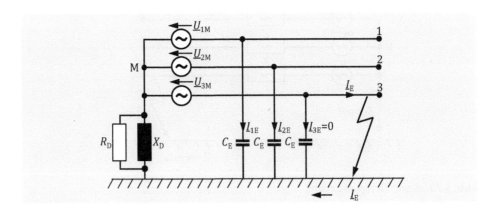

Abb. 5.79 Niederohmige Sternpunkterdung

5.4 Unsymmetrische Fehler

unsymmetrische Systemzustände, die durch die entsprechende Verschaltung des Mit-, Gegen- und Nullsystems modelliert werden [24].

5.4.4.3.1 Zweipoliger Kurzschluss ohne Erdberührung

Abb. 5.80 zeigt die Verschaltung der aus dem Netz heraus gezogenen virtuellen Klemmen, mit der ein zweipoliger Kurzschluss ohne Erdberührung nachgebildet wird. Entsprechend den Symmetriebedingungen ist der Kurzschluss zwischen den Leitern L2 und L3. Der Bezugsleiter L1 bleibt fehlerfrei.

Beim zweipoligen Kurzschluss ohne Erdberührung fließt ein entgegengesetzter Kurzschlussstrom in den vom Fehler betroffenen Leitern (L2 und L3). Im nicht vom Fehler betroffenen Leiter (hier L1) fließt dagegen kein Kurzschlussstrom. Durch den Kurzschluss sind die Spannungen der vom Fehler betroffenen Leiter gegenüber Erde an der Fehlerstelle gleich groß. Aus diesen Gegebenheiten leiten sich die folgenden Fehlerbedingungen im Originalsystem für den zweipoligen Kurzschluss ohne Erdberührung ab.

Für die Ströme gilt:

$$\underline{I}_1 = 0 \tag{5.152}$$

$$\underline{I}_2 = -\underline{I}_3 \tag{5.153}$$

Für die Spannungen gilt:

$$\underline{U}_2 = \underline{U}_3 \tag{5.154}$$

Entsprechend den Transformationsvorschriften der symmetrischen Komponenten ergeben sich die Bestimmungsgleichungen der Ströme im Komponentensystem.

$$\begin{aligned}\underline{I}^{[0]} &= \frac{1}{3} \cdot (\underline{I}_1 + \underline{I}_2 + \underline{I}_3) \\ \underline{I}^{[m]} &= \frac{1}{3} \cdot (\underline{I}_1 + \underline{a} \cdot \underline{I}_2 + \underline{a}^2 \cdot \underline{I}_3) \\ \underline{I}^{[g]} &= \frac{1}{3} \cdot (\underline{I}_1 + \underline{a}^2 \cdot \underline{I}_2 + \underline{a} \cdot \underline{I}_3)\end{aligned} \tag{5.155}$$

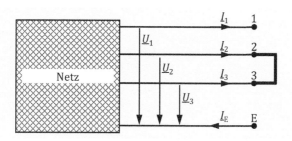

Abb. 5.80 Zweipoliger Kurzschluss ohne Erdberührung [20]

Setzt man die sich aus Abb. 5.80 ergebenden Fehlerbedingungen für die Ströme in Gl. (5.155) ein, erhält man die Ströme im Komponentensystem.

$$\underline{I}^{[0]} = 0$$
$$\underline{I}^{[m]} = \frac{1}{3} \cdot (\underline{a} - \underline{a}^2) \cdot \underline{I}_2 \qquad (5.156)$$
$$\underline{I}^{[g]} = \frac{1}{3} \cdot (\underline{a}^2 - \underline{a}) \cdot \underline{I}_2 = -\underline{I}^{[m]}$$

Die Spannungen im Komponentensystem erhält man, indem man die sich aus Abb. 5.80 ergebenden Fehlerbedingungen für die Spannungen in Gl. (5.105) einsetzt.

$$\underline{U}^{[0]} = \frac{1}{3} \cdot (\underline{U}_1 + \underline{U}_2 + \underline{U}_3) = 0 \quad (\text{da } \underline{I}^{[0]} = 0)$$
$$\underline{U}^{[m]} = \frac{1}{3} \cdot (\underline{U}_1 + (\underline{a} + \underline{a}^2) \cdot \underline{U}_2) \qquad (5.157)$$
$$\underline{U}^{[g]} = \underline{U}^{[m]}$$

Dabei gilt für die Versoren in den Gl. (5.156) und (5.157):

$$\underline{a} = e^{j \cdot 120°} = -\frac{1}{2} \cdot (1 - j \cdot \sqrt{3}) \qquad (5.158)$$

$$\underline{a}^2 = e^{-j \cdot 120°} = -\frac{1}{2} \cdot (1 + j \cdot \sqrt{3}) \qquad (5.159)$$

Aus den transformierten Fehlerbedingungen der Gl. (5.156) und (5.157) folgt, dass der Strom im Nullsystem zu null wird. Damit wird die Spannung im Nullsystem ebenfalls zu null. Die Ströme im Mit- und Gegensystem sind gleich groß, aber entgegengesetzt gerichtet. Die Spannungen im Mit- und Gegensystem sind gleich.

Aus den transformierten Fehlerbedingungen ergibt sich auch die Verschaltung der symmetrischen Komponenten nach Abb. 5.81. Da Spannung und Strom im Nullsystem gleich null sind, entfällt das Nullsystem bei der Betrachtung. Mit- und Gegensystem sind an der Fehlerstelle parallel verschaltet. Das Nullsystem trägt nichts zum Kurzschlussstrom bei und bleibt daher unberücksichtigt.

Aus der Komponentenverschaltung errechnet sich leicht die Lösung des Problems in symmetrischen Komponenten. Aus der Verschaltung liest man ab:

$$\underline{I}^{[0]} = 0 \qquad (5.160)$$

$$\underline{I}^{[m]} = -\underline{I}^{[g]} = \frac{\underline{U}_{LL,1}}{\underline{Z}^{[m]} + \underline{Z}^{[g]}} \qquad (5.161)$$

$$\underline{U}^{[0]} = 0 \qquad (5.162)$$

5.4 Unsymmetrische Fehler

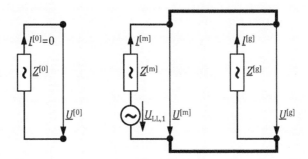

Abb. 5.81 Verschaltung beim zweipoligen Kurzschluss ohne Erdberührung [20]

$$\underline{U}^{[m]} = \underline{U}^{[g]} = \underline{U}_{LL,1} - \underline{Z}^{[m]} \cdot \underline{I}^{[m]} = \underline{U}_{LL,1} \cdot \frac{\underline{Z}^{[g]}}{\underline{Z}^{[m]} + \underline{Z}^{[g]}} \quad (5.163)$$

Damit sind alle sechs Fehlergrößen $\underline{I}^{[0]}, \underline{I}^{[m]}, \underline{I}^{[g]}, \underline{U}^{[0]}, \underline{U}^{[m]}, \underline{U}^{[g]}$ bekannt.

Für die Rücktransformation ins Originalsystem ergeben sich mit den Transformationsbedingungen entsprechend Gl. (5.101) die Beziehungen:

$$\begin{aligned}\underline{I}_1 &= \underline{I}^{[0]} + \underline{I}^{[m]} + \underline{I}^{[g]} \\ \underline{I}_2 &= \underline{I}^{[0]} + \underline{a}^2 \cdot \underline{I}^{[m]} + \underline{a} \cdot \underline{I}^{[g]} \\ \underline{I}_3 &= \underline{I}^{[0]} + \underline{a} \cdot \underline{I}^{[m]} + \underline{a}^2 \cdot \underline{I}^{[g]}\end{aligned} \quad (5.164)$$

Setzt man nun die mit Gl. (5.160) bestimmten Gleichungen der Ströme im Komponentensystem ein, erhält man die Phasenströme $\underline{I}_1, \underline{I}_2$ und $\underline{I}_3$.

$$\begin{aligned}\underline{I}_1 &= 0 \\ \underline{I}_2 &= (\underline{a}^2 - \underline{a}) \cdot \underline{I}^{[m]} \\ \underline{I}_3 &= (\underline{a} - \underline{a}^2) \cdot \underline{I}^{[m]} = -\underline{I}_2\end{aligned} \quad (5.165)$$

$$\begin{aligned}\underline{I}_2 &= -j \cdot \frac{\sqrt{3} \cdot \underline{U}_{LL,1}}{\underline{Z}^{[m]} + \underline{Z}^{[g]}} \\ \underline{I}_3 &= +j \cdot \frac{\sqrt{3} \cdot \underline{U}_{LL,1}}{\underline{Z}^{[m]} + \underline{Z}^{[g]}}\end{aligned} \quad (5.166)$$

Die Ströme der fehlerbetroffenen Leiter sind entsprechend der Verschaltung in Abb. 5.80 gleich groß und haben jeweils das entgegengesetzte Vorzeichen.

Die Spannungen im Originalsystem erhält man, indem man die Ergebnisse des Komponentensystems in Gl. (5.108) einsetzt.

$$\underline{U}_1 = \underline{U}^{[0]} + \underline{U}^{[m]} + \underline{U}^{[g]} = 2 \cdot \underline{U}^{[m]} = 2 \cdot \underline{U}_{LL,1} \cdot \frac{\underline{Z}^{[g]}}{\underline{Z}^{[m]} + \underline{Z}^{[g]}} \quad (5.167)$$

$$\underline{U}_2 = (\underline{a} + \underline{a}^2) \cdot \underline{U}^{[m]} = \underline{U}_3 = -\underline{U}_{LL,1} \cdot \frac{\underline{Z}^{[g]}}{\underline{Z}^{[m]} + \underline{Z}^{[g]}} \quad (5.168)$$

In der Regel ist ein Netz aus passiven Elementen aufgebaut. Damit gilt:

$$\underline{Z}^{[m]} = \underline{Z}^{[g]} \quad (5.169)$$

Daraus folgt für die Fehlerströme in den Leitern 2 und 3:

$$\underline{I}_2 = -\underline{I}_3 = -j \cdot \frac{\sqrt{3}}{2} \cdot \frac{\underline{U}_{LL,1}}{\underline{Z}^{[m]}} \quad (5.170)$$

Für den über Erde fließenden Strom $\underline{I}_E$ gilt definitionsgemäß

$$\underline{I}_E = 0 \quad (5.171)$$

Für die Spannungen der vom Fehler betroffenen Leiter 2 und 3 gilt:

$$\underline{U}_2 = \underline{U}_3 = -\frac{1}{2} \cdot \underline{U}_1 \quad (5.172)$$

Setzt man für die Spannung $\underline{U}_{LL1}$ nach DIN VDE 0102 die Ersatzspannungsquelle an der Fehlerstelle $c \cdot U_n/\sqrt{3}$ ein, so ergibt sich, dass der zweipolige Kurzschlussstrom ohne Erdberührung um den Faktor $2/\sqrt{3}$ geringer ist als der dreipolige Kurzschlussstrom. Er stellt damit für das Energieversorgungssystem zwar eine unsymmetrische aber doch geringere Belastung dar. Die Spannung in den vom Fehler betroffenen Leitern geht an der Fehlstelle auf den halben Wert der Leiter-Erde-Spannung im Normalbetrieb zurück.

Die Zeigerbilder der Komponentensysteme und des Originalsystems entsprechend Abb. 5.82 verdeutlichen diesen Zusammenhang. Es gilt:

$$\underline{a} + \underline{a}^2 = -1$$

Aus Abb. 5.82 ist ersichtlich, dass natürlich für die Summe der Phasenspannungen weiterhin die Beziehung

$$\underline{U}_1 + \underline{U}_2 + \underline{U}_3 = 0 \quad (5.173)$$

erfüllt bleibt. Als Sonderfall dieser Fehlerart ist der unsymmetrische Klemmenkurzschluss der Synchronmaschine (zweipoliger Kurzschluss) zu betrachten, da hier die Impedanzen im Mit- und im Gegensystem verschieden sein können. Als wirksame Impedanzen und Spannungen werden zur Berechnung des Anfangskurzschlusswechselstroms

$$\underline{Z}^{[m]} = \underline{Z}^{[g]} = j \cdot X_d'' \qquad \underline{U}_{LL,1} = E'' = \frac{c \cdot U_n}{\sqrt{3}} \quad (5.174)$$

5.4 Unsymmetrische Fehler

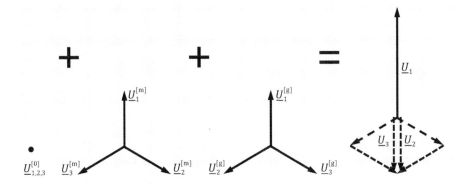

Abb. 5.82 Zeigerdiagramme der Spannungen

oder des Dauerkurzschlussstroms

$$\underline{Z}^{[m]} = j \cdot X_d$$
$$\underline{Z}^{[g]} = j \cdot X_d''$$
$$\underline{U}_{LL,1} = E$$
(5.175)

die entsprechenden Größen eingesetzt.

5.4.4.3.2 Zweipoliger Kurzschluss mit Erdberührung

In Abb. 5.83 ist der zweipolige Kurzschluss mit Erdberührung dargestellt. Entsprechend den Symmetriebedingungen ist der Kurzschluss auch hier zwischen den Leitern L2 und L3 mit einer gemeinsamen Verbindung zur Erde. Der Bezugsleiter L1 bleibt fehlerfrei.

Gegenüber dem zweipoligen Kurzschluss ohne Erdberührung ergeben sich hier etwas veränderte Fehlerbedingungen im Originalsystem. Die beiden Ströme in den vom Fehler betroffenen Leitern L2 und L3 sind jetzt nicht mehr gleich groß und entgegen

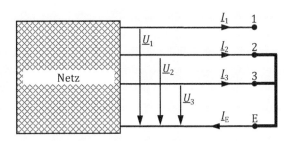

Abb. 5.83 Zweipoliger Kurzschluss mit Erdberührung [20]

gerichtet, sondern sie speisen gemeinsam den Strom über Erde. Der Strom in Leiter L1 an der Fehlerstelle ist dagegen weiterhin null. Die Spannungen $\underline{U}_2$ und $\underline{U}_3$ an der Fehlerstelle sind beide gleich null, da die Fehlerstelle mit dem Erdpotential verbunden ist. Als Fehlerbedingungen im Originalsystem ergeben sich für den zweipoligen Kurzschluss mit Erdberührung entsprechend Abb. 5.83:

$$\begin{aligned}\underline{I}_1 &= 0 \\ \underline{U}_2 &= \underline{U}_3 = 0\end{aligned} \tag{5.176}$$

Für die Ströme im Komponentensystem ergeben sich die Bestimmungsgleichungen entsprechend den Transformationsvorschriften der symmetrischen Komponenten.

$$\begin{aligned}\underline{I}^{[0]} &= \frac{1}{3} \cdot (\underline{I}_2 + \underline{I}_3) \\ \underline{I}^{[m]} &= \frac{1}{3} \cdot (\underline{a} \cdot \underline{I}_2 + \underline{a}^2 \cdot \underline{I}_3) \\ \underline{I}^{[g]} &= \frac{1}{3} \cdot (\underline{a}^2 \cdot \underline{I}_2 + \underline{a} \cdot \underline{I}_3)\end{aligned} \tag{5.177}$$

Mit der Beziehung $(\underline{a} + \underline{a}^2 = -1)$ ergibt sich, dass die Summe der Ströme des Mit-, Gegen- und Nullsystems gleich null ist.

$$\underline{I}^{[0]} + \underline{I}^{[m]} + \underline{I}^{[g]} = 0 \tag{5.178}$$

Die Transformation für die Spannungskomponenten ergibt:

$$\left.\begin{aligned}\underline{U}^{[0]} &= \tfrac{1}{3} \cdot \underline{U}_1 \\ \underline{U}^{[m]} &= \tfrac{1}{3} \cdot \underline{U}_1 \\ \underline{U}^{[g]} &= \tfrac{1}{3} \cdot \underline{U}_1\end{aligned}\right\} \underline{U}^{[0]} = \underline{U}^{[m]} = \underline{U}^{[g]} \tag{5.179}$$

Aus dem Ergebnis der Gl. (5.179) ergibt sich, dass die Spannungen im Mit-, Gegen- und Nullsystem alle gleich groß sind. Aus den Strom- und Spannungsbeziehungen entsprechend den Gl. (5.178) und (5.179) leiten sich sehr einfache Verschaltungsbedingungen ab. Beim zweipoligen Kurzschluss mit Erdberührung werden Mit-, Gegen- und Nullsystem parallel geschaltet (Abb. 5.84).

Zur Berechnung des Stroms im Mitsystem werden Null- und Gegensystemimpedanz parallelgeschaltet. Anschließend wird die Mitsystemimpedanz dazu in Reihe geschaltet. Der Strom im Mitsystem ergibt sich durch die Division von treibender Spannung $\underline{U}_{LL,1}$ durch die Gesamtimpedanz in symmetrischen Komponenten (Gl. 5.180). Die Ströme im Gegen- und Nullsystem ermittelt man mit der Stromteilerformel aus den Gl. (5.181) und (5.182).

$$\underline{I}^{[m]} = \frac{\underline{U}_{LL,1}}{\underline{Z}^{[m]} + \frac{\underline{Z}^{[0]} \cdot \underline{Z}^{[g]}}{\underline{Z}^{[0]} + \underline{Z}^{[g]}}} = \frac{\underline{Z}^{[0]} + \underline{Z}^{[g]}}{\underline{Z}^{[0]} \cdot \underline{Z}^{[m]} + \underline{Z}^{[m]} \cdot \underline{Z}^{[g]} + \underline{Z}^{[0]} \cdot \underline{Z}^{[g]}} \cdot \underline{U}_{LL,1} \tag{5.180}$$

5.4 Unsymmetrische Fehler

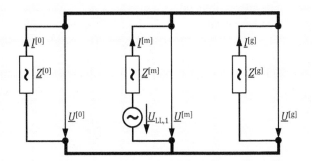

Abb. 5.84 Verschaltung beim zweipoligen Kurzschluss mit Erdberührung [20]

$$\underline{I}^{[g]} = -\frac{\underline{Z}^{[0]}}{\underline{Z}^{[0]} + \underline{Z}^{[g]}} \cdot \underline{I}^{[m]} = \frac{-\underline{Z}^{[0]}}{\underline{Z}^{[0]} \cdot \underline{Z}^{[m]} + \underline{Z}^{[m]} \cdot \underline{Z}^{[g]} + \underline{Z}^{[0]} \cdot \underline{Z}^{[g]}} \cdot \underline{U}_{LL,1} \quad (5.181)$$

$$\underline{I}^{[0]} = -\frac{\underline{Z}^{[g]}}{\underline{Z}^{[0]} + \underline{Z}^{[g]}} \cdot \underline{I}^{[m]} = \frac{-\underline{Z}^{[g]}}{\underline{Z}^{[0]} \cdot \underline{Z}^{[m]} + \underline{Z}^{[m]} \cdot \underline{Z}^{[g]} + \underline{Z}^{[0]} \cdot \underline{Z}^{[g]}} \cdot \underline{U}_{LL,1} \quad (5.182)$$

$$\underline{U}^{[0]} = \underline{U}^{[m]} = \underline{U}^{[g]} = \frac{1}{3} \cdot \underline{U}_{LL,1} \quad (5.183)$$

Die Rücktransformation ins Originalsystem ergibt, dass der Strom über den Leiter L1 natürlich null ist (Gl. 5.184). Die Berechnungsgleichungen (5.185) und (5.186) für die Kurzschlussströme in den Leitern L2 und L3 zeigen, dass beide Ströme bezüglich Betrag und Phasenlage unterschiedlich sind.

$$\underline{I}_1 = 0 \quad (5.184)$$

$$\underline{I}_2 = \underline{I}^{[0]} + \underline{a}^2 \cdot \underline{I}^{[m]} + \underline{a} \cdot \underline{I}^{[g]}$$
$$\underline{I}_2 = \frac{-\underline{Z}^{[g]} + \underline{a}^2 \cdot \left(\underline{Z}^{[0]} + \underline{Z}^{[g]}\right) - \underline{a} \cdot \underline{Z}^{[0]}}{\underline{Z}^{[0]} \cdot \underline{Z}^{[m]} + \underline{Z}^{[m]} \cdot \underline{Z}^{[g]} + \underline{Z}^{[0]} \cdot \underline{Z}^{[g]}} \cdot \underline{U}_{LL,1} \quad (5.185)$$
$$= -\frac{\mathrm{j} \cdot \sqrt{3} \cdot \underline{Z}^{[0]} + \left(\frac{3}{2} + \mathrm{j} \cdot \frac{\sqrt{3}}{2}\right) \cdot \underline{Z}^{[g]}}{\underline{Z}^{[0]} \cdot \underline{Z}^{[m]} + \underline{Z}^{[m]} \cdot \underline{Z}^{[g]} + \underline{Z}^{[0]} \cdot \underline{Z}^{[g]}} \cdot \underline{U}_{LL,1}$$

$$\underline{I}_3 = \underline{I}^{[0]} + \underline{a} \cdot \underline{I}^{[m]} + \underline{a}^2 \cdot \underline{I}^{[g]}$$
$$= \frac{\mathrm{j} \cdot \sqrt{3} \cdot \underline{Z}^{[0]} + \left(-\frac{3}{2} + \mathrm{j} \cdot \frac{\sqrt{3}}{2}\right) \cdot \underline{Z}^{[g]}}{\underline{Z}^{[0]} \cdot \underline{Z}^{[m]} + \underline{Z}^{[m]} \cdot \underline{Z}^{[g]} + \underline{Z}^{[0]} \cdot \underline{Z}^{[g]}} \cdot \underline{U}_{LL,1} \quad (5.186)$$

Die Summe der Kurzschlussströme in den Leitern L2 und L3 ergeben den an der Fehlerstelle über Erde fließenden Strom.

$$\underline{I}_E = \underline{I}_2 + \underline{I}_3 \tag{5.187}$$

Die Spannungen der Leiter L2 und L3 sind fehlerbedingungsgemäß null. Die Spannung der fehlerfreien Phase gegen Erde ist:

$$\underline{U}_1 = \underline{U}^{[0]} + \underline{U}^{[m]} + \underline{U}^{[g]} \tag{5.188}$$

Bei einem Netz aus passiven Elementen mit $\underline{Z}^{[m]} = \underline{Z}^{[g]}$ berechnen sich die Kurzschlussströme in den Leitern L2 und L3 zu:

$$\underline{I}_2 = -\frac{j \cdot \sqrt{3} + \left(\frac{\underline{Z}^{[m]}}{\underline{Z}^{[0]}}\right) \cdot \left(\frac{3}{2} + j \cdot \frac{\sqrt{3}}{2}\right)}{2 + \left(\frac{\underline{Z}^{[m]}}{\underline{Z}^{[0]}}\right)} \cdot \frac{\underline{U}_{LL,1}}{\underline{Z}^{[m]}} = f\left(\frac{\underline{Z}^{[m]}}{\underline{Z}^{[0]}}\right) \tag{5.189}$$

$$\underline{I}_3 = \frac{j \cdot \sqrt{3} + \left(\frac{\underline{Z}^{[m]}}{\underline{Z}^{[0]}}\right) \cdot \left(-\frac{3}{2} + j \cdot \frac{\sqrt{3}}{2}\right)}{2 + \left(\frac{\underline{Z}^{[m]}}{\underline{Z}^{[0]}}\right)} \cdot \frac{\underline{U}_{LL,1}}{\underline{Z}^{[m]}} = f\left(\frac{\underline{Z}^{[m]}}{\underline{Z}^{[0]}}\right) \tag{5.190}$$

Auch beim zweipoligen Kurzschluss mit Erdberührung sind in passiven Netzwerken die entstehenden Kurzschlussströme ausschließlich vom Verhältnis der Mit- zur Nullimpedanz abhängig.

5.4.4.3.3 Einpoliger Erdschluss bzw. Erdkurzschluss

In Abb. 5.85 ist ein einfaches Beispiel eines einpoligen Kurzschlusses abgebildet. Die vollständige Berechnung der gewünschten Systemgrößen dieses Fehlerfalls kann prinzipiell im dreiphasigen Modell des Drehstromsystems nach Abb. 5.85 erfolgen. Diese wird allerdings schon für dieses kleine Beispiel und erst recht in Netzen realistischer Größe ausgesprochen aufwendig. Wesentlich einfacher kann die Berechnung durch eine Transformation in symmetrische Komponenten durchgeführt werden.

Entsprechend den Symmetriebedingungen bezüglich des Bezugsleiters L1 wird ein einpoliger Fehler auf Leiter L1 angenommen und somit dieser kurzgeschlossen.

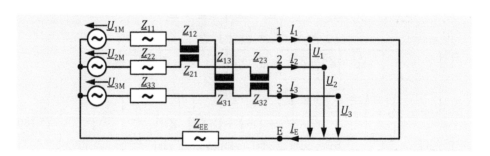

Abb. 5.85 Einpoliger Kurzschluss

5.4 Unsymmetrische Fehler

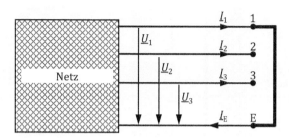

Abb. 5.86 Erd(kurz)schluss [20]

Abb. 5.86 zeigt die dafür gültige Verschaltung der aus dem Netz heraus gezogenen Klemmen. Die Leiter L2 und L3 bleiben fehlerfrei.

Für die Spannung des Bezugsleiters L1 gilt damit $\underline{U}_1 = 0$. Der Strom $\underline{I}_1 = \underline{I}_E$ an der Fehlerstelle in Leiter L1 ist der gesuchte Kurzschluss- bzw. Erdschlussstrom. Die Ströme $\underline{I}_2$ und $\underline{I}_3$ an der Fehlerstelle sind dagegen null. Aus diesen Gegebenheiten leiten sich die folgenden Fehlerbedingungen im Originalsystem für den einpoligen Erd(kurz)schluss ab.

$$\begin{aligned}\underline{U}_1 &= 0 \\ \underline{I}_2 &= \underline{I}_3 = 0\end{aligned} \tag{5.191}$$

Für die Ströme und Spannungen des Mit-, Gegen- und Nullsystems ergibt die Transformation in das Komponentensystem:

$$\underline{I}^{[0]} = \underline{I}^{[m]} = \underline{I}^{[g]} = \frac{1}{3} \cdot \underline{I}_1 \tag{5.192}$$

$$\underline{U}^{[0]} + \underline{U}^{[m]} + \underline{U}^{[g]} = 0 \tag{5.193}$$

Da alle Ströme gleich sind, müssen die drei Systeme in Reihe geschaltet werden. Ein Spannungsumlauf ergibt, dass die Summe der drei Spannungen sich zu null ergibt, entsprechend der transformierten Fehlerbedingungen für die Spannungen. Die Zusammenschaltung der Komponentensysteme in Abb. 5.87 erfüllen die Bedingungen entsprechend der Gl. (5.192) und (5.193).

Die Ströme und Spannungen lassen sich danach einfach aus den Beziehungen in Abb. 5.87 bestimmen.

$$\underline{I}^{[0]} = \underline{I}^{[m]} = \underline{I}^{[g]} = \frac{\underline{U}_{LL,1}}{\underline{Z}^{[0]} + \underline{Z}^{[m]} + \underline{Z}^{[g]}} \tag{5.194}$$

$$\begin{aligned}\underline{U}^{[0]} &= -\underline{I}^{[m]} \cdot \underline{Z}^{[0]} \\ \underline{U}^{[m]} &= \underline{U}_{LL,1} - \underline{I}^{[m]} \cdot \underline{Z}^{[m]} \\ \underline{U}^{[g]} &= -\underline{I}^{[m]} \cdot \underline{Z}^{[g]}\end{aligned} \tag{5.195}$$

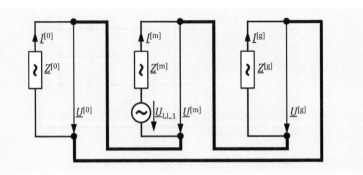

Abb. 5.87 Verschaltung beim einpoligen Erd(kurz)schluss [20]

Die Rücktransformation ins Originalsystem ergibt, dass der Fehlerstrom über den Leiter L1 und die Erde als Summe der Komponentenströme des Mit-, Gegen- und Nullsystems bestimmt wird.

$$\underline{I}_1 = \underline{I}^{[0]} + \underline{I}^{[m]} + \underline{I}^{[g]}$$
$$\underline{I}_1 = \frac{3 \cdot \underline{U}_{LL,1}}{\underline{Z}^{[0]} + \underline{Z}^{[m]} + \underline{Z}^{[g]}} = \underline{I}_E \qquad (5.196)$$

Für den Leiter L1 ergibt die Rücktransformation ins Originalsystem natürlich den Wert null. Die Berechnungsgleichungen (5.198) und (5.199) für die Spannungen der nicht vom Fehler betroffenen Leiter L2 und L3 zeigen, dass beide Spannungen bezüglich Betrag und Phasenlage unterschiedlich sind.

$$\underline{U}_1 = 0 \qquad (5.197)$$

$$\begin{aligned}
\underline{U}_2 &= \underline{U}^{[0]} + \underline{a}^2 \cdot \underline{U}^{[m]} + \underline{a} \cdot \underline{U}^{[g]} \\
&= \underline{a}^2 \cdot \underline{U}_{LL,1} - \underline{I}^{[m]} \cdot \left(\underline{Z}^{[0]} + \underline{a}^2 \cdot \underline{Z}^{[m]} + \underline{a} \cdot \underline{Z}^{[g]}\right) \\
&= \frac{\left(\underline{a}^2 - 1\right) \cdot \underline{Z}^{[0]} + \left(\underline{a}^2 - \underline{a}\right) \cdot \underline{Z}^{[g]}}{\underline{Z}^{[0]} + \underline{Z}^{[m]} + \underline{Z}^{[g]}} \cdot \underline{U}_{LL,1} \\
&= -\frac{\left(\frac{3}{2} + j \cdot \frac{\sqrt{3}}{2}\right) \cdot \underline{Z}^{[0]} + j \cdot \sqrt{3} \cdot \underline{Z}^{[g]}}{\underline{Z}^{[0]} + \underline{Z}^{[m]} + \underline{Z}^{[g]}} \cdot \underline{U}_{LL,1}
\end{aligned} \qquad (5.198)$$

$$\begin{aligned}
\underline{U}_3 &= \underline{U}^{[0]} + \underline{a} \cdot \underline{U}^{[m]} + \underline{a}^2 \cdot \underline{U}^{[g]} \\
&= \frac{\left(-\frac{3}{2} + j \cdot \frac{\sqrt{3}}{2}\right) \cdot \underline{Z}^{[0]} + j \cdot \sqrt{3} \cdot \underline{Z}^{[g]}}{\underline{Z}^{[0]} + \underline{Z}^{[m]} + \underline{Z}^{[g]}} \cdot \underline{U}_{LL,1}
\end{aligned} \qquad (5.199)$$

5.4 Unsymmetrische Fehler

Sind nun die einzelnen Impedanzen im Mit-, Gegen- und Nullsystem bekannt, so kann damit leicht der einpolige Kurzschlussstrom errechnet werden.

Bei ausschließlich passiven Netzen (ohne rotierende Maschinen) vereinfachen sich die Berechnungsgleichungen (5.198) und (5.199) nochmals erheblich, da dann die Impedanzen im Mit- und Gegensystem gleich sind ($\underline{Z}^{[m]} = \underline{Z}^{[g]}$). Der einpolige Fehlerstrom und die Spannungsanhebung der nicht vom Fehler betroffenen Leiter sind in diesem Fall im Wesentlichen vom Verhältnis $\underline{\alpha}$ der Impedanzen des Mit- und Nullsystems abhängig.

$$\underline{I}_E = \underline{I}_1 = \frac{3 \cdot \underline{U}_{LL,1}}{\underline{Z}^{[0]} + 2 \cdot \underline{Z}^{[m]}} = \frac{3}{2 + \left(\frac{\underline{Z}^{[0]}}{\underline{Z}^{[m]}}\right)} \cdot \frac{\underline{U}_{LL,1}}{\underline{Z}^{[m]}} = f\left(\underline{\alpha} = \frac{\underline{Z}^{[0]}}{\underline{Z}^{[m]}}\right) \quad (5.200)$$

$$\underline{U}_2 = -\frac{\left(\frac{\underline{Z}^{[0]}}{\underline{Z}^{[m]}}\right) \cdot \left(\frac{3}{2} + j \cdot \frac{\sqrt{3}}{2}\right) + j \cdot \sqrt{3}}{2 + \left(\frac{\underline{Z}^{[0]}}{\underline{Z}^{[m]}}\right)} \cdot \underline{U}_{LL,1} = f\left(\underline{\alpha} = \frac{\underline{Z}^{[0]}}{\underline{Z}^{[m]}}\right) \quad (5.201)$$

$$\underline{U}_3 = \frac{\left(\frac{\underline{Z}^{[0]}}{\underline{Z}^{[m]}}\right) \cdot \left(-\frac{3}{2} + j \cdot \frac{\sqrt{3}}{2}\right) + j \cdot \sqrt{3}}{2 + \left(\frac{\underline{Z}^{[0]}}{\underline{Z}^{[m]}}\right)} \cdot \underline{U}_{LL,1} = f\left(\underline{\alpha} = \frac{\underline{Z}^{[0]}}{\underline{Z}^{[m]}}\right) \quad (5.202)$$

Bei der einpoligen Kurzschlussstromberechnung kann nach DIN VDE 0102 eine zusätzliche Vereinfachung eingeführt werden. Analog zum Verfahren beim dreipoligen Kurzschluss werden alle treibenden Spannungsquellen kurzgeschlossen und durch die Spannungsquelle an der Fehlerstelle ersetzt (Abb. 5.88). Der Korrekturfaktor c sorgt für eine Berechnung des Kurzschlussstroms auf der „sicheren" Seite.

5.4.4.4 Leiterunterbrechungen

5.4.4.4.1 Modellierung von Leiterunterbrechungen

Eine Leiterunterbrechung, bei der alle drei Phasen an einer Stelle unterbrochen werden, ohne dass es dabei zu einer Erdberührung oder einer Berührung von zwei Phasen kommt, kann wie ein Leitungsausfall mit der Leistungsflussrechnung berechnet werden. Wird aber nur eine oder zwei Phasen aufgetrennt, handelt es sich um einen unsymmetrischen Betriebsfall. Diese Betriebsfälle können beispielsweise durch einen Seilabriss oder das unvollständige Öffnen bzw. Schließen von Schaltgeräten, bei dem nicht alle Schalterpole korrekt arbeiten, auftreten [20].

Ähnlich wie bei der beschriebenen Vorgehensweise zur Berechnung von unsymmetrischen Kurzschlüssen lässt sich das Verfahren der symmetrischen Komponenten auch auf solche unsymmetrische Leiterunterbrechungen anwenden. Zunächst wird hierbei angenommen, dass das Netz an der entsprechenden Fehlerstelle in allen drei Phasen unterbrochen ist. Es wird wie bei unsymmetrischen Fehlern die Fehlerstelle aus dem Netz herausgezogen. Falls das Netz durch diese Auftrennung nicht in zwei unabhängige Teile

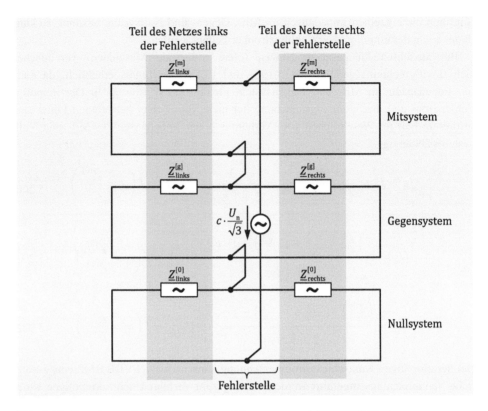

Abb. 5.88 Berechnung des einpoligen Kurzschlussstroms nach DIN VDE 0102

zerfällt, bildet das Netz bezüglich der Enden des unterbrochenen Leiters einen Achtpol. Der Bezugsleiter bleibt dabei durchverbunden. Abb. 5.89 zeigt den an der Fehlerstelle entstandenen Achtpol mit dem links und rechts angedeuteten gesamten aktiven Netz.

An den offenen Leiterenden liegen die Leerlaufspannungen $\underline{U}_{LL,1A}$ bis $\underline{U}_{LL,1B}$ gegen Erde an. Mit der vorausgesetzten zyklischen Symmetrie lässt sich der Achtpol durch die

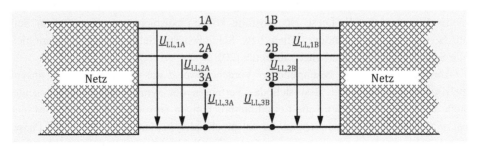

Abb. 5.89 Auftrennen des Netzes an der Fehlerstelle [20]

5.4 Unsymmetrische Fehler

Transformation der Ströme und Spannungen in symmetrische Komponenten und damit nach Abb. 5.90 in drei voneinander unabhängige Vierpole umwandeln.

Es gilt weiterhin, dass alle Spannungsquellen im Netz symmetrisch sind. Damit enthält nur der Vierpol des Mitsystems aktive Elemente. Die Vierpole des Gegen- und des Nullsystems sind passiv. Unabhängig von der Art der Leiterunterbrechung liegen an der Fehlerstelle zwischen den Punkten A und B in allen drei Phasen die Differenzen der Phasenspannungen der linken und rechten Leiterenden. Daher müssen auch in den Komponentenersatzschaltungen der Vierpole die Differenzen der entsprechenden Spannungskomponenten über der Stelle der Leitungsunterbrechung liegen. Dies bedeutet, dass auch in den Komponentenersatzschaltungen der Bezugsleiter durchverbunden bleibt (Abb. 5.90). Diese Verbindungen ergeben sich von alleine, falls man die Vierpole durch eine T-Ersatzschaltung nachbildet (Abb. 5.91).

Gegenüber der Darstellung in Abb. 5.89 und 5.90 sind die Fehlerstellenpunkte A und B der Leiterunterbrechung auf die Außenseiten der T-Ersatzschaltbilder (Abb. 5.91) verlegt worden. Das fehlerfreie Netz wird jetzt durch die Elemente in der Mitte der Ersatzschaltbilder repräsentiert. Die beiden Spannungen der im Mitsystem vorhandenen Spannungsquellen entsprechen den linken und rechten Spannungen des Bezugsleiters im Originalsystem (Abb. 5.89), falls alle drei Phasen offen sind.

Lässt man zwischen den Punkten A und B für alle drei Phasen beliebige Verbindungen zu, so ergeben sich für diesen allgemeinen Fall drei unbekannte Spannungen und Ströme für jede der beiden Seiten. Beschränkt man diese Verbindungen auf solche, die nur Leiterunterbrechungen ohne gleichzeitige Erd- oder Kurzschlüsse nachbilden, so verringert sich die Anzahl der Unbekannten von im allgemeinen Fall zwölf auf neun Größen. Die Ströme sind bei diesen Leiterunterbrechungen links und rechts an der Fehlerstelle in jeder Phase gleich. Durch das Netz ergeben sich sechs Gleichungen für den Zusammenhang zwischen den Spannungen und den Strömen. Die

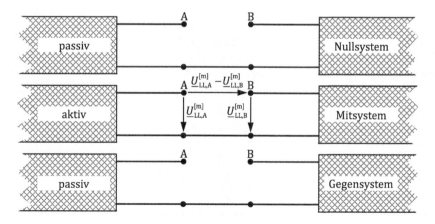

Abb. 5.90 Komponentenersatzschaltbilder unabhängiger Vierpole [20]

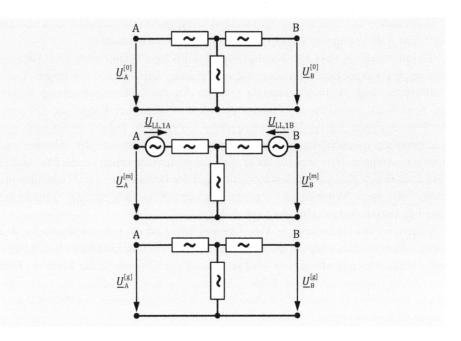

Abb. 5.91 Darstellung der Vierpole im T-Ersatzschaltbild [20]

drei noch fehlenden Gleichungen müssen sich also aus den Bedingungen zwischen den drei offenen linken und rechten Leiterenden bestimmen lassen. Die entsprechenden Beziehungen lassen sich aus den Verknüpfungen der Teilsysteme der symmetrischen Komponenten ableiten.

Um für die Verknüpfungen einfache Beziehungen zu erhalten, müssen auch bei den Leiterunterbrechungen ähnlich wie bei den unsymmetrischen Kurzschlüssen die Fehler symmetrisch zum Bezugsleiter angeordnet sein. Bei einer einpoligen Leiterunterbrechung wird demnach die unterbrochene Phase als Leiter L1 benannt. Bei einer zweipoligen Leiterunterbrechung ist dies die nicht unterbrochene Phase.

5.4.4.4.2 Einpolige Unterbrechung

Eine einpolige Leiterunterbrechung kann beispielsweise durch den vollständigen beidseitigen Abriss eines Leiterseiles einer Phase auftreten. In Abb. 5.92 ist eine solche einpolige Leiterunterbrechung abgebildet. Wegen der Symmetrierung wird der Bezugsleiter L1 als unterbrochener Leiter gewählt.

Entsprechend der Verschaltung in Abb. 5.92 ergeben sich die Fehlerbedingungen im Originalsystem für diesen Fehlerfall. Da Leiter L1 unterbrochen ist, kann dort kein Strom fließen. Leiter L2 und L3 sind an der Fehlerstelle weiterhin intakt, sodass hier die Phasenspannungen links und rechts von der Fehlerstelle gleich sind.

5.4 Unsymmetrische Fehler

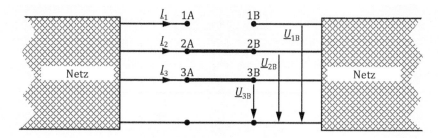

Abb. 5.92 Einpolige Leiterunterbrechung [20]

$$\underline{I}_{1A} = \underline{I}_{1B} = 0$$
$$\underline{U}_{2A} = \underline{U}_{2B} \quad \text{bzw.} \quad \Delta \underline{U}_2 = \underline{U}_{2A} - \underline{U}_{2B} = 0 \quad (5.203)$$
$$\underline{U}_{3A} = \underline{U}_{3B} \quad \text{bzw.} \quad \Delta \underline{U}_3 = \underline{U}_{3A} - \underline{U}_{3B} = 0$$

Aus den Fehlerbedingungen nach Gl. (5.203) folgt für die symmetrischen Komponenten:

$$\underline{I}^{[0]} + \underline{I}^{[m]} + \underline{I}^{[g]} = 0 \quad (5.204)$$

$$\underline{U}_A^{[0]} - \underline{U}_B^{[0]} = \underline{U}_A^{[m]} - \underline{U}_B^{[m]} = \underline{U}_A^{[g]} - \underline{U}_B^{[g]} \quad (5.205)$$

Diese Bedingungen werden durch die Verschaltung der Teilkomponentensysteme entsprechend Abb. 5.93 erfüllt. Aus diesem Bild ergibt sich, dass die unteren Klemmen der Vierpole frei sind. Dies gilt immer, falls kein gleichzeitiger Erdschluss auftritt. Dadurch werden die Vierpole auf Zweipole reduziert. Die jeweiligen Zweipole des Mit-, Gegen- und Nullsystems sind in einer Parallelschaltung verknüpft. Daraus werden die Ströme und Spannungen im Mit-, Gegen- und Nullsystem bestimmt.

$$\underline{U}_A^{[0]} - \underline{U}_B^{[0]} = \underline{U}_A^{[m]} - \underline{U}_B^{[m]} = \underline{U}_A^{[g]} - \underline{U}_B^{[g]}$$
$$= (\underline{U}_{LL,1A} - \underline{U}_{LL,1B}) \frac{\frac{1}{\underline{Z}_A^{[m]} + \underline{Z}_B^{[m]}}}{\left(\frac{1}{\underline{Z}_A^{[m]} + \underline{Z}_B^{[m]}} + \frac{1}{\underline{Z}_A^{[g]} + \underline{Z}_B^{[g]}} + \frac{1}{\underline{Z}_A^{[0]} + \underline{Z}_B^{[0]}}\right)} \quad (5.206)$$

$$\underline{I}_A^{[0]} = -\underline{I}_B^{[0]}$$
$$= -(\underline{U}_{LL,1A} - \underline{U}_{LL,1B}) \frac{\frac{1}{\underline{Z}_A^{[0]} + \underline{Z}_B^{[0]}}}{\left(\underline{Z}_A^{[m]} + \underline{Z}_B^{[m]}\right)\left(\frac{1}{\underline{Z}_A^{[m]} + \underline{Z}_B^{[m]}} + \frac{1}{\underline{Z}_A^{[g]} + \underline{Z}_B^{[g]}} + \frac{1}{\underline{Z}_A^{[0]} + \underline{Z}_B^{[0]}}\right)} \quad (5.207)$$

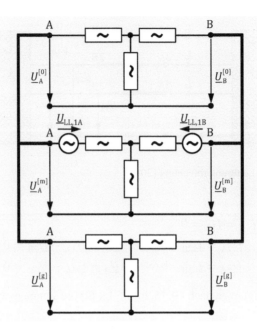

Abb. 5.93 Verschaltung der Teilkomponentensysteme für eine einpolige Leiterunterbrechung [20]

$$\underline{I}_A^{[m]} = -\underline{I}_B^{[m]}$$

$$= \left(\underline{U}_{LL,1A} - \underline{U}_{LL,1B}\right) \frac{\frac{1}{\underline{Z}_A^{[g]}+\underline{Z}_B^{[g]}} + \frac{1}{\underline{Z}_A^{[0]}+\underline{Z}_B^{[0]}}}{\left(\underline{Z}_A^{[m]} + \underline{Z}_B^{[m]}\right)\left(\frac{1}{\underline{Z}_A^{[m]}+\underline{Z}_B^{[m]}} + \frac{1}{\underline{Z}_A^{[g]}+\underline{Z}_B^{[g]}} + \frac{1}{\underline{Z}_A^{[0]}+\underline{Z}_B^{[0]}}\right)} \quad (5.208)$$

$$\underline{I}_A^{[g]} = -\underline{I}_B^{[g]}$$

$$= -\left(\underline{U}_{LL,1A} - \underline{U}_{LL,1B}\right) \frac{\frac{1}{\underline{Z}_A^{[g]}+\underline{Z}_B^{[g]}}}{\left(\underline{Z}_A^{[m]} + \underline{Z}_B^{[m]}\right)\left(\frac{1}{\underline{Z}_A^{[m]}+\underline{Z}_B^{[m]}} + \frac{1}{\underline{Z}_A^{[g]}+\underline{Z}_B^{[g]}} + \frac{1}{\underline{Z}_A^{[0]}+\underline{Z}_B^{[0]}}\right)} \quad (5.209)$$

Nach der Bestimmung der Lösung im Komponentensystem erfolgt wie bei der Behandlung der unsymmetrischen Kurzschlüsse die Rücktransformation ins Originalsystem. Für die Spannungsdifferenz über der Leiterunterbrechung gilt

$$\Delta \underline{U}_1 = 3 \cdot \left(\underline{U}_A^{[m]} - \underline{U}_B^{[m]}\right) \quad (5.210)$$

Falls $\underline{Z}_A^{[0]} \to \infty$ oder $\underline{Z}_B^{[0]} \to \infty$, vereinfacht sich die Gleichung für $\Delta \underline{U}_1$

$$\Delta \underline{U}_1 = \left(\underline{U}_{LL,1A} - \underline{U}_{LL,1B}\right) \cdot \frac{3}{1 + \frac{\underline{Z}_A^{[m]}+\underline{Z}_B^{[m]}}{\underline{Z}_A^{[g]}+\underline{Z}_B^{[g]}}} \quad (5.211)$$

5.4.4.4.3 Zweipolige Unterbrechung

Ein Beispiel einer zweipoligen Leiterunterbrechung ist das Versagen eines Poles beim geplanten Ausschalten eines Leistungsschalters. Der Schalter einer Phase bleibt geschlossen. Abb. 5.94 zeigt eine solche zweipolige Leiterunterbrechung.

Die Fehlerbedingungen im Originalsystem ergeben sich demnach aus Abb. 5.94. Da die Leiter L2 und L3 unterbrochen sind, können dort keine Ströme fließen. Leiter L1 ist an der Fehlerstelle weiterhin intakt, sodass hier die Phasenspannungen links und rechts von der Fehlerstelle gleich sind.

$$\begin{aligned} &\underline{I}_{2A} = -\underline{I}_{2B} = 0 \\ &\underline{I}_{3A} = -\underline{I}_{3B} = 0 \\ &\underline{U}_{1A} = \underline{U}_{1B} \quad \text{bzw.} \quad \Delta\underline{U}_1 = \underline{U}_{1A} - \underline{U}_{1B} = 0 \end{aligned} \quad (5.212)$$

Aus der Transformation ins Komponentensystem lassen sich die Beziehungen für die Ströme und Spannungen des Mit-, Gegen- und Nullsystems ableiten.

$$\begin{aligned} &\underline{I}^{[0]} = \underline{I}^{[m]} = \underline{I}^{[g]} \\ &\underline{I}_A^{[0]} = -\underline{I}_B^{[0]} \\ &\underline{I}_A^{[m]} = -\underline{I}_B^{[m]} \\ &\underline{I}_A^{[g]} = -\underline{I}_B^{[g]} \end{aligned} \quad (5.213)$$

$$\left(\underline{U}_A^{[0]} - \underline{U}_B^{[0]}\right) + \left(\underline{U}_A^{[m]} - \underline{U}_B^{[m]}\right) + \left(\underline{U}_A^{[g]} - \underline{U}_B^{[g]}\right) = 0 \quad (5.214)$$

Diese Bedingungen werden durch die Verschaltung des Mit-, Gegen- und Nullsystems entsprechend Abb. 5.95 erfüllt.

Ebenso wie bei der einpoligen Leiterunterbrechung sind auch bei der Komponentenverschaltung der zweipoligen Leiterunterbrechung entsprechend Abb. 5.95 die unteren Klemmen der Vierpole frei. Dadurch werden auch hier die Vierpole auf Zweipole

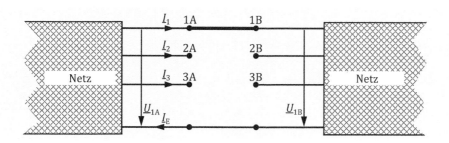

Abb. 5.94 Zweipolige Leiterunterbrechung [20]

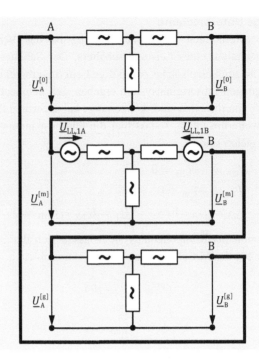

Abb. 5.95 Verschaltung der Teilkomponentensysteme für eine zweipolige Leiterunterbrechung [20]

reduziert. Die jeweiligen Zweipole des Mit-, Gegen- und Nullsystems sind in einer Reihenschaltung verknüpft. Die entsprechenden Ströme und Spannungen ergeben sich aus der Verschaltung der Teilkomponentensysteme.

$$\underline{U}_A^{[0]} - \underline{U}_B^{[0]} = -\left(\underline{Z}_A^{[0]} + \underline{Z}_B^{[0]}\right) \cdot \underline{I}_A^{[0]} \tag{5.215}$$

$$\underline{U}_A^{[m]} - \underline{U}_B^{[m]} = \underline{U}_{LL,1A} - \underline{U}_{LL,1B} - \left(\underline{Z}_A^{[m]} + \underline{Z}_B^{[m]}\right) \cdot \underline{I}_A^{[m]} \tag{5.216}$$

$$\underline{U}_A^{[g]} - \underline{U}_B^{[g]} = -\left(\underline{Z}_A^{[g]} + \underline{Z}_B^{[g]}\right) \cdot \underline{I}_A^{[g]} \tag{5.217}$$

Aus den Gl. (5.214) und (5.215) bis (5.217) ergibt sich

$$\underline{I}^{[0]} = \underline{I}^{[m]} = \underline{I}^{[g]} = \left(\underline{U}_{LL,1A} - \underline{U}_{LL,1B}\right) \cdot \frac{1}{\underline{Z}_A^{[0]} + \underline{Z}_B^{[0]} + \underline{Z}_A^{[m]} + \underline{Z}_B^{[m]} + \underline{Z}_A^{[g]} + \underline{Z}_B^{[g]}} \tag{5.218}$$

Aus den Gl. (5.213) und (5.218) findet man

$$\underline{I}_{1A} = -\underline{I}_{1B} = \left(\underline{U}_{LL,1A} - \underline{U}_{LL,1B}\right) \cdot \frac{3}{\underline{Z}_A^{[0]} + \underline{Z}_B^{[0]} + \underline{Z}_A^{[m]} + \underline{Z}_B^{[m]} + \underline{Z}_A^{[g]} + \underline{Z}_B^{[g]}} \tag{5.219}$$

5.4 Unsymmetrische Fehler

Nach der Bestimmung der Lösung im Komponentensystem erfolgt wie bei der Behandlung der unsymmetrischen Kurzschlüsse die Rücktransformation ins Originalsystem.

$$\Delta \underline{U}_1 = \underline{U}_{1A} - \underline{U}_{1B} = \left(\underline{U}_A^{[0]} - \underline{U}_B^{[0]}\right) + \left(\underline{U}_A^{[m]} - \underline{U}_B^{[m]}\right) + \left(\underline{U}_A^{[g]} - \underline{U}_B^{[g]}\right) = 0 \quad (5.220)$$

$$\begin{aligned}\Delta \underline{U}_2 &= \left(\underline{U}_A^{[0]} - \underline{U}_B^{[0]}\right) + \underline{a}^2 \cdot \left(\underline{U}_A^{[m]} - \underline{U}_B^{[m]}\right) + \underline{a} \cdot \left(\underline{U}_A^{[g]} - \underline{U}_B^{[g]}\right) \\ &= \left(\underline{U}_{LL,1A} - \underline{U}_{LL,1B}\right) \cdot \frac{-j \cdot \sqrt{3} \cdot \left(\left(\underline{Z}_A^{[g]} + \underline{Z}_B^{[g]}\right) - \underline{a} \cdot \left(\underline{Z}_A^{[0]} + \underline{Z}_B^{[0]}\right)\right)}{\underline{Z}_A^{[0]} + \underline{Z}_B^{[0]} + \underline{Z}_A^{[m]} + \underline{Z}_B^{[m]} + \underline{Z}_A^{[g]} + \underline{Z}_B^{[g]}}\end{aligned} \quad (5.221)$$

$$\begin{aligned}\Delta \underline{U}_3 &= \left(\underline{U}_A^{[0]} - \underline{U}_B^{[0]}\right) + \underline{a} \cdot \left(\underline{U}_A^{[m]} - \underline{U}_B^{[m]}\right) + \underline{a}^2 \cdot \left(\underline{U}_A^{[g]} - \underline{U}_B^{[g]}\right) \\ &= \left(\underline{U}_{LL,1A} - \underline{U}_{LL,1B}\right) \cdot \frac{-j \cdot \sqrt{3} \cdot \left(\left(\underline{Z}_A^{[g]} + \underline{Z}_B^{[g]}\right) - \underline{a}^2 \cdot \left(\underline{Z}_A^{[0]} + \underline{Z}_B^{[0]}\right)\right)}{\underline{Z}_A^{[0]} + \underline{Z}_B^{[0]} + \underline{Z}_A^{[m]} + \underline{Z}_B^{[m]} + \underline{Z}_A^{[g]} + \underline{Z}_B^{[g]}}\end{aligned} \quad (5.222)$$

Falls $\underline{Z}_A^{[0]} \to \infty$ oder $\underline{Z}_B^{[0]} \to \infty$, wird $\underline{I}_{1A} = \underline{I}_{2A} = \underline{I}_{3A} = 0$. Da weiterhin $\Delta \underline{U}_1 = 0$ gilt, ergibt sich für die Spannungsdifferenzen über den beiden Leitungsunterbrechungen

$$\Delta \underline{U}_2 = +j \cdot \sqrt{3} \cdot \underline{a} \cdot \left(\underline{U}_{LL,1A} - \underline{U}_{LL,1B}\right) \quad (5.223)$$

$$\Delta \underline{U}_3 = -j \cdot \sqrt{3} \cdot \underline{a}^2 \cdot \left(\underline{U}_{LL,1A} - \underline{U}_{LL,1B}\right) \quad (5.224)$$

5.4.4.5 Berücksichtigung von Impedanzen an der Fehlerstelle

Bisher wurde in den Rechenmodellen zur Bestimmung der unsymmetrischen Fehlerfälle davon ausgegangen, dass der Fehler selbst impedanzlos ist. Häufig bildet sich jedoch durch den Fehler eine zusätzliche Impedanz $\underline{Z}_F$ aus, die den Fehlerstrom beeinflusst. Solche Impedanzen werden typischerweise durch Lichtbögen an der Fehlerstelle gebildet, über die der Fehlerstrom fließt.

Die Fehlerimpedanz $\underline{Z}_F$ lässt sich relativ einfach in die Modellierung unsymmetrischer Fehler wie den ein- und zweipoligen Erd(kurz)schluss integrieren.

5.4.4.5.1 Einpoliger Kurzschluss mit Impedanz an der Fehlerstelle

Abb. 5.96 zeigt die mit der zusätzlichen Impedanz $\underline{Z}_{FE}$ erweiterte Fehlerverschaltung für einen einpoligen Erd(kurz)schluss. Auch hier wird die Symmetriebedingung hinsichtlich des Bezugsleiters L1 eingehalten.

Wie aus Abb. 5.96 zu ersehen ist, wird die Fehlerimpedanz zum Netz zugerechnet und in dessen Nachbildung berücksichtigt. Dadurch ändert sich an den bisher für diesen Fehlerfall gefundenen Fehlerbedingungen nichts. Für die Spannung des Bezugsleiters L1 gilt damit weiterhin $\underline{U}_1 = 0$. Der Strom an der Fehlerstelle in Leiter L1 ist der gesuchte Kurzschluss- bzw. Erdschlussstrom. Die Ströme $\underline{I}_2$ und $\underline{I}_3$ an der Fehlerstelle haben dagegen den Wert null. Entsprechend ergeben sich die Fehlerbedingungen

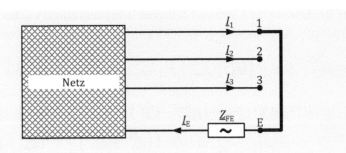

Abb. 5.96 Einpoliger Erd(kurz)schluss mit Impedanz an der Fehlerstelle [20]

im Originalsystem wie bisher mit $\underline{U}_1 = 0$ und $\underline{I}_2 = \underline{I}_3 = 0$. Ebenfalls unverändert bleiben die Gleichungen der Ströme und Spannungen des Mit-, Gegen- und Nullsystems mit $\underline{I}^{[0]} = \underline{I}^{[m]} = \underline{I}^{[g]} = 1/3 \cdot \underline{I}_1$ und $\underline{U}^{[0]} + \underline{U}^{[m]} + \underline{U}^{[g]} = 0$. Dadurch bleibt auch die Reihenschaltung der Komponentensysteme erhalten. Die Schaltung wird jedoch wie in Abb. 5.97 ersichtlich um die mit dem Faktor drei multiplizierte Fehlerimpedanz $\underline{Z}_{FE}$ im Nullsystem ergänzt.

Die Lösung erfolgt wie bei der Berechnung ohne Impedanz an der Fehlerstelle durch Berechnung der Ströme und Spannungen im Komponentensystem und Rücktransformation ins Originalsystem.

Für ein passives Netz ergeben sich der Strom über die Fehlerstelle $\underline{I}_E = \underline{I}_1$ und die Spannungen der nicht vom Fehler betroffenen Leiter $\underline{U}_2$ und $\underline{U}_3$ mit einer Impedanz $\underline{Z}_{FE}$ an der Fehlerstelle entsprechend den Gl. (5.225) bis (5.227).

$$\underline{I}_E = \underline{I}_1 = \frac{3 \cdot \underline{U}_{LL,1}}{\underline{Z}^{[0]} + 3 \cdot \underline{Z}_{FE} + 2 \cdot \underline{Z}^{[m]}} = \frac{3}{2 + \left(\frac{\underline{Z}^{[0]} + 3 \cdot \underline{Z}_{FE}}{\underline{Z}^{[m]}}\right)} \cdot \frac{\underline{U}_{LL,1}}{\underline{Z}^{[m]}} \quad (5.225)$$

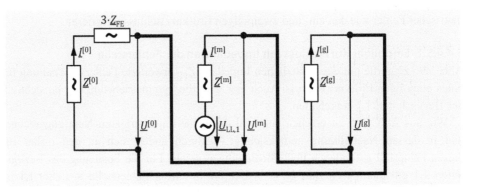

Abb. 5.97 Verschaltung beim einpoligen Erd(kurz)schluss mit Impedanz an der Fehlerstelle [20]

5.4 Unsymmetrische Fehler

$$\underline{U}_2 = -\frac{\left(\frac{\underline{Z}^{[0]} + 3\cdot\underline{Z}_{FE}}{\underline{Z}^{[m]}}\right) \cdot \left(\frac{3}{2} + j\cdot\frac{\sqrt{3}}{2}\right) + j\cdot\sqrt{3}}{2 + \left(\frac{\underline{Z}^{[0]} + 3\cdot\underline{Z}_{FE}}{\underline{Z}^{[m]}}\right)} \cdot \underline{U}_{LL,1} \tag{5.226}$$

$$\underline{U}_3 = \frac{\left(\frac{\underline{Z}^{[0]} + 3\cdot\underline{Z}_{FE}}{\underline{Z}^{[m]}}\right) \cdot \left(-\frac{3}{2} + j\cdot\frac{\sqrt{3}}{2}\right) + j\cdot\sqrt{3}}{2 + \left(\frac{\underline{Z}^{[0]} + 3\cdot\underline{Z}_{FE}}{\underline{Z}^{[m]}}\right)} \cdot \underline{U}_{LL,1} \tag{5.227}$$

5.4.4.5.2 Zweipoliger Kurzschluss mit Impedanz an der Fehlerstelle

Ähnlich wie beim einpoligen Kurzschluss können auch beim zweipoligen Kurzschluss mit Erdberührung Fehlerimpedanzen berücksichtigt werden. Abb. 5.98 zeigt die entsprechend gegenüber dem einpoligen Kurzschluss erweiterte Fehlerverschaltung dieser Kurzschlussart.

Die Verschaltung der Komponentensysteme ergibt wieder eine Parallelschaltung des Mit-, Gegen- und Nullsystems entsprechend Abb. 5.99.

Die Bestimmung der Kurzschlussströme in den Leitern L2 und L3 erfolgt auch hier durch die Berechnung der Ströme und Spannungen im Komponentensystem und anschließender Rücktransformation ins Originalsystem. Für ein passives Netz erhält man damit:

$$\underline{I}_2 = -\frac{j\cdot\sqrt{3} + \left(\frac{\underline{Z}^{[m]} + \underline{Z}_F}{\underline{Z}^{[0]} + \underline{Z}_F + 3\cdot\underline{Z}_{FE}}\right) \cdot \left(\frac{3}{2} + j\cdot\frac{\sqrt{3}}{2}\right)}{2 + \left(\frac{\underline{Z}^{[m]} + \underline{Z}_F}{\underline{Z}^{[0]} + \underline{Z}_F + 3\cdot\underline{Z}_{FE}}\right)} \cdot \frac{\underline{U}_{LL,1}}{\underline{Z}^{[m]} + \underline{Z}_F} \tag{5.228}$$

$$\underline{I}_3 = \frac{j\cdot\sqrt{3} + \left(\frac{\underline{Z}^{[m]} + \underline{Z}_F}{\underline{Z}^{[0]} + \underline{Z}_F + 3\cdot\underline{Z}_{FE}}\right) \cdot \left(-\frac{3}{2} + j\cdot\frac{\sqrt{3}}{2}\right)}{2 + \left(\frac{\underline{Z}^{[m]} + \underline{Z}_F}{\underline{Z}^{[0]} + \underline{Z}_F + 3\cdot\underline{Z}_{FE}}\right)} \cdot \frac{\underline{U}_{LL,1}}{\underline{Z}^{[m]} + \underline{Z}_F} \tag{5.229}$$

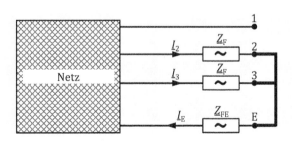

Abb. 5.98 Zweipoliger Kurzschluss mit Fehlerstellenimpedanz [20]

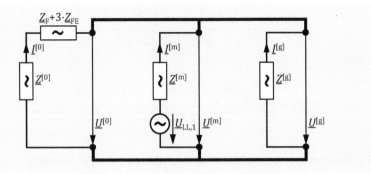

Abb. 5.99 Verschaltung beim zweipoligen Kurzschluss mit Fehlerstellenimpedanz [20]

5.5 Berechnung symmetrischer Fehlerfälle mit symmetrischen Komponenten

Natürlich können auch symmetrische Fehlerfälle mit den Transformationsvorschriften der symmetrischen Komponenten berechnet werden [26]. Für den Fall des dreipoligen Kurzschlusses ohne Erdberührung wird dies im Folgenden exemplarisch gezeigt. In der Praxis wird man den dreipoligen Kurzschluss allerdings mit dem Verfahren entsprechend Abschn. 5.3 berechnen.

Abb. 5.100 zeigt die Verschaltung der aus dem Netz heraus gezogenen virtuellen Klemmen, mit der ein dreipoliger Kurzschluss ohne Erdberührung nachgebildet wird.

Beim dreipoligen Kurzschluss ohne Erdberührung fließen in allen drei Leitern (L1, L2 und L3) Kurzschlussströme, die sich zu null addieren. Durch den Kurzschluss sind die Spannungen aller drei Leiter gegenüber Erde an der Fehlerstelle gleich groß. Als Bezugsleiter wird der Leiter L1 gewählt. Aus diesen Gegebenheiten leiten sich die folgenden Fehlerbedingungen im Originalsystem für den dreipoligen Kurzschluss ohne Erdberührung ab.

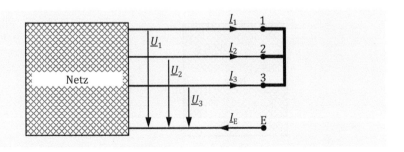

Abb. 5.100 Dreipoliger Kurzschluss ohne Erdberührung

5.5 Berechnung symmetrischer Fehlerfälle mit symmetrischen Komponenten

Für die Ströme gilt:
$$\underline{I}_1 + \underline{I}_2 + \underline{I}_3 = 0 \tag{5.230}$$

Für die Spannungen gilt:
$$\underline{U}_1 = \underline{U}_2 = \underline{U}_3 \tag{5.231}$$

Wendet man die Transformationsvorschriften der symmetrischen Komponenten auf die sich aus Abb. 5.101 ergebenden Fehlerbedingungen an, erhält man:

$$\begin{aligned} \underline{I}^{[0]} &= 0 \\ \underline{U}^{[m]} &= 0 \\ \underline{U}^{[g]} &= 0 \end{aligned} \tag{5.232}$$

Aus der Komponentenersatzdarstellung ergibt sich für den Strom im Mitsystem

$$\underline{I}^{[m]} = \frac{\underline{U}_{\text{LL},1}}{\underline{Z}^{[m]}} \tag{5.233}$$

Da nur im Mitsystem eine Spannung vorhanden ist, gilt:

$$\begin{aligned} \underline{I}^{[g]} &= \underline{I}^{[0]} = 0 \\ \underline{U}^{[0]} &= \underline{U}^{[m]} = \underline{U}^{[g]} = 0 \end{aligned} \tag{5.234}$$

Die Rücktransformation ins Originalsystem ergibt, dass die Ströme in allen drei Leitern betragsgleich sind (Gln. 5.235).

$$\begin{aligned} \underline{I}_1 &= \underline{I}^{[m]} \\ \underline{I}_2 &= \underline{a}^2 \cdot \underline{I}^{[m]} \\ \underline{I}_3 &= \underline{a} \cdot \underline{I}^{[m]} \end{aligned} \tag{5.235}$$

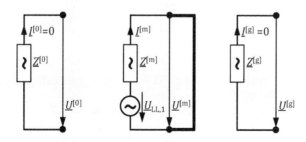

Abb. 5.101 Verschaltung beim dreipoligen Kurzschluss ohne Erdberührung

Die Spannungen an der Fehlerstelle gegen Erde sind entsprechend den Fehlerbedingungen null.

Der Anfangskurzschlusswechselstrom ergibt sich demnach zu:

$$I_k'' = \frac{c \cdot U_n}{\sqrt{3} \cdot Z^{[m]}} \tag{5.236}$$

5.6 Kurzschlussstromberechnung mit dem %/MVA-System

Auch bei der Bestimmung von Kurzschlussströmen kann mit bezogenen Größen gerechnet werden. Besonders im deutschsprachigen Raum wird hierfür nicht das Per-Unit-System (Abschn. 2.5) sondern das %/MVA-System mit semirelativen Größen verwendet. Mit diesem Bezugssystem lassen sich leicht überschlägige Berechnungen zur Bestimmung der Anfangskurzschlusswechselstromleistung durchführen. Im Gegensatz zum Per-Unit-System wird beim %/MVA-System mit der Bezugsspannung (U_{Bez}) nur eine der zwei frei wählbaren Bezugsgrößen gewählt. Damit die vier semirelativen Größen (Spannung u, Strom i, Impedanz z, Leistung s) des %/MVA-Systems unter sich und von eins verschiedene Einheiten haben und man so bei Berechnungen eine Einheitenkontrolle vornehmen kann, wird bei der Bestimmung der semirelativen Größen im %/MVA-System noch das Prozentzeichen (entspricht 1/100) formal als Einheit verwendet [25].

Üblicherweise wählt man als Einheiten für die Kurzschlussstromberechnung im Hochspannungsnetz kV, kA, Ω und MVA und im Niederspannungsnetz V, kA, mΩ und kVA. Damit ergeben sich die vier Größen des %/MVA-Systems im Hochspannungsnetz

$$\begin{array}{ll} & \text{Einheit} \\ u = \frac{U}{U_{Bez}} \cdot 100\% & \% \\ i = I \cdot U_{Bez} & \text{MVA} \\ z = \frac{Z}{U_{Bez}^2} \cdot 100\% & \%/\text{MVA} \\ s = S \cdot 100\% & \%\cdot\text{MVA} \end{array} \tag{5.237}$$

Literatur

1. VDN Verband der Netzbetreiber, Hrsg., VDN-Störungs- und Verfügbarkeitsstatistik 2006, Frankfurt: VWEW Verlag, 2007.
2. VDN Verband der Netzbetreiber, Hrsg., VDN-Störungsstatistik 2003, Frankfurt: VWEW Verlag, 2005.
3. Amprion, „Grundsätze für die Planung des deutschen Übertragungsnetzes", Juli 2022. [Online]. Available: https://www.amprion.net/Dokumente/Netzausbau/Netzplanungsgrundsätze/Grundsätze-für-die-Ausbauplanung-des-deutschen-Übertragungsnetzes.pdf. [Zugriff am 7. Januar 2023].

4. VDE, DIN VDE 0141 Erdungen für spezielle Starkstromanlagen mit Nennspannungen über 1 kV, Berlin: Beuth-Verlag, 2016.
5. I. Kasikci, Planung von Elektroanlagen, Berlin: Springer, 2015.
6. VDE, Hrsg., DIN EN IEC 60909 (VDE0102) Kurzschlussströme in Drehstromnetzen, Berlin: VDE Verlag, 2002.
7. E. Handschin, Elektrische Energieübertragungssysteme, Heidelberg: Hüthig, 1987.
8. K. Heuck, K.-D. Dettmann und D. Schulz, Elektrische Energieversorgung, Berlin: Springer, 2013.
9. R. Roeper, Kurzschlussströme in Drehstromnetzen, Berlin und München: Siemens, 1984.
10. J. Schlabbach, Kurzschlussstromberechnung, Frankfurt: VWEW Verlag, 2003.
11. G. Balzer, D. Nelles und C. Tuttas, Kurzschlussstromberechnung nach VDE 0102, Berlin, Offenbach: VDE Verlag, 2001.
12. J. Schlabbach und D. Metz, Netzsystemtechnik, Berlin: VDE Verlag, 2005.
13. G. Balzer, A. Wasserrab und L. Busarello, „Nachbildung paralleler Transformatoren", *EW,* Bd. 10, S. 64–68, 2015.
14. K. Takahashi, J. Fagan und M.-S. Chin, „Formation of a sparse bus impedance matrix and ist application to short circuit study", in *Proc. of the 8th PICA Conf.*, Minneapolis, MN, 1973.
15. M. Kunath, Die Anforderungen an die Netznachbildung bei der Kurzschlußstromberechnung, Dissertation RWTH Aachen, 1979.
16. J. Fortesque, „Method of Symmetrical Coordinates", *Transactions AIEE,* S. 1027, 1918.
17. G. Funk, Symmetrische Komponenten, Berlin: Elitera, 1976.
18. J. Verstege, „Energieübertragung", Skript Bergische Universität Wuppertal, 2009.
19. M. Zdrallek, „Planung und Betrieb elektrischer Netze", Skript Bergische Universität Wuppertal, 2014.
20. P. Denzel, Grundlagen der Übertragung elektrischer Energie, Berlin: Springer, 1966.
21. VDE, DIN VDE 0532, Transformatoren und Drosselspulen, VDE, Hrsg., Berlin: VDE Verlag, 2012.
22. VDN, VDN-Störungsstatistik 2003, Frankfurt: VWEW Energieverlag GmbH, 2005.
23. H. Kiank und W. Fruth, Planungsleitfaden für Energieverteilungsanlagen, Erlangen: Publicis Publishing, 2011.
24. E. Spring, Elektrische Energienetze, Berlin: VDE Verlag, 2003.
25. D. Oeding und B. Oswald, Elektrische Anlagen und Netze, Heidelberg: Springer, 2016.
26. G. Balzer, Kurzschlussströme in Drehstromnetzen, Wiesbaden: Springer, 2020.

6 Bestimmung der transienten Stabilität

6.1 Stabiler Netzbetrieb

Neben den zuvor beschriebenen Kriterien für die Gewährleistung eines sicheren Netzbetriebes wie beispielsweise die Einhaltung von Spannungsgrenzen, maximal zulässigen Spannungsgrenzen und Kurzschlussströmen ist die Bewertung der Stabilität eines Netzzustandes ein weiteres Kriterium von großer Bedeutung [1]. Stabilität ist dabei die Fähigkeit des Elektrizitätsversorgungssystems, den Synchronbetrieb aller im System angeschlossenen Generatoren aufrecht zu erhalten. Ein solcher synchroner Betrieb im strengen Sinne liegt vor, wenn alle Synchronmaschinen des Netzes mit der gleichen elektrischen Winkelgeschwindigkeit bzw. Drehzahl betrieben werden. Da im Vergleich zu den Ausgleichsvorgängen im Netz die Laständerungen nur sehr langsam verlaufen, kann der Normalbetriebszustand somit als quasistationär gelten. Bei realem Netzbetrieb ist eine exakt gleiche Drehzahl bei allen Generatoren allerdings nicht realisierbar. In der Praxis spricht man von einem synchronen bzw. stabilen Netzbetrieb, wenn bei keinem der im Netz befindlichen Generatoren ein Polschlüpfen auftritt.

Geht dieser Synchronismus verloren, so muss sich die betroffene Erzeugungseinheit automatisch vom Netz trennen, um ein mehrfaches Durchschlüpfen und damit eine Beschädigung der Maschine zu vermeiden. Bei der Bewertung des Netzzustandes wird zwischen der statischen und der transienten Stabilität unterschieden.

Statische Stabilität heißt, dass ein Netz im ungestörten Betrieb nach einer kleinen Störung in der Lage ist, wieder in den stationären Zustand zurückzukehren [2]. Solche kleinen Störungen werden überwiegend durch wechselnde Leistungsübertragungen oder Schalthandlungen verursacht. Diese führen zu Polrad- bzw. Netzpendelungen, welche im synchron betriebenen kontinentaleuropäischen Verbundsystem momentan erfahrungsgemäß mit Frequenzen von 0,2 bis 1,5 Hz auftreten. Durch diese betriebsgemäßen Leistungs- und

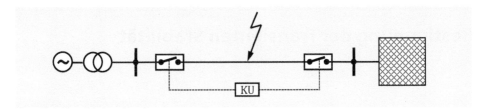

Abb. 6.1 Netztrennung eines Generators durch Kurzunterbrechung

Frequenzänderungen darf es weder zum Auslösen des Schutzes eines Erzeugers noch zu einer Leistungsabsteuerung kommen [3].

Bei der transienten Stabilität werden dagegen Vorgänge im Netz betrachtet, die von großen Störungen hervorgerufen werden. Eine solche Störung kann beispielsweise bei der durch eine Kurzunterbrechung (KU) bzw. Automatische Wiedereinschaltung (AWE) bedingten kurzzeitigen und vollständigen Verbindungsunterbrechung eines Generators mit dem Netz auftreten. Eine KU wird in der Regel an Hochspannungsfreileitungen eingesetzt, um damit nicht selbst verlöschende Lichtbögen bei Kurzschlüssen, die z. B. durch herabfallende Äste entstanden sind, zu beseitigen. Mit einer KU werden in einem solchen Fall durch die Einrichtungen des Netzschutzes die Schalter am Anfang und am Ende der Freileitung zeitgleich geöffnet und nach einer vorgegebenen Zeit (i.e. Pausenzeit), in der ein evtl. vorhandener Störlichtbogen verlöschen kann, automatisch wieder geschlossen. In der Pausenzeit kann der Störlichtbogen verlöschen und der Fehler ist damit beseitigt. Abb. 6.1 zeigt eine typische Netzkonfiguration, bei der eine solche kurzzeitige Unterbrechung auftreten kann [4].

Von ähnlicher Wirkung auf die transiente Stabilität eines elektrischen Energieversorgungsnetzes sind alle Fehlerfälle, bei denen die Spannung in der Umgebung der Kraftwerkseinspeisungen einbricht, da sich dadurch die von den Generatoren in das Netz einspeisbare Leistung deutlich reduziert.

Ebenfalls kann die transiente Stabilität durch das Ab- bzw. Zuschalten von Lasten, das Abschalten einer Leitung oder den Übergang in den Inselbetrieb beeinflusst werden.

6.2 Transiente Stabilität

Ein Netz gilt als transient stabil, wenn auch nach großen Störungen, wie z. B. nach Kurzschlüssen oder Kraftwerksausfällen, der Synchronismus der in einem Energieversorgungssystem angeschlossenen Synchronmaschinen bzw. Synchrongeneratoren erhalten bleibt und sich nach einer definierten Fehlerklärungszeit wieder ein stationärer Zustand einstellt (Großsignal-Polradwinkelstabilität). Beispielsweise können dreipolige Kurzschlüsse, die elektrisch nahe an einem Generator liegen, zu einer großen Absenkung der Spannung an den Klemmen des Generators führen. Entsprechend weniger elektrische Leistung kann der beeinflusste Generator abgeben. Im Extremfall geht die abgegebene

6.2 Transiente Stabilität

Leistung auf null zurück (Abb. 6.1). Gleichzeitig können die Ventile an der Antriebsturbine nicht sofort die Turbinenleistung reduzieren, sodass der Generator weiter von der Turbine angetrieben und damit beschleunigt wird.

Die kinetische Energie des Maschinensatzes aus Turbine und Generator steigt aufgrund des Energieerhaltungssatzes an. Entsprechend erhöht sich die Drehzahl des Maschinensatzes, die starr an die Netzfrequenz gekoppelt war solange die Verbindung des Generators zum Netz bestand. Das Polrad des Generators läuft durch diesen Vorgang gegenüber dem Netz vor. Bei lang anliegenden Fehlern kann sich dieser Winkel stark vergrößern.

Kann nach der Unterbrechung der Maschinensatz und der Klärung des Fehlers der Generator wieder auf die ursprüngliche Drehzahl zurückgeführt werden, so ist der Betrieb transient stabil. Stellt sich dagegen nach der Unterbrechung die quasi konstante Netzfrequenz bei dem Generator nicht mehr ein und steigt die Drehzahl des Maschinensatzes vielleicht sogar noch weiter an, so ist die transiente Stabilität nicht mehr vorhanden. Der Generator kann dann nicht mehr durch das Netz synchronisiert werden. Dies bedeutet eine schwere Betriebsstörung, die zu beträchtlichen Schäden führen kann.

Die Unterbrechung der Generatorverbindung, während derer die Störung geklärt wird, darf also nicht zu lange andauern, um die Netzinstabilität und damit Schäden an Anlagen zu verhindern. Üblicherweise beträgt die Fehlerklärungszeit in solchen Fällen bis etwa 150 ms [5]. Dabei kann der neue Betriebszustand dem Zustand vor der Störung entsprechen oder es kann sich ein anderer stabiler Betriebszustand einstellen [6].

Für einen einzelnen Synchrongenerator, der über eine Leitung an ein starres Netz angebunden ist, lässt sich das in Abb. 6.2 dargestellte einphasige Ersatzschaltbild für den stationären Betrieb angeben.

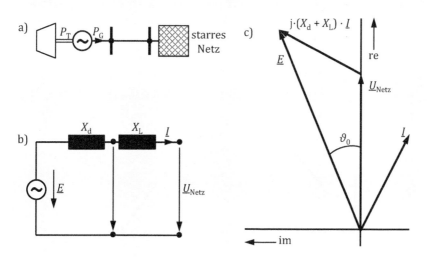

Abb. 6.2 Ersatzschaltbild des betrachteten technischen Systemmodells

Für die Reaktanzen der Leitungen und Transformatoren können die gleichen Werte wie für den stationären Betrieb angenommen werden, da bei den hier betrachteten transienten Vorgängen die Frequenz nur wenig von der Nennfrequenz abweicht. Die Größen des Generatorersatzschaltbildes müssen dagegen für den hier gültigen Zeitbereich von einigen hundert Millisekunden durch transiente Größen ersetzt werden, da sich die magnetischen Verhältnisse in der Maschine ändern.

Aus der Leistungsbilanz nach Gl. (6.1) für das in Abb. 6.1 und 6.2 betrachtete Einmaschinenproblem ergibt sich die Schwingungsgleichung des Synchrongenerators.

$$\Delta P = P_\mathrm{T} - P_\mathrm{G} = \frac{\mathrm{d}W}{\mathrm{d}t} + P_\mathrm{D} \qquad (6.1)$$

Danach ist die Differenz ΔP zwischen der Turbinenleistung P_T und der Generatorleistung P_G genauso groß wie die Summe aus der Änderung der kinetischen Energie des Turbosatzes $\mathrm{d}W/\mathrm{d}t$ aus Turbine und Generator und der Dämpfungsleistung P_D des Generators. Im stationären Arbeitspunkt ist die Turbinenleistung gleich der abgegebenen Generatorleistung ($\Delta P = 0$), sodass der Turbosatz mit konstanter kinetischer Energie rotiert. Seine Drehzahl ist demnach ebenfalls konstant. Erst wenn aufgrund einer Störung oder einer plötzlichen Laständerung dieses Leistungsgleichgewicht gestört wird ($\Delta P \neq 0$), ändert sich die kinetische Energie des Turbosatzes.

Für die Lösung der Schwingungsgleichung ergibt sich eine Differenzialgleichung zweiter Ordnung, die infolge der nichtlinearen Generatorleistung ebenfalls nichtlinear ist. Eine rechnerische Lösung wird unter Beachtung der Beschränkung auf quasistationäre Zustände entsprechend Abschn. 1.10 hier nicht weiter betrachtet. Lösungsansätze für die sich bei Energieversorgungsnetzen mit mehreren Generatoren ergebenden umfangreichen Differenzialgleichungssysteme finden sich in [2, 4, 6–8].

Im besonderen Fall des Einmaschinenproblems lässt sich die transiente Stabilität alternativ auch ohne Lösung der Schwingungsgleichung näherungsweise mit einem anschaulichen, grafischen Ansatz bewerten [9]. Dazu wird zunächst die transiente Generatorleistung P_G qualitativ über dem transienten Übertragungswinkel ϑ aufgetragen (Abb. 6.3).

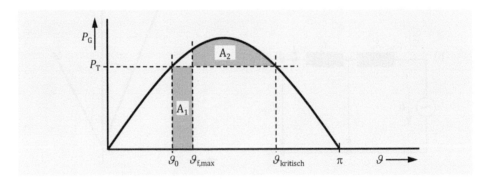

Abb. 6.3 Direkte Stabilitätsuntersuchung beim Einmaschinenproblem mithilfe des Flächensatzes

Geht durch Spannungsabsenkungen in der Nähe des Generators die elektrisch abgegebene Leistung stark zurück, kann der Generator mitunter außer Tritt fallen und nach der Fehlerklärung nicht mehr resynchronisiert werden. Diesen Fehlerfall kann man in zwei Phasen unterteilen:

- In der Phase eins wird der Generator während der Fehlerklärungszeit durch die Turbinenleistung beschleunigt. Der Polradwinkel ändert seinen Wert ϑ_0 aus dem stationären Betriebsfall auf den Wert ϑ_f zu dem Zeitaugenblick, in dem eine Wiederzuschaltung erfolgt.
- In der Phase zwei wird der Generator nach der Zuschaltung abgebremst und der Generator versucht sich nach der Fehlerklärung wieder zu resynchronisieren.

Die in Abb. 6.3 mit A_1 bezeichnete Fläche ist proportional zu der Energie, mit der der Maschinensatz während der Fehlerklärungszeit beschleunigt wird. Die mit A_2 bezeichnete Fläche entspricht der Energie, die nach Fehlerklärung zusätzlich zur konstant bleibenden Turbinenleistung P_T ins Netz gespeist werden kann. Der Grenzfall der transienten Stabilität ist dann erreicht, wenn diese Energie gleich der Beschleunigungsenergie ist. In der Darstellung nach Abb. 6.3 ist dies der Fall, wenn die Fläche A_1 gleich der Fläche A_2 ist [10].

Aus diesem Flächenvergleich lässt sich auch der Winkel $\vartheta_{f,max}$ bestimmen, bis zu dem die Störung spätestens geklärt sein muss, und der Generator wieder Leistung ins Netz einspeisen kann. Bei diesem Winkel sind die beiden Flächen A_1 und A_2 maximal und gleich groß.

Der Winkel ϑ darf auch in der Phase zwei nicht über den Wert $\vartheta_{kritisch}$ hinaus steigen, da ansonsten die Bremsenergie nicht ausreicht, um die Beschleunigung des Polrades auszugleichen und somit eine Resynchronisation zu ermöglichen.

6.3 Ersatzkriterium zur Bewertung der transienten Stabilität

Bei der Untersuchung der transienten Stabilität wird das Netz oft als Spannungsquelle mit starrer Frequenz modelliert, da dies in vielen Fällen ausreichend ist. In Abhängigkeit von der gewünschten Genauigkeit sind für die Untersuchungen Differenzialgleichungen höherer Ordnung zu lösen.

So erhält man bei der Berücksichtigung der Einschwingvorgänge in der Feldwicklung des Polrades und der Einschwingvorgänge in den Ständer- und Dämpferwicklungen Differenzialgleichungssysteme vierter Ordnung. Nur durch Lösung dieser Differenzialgleichungssysteme ist eine abschließende Bewertung der transienten Stabilität möglich. Die Berechnungen zur Lösung solcher Gleichungen sind allerdings sehr aufwendig.

Auch sind für derartige Berechnungen der Aufwand zur Beschaffung der umfangreich erforderlichen Daten und der Bedarf an Rechenleistung beträchtlich. Aus diesem Grund wurde von der DVG als Organisation der damaligen Übertragungsnetzbetreiber im Jahr

1991 ein alternatives Ersatzkriterium formuliert, das eine hinreichend sichere Auslegung des Netzanschlusses ermöglicht und eine Abschätzung auf der sicheren Seite erlaubt [3].

Die innere Netzimpedanz nach Fehlerklärung, definiert aus Sicht des Generators eines Kraftwerks, hat einen entscheidenden Einfluss auf den Erhalt der transienten Stabilität. Die innere Netzimpedanz kann wiederum ersatzweise abgebildet werden durch die netzseitig anstehende Anfangskurzschlusswechselstromleistung $S''_{k,N}$. Nach Berechnung diverser Szenarien für verschiedene Modellnetze wurde ein empirisches Ersatzkriterium festgelegt, bei dessen Einhaltung aus Netzsicht in jedem Fall ohne nähere dynamische Rechnungen vom transient stabilen Betrieb der Erzeugungseinheiten auszugehen ist. Nach diesem Kriterium muss bei dreipoligen Kurzschlüssen im Nahbereich und bei einer maximalen Fehlerklärungszeit von 150 ms der Quotient aus der am Netzanschlusspunkt netzseitig anstehenden Anfangskurzschlusswechselstromleistung $S''_{k,N}$ zur Summe der Bemessungswirkleistungen $P_{r,ges}$ aller am Netzanschlusspunkt dieser Erzeugungseinheit galvanisch verbundenen Erzeugungseinheiten größer als der Faktor sechs sein [5, 11].

Topologieänderungen in der Nähe von Erzeugungseinheiten können die netzseitig anstehende Kurzschlussleistung stark beeinflussen. Es ist daher notwendig, regelmäßig die transiente Stabilität bei der Netzsicherheitsüberwachung zu überprüfen.

Ausgangspunkt für die Bewertung der transienten Stabilität mit dem Verfahren des Ersatzkriteriums ist eine Kurzschlusssimulationsrechnung z. B. nach dem Takahashi-Verfahren (s. Abschn. 5.3.8), mit dem die Anfangskurzschlusswechselströme I''_k aller relevanten Netzzweige bestimmt werden können. Mithilfe der Werte für die Anfangskurzschlusswechselströme und der Nennspannung U_n des jeweiligen Netzknotens wird dann die Anfangskurzschlusswechselstromleistung S''_k der einzelnen Zweige nach der Gl. (6.2) berechnet.

$$S''_k = \sqrt{3} \cdot U_n \cdot I''_k \tag{6.2}$$

Anschließend werden die Anfangskurzschlusswechselstromteilleistungen aller Zweige, die an derselben Sammelschiene wie die zu überprüfende Erzeugereinheit angeschlossen sind, addiert. Maschinenleitungen werden dabei nicht berücksichtigt.

$$\sum S''_k = S''_{k,N} \tag{6.3}$$

Sind mehrere Erzeugungseinheiten an einer Sammelschiene angeschlossen, so werden ihre Bemessungswirkleistungen summiert.

$$\sum P_r = P_{r,ges} \tag{6.4}$$

Zur Überprüfung, ob die Bedingung der transienten Stabilität erfüllt ist, wird nun die Summe der Anfangskurzschlusswechselstromleistungen mit dem Sechsfachen des Zahlenwertes der Bemessungswirkleistungen verglichen.

$$S''_{k,N} > 6 \cdot P_{r,ges} \tag{6.5}$$

6.3 Ersatzkriterium zur Bewertung der transienten Stabilität

Ist die Gl. (6.5) erfüllt, kann von transienter Stabilität ausgegangen werden. Dieses Verfahren, das sich durch Einfachheit und Schnelligkeit auszeichnet, ist besonders für die Anwendung im Netzbetrieb geeignet. Für Planungsaufgaben kann es ebenfalls eingesetzt werden. Da hierbei die zeitlichen Restriktionen nicht so eng gezogen sind, sollte allerdings beachtet werden, dass das Verfahren mit dem beschriebenen Ersatzkriterium Ergebnisse auf der sicheren Seite liefert. Der Faktor sechs ist als hinreichendes Kriterium zu verstehen. Falls dieser Faktor unterschritten wird, sollte bei Planungsaufgaben in jedem Fall durch dynamische Rechnungen die Situation genauer untersucht werden. Weiterhin können durch zusätzliche Maßnahmen auf der Kraftwerkseite (Erregersystem, „fast valving" u. a.) und/oder auf der Netzseite (z. B. Aufrüstung des Netzschutzes mit dem Ziel kleinerer Fehlerklärungszeiten) die Einhaltung der transienten Stabilität sichergestellt werden.

Die beschriebene Bewertung der transienten Stabilität kann in Verbindung mit einem zusätzlichen (N-1)-Kriterium erweitert werden. Dabei wird überprüft, ob die Bedingung auch dann noch eingehalten wird, falls ein Zweig an einer Sammelschiene, an der eine oder mehrere Erzeugereinheiten angeschlossen sind, abgeschaltet wird. Dazu wird ein Zweig nach dem anderen abgeschaltet und der eben beschriebene Ablauf für jede Situation erneut durchgeführt. Auch bei diesem Verfahren finden Maschinenleitungen keine Berücksichtigung.

Abb. 6.4 zeigt den prinzipiellen Ablauf zur Bewertung der transienten Stabilität mit dem beschriebenen Ersatzkriterium.

Seit der erstmaligen Festlegung dieses Hilfskriteriums zur Bewertung der transienten Stabilität sind eine Reihe von technischen Verbesserungen in die Praxis umgesetzt worden, die positiv auf die transiente Stabilität wirken (z. B. verbesserte Erregersysteme, schnellere Turbinenregelungen). Es ist daher davon auszugehen, dass für die Betrachtung aktueller Energieversorgungssysteme der Faktor sechs sehr groß bemessen ist. Wird dieses Kriterium eingehalten, liegt natürlich ein transient stabiler Netzzustand vor. Bei Nichteinhaltung dieses genäherten Kriteriums sollte allerdings die transiente Stabilität von Erzeugungseinheiten bei Kurzschlüssen im Netz einschließlich der maximal zulässigen Fehlerklärungszeit durch geeignete dynamische Stabilitätsuntersuchungen überprüft werden [1].

Bei der Berechnung größerer Netze ist es häufig erforderlich, bestimmte Netzteile durch eine geeignete Ersatzdarstellung abzubilden, um den Modellierungs- und damit auch den Berechnungsaufwand zu begrenzen. Damit das dynamische Betriebsverhalten der reduzierten Betriebsmittel bei der Bewertung der transienten Stabilität nicht verlorengeht, muss für die Bestimmung des Ersatzmodells ein entsprechend geeignetes Reduktionsverfahren verwendet werden (s. Abschn. 7.2.1) [12].

Abb. 6.5 zeigt das Beispiel einer Doppelsammelschienenanlage, an die insgesamt sechs Doppelleitungen und sechs Kraftwerke angeschlossen sind. Die Einspeisung über eine Maschinenleitung gilt bei der Bewertung der transienten Stabilität wie ein unmittelbarer Anschluss am Netzanschlusspunkt. Die Anfangskurzschlusswechselstromteilleistungen

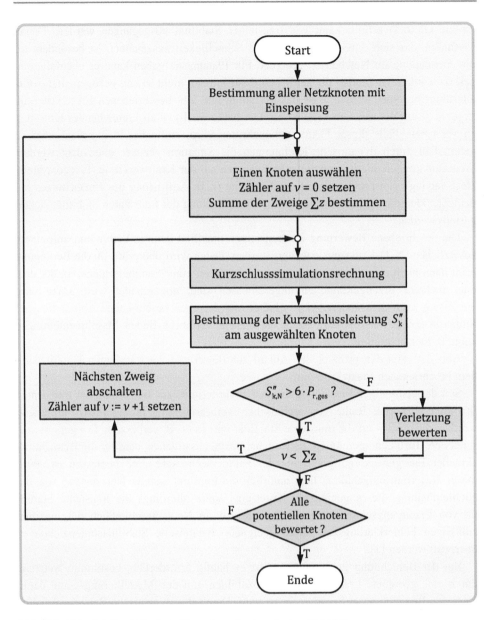

Abb. 6.4 Prinzipieller Ablauf zur Bewertung der transienten Stabilität

über die einzelnen Leitungen sowie die Bemessungsleistungen der Kraftwerke sind für dieses Beispiel in Tab. 6.1 angegeben.

Exemplarisch soll die transiente Stabilität des Netzknotens SS2A bewertet werden. Da die Sammelschienenkupplung SSch geschlossen und der Längstrenner LTr der

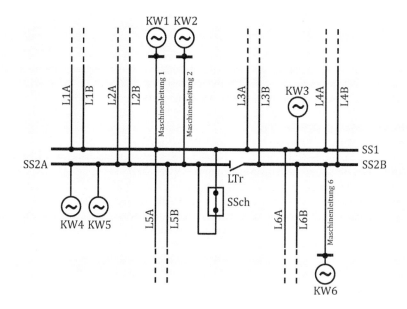

Abb. 6.5 Beispiel zur Bewertung der transienten Stabilität

Tab. 6.1 Daten für das Beispiel

Anfangskurzschlusswechselstromteilleistungen $S''_{k,i}$ in MVA											
L1A	L1B	L2A	L2B	L3A	L3B	L4A	L4B	L5A	L5B	L6A	L6B
1957	1957	3133	2756	817	750	2013	1488	1208	1208	2681	2446

Bemessungsleistung $P_{r,i}$ in MW						Anfangskurzschlusswechselstromteilleistungen $S''_{k,i}$ in MVA					
KW1	KW2	KW3	KW4	KW5	KW6	KW1	KW2	KW3	KW4	KW5	KW6
300	300	600	600	450	800	1314	1314	2213	2213	1827	3122

Sammelschiene SS2 geöffnet ist, sind für die Bewertung der transienten Stabilität der Sammelschiene SS2A alle Leitungen und alle Kraftwerke relevant, die an die Sammelschienenabschnitte SS1 und SS2A angeschlossen sind. Mit den Werten aus Tab. 6.1 ergeben sich die am Netzanschlusspunkt SS2A netzseitig anstehende Anfangskurzschlusswechselstromleistung zu $S''_{k,N} = 29.733$ MVA und die relevante Summe der Bemessungswirkleistungen zu $P_{r,ges} = 2250$ MW. Damit ist die Bedingung $S''_{k,N} > 6 \cdot P_{r,ges}$ der transienten Stabilität für das gegebene Beispiel erfüllt.

Literatur

1. Amprion, „Grundsätze für die Planung des deutschen Übertragungsnetzes", Juli 2022. [Online]. Available: https://www.amprion.net/Dokumente/Netzausbau/Netzplanungsgrundsätze/Grundsätze-für-die-Ausbauplanung-des-deutschen-Übertragungsnetzes.pdf. [Zugriff am 7. Januar 2023].
2. E. Handschin, Elektrische Energieübertragungssysteme, Heidelberg: Hüthig, 1987.
3. DVG, Das versorgungsgerechte Verhalten der thermischen Kraftwerke, Heidelberg: Deutsche Verbundgesellschaft (DVG), 1991.
4. E. Spring, Elektrische Energienetze, Berlin: VDE Verlag, 2003.
5. VDN, Hrsg., TransmissionCode 2007 – Netz- und Systemregeln der deutschen Übertragungsnetzbetreiber, Berlin: Verband der Netzbetreiber – VDN, 2007.
6. D. Nelles, Netzdynamik, Berlin: VDE Verlag, 2009.
7. P. Denzel, Grundlagen der Übertragung elektrischer Energie, Berlin: Springer, 1966.
8. B. Oswald und D. Siegmund, Berechnung von Ausgleichsvorgängen in Elektroenergiesystemen, Leipzig: Deutscher Verlag für Grundstoffindustrie, 1991.
9. A. Schwab, Elektroenergiesysteme, Berlin: Springer, 2022.
10. J. Schlabbach und D. Metz, Netzsystemtechnik, Berlin: VDE Verlag, 2005.
11. J. Machowski, S. Robak, P. Kacejko, P. Miller und M. Wancerz: "Short-circuit power as important reliability factor for power system planning", 18th Power Systems Computation Conference, Wrocław, Poland, 2014.
12. S. Krahmer, A. von Haken, J. Weidner und P. Schegner: „Anwendung von Methoden der dynamischen Netzreduktion – Abbildung von 110-kV-Netzen für die Untersuchung der transienten Stabilität im Übertragungsnetz", 15. Symposium Energieinnovation, Graz/Austria, 2018.

7 Ersatzdarstellung nicht überwachter Nachbarnetze

7.1 Aufgabe von Ersatznetzen

Die Höchstspannungsnetze in Europa werden vermascht betrieben und sind über Kuppelleitungen zu den jeweiligen Nachbarn europaweit zu großen Verbundnetzen zusammengeschaltet. Abb. 7.1 zeigt einen Teil dieser europäischen Verbundsysteme mit Ausschnitten des belgischen, des deutschen, des französischen, des luxemburgischen, des niederländischen und des schweizerischen Übertragungsnetzes. Auch auf den anderen Kontinenten werden ähnlich große Verbundsysteme frequenzsynchron betrieben.

Die Teilnetze dieser Verbundsysteme stehen damit elektrisch in enger Wechselwirkung. Daher können Teilnetze beispielsweise bei der stationären Leistungsflussberechnung nicht unabhängig voneinander betrachtet werden. Die für einen sicheren Netzbetrieb und eine wirtschaftliche Netzausbauplanung notwendige Berechnung der Leistungsflüsse auch für Ausfallvarianten erfolgt dagegen in der Regel nur für den jeweils interessierenden Netzbereich. Die Wechselwirkungen mit den benachbarten, über- oder unterlagerten Netzen sind jedoch nicht vernachlässigbar. Eine Berechnung des gesamten Systems einschließlich der Nachbarnetze ist aber im Allgemeinen wegen der Systemgröße (Rechenzeit, Speicherplatz) und wegen Datenbeschaffungsproblemen (z. B. unterschiedliche Eigentums- und Zuständigkeitsbereiche) schwierig und häufig nicht möglich.

Eine detaillierte Modellierung der Nachbarnetze ist für die Berechnung des eigenen Netzbereiches allerdings in der Regel auch nicht nötig. Es genügt, das Verhalten der benachbarten Netzteile durch vereinfachte, wirkungsgleiche Netzäquivalente (Ersatznetzmodelle) zu ersetzen und in einem sogenannten Ersatznetz nachzubilden.

Wegen der engen Vermaschung im europäischen Übertragungsnetz wird als relevanter Netzbereich, der im Folgenden als internes Netz oder Eigennetz bezeichnet wird, von der Entso-E in der Region Kontinentaleuropa nicht nur der eigene Netzbereich sondern

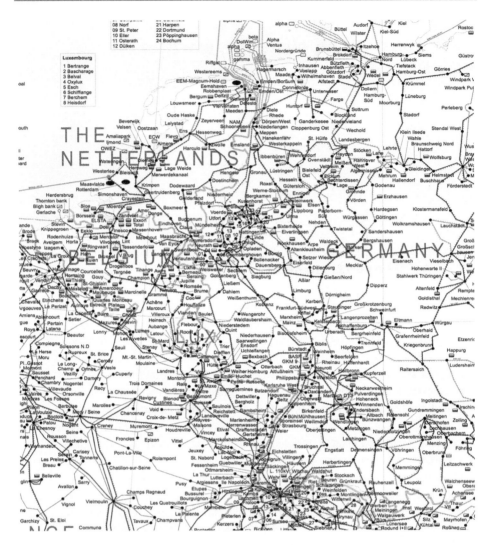

Abb. 7.1 Ausschnitt des europäischen Verbundnetzes [18]

verpflichtend für alle Übertragungsnetzbetreiber jeweils ein sogenannter Beobachtungsbereich, der auch benachbarte, in fremdem Eigentum stehende Netzbereiche umfasst, festgelegt [1].

In diesen Beobachtungsbereichen werden alle benachbarten Netzelemente vollständig modelliert, deren Ausfall eine Leistungsflussänderung über eigene Betriebsmittel von mehr als 2 % bewirkt. Die benachbarten Übertragungsnetzbetreiber sind danach verpflichtet, die Parameter der betroffenen Leitungen, Transformatoren, Kraftwerke usw.

sowie die online gemessenen Leistungsflüsse und Spannungswerte und Informationen über die aktuelle Netztopologie im Beobachtungsbereich an den zuständigen Übertragungsnetzbetreiber zu übermitteln. Die hierzu erforderlichen Online-Daten müssen dafür zwischen den einzelnen Netzleitstellen in Echtzeit ausgetauscht werden. Folge dieser Ausweitung des zu überwachenden Netzbereiches ist eine z. T. deutliche Zunahme der online zu erfassenden Daten, wie Messwerte und Topologiedaten.

Der Beobachtungsbereich umfasst territorial häufig ein Vielfaches des eigenen Netzgebietes [1]. Für einige Übertragungsnetzbetreiber hat sich der zu bearbeitende Datenumfang dadurch mehr als verdoppelt. Durch die Definition von Beobachtungsbereichen, mit denen das zu überwachende Netz vergrößert wird, entfällt daher auch nicht die Notwendigkeit, geeignete Ersatznetze für die benachbarten und weiter entfernt liegenden Netzbereiche zu modellieren.

Entsprechend können Ersatznetze auch in den anderen Netzebenen eingesetzt werden, wie beispielsweise die Ersatzmodellierung des vorgelagerten Übertragungsnetzes und des unterlagerten Mittelspannungsnetzes bei Berechnungen im Hochspannungsnetz.

7.2 Ersatznetz für Leistungsflussberechnungen

7.2.1 Anforderungen an die Ersatznetzdarstellung

Eine geeignete Ersatzdarstellung muss für Leistungsfluss- und Ausfallsimulationsrechnungen (z. B. von Leitungen, Transformatoren und Kraftwerken) bestimmte Eigenschaften des nicht überwachten Nachbarnetzes nachbilden. Das Ersatznetz besteht aus einem passiven und einem aktiven Teil. Das passive Verhalten wird über Ersatzimpedanzen zwischen den Randknoten des beobachtbaren Netzes zur Nachbildung der Transportkapazität der Nachbarnetze, das aktive Verhalten über Ersatzeinspeisungen zur Nachbildung der Wirk- und Blindleistungseinspeisungen bzw. –lasten der nicht modellierten Netzteile beschrieben.

Unter der Voraussetzung, dass die Topologie bekannt ist, kann ein Ersatznetz bezüglich der Kuppelknoten bestimmt werden, indem mithilfe eines Knotenreduktionsverfahrens (z. B. Gauß'sches Eliminationsverfahren, Abschn. 2.3.3 und 2.4.2.3) zunächst ein passives Ersatznetz erstellt wird. Der Leistungsaustausch mit dem Nachbarnetz wird über eine Leistungsbilanz bestimmt. Darüber hinaus wird eine Ersatzdarstellung des Blindleistungs-Spannungs-Verhaltens sowie des Regelverhaltens der Kraftwerke ermittelt und an die Kuppelknoten angebunden.

Für die Durchführung von Leistungsfluss- und Ausfallsimulationsrechnungen werden meist die nachfolgenden Eigenschaften des nicht überwachten Nachbarnetzes durch eine entsprechende Ersatzmodellierung nachgebildet:

Passives Verhalten	≡ Transportkapazität Modellierung des Durchleitungsverhaltens der Nachbarnetze, nach denen sich die Leistungsflüsse den bestehenden Impedanzverhältnissen entsprechend auf eigenes Netz und Nachbarnetz aufteilen
Aktives Verhalten im stationären Bereich	≡ Lieferung oder Bezug von Leistung Modellierung des Leistungsaustauschs mit den Nachbarnetzen
Regelverhalten bei Laststößen/Kraftwerksausfällen im überwachten Netz	≡ kurzfristige Lieferung von Aushilfsleistung durch Primärregler im Nachbarnetz Modellierung der Primärregelung der Kraftwerke in den Nachbarnetzen, die bei Blockausfällen unterstützend mit eingreifen
Reaktion der spannungsgeregelten Generatoren durch Zustandsänderung im Eigennetz	≡ Änderung der Blindleistungseinspeisung Modellierung der Spannungsregelung der Kraftwerke in den Nachbarnetzen, die das Spannungsniveau im eigenen Netz mitbeeinflussen

Die in der Praxis am meisten eingesetzten Netzreduktionsverfahren sind das Ward- und das Extended-Ward-Verfahren [2–5]. Etwa 60 % der Ersatznetze werden mit diesem Verfahren bestimmt. Eine deutlich geringere Verbreitung (ca. 8 %) hat das REI-Ersatznetzverfahren [6, 7], da die zur Berechnung des REI-Ersatznetzmodells benötigten Daten über die Lastsituation des Fremdnetzes im Allgemeinen für die Online-Anwendung nicht zur Verfügung stehen [8].

Durch erweiterte Netzreduktionsverfahren können auch die dynamischen Eigenschaften der reduzierten Betriebsmittel abgebildet werden. Damit können quasistationäre Ausgleichsvorgänge beim Zu- und Abschalten von Netzteilen oder im Fehlerfall (z. B. zur Bewertung der transienten Stabilität) untersucht werden [24].

Unabhängig vom verwendeten Netzreduktionsverfahren ist es erforderlich, bei Netztopologieänderungen oder signifikanten Netzzustandsänderungen das Ersatzmodell aktuell neu zu bestimmen. Als Alternative zu einer vollständigen Neuberechnung des Ersatzmodells wird in [26] der Einsatz von künstlichen neuronalen Netzen (KNN) zur Reduktion der erforderlichen Rechenzeit vorgeschlagen.

Das im Folgenden betrachtete Ward-Ersatznetzmodell enthält Ersatzimpedanzen zwischen den Kuppelknoten (Ersatzleitungen) sowie optional Ersatzquerglieder (Ersatzlasten an konstanter Impedanz) an jedem Kuppelknoten. Ergänzt wird das Ersatznetzmodell um Ersatzeinspeisungen (konstante Leistung) an jedem Kuppelknoten. An den Kuppelknoten können zusätzlich auch Ersatzleistungen angeschlossen werden, die die Primärregelung der im externen Netz angeschlossenen Kraftwerke repräsentieren. Im sogenannten Extended-Ward-Ersatznetzmodell wird zusätzlich zum Ward-Ersatzmodell die Spannungsregelung des externen Netzes nachgebildet. Hierzu werden im Netzmodell Ersatzspannungsquellen als fiktive PU-Kuppelknoten ohne Wirkleistungseinspeisung und die Innenimpedanz als Leitung oder zusätzlich Querimpedanzen und Ersatzblindleistungseinspeisungen an den Kuppelknoten modelliert.

7.2.2 Darstellung des aktiven und passiven Verhaltens

Entsprechend den verfügbaren Informationen kann man das Gesamtnetz in drei Arten von Netzknoten unterteilen. Als Fremdnetzknoten (Index F) werden im Folgenden die Netzknoten bezeichnet, die durch ein Ersatznetzmodell zu ersetzen sind. Die Menge der Netzknoten, die nicht reduziert werden sollen, sind die Knoten des eigenen oder internen Netzbereiches bzw. des Beobachtungsbereiches (Index E) und die Kuppelknoten (Index K). Kuppelknoten sind dabei diejenigen Netzknoten, die über eine Leitung oder einen Transformator direkt mit irgendeinem Knoten des eigenen Netzes verbunden sind, aber nicht zum eigenen Netzbereich gehören.

Die zugehörigen Netzbereiche werden analog als Fremdnetz, Eigennetz und Kuppelnetz bezeichnet. Die Fremdnetzknoten und die Kuppelknoten bilden zusammen das Nachbarnetz. Die Knoten des Eigennetzes und des Kuppelnetzes bilden zusammen das beobachtbare Netz. Die Bezeichnung dieses Netzbereiches leitet sich aus der Tatsache ab, dass der Netzbetreiber naturgemäß über alle Informationen aus seinem eigenen Netzbereich (i.e. Eigennetz) verfügt. Darüber hinaus kann er über die State Estimation den Betriebszustand (komplexe Knotenspannung) des jeweils ersten Knotens (i.e. Kuppelnetz) außerhalb seines Netzbereiches identifizieren.

Die N Knoten des Gesamtnetzes kann in die N_E Knoten im Eigennetz, in die N_K Kuppelknoten und in die N_F Knoten im Nachbarnetz ohne Kuppelknoten unterteilt werden. Das überwachte Netz besteht damit insgesamt aus $N_U = N_E + N_K$ Knoten.

Abb. 7.2 zeigt die prinzipielle Aufteilung eines aus den Netzen zweier Netzbetreiber bestehenden Gesamtnetzes in die verschiedenen Teilnetze. Es sind jeweils aus der Sicht

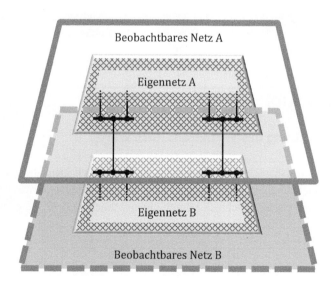

Abb. 7.2 Aufteilung des Gesamtnetzes in verschiedene Teilnetze

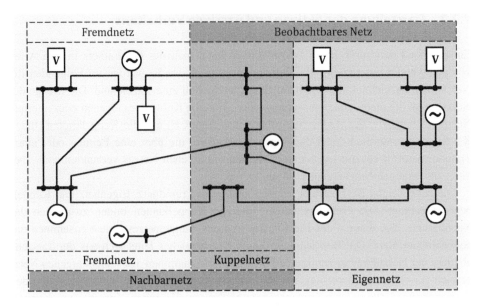

Abb. 7.3 Beispielnetz zur Ersatznetzdarstellung [3]

der beiden Netzbetreiber A und B das Eigennetz und das beobachtbare Netz gekennzeichnet.

Abgesehen von der Kenntnis der komplexen Spannungen für die unmittelbar benachbarten Knoten liegen keine weiteren aktuellen Informationen aus dem Nachbarnetz vor, soweit es sich um die Netze anderer EVU handelt. Bei unterlagerten Netzen kann von der Kenntnis des aktuellen Schaltzustandes ausgegangen werden. Zur Veranschaulichung der Vorgehensweise wird ein kleines Beispielnetz betrachtet, dessen Netzwerkgraph in Abb. 7.3 dargestellt ist.

7.3 Ward-Modell

7.3.1 Beschreibung des Verfahrens nach Ward

Bei der Leistungsflussberechnung von Hochspannungsnetzen kann mit guter Näherung von spannungsunabhängigen Leistungen an den Knoten ausgegangen werden. Das Netz wird deshalb entsprechend Abschn. 3.3 durch die nichtlineare Gl. (7.1) beschrieben.

$$s = \mathrm{diag}(u) \cdot Y^* \cdot u^* \tag{7.1}$$

7.3 Ward-Modell

Unterteilt man die nichtlineare Gl. (7.1) in die definierten Untermengen der Knoten, ergibt sich das folgende Gleichungssystem für die drei Teilnetze:

$$\begin{pmatrix} s_F \\ s_K \\ s_E \end{pmatrix} = \text{diag} \begin{pmatrix} u_F \\ u_K \\ u_E \end{pmatrix} \cdot \begin{pmatrix} Y_{FF} & Y_{FK} & 0 \\ Y_{KF} & Y_{KK} & Y_{KE} \\ 0 & Y_{EK} & Y_{EE} \end{pmatrix}^* \cdot \begin{pmatrix} u_F \\ u_K \\ u_E \end{pmatrix}^* \quad (7.2)$$

Definitionsgemäß bestehen zwischen Fremd- und Eigennetzknoten keine direkten Verbindungen. Die Untermatrizen Y_{FE} und Y_{EF} sind daher Nullmatrizen. Das in Gl. (7.2) enthaltene Teilgleichungssystem für die Fremdnetzknoten lautet damit:

$$s_F = \text{diag}(u_F) \cdot (Y_{FF} \cdot u_F + Y_{FK} \cdot u_K)^* \quad (7.3)$$

Da die Größen u_F und s_F jedoch nicht bekannt sind, muss das Teilgleichungssystem (7.3) so umgeformt werden, dass diese Größen nicht mehr enthalten sind. Die Determinante von Y_{FF} ist ungleich null ($\det(Y_{FF}) \neq 0$), sodass sich Gl. (7.3) nach dem Vektor u_F auflösen lässt.

$$Y_{FF}^* \cdot u_F^* = \text{diag}^{-1}(u_F) \cdot s_F - Y_{FK}^* \cdot u_K^* \quad (7.4)$$

$$u_F = Y_{FF}^{-1} \cdot \left(\text{diag}^{-1}(u_F) \cdot s_F - Y_{FK}^* \cdot u_K^* \right)^* \quad (7.5)$$

Ferner lautet das Teilgleichungssystem des Kuppelnetzes

$$s_K = \text{diag}(u_K) \cdot (Y_{KF} \cdot u_F + Y_{KK} \cdot u_K + Y_{KE} \cdot u_{KE})^* \quad (7.6)$$

Durch Einsetzen von Gl. (7.5) in Gl. (7.6) erhält man

$$s_K = \text{diag}(u_K) \cdot \left(Y_{KF} \cdot Y_{FF}^{-1} \cdot \left(\text{diag}^{-1}(u_F^*) \cdot s_F^* - Y_{FK} \cdot u_K \right) + Y_{KK} \cdot u_K + Y_{KE} \cdot u_E \right)^* \quad (7.7)$$

Weiteres Auflösen führt zu

$$s_K = \text{diag}(u_K) \cdot \left(Y_{KF} \cdot Y_{FF}^{-1} \cdot \text{diag}^{-1}(u_F^*) \cdot s_F^* - Y_{KF} \cdot Y_{FF}^{-1} \cdot Y_{FK} \cdot u_K + Y_{KK} \cdot u_K + Y_{KE} \cdot u_E \right)^* \quad (7.8)$$

In dieser Gleichung ist jedoch noch der unbekannte Term $\text{diag}^{-1}(u_F^*) \cdot s_F$ enthalten. Das Ausmultiplizieren der Gl. (7.8) führt zu

$$s_K = \text{diag}(u_K) \cdot \left(Y_{KF} \cdot Y_{FF}^{-1} \cdot \text{diag}^{-1}(u_F^*) \cdot s_F^* \right)^* - \text{diag}(u_K) \cdot \left(Y_{KF} \cdot Y_{FF}^{-1} \cdot Y_{FK} \cdot u_K \right)^*$$
$$+ \text{diag}(u_K) \cdot (Y_{KK} \cdot u_K + Y_{KE} \cdot u_E)^* \quad (7.9)$$

durch Zusammenfassen einiger Terme in Gl. (7.9) kommt man zu

$$s_K = \text{diag}(u_K) \cdot Y_{KF}^* \left(Y_{FF}^* \right)^{-1} \cdot \text{diag}^{-1}(u_F) \cdot s_F$$
$$+ \text{diag}(u_K) \cdot \left(\left(Y_{KK} - Y_{KF} \cdot Y_{FF}^{-1} \cdot Y_{FK} \right) \cdot u_K + Y_{KE} \cdot u_E \right)^* \quad (7.10)$$

Bringt man schließlich den ersten Summanden, der die Einheit einer Leistung hat, auf die rechte Seite, erhält man

$$\begin{aligned}\operatorname{diag}(\boldsymbol{u}_{\mathrm{K}}) \cdot \left(\left(\boldsymbol{Y}_{\mathrm{KK}} - \boldsymbol{Y}_{\mathrm{KF}} \cdot \boldsymbol{Y}_{\mathrm{FF}}^{-1} \cdot \boldsymbol{Y}_{\mathrm{FK}} \right) \cdot \boldsymbol{u}_{\mathrm{K}} + \boldsymbol{Y}_{\mathrm{KE}} \cdot \boldsymbol{u}_{\mathrm{E}} \right)^{*} \\ = \boldsymbol{s}_{\mathrm{K}} - \operatorname{diag}(\boldsymbol{u}_{\mathrm{K}}) \cdot \boldsymbol{Y}_{\mathrm{KF}}^{*} \cdot \left(\boldsymbol{Y}_{\mathrm{FF}}^{*} \right)^{-1} \cdot \operatorname{diag}^{-1}(\boldsymbol{u}_{\mathrm{F}}) \cdot \boldsymbol{s}_{\mathrm{F}} \end{aligned} \quad (7.11)$$

Es werden nun folgende Definitionen bzw. Abkürzungen eingeführt

$$\widetilde{\boldsymbol{Y}}_{\mathrm{KK}} = \boldsymbol{Y}_{\mathrm{KK}} - \boldsymbol{Y}_{\mathrm{KF}} \cdot \boldsymbol{Y}_{\mathrm{FF}}^{-1} \cdot \boldsymbol{Y}_{\mathrm{FK}} \quad (7.12)$$

$$\widetilde{\boldsymbol{s}}_{\mathrm{K}} = \boldsymbol{s}_{\mathrm{K}} - \operatorname{diag}(\boldsymbol{u}_{\mathrm{K}}) \cdot \boldsymbol{Y}_{\mathrm{KF}}^{*} \cdot \left(\boldsymbol{Y}_{\mathrm{FF}}^{*} \right)^{-1} \cdot \operatorname{diag}^{-1}(\boldsymbol{u}_{\mathrm{F}}) \cdot \boldsymbol{s}_{\mathrm{F}} \quad (7.13)$$

$$\widetilde{\boldsymbol{s}}_{\mathrm{K}} = \boldsymbol{s}_{\mathrm{K}} + \widetilde{\boldsymbol{s}}_{\mathrm{F}} \quad (7.14)$$

Damit lautet das Gleichungssystem des überwachten Netzes

$$\begin{pmatrix} \widetilde{\boldsymbol{s}}_{\mathrm{K}} \\ \boldsymbol{s}_{\mathrm{E}} \end{pmatrix} = \operatorname{diag} \begin{pmatrix} \boldsymbol{u}_{\mathrm{K}} \\ \boldsymbol{u}_{\mathrm{E}} \end{pmatrix} \cdot \begin{pmatrix} \widetilde{\boldsymbol{Y}}_{\mathrm{KK}} & \boldsymbol{Y}_{\mathrm{KE}} \\ \boldsymbol{Y}_{\mathrm{EK}} & \boldsymbol{Y}_{\mathrm{EE}} \end{pmatrix}^{*} \cdot \begin{pmatrix} \boldsymbol{u}_{\mathrm{K}} \\ \boldsymbol{u}_{\mathrm{E}} \end{pmatrix}^{*} \quad (7.15)$$

Dabei stellt die Teilmatrix $\boldsymbol{Y}_{\mathrm{KK}}$ in der Gl. (7.15) eine Ersatzdarstellung des passiven Nachbarnetzes dar. Die Matrix $\boldsymbol{Y}_{\mathrm{KK}}$ wird durch einen Eliminationsprozess in optimaler Reihenfolge unter Anwendung der Technik schwach besetzter Matrizen berechnet (s. Abschn. 2.4.2).

Da die in der Teilmatrix $\boldsymbol{Y}_{\mathrm{KK}}$ bestimmten Ersatzleitungen das Durchleitungsverhalten der Nachbarnetze repräsentieren, ist es sinnvoll, nur die Längsglieder im Modell des externen Netzes zu berücksichtigen [9].

Die Berechnung von $\boldsymbol{Y}_{\mathrm{KK}}$ (i.e. die Zweige des Ersatznetzes!) nach Gl. (7.12) sollte nicht als Matrixoperation durchgeführt werden, da $\boldsymbol{Y}_{\mathrm{FF}}$ eine schwach besetzte Matrix ist, deren Inverse bei zusammenhängenden Nachbarnetzen voll besetzt ist. Die Interpretation der Matrixoperation zeigt, dass sie in Einzelschritte aufgelöst eine fortwährende Stern-Vieleck-Umwandlung aller Knoten des Nachbarnetzes darstellt (s. Abschn. 2.4.2.3), die auch als Elimination oder Reduktion der Knoten bezeichnet wird. Der Vorgang der Gauß'schen Elimination zur Auflösung linearer Gleichungssysteme kann auf gleiche Weise interpretiert werden. Es bietet sich daher an, die bekannte Technik der spaltenweisen Elimination schwach besetzter Matrizen auch hier anzuwenden (s. Abschn. 2.4.2.6).

Die Berechnung der Ersatzadmittanzmatrix $\widetilde{\boldsymbol{Y}}_{\mathrm{KK}}$ wird über eine spaltenweise Gauß'sche Elimination der Fremdnetzknoten durchgeführt (Abb. 7.4). Die Elemente von $\widetilde{\boldsymbol{Y}}_{\mathrm{KK}}$ können als Ersatzzweige und als Querelemente an den Kuppelknoten interpretiert werden. Falls das Nachbarnetz selbst ein zusammenhängendes Netz bildet, ist die Matrix $\widetilde{\boldsymbol{Y}}_{\mathrm{KK}}$ voll besetzt. Bei Zerfall des Nachbarnetzes in Teilnetze ist sie zumindest stark besetzt. Eine volle Besetztheit der Matrix $\widetilde{\boldsymbol{Y}}_{\mathrm{KK}}$ bedeutet die totale Vermaschung aller Kuppelknoten N_{K} mit Ersatzzweigen. Diese hohe Anzahl von Ersatzzweigen kann

7.3 Ward-Modell

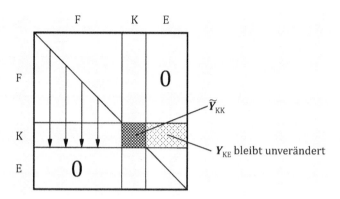

Abb. 7.4 Bestimmung der Ersatznetzadmittanzen durch Gauß'sche Elimination

reduziert werden durch die Vernachlässigung bestimmter Zweige. Hierdurch entsteht normalerweise kein wesentlicher Verlust an Genauigkeit. Da $Y_{FE} = 0$ ist, bleibt die Untermatrix Y_{KE} unverändert.

Als Kriterium, ob ein Zweig *i-k* vernachlässigt werden kann, wird ein Vergleich der Ersatzimpedanz mit der inneren Koppelimpedanz (Transferimpedanz) des Restnetzes zwischen den Knoten *i* und *k* herangezogen (s. Abschn. 7.3.3). Die Berechnung der Teilmatrix $\widetilde{Y}_{KK}$ bezeichnet man als „passive Reduktion". Abb. 7.5 zeigt das Ablaufdiagramm zur Bestimmung des passiven Ersatznetzes nach dem Ward-Verfahren [3].

Falls keine aktuellen Informationen über die Topologie bzw. den Schaltzustand des Fremdnetzes vorliegen, ist eine fortlaufende Aktualisierung der Ersatzzweige nicht möglich. Es müssen daher für die Berechnung der Ersatzzweige hinsichtlich der Stufenstellungen von Transformatoren, des Schaltzustandes der Sammelschienen und auch der lokalen Abschaltungen aufgrund von Instandsetzung und Wartung im Fremdnetz Annahmen getroffen werden. Entsprechende Untersuchungen haben allerdings gezeigt, dass lediglich bei schwerwiegenden Änderungen der Topologie im externen Netz (z. B. Sammelschienenumschaltungen oder Leitungsabschaltungen im Nahbereich des internen Netzes) eine Neuberechnung erforderlich wird [10].

Die Leistungen $\widetilde{s}_{KK}$ repräsentieren Ersatzknotenleistungen an den Kuppelknoten, wobei der Vektor $\widetilde{s}_F$ die auf die Kuppelknoten verworfenen Knotenleistungen s_F des Nachbarnetzes darstellt. Die Ermittlung von $\widetilde{s}_K$ („aktive Reduktion") verlangt bei Anwendung von Gl. (7.14) die Kenntnis von u_F und s_F die jedoch im Online-Betrieb nicht gegeben ist. Im Gegensatz zur Planung sind jedoch bei der Online-Anwendung die omplexen Spannungen u_K und u_E bekannt. Setzt man voraus, dass $\widetilde{Y}_{KK}$ nach Gl. (7.15) bestimmt werden kann, ist in Gl. (7.15) die einzige Unbekannte der Teilvektor $\widetilde{s}_K$, der sich auf einfache Weise berechnen lässt.

$$\widetilde{s}_K = \mathrm{diag}(u_K) \cdot \left(\widetilde{Y}_{KK} \cdot u_K + Y_{KE} \cdot u_E \right)^* \tag{7.16}$$

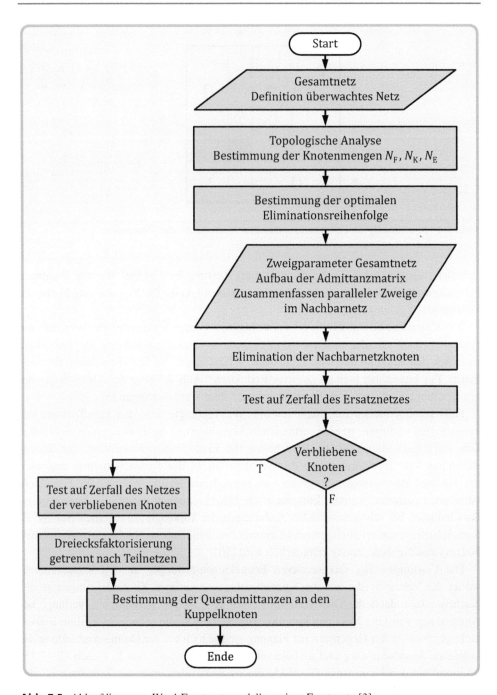

Abb. 7.5 Ablaufdiagramm Ward-Ersatznetzmodell passives Ersatznetz [3]

7.3 Ward-Modell

Die Anwendung dieser Gleichung entspricht dem Aufstellen einer Leistungsbilanz für jeden Kuppelknoten. Es wird dabei die Summe der Leistungsflüsse einschließlich der Flüsse über die Ersatzleitungen gebildet. Für Offline-Anwendungen muss diese Berechnung explizit durchgeführt werden. Bei der Online-Anwendung in Verbindung mit einem State Estimator werden die Ersatzzweige aus der Matrix $\widetilde{\mathbf{Y}}_{KK}$ mit in den Netzdatensatz für den Estimator einbezogen. Die Ersatzknotenleistungen $\widetilde{s}_K$ werden als nicht gemessene Einspeisungen geführt und deshalb automatisch vom Estimator berechnet. Der Wert von $\widetilde{s}_K$ ändert sich natürlich laufend [3].

Die Bestimmung eines Ersatznetzes lässt sich also in zwei Rechenschritte aufteilen. Im ersten Teil wird ein passives Ersatznetz nach Gl. (7.12) zur Darstellung der Transportkapazität des Nachbarnetzes bestimmt. Im zweiten Teil werden die Ersatzknotenleistungen nach Gl. (7.16) zur Darstellung des aktiven Verhaltens des Nachbarnetzes ermittelt. Abb. 7.6 zeigt das Ergebnis einer solchen zweistufigen Ersatznetzberechnung nach Ward, mit der exemplarisch ein passives Ersatznetz und die Ersatzknotenleistungen an den Kuppelknoten für das Beispielnetz nach Abb. 7.3 bestimmt wurden.

7.3.2 Größe der Längsimpedanzen der Ersatzzweige

Die aus der Matrix $\widetilde{\mathbf{Y}}_{KK}$ zu entnehmenden Längsimpedanzen der Ersatzzweige

$$\underline{Z}_{ik} = -\frac{1}{\underline{\widetilde{y}}_{ik}} = R_{ik} + \mathrm{j} \cdot X_{ik} \tag{7.17}$$

stellen nicht unbedingt durch passive Elemente realisierbare Widerstände dar. Der Realteil R_{ik} kann für reale Netze sogar negative Werte annehmen [3]. An einem kleinen Beispiel wird dies im Folgenden veranschaulicht. Gegeben sei ein Netzwerk nach Abb. 7.7a. Die Queradmittanzen seien vernachlässigt. Mit der Elimination des einzigen Knotens 9

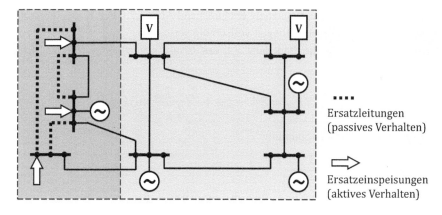

Abb. 7.6 Überwachtes Netz mit Ersatznetz [3]

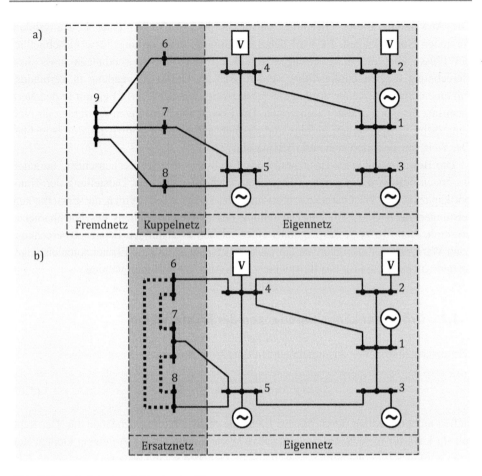

Abb. 7.7 Beispielnetz mit Ersatznetz [3]

im Fremdnetz ergibt sich das Ersatznetz entsprechend Abb. 7.7b. Die Kuppelknoten 6, 7 und 8 werden durch die Ersatzleitungen vollständig vermascht.

Beispielsweise gilt für die Impedanz $\underline{Z}_{78}$ des Ersatzzweiges zwischen den Kuppelknoten 7 und 8

$$\underline{Z}_{78} = \underline{Z}_{97} + \underline{Z}_{98} + \frac{\underline{Z}_{97} \cdot \underline{Z}_{98}}{\underline{Z}_{96}} \tag{7.18}$$

und zerlegt in Real- und Imaginärteil

$$R_{78} = R_{97} + R_{98} + \frac{1}{R_{96}^2 + X_{96}^2}$$
$$\cdot (R_{96} \cdot R_{97} \cdot R_{98} - R_{96} \cdot X_{97} \cdot X_{98} + R_{97} \cdot X_{98} \cdot X_{96} + R_{98} \cdot X_{97} \cdot X_{96}) \tag{7.19}$$

7.3 Ward-Modell

$$X_{78} = X_{97} + X_{98} + \frac{1}{R_{96}^2 + X_{96}^2}$$
$$\cdot (R_{96} \cdot R_{97} \cdot X_{98} - R_{97} \cdot R_{98} \cdot X_{96} + X_{96} \cdot X_{97} \cdot X_{98} + R_{96} \cdot R_{98} \cdot X_{98})$$
(7.20)

Der Realteil R_{78} wird dann negativ, falls

$$R_{96} \cdot X_{97} \cdot X_{98} > (R_{97} + R_{98}) \cdot (R_{96}^2 + X_{96}^2) + R_{96} \cdot R_{97} \cdot R_{98} + R_{97} \cdot X_{96} \cdot X_{98} + R_{98}$$
$$\cdot X_{97} \cdot X_{96}$$
(7.21)

Die Ungleichung (7.21) ist erfüllt, falls z. B. die Bedingungen nach Gl. (7.22) zutreffen.

$$\begin{array}{l} R_{97} = 0 \; X_{97} > 0 \\ R_{98} = 0 \; X_{98} > 0 \\ R_{96} > 0 \; X_{96} \text{ beliebig} \end{array}$$
(7.22)

Dies ist eine für Hochspannungsnetze durchaus realistische Situation, da bei einem sehr kleinen R/X-Verhältnis der ohmsche Widerstand (z. B. bei Transformatoren) vielfach vernachlässigt wird.

Die Bedingung $X_{78} < 0$ lässt sich für realistische Werte der Zweigparameter nicht erfüllen, solange sich keine Reihenkondensatoren im Netz befinden. Bei zahlreich durchgeführten Testrechnungen sind kapazitive Längsreaktanzen nicht beobachtet worden [3].

7.3.3 Bestimmung der inneren Transferimpedanz

Bei der Ersatznetzdarstellung für nicht überwachte Nachbarnetze wird durch ein Knotenreduktionsverfahren ein Ersatznetz berechnet, das die Kuppelknoten vollständig vermascht. Dies kann zu einem unerwünscht hohen Besetztheitsgrad der Admittanzmatrix führen, insbesondere bei einer großen Anzahl von Kuppelknoten im Vergleich zur Anzahl der Eigennetzknoten.

Im Vergleich zu den Impedanzen der Zweige im Eigennetz nehmen die Längsimpedanzen der Ersatzzweige zum Teil sehr hohe Werte an. Häufig haben diese Zweige keinen merklichen Einfluss auf die Güte des Ersatznetzes und können daher eventuell vernachlässigt werden.

Der absolute Wert der Längsimpedanz ist allerdings kein hinreichendes Kriterium für die Vernachlässigung eines Ersatzzweiges. Es muss zunächst die Impedanz zwischen den entsprechenden Kuppelknoten über das Eigennetz (innere Transferimpedanz) bestimmt werden. Diese Transferimpedanz ist definitionsgemäß dem zu bewertenden Ersatzzweig parallelgeschaltet. Als Entscheidungsgrundlage für die Vernachlässigung des Ersatzzweiges mit der Impedanz $\underline{Z}_{e,ik}$ (Abb. 7.8a) kann ein Vergleich dieser Impedanz mit der inneren Transferimpedanz $\underline{Z}_{i,ik}$ des restlichen Netzes zwischen den beiden Knoten i und k dienen [3]. Abb. 7.8b zeigt das überwachte Netz mit dem passiven Ersatznetz. Soll die

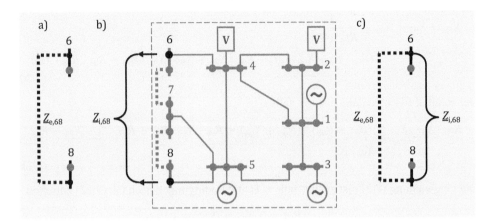

Abb. 7.8 Vergleich der Ersatzimpedanz mit der inneren Transferimpedanz

mögliche Vernachlässigung des Ersatzzweiges 6–8 untersucht werden, wird das Netz auf die Knoten 6, 7 und 8 reduziert. Das Ergebnis dieser Reduktion ist die gesuchte Transferimpedanz $\underline{Z}_{i,68}$ des inneren Netzes. Die Vernachlässigung eines Ersatzzweiges zwischen den Knoten i und k kann allgemein durch das Verhältnis nach Gl. (7.23) abgeschätzt werden (Abb. 7.8c).

$$V = \frac{|\underline{Z}_{e,ik}|}{|\underline{Z}_{i,ik}|} > V_{\max} \tag{7.23}$$

Überschreitet das Verhältnis V eine vorgebbare Schranke $V_{\max}$, so kann der jeweilige Zweig im Ersatznetzmodell vernachlässigt werden. Die entsprechenden Ersatzeinspeisungen sind mit dem Leistungsfluss zu korrigieren, der über den vernachlässigten Ersatzzweig geflossen ist. Der Wert für $V_{\max}$ kann nicht allgemein vorgegeben werden. Für viele europäische Netze wurde $V_{\max} \approx 20$ empirisch als geeigneter Wert ermittelt.

7.3.4 Datenbasis zur Ersatznetzberechnung

Die Analyse der Gl. (7.1) und (7.16) zeigt, welche Daten zur Berechnung des passiven und des aktiven Teils des Ersatzmodells nötig sind.

Zur Berechnung des passiven Teils (Ersatzzweige) muss die Admittanzmatrix des Netzbereichs außerhalb des überwachten Bereichs bekannt sein. Dazu gehört die Kenntnis der Leitungs- und Transformatordaten sowie des Schaltzustandes aller Elemente im Nachbarnetz. Genau genommen gehört dazu auch die Kenntnis der Transformatorstufenstellungen. Andererseits müsste nach jeder Schalthandlung im Nachbarnetz eine neue Berechnung des passiven Ersatznetzes erfolgen.

Die Berechnung der Ersatzeinspeisungen erfolgt aus dem passiven Ersatznetz $\widetilde{Y}_{KK}$ und aus den Spannungen und Admittanzen des überwachten Netzes. Bei Offline-Anwendungen erhält man die notwendigen Spannungswerte aus einer Leistungsflussrechnung. Bei Ausfallsimulationsrechnungen mit Ersatznetzen müssen diese Ersatzeinspeisungen als konstant angenommen werden.

7.3.5 Fehler des Ersatznetzmodells bei Ausfallsimulationsrechnungen

Aufgrund der Kenntnis der komplexen Knotenspannungen des Eigen- und des Kuppelnetzes können die Ersatzknotenleistungen nach Gl. (7.16) so berechnet werden, dass für den ungestörten Grundfall die Leistungsflüsse im Eigennetz exakt dargestellt werden. Bei Ausfallsimulationsrechnungen mit dem Ersatznetz müssen jedoch verfahrensbedingt Fehler in Kauf genommen werden.

Das Gleichungssystem für ein Energieübertragungsnetz nach Gl. (7.1) ist nichtlinear in den Spannungen. Eine Ersatzschaltung eines Teilnetzes kann daher nur für einen „Arbeitspunkt", den Grundfall gelten. Bei Ausfallsimulationsrechnungen wird mit konstanten Ersatzeinspeisungen an den Kuppelknoten ($\widetilde{s}_K =$ const) gerechnet, obwohl nach Gl. (7.13) eine Abhängigkeit von den Spannungen im Netz besteht ($\widetilde{s}_K = f(\boldsymbol{u})$). Diese Näherung führt zu Fehlern bei der Berechnung von Wirk- und Blindflüssen bei den simulierten Ausfällen.

Bei Leistungsflussrechnungen werden Knoten, an denen leistungsstarke Generatoren einspeisen, als Knoten konstanter Spannung dargestellt. Die spannungsgeregelten Knoten im Nachbarnetz ändern bei Ausfällen im überwachten Netz ihre Blindleistungseinspeisungen. Diese Änderungen haben über s_F in Gl. (7.13) ebenfalls Einfluss auf die Ersatzeinspeisungen $\widetilde{s}_K$. Die Vernachlässigung dieses Einflusses führt zu relativ großen Fehlern bei der Berechnung der Blindleistungsflüsse bei simulierten Ausfällen. Falls die Lage der spannungsgeregelten Knoten im Nachbarnetz bekannt ist, kann dieser Einfluss nachgebildet werden (s. Abschn. 7.3.6).

Im Hauptdiagonalelement von $\widetilde{Y}_{KK}$ sind für jeden Kuppelknoten Queradmittanzen enthalten, die die Kapazitäten und Ableitungen im Nachbarnetz repräsentieren. Die Ladeleistung und Ableitungsverluste dieser Queradmittanzen sind in den Ersatzknotenleistungen enthalten. Bei Ausfällen im Eigennetz ändert sich dann aufgrund der neuen Spannungsverteilung die Leistung in den Queradmittanzen der Kuppelknoten, während die verworfenen Knotenleistungen $\widetilde{s}_K$ als konstant angenommen werden. Tatsächlich ändert sich die Leistung der Queradmittanzen nicht so stark, da Ausfälle im Eigennetz auf die Spannungsverteilung im Nachbarnetz geringere Auswirkungen haben als auf die Spannungen der Kuppelknoten. Die Fehler bleiben wesentlich geringer, falls die Queradmittanzen mit den Spannungen des ungestörten Falles als Knotenleistungen berücksichtigt werden.

Die Voraussetzung zur exakten Berechnung von $\widetilde{Y}_{KK}$ nach Gl. (7.12), dass die Topologie des Nachbarnetzes bekannt ist, ist wegen des fehlenden Online-Informationsaustausches zwischen den Netzleitstellen der EVU nicht gegeben. Deshalb werden unter Umständen nur Teile des Nachbarnetzes berücksichtigt, und es werden Annahmen über Schaltzustände getroffen. Dabei wird eine Matrix $\widetilde{Y}'_{KK}$ errechnet, die sich von der exakten Matrix $\widetilde{Y}_{KK}$ um $\Delta\widetilde{Y}_{KK}$ unterscheidet,

$$\widetilde{Y}'_{KK} = \widetilde{Y}_{KK} - \Delta\widetilde{Y}_{KK} \tag{7.24}$$

d. h. für die Ersatzknotenleistungen wird anstelle von Gl. (7.13) bzw. (7.16) errechnet

$$\widetilde{s}_K = s_K - \mathrm{diag}(u_K) \cdot Y^*_{KF} \cdot \left(Y^*_{FF}\right)^{-1} \cdot \mathrm{diag}^{-1}(u_F) \cdot s_F + \mathrm{diag}(u_K) \cdot \Delta\widetilde{Y}^*_{KK} \cdot u^*_K \tag{7.25}$$

Wesentlich ist, dass auch jetzt wegen der bekannten komplexen Knotenspannungen der Grundfall exakt berechnet werden kann, die Abhängigkeit des dritten Summanden von den sich ändernden Spannungen u_K wird jedoch nicht berücksichtigt.

7.3.6 Erweiterungen des Modells

7.3.6.1 Im Fremdnetz verbleibende Knoten

Zur einfachen Berücksichtigung von bekannten Schalthandlungen im Nachbarnetz und zur besseren Darstellung der Blindleistungsflüsse kann das beschriebene Modell noch erweitert werden. Bei Schalthandlungen im nicht überwachten Netz ist normalerweise die Neuberechnung des passiven und des aktiven Modells notwendig. Die Berechnung der Ersatzelemente kann so abgeändert werden, dass einzelne Knoten und Zweige des Nachbarnetzes erhalten bleiben. Alle Schalthandlungen, die diese Knoten und Zweige des Nachbarnetzes betreffen, können dann direkt berücksichtigt werden, ohne dass eine Neuberechnung des passiven Ersatznetzes notwendig wird. Die N_F Knoten im Nachbarnetz wird dazu eingeteilt in die N_R zu eliminierenden Knoten und die N_V verbleibenden Knoten [3]. Analog zu Gl. (7.2) ergibt sich:

$$\begin{pmatrix} s_R \\ s_V \\ s_K \\ s_E \end{pmatrix} = \mathrm{diag} \begin{pmatrix} u_R \\ u_V \\ u_K \\ u_E \end{pmatrix} \cdot \begin{pmatrix} Y_{RR} & Y_{RV} & Y_{RK} & 0 \\ Y_{VR} & Y_{VV} & Y_{VK} & 0 \\ Y_{KR} & Y_{KV} & Y_{KK} & Y_{KE} \\ 0 & 0 & Y_{EK} & Y_{EE} \end{pmatrix}^* \cdot \begin{pmatrix} u_R \\ u_V \\ u_K \\ u_E \end{pmatrix}^* \tag{7.26}$$

Hieraus kann das Teilgleichungssystem für die N_R Knoten eliminiert werden, sodass analog zu Gl. (7.15) folgt

$$\begin{pmatrix} \widetilde{s}_V \\ \widetilde{s}_K \\ s_E \end{pmatrix} = \mathrm{diag} \begin{pmatrix} u_V \\ u_K \\ u_E \end{pmatrix} \cdot \begin{pmatrix} \widetilde{Y}_{VV} & \widetilde{Y}_{VK} & 0 \\ \widetilde{Y}_{KV} & \widetilde{Y}_{KK} & Y_{KE} \\ 0 & Y_{EK} & Y_{EE} \end{pmatrix}^* \cdot \begin{pmatrix} u_V \\ u_K \\ u_E \end{pmatrix}^* \tag{7.27}$$

Die Teilmatrizen $\widetilde{Y}_{KK}$, $\widetilde{Y}_{KV}$, $\widetilde{Y}_{VK}$ und $\widetilde{Y}_{VV}$ lassen sich ähnlich berechnen wie $\widetilde{Y}_{KK}$ in Gl. (7.12). Die Berechnung von $\tilde{s}_V$ ist hier nicht ohne weiteres möglich, da die Spannungen u_V der verbleibenden Knoten im Nachbarnetz nicht bekannt sind. Werden für die Ersatzeinspeisungen $\tilde{s}_V$ der verbleibenden Knoten Annahmen getroffen, so können fiktive Werte für die Spannungen u_V berechnet werden. Für Offline-Untersuchungen kann $\tilde{s}_V = \mathbf{0}$ angenommen werden, um eine einfache Berechnung der Spannungen u_V zu ermöglichen. Bei der Online-Anwendung können die fiktiven Spannungen u_V über den State-Estimator berechnet werden, wenn die Annahmen über $\tilde{s}_V$ als Messwerte vorgegeben werden.

Bei dieser Erweiterung des Ersatznetzmodells muss beachtet werden, dass die Verhältnisse im überwachten Netz richtig dargestellt werden, und dass die berechneten oder estimierten Leistungsflüsse und Spannungen im Bereich der verbleibenden Knoten wegen der getroffenen Annahmen lediglich fiktive Werte sind.

7.3.6.2 Ersatznetzmodell zur verbesserten Darstellung des Blindleistungsverhaltens

Voraussetzung für die bisher beschriebene Ersatznetzdarstellung nach Ward ist, dass die Einspeisungen im Fremdnetz im betrachteten Lastfall unabhängig vom Netzzustand des Eigennetzes sind. Sind jedoch im Fremdnetz spannungsgeregelte Knoten vorhanden, so reagieren die jeweiligen Generatoren auf die Beeinflussung ihrer Klemmenspannung durch eine Zustandsänderung im Eigennetz mit einer Änderung der Blindleistungseinspeisung. Die so veränderten Blindleistungsflüsse im Fremdnetz wirken sich natürlich auch auf die Blindleistungsflüsse im überwachten Netz aus [11].

Bei Ausfällen von Zweigen im überwachten System, bei denen Spannungsänderungen erfolgen, stützen die spannungsgeregelten Knoten im Nachbarnetz durch zusätzliche Blindleistungseinspeisungen die Spannungen. Dieser Effekt wird bei der Ausfallsimulation mit konstanten Ersatzeinspeisungen vernachlässigt. Dies hat zur Folge, dass bei Ausfallsimulationsrechnungen mit einem reinen Ward-Ersatznetz die Blindleistungsflüsse und Spannungsbeträge im Vergleich zu den Wirkflüssen wesentlich ungenauer dargestellt werden. Der Einfluss einzelner PU-Knoten im Fremdnetz wird umso stärker sein, je geringer die elektrische Entfernung zum überwachten Netz ist [12].

Mit dem sogenannten „Extended Ward Equivalent" Verfahren [8, 13–16] werden die Blindleistungsflüsse bei Systemänderungen im überwachten Netz gegenüber dem Ward-Ersatzmodell wesentlich besser dargestellt.

Bei diesem erweiterten Ersatznetzverfahren wird zunächst das passive Verhalten des Fremdnetzes wie zuvor beschrieben durch ein Ward-Ersatznetz bestimmt. Zur Nachbildung des Blindleistungsverhaltens wird dann für jeden der N_K Kuppelknoten eine Suszeptanz B_k errechnet, die das Blindleistungsverhalten des Fremdnetzes auf das überwachte Netz abbildet.

Die Basis für die Berechnung der Suszeptanzen B_k ist das Blindleistungsmodell des entkoppelten Leistungsflusses (Gl. 3.221).

$$\boldsymbol{B}'' \cdot \Delta \boldsymbol{u} \cdot \mathrm{diag}^{-1}(\boldsymbol{u}) = \mathrm{diag}^{-2}(\boldsymbol{u}) \cdot \Delta \boldsymbol{q} \tag{7.28}$$

Zur Anwendung dieser Erweiterung muss deshalb als zusätzliche Information die Lage der PU-Knoten im Nachbarnetz bekannt sein, wobei weiter entfernt liegende PU-Knoten normalerweise vernachlässigt werden können. Der Aufwand zur Berechnung des passiven Ersatznetzes erhöht sich um den zusätzlichen Eliminationsprozess.

Gl. (7.28) stellt einen approximativen Zusammenhang zwischen der Änderung der Spannungsbeträge in einem elektrischen Energieversorgungsnetz und der Änderung der Blindleistungseinspeisungen her. Für ein Netz ohne spannungsgeregelte Knoten ist die Matrix B'' gleich dem negativen Imaginärteil der Knotenpunktadmittanzmatrix. Somit lässt sich die Gl. (7.28) als die Beschreibung eines Netzes verstehen, in dem inkrementale Zustandsgrößen an den Netzknoten angreifen. Betrachtet man nun einen Zweig aus diesem Netzwerk (Abb. 7.9), der sich zwischen dem spannungsgeregelten Knoten i und dem Knoten j befindet, so erkennt man, dass der Knoten i „inkremental" kurzgeschlossen ist. Da $\Delta U_{PU} = 0$ ist, wirkt ein PU-Knoten in diesem Leistungsflussmodell inkremental wie ein Kurzschluss. Netztechnisch gesehen werden damit alle Koppelsuszeptanzen zwischen PU- und PQ-Knoten zu Querelementen. Die Längssuszeptanz B_{ij} liegt somit im inkrementalen Blindleistungsmodell als Querelement am Knoten j. Mathematisch entspricht dies der Streichung aller zu PU-Knoten gehörenden Zeilen und Spalten aus der Matrix B''.

Gl: (7.28) lässt sich entsprechend der Teilnetzzugehörigkeit der Knoten umordnen (s. Abschn. 7.2.2).

$$\begin{pmatrix} B''_{FF} & B''_{FK} & 0 \\ B''_{KF} & B''_{KK} & B''_{KE} \\ 0 & B''_{EK} & B''_{EE} \end{pmatrix} \cdot \begin{pmatrix} \Delta u_F \cdot \text{diag}^{-1}(u_F) \\ \Delta u_K \cdot \text{diag}^{-1}(u_K) \\ \Delta u_E \cdot \text{diag}^{-1}(u_E) \end{pmatrix} = \text{diag}^{-2}\begin{pmatrix} u_F \\ u_K \\ u_E \end{pmatrix} \cdot \begin{pmatrix} \Delta q_F \\ \Delta q_K \\ \Delta q_E \end{pmatrix} \quad (7.29)$$

Führt man entsprechend der Gl. (7.12) eine Elimination der Zeilen dieses Gleichungssystems, die das Fremdnetz beschreiben, mit dem Netzreduktionsverfahren nach Ward durch, so kann man die entstehende Matrix $\tilde{B}''_{KK}$ wiederum als Beschreibung eines Netzwerkes interpretieren, in dem inkrementale Zustandsgrößen an den Netzknoten angreifen.

$$\tilde{B}''_{KK} = B''_{KK} - B''_{KF} \cdot \left(B''_{FF}\right)^{-1} \cdot B''_{FK} \quad (7.30)$$

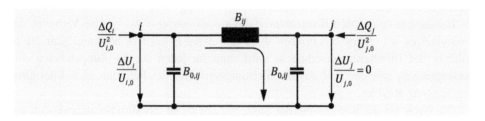

Abb. 7.9 Interpretation des inkrementalen Blindleistungsmodells

7.3 Ward-Modell

Die gesuchten Suszeptanzen B_k lassen sich aus den Hauptdiagonalelementen der Matrix $\widetilde{\boldsymbol{B}}_{\mathrm{KK}}''$ berechnen. Sie bilden den Querelementanteil in den Hauptdiagonalelementen und lassen sich als „kurzgeschlossene" Längssuszeptanzen zu den fiktiven, spannungsgeregelten Knoten interpretieren. Diese Längssuszeptanz wird nun für alle N_K Kuppelknoten bestimmt.

$$B_k = -\left(\widetilde{B}_{\mathrm{KK}}'' + \sum_{i \in \mathcal{N}_k} \widetilde{B}_{ki}''\right) \quad \text{mit} \quad k = 1, \ldots, N_\mathrm{K} \tag{7.31}$$

Die Suszeptanz B_k kann alternativ nach einer der beiden folgenden, äquivalenten Methoden in das erweiterte Ersatznetzmodell eingebunden werden. Zum einen kann an jeden Kuppelknoten k ein fiktiver, spannungsgeregelter Knoten $\hat{k}$ über die Längssuszeptanz $B_{k\hat{k}} = B_k$ angebunden werden. Die Wirkleistungseinspeisungen der fiktiven Knoten werden dabei gleich null und die Spannungsbeträge gleich den Spannungen an den zugehörigen Kuppelknoten gesetzt. Die zweite Modellierungsmöglichkeit besteht darin, an jedem Kuppelknoten k eine Ersatzquersuszeptanz $B_{\mathrm{q},k} = B_k/2$ anzubinden.

Abb. 7.10 und 7.11 zeigen die Ergebnisse der beiden Modelle beispielhaft für ein Netz mit zwei Kuppelknoten. Dabei sind $U_{1,0}$ und $U_{2,0}$ die Spannungen an den beiden Kuppelknoten im ungestörten Grundfall.

Die Berechnung der Ersatzeinspeisungen erfolgt in beiden Fällen derart, dass die auf den Kuppelleitungen estimierten Leistungsflüsse für den Grundfall eingehalten werden. In beiden Fällen wird durch eine Veränderung der Spannungen an den Kuppelknoten eine Änderung der Blindleistungsbilanzen hervorgerufen, die der Verwerfung der Änderungen der Blindleistungseinspeisung aller Fremdnetz-PU-Knoten entspricht.

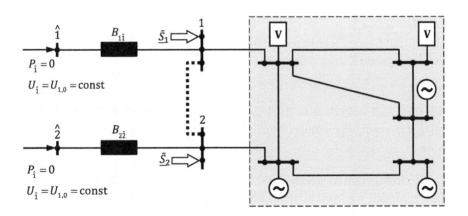

Abb. 7.10 Erweiterung des Ersatznetzes durch fiktive Knoten

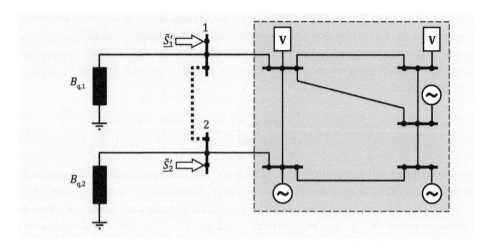

Abb. 7.11 Erweiterung des Ersatznetzes durch eine Quersuszeptanz

Die Blindleistungsreaktion ΔQ_k des reduzierten Netzes auf Änderungen ΔU_k im Eigennetz kann dabei mit zwei alternativen Modellierungsvarianten beschrieben werden:

- **Modell „Fiktive, spannungsgeregelte Knoten"**
Hierbei werden alle Kuppelknoten k über Impedanzen mit fiktiven, spannungsgeregelten Knoten (PU-Knoten) $\widehat{k}$ verbunden. Diese Knoten haben die gleiche Spannung wie die korrespondierenden Kuppelknoten im Grundfall.

Die durch Systemänderungen im überwachten Netz an einem Kuppelknoten k durch die Reaktion des Fremdnetzes bewirkte Änderung der Blindleistung ΔQ_k berechnet sich zu

$$\Delta Q_k = U_k \cdot \Delta U_k \cdot B_{k\widehat{k}} \tag{7.32a}$$

Wobei ΔU_k die Spannungsdifferenz zwischen dem Kuppelknoten k und dem fiktiven, spannungsgeregelten Knoten $\widehat{k}$ darstellt.

$$\Delta U_k = U_k - U_{k,0} \tag{7.32b}$$

Für den Grundfall ist $\Delta U_k = 0$, da definitionsgemäß am fiktiven Kuppelknoten $\widehat{k}$ die Spannung des zugehörigen Kuppelknotens k im Grundfall $U_{k,0}$ als Sollspannung festgelegt wird.

- **Modell „Kompensationselemente"**
Bei diesem Modell wird bereits im Grundfall ($\Delta U_k = 0$) am Kuppelknoten k durch die Quersuszeptanz $B_{q,k}$ eine zusätzliche induktive Knotenlast $Q_{q,k,0}$ bewirkt. Diese berechnet

7.3 Ward-Modell

sich nach Gl. (7.33) aus der Spannung am Kuppelknoten k und der Ersatzquerszeptanz $B_{q,k}$.

$$\begin{aligned} j \cdot Q_{q,k,0} &= \underline{U}_{k,0} \cdot \left(j \cdot \underline{U}_{k,0} \cdot B_{q,k}\right)^* \\ Q_{q,k,0} &= -(U_{k,0})^2 \cdot B_{q,k} \end{aligned} \quad (7.33)$$

Um den Einfluss der Ersatzquersuszeptanz im Grundfall zu eliminieren, wird die Ersatzeinspeiseleistung um den Wert $-j \cdot Q_{q,k,0}$ korrigiert und als konstanter, spannungsinvarianter Wert zur Knotenleistungsbilanz des Kuppelknotens hinzugefügt. Die gewünschte Blindleistungsreaktion ΔQ_k des Fremdnetzes auf Systemänderungen im überwachten Netz wird aus der Differenz der Blindleistung $Q_{q,k,0}$, die als konstante Last am Kuppelknoten angesetzt wird, und der Blindleistung $Q_{q,k}$, die sich aus der aktuellen Spannung und der Quersuszeptanz $B_{q,k}$ ergibt, bestimmt.

$$\Delta Q_k = Q_{q,k,0} - Q_{q,k} \quad (7.34)$$

Die Berechnung dieser beiden Blindleistungen erfolgt entsprechend Gl. (7.35) aus der Quersuszeptanz $B_{q,k}$ und der Grundfallspannung bzw. der Spannung, die sich in dem geänderten Systemzustand an diesem Kuppelknoten einstellt.

$$\begin{aligned} \Delta Q_k &= \mathrm{Im}\{\underline{U}_{k,0} \cdot \left(j \cdot \underline{U}_{k,0} \cdot B_{q,k}\right)^* - \underline{U}_k \cdot \left(j \cdot \underline{U}_k \cdot B_{q,k}\right)^*\} \\ &= -(U_{k,0})^2 \cdot B_{q,k} + U_k^2 \cdot B_{q,k} \\ &= -\left((U_k - \Delta U_k)^2 \cdot B_{q,k} + U_k^2 \cdot B_{q,k}\right) \\ &= \left(-U_k^2 + 2 \cdot U_k \cdot \Delta U_k - \Delta U_k^2 + U_k^2\right) \cdot B_{q,k} \\ &= 2 \cdot U_k \cdot \Delta U_k \cdot B_{q,k} - \Delta U_k^2 \cdot B_{q,k} \end{aligned} \quad (7.35)$$

Da $2 \cdot U_k \cdot \Delta U_k \gg \Delta U_k^2$ kann mit der Näherung $\Delta U_k^2 \approx 0$ die Blindleistungsreaktion ΔQ_k genügend genau nach Gl. (7.36) bestimmt werden.

$$\Delta Q_k \approx 2 \cdot U_k \cdot \Delta U_k \cdot B_{q,k} \quad (7.36)$$

Der Vergleich mit der Blindleistungsreaktion ΔQ_k aus dem Modell „fiktive, spannungsgeregelte Knoten" ergibt, dass die Quersuszeptanz $B_{q,k}$, abgesehen von der geringfügigen Näherung, genau halb so groß wie die Längssuszeptanz $B_{k\hat{k}}$ sein muss, um bei einer identischen Spannungsänderung die gleiche Blindleistungsreaktion abzubilden.

$$B_{q,k} = B_{k\hat{k}}/2 \quad (7.37)$$

Beide Modelle bilden die Reaktion des Fremdnetzes auf Systemänderungen im überwachten Netz mit der gleichen Güte nach. Der Vorteil des Modells „Kompensationselemente" besteht darin, dass kein zusätzlicher fiktiver Knoten eingeführt werden muss und sich damit die zu berechnende Systemgröße, die sich aus der Anzahl der Eigennetzknoten plus der Anzahl der Kuppelknoten bestimmt, nicht erhöht.

7.3.7 Darstellung des Regelverhaltens der Primärregler im Nachbarnetz

7.3.7.1 Simulation von Kraftwerksausfällen

Bei der Simulation von Leitungsausfällen im überwachten Netzbereich kann der Einfluss der benachbarten Netzbereiche durch die beschriebenen passiven und aktiven Teile des Ersatznetzes gut nachgebildet werden. Zur Simulation von Kraftwerksausfällen im überwachten Netzbereich reicht diese Ersatzdarstellung jedoch nicht aus und muss daher geeignet erweitert werden.

Bei Kraftwerksausfällen wird ein erheblicher Teil der ausgefallenen Leistung durch zusätzlich aktivierte Einspeiseleistungen aus dem nicht überwachten Bereich gedeckt. Zur Berechnung der insgesamt von außen in das überwachte System zusätzlich eingespeisten Leistung und ihrer Aufteilung auf die einzelnen Kuppelleitungen ist daher eine Erweiterung des Ersatzmodells und die Bestimmung einer fiktiven Leistungszahl für die Ersatzeinspeisung erforderlich.

Nach einem Kraftwerksausfall laufen eine Reihe von Übergangsvorgängen ab, die in die drei Zeitbereiche der mechanischen Lastaufteilung, der Primärregelung und der Sekundärregelung unterteilt werden kann (Abschn. 3.3.8.3). Für die Ersatzdarstellung ist der Zeitraum von Bedeutung, in dem die Primärregelung der Kraftwerke wirkt. In diesem Zeitbereich wird die ausgefallene Leistung überwiegend durch Einspeisungen aus dem umgebenden Netz gedeckt. Bei der Simulation von Kraftwerksausfällen muss deshalb zusätzlich die Verteilung der Aushilfsleistung auf die Randknoten des überwachten Systems berechnet werden [3].

7.3.7.2 Berechnung von Ersatzleistungszahlen an den Kuppelknoten

Der Leistungsaustausch zwischen dem überwachten Bereich und dem Nachbarnetz wird bei dem in Abschn. 7.2 dargestellten Ersatznetzmodell durch Ersatzeinspeisungen an den Kuppelknoten nachgebildet. Bei der Simulation von Leitungsausfällen werden diese Ersatzeinspeisungen als konstant angenommen. Bei der Simulation von Kraftwerksausfällen muss eine Änderung dieser Ersatzeinspeisung entsprechend der Aushilfsleistung aus dem Nachbarnetz berücksichtigt werden.

Da alle Wirkleistungsänderungen gemäß Abb. 3.13 linear mit der Frequenz erfolgen, sind auch die Flussänderungen auf den Kuppelleitungen proportional zu der vorliegenden Frequenzabsenkung. Den Ersatzeinspeisungen an den Kuppelknoten können deshalb analog zu den übrigen Einspeisungen Statiken oder Leistungszahlen zugeordnet werden. Die Summe dieser Ersatzleistungszahlen entspricht der Leistungszahl des gesamten Nachbarnetzes, ist also nicht von der Netztopologie abhängig. Die Aufteilung der Ersatzleistungszahlen auf die einzelnen Kuppelknoten wird jedoch von der Netztopologie bestimmt.

Zur Berechnung dieser Ersatzleistungszahlen kann man von einem genäherten Wirkleistungsmodell der Leistungsflussgleichungen (7.1) entsprechend Gl. (3.221) ausgehen, da nur die Wirkleistungsflüsse von Bedeutung sind:

7.3 Ward-Modell

$$\text{diag}^2(\boldsymbol{u}) \cdot \boldsymbol{B} \cdot \Delta\boldsymbol{\varphi} = \Delta\boldsymbol{p} \quad (7.38)$$

Darin ist $\boldsymbol{B}$ der Imaginärteil der Admittanzmatrix. Der Vektor $\boldsymbol{u}$ aller Knotenspannungen wird für diese Betrachtung als konstant angenommen. Mit der Abkürzung

$$\boldsymbol{A} = \text{diag}^2(\boldsymbol{u}) \cdot \boldsymbol{B}$$

folgt

$$\boldsymbol{A} \cdot \Delta\boldsymbol{\varphi} = \Delta\boldsymbol{p} \quad (7.39)$$

Dieses Gleichungssystem lässt sich analog zu Gl. (7.2) in die drei Teilgleichungssysteme Eigen-, Fremd- und Kuppelnetz zerlegen.

$$\begin{pmatrix} \Delta\boldsymbol{p}_\text{F} \\ \Delta\boldsymbol{p}_\text{K} \\ \Delta\boldsymbol{p}_\text{E} \end{pmatrix} = \begin{pmatrix} \boldsymbol{A}_\text{FF} & \boldsymbol{A}_\text{FK} & \boldsymbol{0} \\ \boldsymbol{A}_\text{KF} & \boldsymbol{A}_\text{KK} & \boldsymbol{A}_\text{KE} \\ \boldsymbol{0} & \boldsymbol{A}_\text{EK} & \boldsymbol{A}_\text{EE} \end{pmatrix} \cdot \begin{pmatrix} \Delta\boldsymbol{\varphi}_\text{F} \\ \Delta\boldsymbol{\varphi}_\text{K} \\ \Delta\boldsymbol{\varphi}_\text{E} \end{pmatrix} \quad (7.40)$$

Auch hierbei wird wieder das nicht zum überwachten Netzbereich gehörende Teilsystem des Fremdnetzes eliminiert. Damit ergibt sich dann das reduzierte System:

$$\begin{pmatrix} \Delta\widetilde{\boldsymbol{p}}_\text{K} \\ \Delta\boldsymbol{p}_\text{E} \end{pmatrix} = \begin{pmatrix} \widetilde{\boldsymbol{A}}_\text{KK} & \boldsymbol{A}_\text{KE} \\ \boldsymbol{A}_\text{EK} & \boldsymbol{A}_\text{EE} \end{pmatrix} \cdot \begin{pmatrix} \Delta\boldsymbol{\varphi}_\text{K} \\ \Delta\boldsymbol{\varphi}_\text{E} \end{pmatrix} \quad (7.41)$$

mit

$$\Delta\widetilde{\boldsymbol{p}}_\text{K} = \Delta\boldsymbol{p}_\text{K} - \boldsymbol{A}_\text{FK} \cdot \boldsymbol{A}_\text{FF}^{-1} \cdot \Delta\boldsymbol{p}_\text{F} \quad (7.42)$$

Die Leistungsänderungen $\Delta\boldsymbol{p}_\text{K}$ der Kuppelknoten und $\Delta\boldsymbol{p}_\text{F}$ der Fremdnetzknoten lassen sich über die Vektoren $\boldsymbol{k}_\text{K}$ und $\boldsymbol{k}_\text{F}$ der Leistungszahlen der Kuppelknoten und der Fremdnetzknoten ausdrücken:

$$\begin{aligned} \Delta\boldsymbol{p}_\text{K} &= -\boldsymbol{k}_\text{K} \cdot \Delta f \\ \Delta\boldsymbol{p}_\text{F} &= -\boldsymbol{k}_\text{F} \cdot \Delta f \end{aligned} \quad (7.43)$$

Die gesuchte Ersatzleistungszahl an den Kuppelknoten ist definiert als:

$$\widetilde{\boldsymbol{K}}_\text{K} = -\frac{1}{\Delta f} \cdot \Delta\widetilde{\boldsymbol{P}}_\text{K} \quad (7.44)$$

Setzt man die Gl. (7.43) und (7.44) in die Gl. (7.42) ein, so folgt für die gesuchten Ersatzleistungszahlen an den Kuppelknoten

$$\widetilde{\boldsymbol{k}}_\text{K} = \boldsymbol{k}_\text{K} - \boldsymbol{A}_\text{FK} \cdot \boldsymbol{A}_\text{FF}^{-1} \cdot \boldsymbol{k}_\text{F} \quad (7.45)$$

Mit den so berechneten Ersatzleistungszahlen $\widetilde{\boldsymbol{k}}_\text{K}$ der Kuppelknoten können die Ersatzeinspeisungen des Ersatzmodells wie Kraftwerksblöcke behandelt werden, die der Primärregelung unterliegen. Zur Durchführung von Kraftwerksausfallsimulationen muss deshalb zunächst eine Verteilung der ausgefallenen Wirkleistung auf die Kraftwerke des überwachten Systems und auf die Ersatzeinspeisungen der Kuppelknoten gemäß den Leistungszahlen erfolgen. Nach erfolgter Verteilung kann dann eine Leistungsflussrechnung unter Berücksichtigung des Ersatznetzes erfolgen.

Unter der Annahme von linearen Kennlinien der Primärregelung und unter Benutzung des genäherten Wirkleistungsmodells sind folgende Daten aus dem nicht überwachten System zur Berechnung der Ersatzleistungszahlen notwendig:

- Topologie und Daten aller Zweige
- Leistungszahlen bzw. Statik und Nennleistungen aller synchronisierten Maschinen
- Gesamtleistungszahl des Nachbarnetzes
- Spannungen aller Knoten

Die Topologie und die Zweigdaten des Nachbarnetzes müssen bereits zur Berechnung des passiven Ersatznetzes bekannt sein, sodass hier keine zusätzlichen Informationen erforderlich sind.

Die Spannungen des Nachbarnetzes werden im Online-Betrieb in der Regel nicht bekannt sein. Entsprechende Untersuchungen haben gezeigt, dass die Annahme von Nennspannung an den Knoten des Nachbarnetzes ausreichend genaue Resultate liefert. Liegen bekannte Spannungswerte einzelner Knoten vor, sollten diese natürlich berücksichtigt werden.

7.3.8 Gesamtersatznetz für Leistungsflussberechnungen

Die einzelnen Teilersatznetze werden zu einem Gesamtersatznetz zusammengefügt, mit dem sowohl das passive Transportverhalten des reduzierten Netzbereiches als auch das aktive Verhalten der eliminierten Einspeisungsknoten im Fremdnetz sowie das Verhalten der spannungsgeregelten Generatoren und der wirkleistungsregelnden Einspeisungen nachgebildet wird. Abb. 7.12 zeigt das passive und aktive Ersatznetz mit Nachbildung der Spannungsregelung des externen Netzes.

Die Güte des gewählten Ersatznetzmodells kann mit einem systematischen Vergleich der Leistungsflussergebnisse, die mit und ohne (i.e. das vollständige, unreduzierte Netz) Ersatznetz erstellt wurden, entsprechend Abschn. 3.3.11 bestimmt werden.

7.4 Ersatznetz für Kurzschlussrechnungen

Die Überprüfung der Einhaltung der maximal zulässigen Kurzschlussleistung wird bei der Netzsicherheitsüberwachung durch Berechnung der dreipoligen, symmetrischen Kurzschlussströme an allen Knoten des überwachten Netzes durchgeführt. Dabei werden in der Regel die nach DIN VDE 0102 zulässigen Modellierungen des Netzes verwendet. Die Generatoren im Nachbarnetz liefern bei einem Kurzschluss im überwachten Netz einen Beitrag zur Kurzschlussleistung über die Kuppelleitungen.

7.4 Ersatznetz für Kurzschlussrechnungen

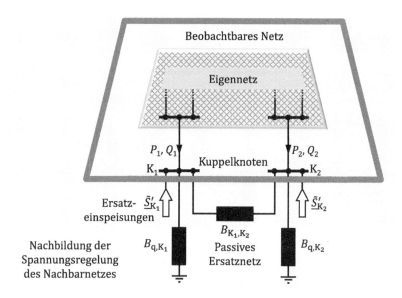

Abb. 7.12 Aktives und passives Ersatznetz mit Nachbildung der Spannungsregelung

Die Ersatzdarstellung für die Kurzschlussrechnung muss daher die Reaktion der Generatoren auf Kurzschlüsse im überwachten Netz geeignet abbilden. Die ähnlich wie bei der Leistungsflussberechnung auch für diese Rechnung notwendige Ersatzdarstellung der umgebenden Nachbarnetze besteht aus Ersatzleitungen und subtransienten Ersatzimpedanzen an den Kuppelknoten.

Die resultierenden Ersatzleitungen unterscheiden sich in ihren Admittanzen grundsätzlich von denen, die für die Leistungsflussberechnung bestimmt werden, da sie das Durchleitungsverhalten der Nachbarnetze im Kurzschlussfall repräsentieren.

Die Kurzschlusseinspeisungen des Fremdnetzes werden in ihrer Wirkung auf die internen Knoten und die Kuppelknoten durch Ersatzkurzschlusseinspeisungen nachgebildet. Diese werden jeweils durch eine den gültigen Richtlinien gemäßen Leerlaufspannung von $c \cdot U_n$, sowie durch eine in der Ersatznetzberechnung zu ermittelnde subtransiente Ersatzinnenadmittanz, die ebenfalls an die Kuppelknoten angeschlossen wird, modelliert (Abb. 7.13). Die subtransienten Ersatzinnenadmittanzen können als die auf die Randknoten transformierten Anfangsreaktanzen der im Fremdnetz befindlichen Generatoren verstanden werden.

Die Ersatzleitungen und die subtransienten Innenadmittanzen werden in einem Eliminationsprozess berechnet. Die Lösung dieses Problems wird durch eine prinzipiell gleiche Vorgehensweise wie bei der Berechnung des passiven Ersatznetzes beispielsweise durch eine Gauß-Elimination erreicht (Ward-Ersatznetz). Ausgangspunkt ist die modifizierte Knotenpunktadmittanzmatrix des Systems, die nach DIN VDE 0102 [17] folgende Vereinfachungen aufweist:

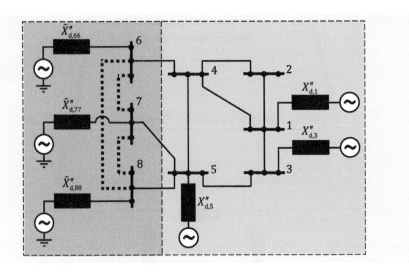

Abb. 7.13 Ersatznetz für die Kurzschlussstromberechnung

- Vernachlässigung aller Querglieder von Transformatoren und Leitungen
- alle Transformatorstufensteller in Mittelstellung
- Vernachlässigung von Lasten an konstanter Impedanz

Zusätzlich werden alle Kurzschlusseinspeisungen über deren subtransiente Innenadmittanz X_d'' kurzgeschlossen und entsprechend in der Admittanzmatrix berücksichtigt. Derart verändert ergibt sich eine Admittanzmatrix $\widetilde{Y}$. Sortiert man die Knoten nach Fremd-, Kuppel- und Eigennetzknoten, so ergibt sich für den Kurzschlussstrom $\underline{I}_k''$ an einer beliebigen Fehlerstelle im Eigennetz und für die Spannungen im Fehlerfall u bei Vernachlässigung der Vorbelastung vereinfacht zu:

$$\begin{pmatrix} \mathbf{0} \\ \mathbf{0} \\ \mathbf{i}_E \end{pmatrix} = \begin{pmatrix} \widetilde{Y}_{FF} & \widetilde{Y}_{FK} & \mathbf{0} \\ \widetilde{Y}_{KF} & \widetilde{Y}_{KK} & \widetilde{Y}_{KE} \\ \mathbf{0} & \widetilde{Y}_{EK} & \widetilde{Y}_{EE} \end{pmatrix} \cdot \begin{pmatrix} \mathbf{u}_F \\ \mathbf{u}_K \\ \mathbf{u}_E \end{pmatrix} \qquad (7.46)$$

mit

$$\mathbf{i}_E = \begin{pmatrix} 0 \\ \vdots \\ \underline{I}_k'' \\ \vdots \\ 0 \end{pmatrix} \quad \text{und} \quad \mathbf{u}_E = \begin{pmatrix} \underline{U}_{E,1} \\ \vdots \\ c \cdot U_n/\sqrt{3} \\ \vdots \\ \underline{U}_{E,N_E} \end{pmatrix} \qquad (7.47)$$

Aus dem Gleichungssystem nach Gl. (7.46) werden die unbekannten Spannungen u_F eliminiert.

$$\begin{pmatrix} \mathbf{0} \\ i_E \end{pmatrix} = \begin{pmatrix} \widetilde{Y}_{KK} - \widetilde{Y}_{KF} \cdot \left(\widetilde{Y}_{FF}\right)^{-1} \cdot \widetilde{Y}_{FK} & \widetilde{Y}_{KE} \\ \widetilde{Y}_{EK} & \widetilde{Y}_{EE} \end{pmatrix} \cdot \begin{pmatrix} u_K \\ u_E \end{pmatrix} \quad (7.48)$$

Die durch Gauß-Elimination reduzierte Admittanzmatrix führt zur Untermatrix $\widehat{Y}'_{KK}$, aus der sowohl die Ersatzleitungen als auch die subtransienten Ersatzinnenadmittanzen ableitbar sind Gl. (7.49).

$$\widehat{Y}'_{KK} = \widetilde{Y}_{KK} - \widetilde{Y}_{KF} \cdot \left(\widetilde{Y}_{FF}\right)^{-1} \cdot \widetilde{Y}_{FK} \quad (7.49)$$

Die Hauptdiagonalelemente in der reduzierten Teilmatrix $\widetilde{Y}_{KK}$ werden als subtransiente Reaktanzen $X''_{d,\text{ersatz}}$ von Ersatzgeneratoren an den Kuppelknoten interpretiert. Abb. 7.13 zeigt das Beispielnetz nach Abb. 7.3 mit einem Ersatznetz für die Kurzschlussstromberechnung.

7.5 REI-Modell

Neben dem Ersatznetzmodell nach Ward hat sich das von P. Dimo [7, 20] entwickelte REI-(Radial Equivalent Independent)-Modell etabliert. Im REI-Ersatznetzmodell werden die Knotenleistungen der eliminierten Knoten des externen Netzbereiches in N_G beliebigen Gruppen zusammengefasst und in fiktiven Knoten (REI-Knoten) aggregiert [14, 23]. Die Anzahl der Knoten in jeder Gruppe i ist N_i. Beispielsweise können die Lasten, die PQ-Einspeisungen sowie die PU-Einspeisungen des Fremdnetzes jeweils in einem oder auch mehreren REI-Knoten zusammengefasst werden.

Das Eigennetz behält seine ursprüngliche, topologische Struktur bei, während das reduzierte, Fremdnetz eine radiale Struktur bekommt. Dabei wird jeder REI-Knoten direkt mit allen Kuppelknoten verbunden. Das REI-Netz soll dabei folgende Bedingungen erfüllen [25]:

a) Die Einspeisung $\underline{S}_{R,i}$ an einem REI-Knoten ist gleich der algebraischen Summe der Knotenleistungen in der Gruppe i:

$$\underline{S}_{R,i} = \sum_{k=1}^{N_i} \underline{S}_k \quad \text{mit } i = 1,..,N_G \quad (7.50)$$

b) Die Verlustleistung im REI-Netz soll gleich null sein.
c) Die Hinzufügung des REI-Netzes darf die elektrischen Bedingungen des Originalnetzes im Arbeitspunkt nicht ändern, d. h. die Leistungsverteilung innerhalb der Knoten einer Gruppe sowie die Spannungen $\underline{U}_F$ und $\underline{U}_K$ müssen gleichbleiben.

In Abb. 7.14 ist der Aufbau eines REI-Netzes i dargestellt, das die zuvor genannten Bedingungen erfüllt. Es besteht aus einer Gruppe von Zweigen mit den Admittanzen $\underline{Y}_k$ mit $k = 1, \ldots, N_i$. Die Zweige einer Gruppe („Büschelzweige") sind jeweils in einem gemeinsamen Knoten G verbunden, der über einen zusätzlichen Zweig (REI-Zweig) an genau einem REI-Knoten R angeschlossen ist. Der zusätzliche Zweig hat die Admittanz $\underline{Y}_R$. Das damit gebildete, verlustlose Netzwerk (Zero Power Balance Network, ZPBN) wird bei der Knotenreduktion entsprechend den externen Netzknoten eliminiert. Der G-Knoten ist ein passiver Knoten, d. h. an ihm ist weder eine Last noch eine Einspeisung angeschlossen (i.e. Transitknoten, siehe Kap. 4). Dem G-Knoten kann eine beliebige Spannung $\underline{U}_G$ zugeordnet werden. Üblicherweise wird $\underline{U}_G = 0$ gesetzt [7], daher kann der Index „G" auch als „Ground" interpretiert werden.

In Abb. 7.15 sind die einzelnen Schritte zur Bildung des REI-Ersatznetzmodells skizziert [21]. Abb. 7.15a zeigt den Ausschnitt des Beispielnetzes nach Abb. 7.3 mit dem Fremdnetz und dem Kuppelnetz. In Abb. 7.15b sind das verlustlose Netzwerk ZPBN mit zwei fiktiven „Ground"-Knoten und zwei REI-Knoten dargestellt. Exemplarisch sind hier die Einspeisungen und die Lasten des Fremdnetzes jeweils in einem REI-Knoten aggregiert. In Abb. 7.15c ist das REI-Ersatznetzmodell nach der Elimination aller Knoten des Fremdnetzes und der fiktiven „Ground"-Knoten abgebildet [21].

Zunächst werden die Knotenleistungen (Einspeisungen, Lasten) im Fremdnetz durch die transversalen Admittanzen $\underline{Y}_k$ ersetzt und damit linearisiert. Diese Admittanzen werden zwischen den ursprünglichen Fremdnetzknoten und dem fiktiven „Ground"-Knoten eingefügt. Für $\underline{U}_G = 0$ ergeben sich damit die Admittanzen $\underline{Y}_k$ nach Gl. (7.51).

$$\underline{Y}_k = \frac{\underline{I}_k}{\underline{U}_k} = \frac{\underline{S}_k^*}{|\underline{U}_k|^2} \quad \text{mit } k = 1, \ldots, N_i \tag{7.51}$$

Anschließend wird der Strom $\underline{I}_k$ über den Zweig k zwischen den externen Knoten und dem fiktiven „Ground"-Knoten berechnet (Gl. 7.52) [19].

$$\underline{I}_k = \frac{\underline{S}_k^*}{\underline{U}_k^*} \tag{7.52}$$

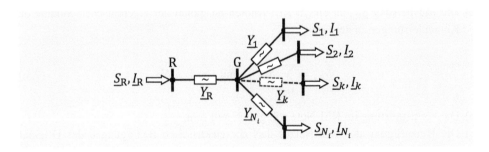

Abb. 7.14 Erstellung des verlustlosen Netzwerkes [19, 25]

7.5 REI-Modell

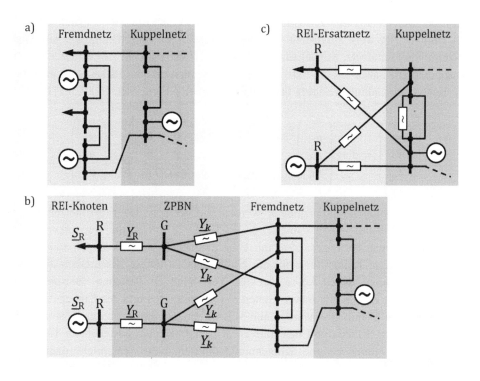

Abb. 7.15 Schritte zur Erstellung des REI-Ersatznetzmodells [21]

Als nächstes werden die REI-Knoten R in das bestehende Netz eingefügt. Der Strom zwischen dem fiktiven „Ground"-Knoten und dem REI-Knoten des externen Netzes ergibt sich aus der Summe der Ströme über die jeweiligen Büschelzweige entsprechend Gl. (7.53) [19].

$$\underline{I}_R = \sum_{k=1}^{N_i} \underline{I}_k = \sum_{k=1}^{N_i} \frac{\underline{S}_k^*}{\underline{U}_k^*} \tag{7.53}$$

Damit folgt für die Spannung $\underline{U}_R$ an einem REI-Knoten [19].

$$\underline{U}_R = \frac{\underline{S}_R}{\underline{I}_R^*} \tag{7.54}$$

Damit Bedingung b) erfüllt ist, müssen die in den Büschelzweigen verursachten „Verluste", die gleich den Einspeiseleistungen sind, durch die Verluste im zugehörigen REI-Zweig kompensiert werden. Demnach ist

$$\underline{Y}_R = -\frac{\underline{I}_R}{\underline{U}_R} = -\frac{\underline{I}_R \cdot \underline{I}_R^*}{\underline{S}_R} = -\frac{|\underline{I}_R|^2}{\underline{S}_R} \tag{7.55}$$

Nach der Berechnung des verlustlosen Netzwerkes werden die Knotengleichungen für das gesamte Netzwerk aufgestellt [19]. Entsprechend der Unterteilung des Ausgangsnetzes in ein Fremdnetz, Kuppelnetz und Eigennetz (siehe Abschn. 7.2) wird die Knotenpunktadmittanzmatrix um die fiktiven „Ground"-Knoten und die REI-Knoten erweitert. Die Knotenpunktadmittanzmatrix hat nun die allgemeine Form nach Gl. (7.56) [19].

$$\begin{pmatrix} s_F \\ s_G \\ s_R \\ s_K \\ s_E \end{pmatrix} = \text{diag} \begin{pmatrix} u_F \\ u_G \\ u_R \\ u_K \\ u_E \end{pmatrix} \cdot \begin{pmatrix} Y_{FF} & Y_{FG} & 0 & Y_{FK} & 0 \\ Y_{GF} & Y_{GG} & Y_{GR} & 0 & 0 \\ 0 & Y_{RG} & Y_{RR} & 0 & 0 \\ Y_{KF} & 0 & 0 & Y_{KK} & Y_{KE} \\ 0 & 0 & 0 & Y_{EK} & Y_{EE} \end{pmatrix}^* \cdot \begin{pmatrix} u_F \\ u_G \\ u_R \\ u_K \\ u_E \end{pmatrix}^* \quad (7.56)$$

In der Knotenpunktadmittanzmatrix werden die Knoten des Fremdnetzes mit F, die fiktiven „Ground"-Knoten mit G, die REI-Knoten mit R, die Kuppelknoten mit K und die Knoten des Eigennetzes mit E bezeichnet. In der Knotenpunktadmittanzmatrix sind einige Teilmatrizen nur mit Nullen besetzt. Diese beschreiben die Netzbereiche, zwischen denen keine direkten Verbindungen bestehen. Beispielsweise existieren keine Zweige zwischen Knoten des Fremdnetzes und des Eigennetzes. Mit der Gauß'schen Elimination werden alle Matrixelemente unterhalb der Diagonale der aus den externen Knoten und den fiktiven „Ground"-Knoten bestehenden Teilmatrix eliminiert. Die transformierte Knotenpunktadmittanzmatrix entspricht damit nach Gl. (7.57) dem reduzierten, externen System, an dessen Stelle sich nun nur die REI-Knoten befinden [19].

$$\begin{pmatrix} s_R \\ s_K \\ s_E \end{pmatrix} = \text{diag} \begin{pmatrix} u_R \\ u_K \\ u_E \end{pmatrix} \cdot \begin{pmatrix} \widetilde{Y}_{RR} & \widetilde{Y}_{RK} & 0 \\ 0 & Y_{KK} & Y_{KE} \\ 0 & Y_{EK} & Y_{EE} \end{pmatrix}^* \cdot \begin{pmatrix} u_R \\ u_K \\ u_E \end{pmatrix}^* \quad (7.57)$$

Da die „Ground"-Knoten des REI-Ersatznetzmodells im Vergleich zu den übrigen Knoten viele Abzweige (Büschelzweige) haben, können sie bei der Faktorisierung der transformierten Knotenpunktadmittanzmatrix deren Besetzungsgrad durch viele Fill-in-Elemente erhöhen. Darauf sollte man bei der Wahl der REI-Knoten und der Zuordnung der REI-Netze achten. Die Summe der Admittanzen der Büschelzweige und des zugehörigen REI-Zweiges kann unter bestimmten Bedingungen näherungsweise null ergeben. In diesem Fall ist die Matrix Y_{FF} eventuell schlecht konditioniert [25].

An den REI-Knoten werden die Einspeisungen und die Lasten aggregiert. Wobei die REI-Leistungen nach Gl. (7.50) durch Addition der Einzelleistungen gewonnen werden. Die Entscheidung, welche Netzknoten zu einem bestimmten REI-Knoten zusammengefasst werden sollen, kann im Allgemeinen willkürlich getroffen werden, man wird dabei aber folgende Prinzipien berücksichtigen:

a) regionale Unterteilung: z. B. alle Einspeisungen und Lasten in einem Netzbereich jeweils auf einen REI-Knoten konzentrieren.
b) Bildung von REI-Knoten mit spezieller Funktion: z. B. Einspeisungen und Lasten an jeweils getrennten REI-Knoten aggregieren.
c) Bildung von REI-Knoten mit unterschiedlichen Chakteristiken: z. B. Einspeisungen mit PQ- bzw. PU-Verhalten an jeweils getrennten REI-Knoten aggregieren.

Bei der Behandlung von REI-Knoten in der Leistungsflussrechnung sollte man beachten, dass viele Einspeisungen (Kraftwerke) frequenz- und spannungshaltend (PU-Knoten) wirken, während Lasten eher durch PQ-Knoten darzustellen sind.

Bei Berücksichtigung der Primärregelung der Kraftwerke (Turbinen- und Spannungsregelung können anstelle der sonst üblichen PU- und Slack-Knoten Regelkennlinien (Statik) vorgegeben werden (siehe Abschn. 3.3.8.3.3). Die Summen-Kennlinien werden dann im entsprechenden REI-Knoten abgebildet.

Die Modellierung der Sekundärregelung (siehe Abschn. 3.3.8.3.4) kann auch an den REI-Knoten nach Prinzip a) leicht geschehen, weil diese eine Art Punktmodell darstellen, an denen alle Einspeisungen und Lasten aggregiert sind, während das Ersatznetzmodell die Sensitivitätsverhältnisse zum Nachbarnetz wiedergibt [25].

Bedingt durch die bei der Berechnung des REI-Ersatznetzes durchgeführten Linearisierung gilt dieses Modell nur für den zugrundeliegenden Grundlastfall exakt [21, 22]. Bei der Verwendung des REI-Ersatznetzmodells für Ausfallsimulationsrechnungen sind daher entsprechende Korrekturmaßnahmen erforderlich.

Literatur

1. B. Buchholz und Z. Styczynski, Smart Grids, Berlin: VDE Verlag, 2014.
2. J. Ward, „Equivalent circuits for power flow studies", *AIEE Transactions,* Vol.. 68, S. 373–382, 1949.
3. J. Verstege, Ein Beitrag zur Überwachung von Hochspannungsnetzen durch Ausfallsimulationsrechnungen, Dissertation RWTH Aachen, 1975.
4. J. Verstege, „Leittechnik für Energieübertragungsnetze", Skript Bergische Universität Wuppertal, 2009.
5. H. Lee und I. Sohn, Fundamentals of Big Data Network Analysis for Research and Industry, Chichester, United Kingdom: John Wiley & Sons, 2015.
6. J. Dopazo, G. Irisarri und A. Sasson, *Real-Time External System Equivalent for On-Line Contingeny Analysis,* Los Angeles, 1978.
7. P. Dimo, Nodal Analysis of Power Systems, Tunbridge Wells, England: Abacus Press, 1975.
8. Cigre, „Steady-state and dynamic external equivalents – State of the art report", *Electra,* No. 134, S. 94–117, 1991.
9. A. Moser, „Geeignete Netzäquivalente für benachbarte Verbundsysteme", FGE-Jahresbericht, RWTH Aachen, 1997.
10. A. Ewert, On-line-Parametrierung von Netzäquivalenten, Dissertation RWTH Aachen, 1998.

11. R. Marenbach, D. Nelles und C. Tuttas, Elektrische Energietechnik, Wiesbaden: Springer Vieweg, 2013.
12. U. van Dyk, Spannungs-Blindleistungsoptimierung in Verbundnetzen, Dissertation Bergische Universität Wuppertal, 1989.
13. A. Monticelli, S. Deckmann, A. Garcia und B. Stott, „Real-Time External Equivalent for Static Security Analysis", *IEEE Trans. on Power App. and Systems,* Vol. 98, No. 2, S. 498–508, 1979.
14. S. Deckmann, A. Pizzolante, A. Monticelli, B. Stott und O. Alsac, „Studies on Power System Load-Flow Equivalencing", *IEEE Trans. on Power App. and Systems,* Vol. 99, No. 6, S. 2301–2310, 1980.
15. F. Wu und A. Monticelli, „Critical Review of External Network Modelling for On-line Security Analysis", *Electrical Power & Energy Systems,* Vol. 5, No. 4, S. 222–235, 1983.
16. K. Kato, „External Network Modeling – Recent Practical Experience", *IEEE Transactions on Power Systems,* Vol. 1, No. 9, S. 216–228, 1994.
17. VDE, Hrsg., DIN EN IEC 60909 (VDE0102) Kurzschlussströme in Drehstromnetzen, Berlin: VDE Verlag, 2002.
18. Entso-E, „Electronic Grid Maps", [Online]. Available: https://www.entsoe.eu/data/map/downloads/ [Zugriff am 7. Januar 2023].
19. M. Gavrilas, O. Ivanov und G. Gavrilas, „REI Equivalent Design for Electric Power Systems with Genetic Algorithms", *WSEAS Transactions on Circuits & Systems,* Issue 10, Volume 7, October 2008, S. 911–921.
20. Cigre, Study Committee: 32 (now C4), „The REI Equivalent, a General Model for the Analysis of Power System Behaviour", Reference:32–16_1974, Brüssel, 1974.
21. E. Shayesteh, C. Hamon, M. Amelin und L. Söder, "REI method for multi-area modeling of power systems", *International Journal of Electrical Power & Energy Systems,* Vol. 60 (2014), S. 283–292.
22. G. Wijeweera, Development of an Equivalent Circuit of a Large Power System for Real-time Security Assessment, Dissertation, University of Manitoba, Winnipeg, Manitoba, 2016.
23. B. Bunten: „Die Darstellung nicht überwachter Fremdnetze in einer Ausfallsimulation durch unterschiedliche Ersatznetze", FGE-Bericht, RWTH Aachen, 1978.
24. S. Krahmer, A. von Haken, J. Weidner und P. Schegner, „Anwendung von Methoden der dynamischen Netzreduktion – Abbildung von 110-kV-Netzen für die Untersuchung der transienten Stabilität im Übertragungsnetz", 15. Symposium Energieinnovation, Graz/Austria, 2018.
25. H. Hager, Ein radiales, internes Netzäquivalent zur Sicherheitsüberwachung von Verbundnetzen mit mehreren regionalen Kontrollzentren, Dissertation, ETH Zürich, 1981.
26. Z. Liu, S. Wende-von Berg, G. Banerjee, N. Bornhorst, T. Kerber, A. Maurus und M. Braun, „Adaptives statisches Netzäquivalent mit künstlichen neuronalen Netzen", 16. Symposium Energieinnovation, Graz/Austria, 2020.

Optimierung und Korrektur des Netzzustandes

8.1 Überblick

Nach der Anwendung der zuvor beschriebenen Verfahren und damit dem Erkennen und Beurteilen des momentanen Netzzustandes (Verfahren: State Estimation, Grenzwertvergleich) sowie der Beurteilung der momentanen Netzsicherheit (Verfahren: Netzsicherheitsanalyse durch Ausfallsimulationsrechnungen und Kurzschlusssimulationsrechnungen) kann das Netz im Falle des sicheren Normalzustandes mit geeigneten Methoden hinsichtlich Wirtschaftlichkeit und/oder Zuverlässigkeit weiter optimiert werden. Dieser Prozess wird mit Netzzustandsoptimierung (NZO) bezeichnet [1–7].

Für den Fall, dass mit der Netzzustandserkennung ein gefährdeter Netzzustand detektiert wurde, müssen geeignete Korrekturmaßnahmen gefunden und durchgeführt werden, um das Netz zumindest wieder in den sicheren Netzzustand zurück zu führen. Dieser Prozess wird mit Netzzustandskorrektur (NZK) bezeichnet (Abb. 8.1).

Zur Netzzustandsoptimierung und –korrektur des Netzzustands können verschiedene rechnergestützte Methoden wie beispielsweise korrektive Schaltmaßnahmen, Blindleistungs-Spannungsoptimierung, Netzengpassmanagement, probabilistische Leistungsflussrechnung und optimaler Leistungsfluss mit Sicherheitsnebenbedingungen eingesetzt werden.

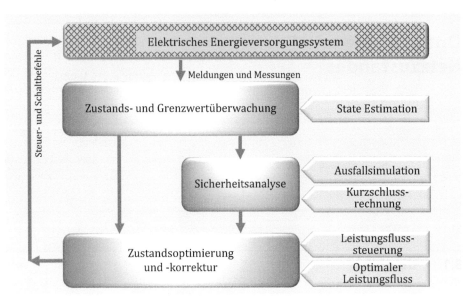

Abb. 8.1 Aufgaben der Betriebsführung

8.2 Korrektives Schalten

8.2.1 Aufgabenstellung

Mit korrektivem Schalten wird ein Verfahren bezeichnet, mit dem durch systematische Topologieänderungen der Netzzustand verbessert (i.e. korrigiert) wird. Unter Veränderung der Netztopologie versteht man hierbei das Ein-, Aus- oder Umschalten von Netzelementen. Mithilfe dieser Veränderungen können zu hohe Kurzschlussströme und zu hohe Zweigauslastungen sowie Verletzungen der Spannungsgrenzen effizient behoben werden. Zudem können Topologieänderungen in der Nähe von Erzeugungseinheiten die netzseitig anstehende Kurzschlussleistung stark beeinflussen. Sie sind deshalb ein wichtiges Mittel, um beispielsweise Verletzungen des Kriteriums für die transiente Stabilität zu beseitigen [8–10].

Auch kann das korrektive Schalten zur wirtschaftlichen Optimierung eines Netzzustandes eingesetzt werden. Ein Beispiel hierfür ist die Topologieoptimierung zur Verlustreduktion in Hoch- und Höchstspannungsnetzen, mit der ein verlustminimaler Netzzustand durch gezieltes Abschalten von parallel betriebenen Transformatoren und Leitungen bestimmt wird [11].

Hoch- und Höchstspannungsschaltanlagen bestehen überwiegend aus Einfach- oder Mehrfachsammelschienen. Diese Schaltanlagen stellen die Knoten des Übertragungsnetzes dar, an denen die Netzzweige angeschlossen werden. Die Schaltmaßnahmen

8.2 Korrektives Schalten

werden mithilfe von Schaltgeräten, wie Trennschalter, Leistungsschalter oder Leistungstrennschalter realisiert.

Zur Topologieänderung stehen verschiedene Maßnahmen zur Verfügung, die in Kombination miteinander zu einer großen Anzahl von Verschaltungsmöglichkeiten führen. Diese Maßnahmen werden als Elementarschalthandlungen [9] bezeichnet. Dabei bestehen die folgenden grundsätzlichen Möglichkeiten:

- Abschalten eines Transformators oder einer Leitung
- Zuschalten eines Transformators oder einer Leitung
- Trennen eines Sammelschienenpaares
- Kuppeln eines Sammelschienenpaares
- Sammelschienenwechsel einer Einspeisung oder eines Verbrauchers
- Sammelschienenwechsel eines Transformators oder einer Leitung
- Beidseitiger Sammelschienenwechsel eines Transformators oder einer Leitung

Abb. 8.2 zeigt den jeweiligen Verschaltungszustand vor (Abb. 8.2a) und nach (Abb. 8.2b) Durchführung der Schalthandlung [9].

Bereits bei vergleichsweise kleinen Schaltanlagen ergibt sich aus diesen Möglichkeiten eine Vielzahl von möglichen topologischen Variationen. So existieren bei einer Doppel-Sammelschienenanlage mit vier Abgängen und einem Verbraucher 37 sinnvolle Schaltungskombinationen (Abb. 8.3) [12].

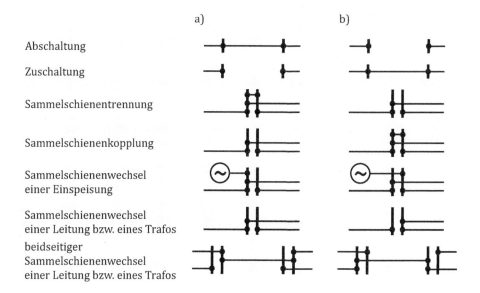

Abb. 8.2 Elementarschaltungen [9]

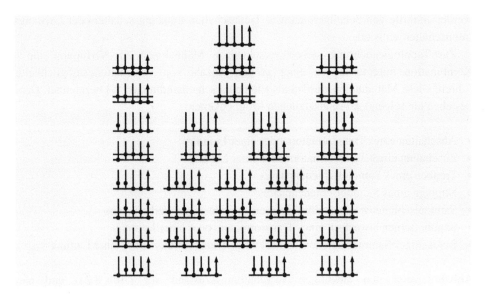

Abb. 8.3 Doppel-Sammelschienenanlage mit vier Leitungen und einer Last [12]

In Tab. 8.1 sind für verschiedene Schaltungs- und Lastkombinationen einer Doppel-Sammelschienenanlage die Anzahl möglicher Topologievarianten zusammengestellt [12]. Man erkennt daraus, dass in einem Netz mit vielen Schaltanlagen entsprechend viele Topologievarianten existieren. Man kann daraus ableiten, dass mit einer gezielten Auswahl entsprechender Varianten der Netzzustand mit hoher Wahrscheinlichkeit deutlich verändert und verbessert werden kann. In der Vielzahl der möglichen Schaltungsvarianten liegt allerdings auch die Problematik in der Anwendung des korrektiven Schaltens. Da eine Schaltungsänderung eine diskontinuierliche Systemveränderung darstellt, lassen sich übliche Optimierungsverfahren, die in der Regel auf der Differenzial-

Tab. 8.1 Anzahl möglicher Varianten in einer Doppel-Sammelschienenanlage [12]

Anzahl der Leitungen	Anzahl der Lasten und Einspeisungen			
	0	1	2	3
1	1	1	1	1
2	2	3	5	9
3	5	10	22	46
4	15	37	87	187
5	52	136	316	676
6	188	479	1081	2285
7	667	1618	3550	7414
8	2285	5289	11.339	23.439

rechnung basieren und ein kontinuierliches Systemverhalten voraussetzen, nicht anwenden. Beim korrektiven Schalten werden daher heuristische Ansätze verwendet, die das kombinatorische Problem lösen sollen.

8.2.2 Verfahren zum korrektiven Schalten

Bei Verfahren für das korrektive Schalten [8, 9, 13] wird die zunächst sehr große Anzahl möglicher Topologievarianten reduziert, ohne die eigentliche Lösungsmenge zu beeinträchtigen. Für diese Vorauswahl werden verschiedene schnelle Bewertungsverfahren (z. B. [14]) eingesetzt. Auch wird durch geeignete Reduktion von nicht relevanten Netzteilen eine Beschleunigung des Rechenprozesses erreicht. Im Prinzip wird die Anzahl möglicher Schaltungsvarianten in einem schrittweisen Suchprozess immer weiter reduziert, bis eine geeignete Lösung gefunden wird. Die abhelfende Schaltmaßnahme wird dabei als Sequenz der zuvor beschriebenen Elementarschalthandlungen bestimmt. Die Suchverfahren verwenden aufgrund der großen numerischen Komplexität des Problems in der Regel heuristische Entscheidungskriterien. Zu Beginn des Reduktionsprozesses kommen außerdem nur sehr schnelle Näherungsverfahren für die Bewertung der Varianten zum Einsatz. Damit können mit möglichst geringem Aufwand diejenigen Varianten eliminiert werden, die zu einer Auftrennung des Netzes, zum Abschalten eines Verbrauchers oder zu sonst einer unzulässigen Topologievarianten führen. Je weniger Varianten noch übrig sind, desto genauere, aber dafür auch zeitaufwendigere Verfahren werden verwendet. Dieser Prozess wird solange fortgeführt, bis nur noch eine geringe Anzahl von Topologievarianten übrig ist, für die eine Analyse mit einem genauen Leistungsflussverfahren beispielsweise nach Newton-Raphson sinnvoll erscheint. Abb. 8.4 zeigt den prinzipiellen Ablauf eines schrittweisen Suchverfahrens zur Bestimmung geeigneter Schaltmaßnahmen im Rahmen des korrektiven Schaltens [9].

Das Verfahren der verlustminimalen Topologieoptimierung [11] basiert auf einem diskret-kontinuierlichen Optimierungsmodell, bei dem die diskreten Variablen entweder mittels der Enumeration diskreter Lösungen bestimmt werden oder in kontinuierlichen Variablen umgeformt werden. Die Optimierung der kontinuierlichen Variablen erfolgt in diesem Verfahren mit der Quadratischen Programmierung [15].

8.3 Optimal Power Flow

Die optimierte Leistungsflussberechnung ist die Berechnung von wirtschaftlich optimalen Betriebsgrößen unter Einhaltung zulässiger Leistungsflüsse. Meist ist der englische Begriff „Optimal Power Flow" (OPF) geläufiger. Dieses Verfahren ist ein allgemeiner Ansatz, bei dem die Wirk- und Blindleistungen und Leistungsflüsse in einem elektrischen Transport- oder Verteilnetz optimiert und die Korrekturmaßnahmen bei Netzsicherheitsanalysen mit Befund implizit mitbestimmt werden [16, 17, 34, 35, 36].

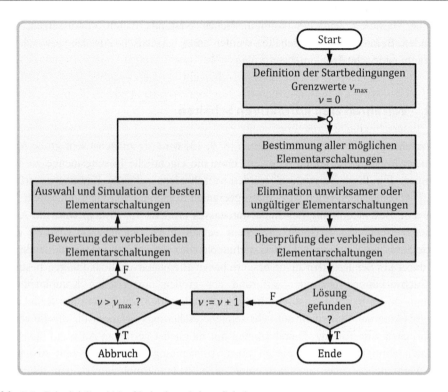

Abb. 8.4 Prinzipieller Ablauf beim korrektiven Schalten

Für das Optimierungsproblem müssen Entscheidungsvariablen und Parameter definiert werden. Entscheidungsvariablen sind in gewissen Grenzen variable Betriebsgrößen, wie beispielsweise Kraftwerkseinspeisungen, Blindleistungsbereitstellungen, Schalterstellungen oder Transformatorstufungen, für die mit der Optimal-Power-Flow-Berechnung optimale Werte bestimmt werden. Parameter sind vor der Optimierung bestimmte Eingangsdaten, wie z. B. Leitungsparameter, Kosten für die Veränderung des Wertes einer Entscheidungsvariable, oder zulässige Grenzen für Spannungen, Ströme und Leistungen. Abb. 8.5 zeigt eine Auswahl der am häufigsten beim Optimal Power Flow eingesetzten Steuergrößen [18].

Das Optimierungsproblem muss mathematisch als Zielfunktion und mit einer Menge von Nebenbedingungen beschrieben werden. Je nach angestrebtem Zweck können für einen Optimal Power Flow unterschiedliche Zielfunktionen definiert werden. Es ist auch möglich, mehrere Zielgrößen wie beispielsweise minimale Verluste, definierte maximale Auslastung der Leitungen oder kostenoptimaler Netzbetrieb über Gewichtungsfaktoren miteinander zu einer gemeinsamen Gesamtzielfunktion zu verknüpfen. Der Optimum Power Flow bezieht betrieblich bedingte Grenzen für maximal und minimal zulässige sowie wirtschaftlich optimale Leistungsflüsse in den Rechengang ein und führt zu einem

8.3 Optimal Power Flow

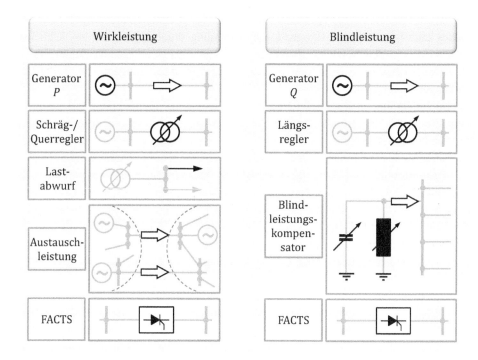

Abb. 8.5 OPF-Steuergrößen

unterbestimmten Gleichungssystem. Bei der Kraftwerkseinsatzplanung werden die Wirk- und Blindleistungen der Kraftwerke und die dezentral bereitgestellten Blindleistungen mittels OPF-Rechnungen derart ermittelt, dass ein Optimum an Wirtschaftlichkeit und Sicherheit erreicht wird [19].

Wird der Optimal Power Flow für die Vermeidung von Netzverstärkungs- oder Ausbaumaßnahmen angewendet, müssen zwingend die definierten maximalen Auslastungen der Leitungen mit in die Zielfunktion aufgenommen werden. Sollen weitere Aspekte in der Zielfunktion berücksichtigt werden, muss der maximalen Auslastung als primäres Ziel entsprechend der größte Gewichtungsfaktor zugeordnet werden.

Das Ergebnis einer Optimal-Power-Flow-Bestimmung ist ähnlich wie bei der Leistungsflussberechnung oder der State Estimation der Vektor der Zustandsgrößen mit den Spannungsbeträgen und Spannungswinkeln an allen Netzknoten des betrachteten Netzes. Dieses Ergebnis kann als Basis für den Fahrplan der eingesetzten Kraftwerke oder der regelbaren Einrichtungen (Kompensationselemente etc.) im Netz eingesetzt werden. Durch die Einhaltung des mit dem Optimal Power Flow optimierten Spannungsprofils wird definitionsgemäß eine Überlastung von Leitungen im Rahmen des bestehenden Netzausbaus vermieden und die Stabilitätsgrenze des Netzes nicht verletzt. Das Ergebnis einer Optimal-Power-Flow-Bestimmung ist stets nur für einen betrachteten

Arbeitspunkt des Netzes gültig. Daher muss für jede signifikante Änderung des Arbeitspunktes eine neue Optimal-Power-Flow-Bestimmung durchgeführt werden. Üblicherweise werden in den Netzleitstellen solche Optimierungsrechnungen in Zeitintervallen von 15 min oder einer Stunde bzw. bei deutlichen Systemänderungen (z. B. Topologieänderungen) durchgeführt [20].

Wird der Optimal Power Flow für die Einsatzplanung der Kraftwerke genutzt, werden damit die Wirk- und Blindleistungen der Einspeisungen sowie die dezentral bereitzustellenden Blindleistungen so bestimmt, dass ein entsprechend der gewählten Zielfunktion definiertes Optimum erreicht wird [19].

Ein Netzzustand wird durch die vorhandenen Netzparameter und die gültige Topologie sowie durch die an allen Netzknoten gegebenen Einspeiseleistungen bzw. Lasten definiert. Für die entsprechenden Knotenleistungen gelten bei der Leistungsflussberechnung unterschiedliche funktionale Abhängigkeiten. Für die Lastknoten und die Knoten mit fixer Einspeiseleistung sind P_L und Q_L die bekannten Größen und φ_L und U_L die entsprechenden Zustandsvariablen. Die funktionale Abhängigkeit ist [34, 35, 36]:

$$P_L = f_L(\boldsymbol{\varphi},\boldsymbol{u}) \quad \text{bzw.} \quad Q_L = g_L(\boldsymbol{\varphi},\boldsymbol{u}) \tag{8.1}$$

Die Lastleistungen P_L und Q_L müssen nicht zwingend konstante Größen entsprechend Gl. (8.1) sein. Es können hierfür auch Abhängigkeiten von anderen Betriebsgrößen, wie beispielsweise der Spannung abgebildet werden. In diesem Fall ist allerdings eine iterative Lösung erforderlich.

Für die Knoten mit variabler Einspeiseleistung lässt sich die folgende Beziehung angeben:

$$P_E = f_E(\boldsymbol{\varphi},\boldsymbol{u}) \quad \text{bzw.} \quad Q_E = g_E(\boldsymbol{\varphi},\boldsymbol{u}) \tag{8.2}$$

Als Steuervariablen werden P_E und Q_E bzw. U_E, als Zustandsvariablen werden φ_E und U_E bzw. Q_E bestimmt.

Beim Bilanzknoten ist φ_S die bekannte Größe, U_S bzw. Q_S sind die Steuervariablen und P_S und Q_S bzw. U_S die Zustandsvariablen. Die funktionale Abhängigkeit für den Bilanzknoten ist:

$$P_S = f_S(\boldsymbol{\varphi},\boldsymbol{u}) \quad \text{bzw.} \quad Q_S = g_S(\boldsymbol{\varphi},\boldsymbol{u}) \tag{8.3}$$

Das Gesamtsystem besteht aus insgesamt N Knoten, die sich aus einem Bilanzknoten, N_L Lastknoten und N_E Einspeiseknoten entsprechend der oben angegebenen Definition zusammensetzen. Die notwendige Anzahl der Gleichungen beträgt auch hier $2 \cdot (N-1)$ Gleichungen. Die $2 \cdot N_E$ Steuervariablen werden mit der Leistungsflussrechnung bestimmt. Die $2 \cdot (N-1)$ Zustandsvariablen ergeben sich dann mit der Lösung des im Allgemeinen nichtlinearen Gleichungssystems aus den Gl. (8.1) bis (8.3). Für die Lösung dieses Gleichungssystems können verschiedene Verfahren (z. B. Gauß-Seidel-Verfahren, Newton–Raphson-Verfahren, lineare und nichtlineare Programmierung) eingesetzt werden.

8.3 Optimal Power Flow

Der Optimierungsraum wird durch die $2 \cdot N_E$ Freiheitsgrade entsprechend der Anzahl der Steuervariablen bestimmt. Alternativ können statt der Spannungen auch die Blindleistungen an den Einspeiseknoten als Steuervariablen verwendet werden. In diesem Fall werden dann natürlich die Spannungen zu Zustandsvariablen. Für den allgemeinen Fall kann die zu optimierende Zielfunktion wie folgt angegeben werden.

$$Z = f(P_S, P_E, Q_S, Q_E, U_S, U_E, \varphi_S, \varphi_E) \rightarrow \text{Min} \qquad (8.4)$$

Die für die Zielfunktion gültigen Nebenbedingungen sind in den Gl. (8.1) und (8.3) beschrieben.

Für die Generatoren bzw. die Einspeisungen werden auslegungsbedingt für die abzugebende Leistung im Allgemeinen minimale und maximale Grenzwerte festgelegt, die nicht überschritten werden dürfen. Außer den bereits angegebenen Nebenbedingungen sind daher bei den Zustandsvariablen noch die folgenden Beschränkungen zu beachten.

$$\begin{aligned} P_{i,\min} &\leq P_i \leq P_{i,\max} \\ Q_{i,\min} &\leq Q_i \leq Q_{i,\max} \quad \text{mit } i = 1, \ldots, N_E \end{aligned} \qquad (8.5)$$

Für die Spannungen sind gegebenenfalls Grenzwerte für die Spannungsbeträge an den Knoten und für die Spannungswinkeldifferenzen zwischen jeweils zwei Knoten zu berücksichtigen.

$$\begin{aligned} U_{i,\min} &\leq U_i \leq U_{i,\max} \\ -\varphi_{ik,\min} &\leq \varphi_i - \varphi_k \leq \varphi_{ik,\max} \quad \text{mit} \quad i,k = 1, \ldots, N \end{aligned} \qquad (8.6)$$

Aus betrieblichen oder auslegungsbedingten Gründen können sich darüber hinaus noch weitere Begrenzungen (s. Abschn. 1.9) ergeben.

Mit der Ableitung der entsprechenden Lagrangefunktion ergibt die Minimierung der Zielfunktion nach Gl. (8.4) unter Berücksichtigung der Nebenbedingungen nach den Gl. (8.1) bis (8.3) sowie (8.5) und (8.6) eine allgemeine Formulierung der Optimalitätsbedingungen [20, 36].

$$\frac{\partial F}{\partial P_i} - \lambda_i + \nu_{i,M} - \nu_{i,m} = 0 \quad \text{mit } i = 1, \ldots, N_E \qquad (8.7)$$

$$\frac{\partial F}{\partial Q_i} - \mu_i + \eta_{i,M} - \eta_{i,m} = 0 \quad \text{mit } i = 1, \ldots, N_E \qquad (8.8)$$

$$\frac{\partial F}{\partial U_i} - \sum_h \lambda_h \frac{\partial f_h}{\partial U_i} + \sum_h \mu_h \frac{\partial g_h}{\partial U_i} + \varepsilon_{i,M} - \varepsilon_{i,m} = 0 \qquad (8.9)$$
$$\text{mit} \quad i = 1, \ldots, N_E \quad \text{bzw. } N$$

$$\frac{\partial F}{\partial \varphi_i} - \sum_h \lambda_h \frac{\partial f_h}{\partial \varphi_i} + \sum_h \mu_h \frac{\partial g_h}{\partial \varphi_i} + \sum_h (\tau_{i,h} - \tau_{h,i}) = 0 \qquad (8.10)$$
$$\text{mit} \quad i = 1, \ldots, N_E \quad \text{bzw. } N$$

Die Lagrange-Faktoren $\nu_{i,M}$, $\nu_{i,m}$, $\eta_{i,M}$, $\eta_{i,m}$, $\varepsilon_{i,M}$, $\varepsilon_{i,m}$, $\nu_{i,h}$ und $\nu_{h,i}$ sind dabei jeweils Funktionen der Differenzen $(P_i - P_{i,\max})$, $(P_{i,\min} - P_i)$, $(Q_i - Q_{i,\max})$, $(Q_{i,\min} - Q_i)$, $(U_i - U_{i,\max})$, $(U_{i,\min} - U_i)$, $(\varphi_i - \varphi_h - \varphi_{i,h})$ bzw. $(\varphi_h - \varphi_i - \varphi_{h,i})$. Die Ableitungen der Funktionen f und g nach den Gl. (8.9) und (8.10) werden entsprechend den Koeffizienten der Jacobi-Matrix nach Abschn. 3.3.3 bestimmt [20].

8.4 Blindleistungs-Spannungsoptimierung

8.4.1 Aufgabenstellung der Blindleistungs-Spannungsoptimierung

Eine Anwendung des Optimal-Power-Flow-Ansatzes ist die Blindleistungs-Spannungsoptimierung (BSO). Die BSO ist eine Teilaufgabe der Netzzustandsoptimierung. Der Name der Blindleistungs-Spannungsoptimierung leitet sich aus der Tatsache ab, dass die Blindleistungsflüsse in einem Energieversorgungsnetz stark mit den Spannungsbeträgen gekoppelt sind. Mit der BSO sollen die Blindleistungsflüsse reduziert, ein möglichst enges Spannungsband eingestellt und die Wirkleistungsverluste im Netz minimiert werden. Erreicht werden diese Optimierungsziele durch geeignetes Verstellen der Blindleistungseinspeisungen und der Transformatorstufenstellungen [21].

Mit der Reduzierung der Blindleistungsflüsse werden die Netzzweige entlastet und damit Übertragungskapazität für die Wirkleistungsübertragung freigesetzt. Ein enges Spannungsband verbessert die Spannungsstabilität, und die Reduzierung der Wirkleistungsverluste erhöht den Wirkungsgrad der Energieübertragung. Die Blindleistungs-Spannungsoptimierung dient damit sowohl der Verbesserung der Netzsicherheit als auch der Wirtschaftlichkeit. Blindleistungsflüsse, Knotenspannungsbeträge und Wirkleistungsverluste werden im Folgenden als Zielgrößen der Optimierung bezeichnet.

Ausgangspunkt der BSO ist der mithilfe der State Estimation ermittelte aktuelle Netzzustand. Das Ziel der Optimierung ist die Verbesserung des Netzzustandes zu einem Zeitpunkt und nicht für einen Zeitraum wie beispielsweise bei der Tages- bzw. Jahresoptimierung des Kraftwerkseinsatzes.

Aufgrund des marktorientierten Kraftwerkseinsatzes und der dargebotsabhängigen Einspeisung durch regenerative Energiequellen ist der Wirkleistungsfluss im Netz im Wesentlichen festgelegt. Da im ungestörten Normalbetrieb aus Gründen der Wirtschaftlichkeit zur Steuerung des Leistungsflusses auf den Zweigen des Netzes eine Veränderung des Kraftwerkseinsatzes nicht infrage kommt, verbleibt als freie Größe allein die Steuerung des Blindleistungsflusses. Wegen der bereits dargestellten engen Kopplung zwischen Blindleistung und Spannung wird damit gleichzeitig eine Beeinflussung des Spannungsprofils im Netz erreicht.

8.4.2 Steuermöglichkeiten für Blindleistungen

Auf Basis der vorgenannten Überlegungen lässt sich die Aufgabenstellung der BSO als optimale Steuerung der Generatorblindleistungen, Stufenstellungen der Transformatoren und Kompensationseinrichtungen im Normalbetrieb definieren. Für die BSO lassen sich die nachfolgenden Steuermöglichkeiten für Blindleistungen nutzen.

8.4.2.1 Generatoren

Im Allgemeinen sind Generatoren über einen sogenannten Maschinentransformator an das Netz angeschlossen (Abb. 8.6). Der Maschinentransformator verfügt dabei über eine Verstufungseinrichtung, mit der das Übersetzungsverhältnis in einem bestimmten Spannungsbereich in diskreten Stufen verändert werden kann. Vor allem Generatoren größerer Leistung sind mit einer Spannungsregeleinrichtung ausgerüstet. Dem Regler wird ein Sollwert für die Klemmenspannung des Generators vorgegeben. Bei Abweichungen der tatsächlichen Generatorklemmenspannung vom vorgegebenen Sollwert wird über die Regelstrecke der Erregerstrom und damit die Blindleistungseinspeisung des Generators, die sich hauptsächlich auf die Spannung des Generators auswirkt, verändert, bis die Regelabweichung verschwunden ist.

Insgesamt ergeben sich damit bei einer Generatoreinspeisung die folgenden Steuervariablen:

- Spannungssollwert $U_{i,\text{soll}}$ des Spannungsreglers
- Stufenstellung s_i des Maschinentransformators
- Blindleistungseinspeisung Q_i des Generators

Begrenzt werden die Steuervariablen durch die maximale Anzahl von Schaltstufen und dem maximalen Stellbereich beim Maschinentransformator sowie der durch das Betriebsdiagramm definierten Grenzen der Blindleistungserzeugung $Q_{i,\text{min}}$ und $Q_{i,\text{max}}$ des Generators.

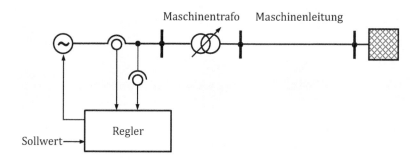

Abb. 8.6 Steuermöglichkeiten bei einer Generatoreinspeisung

8.4.2.2 Netzkuppeltransformatoren

Netzkuppeltransformatoren sind Leistungstransformatoren, die üblicherweise Netzteile mit verschiedenen Netznennspannungen miteinander verbinden. Das Übersetzungsverhältnis dieser Transformatoren ist in einem begrenzten Spannungsbereich in diskreten Stufen veränderbar. Die Netzkuppeltransformatoren werden meist als Längs- oder Schrägregler ausgeführt. Mit der Änderung des Übersetzungsverhältnisses werden damit primär die Blindleistungsverhältnisse des Transformators beeinflusst. Bei Netzkuppeltransformatoren ist die Stufenstellung s_k als Steuervariable definiert.

8.4.2.3 Kompensationseinrichtungen

Kompensationseinrichtungen werden zur Stabilisierung der Spannungsverteilung in einem Netz eingebaut. Es handelt sich dabei in der Regel um in diskreten Stufen zuschaltbare Reaktanzen bzw. Kapazitanzen. Entsprechend ihrer Charakteristik wirken Kompensationseinrichtungen daher wie induktive bzw. kapazitive Verbraucher. Als Steuervariable gilt bei Kompensationseinrichtungen daher die Blindleistung Q_j.

8.4.2.4 Zusammenfassung der Steuermöglichkeiten

Die als diskret stufbar definierten Steuervariablen werden zunächst für die Durchführung des Optimierungsalgorithmus als quasikontinuierlich möglich angenommen. Bei der Auswahl der Steuervariablen sind der jeweilige Kraftwerkseinsatz sowie betriebliche Randbedingungen zu beachten. Für die nachfolgende mathematische Betrachtung werden alle Steuervariablen in einem Vektor $\boldsymbol{r}$ zusammengefasst:

$$\boldsymbol{r} = \left(U_i, \ldots Q_j, \ldots s_k, \ldots \right)^T \tag{8.11}$$

Bei der Bestimmung der optimalen Einstellung der Steuervariablen müssen die begrenzten Stellbereiche sowie die Sicherstellung von betrieblichen Randbedingungen beachtet werden.

Die Einhaltung der begrenzten Stellbereiche ist eine harte Nebenbedingung.

$$\begin{array}{ll}
\text{Spannungssollwerte:} & U_{i,\min} \leq U_i \leq U_{i,\max} \\
\text{Kompensationsleistungen:} & Q_{j,\min} \leq Q_j \leq Q_{j,\max} \\
\text{Transformatorstufenstellungen:} & -s_{k,\max} \leq s_k \leq s_{k,\max}
\end{array} \tag{8.12}$$

Die Einhaltung betrieblicher Grenzwerte ist eine harte bzw. weiche Nebenbedingung.

$$\begin{array}{ll}
\text{Knotenspannungen} & U_{i,\min} \leq U_i \leq U_{i,\max} \\
\text{Blindleistungserzeugungen} & Q_{j,\min} \leq Q_j \leq Q_{j,\max} \\
\text{Ströme} & I_{ik} \leq I_{ik,\max}
\end{array} \tag{8.13}$$

Durch die Einhaltung dieser Nebenbedingungen wird der mögliche Lösungsraum natürlich deutlich eingegrenzt. Bei der folgenden mathematischen Betrachtung werden alle Betriebsgrößen, für die Nebenbedingungen formuliert werden, in einem Vektor $\boldsymbol{h}$ und deren Grenzwerte in einem Funktionenvektor $\boldsymbol{h}_{\max}$ zusammengefasst.

8.4 Blindleistungs-Spannungsoptimierung

$$\boldsymbol{h} = \left(U_j, Q_i, I_{ik}\right)^{\mathrm{T}} \tag{8.14}$$

$$\boldsymbol{h}_{\max} = \left(U_{j,\min}, U_{j,\max}, Q_{i,\min}, Q_{i,\max}, I_{ik,\max}\right)^{\mathrm{T}} \tag{8.15}$$

8.4.3 Formulierung und Auswahl der Zielfunktion

Die Optimierung mithilfe mathematischer Methoden erfordert die Definition eines Zielkriteriums, das als skalare Größe ausgedrückt werden kann. Dieses Zielkriterium wird daher bei der Blindleistungs-Spannungsoptimierung in einer skalaren Zielfunktion formuliert.

Mit der SBO werden aus Sicht des Netzbetriebes mehrere Zielkriterien verfolgt, sodass auch die Definition mehrerer Zielfunktionen möglich ist. Auch bei der SBO müssen die sich häufig widersprechenden Anforderungen an den Netzbetrieb zwischen Wirtschaftlichkeit und Zuverlässigkeit gegeneinander abgewogen werden. So könnte bei der Bevorzugung des Kriteriums Wirtschaftlichkeit das Zielkriterium Minimierung der Netzverluste lauten, bei der Bevorzugung des Kriteriums Zuverlässigkeit dagegen Maximierung der Abstände zu betrieblichen Grenzwerten.

Sinnvolle Zielfunktionsformulierungen für die Blindleistungs-Spannungsoptimierung können sein:

- **Minimierung der Netzverluste**

Eine Minimierung der Übertragungsverluste beispielsweise durch eine günstige Einstellung der Blindleistungseinspeisungen und der Transformatorstufenstellungen vermeidet unnötige Blindleistungsflüsse und damit unnötige Ströme über Leitungen und Transformatoren. $P_{\mathrm{V},ik}$ ist die Verlustleistung eines Zweiges zwischen den Knoten i und k. Mit $\mathcal{N}_i$ wird die Menge aller mit dem Knoten i unmittelbar verbundenen Knoten beschrieben.

$$Z_1 = P_{\mathrm{V}} = \frac{1}{2} \cdot \sum_{i=1}^{N} \sum_{k \in \mathcal{N}_i} P_{\mathrm{V},ik} \rightarrow \mathrm{Min} \tag{8.16}$$

- **Einhaltung eines möglichst engen Spannungsprofils um einen vorgegebenen Sollwert**

Mit dieser Zielfunktion wird das Spannungsband eines Energieversorgungssystems so eingestellt, dass die Summe der Abweichungen der Knotenspannungen U_i von ihrem jeweiligen Sollwert $U_{i,\mathrm{soll}}$ minimal werden. Die Zielfunktion entspricht der typischen mathematischen Formulierung der minimalen, gewichteten Fehlerquadrate. Der Wichtungsfaktor ist w_i.

$$Z_2 = \sum_{i=1}^{N} \left(w_i \cdot \left|U_i - U_{i,\mathrm{soll}}\right|^2\right) \rightarrow \mathrm{Min} \tag{8.17}$$

- **Minimierung der Blindleistungsflüsse im gesamten Netz**

Unter Beachtung der im Folgenden betrachteten Steuergrößen werden die Zweigströme wesentlich durch die Blindleistungsflüsse beeinflusst. Daraus leitet sich die Formulierung der Zielfunktion nach minimalen Blindleistungsflüssen ab.

$$Z_3 = \frac{1}{2} \cdot \sum_{i=1}^{N} \sum_{k \in \mathcal{N}_i} \left(w_{ik} \cdot Q^2_{ik,\text{mittel}} \right) \to \text{Min} \qquad (8.18)$$

Der mittlere Blindleistungsfluss $Q_{ik,\text{mittel}}$ zwischen den Knoten i und k ist der Mittelwert der Blindleistungsflüsse Q_{ik} und Q_{ki}.

$$Q_{ik,\text{mittel}} = \frac{1}{2} \cdot (Q_{ik} - Q_{ki}) \qquad (8.19)$$

- **Minimierung der Blindleistungseinspeisungen**

Bei einem zu niedrigen Spannungsband des Netzes müssen die Blindleistungseinspeisungen der Kraftwerke erhöht werden. Dies setzt allerdings voraus, dass genügend Reserveleistung an den einzelnen Einspeisepunkten vorhanden ist. Mit der in Gl. (8.20) angegebenen Zielfunktion wird die Erzeugungsreserve für Blindleistung maximiert. Dabei ist Q_i die tatsächliche und $Q_{i,\text{max}}$ die maximal mögliche Blindleistungseinspeisung an Knoten i.

$$Z_4 = \sum_{i=1}^{N} \left(Q_i / Q_{i,\text{max}} \right)^2 \to \text{Min} \qquad (8.20)$$

Durch die Optimierung einer Zielfunktion werden in der Regel auch die Zielgrößen der jeweils anderen Zielfunktionen mit beeinflusst, sodass das Optimierungsergebnis immer einen Kompromiss bezüglich der Zielgrößen darstellt. Die Wahl der Zielfunktion hängt daher davon ab, welches primäre Ziel durch die Optimierung verfolgt wird und welche besonderen Eigenschaften die zu optimierenden Netze aufweisen.

Bei Regionen mit unterschiedlicher Dichte an installierter Kraftwerksleistung in einem Netz, kann es aufgrund langer Übertragungswege zu starken Unterschieden in den Knotenspannungsbeträgen des Netzes kommen. Dadurch wird bei den Generatoren in den Regionen geringer Dichte an installierter Kraftwerksleistung eine starke Blindleistungsbelastung hervorgerufen. Die Spannungsstabilität des Netzes lässt sich durch Anwendung der Zielfunktion Z_4 verbessern. Damit wird optimaler Abstand aller Blindleistungseinspeisungen von ihren Grenzwerten eingestellt oder durch Minimierung der Zielfunktion Z_2 ein möglichst ausgeglichenes Spannungsband erzielt.

Die Belastung von stark ausgelasteten Zweigen lässt sich durch Minimierung der Zielfunktion Z_3 reduzieren, ohne dadurch den Wirkleistungsfluss signifikant zu beeinflussen. Kritische Zweige können durch Wichtung ihrer Anteile in der Zielfunktion besonders entlastet werden.

Umfangreiche Untersuchungen haben gezeigt, dass bei der Wahl einer Zielfunktion auch die jeweils anderen Zielgrößen in der gewünschten Richtung beeinflusst werden. So führt beispielsweise eine Einengung des Spannungsprofils im Netz gleichzeitig zu einer Verkleinerung der Blindleistungsflüsse.

Bei der Mehrzahl der bekannten Verfahren zur Blindleistungs-Spannungsoptimierung wird als Zielfunktion die Wirkverlustleistung des Netzes (Zielfunktion Z_1) verwendet. Mit dieser Zielfunktion wird im Allgemeinen der beste Kompromiss für alle Zielgrößen unter Beachtung einer wirtschaftlichen und zuverlässigen Betriebsführung erreicht. Für besondere Netz- und Belastungszustände (z. B. extreme Stark- bzw. Schwachlastsituation) kann dagegen eine der anderen Zielfunktionen besser geeignet sein. Wegen der Allgemeingültigkeit der Anwendung wird im Folgenden nur die Zielfunktion Z_1 weiter betrachtet.

8.4.4 Mathematische Formulierung des Optimierungsproblems

Für die mathematische Formulierung des Optimierungsproblems werden folgende Bezeichnungen und Vereinbarungen gewählt:

- Unabhängige Steuervariable r
  - einstellbare Knotenspannungen U_i
  - einstellbare Transformatorstufenstellungen s_k
  - einstellbare Blindleistungseinspeisungen Q_j
- Zustandsgrößen x
  - Spannungsbeträge, soweit nicht Steuervariable
  - Winkel aller komplexen Spannungen
- Größen h, für die betriebliche Nebenbedingungen bestehen
  - Spannungsbeträge U_i von PQ-Knoten
  - Blindleistungseinspeisungen Q_i (PU- und Slack-Knoten)
  - Zweigströme I_{ik}
- System der Leistungsflussgleichungen $g(x,r)$

Zur Beeinflussung der Zielgrößen (Blindleistungsflüsse, Knotenspannungsbeträge und Wirkleistungsverluste) wird ein allgemeines und exaktes Optimierungsmodell in Abhängigkeit der Steuervariablen r beschrieben. Die wesentlichen Bestandteile dieses Modells sind die Zielfunktion und die Nebenbedingungen, die bei der Minimierung der Zielfunktion einzuhalten sind. Die Zielfunktion lautet

$$Z(x,r) \to \text{Min} \qquad (8.21)$$

- Nebenbedingungen

Bei den Nebenbestimmungen sind die begrenzten Stellbereiche der steuerbaren Betriebsmittel und betriebliche Nebenbestimmungen als Ungleichheits-Nebenbedingungen zu berücksichtigen.

$$\text{begrenzte Stellbereiche} \quad r_{\min} \leq r \leq r_{\max} \tag{8.22}$$

$$\text{betriebliche Nebenbedingung} \quad h(x,r) < h_{\max} \tag{8.23}$$

Die Erfüllung der Lastbedingung muss durch Formulierung einer geeigneten Gleichheits-Nebenbedingung sichergestellt werden

$$\text{Leistungsflussgleichungen} \quad g(x,r) = 0 \tag{8.24}$$

Mit dieser allgemeinen Formulierung des Optimierungsmodells sind einige Probleme verbunden. So sind sowohl die Zielfunktion als auch die Nebenbedingungen nicht explizit in alleiniger Abhängigkeit der unabhängigen Steuervariablen r ohne Verwendung der Zustandsgrößen x exakt darstellbar. Vielmehr sind in dieser Darstellung x und r gemeinsame Optimierungsvariablen. Die Abhängigkeit zwischen x und r wird über die Behandlung der Leistungsflussgleichungen als Gleichheitsnebenbedingungen berücksichtigt.

Die mathematische Lösung ist insgesamt schwierig wegen der Nichtlinearität der Zielfunktion, wegen der Nichtlinearität der Gleichheits- und Ungleichheitsnebenbedingungen sowie wegen der Größe des Gleichungssystems bei realen Energieversorgungsnetzen. Es ist daher unter Beachtung der zur Verfügung stehenden mathematischen Optimierungsverfahren zunächst eine geeignete Problemaufbereitung erforderlich.

8.4.5 Mögliche Lösungsverfahren für die Blindleistungs-Spannungsoptimierung

Zur Lösung von nichtlinearen Netzoptimierungsaufgaben wie der Blindleistungs-Spannungsoptimierung können prinzipiell das Gradientenverfahren, die Lineare Programmierung, die Quadratische Programmierung, die Sukzessiv-Lineare Programmierung oder eine zufallsgesteuerte Suche eingesetzt werden.

Abhängig von der angewendeten Zielfunktion sind für die Auswahl von Lösungsverfahren für Anwendungen bei der BSO die Kriterien Genauigkeit (Optimum, Einhaltung der Nebenbedingungen), Konvergenzsicherheit (sicheres Finden der Lösung ohne manuelle Eingriffe), Programmier- und Pflegeaufwand sowie Rechenbedarf (verfügbare Kapazität, Reaktionszeit) relevant.

Bei Verwendung der am häufigsten eingesetzten Zielfunktion der Netzverluste hat sich der Einsatz der „Quadratischen Programmierung" (QP) als besonders günstig erwiesen. Dieses Verfahren gewährleistet eine gute Genauigkeit und weist im Allgemeinen ein sicheres Konvergenzverhalten auf.

Abb. 8.7 illustriert die charakteristischen Eigenschaften einer Optimierung mit QP. Die Nebenbedingungen sind in alleiniger Abhängigkeit der Steuervariablen r linearisiert. Die Zielfunktion wird als quadratische Form dargestellt. Zur Lösung des quadratischen Problems können Standardalgorithmen (z. B. Verfahren nach Beale, Dantzig oder van der Panne) angewendet werden [15].

8.4.6 Blindleistungs-Spannungsoptimierung mit Quadratischer Programmierung

8.4.6.1 Optimierungsmodell der Quadratischen Programmierung

Das Optimierungsmodell der QP wird aus einem vorgegebenen Netzzustand, der online als Ergebnis der Netzzustandserkennung vorliegt bzw. in Offline-Studien durch eine Leistungsflussberechnung ermittelt wird [22, 23]. Die Zielfunktion wird durch eine quadratische Gleichung beschrieben und die Nebenbedingungen werden linear approximiert. Das Optimierungsmodell der QP lautet damit allgemein:

$$\text{Zielfunktion} \quad Z = c^\text{T} \cdot r + \frac{1}{2} \cdot r^\text{T} \cdot D \cdot r \tag{8.25}$$

$$\text{Begrenzung der Steuergrößen} \quad 0 \leq r \leq r_{\max} \tag{8.26}$$

$$\text{Funktionale Nebenbedingungen} \quad h(r) = A \cdot r \leq h_{\max} \tag{8.27}$$

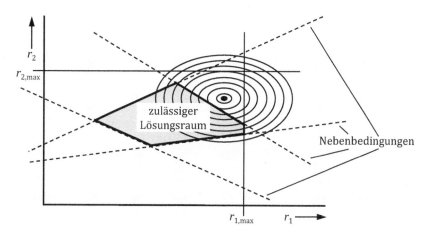

Abb. 8.7 Beispiel für ein zweidimensionales Problem mit quadratischer Zielfunktion

Aufgrund ihrer Begrenzung dürfen die Steuervariablen keine negativen Größen annehmen (Nicht-Negativitäts-Bedingung). Die Zielfunktion und die Nebenbedingungen werden allein durch den Vektor r zusammengefassten Steuergrößen ausgedrückt. Die Steuergrößen werden von den Blindleistungseinspeisungen an nichtspannungsgeregelten Knoten, den Spannungsbeträgen spannungsgeregelter Knoten und den Stufenstellungen der Netzkuppeltransformatoren gebildet. Für den Ablauf des Optimierungsalgorithmus' werden alle Steuergrößen zunächst als kontinuierlich stellbar angenommen. Das Optimierungsergebnis, das sich für die nur gestuft stellbare Steuergrößen ergibt, wie beispielsweise gestufte Maschinentransformatoren oder Kompensationseinrichtungen, bei denen nur diskrete Reaktanzen bzw. Kapazitanzen zugeschaltet werden können, wird anschließend auf den nächsten ganzzahligen Wert gerundet.

Die Einhaltung der für jeden Arbeitspunkt zu erfüllenden Lastbedingung wird durch eine aus der allgemeinen Leistungsflussgleichung (3.12) abgeleiteten Gleichheitsnebenbedingung (Gl. 8.28) sichergestellt. Diese Gleichheitsnebenbedingung wird zur Elimination der abhängigen Variablen aus dem Optimierungsmodell verwendet.

$$g(x,r) = g(u) = \text{diag}(u) \cdot Y^* \cdot u^* - s = 0 \qquad (8.28)$$

8.4.6.2 Entwicklung der Zielfunktion

8.4.6.2.1 Darstellung der Zielfunktion

Zur Anwendung der QP wird das allgemeine Optimierungsproblem mit einer quadratischen Approximation aufbereitet. Dabei wird die Zielfunktion Z als quadratische Form Q in Abhängigkeit der Abweichung vom Arbeitspunkt Δx und Δr dargestellt.

$$Z(x,r) \approx Q(\Delta x, \Delta r) \to \text{Min} \qquad (8.29)$$

Die Darstellung der Zielfunktion ist explizit möglich als Summe der Verlustleistungen jedes Zweiges in Abhängigkeit der zugehörigen Knotenspannungen und –winkel und gegebenenfalls der Transformatorstufenstellungen:

$$P_V = P_V(u, \varphi, s) = P_V(v) \qquad (8.30)$$

mit

$$v = (u, \varphi, s)^T \qquad (8.31)$$

$$P_V = \frac{1}{2} \cdot \sum_{i=1}^{N} \sum_{k \in \mathcal{N}_i} P_{V,ik}(U_i, U_k, \varphi_i, \varphi_k, s_{ik}) \qquad (8.32)$$

Bei bekannten Knotenspannungen und Modellierung des Übertragungsverhaltens des Netzes durch die Knotenpunktadmittanzmatrix lassen sich die Netzverluste durch die Summe der Verluste auf allen Netzzweigen darstellen.

8.4 Blindleistungs-Spannungsoptimierung

$$P_V = \frac{1}{2} \cdot \sum_{i=1}^{N} \sum_{k \in \mathcal{N}_i} \mathrm{Re}\{\underline{U}_i \cdot \underline{I}_{ik}^* + \underline{U}_k \cdot \underline{I}_{ki}^*\} \tag{8.33}$$

Die Ströme $\underline{I}_{ik}$ und $\underline{I}_{ki}$ sind als fiktive „verkettete" Ströme anzusehen. Sie lassen sich durch die entsprechenden Vierpolgleichungen ersetzen.

$$\begin{aligned} P_V &= \frac{1}{2} \cdot \sum_{i=1}^{N} \sum_{k \in \mathcal{N}_i} \mathrm{Re}\left\{U_i^2 \cdot \underline{Y}'^*_{ii,k} + U_k^2 \cdot \underline{Y}'^*_{kk,i} + \underline{U}_i \cdot \underline{U}_k^* \cdot \underline{Y}'^*_{ik} + \underline{U}_k \cdot \underline{U}_i^* \cdot \underline{Y}'^*_{ki}\right\} \\ &= \frac{1}{2} \cdot \sum_{i=1}^{N} \sum_{k \in \mathcal{N}_i} P_{V,ik} \end{aligned} \tag{8.34}$$

Bei Analyse dieser Gleichung erkennt man, dass die Netzverlustleistung nichtlinear abhängig ist von

- allen abhängigen Spannungswinkeln φ und Spannungsbeträgen U (Zustandsvariablen),
- allen unabhängigen Spannungsbeträgen U_{PU} an spannungsgeregelten Knoten und
- allen Stufenstellungen s von Transformatoren mit variablem Übersetzungsverhältnis, wobei die Abhängigkeit hier implizit in den Vierpolparametern enthalten ist.

Weiterhin ist ersichtlich, dass die Netzverlustleistung funktional nicht allein durch die Steuergrößen des Vektors r ausgedrückt werden kann. Zur besseren Übersicht werden alle implizit in Gl. (8.34) enthaltenen reellen Variablen im Vektor v zusammengefasst. Im Vektor x sind die Zustandsvariablen erfasst.

$$P_V = f(\boldsymbol{\varphi}, \boldsymbol{U}, \boldsymbol{U}_{\mathrm{PU}}, s) = f(\boldsymbol{x}, \boldsymbol{U}_{\mathrm{PU}}, s) = f(\boldsymbol{v}) \tag{8.35}$$

Die Zielfunktion entsprechend Gl. (8.25) wird durch eine quadratische Form dargestellt. Dazu wird die Verlustleistung in einer Taylor-Reihe in Abhängigkeit des Vektors v entwickelt und nach dem quadratischen Glied abgebrochen [23]. N_V ist die Anzahl der Elemente im Vektor v.

$$P_V \approx P_{V,0} + \frac{\partial P_V}{\partial v_i} \cdot \Delta \boldsymbol{v} + \frac{1}{2} \cdot \Delta \boldsymbol{v}^{\mathrm{T}} \cdot \frac{\partial^2 P_V}{\partial v_i \cdot \partial v_j} \cdot \Delta \boldsymbol{v} \tag{8.36}$$

$$\text{mit} \quad i; k = 1, \ldots, N_V$$

Da der konstante Anteil dieser Gleichung für die Optimierung ohne Bedeutung ist, wird im Folgenden nur noch die inkrementale Änderung der Verlustleistung ΔP_V betrachtet.

$$\Delta P_V \approx \left(\frac{\partial P_V}{\partial v_i}\right)^{\mathrm{T}} \cdot \Delta \boldsymbol{v} + \frac{1}{2} \cdot \Delta \boldsymbol{v}^{\mathrm{T}} \cdot \left(\frac{\partial^2 P_V}{\partial v_i \cdot \partial v_j}\right) \cdot \Delta \boldsymbol{v} \tag{8.37}$$

Für die Berechnung der Differenziale ∂v_i und ∂v_j sind entsprechend die Differenziale der Variablen des Vektors v einzusetzen. Bei der Berechnung der Differenzialquotienten hat sich die Darstellung der Verlustleistung in Abhängigkeit der kartesischen Koordinaten der Knotenspannungen wie bei der Leistungsflussberechnung (Abschn. 3.3) als besonders günstig erwiesen. Zeitintensive Berechnungen von Winkelfunktionen werden hierdurch vermieden. Mit den Definitionen

$$\begin{array}{cc} \underline{U}_i = E_i + \mathrm{j} \cdot F_i & \underline{U}_k = E_k + \mathrm{j} \cdot F_k \\ \underline{y}_{ii,k} = (G_{ik} + G_{0,ik}) + \mathrm{j} \cdot (B_{ik} + B_{0,ik}) & \underline{y}_{kk,i} = (G_{ki} + G_{0,ki}) + \mathrm{j} \cdot (B_{ki} + B_{0,ki}) \\ \underline{y}_{ik} = -\underline{y}_{ik} & \underline{y}_{ki} = -\underline{y}_{ki} \end{array} \quad (8.38)$$

lassen sich die Wirkleistungsverluste auf dem Zweig von Knoten i zum Knoten k angeben:

$$P_{\mathrm{V},ik} = U_i \cdot g_{ii,k} + U_k \cdot g_{kk,i} + (E_i \cdot E_k + F_i \cdot F_k)(g_{ik} - g_{ki}) \\ + (F_i \cdot E_k - E_i \cdot F_k)(b_{ik} - b_{ki}) \quad (8.39)$$

Mithilfe der Abkürzungen

$$\begin{aligned} c_{ik} &= E_i \cdot E_k + F_i \cdot F_k \\ d_{ik} &= F_i \cdot E_k - E_i \cdot F_k \end{aligned} \quad (8.40)$$

lässt sich diese Beziehung nach Gl. (8.39) weiter vereinfachen.

$$P_{\mathrm{V},ik} = U_i^2 \cdot g_{ii,k} + U_k^2 \cdot g_{kk,i} + c_{ik} \cdot (g_{ik} - g_{ki}) + d_{ik} \cdot (b_{ik} - b_{ki}) \quad (8.41)$$

8.4.6.2.2 Ableitungen der Verlustleistung

Zunächst werden die Ableitungen der kartesischen Koordinaten der Knotenspannungen nach den Zustandsvariablen U_i und φ_i bestimmt. Die Ableitungen der Terme E_k und F_k erfolgt entsprechend.

$$\begin{array}{cc} \frac{\partial E_i}{\partial \varphi_i} = -F_i & \frac{\partial F_i}{\partial \varphi_i} = E_i \\ U_i \cdot \frac{\partial E_i}{\partial U_i} = E_i & U_i \cdot \frac{\partial F_i}{\partial U_i} = F_i \end{array} \quad (8.42)$$

Damit lassen sich nun die Ableitungen der Terme c_{ik} und d_{ik} angeben:

$$\begin{array}{cc} \frac{\partial c_{ik}}{\partial \varphi_i} = -d_{ik} & U_i \cdot \frac{\partial c_{ik}}{\partial U_i} = c_{ik} \\ \frac{\partial c_{ik}}{\partial \varphi_k} = d_{ik} & U_k \cdot \frac{\partial c_{ik}}{\partial U_i} = c_{ik} \\ \frac{\partial d_{ik}}{\partial \varphi_i} = c_{ik} & U_i \cdot \frac{\partial d_{ik}}{\partial U_i} = d_{ik} \\ \frac{\partial d_{ik}}{\partial \varphi_k} = -c_{ik} & U_k \cdot \frac{\partial d_{ik}}{\partial U_i} = d_{ik} \end{array} \quad (8.43)$$

Weiterhin gilt:

$$U_i^2 \cdot \frac{\partial^2 c_{ik}}{\partial U_i^2} = U_i^2 \cdot \frac{\partial^2 d_{ik}}{\partial U_i^2} = 0 \quad (8.44)$$

8.4 Blindleistungs-Spannungsoptimierung

Unter Verwendung der Gl. (8.43) lauten die ersten Ableitungen der Verluste $P_{V,ik}$ auf dem Zweig von Knoten i zu Knoten k nach den Elementen des Vektors v, d. h. nach φ_i, $(U_i/U_{i,0})$ und s_{ik}.

$$\frac{\partial P_{V,ik}}{\partial \varphi_i} = -d_{ik} \cdot (g_{ik} + G_{ki}) + c_{ik} \cdot (b_{ik} - b_{ki})$$

$$\frac{\partial P_{V,ik}}{\partial \frac{U_i}{U_{i,0}}} = 2 \cdot U_i^2 \cdot g_{ii,k} + c_{ik} \cdot (g_{ik} + g_{ki}) + d_{ik} \cdot (b_{ik} - b_{ki}) \qquad (8.45)$$

$$\frac{\partial P_{V,ik}}{\partial s_{ik}} = U_i^2 \cdot \frac{\partial g_{ii,k}}{\partial s_{ik}} + U_k^2 \cdot \frac{\partial g_{kk,i}}{\partial s_{ik}} + c_{ik} \cdot \frac{\partial (g_{ik} + g_{ki})}{\partial s_{ik}} + d_{ik} \cdot \frac{\partial (b_{ik} - b_{ki})}{\partial s_{ik}}$$

Die Summation der entsprechenden Ableitungen über alle Zweige und Übergang von den Vierpolparametern auf die Elemente der Knotenpunktadmittanzmatrix ergibt:

$$\frac{\partial P_V}{\partial \varphi_i} = \sum_{k \in \mathcal{N}_i} (-d_{ik} \cdot (g_{ik} + g_{ki}) + c_{ik} \cdot (b_{ik} - b_{ki}))$$

$$\frac{\partial P_V}{\partial \frac{U_i}{U_{i,0}}} = 2 \cdot U_i^2 \cdot G_{ii} + \sum_{k \in \mathcal{N}_i} (c_{ik} \cdot (g_{ik} + g_{ki}) + d_{ik} \cdot (b_{ik} - b_{ki}))$$

$$\frac{\partial P_V}{\partial s_{ik}} = \frac{\partial P_{v,ik}}{\partial s_{ik}} = U_i^2 \cdot \frac{\partial g_{ii,k}}{\partial s_{ik}} + U_k^2 \cdot \frac{\partial g_{kk,i}}{\partial s_{ik}} + c_{ik} \cdot \frac{\partial (g_{ik} + g_{ki})}{\partial s_{ik}} + d_{ik} \cdot \frac{\partial (b_{ik} - b_{ki})}{\partial s_{ik}}$$
$$(8.46)$$

Die Basis für die im Folgenden zusammengestellten zweiten Ableitungen der Netzverlustleistung nach den Elementen des Vektors v bilden die Gleichungen für die ersten Ableitungen 8.46) sowie die Abkürzungen (8.40). Es wird dabei immer die gesamte Verlustleitung nach den Variablen v_i und v_j abgeleitet. Es gilt:

$$\left.\frac{\partial^2 P_V}{\partial v_j \cdot \partial v_i}\right|_{i,j} \qquad (8.47)$$

für $i = 1, \ldots, N_V$ und $j = 1, \ldots, N_V$

$$\frac{\partial^2 P_V}{\partial \varphi_i^2} = \sum_{k \in \mathcal{N}_i} (-c_{ik} \cdot (g_{ik} + g_{ki}) - d_{ik} \cdot (g_{ik} - g_{ki}))$$

$$U_i^2 \cdot \frac{\partial^2 P_V}{\partial U_i^2} = \sum_{k \in \mathcal{N}_i} 2 \cdot g_{ii,k} \cdot U_{i,0}^2 = 2 \cdot g_{ii} \cdot U_{i,0}^2$$

$$\frac{\partial^2 P_V}{\partial \varphi_i \cdot \partial \varphi_k} = c_{ik} \cdot (g_{ik} + g_{ki}) + d_{ik} \cdot (b_{ik} - b_{ki})$$

$$U_k \cdot \frac{\partial^2 P_V}{\partial \varphi_i \cdot \partial U_k} = -d_{ik} \cdot (g_{ik} + g_{ki}) + c_{ik} \cdot (b_{ik} - b_{ki}) \qquad (8.48a)$$

$$U_i \cdot \frac{\partial^2 P_V}{\partial U_i \cdot \partial \varphi_k} = d_{ik} \cdot (g_{ik} + g_{ki}) - c_{ik} \cdot (b_{ik} - b_{ki})$$

$$U_i \cdot U_k \cdot \frac{\partial^2 P_V}{\partial U_i \cdot \partial U_k} = c_{ik} \cdot (g_{ik} + g_{ki}) + d_{ik} \cdot (b_{ik} - b_{ki})$$

$$U_i \cdot \frac{\partial^2 P_V}{\partial \varphi_i \cdot \partial U_i} = \sum_{k \in \mathcal{N}_i} \left(-d_{ik} \cdot (g_{ik} + g_{ki}) + c_{ik} \cdot (b_{ik} - b_{ki}) \right)$$

$$\frac{\partial^2 P_V}{\partial \varphi_i \cdot \partial s_{ik}} = -d_{ik} \cdot \frac{\partial (g_{ik} + g_{ki})}{\partial s_{ik}} + c_{ik} \cdot \frac{\partial (b_{ik} - b_{ki})}{\partial s_{ik}}$$

$$\frac{\partial^2 P_V}{\partial \varphi_k \cdot \partial s_{ik}} = d_{ik} \cdot \frac{\partial (g_{ik} + g_{ki})}{\partial s_{ik}} - c_{ik} \cdot \frac{\partial (b_{ik} - b_{ki})}{\partial s_{ik}} \quad (8.48b)$$

$$U_i \cdot \frac{\partial^2 P_V}{\partial U_i \cdot \partial s_{ik}} = 2 \cdot U_i^2 \cdot \frac{\partial g_{ii,k}}{\partial s_{ik}} + c_{ik} \cdot \frac{\partial (g_{ik} + g_{ki})}{\partial s_{ik}} + d_{ik} \cdot \frac{\partial (b_{ik} - b_{ki})}{\partial s_{ik}}$$

$$U_k \cdot \frac{\partial^2 P_V}{\partial U_k \cdot \partial s_{ik}} = 2 \cdot U_k^2 \cdot \frac{\partial g_{kk,i}}{\partial s_{ik}} + c_{ik} \cdot \frac{\partial (g_{ik} + g_{ki})}{\partial s_{ik}} + d_{ik} \cdot \frac{\partial (b_{ik} - b_{ki})}{\partial s_{ik}}$$

8.4.6.2.3 Ableitungen der Vierpolparameter

Für die Ableitungen der Vierpolparameter nach den Stufenstellungen und alle notwendigen zweiten Ableitungen, die sich aus den Gl. (8.46) unter Verwendung der Beziehungen (8.43) ermitteln lassen, werden zunächst die nachfolgenden Abkürzungen definiert:

$$\begin{aligned}
r_s &= \frac{r}{s_{\max}} \\
A_1 &= r_s \cdot \cos(\alpha) \cdot \left(1 + (s_{ik} \cdot r_s)^2\right) + 2 \cdot s_{ik} \cdot r_s^2 \\
A_2 &= r_s \cdot \sin(\alpha) \cdot \left(1 + (s_{ik} \cdot r_s)^2\right) \\
A_3 &= 2 \cdot r_s^2 \cdot \cos(\alpha) \cdot \left(3 \cdot s_{ik} \cdot r_s + (s_{ik} \cdot r_s)^3 + 2 \cdot \cos(\alpha)\right) + 6 \cdot s_{ik}^2 \cdot r_s^4 - 2 \cdot r_s^2 \\
A_4 &= r_s^2 \cdot \sin(\alpha) \cdot \left(3 \cdot s_{ik} \cdot r_s - (s_{ik} \cdot r_s)^2 + 2 \cdot \cos(\alpha)\right) \\
A_N &= 1 + 2 \cdot s_{ik} \cdot r_s \cdot \cos(\alpha) + (s_{ik} \cdot r_s)^2
\end{aligned}$$
(8.49)

Mit den Vereinbarungen, dass mit i die ungeregelte Seite und mit k die geregelte Seite gekennzeichnet wird, sowie dass G_{ik} und B_{ik} die Elemente des Π-Ersatzschaltbildes sind, ergeben sich für die Vierpolparameter die folgenden ersten Ableitungen:

$$\begin{aligned}
\frac{\partial g_{ik}}{\partial s_{ik}} &= G_{ik} \cdot \frac{A_1}{A_N^2} - B_{ik} \cdot \frac{A_2}{A_N^2} \\
\frac{\partial b_{ik}}{\partial s_{ik}} &= G_{ik} \cdot \frac{A_2}{A_N^2} + B_{ik} \cdot \frac{A_1}{A_N^2} \\
\frac{\partial g_{ki}}{\partial s_{ik}} &= G_{ik} \cdot \frac{A_1}{A_N^2} + B_{ik} \cdot \frac{A_2}{A_N^2} \\
\frac{\partial b_{ki}}{\partial s_{ik}} &= -G_{ik} \cdot \frac{A_2}{A_N^2} + B_{ik} \cdot \frac{A_1}{A_N^2}
\end{aligned}$$
(8.50a)

8.4 Blindleistungs-Spannungsoptimierung

$$\frac{\partial g_{kk}}{\partial s_{ik}} = -\left(G_{ik} + G_{0,ik}\right) \cdot 2 \cdot r_s \cdot \frac{s_{ik} \cdot r_s + \cos(\alpha)}{A_N^2}$$

$$\frac{\partial b_{kk}}{\partial s_{ik}} = -\left(B_{ik} + B_{0,ik}\right) \cdot 2 \cdot r_s \cdot \frac{s_{ik} \cdot r_s + \cos(\alpha)}{A_N^2} \quad (8.50\text{b})$$

$$\frac{\partial g_{ii}}{\partial s_{ik}} = \frac{\partial b_{ii}}{\partial s_{ik}} = 0$$

Die entsprechenden zweiten Ableitungen ergeben sich demnach wie folgt:

$$\frac{\partial^2 g_{ik}}{\partial s_{ik}^2} = -G_{ik} \cdot \frac{A_3}{A_N^3} + 2 \cdot B_{ik} \cdot \frac{A_4}{A_N^3}$$

$$\frac{\partial^2 b_{ik}}{\partial s_{ik}^2} = -B_{ik} \cdot \frac{A_3}{A_N^3} - 2 \cdot G_{ik} \cdot \frac{A_4}{A_N^3}$$

$$\frac{\partial^2 g_{ki}}{\partial s_{ik}^2} = -G_{ik} \cdot \frac{A_3}{A_N^3} - 2 \cdot B_{ki} \cdot \frac{A_4}{A_N^3} \quad (8.51\text{a})$$

$$\frac{\partial^2 b_{ki}}{\partial s_{ik}^2} = -B_{ik} \cdot \frac{A_3}{A_N^3} + 2 \cdot G_{ik} \cdot \frac{A_4}{A_N^3}$$

$$\frac{\partial^2 g_{ik}}{\partial s_{ik}^2} = -G_{ik} \cdot \frac{A_3}{A_N^3} + 2 \cdot B_{ik} \cdot \frac{A_4}{A_N^3}$$

$$\frac{\partial^2 b_{ik}}{\partial s_{ik}^2} = -B_{ik} \cdot \frac{A_3}{A_N^3} - 2 \cdot G_{ik} \cdot \frac{A_4}{A_N^3}$$

$$\frac{\partial^2 g_{ki}}{\partial s_{ik}^2} = -G_{ik} \cdot \frac{A_3}{A_N^3} - 2 \cdot B_{ki} \cdot \frac{A_4}{A_N^3} \quad (8.51\text{b})$$

$$\frac{\partial^2 b_{ki}}{\partial s_{ik}^2} = -B_{ik} \cdot \frac{A_3}{A_N^3} + 2 \cdot G_{ik} \cdot \frac{A_4}{A_N^3}$$

8.4.6.2.4 Bestimmung der Verlustleistungsänderung

Mithilfe der hergeleiteten Differenzialquotienten lässt sich die Verlustleistungsänderung ΔP_V näherungsweise entsprechend Gl. (8.37) ausdrücken. Um die Verlustleistungsänderung entsprechend Gl. (8.25) in Abhängigkeit des Vektors der inkrementalen Änderung der Steuervariablen Δr ausdrücken zu können, wird eine Beziehung zwischen Vektor Δv und dem Vektor Δr benötigt. Hierzu wird die Leistungsflussgleichung herangezogen.

$$g(u) = \text{diag}(u) \cdot Y^* \cdot u^* - s = g_P + j \cdot g_Q = 0 \quad (8.52)$$

Linearisiert man diese Gleichung im Arbeitspunkt bei gleichzeitiger Aufspaltung der Variablen in die Vektoren x für die Zustandsvariablen und r für die Steuergrößen. Ergibt sich

$$\begin{pmatrix} \frac{\partial g_P}{\partial x} \\ \frac{\partial g_Q}{\partial x} \end{pmatrix} \Delta x + \begin{pmatrix} \frac{\partial g_P}{\partial r} \\ \frac{\partial g_Q}{\partial r} \end{pmatrix} \Delta r = 0 \tag{8.53}$$

oder vereinfachend

$$\boldsymbol{J}_x \cdot \Delta \boldsymbol{x} + \boldsymbol{J}_r \cdot \Delta \boldsymbol{r} = 0 \tag{8.54}$$

Dabei ist $\boldsymbol{J}_r$ die Steuermatrix und $\boldsymbol{J}_x$ die Jacobi-Matrix. Durch Umformung erhält man die Sensitivitätsbeziehung für $\Delta \boldsymbol{x}$ nach Gl. (8.58).

$$\Delta \boldsymbol{x} = -\boldsymbol{J}_x^{-1} \cdot \boldsymbol{J}_u \cdot \Delta \boldsymbol{r} = \boldsymbol{S} \cdot \Delta \boldsymbol{r} \tag{8.55}$$

Da im Vektor $\boldsymbol{v}$ (bzw. $\Delta \boldsymbol{v}$) neben den Zustandsvariablen $\boldsymbol{x}$ (bzw. $\Delta \boldsymbol{x}$) auch die Steuergrößen $\boldsymbol{U}_{\mathrm{PU}}$ und s_{ik} enthalten sind, lässt sich durch Hinzufügen einer Einheitsmatrix zur Sensitivitätsmatrix $\boldsymbol{S}$ die gesuchte Beziehung herstellen:

$$\Delta \boldsymbol{v} = \begin{pmatrix} \Delta \boldsymbol{x} \\ \frac{\Delta \boldsymbol{u}_{\mathrm{PU}}}{\mathrm{diag}(\boldsymbol{u}_0)} \\ \Delta \boldsymbol{s} \end{pmatrix} \underbrace{\begin{pmatrix} \overbrace{}^{N_Q} & \overbrace{}^{N_U+N_S} \\ \boldsymbol{S} & \\ 0 & \begin{pmatrix} 1 & 0 & 0 \\ 0 & 1 & 0 \\ 0 & 0 & 1 \end{pmatrix} \end{pmatrix}}_{\widehat{\boldsymbol{S}}} \underbrace{\begin{pmatrix} \Delta \boldsymbol{q} \\ \frac{\Delta \boldsymbol{u}_{\mathrm{PU}}}{\mathrm{diag}(\boldsymbol{u}_0)} \\ \Delta \boldsymbol{s} \end{pmatrix}}_{\Delta \boldsymbol{r}} = \widehat{\boldsymbol{S}} \cdot \Delta \boldsymbol{r} \tag{8.56}$$

Dabei ist N_Q die Anzahl der Blindleistungssteuergrößen, N_U die Anzahl der Spannungssteuergrößen und N_S die Anzahl der gesteuerten Transformatoren. Die zu berechnenden Ableitungen für die Elemente der Jacobi-Matrix $\boldsymbol{J}_x$ und der Steuermatrix $\boldsymbol{J}_u$ ergeben sich unter Verwendung der kartesischen Koordinaten der Knotenspannungen. Es ist zu beachten, dass die Steuermatrix spaltenweise gebildet wird.

$$\frac{\partial P_i}{\partial \varphi_k} = -E_i \cdot (F_k \cdot g_{ik} + E_k \cdot b_{ik}) + F_i \cdot (E_k \cdot g_{ik} - F_k \cdot b_{ik})$$

$$\frac{\partial P_i}{\partial \varphi_i} = E_i \cdot \sum_{k \in \mathcal{N}_i} (F_k \cdot g_{ik} + E_k \cdot b_{ik}) - F_i \cdot \sum_{k \in \mathcal{N}_i} (E_k \cdot g_{ik} - F_k \cdot b_{ik})$$

$$\frac{\partial P_i}{\partial \frac{U_k}{U_{k,0}}} = E_i \cdot (E_k \cdot g_{ik} - F_k \cdot b_{ik}) + F_i \cdot (F_k \cdot g_{ik} + E_k \cdot b_{ik})$$

$$\frac{\partial P_i}{\partial \frac{U_i}{U_{i,0}}} = 2 \cdot U_i^2 \cdot g_{ii} + F_i \cdot \sum_{k \in \mathcal{N}_i} (F_k \cdot g_{ik} + E_k \cdot b_{ik}) + E_i \cdot \sum_{k \in \mathcal{N}_i} (E_k \cdot g_{ik} - F_k \cdot b_{ik})$$
$$\tag{8.57}$$

8.4 Blindleistungs-Spannungsoptimierung

$$\frac{\partial Q_i}{\partial \varphi_k} = -E_i \cdot (E_k \cdot g_{ik} - F_k \cdot b_{ik}) - F_i \cdot (F_k \cdot g_{ik} + E_k \cdot b_{ik})$$

$$\frac{\partial Q_i}{\partial \varphi_i} = F_i \cdot \sum_{k \in \mathcal{N}_i} (F_k \cdot g_{ik} + E_k \cdot b_{ik}) + E_i \cdot \sum_{k \in \mathcal{N}_i} (E_k \cdot g_{ik} - F_k \cdot b_{ik})$$

$$\frac{\partial Q_i}{\partial \frac{U_k}{U_{k,0}}} = -E_i \cdot (F_k \cdot g_{ik} + E_k \cdot b_{ik}) + F_i \cdot (E_k \cdot g_{ik} - F_k \cdot b_{ik})$$

$$\frac{\partial Q_i}{\partial \frac{U_i}{U_{i,0}}} = -2 \cdot U_i^2 \cdot b_{ii} - E_i \cdot \sum_{k \in \mathcal{N}_i} (F_k \cdot g_{ik} + E_k \cdot b_{ik}) + F_i \cdot \sum_{k \in \mathcal{N}_i} (E_k \cdot g_{ik} - E_k \cdot b_{ik})$$

(8.58)

Die Ableitungen nach den Blindleistungen ergeben:

$$\begin{aligned}\frac{\partial P_k}{\partial Q_i} &= 0 \quad \text{für alle } k \\ \frac{\partial Q_k}{\partial Q_i} &= \begin{cases} 0 & \text{für } k \neq i \\ -1 & \text{für } k = i \end{cases}\end{aligned}$$

(8.59)

Für die Spannungen sind die entsprechenden Spalten der Jacobi-Matrix zu bilden.

Die Ableitungen der Wirkleistung und der Blindleistung nach den Stufenstellungen ergeben sich wie folgt

$$\frac{\partial P_i}{\partial s_{ik}}$$
$$= \begin{cases} E_i \left(E_k \frac{\partial g_{ik}}{\partial s_{ik}} - F_k \frac{\partial b_{ik}}{\partial s_{ik}} \right) + F_i \left(F_k \frac{\partial g_{ik}}{\partial s_{ik}} + E_k \frac{\partial b_{ik}}{\partial s_{ik}} \right) & \text{für } j = i \\ U_k^2 \frac{\partial g_{kk}}{\partial s_{ik}} + E_k \left(E_i \frac{\partial g_{ki}}{\partial s_{ik}} - F_i \frac{\partial b_{ki}}{\partial s_{ik}} \right) + F_k \left(F_i \frac{\partial g_{ki}}{\partial s_{ik}} + E_i \frac{\partial b_{ki}}{\partial s_{ik}} \right) & \text{für } j = k \end{cases}$$

(8.60)

$$\frac{\partial Q_i}{\partial s_{ik}}$$
$$= \begin{cases} -E_i \left(F_k \frac{\partial g_{ik}}{\partial s_{ik}} + E_k \frac{\partial b_{ik}}{\partial s_{ik}} \right) + F_i \left(E_k \frac{\partial g_{ik}}{\partial s_{ik}} - F_k \frac{\partial b_{ik}}{\partial s_{ik}} \right) & \text{für } j = i \\ -U_k^2 \frac{\partial b_{kk}}{\partial s_{ik}} - E_k \left(F_i \frac{\partial g_{ki}}{\partial s_{ik}} + E_i \frac{\partial b_{ki}}{\partial s_{ik}} \right) + F_k \left(E_i \frac{\partial g_{ki}}{\partial s_{ik}} - F_k \frac{\partial b_{ki}}{\partial s_{ik}} \right) & \text{für } j = k \end{cases}$$

(8.61)

Mithilfe der Gl. (8.62) lässt sich nun die Änderung der Verlustleistung in der gewünschten Form ausdrücken. Sie entspricht damit der in Abschn. 8.4.6.1 definierten quadratischen Zielfunktion (Gl. (8.25).

$$\Delta P_v \approx \left(\frac{\partial P_v}{\partial v_i} \right)^T \cdot \widehat{S} \cdot \Delta r + \frac{1}{2} \cdot \Delta r^T \cdot \widehat{S}^T \cdot \frac{\partial^2 P_v}{\partial v_i \cdot \partial v_j} \cdot \widehat{S} \cdot \Delta r$$

(8.62)

mit

$$c^T = \frac{\partial P_v}{\partial v_i} \cdot \widehat{S}$$

und
$$D = S^T \cdot \frac{\partial^2 P_v}{\partial v_i \cdot \partial v_j} \cdot \widehat{S}$$
gilt

$$\Delta P_v \approx c^T \cdot \Delta r + \frac{1}{2} \cdot \Delta r^T \cdot D \cdot \Delta r \qquad (8.63)$$

Durch das Einbringen der linearisierten Leistungsflussgleichung in das Optimierungsmodell ist die notwendige Gleichheitsnebenbedingung (8.28) in Gl. (8.63) implizit enthalten.

8.4.6.3 Formulierungen von Nebenbedingungen

8.4.6.3.1 Nebenbedingungen

Um die Einhaltung der Grenzwerte abhängiger Größen bei der Optimierung zu gewährleisten, ist die Formulierung funktionaler Nebenbedingungen notwendig. Zu den abhängigen Größen zählen

- Spannungsbeträge an Knoten ohne Spannungsregelung mit den Grenzwerten U_{min} und U_{max}
- Blindleistungseinspeisungen spannungsgeregelter Knoten mit den Grenzwerten Q_{min} und Q_{max}
- Zweigströme mit den Grenzwerten I_{max}

Das gewählte Optimierungsverfahren verlangt die Darstellung funktionaler Nebenbedingungen in linearer Form (Gl. 8.27). Da die o. g. Größen nichtlinear abhängig von den Steuergrößen sind, ist eine Linearisierung im Arbeitspunkt notwendig. Durch die Linearisierungsfehler entstehen trotz Einhaltung der formulierten Nebenbedingungen geringfügige Grenzwertverletzungen. Weiterhin können durch die Rundung der Optimierungsmodelle als kontinuierlich angenommene Transformatorstufen im Optimierungsergebnis geringfügige Grenzwertverletzungen entstehen.

Abhilfe bietet hier eine Verschärfung der Grenzwerte im Optimierungsmodell um die zu erwartenden Fehler. Weiterhin ist die Aufnahme von Nebenbedingungen für simulierte Netzzustände nach Ausfall eines Netzelementes möglich. Diese Nebenbedingungen sollen den Ausfall der berücksichtigten Netzelemente im optimierten Netzzustand zulassen, ohne dass Grenzwerte verletzt werden (Sicherheitsnebenbedingungen).

8.4.6.3.2 Spannungsnebenbedingungen

Mit der Berechnung der Sensitivitätsmatrix (Gl. (8.55)) ist bereits eine linearisierte Darstellung der abhängigen Spannungsbeträge gegeben. Es ist danach nur noch erforderlich,

8.4 Blindleistungs-Spannungsoptimierung

die Zeilen der zu berücksichtigenden Knotenspannungen aus der Sensitivitätsmatrix auszulesen. Die Nebenbedingungen lauten dann

$$\begin{aligned} s_{u,i}^T \cdot \Delta r &\leq U_{i,\max} - U_{i,0} \\ s_{u,i}^T \cdot \Delta r &\geq U_{i,\min} - U_{i,0} \end{aligned} \quad (8.64)$$

Dabei ist $s_{u,i}^T$ die Spannungsbetragszeile des Knotens i in der Sensitivitätsmatrix S. Bei Formulierung von Sicherheitsnebenbedingungen sind die entsprechenden Spannungsbetragszeilen aus der Sensitivitätsmatrix des entsprechenden Netzzustandes auszulesen.

8.4.6.3.3 Blindleistungsnebenbedingungen

Die Blindleistungseinspeisung Q_i am spannungsgeregelten Knoten i ist von den Spannungsbeträgen und Spannungswinkeln des Knotens i und der mit dem Knoten i verbundenen Knoten j sowie von Transformatorstufen der am Knoten i angeschlossenen Transformatoren abhängig. Diese Variablen sind im Vektor v enthalten. Die Linearisierung erfolgt deshalb in Abhängigkeit des Vektors v.

$$\begin{aligned} \frac{\partial Q_i}{\partial v_k} \cdot \Delta v &\leq Q_{i,\max} - Q_{i,0} \\ \frac{\partial Q_i}{\partial v_k} \cdot \Delta v &\geq Q_{i,\min} - Q_{i,0} \end{aligned} \quad (8.65)$$

Analog zur Entwicklung der Zielfunktion wird der Vektor Δv durch die Sensitivitätsbeziehung ersetzt

$$\begin{aligned} \frac{\partial Q_i}{\partial v_k} \cdot \widehat{S} \cdot \Delta r &\leq Q_{i,\max} - Q_{i,0} \\ \frac{\partial Q_i}{\partial v_k} \cdot \widehat{S} \cdot \Delta r &\geq Q_{i,\min} - Q_{i,0} \end{aligned} \quad (8.66)$$

Die zugehörigen Ableitungen $\partial Q_i / \partial v_i$ werden mit den entsprechenden Gleichungen zur Berechnung von Jacobi-Matrix und Steuermatrix berechnet.

8.4.6.3.4 Stromnebenbedingungen

Der Strom $\underline{I}_{ik}$ auf dem Zweig vom Knoten i zum Knoten k ist von den komplexen Spannungen $\underline{U}_i$ und $\underline{U}_k$ und den Knotenpunktadmittanzmatrixelementen des betrachteten Zweiges abhängig. Die entsprechenden reellen Variablen sind wiederum im Vektor v enthalten. Der Betrag des Stroms $\underline{I}_{ik}$ lässt sich durch seine kartesischen Koordinaten ausdrücken.

$$I_{ik} = \sqrt{I_{w,ik}^2 + I_{b,ik}^2} \quad (8.67)$$

Für die gesuchten Ableitungen gilt damit

$$\frac{\partial I_{ik}}{\partial v_j} = \frac{1}{I_{ik,0}} \cdot \left(I_{w,ik,0} \cdot \frac{\partial I_{w,ik}}{\partial v_j} + I_{b,ik,0} \cdot \frac{\partial I_{b,ik}}{\partial v_j} \right) \quad (8.68)$$

Drückt man den Wirk- und Blindanteil des Zweigstroms durch die kartesischen Koordinaten von Zustandsvariablen und Vierpolparametern aus, so erhält man

$$\begin{aligned} I_{w,ik} &= E_i \cdot g_{ii,k} - F_i \cdot b_{ii,k} + E_k \cdot g_{ik} - F_k \cdot b_{ik} \\ I_{b,ik} &= E_i \cdot b_{ii,k} + F_i \cdot g_{ii,k} + E_k \cdot b_{ik} - F_k \cdot g_{ik} \end{aligned} \quad (8.69)$$

Durch Anwendung der Beziehungen nach Gl. (8.42) lassen sich die gesuchten Ableitungen des Wirkanteils eines Zweigstroms ermitteln.

$$\begin{aligned} \frac{\partial I_{w,ik}}{\partial \varphi_i} &= -F_i \cdot g_{ii,k} - E_i \cdot b_{ii,k} \\ \frac{\partial I_{w,ik}}{\partial \varphi_k} &= -F_k \cdot g_{ik} - E_k \cdot b_{ik} \\ \frac{\partial I_{w,ik}}{\partial U_i/U_{i,0}} &= E_i \cdot g_{ii,k} - F_i \cdot b_{ii,k} \\ \frac{\partial I_{w,ik}}{\partial U_k/U_{k,0}} &= E_k \cdot g_{ik} - F_k \cdot b_{ik} \end{aligned} \quad (8.70)$$

$$\frac{\partial I_{w,ik}}{\partial s_{ik}} = E_i \cdot \frac{\partial g_{ii,k}}{\partial s_{ik}} - F_i \cdot \frac{\partial b_{ii,k}}{\partial s_{ik}} + E_k \cdot \frac{\partial g_{ik}}{\partial s_{ik}} - F_k \cdot \frac{\partial b_{ik}}{\partial s_{ik}} \quad (8.71)$$

Für alle anderen Ableitungen des Zweigstromwirkanteils gilt.

$$\frac{\partial I_{w,ik}}{\partial v_j} = 0$$

Für die Ableitungen des Zweigstromblindanteils gelten die folgenden Beziehungen:

$$\begin{aligned} \frac{\partial I_{b,ik}}{\partial \varphi_i} &= -F_i \cdot g_{ii,k} + E_i \cdot b_{ii,k} \\ \frac{\partial I_{b,ik}}{\partial \varphi_k} &= -F_k \cdot g_{ik} + E_k \cdot b_{ik} \\ \frac{\partial I_{b,ik}}{\partial \frac{U_i}{U_{i,0}}} &= E_i \cdot g_{ii,k} + F_i \cdot b_{ii,k} \\ \frac{\partial I_{b,ik}}{\partial \frac{U_k}{U_{k,0}}} &= E_k \cdot g_{ik} + F_k \cdot b_{ik} \\ \frac{\partial I_{b,ik}}{\partial s_{ik}} &= E_i \cdot \frac{\partial g_{ii,k}}{\partial s_{ik}} + F_i \cdot \frac{\partial b_{ii,k}}{\partial s_{ik}} + E_k \cdot \frac{\partial g_{ik}}{\partial s_{ik}} + F_k \cdot \frac{\partial b_{ik}}{\partial s_{ik}} \end{aligned} \quad (8.72)$$

Für alle anderen Ableitungen des Zweigstromblindanteils gilt

$$\frac{\partial I_{b,ik}}{\partial v_j} = 0 \tag{8.73}$$

Nach Einsetzen der Sensitivitätsbeziehung ergibt sich schließlich

$$\left.\frac{\partial I_{ik}}{\partial v_j}\right|_j \cdot \widehat{\boldsymbol{S}} \cdot \Delta \boldsymbol{r} \leq I_{ik,\max} - I_{ik,0} \tag{8.74}$$

8.4.6.3.5 Transformation auf die Normalform

Abb. 8.8 zeigt das Ablaufdiagramm der Blindleistungs-Spannungsoptimierung.

Das Optimierungsmodell in der bisher abgeleiteten Form verletzt die Nicht-Negativitätsbedingung für Variablen bei der Quadratischen Programmierung, da $\Delta r_{\min}$ negative Werte enthält.

$$\begin{aligned} Z &= \boldsymbol{c}^T \cdot \Delta \boldsymbol{r} + \frac{1}{2} \cdot \Delta \boldsymbol{r}^T \cdot \boldsymbol{D} \cdot \Delta \boldsymbol{r} \to \text{Min} \\ &\text{mit } \Delta r_{\min} \leq \Delta \boldsymbol{r} \leq \Delta r_{\max} \\ &\text{und } \boldsymbol{A} \cdot \Delta \boldsymbol{r} \leq \boldsymbol{b} \end{aligned} \tag{8.75}$$

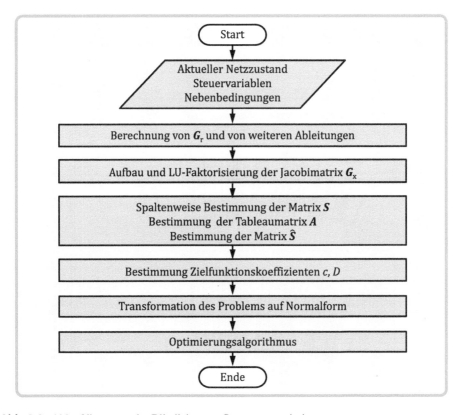

Abb. 8.8 Ablaufdiagramm der Blindleistungs-Spannungsoptimierung

Durch eine lineare Transformation wird der Koordinatenursprung um Δu_{min} verschoben

$$\Delta \tilde{r} = \Delta r - \Delta r_{min} \tag{8.76}$$

wobei gilt

$$\Delta r_{min} = u_{min} - u_0 \tag{8.77}$$

Nach Einsetzen der Beziehung (8.76) in Gl. (8.75) erhält man schließlich das Optimierungsmodell

$$Z = \left(c^T + \Delta r_{min}^T \cdot D\right) \cdot \Delta \tilde{r} + \frac{1}{2} \cdot \Delta \tilde{r} \cdot D \cdot \Delta \tilde{r}$$
$$\text{mit } A \cdot \Delta \tilde{r} \leq b - A \cdot \Delta r_{min} \tag{8.78}$$
$$\text{und } 0 \leq \Delta \tilde{r} \leq \Delta r_{max} - \Delta r_{min}$$

In Abb. 8.9 ist die Wirkung einer Blindleistungs-Spannungsoptimierung dargestellt. Abb. 8.9a zeigt die Spannungsverteilung für einen zufälligen Leistungsflussfall des 118-Knoten-IEEE-Testnetzes (s. Abschn. 11.4) ohne Blindleistungs-Spannungsoptimierung. Die Verteilung der Knotenspannungen für den gleichen Leistungsflussfall mit einer Blindleistungs-Spannungsoptimierung ist in Abb. 8.9b abgebildet.

Wie man leicht erkennt, wird durch die Optimierung eine geringere Spreizung der Spannungswinkel, eine Vergleichmäßigung der Spannungsbeträge sowie eine Anhebung der Spannungsbeträge bis in die Nähe der oberen Spannungsgrenze ($U_{max} = 1,1 \cdot U_n$)

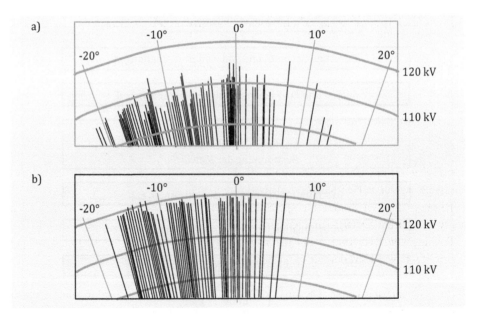

Abb. 8.9 Ergebnis einer Blindleistungs-Spannungsoptimierung

bewirkt. Durch die Umsetzung der Optimierungsmaßnahmen konnten die Netzverluste in diesem Beispielfall um 18 % reduziert werden.

Ein systematischer Vergleich der Leistungsflussergebnisse mit und ohne Blindleistungs-Spannungsoptimierung kann entsprechend dem Konzept aus Abschn. 3.3.11 erstellt werden. Für weitere Kenngrößen können die Knotenspannungen numerisch ausgewertet werden. So geben der relative, mittlere Spannungsbetrag U_{mittel} nach Gl. (8.79) und die mittlere Winkelspreizung $\overleftrightarrow{\varphi}$ nach Gl. (8.80) eine indirekte Auskunft über die Wirksamkeit einer Blindleistungs-Spannungsoptimierung.

$$U_{\mathrm{mittel}} = \frac{1}{N} \cdot \sum_{i=1}^{N} U_i/U_n \qquad (8.79)$$

$$\overleftrightarrow{\varphi} = \frac{1}{N} \cdot \sum_{i=1}^{N} |\varphi_{\mathrm{mittel}} - \varphi_i|$$

mit (8.80)

$$\varphi_{\mathrm{mittel}} = \frac{1}{N} \cdot \sum_{i=1}^{N} \varphi_i$$

Bei dem Netzbeispiel nach Abb. 8.9 ergeben sich für den Ausgangszustand ein relativer, mittlerer Spannungsbetrag von 0,941 und eine mittlere Winkelspreizung von 13,5°. Die entsprechenden Werte für den optimierten Zustand lauten 1,093 und 8,7°, d. h. die Knotenspannungsbeträge sind im Mittel höher und die Spannungswinkel liegen enger zusammen. Beides führt zu insgesamt geringeren Netzverlusten.

8.5 Netzengpassmanagementverfahren

8.5.1 Aufgabenstellung

Wird mit der Netzzustandserkennung ein gefährdeter Netzzustand detektiert oder sollen für eine bestimmte Netzsituation geeignete Korrekturmaßnahmen gefunden werden, um das Netz wieder in den sicheren Netzzustand zurück zu führen, kann ein sogenanntes Netzengpassmanagementverfahren eingesetzt werden. Aufgrund der großen Rechenzeiten sind die Verfahren des Netzengpassmanagements zurzeit noch nicht für den Einsatz im Netzbetrieb geeignet. Im Folgenden wird daher hauptsächlich auf die Anwendung von Netzengpassmanagementverfahren in der Netzplanung eingegangen [24, 25].

Ein Netzengpass liegt vor, wenn unter Annahme einer zu erwartenden bzw. geplanten Einspeise- und Lastsituation die Beurteilungskriterien der Netzsicherheit für die Erfüllung der Übertragungs- und Versorgungsaufgaben der Versorgungsnetzbetreiber nicht eingehalten werden können. Zur Netzengpassbeseitigung können je nach verfügbarer Reaktionszeit verschiedene Maßnahmen wie beispielsweise die Topologieänderungen (netzbezogene Maßnahmen), das Redispatch (Einspeiseverlagerung der Kraftwerksleistung, marktbezogene Maßnahmen) oder der Ausbau des Netzes eingesetzt werden.

Die Gesamtheit der Steuermöglichkeiten in einem Energieversorgungsnetz, wie die Änderung der Netztopologie, der Transformatorstufenstellungen, des Spannungsniveaus sowie der Wirk- und Blindleistungseinspeisungen, bilden die gegebenen korrektiven Maßnahmen. Kann mit diesen Maßnahmen kein Netzzustand gefunden werden, der eine netzengpassfreie Abwicklung aller Übertragungsdienstleistungen ermöglicht, so ist ein Eingriff in die Verteilung der Leistungseinspeisungen durch den Netzbetreiber zulässig [39]. Diese korrektive Einspeiseverlagerung (Redispatch) sollte jedoch möglichst minimal erfolgen. Wird als Zielfunktion die Einhaltung der betrieblichen Anforderungen an einen sicheren Netzbetrieb bei gleichzeitiger Minimierung der korrektiven Einspeiseverlagerung definiert, so kann zur Lösung des Problems ein mathematisches Optimierungsverfahren eingesetzt werden.

Die beschriebene Aufgabe des kurzfristigen Netzengpassmanagements stellt ein stark nichtlineares Problem mit diskreten und kontinuierlichen Entscheidungsvariablen dar. Der Zusammenhang zwischen den Entscheidungsvariablen und den Zustandsgrößen bzw. den davon abgeleiteten Größen ist nicht geschlossen analytisch beschreibbar. Insbesondere die Variationsmöglichkeiten der Netztopologie generieren ein hochdimensionales Problem, das mit herkömmlichen Verfahren bisher nicht hinreichend gelöst werden kann. Aufgrund dieser Anforderungen an das Optimierungsverfahren werden die aus der Bionik bekannten Evolutionsstrategien zur Lösung des mathematischen Problems verwendet. Sie stellen an die zu optimierende Zielfunktion nur geringe Anforderungen, sie muss nur stark kausal sein, d. h. sie darf auf kleine Änderungen eines Eingangsparameters auch nur mit kleinen Änderungen des Zielfunktionswertes reagieren [24, 25].

8.5.2 Mathematische Modellbildung für ein engpassfreies Netz

Mit den in Abschn. 1.9 beschriebenen Kriterien der Netzzustandsbewertung, deren Einhaltung ein engpassfreies Netz definieren, können zwei charakteristisch unterschiedliche Restriktionen mathematisch modelliert werden. Zum einen sind dies Restriktionen, die mit Rampenfunktionen modelliert werden, und zum anderen Restriktionen, die mit Sprungfunktionen modelliert werden. Die Suche nach einem engpassfreien Netz entspricht mit diesem Ansatz der Suche nach einem Netz, für das alle Restriktionen den Wert null annehmen [24, 25, 38].

8.5.2.1 Restriktionen mit Rampenfunktion

Die Einhaltung der oberen und unteren Spannungsgrenzen an einem Knoten k kann mathematisch durch die folgende Spannungsrestriktion (U) dargestellt werden:

$$R_{U,k} = \frac{1 + \text{sgn}(U_k - U_{k,\max})}{2} \cdot \frac{(U_k - U_{k,\max})}{U_{n,k}} + \frac{1 + \text{sgn}(U_{k,\min} - U_k)}{2} \cdot \frac{(U_{k,\min} - U_k)}{U_{n,k}} \tag{8.81}$$

Die Grenzwertverletzung, die einen Engpass darstellt, wird mit der auf den Spannungsnennwert des Knotens bezogenen Überschreitung gewichtet. Bei einer Verletzung des Spannungsbandes steigt der Wert der Restriktion proportional zur Höhe der Verletzung an. Befindet sich der Spannungswert an dem betreffenden Knoten zwischen unterer und oberer Grenze, so ist der Wert der Spannungsrestriktion gleich null. Abb. 8.10 zeigt den Verlauf der Spannungsrestriktion an einem Knoten.

Für ein engpassfreies Netz gilt somit die folgende Forderung für die Einhaltung der Spannungsgrenzen an allen Knoten N_K:

$$R_U = \sum_{k=1}^{N_K} R_{U,k} = 0 \tag{8.82}$$

Ähnlich wie die Spannungsrestriktion lässt sich die Einhaltung der Stromgrenzen auf Leitungen, Transformatoren und Sammelschienenkupplungen durch die Stromrestriktion (I) darstellen. Bei der Stromrestriktion eines Zweiges z ist jedoch im Gegensatz zur Spannungsrestriktion nur eine obere Grenze für den Strombetrag zu berücksichtigen (Abb. 8.11). Es gilt:

$$R_{I,z} = \frac{1 + \text{sgn}(I_z - I_{z,\max})}{2} \cdot \frac{(I_z - I_{z,\max})}{I_{z,\max}} \tag{8.83}$$

Für ein engpassfreies Netz gilt somit die folgende Forderung für die Einhaltung der Stromgrenzen auf allen Zweigen N_Z:

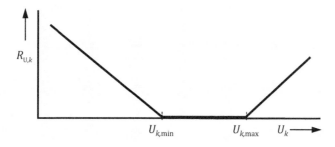

Abb. 8.10 Verlauf der Spannungsrestriktion an einem Knoten

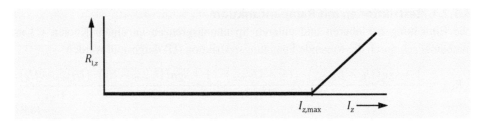

Abb. 8.11 Verlauf der Stromrestriktion auf einem Zweig

$$R_\mathrm{I} = \sum_{z=1}^{N_\mathrm{Z}} R_{\mathrm{I},z} = 0 \tag{8.84}$$

Auch beim Ausfall (A) eines Betriebsmittels bei der Überprüfung des (N-1)-Kriteriums dürfen die Spannungsgrenzwerte und die Stromgrenzwerte nicht verletzt werden. Dementsprechend lässt sich die Ausfallrestriktion als die Summe der Spannungs- und Stromrestriktionen modellieren. Nimmt diese Summe den Wert null für alle N_AV Einfachausfallvarianten an, so ist das Netz (N-1)-sicher. Es gilt:

$$R_\mathrm{A} = \sum_{v=1}^{N_\mathrm{AV}} \left(\sum_{k=1}^{N_\mathrm{K}} R_{\mathrm{U},k,v} + \sum_{z=1}^{N_\mathrm{Z}} R_{\mathrm{I},z,v} \right) = 0 \tag{8.85}$$

Berücksichtigt wird der Einfachausfall von Leitungen und Transformatoren. Der Ausfall von Dreibeinen oder Stromkreisen bestehend aus mehreren Stromkreisabschnitten zählt als Ausfall eines Betriebsmittels, weil alle Stromkreisabschnitten des betroffenen Stromkreises oder Dreibeines ausfallen. Die Ausfallvarianten dieser Netzelemente (Stromkreisen, Dreibeine) werden daher bei dem hier beschriebenen Verfahren als Einfachausfallvarianten bei der Überprüfung des (N-1)-Kriteriums berücksichtigt.

Ähnlich wie die Ausfallrestriktion können die Restriktionen für das Einhalten des erweiterten (N-1)-Kriteriums (EA) und das Einhalten der Spannungsgrenzen und Stromgrenzen beim Ausfall von Sammelschienen (SSA) formuliert werden:

$$R_\mathrm{EA} = \sum_{v=1}^{N_\mathrm{EAV}} \left(\sum_{k=1}^{N_\mathrm{K}} R_{\mathrm{U},k,v} + \sum_{z=1}^{N_\mathrm{Z}} R_{\mathrm{I},z,v} \right) = 0 \tag{8.86}$$

$$R_\mathrm{SSA} = \sum_{v=1}^{N_\mathrm{SAV}} \left(\sum_{k=1}^{N_\mathrm{K}} R_{\mathrm{U,SSA},k,v} + \sum_{z=1}^{N_\mathrm{Z}} R_{\mathrm{I,SSA},z,v} \right) = 0 \tag{8.87}$$

8.5 Netzengpassmanagementverfahren

Die Gl. (8.87) berücksichtigt, dass beim Sammelschienenausfall wie bereits im Abschn. 1.9.2.1.3 erläutert andere Stromgrenzwerte und Spannungsgrenzwerte gelten können.

Die Einhaltung der Parallelschaltbedingungen (PSB) lässt sich ebenfalls als eine Restriktion mit Rampenfunktion darstellen, die den Wert null im Falle eines engpassfreien Netzes annimmt.

$$R_{\text{PSB}} = \sum_{z \in \mathcal{N}_{\text{Zweige,GF}}} R_{\text{PSB},z,GF} + \sum_{v \in \mathcal{N}_{\text{AV}}} \sum_{z \in \mathcal{N}_{\text{Zweige},v}} R_{\text{PSB},z,v} = 0 \quad (8.88)$$

Dabei ist $\mathcal{N}_{\text{Zweige,GF}}$ die Menge der Zweige, die im Grundfall offen sind, und $\mathcal{N}_{\text{Zweige},v}$ die Menge der ausgefallenen Zweige der Ausfallsituation v bei der Überprüfung des (N-1)-Kriteriums. Der erste Summand der Gl. (8.88) wird für die Leistungsflusssituation im Grundfall ermittelt. Der zweite Summand bewertet die Parallelschaltbedingung der ausgefallenen Zweige für die jeweiligen Ausfallsituationen.

8.5.2.2 Restriktionen mit Sprungfunktion

Die Kurzschlussrestriktion (K) ist ähnlich wie die Stromrestriktion, da nur der maximale Ausschaltstrom der Leistungsschalter als Obergrenze zu berücksichtigen ist. Diese Restriktion wird jedoch als Sprungfunktion aufgrund ihrer Eigenschaft in der Dimensionierung der Schaltanlage modelliert. Anders als bei den Spannungs- und Stromgrenzen ist auch eine nur geringfügige Verletzung dieses Kriteriums nicht zulässig. Es gilt daher:

$$R_{\text{K},l} = \frac{1 + \text{sgn}\left(\mu_l \cdot I''_{k,l} - I_{a,l,\max}\right)}{2} \cdot w_{\text{K},l} \quad (8.89)$$

Entsprechend Gl. (8.89) ergibt sich für den Verlauf der Kurzschlussrestriktion die Abb. 8.12.

Die Einhaltung des zulässigen Ausschaltstroms für alle N_{LS} Leistungsschalter kann für ein engpassfreies Netz durch die Forderung entsprechend Gl. (8.90) formuliert werden.

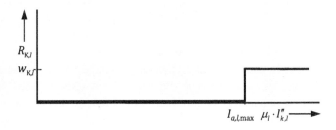

Abb. 8.12 Verlauf der Kurzschlussrestriktion an einem Leistungsschalter

$$R_K = \sum_{l=1}^{N_{LS}} R_{K,l} = 0 \qquad (8.90)$$

Die Restriktionen für die Einhaltung der Gesamteinspeiseleistung (GE) an allen Sammelschienen und die Einhaltung der transienten Stabilität (TS) stellen ebenfalls Forderungen dar, die als Sprungfunktionen wie die Kurzschlussrestriktion modelliert werden. Es gilt:

$$R_{GE} = \sum_{s=1}^{N_{SSch}} R_{GE,s} = 0 \qquad (8.91)$$

$$R_{TS} = \sum_{s=1}^{N_{SSch}} R_{TS,s} = 0 \qquad (8.92)$$

8.5.2.3 Zielfunktion für ein engpassfreies Netz

Mit der gewählten Modellierung liegt ein engpassfreies Netz (EN) dann vor, wenn die in den Gl. (8.82), (8.84) bis (8.88) und (8.90) bis (8.92) formulierten Forderungen erfüllt sind. Durch die gewichtete Summe der einzelnen Restriktionen kann eine Teilzielfunktion Z_{EN} formuliert werden, die den Wert null für den Fall eines engpassfreien Netzes als Minimum annimmt.

$$\begin{aligned} Z_{EN} = w_U \cdot R_U + w_I \cdot R_I + w_K \cdot R_K + w_A \cdot R_A + w_{GE} \cdot R_{GE} + w_{TS} \cdot R_{TS} \\ + w_{PS} \cdot R_{PS} + w_{EA} \cdot R_{EA} + w_{SA} \cdot R_{SA} \to 0 \end{aligned} \qquad (8.93)$$

8.5.3 Netzbezogene Maßnahmen

8.5.3.1 Beschreibung der netzbezogenen Maßnahmen zur Engpassbeseitigung

Nach der Detektion eines Engpasses ist die Aufgabe des Netzengpassmanagements der Vorschlag von Maßnahmen zu dessen Beseitigung. Durch den Vorschlag von Maßnahmen wird der Netzzustand des vorgegebenen Energieversorgungsnetzes verändert. Die Menge aller Zustände bildet den Zustandsraum des Energieversorgungsnetzes. Eine Suche in diesem Zustandsraum ist daher notwendig, um einen Netzzustand zu finden, bei dem alle Restriktionen null sind. Mit den netzbezogenen Maßnahmen ist es möglich, den Netzzustand zu verbessern. Netzbezogene Maßnahmen sind Topologiemaßnahmen im vorhandenen Energieversorgungsnetz und Maßnahmen zur Steuerung des Spannungsverhaltens wie die Änderung der Sollspannungen an spannungsgeregelten Knoten, die Änderung der Blindleistungseinspeisungen der Erzeuger oder die Stufung der Kompensationselemente. Zu den netzbezogenen Maßnahmen zählen ebenfalls die Variationen der Transformatorstufenstellungen, mit denen die Blind- und Wirkleistungsflüsse im Netz beeinflusst werden. Die netzbezogenen Maßnahmen stellen ein effektives Mittel zur Beseitigung von Zweigüberlastungen, Spannungsbandverletzungen an einzelnen Knoten oder zur Reduktion der Kurzschlussströme dar. Topologiemaßnahmen haben zusätzlich den Vorteil, dass sie quasi kostenfrei für den Netzbetreiber sind. Grundsätzlich können netzbezogene Maßnahmen, insbesondere Topologiemaßnahmen in der Netzbetriebsplanung als auch in der Netzausbauplanung angewendet werden [25].

Ein großer Anteil der komplexen Topologiemaßnahmen kann auf Elementarschaltungen zurückgeführt werden, bei denen immer nur ein Zweig im Netz verändert wird (s. Abschn. 8.2). Aus der Menge der theoretisch möglichen Topologiemaßnahmen müssen im Suchprozess die unzulässigen Topologiemaßnahmen eliminiert werden. Dies sind z. B. Maßnahmen, durch die Inselnetze entstehen, oder die Verbraucher und Erzeuger vom Netz trennen.

8.5.3.2 Beschreibung der Ausbaumaßnahmen als potenzielle Topologie

Der Erfolg jedes Planungsprozesses zur Netzausbauplanung hängt im Wesentlichen von den berücksichtigten Ausbaualternativen ab. Die Festlegung und Definition von Ausbaualternativen wird durch den Netzplaner auf Basis seiner Erfahrung durchgeführt. Das Ergebnis eines klassischen Planungsprozesses zur Netzausbauplanung ist die Menge der Ausbaumaßnahmen, die es ermöglichen, die Netzengpässe des zu untersuchenden Szenarios zu beseitigen. Diese Ausbaumaßnahmen können in dem zu untersuchenden Modellnetz im Zustand „ausgeschaltet" modelliert werden. Da diese Netzelemente nicht bzw. noch nicht real existieren, werden sie als potenzielle Ausbaumaßnahme bzw. als potenzielle Topologie interpretiert. Durch entsprechende Gewichtung wird sichergestellt, dass die potenziellen Ausbaumaßnahmen vom Engpassmanagementsystem nur dann zugeschaltet werden, falls mit den bereits existierenden Betriebsmitteln kein engpassfreier Zustand gefunden werden kann. Diese Maßnahmen sind damit keine netzbezogenen Maßnahmen, sondern sie sind für einen engpassfreien Netzbetrieb erforderliche Ausbaumaßnahmen.

8.5.3.3 Modellierung der netzbezogenen Maßnahmen und der Ausbaumaßnahmen

Die oben beschriebenen netzbezogenen Maßnahmen und Ausbaumaßnahmen können mit kontinuierlichen und diskreten Entscheidungsvariablen modelliert werden.

8.5.3.3.1 Kontinuierliche Entscheidungsvariablen

Der Vektor der kontinuierlichen Entscheidungsvariablen ergibt sich wie folgt:

$$x_{\text{NM,kont}} = \begin{pmatrix} \Delta s_{\text{TR}} \\ \Delta s_{\text{KE}} \\ \Delta u \\ \Delta q \end{pmatrix} \quad (8.94)$$

Die einzelnen Elemente lauten:

- Δs_{TR} Vektor der Stufenstellungsänderung der längs-, schräg- bzw. quergestellten Transformatoren mit der Dimension $N_{TR} = N_{TR,vorh} + N_{TR,ausb}$
- Δs_{KE} Vektor der Änderung der Stufenstellung der Kompensationselemente mit der Dimension $N_{KE} = N_{KE,vorh} + N_{KE,ausb}$
- Δu Vektor der Änderung der Sollspannungen an den spannungsgeregelten Knoten mit der Dimension N_U
- Δq Vektor der Änderung der Blindleistungseinspeisungen der Erzeuger mit der Dimension N_Q

Die Veränderung der kontinuierlichen Entscheidungsvariablen erfolgt innerhalb der zulässigen Grenzen. Für Transformatoren sollen die minimalen und maximalen Stellbereiche der Stufensteller trf nicht überschritten werden:

$$s_{TR,min,trf} \leq s_{TR,trf} + \Delta s_{TR,trf} \leq s_{TR,max,trf} \qquad (8.95)$$

Analog zu Transformatoren sind die Stellbereiche der Stufensteller o der Kompensationselemente innerhalb der zulässigen Grenzen zu verändern:

$$s_{KE,min,o} \leq s_{KE,o} + \Delta s_{KE,o} \leq s_{KE,max,o} \qquad (8.96)$$

Die Stufung der als potenzielle Ausbaumaßnahmen definierten Transformatoren oder Kompensationselemente wird analog behandelt wie die Stufung der vorhandenen Transformatoren oder Kompensationselemente.

Unabhängig vom gültigen Preismodell zur Bereitstellung der Blindleistung erfolgt die Änderung der Blindleistungseinspeisungen der Erzeuger e_q innerhalb der Leistungsgrenzen:

$$Q_{min,e_q} \leq Q_{e_q} + \Delta Q_{e_q} \leq Q_{max,e_q} \qquad (8.97)$$

Die Dimension des Vektors der kontinuierlichen Entscheidungsvariablen ergibt sich zu:

$$N_{NM,kont} = N_{TR} + N_{KE} + N_U + N_Q \qquad (8.98)$$

8.5.3.3.2 Diskrete Entscheidungsvariablen

Der Vektor der diskreten Entscheidungsvariablen ergibt sich wie folgt:

$$x_{NM,disk} = \begin{pmatrix} \Delta t_Z \\ \Delta t_{KE} \\ \Delta t_E \\ \Delta t_V \end{pmatrix} \qquad (8.99)$$

Die einzelnen Elemente der diskreten Entscheidungsvariablen lauten:

- Δt_Z Vektor der Änderung der Verschaltung der Zweige mit der Dimension $N_Z = N_{Z,vorh} + N_{Z,ausb}$

- Δt_KE Vektor der Änderung der Verschaltung der Kompensationselemente mit der Dimension $N_\text{KE} = N_\text{KE,vorh} + N_\text{KE,ausb}$
- Δt_E Vektor der Änderung der Verschaltung der Erzeuger mit der Dimension N_E
- Δt_V Vektor der Änderung der Verschaltung der Verbraucher mit der Dimension N_V

Die Dimension des diskreten Entscheidungsvektors der netzbezogenen Maßnahmen und der Ausbaumaßnahmen setzt sich wie folgt zusammen:

$$N_\text{NM,disk} = N_\text{Z} + N_\text{KE} + N_\text{E} + N_\text{V} \tag{8.100}$$

Die Verschaltung der Netzelemente (Leitungen, Transformatoren, Kompensationselemente, Sammelschienenkupplungen, Verbraucher oder Erzeuger) mit den Sammelschienen, aus der sich die Netztopologie bestimmt, wird als „Drehschalter" modelliert [24, 25]. Dabei wird jedem Netzelement eine Topologievariable t zugeordnet, die den Schaltzustand dieses Netzelements abbildet. Der Wertebereich dieser diskreten Variablen hängt vom Netzelement und von der Anzahl der Sammelschiene am Standort ab. Abb. 8.13 zeigt das Konzept zur Modellierung der Netztopologie. In diesem Beispiel hat die Topologievariable den Wert $t=2$.

An einem Standort (Abb. 8.13a) kann eine Leitung beispielsweise auf drei Sammelschienen geschaltet werden. Mit der Modellierung als Drehschalter ist für alle sinnvollen Schaltungsvarianten dieser Anordnung nur eine Topologievariable t notwendig (Abb. 8.13). Den vier Schaltungsvarianten wird entsprechend Tab. 8.2 jeweils ein eindeutiger Wert für t zugeordnet.

Durch diese Modellierung reduziert sich die Anzahl der Topologievariablen im Vergleich zu herkömmlichen Modellierungen für Sammelschienenverschaltungen. Für das dargestellte Beispiel ist nur eine statt drei Topologievariablen notwendig. Ein weiterer Vorteil dieses Ansatzes ist die implizite Berücksichtigung von Nebenbedingungen. Beispielsweise ist mit dieser Modellierung eine ungewollte impedanzlose Verbindung mehrerer Sammelschienen einer Station nicht mehr möglich.

Leitungen, Transformatoren und Kompensationselemente dürfen ausgeschaltet werden. Die Modellierung der Erzeuger und der Verbraucher ist analog zur Modellierung

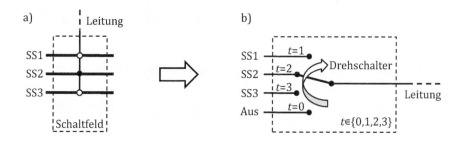

Abb. 8.13 Modellierung der Netzelementeverschaltung [24]

Tab. 8.2 Zuordnung Topologievariable zu Schaltungsvariante

Topologievariable t	Schaltungsvariante
0	Die Leitung ist ausgeschaltet
1	Die Leitung ist auf Sammelschiene SS1 geschaltet
2	Die Leitung ist auf Sammelschiene SS2 geschaltet
3	Die Leitung ist auf Sammelschiene SS3 geschaltet

der Zweige. Allerdings dürfen Verbraucher oder Erzeuger nicht ausgeschaltet werden. Es gilt

$$0 \leq t_{Z,KE,z,o} + \Delta t_{Z,KE,z,o} \leq t_{Z,KE,max,z,o} \tag{8.101}$$

$$1 \leq t_{V,E,d,e} + \Delta t_{V,E,d,e} \leq t_{V,E,max,d,e} \tag{8.102}$$

Die oberen Grenzen des Wertebereichs der Topologievariablen der obigen Gleichungen hängen von der Anzahl der Sammelschienen am Standort ab. Mit der gewählten Modellierung können vorhandene Netzelemente und Netzelemente der potenziellen Ausbaumaßnahmen mit dem gleichen Konzept modelliert werden. Eine Änderung der Topologievariablen kann zu einer Topologiemaßnahme an der vorhandenen Topologie oder zu einer Ausbaumaßnahme an der potenziellen Topologie führen.

Die Modellierung der Sammelschienenkupplungen erfordert eine zusätzliche Einschränkung der oberen Grenze des Wertebereichs der Topologievariablen, um unzulässige Verschaltungen der Sammelschienenkupplungen an einem Standort zu vermeiden. Jede Sammelschienenkupplung wird daher mit einer Topologievariablen modelliert, deren Schaltzustand nur „EIN" oder „AUS" sein kann. Für die Grenzwerte des Wertebereiches der Topologievariablen von Sammelschienenkupplungen gilt dann:

$$0 \leq t_{Z,z} + \Delta t_{Z,z} \leq 1 \quad \text{mit} \quad z \in \mathcal{N}_{Z,SSK} \subset \mathcal{N}_Z \tag{8.103}$$

Dabei ist $\mathcal{N}_{Z,SSK}$ die Menge der Sammelschienenkupplungen, die eine Teilmenge der Menge der Zweige $\mathcal{N}_Z$ ist.

Eine Änderung des Wertebereiches einer Topologievariablen entspricht somit einer Topologiemaßnahme, die dann abhängig vom Netzelement genau spezifiziert werden kann. Die Tab. 8.3 gibt einen Überblick der resultierenden Klassifizierung der möglichen Elementarschaltungen.

8.5.3.3.3 Bewertung der netzbezogenen Maßnahmen und der Ausbaumaßnahmen

Die Umsetzung der netzbezogenen Maßnahmen und der Ausbaumaßnahmen sind für den Netzbetreiber jeweils mit einem unterschiedlichen Aufwand verbunden, der nicht nur in Kosten quantifizierbar ist. Diese unterschiedlichen Folgen der Maßnahmen erfordern aus verschiedenen Gründen eine Bewertung innerhalb des Verfahrens.

8.5 Netzengpassmanagementverfahren

Tab. 8.3 Wertebereich der diskreten Entscheidungsvariablen und korrespondierende Elementarschaltungen

Wertebereich der diskreten Entscheidungsvariablen	Bedeutung der Elementarschaltung
$\Delta t > 0$	Zuschalten, Zubau, Kuppeln, Wechsel einer Sammelschiene
$\Delta t < 0$	Ausschalten, Entkuppeln, Wechsel einer Sammelschiene
$\Delta t = 0$	Keine Topologiemaßnahme erforderlich

Aus diesen Gründen wird eine Teilzielfunktion so formuliert, dass eine Bewertung der verschiedenen netzbezogenen Maßnahmen und der Zubaumaßnahmen möglich ist. Dabei werden die verschiedenen Anforderungen resultierend aus den Einsatzmöglichkeiten des Verfahrens berücksichtigt. Jede netzbezogene Maßnahme und jede Zubaumaßnahme wird durch eine Bewertungskennzahl b charakterisiert. Die Bewertungskennzahlen sind b_{ZWG} für Bewertung der Änderung der Topologie eines Zweiges, $b_{KE,disk}$ für die Bewertung der Änderung der Topologie eines Kompensationselements, b_{ERZ} für die Bewertung der Änderung der Topologie eines Erzeugers, b_{VER} für die Bewertung der Änderung der Topologie eines Verbrauchers, b_{TR} für die Bewertung der Änderung der Stufenstellung von Transformatoren, $b_{KE,kont}$ für die Bewertung der Änderung der Stufenstellung von Kompensationselementen, b_U für Änderung der Sollspannung der Erzeuger und b_Q für die Änderung der Blindleistungseinspeisungen der Erzeuger. Mit dem Gewichtungsfaktor w lässt sich die Teilzielfunktion für die Bewertung der netzbezogenen Maßnahmen und der Ausbaumaßnahmen formulieren:

$$Z_{NM} = \sum_{z=1}^{N_Z} w_{Z,z} \cdot b_{Z,z} + \sum_{o=1}^{N_{KE}} \left(w_{KE,kont,o} \cdot b_{KE,kont,o} + w_{KE,disk,o} \cdot b_{KE,disk,o} \right) + \sum_{trf=1}^{N_T} w_{T,trf} \cdot b_{T,trf}$$
$$+ \sum_{e=1}^{N_E} w_{E,e} \cdot b_{E,e} + \sum_{e_u=1}^{N_U} w_{U,e_u} \cdot b_{U,e_u} + \sum_{e_q=1}^{N_Q} w_{Q,e_q} \cdot b_{Q,e_q} + \sum_{d=1}^{N_V} w_{W,d} \cdot b_{W,d} \to \text{Min} \quad (8.104)$$

Die diskrete Variable b nimmt den Wert null an, falls keine netzbezogene Maßnahme an dem betreffenden Netzelement erfolgt. Sie nimmt mindestens den Wert eins an, falls eine netzbezogene Maßnahme an dem Netzelement erfolgt. Diese Modellierung ermöglicht dem Anwender des Verfahrens durch die Festlegung der Bewertungskennzahlen, das Verfahren flexibel zu steuern.

Bei der Bewertung der Maßnahmen wird grundsätzlich zwischen der vorhandenen und der potenziellen Topologie unterschieden. Änderungen an der vorhandenen Topologie sind aus Sicht der Netzplanung nicht mit Kosten verbunden und werden daher in dem beschriebenen Verfahren eines Netzengpassmanagements priorisiert. Änderungen an der potenziellen Topologie führen zu Ausbaumaßnahmen und sollen wegen der dadurch verursachten Investitionskosten möglichst minimal gehalten werden. Mit einer

Wahl der Gewichtungsfaktoren der Netzelemente der vorhandenen Topologie deutlich niedriger als die der potenziellen Topologie wird diese Priorisierung in der Bewertung der Maßnahmen in der Teilzielfunktion in Gl. (8.104) abgebildet.

8.5.4 Marktbezogene Maßnahmen

Falls die netzbezogenen Maßnahmen zur Engpassbeseitigung nicht ausreichen, kann der Netzbetreiber im Falle eines kurzfristigen Engpassmanagements „heute für morgen" auf marktbezogene Maßnahmen zurückgreifen [39]. Diese Maßnahmenkategorie wird hier nur der Vollständigkeit halber beschrieben, als eine weitere Möglichkeit der Engpassbeseitigung des hier beschriebenen Verfahrens. Marktbezogene Maßnahmen werden dabei als korrektive Einspeiseverlagerungen der Wirkleistung der Erzeuger (Redispatch) modelliert [25]. Der Vektor der kontinuierlichen Entscheidungsvariablen mit der Dimension N_E lautet:

$$x_{\text{MM,kont}} = \Delta p_E \tag{8.105}$$

Unabhängig von dem gewählten Marktmodell (kostenbasiertes oder marktbasiertes Redispatch) erfolgt die Änderung der Wirkleistung innerhalb der verfügbaren Leistungsgrenzen und es gilt:

$$P_{E,\min} \leq P_E + \Delta P_{\text{positiv}} - \Delta P_{\text{negativ}} \leq P_{E,\max} \tag{8.106}$$

$$\begin{aligned} \Delta P_{\text{positiv}} &\geq 0 \\ \Delta P_{\text{negativ}} &\geq 0 \end{aligned} \tag{8.107}$$

Die Wirkleistungsbilanz im Gesamtsystem darf durch die Einspeiseverlagerung nicht verändert werden.

$$\sum_{e=1}^{N_E} \left(\Delta P_{\text{positiv},e} - \Delta P_{\text{negativ},e} \right) = 0 \tag{8.108}$$

Beim Einsatz des Verfahrens für ein kurzfristiges Engpassmanagement kann zusätzlich eine minimale Einspeiseverlagerung (Redispatch) erforderlich sein, falls durch Topologiemaßnahmen allein die Engpässe nicht beseitigt werden können. Diese Anforderung nach einer minimalen Einspeiseverlagerung kann durch die Zielfunktion nach Gl. (8.109) modelliert werden. Die Faktoren c_{positiv} und c_{negativ} sind dabei die Koeffizienten zur Bewertung der Einspeiseverlagerung.

$$Z_{\text{MM}} = \sum_{e=1}^{N_E} \left(c_{\text{positiv},e} \cdot \Delta P_{\text{positiv},e} + c_{\text{negativ},e} \cdot \Delta P_{\text{negativ},e} \right) \rightarrow \text{Min} \tag{8.109}$$

8.5.5 Formulierung des Engpassmanagements als gestufte Optimierungsaufgabe

Das Ziel des Engpassmanagements ist die Bestimmung eines engpassfreien Netzzustandes. Wie bereits in Abschn. 8.5.2 erläutert, müssen für dieses Zielnetz alle Restriktionen null sein (Gl. 8.93) [25].

Durch die beschriebene Modellierung der Netztopologie ist es möglich, die unterschiedlichen Maßnahmen zu bewerten. Generell ist der Netzbetreiber daran interessiert, den engpassfreien Netzzustand durch möglichst wenige Topologiemaßnahmen zu erreichen. Aus diesem Grund wird das primäre Ziel des Engpassmanagements durch ein weiteres Ziel ergänzt, das sich aus der Bewertung der netzbezogenen Maßnahmen und ggf. der Zubaumaßnahmen ergibt (Gl. 8.104).

Insbesondere die Bewertung der netzbezogenen Maßnahmen und ggf. der Zubaumaßnahmen eröffnet zahlreiche Anwendungsmöglichkeiten des hier beschriebenen Verfahrens. Die resultierende gesamte Zielfunktion ergibt sich damit insgesamt wie folgt

$$Z = w_{EN} \cdot Z_{EN} + w_{NM} \cdot Z_{NM} + w_{MM} \cdot Z_{MM} \to \text{Min} \qquad (8.110)$$

Die Minimierung der Zielfunktion Z stellt mathematisch ein sehr komplexes Optimierungsproblem dar. Durch die diskreten und die kontinuierlichen Entscheidungsvariablen wird der Zustandsraum des Energieversorgungsnetzes gebildet, in dem die Suche nach einem engpassfreien Netz abläuft. Dieser Zustandsraum ist begrenzt durch die Vielzahl der Nebenbedingungen an dem Zustandsvektor. Der Zustandsvektor ergibt sich zu:

$$x = \begin{pmatrix} x_{NM,kont} \\ x_{NM,disk} \\ x_{MM,kont} \end{pmatrix} \qquad (8.111)$$

Die Zielfunktion Z enthält sowohl kontinuierliche als auch diskrete Entscheidungsvariablen, sodass ein gemischt ganzzahliges Problem vorliegt. Der Zusammenhang zwischen den Entscheidungsvariablen und den Zustandsgrößen ist nicht geschlossen beschreibbar und stark nichtlinear. Die Variationsmöglichkeiten der Netztopologie für ein reales Energieversorgungsnetz generieren ein hochdimensionales Problem, das ein robustes und zugleich möglichst flexibles Optimierungsverfahren erfordert.

8.5.6 Grundlagen des Optimierungsverfahrens

Für die Lösung von Problemen mit den Eigenschaften des formulierten Netzengpassproblems haben sich Optimierungsverfahren auf Basis „Genetischer Algorithmen" bewährt. Diese Verfahren stellen keine besonderen Ansprüche an eine analytische Beschreibung des Optimierungsproblems und ermöglichen auch die Berücksichtigung von zusammengesetzten Zielfunktionen [24–26]. Die Abb. 8.14 stellt den Grundalgorithmus des Optimierungsverfahrens dar.

Der Algorithmus orientiert sich an dem biologischen Evolutionsprozess [27–29]. Er beginnt mit der Generierung einer Anfangspopulation. Eine Population besteht aus Individuen, die jeweils einen bestimmten Netzzustand repräsentieren. Der Netzzustand wird dabei mit einem Vektor, der alle erforderlichen betrieblichen Parameter (Transformatorstufenstellungen, Schalterstellungen etc.) enthält, abgebildet (Abb. 8.15a).

Die Individuen der Anfangspopulation werden dann anhand von Verfahren wie beispielsweise der Leistungsflussrechnung, der Ausfallsimulationsrechnung und der Kurzschlusssimulationsrechnung mit einer geeigneten Fitnessfunktion bewertet. Für jeden Netzzustand wird der Zielfunktionswert entsprechend Gl. (8.110) berechnet. Mit diesem Wert erfolgt die Selektion der besten Individuen, die als Eltern der nächsten Generation bestimmt werden. Existiert in der Anfangspopulation bereits ein Individuum mit einem Zielfunktionswert gleich null, so liegt kein Netzengpass vor und es sind keine weiteren Maßnahmen zur Engpassbeseitigung notwendig.

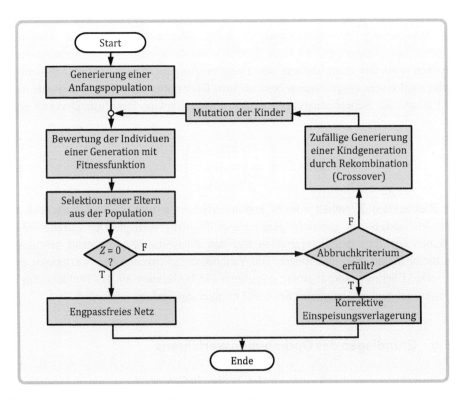

Abb. 8.14 Grundalgorithmus des Optimierungsverfahrens

8.5 Netzengpassmanagementverfahren

Liegt ein Netzengpass vor (i.e. Zielfunktionswert ist größer null), so wird aus der über die Selektion entstandenen Elterngeneration durch den Rekombinationsvorgang eine Kindergeneration erzeugt. Die Rekombination („Crossover") erfolgt durch die Bildung eines neuen Netzzustandsvektors (Kind) aus den Elementen (Zustandsparameter) von zwei Elternvektoren (Abb. 8.15b). Dabei sollen die neuen Individuen möglichst viele positive Eigenschaften der Eltern erben. Um zusätzliche positive Eigenschaften zu generieren, werden die Individuen der Kindergeneration mutiert. Dies geschieht durch eine zufällige Wertänderung (i.e. Mutation) einiger Elemente des Netzzustandsvektors (Abb. 8.15c).

Die erzeugten Kinder werden erneut bewertet und der Zielfunktionswert ermittelt. Aus der aktuellen Population werden wieder neue Eltern selektiert. Eine Iteration dieses Verfahrens wird in Anlehnung an den biologischen Hintergrund als Generation bezeichnet. Dieser Iterationsprozess wird so lange durchlaufen, bis die Abbruchbedingungen erfüllt werden. Die möglichen Abbruchbedingungen sind:

- Es wird ein engpassfreies Netz gefunden bzw. die Zielfunktion Z_{EN} ist gleich null.
- Es wird die maximale Anzahl der Generationen gebildet.
- Eine vorgegebene maximale Rechenzeit wird erreicht.

Ist ein Abbruchkriterium erreicht, so wird das Verfahren beendet und die Maßnahmen des besten Individuums stellen die während der Optimierung gefundenen besten Maßnahmen dar, um den Netzengpass zu reduzieren oder gänzlich zu beseitigen.

a) Individuum ≙ Systemzustand

b) Rekombination

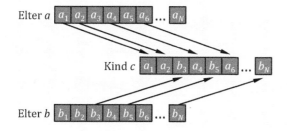

c) Mutation (beispielsweise des Elements x_5)

Abb. 8.15 Genetischer Algorithmus

Die Lösungsvorschläge des beschriebenen Verfahrens stellen keine globalen Optima dar. Es ist möglich, durch die Variation der Parameter des Verfahrens verschiedene Lösungen zu finden, die ein engpassfreies Netz darstellen. Die in dem Verfahren definierte Bewertung der netzbezogenen Maßnahmen und ggf. der Ausbaumaßnahmen ergibt zusätzlich eine Möglichkeit, engpassfreie Netze zu unterscheiden. Zusammenfassend kann anhand von Abb. 8.16 eine qualitative Darstellung des Zustandsraums in drei Bereichen erfolgen.

In diesem Bild wird die Menge aller Netzzustände ■ durch Bereich I dargestellt. Das Ziel des Netzengpassmanagements ist es, bevorzugt durch Vorschläge von Topologiemaßnahmen engpassfreie Netzzustände im Bereichen II zu finden. Abhängig von den zu berücksichtigenden Anforderungen an das Zielnetz kann zusätzlich die Menge der engpassfreien Netzzustände unterteilt werden. So können die Netzzustände im Bereich III außer der Engpassfreiheit noch weitere Qualitätskriterien erfüllen. Die Unterteilungskriterien können aus den Planungsgrundsätzen oder aus der Bewertung der Topologiemaßnahmen resultieren [25].

Durch die gewählte Modellierung ist es möglich, das Verfahren anzuwenden, um ausgehend von einem engpassbehafteten Netz (Bereich I) ein engpassfreies Netz mit Netzzuständen im Bereich II zu finden. In diesem Fall steht die Engpassbeseitigung im Vordergrund. Es ist ebenfalls möglich, das Verfahren anzuwenden, um ausgehend von einem engpassfreien Netz im Bereich II ein engpassfreies Netz mit Netzzuständen im Bereich III zu finden. In diesem Fall ist die qualitative Verbesserung von engpassfreien Netzen das Ziel der Optimierung.

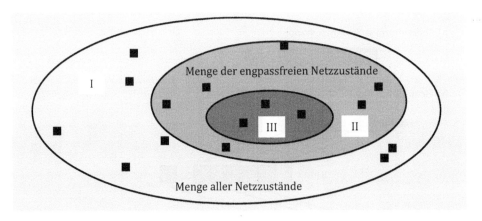

Abb. 8.16 Qualitative Darstellung des Zustandsraums [25]

8.6 Probabilistische Leistungsflussrechnung

8.6.1 Aufgabenstellung

Die klassische Ausbau- und Betriebsplanung elektrischer Energieversorgungsnetze orientiert sich meist an den Ergebnissen determinierter Belastungs- und Einspeisungsszenarien, die für einen bestimmten Zeitpunkt festgelegt werden. Dabei handelt es sich in der Regel um extreme Situationen, mit denen entsprechende Worst-Case-Situationen abgebildet werden. Beispielsweise wird die minimal oder maximal zu erwartende Last mit extremen Einspeisesituationen (z. B. maximale Einspeisung von Windkraft oder Photovoltaik) kombiniert. Es wird dabei unterstellt, dass alle anderen auftretenden Einspeise- und Lastsituationen nur geringere Implikationen auf den Netzzustand haben werden. Die Überprüfung der Ausfallsicherheit dieser Szenarien wird mit ebenfalls determinierten Varianten durchgeführt, wie z. B. die (N-1)-Ausfallsimulation diskreter Betriebsmittel. Das Ergebnis dieser Analysen kann daher auch nur eine Menge deterministischer Ausgangsgrößen sein.

Um einen vollständigen Überblick über alle möglichen Netzzustände mit diesem Ansatz zu gewinnen, sind beispielsweise bei einem 100-Knoten-Netz mit nur zwei Lastfällen je Knoten und als sicher angenommener Netztopologie $1{,}3 \cdot 10^{30}$ konventionelle, deterministische Leistungsflussrechnungen notwendig. Diese Vorgehensweise scheidet daher sowohl wegen der enormen Rechenzeitanforderung als auch wegen des Auswertungsumfangs der anfallenden Datenmengen eindeutig aus. Der wesentliche Nachteil dieses Ansatzes ist jedoch, dass damit keine Aussagen über die Häufigkeit möglicher Grenzwertverletzungen (maximale Belastung, Spannungsgrenzen etc.) getroffen werden können.

Um ein umfassenderes Bild des zu überprüfenden Netzzustandes zu gewinnen, müssen die entsprechenden Eigenschaften der Verbraucher, der Einspeiser sowie des Netzes selbst berücksichtigt werden. Geleistet wird dies durch die sogenannte probabilistische Leistungsflussberechnung, bei der die Eingangsgrößen mithilfe von Monte-Carlo-Simulationen oder anderen Verfahren als stochastische Zufallsgrößen in Form von Wahrscheinlichkeitsdichteverteilungen z. B. der entnommenen bzw. der eingespeisten Leistung (Abb. 8.17) definiert werden. Mit diesen Variablen wird nun eine probabilistische Leistungsflussrechnung durchgeführt, die einen Satz von Wahrscheinlichkeitsdichteverteilungen für die Ausgangsgrößen, das heißt für Leitungsauslastungen, Knotenspannungen usw., liefert.

Es lassen sich somit Aussagen gewinnen, mit welcher Wahrscheinlichkeit thermische Überlastungen von Transformatoren und Leitungen oder andere mögliche Engpässe zu erwarten sind, Knotenspannungen außerhalb des vorgegebenen Spannungsbands liegen und Stabilitätsgrenzen erreicht werden. Diese Informationen sind nicht nur für die langfristige Netzplanung erforderlich, sondern auch für die Betriebsführung von großem Wert bei der vorausschauenden Beurteilung von Störungen und der Einleitung optimaler

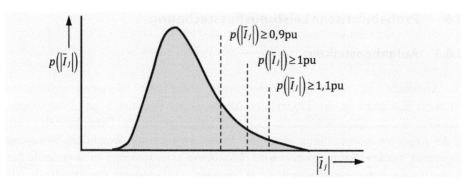

Abb. 8.17 Wahrscheinlichkeitsdichteverteilung eines Netzknotenstroms

korrektiver Maßnahmen [36]. Exemplarisch wird die auf einer Monte-Carlo-Simulation basierende probabilistische Leistungsflussrechnung vorgestellt.

8.6.2 Probabilistische Leistungsflussrechnung mit Monte-Carlo-Simulation

Die Grundidee einer Monte-Carlo-Simulation besteht darin, eine eigentlich deterministische Leistungsflussrechnung mehrfach zu wiederholen. Dabei werden die Eingangsdaten für jeden Durchlauf in geeigneter Weise zufällig geändert. Die Simulationsrechnung wird nun so oft wiederholt, bis mit den erzielten Ergebnissen vorgegebene Genauigkeitsgrenzen unterschritten werden. Zunächst ist für das Verfahren die Zahl der erforderlichen Simulationsdurchläufe abzuschätzen.

Bei einer gegebenen Anzahl von Simulationen M_S und einem Konfidenzniveau γ entsprechend Abb. 8.18 lässt sich die Breite des Konfidenzintervalles $\Delta p/p$ als Funktion von p angeben, mit der Wahrscheinlichkeit dafür, dass eine elektrische Zustandsgröße innerhalb einer bestimmten Klasse auftritt [30]. Die Breite des Konfidenzintervalls ist damit

$$\Delta p = 2 \cdot \beta \cdot \sigma = 2 \cdot \beta \cdot \sqrt{\frac{p \cdot (1-p)}{M_S}} \quad \text{mit} \quad p \cdot M_S \geq 5 \qquad (8.112)$$

Der Faktor β lässt sich aus Tabellen der normierten Verteilungsfunktion $f(x)$ der Normalverteilung entnehmen [30]. Es gilt für das Konfidenzniveau γ:

$$\gamma = \frac{1}{\sqrt{2 \cdot \pi}} \cdot \int_{-\beta}^{+\beta} e^{-\frac{x^2}{2}} dx \qquad (8.113)$$

Die oben gemachten Aussagen ermöglichen nun bei vorgegebener Irrtumswahrscheinlichkeit $\alpha = 1 - \gamma$ und der Breite des Konfidenzintervalls Δp die notwendige Anzahl von Simulationen M_S abzuschätzen.

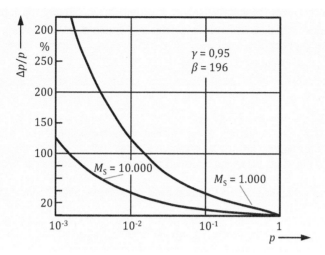

Abb. 8.18 Prozentuale Breite des Konfidenzintervalls

Die für das Monte-Carlo-Verfahren zur probabilistischen Leistungsrechnung erforderliche Rechenzeit teilt sich etwa hälftig auf die Durchführung der nichtlinearen Leistungsflussrechnungen und auf die statistische Auswertung auf. Insgesamt steigt der Rechenaufwand wie bei der Leistungsflussrechnung exponentiell mit der Knotenanzahl des untersuchten Netzes an. Es erscheint daher sinnvoll, den zu untersuchenden Netzbereich auf die unbedingt erforderliche Größe zu begrenzen und die Netzumgebung durch ein entsprechendes Ersatzmodell entsprechend Kap. 7 nachzubilden.

Bei der Monte-Carlo-Simulation werden, wie oben ausgeführt, die Dichtefunktionen der interessierenden Größen direkt aus den Ergebnissen von exakten Leistungsflussrechnungen als relative Häufigkeitsverteilungen mit gewisser Klassenbreite bestimmt. Führt man genügend Simulation durch, so kann die Monte-Carlo-Simulation als exakt und damit als Maß für andere, vereinfachende Verfahren angesehen werden.

8.6.3 Weitere Verfahren der probabilistischen Leistungsflussrechnung

Außer dem Monte-Carlo-Verfahren existieren noch weitere Lösungsansätze für die probabilistische Leistungsflussrechnung. Bei den Verfahren mit einem linearisierten Leistungsflussansatz werden die nichtlinearen Gleichungen der Knoten- und Zweigflussleistungen als Funktion der komplexen Knotenspannungen durch lineare Beziehungen ersetzt. Daraus werden dann direkt die gesuchten Zufallszahlen berechnet.

Weitere Ansätze zur probabilistischen Leistungsflussrechnung basieren auf dem Faltungsverfahren [31], dem Momentenverfahren [32] und dem Verfahren auf Basis von Normalverteilungen [33].

Literatur

1. E. Handschin, E. Grebe und G. Howe, Optimale Netzführung unter Berücksichtigung von Sicherheitsbedingungen, Opladen: Westdeutscher Verlag, 1980.
2. J. Verstege, „Leittechnik für Energieübertragungsnetze", Skript Bergische Universität Wuppertal, 2009.
3. H.-J. Haubrich, „Optimierung und Betrieb von Energieversorgungssystemen", Skript RWTH Aachen, 2007.
4. G. Herold, Elektrische Energieversorgung II, Weil der Stadt: J. Schlembach Fachverlag, 2001.
5. J. Schlabbach, Elektroenergieversorgung, Berlin: VDE Verlag, 2003.
6. M. Zdrallek, „Planung und Betrieb elektrischer Netze", Skript Bergische Universität Wuppertal, 2016.
7. B. Stott, „Security Analysis and Optimization", *Proc. of the IEEE,* Vol. 75, No. 12, S. 1623–1644, 1987.
8. H. Müller, Korrektives Schalten, Dissertation TH Darmstadt, 1981.
9. R. Eichler, Rechnergestützte Bestimmung von Schaltmaßnahmen gegen unzulässige Betriebszustände in Hochspannungsnetzen, Dissertation RWTH Aachen, 1983.
10. G. Schnyder und H. Glavitsch, „Security Enhancement Using an Optimal Switching Power Flow", *IEEE Transactions on Power Systems,* Vol. 5, No. 2, S. 674–681, 1990.
11. W. Fritz, Topologieoptimierung zur Verlustreduktion in Hoch- und Höchstspannungsnetzen, Dissertation RWTH Aachen, 1997.
12. G. Hosemann, Elektrische Energietechnik, Band 3: Netze, Berlin: Springer, 2001.
13. M. Medeiros, Schnelle Überlastreduktion durch korrektives Schalten, Dissertation TH Darmstadt, 1987.
14. K. F. Schäfer, Adaptives Güteindex-Verfahren zur automatischen Erstellung von Ausfalllisten für die Netzsicherheitsanalyse, Dissertation Bergische Universität Wuppertal, 1988.
15. H. Benker, Mathematische Optimierung mit Computeralgebrasystemen, Berlin: Springer, 2003.
16. P. Schavemaker und L. Van der Sluis, Electrical Power Systems Essentials, Chichester, England: John Wiley & Sons, 2008.
17. H. Glavitsch, „Computergestützte Netzbetriebsführung", *E und M,* Bd. 101, Nr. 5, S. 222–225, 1984.
18. G. Schellstede und G. Beißler, „Leistungsfähige Netzanalysefunktionen zur Unterstützung der Betriebsführung von Energieversorgungssystemen", *Elektrizitätswirtschaft,* Nr. 5, S. 220–227, 1992.
19. A. Schwab, Elektroenergiesysteme, Berlin: Springer, 2022.
20. V. Crastan, Elektrische Energieversorgung, Band 1, Berlin: Springer, 2012.
21. J. Voss und H. Graf, Zentrale Blindleistungs-Spannungsoptimierung in elektrischen Energieversorgungssystemen, Opladen: Westdeutscher Verlag, 1984.
22. U. van Dyk, Spannungs-Blindleistungsoptimierung in Verbundnetzen, Dissertation Bergische Universität Wuppertal, 1989.
23. S. Lemmer, Rechnergestütze Spannungs-Blindleistungssteuerung in Hochspannungsnetzen, Dissertation RWTH Aachen, 1982.

24. M. Doll, Operatives Netzengpassmanagement für Energieübertragungssysteme, Dissertation Bergische Universität Wuppertal, 2002.
25. A. Kaptue Kamga, Regelzonenübergreifendes Netzengpassmanagement mit optimalen Topologiemaßnahmen, Dissertation Bergische Universität Wuppertal, 2009.
26. W. Kinnebrock, Optimierung mit genetischen und selektiven Algorithmen, Oldenbourg, 1994.
27. T. Blickle, „Optimieren nach dem Vorbild der Natur", *Bulletin SEV/VSE,* Bd. 25, S. 21–26, 1995.
28. D. E. Goldberg, Genetic Algorithms in Search, Optimization & Machine Learning, Addison-Wesley Publishing Company, 1989.
29. K. Weicker, Evolutionäre Algorithmen, Stuttgart: Teubner, 2002.
30. L. Sachs, Angewandte Statistik, Berlin: Springer, 2016.
31. R. Allan, et. al., „Probabilistic Analysis of Power Flows", *Proc. IEE,* S. 1551–1556, 1974.
32. P. Sauer, A Generalized Stochastic Power Flow Algorithm, West LaFayette, USA, 1977.
33. D. König, Lastflussberechnung in Hochspannungsnetzen auf der Basis wahrscheinlichkeitsverteilter Eingangsdaten, Dissertation RWTH Aachen, 1980.
34. E. Handschin, E. Grebe und G. Howe, Optimale Netzführung unter Berücksichtigung von Sicherheitsbedingungen, Wiesbaden: Springer Fachmedien, 1980.
35. H. Edelmann und K. Theilsiefje, Optimaler Verbundbetrieb, Berlin: Springer, 1974.
36. P. Gritzmann, Grundlagen der Mathematischen Optimierung, Berlin: Springer, 2013.
37. A. Probst, Auswirkungen von Elektromobilität auf Energieversorgungsnetze analysiert auf Basis probabilistischer Netzplanung, Dissertation Universität Stuttgart, 2014.
38. C. Schneiders, Visualisierung des Systemzustandes und Situationserfassung in großräumigen elektrischen Übertragungsneztzen, Dissertation Bergische Universität Wuppertal, 2014.
39. Bundestag der BR Deutschland, Hrsg., Gesetz über die Elektrizitäts- und Gasversorgung (Energiewirtschaftsgesetz – EnWG), Berlin: (BGBl. I S. 2808), 2017.

9. Bestimmung der Übertragungskapazität

9.1 Kopplung von Übertragungsnetzen

In einem Verbundsystem sind die einzelnen Übertragungsnetze mit grenzüberschreitenden Leitungen (Kuppelleitungen) mehr oder weniger stark miteinander verbunden. Ein Maß hierfür ist der Verbundgrad G_L, der beschreibt, wie groß die Summe der Übertragungskapazitäten P_K der Kuppelleitungen eines Landes zu seinen Nachbarländern relativ zur Summe der im Inland installierten Erzeugungsleistungen P_E des jeweiligen Landes ist [9].

$$G_L = \frac{\sum P_K}{\sum P_E} \qquad (9.1)$$

Tab. 9.1 zeigt, wie gut die Netze des europäischen Verbundsystems miteinander vernetzt sind.

Beispielsweise ist in Deutschland eine Erzeugungskapazität elektrischer Leistung von ca. 230 GW (Stand 2022) installiert. Die Summe der Übertragungskapazitäten der Kuppelleitungen zwischen Deutschland und seinen Nachbarländern beträgt etwa 18 GW. Daraus ergibt sich entsprechend Tab. 9.1 ein Verbundgrad von 8 %. Außer für Luxemburg sind die Verbundgrade der Länder des europäischen Verbundsystems meist deutlich kleiner als 100 %. Diese Länder könnten also unabhängig von der erforderlichen Steuerbarkeit des Leistungsflusses nur maximal eine Leistung aus dem Ausland beziehen, die dem jeweiligen Verbundgrad entspricht. Eine vollständige Versorgung eines Landes über die Kuppelleitungen ist damit praktisch ausgeschlossen.

Tab. 9.1 Verbundgrade europäischer Übertragungsnetze

Land	Verbundgrad G_L [%]	Land	Verbundgrad G_L [%]
Belgien	17	Bulgarien	11
Dänemark	44	Deutschland	8
Estland	4	Frankreich	10
Finnland	30	Griechenland	11
Irland	9	Italien	7
Kroatien	69	Lettland	4
Litauen	4	Luxemburg	245
Niederlande	17	Österreich	29
Polen	2	Portugal	7
Rumänien	7	Schweden	26
Slowakei	61	Slowenien	65
Spanien	3	Ungarn	29
Tschechische Republik	17	Vereinigtes Königreich	6

9.2 Kenngrößen zur Übertragungskapazität

Zur Beurteilung der Realisierungsmöglichkeit von bi- oder multilateralen Transaktionen im Übertragungsnetz reicht der Verbundgrad der beteiligten Überragungsnetze allerdings nicht aus. Für die Handelspartner ist die Kenntnis der tatsächlich verfügbaren Übertragungskapazitäten, die von den vorhandenen Übertragungsfähigkeiten der Kuppelleitungen, den internen Übertragungsfähigkeiten der beteiligten Netze und vom bereits vorhandenen Leistungsfluss abhängig ist, erforderlich. Die Europäische Vereinigung der Übertragungssystembetreiber Entso-E (European Network of Transmission System Operators for Electricity) hat sich auf einheitliche Definitionen der Übertragungskapazitäten für internationale Stromhandelsgeschäfte geeinigt. Die beteiligten Netze sind in der Regel zwar intern eng vermascht, aber nur mit relativ wenigen Kuppelleitungen miteinander verbunden. Die Kapazitätsberechnungen erfordern umfangreiche Leistungsflussstudien in den relevanten Netzgebieten. Die maximal übertragbare Leistung in beide Übertragungsrichtungen ist von Bedeutung, um die technische Realisierungsmöglichkeit von geplanten Energiehandelsgeschäften abschätzen zu können [1]. Die Gesamtkapazitäten der Verbindungsleitungen (Kuppelleitungen) können mit den folgenden Größen beschrieben werden [2–4].

Die Net Transfer Capacity (NTC) stellt die bestmöglich abgeschätzte Grenze für den physikalischen Leistungsfluss zwischen zwei benachbarten Netzzonen dar. Sie ist definiert als

$$\text{NTC} = \text{TTC} - \text{TRM} \tag{9.2}$$

9.2 Kenngrößen zur Übertragungskapazität

Die NTC-Werte geben den maximalen zulässigen kommerziellen Stromaustausch zwischen zwei Ländern (genauer: Regelzonen bzw. -blöcken) an. Die von Entso-E veröffentlichten NTC-Werte geben eine Abschätzung für den maximal erlaubten physikalischen Leistungsfluss zwischen zwei benachbarten Netzzonen an. Die NTC-Werte hängen allerdings stark von den getroffenen Annahmen der Netzbetreiber bezüglich Grundzustand, Kraftwerkseinsatz usw. ab.

Die Available Transfer Capacity (ATC) ist die verbleibende Übertragungsfähigkeit für weitere kommerzielle Aktivitäten zwischen zwei verbundenen Zonen, zusätzlich zu den bereits vorhandenen Übertragungen im Verbundnetz. Sie ist definiert als

$$\text{ATC} = \text{NTC} - \text{NTF} \tag{9.3}$$

- Mit der Total Transfer Capacity (TTC) wird die Leistung bezeichnet, die maximal dauernd zwischen zwei Zonen ausgetauscht werden kann. Dabei muss für den gesamten Zeitraum der geplanten und tatsächlichen Leistungsübertragung der sichere Betrieb in beiden verbundenen elektrischen Systemen garantiert sein. TTC ist durch physikalische und elektrische Gegebenheiten bestimmt, die bewirken können, dass das elektrische System an die Grenzen seiner Sicherheitsregeln stößt. Dies sind beispielsweise thermische Grenzen, Spannungsgrenzen und Stabilitätsgrenzen. Berücksichtigt werden die (N-1)-Sicherheit oder andere geltende Sicherheitsregeln, die im Grid Code eines jeden Landes definiert sind. TTC berücksichtigt immer die bestmögliche Abschätzung einer bestimmten Einspeise- und Laststruktur. Ein weiteres Redispatching darf nicht zur Erhöhung der Total Transfer Capacity vorgenommen werden.
  TTC wird mittels umfassender Modellsysteme errechnet, die alle betrachteten Netzzonen enthalten sollen. Diese Berechnungen verlangen einen umfangreichen Daten- und Informationsaustausch zwischen den verschiedenen Übertragungsnetzbetreiber (ÜNB). Da das europäische Netz weit vermascht ist, hängen die TTC-Werte außerdem von den bereits vorhandenen Übertragungen zwischen benachbarten Ländern ab. Wenn TTC-Werte mit vorgegebener Richtung untersucht werden, müssen folglich alle bekannten Kraftwerkseinsatzpläne berücksichtigt werden, um einen genauen Kenntnisstand über alle europäischen Parallelflüsse über Ländergrenzen zu erhalten.
- Die Transmission Reliability Margin (TRM) ist ein notwendiger Sicherheits- und Zuverlässigkeitsaufschlag, der aus zwei wesentlichen Gründen benötigt wird:
  Er erlaubt die Berücksichtigung von notwendigen Sicherheitsmargen für Systemdienstleistungen zwischen verschiedenen ÜNB (z. B. Frequenz-Leistungs-Regelung).
  Er berücksichtigt ebenfalls die Unsicherheiten bezüglich der angenommenen Systembedingungen und der getroffenen Annahmen sowie die Genauigkeit der Daten- und Berechnungsmodelle.
  Unter diesen Gesichtspunkt ist die Höhe der TRM-Werte zeitabhängig. Je weiter der Betrachtungszeitpunkt für die Übertragungskapazität in der Zukunft liegt, umso größer muss der TRM-Wert sein. Die Bestimmung von TRM beruht laut Entso-E auf Erfahrungswerten der Übertragungsnetzbetreiber bzw. auf statistischen

Methoden. Ein Übertragungsnetzbetreiber gibt zur Bestimmung von TRM eine sich aus Erfahrungswerten ergebende Formel an, die sich bereits im praktischen Einsatz bewährt hat [5].

$$\text{TRM} = 100 \cdot \text{MW} \cdot \sqrt{N_{\text{KL}}} \tag{9.4}$$

Dabei gibt N_{KL} die Anzahl der Kuppelleitungen zwischen den relevanten Netzgebieten an.

- Notified Transmission Flow (NTF) ist der physikalische Leistungsfluss, der sich aus der Summe geplanter und gesicherter Übertragungen im untersuchten Zeitrahmen und der für den nächsten Tag aktuell bestätigten Geschäfte ergibt. Alle sicher reservierten und bestätigten Übertragungsverpflichtungen sowie gemeinsame Notfallreserven sollten in NTF enthalten sein.

Die Grafik in Abb. 9.1 verdeutlicht noch einmal die Zusammenhänge zwischen den verschiedenen Kenngrößen. Die Gesamtmenge der vertraglich reservierten Übertragungskapazität $P_{\text{ü kap}}$ entspricht der Aufsummierung der einzelnen mit aufsteigender Priorität vereinbarten Übertragungsleistungen. Mit dem auf dieser Basis tatsächlich angemeldeten und bestätigten physikalischen Leistungsfluss P_{phys} der nächsten 24 h (Day Ahead) wird die verbleibende Übertragungsfähigkeit ATC für weitere kommerzielle Aktivitäten zwischen zwei verbundenen Zonen bestimmt.

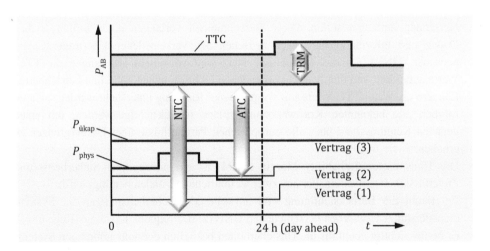

Abb. 9.1 Kenngrößen zur Bestimmung der Übertragungsfähigkeit [2]

9.3 Berechnung der Übertragungskapazität

Die Bestimmung der Übertragungskapazität wird in Abhängigkeit der betrachteten Zeithorizonte mit unterschiedlichen Datenbasen durchgeführt. So werden für langfristige Kapazitätsberechnungen Datensätze verwendet, die auf realen Leistungsflusssituationen im gesamten Entso-E-Gebiet basieren. Für mittel- und kurzfristige Kapazitätsberechnungen werden sogenannte DACF-Datensätze (Day Ahead Congestion Forecast) herangezogen. Diese Datensätze bilden die begründeten Erwartungen für die Einspeise- und Lastsituation des Folgetages ab und können daher als repräsentativ für den Prognosezeitpunkt angenommen werden.

9.3.1 Zeithorizonte

Entsprechend den verschiedenen Anforderungen erfolgt die Kapazitätsbereitstellung für den Markt für verschiedene Zeithorizonte. Ein wichtiger Grund für die zeitlich gestaffelte Vergabe der Kapazität ist die sinkende Unsicherheit von netzsicherheitsrelevanten Faktoren wie beispielsweise die Netztopologie, die Verfügbarkeiten der Kraftwerke und Umwelteinflüsse. Diese wird umso größer je weiter man sich dem Erfüllungszeitpunkt nähert. Analog zu den lang- und mittelfristigen bis hin zu den kurzfristigen Produkten am Energiemarkt ist auch der Markt an der Verfügbarkeit von verschiedenen, zeitlich gestaffelten Kapazitätsvergaben interessiert.

Langfristige Kapazitätsberechnung – Jahreswert
Für die Jahresberechnungen wird ein Referenzdatensatz des Entso-E-Gebietes verwendet, der halbjährlich erstellt wird und den Mitgliedern der Entso-E vorliegt. Diese Referenzdatensätze beruhen auf der Aufnahme der Leistungsflusswerte zu festgelegten Zeitpunkten. Die Referenzdatensätze werden für jeweils einen charakteristischen Tag im Winter- und Sommerhalbjahr ermittelt.

Öffentlich zugängliche Informationen in diesen Datensätzen sind beispielsweise der Summenwert der Netzeinspeisungen, die vertikale Netzlast, die Revisionsplanung (geplante Nichtverfügbarkeit von Netzelementen), Ausfälle (aufgetretene marktrelevante Ausfälle von Netzelementen), die grenzüberschreitenden Leistungsflüsse an den Kuppelstellen und die Vorhersage der zu vergebenen Netzkapazität. Ebenfalls für die ÜNB zugänglich sind die Angaben zu den Fahrplanaustauschprogrammen.

Mittelfristige Kapazitätsberechnung – Monatswert
Als Datenbasis für die mittelfristige Kapazitätsberechnung dienen die DACF-Datensätze von Entso-E für die Leistungsflussberechnung. Die Datensätze werden täglich von den Netzbetreibern innerhalb der Entso-E erstellt und bereitgestellt. Sie beinhalten die Knotenbilanzen (Lasten und Einspeisungen), das Randintegral der einzelnen Regelzonen

(summarischer Leistungsfluss über die Kuppelleitungen) sowie die Netztopologie (Netzdaten inklusive der geplanten Ausschaltungen) jeweils für den Folgetag zu festgelegten Zeiten.

Anschließend werden die einzelnen DACF-Datensätze zu einem allgemeinen Entso-E weiten Datensatz zusammengesetzt. Erst mit diesem zusammengesetzten Datensatz können die erwarteten Leistungsflüsse berechnet werden. Das von den Netzbetreibern innerhalb eines Tages bereitgestellte Datenvolumen beträgt derzeit 24 Datensätze. Für die monatliche Kapazitätsberechnung wird in der Regel ein DACF-Datensatz eines bestimmten Zeitpunktes verwendet.

Kurzfristige Kapazitätsberechnung – Tageswert

Die Bestimmung der tagesaktuellen Werte der Übertragungskapazitäten erfolgt meist auf Basis von Berechnungen mit angepassten DACF-Datensätzen in der Vorwoche. Dazu stehen ebenfalls alle oben genannten Informationsquellen zur Verfügung.

9.3.2 Berechnungsalgorithmus

9.3.2.1 Entso-E-Methode

Der Berechnungsalgorithmus basiert auf der sogenannten Entso-E-Methode [3–6]. Auf der Grundlage der für die verschiedenen Zeithorizonte definierten Datensätze wird für die Ermittlung der Übertragungskapazität zwischen zwei Netzen A und B eine Erhöhung von Kraftwerkseinspeisungen im Netzgebiet A sowie gleichzeitig eine entsprechende Reduzierung von Kraftwerkseinspeisungen im Netzgebiet B durchgeführt. In Abb. 9.2 ist das Beispiel einer Leistungsflussverteilung im kontinentaleuropäischen Verbundnetz bei einem Leistungsaustausch zwischen zwei Netzen dargestellt. Exemplarisch wird hierbei im belgischen Netz die Erzeugungsleistung um 1000 MW erhöht und gleichzeitig die Erzeugungsleistung im italienischen Netz um 1000 MW abgesenkt. Abb. 9.2 zeigt nun, wie sich der Gesamtleistungsfluss von 1000 MW zwischen Belgien und Italien auf die verschiedenen, elektrisch miteinander verbundenen Netze aufteilen könnte [2]. Die Bestimmung dieser Leistungsflussverteilung erfolgt mit einer entsprechenden Leistungsflussberechnung.

Die Berechnung der Übertragungskapazität TTC erfolgt iterativ, das heißt, dass nach Veränderung der Fahrplanaustauschleistung im Basisfall BCE (Base Case Exchange) um eine Leistung ΔP sämtliche Betriebsmittel in den beiden Netzgebieten A und B sowie auf den Kuppelleitungen auf (N-1)-Sicherheit überprüft werden. Der Leistungsaustausch zwischen den zwei Zonen wird so lange erhöht bzw. verringert, bis ein Betriebsmittel im (N-1)-Fall überlastet wird und die (N-1)-Sicherheit in einer Netzregion nicht mehr erfüllt ist. Diese Leistungsgrenze wird als Total Transfer Capacity (TTC) bezeichnet. Sie ergibt sich somit aus der Leistung entsprechend dem Fahrplan im Basisfall BCE (Base Case Exchange) und der ermittelten maximalen Einspeiseerhöhung ΔP.

$$\text{TTC} = \text{BCE} + \Delta P \qquad (9.5)$$

9.3 Berechnung der Übertragungskapazität

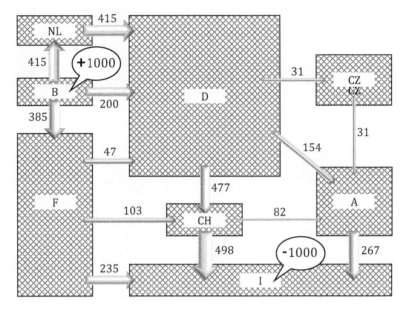

Abb. 9.2 Beispiel einer Leistungsflussverteilung

Die Total Transfer Capacity beinhaltet keine Leistungsreserven des Netzes. Aus diesem Grund wird vom TTC noch eine Sicherheitsmarge TRM (Transfer Reliability Margin) des Netzes abgezogen. Die zu vergebende Netzkapazität NTC (Net Transfer Capacity) ergibt sich dann aus Gl. (9.2). Üblicherweise wird zur Bestimmung von TRM die Formel nach Gl. (9.4) verwendet. Wobei mit N_{KL} die Anzahl der Kuppelleitungen zwischen den Netzgebieten A und B angegeben wird. Der schematische Ablauf der Entso-E-Methode ist in Abb. 9.3 dargestellt.

Der bilateral berechnete NTC-Wert ist der theoretisch maximale Wert der Übertragungskapazität zwischen zwei Netzen A und B. Sämtliche bei der Entso-E gemeldeten NTC-Werte sind Maximalwerte und dürfen im Verbund nicht gleichzeitig auftreten, da es sonst zu Überlastungen im Netz käme und damit die Netzsicherheit gefährdet wäre. Dieser Richtwert gibt den maximal möglichen Austausch zwischen zwei elektrisch benachbarten Netzen unter der Randbedingung an, dass das Austauschszenario der anderen Entso-E-Partner unverändert bleibt.

Tab. 9.2 zeigt einen Ausschnitt der Übertragungskapazitäten zwischen den in der Entso.E organisierten Netzgebieten. Es sind in dieser Tabelle jeweils die richtungsabhängigen Übertragungskapazitäten zwischen zwei Ländern angegeben [7].

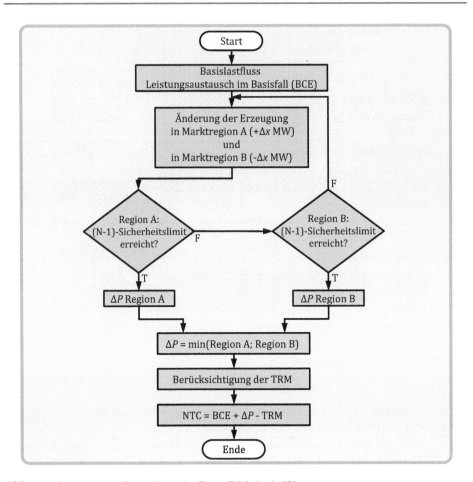

Abb. 9.3 Schematische Darstellung der Entso.E.Methode [3]

Tab. 9.2 Übertragungskapazitäten in Europa (Auswahl)

alle Zahlenwerte in MW	GB	PT	ES	FR	BE	NL	DE	DK
GB				2000				
PT			1700					
ES		1500		1300				
FR	2000		500		2300		3200	
BE				3400		2400	1000	
NL					2400		3850	
DE				2700	1000	3000		1500
DK							950	

Basierend auf dem bereits auf den Leitungen existierenden Leistungsfluss ergeben sich entsprechend der angegebenen Definition richtungsabhängig unterschiedliche Werte für die mögliche Übertragungskapazität zwischen zwei Ländern.

9.3.2.2 Berechnung der möglichen zusätzlichen Erzeugerwirkleistung

Die mögliche zusätzliche Übertragungswirkleistung ΔP wird durch die maximalen und minimalen Leistungen der Erzeuger begrenzt. Daraus folgt, dass die maximale Übertragungswirkleistung durch die Wirkleistungsgrenzen der Erzeuger eingeschränkt werden kann. Wenn durch die Erzeugerwirkleistung keine realistische Begrenzung entsteht, muss ein vorgegebener Wert als maximaler Ausgangswert für die zusätzliche Wirkleistung gewählt werden. Damit es zu Beginn der Berechnung der maximalen Übertragungswirkleistung zu keinen Problemen bei der Verteilung der zusätzlichen Wirkleistung auf die Erzeugereinheiten kommen kann, muss vorher die maximale zusätzliche Erzeugerwirkleistung bestimmt werden. Hierfür wird für die Exportseite die maximale Wirkleistung $P_{\max,E}$ aus den maximalen Leistungen $P_{\max,e}$ aller $N_{e,e}$ Erzeuger auf der Exportseite nach Gl. (9.6) berechnet.

$$P_{\max,E} = \sum_{e=1}^{N_{e,e}} P_{\max,e} \tag{9.6}$$

Die gesamte momentan eingespeiste Wirkleistung $P_{0,e}$ aller Erzeuger der Exportseite wird entsprechend Gl. (9.7) bestimmt.

$$P_{0,E} = \sum_{e=1}^{N_{e,e}} P_{0,e} \tag{9.7}$$

Die Differenz der Kenngrößen aus den Gl. (9.6) und (9.7) ergibt die Wirkleistung, die auf der Exportseite noch zusätzlich bereitgestellt werden kann, ohne dass die maximalen Erzeugergrenzen überschritten werden.

$$\Delta P_E = P_{\max,E} - P_{0,E} \tag{9.8}$$

Die Importseite ist analog zur Exportseite zu betrachten. Es wird zunächst die momentane Wirkleistung $P_{0,I}$ aller Erzeuger $N_{e,i}$ der Importseite gemäß Gl. (9.9) berechnet.

$$P_{0,I} \sum_{i=1}^{N_{e,i}} P_{0,i} \tag{9.9}$$

Aufgrund der Reduzierung der Erzeugerwirkleistung muss die minimale Wirkleistung $P_{\min,I}$ aller Erzeuger für die Importseite bestimmt werden.

$$P_{\min,\mathrm{I}} = \sum_{i=1}^{N_{e,i}} P_{\min,i} \qquad (9.10)$$

Die maximal zulässige Reduzierung der Erzeugerwirkleistung der Importseite ergibt sich aus:

$$\Delta P_\mathrm{I} = P_{0,\mathrm{I}} - P_{\min,\mathrm{I}} \qquad (9.11)$$

Der maximal zulässige Wirkleistungsaustausch zwischen der Export- und Importseite ist das Minimum der maximal zulässigen Erhöhung der Erzeugerwirkleistung auf der Exportseite und der maximal zulässigen Reduzierung der Erzeugerwirkleistung auf der Importseite. Es gilt:

$$\Delta P = \min\left(\Delta P_\mathrm{I}, \Delta P_\mathrm{E}\right) \qquad (9.12)$$

Die Wirkleistungsänderung kann durch eine der folgenden Methoden auf die Erzeuger verteilt werden [8].

9.3.2.3 Methode der proportionalen Wirkleistungsauslastung der Erzeuger

Bei der Methode der proportionalen Wirkleistungsauslastung der Erzeuger werden die Erzeuger auf der Exportseite proportional zur momentanen Wirkleistung erhöht und auf der Importseite proportional zur momentanen Wirkleistung reduziert. Für jeden Erzeuger e auf der Exportseite wird die momentane Wirkleistung $P_{0,e}$ und die minimale Wirkleistungsgrenze $P_{\min,e}$ benötigt, um die momentane Auslastung $P_{\mathrm{aus},e}$ des Erzeugers zu berechnen.

$$P_{\mathrm{aus},e} = P_{0,e} - P_{\min,e} \qquad (9.13)$$

Durch die errechneten Auslastungswerte $P_{\mathrm{aus},e}$ kann die gesamte Auslastung für die Exportseite $P_{\mathrm{aus},\mathrm{E}}$ ermittelt werden.

$$P_{\mathrm{aus},\mathrm{E}} = \sum_{e=1}^{N_{e,e}} P_{\mathrm{aus},e} \qquad (9.14)$$

Durch die berechnete Gesamtauslastung kann jedem Erzeuger ein bestimmter Anteil $P_{\mathrm{a},e}$ der zu vergebenen Wirkleistung ΔP zugewiesen werden. Der Anteil wird mithilfe der momentanen Auslastung proportional zur Gesamtauslastung bestimmt.

$$P_{\mathrm{a},e} = \frac{P_{\mathrm{aus},e}}{P_{\mathrm{aus},\mathrm{E}}} \cdot \Delta P \qquad (9.15)$$

Auf den ermittelten Anteil wird dann die momentane Wirkleistung $P_{0,e}$ addiert.

$$\widetilde{P}_{0,e} = P_{0,e} + P_{\mathrm{a},e} \qquad (9.16)$$

Falls hierbei die maximale Wirkleistungsgrenze der Erzeuger überschritten wird, wird die momentane Wirkleistung auf die maximale Wirkleistung begrenzt.

$$\widetilde{P}_{0,e} = P_{0,e} + P_{\max,e} \tag{9.17}$$

Der ermittelte Anteil wird auf diese Weise für jeden Erzeuger berechnet und die Wirkleistungen aller Erzeuger werden nach den Gl. (9.16) und (9.17) verändert. Aufgrund der maximalen Wirkleistungsgrenze jedes Erzeugers kann die gesamte zusätzliche Wirkleistung ΔP nicht in einem Schritt auf die Erzeuger verteilt werden. Deshalb wird auf Basis der neuen momentanen Wirkleistungen der Erzeuger ein neuer Anteil $P_{a,e}$ berechnet, welcher wie im ersten Schritt auf die Erzeuger verteilt wird. Die Erzeuger, die bereits komplett ausgelastet sind, bekommen einen neuen Anteil zugewiesen, der null entspricht.

Auf der Importseite müssen die Wirkleistungen der Erzeuger um den gleichen Anteil reduziert werden, wie die Erzeuger auf der Exportseite ihre Wirkleistung erhöht haben. Für jeden Erzeuger der Importseite wird die momentane Auslastung $P_{\text{aus},i}$ ermittelt.

$$P_{\text{aus,I}} = P_{0,i} = P_{\min,i} \tag{9.18}$$

Für die Berechnung des Anteils, der jedem Erzeuger zur Verringerung der Wirkleistung zugeteilt wird, wird die gesamte Auslastung $P_{\text{aus,I}}$ benötigt. Die gesamte Auslastung lässt sich durch die Summe aller einzelnen Auslastungen bilden.

$$P_{\text{aus,I}} \sum_{i=1}^{N_{e,i}} P_{\text{aus},i} \tag{9.19}$$

Der zugewiesene Anteil $P_{a,i}$ wird für jeden Erzeuger mithilfe der berechneten Gesamtauslastung bestimmt.

$$P_{a,i} = \frac{P_{\text{aus},i}}{P_{\text{aus,I}}} \cdot \Delta P \tag{9.20}$$

Der ermittelte Anteil wird dann von der momentanen Wirkleistung der Erzeuger subtrahiert.

$$\widetilde{P}_{0,i} = P_{0,i} + P_{a,i} \tag{9.21}$$

Die Berechnung der neuen momentanen Wirkleistung $\widetilde{P}_{0,i}$ der Erzeuger muss jetzt für jeden Erzeuger auf der Importseite durchgeführt werden.

9.3.2.4 Methode der proportionalen Wirkleistungsreserve der Erzeuger

Die Methode der proportionalen Wirkleistungsreserve der Erzeuger weist zur vorherigen Methode einige Parallelen auf. Der wichtigste Unterschied in der Verteilung besteht darin, dass die unterschiedlichen Berechnungen von der Export- und Importseite zur vorherigen Methode vertauscht sind. Auf der Exportseite wird für jeden Erzeuger die Wirkleistungsreserve $P_{\text{res},e}$ berechnet, wofür jeweils die zugehörige maximale und momentane Wirkleistung benötigt wird.

$$P_{\text{res},e} = P_{\text{max},e} - P_{0,e} \tag{9.22}$$

Um den zugehörigen Anteil für jeden Erzeuger zu berechnen, ist die gesamte Wirkleistungsreserve $P_{\text{res,E}}$ erforderlich.

$$P_{\text{res,E}} = \sum_{e=1}^{N_{e,e}} P_{\text{res},e} \tag{9.23}$$

Der daraus resultierende Anteil lässt sich wie folgt berechnen:

$$P_{\text{a},e} = \frac{P_{\text{res},e}}{P_{\text{res,E}}} \cdot \Delta P \tag{9.24}$$

Durch dieses Ergebnis ist es möglich, die neue momentane Wirkleistung der Erzeuger zu ermitteln, indem der Anteil $P_{\text{a},e}$ auf die vorherige momentane Wirkleistung $P_{0,e}$, wie in Gl. (9.16) gezeigt, addiert wird.

Auf der Importseite ist die Verteilung der Reduzierung der Erzeuger etwas komplizierter und mit der Erhöhung der Wirkleistung der Erzeuger auf der Exportseite bei der vorherigen Methode zu vergleichen.

Hierfür muss, wie auf der Exportseite, zuerst die Wirkleistungsreserve $P_{\text{res},i}$ aller Erzeuger und die daraus folgende Gesamtwirkleistungsreserve $P_{\text{res,I}}$ ermittelt werden. Durch die Berechnung dieser Größen kann dann der zugeteilte Anteil $P_{\text{a},i}$ für jeden Erzeuger auf der Importseite bestimmt werden. Die Verteilung der Anteile unter Berücksichtigung der minimalen Wirkleistungsgrenzen der Erzeuger geschieht wie bei der Methode der proportionalen Auslastung für die Exportseite.

9.3.2.5 Methode der Prioritätsvergabe

Bei der Methode der Prioritätsvergabe ist allen Erzeugern des Übertragungsnetzes eine Priorität zugeteilt. Bevor die Verteilung der zusätzlichen Wirkleistung ΔP erfolgt, werden alle Erzeuger entsprechend ihrer Priorität geordnet. Für jeden Erzeuger der Exportseite wird die Wirkleistungsreserve $P_{\text{res},e}$ nach Gl. (9.22) berechnet.

Die Verteilung der zusätzlichen Wirkleistung ΔP beginnt mit dem Erzeuger, der die höchste Priorität besitzt und setzt sich mit absteigender Höhe der Prioritäten fort. Wenn die berechnete Wirkleistungsreserve größer als die zusätzliche Wirkleistung ΔP ist, wird dieser Erzeuger auf seine maximale Wirkleistungsgrenze $P_{\text{max},e}$ gesetzt. Ist dies nicht der Fall, wird die zusätzliche Wirkleistung ΔP zur momentanen Wirkleistung $P_{0,e}$ addiert.

$$\widetilde{P}_{0,e} = P_{0,e} + \Delta P \tag{9.25}$$

Die zusätzliche Wirkleistung wird nach Anwendung der Gl. (9.24) oder (9.25) um den Wert der Erzeugererhöhung reduziert. Diese Verteilung wird solange mit den Erzeugern niedrigerer Prioritäten wiederholt, bis keine zusätzliche Wirkleistung mehr zur Verfügung steht.

Auf der Importseite geschieht die Verteilung der zusätzlichen Wirkleistung beinahe identisch zur Exportseite. Der einzige Unterschied liegt in der Berechnung der jeweiligen Anteile. Hierzu muss nicht für jeden Erzeuger die Wirkleistungsreserve, sondern die momentane Auslastung $P_{\text{aus},i}$ berechnet werden. Diese Berechnung erfolgt entsprechend Gl. (9.18). Falls die berechnete Auslastung größer als die zu verteilende Wirkleistung ist, wird dieser Erzeuger auf die minimale Wirkleistungsgrenze gesetzt.

$$P_{0,i} = P_{\min,i} \tag{9.26}$$

Wenn dies nicht der Fall ist, wird die zusätzliche Wirkleistung ΔP von der momentanen Wirkleistung $P_{0,i}$ subtrahiert.

$$\widetilde{P}_{0,i} = P_{0,i} + \Delta P \tag{9.27}$$

Diese Verteilung wird wie auf der Exportseite solange mit den Erzeugern niedrigerer Prioritäten wiederholt, bis keine zusätzliche Wirkleistung mehr zur Verfügung steht.

Literatur

1. G. Brauner, „Engpassmanagement im Übertragungsnetz", *etz,* Nr. 16, S. 10–15, 2002.
2. Entso-E, „Net Transfer Capacities (NTC) and Available Transfer Capacities (ATC) – Information for User," March 2000. [Online]. Available: https://www.entsoe.eu/fileadmin/user_upload/_library/ntc/entsoe_NTCusersInformation.pdf. [Zugriff am 7. Januar 2023].
3. Etso, Definition of Transfer Capacities in Liberalised Electricity Markets, ETSO, Hrsg., Brussels: Etso European Transmission System Operators, 2001.
4. Entso-E, „Continental Europe Operation Handbook", 24. June 2004. [Online]. Available: https://www.entsoe.eu/publications/system-operations-reports/operation-handbook/Pages/default.aspx. [Zugriff am 19. September 2014].
5. Etso, „A Note on TRM Evaluation", Etso European Transmission System Operators, Brussels, 2000.
6. Etso, „Procedures for cross-border transmission capacity assessment", Oktober 2001. [Online]. Available: https://docstore.entsoe.eu/publications/market-reports/Documents/entsoe_proceduresCapacityAssessments.pdf. [Zugriff am 7. Januar 2023].
7. Entso-E, „NTC Matrix", 24. Februar 2011. [Online]. Available: https://www.entsoe.eu/fileadmin/user_upload/_library/ntc/archive/NTC-Values-Winter-2010-2011.pdf. [Zugriff am 7. Januar 2023].
8. Entso-E, „Continental Europe Operation Handbook, Appendix 4: Coordinated Operation Planning", 24. June 2014. [Online]. Available: https://eepublicdownloads.entsoe.eu/clean-documents/pre2015/publications/entsoe/Operation_Handbook/Policy-4-v2.pdf. [Zugriff am 7. Januar 2023].
9. Entso-E, „Scenario Outlook and Adequacy Forecast 2014–2030, European Network of Transmission System Operators for Electricity", [Online]. Available: https://docstore.entsoe.eu/Documents/TYNDP%20documents/TYNDP%202014/141017_SOAF%202014-2030.pdf. [Zugriff am 7. Januar 2023].

Expertensysteme 10

10.1 Einsatz von Expertensystemen

Bei Aufgabenstellungen, die sich nicht durch arithmetische oder genetische Algorithmen lösen lassen, sind unter bestimmten Voraussetzungen sogenannte Expertensysteme eine sinnvolle Lösungsmöglichkeit. Dabei handelt es sich um Computerprogramme, mit denen eine Problemlösungskompetenz auf bestimmten, meist eng abgegrenzten Fachgebieten zur Verfügung gestellt wird. Sie enthalten das Expertenwissen als Menge von formalisierten, maschinenverarbeitbaren Operationen [1, 2]. Im Gegensatz zu herkömmlichen Computerprogrammen sind Expertensysteme durch ihre meist strikte Trennung zwischen dem gespeicherten Wissen einerseits und den Mechanismen zur Wissensverarbeitung andererseits gekennzeichnet [3] (Abb. 10.1).

Die Grundidee eines Expertensystems besteht darin, das Wissen hochspezialisierter Fachleute (Experten) in einem Computersystem abzubilden und zu aggregieren und anschließend anderen Anwendern verfügbar machen. Auf diese Art sollen die Anwender bei ihren Aufgaben unterstützt und entlastet werden. Ein weiteres Ziel ist es, das Wissen, das menschliche Experten durch Lernen und jahrelange Erfahrung gesammelt haben, zu akkumulieren, automatisiert verarbeitbar zu speichern und somit jederzeit zu reproduzieren [4–7].

Expertensysteme lösen Probleme ebenso wie menschliche Experten nur in einem eng definierten Kompetenzbereich. Die jeweilige Aufgabe wird nicht nach einem vorgezeichneten Lösungsweg bearbeitet, sondern sie wird wie bei einem menschlichen Experten durch die Anwendung bestimmter Regeln, Verifizierung von Hypothesen und durch das Einholen fehlender Informationen gelöst. Expertensysteme sind dabei jedoch genau wie Experten nicht unfehlbar und ausschließlich auf das mit ihnen modellierte Wissen begrenzt.

In Expertensystemen erfolgt eine Verarbeitung von Wissen. Da Wissen im Gegensatz zu Daten komplex, vielfältig verknüpft und explizit ist, werden die Eigenschaften eines Expertensystems sehr durch die ihm zugrunde liegende Wissensrepräsentation bestimmt.

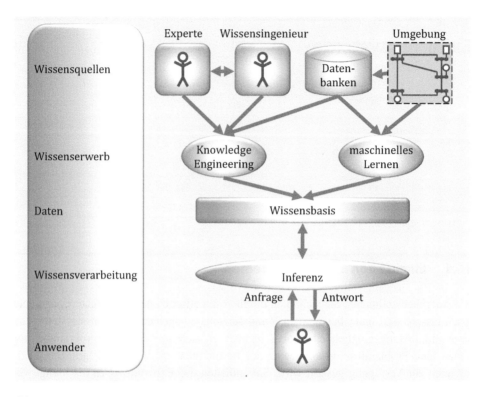

Abb. 10.1 Struktur eines klassischen wissensverarbeitenden Systems

Eine wesentliche Einschränkung der Problemlösungsfähigkeit von Expertensystemen besteht in der ausgeprägt scharfen Begrenzung des jeweiligen Kompetenzbereiches. Im Gegensatz zum menschlichen Experten, dessen Fachwissen in viele Schichten von zunehmend allgemeinem Wissen eingebettet ist, kann ein Expertensystem ausschließlich im Rahmen seiner eindeutig definierten Wissensbasis zu Expertisen gelangen [8].

In der Tab. 10.1 sind die wesentlichen Unterschiede zwischen einem computerbasierten Expertensystem und einem menschlichen Experten aufgeführt.

Aus den folgenden Gründen kann die Realisierung eines Anwendungsprojektes mit der Unterstützung eines Expertensystems angezeigt sein [9]:

- Der Experte ist mit Aufgaben überlastet, die für ihn Routine sind. Diese Routineaufgaben sollen von einem Expertensystem übernommen werden, damit der Experte sich den schwierigeren Problemen widmen kann.
- Der Experte kann nicht vor Ort sein, etwa bei mangelndem Servicepersonal.
- Es gibt nur einen Experten, der in der Zentrale sitzt. Sein Wissen soll jedoch auch in den Filialen verfügbar sein.

Tab. 10.1 Gegenüberstellung eines Expertensystems und eines Experten

Computerbasiertes Expertensystem	Menschlicher Experte
Spezialwissen	Spezialwissen
Enge Fachkompetenz	• Enge Fachkompetenz • Gesunder Menschenverstand hilft weiter, falls das Spezialwissen endet
Weiß nicht, was es nicht weiß	• Weiß, wie gut er etwas weiß • Hat Selbsteinschätzung • Kann Regeln brechen • Ahnt, was andere Experten wissen bzw. meinen (Expertenstreit)
Akkumulation des Wissens von mehreren Experten	Auf sein eigenes Wissen begrenzt

- Die Anzahl und/oder die Komplexität der Probleme haben so zugenommen, dass der Experte allein überfordert ist.
- Der Experte geht bald in den Ruhestand oder wechselt die Firma. Sein Wissen soll auch nach seinem Ausscheiden verfügbar sein.
- Leichtere Aufgaben sind auch ohne Experten lösbar, falls eine entsprechende wissensbasierte Rechnerunterstützung verfügbar ist.

10.2 Expertensysteme in der Energieversorgung

Der Einsatz von Expertensystemen in elektrischen Energieversorgungssystemen ist dann besonders sinnvoll, wenn es um die Bearbeitung von sehr komplexen oder selten auftretenden Systemzuständen geht. Eine solche extreme Situation ist beispielsweise der Netzwiederaufbau nach einer Großstörung. Hierbei liegen bei den aktuell betriebsführenden Personen aufgrund der Seltenheit dieses Ereignisses in der Regel keine eigenen Erfahrungen vor. Hier kann mit einem Expertensystem das Wissen und die situationsspezifische Erfahrung von anderen Personen hinterlegt und entsprechend angepasst in der aktuellen Betriebssituation verarbeitet werden [10, 11].

Schnelligkeit und Umsicht sind besonders in den seltenen Fällen gefordert, wo es zu großen Netzstörungen bis hin zum völligen Netzzusammenbruch kommt. Ein Expertensystem, in dem die Reaktionen auf eine solche Störung festgelegt sind, kann das volle Spektrum seiner theoretischen Möglichkeiten ausspielen:

- Es kann (gegenüber dem Menschen) schneller schließen.
- Da große Netzstörungen selten sind, ist der Erfahrungsschatz des einzelnen Betriebsführers klein und auf spezielle Fälle begrenzt. Der Zusammenfassung von Erfahrung mehrerer Betriebsführer kommt große Bedeutung zu.

- Das heuristische Wissen kann leicht zu Regeln erweitert werden, die aus der Modelluntersuchung von aktuellen und potenziellen Störfällen erarbeitet werden.
- Erfahrungen aus neuen Störfällen können ohne großen Programmieraufwand zugefügt werden.
- Über eine Erklärungskomponente kann dem betriebsführenden Personal auch mitgeteilt werden, warum das Expertensystem einen bestimmten Weg zum Wiederaufbau des Systems vorschlägt.

Weitere Expertensysteme wurden als Pilotanwendungen für die Netzsicherheitsüberwachung und -korrektur elektrischer Energieversorgungsnetze entwickelt und bereits eingesetzt [12–17]. Insbesondere die Programme der Primäranalyse sind sehr stark mit logischen Entscheidungen durchsetzt, und es wäre durchaus denkbar, diese Programme als Regelsatz zu fassen. Die verwendete Sprache müsste allerdings auch numerische Verarbeitung effektiv ausdrücken können. Dabei würde man eine sehr gute Programmflexibilität und Änderungsfreundlichkeit gewinnen. Die derzeit hierfür erforderlichen Programmlaufzeiten sind allerdings noch zu groß für einen praktischen Einsatz.

Die Sekundäranalyse basiert auf konsekutiv programmierten, meist deterministischen mathematischen Modellen beträchtlichen Umfangs, anhand derer sich die gewünschten Ergebnisse relativ schnell und genau ermitteln lassen. Solche Modelle mittels Regeln zu programmieren oder durch ungenauere heuristische Regeln zu ersetzen, ist nicht sinnvoll. Es gibt allerdings im Rahmen der Sekundäranalyse durchaus Teilaufgaben, für die Expertensysteme vorteilhaft eingesetzt werden könnten:

- Die Ergebnisse der Modellrechnungen liegen oft in Form eines sehr großen Datensatzes vor. Das Urteil, ob dieser Datensatz einen brauchbaren Betriebsfall darstellt oder nicht, bleibt dem betriebsführenden Personal überlassen. Die Regeln, nach denen er zu seinem Urteil kommt, ließen sich in einem Expertensystem niederlegen, das bereits eine Vordiagnose trifft und erörtert [16, 17].
- Bei der Auswahl von Maßnahmen zur Verbesserung bzw. Korrektur eines Netzzustandes ist aufgrund der Kombinatorik der möglichen topologischen Maßnahmen das Auffinden geeigneter Maßnahmen durch das betriebsführende Personal nur schwer innerhalb der zur Verfügung stehenden Zeit möglich [14, 16, 17].
- Mit einer Kontingenzanalyse (i.e. Ausfallanalyse) können wegen der Kombinatorik nicht alle im Netz möglichen Fehlerfälle in sinnvoller Zeit durchgerechnet werden. Es wird daher eine Auswahl kritischer Ausfälle angenommen und nur diese werden in der Kontingenzanalyse bearbeitet [13].
- Bei der Lastprognose treten gelegentlich spezielle Einflussgrößen oder Tage (z. B. Feiertage) mit speziellen Gegebenheiten auf, die mit mathematischer Statistik nicht fassbar sind. Hier muss letzlich das betriebsführende Personal aufgrund seiner Erfahrung Annahmen treffen.

Die Aufgabe des Wissensingenieurs ist es, nicht nur einen Betriebsführer zu befragen, sondern möglichst alle erfahrenen Betriebsführer, und das gesamte Erfahrungsgut in ein Regelsystem umzusetzen. Auf diese Weise kann ein Expertensystem zustande kommen, das schneller und mit größerer Umsicht arbeitet als der einzelne Betriebsführer [8].

Ein weiteres Einsatzgebiet von Expertensystemen in Energieversorgungssystemen liegt in der Zustandserfassung von Betriebsmitteln. Hierzu gehört die Bestimmung des Alterungsverhaltens und die Schwachstellenanalyse für die Instandhaltungs- und Assetstrategie. Mit einem Expertensystem könnten die Ergebnisse von zurückliegenden Inspektionsergebnissen aggregiert, ausgewertet und für die aktuelle Bewertung von Betriebsmitteln genutzt werden. Das Expertensystem wird gespeist mit den listengestützten Inspektionsergebnissen durch die Instandhaltungsmitarbeiter, sowie mit zusätzlichen Ergebnissen aus nicht-invasiven Messverfahren, wie Infrarot-Thermografie und akustische Teilentladungsdetektion.

10.3 Architektur eines Expertensystemen

Die Hauptaufgabe eines Expertensystems ist es, Wissen zu verarbeiten. Aus diesem Grund nehmen die Wissensbasis und die Inferenzmaschine im Aufbau eines Expertensystems eine zentrale Rolle ein (Abb. 10.2). Entsprechend den zuvor angeführten Anforderungen an ein Expertensystem existiert eine klare Schnittstelle zwischen dem gespeicherten Wissen und der Problemlösungskomponente [3].

Zusätzlich muss das Expertensystem in der Lage sein, über eine Benutzerschnittstelle mit dem Anwender zu kommunizieren und die Ergebnisse zu präsentieren. Das Expertensystem sollte auch die Fähigkeit besitzen, den Lösungsweg zu analysieren und die getroffenen Entscheidungen zu begründen und zu erklären. Expertensysteme sollten über eine Wissenserwerbskomponente Möglichkeiten bereitstellen, die Wissensbasis zu erweitern.

Abb. 10.2 zeigt eine Übersicht über die grundsätzlichen Architekturmerkmale von Expertensystemen sowie eine Darstellung des Zusammenwirkens der Komponenten. Als wichtigste Komponenten sind zu nennen:

- **Wissensbasis**
  In der Wissensbasis ist das problembezogene Fachwissen des bzw. der Experten über das betreffende Anwendungsgebiet gespeichert. Die Forderung nach der abstrahierten Formulierbarkeit von Wissen begründet als charakteristisches Merkmal der Expertensystemarchitektur die konsequente Trennung von Wissensverarbeitung und Wissensrepräsentation. Um die Vorteile der expliziten Wissensspeicherung auszunutzen, sollte in keiner anderen Komponente problembezogenes Wissen gespeichert sein. Der Inhalt der Wissensbasis kann grob unterschieden werden in *generisches Wissen*, das unabhängig vom aktuellen Anwendungsfall gespeichert ist, und dem *fallspezifischen Wissen*, das zur Lösung des aktuellen Anwendungsfalls notwendig ist. Lernfähige

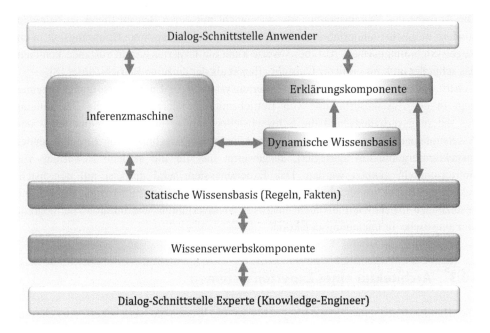

Abb. 10.2 Architektur eines Expertensystems

Systeme können fallspezifisches Wissen, nach der Lösung eines Problems, in den generischen Teil der Wissensbasis aufnehmen. Das generische Wissen umfasst Fakten zum Problembereich, Wissen über deren Zusammenhänge und deren Schlussfolgerungsmechanismen und Wissen über Strategien, wie das vorhandene Wissen eingesetzt werden kann.

Die Wissensbasis ist der eigentliche Kern eines Expertensystems. Sie enthält in ihrem statischen Bereich das Expertenwissen in Form von maschinenlesbaren Datenstrukturen. Der dynamische Bereich der Wissensbasis dient der Verwaltung von Datenstrukturen, die im Verlauf des Problemlöseprozesses (z. B. als Zwischenergebnisse) angefallen sind.

Für die Darstellung des Fachwissens in einem Expertensystem existieren verschiedene Methoden der Wissensrepräsentation (Frames, Objekte, Regeln, Fakten usw.) (s. Abschn. 10.5).

- **Inferenzmaschine**
Die Inferenzmaschine stellt die zentrale Problemlösungskomponente eines Expertensystems dar. Der Begriff Inferenz leitet sich von dem englischen Begriff inference ab, der am besten mit dem deutschen Wort Schlussfolgerung zu übersetzen ist. Mit der Inferenzmaschine werden die aus der Problemstellung extrahierten und in der Wissensbasis hinterlegten Fakten entsprechend den Regeln verknüpft und auf neue Fakten geschlossen. Das beispielsweise in Regeln gespeicherte Expertenwissen legt nur fest,

10.3 Architektur eines Expertensystemen

was in einer bestimmten Situation getan werden soll. In welcher Reihenfolge die Regeln zur Problemlösung verwendet werden, entscheidet die Inferenzmaschine [9].

Die Inferenzmaschine folgt fest programmierten Lösungsstrategien, die vorgeben, auf welche Weise eine Lösung erreicht werden kann. Man unterscheidet mit der zielgesteuerten und der datengesteuerten Inferenz zwei prinzipiell unterschiedliche Lösungsstrategien.

Die *zielgesteuerte Inferenz* ist dadurch charakterisiert, dass sie einen Suchbaum von seinen Zielen zum Ursprung hin verfolgt und auf diese Weise versucht, einen Weg durch den Suchbaum zu verifizieren. Dieses Verfahren, sich gewissermaßen rückwärts durch den Suchbaum zu arbeiten, wird daher auch als Rückwärtsverkettung, Backward Chaining bzw. Top-down-Strategie bezeichnet.

Die *datengesteuerte Inferenz,* die synonym auch als Vorwärtsverkettung, Forward Chaining bzw. Bottom-up-Strategie bezeichnet wird, arbeitet in umgekehrter Weise. Ausgehend von einem Start- bzw. Einstiegsdatum beim Fußpunkt bzw. Ursprung des Suchbaumes, ergeben sich bei ihrem Einsatz anhand der Regeln über die jeweiligen Fakten neue Daten, die wiederum zu neuen Regeln und schließlich zu Lösungen führen.

Eine wichtige Eigenschaft der Inferenzmaschine ist die Fähigkeit, die eigene Unfähigkeit bei einer Lösungsfindung zu erkennen und entsprechend dem Anwender zu kommunizieren.

Nach Beendigung des Inferenzprozesses werden die neugewonnenen Fakten von der Benutzerschnittstelle aufbereitet und als Lösung des Problems dem Anwender präsentiert.

- **Erklärungskomponente**

  Die Erklärungskomponente ist für Expertensysteme eine typische und wichtige Komponente, die in klassischen Computeranwendungen in der Regel fehlt. Sie präsentiert dem Anwender das Ergebnis, und erläutert ihm, auf welchem Weg oder warum das Expertensystem zu einer bestimmten Lösung gelangt ist. Die Erklärungskomponente fördert das Verständnis und damit das Vertrauen der Anwender in die vorgeschlagenen Lösungen.

  Weiterhin erklärt sie die Bedeutung bestimmter Fragen des Expertensystems an den Anwender. In vielen Fällen greift die Erklärungskomponente auf Zwischenergebnisse aus der dynamischen Wissensbasis zurück.

  Typische Fragestellungen dabei sind:
  - Wie wurde die Lösung eines Problems gefunden?
  - Warum wird eine bestimmte Information vom Expertensystem nachgefragt?
  - Warum wurde eine bestimmte Lösung nicht gefunden?

- **Wissenserwerbskomponente**

  Unter Wissenserwerbskomponente wird im einfachsten Fall ein Editor für die Datenstrukturen, die in der statischen Wissensbasis enthalten sind, verstanden [18]. Um dem Fachexperten und dem Anwender des Programms die Kenntnis von den internen Datenformaten des Expertensystems zu ersparen, sollte jedoch ein Dialoginterface vorgesehen werden, das die Manipulationen der Wissensbasis auf einem der natürlichen Sprache nahen, entsprechend hohen Niveau ermöglicht.

Die Wissenserwerbskomponente sollte über Funktionen verfügen, mit denen die Konsistenz und Vollständigkeit des gespeicherten Wissens überprüft wird.

- **Benutzerschnittstelle**

  Die Benutzerschnittstelle oder Dialogkomponente dient als Schnittstelle zwischen dem Menschen und dem Expertensystem. Die systeminterne Wissensdarstellung ist im Allgemeinen zu abstrakt als dass sie für den Standardanwender verständlich wäre. Darum müssen Fragen und Antworten entweder in natürlicher Sprache oder in anwendungsorientierten Masken über eine Dialogschnittstelle erfolgen.

  Die Benutzerschnittstelle unterscheidet zwei Arten der Interaktionen mit dem Expertensystem. Die Kommunikation mit dem Anwender, der nach der Lösung eines bestimmen Anwendungsproblems sucht, und der Kommunikation mit dem Knowledge Engineers, das ist die Person, die die Wissensbasis erstellt und wartet. Zu diesem Zweck werden in beiden Fällen die Fakten über die Problemlösung annähernd natürlichsprachlich aufbereitet oder Zusammenhänge grafisch dargestellt.

10.4 Arten von Wissen

Ein Expertensystem benötigt entsprechend einem menschlichen Experten Wissen, um eine gegebene Problemstellung zu lösen. Das Wissen lässt sich dabei in vier Kategorien einteilen [9]:

Fakten zu einem Problembereich

Diese sind zumeist in Lehrbüchern bzw. der einschlägigen Fachliteratur enthalten. Sie stellen die Basis dar, auf der das gesamte Teilgebiet aufbaut. Der menschliche Experte eignet sich dieses Wissen in seiner Ausbildung (Studium, Fachausbildung) an, bzw. sucht es bei Bedarf in Wissensspeichern, die meist in gedruckter Form (z. B. Bücher, Manuals, Datenblätter) oder auch elektronisch zur Verfügung stehen. Beispiele für Faktenwissen sind Naturgesetze oder mathematische Gesetze.

Wissen über die Zusammenhänge der Fakten

Damit werden beschreibt festgelegte Verfahrensweisen und deren Auswirkungen beschrieben. Auch dieses Wissen ist großteils in Lehrbüchern zu finden, z. B. der physikalische Zusammenhang zwischen Luftdruck und Wetter.

Wissen über Schlussfolgerungsmechanismen und Heuristiken

Dieses Wissen für die Lösung von Problemen eignet sich der Experte durch langjähriges Arbeiten in einem bestimmten Problembereich an. Es stellt das eigentliche Erfahrungswissen menschlicher Experten dar und beinhaltet auch den Umgang mit unvollständigen Informationen und mit Informationen aus den Randbereichen des Aufgabengebietes.

Dieses Wissen ist nicht in Lehrbüchern zu finden, wäre auch schwer darin darzustellen, und macht einen Experten deshalb so wertvoll für ein Unternehmen. Wissen dieser Art kann allerdings nur sehr bedingt in Expertensystemen umgesetzt werden.

Strategisches Wissen
Wie das Wissen über Schlussfolgerungsmechanismen und Heuristiken handelt es sich hierbei um Erfahrungswissen, das sich der Experte im Laufe der Zeit aneignet. Es beschreibt, wie man ein Problem angeht, um effizient zu einer Lösung zu gelangen.

10.5 Wissensverarbeitung in Expertensystemen

Im Folgenden wird erläutert, in welcher Form Wissen in Expertensystemen gespeichert wird und wie das gespeicherte Wissen verknüpft wird, um auf neues Wissen zu schließen und um schlussendlich auf Problemlösungen zu kommen [4]. Anhand von Beispielen werden dabei zwei grundlegende Methoden der Wissensverarbeitung in Expertensystemen, die Vorwärtsverkettung und die Rückwärtsverkettung, vorgestellt (s. Abschn. 10.5.2).

10.5.1 Wissensspeicherung

Zur Repräsentation von Wissen werden in der Praxis verschiedene Verfahren eingesetzt, die in Abhängigkeit von der jeweiligen Wissensdomäne gewisse Vor- und Nachteile aufweisen. Gebräuchliche Verfahren zur Wissensrepräsentation sind semantische Netze, objektorientierte Wissenspräsentation, Frames (Rahmen), Logik oder Produktionsregeln [19]:

Beispiel 1: Semantische Netze

Ein semantisches Netz ist ein Graph ähnlich wie der Graph eines Energieversorgungsnetzes bestehend aus einer Menge von Knoten und Kanten. Die Kanten von Graphen können gerichtet sein. In semantischen Netzen wird das Wissen netzwerkartig, d. h. in Baumstruktur dargestellt.

Die Knoten stellen beliebige Sachverhalte dar (z. B. Objekte, Ereignisse, usw.). Die Kanten stellen die Beziehungen zwischen jeweils zwei Knoten her. Am einfachsten lässt sich dies an der („ist ein")- und („hat")-Beziehung erklären. Die („ist ein")-Beziehung dient beispielsweise zur Unter- bzw. Zuordnung eines Begriffes zu einem Oberbegriff. Mit der („hat")-Beziehungen werden einem Objekt Eigenschaften oder andere Objekte zugeordnet. Abb. 10.3 zeigt ein Beispiel für die Beziehungen in einem semantischen Netz.

Diese Art der Wissensdarstellung erlaubt eine einfache Verwaltung der Informationen, da die Teile ohne Informationswert bei dieser Verwaltung weggelassen werden können,

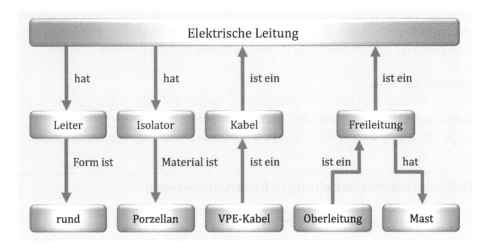

Abb. 10.3 Beispiel eines semantischen Netzes

und sie bietet zudem noch Möglichkeiten zur Einrichtung von Vererbungsmechanismen entlang der gerichteten Beziehungen. So können bestimmte Eigenschaften oder Fähigkeiten an übergeordneter Stelle vereinbart werden, und sämtliche, in Pfeilrichtung nachgelagerten Knoten können diese bei Bedarf erben bzw. konsultieren. ◄

Beispiel 2: Objektorientierte Wissenspräsentation

Objektorientierte Wissenspräsentation lehnt sich an die objektorientierte Programmierung an. Dort wurde das Objekt als Verallgemeinerung des abstrakten Datentyps erfunden. Im Prinzip handelt es sich bei Objekten um streng verkapselte Datenstrukturen. Objekte kommunizieren untereinander durch Mitteilungen, die beim Adressaten etwas auslösen. Was eine Mitteilung konkret auslöst, hängt einerseits von den mitgelieferten genaueren Angaben ab (spezifizierten Parametern) und andererseits von der Weise, wie das Empfängerobjekt die Mitteilung interpretiert.

Für die Interpretation verfügt jedes Objekt über Methoden (Prozeduren). Dies können eigene, nur ihm selbst bekannte Methoden sein, oder aber Methoden, welche von Übergeordneten geerbt werden. Grundlegend für das Verständnis eines objektorientierten Systems sind die Begriffe *Klasse* und *Instanz* (Abb. 10.4).

Eine *Klasse* kann als Schablone für ein Objekt aufgefasst werden. Die Klasse steht für ein abstraktes Grundmuster, nach dem Objekte erzeugt werden können. Sie definiert die Merkmale und das Verhalten (die Fähigkeiten) der zu der Klasse gehörenden Objekte. Die einzelnen Ausprägungen einer Klasse nennt man Instanzen. Sie werden in einem gesonderten Vorgang, der Instanziierung, erzeugt. Instanzen erhalten grundsätzlich die gleichen Merkmale (Attribute) und Fähigkeiten (Methoden)

10.5 Wissensverarbeitung in Expertensystemen

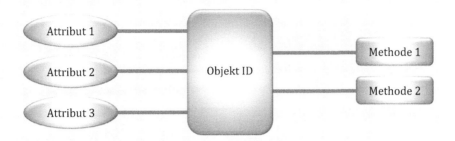

Abb. 10.4 Klasse mit drei Attributen und zwei Methoden

wie die Klasse. Zu einer Klasse können Unterklassen gebildet werden. Sie erben von der übergeordneten Klasse deren Merkmale und Fähigkeiten. Auf diese Weise können ganze Hierarchien von Klassen entstehen. Innerhalb einer zusammenhängenden Hierarchie kann von oben nach unten vererbt werden. Dies verringert die Redundanz in der Wissensdarstellung, da gleiche (gemeinsame) Merkmale oder Fähigkeiten nicht bei jeder Instanz, sondern nur bei einer der übergeordneten Klassen gespeichert und verwaltet werden müssen. ◄

Beispiel 3: Frames (Rahmen)

Eine spezielle Form der objektorientierten Wissensdarstellung sind die Frames. Bei den Frames wird im Gegensatz zum Objekt auf die Kapselung verzichtet. Die in einem Frame definierten Datenelemente haben also globalen Charakter. Frames sind, wiederum im Gegensatz zu Objekten, stärker strukturiert. Die Methoden sind den Attributen zugeordnet und bilden zusammen mit diesen sogenannte Slots. Ein Slot beschreibt den Zustand eines Attributs sowie die Prozedur, die besagt, was zu geschehen hat, falls das Attribut einen neuen Wert zugewiesen erhält, falls sein Wert gelöscht wird oder falls sein Wert abgefragt (benötigt, gelesen) wird.

Alle Slots eines Frames zusammen eignen sich deshalb vorzüglich zur Beschreibung einer Szene beziehungsweise von Szenenwechseln. Da auch zu jedem Frame Prozeduren vereinbart werden können, die beschreiben, was beim „Betreten" und „Verlassen" des Frames zu geschehen hat, eignen sich Frames zur regieartigen Wissensdarstellung von komplexen Prozessen (Abb. 10.5).

Frames können wie im objektorientierten Ansatz Klassen bilden. Diese Frameklassen können in eine Klassenhierarchie eingeordnet werden, innerhalb derer Slots vererbt werden. In jeder Frameklasse können beliebig viele Frameinstanzen erzeugt werden. Sie beschreiben Handlungen und Situationen einer Szene, der Aufruf einer Instanz eines anderen Frames zu einem Szenenwechsel. ◄

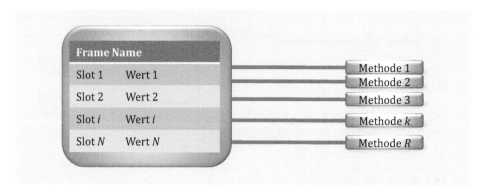

Abb. 10.5 Struktur eines Frames

Beispiel 4: Regeln

Da Experten Wissen oft in Form von Regeln formulieren, wird in Expertensystemen meist eine logische Wissensrepräsentation durch Fakten und Regeln verwendet. Regeln bestehen aus einer Vorbedingung und einer Aktion. Vorbedingungen bestehen wiederum aus der Verknüpfung von ein oder mehreren Fakten.

Mit Regeln können Zusammenhänge in Form eines WENN…DANN-Konstrukts beschrieben werden. Damit hat man die Möglichkeit, Reiz/Reaktion-, Ursache/Wirkung- oder Symptom/Diagnose-Zusammenhänge abzubilden. Hier ein Beispiel:

PRÄMISSE	KONKLUSION
WENN (Literal ODER Literal) UND NICHT Literal	DANN Literal UND Literal

In Anlehnung an die Logik wird auch eine Regel in zwei Teile unterteilt, die man Prämisse und Konklusion nennt. Die Prämisse besteht aus einer Reihe von negierten oder nicht negierten Wissensbestandteilen, die mit UND (Konjunktion) oder ODER (Disjunktion) miteinander verbunden sind. Diese als Literale bezeichneten Elemente können dabei zum Beispiel folgenden Aufbau haben (Beispiele in Klammern):

- Eine einfache Aussage, etwa in Form einer aus der Aussagenlogik bekannten Aussage, die wahr oder falsch sein kann („Frequenz_zu_hoch")
- Die Überprüfung der Wertebelegung einer Aussage („Sammelschienen_an_Station1" = „gekuppelt")
- Ein Vergleich zwischen zwei Aussagen („Strom_an_Schalter1" = „Strom_an_Schalter2")
- Aufruf einer Funktion, die ebenfalls wahr oder falsch liefert (Speicheradresse (Nr))
- Die Überprüfung des Rückgabewertes einer Funktion (Speicheradresse (Nr) = 1)

10.5 Wissensverarbeitung in Expertensystemen

- Ein Vergleich zwischen zwei Funktionsaufrufen (Speicheradresse (4711) = Speicheradresse (0815))

Literale der Konklusion werden dabei meistens verwendet als:

1. einfache Aussagebelegungen („Generator1_in_Wartung"), die Aussage wird vom System dann mit „wahr" belegt.
2. Wertzuweisung. Einer Aussage wird ein spezieller Wert zugewiesen („Spannungswandler_in_Feld1" = „defekt").
3. eine Aktion. Etwa DIAGNOSE „Rückmeldeleuchte_der_Leitung23 ist defekt! Bitte wechseln Sie ihn aus!".

Die Literale der Konklusion können ebenfalls mit UND verbunden werden. Dies wird hier aber im Sinne einer sequenziellen Verarbeitung verwendet.

Statt UND, ODER und NICHT können hier natürlich auch andere Symbole etwa AND, OR, NOT, „+", „−" usw. verwendet werden. Auch das hier beispielhaft verwendete Zuweisungszeichen „=" kann natürlich in verschiedener Form vorkommen.

Damit die Aussagen von einem Expertensystem überhaupt erfragt und überprüft werden können, müssen sie neben ihrem Namen, über den sie angesprochen werden können, entsprechenden Bestandteile besitzen:

- Ein Wertebereich legt fest, welche Werte überhaupt zugeordnet werden können. Beispiele sind hier die bekannten INTEGER, BOOL, REAL, aber auch Aufzählungen („farblos", „braun", „honigfarben", „schwarz") oder Intervalle ([1…100]).
- Ein Wert, mit dem der Wertebereiches festgelegt wird, der vom Benutzer eingegeben oder vom System ermittelt wurde.
- Einen Fragetext, mit dem der Benutzer nach dem Wert gefragt wird.
- Einen Antwort- bzw. Diagnosetext, der bei Auftreten in der Konklusion einer Regel ausgegeben werden kann.
- Eventuell die Referenz zu Medien wie Bilder, Videos oder Erklärungstexten.
- Einen Auswahlanzeiger, mit dessen Hilfe Teilmengenbeziehungen verarbeitet werden können. Der Anzeiger wird zum Beispiel als „N aus M" bezeichnet. Ist er gesetzt, kann der Nutzer mehrere Elemente aus einem Wertebereich wählen, ist er nicht gesetzt, nur jeweils einen Wert. Innerhalb einer Prämisse können dann auch Literale der folgenden Art verwendet werden: „Wochentag aus (Mo, Di, Do)", wobei hier auch mehrere Tage auf einmal ausgewählt werden können.

Um die Regeln innerhalb eines Systems gezielter verarbeiten zu können, werden diese zu Regelgruppen zusammengefasst, die ebenso wie die Regeln selbst benannt werden können. Dadurch lassen sich diese Regelgruppen bzw. Regeln von verschiedenen Stellen aus ansprechen.

Zusammenfassend kann man sagen, die Regeln eines Expertensystems bestehen aus [20]:

- Vorbedingungen (engl. antecedents), die aus der Verknüpfung ein oder mehrerer Fakten zusammengesetzt sind,
- und aus ein oder mehreren Aktionen (engl. conclusions). Bei den Aktionen unterscheidet man zwei Arten [20]:
  - Implikationen oder Deduktionen, mit denen der Wahrheitsgehalt einer Hypothese hergeleitet wird. Expertensysteme, deren Aktionen Implikationen oder Deduktionen sind, nennt man *Deduction Systems*.
  - Handlungen, mit denen ein Zustand verändert wird. Expertensysteme, deren Aktionen Handlungen sind, nennt man *Reaction Systems*.

Die Aufteilung des Wissens in möglichst kleine „Wissensstücke", den Regeln, macht eine Wissensbasis modular und damit relativ einfach veränderbar. Es ist auch relativ leicht möglich, diesen Grundaufbau der Regeln für anwendungsspezifische Notwendigkeiten zu erweitern. So ist es z. B. möglich, Regeln zur Darstellung von unsicherem oder unvollständigem Wissen um Unsicherheitsangaben oder Ausnahmen zu erweitern (s. Abschn. 10.5.3).

Um die Strukturierung und die Überschaubarkeit der Wissensbasis zu erhöhen, ist es zumeist möglich, zusammengehörende Regeln, das sind Regeln, die einen bestimmten Teil des Problems behandeln, zu sogenannten Wissensinseln zusammenzufassen. Ein Teilproblem wird von einer Wissensinsel gelöst und kann unter Umständen andere Wissensinseln dabei aktivieren oder von anderen Wissensinseln aus aktiviert werden. Oft ist es auch möglich, die Wissensinseln in eigene Teil-Wissensbasen zu legen, die nur dann in den Computer geladen werden, wenn das zugehörige Teilproblem gerade behandelt wird. Diese Strukturierung reduziert die im Computer aktuell zu untersuchenden Regeln und steigert so die Performance eines Expertensystems [9].

Technische Expertensysteme werden zu einem überwiegenden Anteil mithilfe von frameartigen Wissensrepräsentationen oder Produktionsregeln realisiert [7]. ◄

10.5.2 Wissensverarbeitung

Am Beispiel der Wissensrepräsentation mit Regeln wird die Wissensverarbeitung innerhalb eines Expertensystems betrachtet, um mit den vorhandenen Fakten zu neuen Schlussfolgerungen zu kommen. Man unterscheidet zwei prinzipielle Arten der Regelverarbeitung, die entsprechend der Richtung ihrer Lösungsfindungsstrategie als Vorwärtsverkettung bzw. Rückwärtsverkettung bezeichnet werden.

Vorwärtsverkettung

Bei der Vorwärtsverkettung (Forward Chaining) leitet der Regelinterpreter alle Schlussfolgerungen her, die aus den im Expertensystem abgespeicherten Fakten herleitbar sind. Das System prüft alle Regeln, deren Vorbedingungen erfüllt sind und arbeitet diese Regeln ab. Zu einer Regel, die abgearbeitet wird und deren Vorbedingung erfüllt ist, sagt man auch die Regel „feuert". Danach prüft das System wieder, welche Regeln weiter abgearbeitet werden können.

Rückwärtsverkettung

Während man mit der Vorwärtsverkettung nur Schlussfolgerungen aus einer vorgegebenen Faktenmenge beziehen kann, eignet sich ein rückwärtsverkettender Regelinterpreter (Backward Chaining) auch zum gezielten Erfragen noch unbekannter Fakten. Ein Backward Chaining Regelinterpreter startet mit einem vorgegebenen Ziel. Falls das Ziel nicht in der Menge der bekannten Fakten vorkommt, entscheidet der Regelinterpreter zunächst, ob es aus den bereits vorhandenen Informationen abgeleitet werden kann oder ob es erfragt werden muss. Ein Faktum kann dann abgeleitet werden, falls zumindest eine Regel existiert, in der das Faktum auf der rechten Seite, der Seite der Aktion, vorkommt. Existiert keine solche Regel, bleibt dem System nur die Möglichkeit, dieses Faktum vom Anwender zu erfragen [20].

Im Falle der Ableitung werden alle Regeln abgearbeitet, in deren Aktionsteil das Ziel enthalten ist. Wenn bei der Überprüfung der Vorbedingungen einer Regel ein Parameter unbekannt ist, wird ein Unterziel zur Bestimmung dieses Parameters generiert und der Backward Chaining Mechanismus zur Bestimmung dieses Unterziels rekursiv herangezogen. Das Endergebnis ist die Bestimmung eines Wertes für das vorgegebene Ziel und für alle Unterziele, die Evaluierung der relevanten Regeln und das Stellen der notwendigen Fragen. Die Rückwärtsverkettung enthält implizit eine Dialogsteuerung, wobei die Reihenfolge der gestellten Fragen von der Reihenfolge der Regeln zur Herleitung eines Parameters und von der Reihenfolge der Aussagen in der Vorbedingung einer Regel abhängt. Je präziser das Ziel, desto kleiner ist der Suchbaum von zu überprüfenden Regeln und zu stellenden Fragen.

Für die Vorwärtsverkettung wird man sich entscheiden, wenn viele Fakten sehr wenigen Regeln gegenüberstehen, oder alle möglichen Fakten vorgegeben sind und man alle daraus ableitbaren Schlussfolgerungen wissen möchte [20].

Falls die gegebenen oder eruierbaren Fakten zu einer großen Anzahl von Schlüssen führen, aber die Anzahl der Wege zum gewünschten Ziel klein ist, sollte man auf Rückwärtsverkettung zurückgreifen. Würde man Vorwärtsverkettung anwenden, würden viele Regeln abgearbeitet, deren Ergebnis schlussendlich nicht weiter benötigt wird. Ein Anwendungsfall für Rückwärtsverkettung ist, wenn keine oder wenige Fakten bekannt sind und man ein oder mehrere Hypothesen beweisen möchte [20].

10.5.3 Konfidenzfaktor

Um unsicheres Wissen zu repräsentieren und zu verarbeiten, kann man die heuristischen Regeln mit Zutreffenswahrscheinlichkeiten oder Konfidenzfaktoren K (Certainty Factors) gewichten [3]. Ein weiterer Ansatz, unsicheres Wissen zu bewerten, ist die Evidenztheorie [21].

Beim Prinzip der Konfidenzfaktoren handelt es sich um ein intuitives Konzept, bei dem mit dem dynamischen und dem festen Konfidenzfaktor zwei grundsätzlich verschiedene Arten von Zutreffenswahrscheinlichkeiten unterschieden werden [9].

Dynamischer Konfidenzfaktor

Der dynamische Konfidenzfaktor wird dazu verwendet, die Sicherheit von Fakten F, die nicht als definitiv wahr oder falsch bekannt sind, quantitativ zu bewerten. Dem Faktum wird dabei ein Zahlenwert aus dem Intervall $[-1, 1]$ zugeordnet. Der Zahlenwert -1 entspricht dabei der Bewertung „definitiv falsch", der Wert 1 der Bewertung „definitiv wahr".

Meist basieren diese quantitativen Bewertungen von Fakten auf einem bestimmten Hintergrundwissen, welches in diesem Zusammenhang als Evidenz E bezeichnet wird. Im Laufe der Bearbeitung des Problems fließt neues Wissen in Form von Fakten in die Wissensbasis des Systems ein. Im Rahmen dieses Prozesses ändert sich die Evidenz E und somit unter Umständen auch die Konfidenzfaktoren, die den Fakten zugeordnet sind. Der Konfidenzfaktor $K(F|E)$ entspricht somit der Sicherheit des Faktums F auf Basis der Evidenz E. Da sich, wie oben erläutert, die Konfidenzfaktoren im Zuge der Wissensverarbeitung laufend verändern, spricht man von dynamischen Konfidenzfaktoren.

Fester Konfidenzfaktor

Der feste Konfidenzfaktor tritt im Zusammenhang mit Regeln auf. Mit seiner Hilfe wird die unsichere Abhängigkeit zwischen der Vorbedingung (Prämisse) und der Aktion (Konklusion) ausgedrückt. Die Vorbedingung kann dabei auch aus der komplexen Verknüpfung von unsicheren Fakten bestehen. Ein Beispiel für eine solche Regel, die sich aus vergleichbaren Systemzuständen der Vergangenheit ableiten lässt, ist:

WENN	das Betriebsmittel42 ausgeschaltet ist
UND	die Belastung des Betriebsmittel17 größer als 70 % ist
UND	die Spannung am Netzknoten13 geringer als 0,95 U_n ist
DANN	ist der Ausfall des Betriebsmittel17 vermutlich (0,7) kritisch

Diese Regel drückt die bedingte Sicherheit aus, dass es sich bei dem Ausfall des *Betriebsmittel17* um einen vermutlich kritischen Netzzustand handelt. Der Konfidenzfaktoren $K(H|F_1 \wedge F_2 \wedge F_3|E) = 0{,}7$ repräsentiert die bedingte Sicherheit der Hypothese H unter der Bedingung, dass die Fakten F_1, F_2 und F_3 wahr sind. Die festen

10.5 Wissensverarbeitung in Expertensystemen

Konfidenzfaktor werden bei der Erstellung der Regelbasis von den Fachexperten den Regeln zugeordnet.

Die wesentlichen Arbeitsschritte eines Expertensystems, welches mit unsicheres Wissen mit der Hilfe von Konfidenzfaktoren berücksichtigt, können folgendermaßen zusammengefasst werden [22]:

- Die Abarbeitung der Regen erfolgt nach dem Abschn. 10.5.2 vorgestellten Schema der Vorwärtsverkettung. Die dynamischen Konfidenzfaktoren der bekannten Fakten werden dabei vom Benutzer in das System eingegeben.
- Im Fall einer komplexen zusammengesetzten Prämisse wird aus den Konfidenzfaktoren der einzelnen Fakten der Konfidenzfaktor der zusammengesetzten Prämisse berechnet.
- Ist der dynamische Konfidenzfaktor der Prämisse bekannt, kann unter Einbeziehung des festen Konfidenzfaktors der Regel die Regelanwendung erfolgen. Der Konfidenzfaktor der Hypothese wird berechnet und stellt das zum jetzigen Zeitpunkt über die Hypothese bekannte Wissen dar.
- Ein und dieselbe Hypothese wird unter Umständen durch mehrere Regeln bewertet. Das bedeutet, die Hypothese kommt in mehreren Regeln als Aktion vor. Die Anwendung dieser Regeln führt somit auch zu mehreren Konfidenzfaktoren, die die Sicherheit derselben Hypothese bewerten. Den Vorgang, der diese Einzelbewertungen zusammenfasst, bezeichnet man als parallele Kombination.

Anhand eines einfachen Beispiels mit der nachfolgenden Regelbasis sollen die oben angeführten Schritte erläutert werden [22].

Regel 1:	$A_1 \wedge A_2 \wedge A_3 \xrightarrow{0,7} H$
Regel 2:	$B_1 \vee B_2 \xrightarrow{0,4} H$
Regel 3:	$C \xrightarrow{-0,8} H$

Als erste anwendbare Regel wird die Regel 1 angenommen. Regel 1 kann angewendet werden, wenn die Konfidenzfaktoren der Prämissenelemente A_1, A_2 und A_3 bekannt sind. Auf der Basis der einzelnen Konfidenzfaktoren $K(A_i|E)$ kann der Konfidenzfaktor $K(A_1 \wedge A_2 \wedge A_3|E)$ der zusammengesetzten Prämisse berechnet werden. E ist die Evidenz zu den Bewertungen der Fakten A_1. Es erfolgt die Regelanwendung, die zu dem Wert $K(H^{(1)}|E)$ führt. $H^{(1)}$ ist hier die Bewertung der Hypothese H nach der erfolgten Anwendung der ersten Regel. Analog erfolgt die Anwendung von Regel 2 auf der Basis der Bewertungen $K(B_i|E)$ und die Berechnung von $K(H^{(2)}|F)$. F ist die Evidenz zu den Bewertungen der Fakten B_i.

Als Ergebnis der Anwendung von Regel 1 und 2 können nun die Konfidenzfaktoren $K(H^{(1)}|E)$ und $K(H^{(2)}|F)$ der Hypothese H parallel kombiniert werden und erhält somit das zusammengefasste Ergebnis $K(H^{(3)}|E,F)$.

Auf analoge Weise kann Regel 3 angewendet werden und in die bereits berechneten Werte einbezogen werden. Man erhält abschließend den Konfidenzfaktoren $K(H|E,F,G)$ wobei G die der Bewertung von C zugrunde liegende Evidenz ist.

10.6 Beispiel eines Expertensystems zur Netzzustandskorrektur

10.6.1 Aufgabestellung

Exemplarisch wird im Folgenden ein Expertensystem zur Netzzustandsbewertung und Netzzustandskorrektur vorgestellt, mit dem das betriebsführende Personal in den Netzleitstellen bei den komplexeren Aufgaben der Netzsicherheitsüberwachung wissensbasiert unterstützt werden kann. Nach der prototypischen Entwicklung wurde das Expertensystem erfolgreich im praktischen Einsatz getestet [14, 17].

In einer Reihe von Interviews mit den Schaltingenieuren als Experten der Netzbetriebsführung eines größeren Übertragungsnetzbetreibers wurden schrittweise explizite Modellierungen des Expertenwissens erarbeitet und mit den Fachexperten abgestimmt. Diese Modellierungen strukturieren und systematisieren das Expertenwissen und erlauben somit losgelöst und unabhängig von der konkreten programmtechnischen Realisierung eine Verständigung zwischen dem Fachexperten und dem Wissensingenieur.

Im Folgenden wird aus Gründen der Übersichtlichkeit nur ein Teil der tatsächlich realisierten Leistungsbandbreite des Expertensystems dargestellt [17]. Die weitere Betrachtung beschränkt sich auf die folgenden als besonders wichtig einzuschätzenden Befunde und indirekten Kriterien:

- Befunde des Grundzustandes
  - Überschreitung der maximalen Zweigauslastung (I_{max}-Befund)
  - Verletzung der Spannungsgrenzen (U_{min}- und U_{max}-Befunde)
- Befunde der Ausfallsimulationsrechnung bei Zweig-Ausfallvarianten:
  - Überschreitung der maximalen Zweigauslastung (I_{max}-Befund)
  - Verletzung der Spannungsgrenzen (U_{min}- und U_{max}-Befunde)
- Befunde der Kurzschlussrechnung
  - Überschreitung der maximal zulässigen Abschaltleistung ($S_{a,max}$-Befund)
- Indirekte Kriterien
  - Außentemperatur
  - Kurzfristige Lastprognose

10.6.2 Auswahl topologisch geeigneter Maßnahmen

Auf der Basis der Netzzustandsbewertung und der dabei als relevant bewerteter Befunde wählt der Schaltingenieur üblicherweise Maßnahmen zur Verbesserung des Netzzustands aus. Zunächst muss er übergeordnet entscheiden, welcher Befund als erstes zu eliminieren ist. Daraufhin ist zu entscheiden, welcher Art die Maßnahme zur Verbesserung sein soll. Viele Befunde können u. a. mithilfe Topologie verändernder Maßnahmen beseitigt werden. Die Auswahl derartiger Maßnahmen erfolgt auf der Basis des mentalen konzeptuellen Modells, über das der Schaltingenieur zur Lösung solcher Probleme verfügt. Dieses wird u. a. durch das Studium von Betriebshandbüchern, dem Austausch mit anderen Schaltingenieuren und eigenen Betriebserfahrungen stetig weiterentwickelt.

Zur expliziten Darstellung des mentalen konzeptuellen Modells für die Auswahl von Topologie verändernden Maßnahmen zur Verbesserung des Netzzustands wurde eine Unterteilung des Problems in drei Kategorien vorgenommen:

- Befunde im Grundzustand (I_{max}, U_{min}, U_{max})
- Befunde der Ausfallsimulation (I_{max}, U_{min}, U_{max})
- Befunde der Kurzschlussrechnung ($S_{a,max}$)

Für jede dieser Kategorien wird während der Wissensakquisition ein graphisches Modell entwickelt, das die möglicherweise geeigneten Abhilfemaßnahmen mit den jeweils zugehörigen topologischen Voraussetzungen, die für die Anwendbarkeit der Maßnahmen gegeben sein müssen, abbildet. Das Modell wird im Folgenden als *Inferenzgraph* bezeichnet. Abb. 10.6 zeigt den Inferenzgraphen zur Modellierung der Maßnahmen zur Abhilfe bei Befunden im Grundzustand. Darin sind rechteckige und ovale Symbole abgebildet, die durch Pfeile miteinander verknüpft sind [17].

Die Rechtecke stehen für „Fragen", die den Zustand der jeweiligen Topologie betreffen. Die von den Rechtecken ausgehenden Pfeile modellieren mögliche „Antworten" auf diese Fragen. Ausgehend von der „Einstiegs"-Frage zur Art des Befundes *(„befund_kategorie")* gelangt man über Kombinationen von Fragen und Antworten zu den oval dargestellten Ausgängen des Graphen. Diese repräsentieren die geeigneten Maßnahmen zur Elimination des jeweils betrachteten Befunds. Das heuristische Wissen des Schaltingenieurs über die relative Eignung der verschiedenen Maßnahmen untereinander wird durch die Höhe der Anordnung des zugehörigen Ovals im Inferenzgraphen abgebildet.

In den Tab. 10.2 und 10.3 sind die in den Inferenzgraphen der Leistungsflussbefunde verwendeten Abkürzungen erläutert.

Der Inferenzgraph zur Elimination von Befunden bei Ausfallvarianten hat einen ähnlichen Aufbau wie der Grundfall-Inferenzgraph nach Abb. 10.6. Ein charakteristischer Unterschied besteht darin, dass präventive Maßnahmen gegen Ausfallbefunde u. a. auch durch topologische Veränderung im Umfeld des Ausfallzweiges gefunden werden

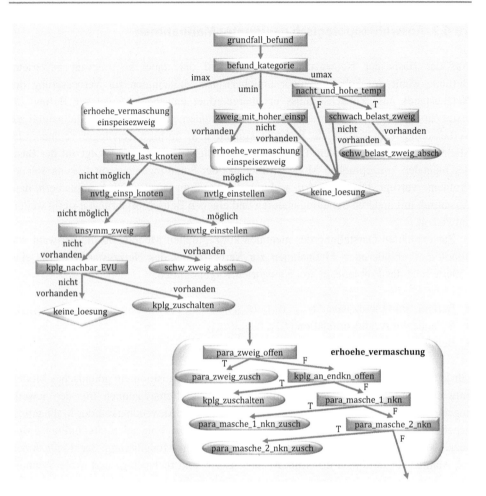

Abb. 10.6 Inferenzgraph für Befunde im Grundzustand [6]

können. Ein großer Teil der in diesen beiden Inferenzgraphen abgebildeten Maßnahmen erhöht die Vermaschung in der Umgebung des Ausfall- bzw. Befundzweigs gekennzeichnet. Dieses zeigt sich auch in dem mehrfachen Aufruf des Funktionsblocks *erhoehe_vermaschung* [17].

Abb. 10.7 zeigt den Inferenzgraphen für Maßnahmen gegen Befunde der Kurzschlussrechnung [14, 17]. Im Gegensatz zu den zuvor erläuterten Inferenzgraphen der Leistungsflussbefunde führen die im Kurzschluss-Inferenzgraphen modellierten Maßnahmen überwiegend zu einer Entmaschung des Netzes.

In den folgenden beiden Tabellen sind die in den Inferenzgraphen der Kurzschlussbefunde verwendeten Abkürzungen erläutert (Tab. 10.4 und 10.5).

10.6 Beispiel eines Expertensystems zur Netzzustandskorrektur

Tab. 10.2 Abkürzungen der topologischen Voraussetzungen bei den Leistungsflussbefunden

Abkürzung	Beschreibung
kplg_an_endkn_offen	Sammelschienenkupplung an einem Endknoten des Zweiges ist offen
kplg_nachbar_EVU	Es besteht die Möglichkeit, eine Kupplung zu einem Nachbarnetz zu schließen
nacht_und_hohe temp	Es ist zugleich Nacht und sehr warm
nvtlg_einsp_knoten	Am Einspeiseknoten ist eine Neuverteilung der Lasten und Einspeisungen möglich
nvtlg_last_knoten	Am Lastknoten ist eine Neuverteilung der Lasten und Einspeisungen möglich
para_masche_1_nkn	Schluss einer parallelen Masche über einen Nachbarknoten ist möglich
para_masche_2_nkn	Schluss einer parallelen Masche über zwei Nachbarknoten ist möglich
para_zweig_offen	Ein paralleler Zweig ist betriebsbereit
schwach_belast_zweig	Ein schwach belasteter Einspeisezweig kann abgeschaltet werden
unsymm_zweig	Der betrachtete Zweig ist der schwächer belastbare von zwei
zweig_mit_hoher_einsp	Ein Zweig mit hoher Einspeiseleistung ist vorhanden

Tab. 10.3 Abkürzungen der Maßnahmen bei den Leistungsflussbefunden

Abkürzung	Beschreibung
erhoehe_vermaschung	Es wird nach einer Möglichkeit zur Erhöhung der Netzvermaschung gesucht
kplg_zuschalten	Sammelschienenkupplung zuschalten
nvtlg_einstellen	Neuverteilung von Lasten und Einspeisungen vornehmen
para_masche_1_nkn_zusch	Parallele Masche über einen Nachbarknoten schließen
para_masche_2_nkn_zusch	Parallele Masche über zwei Nachbarknoten schließen
para_zweig_zusch	Parallelzweig zuschalten
schw_belast_zweig_absch	Schwach belasteten Zweig abschalten

Den zuvor gezeigten Inferenzgraphen ist gemeinsam, dass sie wenigstens einen „*keine_loesung*"-Ausgang, grafisch als Raute dargestellt, enthalten. Dieser Ausgang kennzeichnet eine Grundeigenschaft von Expertensystemen. Es können ausschließlich Lösungen gefunden werden, die auch in der Wissensbasis enthalten sind, d. h. die Kompetenz des Expertensystems ist genau auf den Umfang der Wissensbasis begrenzt.

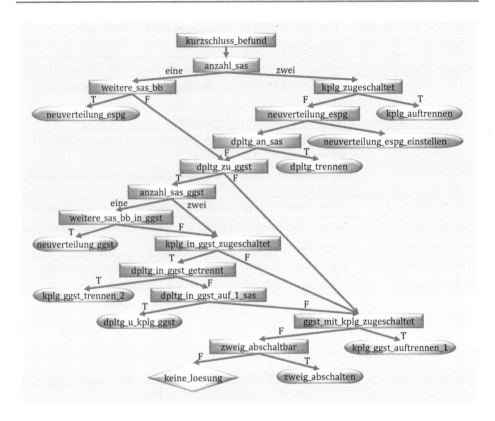

Abb. 10.7 Inferenzgraph für Befunde der Kurzschlussrechnung [6]

Tab. 10.4 Abkürzungen der topologischen Voraussetzungen bei den Kurzschlussbefunden

Abkürzung	Beschreibung
anzahl_sas	Anzahl der Sammelschienen in der Befundstation
anzahl_sas_ggst	Anzahl der Sammelschienen in der Gegenstation (GgSt)
dpltg_an_sas	Doppelleitungsabgang von Befundsammelschiene
dpltg_in_ggst_auf_1_sas	Die Doppelleitung führt in der GgSt auf eine Sammelschiene
dpltg_zu_ggst	Doppelleitung zu einer GgSt
ggst_mit_kplg_zugeschaltet	Doppelleitung führt in GgSt auf getrennte Sammelschienen
kplg_in_ggst_zugeschaltet	Die Sammelschienenkupplung in der GgSt ist zugeschaltet
kplg_zugeschaltet	Sammelschienenkupplung zugeschaltet
neuverteilung_espg	Umverteilung der Einspeisungen ist möglich
weitere_sas_bb	Eine weitere Sammelschiene ist betriebsbereit
weitere_sas_bb_in_ggst	Eine weitere Sammelschiene in der GgSt ist betriebsbereit
zweig_abschaltbar	Es existiert ein abschaltbarer Zweig

Tab. 10.5 Abkürzungen der Maßnahmen bei den Kurzschlussbefunden

Abkürzung	Beschreibung
dpltg_trennen	Doppelleitung auftrennen
dpltg_u_kplg_ggst	Doppelleitung in GgSt auf eine Sammelschiene schalten
kplg_ggst_trennen_1	Sammelschienenkupplung in der GgSt öffnen
kplg_ggst_trennen_2	Sammelschienenkupplung in der GgSt öffnen
kplg_trennen	Öffnen der Sammelschienenkupplung
nvtlg_espg_einstellen	Umverteilung der Einspeisungen vornehmen
nvtlg_ggst	Weitere Sammelschiene in der GgSt in Betrieb nehmen
nvtlg_station	Weitere Sammelschiene in der Station in Betrieb nehmen
zweig_abschalten	Zweig abschalten

Literatur

1. S. Russel und P. Norvig, Künstliche Intelligenz, Pearson, 2012.
2. G. Goerz, Einführung in die künstliche Intelligenz, Bonn, Paris, Reading: Addison-Wesley, 1995.
3. W. Ertel, Grundkurs Künstliche Intelligenz, Berlin: Springer, 2016.
4. F. Puppe, Einführung in Expertensysteme, Berlin: Springer, 1991.
5. K. Kurbel, Entwicklung und Einsatz von Expertensystemen, Heidelberg: Springer, 1992.
6. D. Hartmann und K. Lehner, Technische Expertensysteme, Heidelberg: Springer, 1990.
7. M. Kerndlmaier, Technische Expertensysteme für Prozessführung und Diagnose, München: Oldenbourg, 1989.
8. Z. A. Styczynski, K. Rudion und A. Naumann, Einführung in Expertensysteme, Heidelberg: Springer, 2017.
9. G. Gottlob, T. Frühwirt und W. Horn, Expertensysteme, Wien: Springer, 1990.
10. G. Krost, Expertensysteme im Betrieb elektrischer Energieversorgungsnetze – realisiert mit einem Trainingssystem für den Netzwiederaufbau nach Groß-Störungen, Dissertation Universität Duisburg, 1992.
11. D. Rumpel und J. Sun, Netzleittechnik, Berlin: Springer, 1989.
12. D. Reichelt, Über den Einsatz von Methoden und Techniken der Künstlichen Intelligenz zu einer übergeordneten Optimierung des elektrischen Energieübertragungsnetzes, Dissertation ETH Zürich, 1990.
13. K. F. Schäfer, C. Schwartze und J. Verstege, „Contex: An Expert System for Contingency Selection", *Electric Power Systems Research,* Vol. 22, S. 189–194, 1991.
14. K. F. Schäfer, C. Schwartze und J. Verstege, „Ein Expertensystem zur Reduktion unzulässig hoher Kurzschlußleistungen", *etz,* Bd. 112, Nr. 11, S. 526–531, 1991.
15. K. F. Schäfer, C. Schwartze, J. Verstege und M. Zöllner, „Netzzustandsbewertung mit wissensbasierten Methoden", *Elektrizitätswirtschaft,* Bd. 91, Nr. 3, S. 91–94, 1992.
16. W. Hoffmann, Wissensbasiertes System für die Bewertung und Verbesserung der netzsicherheit elektrischer Energieversorgungssysteme, Dissertation Universität Dortmund, 1990.
17. M. Zöllner, Bewertung und Verbesserung der Netzsicherheit elektrischer Versorgungssysteme mit wissensbasierten Methoden, Dissertation Bergische Universität Wuppertal, 1997.

18. R. Bäßler, „Vom Expertenwissen zur Wissensbasis eines Expertensystems", *Intelligente Software Technologien,* Nr. 2, S. 56–59, 1991.
19. P. Harmon und D. King, Expertensysteme in der Praxis, München: Oldenbourg, 1989.
20. P. Winston, Artificial intelligence, Reading: Addison-Wesley, 1993.
21. C. Beierle und G. Kern-Isberner, Methoden wissensbasierter Systeme, Heidelberg: Springer Vieweg, 2014.
22. I. Boersch, J. Heinsohn und R. Socher, Wissensverarbeitung, Heidelberg: Springer, 2007.

Datenmodelle und Testnetze 11

11.1 Einführung

Für die Durchführung von Netzberechnungen ist neben den zuvor beschriebenen Berechnungsverfahren ein entsprechendes Datenmodell erforderlich, mit dem das zu untersuchende Netz abgebildet werden kann. Der dafür notwendige Modellierungsumfang, d. h. welche Elemente und Funktionen des Netzes mit welchem Detaillierungsgrad nachgebildet werden müssen, ist abhängig vom jeweiligen Berechnungsverfahren. Man könnte daher spezifisch für jede Berechnungsanforderung entsprechend zugeschnittene Datensätze vorhalten. Der Vorteil dabei wäre, dass in solchen Datensätzen ausschließlich die für die konkrete Berechnungsmethode erforderlichen Daten vorlägen und die Datensätze entsprechend schlank gehalten werden könnten. Demgegenüber besteht jedoch der gravierende Nachteil, dass für jedes Netz für alle benötigten Rechenprogramme jeweils ein separater Datensatz vorgehalten werden muss. Viele Informationen (z. B. Betriebsmittelparameter, Topologieinformationen) sind allerdings gleichermaßen bei verschiedenen Rechenprogrammen erforderlich. Neben der unnötigen Parallelhaltung dieser Informationen besteht hier das dringende und in der Durchführung sehr aufwendige Erfordernis, die verschiedenen Datensätze konsistent zu halten. Bei redundanzfreien Datenmodellen müssen Einträge und Korrekturen nur jeweils an einer einzigen Stelle vorgenommen werden. Es empfiehlt sich daher, für ein bestimmtes Netz ein Gesamtdatenmodell mit allen verfügbaren Daten und Informationen zu erstellen, aus dem die einzelnen Berechnungsverfahren dann nur noch die spezifisch erforderlichen Daten extrahieren [1].

Häufig wird zwischen Datenmodellen für Offline-Anwendungen, die beispielsweise bei Planungsaufgaben entstehen, und Datenmodellen, die in Online-Leitsystemen genutzt werden, unterschieden. Bei Planungsaufgaben ist in der Regel eine Vielzahl von Varianten eines gegebenen Netzzustandes zu untersuchen. Gerade weit in die Zukunft reichende Planungsszenarien können dabei erheblich vom Zustand des Ausgangsnetzes abweichen. Da Planungsdaten häufig mit anderen Unternehmen ausgetauscht werden, werden hier in der Regel nur standardisierte Datenmodelle eingesetzt. Datenmodelle in Online-Leitsystemen sind dagegen stark an die Hard- und Softwarestruktur des vorhandenen Leitsystems gekoppelt und bilden in der Regel den aktuellen Systemzustand und davon gering abweichende Varianten ab.

Die verschiedenen Funktionen und Aufgaben der Netzführung und Netzplanung stellen auch grundsätzlich unterschiedliche Anforderungen an die jeweils erforderlichen Daten des Energieversorgungssystems. So werden für die Ausbauplanung Daten aus dem Archiv sowie daraus abgeleitete Szenarien, die Situationen in der Zukunft abbilden, genutzt. Die Netzbetriebsführung basiert im Wesentlichen auf einem zeitkonsistenten Schnappschuss einer bestimmten Netzsituation. Die Netzregelung arbeitet im Allgemeinen autark ohne Eingriffe des Betriebspersonals und verwendet aufgrund der restriktiven zeitlichen Anforderung ausschließlich Echtzeitdaten aus dem SCADA-System. Abb. 11.1 zeigt die wesentlichen Verbindungen zwischen den verschiedenen Netzführungsfunktionen und der dafür eingesetzten Datensätze. Das betriebsführende Personal kommuniziert mit dem Leitsystem über ein entsprechendes Mensch-Maschine-Interface (MMI) (Abb. 1.5).

11.2 Datenmodelle für Offline-Planungsrechnungen

Der Datenumfang für Netzberechnungen im Planungsbereich muss alle notwendigen Daten zur Berechnung von Leistungsflüssen und von Kurzschlussströmen unterschiedlicher Fehlerarten, auch mit der Möglichkeit der Modellierung unsymmetrischer Kopplungen zwischen den Stromkreisen enthalten. Des Weiteren sind die Daten für die Rundsteuer-, die Netzimpedanz- und die Oberschwingungsberechnung erforderlich.

Bei Datenmodellen für Planungsrechnungen findet man sowohl dateibasierte als auch datenbankbasierte Datenformate.

11.2.1 Anforderungen an das Datenmodell

11.2.1.1 Datenumfang
Das physische Datenmodell muss alle Daten enthalten, die für Netzberechnungen mit quasi-stationärer Betrachtung des Versorgungssystems benötigt werden, also z. B. für Leistungsfluss-, Kurzschluss-, Erdschluss-, Mehrfachfehler-, Oberschwingungs-, Netzimpedanz- und Rundsteuerberechnungen.

11.2.1.2 Datenorganisation
Die üblicherweise verwendeten Datenmodelle gehen in der Regel von Schaltanlagen mit Ein- oder Mehrfachsammelschienenanordnung aus. Topologisch relevante Objekte

11.2 Datenmodelle für Offline-Planungsrechnungen

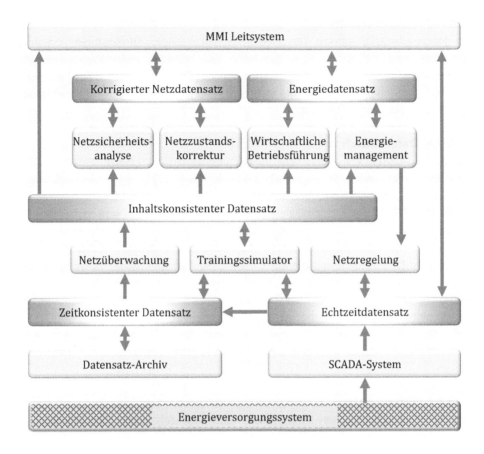

Abb. 11.1 Struktur und Datenfluss bei Netzberechnungsfunktionen nach [2]

sind die Knoten und die Netzelemente. Häufig werden zur Zuweisung einer für den Anwender leicht identifizierbaren Adresse die Knoten den Standorten zugeordnet. Netzelemente sind alle Zweige wie Leitungen und Transformatoren. Stromkreise werden in Stromkreisabschnitte aufgeteilt, deren elektrische und/oder geometrische Daten abgelegt werden.

Die Modellierung von Leistungsschaltern und Trennschaltern kann wahlweise erfolgen. Die Topologie-, Betriebs- und Betriebsmitteldaten sollten konsequent getrennt werden. Betriebsmittel, die häufig mit denselben Attributwerten auftreten, wie z. B. Transformatoren, Stromkreisabschnitte, Masten und Seile, sollten typisierbar sein. Ergänzungen der Netzbeschreibung sollten durch Definition weiterer Tabellen und/oder Erweiterung vorhandener Tabellen erfolgen im Datenmodell möglich sein.

11.2.1.3 Variantenhaltung

Für Planungszwecke müssen verschiedene Schaltzustände, Ausbaustufen und unterschiedliche Betriebsfälle wie z. B. Schwach- oder Starklast eines Netzes untersucht werden. Es ist daher sinnvoll, die Varianten nur jeweils als Änderung eines Basisnetzes in einer Baumstruktur abzulegen und nicht mehr den gesamten, in seiner überwiegenden Mehrheit unveränderten Datensatz.

11.2.1.4 Datentausch

Für den Austausch von Daten zur Berechnung elektrischer Netze zwischen unterschiedlichen Anwendern (z. B. zwischen verschiedenen EVU) ist es sinnvoll, hierfür standardisierte und programm- und hardwareunabhängige Formate zu definieren.

Ein Beispiel für ein solches Datenformat ist das in der Praxis weit verbreitete, von der ehemaligen Deutschen Verbundgesellschaft (DVG) eingeführte und immer weiter aktualisierte Datentauschformat (DTF). Es handelt sich dabei um eine formatierte sequenzielle Dateistruktur, mit der ein vollständiger Variantenbaum (Basisnetz und alle vorhandenen Varianten eines Netzes) beschrieben werden kann [3]. Das Tauschformat ist frei von Reihenfolgevorschriften. Dies wird durch eine entsprechende Kennung bzw. Kodierung in den ersten Spalten jeder Datenzeile erreicht.

Vergleichbare und in der Regel gegenseitig konvertierbare Tauschformate wurden von der FGH [4, 5] vom IEEE [6] und der UCTE [7] für den Austausch von Netzdaten entwickelt.

11.2.1.5 Eigenschaften

Bei der Konzeption eines Datenmodells sind die folgenden Eigenschaften von besonderer Bedeutung.

- Verwendung eines objektorientierten Datenmodells.
- Eindeutige Identifizierbarkeit aller Objekte, die damit gezielt über Datenbankhilfsmittel ansprechbar sind.
- Durch eine Ablage in weitgehend normalisierter Form wird die Redundanzfreiheit der Daten des Datenmodells sichergestellt. Aufwendige Überprüfungen der Datenkonsistenz können damit während des Einlesevorgangs in die Berechnungsprogramme entfallen. Diese Datenüberprüfungen müssen dann nur einmal bei der Eingabe in die Datenbank vorgenommen werden.
- Die Redundanzfreiheit hat den Vorteil, dass der Nutzer Änderungen eines Datums nur an einer einzigen Stelle durchzuführen braucht. Damit wird eine hohe Flexibilität und Sicherheit bei der Datenänderung erreicht.
- Durch eine Trennung von Betriebs-, Betriebsmittel- und Topologiedaten wird die Variantenhaltung vereinfacht.

11.2 Datenmodelle für Offline-Planungsrechnungen

11.2.1.6 Verwaltung von Netzen

Bei der Verwaltung von verschiedenen Netzen bzw. Netzvarianten sind zwei wesentliche Forderungen zu erfüllen. Die Daten müssen redundanzfrei abgespeichert werden und es muss schnell auf die gespeicherten Netzdaten zugegriffen werden können.

Da die Ablage redundanzfrei sein soll, dürfen bei einer Netzvariante nur die Änderungen gegenüber dem alten Netz gespeichert werden. Deshalb müssen Varianten in einer Baumstruktur gespeichert werden, die beliebig breit und beliebig tief sein kann. Die Wurzel eines solchen Baumes bildet das Basisnetz (Abb. 11.2). Darin ist die Ausgangssituation des zu untersuchenden Szenarios abgebildet. Die Struktur einer solchen Variantenorganisation entspricht daher auch einem Stammbaum.

Sollen die Daten einer Variante selektiert werden, so müssen als Folge der Redundanzfreiheit sämtliche Daten der übergeordneten Varianten bis zum Basisnetz selektiert und miteinbezogen werden.

Der Vorteil einer solchen Baumstruktur von komplett dargestellten Netzen besteht darin, dass bei einer Änderung (z. B. Löschen oder Einfügen eines Transformators oder einer Leitung) in einer Variante alle untergeordneten Varianten automatisch wieder konsistent sind.

11.2.2 Dateibasierte Datenformate

Früher wurden für Netzberechnungsprogramme ausschließlich dateibasierte sequenzielle Datenformate verwendet. Dabei werden die Daten im einfachsten Fall in einer fest vorgegebenen Formatierung hinsichtlich Umfang, Abfolge und Detaillierung in ASCII-

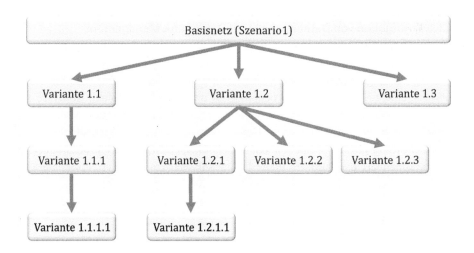

Abb. 11.2 Beispiel einer Variantenstruktur

formatierten Textdateien abgelegt. Ein Beispiel hierfür ist das IEEE Common Data Format [6, 8]. Der Vorteil dieser Formatierung liegt in der unmittelbaren Lesbarkeit und Änderbarkeit der Modellinformationen bei Kenntnis der Formatierungsvorschriften.

Dieser Vorteil bleibt allerdings nur bei sehr kleinen Netzen bestehen. Bei größeren Netzen werden solche Dateien sehr schnell unübersichtlich und das Auffinden von Datenfehlern wird sehr mühsam.

Heute wird diese Art der Datenformatierung in einer erweiterten Form verwendet, um rechner- und programmunabhängige Dateien für den Datenaustausch zu erhalten. Dabei findet in der Regel eine Strukturierung der einzelnen Dateizeilen über eine entsprechende Kennung für die einzelnen Betriebsmittel (Leitung, Transformator, Sammelschiene etc.) statt.

Neben der ASCII-Formatierung werden dateibasierte Datenformate auch häufig in Datenformaten von Tabellenkalkulationsprogrammen (wie z. B. Excel) realisiert. Eingeführte dateibasierte Formate für den Datentausch zwischen verschiedenen Anwendern sind beispielsweise das Datentauschformat DTF [3] der DVG und das Data Exchange Format der UCTE [7].

Die Realisierung der Daten erfolgt zunehmend in XML (Extensible Markup Language). Dies ist eine Auszeichnungssprache zur Darstellung hierarchisch strukturierter Daten in Form von Textdateien. XML ist besonders geeignet für den plattform- und implementationsunabhängigen Austausch von Daten zwischen Computersystemen [9].

11.2.3 Datenbankbasierte Datenformate

11.2.3.1 Datenbanken

11.2.3.1.1 Aufgaben von Datenbanken und Datenbank-Management-Systemen

Eine Datenbank hat den Zweck, Informationen und Daten geordnet abzuspeichern. Zur Verwaltung der Zugriffsrechte, Datendefinitionen und der Daten selbst wird ein Datenbank-Management-System (DBMS) benötigt. Es umfasst die komplette Software zum Definieren, Abfragen, Einfügen und Manipulieren von Daten. Datenbank-Management-Systeme werden von verschiedenen Herstellern angeboten. Datenbanken dagegen können nicht fertig gekauft werden, sondern müssen speziell für die Anforderungen des Benutzers konzipiert und mithilfe eines Datenbank-Management-Systems eingerichtet werden.

Ein Datenbank-Management-System sollte folgende Anforderungen erfüllen:

- leicht handhabbare Abfragesprache
- schneller Zugriff auf Informationen
- anwenderfreundliche Dialogoberfläche

11.2 Datenmodelle für Offline-Planungsrechnungen

- Verwaltung von Zugriffsrechten
- Bereitstellung von Hilfsmitteln, mit denen die Konsistenz der in der Datenbank enthaltenen Daten sichergestellt werden kann

Eine Datenbank sollte darüber hinaus so konzipiert werden, dass sie eine übersichtliche Struktur aufweist und die Daten möglichst redundanzfrei abgelegt sind [3]. In der Regel lassen sich aus dem Datenbankinhalt Datenauszüge in Form sequenzieller, formatierter Dateien für den Datentausch erstellen.

11.2.3.1.2 Datensichten
Bei allen Datenbank-Management-Systemen wird zwischen folgenden Datensichten unterschieden:

- Die physikalische Datensicht beschreibt, wie die in der Datenbank enthaltenen Daten auf dem Datenträger, z. B. einer Speicherplatte, tatsächlich gespeichert sind.
- Die physische Datensicht beschreibt, wie die Daten aus der Sicht des Programmierers in der Datenbank abgelegt sind. Die Verbindung zwischen der physischen und der physikalischen Datensicht wird durch das Datenbank-Management-System hergestellt.
- Die logische Datensicht beschreibt, wie die Daten dem Endanwender angeboten werden. Diese Datensicht ist damit die Anwendersicht.

Sehr häufig werden die Datenmodelle für Netzberechnungen auf der Basis des relationalen Modells definiert, weil relationale Datenbank-Management-Systeme heute weit verbreitet und auf allen üblichen Rechenanlagen verfügbar sind. Für relationale Datenbanken wurde die Sprache SQL (Structured Query Language) genormt, d. h. es existiert damit eine einheitliche Schnittstelle und relationale Datenbanken sind leicht erweiterbar.

11.2.3.1.3 Aufbau relationaler Datenbanken
In relationalen Datenbanken werden alle Daten in Form von zweidimensionalen Tabellen, den Relationen, organisiert. Jeder Objekttyp, das ist die Menge der Objekte mit gleichen Beschreibungsmerkmalen, den Attributen, definiert eine eigene Tabelle. Die Eigenschaften eines Objektes, seine Attributwerte, werden dabei in einer Zeile dieser Tabelle abgelegt. Zur eindeutigen Identifikation eines Objektes dient der Primärschlüssel, der aus einem eindeutigen Attribut oder einer eindeutigen Kombination von Attributen gebildet wird. Mithilfe relationaler Datenbanken können beliebige Datenstrukturen, also z. B. auch hierarchische oder netzförmig strukturierte Beziehungen abgebildet werden.

11.2.3.2 Datenbankformate

11.2.3.2.1 MS Access

MS Access ist eine Datenbankanwendung der Firma Microsoft. MS Access kombiniert die Microsoft Jet Engine als relationales Datenbankmanagementsystem mit den Werkzeugen einer integrierten Entwicklungsumgebung, die mit ihren grafischen Benutzeroberflächen insbesondere für die Zielgruppe Endbenutzer zur Herstellung von Datenbankanwendungen geeignet ist. MS Access unterstützt die Datenbank-Programmiersprache SQL.

Standardmäßig speichert MS Access alle Daten einer Datenbankanwendung in einer einzigen Datei des eigenen mdb-Dateiformates bzw. des Dateiformates accdb ab. Dieses schließt sowohl Elemente der Oberfläche, als auch die Datenbanktabellen ein. Alternativ ist es sehr einfach möglich, die Daten (Tabellendefinitionen und den Datenbestand) im Unterschied zur Oberfläche in verschiedenen Dateien zu halten. Beim Einbinden bzw. Verknüpfen von externen Datenquellen können verschiedene MS Access-Versionen, aber auch MS Access-fremde Formate wie dBASE, sowie viele gängige Datenquellen z. B. über ODBC angesprochen werden. MS Access unterstützt ein relationales Datenbank-Modell mit referenziellen Integritätsprüfungen.

Zur Erstellung einer Datenbank werden vom Entwickler mehrere Objektarten erstellt:

- Tabellen zur Speicherung der Daten
- Abfragen zur Aufbereitung (Filterung, Sortierung usw.) der Daten
- Formulare zur Dateneingabe per Bildschirmmaske
- Berichte zur Ausgabe der Daten auf dem Bildschirm oder an einen Drucker
- Makros zur einfachen Automation
- Visual Basic Module zur individuellen Programmierung in Visual Basic for Applications (VBA)
- Import- und Exportspezifikationen für formale Angaben beim Datenimport oder -export (z. B. für CSV-Dateien) Unterstützung
- Beziehungen zwischen Tabellen mit Angaben über Integritätsbedingungen

Die Daten über diese Objekte („Metadaten") speichert MS Access in sogenannten Systemtabellen. Dies sind Tabellen, die Access in derselben Datenbank wie die zu speichernden Daten führt, die jedoch im Regelfall für den Benutzer nicht sichtbar sind.

11.2.3.2.2 Common Information Model

Das Common Information Model (CIM) [10] ist eine sogenannte Domänenontologie, d. h. eine Ontologie mit einem spezifischen Vokabular für einen speziellen Anwendungszweck in einer Domäne. Die Entwicklung des CIM wurde Mitte der 90er Jahre vom EPRI (Electric Power Research Institute) Institut in den USA angestoßen und erfolgt mittlerweile durch die IEC (International Electrotechnical Commission).

Als Normenfamilie IEC 61970 und IEC 61968 [11] sind verschiedene Teile des CIM erschienen und in vielen Energieversorgungsunternehmen in Benutzung. Topologien werden im CIM nicht mit XML, sondern mittels RDF-Tripeln serialisiert, es wird eine Wissensbasis mit Fakten über das Netz erzeugt. Vorteil dieses Vorgehens ist die Möglichkeit, aus der Wissensbasis neues Wissen durch Reasoning abzuleiten und das robustere Format [12]. Ein Nachteil besteht darin, dass erst alle Tripel über das Netz geladen und verarbeitet werden müssen, um das Wissen auszuwerten [13].

11.2.3.2.3 Common Grid Model Exchange Standard

Der Common Grid Model Exchange Standard (CGMES) ist eine Obermenge des IEC Common Information Model (CIM) Standards. Er wurde für den TSO Datenaustausch in den Bereichen Systementwicklung und Systembetrieb (z. B. TYNDP und Netzcodes) entwickelt [14]. Der CGMES wird als Austauschstandard für die Umsetzung der Common Grid Model (CGM) Methoden verwendet. Der CGMES wird beim Datenmanagement von Energiesystemen sowie bei den Systemanalysen wie Leistungsfluss und Ausfallanalysen, Kurzschlussstromberechnung, Marktinformationen und Transparenz, Kapazitätsberechnung für die Kapazitätszuweisung und Engpassmanagement, und dynamische Sicherheitsbewertung angewandt.

Bei diesem Standard wird großer Wert auf die Konformität des Datenaustauschs zwischen operativen Anwendungen und Anwendungen der Systementwicklung und Netzplanung gelegt, um die notwendige Interoperabilität zwischen diesen Bereichen zu gewährleisten.

11.3 Datenmodelle in Online-Leitsystemen

In zentralen Leitsystemen liegen in der Regel bereits alle Informationen des zu überwachenden Systems über das SCADA-System (Supervisory Control and Data Acquisition) vor. Zu beachten ist hierbei, dass es sich dabei um Kennwerte aus der Betriebsmitteldatendatenbank und um Informationen des aktuellen Prozesszustands (Messwerte der Betriebsgrößen, Schalterstellungsmeldungen etc.) handelt. Diese Informationen müssen zunächst noch aufgearbeitet werden, um daraus einen vollständigen und konsistenten Datensatz des aktuellen Systemzustandes zu bilden. Dies geschieht beispielsweise mit dem Verfahren der State Estimation (s. Kap. 4).

Grundsätzlich bestehen zwei Möglichkeiten, leittechnische Informationen für Netzberechnungen zu nutzen: die Einbindung einer Berechnungsplattform in die Leittechnik oder der Datentransfer in ein externes Berechnungsprogramm. Da die notwendigen Daten bereits in der Leittechnik vorhanden sind, ist es nahe liegend, eine Berechnungsplattform in diese zu integrieren. Eine für die Betriebsführung bereits vorliegende Netzabbildung kann als Basis für das Berechnungsmodell dienen, Betriebsmittelparameter und andere für die Netzberechnung notwendige Informationen müssen ergänzt werden.

Datenkonsistenz zwischen dem Modell zur Netzberechnung und dem Prozessabbild der Leittechnik ist in diesem Fall immanent, da sie auf dem gleichen Datensatz aufbauen.

Ein weiterer Vorteil liegt in der Systempflege, die sich auf einen Datensatz beschränkt. Sollen Berechnungen ausschließlich zur Netzüberwachung und Verifizierung von Schalthandlungen dienen, stellt diese Variante eine vergleichsweise einfache Möglichkeit der Realisierung dar. Als Nachteil ist die Wahl einer Berechnungssoftware zu sehen, da unter Umständen nur Produkte des Herstellers des Netzleitsystems verwendet werden können.

Die zweite Realisierungsmöglichkeit besteht in der Nutzung eines separaten Netzberechnungsprogramms. Dies setzt einerseits eine Schnittstelle am Netzleitsystem zur Ausgabe der benötigten Daten und andererseits eine Schnittstelle zum Datenimport bei der Netzberechnungssoftware voraus. Ist beides gegeben, können neben den bereits erwähnten Aufgaben der Online-Netzberechnung auch planungstechnische und konzeptionelle Fragestellungen unter Berücksichtigung aktueller Netzzustände behandelt werden. Diese sind häufig dem Aufgabenbereich der Leittechnik fremd und treten innerbetrieblich an anderer Stelle auf. Zu klären ist bei dieser Variante, wie es erreicht werden kann, dass dauerhaft ein konsistentes Datenmodell beiden Systemen zugrunde liegt, welches im Netzberechnungsprogramm dann nach Bedarf mit neuen Komponenten ergänzt oder schaltungstechnisch modifiziert werden kann. Eine zentrale Betriebsmitteldatenbank für alle verwendeten Programme stellt eine Lösungsmöglichkeit dar. Der Datenaustausch zwischen SCADA-Software und Netzberechnungsprogramm muss stets so gestaltet sein, dass eine Beeinflussung oder Störung der Leittechnik unter allen Umständen ausgeschlossen ist [15].

11.4 Testdatensätze

Testdatensätze dienen grundsätzlich dazu, im Rahmen des Qualitätsmanagements bei der Softwareerstellung systematisch Fehler in der Methodik und in der Programmierung von Netzberechnungsverfahren zu erkennen. Darüber hinaus soll mit den Ergebnissen der Testrechnungen die Leistungsfähigkeit des jeweiligen Programmes dokumentiert werden.

Neben den unternehmens- und programmspezifischen Testdatensätzen haben sich allgemein verfügbare und anerkannte Testdatensätze etabliert, die als Benchmarks und Referenzsysteme für die vergleichende Bewertung (Güte des Ergebnisses, Rechenzeit, Konvergenzverhalten etc.) von Netzberechnungsverfahren eingesetzt werden [26].

- Zu den bekanntesten Datensätzen für vergleichende Netzberechnungen zählen die IEEE-Testdatensätze, die aus Daten des Übertragungsnetzes der American Electric Power Inc. abgeleitet wurden. Die IEEE-Testdatensätze sind in Netzgrößen mit 14, 30, 57, 118 und 300 Knoten verfügbar [16]. Die Abb. 11.3 und 11.4 zeigen die Netzpläne des 30- und des 118-Knoten-IEEE-Testnetzes.

11.4 Testdatensätze

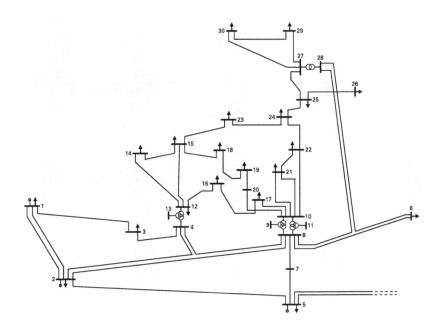

Abb. 11.3 30-Knoten-IEEE-Testnetz [16]

- Von der CIGRE wurden Benchmarksysteme zur Bewertung von Methoden und Technologien zur Integration von erneuerbaren und dezentralen Energiequellen in Verteilnetzen entwickelt. Abb. 11.5 zeigt die Topologie des Benchmarksystems für europäische Mittelspannungssysteme. Das dargestellte Mittelspannungsnetz mit der Netznennspannung $U_n = 20$ kV besteht aus elf Knoten, an die unterlagerte Netze (Subnetze) mit unterschiedlicher Lastcharakteristik (z. B. städtische, ländliche oder industrielle Netze) angeschlossen sind. Entsprechende Systeme stehen auch für amerikanische Netze zur Verfügung [17].
- Die Daten realer Energieversorgungsnetze sind in aller Regel nicht öffentlich verfügbar. Die Gründe für die Geheimhaltung dieser Informationen sind eine Mischung aus historischen, wirtschaftlichen und sicherheitsrelevanten Aspekten. Seit einiger Zeit haben sich Initiativen gebildet, die Modelle von Übertragungsnetzen auf Internet-Plattformen veröffentlichen [18–20]. Die Daten dieser Modelle werden aus öffentlich zugänglichen Informationen (z. B. Netzpläne von FNN und Entso-E, Kraftwerkslisten des Umweltbundesamtes, Monitoringberichte der BNetzA, statischen Netzmodellen und Netzausbauinformationen der Übertragungsnetzbetreiber) erhoben. Tab. 11.1 zeigt den Ausschnitt einer veröffentlichten Kraftwerksliste für Deutschland [20, 21, 27].

In Tab. 11.2 ist ein Ausschnitt der Daten des statischen Netzmodells von Tennet TSO angegeben.

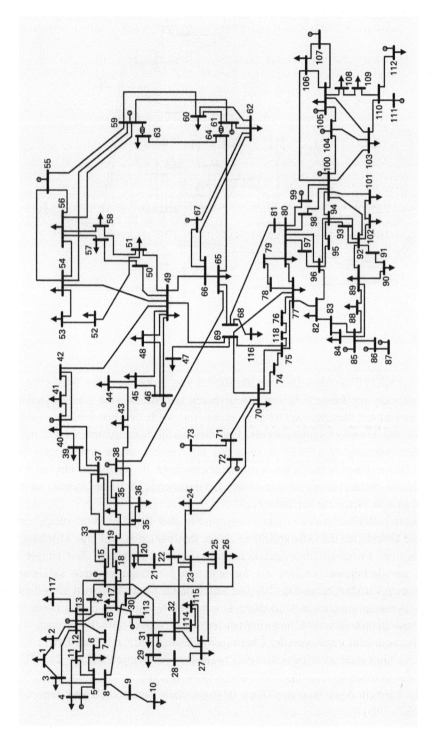

Abb. 11.4 118-Knoten-IEEE-Testnetz [16]

11.4 Testdatensätze

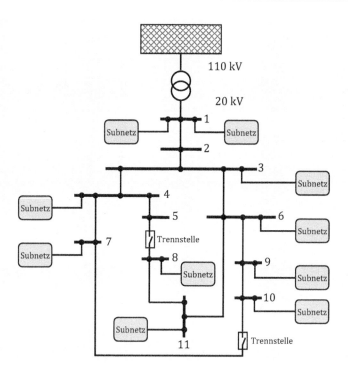

Abb. 11.5 Struktur des CIGRE-Benchmarknetzes [17]

Ergänzt werden die Datenmodelle durch Informationen vieler Freiwilliger („Crowd Sourcing") [22], die z. B. Trassenverläufe fotografisch dokumentieren und auf einschlägigen Plattformen [18, 19] veröffentlichen.

Diese Datensätze stellen zwar reale Netze dar, doch lassen sich damit die echten Netze nur mit einem sehr begrenzten Genauigkeitsgrad nachbilden. So können beispielsweise Verlauf und Länge einer Freileitung relativ gut auf die angegebene Weise ermittelt werden. Die Bestimmung der Leitungsparameter (primäre Leitungskonstanten) ist dagegen schwierig. Die Erfassung von Kabelstrecken ist auf diese Art praktisch unmöglich.

Die tatsächliche Verschaltung der Leitungen in den Schaltanlagen lässt sich von außen nur sehr unzureichend bestimmen, da die Schaltzustände der Trennschalter evtl. noch erkennbar sind, die Schaltzustände der Leistungsschalter aber nicht festzustellen ist. Bei gasisolierten Schaltanlagen (GIS) ist dies systembedingt gänzlich unmöglich. Aufgrund der Kombinatorik der Verschaltungsmöglichkeiten (s. Abschn. 8.2) ergeben sich eine Vielzahl möglicher Topologievarianten, die sich gravierend voneinander unterscheiden können. Entsprechend wird sich auch der damit bestimmte Leistungsfluss von den tatsächlichen Verhältnissen im realen Netz erheblich unterscheiden. Zur Validierung von Rechenverfahren können diese Modelldaten allerdings gut eingesetzt werden.

Tab. 11.1 Kraftwerksliste Deutschland. (Ausschnitt)

Betreiber	Bundes-land	StandortPLZ	Kraftwerks-standort	Elektrische Leistung brutto (MW)	Fern-wärme-leistung (MW)	Inbetrieb-nahme (ggf. Ertüchtigung)	Anlagen-art	Primär-energie-träger
EnBW Albatros GmbH & Co. KG/Enbridge Inc	Offshore		Nordsee	112,0		2019	WEA	Wind (O)
Rheinkraftwerk Albbruck-Dogern AG/ RWE Vertrieb AG	BW	79774	Albbruck	108,9		1933/2009 (2020)	LWK	Wasser
EnBW Kraft-werke AG	BW	73776	Altbach	305,0		1971–1997	GT	Erdgas
EnBW Kraft-werke AG	BW	73776	Altbach	476,0	280,0	1985 (2006)	HKW	Steinkohle
EnBW Kraft-werke AG	BW	73776	Altbach	379,0	280,0	1997 (2012)	HKW (DT)	Steinkohle
EnBW Solar-park GmbH	BB	15320	Neutrebbin	150,0		2022	PV	Licht
RWE Renewables GmbH	Offshore		Nordsee	302,0		2015	WEA	Wind (O)

(Fortsetzung)

11.4 Testdatensätze

Tab. 11.1 (Fortsetzung)

Betreiber	Bundes-land	StandortPLZ	Kraftwerks-standort	Elektrische Leistung brutto (MW)	Fern-wärme-leistung (MW)	Inbetrieb-nahme (ggf. Ertüchtigung)	Anlagen-art	Primär-energie-träger
RWE Renewables GmbH/ Equinor/Credit Suisse Energy	Offshore		Ostsee	387,0		2019	WEA	Wind (O)
SachsenFonds GmbH & Co. KG	ST	39596	Arneburg	118,5		2001	WEA	Wind (L)
Zellstoff Stendal GmbH	ST	39596	Arneburg	147,7	600,0	2004/2013	HKW	Biomasse
EEV Erneuer-bare Energien/ Thüga Erneuer-bare Energien	TH	99869	Wangenheim	114,9		2000–2012	WEA	Wind (L)
EnBW Baltic 2 GmbH & Co. KG	Offshore		Ostsee	288,0		2015	WEA	Wind (O)
Ocean Breeze Energy GmbH & Co. KG	Offshore		Nordsee	400,0		2012/2013	WEA	Wind (O)
Steag GmbH	NW	59192	Bergkamen	780,0	20,0	1981	DKW	Steinkohle

(Fortsetzung)

Tab. 11.1 (Fortsetzung)

Betreiber	Bundes-land	StandortPLZ	Kraftwerks-standort	Elektrische Leistung brutto (MW)	Fern-wärme-leistung (MW)	Inbetrieb-nahme (ggf. Ertüchtigung)	Anlagen-art	Primär-energie-träger
Vattenfall Wärme Berlin AG	BE	10589	Berlin	146,0	300,0	1976 (2000)	G/AK	Erdgas
Vattenfall Wärme Berlin AG	BE	10317	Berlin	188,0	590,0	1982 (2017)	HKW	Erdgas
Vattenfall Wärme Berlin AG	BE	12207	Berlin	315,0	230,0	2019	GuD	Erdgas
Vattenfall Wärme Berlin AG	BE	12861	Berlin	266,5	240,0	2020	GuD	Erdgas
Vattenfall Wärme Berlin AG	BE	10179	Berlin	178,0	1210,0	1997	GuD	Erdgas
Vattenfall Wärme Berlin AG	BE	10179	Berlin	178,0		1997	GuD	Erdgas
Vattenfall Wärme Berlin AG	BE	10179	Berlin	112,0		1997	GuD	Erdgas
Vattenfall Wärme Berlin AG	BE	13353	Berlin	100,0	136,0	1969 (1990)	HKW	Steinkohle

(Fortsetzung)

Tab. 11.1 (Fortsetzung)

Betreiber	Bundes-land	StandortPLZ	Kraftwerks-standort	Elektrische Leistung brutto (MW)	Fern-wärme-leistung (MW)	Inbetrieb-nahme (ggf. Ertüchtigung)	Anlagen-art	Primär-energie-träger
Vattenfall Wärme Berlin AG	BE	13599	Berlin	300,0	363,0	1987	HKW	Steinkohle
Vattenfall Wärme Berlin AG	BE	13599	Berlin	300,0	363,0	1988	HKW	Steinkohle
Solvay Chemicals GmbH	ST	06406	Bernburg	158,0	232,0	1994 (2020)	GuD/IKW	Erdgas

Tab. 11.2 Ausschnitt des statischen Netzmodells der Tennet TSO. (Quelle: Tennet TSO)

Stromkreisbezeichnung	UW Anfang	UW Ende	I_r [A]	R1 [Ohm]	X1 [Ohm]	C1 [µF]	U_n [kV]	Länge [km]
380-Aßlar-Dauersberg (Amprion)-1	Aßlar	Dauersberg (Amprion)	2612	0,52	4,51	0,2500	380	35,57
380-Bechterdissen-Guetersloh (Amprion)-2	Bechterdissen	Guetersloh (Amprion)	2720	0,35	3,26	0,1905	380	26,44
380-Brunsbuettel-Brunsbuettel Uw (50Hertz)-951	Brunsbuettel	Brunsbuettel (50Hertz)	3600	0,01	0,11	0,0057	380	0,58
380-Brunsbuettel-Brunsbuettel Uw (50Hertz)-952	Brunsbuettel	Brunsbuettel (50Hertz)	3600	0,01	0,08	0,0041	380	0,58
380-Dillenburg-Dauersberg (Amprion)-2	Dillenburg	Dauersberg (Amprion)	2400	1,06	9,68	0,5327	380	75,88
380-Dollern-Hamburg/Sued (50Hertz)-981	Dollern	Hamburg/Sued (50Hertz)	2580	0,45	3,54	0,2075	380	28,69
380-Dollern-Hamburg/Sued (50Hertz)-982	Dollern	Hamburg/Sued (50Hertz)	2580	0,45	3,54	0,2075	380	28,69
380-Etzenricht-Hradec (CEPS)-441	Etzenricht	Hradec (CEPS)	2000	1,77	21,71	1,1110	380	162,87
380-Etzenricht-Prestice (CEPS)-442	Etzenricht	Prestice (CEPS)	2265	1,19	14,52	0,7779	380	109,88
380-Frankfurt/Suedwest-Y-Kriftel (Amprion)-2	Frankfurt/Suedwest	Kriftel (Amprion)	2760	0,13	1,40	0,0617	380	9,86
380-Grosskrotzenburg-Dettingen (Amprion)-1	Grosskrotzenburg	Dettingen (Amprion)	2720	0,06	0,56	0,0315	380	4,40

(Fortsetzung)

Tab. 11.2 (Fortsetzung)

Stromkreisbezeichnung	UW Anfang	UW Ende	I_r [A]	R1 [Ohm]	X1 [Ohm]	C1 [µF]	U_n [kV]	Länge [km]
380-Grosskrotzenburg-Urberach (Amprion)-2	Grosskrotzenburg	Urberach (Amprion)	2720	0,32	2,98	0,1668	380	23,43
380-Guetersloh (Amprion)-Bechterdissen-1	Guetersloh (Amprion)	Bechterdissen	2720	0,35	3,26	0,1905	380	26,45
380-Hamburg/Nord (50Hertz)-Audorf/Sued-WEISS	Hamburg/Nord (50Hertz)	Audorf/Sued	3600	0,46	8,25	0,5225	380	69,04
380-Hamburg/Nord (50Hertz)-Dollern-BLAU	Hamburg/Nord (50Hertz)	Dollern	3154	0,31	5,50	0,3113	380	43,25
380-Handewitt-Kasso (EnDK)-1	Handewitt	Kasso (EnDK)	3349	0,33	4,95	0,2874	380	39,06
380-Handewitt-Kasso (EnDK)-2	Handewitt	Kasso (EnDK)	3349	0,33	4,95	0,2874	380	39,06
380-Helmstedt-Wolmirstedt (50Hertz)-491–1	Helmstedt	Wolmirstedt (50Hertz)	3150	0,75	6,81	0,3363	380	48,59
380-Helmstedt-Wolmirstedt (50Hertz)-492–2	Helmstedt	Wolmirstedt (50Hertz)	3150	0,75	6,81	0,3363	380	48,58
380-Hoepfingen (TransnetBW)-Grafenrheinfeld-411	Hoepfingen (TransnetBW)	Grafenrheinfeld	3000	0,96	11,88	0,6720	380	92,52
380-Jardelund-Kasso (EnDK)-1	Jardelund	Kasso (EnDK)	2216	0,30	3,47	0,1390	380	22,76

(Fortsetzung)

Tab. 11.2 (Fortsetzung)

Stromkreisbezeichnung	UW Anfang	UW Ende	I_r [A]	R1 [Ohm]	X1 [Ohm]	C1 [µF]	U_n [kV]	Länge [km]
380-Kasso (EnDK)-Jardelund-2	Kasso (EnDK)	Jardelund	2216	0,30	3,47	0,1390	380	22,75
380-Kruemmel (50Hertz)-Stadorf-994-BL	Kruemmel (50Hertz)	Stadorf	2400	0,73	6,79	0,3796	380	53,69
380-Mecklar-Eisenach (50Hertz)-450-2	Mecklar	Eisenach (50Hertz)	2748	0,83	6,84	0,3950	380	58,19

11.4 Testdatensätze

- Auch für hybride Drehstrom-Gleichstrom-Systeme wurden bereits verschiedene Test- und Benchmark-Netze veröffentlicht. Sehr etabliert ist das CIGRE B4 DC Grid Test System (Abb. 11.6). Dieses Testnetz ist aus zwei Onshore-Drehstromsystemen (System A (A0 and A1), und System B (B0, B1, B2 und B3)), aus vier Offshore-Drehstromsystemen (System C (C1 and C2), System D (D1), System E (E1) und System F (F1)) sowie aus zwei Gleichstrom-Knoten ohne direkte Verbindung zum Drehstromsystem (B4 und B5) aufgebaut. Im Offshore-Bereich sind Einspeisungen aus Offshore-Windenergieanlagen (C, D und F) und Offshore-Verbrauchern (Öl- bzw. Gasplattform) (E) modelliert. Das Testnetz ist in einen Offshore- sowie einen Onshore-Bereich unterteilt, die über drei verschiedenartige Gleichstromsysteme miteinander verbunden sind. Dabei handelt es sich um eine Punkt-zu-Punkt-Übertragung (DC-System 1, (A1 und C1)), um eine Multi-Terminal-Übertragung in mehreren Maschen (DC-System 2, (A1, C2, D1, E1, B1, B4 und B2)) und um eine Multi-Terminal-Übertragung in radialer Struktur (DC-System 3, (B2, B3, B5, F1 und E1)) [23–25].

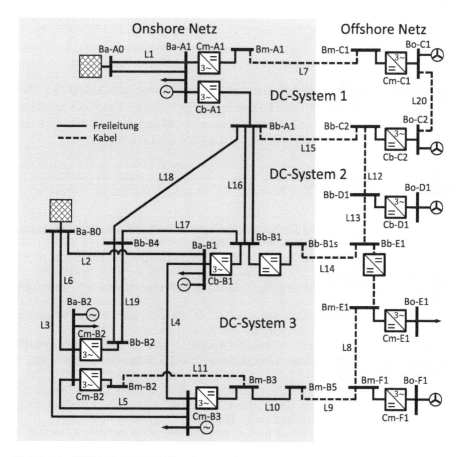

Abb. 11.6 CIGRE B4 DC Grid Test System [24]

Tab. 11.3 Zweigdaten für Beispielnetz

Zweig	$R\,[\Omega]$	$X\,[\Omega]$	$C\,[\mu F]$	$I_r\,[A]$	Länge [km]
1–3	2,80	6,03	0,13	470	15,20
2–1	0,44	2,83	0,07	640	7,40
4–2	4,24	8,39	0,19	382	19,20
5–3	0,48	3,08	0,08	590	8,00
4–1	2,61	8,45	0,21	645	21,90
4–5	1,79	11,62	0,28	1.290	30,00

Tab. 11.4 Knotendaten für Beispielnetz

Knoten	P_{einsp} [MW]	Q_{einsp} [MVA]	P_{last} [MW]	Q_{last} [MVA]	U_{soll} [kV]
1					120
2			45	−106	
3	20	20			
4			40	−5	
5	60	61,5			

Zur Darstellung der Ergebnisse einer Leistungsflussberechnung nach Abschn. 3.3 dient ein Testnetz mit fünf Knoten. In Tab. 11.3 und in Tab. 11.4 sind die Daten des Testnetzes nach Abb. 3.3 in Anlehnung an das IEEE-Datenmodell [8] enthalten. In Tab. 11.3 sind die Daten der Zweige des Netzes und in Tab. 11.4 die Knotendaten angegeben.

Literatur

1. E. Amthauer, „Datenverwaltung für Netzberechnungen in Energieversorgungsunternehmen", *Bulletin SEV/VSE*, Bd. 76., Nr. 13, S. 741–745, 1985.
2. G. Schaffer, „Höhere Entscheidungs- und Optimierungsfunktionen der Leittechnik für die elektrische Energieversorgung", *Brown Boveri Mitteilung*, Bd. 70, Nr. 1/2, S. 28–35, 1983.
3. DVG, „Datenmodell für Netzberechnungen", Deutsche Verbundgesellschaft e. V., Heidelberg, 1999.
4. FGH, *Lastfluss- und Kurzschlussberechnungen in Theorie und Praxis,* Mannheim: Forschungsgemeinschaft für Hochspannungs- und Hochstromtechnik e. V., 1998.
5. FGH, „Beschreibung Integral". [Online]. Available: https://www.fgh-ma.de/Portals/0/Dokumente/Downloads/Pressebereich/Beschreibung%20INTEGRAL.pdf [Zugriff am 7. Januar 2023].
6. University of Washington, „Partial Description of the IEEE Common Data Format for the Exchange of Solved Load Flow Data", [Online]. Available: https://www.ee.washington.edu/research/pstca/formats/cdf.txt. [Zugriff am 13. Juli 2022].
7. UCTE, „UCTE data exchange format for load flow and three phase short circuit studies", 1. 5. 2007. [Online]. Available: http://cimug.ucaiug.org/Groups/Model%20Exchange/UCTE-format.pdf. [Zugriff am 13. Juli 2022].

8. Anonymus, „Common Data Format for the Exchange of Solved Load Flow Data", *IEEE Transactions PAS,* Vol. 92, No. 6, pp. 1916–1925, 1973.
9. H. Vonhoegen, Einstieg in XML: Grundlagen, Praxis, Referenz, Bonn: Rheinwerk, 2013.
10. Entso-E, Common Information Model (CIM) – Model Exchange Profile, Entso-E, Hrsg., Brussels: Entso-E European Network of Transmission System Operators for Electricity, 2009.
11. DIN, DIN EN 61970 Schnittstelle für Anwendungsprogramme für Netzführungssysteme, Berlin: DIN, 2006.
12. M. Uslar und F. Grüning, „Zur semantischen Interoperabilität in der Energiebranche: CIM IEC 61970", *Wirtschaftsinformatik,* Bd. 49, Nr. 4, S. 1–9, 2007.
13. F. Milano, Power System Modelling and Scripting, London: Springer, 2010.
14. Entso-E, „Common Grid Model Exchange Standard (CGMES)", 28. Mai 2014. [Online]. Available: https://www.entsoe.eu/Documents/CIM_documents/Grid_Model_CIM/140528_ENTSOE_CGMES_v2.4.14.pdf. [Zugriff am 13. Juli 2022].
15. J. Scheifele und G. Naurath, „Netzberechnungen auf Basis von Informationen aus der Netzleittechnik", *ETZ,* Nr. 1–2, S. 1–5, 2011.
16. University of Washington, „Power Systems Test Case Archive", [Online]. Available: https://www.ee.washington.edu/research/pstca/. [Zugriff am 13. April 2021].
17. K. Strunz et. al., „Benchmark Systems for Network Integration of Renewable and Distributed Energy Resources", Electra, No. 273, pp. 85–89, 2014.
18. SciGRID. [Online]. Available: https://www.power.scigrid.de/pages/downloads.html. [Zugriff am 7. Januar 2023].
19. OpenGridMap. [Online]. Available: http://opengridmap.com/. [Zugriff am 1. November 2017].
20. R. Hermes, T. Ringelband, S. Prousch, H.-J. Haubrich, „Netzmodelle auf öffentlich zugänglicher Datenbasis", *Energiewirtschaftliche Tagesfragen,* Nr. 1–2, S. 76–78, 2009.
21. Umweltbundesamt, Kraftwerksliste Deutschland. [Online]. Available: https://www.umweltbundesamt.de/dokument/datenbank-kraftwerke-in-deutschland [Zugriff am 6. Juli 2022].
22. J. Rivera, J. Leimhofer und H.-A. Jacobsen, „OpenGridMap: towards automatic power grid simulation model generation from crowdsourced data", *Computer Science – Research and Development,* Vol. 32, No. 1–2, pp. 13–23, 2017.
23. T. Hennig, Auswirkungen eines vermaschten Offshoe-Netzes in HGÜ-Technik auf die Netzführung der angeschlossenen Verbundsysteme, Dissertation Gottfried Wilhelm Leibniz Universität Hannover, 2018
24. T. K. Vrana, Y. Yang, D. Jovcic, S. Dennetiere, J. Jardini und H. Saad, „The CIGRE B4 DC Grid Test System", *CIGRE ELECTRA,* Bd. 270, pp. 10–19, 2013.
25. T. K. Vrana, K. Bell, P. E. Sorensen und T. Hennig, „Definition and Classification of Terms for HVDC Networks", *CIGRE Science and Engineering Journal,* Bd. 3, pp. 15–25, 2015.
26. S. Peyghami, P. Davari, M. F. Firuzabad und F. Blaabjerg, „Standard Test Systems for Modern Power System Analysis: An Overview", IEEE Industrial Electronics Magazine, Vol. 13, No. 4, pp. 86–105, 2019
27. Bundesnetzagentur, Kraftwerksliste, [Online]. Available: https://www.bundesnetzagentur.de/DE/Fachthemen/ElektrizitaetundGas/Versorgungssicherheit/Erzeugungskapazitaeten/Kraftwerksliste/start.html [Zugriff am 6. Juli 2022].

Netzberechnungsprogramme 12

Exemplarisch werden im Folgenden eine Auswahl von in der Praxis im Bereich Netzplanung eingesetzter Rechenprogramme aufgelistet. Dieser Überblick erhebt keinen Anspruch auf Vollständigkeit. Ebenso werden keine Bewertung und kein Vergleich der Programme vorgenommen. Da jedes Programm seine spezifischen Anwendungsschwerpunkte und Handhabungseigenheiten hat, können auch keine generellen Bewertungen abgegeben werden. Häufig sind im Internet oder auf Anfrage bei den Anbietern Testversionen dieser Programme erhältlich. Diese verfügen zwar z. T. nur über einen eingeschränkten Funktionsumfang oder eine begrenzte Anzahl von modellierbaren Netzelementen, es lassen sich damit jedoch in der Regel sehr gut die für die vorgesehenen Einsatzgebiete am besten geeigneten Programme ermitteln.

Software	Adresse
CERBERUS	Adapted Solutions GmbH Annaberger Straße 240, Haus A, 422/423 09125 Chemnitz www.adapted-solutions.com
Elaplan 4	ElektraSoft, Elektrotechnik und Software GmbH Lyoner Straße 9 60528 Frankfurt am Main www.elektrasoft.de
ETAP	ETAP 17 Goodyear, Suite 100 Irvine, CA 92618-1812, USA www.etap.com

Software	Adresse
INTEGRAL	FGH e. V. Besselstraße 20–22 68219 Mannheim www.fgh-ma.de
ISPEN	ESP Software Engineering AG Pestalozzistr. 27 9501 Will, Schweiz www.ispen.ch
MATPOWER	Power Systems Engineering Research Center Arizona State University 527 Engineering Research Center, PO Box 875706 Tempe, AZ 85287-5706, USA www.pserc.cornell.edu//matpower/
Neplan	Neplan AG Oberwachtstr. 2 CH-8700 Küsnacht, Schweiz www.neplan.ch
Pandapower	Universität Kassel, Fachbereich Elektrotechnik/Informatik Wilhelmshöher Allee 71–73 34121 Kassel www.uni-kassel.de/eecs/en/fachgebiete/e2n/software/pandapower.html
Vision Network Analysis	Phase to Phase B.V. Building 026 Koningstraat 27-1D 6812 AR Arnheim, Niederlande www.phasetophase.nl
PSS®E	Siemens AG Freyeslebenstraße 1 91058 Erlangen w3.siemens.com
PSS®SINCAL	Siemens AG Freyeslebenstraße 1 91058 Erlangen w3.siemens.com
PyPSA Python for Power System Analysis	Python Software Foundation 9450 SW Gemini Dr., 90772, Beaverton, OR 97008, USA www.python.org
PowerFactory	DIgSILENT GmbH Heinrich-Hertz-Straße 9 72810 Gomaringen www.digsilent.de

Software	Adresse
PowerWorld	PowerWorld Corporation 2001 South First Street Champaign, IL 61820, USA www.powerworld.com
PSCAD	Manitoba HVDC Research Centre 211 Commerce Drive Winnipeg, Manitoba, R3P 1A3, Canada www.hvdc.ca/pscad

Stichwortverzeichnis

A

Abbruchkriterium, 145, 275, 283, 311, 356, 585
Ableitungsbelag, 299
Ablesefehler, 335
Abzweigpunkt, 87
Adjazenz, 113, 152, 159, 162, 193
Admittanz, 63
Admittanzmatrix, 146
Anfangskurzschlusswechselstromleistung, 504
Äquivalenztransformation, 127
Ausbaumaßnahme, 577
Ausfallart, 34
Ausfalldauer, 40
Ausfallordnung, 34
Ausfallsimulation, 28, 34, 235, 338, 511, 523, 541, 624, 625
Ausfallvariante, 208
Ausschaltwechselstrom, 424
Ausschaltzeit, 427
Außenleiter, 61
Außenleiterspannung, 61
Austauschbedingung, 231

B

Bad Data, 369
Bahnstromnetz, 12
Bandmatrix, 159, 178
Bemessungsspannung, 62
Bemessungsstrom, 62
Beobachtbarkeit, 373
Beobachtungsbereich, 513
Besetzungsgrad, 150
Besetzungsstruktur, 146

Betriebsführung, 21, 52, 542, 639
Bewertungskennzahl, 581
Bewertungskriterium, 45
Bezugswinkel, 200
Bildbereich, 442
Blindleistung, 62
Blindleistungsmodell, 525
Blindleistungs-Spannungsoptimierung (BSO), 550
Blockmatrix, 178
Büschelzweig, 536

C

Compressed Column Storage, 161
Compressed Diagonal Storage, 161
Compressed Row Storage, 160
Coordinated Storage, 160

D

Datenmodell, 398, 631
Dauerbelastung, 62
Diagonalmatrix, 112, 132, 273, 339, 431, 438
Dielektrikum, 299
Digraf, 290
Drehstromsystem, 65
Dreibein, 87, 574
Dreieckschaltung, 157, 453
Dreiecksfaktorisierung, 129, 155, 234, 274, 344, 419
Dreiecksmatrix, 112, 126, 166, 196, 431
Dreieck-Stern-Umwandlung, 68
Dreiwicklungstransformator, 99

E

Eigennetz, 509, 513
Einspeiseverlagerung, 572
Einspeisung, 81
Eliminationsfaktor, 127
Eliminationsreihenfolge, 173, 356
    optimale, 167, 363
Energieversorgungsnetz, 1, 2, 22, 331, 392, 526, 550, 610
Engpass, 19, 571, 576
Entsymmetrierung, 443
Erdkurzschluss, 480
Erdschluss, 480
Erdungstrennschalter, 77
Erklärungskomponente, 613
Ersatzfrequenz, 423
Ersatzleistungszahl, 530
Ersatzmesswert, 366
Ersatznetz, 509
Ersatzschaltbild, 64, 188, 298, 302
Ersatzzweig, 105
Erwartungswert, 347
Evolution, 572
Expertensystem, 607
Exponentialform, 62
Extended Ward Equivalent, 525

F

Facts, 237
Falk'sches Schema, 120
Fehler, 392
    unsymmetrischer, 435
Fehlerfunktion, 341
Fehlerklärungszeit, 503
Fehlerquadrat, 341
Fill-in-Element, 134, 156, 159, 169, 171, 173, 182
Fortpflanzungskonstante, 300
Fremdnetz, 11, 105, 512, 513
Funktionalmatrix, 145, 197

G

Gauß'sche Elimination, 126
Gegenimpedanz, 447
Gegensystem, 440
Gewichtungsfaktor, 581
Gewichtungsmatrix, 341

Gleichheitsnebenbedingung, 344, 556
Gleichungssystem, 122
    lineares, 126
Gradientenbildung, 341
Gütekriterium, 340
Gütemaß, 341

H

Hardwarefehler, 335
Hauptdiagonale, 112, 130, 190, 339, 415, 523
Hochspannung, 8
Hochspannungsleitung, 298
Höchstspannung, 3, 35, 106, 298, 356, 509
H-Schaltung, 73

I

Immitanz, 62
Impedanz, 62
Impedanzinversion, 70
Impedanzkorrekturfaktor, 411
Induktanz, 63
Induktivitätsbelag, 299
Industrienetz, 11
Inferenz, 611, 612
Inferenzgraf, 625
Inferenzmaschine, 612
Inverse, 429, 431, 516
Isolationsfestigkeit, 392
Iteration, 122, 138, 144, 256, 272, 346, 355, 585

J

Jacobi-Matrix, 145, 197, 352, 550

K

Kabelverteilerschrank, 75
Kapazitanz, 63
Kapazitätsbelag, 300
Knotengrad, 152
Knotenlastanpassung, 386
Knotenpunktadmittanzmatrix, 150, 151, 153, 163, 177, 180, 187, 200, 235, 274, 296, 538
Knotentyp, 75, 201
Kompensationseinrichtung, 100

Kompensationselement, 84
Komponente, symmetrische, 438
Konduktanz, 63
Konfidenzfaktor, 622
Konvergenz, 104, 123, 196, 255, 267, 337, 556, 640
Koordinate, kartesische, 62, 193, 350, 560
Koronaverlust, 299
Kovarianzmatrix, 339, 347
Kuppelknoten, 513
Kuppelleitung, 509, 593
Kuppelnetz, 513
Kuppeltransformator, 100
Kurzschluss, 24, 28, 41, 90, 392
Kurzschlussleistung, 504
Kurzschlussrestriktion, 575
Kurzschlussstrom
  generatorferner, 402
  generatornaher, 405
Kurzschlussversuch, 449
Kurzunterbrechung, 500

L
Längsspannungsabfall, 103, 309
Last, 78
Lastganglinie, 210
Leerlaufversuch, 449
Leistung, 62
Leistungsaufteilung, 220
Leistungsfluss, 3, 16, 23, 54, 146, 187, 330
Leistungsflussrechnung
  probabilistische, 587
  schnelle, entkoppelte, 267
Leistungs-Frequenzregelung, 223
Leistungsschalter, 77
Leistungsungleichgewicht, 220
Leiterunterbrechung, 394, 483
Leitung, 85
  lange, 298
Leitungsgleichung, 301
Leitungskonstante, 299, 301

M
Maschennetz, 109
Matrix, schwach besetzte, 158
Matrizenrechnung, 110
Maximalfluss, 285

Messabweichung, 332
Messfehler, 332, 333
Messgröße, 332
Messunsicherheit, 335
Messwandler, 77
Messwert, 329
Messwertgraf, 360
Mindestschaltverzug, 427
Minimierungsfunktion, 348
Mitimpedanz, 447
Mitsystem, 440
Mittelspannung, 9
Modified Compressed Row Storage, 161
Multigraph, 287
Multi-Terminal, 242
Mutation, 585

N
Nachbarnetz, 34, 409, 509, 513, 524
Nebenbedingung, 546, 549
Nebendiagonale, 72, 112, 132, 150, 190, 339, 431
Nennspannung, 62
Netzanschlusspunkt, 504
Netzbetriebsführung, 22, 36, 285, 624, 632
Netzengpassmanagement, 571
Netzform, 105
Netzführung, 21, 632
Netzinsel, 236
Netzmodell, 47
Netzplanung, 21, 27, 52, 391, 399, 581, 632, 639, 655
Netzsicherheit, 23
Netztopologie, 153
Netzumwandlung, 66
Netzwerkanalyse, 123
Netzzustand, 24
Netzzustandsbewertung, 30
Netzzustandserkennung, 329
Netzzustandskorrektur, 624
Neutralleiter, 61
Newton-Raphson, 145, 194, 255, 267, 329
Newton-Verfahren, 143
Nichtverfügbarkeit, 40
Niederspannung, 10, 307
Normalverteilung, 334
Nullimpedanz, 446
Nullstromverschleppung, 454

Nullsystem, 440

O
Oberleitungsbus, 297
Optimal Power Flow (OPF), 545
Originalbereich, 442
Overlaynetz, 17

P
Parallelschaltbedingung, 32
Parallelschaltgerät, 32
Parallelschaltung, 67
Phasenkonstante, 300
Phasenspannung, 61
Phasor Measurement Unit, 337
Polarkoordinate, 193, 352
Polarkoordinatendarstellung, 62
Polygonschaltung, 73
Primärregelung, 221, 223, 539
Proximityeffekt, 299
Pseudomessung, 363

Q
Qualitätsregulierung, 40
Quartiärregelung, 222
Querkupplung, 104
Querspannungsabfall, 309
Quersuszeptanz, 529

R
Reaktanz, 63
Redispatch, 572
Redundanz, 332
Regel, 618
Regelleistung, 231
Regelzone, 5
REI-Ersatznetzmodell, 535
Reiheninduktivität, 104
Reihenkondensator, 102
Reihenschaltung, 67
REI-Knoten, 535
REI-Netz, 535
Residuenvektor, 369
Resistanz, 63
Ringnetz, 108

Robustheit, 374
Rückwärtsverkettung, 621

S
Sammelschiene, 73, 104
Sammelschienenkupplung, 104
Sammelschienentrennschalter, 77
SCADA, 22, 632
Schalten, korrektives, 542
Schätzverfahren, 330
Schätzwert, 340
Scheinleistung, 62
Scherentrennschalter, 77
Sekundärregelung, 221, 226, 539
Sensitivitätsanalyse, 261
Seriendrossel, 104
Serienkompensationselement, 102
Serienkondensator, 102
Skineffekt, 299
Slack, 83, 192, 201, 539, 555
Smart Grid, 16, 26
Spannbaum, 293, 376
Spannungsabfall, 309
Spannungsfaktor, 408
Spannungsminimum, 321
Spannungsrestriktion, 573
Spannungswinkel, 234
Stabilität, 499, 542
  transiente, 500
Startwert, 112, 139, 196, 203, 279, 373
State Estimation, 336
Statik, 539
Stern-Dreieck-Umwandlung, 68
Sternpunkt, 61, 393, 453, 454
Sternpunktbehandlung, 465
Sternpunktimpedanz, 459
Sternschaltung, 68, 453
Stern-Vieleck-Umwandlung, 157
Steuervariable, 548
Störung, 391
Stoßkurzschlussstrom, 422
Strahlennetz, 106
Stromiteration, 282
Stromrestriktion, 573
Stromverdrängung, 299
Stromwandler, 77
Strukturfehler, 335
Stufenstellung, 93

Superelement, 358
Suszeptanz, 63
Synchronismus, 500
Systemfrequenz, 337
Systemführung, 6
Systemgrenze, 187
Systemzustand, 24

T
Takahashi-Verfahren, 429, 504
Taylor-Reihe, 194, 304, 306, 559
Teilnetz, 236
Terminalknoten, 313
Tertiärregelung, 222
Tertiärwicklung, 100
Testnetz, 631
Topologie, 21, 36, 38, 73, 105, 150, 187, 287, 291, 331, 504, 511, 524, 542, 548, 576, 598, 625, 631
Topologiemaßnahme, 577
Totband, 221
Transferimpedanz, 517, 521
Transformator, 88
Transitknoten, 297, 330, 363
Transportkapazität, 512
Trennschalter, 77

U
Übergabeleistung, 231
Übergabeleistungsregelung, 226
Überlagerungsverfahren, 416
Übersetzungsverhältnis, 91
Überspannungsableiter, 77
Übertragungskapazität, 594
Übertragungsnetz, 3, 13, 510
Unterbrechungsdauer, 40
Unterbrechungshäufigkeit, 40

V
Verbindungskontrolle, 293
Verbundgrad, 593
Verbundsystem, 593
Vermaschungsgrad, 105, 148
Versorgungsunterbrechung, 40
Verteilnetz, 3, 8, 12, 16, 26, 110, 367, 386, 545
Vierpolparameter, 91
Vorwärtsverkettung, 621

W
Ward-Ersatzmodell, 512
Ward-Ersatznetzmodell, 518
Wellenwiderstand, 300
Weltstromnetz, 19
Widerstandsbelag, 299
Wirkleistung, 62
Wirkleistungsflussberechnung, 281
Wirkleistungsregelung, 219
Wissensbasis, 611
Wissenserwerbskomponente, 613
Wissensverarbeitung, 620
Woodbury-Formel, 139
Wurzelknoten, 180

Z
Zickzackschaltung, 453
Zielfunktion, 548, 558
Zusatzspannung, 92
Zustandsgröße, 331
Zustandsvariable, 192, 277, 329, 377, 548
Zuverlässigkeit, 39
Zuverlässigkeitsberechnung, 41
Zweiwicklungstransformator, 91

Printed by Printforce, the Netherlands